DVD INCLUS
V.2.2

Versions
Windows
et Mac

Jean-Paul
Baïlon

Jean-Marie
Dorlot

Des matériaux

3e édition

PRESSES INTERNATIONALES
POLYTECHNIQUE

Des matériaux, 3ᵉ édition
Jean-Paul Baïlon, Jean-Marie Dorlot

Équipe de production

Gestion éditoriale et production : Presses internationales Polytechnique
Page de couverture : Cyclone Design
Figures : Flavio Mini
Révision linguistique : Nicole Blanchette
Réalisation du DVD : Stéphane Proulx / Média42

Pour connaître nos distributeurs et nos points de vente, veuillez consulter notre site Web à l'adresse suivante : pressespoly.ca

Courriel des Presses internationales Polytechnique : pip@polymtl.ca

Courriel de l'auteur : jean-paul.bailon@polymtl.ca

Nous reconnaissons l'appui financier du gouvernement du Canada.
We acknowledge the financial support of the Government of Canada.

Canada

Gouvernement du Québec – Programme de crédit d'impôt pour l'édition de livres
et Programme d'aide aux entreprises du livre et de l'édition spécialisée – Gestion SODEC.

Québec
Crédit d'impôt livres
Gestion SODEC

Société de développement des entreprises culturelles
Québec

Réimpression, hiver 2019.

Dépôt légal : 3ᵉ trimestre 2000
Bibliothèque et Archives nationales du Québec
Bibliothèque et Archives Canada

ISBN 978-2-553-00770-5
Imprimé au Canada

Table des matières

Chapitre 3 Architecture atomique

Chapitre 4 Matériaux sous contrainte

Chapitre 10 Alliages à base de fer

Avant-propos de la troisième édition

Voilà déjà vingt ans était publiée la première édition de ce livre, alors signée du pseudonyme de *Palissy*, qui représentait en fait une équipe de cinq coauteurs. Quelque cinq ans plus tard paraissait la deuxième édition, revue et augmentée, une refonte complète de la première. Elle portait la signature de trois membres de l'équipe de départ, les deux autres ayant été appelés à d'autres tâches. L'avant-propos de cette deuxième édition décrivait l'approche générale de l'ouvrage, approche toujours inchangée. On y définissait les caractéristiques essentielles du livre et précisait qu'il était «… formé de trois parties distinctes. Dans la première – les six premiers chapitres –, nous établissons la base scientifique de l'étude des matériaux : caractérisation, cohésion et liaisons atomiques, structures cristallines, déformations élastiques et plastiques, lois de mélanges et transformations. La deuxième partie nous permet, en utilisant ces données de base, d'étudier et de comprendre le comportement des matériaux soumis à divers types de sollicitation en situation réelle : sollicitations mécaniques, avec l'influence du temps et de la température, sollicitations dues à l'environnement, entraînant la dégradation, et comportement sous champs électrique et magnétique. Dans cette deuxième partie, nous n'avons pas voulu faire de distinction entre les différents types de matériau afin de conserver une approche globale et unifiée des problèmes que doivent quotidiennement résoudre les ingénieurs de toutes disciplines. Dans la troisième partie (chapitres 10 à 14), par contre, nous faisons cette distinction. Nous abordons alors, de façon souvent encyclopédique, les diverses classes de matériau selon la nature prédominante de liaisons atomiques : les métaux ferreux et non ferreux, les matières plastiques, les céramiques et les composites, assemblage de trois classes précédentes. Le dernier chapitre est une conclusion qui permet aux lecteurs de comprendre et d'apprécier les principaux facteurs pouvant influencer le choix rationnel des matériaux.»

Nous estimons que, depuis quinze ans, cette deuxième édition a rendu de «bons et loyaux services» à un très grand nombre d'élèves ingénieurs, tant à l'École Polytechnique de Montréal et dans les facultés de génie québécoises que dans de nombreuses écoles d'ingénieurs francophones. Pourquoi alors publier une troisième édition, une fois encore revue et augmentée, à l'aube de ce nouveau millénaire? Une des raisons est que nous souhaitons accorder une plus grande place à certains sujets qui, il y a quinze ou vingt ans, ne faisaient l'objet que de cours plus spécialisés. À cet égard, nous avons enrichi la section traitant de la mécanique élastique linéaire de la rupture en raison de l'importance accrue de cette science dans le calcul sécuritaire des structures. Dans le domaine des propriétés physiques, la supraconduction n'était, en 1987, qu'une curiosité de laboratoire ; nous en faisons ici une description plus détaillée. Le chapitre traitant des céramiques contient de la matière nouvelle, alors que le dernier chapitre du manuel, qui porte sur le choix des matériaux, a été remodelé de façon significative dans l'intention de sensibiliser les futurs ingénieurs aux méthodes rationnelles de choix de matériaux développées durant les deux dernières décennies. Enfin, quelques appendices supplémentaires viennent s'ajouter pour doter l'étudiant d'instruments de travail plus complets.

Outre ces changements et ajouts que l'on peut qualifier de majeurs, l'ensemble du texte a fait l'objet d'une révision plus discrète mais néanmoins complète. Les nombreuses modifications apportées à un mot, à une phrase ou à un simple alinéa découlent directement des réactions des étudiants qui ont utilisé ce manuel. S'il arrive que le professeur étonné de se faire poser des questions simplistes – voire naïves – ou dénotant une apparente incompréhension de l'étudiant, il doit admettre que c'est souvent, parce qu'à l'émission, le message présentait des lacunes ; il va donc de soi que la réception s'en trouve quelque peu brouillée et la compréhension, incomplète, voire erronée. C'est pour assurer une clarté maximale du message que nous avons cherché à choisir des mots plus précis et plus justes et à accroître la rigueur du raisonnement. Mentionnons de plus les changements apportés à la forme : une nouvelle mise en pages, des figures et des illustrations entièrement revues et enrichies, l'utilisation de la couleur pour souligner les points essentiels du raisonnement sont autant d'éléments qui devraient accroître la clarté du message.

Cependant, la plus grande nouveauté de cette troisième édition consiste en un cédérom qui se veut un complément indispensable et indissociable du manuel. À l'heure de l'expansion spectaculaire de l'informatique personnelle, du déferlement des techniques de multimédias, de l'Internet et de la communication globale, nous ne pouvions passer à côté des applications pédagogiques que rendent possibles les nouvelles technologies.

Le cédérom permet d'atteindre trois objectifs. Premièrement, il agit comme un complément visuel au texte ; les nombreuses animations et les clips qu'il contient visent à faciliter la compréhension des propos ou des raisonnements présentés dans le manuel. Dans certains cas notamment, comme en cristallographie, l'étudiant peut «manipuler» des objets virtuels en trois dimensions dont la complexité est souvent difficile à rendre sur une simple figure. Les passages du manuel qui reçoivent un écho sur le cédérom sont signalés en marge par une icône. Deuxièmement, le cédérom propose à l'étudiant une liste d'objectifs d'apprentissage reliés à un chapitre du manuel. Grâce à cette liste, l'étudiant est en mesure d'identifier les points essentiels de ce chapitre et, après l'étude, il peut vérifier s'il a atteint les objectifs d'apprentissage correspondants. En troisième lieu, le cédérom contient une banque d'exercices associés à la grande majorité des chapitres du manuel. La solution complète des exercices proposés est aussi disponible. C'est grâce à la résolution de ces exercices que l'étudiant pourra évaluer dans quelle mesure il a atteint ses objectifs d'apprentissage et, par conséquent, son degré de compréhension de la matière. Par ailleurs, nous avons établi des liens entre le degré de réussite des exercices et le degré d'atteinte des objectifs par le biais d'une autoévaluation. L'appendice I du manuel décrit plus en détail les caractéristiques du cédérom et son mode d'emploi à des fins pédagogiques. En visant une intégration complémentaire et harmonieuse d'un texte écrit – nous considérons toujours le livre comme un outil indispensable à l'acquisition des connaissances –, de techniques multimédias plus visuelles et plus animées et d'activités personnalisées d'apprentissage et d'autoévaluation, nous espérons mettre à la disposition de l'étudiant un ensemble d'outils pédagogiques qui lui permettront d'assimiler efficacement les bases essentielles du génie du matériau.

En terminant, nous tenons à exprimer nos sincères remerciements à toutes les personnes et à tous les organismes qui ont permis la réalisation du manuel et du cédérom. En premier lieu, notre collègue Jean-Marie Dorlot, cosignataire du manuel, a participé activement à sa révision. Ayant choisi depuis peu de profiter d'une retraite méritée et sillonnant mers et océans à bord de son voilier, le *SDF*, qu'il accepte nos souhaits de bon vent ! Les Presses internationales Polytechnique (PIP) ont eu la lourde responsabilité de veiller à l'édition et à l'impression du manuel et à la production du cédérom. Que M. Lucien Foisy, directeur des PIP, Mme Diane Ratel, responsable générale de ce projet, et Mme Martine Aubry, qui a procédé avec grande compétence à la saisie des textes et à la mise en pages du manuel, acceptent nos remerciements pour leur efficacité, leur disponibilité et leur patience. Mme Nicole Blanchette a veillé, avec doigté, à la révision linguistique et stylistique du manuel, alors que c'est avec un grand professionnalisme que M. Flavio Mini a refait toutes les figures du manuel. Notre collègue Sylvain Turenne a bien voulu procéder à la lecture attentive et critique des épreuves du manuel et si des coquilles persistaient, elles ne seraient que de notre fait.

Le projet de cédérom n'aurait pu voir le jour sans l'appui inconditionnel et le soutien financier de la Direction générale et du Comité des technologies de l'information et des communications de l'École Polytechnique de Montréal, ainsi que de la Fondation de Polytechnique. M. Richard Prégent, conseiller pédagogique, a su nous guider dans la définition des objectifs visés par le cédérom et dans l'intégration pédagogique «manuel – cédérom». La réalisation technique du cédérom est l'œuvre remarquable de M. Stéphane Proulx, ingénieur informaticien ; il a su mettre brillamment en valeur ses multiples talents : d'abord de concepteur de l'interface, ensuite d'analyste- programmeur, ayant réussi à traduire avec efficacité les scénarios issus de notre imagination, et enfin d'artiste créateur, réalisant des animations de grande qualité. Toujours disponible et éminemment efficace, Mme Marie-Claude Cusson a réalisé la prise de vue des extraits vidéo qui émaillent le cédérom. Plusieurs de nos collègues et amis professeurs nous ont aimablement autorisés à reproduire certaines photographies remarquables qui viennent ainsi enrichir l'iconographie du manuel ou du cédérom; qu'ils en soient sincèrement remerciés.

Sur une note plus personnelle, je dois plaider l'indulgence auprès de mon épouse et de mes enfants qui, ces quatre dernières années, ont eu maintes occasions de pâtir de mon manque de disponibilité. À Véronique, Julie, Ian, Aurélie et Gaëlle, merci de votre patience et de votre compréhension et acceptez que je vous dédie ce livre et ce cédérom.

Jean-Paul Baïlon

Montréal, juin 2000

Avant-propos de la première édition

Depuis que les anciens ont dit craindre l'homme d'un seul livre (*Timeo hominem unius libri*), il est étonnant qu'aucun de nos modernes n'ait songé à dire qu'il faudrait aussi craindre le livre d'un seul homme. Et pourtant! Au fur et à mesure que progressent les sciences et que s'affinent et se compliquent les techniques, la rédaction d'un manuel dépasse souvent les compétences et les possibilités (aussi grandes soient-elles) d'un seul, en particulier quand le sujet traité est comme ici pluridisciplinaire. C'est pourquoi nous avons choisi de mettre en commun nos compétences respectives pour rédiger le manuel, et il nous serait aujourd'hui difficile de dire la part de chacun dans ce travail collectif. C'est ce qui nous a incités à réunir nos signatures sous un même pseudonyme qui risque de surprendre de prime abord le lecteur.

Pourquoi avoir choisi le nom de «Palissy»? Pour de multiples raisons dont nous citerons brièvement les principales.

Tout d'abord, la langue de ce manuel. Dans un siècle où la langue scientifique était soit le grec, soit le latin, Bernard Palissy écrivit ses œuvres en français, notant avec humour : «J'aime mieux dire la vérité en mon langage rustique que mensonge en un langage rhétorique»*. De nos jours, on peut regretter de constater le peu de livres de science des matériaux rédigés en langue française en comparaison du très grand nombre de livres, au demeurant excellents, publiés en langue anglaise.

Bernard Palissy est passé à la postérité pour avoir redécouvert le secret de la fabrication des émaux avec un acharnement inébranlable et au prix de grands sacrifices. Ainsi écrit-il dans ses œuvres : «... mais sur cela il me survint un autre malheur, lequel me donna grande fascherie, qui est que le bois m'ayant failli, je fus contraint brusler [...] les tables et planchers de la maison, afin de faire fondre la seconde composition».

Mais Palissy nous est aussi proche et familier par ce regard neuf qu'il jeta sur les choses, ce recours constant à l'expérience et au bon sens, cette merveilleuse indépendance face aux idées reçues. De plus, sans avoir reçu une éducation ni bénéficé du secours d'un maître, voilà un homme qui, soutenu par sa croyance en la vertu du travail et par sa volonté de faire œuvre utile, posa les fondements de plusieurs sciences (surtout en géologie, cristallographie, agronomie) et jeta des lumières jusqu'alors insoupçonnées sur plusieurs autres (physique, chimie). Par exemple, il fut le premier à avancer que la dégradation des vitraux n'était pas le fait d'une influence de la lune, quoi qu'en disaient les vitriers d'alors, mais que «c'est l'humidité des pluyes qui fait dissoudre quelque partie du sel du dit verre»*. Il osa dire que l'argile, bien que «grasse», ne contenait pas de graisse et que «la terre argileuse est toute composée de matière acqueuse : par quoy se peuvent lier ensemble»*. Il fut aussi le premier à soupçonner la

* Bernard Palissy, Œuvres complètes, édition Albert Blanchard, Paris.

cause réelle de l'arc-en-ciel au terme d'un raisonnement admirable de logique : «... la cause de l'arc céleste n'était sinon d'autant que le soleil passe directement au travers des pluyes qui sont opposites à l'aspect du soleil : car l'on ne vist jamais l'arc céleste que le soleil ne lui fuist opposite ; aussi ne vist-on jamais l'arc céleste que la pluye ne tombast devers la partie de sa formation»*.

C'est donc en hommage à cet artiste, à cet artisan, peut-être ce savant ou cet ingénieur avant la lettre, que nous avons choisi de signer ce manuel de son nom.

En dernier lieu, nous voulons souligner que ce manuel est l'aboutissement de multiples efforts développés durant ces dernières années pour enseigner la science des matériaux aux étudiants de l'École Polytechnique de Montréal. Par leurs questions, leurs commentaires et leurs suggestions, nombre de ces étudiants ont contribué à l'amélioration constante des versions préliminaires de ces textes.

Nous voudrions aussi sincèrement remercier plusieurs de nos collègues et assistants, anciens et actuels (en particulier MM. André Hone, John S. Daniel, Gérald Gagnon et René Crescent) qui, par leurs critiques amicales et leur participation active à cet enseignement de la science des matériaux, ont, au cours des années, grandement contribué à la conception de ce manuel.

Jean Dulude, directeur du Service pédagogique de l'École Polytechnique, nous a fait bénéficier de ses vastes connaissances de la pédagogie au cours des discussions parfois épiques qui nous ont permis de cerner, de définir et de préciser les objectifs de ce texte ; qu'il accepte ici notre amicale gratitude.

Nos remerciements vont aussi aux nombreuses secrétaires qui ont dactylographié les multiples versions de ce manuscrit et aux techniciens, J.-P. Bouchard, J. Claudinon, J. Desrochers, G. Guérin et A. Riel, qui ont participé aux illustrations et à l'organisation générale. La qualité technique de ce manuel est le fruit de la compétence professionnelle des services de graphisme et de composition de l'École Polytechnique.

Les auteurs,

Jean-Paul Baïlon
Jean-Marie Dorlot
Luc Haenny
Jacques Masounave
Michel Rigaud

Département de génie métallurgique
École Polytechnique de Montréal

Juillet 1980

Chapitre 1

MÉTHODES DE CARACTÉRISATION DES MATÉRIAUX

La science des matériaux est l'étude des relations qui existent entre leur structure et leurs propriétés générales. Avant d'étudier la structure d'un matériau, ses propriétés et son comportement, il est cependant nécessaire de savoir comment le caractériser.

Pour être en mesure d'utiliser un matériau de façon rationnelle, l'ingénieur doit d'abord connaître ses caractéristiques fonctionnelles et sa structure, ce qui lui permettra de comprendre, voire de prédire, son comportement en service. Afin de caractériser le comportement mécanique d'un matériau soumis à des forces extérieures qui engendrent des contraintes et des déformations, on a recours à un certain nombre d'essais normalisés ; ces essais permettent de déterminer des valeurs (limite d'élasticité, résistance à la traction, dureté, etc.) que les ingénieurs utilisent ensuite dans leurs calculs. Il existe également des méthodes de caractérisation de la structure des matériaux. Toutes ces méthodes expérimentales permettent d'établir des relations entre structure et propriétés.

Dans ce premier chapitre, nous allons donc faire le point sur les méthodes de caractérisation des matériaux. Après avoir établi les relations qui existent entre les contraintes et les déformations, nous décrirons les essais mécaniques les plus courants et les principales méthodes d'étude et d'observation des structures et des microstructures.

1.1 CONTRAINTES ET DÉFORMATIONS

Quand un corps est soumis à l'action de forces extérieures, des contraintes s'établissent, par réaction, à l'intérieur de ce corps. Aux contraintes sont associées des déformations. Tant que le comportement du corps se situe dans le domaine élastique, les relations existant entre les contraintes et les déformations sont définies par la théorie de l'élasticité linéaire des milieux continus. Les deux principales hypothèses de cette théorie sont : a) que les propriétés du corps sont homogènes et ne varient pas d'un point à l'autre ; b) qu'elles sont les mêmes dans toutes les directions. Cette seconde hypothèse implique que le milieu est isotrope.

Dans le domaine élastique, les déformations sont entièrement réversibles : quand les forces sont appliquées sur le corps, celui-ci change de forme, mais retrouve sa forme initiale quand les forces extérieures sont retirées.

Avant d'aborder le cas général d'un corps soumis à un ensemble de forces quelconques et les déformations qui en résultent (art. 1.1.3), nous étudierons deux cas simples : la traction et la torsion.

1.1.1 Traction simple

Un corps cylindrique soumis à deux forces F_1 et F_2 colinéaires, de valeur égale mais de signe contraire ($F = |F_1| = |F_2|$) et dont la ligne d'action passe par l'axe du cylindre, est en traction simple (fig. 1.1a). Si ce corps est coupé par un plan m perpendiculaire à la ligne d'action des forces (axe de traction), il faut, pour le maintenir en équilibre, exercer sur la surface de coupe S une série de forces dF dont la somme est égale à F (fig. 1.1b). Dans ces conditions, la section S délimitée par le plan m est soumise à une *contrainte* de tension σ définie par la relation :

$$\sigma = \frac{dF}{dS} \tag{1.1}$$

d'où

$$F = \int \sigma \, dS \tag{1.2}$$

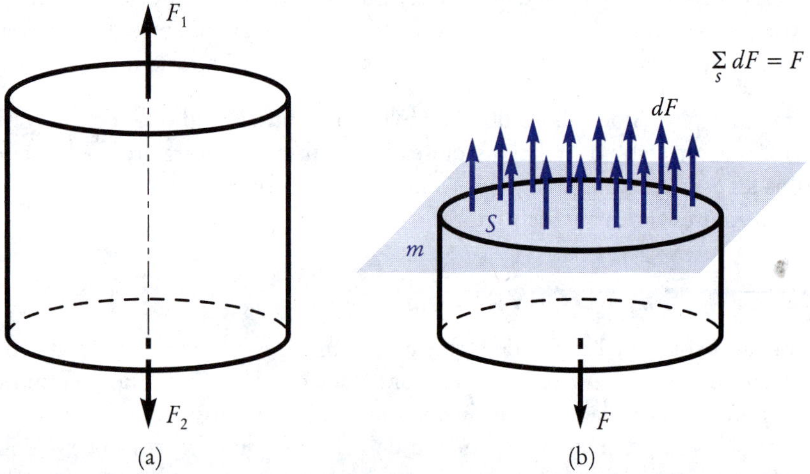

Figure 1.1 a) Corps soumis à une traction simple ; b) forces s'exerçant sur la surface S coupée selon le plan m perpendiculaire à la ligne d'action des forces F (axe de traction).

Dans le cas d'une traction simple, la valeur de la contrainte σ est la même sur toute la surface S, et l'équation 1.1 devient alors :

$$\sigma = \frac{F}{S} \tag{1.3}$$

Sous l'effet d'une traction simple, les corps s'allongent dans le sens de la traction. Considérons un élément de matière, soit un parallélépipède de côtés u, v et w, découpé dans le plan S de la figure 1.1b, avec l'axe Oz parallèle à l'axe de traction (fig. 1.2a). Après la mise en traction du corps, cet élément est déformé dans les trois directions (fig. 1.2b) : dans le sens de l'axe Oz, il y a un allongement dw et, dans les directions Ox et Oy, des accourcissements égaux du et dv (contractions latérales). On considère les accourcissements comme des allongements négatifs.

On appelle *déformation* ε le rapport des allongements à la longueur initiale. Ainsi :

$$\varepsilon_x = \frac{du}{u} \tag{1.4}$$

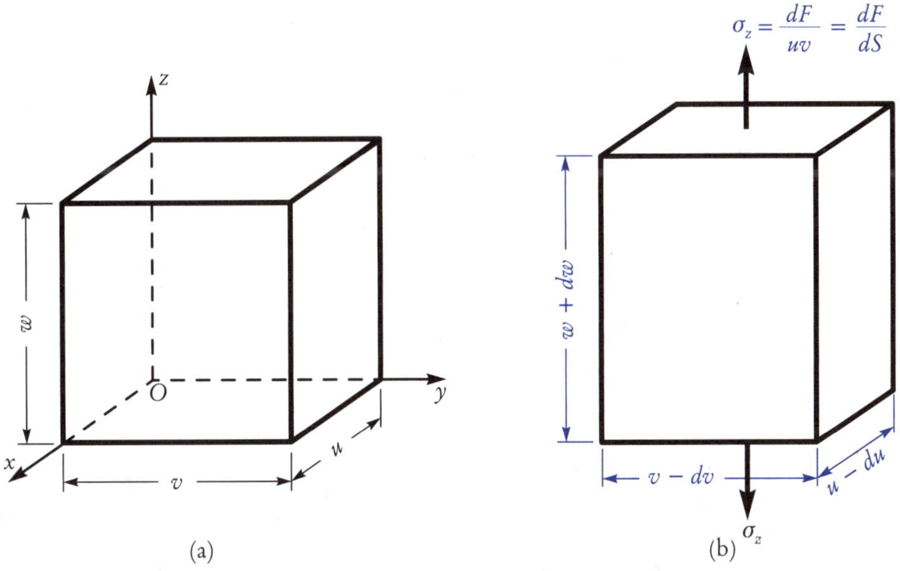

Figure 1.2 a) Élément uvw : l'axe Oz est parallèle à l'axe de traction ; b) quand le corps est en traction simple, l'élément est soumis à une contrainte σ_z qui s'exerce sur le plan xOy, et il en résulte des changements de longueur du, dv et dw selon les axes Ox, Oy et Oz.

$$\varepsilon_y = \frac{dv}{v} \tag{1.5}$$

$$\varepsilon_z = \frac{dw}{w} \tag{1.6}$$

En traction simple, même si les contraintes σ_x et σ_y (contraintes parallèles à Ox et à Oy) sont nulles, les déformations ε_x et ε_y ne le sont pas ; dans ce cas, les trois déformations sont liées entre elles par le *coefficient de Poisson*, ν :

$$\varepsilon_z = -\frac{\varepsilon_x}{\nu} = -\frac{\varepsilon_y}{\nu} \tag{1.7}$$

Si, sous l'effet de la contrainte σ_z, les déformations de l'élément uvw n'entraînent pas de changement de volume, le coefficient de Poisson ν est égal à 0,5 : c'est le cas de certains polymères (élastomères). Par contre, pour les métaux, le coefficient ν est inférieur à cette valeur : il est voisin de 0,3, ce qui signifie qu'en traction, ces matériaux augmentent légèrement de volume.

La contrainte σ_z est proportionnelle à la déformation ε_z (loi de Hooke), et la constante de proportionnalité E est le *module d'Young* (appelé aussi module d'élasticité en traction) :

$$E = \frac{\sigma_z}{\varepsilon_z} \tag{1.8}$$

En combinant les relations 1.7 et 1.8, nous obtenons :

$$\varepsilon_z = -\frac{\varepsilon_x}{V} = -\frac{\varepsilon_y}{V} = \frac{\sigma_z}{E} \tag{1.9}$$

Le module d'Young E est une propriété fondamentale des matériaux ; sa grandeur dépend, comme nous le verrons au chapitre 2, de l'intensité des liaisons atomiques.

1.1.2 Torsion simple

Considérons un corps cylindrique (fig. 1.3a) et prenons un élément $u\ v\ w$ à sa surface. L'axe Oz est parallèle à l'axe du cylindre. Si nous appliquons un couple C aux extrémités du cylindre (fig. 1.3b), celui-ci est en torsion : une génératrice ab se déplace en ab', et l'angle bab' est noté γ. Considérons maintenant l'élément uvw, les forces qui agissent dessus ainsi que les déformations qui en résultent. Sur chacune des faces parallèles à l'axe Ox s'exercent des forces dT_{zy} et dT_{yz} (fig. 1.3b). Comme l'élément doit être en équilibre, $dT_{zy} = dT_{yz}$. La force dT_{zy} agit parallèlement au plan xy, et la contrainte qui en résulte est une *cission*, τ_{zy} :

$$\tau_{zy} = \frac{dT_{zy}}{uv} \tag{1.10}$$

Les contraintes de tension σ agissent perpendiculairement à une surface, alors que les contraintes de cission τ agissent parallèlement à une surface.

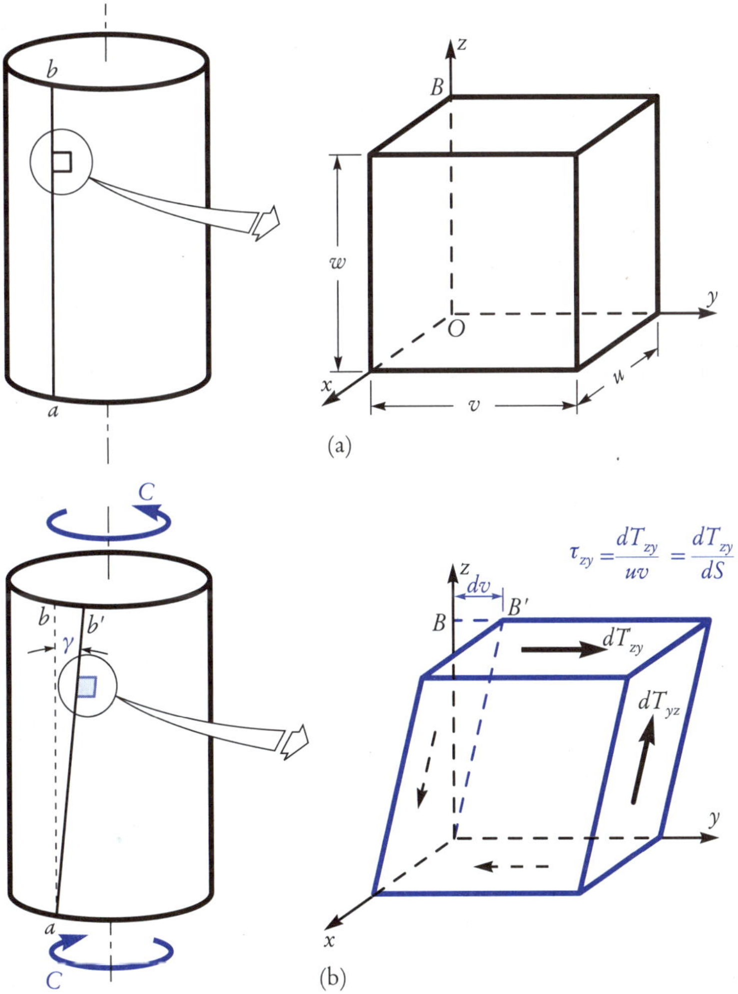

Figure 1.3 a) Corps cylindrique et élément *uvw* découpé à sa surface, avec l'axe *Oz* parallèle à une génératrice *ab* ; b) le corps cylindrique est soumis à un couple *C* : la génératrice *ab* se déplace en *ab'*, et l'élément *uvw* est soumis à un ensemble de forces *dT*.

Sous l'effet des forces appliquées, l'élément se déforme : le point B se déplace en B' d'une valeur dv. Cette déformation est un *cisaillement* γ ; dans le cas présent :

$$\gamma_{zy} = \frac{dv}{w} \tag{1.11}$$

À une contrainte de tension σ correspond donc un allongement ε, et à une contrainte de cission τ correspond un cisaillement γ.

Le cisaillement γ_{zy} est relié à la cission τ_{zy} qui le produit par la relation :

$$\tau_{zy} = G\gamma_{zy} \tag{1.12}$$

où G est une constante d'élasticité appelée *module de cisaillement* ou *module de Coulomb*.

1.1.3 Cas général : corps soumis à un ensemble de forces

Le corps illustré à la figure 1.4a est soumis à un ensemble de forces extérieures F_1, F_2, ..., F_7 ; s'il est coupé par un plan xOy, il faut, pour que l'équilibre soit maintenu, qu'une force résultante F_R s'exerce sur la surface de coupe S (fig. 1.4b). Selon les trois axes de référence, cette force F_R se décompose en trois composantes : l'une, F_z, est normale au plan de la surface S, et les deux autres, F_{zx} et F_{zy}, sont contenues dans le plan xOy.

La figure 1.4c représente l'ensemble des contraintes qui agissent sur un élément du corps. Les contraintes en un point situé à l'intérieur du corps se composent de trois tensions σ et de six cissions τ, appliquées aux faces de l'élément entourant ce point ; elles servent à définir le tenseur des contraintes :

$$\begin{matrix} \sigma_x & \tau_{xy} & \tau_{xz} \\ \tau_{yx} & \sigma_y & \tau_{yz} \\ \tau_{zx} & \tau_{zy} & \sigma_z \end{matrix} \tag{1.13}$$

Ces neuf contraintes ne sont pas indépendantes : pour que l'élément soit en équilibre, le moment résultant par rapport aux trois axes doit être nul, ce qui conduit à la relation :

$$\tau_{ij} = \tau_{ji} \tag{1.14}$$

L'ensemble des contraintes en un point consiste donc en trois tensions (σ_x, σ_y et σ_z) et en trois cissions (τ_{xy}, τ_{yz} et τ_{zx}).

L'élément soumis à l'ensemble de ces contraintes se déforme : le point C se déplace en C', et les composantes du vecteur CC' par rapport aux axes Ox, Oy et Oz sont respectivement du, dv et dw. Nous pouvons déduire de ces déplacements les déformations suivantes :

$$
\begin{aligned}
\varepsilon_x &= \frac{\partial u}{u} & \gamma_x &= \frac{\partial w}{v} + \frac{\partial v}{w} \\
\varepsilon_y &= \frac{\partial v}{v} & \gamma_y &= \frac{\partial u}{w} + \frac{\partial w}{u} \\
\varepsilon_z &= \frac{\partial w}{w} & \gamma_z &= \frac{\partial v}{u} + \frac{\partial u}{v}
\end{aligned}
\tag{1.15}
$$

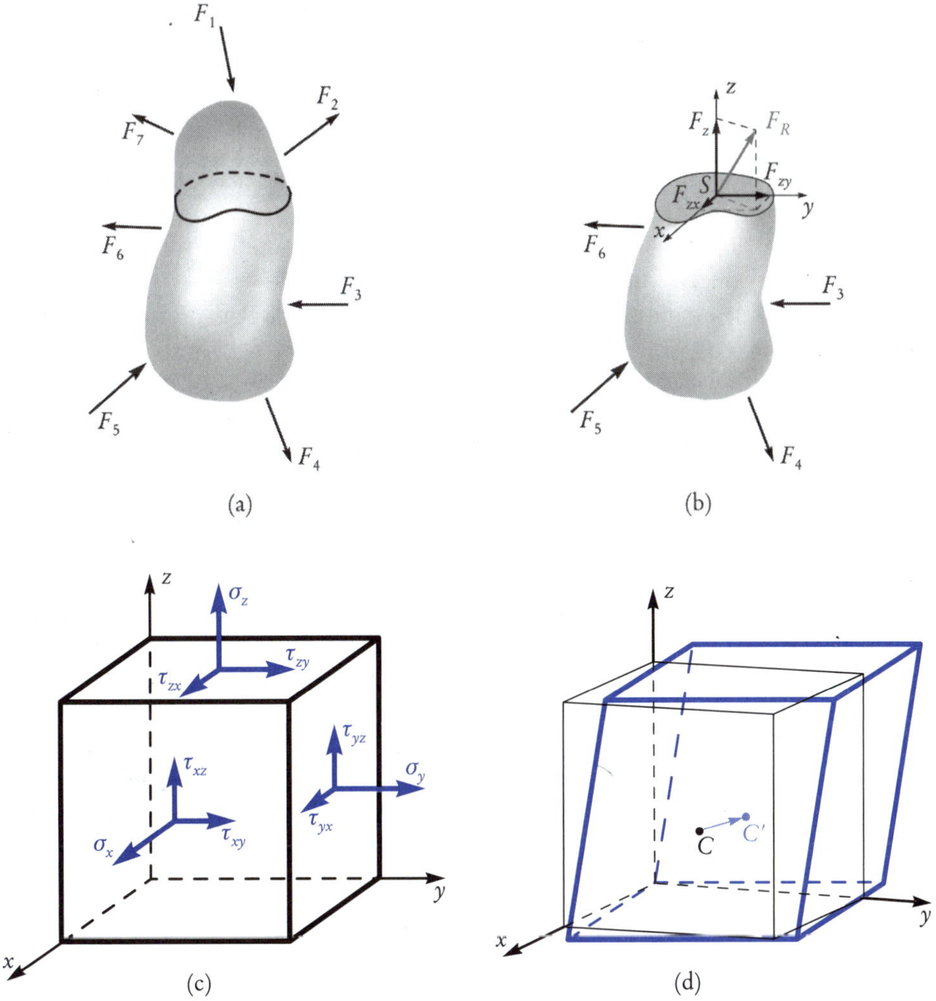

Figure 1.4 a) Corps soumis à un ensemble de forces extérieures F_1, F_2, ..., F_7 ; b) force de réaction F_R sur la surface S et décomposition de F_R selon les trois axes Ox, Oy et Oz ; c) ensemble des contraintes sur un élément du corps ; d) déformation de l'élément soumis à l'ensemble des contraintes : le centre C se déplace en C'.

Les neuf contraintes mentionnées à l'équation 1.13 et les six déformations indiquées aux équations 1.15 sont reliées par les constantes d'élasticité définies plus haut, soit E, G et ν ; on a les relations :

$$\begin{aligned} \varepsilon_x &= \frac{1}{E}\left[\sigma_x - \nu(\sigma_y + \sigma_z)\right] \\ \varepsilon_y &= \frac{1}{E}\left[\sigma_y - \nu(\sigma_x + \sigma_z)\right] \\ \varepsilon_z &= \frac{1}{E}\left[\sigma_z - \nu(\sigma_x + \sigma_y)\right] \end{aligned} \tag{1.16}$$

et

$$\begin{aligned} \tau_{xy} &= G\gamma_z \\ \tau_{yz} &= G\gamma_x \\ \tau_{xz} &= G\gamma_y \end{aligned} \tag{1.17}$$

Le module d'Young E, le module de Coulomb G et le coefficient de Poisson ν sont liés entre eux par la relation suivante :

$$G = \frac{E}{2(1+\nu)} \tag{1.18}$$

La connaissance de deux de ces constantes d'élasticité permet donc de définir complètement les relations qui existent entre les contraintes et les déformations d'un corps.

Jusqu'ici, nous avons supposé que les contraintes en un point d'un corps se déduisaient uniquement des forces extérieures appliquées à ce corps. En réalité, les contraintes en un point peuvent être la somme des contraintes qui se développent sous l'effet des forces extérieures et des contraintes internes qui proviennent d'un état hétérogène du matériau (gradient thermique provoquant des dilatations non homogènes, déformations plastiques localisées, contraintes internes élastiques, etc.). Il faut noter que, si le corps n'est pas soumis à des forces extérieures mais que des contraintes élastiques internes y sont présentes, la somme algébrique de ces contraintes internes est nulle (sinon, le corps serait en mouvement!).

1.2 CARACTÉRISATION DES PROPRIÉTÉS MÉCANIQUES

L'ingénieur ne peut calculer une pièce ni déterminer les charges admissibles sans connaître les caractéristiques mécaniques du matériau qu'il compte utiliser. Entre autres, il doit savoir à partir de quelle charge la pièce commence à se déformer de façon irréversible, entraînant ainsi une modification de sa géométrie, et à partir de quelle charge il y a risque de rupture. Le but des essais mécaniques est d'obtenir des valeurs des propriétés qui seront utilisables dans les calculs de résistance des matériaux ou qui permettront d'apprécier le comportement d'un matériau en service.

En règle générale, pour être valables et donner des mesures significatives, les essais mécaniques doivent mettre en jeu des états de contrainte simples et connus, d'interprétation facile et non équivoque. De plus, ils doivent être reproductibles : les résultats obtenus par un laboratoire doivent être utilisables de façon universelle et avoir partout la même signification. C'est pourquoi des organismes nationaux et internationaux normalisent ces essais. Citons, à titre d'exemples, les organismes de normalisation suivants : l'ASTM (American Society for Testing and Materials, USA), l'ACNOR (Association canadienne de normalisation), le BNQ (Bureau de normalisation du Québec), l'AFNOR (Association française de normalisation) et l'ISO (International Standardization Organization). La normalisation des essais porte sur la géométrie des éprouvettes et sur leur prélèvement, sur les machines d'essai et leur étalonnage, sur les techniques expérimentales mises en œuvre et sur le dépouillement et la présentation des résultats.

1.2.1 Essai de traction

L'*essai de traction* est l'essai mécanique le plus fréquemment utilisé. Il consiste à soumettre une éprouvette du matériau à étudier à une traction et à mesurer l'allongement, Δl, correspondant.

L'éprouvette comprend toujours, entre des repères séparés par une distance l_0, une section constante S_0 ; la forme de l'éprouvette est soit cylindrique, soit prismatique (fig. 1.5). Les extrémités, ou têtes, de l'éprouvette ont une section supérieure à S_0, ce qui permet de les fixer sur la machine d'essai. La géométrie des têtes dépend du mode de fixation utilisé (serrage sur têtes lisses, filetage ou épaulement). Le raccordement entre la partie centrale et les têtes doit toujours être progressif afin de minimiser l'effet de concentration des contraintes (art. 4.1.2). Comme la charge de traction est appliquée selon l'axe de l'éprouvette, on comprend que dans la zone centrale, entre les repères, la contrainte soit uniforme tant que la section demeure constante. La figure 1.6a donne l'état des contraintes dans la partie de l'éprouvette située entre les repères. Sur les plans perpendiculaires à l'axe de traction, la contrainte nominale de tension, σ_{nom}, est égale à :

$$\sigma_{nom} = \frac{dF}{uv} = \frac{dF}{dS} \tag{1.19}$$

et les cissions sont nulles. Par contre, sur un plan dont la normale forme un angle $(\pi/2 - \alpha)$ avec l'axe de traction, la force dF se décompose en une force dN normale au plan de coupe et en une force dT parallèle à celui-ci (fig. 1.6b). On peut alors calculer la cission τ correspondant à dT :

$$dT = dF \cos\alpha \tag{1.20}$$

et comme cette force s'exerce sur une surface dS' telle que :

$$dS' = \frac{uv}{\sin\alpha} = \frac{dS}{\sin\alpha} \tag{1.21}$$

on a :

$$\tau = \frac{dT}{dS'} = \frac{dF}{dS}\cos\alpha\sin\alpha = \sigma_{nom}\cos\alpha\sin\alpha \tag{1.22a}$$

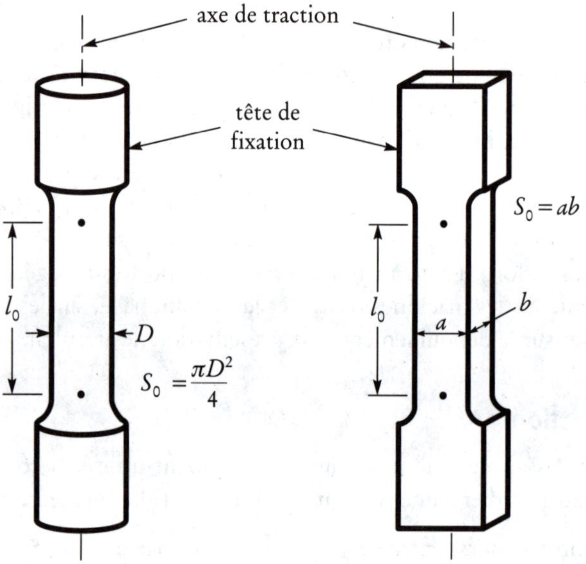

Figure 1.5 Éprouvettes de traction.

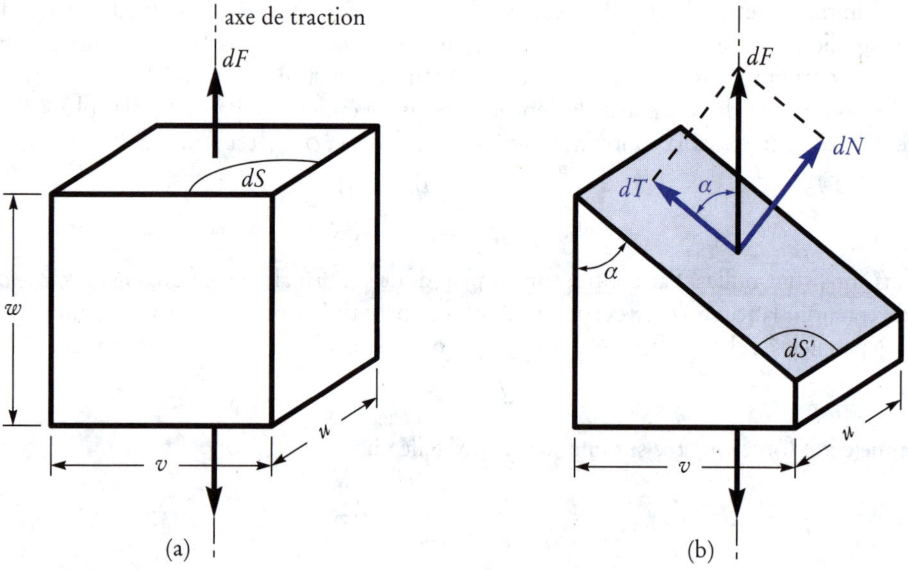

Figure 1.6 État des contraintes dans une éprouvette soumise à un essai de traction : a) la force s'exerce sur le plan *xy* perpendiculaire à l'axe de traction ; b) la force s'exerce sur un plan faisant un angle α avec l'axe de traction.

Cette cission est maximale pour les plans formant un angle de 45° avec l'axe de traction et est alors égale à $\sigma/2$.

Sur le plan incliné S', on peut aussi définir une tension $\sigma = dN/dS'$, qui est égale à :

$$\sigma = \frac{dN}{dS'} = \frac{dF}{dS}\sin^2\alpha \tag{1.22b}$$

Une machine de traction est constituée d'un bâti rigide qui comprend une traverse fixe à laquelle est fixée l'une des têtes de l'éprouvette ; l'autre extrémité de l'éprouvette est fixée à une traverse mobile (fig. 1.7). Le mouvement de la traverse mobile est assuré soit par une commande hydraulique (vérins), soit par des vis sans fin. La charge imposée à l'éprouvette est mesurée par un dynamomètre, et l'allongement par un extensomètre, ce qui permet d'obtenir un enregistrement de la courbe brute de traction, $F = f(\Delta l)$, caractéristique de l'échantillon et de sa géométrie. La figure 1.8 représente schématiquement trois types de courbes de traction, qui correspondent à trois comportements possibles des matériaux :

a) un comportement *fragile* : le matériau ne présentant pas de domaine plastique, la rupture se produit alors que les déformations sont purement élastiques ; le verre, la fonte grise, certains aciers bruts de trempe, les céramiques, le béton et la plupart des polymères thermodurcissables sont des matériaux qui ont un comportement fragile ;

b) un comportement *ductile* : une déformation plastique permanente accompagnée généralement d'un durcissement du matériau suit la déformation élastique. De nombreux matériaux présentent ce type de comportement : la majorité des métaux et des alliages, et certains polymères thermoplastiques ;

c) un comportement *élastique non linéaire* : la déformation élastique (c.-à-d. réversible) n'est pas proportionnelle à la charge qui la provoque. Un tel comportement est caractéristique de certains polymères thermoplastiques et des élastomères.

Afin de pouvoir utiliser les courbes brutes de traction, on doit les modifier pour que les résultats obtenus ne soient fonction que du matériau étudié et non de la géométrie de l'éprouvette. Pour ce faire, on rapporte la charge F à la section initiale S_0 de l'éprouvette en vue d'obtenir la contrainte nominale σ_{nom} :

$$\sigma_{nom} = \frac{F}{S_0} \tag{1.23}$$

et on rapporte l'allongement Δl à la longueur initiale entre repères, l_0, pour obtenir la déformation nominale ε :

$$\varepsilon = \frac{\Delta l}{l_0} \tag{1.24}$$

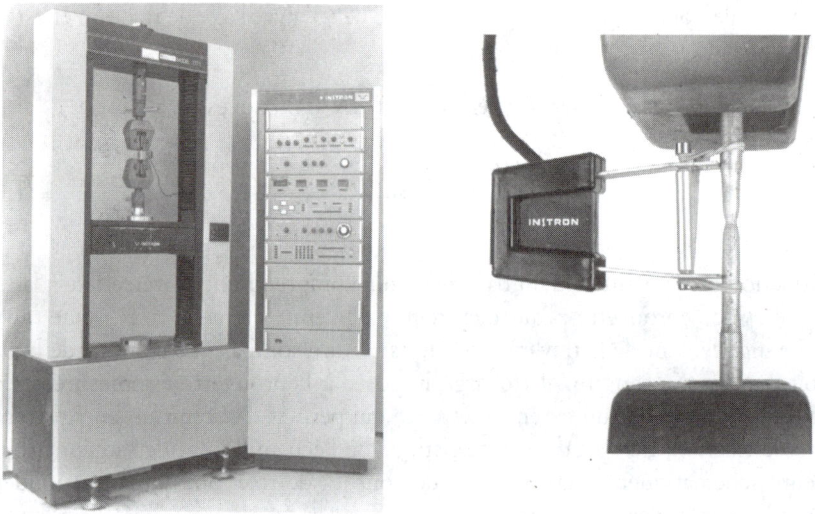

(a) (b)

Figure 1.7 a) Machine de traction ; b) éprouvette de traction avec extensomètre. On remarque la striction au centre de l'éprouvette.

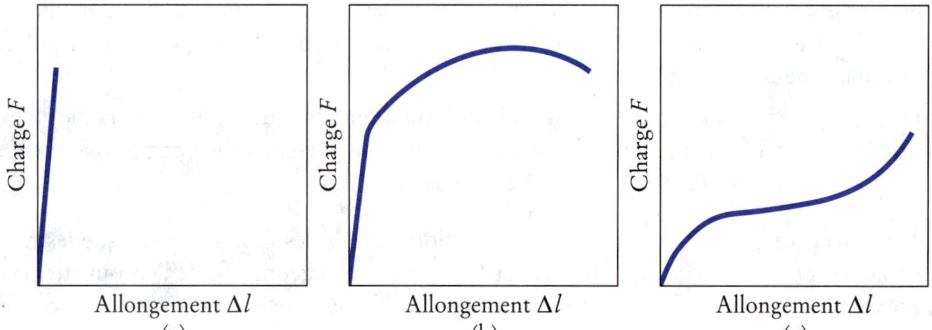

(a) (b) (c)

Figure 1.8 Comportements caractéristiques en traction : a) comportement fragile ; b) comportement ductile ; c) comportement élastique non linéaire.

Les contraintes s'expriment en pascals (1 Pa = 1 N/m^2) ou, plus généralement, en mégapascals (1 MPa = 10^6 Pa). Les déformations sont des grandeurs sans dimension, souvent exprimées en pourcentage (ε % = $\varepsilon \times 100$).

D'une façon générale, on peut décrire une courbe de traction $\sigma = f(\varepsilon)$ à l'aide du comportement en traction d'un matériau ductile (fig. 1.9).

Pendant la première partie de l'essai, l'éprouvette a un comportement élastique linéaire et obéit à la loi de Hooke (équat. 1.8). Théoriquement la pente de la droite est égale au module d'Young E ; en pratique, le module d'élasticité est très rarement mesuré de cette façon, car, dans le domaine élastique, les déformations sont très faibles, et la précision des mesures laisse alors à désirer. Dans le cas du fer, par exemple, à une contrainte de 100 MPa correspond une déformation élastique égale à 5×10^{-4} (ou 0,05 %), soit un allongement de 25 μm sur une longueur initiale de 50 mm. Le module d'Young E d'un matériau est généralement mesuré de façon plus précise grâce à des techniques d'ultrasons, puisque la vitesse de propagation des ondes sonores dans le matériau dépend de son module d'Young (art. 4.1.1).

La déformation élastique est suivie de la déformation plastique. Le *taux de consolidation* $d\sigma/d\varepsilon$, pente de la courbe $\sigma = f(\varepsilon)$ dans le domaine plastique et noté η, diminue quand la contrainte augmente et devient nul à la valeur maximale de la contrainte nominale appliquée. La courbe de traction passe alors par un maximum au-delà duquel la contrainte nominale diminue bien que l'allongement continue de croître. Quand l'allongement augmente au-delà de celui qui correspond à la charge maximale atteinte, un nouveau phénomène apparaît (fig. 1.9) : la déformation n'est plus homogène, mais elle est localisée dans la zone de *striction*. Quand, localement, la consolidation du matériau ne peut plus compenser l'augmentation de la contrainte, il y a alors instabilité et striction. Finalement, la rupture se produit dans la zone de striction, là où la section est la plus faible.

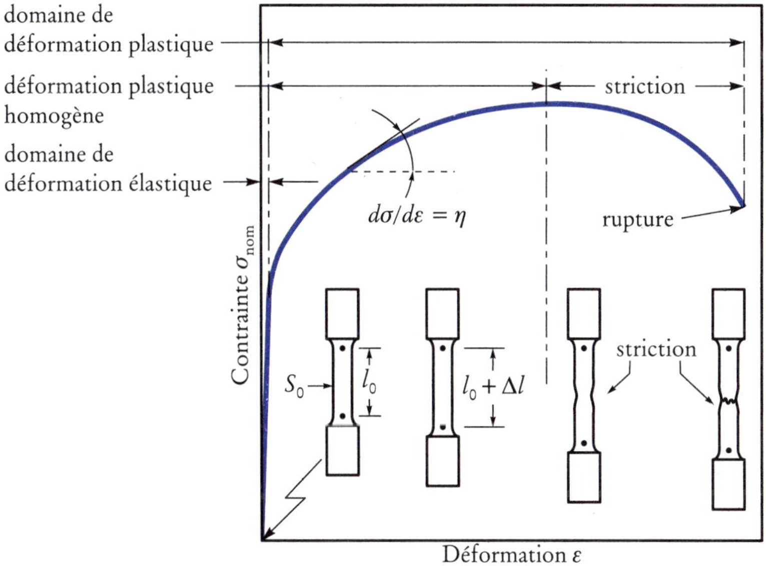

Figure 1.9 Représentation d'une courbe de traction (matériau ductile).

L'exploitation de la courbe de traction nous permet d'obtenir les valeurs suivantes des caractéristiques mécaniques d'un matériau :

- la *limite d'élasticité vraie* R_e (ou *limite de proportionnalité*) et la *limite conventionnelle d'élasticité* $R_{e0,2}$;
- la *résistance à la traction* R_m ;
- l'*allongement à la rupture* A ;
- la *striction à la rupture* Z.

Limite d'élasticité. En toute rigueur, la *limite d'élasticité vraie* R_e correspond à la contrainte à partir de laquelle le comportement du matériau s'écarte de la loi de Hooke, c'est-à-dire au moment où apparaît la première déformation plastique irréversible. La limite d'élasticité devrait donc correspondre, sur la courbe de la figure 1.10, à la contrainte à partir de laquelle il n'y a plus proportionnalité entre contrainte et déformation. En pratique, même si sa définition est simple, une telle limite de proportionnalité est très difficile à apprécier, car le passage du domaine élastique au domaine plastique se fait de façon progressive ; la limite de proportionnalité, ou limite d'élasticité vraie R_e, dépend donc de la précision que l'on a sur la mesure de l'allongement. On lève toute ambiguïté en définissant une *limite conventionnelle d'élasticité à 0,2 %*, notée $R_{e0,2}$: $R_{e0,2}$ est la contrainte à laquelle correspond une déformation plastique permanente égale à 0,2 %. La construction graphique permettant la mesure de $R_{e0,2}$ apparaît à la figure 1.10.

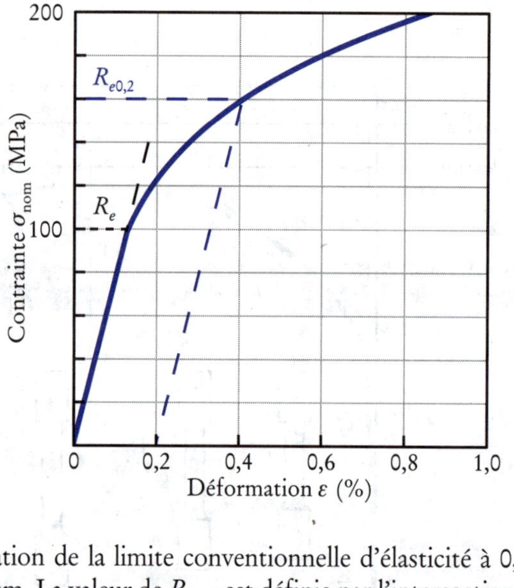

Figure 1.10 Détermination de la limite conventionnelle d'élasticité à 0,2 % ($R_{e0,2}$) d'un alliage d'aluminium. La valeur de $R_{e0,2}$ est définie par l'intersection de la courbe de traction et d'une droite parallèle à la pente élastique de la courbe de traction et passant par le point d'abscisse 0,2 % ; ici, $R_{e0,2}$ = 160 MPa. La limite de proportionnalité R_e serait de 100 MPa ou moins, selon la précision de la mesure des allongements.

Certains alliages – c'est le cas en particulier des aciers doux – ont un comportement en traction différent de ceux étudiés jusqu'ici : la transition entre les domaines élastique et plastique est discontinue (fig. 1.11). Dans ces cas, la limite d'élasticité R_e et la limite conventionnelle $R_{e0,2}$ sont définies comme la valeur inférieure de la discontinuité.

Résistance à la traction. La *résistance à la traction* R_m se définit comme la contrainte maximale atteinte durant l'essai de traction. Dans l'exemple de la courbe de traction de la figure 1.11, la résistance à la traction R_m est égale à 450 MPa. Les matériaux fragiles n'ont pas de domaine de déformation plastique (fig. 1.8a) : dans ce cas, la limite d'élasticité et la résistance à la traction sont confondues.

Allongement à la rupture. L'*allongement à la rupture* peut être lu directement sur la courbe de traction ou mesuré sur l'éprouvette rompue. À la figure 1.11, par exemple, $A = 27$ %. Si l_f est la distance entre les repères après rupture (les surfaces de rupture étant mises en contact), l'allongement permanent après rupture A est :

$$A = \frac{l_f - l_0}{l_0} \times 100\ \% \tag{1.25}$$

L'allongement permanent après rupture est une mesure de la ductilité ; il est nul pour les matériaux fragiles.

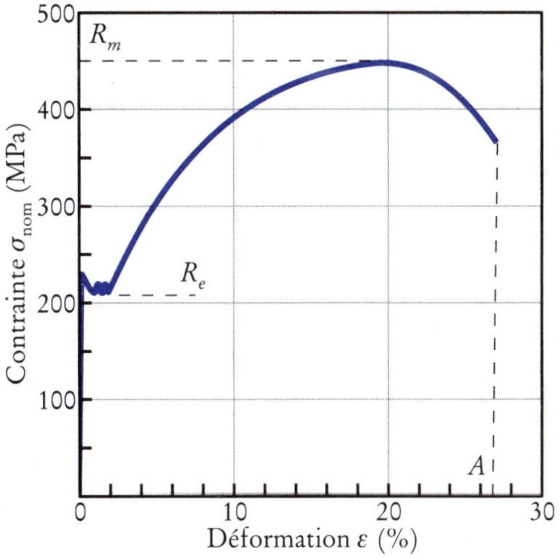

Figure 1.11 Courbe de traction d'un acier doux (Fe-0,15 % C) présentant une discontinuité à la limite d'élasticité. Dans ce cas, $R_e = R_{e0,2} = 210$ MPa, $R_m = 450$ MPa, $A = 27$ %.

Striction à la rupture. La *striction* est la variation de la section à l'endroit où la rupture s'est produite ; elle est donnée par la relation :

$$Z = \frac{S_0 - S_f}{S_0} \times 100\ \% \tag{1.26}$$

où S_0 = section initiale de l'éprouvette
S_f = section finale de la surface de rupture

Comme l'allongement à la rupture, la striction donne une indication de la ductilité du matériau.

Énergie de déformation. L'aire sous la courbe de traction est homogène à une *énergie de déformation par unité de volume* (fig. 1.12a) ; en effet, d'après les définitions de la contrainte nominale σ_{nom} et de la déformation ε (équat. 1.23 et 1.24), l'aire W sous la courbe de traction est donnée par l'équation suivante :

$$W = \int \sigma_{nom}\, d\varepsilon = \int \frac{F}{S_0} d\left(\frac{\Delta l}{l_0}\right) = \frac{1}{S_0 l_0} \int F d(\Delta l) = \frac{1}{V_0} \int F d(\Delta l) \tag{1.27}$$

Le terme $\int F d\,(\Delta l)$ de cette équation représente l'énergie dépensée (le travail fait) au cours de l'essai de traction pour rompre l'échantillon.

Pour toute valeur de la contrainte (fig. 1.12b), la déformation totale du matériau ε_t (segment OB) est la somme d'une déformation plastique irréversible ε_p (segment OA) et d'une déformation élastique réversible $\varepsilon_{él}$ (segment AB). L'énergie totale de déformation W peut donc être

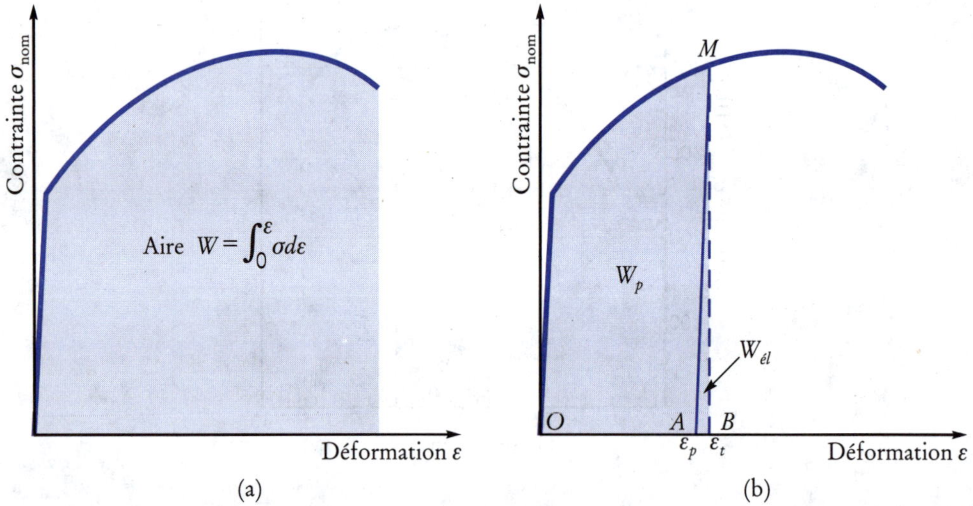

Figure 1.12 a) L'aire sous la courbe de traction est homogène à une énergie par unité de volume du matériau ; b) l'énergie W_p de déformation plastique et l'énergie $W_{él}$ de déformation élastique.

décomposée en une énergie de déformation plastique W_p, dépensée de façon irréversible pour déformer de façon permanente le matériau, et en une énergie de déformation élastique $W_{él}$ qui est restituable si la contrainte est supprimée. Cette énergie de déformation élastique $W_{él}$ est égale à l'aire du triangle AMB et, compte tenu de la loi de Hooke (équat. 1.8), on trouve sa valeur grâce aux égalités suivantes :

$$W_{él} = \int \sigma_{nom} d\varepsilon_{él} = \frac{1}{2}\sigma\varepsilon_{él} = \frac{E\varepsilon_{él}^2}{2} = \frac{\sigma^2}{2E} \qquad (1.28)$$

1.2.2 Essai de compression

L'*essai de compression* consiste à soumettre une éprouvette de forme cylindrique à deux forces axiales opposées en la plaçant entre les plateaux d'une presse (fig. 1.13a). Bien que l'essai paraisse assez simple, sa réalisation n'en comporte pas moins deux difficultés qui limitent son emploi et l'exploitation des résultats expérimentaux. Si l'éprouvette est trop haute par rapport à son diamètre, il y a risque d'apparition d'une instabilité élastique, le *flambage* (fig. 1.13b). En résistance des matériaux, on montre que la charge de flambage n'est fonction que de la géométrie de l'éprouvette et du module d'Young du matériau utilisé. Pour éviter ce problème, le rapport h/d est maintenu inférieur à 3. La seconde difficulté provient du frottement qui s'exerce entre les faces d'appui de l'éprouvette et les plateaux de la machine d'essai. Ce frottement s'oppose à l'augmentation du diamètre de l'éprouvette quand sa hauteur diminue. Il en résulte des déformations hétérogènes qui confèrent à l'éprouvette une forme de tonneau (déformation en barillet, fig. 1.13c).

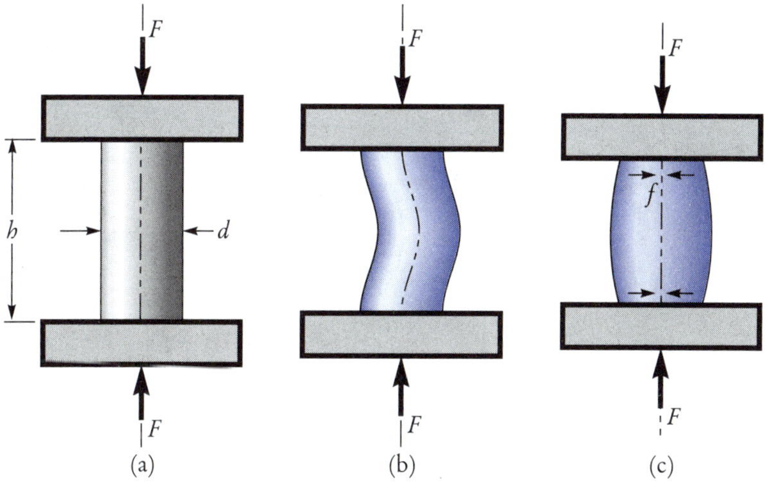

Figure 1.13 a) Essai de compression ; b) flambage de l'éprouvette ; c) déformation hétérogène causée par les forces de frottement f.

L'essai de compression ne permet pas d'atteindre la rupture si le matériau étudié est ductile. La figure 1.14 montre la rupture fragile d'une éprouvette de béton et la déformation plastique importante d'éprouvettes de laiton (alliage Cu–Zn) essayées en compression.

(a)

(b)

Figure 1.14 a) Éprouvette de béton rompue en compression ; b) éprouvettes de laiton déformées plastiquement en compression.

Les essais de compression sont surtout utilisés pour déterminer la contrainte de rupture des matériaux fragiles (bétons, céramiques), qui, du fait des défauts qu'ils comportent, résistent mal à la traction. Ces matériaux sont souvent très durs, et il est très difficile, voire impossible, de les usiner. Il est donc plus facile d'obtenir des éprouvettes de géométrie simple, à section constante, qui se prêtent bien aux essais de compression, plutôt que de réaliser des essais de traction pour lesquels existent des risques de rupture fragile des têtes de l'éprouvette dans les mors.

1.2.3 Essai de flexion

L'*essai de flexion* à trois points et la distribution des contraintes dans le plan où le moment fléchissant est maximal sont schématisés à la figure 1.15a. Les contraintes varient de façon continue de part et d'autre de l'axe neutre, sur lequel elles sont nulles : du côté concave de l'éprouvette, elles sont en compression alors que du côté convexe, elles sont en tension. La valeur maximale de la contrainte sur les faces extérieures d'une éprouvette à section rectangulaire est donnée, en valeur absolue, par l'équation :

$$|\sigma_{max}| = \frac{3}{2}\left(\frac{FL}{bh^2}\right) \tag{1.29}$$

où F = charge appliquée en son centre
b = largeur de l'éprouvette
h = hauteur de l'éprouvette
L = distance entre les appuis

On utilise aussi l'essai de flexion à quatre points (fig. 1.15b) qui permet d'avoir, entre les appuis du centre, distants de l, une répartition uniforme des contraintes de flexion ; la valeur maximale de la contrainte sur les faces de l'éprouvette est alors donnée par l'équation suivante :

$$|\sigma_{max}| = \frac{3}{2}\left(\frac{F(L-l)}{bh^2}\right) \tag{1.30}$$

Tout comme l'essai de compression, l'essai de flexion ne permet généralement pas d'atteindre la rupture des matériaux ductiles. Les essais de flexion sont normalisés et sont couramment utilisés pour effectuer des contrôles de qualité ou pour déterminer la contrainte de rupture (résistance à la flexion) des matériaux fragiles. La simplicité du montage de l'éprouvette (absence de problèmes de fixation) et celle de sa géométrie (peu ou pas d'usinage) constituent les principaux avantages de cet essai.

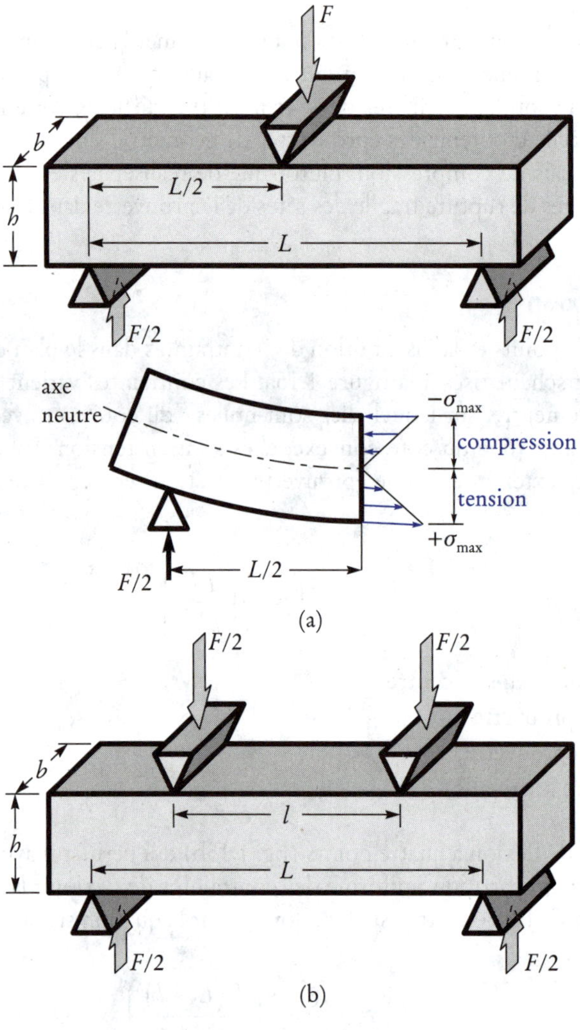

Figure 1.15 a) Représentation schématique de l'essai de flexion à trois points et répartition des contraintes ; b) essai de flexion à quatre points.

1.2.4 Essais de dureté

La dureté est la mesure de la résistance d'un matériau à la pénétration. La pénétration met en jeu une série de facteurs dont les principaux sont : les déformations élastique et plastique, le frottement entre le pénétrateur et le matériau, la géométrie du pénétrateur, ses propriétés mécaniques et la charge qui y est appliquée. Le tableau 1.1 résume les caractéristiques des principales méthodes de mesure de la dureté utilisées : la dureté Brinell (HB), la dureté Vickers (HV), les duretés Rockwell C et Rockwell B (HRC et HRB). Bien que les valeurs de dureté soient données sans dimensions, on remarque que, de par leur définition (tabl. 1.1), les duretés Brinell et Vickers sont homogènes à des contraintes.

Tableau 1.1 Caractéristiques des principales méthodes de mesure de la dureté

Méthode d'essai	Géométrie du pénétrateur	Charge F	Principe de l'essai	Paramètre mesuré	Dureté
Brinell	Bille d'acier dur ou de carbure (10 mm de diam.)	500 ou 3000 kgf	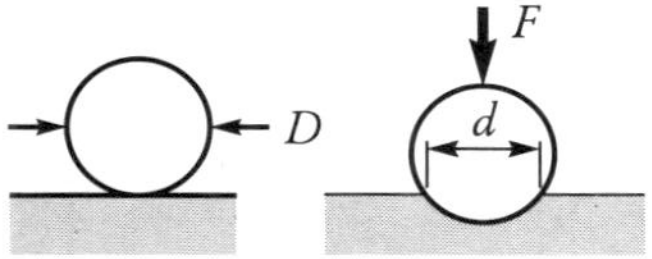	Diamètre de l'empreinte (d)	$HB = \frac{2F}{\pi D(D-\sqrt{D^2-d^2})}$
Vickers	Pyramide de diamant à base carrée; angle entre les faces opposées: 136° 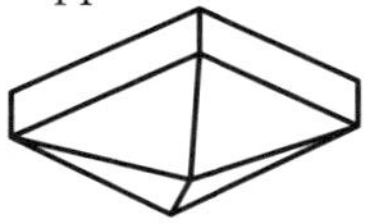	5 à 100 kgf (microdureté: 5 à 1000 gf)	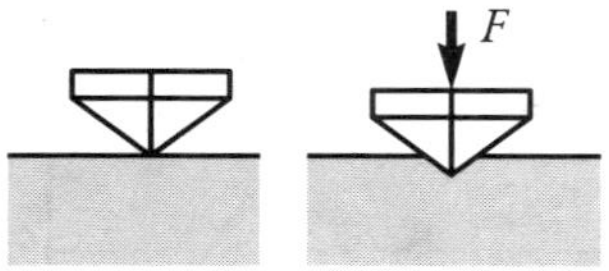	Diagonale de l'empreinte (d) 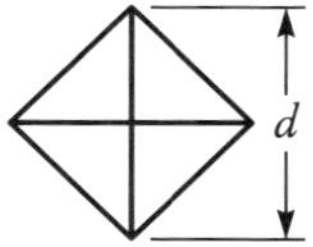	$HV = \frac{1{,}854\,F}{d^2}$
Rockwell C	Cône de diamant d'angle au sommet de 120° 	Précharge f de 10 kgf; F = 150 kgf	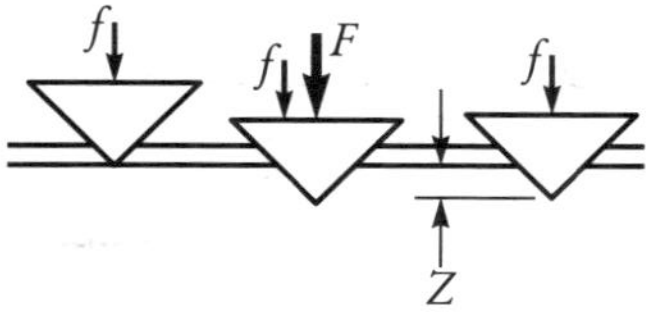	Profondeur de l'empreinte (Z)	$HRC = f(Z)$
Rockwell B	Bille d'acier dur (1,59 mm de diam.)	Précharge f de 10 kgf; F = 100 kgf	Même principe que Rockwell C	Profondeur de l'empreinte (Z)	$HRB = f(Z)$

Les mesures de dureté sont simples à mettre en œuvre et sont d'exécution rapide ; leur reproductibilité est élevée. Ces mesures sont suffisamment sensibles pour détecter et quantifier de faibles modifications de structure. Dans certaines conditions, elles sont faites sur des pièces finies, ce qui fait des essais de dureté des essais non destructifs.

Il existe des corrélations empiriques entre la dureté et la résistance à la traction. La figure 1.16 présente une telle relation établie pour les aciers au carbone et les aciers faiblement alliés ; ce sont d'ailleurs à peu près les seuls alliages pour lesquels on a pu établir une telle relation.

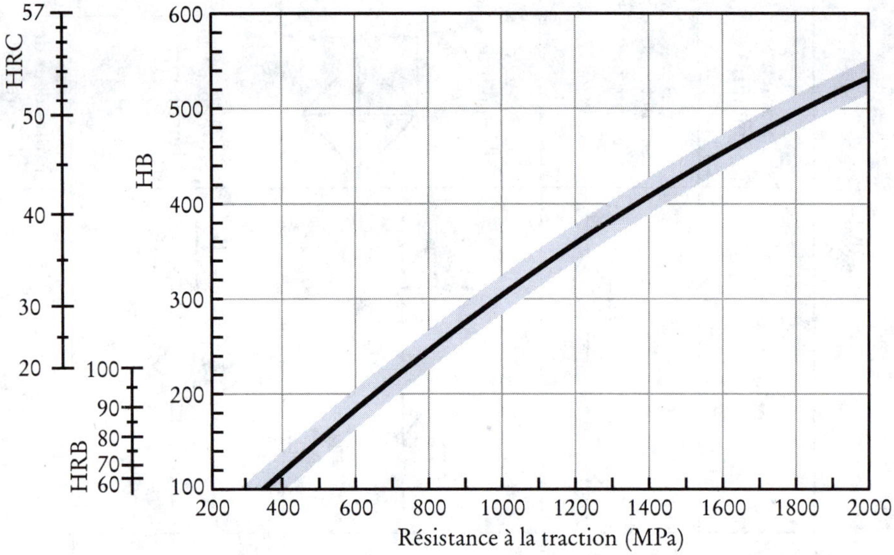

Figure 1.16 Relation entre les échelles de dureté Brinell, Rockwell C et Rockwell B, et la résistance à la traction des aciers au carbone et des aciers faiblement alliés.

1.2.5 Autres essais

Il existe de nombreux autres essais que ceux que nous venons de décrire et qui permettent de mesurer et de quantifier des caractéristiques des matériaux soit dans des conditions d'utilisation particulières (essai de fatigue sous charges variables ; essais à haute température sous charge constante appelés essais de fluage ; comportement au choc : essais de résilience), soit pour satisfaire à des opérations de mise en forme spécifiques (essais d'emboutissabilité, de soudabilité, ...). Nous y reviendrons dans des chapitres ultérieurs.

1.3 CARACTÉRISATION DE LA MICROSTRUCTURE

Les propriétés mécaniques ($R_{e0,2}$, R_m, A) dépendent dans une très large mesure de la constitution du matériau, c'est-à-dire non seulement de sa composition chimique, mais aussi de l'organisation des diverses phases présentes (leur taille, leur forme, leur distribution), donc de sa microstructure.

Pour bien comprendre les comportements des matériaux en service et pour pouvoir maîtriser leurs propriétés, il est nécessaire de décrire et de quantifier leur microstructure.

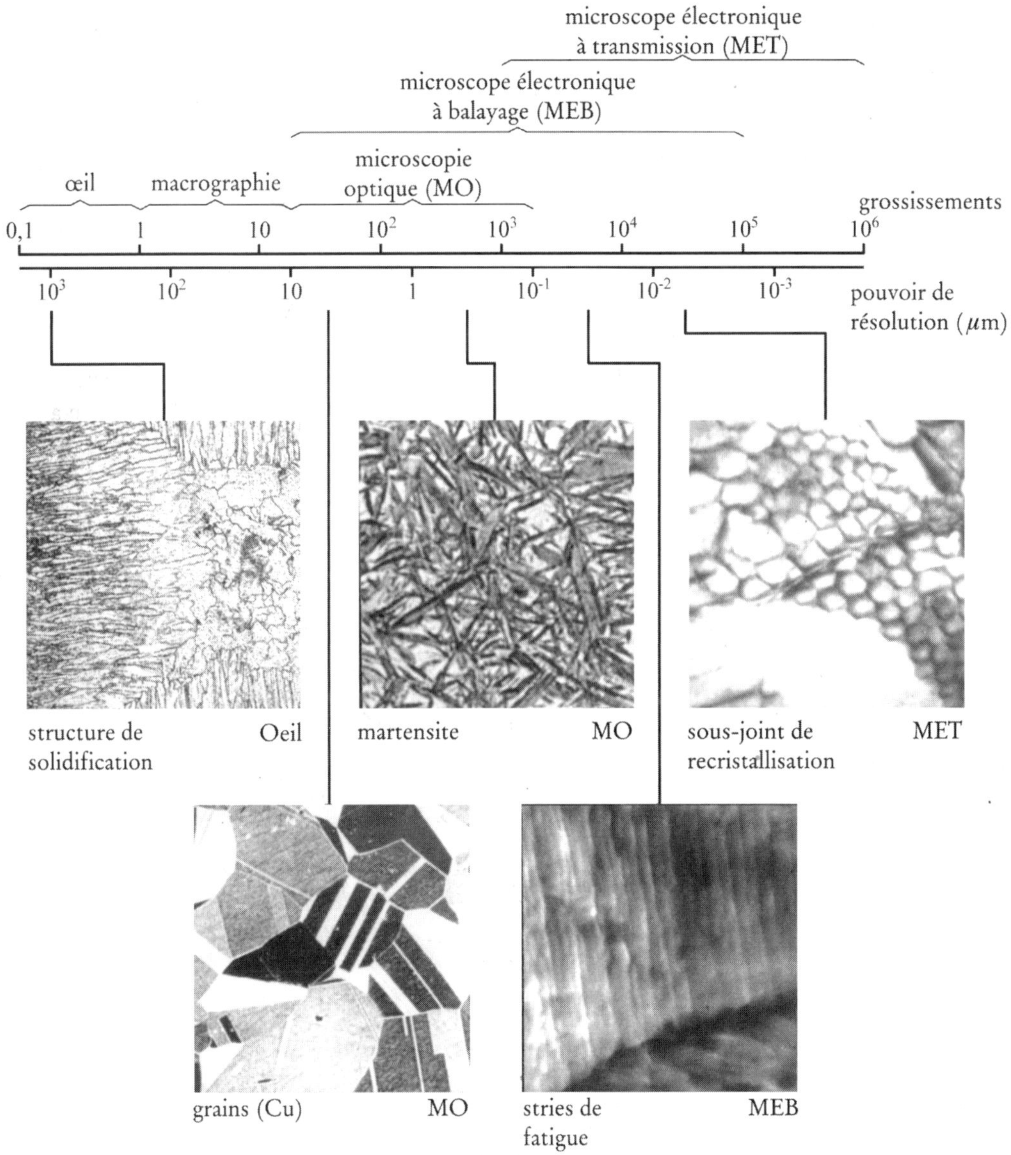

Figure 1.17 Grossissements et pouvoir de résolution des instruments d'étude de la microstructure.

Plusieurs types d'instruments permettent d'observer la microstructure des matériaux ; chacun a un domaine d'application particulier selon le grossissement qu'il permet d'atteindre et selon le genre d'observation que l'on cherche à faire. La figure 1.17 présente les échelles d'observation, les instruments qui permettent ces examens et des exemples d'informations obtenues. Chacune de ces techniques d'observation se caractérise par son pouvoir de résolution (appelé aussi limite de résolution). Ce paramètre représente la plus petite distance entre deux points de l'échantillon observé pour que ces deux points soient vus individuellement et que leurs images ne se chevauchent pas.

Dans les paragraphes qui suivent, nous décrirons plus en détail trois de ces instruments largement utilisés pour la caractérisation de la microstructure des matériaux.

1.3.1 Microscope optique

En science des matériaux, ceux dont la microstructure est le plus souvent observée sont les matériaux métalliques et les céramiques, matériaux opaques ; l'examen et l'étude de leur microstructure doit donc se faire par réflexion de la lumière sur une surface préparée à cet effet, appelée coupe métallographique. La figure 1.18 montre le schéma d'un microscope optique (MO) conçu à cette fin.

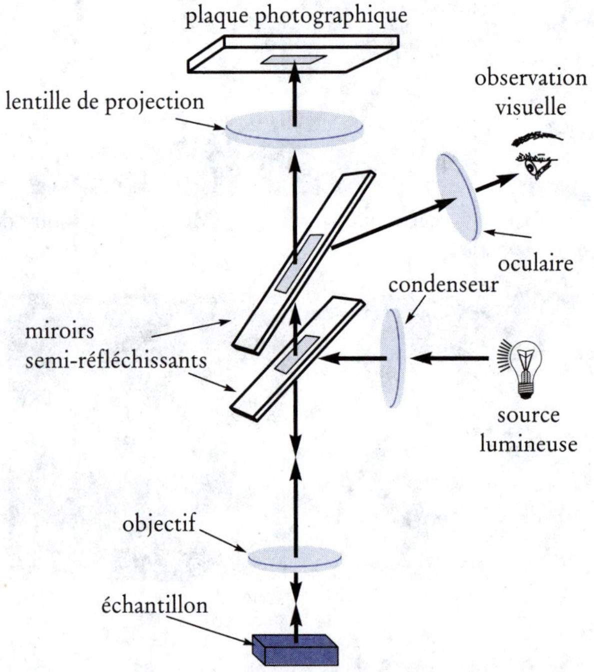

Figure 1.18 Représentation schématique d'un microscope optique utilisé pour les observations métallographiques.

Le pouvoir de résolution du microscope optique est limité par la longueur d'onde de la lumière utilisée. Il est de l'ordre de 0,2 μm ; autrement dit, le grossissement utile de cet appareil ne dépasse guère 1500 ×.

Pour être observables au microscope optique, les échantillons doivent être spécialement préparés ; après avoir prélevé l'échantillon de la pièce à étudier, on doit d'abord polir la surface à examiner. Ce polissage se fait successivement sur des papiers abrasifs de plus en plus fins (de 100 à 15 μm), puis avec des abrasifs (de 15 à 0,05 μm) en suspension dans un liquide (eau ou huile). Ces abrasifs sont généralement des poudres d'alumine ou de diamant. La surface ainsi obtenue doit être libre de rayures et ne présenter qu'une très faible épaisseur de métal déformé. Le polissage terminé, la microstructure de l'échantillon est mise en évidence par une attaque chimique ou électrolytique : la surface de l'échantillon subit une légère dissolution différentielle dans un réactif. Les réactifs d'attaque dépendent des alliages étudiés et des phases que l'on veut mettre en évidence.

Après l'attaque, les différents constituants de la microstructure n'ont plus le même pouvoir réfléchissant ou changent de couleur, ce qui permet leur observation. Dans le cas des céramiques ou pour observer certains constituants des alliages métalliques, l'attaque n'est pas toujours requise, les divers constituants ayant des pouvoirs réfléchissants différents.

1.3.2 Microscope électronique à transmission

Le principe du microscope électronique à transmission (MET) est similaire à celui d'un microscope optique à lumière transmise ; comme celui-ci, il comprend une source «lumineuse», un ou plusieurs condenseurs, un porte-objet, un objectif et une lentille de projection (fig. 1.19). La différence vient essentiellement de la «lumière» utilisée : c'est un faisceau d'électrons accélérés par un potentiel de l'ordre de 100 à 300 kV, et certains microscopes électroniques travaillent même sous 3 MeV de tension d'accélération. Les lentilles sont des lentilles électromagnétiques qui agissent sur le faisceau d'électrons tout comme des lentilles optiques agissent sur un faisceau lumineux. L'image est observée sur un écran fluorescent ou enregistrée sur une plaque photographique. Pour que les électrons ne soient pas diffusés par les molécules de gaz et ne perdent rapidement leur énergie, l'ensemble doit être mis sous un vide de l'ordre de 10^{-6} torr ($1,3 \times 10^{-4}$ Pa). Le pouvoir de résolution du MET peut, dans les meilleures conditions, être aussi faible que 0,2 nm ; cet instrument permet d'obtenir des grossissements de 300 000 ×.

Aux fins de l'observation, les échantillons doivent être suffisamment minces pour être transparents au faisceau d'électrons : 0,2 μm pour l'aluminium et moins de 0,1 μm pour le fer pour des électrons incidents accélérés sous 100 kV. Cela suppose qu'on prépare des lames minces des matériaux à examiner, soit par amincissement électrolytique, soit par bombardement ionique. Dans tous les cas, la mise en œuvre de ces méthodes reste très délicate.

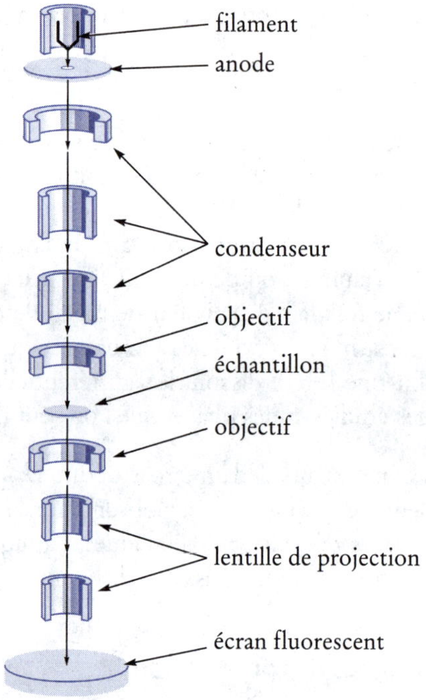

Figure 1.19 Représentation schématique du microscope électronique à transmission.

1.3.3 Microscope électronique à balayage

Les principes de fonctionnement et de formation de l'image du microscope électronique à balayage (MEB) sont entièrement différents de ceux du MO ou du MET. Dans un MEB, un faisceau d'électrons primaires, d'un diamètre pouvant varier de quelques nanomètres à un micromètre environ, est focalisé sur l'échantillon à l'aide de lentilles électromagnétiques (fig. 1.20). L'intensité des électrons réémis par la surface dépend de l'orientation et de la composition de celle-ci. Les électrons réémis (rétrodiffusés ou secondaires) sont collectés par un détecteur approprié, et le signal électrique ainsi obtenu est amplifié et sert à moduler l'intensité du faisceau d'électrons (spot) d'un écran cathodique. Des bobines de balayage permettent au faisceau incident de couvrir ligne par ligne la région à étudier. Le faisceau d'électrons de l'écran cathodique se déplace de façon synchrone, ligne par ligne ; à chaque position du faisceau incident sur l'échantillon correspond une position homologue du spot sur l'écran cathodique (fig. 1.21). La brillance du spot est proportionnelle à l'intensité du signal d'électrons émis par le point de l'échantillon. On obtient ainsi sur l'écran cathodique une image (en «noir et blanc») reconstituée de la surface de l'échantillon à partir du signal détecté provenant de chaque point de la surface balayée par les électrons primaires. Le grossissement G obtenu sur l'écran cathodique est tout simplement égal au rapport de la largeur de cet écran à la largeur de la zone balayée sur l'échantillon ($G = A'D'/AD$, fig. 1.22).

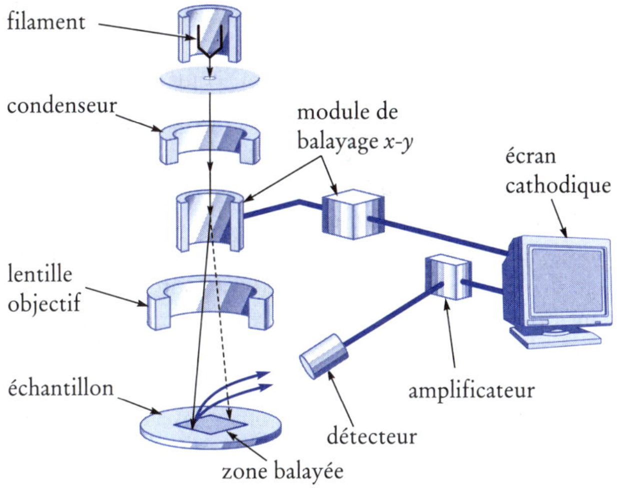

Figure 1.20 Représentation schématique du microscope électronique à balayage.

Le pouvoir de résolution du MEB dépend de la taille de la zone d'où provient le signal utilisé pour former l'image : environ 1 à 4 μm avec les électrons rétrodiffusés et les rayons X ; 5 nm avec les électrons secondaires, ce qui permet d'atteindre des grossissements utiles de 50 000 ×. La profondeur de champ du MEB est d'environ 100 fois supérieure à celle d'un microscope optique (500 μm à 100 × et 30 μm à 2000 ×), ce qui permet d'observer des surfaces présentant des reliefs, telles que des surfaces de rupture.

Bombardé par un faisceau d'électrons, un point de la surface du matériau réémet plusieurs signaux caractéristiques (fig. 1.22) dont les principaux sont :

– Des *électrons rétrodiffusés*, e_r, qui sont des électrons primaires incidents ayant subi suffisamment d'interactions élastiques avec les atomes de l'échantillon pour ressortir de ce dernier. Leur énergie moyenne est égale ou supérieure à 50 % de l'énergie des électrons primaires. Ces électrons proviennent d'un volume d'interaction de l'échantillon qui a approximativement la forme d'une demi-sphère et dont le diamètre est d'autant plus grand que le numéro atomique Z des atomes cibles de l'échantillon est faible : par exemple, pour des électrons incidents ayant une énergie de 20 keV, le diamètre de la demi-sphère est égal à 4,2 μm pour l'aluminium ($Z = 13$), alors qu'il est égal à 0,9 μm pour l'or ($Z = 79$). Le *coefficient de rétrodiffusion* η, qui est le rapport du nombre d'électrons rétrodiffusés émis au nombre d'électrons primaires incidents, croît avec le numéro atomique Z des atomes de l'échantillon ($\eta \approx 0{,}15$ pour l'aluminium et $\eta \approx 0{,}5$ pour l'or). De plus, le coefficient de rétrodiffusion η croît si l'angle α augmente (angle que forme le faisceau d'électrons primaires avec la normale à la surface de l'échantillon). Grâce à des détecteurs appropriés, il est possible de capter les électrons rétrodiffusés pour obtenir une image de l'échantillon qui met en évidence soit la topographie (le relief) de l'échantillon (variation de α), soit ses variations locales de composition chimique (variation de Z). Généralement, en microscopie électronique à balayage, on utilise surtout le signal des électrons rétrodiffusés e_r pour obtenir des images en contraste chimique (variations locales de Z) qui ont une limite de résolution spatiale voisine du diamètre de la demi-sphère d'émission des électrons rétrodiffusés (de l'ordre du micromètre).

– Des *électrons secondaires*, e_s, qui sont des électrons de faible énergie ($\leq$ 50 eV) produits par l'interaction des électrons primaires avec les électrons faiblement liés de la couche de valence ou de conduction des atomes de l'échantillon. Le coefficient Δ d'émission en électrons secondaires dépend faiblement du numéro atomique Z des atomes cibles de l'échantillon. Par contre, ce coefficient Δ croît si l'angle α que forme le faisceau d'électrons primaires avec la normale à la surface de l'échantillon augmente. Il s'ensuit que la détection des électrons secondaires permet d'obtenir une image de l'échantillon représentative de son relief (contraste topographique). Comme la grande majorité des électrons secondaires émis proviennent d'une zone dont la profondeur est de l'ordre de quelques nanomètres (nm) et dont le diamètre est voisin de celui du faisceau d'électrons primaires incidents, les images en électrons secondaires peuvent avoir une limite de résolution spatiale élevée (quelques nanomètres) à condition de balayer l'échantillon avec un faisceau d'électrons primaires de diamètre suffisamment petit.

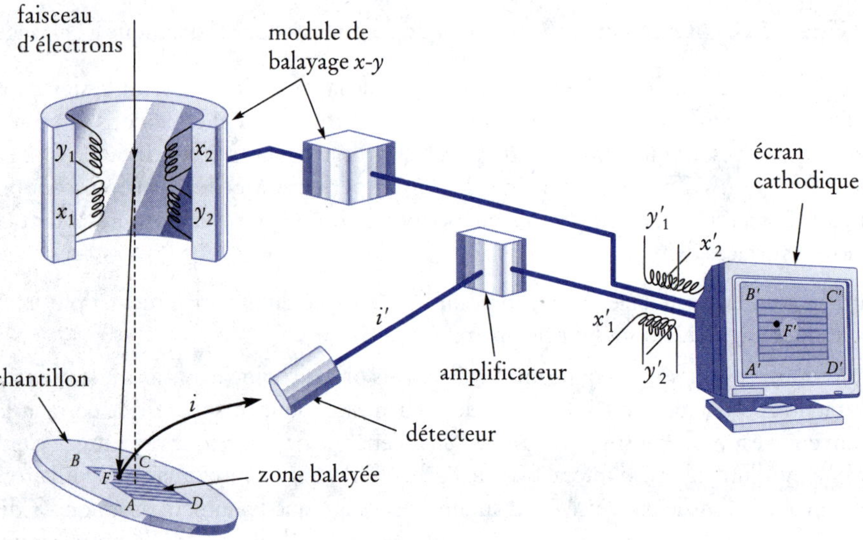

– x_1, x_2, y_1 et y_2 : bobines de déflexion du faisceau d'électrons (balayage *x*-*y*)
– x'_1, x'_2, y'_1 et y'_2 : bobines de déflexion du faisceau d'électrons de l'écran cathodique (balayage *x*-*y*)
– $ABCD$: région balayée sur l'échantillon
– $A'B'C'D'$: région balayée par le spot sur l'écran cathodique
– i : intensité du signal émis par l'échantillon
– i' : intensité du spot sur l'écran ; $i' \propto i$

Figure 1.21 Représentation schématique de la reconstitution d'une image au MEB : à tout point F de l'échantillon correspond un point F' sur l'écran. Le grossissement final de l'image est égal au rapport $A'D'/AD$.

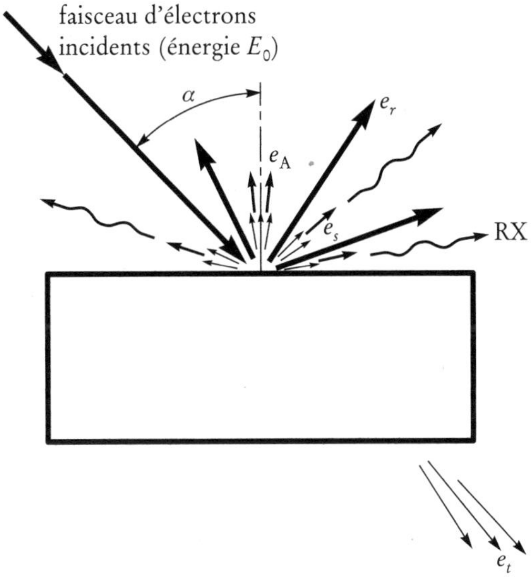

Figure 1.22 Représentation schématique de l'interaction entre un faisceau d'électrons primaires et un échantillon ; e_r : électrons rétrodiffusés ; e_s : électrons secondaires ; e_A : électrons Auger ; e_t : électrons transmis ; RX : rayons X.

- Des *rayons X*, créés par l'interaction des électrons primaires avec les électrons des couches électroniques profondes des atomes cibles. Certains de ces rayons X (appelés raies caractéristiques) ont des énergies bien spécifiques, dont la valeur dépend du numéro atomique Z des atomes cibles. Les rayons X proviennent du volume d'interaction de l'échantillon avec les électrons primaires. La détection des rayons X et la mesure de l'énergie de ces raies caractéristiques permettent donc de déterminer le numéro atomique Z des atomes cibles qui les ont émis et qui sont localisés dans ce volume d'interaction, c'est-à-dire dans un volume de l'ordre de quelques micromètres cubes (μm^3).
- Des *électrons Auger*, e_A, produits au cours de l'interaction des électrons primaires avec les électrons des couches électroniques des atomes cibles. Comme les rayons X, ces électrons Auger ont des énergies bien spécifiques, dont la valeur dépend du numéro atomique Z des atomes cibles. Toutefois, ils ne proviennent que des toutes premières couches atomiques de l'échantillon (1 à 5). La détection des électrons Auger et la mesure de leurs énergies spécifiques rendent possible une analyse chimique élémentaire très superficielle de l'échantillon.

Pour l'observation au MEB, les échantillons ne requièrent aucune préparation spéciale, à condition qu'ils soient des conducteurs électriques ; les coupes métallographiques et les surfaces de rupture des matériaux métalliques peuvent être examinées sans autre préparation. La surface des échantillons de matériau isolant est rendue conductrice par métallisation (couche d'or ou de carbone de 10 à 20 nm d'épaisseur, obtenue soit par vaporisation sous vide, soit par pulvérisation cathodique).

La simplicité de préparation des échantillons pour l'examen au MEB et la possibilité d'observation directe de leur surface font que cet instrument est de plus en plus utilisé tant en recherche que pour les contrôles industriels. Couplé à un spectromètre de rayons X, le MEB permet de faire des analyses chimiques sur de très petits volumes de matière (ordre de grandeur de quelques micromètres cubes) ou d'obtenir des images qui montrent la répartition spatiale des éléments (images rayons X ou en électrons rétrodiffusés).

Chapitre 2

COHÉSION ET RIGIDITÉ DES MATÉRIAUX

On peut décrire de deux façons le comportement d'un matériau soumis à une sollicitation extérieure. La première approche consiste à ne considérer que le comportement macroscopique du matériau, tel que l'illustre, par exemple, la courbe de traction présentée au chapitre précédent. Ce type de description concerne uniquement les phénomènes globaux et permet d'établir des lois de comportement macroscopique. Toutefois, il ne fournit *a priori* que peu d'informations sur les mécanismes qui se produisent à une échelle plus fine, c'est-à-dire au niveau des atomes ou des molécules, éléments constituants du matériau. Or le comportement macroscopique résulte de l'ensemble de ces mécanismes microscopiques.

Dans le présent chapitre, nous examinerons certains modèles atomiques qui permettent d'interpréter la cohésion et la rigidité des matériaux. Cette seconde approche nous amènera à rappeler brièvement les grandes classes de liaisons chimiques et à établir une première classification des matériaux selon certaines de leurs propriétés, tels la rigidité, la température de fusion et le coefficient de dilatation linéique.

2.1 RIGIDITÉ DES MATÉRIAUX

Nous avons décrit au chapitre 1 le comportement macroscopique d'un matériau soumis à un essai de traction. Dans le présent chapitre, nous ne nous préoccuperons que de la première partie de la courbe de traction (le domaine de l'élasticité), où la loi de Hooke s'applique pour de faibles valeurs de la déformation ε (équat. 1.8 et fig. 1.8a).

La constante de proportionnalité E de cette loi, le module d'Young, est une mesure de la *rigidité* du matériau, c'est-à-dire de la propriété qu'a le matériau de se déformer de façon élastique réversible sous l'action d'une contrainte.

Pour une valeur donnée de la contrainte, un matériau est d'autant plus rigide que sa déformation élastique résultante est faible. Il est donc possible d'établir une première classification de plusieurs matériaux usuels selon la valeur de leur rigidité (fig. 2.1).

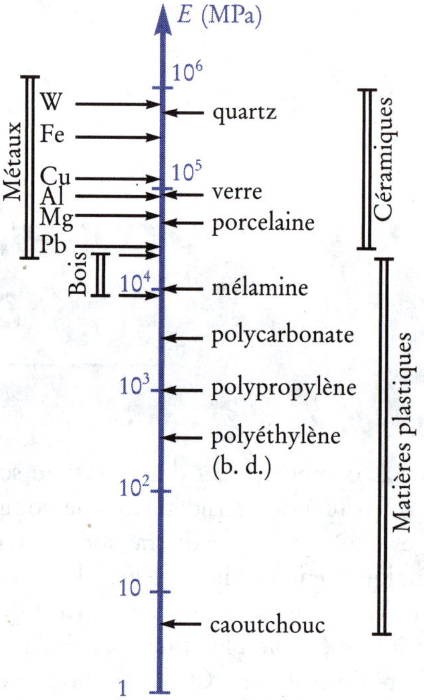

Figure 2.1 Valeur du module d'Young E (en mégapascals, MPa) pour quelques matériaux usuels.

On remarque à la figure 2.1 que le module peut varier dans une très large gamme de valeurs. Il existe un rapport d'un million (10^6) entre la valeur du module des matériaux les plus rigides et celle du module des matériaux les moins rigides (les plus élastiques).

Notons que le module d'Young E n'est pas la seule mesure de la rigidité d'un matériau. La rigidité peut aussi être caractérisée par le module de cisaillement G (ou module de Coulomb), défini à l'article 1.1.2 (équat. 1.12), ou par le *module de compressibilité volumique* K. Le module K est la constante de proportionnalité entre le changement relatif de volume ΔV d'un matériau soumis à une pression hydrostatique P et la valeur de cette pression (positive ou négative) [fig. 2.2].

Puisque les modules E, G et K caractérisent tous la rigidité, il existe des relations entre eux : la première, qui relie E et G, a déjà été citée (équat. 1.18) ; la seconde, reliant E et K, est la suivante :

$$K = \frac{E}{3(1 - 2\nu)} \tag{2.1}$$

La connaissance de l'un des modules (E, G ou K) et du coefficient de Poisson ν d'un matériau permet donc de calculer les deux autres modules.

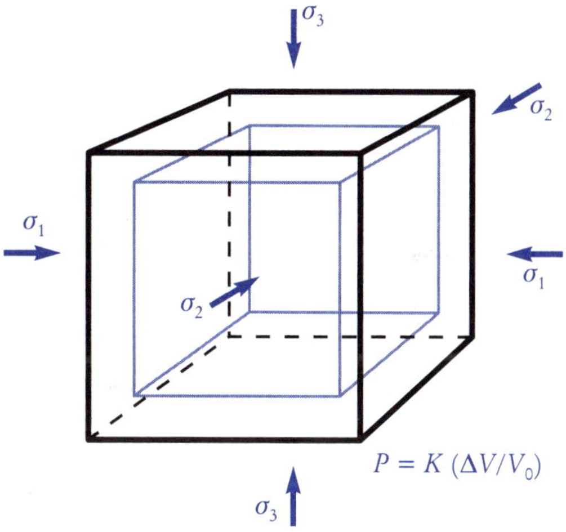

Figure 2.2 Comportement d'un matériau soumis à une pression hydrostatique P ($\sigma_1 = \sigma_2 = \sigma_3$).

Pour être en mesure d'interpréter le comportement élastique d'un matériau, il faut maintenant élaborer, à l'échelle atomique, des modèles qui permettront de déduire le comportement macroscopique : nous en proposerons deux. Dans le premier, très simple, les liaisons entre atomes ou molécules d'un matériau sont assimilées à des ressorts ; ce modèle permet d'établir une relation entre la rigidité du matériau et l'intensité de ses liaisons, mais non d'expliquer la dilatation thermique. C'est pourquoi nous en proposerons un second, le modèle électrostatique, plus réaliste que le précédent parce que basé sur les forces d'attraction et de répulsion qui s'exercent entre les atomes ou les molécules.

2.2 MODÈLE DES RESSORTS

2.2.1 Description du modèle et loi de Hooke

Dans le premier modèle, les liaisons entre les atomes ou les molécules d'un matériau solide sont assimilées à des ressorts (fig. 2.3).

Rappelons qu'il existe une proportionnalité entre la force f appliquée à un ressort et l'allongement absolu résultant, $\Delta a = (a - a_0)$, où a_0 est la longueur initiale du ressort au repos. Ce comportement macroscopique se traduit par la relation suivante :

$$f = \beta \Delta a \tag{2.2}$$

où β est la constante de raideur du ressort.

Pour simplifier notre démonstration, nous supposerons que les ressorts ne se déforment que dans la direction d'application de la force et qu'il n'y a aucune contraction latérale dans des directions perpendiculaires à cette force (fig. 2.3b).

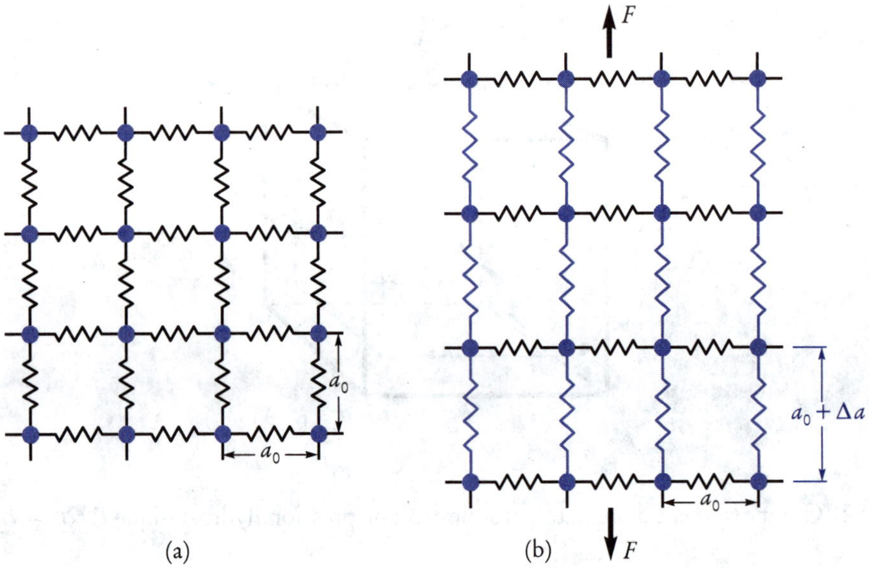

Figure 2.3 a) Modèle des ressorts ; b) modèle des ressorts soumis à une force de traction F.

Selon ce modèle, l'ensemble des n ressorts contenus dans un plan perpendiculaire à l'axe de la force se comporte comme un seul ressort de constante de raideur B. La relation 2.2 s'écrit alors :

$$F = \sum_{i=1}^{i=n} f_i = n\beta\Delta a = B\Delta a \tag{2.3}$$

où B est la constante de raideur globale des ressorts ayant chacun une constante de raideur β.

Si on définit un volume V du matériau soumis à la force F tel que $V = Sa_0$, où S est la surface d'application de la force, et a_0, la distance d'équilibre entre les atomes ou les molécules, on peut écrire, d'après l'équation 2.3 :

$$\frac{F}{Sa_0} = B\,\frac{\Delta a}{Sa_0} \tag{2.4}$$

Cette équation se simplifie selon l'expression :

$$\frac{F}{S} = \frac{Ba_0}{S}\,\frac{\Delta a}{a_0} \tag{2.5}$$

qui peut aussi s'écrire :

$$\sigma = E\varepsilon \tag{2.6}$$

où

$$\sigma = \frac{F}{S}, \; E = \frac{Ba_0}{S} \text{ et } \varepsilon = \frac{\Delta a}{a_0} \tag{2.7}$$

On constate donc que le modèle des ressorts permet de retrouver la loi de Hooke (par comparaison des équations 1.8, 2.6 et 2.7). Le matériau est d'autant plus rigide que ses liaisons, assimilables à des ressorts, ont une constante de raideur β élevée (équat. 2.7).

2.2.2 Énergie élastique emmagasinée

Lorsque le matériau est soumis à une déformation élastique, il emmagasine une certaine énergie de déformation, de même qu'un ressort déplacé de sa position d'équilibre par une force emmagasine une énergie :

$$W = \frac{1}{2}\beta\Delta a^2 \tag{2.8}$$

où β = constante de raideur du ressort
Δa = variation de longueur du ressort sous l'effet de la force

L'équation 2.8 est représentée à la figure 2.4 pour le cas de deux ressorts A et B de constantes de raideur différentes. Par définition, le rayon de courbure ρ de la courbe $W = f(\Delta a)$ autour de la position d'équilibre, définie par $\Delta a = 0$ ($a = a_0$), est inversement proportionnel à la constante de raideur β. En effet, on a :

$$\left(\frac{d^2W}{da^2}\right) = \beta = \frac{1}{\rho} \tag{2.9}$$

Autrement dit, la courbe $W = f(\Delta a)$ est d'autant plus «pointue» (ρ faible) que la constante de raideur β est élevée.

Par analogie, on peut dès maintenant en déduire que le module d'Young d'un matériau est inversement proportionnel au rayon de courbure au minimum de la courbe qui donne la variation de l'énergie d'un atome (ou d'une molécule) en fonction de son déplacement autour de sa position d'équilibre (sect. 2.3).

Soulignons enfin que, selon la mécanique classique, un ressort est un oscillateur harmonique qui, lorsqu'une certaine énergie W lui est communiquée, oscille de façon symétrique autour de sa position de repos, l'amplitude des oscillations pour une quantité donnée d'énergie étant d'autant plus faible que la constante de raideur est élevée (fig. 2.4).

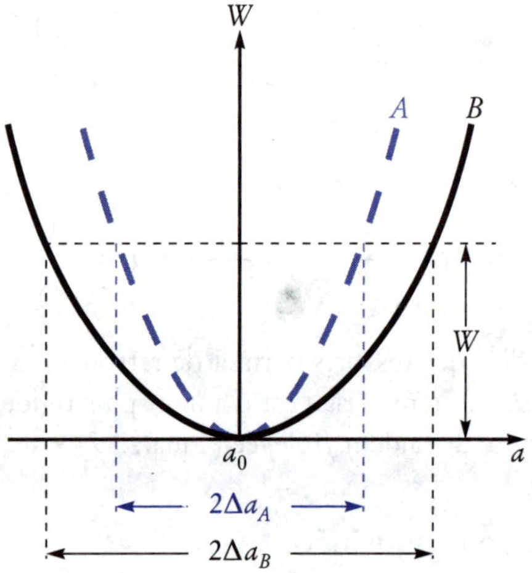

Figure 2.4 Variation de l'énergie W de ressorts A et B en fonction de leur allongement Δa ($\beta_A > \beta_B$).

2.2.3 Contraction latérale en traction et coefficient de Poisson

Dans l'article précédent, nous avons supposé que les ressorts perpendiculaires à la direction de traction ne subissaient aucune déformation sous l'effet de la force. En réalité, les liaisons ne s'établissent pas uniquement entre les premiers voisins d'un atome ou d'une molécule, mais aussi entre ses voisins plus éloignés, car le matériau est formé d'une disposition tridimensionnelle de particules constituantes, maintenues en équilibre sous l'action d'un champ tridimensionnel de forces de liaison.

La figure 2.5 présente le schéma d'un modèle de ressorts plus proche de la réalité physique : les liaisons entre les atomes ou les molécules y sont représentées par des ressorts principaux (liant un atome à ses premiers voisins), mais aussi par des ressorts secondaires (orientés selon les diagonales du modèle bidimensionnel présenté et liant un atome à ses seconds voisins).

Une force extérieure agissant dans la direction AB produit un allongement dans cette même direction. Les ressorts AB et AD subissent donc des déformations. La force de réaction F_{AB} agissant dans la direction principale participe entièrement à la résistance du matériau, et il en est de même de la composante $(F_{AD})_y$. Par contre, la composante $(F_{AD})_x$ est une force de compression transversale qui tend à rapprocher les atomes A et C. Cette force, proportionnelle mais perpendiculaire à la force extérieure F, est à l'origine de la contraction latérale observée dans les matériaux soumis à une traction simple. Comme nous l'avons indiqué au chapitre 1, cette contraction latérale est caractérisée par le coefficient de Poisson, défini par l'équation 1.7. Il est facile de démontrer que la valeur théorique du coefficient de Poisson doit être de 0,5 si l'on admet que le matériau se déforme à volume constant.

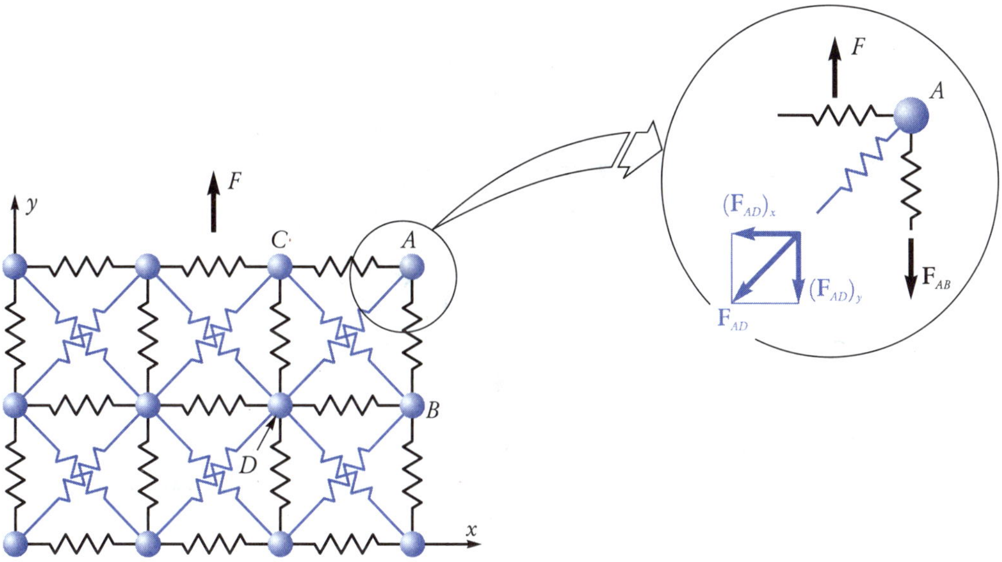

Figure 2.5 Origine de la contraction latérale en traction simple.

En réalité, la contraction latérale dépend de l'architecture atomique ou moléculaire du matériau, ce que ne peut représenter adéquatement le schéma de la figure 2.5. Pour la majorité des matériaux, la valeur de ν est comprise entre 0,20 et 0,5 ; elle est d'environ 0,30 pour les matériaux métalliques.

Nous verrons au chapitre 4 que cette contraction latérale peut avoir d'importantes conséquences quant au comportement mécanique des matériaux, puisqu'elle sera à l'origine de la triaxialité des contraintes locales s'exerçant en tête d'un défaut même si le matériau est soumis à une contrainte nominale uniaxiale.

2.2.4 Résistance théorique à la traction

Le modèle des ressorts permet de faire une première estimation de la contrainte théorique de rupture d'un matériau fragile, c'est-à-dire un matériau qui se rompt sans déformation plastique (fig. 1.8a), par exemple le verre et plusieurs céramiques.

La figure 2.6 représente un matériau constitué d'atomes liés par des ressorts. Seules les liaisons (ressorts) situées entre les plans P_1 et P_2 y sont indiquées, car on suppose que la rupture se produira entre ces plans.

Cette rupture conduit à la création de deux nouvelles surfaces, auxquelles est associée une certaine énergie. Dans le cas du modèle présenté à la figure 2.6, un atome situé à l'intérieur du matériau est maintenu en équilibre sous l'action des six liaisons (ressorts) qui le relient à ses premiers voisins ; mais un atome situé à la surface n'est plus lié qu'à cinq de ses premiers voisins. L'énergie de surface

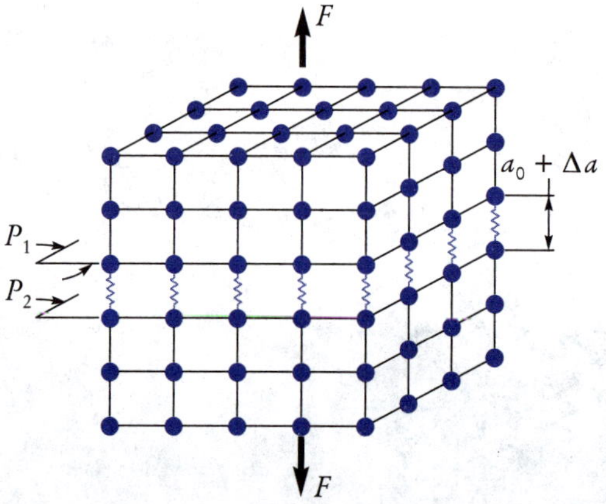

Figure 2.6 Description de la rupture selon le modèle des ressorts. La décohésion du matériau se produit par rupture des ressorts liant les plans P_1 et P_2, dont la distance à l'équilibre est égale à a_0 quand $F = 0$.

γ_S correspond donc à l'énergie supplémentaire nécessaire pour maintenir les atomes de surface en équilibre avec leurs premiers voisins.

Dressons un bilan énergétique à l'instant où se produit la rupture. L'énergie W_S fournie pour créer les deux nouvelles surfaces S est égale à :

$$W_S = 2\gamma_S S \tag{2.10}$$

Cette énergie W_S est fournie par l'énergie élastique $W_{él}$ emmagasinée dans les ressorts qui se rompent et qui est égale, d'après les équations 2.3 et 2.4, à :

$$W_{él} = \frac{1}{2} F_{th} \Delta a_f \tag{2.11}$$

où F_{th} est la force théorique de rupture de l'ensemble des ressorts situés entre les plans P_1 et P_2 ; la rupture se produit quand l'allongement final est égal à Δa_f ($\Delta a_f = a_f - a_0$).

Pour qu'il y ait rupture, il faut donc que :

$$W_{él} \geq W_S \tag{2.12}$$

Dans le volume V étudié entre les plans P_1 et P_2 ($V = a_0 S$), l'équation 2.11 devient :

$$W_{él} = \frac{1}{2} \sigma \varepsilon S a_0 \tag{2.13}$$

où σ est la contrainte agissant sur la section S ($\sigma = F/S$). À la force théorique de rupture F_{th} correspond la *contrainte théorique de rupture* R_{th} ($R_{th} = F_{th}/S$). L'équation 2.12 devient alors :

$$\frac{1}{2} R_{th} \varepsilon S a_0 \geq 2\gamma_S S \tag{2.14}$$

Jusqu'à la rupture, le comportement du matériau demeure élastique et obéit à la loi de Hooke ($\sigma = E\varepsilon$), ce qui permet d'écrire :

$$\frac{R_{th}^2 a_0}{2E} \geq 2\gamma_S \tag{2.15}$$

d'où

$$R_{th} \geq 2\sqrt{\frac{E\gamma_S}{a_0}} \tag{2.16}$$

On peut constater que la résistance théorique d'un matériau fragile ne dépend que de certaines de ses propriétés intrinsèques (module d'Young E, énergie de surface γ_S et distance d'équilibre a_0 entre les atomes ou les molécules).

En règle générale, quand il est possible de connaître la valeur expérimentale de γ_S pour un matériau donné (ce qui est rare, car la mesure expérimentale de l'énergie de surface des solides n'est pas chose facile), on trouve que la résistance théorique à la traction R_{th}, estimée d'après l'équation 2.16, est de l'ordre de $E/3$ à $E/10$. Cette valeur théorique est considérablement plus élevée que la résistance à la traction R_m mesurée expérimentalement. En effet, chacun devine intuitivement qu'un fil de verre (E = 70 GPa, γ_S = 0,1 J/m^2, $a_0 \simeq$ 0,2 nm) d'une section de 1 mm^2, ne peut supporter sans se rompre une force de l'ordre de 12 kN, soit la force requise pour soulever une camionnette.

Les valeurs usuelles de la résistance à la traction R_m sont en fait de l'ordre de $E/100$ à $E/1000$. Cette constatation ne remet pas en cause la validité des hypothèses que nous avons établies en utilisant le modèle des ressorts pour calculer R_{th}, et nous expliquerons cette divergence entre la théorie et l'expérience au chapitre 4.

En conclusion, disons que le modèle des ressorts a permis d'établir une équivalence entre la rigidité d'un matériau et l'intensité des liaisons existant dans ce matériau ainsi que d'expliquer la contraction latérale lors d'une déformation par traction. Il a également conduit à une estimation de sa résistance théorique à la traction.

Ce modèle ne permet toutefois pas de décrire la dilatation thermique d'un matériau. En effet, la symétrie de la courbe $W = f(\Delta a)$ à la figure 2.4 fait en sorte que la distance moyenne d'équilibre entre un atome et ses voisins reste toujours égale à a_0, même si cet atome (auquel une énergie thermique W aurait été communiquée par élévation de la température) vibre entre deux positions extrêmes définies par $a_0 \pm \Delta a$.

Il faut donc développer un nouveau modèle qui soit plus conforme aux faits expérimentaux.

2.3 MODÈLE ÉLECTROSTATIQUE

2.3.1 Description du modèle

Contrairement au modèle des ressorts, le modèle électrostatique concerne la nature même des atomes, qui sont composés d'un noyau de protons et de neutrons autour duquel gravitent des électrons. En première approximation, nous utiliserons le modèle atomique de Bohr ; selon ce modèle, les électrons chargés négativement sont maintenus en équilibre autour du noyau sous l'effet des charges positives (protons).

Considérons ce qui se produit lorsque deux atomes, séparés par une très grande distance d (état gazeux), se rapprochent l'un de l'autre et qu'il n'y a finalement plus entre eux qu'une distance comparable à celle qui est caractéristique de l'état solide. Nous n'examinerons qu'un système très simple constitué de deux atomes, soumis chacun aux variations de potentiel et de forces que nous décrirons ci-après. Le système est à la température du zéro absolu afin qu'aucune énergie d'agitation thermique n'y soit présente. Si la distance d entre les atomes diminue (fig. 2.7), les charges électriques de même signe créent un potentiel électrostatique de répulsion U_r entre les atomes, alors que les charges électriques de signes opposés créent un potentiel électrostatique d'attraction U_a.

Lorsque la distance d entre les atomes est relativement grande (d supérieure à deux ou trois fois le diamètre des atomes), le nuage électronique d'un atome est essentiellement soumis à l'attraction du noyau de l'autre atome, et vice versa.

Le potentiel d'attraction U_a est donné par la loi de Coulomb :

$$U_a = \frac{A}{d} \tag{2.17}$$

où A est un paramètre dépendant des charges électriques de signes contraires en présence. On considère A comme négatif, car, quand d diminue, l'énergie totale du système diminue également.

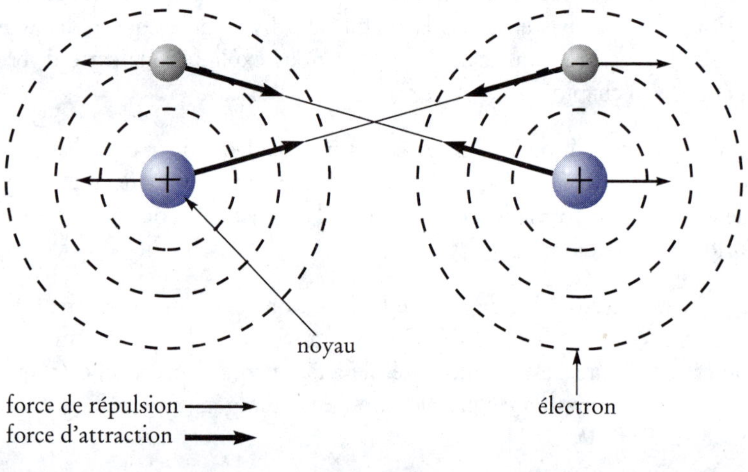

Figure 2.7 Représentation schématique du modèle de Bohr.

Lorsque la distance entre les atomes devient inférieure à deux ou trois diamètres atomiques, on doit tenir compte de l'influence du potentiel répulsif U_r : elle est d'autant plus forte que la distance d est faible ; ce potentiel est essentiellement dû à la répulsion des électrons de chaque atome, car les nuages électroniques ne peuvent s'interpénétrer. Le potentiel répulsif U_r correspond à l'équation suivante :

$$U_r = \frac{B}{d^m} \tag{2.18}$$

où B est une constante positive dépendant du nombre de protons et d'électrons en présence, et m, une constante ; m est de l'ordre de 6 à 9 pour les liaisons métalliques, et de 9 à 11 pour les liaisons ioniques et covalentes.

La figure 2.8 représente la variation de U_r et de U_a en fonction de d. Sous l'effet de ces potentiels antagonistes, les deux atomes se maintiennent à une distance d'équilibre a_0, définie par le minimum de la courbe $U(d)$, où :

$$U(d) = U_a + U_r \tag{2.19}$$

L'énergie U_0 correspondant à ce puits de potentiel représente en fait l'*énergie de cohésion* ; c'est l'énergie qu'il faut fournir aux atomes pour que le matériau passe de l'état solide (au zéro absolu où ses atomes sont distants de a_0) à l'état gazeux (où la distance entre les atomes est très grande). L'énergie U_0 représente donc l'*enthalpie de sublimation* ΔH_s du matériau, correspondant au passage de l'état solide à l'état gazeux.

Connaissant la variation du potentiel $U(d)$ du système formé des deux atomes, on peut facilement en déduire la variation de la force résultante $F(d)$ qui s'exerce entre ces deux atomes selon la relation classique :

$$F = \frac{dU(d)}{dd} \tag{2.20}$$

Cette fonction $F(d)$ est représentée à la figure 2.8b. La force $F(d)$ est nulle à $d = a_0$ (les atomes sont en équilibre sous l'effet des forces d'attraction et de répulsion) et admet une valeur maximale F_{th} correspondant au point d'inflexion de la courbe $U(d)$.

En première approximation, on suppose qu'on peut décrire la fonction $F(d)$, entre a_0 et a_f, par la fonction :

$$F = F_{th} \sin \frac{2\pi \Delta a}{\lambda} \tag{2.21}$$

où Δa représente la variation de la distance d'équilibre a_0 entre les atomes lorsque ceux-ci sont soumis à des forces extérieures (fig. 2.8b).

Le modèle électrostatique ainsi schématisé permettra désormais d'examiner la réponse du corps soumis à une force extérieure ou à une élévation de température.

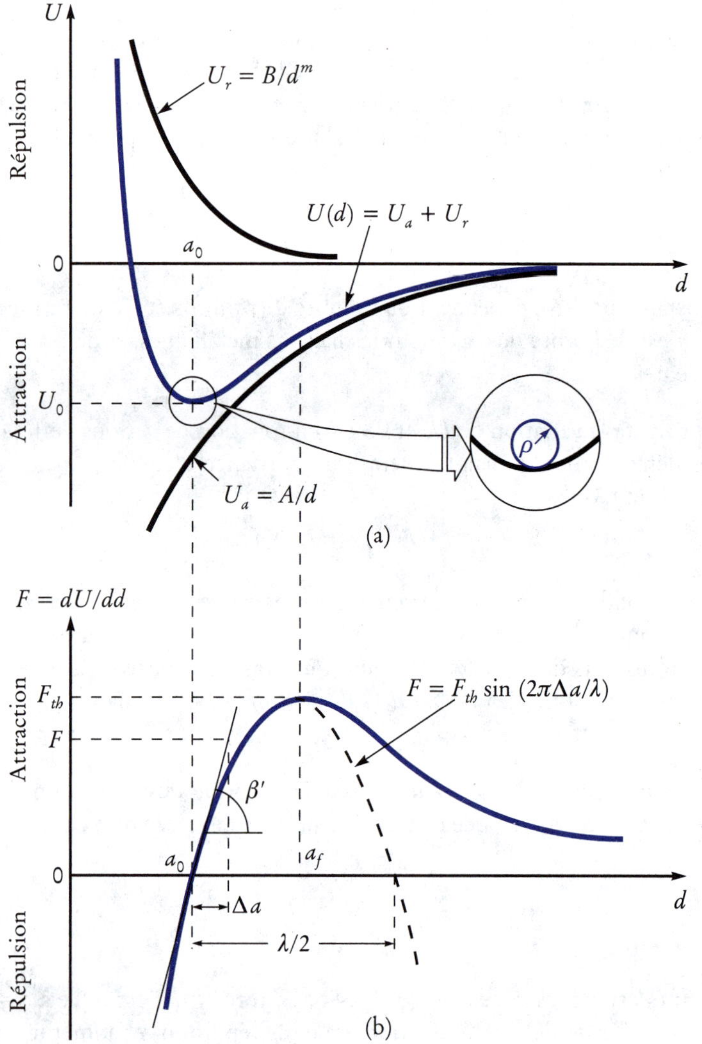

Figure 2.8 a) Variation de l'énergie interne U d'un système de deux atomes en fonction de la distance d entre ces atomes (à 0 K) ; b) variation de la force F entre deux atomes en fonction de la distance d entre ces atomes (à 0 K).

2.3.2 Loi de Hooke et module d'Young

Lorsque le matériau est soumis à une force F telle que la variation de la distance d'équilibre entre les deux atomes ($\Delta a = d - a_0$) reste faible, la fonction $F(d)$ peut être assimilée à sa tangente au point d'équilibre $d = a_0$ (fig. 2.8b). L'équation 2.21 s'écrit alors comme suit :

$$F = F_{th} \sin \frac{2\pi\Delta a}{\lambda} \simeq F_{th}\left(\frac{2\pi\Delta a}{\lambda}\right) \tag{2.22}$$

En posant $F/S_0 = \sigma$ et $\Delta a/a_0 = \varepsilon$, on retrouve la loi de Hooke ($\sigma = E\varepsilon$) avec :

$$E = \frac{2\pi F_{th} a_0}{S_0 \lambda} \tag{2.23}$$

Le modèle électrostatique permet donc de retrouver facilement la loi de Hooke pour de faibles déformations relatives $\varepsilon = \Delta a/a_0$.

La pente β' de la tangente à la courbe $F(d)$ au point $d = a_0$ est donnée, d'après l'équation 2.22, par :

$$\beta' = \left(\frac{dF}{dd}\right)_{a_0} = \frac{2\pi F_{th}}{\lambda} \tag{2.24}$$

et, par unité de surface et pour une déformation $\varepsilon = dd/a_0$:

$$E = \left(\frac{d\sigma}{d\varepsilon}\right)_{a_0} = \frac{2\pi F_{th}}{S_0 \lambda} = \frac{\beta'}{S_0} \tag{2.25}$$

Or, d'après la définition de $F = dU/dd$ (équat. 2.21), on trouve que :

$$E \propto \left(\frac{dF}{dd}\right)_{a_0} = \left(\frac{d^2U}{dd^2}\right)_{a_0} \tag{2.26}$$

Le module d'Young est donc proportionnel à la pente de la courbe $F(d)$ et à la dérivée seconde d^2U/dd^2 à $d = a_0$ (équat. 2.9), c'est-à-dire à l'inverse du rayon de courbure ρ de la courbe $U(d)$ à $d = a_0$ (fig. 2.8a). Autrement dit, le matériau est d'autant plus rigide (E élevé) que le puits de potentiel de la courbe $U(d)$ est «pointu» (faible rayon de courbure ρ à $d = a_0$).

Ce puits de potentiel est d'autant plus «pointu» que sa profondeur U_0 est grande. Par conséquent, on peut en déduire qu'il existe une relation entre l'enthalpie de sublimation $\Delta H_s \simeq U_0$ du matériau et son module d'Young E, car ces deux grandeurs varient dans le même sens. C'est ce que confirme la figure 2.9.

Les valeurs de ΔH_s reportées dans cette figure sont les valeurs expérimentalement connues ou celles qui sont déduites de la *règle de Trouton* :

$$\Delta H_s \simeq \Delta H_f + \Delta H_v \tag{2.27}$$

$$\frac{\Delta H_v}{T_v} \simeq 90 \text{ J·mol}^{-1}\text{·K}^{-1} \tag{2.28}$$

où ΔH_f = *enthalpie de fusion*
ΔH_v = *enthalpie de vaporisation* (ébullition) du matériau
T_v = température de vaporisation (kelvins)

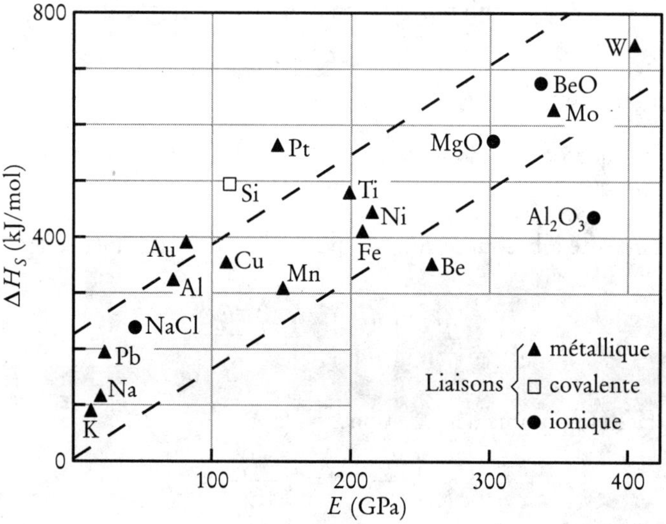

Figure 2.9 Relation entre l'enthalpie de sublimation ΔH_s et le module d'Young E, pour plusieurs matériaux.

De façon analogue, plus la température de vaporisation T_v d'un matériau est élevée, plus sa rigidité est grande, ce que confirme la figure 2.10.

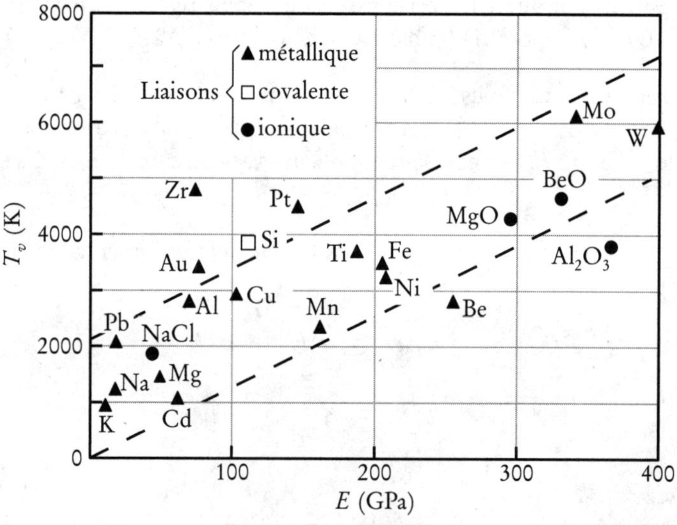

Figure 2.10 Relation entre la température de vaporisation T_v et le module d'Young E, pour plusieurs matériaux.

Remarquons cependant que la bande de dispersion expérimentale des figures 2.9 et 2.10 est assez large, car les approximations faites ne tiennent pas compte de la nature spécifique des liaisons dans les matériaux étudiés ni de la disposition des atomes à l'état solide (structure cristalline).

Nous pouvons toutefois conclure qu'en règle générale un matériau est d'autant plus rigide que son enthalpie de sublimation ou sa température de vaporisation sont élevées. Bien entendu, cette proportionnalité existe aussi entre le module d'Young et la température de fusion d'un élément, cette dernière grandeur étant généralement plus facile à mesurer que la température de vaporisation.

Par ailleurs, pour chaque type de liaison (covalente, ionique ou métallique), le module d'Young et le module de compressibilité volumique K sont d'autant plus élevés que la distance d'équilibre entre les atomes est faible (fig. 2.11).

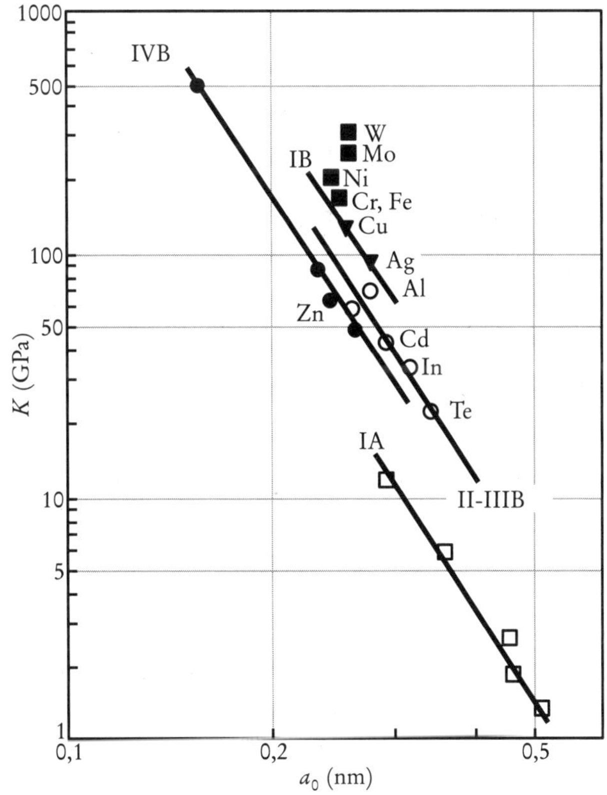

Figure 2.11 Variation du module de compressibilité volumique K en fonction de la distance d'équilibre a_0 entre les atomes, pour les éléments des colonnes IA, II-IIIB, IB et IVB et pour quelques métaux.

2.3.3 Résistance théorique à la traction

Comme le modèle des ressorts, le modèle électrostatique permet d'estimer la *résistance théorique à la traction* R_{th}. Examinons pour ce faire la figure 2.8b et l'équation 2.21. Si cette équation s'applique à une unité de surface du matériau, elle peut s'écrire :

$$\sigma = R_{th} \sin \frac{2\pi\Delta a}{\lambda} \tag{2.29}$$

où $\sigma = F/S$ et $R_{th} = F_{th}/S$, S étant la surface d'application de la force F.

La rupture du matériau est atteinte quand $\sigma = R_{th}$, c'est-à-dire quand F est égale à F_{th} pour une distance $a_f = a_0 + \lambda/4$ entre les atomes ou les molécules. L'énergie élastique nécessaire pour rompre les liaisons est donc égale à :

$$W_{él} = \int_0^{\lambda/4} \sigma dd \tag{2.30}$$

D'après l'équation 2.29, on obtient :

$$W_{él} = \frac{\lambda R_{th}}{2\pi} \tag{2.31}$$

Cette énergie, qui était emmagasinée dans les liaisons sous tension avant la rupture, est libérée à l'instant de la rupture pour créer les deux nouvelles surfaces dont l'énergie W_S est égale à $2\gamma_S$.

Par conséquent, la rupture se produit dans la même condition que celle que décrit l'équation 2.12, soit

$$W_{él} = \frac{\lambda R_{th}}{2\pi} \geq 2\gamma_S \tag{2.32}$$

Entre a_0 et a_f, on avait décrit la courbe $F(d)$ par une sinusoïde (équat. 2.21), ce qui a permis d'obtenir le module E (équat. 2.23) d'où on a tiré la valeur de λ :

$$\lambda = \frac{2\pi R_{th} a_0}{E} \tag{2.33}$$

En insérant cette valeur dans l'équation 2.32, on obtient une estimation de la valeur de R_{th} :

$$R_{th} = \sqrt{\frac{2E\gamma_S}{a_0}} \tag{2.34}$$

Il faut comparer cette valeur de la résistance théorique à la traction R_{th} à celle que permet d'obtenir le modèle des ressorts (équat. 2.16) ; ces deux valeurs sont égales à un facteur $\sqrt{2}$ près.

Quel que soit le modèle utilisé, la résistance théorique à la traction d'un matériau reste extrêmement élevée : elle est de l'ordre de $E/10$.

2.3.4 Dilatation thermique selon le modèle électrostatique

Si les atomes (ou les molécules) d'un corps sont à une température supérieure au zéro absolu, chacun d'eux possède alors une énergie cinétique supplémentaire W_T, due à l'agitation thermique (fig. 2.12).

Cette énergie d'agitation thermique W_T s'ajoute à l'énergie potentielle U_0 de l'atome, et celui-ci vibre donc entre deux positions extrêmes a_m et a_M, dont la valeur moyenne est $a_1 = (a_M + a_m)/2$.

Du fait de l'asymétrie de la courbe $U = f(d)$ par rapport à la verticale d'abscisse a_0, la distance moyenne d'équilibre a_1 entre les atomes est supérieure à a_0. Une élévation de température se traduit donc par une dilatation du corps. Cette dilatation, mesurée par l'allongement relatif $(a_1 - a_0)/a_0$, est bien confirmée par l'expérience, et le *coefficient de dilatation linéique* $\alpha = (\Delta a/a_0)/\Delta T$ est relié à la pente de la courbe AB, lieu géométrique du milieu du segment $a_m a_M$ quand la température varie (fig. 2.12).

Le modèle électrostatique rend donc bien compte de la dilatation thermique des matériaux, ce que ne pouvait faire le modèle des ressorts.

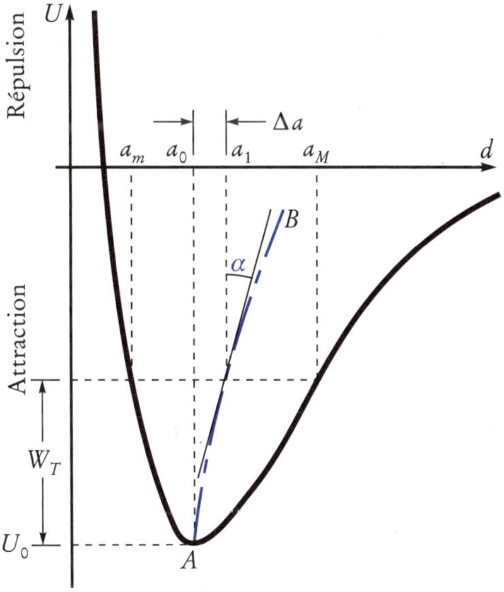

Figure 2.12 Interprétation de la dilatation thermique d'un solide selon le modèle électrostatique.

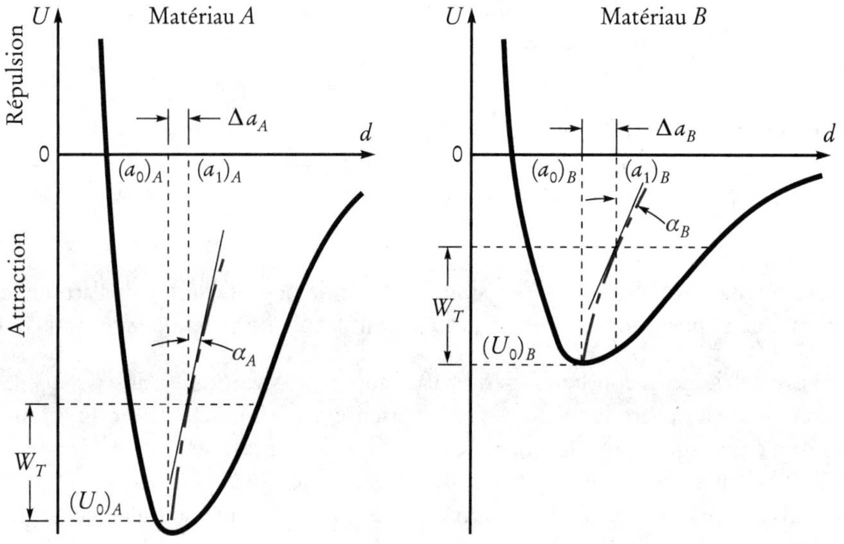

Figure 2.13 Comparaison entre la dilatation thermique $\Delta a/a_0$ d'un matériau A et celle d'un matériau B.

Selon la forme de la courbe $U = f(d)$, qui caractérise l'intensité des liaisons dans un matériau, il est donc possible de déduire qualitativement le coefficient de dilatation linéique du matériau. Comparons deux matériaux A et B, caractérisés par leur courbe $U(d)$ [fig. 2.13].

À une température $T_1 > 0$ K, les atomes, ayant une énergie cinétique supplémentaire W_T, vibrent autour de leur nouvelle position d'équilibre a_{1A} et a_{1B} ; la dilatation thermique, proportionnelle au rapport $\Delta a/a_0$, est plus élevée pour le matériau B que pour le matériau A. Comme l'indique la figure 2.13, le matériau B, dont l'énergie de liaison $(U_0)_B$ est plus faible que celle du matériau A, se dilate davantage pour une même élévation de température. Or, à l'article 2.3.2, nous avions signalé que plus U_0 est faible, plus la courbe $U(d)$ est évasée au voisinage de a_0, et plus le module d'Young est faible. Par conséquent, on peut déduire qu'un matériau a un module d'Young d'autant plus faible que son coefficient de dilatation linéique est élevé, ce que confirment les valeurs expérimentales présentées à la figure 2.14.

Le modèle électrostatique est donc plus réaliste que le modèle des ressorts, puisqu'il permet de rendre compte de la dilatation thermique des matériaux et des corrélations existant entre cette dilatation et la rigidité.

C'est donc de la nature même des liaisons entre les atomes ou les molécules d'un matériau que dépendent plusieurs de ses propriétés. Nous allons maintenant rappeler brièvement les caractéristiques essentielles des liaisons rencontrées dans les matériaux.

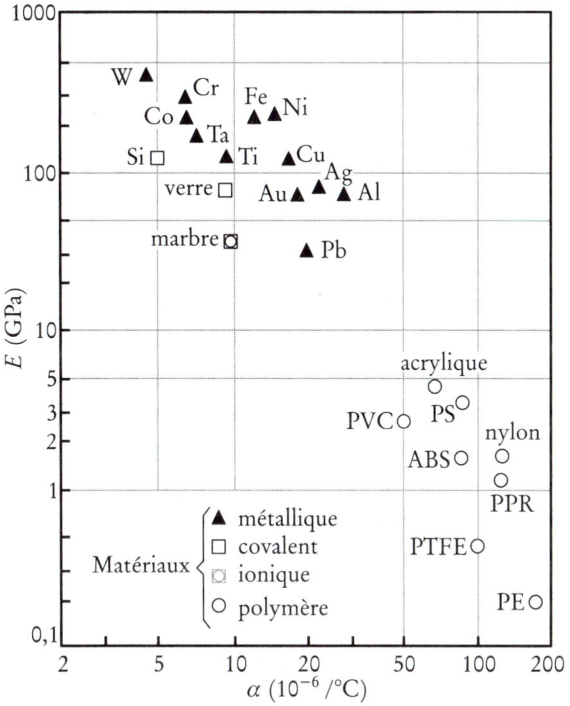

Figure 2.14 Relation entre le module d'Young E et le coefficient de dilatation linéique α de quelques matériaux.

2.4 TYPES DE LIAISONS

Les modèles que nous avons présentés nous ont permis d'établir des relations entre certaines propriétés des matériaux (E, α, ΔH_s, T_V) et l'énergie de liaison. Nous verrons plus loin que d'autres propriétés dépendent également du type de liaison établie entre les atomes ou les molécules. Ainsi la fragilité sera généralement associée aux matériaux covalents et ioniques alors que la ductilité sera une conséquence directe de la liaison métallique.

2.4.1 Liaison covalente

La liaison covalente intervient entre deux atomes qui se partagent un ou plusieurs électrons afin de compléter leur couche électronique extérieure à huit électrons.

L'exemple le plus simple est probablement celui des éléments de la colonne 17(VIIB) du tableau périodique (annexe A), qui possèdent sept électrons (s^2p^5) sur leur couche extérieure. Il ne leur manque qu'un électron pour que cette couche soit complète. Lorsqu'un atome d'un élément de cette colonne se lie à un atome identique, chacun d'eux met un de ses électrons en commun avec son voisin. Ce partage permet l'établissement d'une liaison de forte intensité puisque la couche extérieure de chaque atome comprend alors huit électrons.

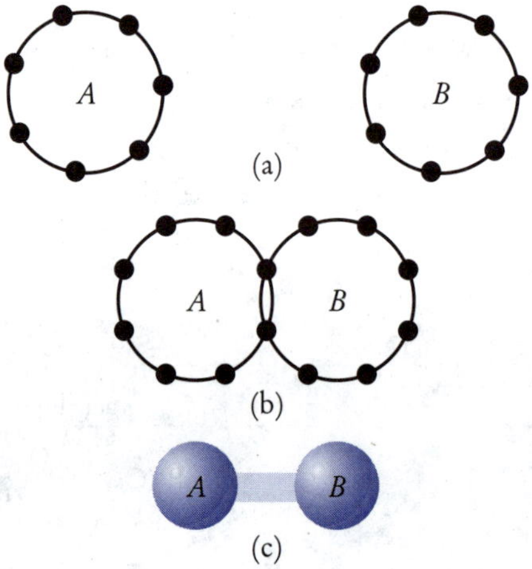

Figure 2.15 Représentation de la liaison covalente entre deux atomes de chlore : a) avant la liaison ; b) les deux atomes à l'état lié ; c) probabilité de présence (zone grise) des électrons participant à la liaison.

La figure 2.15 illustre ce type de liaison pour le cas du chlore. Les électrons qui participent à la liaison covalente sont localisés dans l'espace ; la probabilité de leur présence est très élevée dans la direction reliant les centres des atomes (fig. 2.15c).

Un autre exemple de liaison covalente est celui des éléments de la colonne 14(IVB), qui ont une couche électronique extérieure contenant quatre électrons (s^2p^2). Il leur manque donc quatre électrons pour que la couche soit complète. Un atome de germanium, par exemple, devra se combiner à quatre autres atomes de germanium de manière à établir des liaisons covalentes avec ses voisins. La figure 2.16 montre une représentation schématique de ces liaisons.

Le nombre n des premiers voisins entre lesquels s'établissent les liaisons est fixé par une règle simple :

$$n = 8 - N \tag{2.35}$$

où N est le numéro de la colonne à laquelle l'élément appartient dans le tableau périodique (si N est le chiffre romain de la colonne, voir le tableau périodique à l'annexe A). Insistons sur le fait qu'une liaison covalente est *directionnelle*. Ainsi, dans le cas du germanium (fig. 2.16), il y a une très forte probabilité que les électrons participant à la liaison se trouvent dans des directions allant du centre aux sommets du tétraèdre : ces liaisons forment alors entre elles des angles de 109,5°. Elles sont dites directionnelles. Cette propriété de la liaison covalente a des conséquences importantes pour certaines caractéristiques des matériaux. Ainsi, l'architecture atomique d'un solide covalent doit respecter les directions des liaisons (voir l'exemple du carbone aux figures 3.19 et 3.20).

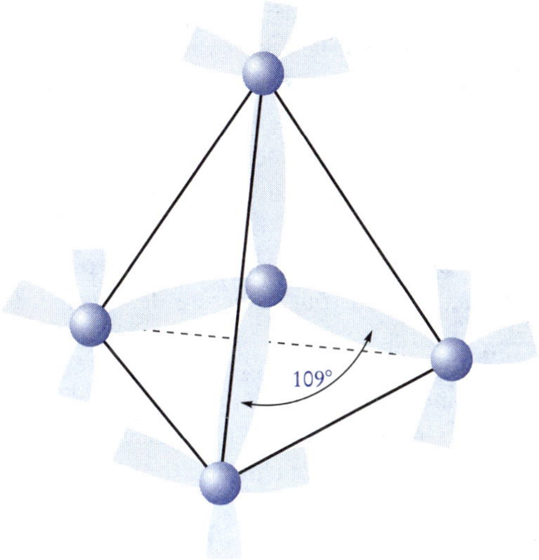

Figure 2.16 Représentation schématique de la liaison covalente du germanium.

Précisons enfin que le caractère directionnel de la liaison covalente peut être déduit de la théorie des orbitales électroniques. Une orbitale associée au nombre atomique de moment angulaire $l = 0$ est symétrique. Les électrons gravitant sur cette orbitale sont localisés sur une sphère. C'est le cas des électrons dans un état s. Par contre, pour les états p, d, f, etc., il n'en est plus de même, car le nombre quantique l peut prendre des valeurs différentes de zéro. La figure 2.17 illustre ce point.

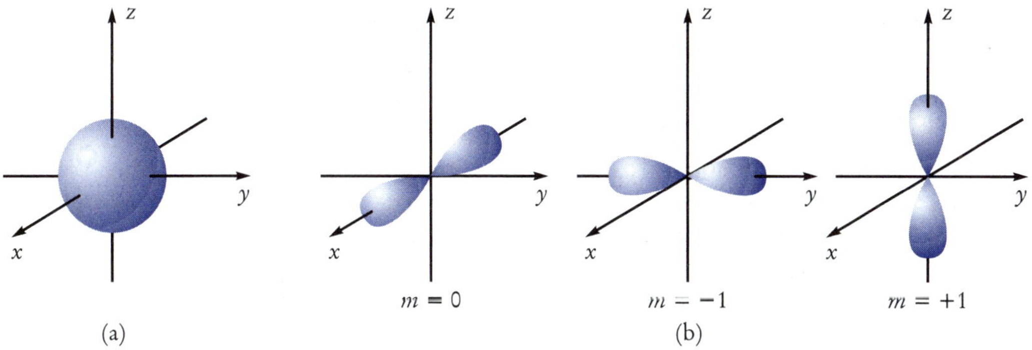

Figure 2.17 Représentation schématique des orbitales électroniques : a) $l = 0$ (électron dans un état s) ; b) $l = 1$. L'orientation de l'orbitale dans l'espace est définie par le troisième nombre quantique m.

Remarquons que l'intensité de la liaison covalente est d'autant plus élevée que les électrons de valence associés à la liaison sont fortement liés au noyau. Comparons, à titre d'exemple, le cas du carbone cristallisé sous forme de diamant et celui de l'étain. Le carbone ne possède que six électrons dont quatre de valence, alors que l'étain en a 50, dont quatre de valence. La liaison covalente existant dans le diamant est beaucoup plus intense que celle qui existe dans l'étain : dans ce dernier cas, les électrons de valence sont beaucoup moins liés au noyau qu'ils ne le sont dans le cas du diamant. Le caractère de covalence de la liaison dans l'étain en est d'autant affaibli, et cet élément est, en fait, considéré comme un élément métallique plutôt que covalent. À l'extrême, le plomb, avec ses 82 électrons, a perdu tout caractère de covalence : c'est essentiellement un élément métallique.

Nous allons examiner pour terminer quels éléments peuvent établir des liaisons covalentes. D'une façon générale, seuls les éléments pouvant partager des électrons avec leurs voisins forment de telles liaisons. Pour ce faire, il faut que leur couche électronique extérieure soit au moins à moitié pleine si la liaison est *homopolaire*, c'est-à-dire si elle s'établit entre les atomes d'un même élément. Cette règle permet d'identifier de tels éléments dans le tableau périodique : ce sont ceux des colonnes IVB à VIIB. Cette règle s'applique également à leurs composés, c'est-à-dire les éléments symétriques situés de part et d'autre de la colonne IVB (composés du type IIIB + VB ou IIB + VIB) et qui forment des *liaisons hétéropolaires*, c'est-à-dire des liaisons entre des atomes de natures différentes. Citons, par exemple, des semi-conducteurs comme le silicium et le germanium (colonne IVB) ou des composés tels que GaAs, GaP, AlN, InAs, etc. (composés IIIB + VB).

2.4.2 Liaison ionique

Comme la liaison covalente, la liaison ionique est une liaison de forte intensité, puisqu'une fois liés, les atomes ont une couche électronique extérieure complète à huit électrons. En se liant entre eux par des liaisons ioniques, les atomes perdent ou gagnent un ou plusieurs électrons et deviennent ainsi des ions négatifs ou positifs (anions ou cations) alors que la liaison covalente implique un partage d'électrons.

À titre d'exemple, considérons la liaison ionique s'établissant entre un atome de lithium (Li) et un atome de fluor (F), qui se combinent pour donner le fluorure de lithium, LiF (fig. 2.18). Le lithium, appartenant à la colonne IA, a un électron de valence alors que le fluor (colonne VIIB) en possède sept. Le lithium cède au fluor son unique électron de valence, et tous deux ont alors une couche électronique extérieure complète. Le lithium se retrouve sous forme d'ions Li^+ (cations), dont la structure électronique est identique à celle de l'hélium. Pour sa part, le fluor se trouve sous forme d'ions F^- (anions), dont la structure électronique est identique à celle du néon. Les deux structures électroniques résultantes sont caractéristiques des gaz rares (colonne VIIIB du tableau périodique) et sont, par conséquent, très stables.

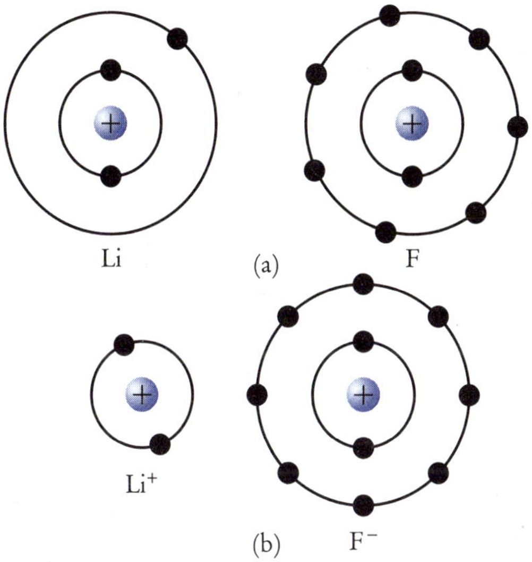

Figure 2.18 Formation d'une liaison ionique entre un atome de fluor (F) et un atome de lithium (Li). a) Structure électronique avant liaison ; b) structure électronique après liaison.

La liaison ionique s'établit surtout entre des éléments qui possèdent beaucoup d'électrons de valence (colonnes VIB et VIIB) et d'autres qui en ont peu (colonnes IA et IIA). Les oxydes métalliques (Al_2O_3, MgO, CaO, Fe_3O_4, NiO, etc.) sont des composés à forte tendance ionique.

Soulignons que la liaison ionique, tout comme la liaison covalente, est d'autant plus forte (énergie de liaison élevée) que les électrons cédés ou acquis étaient fortement liés au noyau, c'est-à-dire que les atomes entre lesquels la liaison s'est établie possèdent peu d'électrons et ont donc un numéro atomique Z faible. À titre d'exemple, le tableau 2.1 donne les énergies de liaison des composés ioniques formés par l'hydrogène et les éléments de la colonne VIIB. On remarquera que plus l'anion (F^-, Cl^-, Br^-, I^-) a un numéro atomique élevé (donc un plus grand nombre d'électrons), plus l'énergie de liaison du composé ionique est faible.

Tableau 2.1 Énergie de liaison des composés ioniques formés par l'hydrogène et les éléments de la colonne VIIB

Composé	Énergie de liaison (eV/mol)
HF	5,81
HCl	4,44
HBr	3,75
HI	3,06

Notons enfin que la liaison ionique est non directionnelle, puisqu'en fait elle est le résultat d'une attraction électrostatique entre des charges électriques (anions et cations) de signes opposés. Comme nous le verrons au chapitre 3, l'architecture atomique (c.-à-d. la disposition dans l'espace) des anions et cations d'un composé ionique doit respecter cet équilibre électrostatique des charges et dépend de la taille relative des ions.

2.4.3 Liaison métallique

La liaison métallique se caractérise par la mise en commun des électrons de valence qui ne sont plus localisés entre les atomes (liaison covalente) ou sur un ion (liaison ionique), mais qui sont répartis dans l'ensemble du réseau d'ions.

Prenons l'exemple du sodium (colonne IA), qui possède un électron de valence. Pour avoir une couche électronique extérieure complète, chaque atome de sodium perd son électron de valence : en effet, aucun d'eux n'a la possibilité de céder cet électron ou de le partager avec l'un de ses voisins. Il y a donc mise en commun de tous les électrons de valence, si bien que le cristal de sodium métallique peut être schématisé (fig. 2.19) par un réseau d'ions Na^+ baignant dans un nuage d'électrons libres qui ne sont plus localisés dans l'espace. L'ion Na^+ a alors une couche extérieure complète et la structure électronique très stable du néon.

Les métaux sont donc essentiellement formés d'éléments qui possèdent peu d'électrons de valence ; ces éléments sont situés dans les colonnes IA à IIIA du tableau périodique, où ils sont les plus nombreux. Ceux ayant le caractère métallique le plus marqué sont de la colonne IA (tel le sodium) : ils ne possèdent qu'un seul électron de valence. Au fur et à mesure que l'on se déplace vers la droite du tableau, le caractère covalent de la liaison apparaît de plus en plus. Ainsi, le bismuth (colonne VB) possède une liaison à caractère mixte «covalente-métallique».

L'arrangement cristallin des matériaux métalliques résulte des forces d'attraction et de répulsion qui s'exercent entre des ions positifs et le nuage d'électrons délocalisés (fig. 2.20). Les structures cristallines qui en découlent sont en règle générale hautement symétriques, de compacité élevée et peuvent être considérées comme des empilements de sphères (art. 3.3.1).

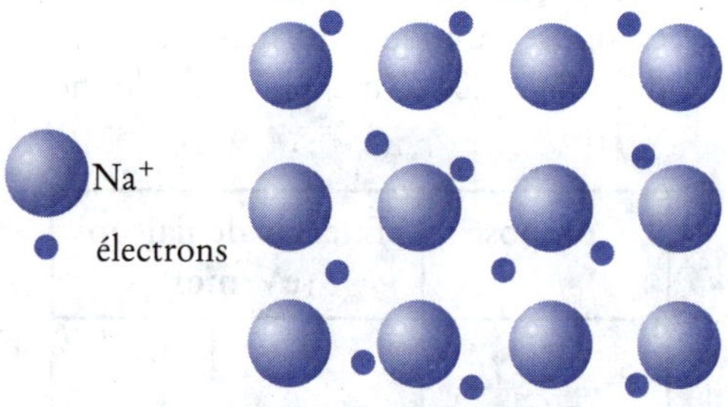

Figure 2.19 Liaison métallique du sodium : des ions positifs baignent dans un nuage d'électrons délocalisés.

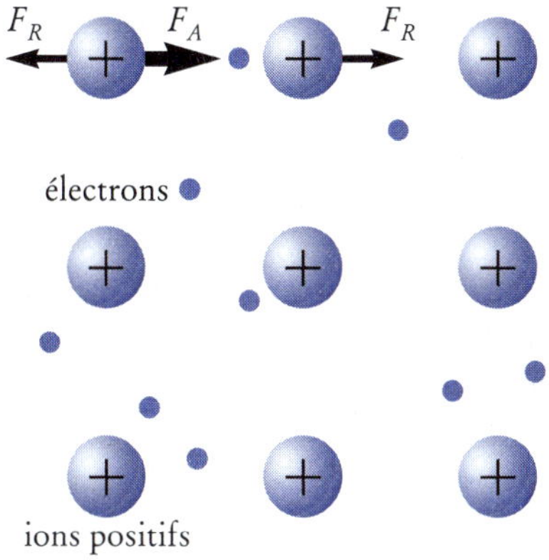

Figure 2.20 Représentation schématique des forces intervenant dans la liaison métallique. F_R = force de répulsion des ions positifs ; F_A = force d'attraction entre les ions positifs et le nuage d'électrons.

2.4.4 Liaisons mixtes

Dans les articles précédents, nous avons traité les liaisons covalente et ionique comme des liaisons «pures», c'est-à-dire qui présentent uniquement le caractère considéré. En fait, la réalité est moins nette, et il est rare de rencontrer des liaisons entièrement covalentes ou entièrement ioniques.

Une liaison covalente pure intervient entre deux atomes identiques (liaison homopolaire), par exemple dans les molécules H_2, N_2, Cl_2, etc. Les électrons formant la liaison sont alors également partagés entre les deux atomes. Si, par contre, les atomes participant à la liaison ne sont pas identiques (liaison hétéropolaire), les électrons de valence sont alors soumis à deux influences contraires :

- le pouvoir d'attirer les électrons que possède le noyau de chacun des atomes (électronégativité);
- la capacité de partager des électrons avec d'autres atomes.

Pour illustrer ces influences contraires, prenons l'exemple des molécules de H_2 et de HCl (fig. 2.21). Dans la liaison H–H, les électrons de valence sont également attirés par les noyaux d'hydrogène. Il n'en est pas de même dans la molécule de HCl , où le nombre plus important de protons du noyau de chlore attire davantage les électrons de valence ; le nuage électronique est alors déformé, et il y a création d'un dipôle. La formation de ce dipôle $H^{+\delta}$–$Cl^{-\delta}$ constitue l'amorce d'une liaison ionique.

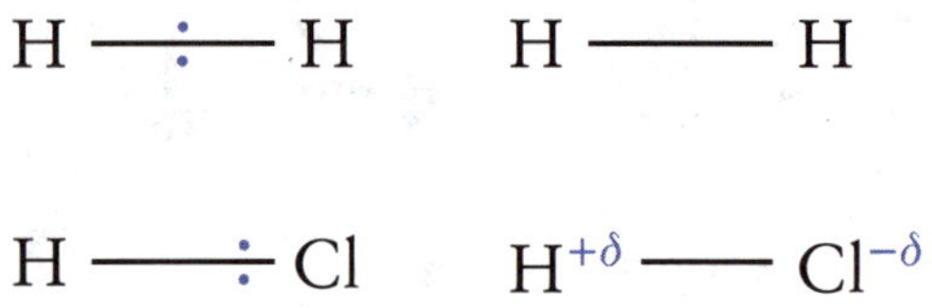

Figure 2.21 Alors que la liaison H–H est symétrique, après l'établissement de la liaison H–Cl, les électrons de valence sont plus attirés par le noyau de Cl^- que par celui de H^+, d'où la formation d'un moment dipolaire *δ*.

Le pouvoir que possède un atome d'attirer des électrons de valence est appelé *électronégativité* ; la figure 2.22 indique les valeurs d'électronégativité de certains éléments du tableau périodique. Grâce à ces valeurs, il est possible d'évaluer la tendance à la formation d'une liaison ionique ; cette tendance est d'autant plus forte que la différence d'électronégativité entre les atomes qui s'associent est grande (*règle de Pauling*).

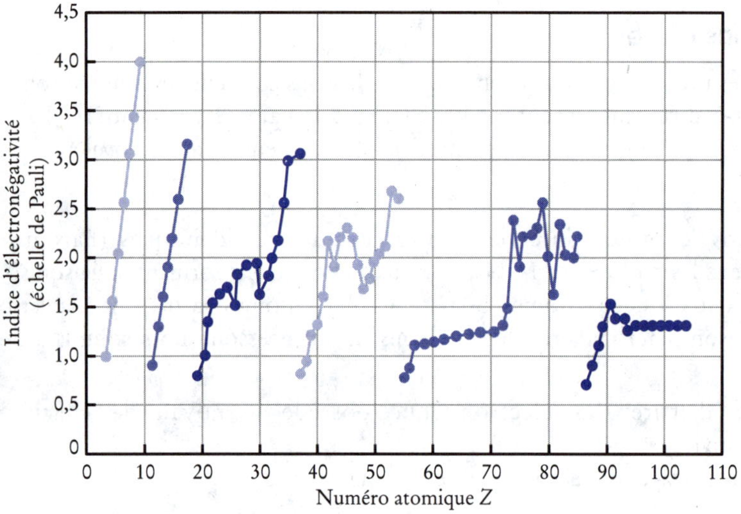

Figure 2.22 Indice d'électronégativité de Pauli des éléments du tableau périodique (adapté de www.webelements.com).

On peut de la sorte prévoir la prédominance d'un type de liaison (fig. 2.23). Ainsi, la liaison entre Na et Cl, avec une différence d'électronégativité de 2,3 entre ces deux éléments, est ionique à 65 % et covalente à 35 % environ. On notera que seules les liaisons homopolaires, avec une différence d'électronégativité nulle, sont exclusivement covalentes. Toute liaison hétéropolaire possède un caractère mixte ionique-covalent.

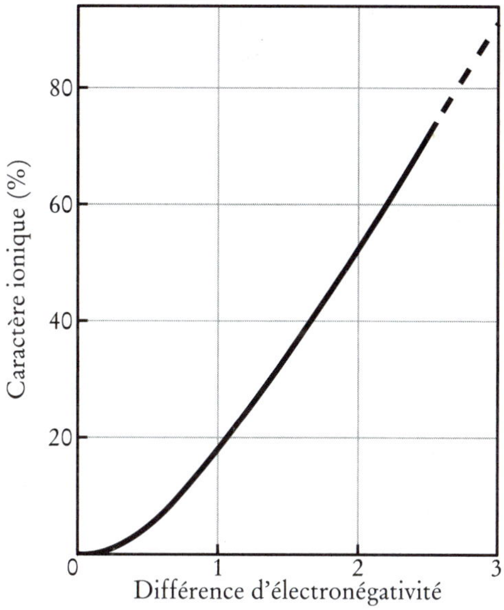

Figure 2.23 Relation entre la différence d'électronégativité et le pourcentage de caractère ionique d'une liaison covalente.

2.4.5 Liaisons de faible intensité

La liaison covalente permet d'interpréter la formation de molécules telles que l'eau, H_2O, ou de macromolécules telles que le polyéthylène, $(C_2H_4)_n$. Elle ne permet toutefois pas d'interpréter la formation d'un matériau solide (glace, polymères) à partir de ces molécules qui sont globalement neutres.

Pour expliquer la formation de tels solides, il est nécessaire de rappeler que, dans beaucoup de molécules à liaison covalente, le centre des charges positives n'est pas confondu avec celui des charges négatives, ce qui donne lieu à la formation d'un *dipôle électrique* permanent.

La *liaison de van der Waals* s'établit à l'état solide entre les molécules ainsi polarisées ; elle est donc due à l'attraction entre ces dipôles (fig. 2.24). C'est une liaison de faible intensité, rompue facilement par une augmentation de l'agitation thermique (augmentation de la température) ; le point de fusion des solides à liaisons de van der Waals est donc relativement bas.

La polarisation des molécules peut être permanente ou induite. Considérons, par exemple, le cas de la molécule de vinyle, CH_3Cl, que nous retrouverons lorsque nous étudierons les matières plastiques (chap. 12). La figure 2.25b indique la configuration spatiale de cette molécule : l'atome de carbone est situé au centre d'un tétraèdre et est lié par des liens covalents aux atomes d'hydrogène et de chlore. À cause de la différence de charges des noyaux de carbone et de chlore, les électrons de valence localisés entre ces deux atomes sont plus proches de l'atome de chlore que de l'atome de carbone. Il s'ensuit un léger déséquilibre entre les charges électriques positives et négatives de la molécule, et une polarisation permanente de celle-ci ; le pôle négatif est situé vers l'atome de chlore, et le pôle positif vers les atomes d'hydrogène. Cette molécule se lie à ses voisines grâce à l'attraction entre ces dipôles.

Par contre, la molécule de méthane, CH_4 (fig. 2.25a), ne possède pas de dipôle permanent : le dipôle est créé par l'attraction momentanée qu'exercent les charges positives d'une molécule sur le nuage électronique d'une molécule voisine : c'est une polarisation induite. La molécule de

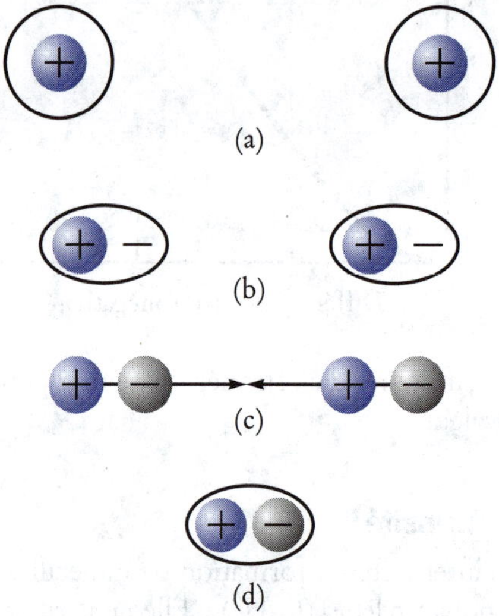

Figure 2.24 Liaisons de van der Waals : a) molécules neutres ; b) création d'un dipôle induit ; c) force de liaison ; d) molécule polarisée : le dipôle existe en permanence.

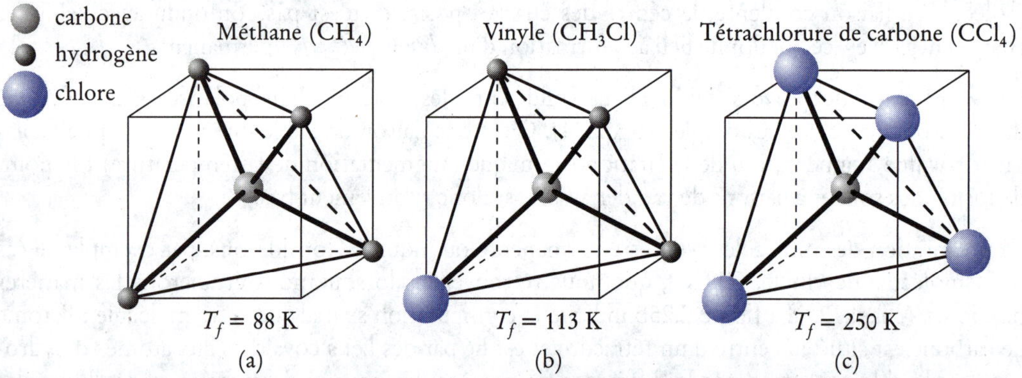

Figure 2.25 Configuration de quelques molécules à liaisons covalentes. T_f est la température de fusion de ces composés moléculaires.

tétrachlorure de carbone, CCl_4, pour sa part, est plus fortement polarisable, car le nombre de protons des atomes de chlore est plus élevé que le nombre de protons des atomes d'hydrogène. Il s'ensuit une liaison d'intensité plus forte.

La température de fusion des solides ainsi créés par attraction dipolaire caractérise l'intensité de la liaison (fig. 2.25). Notons que les températures de fusion des solides à liaisons de van der Waals sont relativement faibles, comparées à celles des matériaux à liaisons de forte intensité (covalente, ionique ou métallique).

La glace est un autre exemple de solide ayant des liaisons de faible intensité. La molécule d'eau est polarisée pour les mêmes raisons que celles que nous avons indiquées ci-dessus : les électrons de la liaison covalente H–O se trouvent légèrement éloignés de H et rapprochés de O (fig. 2.26). La molécule, polarisée de façon permanente, se lie à ses voisines par attraction dipolaire. Ce type de liaison, qui met en jeu un atome d'hydrogène, est souvent appelée *liaison hydrogène* ou *pont hydrogène*.

Citons un dernier exemple de liaison de van der Waals de très faible intensité : celle qui existe dans les gaz neutres solidifiés (fig. 2.27). L'atome de néon a ses couches électroniques complètes et symétriques ; il est donc globalement neutre sans dipôle électrique. Cependant, quand deux atomes de néon se rapprochent pendant un temps très court (10^{-12} à 10^{-16} s), le nuage électronique de l'un des atomes est légèrement déformé par l'autre. Il se crée un dipôle induit qui permet l'établissement d'une liaison entre les deux atomes (forces de London). Il faut que l'agitation thermique soit très faible pour ne pas briser ce lien temporaire ; c'est pourquoi le point de fusion du néon n'est que de 24,5 K. Les forces de London sont aussi à l'origine des liaisons apparaissant dans des molécules non polarisées (par exemple, CH_4, SiH_4, GeH_4, SnH_4) lorsque la température est suffisamment basse pour que ces molécules forment un solide.

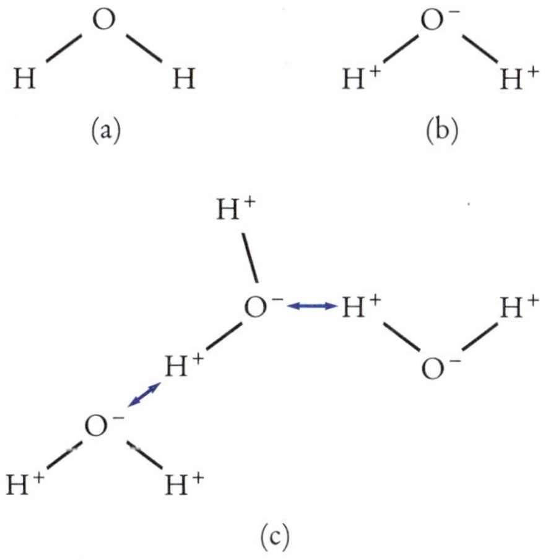

Figure 2.26 Exemple de pont hydrogène : la glace. a) Molécule d'eau globalement neutre ; b) molécule d'eau polarisée ; c) attraction entre les dipôles et formation de ponts hydrogène.

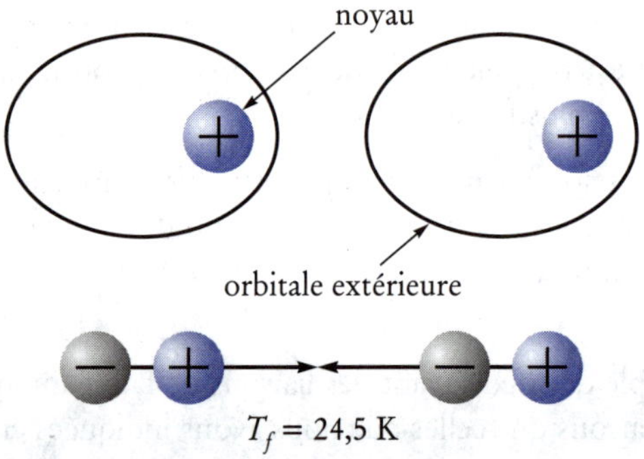

Figure 2.27 Formation d'un dipôle : établissement de la liaison dans le néon solide.

Nous traiterons de l'importance des liaisons de faible intensité et de la polarisation quand nous aborderons la structure et les propriétés des matériaux diélectriques (chap. 9) et celles des polymères (chap. 12).

2.4.6 Propriétés des matériaux et types de liaisons

Après avoir décrit les divers types de liaisons, nous pouvons maintenant mettre en évidence les caractéristiques générales des liaisons et les principales propriétés qui en découlent (tabl. 2.2 et 2.3).

Tableau 2.2 Principales caractéristiques des liaisons et propriétés qui en découlent

Type de liaison	Exemple et énergie de liaison (eV/at)	Nature de la liaison	Propriétés				
			T_f	E	α	σ	Ductilité
Covalente	Diamant (7,0)	Électrons partagés et localisés	e	e	f	f	f
Ionique	NaCl (3,3)	Échange d'électrons; attraction électrostatique	e	e	f	f	f
Métallique	Na (1,1) Cu (3,5) Ti (4,8)	Mise en commun d'électrons délocalisés	m-e	m-e	m-f	m-e	e
Van der Waals	H_2 (0,01) CH_4 (0,1) Cl_2 (0,3)	Attraction dipolaire	f	f	e	f	m-f

Légende

T_f = température de fusion
E = module d'Young
α = coefficient de dilatation linéique
σ = conductivité électrique

e = élevé
m = moyen
f = faible

Tableau 2.3 Caractéristiques de quelques matériaux : température de fusion, module d'Young et coefficient de dilatation linéique

Matériau	θ_f (°C)	E (GPa)	α ($10^{-6} \cdot °C^{-1}$)
Liaisons ioniques ou covalentes			
TiC	3180	315	7,4
SiC	>2800	480	4,7
MgO	2850	210	13,5
ZrO_2	2750	205	10,0
C (fibres)	>2500	400	-
Al_2O_3	2050	380	8,8
SiO_2 (verre)	>1600	72	0,5
Liaisons métalliques			
Mo	2610	324	4,9
B	2030	400	8,3
Ti	1660	116	8,4
Fe	1535	210	11,8
Ni	1453	210	13,3
Cu	1083	110	16,5
Al	660	70	23,6
Mg	649	44	25,2
Zn	420	84	39,7
Pb	327	14	29,3
Sn	232	43	23,0
Liaisons faibles (van der Waals, pont hydrogène)			
Polyéthylène b. d.	115	0,2	210
Polychlorure de vinyle	130	2,4	54
Époxy	-	2,4	72
Polyester	-	5,0	75
Aramide (fibres)	-	130	-
Os cortical	-	18	-
Bois (pin)	-	10	-

Des propriétés telles que la *fragilité* et la *ductilité* peuvent être facilement déduites de la nature des liaisons d'un matériau. Ainsi, puisque dans les matériaux à liaisons covalentes les valeurs des angles entre les atomes ne peuvent guère varier (liaisons directionnelles), la déformation plastique de ces matériaux est à peu près impossible : ils sont fragiles (art. 4.2.6) ; par conséquent, un tel matériau soumis à une contrainte se rompt généralement de façon fragile par bris des liaisons, sans qu'il y ait possibilité d'un déplacement permanent des atomes les uns par rapport aux autres. Cette fragilité est aussi une propriété des matériaux à liaisons ioniques, comme nous le verrons au chapitre 4.

Par contre, dans les matériaux métalliques, où les ions positifs baignent dans un nuage d'électrons délocalisés, un déplacement relatif permanent des atomes les uns par rapport aux autres est possible et assure une certaine ductilité (chap. 4).

Les conductibilités thermique et électrique sont deux propriétés qui dépendent de la nature des liaisons. Elles sont dues principalement à la possibilité de déplacement des électrons sous l'effet d'un champ électrique ou d'un gradient de température. Plus ces électrons sont libres de se mouvoir, plus les conductibilités électrique et thermique sont élevées. C'est pourquoi les métaux dont les électrons de valence sont délocalisés sont bien meilleurs conducteurs d'électricité et de chaleur que les matériaux covalents ou ioniques, dans lesquels la localisation des électrons de valence est très marquée (chap. 9).

La très forte intensité des liaisons covalente et ionique fait en sorte que les céramiques (chap. 13), essentiellement constituées d'oxydes métalliques (MgO, Al_2O_3, SiO_2, etc.), ont des températures de fusion élevées et une grande inertie chimique, ce qui en fait des matériaux de choix pour des applications à haute température (briques réfractaires, par exemple).

Terminons en soulignant que, dans un matériau réel, les liaisons n'ont que rarement un caractère parfaitement pur. Nous l'avons déjà noté pour le cas des liaisons partiellement covalentes et partiellement ioniques à l'article 2.4.3 ; cette remarque s'applique également aux autres types de liaisons (métallique ou de van der Waals).

Ainsi, une liaison peut être en partie covalente et en partie métallique ; il s'ensuit des variations de la résistivité électrique ou de la conductibilité thermique selon le pourcentage de covalence de la liaison (fig. 2.28).

Rappelons aussi la variation très grande de la valeur du module d'Young selon le type de matériau, c'est-à-dire selon le type de liaison (fig. 2.1).

En fait, nous pouvons résumer ces notions sur les liaisons par la figure 2.29, où certains matériaux réels sont situés par rapport aux quatre types de liaisons.

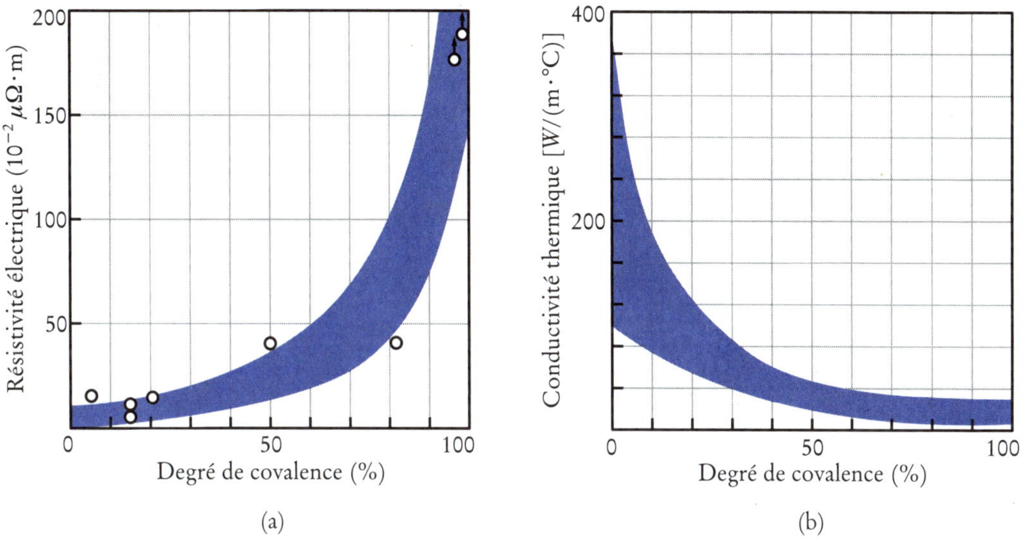

Figure 2.28 a) Variation de la résistivité électrique en fonction du degré de covalence d'une liaison métallique ; b) variation de la conductibilité thermique en fonction du degré de covalence d'une liaison métallique.

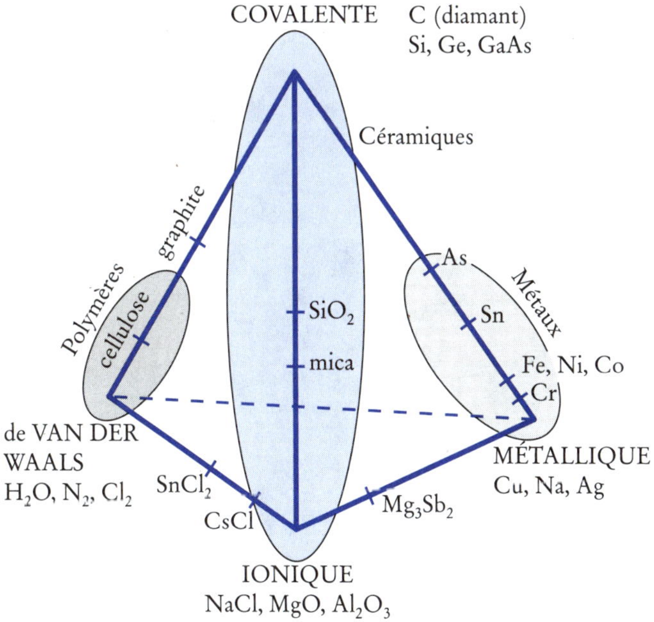

Figure 2.29 Caractère mixte des liaisons atomiques.

Chapitre 3

ARCHITECTURE ATOMIQUE

Nous avons vu au chapitre précédent que les propriétés des matériaux – propriétés mécaniques, chimiques ou physiques – ainsi que leur comportement en service, donc le type de fonctions qu'ils seront appelés à remplir, dépendent de la nature des liaisons qui existent entre les atomes ou les groupes d'atomes. Nous allons maintenant voir que les propriétés et le comportement d'un matériau dépendent également de son «architecture atomique». On appelle architecture atomique la répartition spatiale des atomes (ou des molécules) dans un corps et les relations géométriques existant entre les positions de tous les atomes.

Le diamant et le graphite, par exemple, qui sont tous deux formés d'atomes de carbone, ont pourtant des propriétés différentes ; ces différences s'expliquent par le fait que le type de liaison atomique et la structure à l'état solide de chacun de ces matériaux sont différents.

3.1 ENSEMBLES D'ATOMES : DU DÉSORDRE À L'ORDRE

3.1.1 Désordre complet : les gaz

Les gaz occupent tout le volume mis à leur disposition ; ils sont compressibles, et chacune des particules qui les composent, atomes ou molécules, est en mouvement continuel en raison de l'agitation thermique. Dans un gaz, le nombre de particules par unité de volume est fonction de la pression et de la température. On ne peut définir une relation d'ordre dans un gaz : la position d'une particule par rapport à une autre est tout à fait arbitraire et se modifie continuellement dans le temps. À la température ambiante et à la pression atmosphérique, chaque atome ou chaque molécule occupe une sphère d'environ 4 nm de diamètre en moyenne.

En prenant comme origine le centre d'une particule de référence (atome ou molécule), on cherche la probabilité de trouver le centre d'au moins une particule qui se situerait à une distance *d* de cette origine. La figure 3.1 représente cette probabilité pour un gaz. À une distance équivalant au diamètre des particules, cette probabilité commence à croître (à ce point correspond la distance entre deux particules au moment d'une collision) de façon monotone jusqu'à ce qu'elle atteigne la valeur unité, à une distance correspondant à la distance moyenne entre ces atomes ou ces molécules à l'état gazeux. Cette distance moyenne dépend de la température et de la pression du gaz.

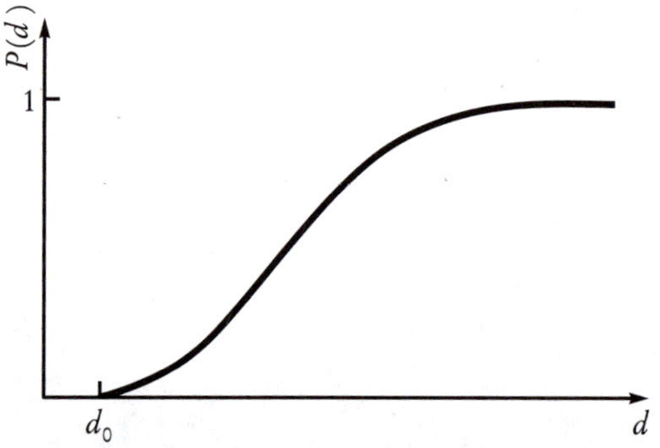

Figure 3.1 Probabilité de trouver le centre d'une particule (atome ou molécule) de gaz à partir du centre d'une autre particule située à une distance d.

On peut comparer un gaz à un ensemble de personnes déambulant dans la salle des pas perdus d'une aérogare : la densité de l'ensemble est relativement faible, et la plupart des personnes se déplacent plus ou moins rapidement selon leur préoccupation immédiate. Dans un tel lieu, cependant, les personnes s'évitent, alors que dans un gaz les collisions, fréquentes, sont entièrement élastiques.

3.1.2 Ordre parfait : les solides cristallins

Dans un solide cristallin, chaque atome occupe une position bien définie dans l'espace, non seulement par rapport à ses premiers voisins, mais également par rapport à tous les autres atomes, quelle que soit la distance qui les sépare. Chaque atome a donc un environnement tout à fait identique à celui des autres, et de là découle la notion d'*ordre à longue distance*. La figure 3.2 représente schématiquement une portion d'un cristal cubique simple ; on obtient ce cristal en empilant et en juxtaposant des cubes aux dimensions identiques. Si, dans l'empilement ainsi obtenu, on place un atome à chacun des sommets des cubes (intersection de chacune des arêtes), chaque atome est partagé entre les huit cubes qui ont un sommet en commun ; tous les atomes doivent être semblables. Au lieu de placer un seul atome en un tel point, on pourrait, sans changer la géométrie de l'empilement des cubes, en placer plusieurs, semblables ou non, qui formeraient alors un groupe, chaque groupe, ou *motif*, devant être identique (nombre et nature des atomes, orientation de chacun d'eux dans le groupe). Dans un réseau cristallin, on appelle *nœuds* les points auxquels on associe un motif (un atome ou un groupe d'atomes selon le cas). Par exemple, chaque sommet des cubes de la figure 3.2b est un nœud du réseau cubique simple. Les nœuds sont des points immatériels et ne doivent pas être confondus avec le motif qui leur est associé.

Dans un cristal, les atomes, assimilés à des sphères rigides, sont en contact les uns avec les autres et, dans un métal, par exemple, chaque atome occupe une sphère dont le diamètre est d'environ 0,25 nm : cette dimension est la plus petite distance mesurée entre les centres des atomes. Au zéro absolu, c'est celle à laquelle correspond le puits de potentiel des courbes $U(d)$ étudiées au chapitre précédent.

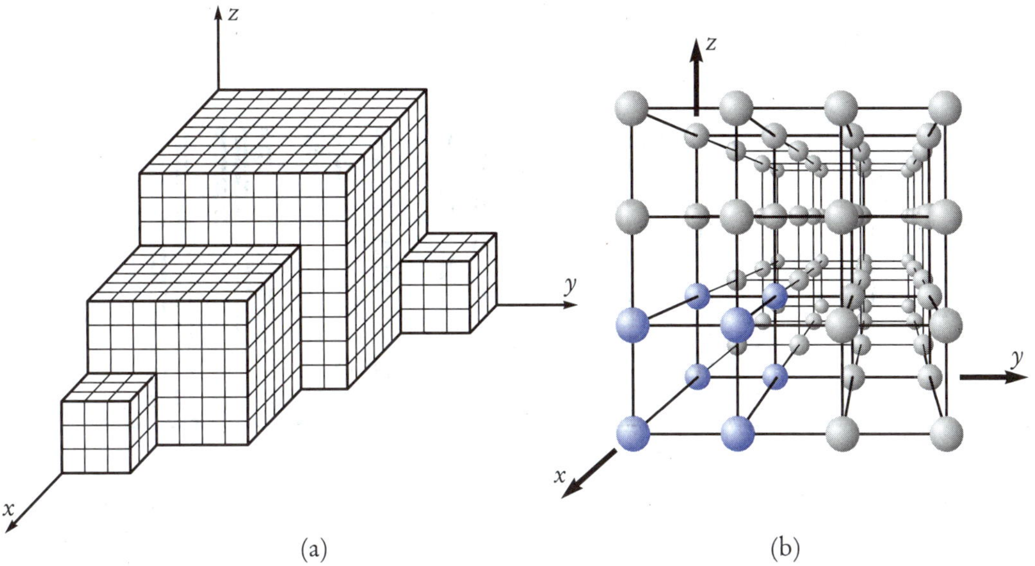

Figure 3.2 a) Représentation schématique d'un cristal formé d'un empilement de cubes ; b) le même cristal, dans lequel un atome est placé au sommet de chaque cube. Les nœuds, définis par le centre des huit atomes foncés, forment la maille élémentaire du réseau cubique simple.

La figure 3.3 représente, dans le cas d'un cristal semblable à celui de la figure 3.2, la probabilité de trouver le centre d'un atome à une distance d, mesurée à partir du centre d'un atome quelconque pris comme origine, et ce quelle que soit la direction. Le choix de cette origine ne changera en rien le résultat obtenu, car, géométriquement, chaque nœud (sommet des cubes ou centre des atomes) est équivalent. Notons que la probabilité de trouver le centre d'un atome à une distance d_i de l'origine est soit égale à une valeur finie, soit nulle. Dans un solide cristallin, cette probabilité varie de façon discrète, contrairement à la probabilité dans un gaz (fig. 3.1), qui varie de façon continue.

Si a est la mesure de l'arête du cube, la probabilité de $P(d)$ de trouver le centre d'un atome à une distance de l'origine comprise entre 0 et a est nulle ; elle est égale à 1 lorsque $d = a$. Elle est encore égale à 1 lorsque $d = a\sqrt{2}$ (diagonale du carré), et nulle entre $d = a$ et $d = a\sqrt{2}$, si on néglige l'influence de l'agitation thermique. L'élargissement du pic de probabilité autour de la distance d'équilibre est dû à l'agitation thermique (à la température ambiante, l'amplitude maximale de vibration des atomes due à l'agitation thermique est de l'ordre de 0,02 nm, soit 0,08a environ).

On peut comparer un solide cristallin à un groupe de militaires à l'exercice : dans un tel ensemble règne un ordre quasi parfait : chacun est à sa place, et aucun soldat ne se singularise par une position fantaisiste dans le peloton.

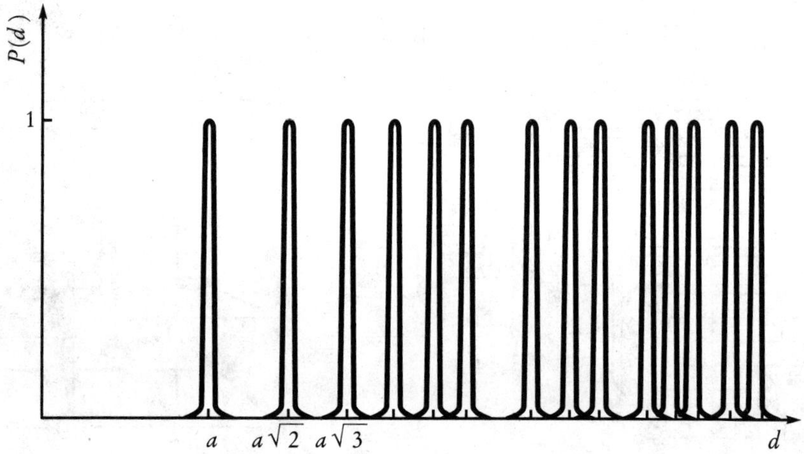

Figure 3.3 Probabilité de trouver le centre d'un atome situé à une distance d d'un atome dont le centre est pris comme origine, dans un cristal cubique simple (a est le paramètre de la maille).

Une conséquence importante de l'arrangement régulier des atomes dans les solides cristallins est l'*anisotropie*. Un solide est dit anisotrope quand une de ses propriétés est fonction de la direction selon laquelle elle est mesurée. Par exemple, la distance d entre les atomes n'est pas la même si elle est mesurée selon la direction de l'axe Oy ($d = a_0$) ou selon une direction OA faisant un angle de 45° avec cet axe ($d = a_0\sqrt{2}$) [fig. 3.4]. Il en découle que le module d'Young varie selon ces directions, car la fonction $U(d)$ varie selon qu'elle est calculée suivant l'une ou l'autre de ces directions (fig. 3.5). Pour le cuivre, par exemple, $E = 67$ GPa selon l'arête du cube, et $E = 192$ GPa selon la grande diagonale du cube. Dans un cristal, les propriétés physiques (magnétisme, conductibilité électrique, réfringence, etc.) et chimiques (vitesse de réaction) peuvent également dépendre de la direction selon laquelle elles sont mesurées. On peut s'étonner que, dans le cas du cuivre, la valeur maximale du module corresponde à une direction pour laquelle la distance entre les atomes n'est pas la plus petite : on aurait pu s'attendre au résultat contraire. Il faut cependant comprendre que le modèle simple de la figure 3.5 est bidimensionnel ; dans un cristal réel, donc tridimensionnel, il faut raffiner le modèle pour tenir compte de l'influence des premiers et des seconds voisins, et de l'arrangement spatial des atomes.

La disposition des atomes ou des groupes d'atomes dans un solide cristallin, c'est-à-dire la *structure cristalline* de l'ensemble, dépend de plusieurs facteurs, en particulier du type de liaison entre les atomes et du nombre de premiers voisins, ou nombre de *coordinence*, que chaque atome peut accepter. Le nombre de premiers voisins est le nombre d'atomes en contact avec un atome pris comme origine.

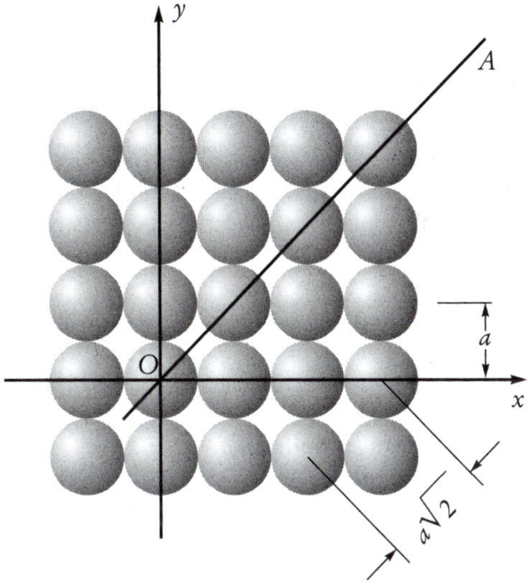

Figure 3.4 Réseau carré plan.

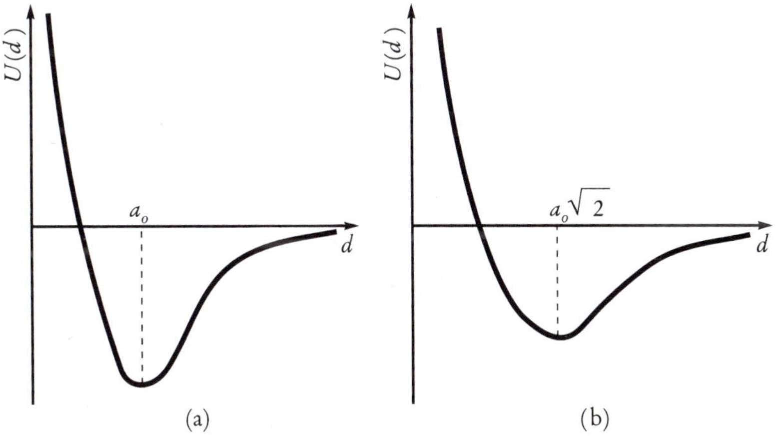

Figure 3.5 Courbes $U(d)$: a) pour une distance d'équilibre $d = a_0$ correspondant aux directions Ox ou Oy de la figure 3.4 ; b) pour une distance d'équilibre $d = a_0\sqrt{2}$ correspondant à la direction OA de la figure 3.4

3.1.3 Liquides et solides amorphes

Tout comme pour un solide, le volume occupé par un liquide est constant et, en première approximation, indépendant de la pression : les atomes y sont en contact les uns avec les autres. Dans un liquide, le diamètre moyen d'un atome est comparable à celui d'un atome dans un solide, soit environ 0,25 nm. Contrairement à ce qui se passe dans un solide, toutefois, et en raison de l'agitation thermique, les atomes ou les groupes d'atomes sont en mouvement continuel et changent rapidement de position. Toujours par analogie, un liquide est comparable à une foule dense se déplaçant d'une façon aléatoire dans une station de métro, aux heures de pointe.

La figure 3.6 représente schématiquement la structure d'un liquide monoatomique. Comme les atomes sont continuellement en mouvement, cette figure ne représente qu'une image instantanée de la structure, qui se modifie constamment. Pour définir la structure d'un liquide, on ne peut donc avoir recours qu'à une représentation statistique de la position de ses particules constituantes. Ainsi, dans un liquide monoatomique, le nombre de premiers voisins d'un atome est en moyenne de 10,6. La probabilité de trouver le centre d'un atome en fonction de la distance entre le centre des atomes (fig. 3.7) est égale à 1 pour une distance a_0 qui correspond au puits de potentiel de la courbe $U(d)$, avec, autour de cette valeur, un élargissement du pic dû à l'agitation thermique. La probabilité est inférieure à 1, mais reste non nulle entre ce premier pic et le second, qui correspond à la distance moyenne entre un atome et ses premiers voisins. À des distances discrètes plus grandes, cette probabilité reste égale à l'unité. Si, dans un liquide, on ne peut définir un ordre à longue distance comme dans un solide cristallin, on peut toutefois définir un *ordre à courte distance*, sur quelques distances interatomiques. À la figure 3.6, par exemple, les atomes compris à l'intérieur du cadre en pointillés forment des amas, où un ordre régulier existe localement à un instant donné.

De cette notion d'ordre à courte distance découle la notion d'*isotropie* : les propriétés des corps isotropes ont la même valeur, quelle que soit la direction selon laquelle on les mesure. En effet, si la base de mesure est assez grande – au moins une centaine de distances interatomiques – la densité d'atomes par unité de longueur d'un liquide ou d'un solide amorphe est la même pour toutes les directions.

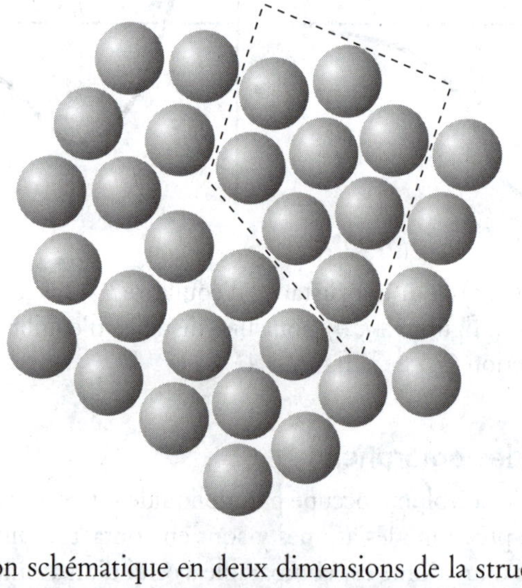

Figure 3.6 Représentation schématique en deux dimensions de la structure d'un liquide monoatomique.

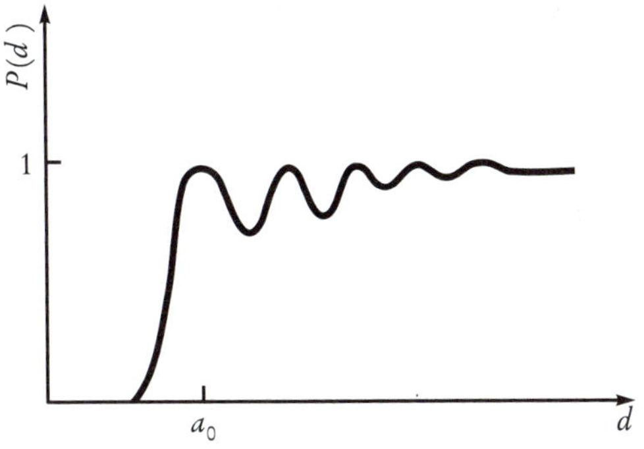

Figure 3.7 Probabilité de trouver le centre d'un atome situé à une distance d d'un atome dont le centre est pris comme origine, dans un liquide ou dans un solide amorphe.

Un liquide est incompressible, car les atomes y sont constamment en contact. Cependant, à cause de l'agitation thermique et du mouvement des atomes, une telle structure présente une faible résistance au cisaillement ou une faible résistance à l'écoulement. La résistance au cisaillement est mesurée par la *viscosité*. Si un liquide pur (un métal ou de l'eau, par exemple) est refroidi au-dessous de sa température de fusion, il se solidifie. Le passage de l'état liquide à l'état solide cristallin se fait directement, avec une augmentation brusque et très marquée de la viscosité. La solidification se produit par la croissance de germes solides formés soit au sein même du liquide, soit plus généralement sur des impuretés, soit sur les parois du récipient (art. 5.4.1). Au cours de la solidification d'un corps pur, tant que coexistent deux phases, une phase liquide et une phase solide, la température demeure constante : c'est la température de fusion. La chaleur évacuée au cours de la solidification représente la chaleur latente de solidification et ne provoque pas de baisse de température ; une telle réaction est dite *exothermique*. Dans la phase liquide, le mouvement des atomes est suffisant pour leur permettre de trouver une position dans le réseau cristallin du solide en croissance.

La *compacité* d'un solide (rapport du volume occupé par les atomes au volume total) est généralement supérieure à celle d'un liquide. Elle est fonction non seulement du nombre de premiers voisins, mais aussi de l'ordre à longue distance qui règne dans le solide. De ce fait, le passage de l'état liquide à l'état cristallin est le plus souvent accompagné d'une diminution du volume massique (ou d'une augmentation de la masse volumique). Pour les métaux courants, la contraction à la solidification est de l'ordre de 4 à 8 % et elle dépend de leur structure cristalline. Dans certains cas, quand la structure cristalline du solide est complexe et moins compacte que celle du liquide, on observe le phénomène inverse : la solidification est accompagnée d'une dilatation (dans l'eau et le bismuth par exemple).

Les unités constituantes (groupes d'atomes) de certains liquides (silicates ou certains composés ioniques et covalents) sont suffisamment volumineuses pour que leur mobilité soit considérablement diminuée par une baisse de température. La viscosité augmente alors de façon telle qu'à la température de fusion le mouvement de ces unités est insuffisant pour leur permettre de s'organiser régulièrement en réseau cristallin (fig. 13.4 et 13.5). Il n'y a donc pas solidification, comme nous l'avons décrit plus haut, mais plutôt augmentation graduelle de la viscosité jusqu'à ce que le comportement de l'ensemble puisse se comparer à celui d'un solide. Dans ce cas, la structure du solide formé est tout à fait semblable à celle d'un liquide : c'est une structure *amorphe* ou *vitreuse*. C'est le cas de la *silice*, SiO_2, qui entre dans la fabrication du verre (chap. 13). Les unités constituantes de la silice sont des tétraèdres ayant en leur centre un atome de silicium et un atome d'oxygène à chacun de leurs sommets dont la formule chimique peut s'écrire $(SiO_4)^{4-}$ (fig. 3.8a). Tous les tétraèdres se touchent par leurs sommets et se partagent donc les atomes d'oxygène, ce qui fait que, dans une telle structure, il y a deux atomes d'oxygène pour un atome de silicium. À l'état amorphe, la disposition de ces tétraèdres est aléatoire ; on peut en voir un schéma en deux dimensions à la figure 3.8b. Si la vitesse de refroidissement n'est pas suffisamment faible, ces tétraèdres $(SiO_4)^{4-}$ sont liés entre eux de façon aléatoire et l'on obtient un solide vitreux ou amorphe (fig. 3.8b). En diminuant considérablement la vitesse de refroidissement au voisinage de la température de fusion, de façon à favoriser un arrangement régulier des tétraèdres, on peut obtenir une structure cristalline régulière (fig. 3.8c).

Tout comme un liquide, un solide de structure amorphe est isotrope. On peut comparer un solide amorphe à un wagon de métro bondé en marche. Les passagers, unités constituantes, sont immobiles ou presque, mais sans qu'il y ait dans l'ensemble un ordre à grande distance. À l'ouverture des portes correspond une certaine agitation : l'ensemble conserve une «viscosité élevée», et les «unités» dont l'énergie est la plus élevée sont celles qui veulent soit sortir du wagon, soit y entrer (en jouant des coudes!).

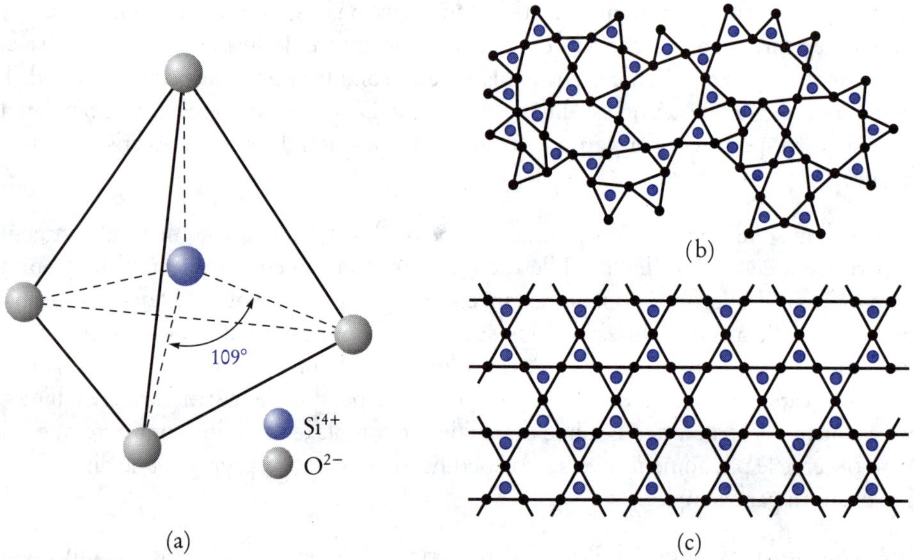

Figure 3.8 a) Tétraèdre de base de la silice $(SiO_4)^{4-}$; b) représentation bidimensionnelle de la silice SiO_2 à l'état amorphe ou vitreux ; c) représentation bidimensionnelle de la silice SiO_2 à l'état cristallin.

3.2 NOTIONS DE CRISTALLOGRAPHIE

3.2.1 Systèmes et réseaux cristallins

Nous avons vu à l'article 3.1.2 un exemple de cristal formé par la juxtaposition et l'empilement de cubes dans l'espace. De façon plus générale, nous aurions pu choisir un parallélépipède quelconque défini par trois vecteurs, **a**, **b** et **c**, portés par trois axes, Ox, Oy et Oz, non coplanaires et formant entre eux des angles α, β et γ (fig. 3.9). Un tel parallélépipède n'ayant des nœuds qu'à ses sommets est une *maille primitive*, et sa répétition dans l'espace représente le cristal quand un atome ou un motif cristallin est associé à chaque nœud. À chaque sommet de ces mailles se trouve un *nœud* du réseau, et ce nœud est partagé par huit mailles différentes : **a**, **b** et **c** sont les paramètres de la maille, appelés aussi *vecteurs périodes* de la maille.

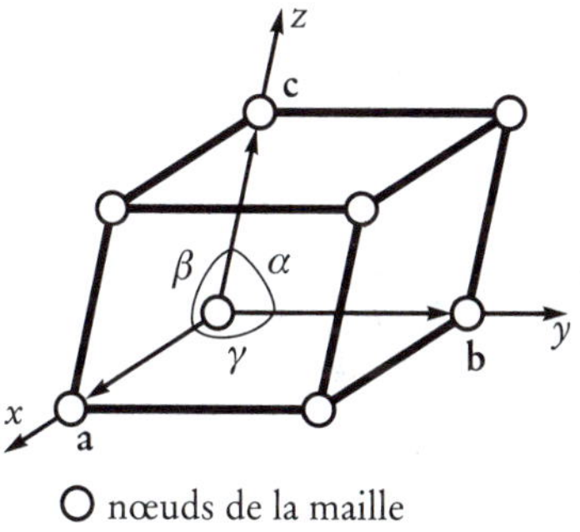

Figure 3.9 Maille primitive définie par trois vecteurs non coplanaires **a**, **b** et **c**, formant entre eux des angles α, β et γ.

Selon les relations qui s'établissent entre les trois vecteurs **a**, **b** et **c**, et les trois angles α, β et γ, on peut distinguer sept systèmes cristallins différents ; en plaçant, dans les mailles primitives, des nœuds supplémentaires soit au centre des bases, soit au centre de chacune des six faces, soit au centre de la maille, on obtient quatorze réseaux cristallins (*réseaux de Bravais*) distincts (fig. 3.10). Tout cristal peut être décrit par l'un de ces réseaux de Bravais. Théoriquement, puisque la maille des sept systèmes cristallins peut être simple, à base centrée, à faces centrées ou centrée, il existerait 28 (7 × 4) combinaisons possibles, donc 28 réseaux. En fait, certaines de ces combinaisons sont redondantes et n'apportent pas plus d'information (axes de symétrie, par exemple) que d'autres ; d'où un total de quatorze réseaux de Bravais distincts les uns des autres.

Système cristallin	Relations entre les axes	Relations entre les angles	Réseaux de Bravais			
			simple	à base centrée	centré	à faces centrées
triclinique	a ≠ b ≠ c	$\alpha \neq \beta \neq \gamma \neq 90°$	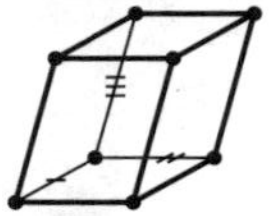			
monoclinique	a ≠ b ≠ c	$\alpha = \gamma = 90° \neq \beta$	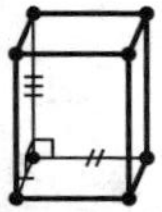	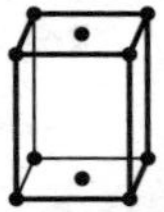		
orthorhombique	a ≠ b ≠ c	$\alpha = \beta = \gamma = 90°$	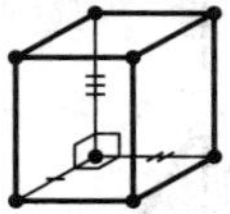	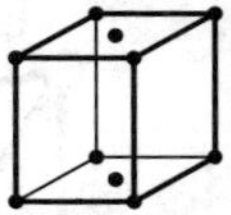	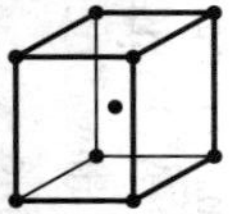	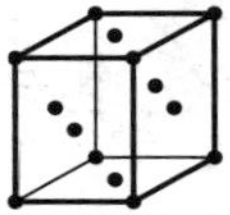
rhomboédrique	a = b = c	$\alpha = \beta = \gamma \neq 90°$	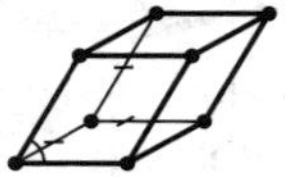			
hexagonal	a = b ≠ c	$\alpha = \beta = 90°$ $\gamma = 120°$	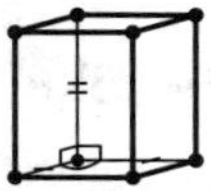			
quadratique	a = b ≠ c	$\alpha = \beta = \gamma = 90°$	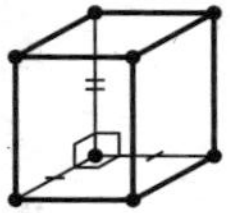		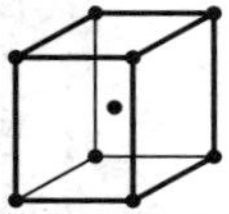	
cubique	a = b = c	$\alpha = \beta = \gamma = 90°$	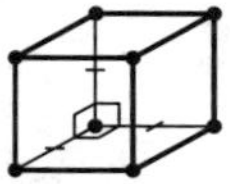		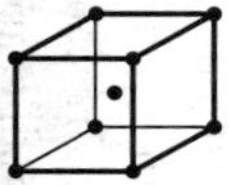	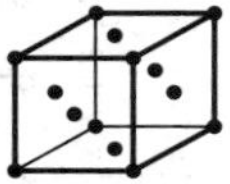

Figure 3.10 Les sept systèmes cristallins et les quatorze réseaux de Bravais.

3.2.2 Repérage des directions et des plans

Le système d'axes utilisé pour le repérage des directions et des plans est toujours celui qui correspond aux trois vecteurs de translation du réseau, *a*, *b*, *c*. Le choix de l'origine, située à un nœud du réseau, est arbitraire, car tous les noeuds sont géométriquement équivalents. Les longueurs mesurées le long des axes *Ox*, *Oy* et *Oz* qui portent les vecteurs **a**, **b** et **c**, le sont en fonction de ces vecteurs pris chacun comme base de mesure. Ainsi, les coordonnées d'un point au sommet d'une maille sont toujours composées de nombres entiers de fois les vecteurs périodes (fig. 3.11).

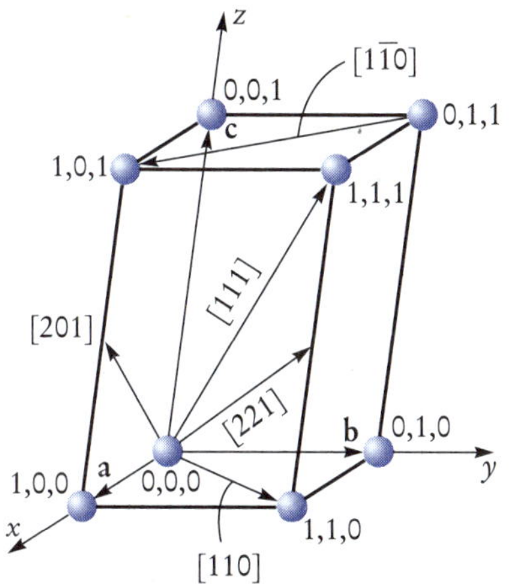

Figure 3.11 Coordonnées des nœuds de la maille et indices de quelques directions.

3.2.2.1 Indices des directions

Une direction est désignée par trois indices : [*uvw*] ; c'est la direction d'une droite partant de l'origine et passant par le point de coordonnées *u*, *v* et *w*. Par convention et pour simplifier l'écriture, *u*, *v* et *w* sont des entiers sans dénominateur commun. En effet, la droite passant par exemple par l'origine et par le point de coordonnées 2,2,0 passe également par le point 1,1,0 et sa direction est [110]. Comme le choix de l'origine est arbitraire, toutes les directions parallèles ont les mêmes indices. On note qu'un indice est négatif en plaçant un signe moins au-dessus de lui, par exemple $[1\bar{2}1]$. La figure 3.11 représente quelques directions indexées dans une maille. Le vecteur-période **r** portant la direction [*uvw*] est décrit analytiquement par l'équation :

$$\mathbf{r} = u\mathbf{a} + v\mathbf{b} + w\mathbf{c} \tag{3.1}$$

Dans certains systèmes cristallins, il existe des directions cristallographiques équivalentes (c.-à-d. ayant la même équidistance entre les nœuds, donc le même vecteur-période) ; de cette symétrie découle la notion de *famille de directions* $\langle uvw \rangle$. Dans le système cubique, par exemple, puisque les longueurs des trois vecteurs **a**, **b** et **c** sont égales, une permutation des trois indices *u*, *v* et *w* ne change pas les caractéristiques de cette direction. Ainsi, la famille de directions $\langle 110 \rangle$ comprend, dans un système cubique, les directions $[\bar{1}10]$, $[10\bar{1}]$, $[01\bar{1}]$, [110], [101] et [011]. Cependant, dans le système quadratique ($a = b \neq c$), à la famille $\langle 110 \rangle$ correspondent les directions [110] ou $[1\bar{1}0]$, mais non la direction [101], car celle-ci n'a pas la même équidistance entre les nœuds, ou, en d'autres mots, le même nombre de nœuds par unité de longueur ou le même vecteur-période.

3.2.2.2 Indices de Miller des plans

On désigne un plan grâce à trois indices (*hkl*), appelés *indices de Miller*. Par définition, les indices de Miller sont les inverses des intersections du plan avec les trois axes du cristal, ces intersections étant mesurées en fonction des longueurs *a*, *b* et *c*. Il est entendu que l'origine des axes ne doit pas être dans le plan à repérer. La marche à suivre pour déterminer les indices d'un plan est la suivante :

1. déterminer les coordonnées des intersections du plan avec les axes *x*, *y* et *z* en fonction des vecteurs-périodes *a*, *b* et *c* ;
2. prendre l'inverse de chacune des intersections déterminées au point 1 ;
3. réduire les trois fractions obtenues au plus petit commun dénominateur ;
4. les trois numérateurs ainsi obtenus représentent les trois indices *h*, *k* et *l*, par rapport aux trois axes *Ox*, *Oy* et *Oz*.

Dans l'espace, l'équation du plan (*hkl*) est donnée par l'expression suivante :

$$1 = \frac{hx}{n\mathrm{a}} + \frac{ky}{n\mathbf{b}} + \frac{lz}{n\mathrm{c}} \tag{3.2}$$

Déterminons, par exemple, les indices du plan tramé de la figure 3.12 en suivant les étapes décrites ci-dessus ; on obtient :

1. les intersections selon *Ox*, *Oy* et *Oz*, mesurées en fonction de *a*, de *b* et de *c* : 1, 1/2, 2/3 ;
2. les inverses : 1/1, 2/1, 3/2 ;
3. les fractions réduites au plus petit commun dénominateur : 2/2 , 4/2, 3/2 ;
4. les trois indices du plan, $h = 2$, $k = 4$, $l = 3$, soit le plan (243).

Un plan parallèle à un axe porte l'indice 0 par rapport à cet axe, car son intersection avec cet axe est égale à l'infini ($1/\infty = 0$). Tous les plans parallèles ont les mêmes indices. Ainsi, le plan *yOz* de la figure 3.12 a comme indices (100). On note qu'un indice est négatif en plaçant un signe moins au-dessus de lui, par exemple le plan $(1\bar{1}2)$. Les plans (*hkl*) et $(\bar{h}\bar{k}\bar{l})$ sont parallèles et situés symétriquement de part et d'autre de l'origine choisie ; ils sont désignés par les mêmes lettres (*hkl*), car le choix de l'origine est arbitraire.

Comme pour les directions, on peut définir, grâce à la symétrie du réseau, des familles de plans équivalents, qui possèdent dans ce cas la même densité surfacique de nœuds. Dans un système cubique, la famille de plans {100} comprend les plans (100), (010) et (001), c'est-à-dire toutes les faces du cube.

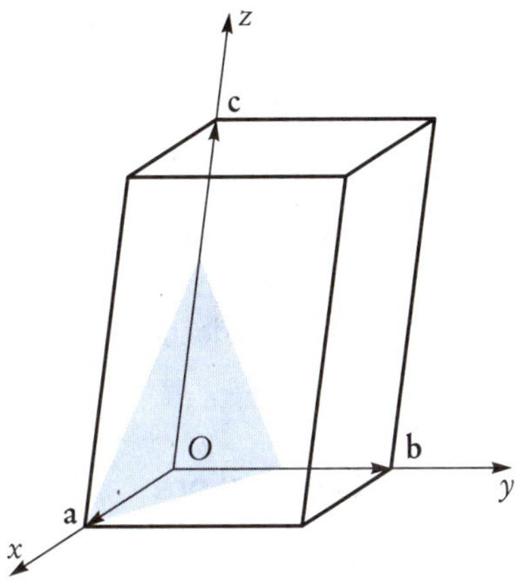

Figure 3.12 Les indices de Miller du plan tramé sont (243) ; les intersections entre ce plan et les trois axes *Ox*, *Oy* et *Oz* sont : 1**a**, 1/2 **b** et 2/3 **c**.

3.2.2.3 Cas des structures hexagonales

On désigne les plans des structures hexagonales d'une façon légèrement différente de celle que nous avons décrite plus haut ; afin de mieux distinguer les familles de plans et la symétrie hexagonale, on utilise des indices appelés *indices de Miller-Bravais*. Au lieu de définir les indices à partir de trois axes non coplanaires *Ox*, *Oy* et *Oz*, on définit les indices de Miller-Bravais à partir de quatre axes, $\mathbf{a}_1$, $\mathbf{a}_2$, $\mathbf{a}_3$ et **c** ; les trois premiers sont coplanaires et forment entre eux des angles de 120° ; le quatrième est normal au plan qui contient $\mathbf{a}_1$, $\mathbf{a}_2$ et $\mathbf{a}_3$ (fig. 3.13).

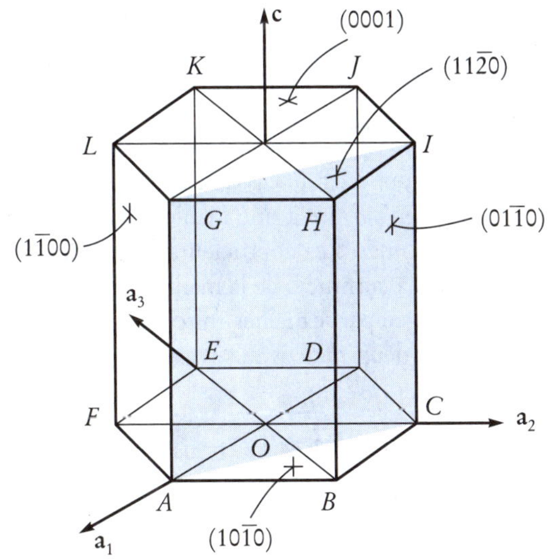

Figure 3.13 Repérage des plans dans une structure hexagonale : indices de Miller-Bravais.

Ces indices des plans sont notés (*hkil*) ; on les obtient de la même façon que les indices de Miller. Comme les trois premiers indices sont reliés à trois vecteurs de même longueur et coplanaires ($\mathbf{a}_1$, $\mathbf{a}_2$, $\mathbf{a}_3$), le troisième indice n'est pas indépendant [$i = -(h + k)$]. La figure 3.13 présente quelques plans notés au moyen des indices de Miller-Bravais. Ainsi, sur cette figure, on remarque que, par symétrie, les plans *BCIH* $(01\bar{1}0)$, *ABHG* $(10\bar{1}0)$ et *AGLF* $(1\bar{1}00)$ sont tous trois équivalents, donc de la même famille. Cette relation n'apparaîtrait pas si on utilisait une notation à trois indices déterminés selon a_1, a_2 et *c*, car on désignerait ces plans respectivement par (010), (100) et $(1\bar{1}0)$. L'utilisation du quatrième indice met en évidence l'appartenance des trois plans à la famille $\{1\bar{1}00\}$.

3.2.3 Densité des nœuds et nœuds en propre

Dans un réseau cristallin, il est souvent important de pouvoir déterminer la densité de nœuds soit par unité de longueur (densité linéique), soit par unité de surface (densité surfacique), soit par unité de volume. En effet, comme nous le verrons au chapitre 4, la déformation plastique se fait par cisaillement du réseau le long des plans les plus denses et selon les directions les plus denses.

Pour calculer la densité linéique de nœuds selon une direction cristallographique, on choisit un segment de référence de cette direction borné par deux nœuds. À ces deux nœuds, on attribue un coefficient de pondération égal à 1/2 puisque chaque nœud est partagé par deux segments contigus. Si d'autres nœuds sont localisés sur le segment de référence, on leur attribue un coefficient de pondération égal à 1, car ils appartiennent en propre au segment de référence.

On procède de façon analogue pour calculer la densité surfacique de nœuds d'un plan cristallographique. Dans un tel plan, on choisit une maille plane qui est un parallélogramme. Si un nœud est situé à un sommet de cette maille plane, on lui attribue un coefficient de 1/4, car le sommet est partagé par 4 parallélogrammes mitoyens. Si le nœud est situé sur une arête de la maille, on lui attribue un coefficient de 1/2, car une arête commune est partagée par deux mailles planes mitoyennes. Enfin, si le nœud est situé à l'intérieur de la maille plane, on lui attribue un coefficient égal à 1, car il appartient en propre à cette maille.

Le même raisonnement peut aussi s'appliquer au cas du calcul de nœuds (ou d'atomes si un atome est associé à un nœud) appartenant en propre à une maille tridimensionnelle. On calcule alors la densité volumique de nœuds ou d'atomes. Les coefficients de pondération sont alors égaux à 1/8 pour les nœuds (ou atomes) situés aux sommets de la maille parallélépipédique choisie, à 1/4 pour les atomes situés sur une arête partagée par 4 mailles mitoyennes, à 1/2 pour les nœuds (ou atomes) situés sur une face commune à deux mailles mitoyennes et à 1 si les atomes sont localisés à l'intérieur de la maille.

Le calcul de ces densités apparaît à la figure 3.14, où nous avons utilisé le réseau cubique à faces centrées (c.f.c.). Des calculs analogues sont possibles pour toutes les directions et pour tous les plans des réseaux cristallins.

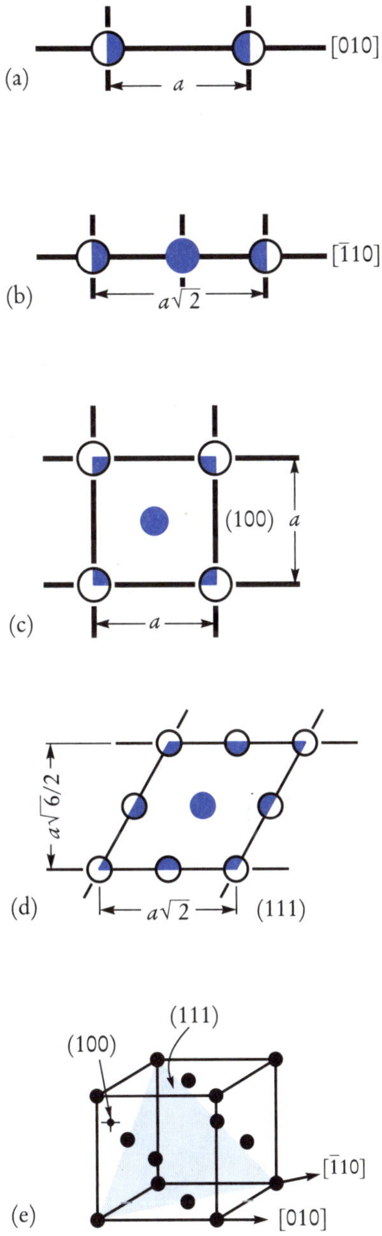

Densité linéique de nœuds selon [010] :

$$\left(\frac{1}{2} + \frac{1}{2}\right)\frac{1}{a} = \frac{1}{a}$$

Densité linéique selon [$\bar{1}$10] :

$$\left(\frac{1}{2} + \frac{1}{2} + 1\right)\frac{1}{a\sqrt{2}} = \frac{\sqrt{2}}{a}$$

Densité des nœuds dans le plan (100) :

$$\left(4 \times \frac{1}{4} + 1\right)\frac{1}{a^2} = \frac{2}{a^2}$$

Densité des nœuds dans le plan (111) :

$$\left(4 \times \frac{1}{4} + 4 \times \frac{1}{2} + 1\right)\frac{1}{a^2\sqrt{3}} = \frac{4\sqrt{3}}{3a^2}$$

Pour la maille, le nombre de nœuds en propre est :

$$\left(8 \times \frac{1}{8} + 6 \times \frac{1}{2}\right) = 4$$

Figure 3.14 Exemples de détermination des densités des nœuds selon des directions et des plans, et calcul du nombre de nœuds en propre par maille, pour une structure c.f.c.

3.2.4 Arrangement des atomes dans un réseau cristallin

Jusqu'ici, nous avons défini un réseau cristallin en fonction de la position de ses nœuds dans l'espace. Ces nœuds ne sont que des points géométriques immatériels. En fait, les solides sont constitués d'ensembles d'atomes. À un nœud du réseau peuvent correspondre un ou plusieurs atomes. Le premier cas est le plus simple : c'est celui des métaux, où il n'y a qu'un atome par nœud. Par ailleurs, dans les composés à liaisons ionique ou covalente, à un nœud sont associés plusieurs atomes formant un *motif*. Comme, dans un cristal, chaque nœud est équivalent, chaque motif doit également être équivalent aux autres motifs (nombre et nature des atomes, orientation du motif par rapport aux axes du cristal).

La figure 3.15 représente la position des différents atomes dans des cristaux de Cu, de NaCl et de SiO_2 (cristobalite). Ces trois structures appartiennent toutes au réseau cubique à faces centrées. Dans le cas du cuivre, un seul atome est associé à chaque nœud : c'est le motif le plus simple qui soit. Pour le NaCl, à chaque noeud sont associés un ion Na^+ et un ion Cl^-. Quant au motif de la cristobalite, il comprend six atomes : deux de silicium et quatre d'oxygène $(Si_2O_4)^{4-}$. Dans le cas des solides cristallins ayant une formule chimique complexe, le motif est toujours constitué par un ensemble d'atomes de nature différente et qui sont présents dans le motif selon des proportions égales à celles définies par la formule chimique du solide. Par exemple, le motif de la cristobalite (fig. 3.15c) est constitué de 2 atomes de silicium (Si) et de 4 atomes d'oxygène (O), soit dans une proportion de 4/2 = 2/1, qui est la proportion définie par la formule chimique SiO_2.

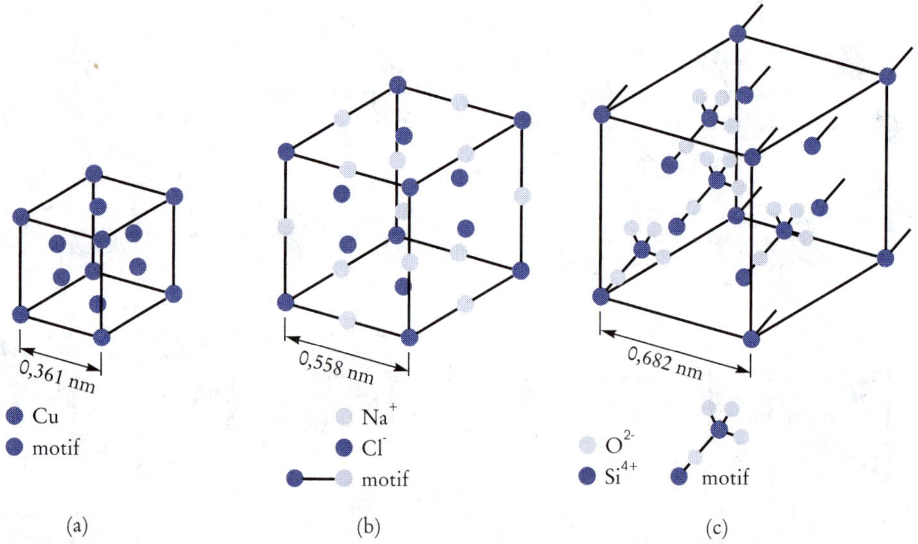

Figure 3.15 Structure cubique à faces centrées : a) du cuivre ; b) du NaCl ; c) de la cristobalite β (SiO_2).

3.2.5 Sites dans les réseaux cristallins

Dans un réseau cristallin, on appelle *sites* (interstitiels) les espaces libres laissés entre les atomes du réseau. Un site est un polyèdre dont chacun des sommets correspond au centre des atomes qui l'entourent. Dans un réseau cubique simple, on a un site cubique : le site est au centre d'un cube

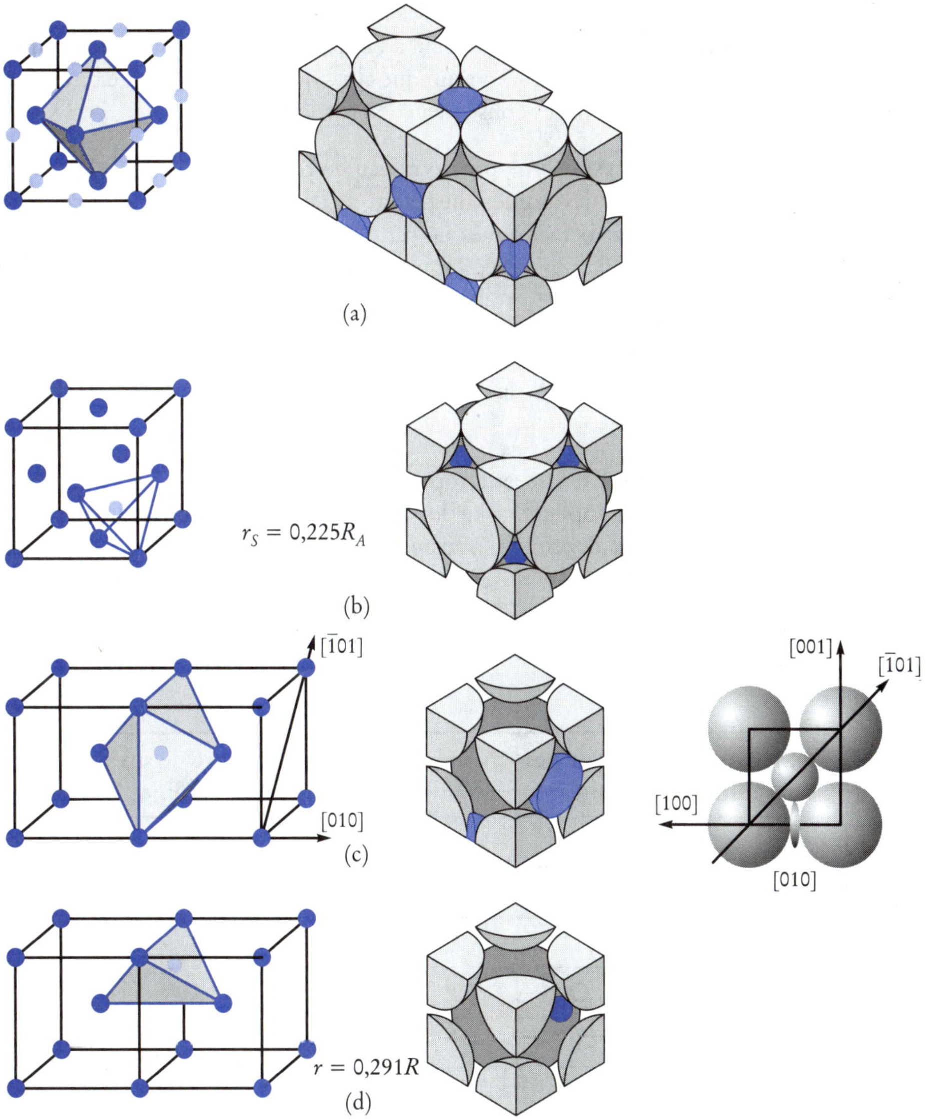

Figure 3.16 Sites interstitiels : a) structure c.f.c., site octaédrique ; b) structure c.f.c., site tétraédrique ; c) structure c.c., site octaédrique ; d) structure c.c., site tétraédrique.

dont les sommets sont les nœuds de la maille élémentaire. Dans les réseaux cubiques centrés (c.c.)et cubiques à faces centrées (c.f.c.), il existe deux types de sites : les *sites octaédriques* et les *sites tétraédriques* (fig. 3.16). Ces sites sont au centre d'un octaèdre ou d'un tétraèdre dont les sommets sont occupés par des nœuds du réseau.

Dans le cas des structures cristallines où à chaque nœud n'est associé qu'un seul atome (par exemple les métaux), les sites peuvent être occupés par des atomes étrangers plus petits que ceux qui forment le cristal. Nous étudierons ce point en détail à l'article 3.4.1. Il est à remarquer que, dans le réseau c.f.c., le site octaédrique a une symétrie cubique alors que, dans le réseau c.c., ce site a une symétrie quadratique. Nous en verrons les conséquences à l'article 3.4.1.

La structure du NaCl (fig. 3.15b) est décrite par un réseau de Bravais c.f.c., et on peut considérer que les anions (ions Cl^-) occupent les nœuds du réseau de la maille, alors que les cations (ions Na^+ plus petits) occupent les sites octaédriques de cette même maille. On estime généralement que, dans les solides ioniques, les anions plus volumineux occupent les nœuds du réseau alors que les cations plus petits occupent les sites entre les anions. Nous verrons ces types d'arrangements plus en détail à l'article 3.3.3.

Le tableau 3.1 indique le type et le nombre de sites qu'on peut trouver dans quatre structures cristallines différentes.

On calcule le nombre de sites appartenant en propre à une maille selon des règles géométriques simples et similaires à celle qu'on applique pour le calcul des nœuds en propre présenté précédemment à l'article 3.2.3. À titre d'exemple, nous calculerons le nombre de sites octaédriques contenus dans une maille c.f.c. (fig. 3.16a). Le centre de ce site est situé au milieu d'un segment de

Tableau 3.1 Type et nombre de sites pour quelques structures cristallines

Structure cristalline	Type de sites*	Nombre de sites par maille	Nombre de sites par atome
c.f.c	T	8	2
	O	4	1
h.c.	T	12	2
	O	6	1
c.c.	T	12	6
	O	6	3
Cubique simple	C	1	1

* T : sites tétraédriques ; O : sites octaédriques ; C : sites cubiques.

longueur *a* joignant deux atomes selon une direction [001]. Dans une maille c.f.c., il doit y avoir un site octaédrique au centre de la maille et au centre de chacune des arêtes du cube. La maille c.f.c. possède donc en propre quatre sites octaédriques en propre : 12 sites situés sur les arêtes de la maille, que se partagent quatre mailles (12/4 = 3), et un site au centre de la maille.

3.3 STRUCTURE DES SOLIDES CRISTALLINS

3.3.1 Structures des solides à liaison métallique

Les liaisons métalliques ne sont pas des liaisons directionnelles (art. 2.4.3), et les atomes y ont tendance à s'entourer d'un grand nombre de premiers voisins : de 8 à 12 selon les structures observées. Ils ont aussi tendance à former des ensembles relativement compacts avec des liaisons courtes et fortes. Cette tendance explique la masse volumique élevée des métaux, comparée à celle des autres types de solides cristallins.

Les trois structures cristallines les plus fréquentes dans les métaux sont les structures cubique à faces centrées (c.f.c.), hexagonale compacte (h.c.) et cubique centrée (c.c.) : on peut les voir à la figure 3.17. Les structures c.f.c. et h.c. sont les plus compactes ; pour chacune, les premiers voisins sont au nombre de 12, qui est le nombre de coordinence de ces atomes dans ces deux structures. Dans la structure c.c., moins compacte que les précédentes, un atome a huit premiers voisins. L'atome situé au centre de la maille c.c. est en contact avec chacun des huit atomes situés aux sommets du cube ; le nombre de coordinence (nombre de premiers voisins) est donc 8.

Quand tous les atomes sont identiques et assimilés à des sphères rigides, il existe deux formes d'assemblage dont la compacité est maximale : les structures h.c. et c.f.c.

La figure 3.18 illustre les deux modes d'empilement qui conduisent à ces deux structures. Dans un plan, l'assemblage compact des sphères rigides est réalisé quand chacune d'elles s'entoure de six voisines formant un réseau plan hexagonal. Nommons ce plan *A*. On peut construire un édifice cristallin en trois dimensions en empilant successivement des couches de même type. La deuxième couche, *B*, ne sera pas située directement au-dessus de la première, mais dans une position telle que chaque sphère de la couche *B* sera en contact avec trois sphères de la couche *A*. Pour la troisième couche, il y a deux possibilités : la placer dans les interstices de la deuxième couche qui correspondent à la position des sphères de la couche *A* ; on a alors un empilement du type *ABABA*..., qui correspond à la structure hexagonale compacte (fig. 3.18a) ; ou alors, placer la troisième couche de sphères dans des interstices de la couche *B* qui ne correspondent à aucune des deux couches précédentes ; on obtient ainsi un empilement différent du premier, *ABCABCA*..., mais tout aussi compact et qui correspond à un réseau cubique à faces centrées (fig. 3.18b). Dans les deux cas, le nombre de coordinence est 12.

Le réseau cubique centré n'est pas un réseau compact. Sa *compacité* (rapport du volume occupé par les atomes au volume total de la maille) est de 0,68, alors que les structures compactes c.f.c. et h.c. ont une compacité de 0,74.

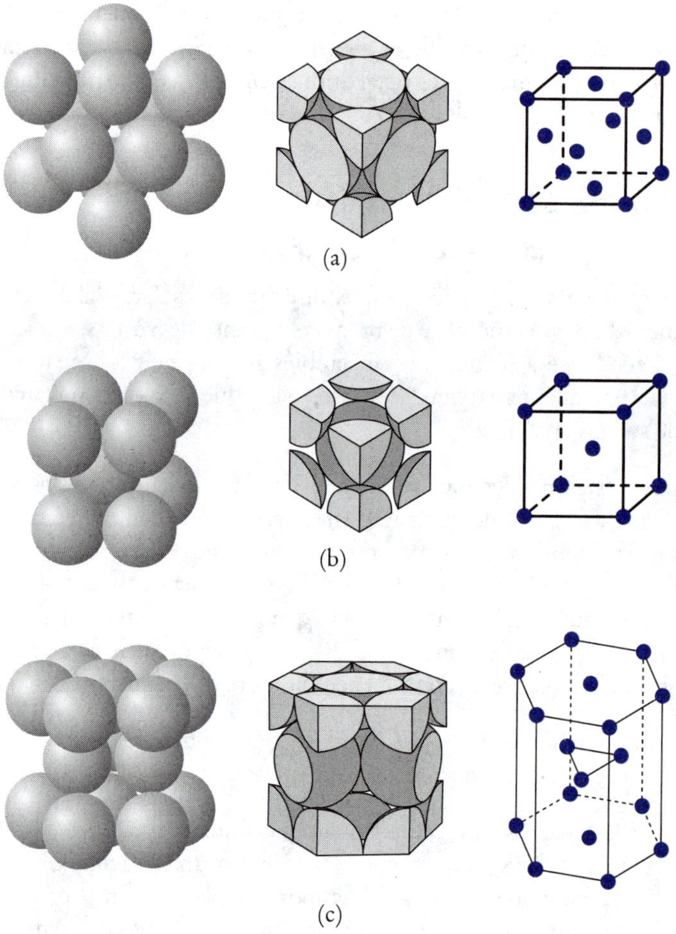

Figure 3.17 Disposition des atomes et mailles élémentaires des structures cristallines les plus courantes des métaux : a) réseau cubique à faces centrées (c.f.c.) ; b) réseau cubique centré (c.c.) ; c) système hexagonal compact (h.c.).

En prenant l'exemple d'un cristal de structure cubique centrée, on effectue le calcul de la compacité de la façon suivante : dans une maille c.c. d'arête a, les atomes de rayon r, considérés comme des sphères rigides, sont tangents entre eux selon la direction [111], soit la grande diagonale du cube (fig. 3.17b). Ainsi :

$$4r = a\sqrt{3}$$
$$r = \frac{a\sqrt{3}}{4}$$

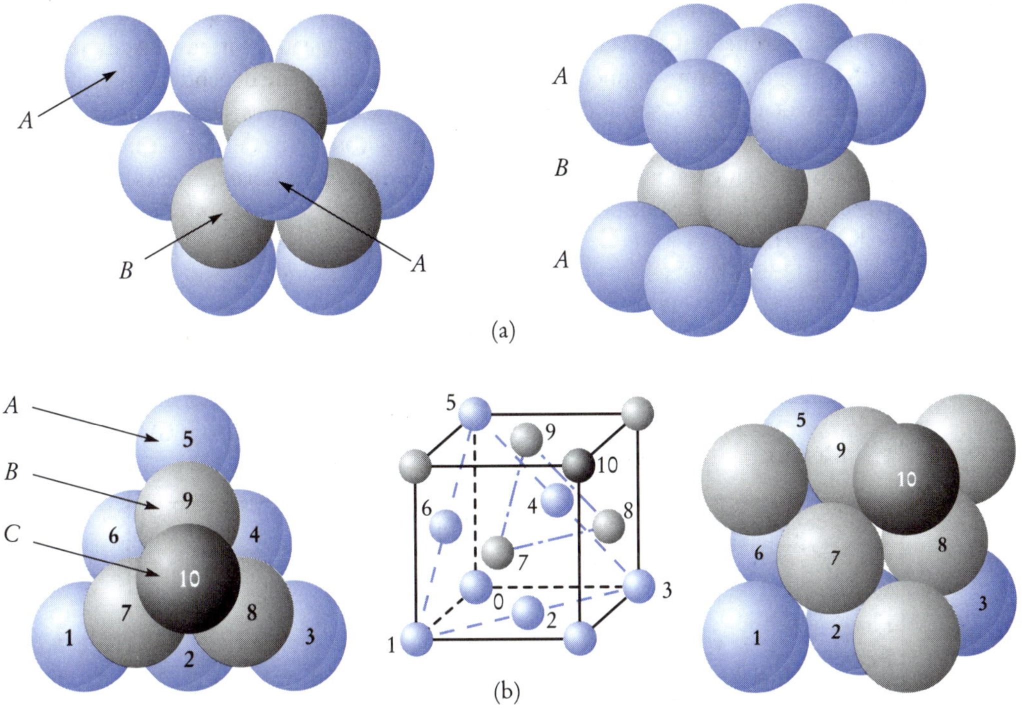

Figure 3.18 Modes d'empilement compact : a) empilement *ABAB*, hexagonal compact ; b) empilement *ABCABC*, cubique à faces centrées ; les plans compacts sont des plans {111}.

Une telle maille a deux atomes en propre, et le volume V_{at} de chacun d'eux est :

$$V_{\text{at}} = \frac{4}{3}\pi r^3 = \frac{\pi a^3\sqrt{3}}{16}$$

$$\text{compacité} = \frac{2V_{\text{at}}}{V_{\text{maille}}} = \frac{2\pi a^3\sqrt{3}}{16a^3} = 0{,}68$$

Pour la structure hexagonale compacte, il convient de noter que nous avons examiné un modèle de sphères rigides tangentes entre elles et, pour cette raison, le rapport c/a idéal d'une telle structure doit être égal à 1,63 (a est le côté de l'hexagone et c, la hauteur de la maille). En réalité, ce rapport s'écarte de la valeur idéale (par exemple pour le titane, $c/a = 1{,}58$, et pour le cadmium, $c/a = 1{,}89$), ce qui signifie que les atomes de ces métaux ne peuvent pas être considérés comme des sphères mais plutôt comme des ellipsoïdes.

Le tableau 3.2 indique la structure cristalline et les paramètres du réseau cristallin de plusieurs métaux courants. On remarquera que certains métaux présentent plusieurs formes cristallines selon la température. À une température donnée, la stabilité d'une structure ne dépend pas seulement de l'énergie minimale associée à la position des atomes (toutes les structures seraient alors compactes), mais aussi de l'énergie totale de l'ensemble des électrons libres ; ce dernier terme varie selon la température. C'est ce qui explique les *transformations allotropiques* (changements de structure du solide) ; par exemple, le fer a une structure c.c. stable aux températures inférieures à 910 °C, une structure c.f.c. de 910 à 1394 °C, et de nouveau une structure c.c. de 1394 °C jusqu'à sa température de fusion, soit 1535 °C.

Tableau 3.2 Structure cristalline et paramètres du réseau cristallin de quelques métaux (à 20 °C sauf indication contraire)

Métaux	Structure	Paramètres du réseau cristallin (nm)	
		a	*c*
Mo	c.c.	0,3147	
Cr	c.c.	0,2884	
W	c.c.	0,3165	
Fe α	c.c.	0,2866	
Fe γ(950 °C)	c.f.c.	0,3656	
Ni	c.f.c.	0,3524	
Cu	c.f.c.	0,3615	
Al	c.f.c.	0,4049	
Ti β (> 880 °C)	c.c.	0,3306	
Ti α	h.c.	0,2951	0,4679
Mg	h.c.	0,3209	0,5210
Zn	h.c.	0,2664	0,4945

En refroidissant des métaux liquides à des vitesses extrêmement élevées, supérieures à 10^6 °C/s, il est possible d'obtenir des métaux vitreux, c'est-à-dire à l'état amorphe. De tels métaux non cristallins ont des propriétés mécaniques et physiques tout à fait particulières.

3.3.2 Structures des solides à liaison covalente

Dans les solides covalents, on établit le nombre de premiers voisins selon la règle des (8 – N), où N est le nombre d'électrons participant à l'établissement des liaisons covalentes (art. 2.4.1). Cette règle est applicable aux éléments des groupes IVB, VB, VIB et VIIB du tableau périodique quand ils forment des solides à liaison fortement covalente.

Ainsi, dans le cas du diamant, pour lequel il y a hybridation $1s^2\ 2s^1\ 2p^3$, chaque atome de carbone est entouré de quatre premiers voisins équidistants. Les atomes de carbone forment alors des tétraèdres réguliers, et l'angle entre les liaisons est de 109,5°. La figure 3.19 montre la position des atomes de carbone dans la maille élémentaire d'un cristal de diamant. Cette structure appartient au réseau c.f.c. Le silicium, le germanium et l'étain gris, éléments de la même colonne que le carbone dans le tableau périodique, ont une structure semblable, la structure cubique diamant.

Quand l'hybridation du carbone n'est pas complète (hybridation simple : $1s^2 2(sp^3)$, la structure est différente de celle du diamant : on obtient du graphite (fig. 3.20). Ici, les trois électrons de l'état p forment entre les atomes, dans un plan, des liaisons covalentes fortes ayant entre elles des angles de 120°. Il s'établit ainsi des plans en réseau plan hexagonal reliés les uns aux autres par des forces de van der Waals, relativement faibles, dues aux électrons s. Une telle structure explique la

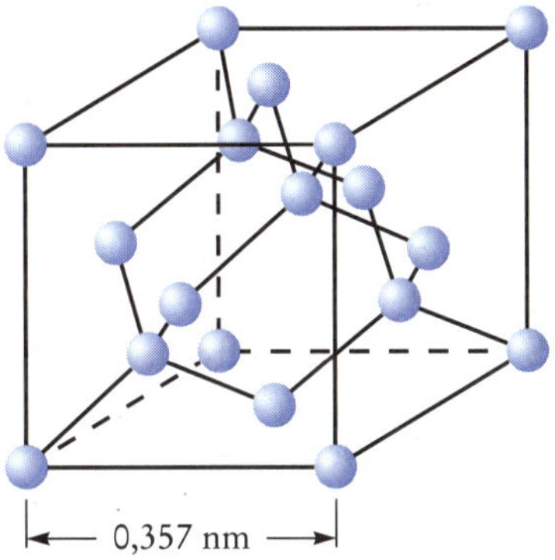

Figure 3.19 Structure cubique du diamant. Dans la maille, les atomes de carbone occupent des positions 0,0,0 ; 1/2,1/2,0 ; 1/4,1/4,1/4.

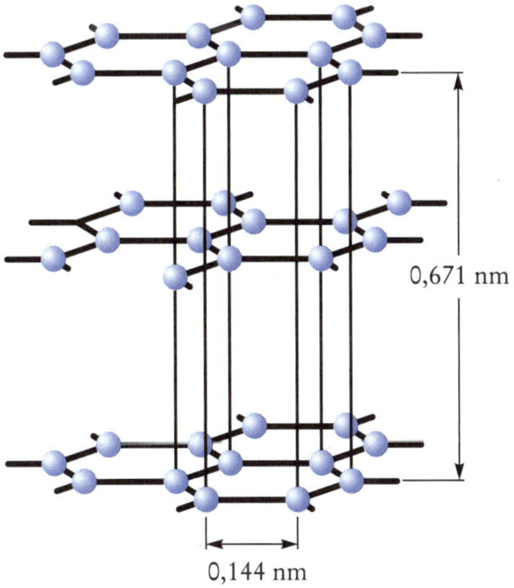

Figure 3.20 Structure hexagonale du graphite.

faible dureté du graphite : les liaisons de van der Waals peuvent se rompre facilement, ce qui donne alors un *clivage* cristallographique parallèle aux plans denses. La grande différence de conductibilité électrique du carbone sous forme diamant et sous forme graphite s'explique par ces différences de structure cristalline.

Dans les composés dont les liaisons ont un fort caractère covalent, le type de structure obtenu dépend, comme pour le diamant, de l'angle entre les liaisons. C'est le cas, par exemple de la silice, SiO_2, dont l'unité de base $(SiO_4)^{4-}$ est un tétraèdre régulier : un ion Si^{4+} s'entoure de quatre ions O^{2-} (fig. 3.8). Un solide constitué de ces unités de base doit cependant rester électriquement neutre ; le nombre de charges positives des cations Si^{4+} doit être égal au nombre de charges négatives des anions O^{2-}, ce qui représente deux fois plus d'ions oxygène que d'ions silicium. Afin que la neutralité électrique soit assurée, un ion oxygène doit être partagé entre deux tétraèdres unis par leurs sommets ; les assemblages de tétraèdres se font toujours par les sommets, jamais par les arêtes ou par les faces. Tout en respectant les règles énoncées plus haut, l'arrangement spatial des tétraèdres, qui sont alors les unités constituantes du solide, peut prendre plusieurs formes : la figure 3.21 présente deux formes allotropiques de la silice : le quartz, hexagonal, et la cristobalite-β, cubique. L'existence de chacune de ces formes dépend de la température et des conditions de refroidissement. Si la vitesse de refroidissement est suffisamment rapide pour empêcher les unités de base, les tétraèdres $(SiO_4)^{4-}$, de s'orienter correctement et de former ainsi un arrangement régulier et cristallin, la structure finale obtenue sera celle de la silice vitreuse, amorphe (art. 3.1.3 et fig. 3.8b).

Les *silicates* ont des structures dérivées de celles de la silice : on y retrouve les mêmes unités de base, mais des ions métalliques viennent se lier aux tétraèdres en leur cédant des électrons. Dans la forstérite, Mg_2SiO_4, par exemple, les tétraèdres, $(SiO_4)^{4-}$, ne sont pas liés par leurs sommets mais par l'intermédiaire d'ions Mg^{2+}. La figure 3.22 présente le schéma de cette structure.

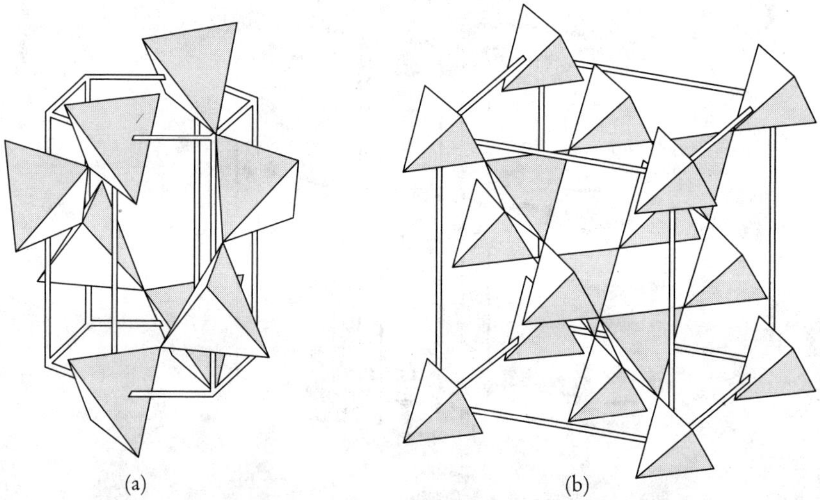

(a) (b)

Figure 3.21 Arrangement tridimensionnel des tétraèdres $(SiO_4)^{4-}$: a) dans le quartz ; b) dans la cristobalite.

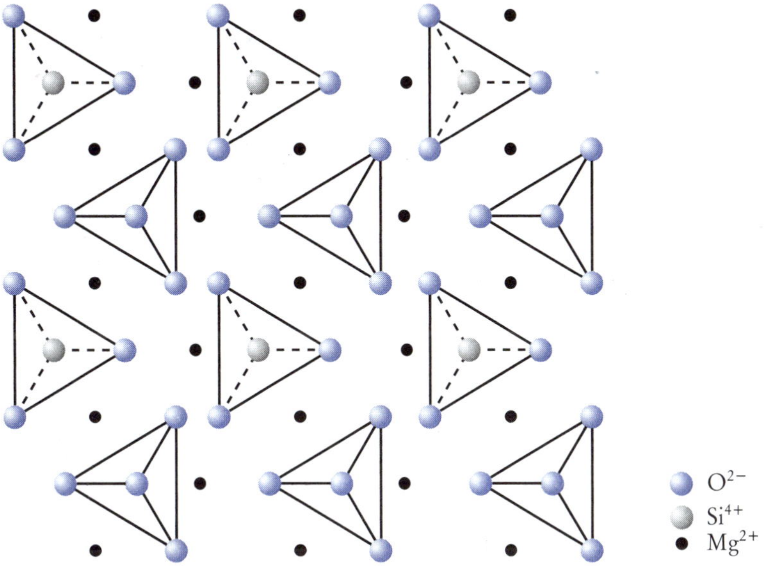

Figure 3.22 Structure de la forstérite, Mg_2SiO_4. Une seule couche est représentée.

Il existe un grand nombre de silicates de structures et de compositions variées, mais dans lesquels on retrouve toujours le tétraèdre de base $(Si_2O_4)^{4-}$. Les différentes formes de silice et les silicates ont une importance industrielle considérable. Par exemple, les silicates d'aluminium hydratés (argiles) constituent la matière première d'une catégorie importante de matériaux, les céramiques (chap. 13).

3.3.3 Structures des solides à liaison ionique

La structure cristalline des solides à liaisons ioniques prédominantes dépend de deux facteurs :

a) le rapport entre le nombre d'anions (ions négatifs) et le nombre de cations (ions positifs). Ce rapport est fixe et déterminé par la formule chimique ; il est fonction du nombre d'électrons de valence qui participent à la liaison et il assure que l'ensemble soit électriquement neutre ;

b) la taille relative des anions et des cations. Comme la liaison ionique est non directionnelle, l'ensemble des ions a tendance à s'organiser de la façon la plus compacte possible.

Par exemple, même si le sodium et le césium ont la même valence, combinés au chlore, ils conduisent à des structures cristallines différentes. La figure 3.23 représente les structures respectives du NaCl et du CsCl. La différence entre les deux structures de ces composés provient de la différence entre les rapports des diamètres ioniques : $\Phi_{Na}/\Phi_{Cl} = 0{,}54$, alors que $\Phi_{Cs}/\Phi_{Cl} = 0{,}91$. Chacun de ces composés cristallise selon le système qui lui assure la compacité maximale. Ainsi, la compacité du CsCl est de 0,682 alors qu'elle ne serait plus que de 0,527 si ce composé avait la même structure cristalline que le NaCl.

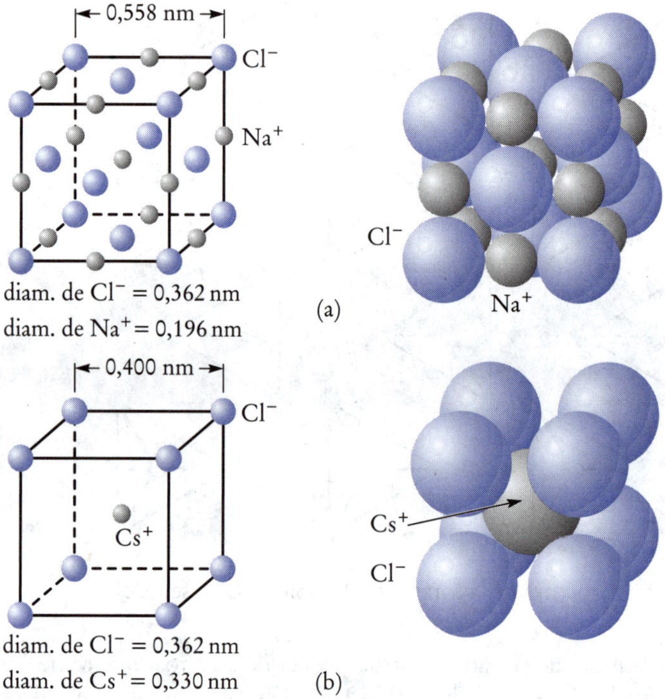

Figure 3.23 Structures comparées : a) du chlorure de sodium, NaCl ; b) du chlorure de césium, CsCl. Le nombre de coordinence passe de 6, pour le NaCl, à 8, pour le CsCl.

Pour comprendre la structure de tels composés ioniques, il est souvent utile de considérer que les anions forment un réseau cristallin dont les sites (cubiques, tétraédriques ou octaédriques) sont occupés, en tout ou en partie, par les cations. De cette façon, on peut voir le cristal CsCl comme un réseau cubique simple d'ions Cl^- dans lequel tous les sites cubiques sont occupés par les ions Cs^+. Comme il y a un site cubique par maille cubique simple, le rapport anions/cations reste égal à l'unité (tabl. 3.1). De même, on peut voir le cristal NaCl comme un réseau c.f.c. d'ions Cl^- dans lequel tous les sites octaédriques sont occupés par les ions Na^+.

Selon la valeur du rapport du diamètre Φ_{C^+} au diamètre Φ_{A^-}, on peut dresser le tableau 3.3, qui indique le nombre de coordinence des anions A^- et le polyèdre de coordinence (type de site) qu'ils définissent et dans lequel viennent se loger les cations C^+.

Le tableau 3.3 permet de prévoir la structure cristalline des composés ioniques et les prévisions qu'on en tire s'avèrent en général vraies, sauf pour quelques exceptions où la valeur du rapport Φ_{C^+}/Φ_{A^-} est voisine d'une des valeurs limites définies dans le tableau ou quand le pourcentage de caractère ionique du composé n'est pas très marqué.

Tableau 3.3 Nombre de coordinence et polyèdre de coordinence pour les solides ioniques

Rapport Φ_{C^+}/Φ_{A^-}	Coordinence des anions A^-	Polyèdre de coordinence
0 à 0,155	2	Linéaire
0,155 à 0,225	3	Triangle équilatéral
0,225 à 0,414	4	Tétraèdre régulier
0,414 à 0,732	6	Octaèdre régulier
0,732 à 1	8	Cube

Le tableau 3.4 présente la structure de divers composés ioniques et les types de sites qui occupent les cations. Les composés ioniques cristallins se retrouvent dans un grand nombre de céramiques et dans les ciments.

Tableau 3.4 Structures cristallines et positions des cations de quelques composés ioniques

Type de composés	Structure des anions X	Type de sites* occupés par les cations M	Proportion de sites occupés	Exemples de composés
MX	c.f.c.	T	1/2	Sphalérite, ZnS, SiC, CdS
	h.c.	T	1/2	Wurtztite, ZnO
	c.f.c.	O	1	NaCl, MgO, CaO, MnS, TiC
	h.c.	O	1	NiAs, FeS
	c.s	C	1	CsCl
MX_2	c.f.c.	O	1/2	TiO_2, $CdCl_2$
	c.s.	C	1/2	CaF_2, ZrO_2
M_2X	c.f.c.	T	1	Na_2O, Li_2O
M_2X_3	h.c.	T	2/3	Al_2O_3, Fe_2O_3, Cr_2O_3

* T : sites tétraédriques ; O : sites octaédriques ; C : sites cubiques.

3.3.4 Structures des polymères

Contrairement aux structures décrites jusqu'ici, dont les unités constituantes ne comportaient au plus que quelques atomes, les polymères sont formés de très grosses molécules pouvant elles-mêmes compter plusieurs centaines de milliers d'atomes, ces molécules se présentant souvent sous forme de chaînes moléculaires. Ces chaînes se forment par *polymérisation*, c'est-à-dire par adjonction de petites unités les unes aux autres. Nous allons décrire un polymère linéaire simple en étudiant le polyéthylène, $(C_2H_4)_n$, obtenu à partir de la molécule d'éthylène C_2H_4, qu'on peut représenter sous la forme :

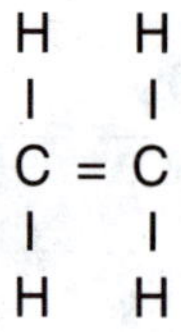

Les deux atomes de carbone, tétravalents, établissent entre eux une double liaison, et les liaisons restantes sont formées avec des atomes d'hydrogène. Une telle unité est appelée *mère*. Si la double liaison est ouverte et qu'une telle ouverture se produit pour un grand nombre de molécules, il y a formation de nouvelles liaisons entre elles et polymérisation. Le résultat est une longue chaîne moléculaire dont la formule globale est $(C_2H_4)_n$, laquelle a la représentation linéaire suivante :

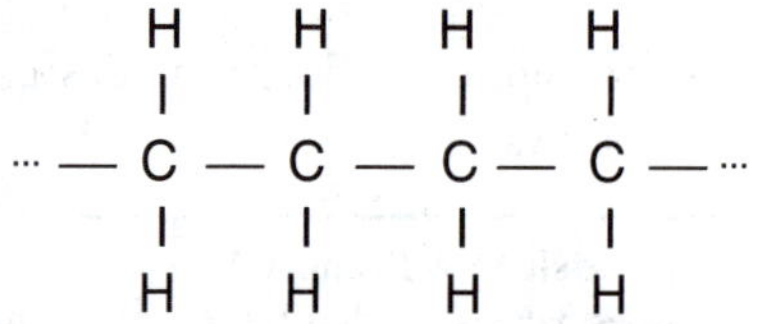

Dans ce cas-ci, n prend des valeurs comprises entre 10^3 et 10^6, et la longueur de la chaîne peut atteindre 10 μm. Les liaisons C–C du squelette de la chaîne et C–H sont du type covalent : ce sont donc des liaisons fortes et directionnelles ; l'angle entre les liaisons C–C est de 109,5°, comme pour le diamant. La figure 3.24 représente en trois dimensions la chaîne moléculaire du polyéthylène. Une telle chaîne n'est pas forcément rectiligne : bien qu'un atome de carbone forme un angle de 109,5° avec son voisin, il peut se placer dans un plan différent de celui des atomes voisins (fig. 3.25). Dans un polymère, les liaisons entre chaînes voisines sont assurées par des forces de van der Waals.

Les chaînes moléculaires d'un polymère peuvent être disposées au hasard, sans ordre particulier ; le polymère est alors amorphe (fig. 3.26a). Les chaînes peuvent également être partiellement alignées (fig. 3.26b) et présenter ainsi un certain ordre ou, en d'autres mots, une certaine *cristallinité*. Dans ce cas, le polymère est rarement entièrement cristallin, car, entre les «cristaux» individuels, il existe des zones amorphes importantes. La morphologie de la chaîne définit également la tendance qu'a un polymère à cristalliser, comme nous le verrons au chapitre 12.

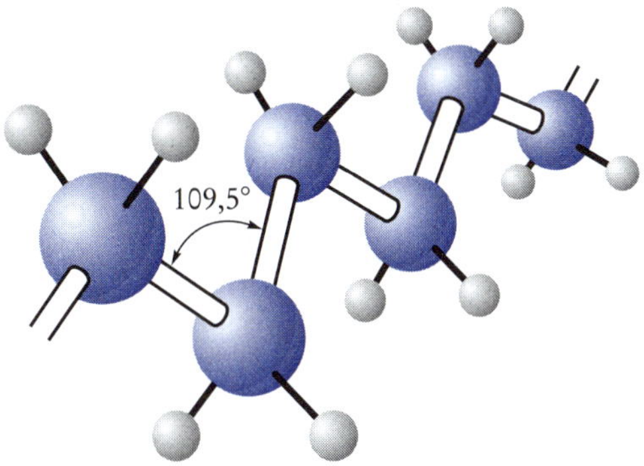

Figure 3.24 Représentation schématique de la chaîne moléculaire du polyéthylène.

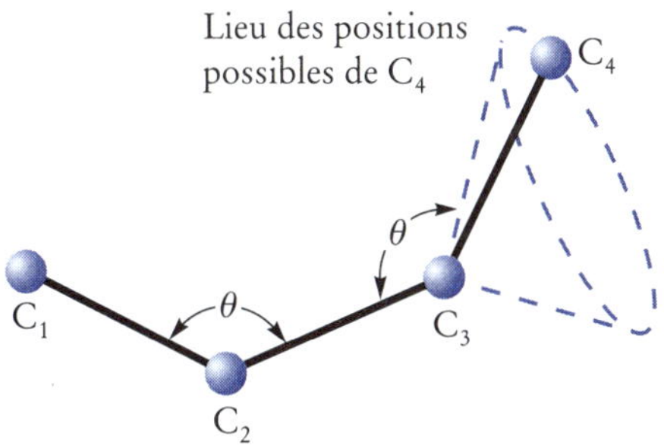

Figure 3.25 Position des atomes de carbone dans une chaîne moléculaire ($\theta = 109,5°$).

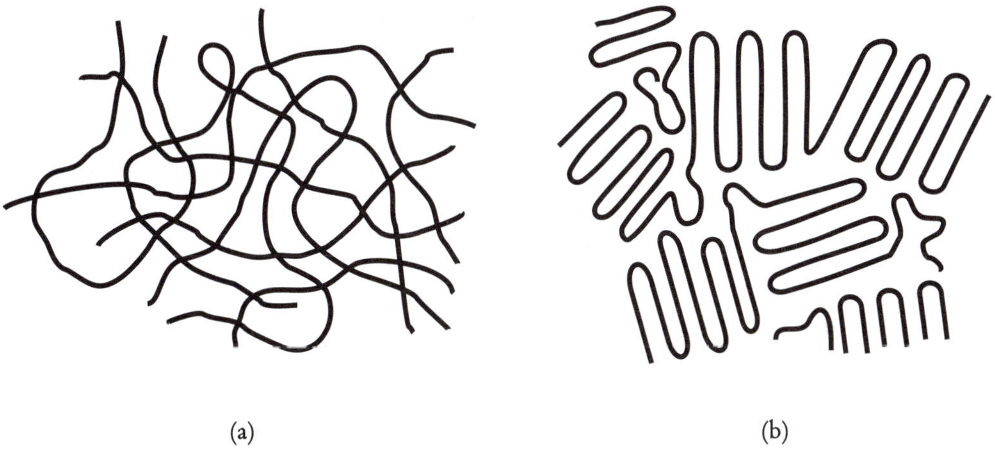

Figure 3.26 Représentation schématique de l'agencement des chaînes moléculaires : a) dans une structure amorphe ; b) dans une structure cristalline.

Il y a d'autres types de polymères, dont la structure n'est pas constituée de chaînes linéaires, mais s'apparente plutôt à celle de la silice amorphe : ces polymères sont réticulés et on peut les considérer comme des macromolécules géantes dans lesquelles il est impossible de reconnaître un arrangement régulier des atomes ou des mères constituantes (art. 6.2.3 et 12.2.3).

3.4 DÉFAUTS DANS LES CRISTAUX

Un cristal parfait, formé par la répétition périodique d'une maille élémentaire, ne se rencontre jamais dans la pratique. Les cristaux réels, même s'ils se rapprochent beaucoup du modèle théorique, comportent toujours des défauts. Certaines propriétés des solides cristallins sont essentiellement liées à la structure du réseau et au type de liaison en jeu ; en première approximation, elles dépendent très peu des défauts du cristal. Ces propriétés sont, par exemple, le module d'Young, le coefficient de dilatation linéique, les propriétés magnétiques et ferroélectriques, etc. Ces propriétés sont, à toutes fins utiles, peu modifiables. D'autres, par contre, sont modifiables et liées à la présence de défauts dans le cristal (comportement sous l'action d'une contrainte, conductibilité électrique des isolants et des semi-conducteurs, par exemple). Nous étudierons ici les différents types de défauts présents dans les cristaux ; il sera question plus en détail de leur importance et de leur rôle dans des chapitres ultérieurs.

3.4.1 Défauts sans dimension

Les défauts sans dimension sont des *défauts ponctuels* dont la taille est de l'ordre des distances interatomiques. La figure 3.27 représente schématiquement les divers défauts ponctuels dans les cristaux.

Lacune. Une lacune (fig. 3.27a) est tout simplement un atome manquant à un nœud du réseau cristallin. Dans un métal, la concentration atomique n_l/N en lacunes en équilibre est fonction de la température, selon une relation de la forme suivante (loi d'Arhenius) :

$$\frac{n_l}{N} = \exp\left(\frac{-Q_l}{kT}\right) \tag{3.3}$$

où n_l = nombre de lacunes présentes dans un ensemble de N atomes à la température T
k = constante de Boltzmann
T = température absolue
Q_l = énergie de formation d'une lacune (de l'ordre de 1 eV dans les métaux)

Le tableau 3.5 donne des ordres de grandeur de concentrations des lacunes à l'équilibre. Les lacunes jouent un rôle majeur dans la *diffusion* à l'état solide, c'est-à-dire dans la possibilité de déplacement des atomes sur de longues distances dans un solide. Ce phénomène de diffusion est important sur le plan industriel, car il permet l'homogénéisation des structures de solidification qui présentent des hétérogénéités de composition (art. 5.4.2) et rend possible des transformations à l'état solide, comme la précipitation (chap. 6).

Atomes interstitiels. Les atomes *autointerstitiels*, atomes de même nature que les atomes de la matrice (fig. 3.27b) sont relativement peu nombreux, car leur concentration reste toujours très faible (tabl. 3.5) : les distorsions qu'ils créent dans le réseau sont très fortes et, par conséquent, leur énergie de formation est élevée. Dans un métal, par exemple, l'énergie de formation d'un atome interstitiel est de l'ordre de 7 eV.

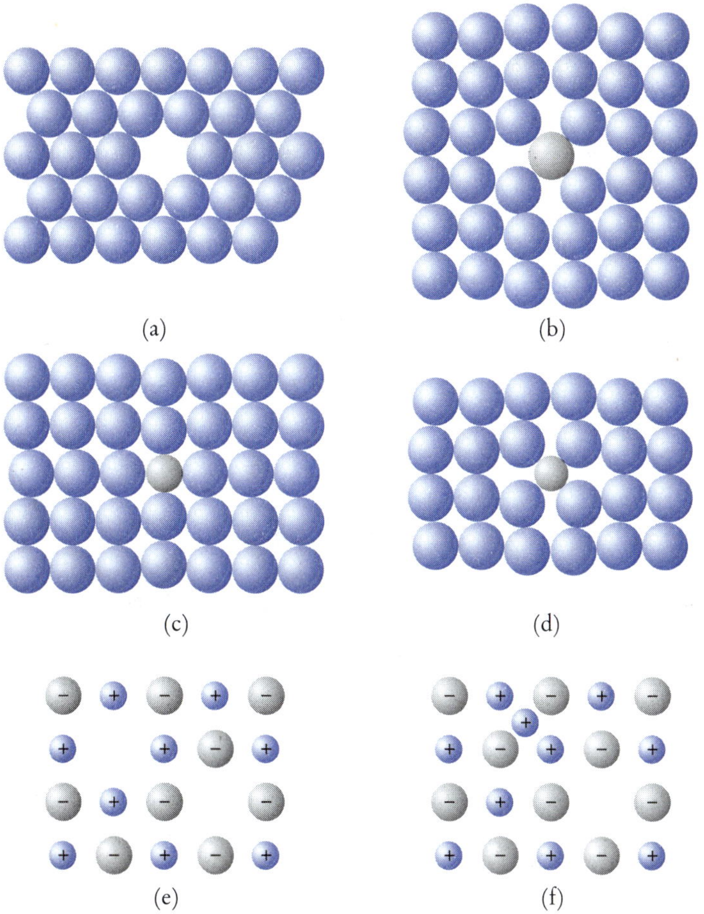

Figure 3.27 Principaux défauts ponctuels dans les cristaux : a) lacune ; b) défaut autointerstitiel ; c) atome en solution solide de substitution ; d) atome en solution solide d'insertion ; e) défaut de Schottky dans un cristal ionique ; f) défaut de Frenkel cationique dans un cristal ionique.

Tableau 3.5 Défauts dans les cristaux

Dimensions	Type	Concentration ou dimension caractéristique	Influence
0	Lacunes	Concentration : $\simeq 10^{-4}$ à θ_f* $\simeq 10^{-15}$ à θ_a*	Diffusion à l'état solide
	Défauts autointerstitiels	Concentration : $\simeq 10^{-10}$ à θ_f $\simeq 10^{-30}$ à θ_a	
	Atomes étrangers		Propriétés mécaniques ; conductibilité électrique des isolants et des semi-conducteurs
	Défauts de Frenkel et de Schottky	Concentration : $\simeq 10^{-15}$ à θ_a	Conductibilité électrique des cristaux ioniques
1	Dislocations	Densité : $\simeq 10^6$ à 10^{12} cm/cm^3 (métaux) $\simeq 10^4$ cm/cm^3 (cristaux ioniques)	Propriétés mécaniques ; ductilité ; ténacité
2	Macles ; joints de grains	Taille des grains : de 1 μm à 1 cm	Ductilité ; propriétés mécaniques
3	Précipités	Dimensions : de 5 nm à 0,10 mm	Propriétés mécaniques ; traitement thermiques ; propriétés magnétiques

* θ_f = température de fusion ; θ_a = température ambiante (20 °C).

Solutions solides. Un corps pur peut dissoudre, à l'état solide, une certaine proportion d'un autre corps ou d'un autre élément, selon la solubilité de l'un dans l'autre. Le chapitre 5 traite essentiellement de ce sujet. Cependant, sur le plan du réseau cristallin, on peut distinguer deux types de défauts qui découlent de tels mélanges.

Les atomes en *solution solide de substitution*, différents des atomes du cristal, prennent place à des nœuds du réseau. Comme aucun atome d'un élément donné n'a exactement le même rayon atomique que celui des atomes d'un autre élément, le fait qu'il y ait des atomes en solution solide de substitution entraîne toujours, localement, une distorsion élastique du réseau original et, partant, une augmentation de l'énergie totale du cristal (fig. 3.27 c). Grâce aux lacunes présentes dans le réseau, les atomes en solution solide de substitution (soluté) peuvent se déplacer dans la matrice (réseau cristallin du solvant) par diffusion, mécanisme que nous décrirons au chapitre 5.

Dans les métaux, les atomes en solution de substitution ont une influence sur les propriétés mécaniques ; dans les solides covalents, ils influencent fortement les propriétés électriques. Le germanium, par exemple, a quatre électrons de valence qui participent tous à l'établissement de la liaison covalente. Si un atome de Ge est remplacé par un atome d'As pentavalent, quatre des électrons de valence de l'As participent à la liaison covalente, et le cinquième sera libre de se déplacer dans le réseau sous l'effet d'un champ électrique. Similairement, si un atome de Ge est remplacé par un atome trivalent (un atome de Ga, par exemple), il y aura un déficit d'un électron. Cet électron manquant, appelé *trou* ou *lacune électronique*, aura une certaine mobilité dans un champ électrique. La présence d'atomes étrangers, pentavalents ou trivalents, dans un cristal covalent (Ge ou Si) est le principe de fabrication des semi-conducteurs. Ces phénomènes seront étudiés plus en détail au chapitre 9.

Les atomes en *solution solide d'insertion* trouvent leur place dans des sites définis par les atomes du réseau cristallin (fig. 3.27d). Dans les réseaux c.f.c. et c.c., il existe deux types de sites disponibles pour les atomes en solution d'insertion : les sites octaédriques et les sites tétraédriques (art. 3.2.5). Par de simples relations géométriques dans les réseaux cristallins, on peut calculer le diamètre maximal disponible d'un site interstitiel. Le tableau 3.6 donne les résultats obtenus. Ce tableau révèle que dans les structures compactes (h.c. et c.f.c.) le site octaédrique est plus grand que le site tétraédrique, et que ce site interstitiel est symétrique : son centre est équidistant des six nœuds du réseau qui l'entourent. Dans le réseau c.c., la dimension du site octaédrique est plus petite dans la direction $\langle 100 \rangle$ que dans les directions $\langle 110 \rangle$. En fait, ce site n'est pas sphérique mais ellipsoïdal ; il a une symétrie quadratique (fig. 3.16c).

Le diamètre des atomes pouvant entrer en solution d'insertion doit être petit, soit de l'ordre de grandeur des sites disponibles. Essentiellement, les atomes qui répondent à ces conditions sont : les atomes d'hydrogène (r = 0,046 nm), de carbone (r = 0,077 nm), d'oxygène (r = 0,06 nm),

Tableau 3.6 Rayon (r_i) des sites interstitiels dans les réseaux c.f.c., h.c. et c.c. en fonction du rayon (r) des atomes du réseau

Structure	Nature du site	r_i
Structures compactes c.f.c. et h.c.	Tétraédrique	0,225 r
	Octaédrique	0,414 r
Réseau c.c.	Tétraédrique	0,291 r
	Octaédrique $\langle 100 \rangle$	0,154 r
	$\langle 110 \rangle$	0,633 r

d'azote (r = 0,071 nm) et parfois de bore (r = 0,091 nm). Le cas le plus intéressant sur le plan industriel est celui du carbone dans le fer, dont le mélange donne les aciers. Au-dessus de 910 °C, le fer a une structure c.f.c. et, au-dessous, une structure c.c. À 910 °C, le rayon atomique du fer est de 0,125 nm. Dans la structure c.f.c., le rayon du site octaédrique est donc de 0,052 nm, et l'insertion d'un atome de carbone dans un tel site entraîne une légère dilatation du réseau dans toutes les directions. Dans la structure c.c. cependant, si, dans les directions $\langle 110 \rangle$, le site octaédrique a un rayon de 0,079 nm, dans les directions $\langle 100 \rangle$, son rayon n'est que de 0,02 nm. L'introduction d'un atome de carbone, si elle n'engendre pas de distorsions dans les directions $\langle 110 \rangle$, en crée de très fortes selon les directions $\langle 100 \rangle$. C'est néanmoins le site octaédrique qui est occupé, car l'énergie totale de déformation est moindre dans ce cas que dans celui du site tétraédrique, où quatre atomes de fer doivent être déplacés de leur position d'équilibre. L'énergie de déformation du réseau c.f.c. est moindre que celle du réseau c.c. C'est ce qui explique que dans l'*austénite* (fer de structure c.f.c.) la solubilité du carbone est plus grande que dans la *ferrite* (fer de structure c.c.) : elle est respectivement de 2,1 et de 0,02 % (pourcentage massique). Cette très grande variation de la solubilité du carbone dans les deux formes allotropiques du fer (c.f.c. et c.c.) a des conséquences industrielles très importantes : elle permet une modification considérable des propriétés mécaniques des aciers, comme nous le verrons au chapitre 6.

La diffusion des atomes en solution d'insertion se fait plus facilement que celle des atomes en solution de substitution et ne requiert pas la présence de lacunes : les atomes passent d'un site à un site voisin.

Dans les solides ioniques, les défauts ponctuels sont plus complexes, car l'ensemble du cristal doit demeurer électriquement neutre : la charge des ions négatifs doit équilibrer celle des ions positifs. Ainsi, une lacune cationique doit être équilibrée par la présence d'une lacune anionique dans son voisinage (fig. 3.27e) : c'est un *défaut de Schottky*. Ce type de défaut se rencontre dans le NaCl, par exemple, car la taille des ions Na^+ et Cl^- est trop grande pour qu'aucun d'eux puisse se placer en insertion. Par contre, dans l'iodure d'argent, AgI, l'ion Ag^+ est suffisamment petit pour se placer en insertion dans le réseau. Le défaut correspondant (*défaut de Frenkel*) est donc formé d'un cation interstitiel dans le voisinage d'une lacune cationique (fig. 3.27f). La concentration de ces défauts a une influence sur la conductibilité électrique des solides ioniques.

3.4.2 Défauts à une dimension

Les défauts à une dimension, ou *défauts linéaires*, sont les *dislocations*. Il en existe deux types : la *dislocation-coin* et la *dislocation-vis*. Nous nous bornerons ici à décrire la géométrie de ces défauts dans les cristaux ; leur déplacement sous l'effet de contraintes – dont découle la ductilité des métaux – fera l'objet du chapitre 4.

Une dislocation-coin est représentée à la figure 3.28 dans une structure cubique simple. Une telle dislocation est la ligne sur laquelle se termine un demi-plan atomique supplémentaire à l'intérieur du cristal. On peut remarquer sur cette figure que le cristal est déformé au voisinage de la dislocation : au-dessus de la ligne de dislocation AB, la distance entre les atomes étant moins grande que leur distance d'équilibre, le réseau est en compression ; la situation inverse prévaut sous la dislocation : le réseau y est en tension.

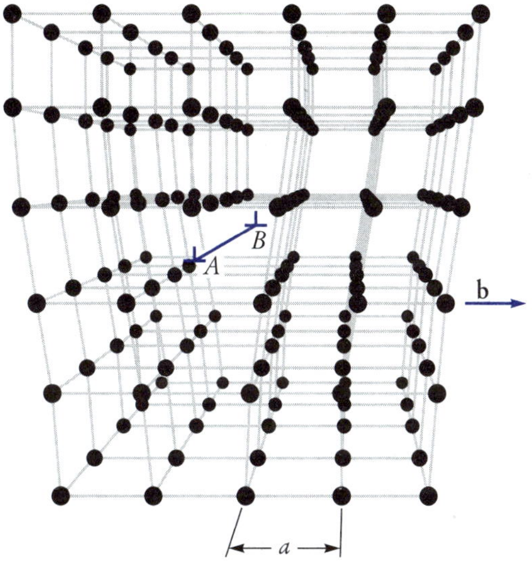

Figure 3.28 Représentation schématique d'une dislocation-coin dans un cristal cubique simple. La ligne de dislocation AB est la limite du demi-plan (010) incomplet dans le cristal, et le vecteur de Burgers **b** est perpendiculaire à AB.

Une dislocation est caractérisée par son *vecteur de Burgers* **b**. Ce vecteur est le défaut de fermeture d'un circuit qu'on aurait tracé autour de la dislocation, dans un plan perpendiculaire à celle-ci. Dans un cristal parfait, un tel circuit se refermerait sur lui-même (fig. 3.29a). Le vecteur **b** d'une dislocation-coin est *perpendiculaire* à la ligne de dislocation (fig. 3.29b). La grandeur et la direction du vecteur de Burgers sont indépendantes du circuit choisi, si ce circuit se referme sur lui-même en l'absence de dislocation. Étant la limite d'un plan incomplet du réseau, le vecteur **b** ne peut prendre que des longueurs correspondant à des distances entre deux nœuds du réseau cristallin.

La dislocation-vis, représentée à la figure 3.30, est le résultat d'un cisaillement du réseau, parallèlement à la ligne de dislocation. Les plans (100) de la figure 3.29c ont subi un déplacement dans la direction ⟨100⟩ et forment alors une rampe hélicoïdale dont la dislocation CD est l'axe. Le vecteur de Burgers d'une dislocation-vis est *parallèle* à la ligne de dislocation (fig. 3.29c et 3.30).

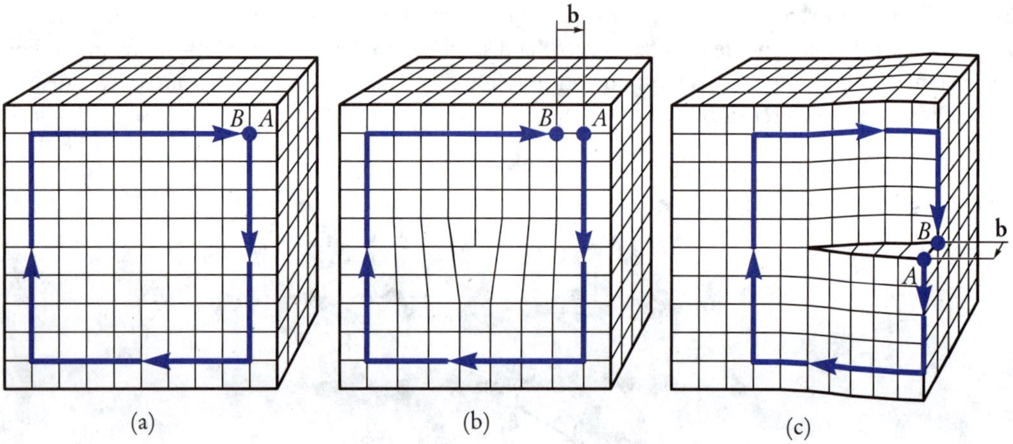

Figure 3.29 Détermination du vecteur de Burgers : a) dans un cristal parfait, le circuit se referme ; b) autour d'une dislocation-coin, le même circuit aboutit au point B, et le défaut de fermeture BA est le vecteur de Burgers, perpendiculaire à la ligne de dislocation ; c) le défaut de fermeture BA autour d'une dislocation-vis est parallèle à la ligne de dislocation.

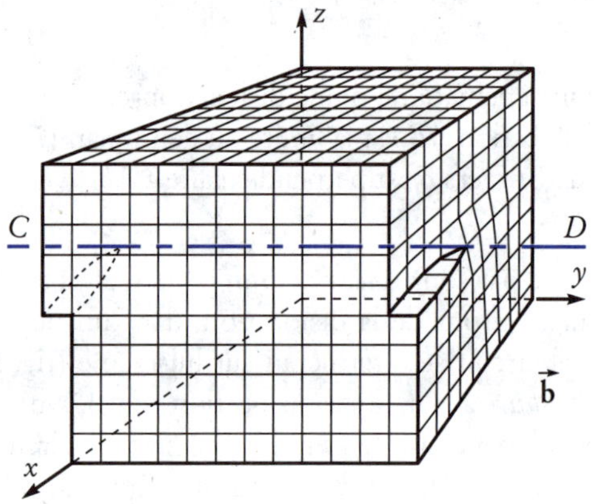

Figure 3.30 Représentation schématique d'une dislocation-vis. La ligne de dislocation CD est l'axe de l'hélice formée des plans (010), et le vecteur de Burgers est parallèle à CD.

La figure 3.31 représente les plans (010) dans un cristal parfait (a), autour d'une dislocation-coin (b) et autour d'une dislocation-vis (c). À la figure 3.31c, si un observateur se place sur le plan (010) à l'extrême droite et qu'il se déplace en tournant autour de la ligne de dislocation CD, dans le sens contraire des aiguilles d'une montre, chaque tour l'amène sur le plan voisin situé à gauche. Ce mouvement est semblable à celui d'une vis dont le pas est égal à **b**.

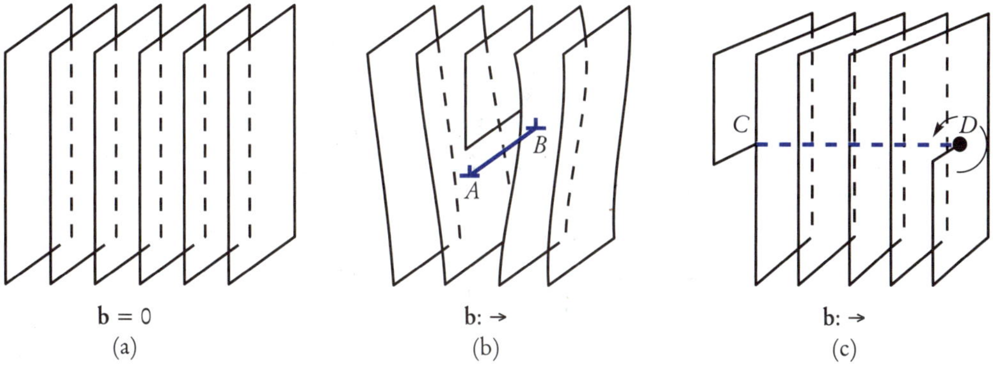

Figure 3.31 Comparaison entre les dispositions des plans cristallins : a) dans un cristal parfait ; b) autour d'une dislocation-coin ; c) autour d'une dislocation-vis.

Comme un réseau cristallin est déformé élastiquement autour d'une dislocation, la présence de dislocations dans un cristal augmente son énergie totale. L'énergie associée à une dislocation, par unité de longueur, est proportionnelle à Gb^2, où G est le module de cisaillement du cristal et b, le module du vecteur de Burgers. Le vecteur de Burgers tend donc à être le plus court possible pour minimiser cette énergie. Dans les métaux, il est égal à la plus petite distance interatomique. Dans une structure c.f.c., le vecteur de Burgers est orienté selon une direction $\langle 110 \rangle$, direction compacte, et sa longueur est $\left(a\sqrt{2}\right)/2$; dans une structure c.c., il est orienté selon une direction $\langle 111 \rangle$, et sa longueur est $\left(a\sqrt{3}\right)/2$.

Dans les cristaux réels, les dislocations ne sont pas toujours rectilignes ; comme le vecteur de Burgers doit être le même en grandeur et en direction tout le long d'une ligne de dislocation, les segments de cette ligne de dislocation sont soit des dislocations purement coin (**b** $\perp$ à la dislocation), soit des dislocations purement vis (**b** // à la dislocation), soit encore des dislocations mixtes, en partie coin et en partie vis. La figure 3.32 représente un quart de boucle de dislocation dans un cristal. La figure 3.33 est la micrographie d'un échantillon de fer prise au microscope électronique à transmission à un grossissement de 25 000 ×. Les écheveaux de lignes noires sont des dislocations à l'intérieur de l'échantillon.

On exprime la densité des dislocations Λ dans un cristal par la longueur totale des dislocations par unité de volume. Dans un métal recuit contenant peu de dislocations, cette densité est de l'ordre de 10^6 cm/cm^3 (tabl. 3.4), soit de 10 km/cm^3! Le même métal fortement écroui, c'est-à-dire déformé plastiquement, peut en contenir 10^{12} cm/cm^3, soit 10^6 km/cm^3 !

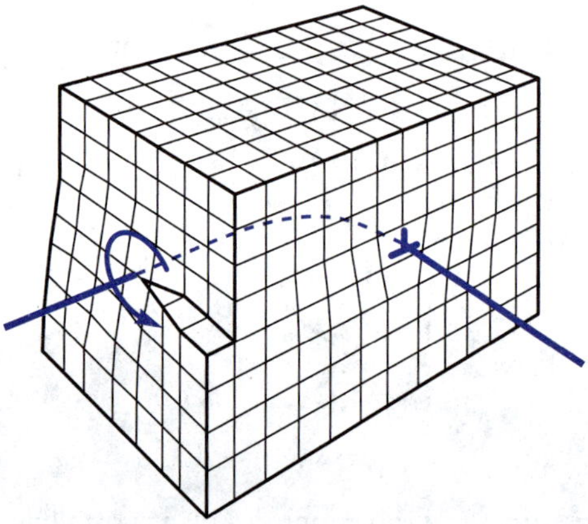

Figure 3.32 Segment de dislocation. Tout le long de la dislocation, le vecteur de Burgers est orienté selon la direction $\langle 100 \rangle$.

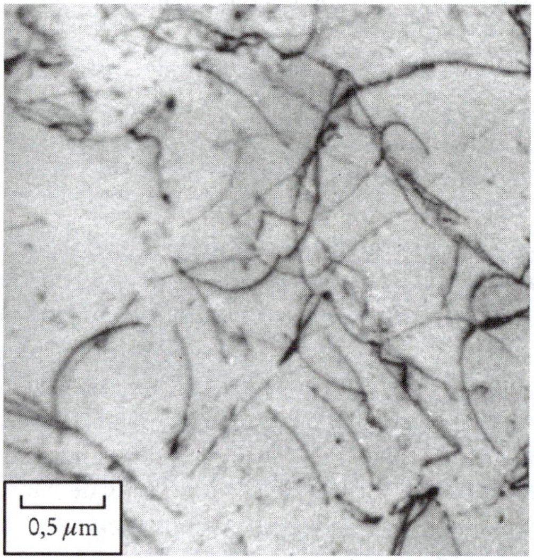

Figure 3.33 Dislocations observées au MET dans un échantillon de fer.

3.4.3 Défauts à deux dimensions

Les défauts de surface à deux dimensions peuvent être divisés en *joints de grains* et en *macles*.

Les matériaux cristallins utilisés couramment sont rarement constitués d'un seul cristal (un exemple d'exception : les semi-conducteurs, diodes ou transistors) : ils sont généralement formés d'un ensemble de petits cristaux, des *grains*. Un métal est formé d'un très grand nombre de petits cristaux juxtaposés, le tout formant un milieu continu ; la taille de ces grains peut varier de moins de 1 μm à plusieurs centimètres, selon le mode de fabrication du métal et selon les traitements reçus. Les surfaces d'accolement des grains adjacents sont des *joints de grains* ; ils assurent la cohésion entre des cristaux d'orientation différente. La figure 3.34 représente un joint de grains entre deux cristaux. Dans les joints, les atomes occupent des positions intermédiaires entre les nœuds des réseaux adjacents, sans que les liaisons atomiques soient rompues. L'épaisseur d'un tel joint est de deux ou trois distances interatomiques. Il ne faut pas croire que la présence des joints de grains affaiblisse un métal. Dans la majorité des cas, la rupture ne se produit pas le long des joints de grains, mais à l'intérieur même des grains.

La figure 3.35 est la micrographie d'un échantillon de fer polycristallin prise au microscope optique à un grossissement de 250 ×. Le diamètre moyen des grains de cet échantillon est de 80 μm, ce qui représente environ 2 500 000 grains par centimètre cube.

Si un monocristal est anisotrope (art. 3.1.2), un polycristal est généralement isotrope : les grains ont une orientation cristallographique aléatoire, et les propriétés macroscopiques mesurées sur un très grand nombre de grains représentent une moyenne de l'ensemble. Pour le cuivre polycristallin, le module d'Young est de 110 GPa, alors que, mesuré sur un monocristal, il varie de 67 GPa selon les directions $\langle 100 \rangle$, à 192 GPa selon les directions $\langle 111 \rangle$.

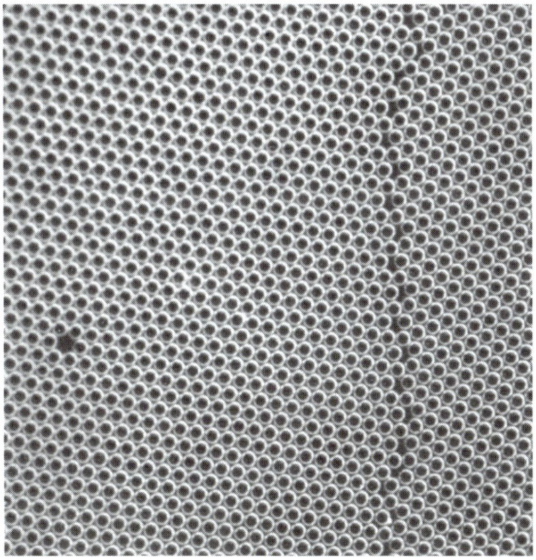

Figure 3.34 Représentation bidimensionnelle d'un joint de grains dans un réseau de bulles. Les bulles ont un diamètre de 0,5 mm et forment un réseau cristallin plan. On note une lacune à gauche de la photo.

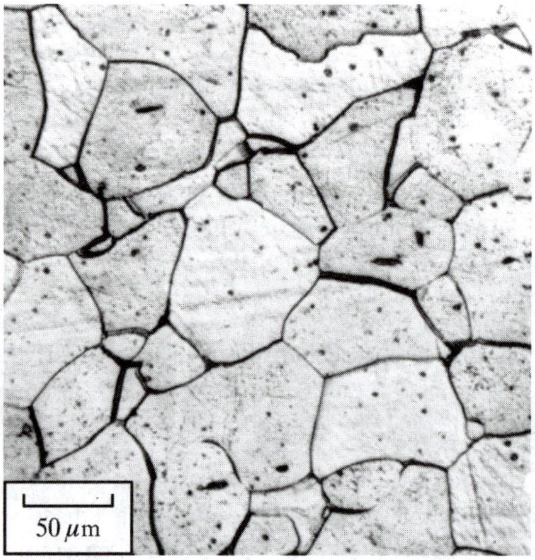

Figure 3.35 Micrographie d'un échantillon de fer polycristallin. Les taches noires à l'intérieur des grains sont des inclusions non métalliques (sulfures et oxydes).

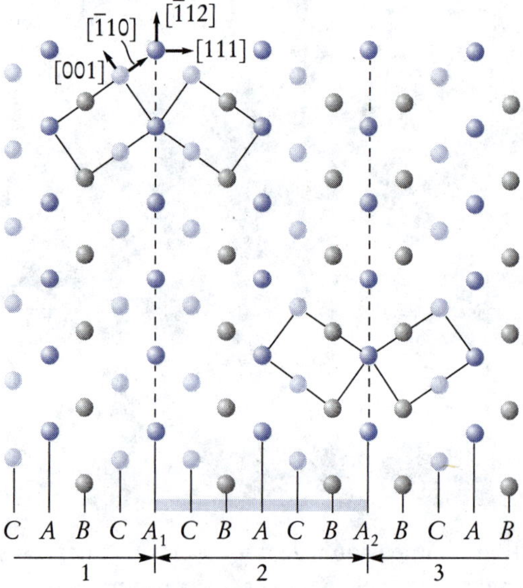

Figure 3.36 Représentation schématique d'une macle dans le réseau c.f.c. Le plan de la figure est le plan (110). Les plans A_1 et A_2 sont les plans de maclage.

Les *macles* sont des défauts dans l'ordre d'empilement des couches denses d'atomes. Dans un réseau c.f.c., l'ordre d'empilement des plans compacts est théoriquement $ABCABC$... Au cours de la solidification d'un métal liquide ou de la recristallisation d'un solide, cet ordre peut s'inverser : par-dessus une couche A, par exemple, il y aura une couche C au lieu d'une couche B, ce qui produit une *faute d'empilement*. L'empilement global des couches devient alors $CABCACBAC$... Le plan A est le plan de maclage, et la partie maclée du cristal ($CBAC$...) est l'image miroir de la partie non maclée, le plan de maclage faisant office de plan miroir. La figure 3.36 représente deux plans de maclage (A_1 et A_2) délimitant une zone maclée (région 2) dans une structure c.f.c., et la figure 3.37 est une micrographie d'un laiton α (alliage Cu-Zn) présentant des macles, lignes rectilignes à l'intérieur des grains. Ici, les différentes portions des grains maclés ne réfléchissent pas la lumière de la même façon (différences de teintes), car, de part et d'autre de la macle, l'orientation cristallographique du plan poli n'est pas la même, et l'importance de l'attaque chimique dépend de cette orientation.

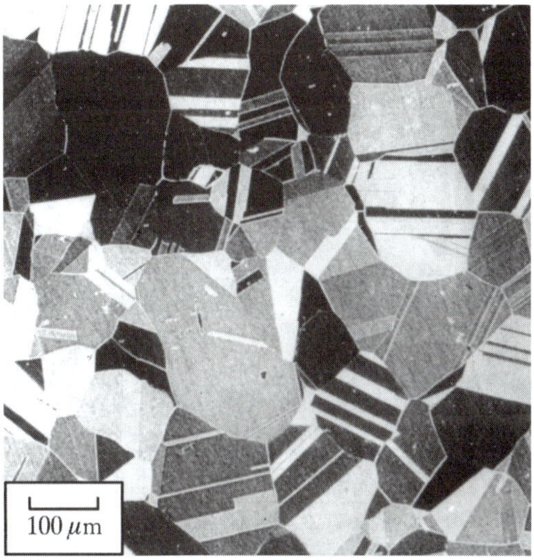

Figure 3.37 Micrographie d'un échantillon de laiton. À l'intérieur des grains, les bandes de différentes nuances de gris sont des zones maclées.

3.4.4 Défauts à trois dimensions

On a un défaut à trois dimensions quand une partie du cristal est remplacée par un volume d'un composé différent ; la différence est de nature chimique et peut ou non être accompagnée de différences cristallographiques. La partie étrangère du cristal est soit un *précipité*, soit une *inclusion*. Les précipités sont de petites particules de seconde phase qui se sont formées entre le métal de base et un élément d'alliage (chap. 5). Les inclusions sont des «saletés» dans le métal, qui proviennent de son élaboration à l'état liquide ; ce sont le plus souvent des oxydes, des sulfures ou des silicates.

La figure 3.38 représente schématiquement divers types de précipités. Les *précipités cohérents* (fig. 3.38a) sont ceux qui présentent une continuité cristallographique avec la matrice. Les réseaux cristallins de la matrice et des précipités sont identiques, mais leurs paramètres cristallins peuvent être légèrement différents. Cela entraîne des distorsions élastiques à l'interface matrice-précipité. Les *précipités semi-cohérents* (fig. 3.38b) ne présentent de cohérence cristallographique avec la matrice que sur certains plans, et les *précipités incohérents* (fig. 3.38c) n'ont aucune relation cristallographique avec la matrice. Les inclusions sont toujours incohérentes. La taille des précipités et la distance entre eux ont une très grande influence sur les propriétés mécaniques, comme nous le verrons au chapitre 6.

L'art de l'ingénieur en matériaux et du métallurgiste réside dans leur connaissance et leur compréhension des structures atomiques et de leurs défauts. Ils doivent pouvoir en tirer le meilleur parti possible, afin d'utiliser les éléments mis à leur disposition d'une manière rationnelle et optimale.

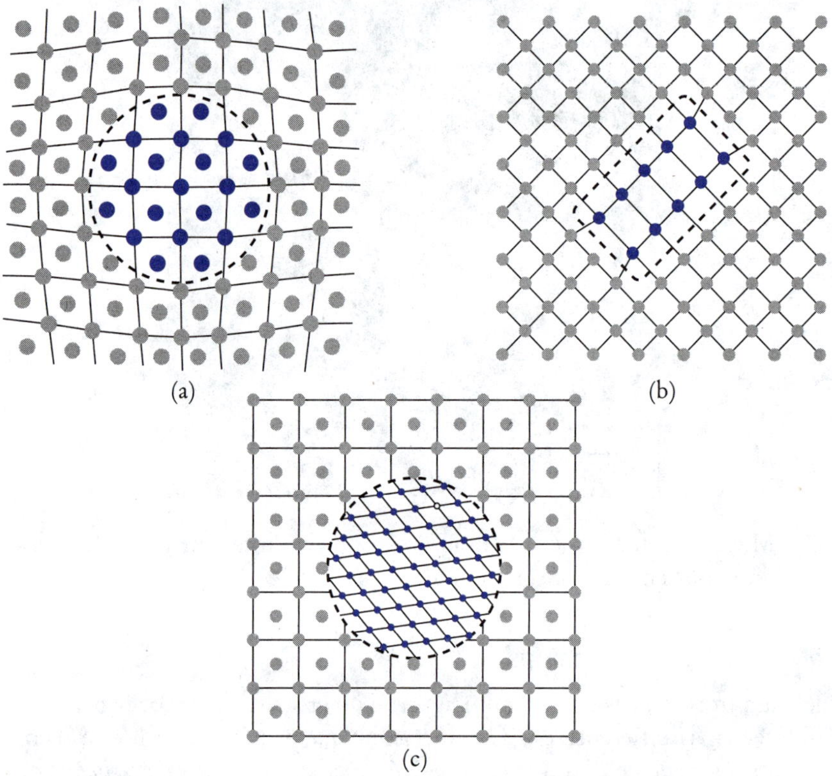

Figure 3.38 Représentations schématiques de précipités dans les solides cristallins : a) précipité cohérent avec distorsion du réseau due à une variation de volume ; b) précipité semi-cohérent ; c) précipité incohérent.

Chapitre 4

MATÉRIAUX SOUS CONTRAINTE

Au chapitre 1, nous avons étudié le comportement macroscopique de matériaux soumis à un essai mécanique (notamment l'essai de traction), sans toutefois proposer d'hypothèses qui permettent d'expliquer ce comportement.

Dans ce chapitre, nous interpréterons donc, dans un premier temps, le comportement mécanique des matériaux – que ceux-ci soient fragiles ou ductiles – en fonction de leur architecture atomique et de leur microstructure.

Dans un deuxième temps, nous aborderons la notion de ténacité (propriété mécanique qui s'ajoute à la rigidité, à la résistance mécanique et à la ductilité), ce qui nous permettra de caractériser complètement le comportement mécanique fondamental d'un matériau.

4.1 RÉSISTANCE DES MATÉRIAUX FRAGILES À LA TRACTION

4.1.1 Résistance théorique et résistance réelle

Au chapitre 2, nous avons schématisé le comportement d'un matériau soumis à une traction en faisant intervenir la réaction des liaisons interatomiques ou intermoléculaires. Nous avons pu ainsi calculer la résistance théorique à la traction, c'est-à-dire la résistance qui correspond à la contrainte maximale nécessaire pour rompre ces liaisons ; la valeur de cette résistance est de l'ordre de $E/10$, E étant le module d'Young du matériau. Ce résultat signifie qu'une tige de fer de 1 cm^2 se rompt sous l'action d'une force théorique d'environ $2{,}1 \times 10^6$ N (soit approximativement 200 tonnes) après avoir subi un allongement élastique de 10 %, ou qu'une tige de verre de 1 cm^2 de section peut supporter jusqu'à 7 tonnes! On le constate aisément, un tel calcul fournit des valeurs théoriques de la résistance à la traction que l'expérience courante dément. Nous devons donc nous demander pourquoi l'approche utilisée au chapitre 2 donne des valeurs théoriques de la résistance à la traction qui soient plusieurs centaines de fois plus élevées que les valeurs mesurées expérimentalement. C'est parce qu'il essayait de résoudre cette contradiction apparente qu'un physicien anglais, A. A. Griffith, proposa le premier, vers 1930, une interprétation qui permettait de réconcilier théorie et expérience. Il était bien entendu plus simple, dans un premier temps, de n'étudier que les matériaux à comportement fragile, puisqu'ils se déforment de façon purement élastique jusqu'à la rupture et qu'on peut aisément leur appliquer l'analogie avec les ressorts, qui symbolisent les liaisons atomiques ou moléculaires.

Griffith supposa que, même si le matériau était soumis globalement à une contrainte extérieure dont la valeur était nettement inférieure à celle de sa résistance théorique à la traction, cette contrainte pouvait, en certaines zones, atteindre une valeur égale à la valeur théorique. Dans ces zones, il y aurait par conséquent rupture des liaisons atomiques, rupture qui se propagerait de proche en proche dans le matériau : les liaisons atomiques se rompraient en cascade, de la même manière que se séparent les dents d'une fermeture à glissière. Griffith s'attacha donc à identifier ces zones où la valeur de la contrainte pourrait atteindre celle de la résistance théorique à la traction, même si la valeur de la contrainte nominale appliquée, la seule qu'on pût mesurer dans un essai de traction, restait bien inférieure à cette valeur théorique voisine de $E/10$.

En faisant des expériences sur le verre, matériau fragile, Griffith découvrit que les fils de verre fraîchement fabriqués et soumis immédiatement à un essai de traction pouvaient atteindre une résistance à la traction voisine de la résistance théorique. Cependant, si les fils de verre étaient rayés superficiellement (même par de simples grains de poussière!), la résistance à la traction mesurée expérimentalement diminuait considérablement. Griffith en conclut que tout défaut superficiel (comme les rayures) ou tout défaut interne (comme les porosités) constituaient des zones privilégiées où la valeur de la contrainte locale pouvait atteindre celle de la résistance théorique du matériau à la traction.

En effet, par analogie avec ce qui se passe pour les lignes d'écoulement d'un fluide, on peut représenter schématiquement la répartition de la contrainte locale (parallèle à la contrainte appliquée) au voisinage d'une microfissure, débouchante ou rayure (fig. 4.1). À la racine de la fissure se produit une *concentration locale de contrainte* ; cette contrainte locale σ_y a une valeur plus élevée que celle de la contrainte extérieure appliquée σ. La mécanique de l'élasticité linéaire, qui s'applique parfaitement aux matériaux à comportement fragile, permet d'évaluer cette concentration locale des contraintes.

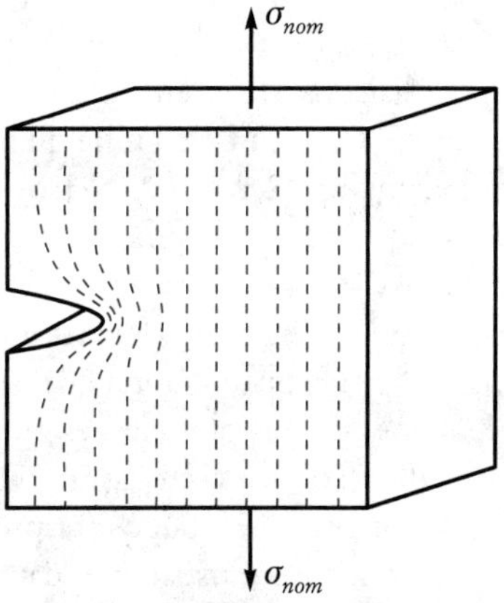

Figure 4.1 Concentration locale des contraintes au voisinage d'une microfissure débouchante.

La figure 4.2 illustre la variation de la composante locale σ_y de la contrainte parallèle à la contrainte appliquée σ_{nom}, en fonction de la distance x mesurée à partir du fond de la fissure. La démonstration mathématique de cet effet de concentration de contrainte débordant le cadre de ce livre, on admet que la contrainte locale σ_y en tête de la fissure est une fonction à la fois de la contrainte appliquée et de la géométrie de la fissure. En première approximation, on obtient, en tête de la fissure :

$$\sigma_y = \sigma_{nom}\left(1 + 2\sqrt{\frac{a}{r}}\right) \tag{4.1}$$

où σ_{nom} = contrainte nominale extérieure appliquée
a = profondeur de la fissure
r = rayon de courbure à la racine de la fissure

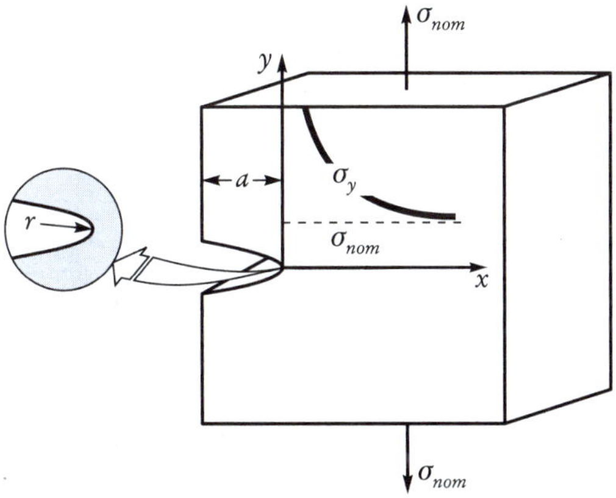

Figure 4.2 Variation de la contrainte locale σ_y en fonction de la distance x mesurée à partir du fond de la fissure.

L'expression $\left(1 + 2\sqrt{a/r}\right)$, notée K_t, est le *facteur de concentration de contrainte* associé à la fissure ; ce facteur est déterminé par les paramètres géométriques a et r.

Par exemple, si, sur une tige de verre, la profondeur d'une rayure microscopique est de 1 μm ($a = 10^{-3}$ mm) et si le rayon de courbure à la racine de la fissure a une valeur voisine de celle de la distance interatomique moyenne dans le verre ($r \simeq$ 0,2 nm), le facteur de concentration de contrainte est égal à :

$$K_t = \left(1 + 2\sqrt{\frac{10^{-3}}{2 \times 10^{-7}}}\right) = 142$$

À la racine de la fissure, la valeur de la contrainte locale σ_y qui s'exerce dans le matériau est donc 142 fois plus grande que celle de la contrainte appliquée. Bien que la contrainte nominale appliquée semble très faible par rapport à la résistance théorique à la traction du matériau, on comprend donc que, localement, la contrainte puisse atteindre cette valeur théorique, à cause de la concentration des contraintes due à la présence de défauts superficiels (comme des rayures), à première vue inoffensifs.

C'est grâce à un tel raisonnement que Griffith démontra que des défauts présents dans le matériau pouvaient jouer le rôle de concentrateurs de contrainte et amplifier ainsi la contrainte locale ; celle-ci peut alors atteindre une valeur égale à la valeur théorique de la résistance à la traction, sans que la valeur de la contrainte nominale appliquée soit très élevée. Si, à la racine de la fissure, la valeur de la contrainte σ_y atteint celle de la valeur théorique de la résistance à la traction, le phénomène de rupture est catastrophique ; en effet, en admettant que le rayon de courbure en fond de fissure ne change pas, la rupture des liaisons atomiques entraîne une augmentation de la profondeur a de la fissure et, par conséquent, une augmentation du facteur de concentration de contrainte K_t. Donc, pour une même contrainte appliquée σ_{nom}, la contrainte locale σ_y croît proportionnellement à $\sqrt{a}$ et, dès que, en fond de fissure, la contrainte locale atteint la valeur théorique de rupture, la rupture se propage brutalement dans le matériau. C'est ce qui se produit dans la rupture soudaine de matériaux fragiles comme le verre.

Dans un matériau fragile, la vitesse de propagation d'une fissure ne peut pas être supérieure à la vitesse de propagation des déformations élastiques, c'est-à-dire à la vitesse du son (puisque le son se déplace par propagation d'ondes élastiques). La vitesse de propagation d'une fissure atteint environ 40 % de la vitesse du son, qui, dans un solide, est déterminée par la relation :

$$v = \sqrt{\frac{E}{\rho}\left[\frac{(1+2\nu)}{2(1+\nu)(1-2\nu)}\right]} \tag{4.2}$$

où E = module d'Young du matériau
ρ = masse volumique du matériau
ν = coefficient de Poisson du matériau

Ainsi, dans le verre, la vitesse longitudinale de propagation du son est voisine de 5130 m/s.

Par conséquent, la propagation d'une fissure dans un matériau fragile comme le verre peut atteindre des vitesses très élevées; c'est pourquoi la rupture d'un objet fragile semble si brutale et soudaine.

4.1.2 Zones de concentration de contrainte

Cette analyse de la concentration locale des contraintes, initialement due aux travaux de Griffith, ne se limite pas aux seuls défauts de surface ; on peut également l'étendre à toute discontinuité géométrique présente dans un matériau, comme un défaut interne (par exemple une microfissure de forme elliptique, caractérisée par un grand axe, $2a$, et un petit axe, $2b$; fig. 4.3).

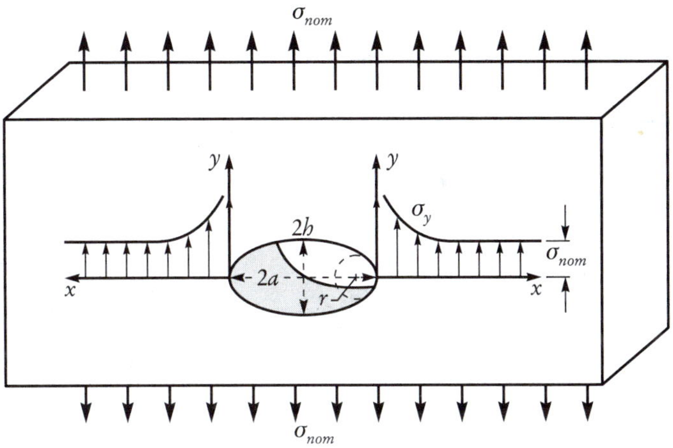

Figure 4.3 Concentration des contraintes aux extrémités d'une fissure interne de forme elliptique, caractérisée par son grand axe $2a$ et son petit axe $2h$.

Dans le cas d'une fissure elliptique, le rayon de courbure r à ses extrémités est :

$$r = \frac{h^2}{a} \tag{4.3}$$

La mécanique de l'élasticité linéaire permet de démontrer que la contrainte locale σ_y, aux extrémités de l'ellipse, est déterminée par la relation :

$$\sigma_y = \sigma_{nom}\left(1 + 2\frac{a}{h}\right) \tag{4.4}$$

À partir de l'équation 4.3, on obtient :

$$\sigma_y = \sigma_{nom}\left(1 + 2\sqrt{\frac{a}{r}}\right) \tag{4.5}$$

soit

$$\sigma_y = K_t\sigma_{nom} \tag{4.6}$$

où K_t est le facteur de concentration de contrainte.

Dans une plaque de largeur infinie, lorsque le défaut est circulaire, le facteur K_t est égal à 3. En fait, dans une plaque de largeur finie, la présence d'un tel défaut (fig. 4.4) entraîne un facteur de concentration de contrainte compris entre 2 et 3. La figure 4.5 donne la variation du facteur K_t en fonction de $2r/w$, où r est le rayon du trou, et w la largeur de la plaque. La contrainte nominale σ_{nom} à laquelle s'applique la concentration de contrainte est égale à $F/(w - 2r)e$.

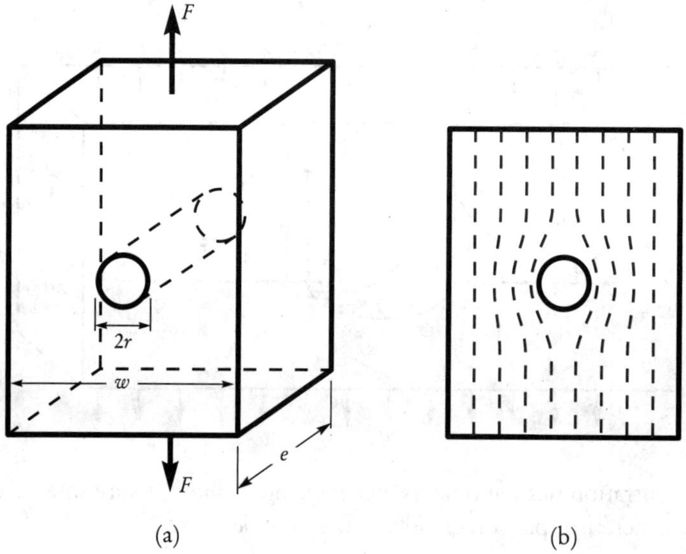

Figure 4.4 a) Concentration des contraintes au voisinage d'un trou circulaire (de diamètre $2r$) dans une pièce de largeur w. b) Lignes d'écoulement des contraintes au voisinage du trou.

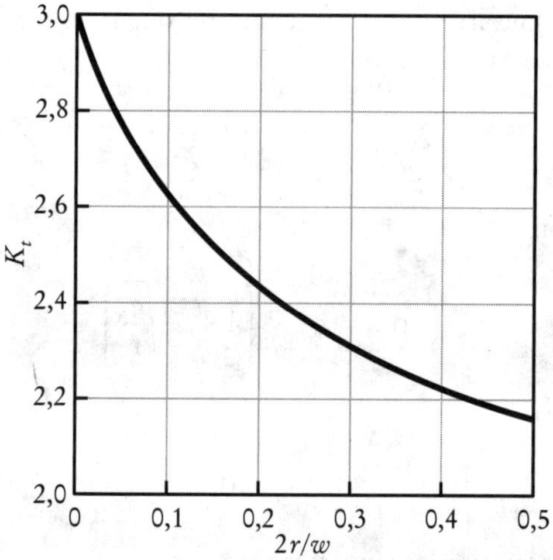

Figure 4.5 Variation du facteur de concentration de contrainte K_t en fonction du rapport $2r/w$.

Par ailleurs, tout changement de section dans une pièce entraîne également une concentration locale des contraintes, à la racine de ce changement (ou, en d'autres mots, «au pied de la marche», fig. 4.6). Bien entendu, l'effet d'un tel changement de section dépend de la géométrie de la marche. La figure 4.6 donne le facteur K_t d'une fissure semi-elliptique interne de grand axe $2a$ (ou d'une fissure débouchante de profondeur a), d'une marche à 90° et d'une marche à 45°.

On peut atténuer l'effet de tout défaut superficiel ou de tout changement de section en usinant les pièces pour obtenir le meilleur fini de surface possible et en faisant en sorte que tout changement de section soit progressif. Par exemple, pour éviter que la zone de raccordement de deux parties de diamètres différents ne soit le siège d'une concentration de contrainte trop élevée, il faut que le rayon r soit le plus grand possible (c'est-à-dire qu'il faut utiliser un congé qui soit le plus grand possible, fig. 4.7).

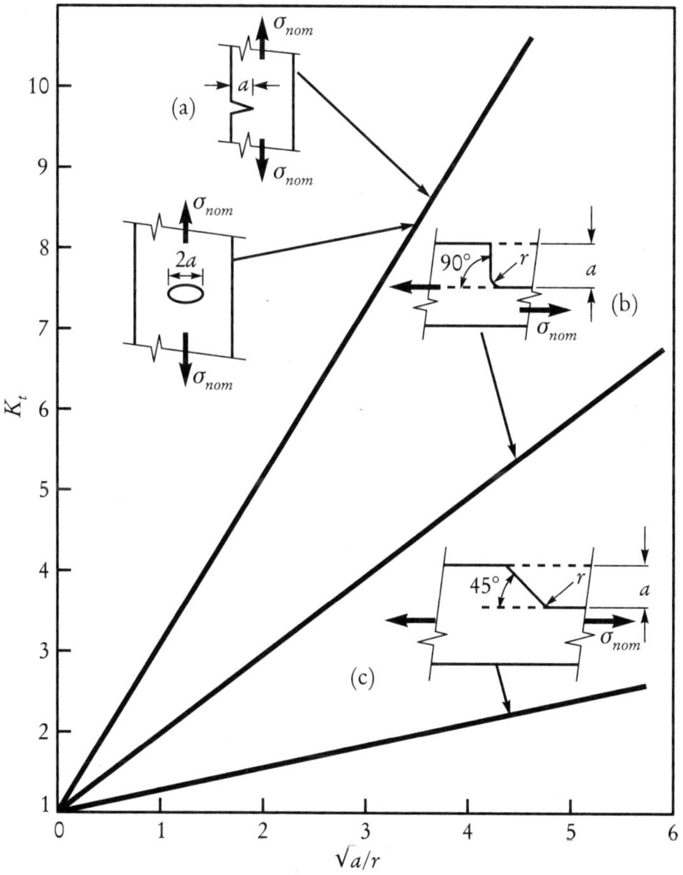

Figure 4.6 Variation du facteur de concentration de contrainte K_t en fonction de la géométrie du défaut : a) fissure débouchante ou interne dont le rayon de courbure en fond de fissure est r ; b) marche à 90° ; c) marche à 45°.

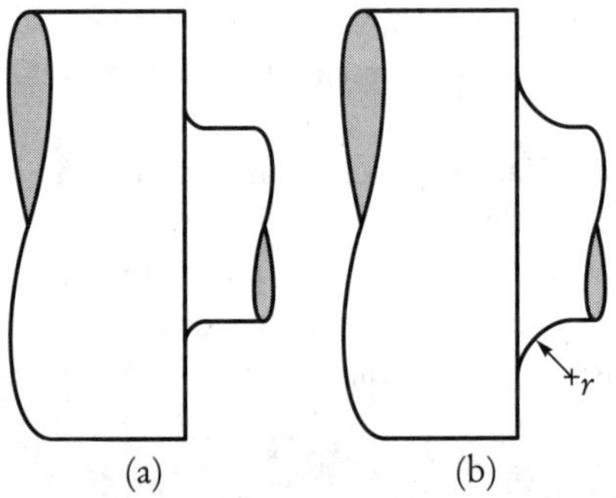

Figure 4.7 Congés raccordant deux parties de sections différentes : a) mauvais (r faible) ; b) meilleur (r plus élevé).

On peut donc conclure que la résistance expérimentale à la traction des matériaux fragiles dépend grandement des défauts qu'ils renferment, de leur nature et de leur géométrie. Puisqu'il n'existe aucun matériau sans défaut (toute rayure due à l'usinage ou au polissage pouvant être le siège d'une concentration de contrainte), il est quasi impossible que la valeur de la résistance à la traction atteigne celle de la résistance théorique calculée au chapitre 2. La résistance pratique, expérimentale, d'un matériau à la traction dépend de la nature et de la sévérité des défauts qu'il renferme, et elle est nettement inférieure à la valeur théorique (de l'ordre de un centième à un millième de cette valeur théorique, tabl. 4.1).

Tableau 4.1 Comparaison entre le module d'Young et la résistance à la traction de divers matériaux

Matériau	Module d'Young E (GPa)	Résistance à la traction R_m (MPa)
Aluminium	70	90 à 150
Cuivre	112	120 à 400
Acier doux	210	180 à 500
Acier à haute résistance	210	1000 à 3000
Verre ordinaire	71	30 à 90
Alumine (Al_2O_3)	380	200 à 300
Fibres de carbone	450	1500 à 2500

4.2 LIMITE D'ÉLASTICITÉ DES MATÉRIAUX DUCTILES

4.2.1 Glissement cristallographique

Comme nous l'avons souligné au chapitre 1, la courbe de traction de nombreux matériaux (la plupart des métaux et alliages, et certaines matières plastiques) présente une transition élastique-plastique, caractérisée par leur limite d'élasticité, laquelle détermine la transition entre le domaine élastique et le domaine plastique. Nous allons examiner ce qui se produit physiquement dans le matériau quand cette limite d'élasticité est atteinte.

Considérons, dans un premier temps, les matériaux à structure cristalline définis au chapitre 3. Lorsqu'on déforme plastiquement un polycristal de cuivre, par exemple, jusqu'à une déformation voisine de 10 %, on constate, au microscope optique, que la surface de ses grains est couverte de bandes qui témoignent de la déformation irréversible de chacun d'eux (fig. 4.8).

Un examen plus détaillé de cette déformation permanente révèle que ces bandes de glissement sont en fait constituées de lignes de glissement plus fines et très rapprochées (fig. 4.9).

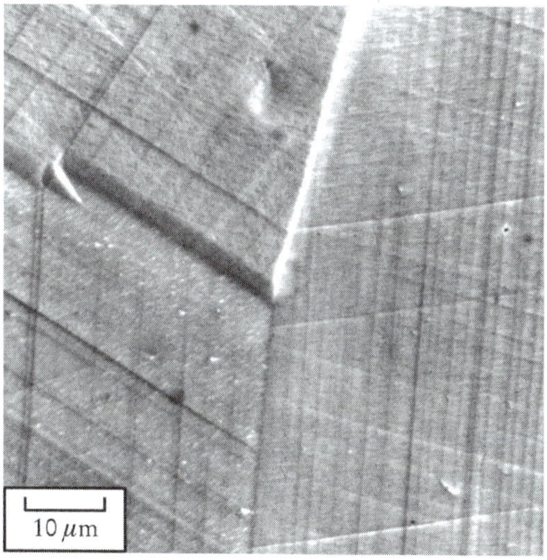

Figure 4.8 Bandes de glissement dans un polycristal métallique déformé en compression (MEB).

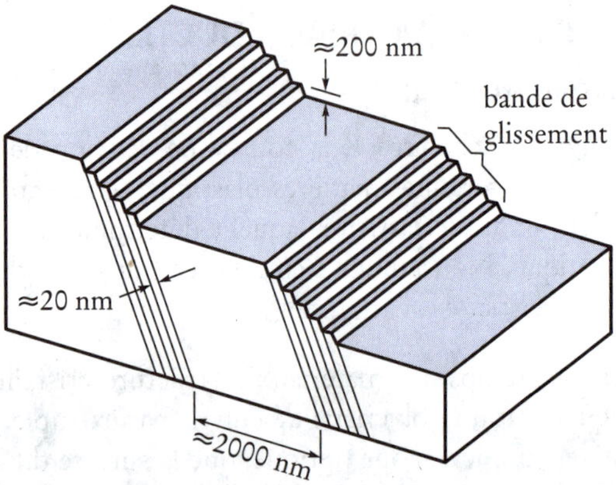

Figure 4.9 Représentation schématique de lignes de glissement formant des bandes de glissement.

Cette déformation plastique permanente, limitée à certains plans cristallographiques, est beaucoup plus spectaculaire lorsqu'on effectue un essai de traction sur un monocristal dans lequel les bandes de glissement sont toutes parallèles (fig. 4.10). La dénivellation entre les diverses bandes de glissement est d'autant plus importante, et le nombre de bandes de glissement est d'autant plus élevé, que la déformation plastique permanente à laquelle on soumet l'éprouvette est grande (fig. 4.11).

Ces observations expérimentales permettent de supposer que la déformation plastique des matériaux cristallins ductiles est due à un glissement irréversible de certains plans les uns par rapport aux autres, glissement qui s'apparente à celui d'une pile de pièces de monnaie (ou d'un jeu de

Figure 4.10 Déformation plastique par glissement (monocristal de zinc).

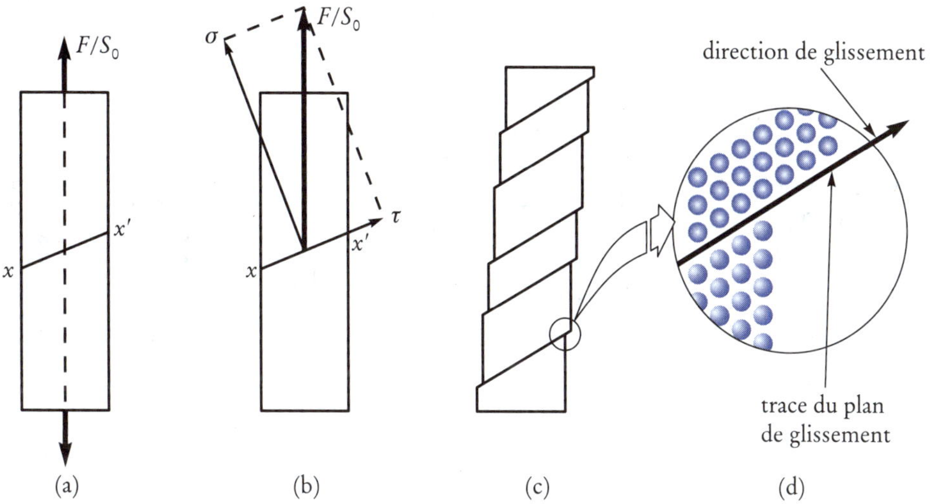

Figure 4.11 Mécanisme du glissement dans la déformation plastique : a)cristal avant essai ; b) décomposition de la contrainte appliquée en une composante normale (σ) et une composante tangentielle (τ) dans le plan de glissement xx' ; c) cristal après déformation plastique ; d) représentation schématique d'une marche de glissement.

cartes) soumise à un cisaillement. Puisque le matériau est cristallin, donc anisotrope (chap. 3), il est logique de supposer que ce glissement se produit selon certains plans et selon certaines directions cristallographiques. On peut facilement vérifier cette hypothèse en effectuant des essais de traction sur des monocristaux d'un même métal, mais dont l'orientation cristallographique par rapport à l'axe de traction est différente. Des études cristallographiques révèlent que les *plans de glissement* actifs, dans les métaux et les alliages dont les structures cristallographiques sont les plus courantes (c.f.c., c.c. et h.c.), sont les plans de plus forte densité atomique. Par ailleurs, dans chacun de ces plans, la *direction de glissement* est la direction cristallographique de plus grande densité atomique. Le tableau 4.2 présente et résume ces données pour plusieurs métaux, et la figure 4.12 montre ces plans et directions de glissement.

Tableau 4.2 Caractère cristallographique du glissement, pour quelques métaux

Structure cristalline	Métaux	Plans de glissement	Direction de glissement
c.f.c.	Al, Ag, Cu, Ni, Au	$\{111\}$	$\langle 110 \rangle$
c.c.	Fe_{α}, Mo, Nb	$\{011\}$, $\{112\}$	$\langle 111 \rangle$
h.c.	Ti, Zn, Mg, Cd, Be	$\{0001\}$, $\{10\bar{1}0\}$	$\langle 11\bar{2}0 \rangle$

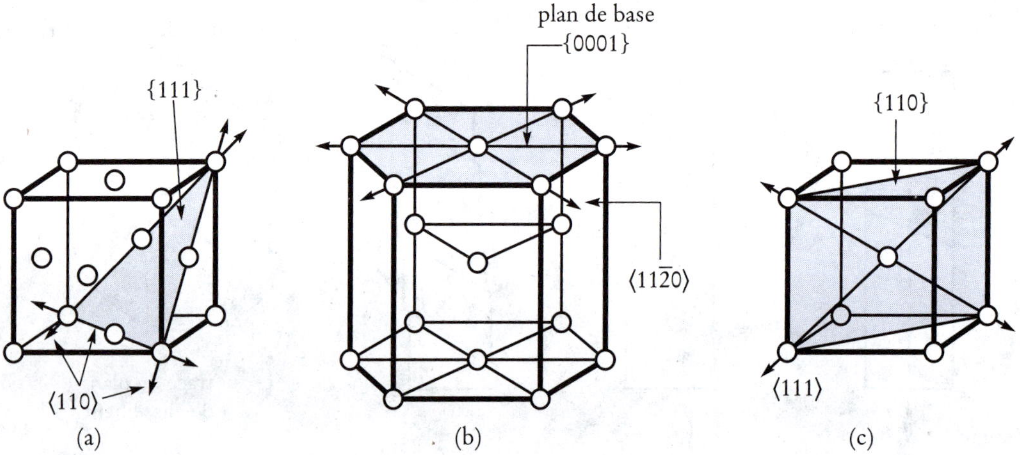

Figure 4.12 Plans et directions de glissement dans les structures cristallines : a) c.f.c. ; b) h.c. ; c) c.c.

On appelle *système de glissement* la combinaison d'un plan de glissement et d'une direction de glissement située dans ce plan. Ainsi, la structure cubique à faces centrées possède 12 systèmes de glissement, déterminés par quatre plans {111} qui contiennent chacun trois directions ⟨110⟩. En effet, les indices des huit plans de la famille {111}, obtenus en permutant les indices de Miller, sont : (111), $(11\bar{1})$, $(1\bar{1}1)$, $(\bar{1}11)$, $(\bar{1}\bar{1}\bar{1})$, $(\bar{1}\bar{1}1)$, $(\bar{1}1\bar{1})$ et $(1\bar{1}\bar{1})$. Or, puisque les quatre derniers plans sont parallèles aux quatre premiers, ils sont équivalents (ces huit plans forment, dans l'espace, un octaèdre; c'est pourquoi on les appelle parfois plans octaédraux). Dans chacun de ces quatre plans, il y a trois possibilités de glissement selon les directions de plus grande densité, par exemple [110], [101] et $[0\bar{1}1]$ dans le plan $(\bar{1}11)$, donc un total de douze systèmes de glissement.

On peut également démontrer que, dans la structure hexagonale compacte, il n'existe que trois systèmes de glissement possibles, qui se produisent dans les plans de base {0001} et que, dans la structure cubique centrée, le glissement se produit selon les directions ⟨111⟩ contenues dans les plans {011} (ce qui donne 12 systèmes de glissement pour cette structure).

Le nombre de systèmes de glissement possibles pour une structure cristalline donnée fournit une première indication sur la ductilité dont cette structure peut faire preuve. Les cristaux dont la symétrie est faible, donc qui possèdent peu de systèmes de glissement, sont moins ductiles. Dans les articles suivants, nous verrons toutefois que la cristallinité d'un matériau et la possibilité d'y mettre en évidence des systèmes de glissement ne sont pas des éléments suffisants pour déduire que ce matériau est ductile. Ainsi, le diamant et de nombreux cristaux sont fragiles, et on ne peut les déformer plastiquement, sauf à très haute température.

4.2.2 Cission critique théorique de glissement

Puisque le glissement cristallographique des matériaux ductiles est dû à un cisaillement qui agit sur certains plans bien définis, il faut considérer non pas la valeur nominale de la contrainte F/S_0 à laquelle on soumet l'éprouvette de traction, mais uniquement la composante tangentielle de cette contrainte, dans le plan de glissement et selon la direction de glissement, soit la cission τ (fig. 4.13). Un raisonnement géométrique simple permet de trouver que cette cission est déterminée par la relation :

$$\tau = \frac{F}{S_0} \cos\theta \cdot \cos\chi \tag{4.7}$$

où S_0 = section droite de l'éprouvette
χ = angle formé par la normale au plan de glissement et l'axe de traction
θ = angle formé par la direction de glissement et l'axe de traction

Cette équation est connue sous le nom de *loi de Schmid*, et l'expression $\cos\theta \cdot \cos\chi$ est appelée *facteur de Schmid*.

Selon cette loi, lorsqu'on effectue des essais de traction sur des monocristaux d'un même matériau, mais dont l'orientation cristallographique par rapport à l'axe de traction est différente, on obtient des valeurs expérimentales de la contrainte appliquée (F/S_0) différentes pour chaque

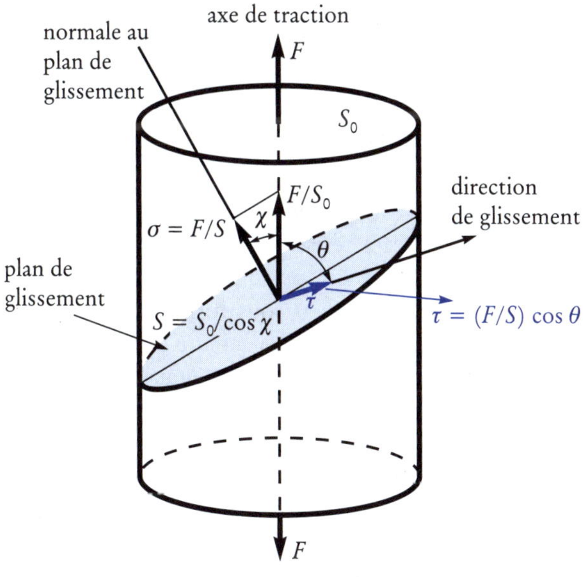

Figure 4.13 Décomposition de la contrainte appliquée F/S_0 en deux composantes θ et τ, respectivement normale et tangentielle au plan de glissement de surface S.

monocristal ; en effet, si on suppose qu'un seul système de glissement est activé à chacun des essais, le facteur de Schmid associé à ce système de glissement est différent de celui associé au système de glissement précédent. En fait, la seule valeur constante est celle de la *cission critique* τ^*, à laquelle correspondent les premiers glissements cristallographiques. Au delà de cette valeur, le matériau entre dans le domaine plastique et se déforme de façon permanente (fig. 4.14).

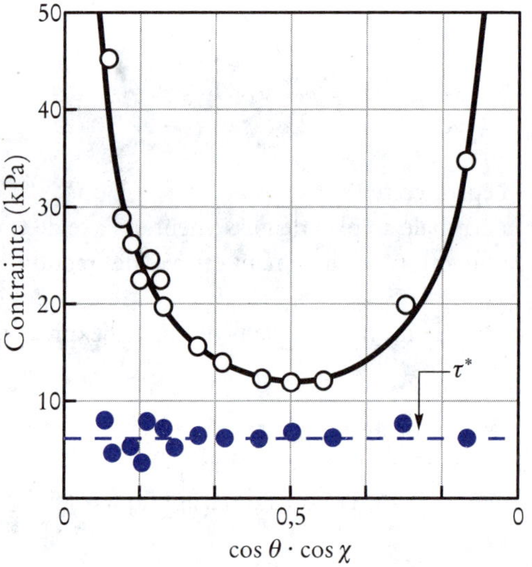

Figure 4.14 Variation de la contrainte nominale appliquée F/S_0 en fonction du facteur de Schmid ($\cos\theta \cdot \cos\chi$), pour des monocristaux de cadmium, et détermination de la cission critique de glissement τ^* (○ = valeurs expérimentales de F/S_0, ● = τ^* = valeur moyenne calculée).

Cette valeur constante de la cission τ^* est appelée *cission critique de glissement* ; on peut considérer qu'elle correspond à la contrainte qui caractérise le passage entre le comportement élastique et le comportement plastique du matériau. En fait, puisque les matériaux cristallins se présentent en général sous la forme polycristalline, et non pas sous forme de monocristal, on peut considérer que chacun de leurs grains constitue un petit cristal orienté au hasard par rapport à l'axe de traction. Comme le nombre de grains est très grand, il y a toujours des grains favorablement orientés ($\theta = \chi = 45°$) pour lesquels le facteur de Schmid est maximal et égal à 0,5. La limite d'élasticité du polycristal est atteinte quand ces grains commencent à se déformer. La limite d'élasticité vraie d'un polycristal est ainsi approximativement égale au double de la valeur de la cission critique ($R_e \simeq 2\tau^*$).

Il nous faut maintenant déterminer si nous pouvons évaluer, en utilisant les notions déjà acquises, la cission critique théorique de glissement d'un monocristal. La résolution de ce problème, que Frenkel effectua en 1926, est illustrée à la figure 4.15.

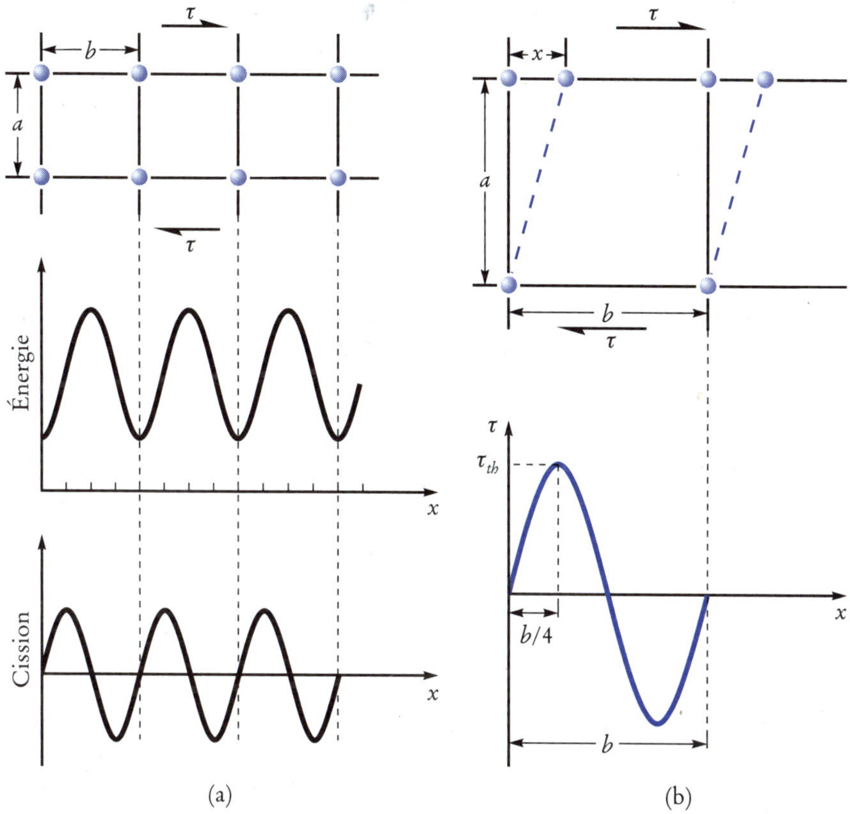

Figure 4.15 Variation de la cission τ en fonction du glissement x dans la direction cristallographique b du cristal.

Pour ce faire, on suppose que la moitié supérieure du cristal glisse sur sa moitié inférieure, sous l'effet d'une cission τ appliquée dans la direction x, direction le long de laquelle la distance interatomique est égale à b. Sous l'effet de cette cission, tout atome est déplacé de la position d'équilibre qu'il occupait dans le réseau cristallin, et pour laquelle son niveau d'énergie potentielle était minimal ; il acquiert ainsi un niveau d'énergie plus élevé, dont la variation selon la direction de glissement est représentée, en première approximation, par une fonction sinusoïdale (fig. 4.15a). Par conséquent, puisque toute force est la dérivée d'une énergie potentielle ($F = dU/dx$), on peut aisément évaluer la variation de la cission τ en fonction de x (fig. 4.15). On constate que la valeur de la cission τ nécessaire pour que le glissement se produise est maximale lorsque $x = b/4$. Si on suppose que la cission varie de façon sinusoïdale en fonction de x, on peut écrire :

$$\tau = \tau_{th} \sin\left(2\pi \frac{x}{b}\right) \tag{4.8}$$

où τ_{th} est la cission critique théorique de glissement.

Pour des glissements suffisamment faibles (x petit), l'équation 4.8 devient :

$$\tau \simeq \tau_{th}\left(2\pi\frac{x}{b}\right) \tag{4.9}$$

Par définition, le *cisaillement* γ est déterminé par la relation :

$$\gamma = \frac{x}{a} \tag{4.10}$$

Si on suppose que le comportement du matériau est élastique jusqu'à la valeur τ_{th} au moment où un glissement irréversible se produit (quand $x = b/4$), on peut écrire (équat. 1.12) :

$$\tau = G\gamma = G\frac{x}{a} \tag{4.11}$$

où G est le *module de cisaillement* du matériau (ou *module de Coulomb*). À partir des équations 4.9 et 4.11, on en déduit que la cission critique théorique de glissement τ_{th} est égale à :

$$\tau_{th} = \frac{G}{2\pi}\frac{b}{a} \tag{4.12}$$

L'équation 4.12 permet de comprendre pourquoi le glissement cristallographique se produit dans les plans de plus grande densité atomique (caractérisés par les distances interréticulaires, a, les plus grandes) et selon les directions cristallographiques de plus grande densité (caractérisées par les distances interatomiques, b, les plus petites). Dans ces plans, en effet, puisque le rapport b/a est minimal, la cission τ_{th} est atteinte en premier lieu.

Une approximation permet d'évaluer la cission critique théorique τ_{th} de glissement : on suppose un matériau de structure cristalline cubique simple ($a = b$), et, dans ce cas, l'équation 4.12 devient :

$$\tau_{th} = \frac{G}{2\pi} \simeq \frac{G}{6} \tag{4.13}$$

Dans le cas d'un matériau polycristallin, pour lequel la valeur moyenne du facteur de Schmid est de 0,5, la contrainte critique théorique de glissement σ_p est déterminée par la relation :

$$\sigma_p \simeq 2\tau_{th} = \frac{2G}{2\pi} \simeq \frac{G}{3} \tag{4.14}$$

On peut aisément retrouver cette expression de σ_p en combinant la relation qui lie E et G (équat. 1.18) et l'équation 4.13. L'expression de la contrainte critique σ_p est alors :

$$\sigma_p \simeq \frac{G}{3} \simeq \frac{E}{3 \times 2(1+\nu)} \simeq \frac{E}{8} \tag{4.15}$$

Cette contrainte critique théorique de glissement est du même ordre de grandeur que la contrainte théorique de rupture du matériau (telle que calculée au chapitre 2).

Le tableau 4.3 donne, pour divers métaux, la valeur du module de Coulomb G selon la direction de glissement, ainsi que la valeur de τ_{th}, calculée à partir de l'équation 4.12 et la valeur de τ^*, mesurée expérimentalement.

Tableau 4.3 Comparaison entre la cission critique théorique de glissement τ_{th} et la valeur mesurée expérimentalement τ^*, pour quelques métaux

Métal	Module de cisaillement selon la direction de glissement (MPa)	τ_{th} (théorique) (équat. 4.12) (MPa)	τ^* (expérimental) (MPa)
Al	24 400	4 800	0,79
Ag	25 000	5 000	0,37
Cu	40 700	8 000	0,49
Fe_α	59 000	11 500	26,60
Mg	16 500	3 200	0,39

L'étude du tableau 4.3 permet de faire une constatation à première vue surprenante : il y a une différence de trois à quatre ordres de grandeur entre les valeurs théoriques et les valeurs expérimentales de la cission critique de glissement. On pourrait, bien entendu, mettre en doute le modèle simple présenté ci-dessus, en particulier l'approximation voulant que la cission varie sinusoïdalement en fonction de x (équat. 4.8). On a proposé des modèles plus élaborés de la variation de la cission en fonction de la distance x, mais ils donnent malgré tout des valeurs théoriques de la cission critique qui sont de l'ordre de $G/10$ à $G/15$ (valeurs qui sont encore bien supérieures aux valeurs mesurées expérimentalement).

En résumé, la valeur expérimentale de la limite d'élasticité d'un matériau polycristallin ductile, dont le comportement en traction est semblable à celui présenté à la figure 1.9, est de 10^3 à 10^4 fois plus faible que sa valeur théorique. De la même manière que nous nous sommes interrogés sur l'écart très grand qui existait entre les valeurs théoriques et les valeurs expérimentales de la résistance à la traction d'un matériau fragile (sect. 4.1), nous pouvons maintenant nous demander pourquoi l'écart entre les valeurs théoriques et les valeurs expérimentales de la limite d'élasticité d'un matériau polycristallin ductile est si considérable.

4.2.3 Dislocations et limite d'élasticité

La question soulevée à la fin de l'article précédent a longtemps intrigué les métallurgistes. Puisque Griffith avait pu expliquer l'écart existant entre les valeurs théoriques et les valeurs expérimentales de la résistance des matériaux fragiles à la traction par la notion de défauts dans le matériau, de même on pouvait supposer que la présence de défauts dans le réseau cristallin d'un métal expliquerait pourquoi la valeur expérimentale de la limite d'élasticité était si faible par rapport à sa valeur théorique. Ces défauts sont en fait les *dislocations* définies et décrites au chapitre 3. En effet, ces dislocations, qui sont des défauts linéaires dans la structure cristalline du matériau, peuvent se déplacer sous l'effet d'une cission beaucoup plus faible que la cission théorique nécessaire pour produire un cisaillement absolu égal à une distance interatomique selon la direction du glissement. La figure 4.16 représente une dislocation-coin dans un empilement compact d'atomes de

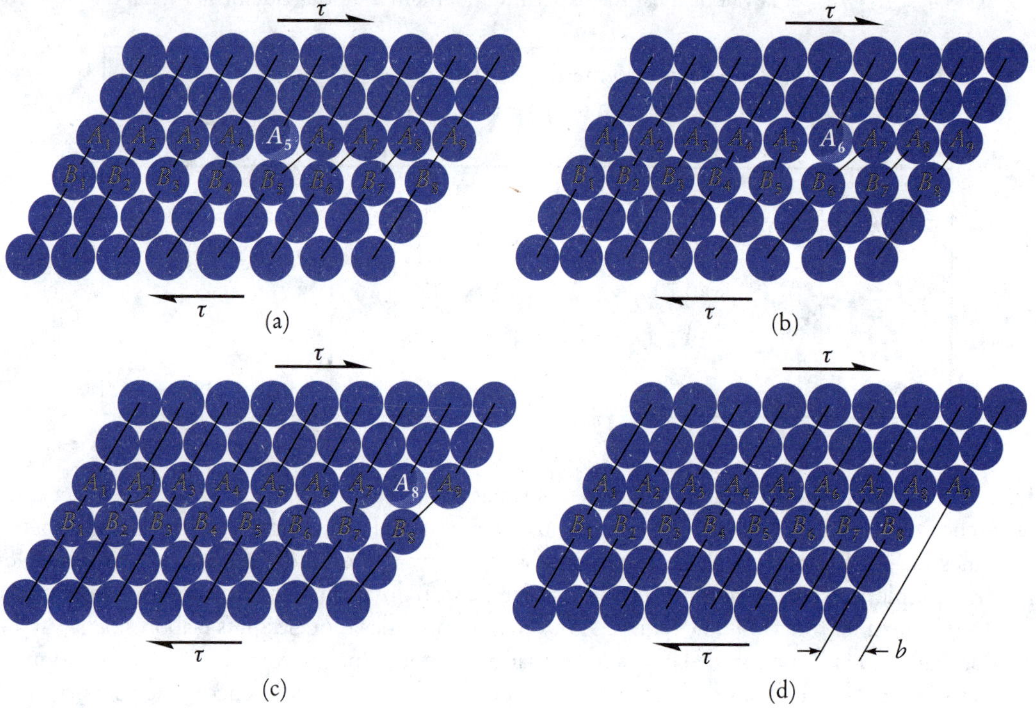

Figure 4.16 Déplacement d'une dislocation-coin dans un empilement compact d'atomes et création d'une marche de glissement : a) position de la dislocation-coin avant l'application de la cission τ : la dislocation est représentée schématiquement par son demi-plan supplémentaire limité par l'atome A_5 ; b) sous l'action de la cission τ, la dislocation (repérée par l'atome A_6) se déplace progressivement dans le cristal ; c) position de la dislocation (repérée par l'atome A_8) juste avant qu'elle sorte du cristal et crée une marche de glissement ; d) création de la marche de glissement (égale à b).

même nature. Sous l'effet d'une cission, ce défaut progresse dans le plan de glissement pour atteindre la surface du cristal, ce qui crée une déformation plastique irréversible se traduisant par l'apparition d'une marche de glissement de hauteur *b* à la surface.

La figure 4.17 illustre schématiquement les déplacements d'une dislocation-vis, d'une dislocation-coin et d'une dislocation mixte dans une partie du cristal, ainsi que la création, pour chacun de ces cas, d'une marche de glissement sous l'influence d'une cission. Le cisaillement absolu, caractérisé par l'émergence d'une dislocation à la surface du cristal, a une valeur égale à celle du vecteur de Burgers **b** relatif à cette dislocation.

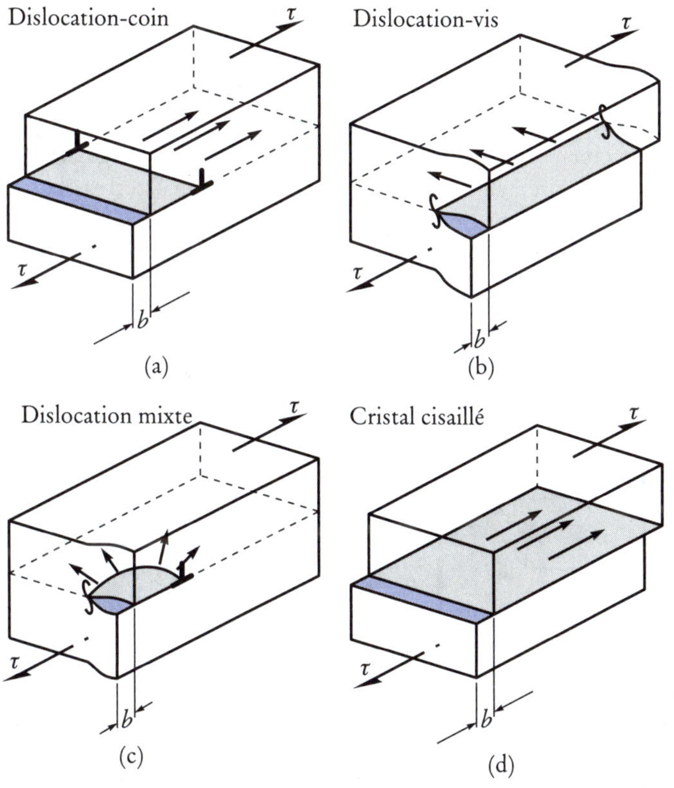

Figure 4.17 Déplacement : a) d'une dislocation-coin ; b) d'une dislocation-vis ; c) d'une dislocation mixte ; et d) création d'une marche de glissement *b* à la surface d'un cristal. Les surfaces ombrées représentent les zones où un glissement irréversible s'est produit, et les flèches, le sens du déplacement des dislocations dans le plan de glissement.

Nous devons nous demander pourquoi la cission nécessaire pour déplacer une dislocation et créer un glissement irréversible du cristal est beaucoup plus faible que la cission critique théorique de glissement calculée à l'article 4.2.2 (équat. 4.12). Pour résoudre ce problème considérons, par analogie, le déplacement d'un long tapis sur une certaine distance b : le tapis représente la partie supérieure du cristal qui glisse sur la partie inférieure, représentée par le plancher (fig. 4.18). Pour obtenir un tel déplacement, on peut faire glisser en bloc le tapis sur le plancher (fig. 4.18b). Par contre, on peut employer une méthode beaucoup plus astucieuse (et beaucoup moins fatigante !) : il suffit de former une bosse sur la largeur du tapis (une dislocation) et de déplacer progressivement cette bosse sur toute la longueur du tapis (le plan de glissement). Le résultat final est le même, mais la force (la cission τ) nécessaire pour obtenir ce glissement irréversible est nettement inférieure à la force (la cission théorique τ_{th}) nécessaire pour déplacer le tapis, qui pourrait par ailleurs se déchirer si la résistance due au frottement est suffisamment élevée.

Si, dans un monocristal, la cission critique de glissement τ^* est bien plus faible que la cission critique théorique τ_{th}, c'est qu'elle correspond à la contrainte nécessaire pour produire des glissements irréversibles par déplacement de dislocations, qui balaient les plans de glissement pour atteindre la surface du cristal (ou pour interagir avec d'autres dislocations ou d'autres obstacles dans le cristal). Dans un polycristal ductile, c'est donc la limite proportionnelle d'élasticité qui correspond à l'amorce du déplacement irréversible des dislocations et à la création d'une déformation plastique permanente.

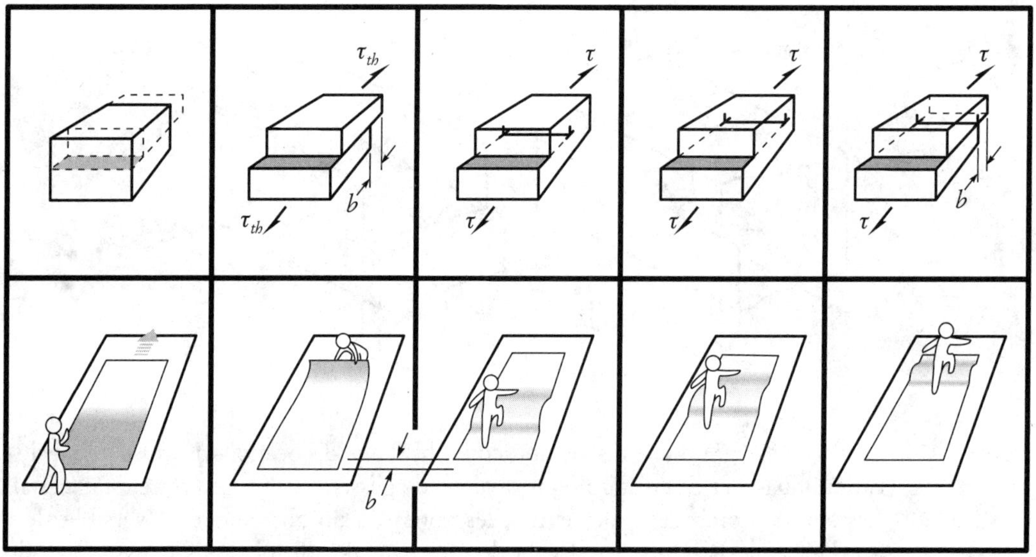

Figure 4.18 Analogie entre le déplacement d'une dislocation-coin et celui d'un tapis.

4.2.4 Force s'exerçant sur une dislocation

La figure 4.19 illustre schématiquement un cristal d'épaisseur unitaire ($e = 1$), qui a subi un cisaillement absolu b, dont la valeur est égale à celle du vecteur de Burgers d'une dislocation. Soit F la force, par unité de longueur de dislocation, nécessaire pour entraîner ce glissement irréversible. Pour déplacer une unité de longueur de dislocation, le travail est donc égal à FL, lorsque la dislocation se déplace de la face A vers la face B. La force s'exerçant dans le plan de glissement est égale à τL (la cission multipliée par la surface du plan de glissement) et elle engendre un cisaillement absolu b. Le travail, qui est donc égal à $\tau L\mathbf{b}$, doit par ailleurs être égal au travail requis pour déplacer la dislocation ; par conséquent :

$$FL = \tau L\mathbf{b} \tag{4.16}$$

d'où

$$F = \tau\mathbf{b} \tag{4.17}$$

La force F est donc la force qui s'exerce sur une dislocation par unité de longueur de dislocation.

En pratique toutefois, les dislocations ne sont pas toujours rectilignes ; ainsi, dans un cristal non déformé, après solidification, les écarts à l'empilement parfait des atomes entraînent la création de nombreuses dislocations, même si le refroidissement est extrêmement lent. Par convention, on caractérise la *densité de dislocations* Λ dans un cristal par la longueur totale de dislocations par unité de volume (Λ s'exprime donc en mètres par mètre cube ou en centimètres par centimètre cube).

Même les cristaux les plus parfaits contiennent de 10^2 à 10^3 cm de dislocations par cm^3 (soit de 1 à 10 m de dislocations par cm^3 de cristal). En général, la plupart des cristaux métalliques non déformés contiennent de 10^6 à 10^7 cm de dislocations par cm^3 (soit de 10 à 100 km de dislocations

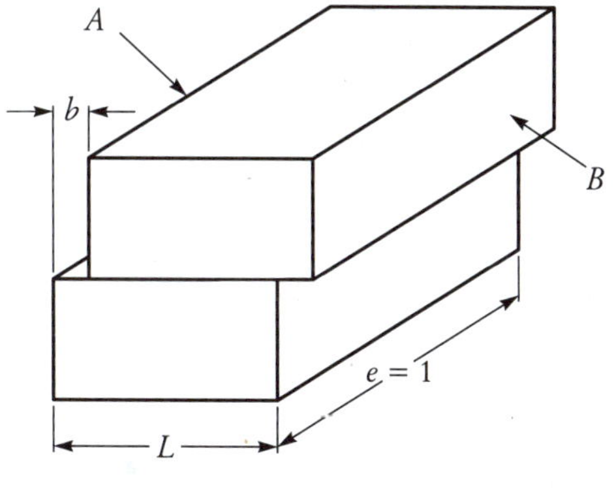

Figure 4.19 Modèle permettant de calculer la force par unité de longueur qui s'exerce sur une dislocation-coin ayant cisaillé un cristal d'épaisseur unitaire de la face A vers la face B.

par centimètre cube !). Ces dislocations forment un réseau tridimensionnel appelé *réseau de Frank* (fig. 4.20) ; les divers segments de dislocation convergent vers des nœuds, et la distance moyenne l entre les nœuds du réseau est appelée *pas du réseau* ; cette distance est reliée à la densité de dislocations par la relation :

$$l = \frac{1}{\sqrt{\Lambda}} \tag{4.18}$$

Les nœuds du réseau, comme les nœuds d'un filet, constituent des points d'ancrage des lignes de dislocations. Par conséquent, lorsque le cristal est soumis à des contraintes, les segments de dislocations tendent à se courber, mais ils restent fixés aux points d'ancrage. On peut ainsi calculer la cission nécessaire pour courber un segment de dislocation. Pour ce faire, il faut définir ce qu'est la *tension de ligne* d'une dislocation. Comme une bulle de savon possède une énergie de surface, donc une tension de surface, une dislocation possède une énergie de déformation, donc une tension de ligne. L'énergie de déformation d'une dislocation est l'énergie nécessaire pour déplacer les atomes situés au voisinage de la ligne de dislocation, par rapport à leur position théorique d'équilibre dans le réseau cristallin parfait. En première approximation, la tension de ligne T d'une dislocation est égale à son énergie de déformation élastique par unité de longueur ; elle est déterminée par la relation :

$$T = Gb^2 \tag{4.19}$$

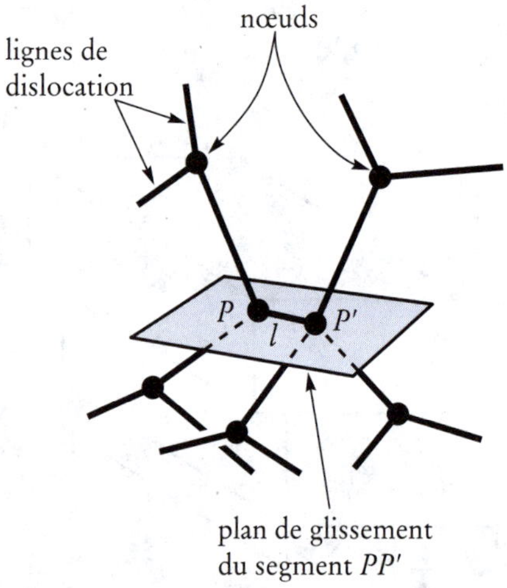

Figure 4.20 Réseau de Frank dans un cristal. Le segment de dislocation PP' est ancré aux nœuds P et P'.

Lorsqu'une dislocation n'est pas rectiligne et que son rayon de courbure est égal à R (fig. 4.21), la tension de ligne T tend à s'opposer à cette courbure ; la dislocation ne peut donc être maintenue courbe que si une cission τ engendre une force égale et opposée à la tension de ligne. Les forces qui agissent sur le segment de longueur dS sont donc égales et opposées, soit

$$\tau \mathbf{b} \cdot dS = 2T \sin\frac{\theta}{2} \tag{4.20}$$

Lorsque l'angle θ est petit, sin $\theta/2$ et θ/dS sont égaux à $1/R$; la cission nécessaire pour que la ligne de dislocation reste courbe est alors :

$$\tau = \frac{T}{\mathbf{b}R} = \frac{G\mathbf{b}}{R} \tag{4.21}$$

À cette cission, il faut ajouter une cission τ_0, cission nécessaire pour vaincre la résistance intrinsèque du réseau cristallin au déplacement de la dislocation. Cette cission τ_0, appelée *contrainte de friction du réseau*, est fonction de la nature et de l'intensité des liaisons atomiques du matériau, ainsi que de sa structure cristalline. Cette résistance intrinsèque du réseau cristallin est d'autant plus élevée que les liaisons atomiques sont intenses et directionnelles. Dans les métaux, cette contrainte de friction est plus élevée pour les structures cubiques centrées que pour les structures plus compactes (c.f.c. et h.c.).

Par conséquent, lorsque la force extérieure appliquée à un cristal augmente et que les cissions dans les divers systèmes de glissement croissent, les premiers glissements irréversibles apparaissent quand est atteinte la plus faible de toutes les valeurs τ nécessaires pour courber les divers segments de dislocation.

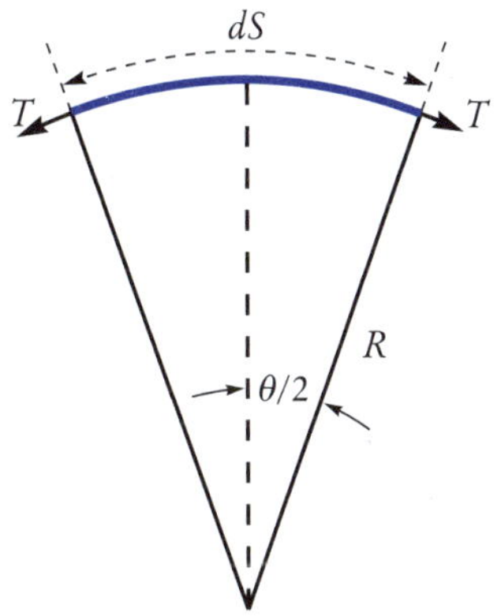

Figure 4.21 La tension de ligne T de la dislocation tend à raidir la ligne de dislocation.

4.2.5 Multiplication des dislocations

Aux figures 4.16 et 4.17, on constate que l'émergence d'une dislocation à la surface du cristal se traduit par une déformation absolue b très petite, puisque cette déformation est égale à celle du vecteur de Burgers **b** de la dislocation, c'est-à-dire à la distance interatomique dans le cristal (c'est une valeur très faible, environ 0,2 nm). Or, nous avons déjà signalé (fig. 4.9) qu'expérimentalement des dénivellations de l'ordre de 200 nm apparaissaient entre les diverses lignes de glissement ; il faut donc qu'un grand nombre de dislocations balaie un plan de glissement pour créer de telles dénivellations. Nous devons envisager l'existence de mécanismes de multiplication des dislocations qui permettraient d'expliquer comment la déformation plastique engendrée dans un matériau cristallin ductile peut atteindre des valeurs de l'ordre de 40 à 70 %, à la température ambiante. Un de ces mécanismes (d'abord proposé, puis vérifié expérimentalement) est la *source de Frank-Read*, dont le fonctionnement est illustré à la figure 4.22. Au départ (fig. 4.22a), un segment de dislocation, de longueur l, est ancré aux deux points P et P'. Sous l'action d'une contrainte, la

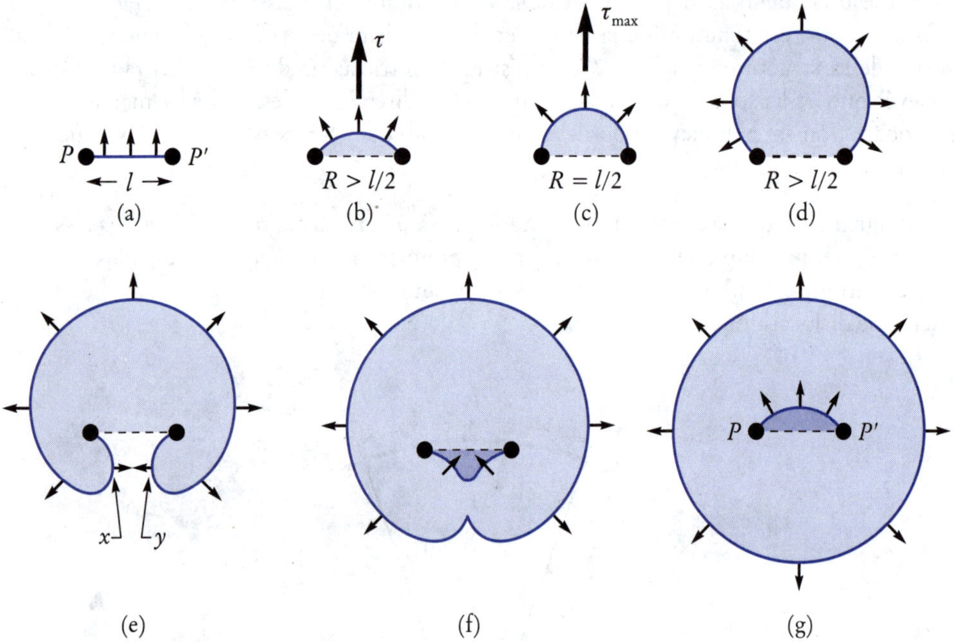

Figure 4.22 Source de Frank-Read. La cission τ doit croître jusqu'à une valeur maximale pour engendrer la configuration c) correspondant à la valeur minimale du rayon de courbure R, alors que les configurations d), e) et f) n'exigent que des cissions plus faibles. La zone ombrée représente l'aire du plan dans lequel un glissement irréversible s'est produit.

dislocation se courbe ; son rayon de courbure R reste toutefois supérieur à $l/2$ (la relation entre la cission et le rayon de courbure est déterminée par l'équation 4.21). Un accroissement de la cission provoque une courbure plus prononcée, donc un rayon de courbure plus faible, jusqu'à ce que ce rayon atteigne sa valeur minimale ($R = l/2$, fig. 4.22c). Puisque la cission est inversement proportionnelle à R (équat. 4.21), la configuration de la dislocation qui correspond à la valeur minimale de R (fig. 4.22c) correspond également à la valeur maximale de la cission. Par conséquent, les configurations illustrées par les figures 4.22d, 4.22e et 4.22f apparaissent spontanément pour des cissions dont les valeurs sont inférieures à celles de la cission maximale (atteinte lorsque $R = l/2$). Il s'ensuit une expansion de la dislocation, qui forme une *boucle* partielle. Lorsque les segments x et y se rejoignent (fig. 4.22e), leurs effets s'annulent puisque leurs vecteurs de Burgers sont opposés ; ils engendrent alors une boucle complète et, en même temps, reforment le segment initial, ancré aux points P et P'. La boucle augmente de longueur et, en s'éloignant de la source, elle balaie le plan de glissement, tandis que la source est de nouveau prête à former une nouvelle boucle (fig. 4.22b). La figure 4.23 montre une série de boucles de dislocation émises dans du silicium par une source de Frank-Read. Ainsi, à partir d'un seul segment de dislocation ancré à deux points, on peut obtenir un grand nombre de boucles de dislocation qui, lorsqu'elles atteignent la surface du cristal, engendrent chaque fois un cisaillement absolu b. Les dénivellations observées expérimentalement à la surface d'un matériau cristallin ductile déformé plastiquement résultent donc du déplacement d'un grand nombre de dislocations qui ont balayé les plans de glissement.

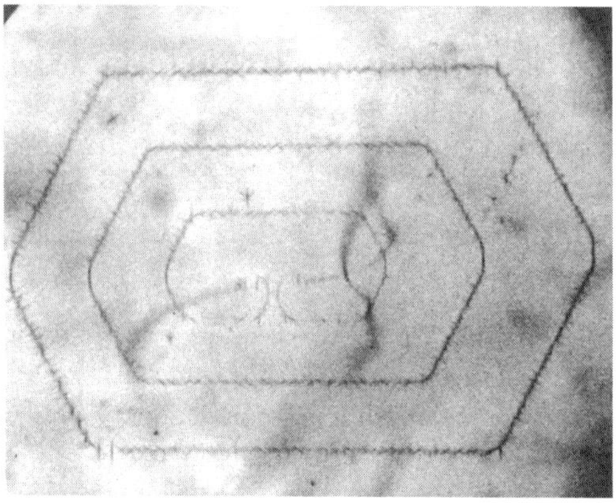

Figure 4.23 Source de Frank-Read dans un monocristal de silicium. La source a formé deux boucles complètes, et une troisième boucle est sur le point de se refermer sur elle-même (étape e de la figure 4.22). Les boucles sont polygonales, car les dislocations sont alignées selon certaines directions cristallographiques. (*Reproduit avec la permission de General Electric Co. Ltd – W.C. Dash.*)

On a proposé et vérifié expérimentalement d'autres mécanismes de multiplication des dislocations. Par exemple, le déplacement des dislocations-vis peut être dévié, lorsque celles-ci se heurtent à un obstacle majeur qu'elles ne peuvent franchir dans leur plan de glissement ; mais lorsqu'elles atteignent un nouveau plan de glissement, elles peuvent s'y multiplier (fig. 4.24).

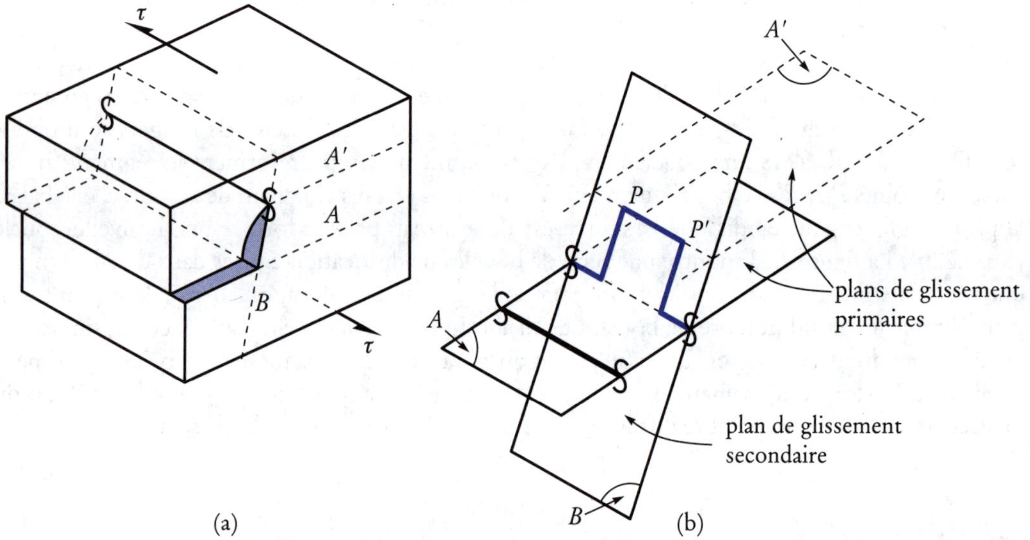

Figure 4.24 Glissement dévié d'une dislocation-vis : la dislocation passe du plan de glissement primaire A au plan de glissement primaire A' par l'intermédiaire du plan de glissement secondaire B. Le segment PP', dans le plan de glissement A', peut devenir une source de Frank-Read.

4.2.6 Consolidation

La cission nécessaire pour que la limite d'élasticité d'un monocristal soit atteinte est celle déterminée par l'équation 4.21, dans laquelle R est égal à $l/2$ (l est le pas du réseau de Frank, équat. 4.18). Cependant, lorsque les dislocations se mettent en mouvement, se multiplient et balaient les plans de glissement, elles s'entrecroisent et leur densité augmente (fig. 6.2); par conséquent, le pas du réseau de Frank l, qui est inversement proportionnel à $\sqrt{\Lambda}$ (équat. 4.18), diminue, et il faut appliquer une cission, τ, plus élevée pour que la déformation plastique se poursuive (équat. 4.21). C'est ce qu'on appelle le phénomène de *consolidation* : au cours d'un essai de traction, il faut continuellement augmenter la contrainte extérieure pour que l'éprouvette continue de se déformer plastiquement.

On peut aisément transposer les raisonnements ci-dessus, qui s'appliquent à un monocristal et font appel à la cission τ, à un matériau polycristallin, puisque celui-ci est constitué d'un grand nombre de petits cristaux orientés au hasard. Pour les matériaux polycristallins ductiles (ceux qu'on rencontre en pratique), le raisonnement doit plutôt utiliser la contrainte appliquée σ et l'allongement ε correspondant en recourant à des valeurs moyennes du facteur de Schmid (moyennes calculées à partir d'un grand nombre de petits cristaux, ou grains, orientés au hasard); en première approximation, on peut écrire :

$$\sigma \simeq 2\tau$$

et (4.22)

$$\varepsilon \simeq \frac{\gamma}{2}$$

Rappelons que, au cours d'un essai de traction, la consolidation d'un matériau polycristallin ductile se traduit par une augmentation de la contrainte, dans le domaine plastique, lorsque la déformation augmente, et ce jusqu'au moment où la valeur de la contrainte atteint celle de la résistance à la traction (R_m) [art. 1.2.1]. Pour évaluer ce phénomène de consolidation, on trouve commode, dans le domaine de déformation plastique homogène de la courbe de traction, avant que la striction n'apparaisse (fig. 1.9), d'utiliser une équation empirique qui lie σ et ε. L'équation qu'on utilise le plus fréquemment est celle de *Ludwig*, selon laquelle :

$$\sigma = k\varepsilon^n \tag{4.23}$$

où k est une constante du matériau, et n, le *coefficient de consolidation*. Selon le type de matériau et les traitements auxquels on l'a soumis, la valeur de n peut varier de 0,4 (forte consolidation) à 0,1 (faible consolidation) ; pour un matériau parfaitement plastique, n est nul (aucune consolidation).

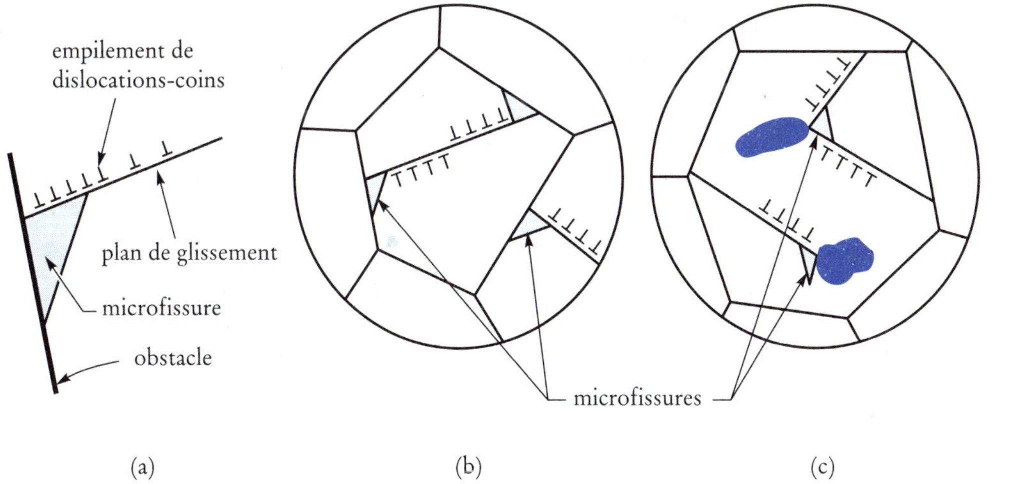

Figure 4.25 a) Formation d'une microfissure par empilement de dislocations-coins contre un obstacle. Ce phénomène peut se produire lorsqu'un ou plusieurs systèmes de glissement interagissent avec des joints de grains ; b) avec des joints de grains ; c) avec des inclusions.

Toutefois la déformation plastique ne peut pas se poursuivre indéfiniment. La démonstration de cette limite débordant le cadre de cet ouvrage, nous nous contenterons de signaler que, dans un matériau, les obstacles qui s'opposent au déplacement des dislocations peuvent entraîner la formation de microfissures qui, lorsqu'elles croissent, entraînent la rupture. La figure 4.25 illustre schématiquement quelques mécanismes de formation de microfissures par empilement de dislocations-coins contre des obstacles (joints de grains dans un polycristal, ou précipités dans une matrice cristalline).

4.2.7 Cristallinité et ductilité

Tous les matériaux cristallins sont-ils ductiles ? Cette question peut paraître étrange lorsqu'on oublie que le diamant, matériau cristallin, est également un matériau très fragile. D'autres matériaux très fragiles, à la température ambiante, sont les matériaux à liaisons ioniques ou covalentes comme l'alumine (Al_2O_3) ou la silice cristallisée (SiO_2, quartz). On doit donc se demander pourquoi tous les matériaux cristallins ne sont pas ductiles et pourquoi, en particulier, les matériaux cristallins à liaisons ioniques ou covalentes sont en général fragiles. Ce n'est pas parce que ces matériaux cristallins ne contiennent pas de dislocations ; en effet, il peut s'en former assez facilement au moment de la cristallisation. La présence de dislocations dans un matériau cristallin n'est donc pas une condition suffisante pour que la ductilité apparaisse. Il faut alors tenter de savoir ce qui se produit dans un matériau cristallin à liaisons covalentes lorsque, sous l'action d'une cission, on cherche à mettre les dislocations en mouvement. La figure 4.26 illustre le déplacement d'une dislocation-coin dans un matériau cristallin ; on constate que celle-ci doit passer par une position instable (fig. 4.26b) où l'atome *A* doit rompre une liaison stable avec l'atome *B* pour en rétablir une avec l'atome *C* (fig. 4.26c). Dans un matériau à liaisons covalentes, puisque ces liaisons sont fortement directionnelles (art. 2.4.1), le déplacement de la dislocation entraîne en général une rupture définitive de la liaison entre les atomes *A* et *B* ; par conséquent, lorsque la dislocation se met en mouvement, il se produit une rupture définitive des liaisons, donc une rupture du matériau, dans le plan de glissement.

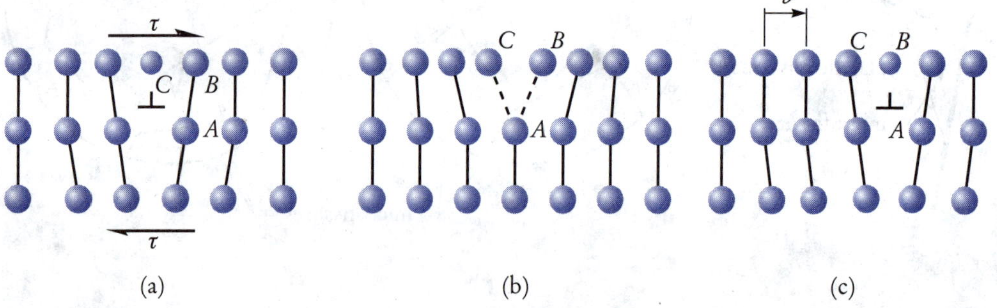

Figure 4.26 Sous l'action d'une cission τ (a), le déplacement d'une dislocation-coin exige une étape intermédiaire au cours de laquelle les liaisons atomiques sont perturbées (b), avant que la dislocation n'atteigne sa nouvelle position d'équilibre (c).

La forte intensité des liaisons covalentes se traduit en outre par une contrainte de friction τ_0 élevée. Puisque, sur un plan de glissement, outre une cission τ, s'exerce une contrainte normale σ (fig. 4.13), la nécessité d'accroître la valeur de la cission pour mettre en mouvement la dislocation entraîne une augmentation simultanée de la valeur de la contrainte normale. Par conséquent, lorsque des défauts sont présents dans le matériau, l'effet de ces concentrateurs de contrainte s'exerce toujours ; cet effet entraîne la rupture locale des liaisons (art. 4.1.2) avant que la cission atteigne la valeur nécessaire pour que la dislocation se mette en mouvement. Ce n'est donc qu'à haute température que la forte agitation thermique des atomes entraîne un certain mouvement des dislocations, donc une certaine ductilité des matériaux covalents comme le germanium, le silicium ou le diamant.

Lorsqu'on l'applique aux matériaux métalliques, le schéma de la figure 4.26 permet de comprendre que l'absence de directionnalité des liaisons métalliques entre les atomes *A*, *B* et *C* facilite le déplacement de la dislocation-coin et n'entraîne pas la rupture définitive des liaisons ; en effet, il faut plutôt considérer les atomes *A*, *B* et *C* comme des ions positifs noyés dans un gaz électronique qui assure leur cohésion. Les dislocations se déplacent donc facilement dans les matériaux cristallins à liaisons métalliques.

Nous allons maintenant tenter de savoir ce qui se passe dans les matériaux cristallins à liaisons ioniques. Tout d'abord, il faut tenir compte de la configuration particulière des dislocations ainsi que des systèmes de glissement possibles dans de tels matériaux, pour lesquels l'équilibre des charges électrostatiques doit être assuré. Considérons, par exemple, le chlorure de sodium (NaCl), dont on peut voir la structure cristalline à la figure 4.27.

On peut considérer que cette structure est l'imbrication de deux réseaux c.f.c., l'un formé des ions Na^+, l'autre, des ions Cl^- ; toutefois, ce ne sont pas les plans de plus grande densité atomique qui constituent les plans de glissement, mais plutôt les plans qui permettent aux charges électrostatiques de même signe de ne pas se trouver face à face lorsque le déplacement de dislocations dans ces plans engendre un glissement : ce glissement se produit dans les plans $\{110\}$, et la direction de glissement est du type $\langle 110 \rangle$ (fig. 4.27).

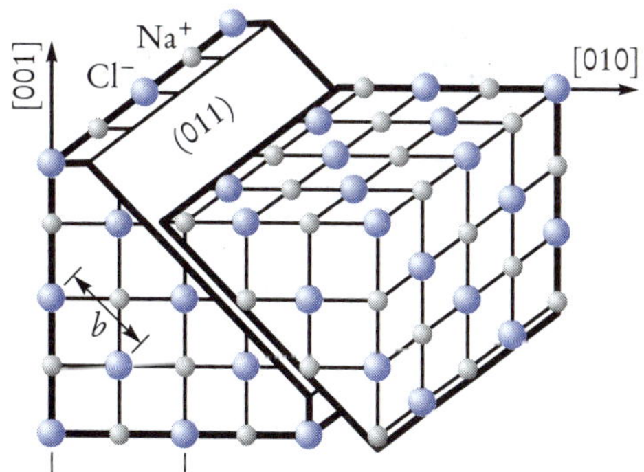

Figure 4.27 Plan de glissement dans le NaCl.

Par ailleurs, puisque l'équilibre des charges dans un cristal ionique doit toujours être assuré, une dislocation-coin est constituée de deux demi-plans supplémentaires (P_1 et P_2, fig. 4.28), alors qu'un seul demi-plan suffit dans le cas des métaux (fig. 4.26). Le module du vecteur de Burgers est donc égal à $a\sqrt{2}/2$; il est par conséquent supérieur à la plus petite distance entre les ions (a/2). Ainsi, il faut que dans les cristaux ioniques, la cission τ soit plus élevée que dans les métaux pour que les dislocations se mettent en mouvement (équat. 4.17 et 4.21).

Enfin, dans les cristaux ioniques, la contrainte de friction τ_0 est toujours élevée. En outre, les impuretés interagissent facilement avec les dislocations et les piègent efficacement.

Il découle de tout ce qui précède que, même si les dislocations sont présentes dans les matériaux ioniques, la cission doit être élevée pour qu'elles se mettent en mouvement ; par conséquent, les matériaux ioniques sont fragiles; une certaine ductilité n'apparaît qu'à haute température, lorsque le dépiégeage des dislocations et leur mise en mouvement sont activés thermiquement. Le tableau 4.4 présente et résume les divers systèmes de glissement possibles ainsi que leur domaine d'existence pour plusieurs matériaux ioniques et covalents.

Pour faire suite à la question posée au début du présent article, on peut se demander si, à l'inverse, tous les matériaux ductiles sont cristallins. Jusqu'ici, nous n'avons considéré que la ductilité plus ou moins importante des matériaux cristallins métalliques, ioniques ou covalents. D'autres matériaux, cependant, comme les polymères, dont la structure n'est pas cristalline

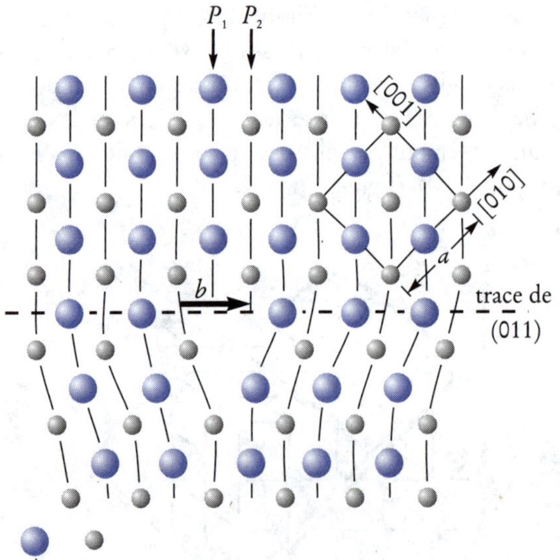

Figure 4.28 Configuration d'une dislocation-coin dans le NaCl. Pour que l'équilibre des charges électrostatiques soit respecté, la dislocation est constituée de deux demi-plans supplémentaires.

Tableau 4.4 Systèmes de glissement dans les matériaux ioniques et covalents

Structure cristalline	Système de glissement	Nombre de systèmes indépendants
C (diamants), Si, Ge	$\{111\}$-$\langle 110\rangle$	5
NaCl, LiF, MgO, NaF	$\{110\}$-$\langle 110\rangle$	2
NaCl, LiF, MgO, NaF (à haute température)	$\{110\}$-$\langle 110\rangle$ $\{001\}$-$\langle 110\rangle$	5
TiC, UC	$\{111\}$-$\langle 110\rangle$	5
PbS, PbTe	$\{001\}$-$\langle 110\rangle$ $\{110\}$-$\langle 001\rangle$	3
CaF_2, UO_2	$\{001\}$-$\langle 110\rangle$	3
CaF_2, UO_2 (à haute température)	$\{001\}$-$\langle 110\rangle$ $\{110\}$ $\{111\}$	5
C (graphite), Al_2O_3, BeO	$\{0001\}$-$\langle 11\bar{2}0\rangle$	2
TiO_2	$\{101\}$-$\langle 101\rangle$ $\{110\}$-$\langle 001\rangle$	4
$MgAl_2O_4$	$\{111\}$-$\langle 110\rangle$ $\{110\}$	5

(art. 3.3.4), peuvent également être ductiles (essayez, par exemple, de déchirer une pellicule de polyéthylène !). Dans ces matériaux, la ductilité ne peut être due au déplacement des dislocations, puisqu'on ne peut envisager leur présence dans un matériau à structure amorphe.

On ne peut donc pas considérer que l'élasticité et la ductilité des matériaux amorphes, comme les polymères, soient attribuables, en premier lieu, aux types de liaisons interatomiques ; il faut plutôt envisager l'influence de la microstructure du matériau elle-même et analyser son comportement en fonction des contraintes appliquées. Nous étudierons plus en détail cet aspect de la question au chapitre 12, mais nous pouvons dès maintenant en souligner les caractéristiques principales.

Prenons, par exemple, un polymère comme le caoutchouc naturel, dont on peut voir la chaîne moléculaire schématisée à la figure 4.29. Sous l'action d'une force F, il n'y a pas augmentation de la distance entre les atomes de carbone de la chaîne, mais plutôt un déploiement de celle-ci, avant qu'elles ne commencent à s'allonger élastiquement. Par conséquent, le module d'élasticité des polymères n'est pas directement associé à l'intensité des forces interatomiques qui s'exercent dans le squelette de la chaîne ; il est plutôt fonction de la flexibilité de la chaîne elle-même, laquelle dépend de la géométrie des chaînes et des liaisons de faible intensité s'exerçant entre ces chaînes.

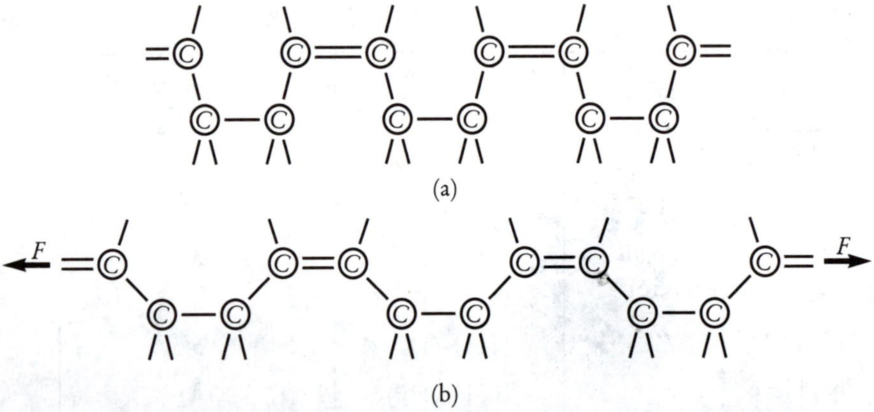

Figure 4.29 a) Représentation schématique du squelette (liaisons C–C) dans la chaîne moléculaire du caoutchouc naturel. b) Déploiement de cette chaîne sous l'action d'une force F.

Par ailleurs, les chaînes moléculaires des polymères amorphes sont souvent enchevêtrées et repliées sur elles-mêmes. L'application d'une contrainte entraîne donc, dans un premier temps, un déploiement des chaînes, et ce avant que les liaisons interatomiques du squelette ne soient effectivement soumises elles-mêmes à cette contrainte (fig. 4.30). On doit donc plutôt considérer que le module d'élasticité d'un polymère amorphe est un module d'élasticité apparent dont la valeur n'est pas directement proportionnelle à celle de l'intensité des liaisons atomiques (ainsi que nous l'avons démontré, en première approximation, au chapitre 2). Bien souvent d'ailleurs, la proportionnalité entre la contrainte appliquée et la déformation résultante n'est pas rigoureusement vraie. On parle alors de comportement visco-élastique (sect. 7.2).

4.2.8 Intérêt de la ductilité

Les matériaux polycristallins ductiles sont intéressants à plus d'un titre, par rapport aux matériaux fragiles. En effet, si la limite d'élasticité constitue le seul paramètre important pour l'ingénieur chargé de la conception d'une structure (puisqu'il ne saurait tolérer de déformations plastiques permanentes dans cette structure), la ductilité due au déplacement des dislocations devient alors un atout important quand il s'agit de mettre un matériau en forme. À partir d'un lingot, on peut ainsi obtenir, par des déformations plastiques successives (laminage, forgeage, matriçage, extrusion, pliage, emboutissage, etc.), des pièces aussi variées qu'une poutrelle de pont, un rail, une roue de wagon, une aile d'automobile, une tête de marteau, une boîte de bière, etc. La ductilité permet donc de mettre un matériau en forme en le déformant plastiquement, sans qu'il y ait rupture au cours des opérations de mise en forme.

Pour ces raisons, nous allons chercher à savoir quelles sont les conditions nécessaires pour que les matériaux cristallins présentent une bonne ductilité.

Figure 4.30 a) Chaînes macromoléculaires enchevêtrées. b) Déploiement de ces chaînes sous l'action d'une tension.

En premier lieu, il faut que des dislocations soient présentes dans le cristal ; en fait, seuls les matériaux métalliques peuvent faire preuve d'une ductilité appréciable, car leurs liaisons interatomiques ne sont pas directionnelles. Ensuite, il faut que ces dislocations soient mobiles et ne rencontrent pas trop d'obstacles au cours de leur déplacement (art. 4.2.6). On le constate, ces conditions sont souvent incompatibles avec la nécessité d'améliorer la limite d'élasticité des matériaux. Enfin, il faut que les dislocations mobiles, qui se multiplient au cours de la déformation, puissent se déplacer sur un nombre minimal de plans de glissement pour que la déformation plastique soit homogène. Rappelons qu'un cube élémentaire de matière peut subir non seulement des allongements ou des accourcissements relatifs ε selon les trois directions x, y et z (appelées directions principales), mais aussi des cisaillements γ, parallèles à ces trois directions (fig. 4.31).

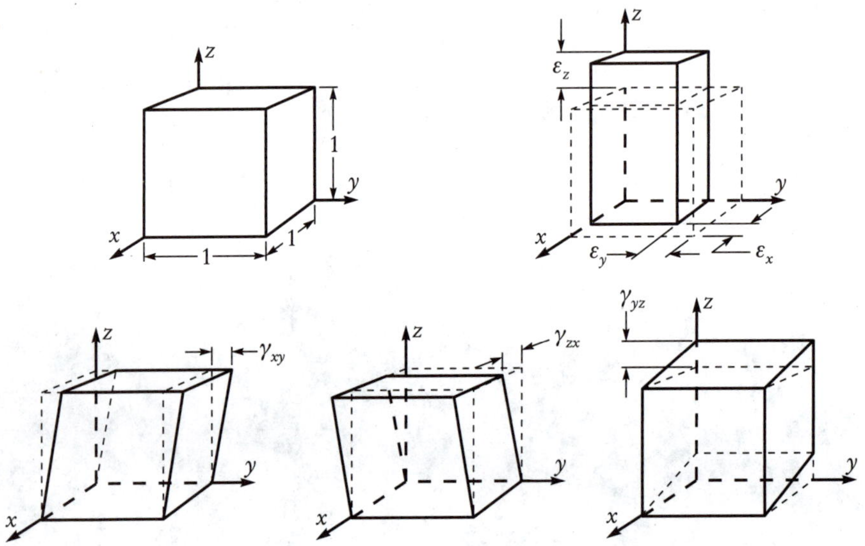

Figure 4.31 Les six composantes (ε_x, ε_y, ε_z, γ_{xy}, γ_{yz}, γ_{xz}) des déformations possibles d'un cube élémentaire.

Pour atteindre la ductilité parfaite, il faut donc que les six conditions caractérisées par les trois déformations principales (ε_x, ε_y, ε_z) et les trois cisaillements principaux (γ_{xy}, γ_{yz}, γ_{xz}) soient satisfaites (équat. 1.16 et 1.17). Lorsque la déformation plastique se produit sans changement de volume, on peut mettre en évidence une relation entre certaines de ces six variables, relation selon laquelle la somme algébrique des déformations principales ε_x, ε_y et ε_z est nulle, c'est-à-dire que l'équation :

$$\varepsilon_x + \varepsilon_y + \varepsilon_z = 0 \tag{4.24}$$

est vérifiée.

Par conséquent, puisqu'on dispose de six variables pour lesquelles il existe déjà une relation, il faut, mathématiquement parlant, remplir cinq autres conditions pour que la déformation plastique du cube soit homogène ; ainsi au moins cinq *systèmes de glissement indépendants* doivent pouvoir être actifs dans le cube élémentaire. Cette exigence porte le nom de *critère de von Mises*. Nous allons tenter de déterminer si tous les matériaux cristallins métalliques y satisfont.

Pour les métaux à structure c.f.c., nous avons déjà démontré (art. 4.2.1) qu'il existait 12 systèmes de glissement possibles. Toutefois, dans un plan (111), tout glissement dans la direction $[0\bar{1}1]$ peut se produire par une combinaison de glissements élémentaires dans les directions $[\bar{1}01]$ et $[\bar{1}10]$ (fig. 4.32). Il n'y a donc que deux directions de glissement indépendantes dans un plan (111). De plus, puisqu'il y a quatre plans {111} de glissement possibles, les métaux c.f.c. possèdent huit systèmes de glissement indépendants : ils satisfont donc pleinement au critère de von Mises. C'est pourquoi ils sont facilement ductiles ou malléables, comme ces très minces feuilles d'or qu'on obtient par battages successifs.

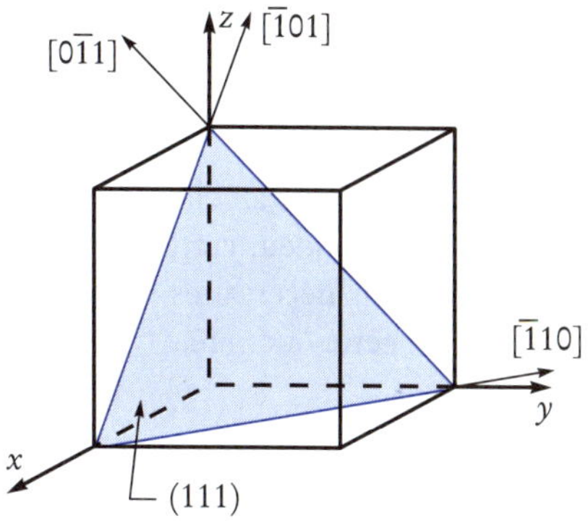

Figure 4.32 Système c.f.c. : le plan de glissement (111) et ses trois directions possibles de glissement. Tout glissement dans la direction [0 $\bar{1}$ 1] peut cependant être obtenu par une combinaison de glissements dans les directions [$\bar{1}$10] et [$\bar{1}$01].

Pour les métaux à structure h.c., par contre, il n'existe en général que trois systèmes de glissement possibles, selon les trois directions de forte densité atomique du plan de base, et seules deux de ces directions sont indépendantes (fig. 4.12b). La ductilité de ces métaux est donc beaucoup plus limitée, ce qui pose des problèmes quant à leur mise en forme à la température ambiante (par exemple, pour le titane et le magnésium). À chaud toutefois, d'autres systèmes de glissement peuvent entrer en action.

Enfin, pour les métaux à structure c.c., les directions de glissement $\langle 111 \rangle$ sont les diagonales du cube ; les plans individuels de glissement, qui sont du type {011}, sont au nombre de six (fig. 4.12c). Il y a donc douze systèmes de glissement possibles, et huit d'entre eux sont indépendants. On devrait alors s'attendre à ce que la ductilité des métaux c.c. soit aussi élevée que celle des métaux c.f.c. Toutefois, puisque la structure c.c. est moins compacte que la structure c.f.c., la contrainte de friction τ_0 associée au réseau c.c. est plus élevée que celle associée au réseau c.f.c. ; il est en effet plus facile, sous l'action d'une cission, de faire «glisser» la partie supérieure du cristal sur sa partie inférieure dans une structure compacte que dans une structure moins compacte (fig. 4.16). Par conséquent, la ductilité des métaux c.c. est inférieure à celle des métaux c.f.c., en particulier à basse température, lorsque le glissement est thermiquement peu activé. La ductilité des métaux c.c. reste toutefois supérieure à celle des métaux h.c.

Le fait que les matériaux métalliques présentent une ductilité plus ou moins grande entraîne certaines conséquences heureuses. Premièrement, la ductilité favorise la mise en forme du matériau. Deuxièmement, lorsqu'une structure constituée d'éléments métalliques (par exemple les poutrelles d'un pont) est soumise à des surcharges et qu'un des éléments se déforme de façon permanente, ce dernier peut encore supporter certaines forces sans se rompre. Ce phénomène constitue en fait un gage de sécurité par rapport aux conséquences du comportement des matériaux fragiles ; pour ces matériaux, en effet, dès que la contrainte dans un élément atteint la valeur de sa résistance à la traction, cet élément se rompt, et toutes les forces auxquelles il était soumis se transmettent alors intégralement aux éléments voisins. Une structure constituée de matériaux ductiles s'adapte donc en partie aux déformations imposées ; ce phénomène est appelé l'*auto-accommodement* de la structure.

Troisièmement, la ductilité entraîne en général une amélioration de la ténacité du matériau (dans la section qui suit, nous étudierons plus en profondeur cette notion de ténacité). Le diagramme de la figure 4.33 présente et résume les conditions nécessaires pour qu'un matériau cristallin soit ductile, ainsi que les avantages que lui confère cette ductilité.

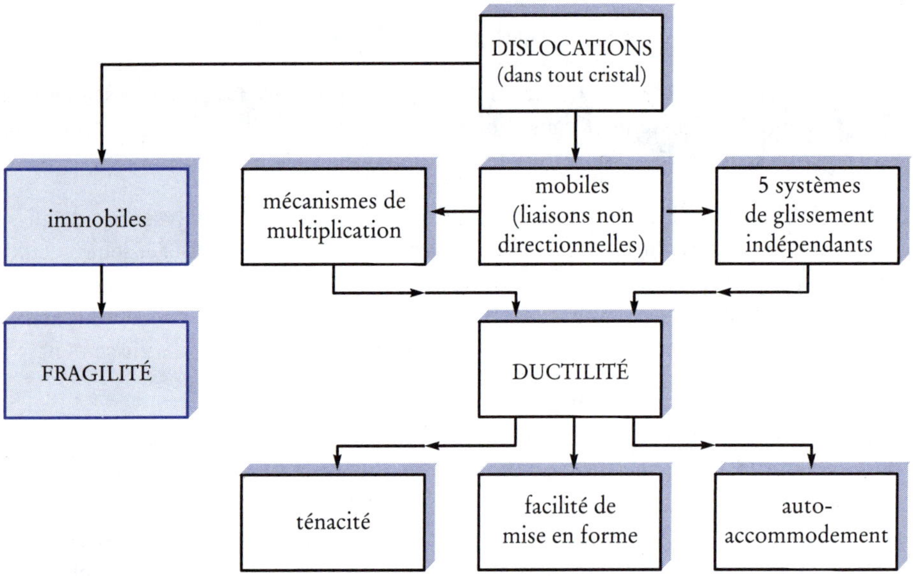

Figure 4.33 Conditions qui permettent d'assurer une bonne ductilité aux matériaux cristallins, et intérêts de cette ductilité.

4.3 TÉNACITÉ

4.3.1 Définition

Précédemment, nous avons défini et étudié certaines propriétés fondamentales des matériaux, soit leur rigidité, leur résistance et leur ductilité. Résumons brièvement ces notions.

Rigidité. La rigidité est fonction de l'intensité des liaisons qui existent entre les atomes ou les molécules constitutifs d'un matériau. On mesure la rigidité par la valeur des divers modules d'élasticité, en particulier par le module d'Young, E.

Résistance. La résistance caractérise la contrainte maximale qu'un matériau peut supporter avant de se rompre. La résistance d'un matériau est fonction, bien entendu, de l'intensité de ses liaisons atomiques ou moléculaires, mais elle peut également dépendre de l'influence de certains paramètres extérieurs, comme la forme des pièces ou les défauts qui y sont présents (fissures et dislocations).

Ductilité. La ductilité est la propriété grâce à laquelle un matériau peut se déformer de façon permanente avant de se rompre. La ductilité facilite donc la mise en forme du matériau à l'état solide. Dans les solides cristallins, la ductilité est due au déplacement des dislocations.

À la section 4.1, nous avons montré que la différence considérable entre la résistance théorique et la résistance réelle était due à la présence de défauts dans le matériau. Cette connaissance du comportement mécanique des matériaux est toutefois très récente dans l'histoire des matériaux. Pendant longtemps, les idées que l'on se faisait de ce comportement étaient confuses, sinon erronées. Ainsi, le naturaliste romain Pline l'ancien, qui écrivit un traité d'histoire naturelle, y donnait une méthode qui devait permettre de distinguer les vrais diamants des faux. Selon cette méthode, il fallait placer le diamant à évaluer sur une enclume et le frapper avec un marteau ; s'il y avait rupture, le diamant était déclaré faux. On peut supposer qu'une telle technique d'évaluation a entraîné la disparition de nombreux vrais diamants ! En fait, Pline l'ancien confondait deux propriétés fondamentales, mais distinctes, des matériaux : leur rigidité et leur ténacité. Le diamant est en effet un des matériaux les plus rigides qui soient, ce qui lui confère une dureté très élevée, comme en témoignent ses multiples utilisations industrielles : meulage, découpage, forage, etc. Pourtant, bien qu'il soit très rigide, le diamant demeure un matériau peu tenace, c'est-à-dire fragile.

À la rigidité, à la résistance et à la ductilité, il faut donc ajouter une quatrième propriété fondamentale des matériaux, la *ténacité*, caractérisée par leur résistance à la propagation brutale de fissures. On peut mesurer cette ténacité par l'énergie requise pour entraîner la rupture.

Les corrélations entre ces propriétés fondamentales (rigidité, résistance, ductilité et ténacité) ne sont pas si évidentes, comme en témoignent les données du tableau 4.5, qui présente une comparaison qualitative des propriétés de plusieurs matériaux naturels et synthétiques.

Il n'est pas facile en effet de dire pourquoi un matériau est résistant et tenace, alors qu'un autre, tout aussi résistant, est fragile. Par exemple, la résistance d'une tôle d'aluminium n'est pas plus élevée que celle d'un verre. Toutefois, lorsqu'on laisse tomber une boîte de bière faite de tôle d'aluminium, elle se déforme, tout au plus. Par contre, dans la même situation, une bouteille de verre se brise en plusieurs fragments.

Tableau 4.5 Comparaison qualitative de la rigidité, de la résistance à la rupture et de la ténacité de plusieurs matériaux

Matériau	Rigidité	Résistance à la rupture	Ténacité
Biscuit	f	f	f
Nylon	f	m	F
Bois	m	m	m
Verre	m	m	f
Céramique	F	m	f
Acier	F	F	F
Aluminium	m	m	F
Os	m	m	F

F : fort ; f : faible ; m : moyen.

La ténacité (ou son contraire, la *fragilité*) est donc une propriété mécanique fondamentale dont il faut tenir compte. S'il est relativement facile de calculer les éléments constitutifs d'une structure pour lui assurer une rigidité et une résistance suffisantes, il est par contre beaucoup plus difficile d'évaluer la ténacité afin d'éviter toute rupture brutale. Une rupture brutale est une rupture qui se produit sans déformation plastique préalable de la pièce. La rupture des matériaux fragiles est toujours une rupture brutale. Dans le cas des matériaux ductiles, il peut y avoir rupture brutale sans déformation plastique majeure apparente ; une telle rupture se produira dans certaines conditions, avant que la contrainte nominale appliquée n'atteigne la limite d'élasticité du matériau.

4.3.2 Ténacité des matériaux fragiles

À la section 4.1, nous avons présenté la théorie de *Griffith*, selon laquelle la résistance théorique d'un matériau (voisine de $E/10$) pouvait être atteinte dans des zones particulières de celui-ci, par exemple à la racine de fissures, de défauts ou de changements de section.

Lorsqu'il étudia des matériaux fragiles comme le verre, dont le comportement est purement élastique jusqu'à la rupture finale, qui survient brusquement, sans signe avant-coureur, Griffith élabora en fait une théorie de la ténacité.

Comme nous l'avons vu, cette rupture est si soudaine qu'il est impensable que la vitesse de mise en charge du matériau exerce une influence quelconque. Qu'on applique lentement un effort de flexion sur une tige de verre ou qu'on la frappe violemment, elle se rompt toujours de façon fragile, car la vitesse de propagation des déformations élastiques est nettement supérieure à la vitesse de mise en charge. Bien souvent d'ailleurs, les ondes de déformations élastiques sont réfléchies à la surface de l'échantillon ou de l'objet, et ces réflexions peuvent donner lieu à des interférences constructives. Il se produit ainsi une forte augmentation locale des contraintes, qui entraîne la rupture de la pièce, rupture qui n'a d'ailleurs pas nécessairement lieu au point d'application de la charge ou de l'impact. On peut mettre ce phénomène en évidence au cours d'un essai de ténacité assez particulier effectué sur des carreaux de céramique (fig. 4.34). Dans cet essai, on laisse tomber une bille d'acier, d'une hauteur normalisée, au centre du carreau. On constate souvent que la rupture ne se produit pas au point d'impact, mais plutôt aux quatre coins du carreau, car ceux-ci ont été soumis à des contraintes locales très élevées dues aux interférences des ondes de déformations élastiques après que ces ondes ont été réfléchies par les bords du carreau.

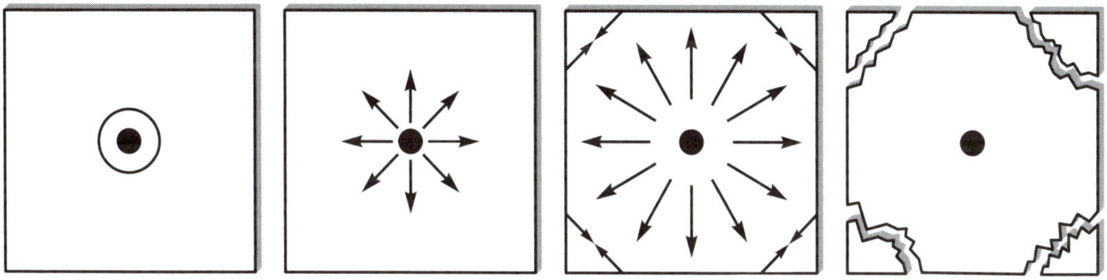

(a) (b) (c) (d)

Figure 4.34 Essai de ténacité sur un carreau de céramique, illustrant le phénomène d'interférences des contraintes élastiques : a) point d'impact de la bille d'acier ; b) propagation des ondes de contraintes élastiques ; c) réflexion et interférences constructives dans les coins ; d) rupture des coins.

Abordons maintenant l'exposé de la théorie de Griffith relative aux matériaux fragiles.

Selon Griffith, pour qu'une fissure ou un défaut se propage dans un matériau, il faut que les deux conditions suivantes soient simultanément satisfaites :

a) la propagation doit être favorisée énergétiquement (*condition énergétique*). En d'autres mots, le matériau contenant le défaut et mis sous contrainte doit atteindre un état thermodynamique plus stable s'il est rompu ;

b) un mécanisme doit permettre la rupture locale du matériau à la racine du défaut ou de la fissure pour que le défaut ou la fissure se propage (*condition mécanique*).

En ce qui concerne la première condition, rappelons d'abord qu'un matériau soumis à des contraintes contient l'énergie élastique emmagasinée dans les liaisons distendues. Lorsque le matériau se rompt, ces liaisons reprennent leur position d'équilibre ; elles restituent par conséquent une certaine quantité d'énergie élastique. Étudions maintenant ce qui se produit lorsqu'une fissure se propage dans un matériau. Considérons la figure 4.35, qui représente un matériau d'épaisseur unitaire ($e = 1$) contenant une fissure elliptique de longueur $2a$. Examinons la condition énergétique à satisfaire pour que cette fissure devienne instable sous l'action d'une contrainte σ_{nom} appliquée au matériau ; la fissure est dite instable quand elle se propage sans que la contrainte

σ_{nom} augmente. Sur la figure 4.35a, la zone ombrée représente les régions du matériau libres de contrainte, car les lignes d'écoulement des contraintes évitent cette zone en raison de la présence de la fissure (fig. 4.4 par exemple). La zone ombrée a la forme d'une ellipse, de grand axe $4a$ et de petit axe $2a$; sa surface est donc égale à $2\pi a^2$. Le volume de matériau dans lequel il y a libération d'énergie élastique emmagasinée dans les liaisons du matériau est donc égal à $2\pi a^2 e$, soit $2\pi a^2$ si l'épaisseur e de la pièce est unitaire.

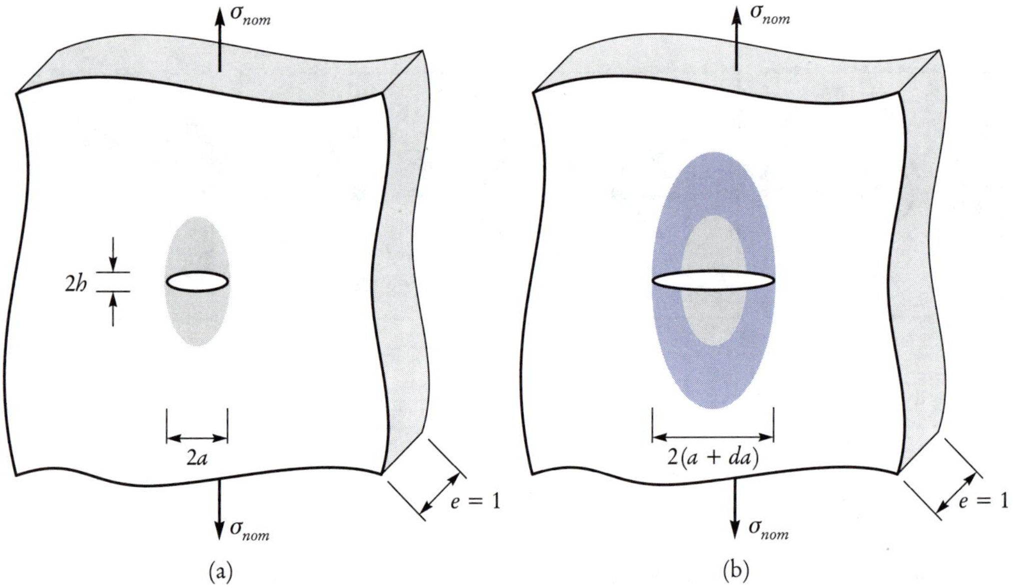

Figure 4.35 Libération de l'énergie élastique emmagasinée dans un matériau fragile quand la dimension $2a$ d'une fissure augmente. a) Dans la zone ombrée (ellipse de grand axe $4a$), les liaisons ne sont plus soumises à des contraintes à cause de la présence de la fissure. b) Quand la longueur de la fissure augmente d'une valeur $2da$, il y a libération de l'énergie élastique emmagasinée dans les liaisons situées dans l'anneau elliptique d'épaisseur da.

L'énergie élastique $W_{él}$ libérée du volume initial maintenant libre de contraintes est égale à :

$$W_{él} = 2\pi a^2 \frac{\sigma\varepsilon}{2} = \pi a^2 \sigma\varepsilon \qquad (4.25)$$

Puisque le comportement du matériau est purement élastique et que la loi de Hooke ($\sigma = E\varepsilon$) s'applique, l'énergie libérée est donc égale à :

$$W_{él} = \pi a^2 \frac{\sigma^2}{E} \qquad (4.26)$$

Si la fissure est instable et se propage, sa longueur initiale $2a$ devient égale à $2(a + da)$; il y a augmentation du volume libre de contrainte et libération d'une quantité d'énergie élastique $dW_{él}$ qu'on trouve grâce à la dérivée de l'équation 4.26 par rapport à a :

$$dW_{él} = 2\pi a \frac{\sigma^2}{E} da \tag{4.27}$$

Toutefois, pour que la longueur de la fissure puisse augmenter de $2da$, il faut fournir au matériau une certaine énergie dW_S afin que se créent les nouvelles surfaces de rupture ; cette énergie dW_S est donnée par la relation :

$$dW_S = 4\gamma_S da \tag{4.28}$$

Le coefficient 4 de l'équation 4.28 provient du fait que deux nouvelles surfaces, égales chacune à $2da$, sont apparues au cours de l'avancée da de la fissure.

Quand la fissure avance de da, il s'ensuit une variation dW de l'énergie potentielle du système que constitue le matériau fissuré mis sous contrainte ; cette variation dW est la différence entre l'énergie de surface dW_S à fournir au système et l'énergie élastique $dW_{él}$ libérée par le système lui-même :

$$dW = dW_S - dW_{él} \tag{4.29}$$

Selon Griffith, sous l'action de la contrainte nominale appliquée σ_{nom}, la fissure se propagera spontanément si une avancée da de la fissure entraîne une diminution de l'énergie potentielle du système, qui évolue alors vers un état énergétiquement plus stable. En d'autres mots, l'énergie élastique $dW_{él}$ libérée par l'avancée da de la fissure doit être au moins égale à l'énergie dW_S requise pour créer les nouvelles surfaces de matériau. Sur le plan mathématique, on peut exprimer cette condition par l'inégalité suivante :

$$dW/da \leq 0 \tag{4.30}$$

À partir des équations 4.27, 4.28 et 4.29, on peut écrire l'équation 4.30 sous la forme suivante :

$$\left(4\gamma_S - 2\pi a \frac{\sigma^2}{E}\right) \leq 0 \tag{4.31}$$

Cette nouvelle équation permet de calculer la valeur critique de la contrainte nominale σ_{nom} pour laquelle il y aura propagation instable de la fissure et rupture brutale du matériau :

$$\sigma_{nom} \geq \sqrt{\frac{2E\gamma_S}{\pi a}} \tag{4.32}$$

Pour que la condition énergétique soit satisfaite, il faut que la contrainte appliquée σ_{nom} atteigne la valeur critique exprimée par la relation 4.32. Cette valeur critique dépend des propriétés intrinsèques du matériau (propriétés caractérisées par son module d'élasticité, E, et par son énergie de surface, γ_S), mais elle dépend également de la longueur a de la fissure. Par conséquent, pour un matériau donné, la valeur critique de la contrainte appliquée nécessaire pour que la condition énergétique soit satisfaite est d'autant plus faible que la longueur de la fissure est grande. Une fissure est donc d'autant plus nocive que sa longueur est élevée.

Pour toute contrainte σ_{nom} appliquée à un matériau, on peut déterminer, à partir de la relation 4.32, une longueur critique de fissure, a_c, appelée également *longueur de Griffith*, soit

$$a_c = \frac{2E\gamma_S}{\pi\sigma_{nom}^2} \tag{4.33}$$

Cette longueur critique caractérise le défaut dont la dimension est égale à a_c, défaut qui, énergétiquement parlant, est en situation favorable pour se déplacer sous l'action de la contrainte appliquée σ_{nom}.

Compte tenu des équations 4.26, 4.29 et 4.31, on peut représenter graphiquement la condition énergétique de Griffith (fig. 4.36). Sur cette figure, l'énergie de surface W_S à fournir au système est positive, par convention, alors que l'énergie élastique $W_{él}$ libérée par le système est négative.

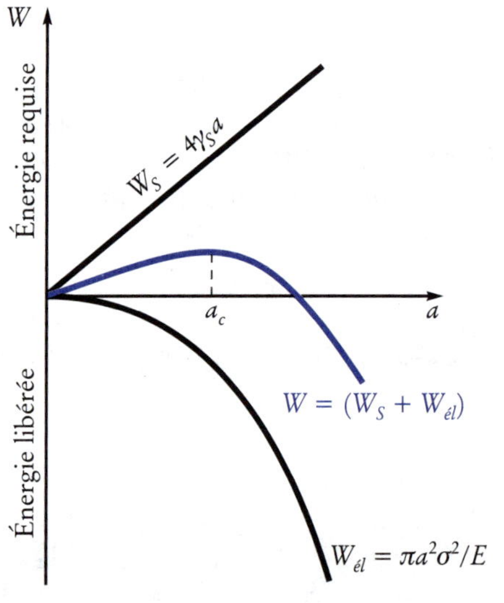

Figure 4.36 Variation de l'énergie de surface requise W_S, de l'énergie élastique libérée $W_{él}$ et de l'énergie totale du système W quand la longueur a de la fissure augmente. Pour $a \geq a_c$, la fissure devient instable et se propage spontanément : il y a rupture brutale du matériau.

On remarque que l'énergie totale W du système passe par une valeur maximale correspondant à la longueur critique a_c de Griffith. Au delà de cette valeur critique, le système évolue spontanément vers un état plus stable (diminution de l'énergie totale W), c'est-à-dire que la fissure se propage de façon irréversible dans le matériau soumis à la contrainte nominale σ_{nom} : il y rupture brutale du matériau.

Toutefois, lorsque la condition énergétique (exprimée par l'équation 4.32) est satisfaite, la fissure ne se propage pas automatiquement pour autant. Encore faut-il que, localement, en tête de fissure, la contrainte soit au moins égale à la résistance à la traction R_m du matériau. Cette dernière condition est une condition mécanique. Prenons, par analogie, l'exemple d'un véhicule situé en haut d'une pente : il est, sur le plan énergétique, en condition favorable pour dévaler cette pente ; mais il faut par ailleurs qu'un certain mécanisme – les roues – puisse fonctionner pour que le véhicule se déplace ; si les freins sont serrés et les roues bloquées, le véhicule ne pourra pas dévaler la pente, même s'il est en situation énergétiquement favorable. Dans le cas d'une fissure, cette condition mécanique est satisfaite lorsque la concentration locale des contraintes en tête de la fissure – le mécanisme – est telle que la valeur de la contrainte locale σ_y (déterminée par l'équation 4.5) est égale ou supérieure à celle de la résistance à la traction (R_m) du matériau.

Par conséquent, les deux conditions (énergétique et mécanique) auxquelles la propagation de la fissure doit satisfaire pour se produire dépendent, d'une part, des propriétés intrinsèques du matériau (module d'élasticité, E, et énergie de surface, γ_S) et, d'autre part, de la géométrie de la fissure (longueur de la fissure, a, et rayon de courbure, r, en tête de fissure).

Si la fissure est très aiguë (faible rayon de courbure à sa racine), la condition mécanique est généralement satisfaite pour une faible valeur de la contrainte appliquée. La condition de propagation instable de la fissure se résume alors uniquement à la condition énergétique de propagation (équat. 4.32).

On remarque que, lorsque ces deux conditions sont simultanément satisfaites, la propagation de la fissure se produit de façon catastrophique. En effet, lorsque la contrainte appliquée σ_{nom} satisfait aux conditions définies par les équations 4.5 et 4.32, la longueur de la fissure augmente et, si le rayon de courbure en fond de fissure ne change pas au cours de la propagation, la valeur critique de la contrainte appliquée diminue. C'est ce qui explique pourquoi la rupture des matériaux fragiles est si brusque. Lorsque les deux conditions sont satisfaites, la fissure se propage très vite : la vitesse de propagation peut atteindre 40 % de la vitesse du son (la cinématographie à haute vitesse l'a confirmé). Les ondes de déformations élastiques qui précèdent la fissure peuvent être réfléchies ; elles amplifient alors localement la contrainte par interférences constructives : la pièce se brise en plusieurs morceaux, car l'énergie élastique libérée est suffisante pour compenser l'énergie nécessaire à la création de nouvelles surfaces.

4.3.3 Amélioration de la ténacité des matériaux fragiles

Les matériaux fragiles ne font courir aucun risque lorsque la contrainte appliquée est faible (on peut, par exemple, s'appuyer contre la vitrine d'un magasin) ; toutefois, puisqu'il faut éviter toute fissure dont la profondeur soit critique, ces matériaux deviennent dangereux lorsqu'on les utilise sous des contraintes moyennement élevées. C'est pourquoi, pendant très longtemps, les Hommes ont employé ces matériaux (verre, céramique, pierres, béton etc.) en compression plutôt qu'en tension ; les fissures ont en effet tendance à se refermer sous l'action d'une compression. C'est ce qui explique pourquoi on concevait des formes architecturales qui n'engendraient, dans les éléments de structures, que des contraintes de compression (arche, dôme, arc-boutant, etc.).

Il a fallu attendre le XIXe siècle et l'apparition de matériaux ductiles bon marché (comme l'acier) pour qu'apparaissent des formes qui puissent tolérer des contraintes de tension (par exemple les câbles des ponts suspendus).

De nos jours, lorsqu'on veut utiliser des matériaux fragiles, le même problème se pose. Il faut en effet tenter de pallier la très faible ténacité de ces matériaux. On peut classer les solutions proposées en deux grandes catégories : dans la première, on essaie d'obtenir des contraintes de compression ; dans la seconde, on tire parti d'une caractéristique de la triaxialité des contraintes locales en tête de fissure.

4.3.3.1 Obtention de contraintes de compression

Nous avons évoqué précédemment l'utilisation de formes ramenant les efforts appliqués à des contraintes de compression en vue d'empêcher l'ouverture et la propagation des fissures.

C'est une solution du même type qu'on utilise dans le cas du béton précontraint : le béton, composé fragile, est maintenu en compression par la tension des câbles de précontrainte ; cette technique permet d'empêcher, à un certain degré, la propagation de fissures dans les zones qui, autrement, auraient été soumises à des contraintes de tension.

Un autre exemple est celui du *verre trempé* (fig. 4.37). Dans ce cas, on a affaire à un matériau homogène. Lorsqu'au cours de son refroidissement la plaque de verre chaud atteint une consistance pâteuse, on en refroidit les deux surfaces à l'aide de jets d'air sous pression. Sous l'action de ce refroidissement rapide, les couches superficielles deviennent plus rigides et se contractent (fig. 13.14). Au cours de cette étape, le cœur, encore chaud, reste visqueux ; il peut donc suivre, en se déformant, la contraction des couches superficielles. À son tour, le cœur se refroidit et durcit ; toutefois, sa tendance à se contracter est entravée par les couches superficielles déjà rigides. Le refroidissement complet du cœur soumet les couches superficielles à une compression ; le cœur, quant à lui, reste en tension, puisqu'il n'est pas libre de se contracter. Il s'établit ainsi dans le matériau des *contraintes résiduelles*, tension au cœur et compression en surface (fig. 4.37b).

On obtient ainsi un matériau homogène dont les surfaces sont en compression. Par conséquent, lorsqu'une rayure apparaît à la surface, elle est soumise à des efforts de compression qui tendent à la refermer ; toute contrainte appliquée doit donc d'abord surmonter ces contraintes internes de compression pour que la rayure (ou la fissure) soit soumise à une tension. La valeur de la contrainte nominale appliquée nécessaire pour rompre un verre trempé est donc plus élevée que celle requise pour rompre un verre ordinaire.

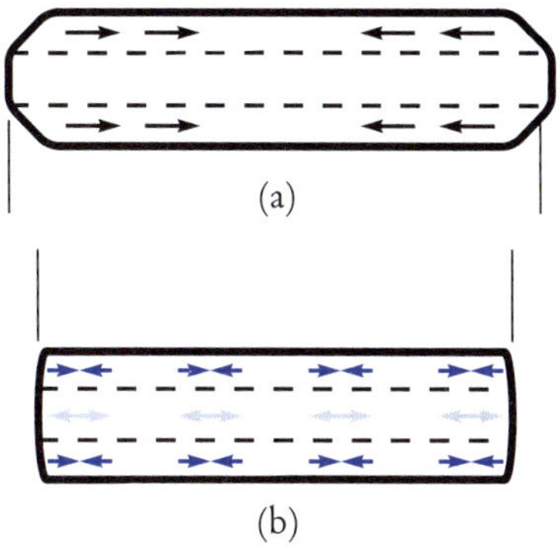

Figure 4.37 Après un chauffage uniforme, on refroidit rapidement le verre : a) les couches superficielles deviennent rigides et, en se contractant, elles déforment le cœur, toujours chaud et visqueux ; b) lorsque le cœur se refroidit à son tour, en se contractant, il soumet les couches superficielles à une compression.

La contrainte nominale requise entraînant la rupture étant plus élevée pour un verre trempé que pour un verre ordinaire, l'énergie élastique libérée à la rupture est aussi plus élevée, puisque cette énergie est proportionnelle au carré de la contrainte (équat. 4.26). La libération de cette énergie élastique permet alors de créer une plus grande surface totale de rupture du matériau ; c'est ce qui explique qu'un verre trempé (par exemple, un pare-brise d'automobile) se rompt en formant un très grand nombre d'éclats. Dans le cas de fibres de verre fraîchement étirées et contenant peu de défauts (art. 4.1.1), la valeur de leur résistance à la traction s'approche de la résistance théorique et l'énergie emmagasinée juste avant la rupture des fibres est si élevée que les fibres éclatent littéralement en poussière lorsqu'elles se rompent !

4.3.3.2 Mise à profit de la triaxialité des contraintes en tête de fissure

Jusqu'ici, nous avons supposé que la concentration locale des contraintes en tête de fissure n'affectait que la composante locale σ_y parallèle à la contrainte appliquée σ. En fait, lorsqu'on étudie plus en détail les contraintes locales qui s'exercent sur un élément de volume du matériau situé en tête de fissure, on constate que ce volume élémentaire est soumis à des contraintes triaxiales, même lorsque la contrainte appliquée est uniaxiale (fig. 4.38). Pour chaque contrainte locale principale σ_x et σ_y, on peut tracer des lignes d'isoconcentration de contrainte. On a effectué ce tracé pour une fissure elliptique de 2 μm de profondeur, dont le rayon est égal à 0,1 nm (environ une distance interatomique) [fig. 4.38].

On remarque que la contrainte locale σ_y, parallèle à la contrainte appliquée, atteint sa valeur maximale à la racine de la fissure (facteur de concentration de contrainte de 200 pour le cas de la figure 4.38b). Par conséquent, lorsqu'à la racine de la fissure la valeur de cette contrainte locale (égale à $200\sigma_{nom}$) dépasse celle de la résistance du matériau, on assiste à une rupture locale des liaisons et à une propagation de la fissure : c'est le mécanisme de propagation décrit à l'article 4.1.2 et qui s'applique à tout matériau fragile homogène.

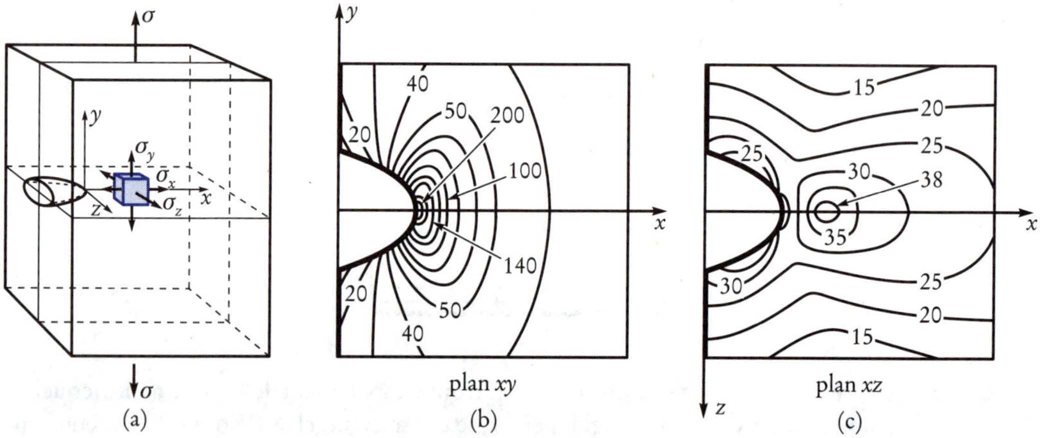

Figure 4.38 a) Triaxialité des contraintes dans un cube élémentaire situé en fond de fissure. b) Courbes d'isoconcentration de la contrainte locale σ_y dans le plan xy. c) Courbes d'isoconcentration de la contrainte locale σ_x dans le plan xz (fissure de 2μm de profondeur et de rayon de courbure égal à 0,1 nm).

Toutefois, on constate que la contrainte locale σ_x, parallèle à l'axe de la fissure, n'est pas maximale à la racine de la fissure (elle y est même nulle); elle atteint par contre sa valeur maximale à quelques distances interatomiques en avant de la fissure (facteur de concentration de contrainte voisin de 40 pour le cas de la figure 4.38c). La figure 4.39 représente la variation de σ_x et de σ_y en

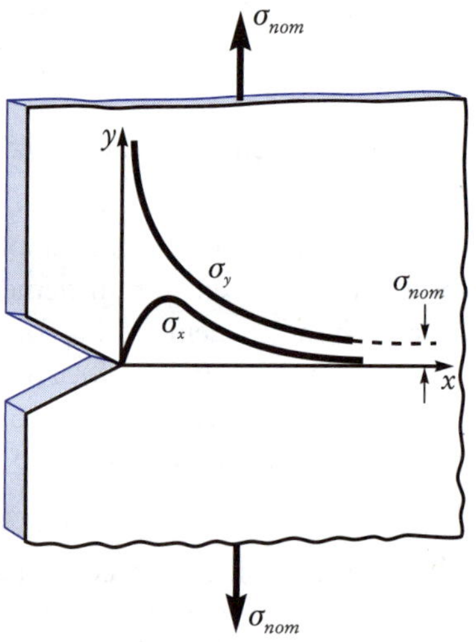

Figure 4.39 Variation des contraintes locales σ_y et σ_x en fonction de la distance x mesurée à partir du fond de la fissure. Loin de la fissure (x élevé), σ_x tend vers zéro et σ_y vers la valeur nominale de la contrainte appliquée (σ).

fonction de la distance x mesurée à partir du fond de la fissure. Ce résultat est important lorsqu'on considère un matériau fragile dont certaines interfaces sont perpendiculaires à l'axe de la fissure. En fait, ce qui est important, ce ne sont pas tellement les valeurs absolues de σ_y et de σ_x, valeurs qui dépendent de la géométrie de la fissure, mais le rapport entre ces deux valeurs, rapport ici voisin de 5 pour la géométrie du défaut considéré.

Considérons un matériau fragile dont certaines interfaces sont perpendiculaires à l'axe de la fissure (fig. 4.40). Lorsque la fissure se propage et approche de l'interface, cette dernière est soumise à une contrainte locale σ_x qui est normale à l'interface et qui tend à provoquer sa décohésion (fig. 4.40a). Lorsque la valeur de la contrainte qui provoque la décohésion de l'interface est inférieure à 1/5 de celle de la résistance du matériau, la rupture de l'interface se produit avant même que la rupture à la racine de la fissure n'ait lieu (on obtient alors la configuration illustrée à la figure 4.40b). Toutefois, lorsque la fissure atteint l'interface, sa configuration est telle que son rayon de courbure r est de beaucoup augmenté et tend même vers une valeur infinie ; le facteur de concentration de contrainte (proportionnel à $\sqrt{a/r}$) est alors très faible. Le mécanisme de concentration de contrainte nécessaire à la propagation de la fissure est donc devenu inopérant, car la condition mécanique n'est plus satisfaite. Par conséquent, aussi paradoxal que cela puisse paraître à première vue, lorsque la cohésion de l'interface est plus faible que celle de la résistance de la matrice (ici dans le rapport 1/5), la ténacité du matériau est considérablement améliorée grâce à l'émoussement marqué du fond des fissures.

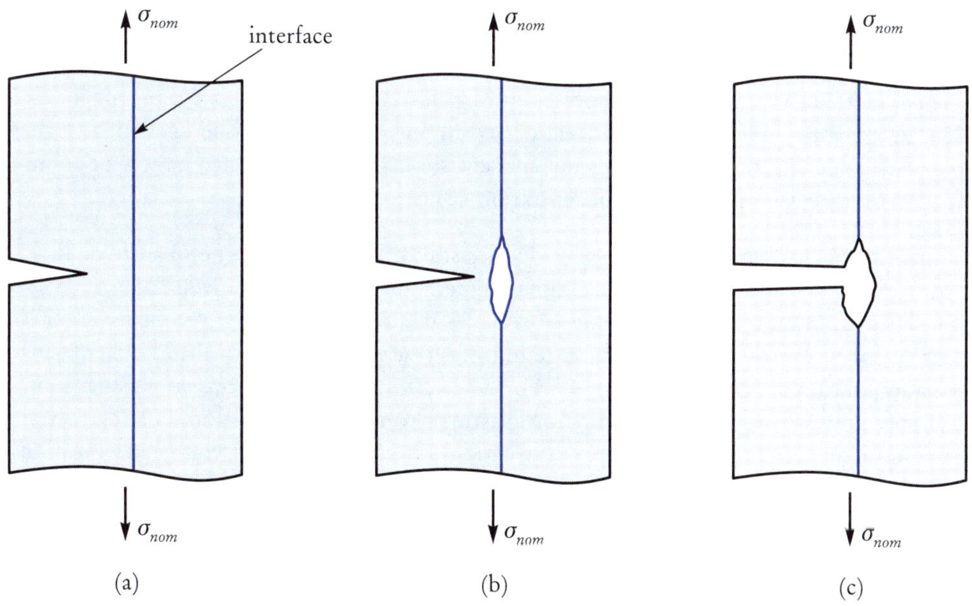

Figure 4.40 Mécanisme d'arrêt d'une fissure dans un matériau fragile qui renferme des interfaces à faible cohésion : a) fissure se propageant vers l'interface ; b) décohésion de l'interface ; c) émoussement du fond de la fissure dû à la décohésion de l'interface.

On observe fréquemment ce phénomène dans des matériaux naturels comme le bois, la dentine (ivoire des dents) ou le mica et dans les matériaux composites. Bien entendu, la présence d'interfaces rend le matériau fortement anisotrope, en particulier lorsque l'orientation des interfaces est bien définie (par exemple dans le mica et dans le bois) ; toutefois, la ténacité du matériau est grandement améliorée, au moins dans une direction principale. On peut tirer parti de cet effet bénéfique, attribuable à des interfaces à faible cohésion, dans des matériaux synthétiques, comme les plastiques renforcés de fibres de verre. Bien que les fibres de verre et, à un degré moindre, les polymères utilisés (polyesters ou polyépoxydes, par exemple) soient peu ductiles, la combinaison de ces deux matériaux et le contrôle de la cohésion des interfaces permettent de réaliser un matériau composite très tenace, qui peut subir des déformations élastiques élevées avant de se rompre (chap. 14).

4.3.4 Ténacité des matériaux ductiles

La théorie de la rupture des matériaux fragiles développée par Griffith a permis de comprendre la ténacité de matériaux naturels comme le bois ou le mica, mais également de concevoir des matériaux synthétiques plus tenaces (verre trempé, matériaux composites). Toutefois, cette théorie n'est applicable qu'aux matériaux dont le comportement est purement élastique. Il convient donc de se demander si cette théorie peut être étendue aux matériaux ductiles, qui peuvent subir une déformation plastique permanente très importante avant de se rompre, et si elle permet d'expliquer la grande ténacité de ces matériaux homogènes (aluminium, cuivre, laiton, etc.).

Pour répondre à ces questions, il faut approfondir l'étude de la répartition des contraintes locales qui agissent en tête de fissure. On l'a vu, la figure 4.39 illustre la variation de deux des contraintes principales (σ_y et σ_x) en tête de fissure : le volume élémentaire situé en tête de fissure est soumis non seulement aux trois contraintes locales principales σ_x, σ_y et σ_z, mais également à des contraintes de cission, dues à la triaxialité de ces contraintes. On peut donc également tracer les courbes d'isoconcentration des cissions qui agissent sur les plans principaux, en tête de fissure. La figure 4.41 montre ces courbes d'isoconcentration de cissions, dans le plan *xy* de la figure 4.38b.

On remarque que les valeurs de ces cissions locales sont maximales de part et d'autre de la fissure, dans des directions qui forment approximativement un angle de 45° avec l'axe de la fissure (fig. 4.41). Or, on a déjà démontré que ce sont les cissions agissant sur des plans cristallographiques de forte densité atomique qui mettent les dislocations en mouvement et qui entraînent la déformation plastique permanente (art. 4.2.1). La concentration des cissions au voisinage du fond de la fissure entraîne donc une déformation plastique dans cette zone, alors que les zones éloignées de la fissure ne subissent qu'une déformation purement élastique. Cette plastification (ou déformation permanente) en fond de fissure est illustrée à la figure 4.42, qui donne par ailleurs la variation de la contrainte locale σ_y en fonction de la distance x mesurée à partir du fond de la fissure. La zone voisine du fond, où la valeur de σ_y est supérieure à celle de la limite d'élasticité du matériau, est soumise à une déformation plastique, alors que les zones plus éloignées, où $\sigma_y < R_e$, ne subissent qu'une déformation élastique. Cette plastification en tête de fissure est illustrée à la figure 4.43a, dans le cas d'une éprouvette d'acier qui renferme une fissure et qu'on a soumise à une contrainte dont la valeur est bien inférieure à celle de la limite d'élasticité de cet acier.

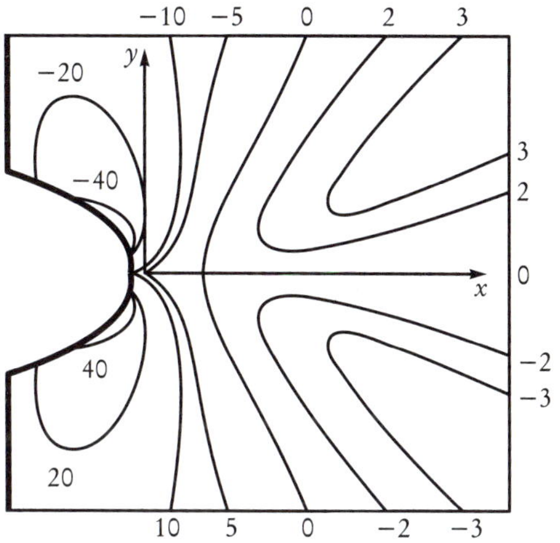

Figure 4.41 Courbes d'isoconcentration de cissions en fond de fissure, dans le plan *xy* défini par la direction *y* de la contrainte appliquée et l'axe *x* de la fissure.

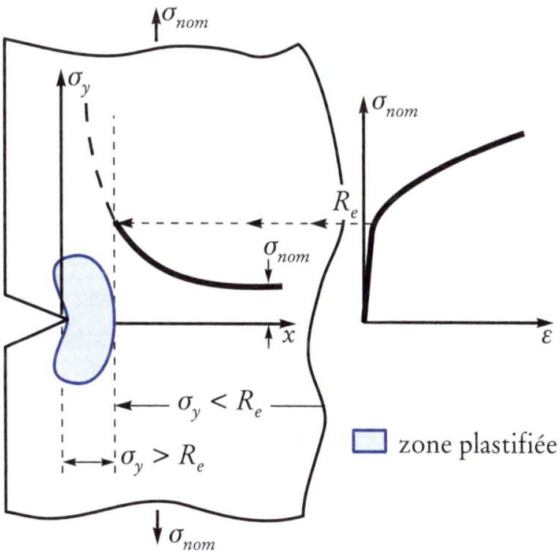

Figure 4.42 Représentation schématique de la formation d'une zone plastifiée en fond de fissure, dans un matériau ductile. Lorsque la valeur de la contrainte locale σ_y dépasse celle de la limite d'élasticité R_e du matériau, la zone dans laquelle σ_y est supérieure à R_e est déformée plastiquement, alors que, plus loin de la fissure, le matériau ne subit qu'une déformation élastique.

Par conséquent, dans un matériau ductile, une déformation plastique locale apparaît en tête de fissure et précède la rupture brutale. Les conséquences de cette plastification sont de deux ordres : les conditions énergétique et mécanique de propagation de la fissure subissent des modifications importantes.

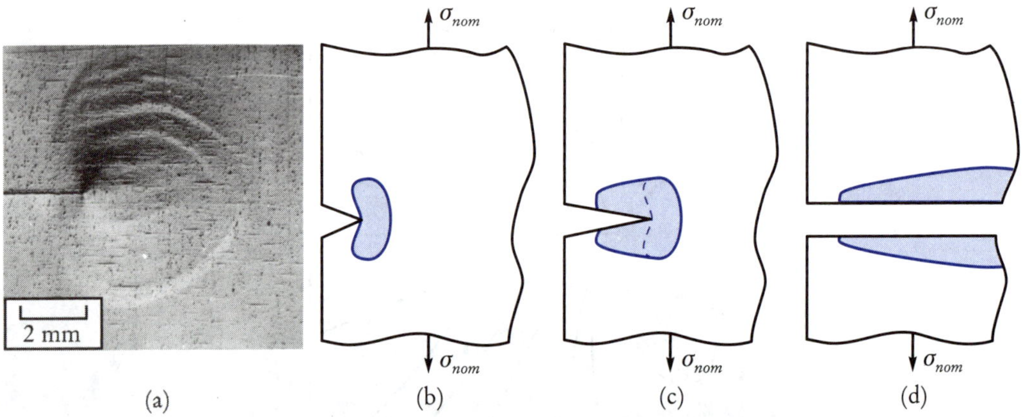

Figure 4.43 a) Aspect d'une zone plastifiée en tête d'une fissure dans un acier doux. b) Plastification à fond de fissure. c) Durant la propagation de la fissure, la zone plastifiée associée se déplace. d) Après rupture, un certain volume de matériau (zones tramées) a été déformé plastiquement de façon irréversible.

Modification de la condition énergétique de propagation de la fissure. Avant même que la fissure ne se propage, il y a plastification en fond de fissure (fig. 4.43b) et cette plastification requiert une énergie de déformation plastique. Quand la fissure se propage, cette zone plastifiée progresse avec la fissure, formant ainsi un sillage plastifié dans le voisinage de chacune des surfaces de rupture du matériau (fig. 4.43c). Quand la rupture est complète (fig. 4.43d), un certain volume de matériau a subi une déformation plastique irréversible. Pour qu'une fissure puisse se propager dans un matériau ductile, il faut donc non seulement fournir une énergie de surface de rupture W_S (proportionnelle à γ_S), mais aussi une énergie de déformation plastique W_p. L'équation 4.29 modifiée en conséquence prend la forme :

$$dW = \left(dW_S + dW_p\right) - dW_{él} \tag{4.34}$$

où W_p est le travail de déformation plastique, dépensé de façon irréversible pour déplacer les dislocations dans la zone plastifiée bordant les surfaces de rupture. L'équation 4.34 amène donc à redéfinir l'expression de la contrainte critique nécessaire pour que la condition énergétique de propagation de la fissure soit satisfaite. À partir de la démonstration faite par Griffith (art. 4.3.2), *Orowan* a proposé, en 1952, de modifier l'équation 4.32 en ajoutant à l'énergie de surface γ_S l'énergie de déformation plastique γ_p, soit

$$\sigma_{nom} \geq \sqrt{\frac{2E\left(\gamma_S + \gamma_p\right)}{\pi a}} \tag{4.35}$$

où γ_p est l'énergie de déformation plastique dépensée pour créer une unité de surface de rupture. Cette énergie γ_p est, en général, 1000 à 2000 fois supérieure à γ_S, qu'on peut donc négliger dans l'équation 4.35. Par conséquent, la valeur critique de la contrainte σ_{nom} nécessaire pour que la condition énergétique soit satisfaite est nettement plus élevée dans un matériau ductile que dans un matériau fragile. On notera aussi que la longueur critique a_c, déduite de l'équation 4.35, sera plus élevée que celle qu'on obtient dans un matériau fragile soumis à une contrainte nominale σ_{nom} identique (équat. 4.33).

Modification de la condition mécanique de propagation de la fissure. La plastification qui apparaît en fond de fissure entraîne un émoussement de celle-ci en raison de la déformation plastique. Les dislocations émises dans les zones de cissions maximales provoquent une augmentation du rayon de courbure de la fissure (fig. 4.44), ce qui entraîne une diminution du facteur de concentration de contrainte (équat. 4.1); il faut donc appliquer une contrainte nominale plus élevée pour que, en fond de fissure, la résistance du matériau soit atteinte.

La ductilité modifie donc profondément les conditions énergétique et mécanique nécessaires pour que la fissure, en se propageant, entraîne la rupture du matériau quand il est soumis à des contraintes. Le diagramme de la figure 4.45 présente et résume les divers facteurs qui influent sur la ténacité d'un matériau.

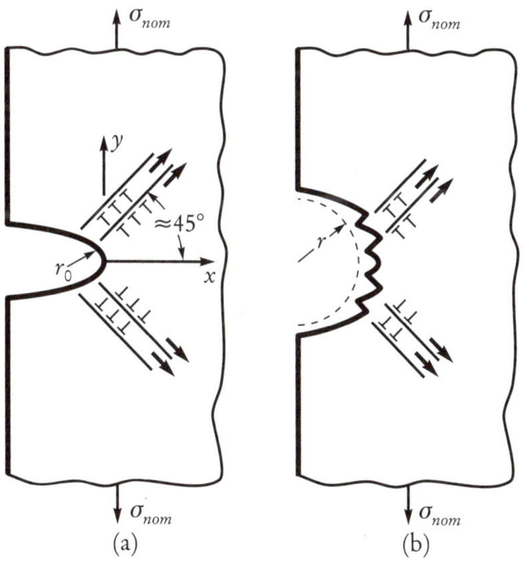

Figure 4.44 a) Concentration de la déformation imputable au déplacement de dislocations dans le plan *xy* de la fissure. b) Émoussement du fond de fissure par déformation plastique.

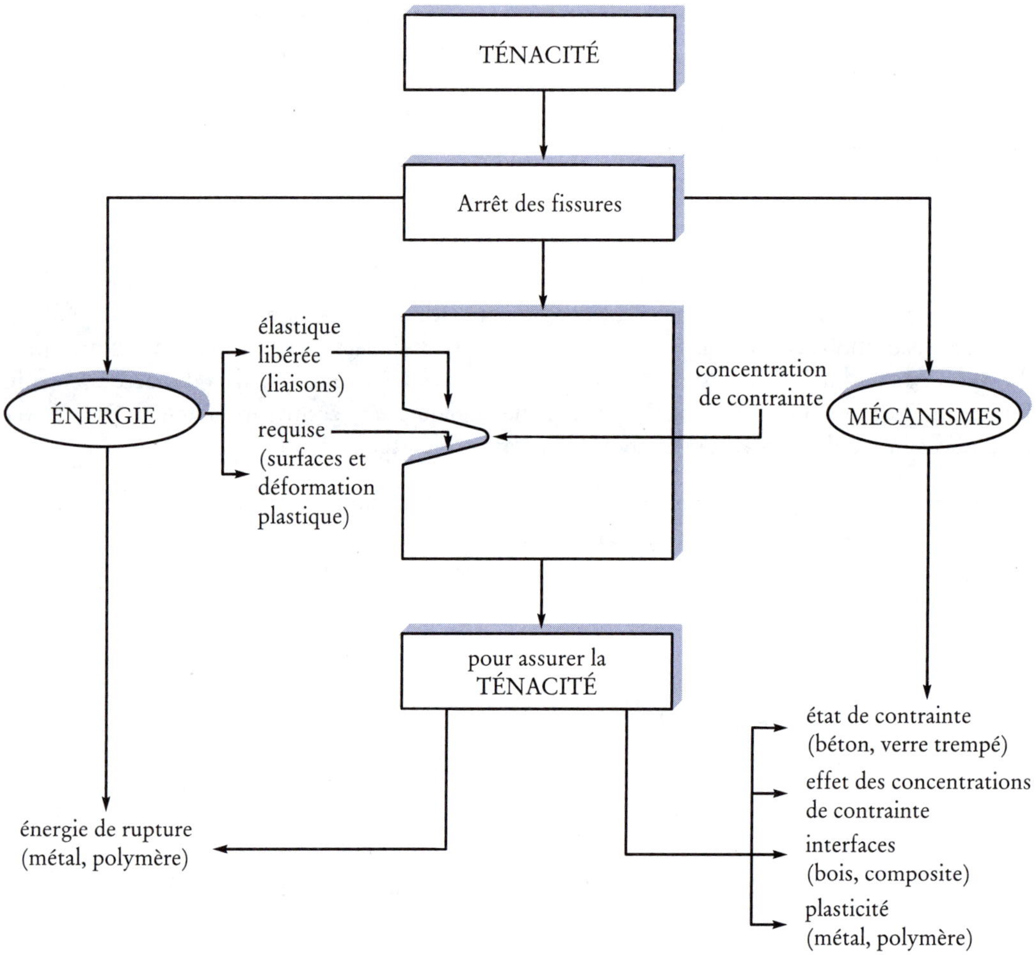

Figure 4.45 Facteurs qui influent sur la ténacité d'un matériau.

4.3.5 Évaluation de la ténacité

On peut évaluer la ténacité de diverses manières, selon les matériaux et les types d'éprouvettes utilisées.

On peut par exemple considérer la courbe de traction, qu'on obtient en général lorsque la vitesse de mise en charge est relativement faible, et évaluer l'énergie nécessaire pour entraîner la rupture de l'éprouvette de traction. La figure 4.46 présente schématiquement deux courbes de traction : celle d'un matériau fragile et celle d'un matériau ductile.

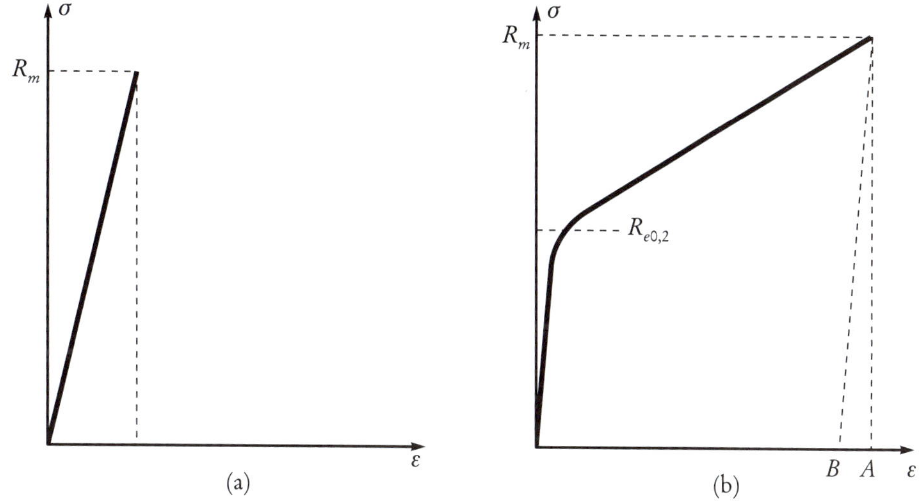

Figure 4.46 Évaluation de la ténacité : a) d'un matériau fragile ; b) d'un matériau ductile à consolidation linéaire.

Comme nous l'avons montré à l'article 1.2.1, l'aire sous la courbe de traction représente l'énergie dépensée, par unité de volume de matériau, pour rompre l'éprouvette.

Pour un matériau fragile, l'aire sous la courbe de traction permet donc d'évaluer l'énergie nécessaire pour rompre l'éprouvette (fig. 4.46a). Pour un matériau ductile, on peut évaluer approximativement cette énergie en calculant l'aire S du polygone OR_eR_mA (fig. 4.46b), donnée par la relation :

$$S \simeq \frac{1}{2} A\left(R_{e0,2} + R_m\right) \tag{4.36}$$

Le retour élastique BA se produit dans les deux fragments de l'éprouvette ductile rompue, et ceux-ci restituent alors une énergie représentée par l'aire du triangle BR_mA ; pour un matériau ductile, cette aire étant faible par rapport à celle du polygone considéré, on peut la négliger.

Par conséquent, la ténacité des matériaux ductiles dépend non seulement de leur ductilité (caractérisée par l'allongement final à la rupture, A), mais également de leur limite d'élasticité ($R_{e0,2}$) et de leur résistance à la traction (R_m). La notion de ténacité intègre donc et transcende les notions de résistance et de ductilité. La figure 4.47 présente schématiquement les courbes de traction de trois matériaux ductiles : *I*, *II* et *III*. Le matériau *III*, bien qu'ayant une rigidité moyenne, est le plus tenace; le matériau *II*, dont la limite d'élasticité et la résistance à la traction sont les plus faibles, est cependant beaucoup plus tenace que le matériau *I*, qui est le plus rigide. Ces constatations confirment celles que nous avions déjà faites à l'article 4.3.1 (tabl. 4.5) : le fait d'augmenter la limite d'élasticité d'un matériau ductile, soit en entravant le déplacement des dislocations dans les métaux, soit en empêchant le déploiement des chaînes dans les polymères, nuit à la ductilité du matériau et entraîne en général une diminution de sa ténacité. Le spécialiste des matériaux doit donc s'attacher à améliorer la limite d'élasticité d'un matériau ainsi que sa résistance à la traction (pour satisfaire aux exigences de l'ingénieur chargé de la conception d'une structure), mais il doit également veiller à obtenir une bonne ductilité (pour qu'on puisse le mettre en forme) et une bonne ténacité (résistance à la propagation brusque de fissures). Nous traiterons plus en détail, au chapitre 6, de ces divers aspects de l'amélioration optimale de propriétés, souvent conflictuelles.

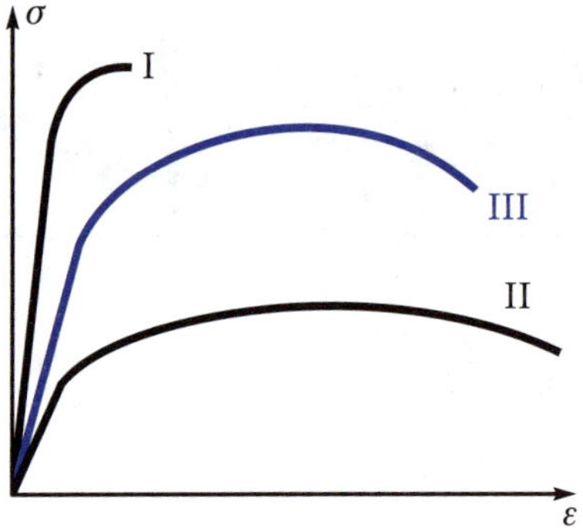

Figure 4.47 Comparaison de la ténacité de trois matériaux (I, II et III), grâce à l'aire sous leur courbe de traction.

Pour évaluer la ténacité d'un matériau, on peut par ailleurs le soumettre à un essai de *résilience*, comme l'essai Charpy. Au cours de cet essai, on rompt une éprouvette entaillée mécaniquement (l'entaille mécanique normalisée fait office d'amorce de fissure) à l'aide d'un pendule de masse m, qu'on laisse tomber d'une hauteur h_0 (fig. 4.48). Après qu'il a rompu l'éprouvette, le pendule remonte à une hauteur h ; la résilience de l'éprouvette est déterminée par l'énergie absorbée par sa rupture, soit

$$W = mg(h_0 - h) \tag{4.37}$$

où g est l'accélération gravitationnelle. Plus la hauteur de remontée du pendule est faible, plus le matériau est tenace. Cette résilience est une mesure de la ténacité du matériau.

Grâce à l'essai Charpy, on peut évaluer les variations de la résilience d'un matériau en fonction de la température. En effet, la température peut exercer une influence importante sur la mobilité des dislocations, ou sur la «souplesse» des chaînes, dans les polymères. Nous étudierons dans la section 7.4 cette variation de la ténacité (mesurée grâce à un essai de résilience) en fonction de la température.

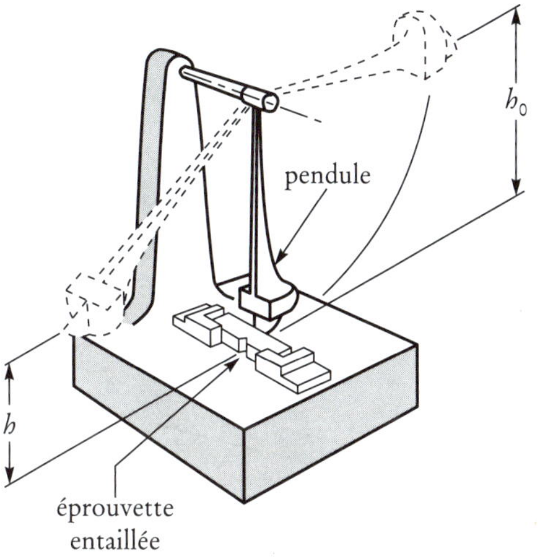

Figure 4.48 Représentation schématique de l'essai Charpy.

4.4 INTRODUCTION À LA MÉCANIQUE DE LA RUPTURE

Les essais de résilience Charpy permettent de comparer la ténacité de plusieurs matériaux ou celle d'un même matériau dans différents états microstructuraux. Cependant, ces essais ne sont que comparatifs et qualitatifs ; du résultat obtenu – une énergie absorbée pour rompre une éprouvette entaillée de dimensions normalisées –, on ne peut déduire une contrainte critique qui entraînerait la rupture brutale d'une pièce en service contenant un défaut sévère ou une fissure. C'est pourquoi il a fallu développer une approche de la ténacité qui soit plus rigoureuse et plus directement applicable aux cas de sollicitations mécaniques rencontrés en pratique. Durant les années 1950 et 1960, on a assisté au développement de la mécanique élastique linéaire de la rupture, discipline du génie qui fait le lien entre la mécanique du solide déformable et la science des matériaux. Ce développement a pris place à la suite d'accidents spectaculaires et parfois coûteux en vies humaines, tels que la rupture fragile soudaine de ponts (fig. 7.18) ou de navires. À titre d'exemple, parmi les quelque 5000 navires construits aux États-Unis durant la Deuxième Guerre mondiale (les célèbres Liberty Ships), environ un millier ont subi des ruptures fragiles partielles de leur coque durant leurs dix premières années d'existence et 16 se sont littéralement rompus soudainement en deux.

La mécanique élastique linéaire de la rupture fait appel à la connaissance de la distribution locale des contraintes en tête d'un défaut sévère, en général une fissure dont le très faible rayon de courbure à sa racine fait que la condition mécanique de Griffith est aisément satisfaite pour une faible valeur de la contrainte nominale appliquée. Reste alors à traiter de la condition énergétique de propagation instable de la fissure en recherchant un critère basé cette fois sur la contrainte nominale (grandeur aisément mesurable) et qui ne fasse pas directement appel, comme le demande l'équation 4.35, à l'énergie de surface γ_S et à l'énergie de déformation plastique γ_p, grandeurs certes caractéristiques du matériau mais difficilement mesurables.

4.4.1 Modes d'ouverture d'une fissure

Dans un premier temps, considérons les modes possibles d'ouverture d'un défaut sévère telle une fissure ; on distingue le mode I, où la contrainte nominale appliquée σ_{nom} au matériau fissuré s'exerce perpendiculairement au plan de la fissure et tend à ouvrir celle-ci (fig. 4.49). Si la contrainte nominale appliquée est parallèle au plan de la fissure, deux autres modes sont alors possibles : le mode II, où la cission est perpendiculaire au front de fissure (fig. 4.49b), et le mode III, où la cission est parallèle à ce front (fig. 4.49c).

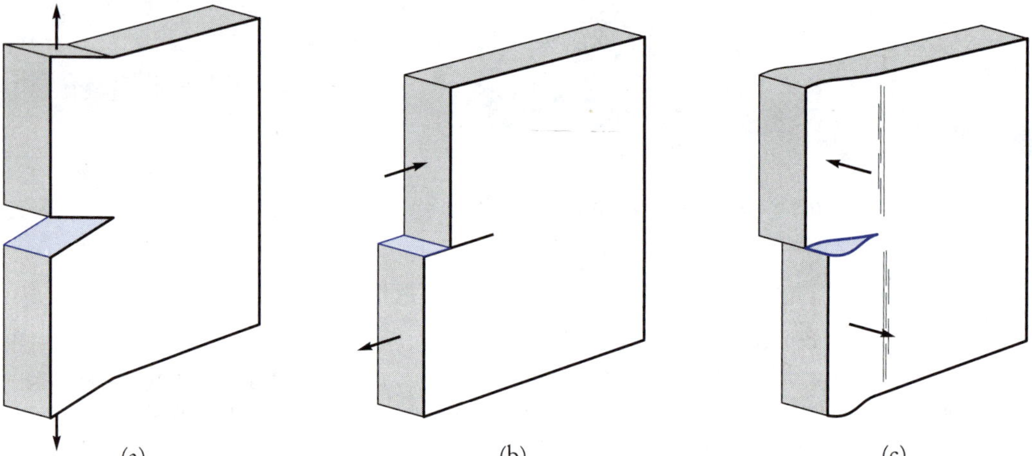
(a) (b) (c)

Figure 4.49 Les trois modes possibles d'ouverture d'une fissure : a) mode I ; b) mode II ; c) mode III.

De ces trois modes, le mode I est le plus sévère, car la contrainte tend à ouvrir la fissure et à rompre en tension les liaisons atomiques du matériau à la racine de cette fissure. Les modes II et III sont moins sévères, car les surfaces de la fissure n'étant jamais parfaitement planes à l'échelle atomique, un frottement s'exerce alors entre les deux surfaces de la fissure, lequel exige la dépense d'une énergie supplémentaire de frottement s'ajoutant à l'énergie de création de nouvelles surfaces de rupture et à l'énergie de déformation plastique dépensée pour créer le sillage plastifié dans le cas des matériaux ductiles (fig. 4.43). Nous ne traiterons donc que du mode I d'ouverture dans la suite de notre propos.

4.4.2 Champs de contraintes en tête d'une fissure

En supposant qu'un corps fissuré de dimensions infinies est isotrope et homogène et qu'il obéit à la loi de Hooke (comportement purement élastique), Westergaard a montré que les contraintes locales triaxiales s'exerçant sur un élément de volume de matériau situé à la distance r de la fissure (fig. 4.50) sont données par les équations suivantes :

$$\sigma_x = \frac{K}{\sqrt{2\pi r}} \cos\frac{\theta}{2}\left(1 - \sin\frac{\theta}{2}\sin\frac{2\theta}{2}\right) \tag{4.38a}$$

$$\sigma_y = \frac{K}{\sqrt{2\pi r}} \cos\frac{\theta}{2}\left(1 + \sin\frac{\theta}{2}\sin\frac{2\theta}{2}\right) \tag{4.38b}$$

$$\begin{aligned} \sigma_z &= \nu\left(\sigma_x + \sigma_y\right) \quad \text{en déformations planes} \\ &= 0 \qquad\qquad\quad \text{en contraintes planes} \end{aligned} \tag{4.38c}$$

$$\tau_{xy} = \frac{K}{\sqrt{2\pi r}} \sin\frac{\theta}{2}\cos\frac{\theta}{2}\cos\frac{3\theta}{2} \tag{4.38d}$$

où ν = coefficient de Poisson du matériau
r et θ = coordonnées polaires de l'élément de volume

Le paramètre $K = \sigma_{nom}\sqrt{\pi a}$ est un facteur qui caractérise l'intensité du champ des contraintes locales ; c'est pourquoi on l'appelle *facteur d'intensité de contrainte* associée à la fissure. D'après les équations 4.38, l'unité du facteur d'intensité de contrainte K est le MPa·m$^{1/2}$ dans le SI si la contrainte nominale est exprimée en mégapascals et la longueur de la fissure, en mètres.

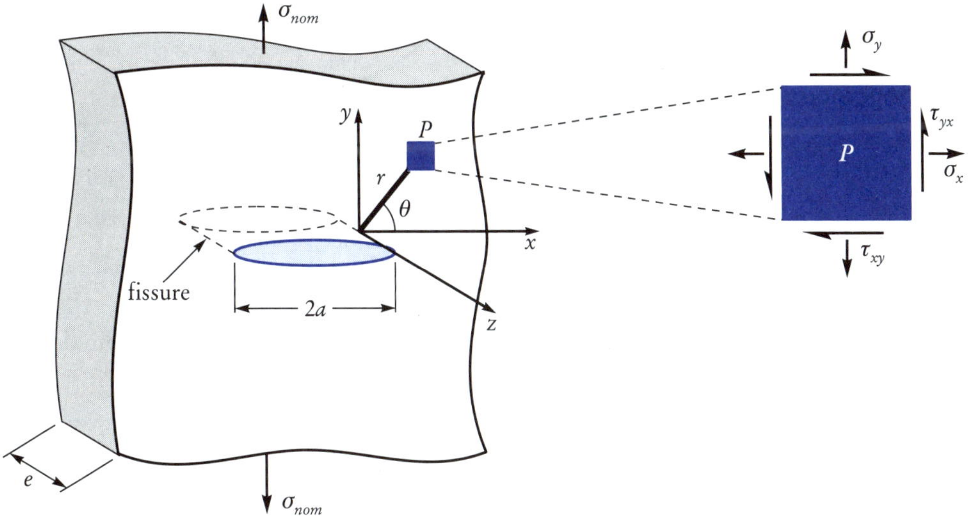

Figure 4.50 Contraintes locales s'exerçant sur un élément de volume de coordonnées r, θ par rapport au front d'une fissure sollicitée en mode I par une contrainte nominale σ_{nom}.

Quand le corps fissuré est de dimensions finies (largeur W, épaisseur e), les équations 4.38 sont toujours valides mais le facteur d'intensité de contrainte est donné par la relation suivante :

$$K = \alpha\sigma_{nom}\sqrt{\pi a} \tag{4.39}$$

où α est un facteur correctif sans dimension dont la valeur est fonction de la profondeur a de la fissure, de la largeur W de la pièce fissurée, de la géométrie relative «pièce-fissure» et du type de chargement. L'appendice H donne la valeur de α pour certaines géométries simples de corps fissurés de dimensions finies.

4.4.3 Critère de rupture d'un corps fissuré

Les équations 4.38 montrent que les contraintes locales, en particulier σ_y, tendent vers l'infini quand la distance r tend vers zéro. Ce résultat s'avère physiquement peu réaliste pour des matériaux présentant un tant soit peu de ductilité et pour lesquels la formation d'une zone plastifiée en tête de fissure précède la rupture brutale du matériau (fig. 4.42 et 4.43). Pour prendre en compte cette plastification en tête de la fissure, Irwin a corrigé la distribution des contraintes locales en tête de fissure en prenant en compte la présence d'une zone plastifiée (fig. 4.51).

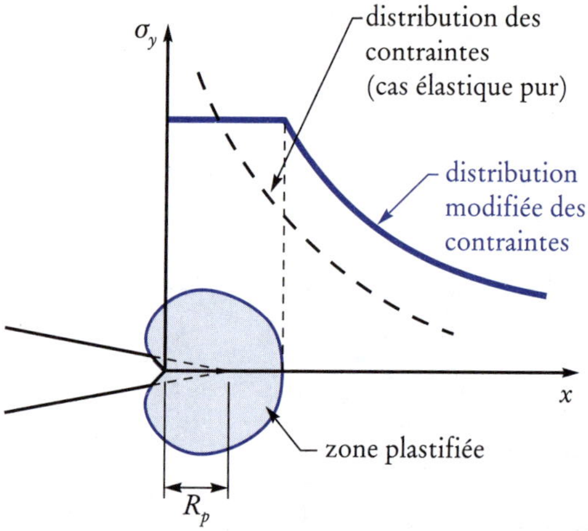

Figure 4.51 Variation de la contrainte locale σ_y en tête de fissure en tenant compte de la présence d'une zone plastifiée caractérisé par sa dimension R_p.

Le rayon de la zone plastifiée est caractérisé par la distance R_p dont la valeur est donnée par la relation suivante :

$$R_p = C\left(\frac{K}{R_{e0,2}}\right)^2 \tag{4.40}$$

où C est une constante qui dépend de l'état de sollicitation, comme nous le verrons plus loin (art. 4.4.4).

Quand la contrainte nominale appliquée à la pièce fissurée croît, le matériau situé dans la zone plastifiée est de plus en plus plastiquement déformé et on peut raisonnablement émettre l'hypothèse selon laquelle il y aura rupture brutale de la pièce lorsque la dimension R_p aura atteint une valeur critique. L'augmentation de la contrainte signifie aussi que le facteur d'intensité de contrainte K_I, où l'indice I indique que le chargement est en mode I, a atteint une valeur critique K_{IC}, puisque K_I est un facteur qui caractérise à lui seul le champ de contraintes en tête de fissure. Par conséquent, la ténacité du matériau peut être caractérisée par le *facteur critique d'intensité de contrainte* K_{IC}.

Notons que l'approche de la ténacité développée par la mécanique élastique linéaire de la rupture est tout à fait réconciliable avec l'approche énergétique développée par la théorie de Griffith – Orowan. Selon cette dernière théorie, la contrainte nominale appliquée doit atteindre une certaine valeur critique pour que la rupture brutale se produise ; on détermine cette valeur critique grâce à l'équation 4.35, que l'on peut aussi écrire comme suit :

$$\sigma^*_{nom} = \sqrt{\frac{EG_C}{\pi a}} \tag{4.41}$$

où $G_C = 2(\gamma_S + \gamma_p)$ représente l'énergie à dépenser pour atteindre la rupture brutale du matériau. Le terme G_C de l'équation 4.41 représente l'énergie totale à dépenser pour créer une nouvelle unité de surface de rupture ; il peut regrouper non seulement l'énergie de surface γ_S et l'énergie de plastification γ_p, mais aussi toute autre forme d'énergie dépensée qui serait associée à des mécanismes physiques se produisant dans le matériau au moment de sa rupture (par exemple, l'énergie de microfissuration d'un matériau fragile, l'énergie de décohésion des interfaces ou l'énergie d'arrachement des fibres de renfort dans un composite ; chap. 14).

Si on récrit l'équation 4.41, on obtient :

$$\sigma^*_{nom} \sqrt{\pi a} = \sqrt{EG_C} \tag{4.42}$$

où le terme $\sigma^*_{nom} \sqrt{\pi a}$ est en fait le facteur critique d'intensité de contrainte associé à la fissure selon l'équation 4.39 quand le facteur géométrique α est égal à 1. Si on généralise ce raisonnement au cas d'une pièce fissurée ayant des dimensions finies et pour laquelle il faut utiliser le facteur correctif α caractérisant cette géométrie particulière «pièce-fissure», on peut alors écrire l'égalité suivante :

$$\alpha\, \sigma^*_{nom} \sqrt{\pi a} = \sqrt{EG_C} = K_{IC} \tag{4.43}$$

Puisque l'énergie G_C à dépenser pour obtenir la rupture brutale du matériau fissuré est une grandeur physique caractéristique de ce matériau, il s'ensuit que le facteur critique d'intensité de contrainte K_{IC} est lui aussi une grandeur physique caractéristique du matériau et qu'il peut servir à évaluer sa ténacité. L'approche énergétique développée par la théorie de Griffith – Orowan et l'approche développée par la mécanique élastique linéaire de la rupture, qui introduit la notion de facteur d'intensité contrainte associé à une fissure, sont donc parfaitement en harmonie. Ce n'est pas surprenant puisque ces approches, bien que différentes dans leurs hypothèses de départ, décrivent toutes deux le même phénomène physique, à savoir la rupture brutale du matériau fissuré sous l'effet d'une contrainte extérieure qui lui est appliquée.

4.4.4 État de contraintes planes et état de déformations planes

D'une part, la mécanique de la rupture considère l'état des contraintes locales triaxiales en tête de la fissure ; d'autre part, la mécanique du solide déformable montre que plus la triaxialité est élevée, plus les cissions sont faibles et plus la plasticité du matériau s'en trouve réduite. Dès lors, il faut étudier plus en détail l'état de triaxialité des contraintes dans la zone plastifiée en tête de la fissure et sa variation selon l'épaisseur de la pièce.

État de contraintes planes. Considérons la pièce fissurée de la figure 4.50 et supposons que son épaisseur e soit faible par rapport à la dimension a de la fissure. Dans un tel cas, les éléments de volume de matériau situés à l'extérieur de la zone plastifiée pourront difficilement s'opposer à une déformation plastique dans la direction z au travers de l'épaisseur de la pièce. Le matériau pourra se déformer assez facilement dans cette direction et la contrainte σ_z sera nulle sur les deux faces latérales de la pièce. L'état des contraintes est alors caractérisé par les conditions suivantes[1] :

$$\begin{aligned} &\sigma_x \neq 0; \quad \sigma_y \neq 0; \quad \tau_{xy} \neq 0 \\ &\sigma_z = \tau_{xz} = \tau_{zx} = 0 \end{aligned} \tag{4.44}$$

Ces conditions définissent un *état de contraintes planes*, état pour lequel la déformation plastique en tête de fissure se fait dans des plans inclinés approximativement à 45° par rapport au plan de la fissure et par rapport au front de cette fissure (fig. 4.52a). Le plan général de rupture de la pièce se fait alors en biseau, phénomène aussi appelé rupture «en sifflet».

Quand l'épaisseur e de la pièce croît, la dimension de la zone plastifiée et, par conséquent, la valeur critique de cette dimension pour laquelle le facteur critique d'intensité de contrainte K_C est atteint augmentent. Cette croissance de K_C se poursuit jusqu'à une valeur maximale pour laquelle la pièce devient alors suffisamment épaisse et où la déformation plastique selon la direction z commence à être restreinte. La composante σ_z n'est plus négligeable et la triaxialité des contraintes locales s'accroît, ce qui réduit d'autant le cisaillement et diminue la taille de la zone plastifiée. Il y a donc diminution du facteur critique d'intensité de contrainte K_C quand l'épaisseur e de la pièce augmente.

1. Une analyse de l'état de contraintes par des cercles de Mohr et en fonction du critère de Tresca permet d'obtenir ces résultats.

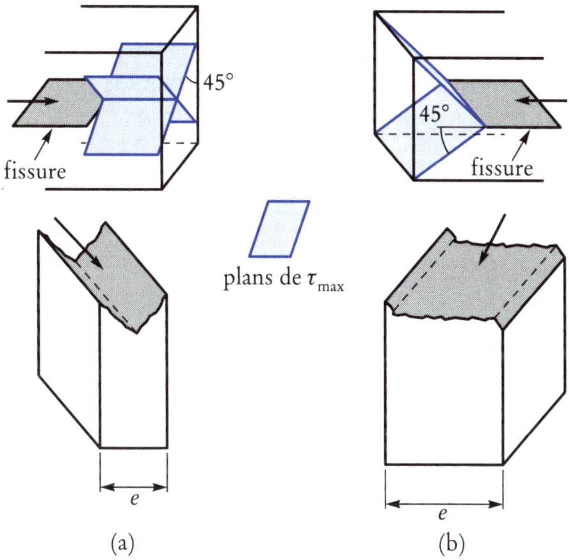

Figure 4.52 Orientation des plans de cisaillement en tête de fissure : a) dans un état de contraintes planes ; b) dans un état de déformations planes.

État de déformations planes. Quand l'épaisseur de la pièce devient suffisamment élevée, la déformation plastique dans la direction z devient alors négligeable et tend vers zéro, en particulier au centre de la pièce, car les éléments de volume du matériau qui entourent la zone plastifiée et qui ne sont déformés qu'élastiquement (fig. 4.51) s'opposent à une déformation plastique libre de cette zone plastifiée. La triaxialité des contraintes dans la zone plastifiée devient maximale, la contrainte σ_y pouvant atteindre la valeur de 3 fois la limite d'élasticité du matériau. La contrainte σ_z n'est plus nulle et on atteint alors un *état de déformations planes* caractérisé par les conditions suivantes :

$$\begin{aligned} &\varepsilon_z = \gamma_{xz} = \gamma_{yz} = 0 \\ &\sigma_x \neq 0; \quad \sigma_y \neq 0; \quad \sigma_z = \nu\left(\sigma_x + \sigma_y\right) \neq 0 \\ &\tau_{xz} = \tau_{zy} = 0 \end{aligned} \tag{4.45}$$

Les plans de cission maximale sont alors inclinés approximativement à 45° par rapport au plan de la fissure mais passent par le front de cette fissure (fig. 4.52b). Une fois l'état de déformations planes installé dans la pièce, toute augmentation subséquente de l'épaisseur de la pièce n'aura plus d'effet sur la triaxialité des contraintes, qui est alors maximale. Le facteur critique d'intensité de contrainte atteint une valeur stable K_{IC} , indépendante de l'épaisseur de la pièce. La rupture de la pièce se produit alors dans le plan de la fissure, à l'exception des régions voisines des faces latérales où on retrouve deux minces lèvres de rupture en cisaillement, puisque ces régions sont dans un état de contraintes planes.

L'influence de l'épaisseur e de la pièce fissurée sur le facteur critique d'intensité de contrainte K_C est présentée à la figure 4.53. Cette figure fournit également les valeurs caractéristiques de la dimension R_p de la zone plastifiée, correspondant au maximum de la courbe et au début du palier où K_C devient constant et égal à K_{IC} pour le mode I d'ouverture.

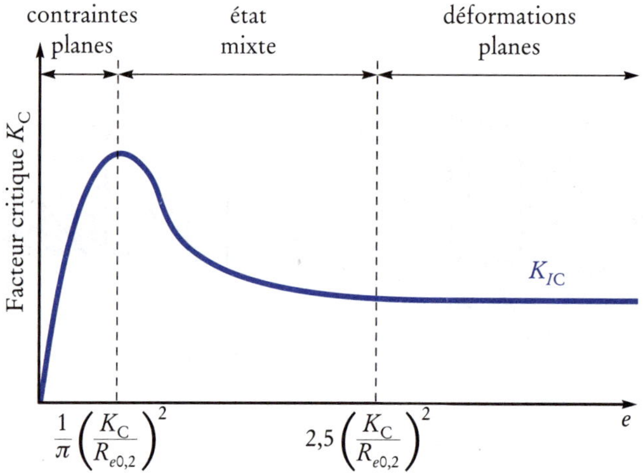

Figure 4.53 Influence de l'épaisseur e de la pièce sur le facteur d'intensité de contrainte K_C d'un matériau ductile.

4.4.5 Détermination expérimentale du facteur critique d'intensité de contrainte

Le facteur critique d'intensité de contrainte K_{IC} est une grandeur qui peut dès lors servir à caractériser la ténacité d'un matériau. Pour le mesurer expérimentalement, on utilise généralement soit des éprouvettes de flexion, soit des éprouvettes CT (fig. 4.54a). Afin de déterminer véritablement K_{IC}, on doit choisir une épaisseur e suffisante de l'éprouvette telle que l'on se trouve sur le palier de la courbe $K_C = f(e)$ à la figure 4.53. L'éprouvette de flexion ou l'éprouvette CT est tout d'abord soumise à un chargement cyclique afin d'amorcer une fissure de fatigue au fond de l'entaille mécanique et de faire progresser cette fissure (art. 7.5.4) jusqu'à ce qu'elle atteigne une profondeur a. La fissure de fatigue constitue ainsi un défaut extrêmement sévère puisque le rayon de courbure à sa racine est très petit par rapport à sa longueur; la condition mécanique de Griffith est donc aisément satisfaite.

On soumet alors l'éprouvette préfissurée à un chargement en flexion ou traction monotone et on enregistre la courbe $F = f(\Delta\delta)$, où F est la force appliquée et $\Delta\delta$, la variation du bâillement des lèvres de la fissure jusqu'au moment où il y a rupture brutale de l'éprouvette pour une force critique F_C (fig. 4.54b). La contrainte nominale σ_C ayant produit la rupture brutale de l'éprouvette est égale à :

$$\sigma_C = \frac{F_C}{eW} \tag{4.46}$$

où e = épaisseur de l'éprouvette
W = largeur de l'éprouvette

L'appendice H permet de calculer la valeur du facteur K pour certaines configurations simples «éprouvette + fissure + chargement», selon la longueur relative de la fissure caractérisée par le rapport a/W.

Désormais, la mécanique de la rupture permet à l'ingénieur qui doit calculer une structure de tenir quantitativement compte de la ténacité du matériau et d'éviter ainsi toute rupture brutale. En effet, la connaissance du facteur critique d'intensité de contrainte, K_{IC}, d'un matériau permet de calculer la valeur de la contrainte nominale maximale que peut supporter ce matériau (équat. 4.43) s'il renferme des défauts dont la longueur maximale est égale à a. Inversement, lorsqu'on connaît la valeur de la contrainte qui agit dans une région donnée de la pièce, on peut déduire la longueur maximale des défauts qu'on peut tolérer dans cette région.

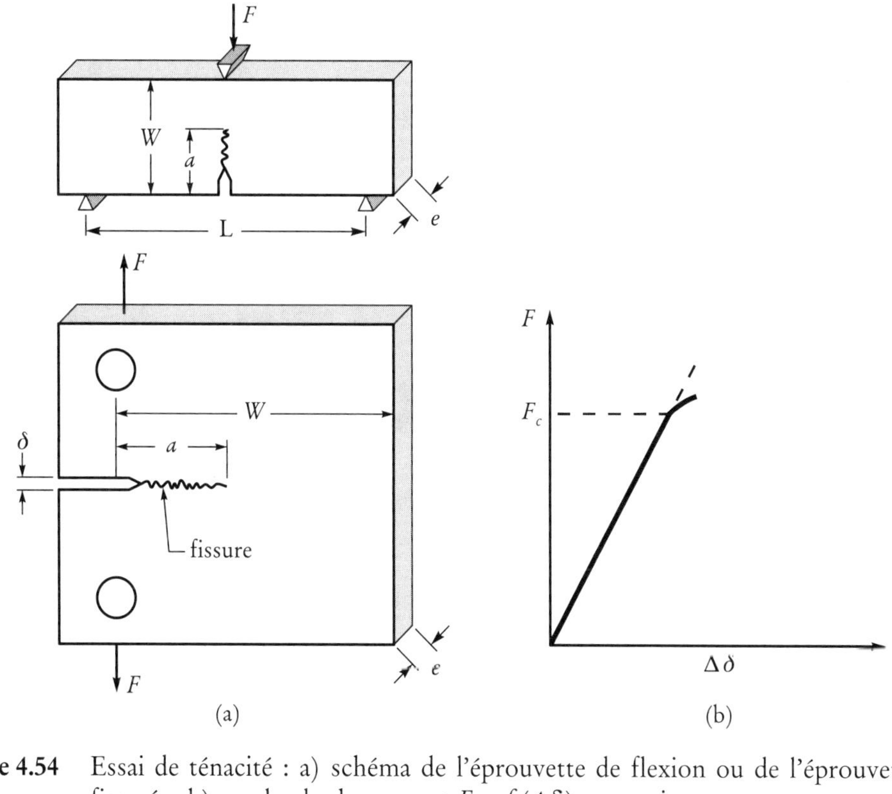

Figure 4.54 Essai de ténacité : a) schéma de l'éprouvette de flexion ou de l'éprouvette CT fissurée ; b) courbe de chargement $F = f(\Delta\delta)$ en traction monotone.

Il faut toutefois se rappeler que l'amélioration de la résistance mécanique d'un matériau s'accompagne le plus souvent d'une diminution de sa ténacité et la figure 4.55 illustre ce phénomène pour deux alliages d'aluminium dont on peut modifier la limite d'élasticité par des traitements thermiques appropriés (art. 6.1.4). Le même phénomène affecte également les aciers (art. 6.1.5). C'est pourquoi le spécialiste des matériaux doit savoir faire un compromis entre *résistance*, *ductilité* et *ténacité*. Il peut en fait y parvenir en agissant sur la microstructure du matériau, comme nous le verrons au chapitre 6.

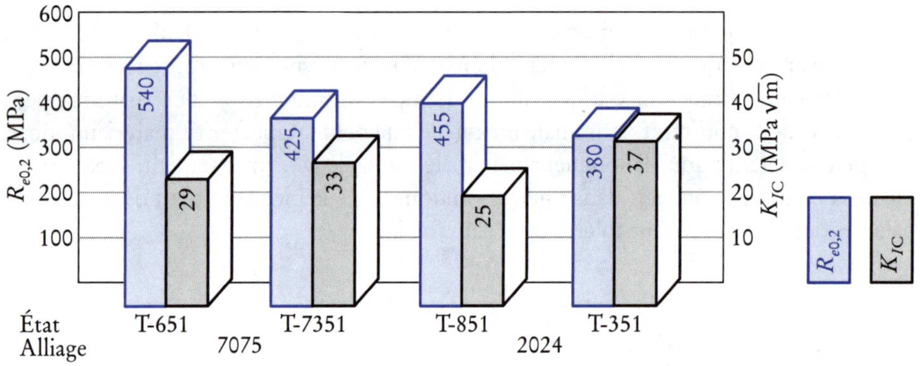

Figure 4.55 Variation de la limite d'élasticité $R_{e0,2}$ et de la ténacité K_{IC} de deux alliages d'aluminium en fonction des traitements thermiques (états) auxquels on les a soumis.

Chapitre 5

MÉLANGES ET LEUR COMPORTEMENT

Les matériaux qu'utilisent les ingénieurs sont rarement des corps purs ou des mélanges parfaitement homogènes ; ce sont le plus souvent des corps qui comportent plusieurs phases distinctes aux propriétés différentes. Un des principaux problèmes en science des matériaux est de prédire, pour un mélange de corps donné, la structure, la composition et la répartition des phases en présence, qui sont en équilibre les unes avec les autres. Or les propriétés des matériaux dépendent du type de phases en présence et de leur répartition, c'est-à-dire de la microstructure des matériaux.

Dans ce chapitre, nous nous attacherons donc, dans un premier temps, à étudier les règles qui régissent les équilibres entre composants et les équilibres entre phases. Dans un deuxième temps, nous chercherons à comprendre ce qui se produit réellement quand les conditions d'équilibre ne sont pas atteintes.

5.1 INTRODUCTION

5.1.1 Définitions

Avant d'entreprendre l'étude des équilibres, il nous faut établir quelques définitions générales, essentielles à la bonne compréhension des sections qui vont suivre.

Composant. Un composant est un corps pur chimiquement défini. Ce peut être un élément simple (fer, cuivre, soufre, par exemple) ou un composé chimique qui est un corps composé de plusieurs éléments dans des proportions fixes (par exemple NaO, SiO_2, Fe_3C, etc.). Dans tous les cas, un composant a une température de fusion fixe, caractéristique utilisée d'ailleurs pour vérifier si le composant est pur.

Phase. Une phase est une région, ou un ensemble de régions, d'un corps caractérisée par une structure et par un arrangement atomique identiques : c'est une partie homogène d'un corps.

Un composant peut, par exemple, être en phase liquide ou en phase solide. Deux composants peuvent se mélanger entièrement et ne former qu'une seule phase. Un mélange d'eau et d'alcool (H_2O + CH_3CH_2OH) est un liquide monophasé ; de même, à la température ambiante, un alliage de Cu et de

Ni forme une solution solide monophasée ; même si cet alliage est composé de plusieurs grains (art. 3.4.3), il reste monophasé, car sa structure et sa composition sont identiques d'un grain à l'autre. Par ailleurs, un mélange d'eau et d'huile est un système biphasé de deux liquides non miscibles ; l'une des phases est de l'huile, l'autre, de l'eau, et toutes deux sont à l'état liquide.

Constituant. Dans certains cas, le comportement d'un système biphasé ou multiphasé peut se comparer à celui d'un composant ; les phases qui le constituent sont intimement mélangées bien que non confondues. Le constituant a une composition chimique bien définie, alors que chacune des phases qui le constituent a une composition chimique et un arrangement atomique différents. C'est le cas des mélanges eutectiques que nous étudierons à l'article 5.2.5.

5.1.2 Règle des phases

Dans un système donné, il existe un nombre limité de variables que l'on peut choisir arbitrairement. Dans les systèmes qui intéressent la science des matériaux et les équilibres liquide-solide et solide-solide, l'influence de la pression est négligeable : ce paramètre n'est donc pas considéré comme une variable. À l'équilibre, le nombre V de variables indépendantes est fixé par l'équation de *Gibbs* :

$$V = N - P + 1 \tag{5.1}$$

où N est le nombre de composants et P, le nombre de phases en présence. Les variables que nous considérons ici sont la température θ et les compositions $C_1, C_2, ..., C_i$ des phases $P_1, P_2, ..., P_i$.

Dans un système binaire ($N = 2$), le nombre de variables indépendantes V est égal à $(3 - P)$, c'est-à-dire que nous avons trois cas possibles :

a) $P = 1$. Il n'y a qu'une seule phase, et sa composition est celle de l'alliage. La composition C et la température θ sont deux variables indépendantes : le système est *bivariant* ($V = 2$) ;
b) $P = 2$. Les trois variables C_1, C_2 et θ sont fixées dès que l'une des trois est imposée. Le système est *monovariant* ($V = 1$) ;
c) $P = 3$. Le système est alors *invariant* ($V = 0$) : l'équilibre entre les trois phases ne peut avoir lieu qu'à une température déterminée, à laquelle les trois compositions C_1, C_2 et C_3 sont fixes.

5.2 DIAGRAMMES D'ÉQUILIBRE BINAIRES

Pour un système binaire (deux composants, $N = 2$), un diagramme d'équilibre permet de représenter les domaines de stabilité des phases et les conditions d'équilibre entre plusieurs phases en fonction de deux variables, la température θ et la composition C. Nous étudierons les diagrammes d'équilibre au moyen d'une approche empirique : celle-ci nous permettra de rassembler toutes les informations utiles à la bonne compréhension de la structure des mélanges et des alliages. Aujourd'hui, l'application des lois de la thermodynamique et l'utilisation des propriétés thermodynamiques des composants permettent de calculer les diagrammes d'équilibre. Toutefois, nous n'aborderons pas ici l'aspect thermodynamique du calcul et de la détermination des diagrammes d'équilibre ; le lecteur intéressé pourra se référer à des ouvrages plus spécialisés qui traitent du sujet.

Les diagrammes d'équilibre peuvent être déterminés expérimentalement, par exemple par l'analyse thermique, qui consiste à étudier l'évolution de la température en fonction du temps pendant le refroidissement ou le chauffage. Comme les réactions accompagnant les transformations sont soit exothermiques (au refroidissement) soit endothermiques, les discontinuités relevées sur les courbes $\theta = f(t)$ indiquent les changements de phases, comme le début et la fin de la solidification. L'analyse thermique doit s'accompagner d'une analyse chimique des phases en présence et d'observations métallographiques.

Comme les diagrammes d'équilibre représentent, pour un système donné et pour les conditions recherchées (température et composition), l'état d'équilibre, c'est-à-dire l'état correspondant à une énergie interne minimale, il y a moyen, en connaissant les données thermodynamiques propres aux composants et à leur mélange, de calculer théoriquement les diagrammes. Il existe des banques d'informations thermodynamiques qui permettent de déterminer ainsi les diagrammes d'équilibre.

Dans tous les cas que nous présenterons, la concentration des composants sera exprimée en *pourcentage massique*, car on conviendra aisément qu'industriellement il est plus facile de peser des masses que de compter des atomes ou des moles de composants! L'appendice F présente les équations permettant de convertir des concentrations massiques en concentrations atomiques ou molaires et réciproquement.

5.2.1 Miscibilité totale à l'état solide

La figure 5.1 représente le diagramme d'équilibre de deux composants A et B qui ont la particularité d'être miscibles en toute proportion à l'état solide. Il s'agit d'un *système binaire* ($N = 2$).

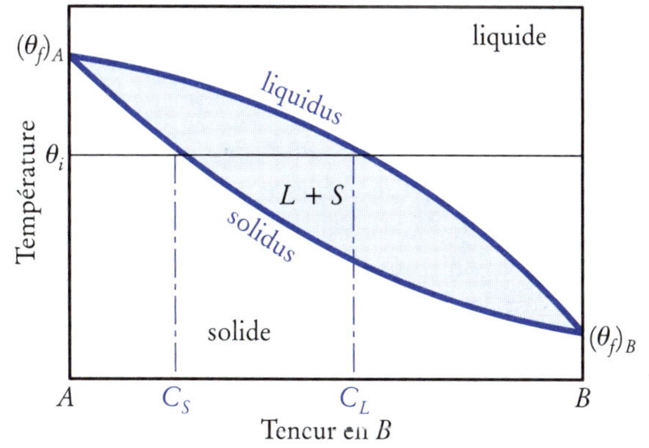

Figure 5.1 Diagramme d'équilibre du système binaire A–B. Les deux composants A et B sont entièrement miscibles à l'état solide.

Dans tous les diagrammes d'équilibre binaires, la température θ est portée en ordonnée et la composition du mélange représentée par la concentration C_B du composant B, en abscisse. La verticale passant par l'origine des compositions ($C_B = 0$ %, $C_A = 100$ %) représente le diagramme de phase du composant A pur ; dans ce cas, $N = 1$. Au-dessus de la température $(\theta_f)_A$, température de fusion de A, on a une phase liquide ; à une température inférieure à $(\theta_f)_A$, le composant A est entièrement solide. Dans ce cas, d'après la règle des phases (équat. 5.1), les deux phases liquide et solide ne peuvent coexister qu'à une température fixe, la température de fusion $(\theta_f)_A$ ($N = 1$, $P = 2$ et $V = 0$). Le même raisonnement s'applique au composant B (100 % B, 0 % A), dont la température de fusion est $(\theta_f)_B$.

Dans son ensemble, le diagramme d'équilibre présenté à la figure 5.1 comporte deux lignes : le *liquidus* et le *solidus*. Au-dessus du liquidus, tous les mélanges de A et de B sont à l'état liquide. Sous le solidus, les mélanges sont à l'état solide ; les composants A et B sont miscibles, en toute proportion, à l'état solide. Entre le liquidus et le solidus, les deux phases liquide et solide coexistent. La différence de température $(\theta_L - \theta_S)$ est appelée l'*intervalle de solidification* de l'alliage. À l'équilibre, les deux phases peuvent coexister ; dans ces conditions cependant, d'après la règle des phases ($N = 2$, $P = 2$, donc $V = 1$), si la température est choisie arbitrairement dans l'intervalle de solidification $(\theta_L - \theta_S)$, la composition des phases en présence devient fixe. Ainsi, à une température θ_i, dans le domaine biphasé $L + S$, les compositions de la phase solide et de la phase liquide sont données par les intersections de l'isotherme θ_i avec les limites du domaine biphasé $L+S$, soit C_S et C_L respectivement (fig. 5.1). Le segment C_SC_L de l'isotherme θ_i est appelé une *ligne de conjugaison*. À cette température, tous les mélanges dont la composition C_B est inférieure à C_S sont à l'état solide, et tous les mélanges dont la composition C_B est supérieure à C_L sont à l'état liquide. Si la composition du mélange est comprise entre C_S et C_L, on est en présence d'un système à deux phases en équilibre.

5.2.2 Solidification à l'équilibre d'une solution à miscibilité totale

Considérons toujours le système binaire A–B et examinons ce qui se produit au cours du refroidissement d'un mélange entièrement liquide de composition C_0.

D'après le diagramme, si le mélange de composition C_0 est entièrement liquide (une seule phase), sa température doit être supérieure à la température θ_L (fig. 5.2), température du liquidus pour la composition C_0. Quand la température du mélange atteint θ_L, celui-ci commence à entrer dans le domaine biphasé $L + S$. Toujours d'après le diagramme, la composition du premier solide à se former à cette température θ_L est égale à $(C_S)_1$, et la composition du liquide en équilibre avec ce solide est C_0. On comprend qu'à cette température la quantité de solide formé reste très faible.

La solidification du mélange se poursuit dans l'intervalle de solidification $(\theta_L - \theta_S)$ [fig. 5.2]. Quand l'ensemble du mélange est presque entièrement solidifié, c'est-à-dire à une température très légèrement supérieure à θ_S, la composition du solide est C_0 alors que celle du dernier liquide restant est $(C_L)_f$. Nous voyons donc qu'au cours de la solidification la composition du solide varie continuellement de $(C_S)_1$ à C_0 alors que celle du liquide en équilibre avec le solide varie de C_0 à $(C_L)_f$. Ce phénomène nécessite une redistribution des atomes entre les deux phases pour que l'équilibre soit maintenu en tout temps. Nous aborderons à la section 5.3 les mécanismes qui permettent cette redistribution des atomes, donc de leur déplacement à l'état solide : la *diffusion*.

Une fois la solidification terminée, à une température inférieure à θ_S, le mélange solide se retrouve avec une composition uniforme C_0.

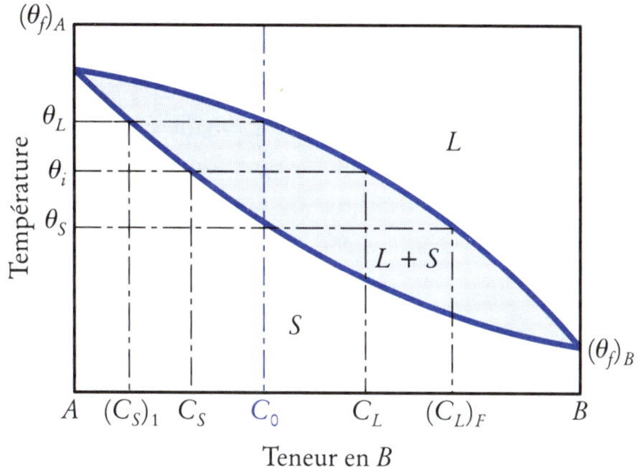

Figure 5.2 Diagramme d'équilibre du système binaire A–B montrant l'évolution du mélange et des phases au cours de la solidification.

5.2.3 Proportion des phases en présence

À partir d'un diagramme d'équilibre, il est possible d'obtenir, par calcul, une information supplémentaire : dans un domaine biphasé, la connaissance de la composition de chacune des phases et de la composition nominale du mélange permet de calculer, à toute température, la proportion de chacune des phases, car il doit toujours y avoir conservation des masses.

Considérons le mélange A–B de composition nominale C_0 (fig. 5.2). À la température θ_i, la composition de la phase solide est C_S et celle de la phase liquide, C_L.

Soit f_S et f_L, les proportions des phases solide et liquide respectivement. La conservation de la masse s'exprime par les deux relations suivantes :

$$f_S + f_L = 1$$

et

$$f_S C_S + f_L C_L = C_0$$

ce qui nous permet de déterminer les proportions des deux phases :

$$f_S = \frac{C_L - C_0}{C_L - C_S} \tag{5.2}$$

$$f_L = \frac{C_0 - C_S}{C_L - C_S} \tag{5.3}$$

Ces relations sont valables pour tous les domaines biphasés des diagrammes binaires ; c'est la *règle des segments inverses* ou *règle des bras de levier*.

Exemple de calcul

Considérons un alliage de composé de 60 % de nickel et de 40 % de cuivre ; d'après le diagramme d'équilibre du système Ni–Cu (fig. 5.3), la solidification de cet alliage débute à 1350 °C et se termine à 1280 °C ; l'intervalle de solidification est donc de 70 °C. Le premier solide à se former a une composition de 23 % de cuivre, alors que le dernier liquide présent a une composition de 58 % de cuivre.

À la température de 1300 °C, l'alliage est dans le domaine biphasé ; la composition de la phase liquide est de 53 % de cuivre, et celle de la phase solide est de 35 % de cuivre. La proportion de solide f_S est alors :

$$f_S = \frac{53 - 40}{53 - 35} = 0{,}72 \text{ (ou 72 \%)}$$

tandis que la proportion de liquide f_L est $(1 - f_S) = 0{,}28$ (ou 28 %).

Les figures 5.3 et 5.4 représentent les diagrammes d'équilibre des systèmes Cu–Ni et Cr_2O_3–Al_2O_3, qui présentent tous deux une solubilité complète à l'état solide.

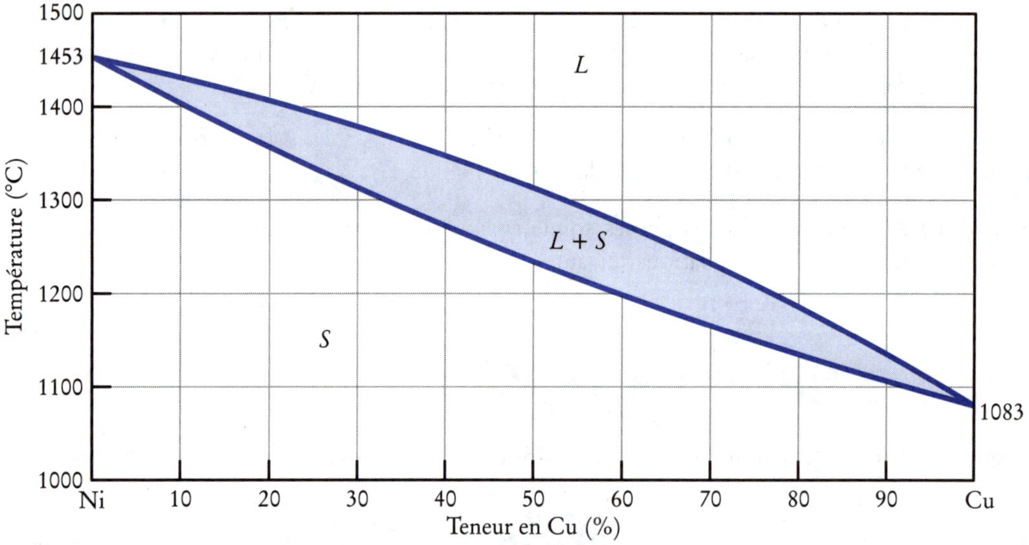

Figure 5.3 Diagramme d'équilibre Cu–Ni.

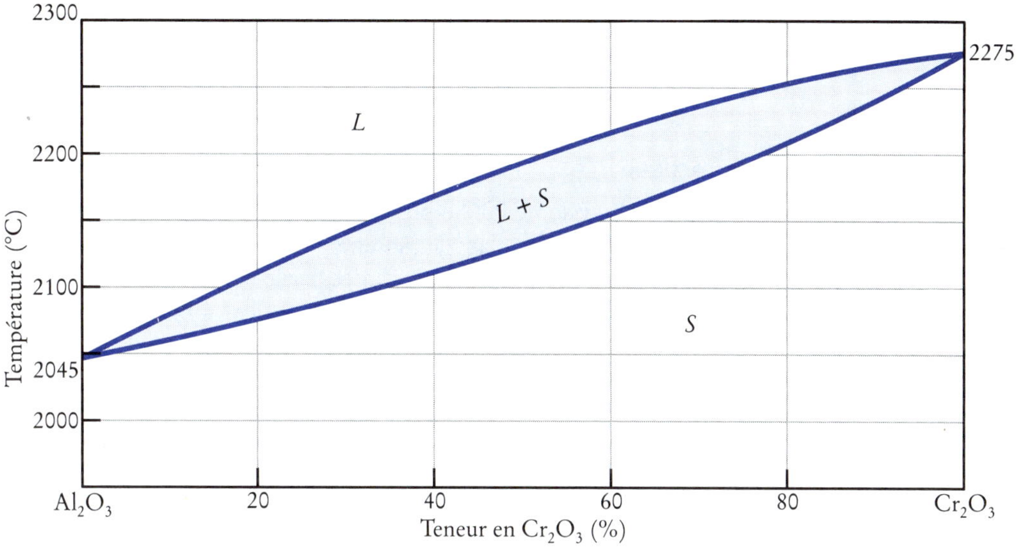

Figure 5.4 Diagramme d'équilibre Al_2O_3–Cr_2O_3.

5.2.4 Règles de miscibilité

En général, pour que deux éléments *A* et *B* puissent être entièrement miscibles à l'état solide, les quatre conditions suivantes doivent être remplies :

a) Le diamètre atomique des éléments *A* et *B* ne doit pas différer de plus de 15 % ;
b) Les deux éléments *A* et *B* doivent avoir la même structure cristalline ;
c) Les valences des deux éléments doivent être égales ;
d) L'électronégativité de *A* et celle de *B* doivent être semblables.

Un écart plus ou moins important par rapport à l'une ou à l'autre des règles énoncées plus haut conduit à une miscibilité partielle à l'état solide ou à la formation de composés intermédiaires. Dans ce cas, les atomes de *A* et de *B* sont alors trop différents de par leur taille, leur valence, leur électronégativité ou leur structure cristalline à l'état solide pour être totalement miscibles à l'état solide, car l'addition d'atomes *B* dans les atomes *A* (ou réciproquement) entraînent trop de distorsion élastique du réseau des atomes *A* et une augmentation trop élevée de l'énergie interne du système (le mélange). Les lois de la thermodynamique conduisent alors le mélange à se séparer en deux phases, l'une riche en *A*, l'autre riche en *B*. Ces phases peuvent aussi être des composés intermédiaires A_xB_y.

5.2.5 Miscibilité partielle à l'état solide

Quand les règles de miscibilité énoncées plus haut ne sont pas respectées – et c'est le cas le plus fréquent – la miscibilité des deux composants ne peut être complète à l'état solide ; on obtient alors, dans certains domaines de composition, des solutions solides biphasées. Nous aborderons ce sujet en étudiant, à titre d'exemple, le système Pb–Sn qui présente une transformation eutectique.

5.2.5.1 Transformation eutectique

Examinons le diagramme d'équilibre du système Pb–Sn présenté à la figure 5.5. Nous remarquons tout d'abord que le pourcentage d'étain soluble dans le plomb, à l'état solide, est de 18 %, à la température de 183 °C. Cette solubilité maximale est représentée par le point A. Tous les alliages Pb–Sn pour lesquels la teneur en étain est inférieure à 18 % se solidifient à l'équilibre, comme nous l'avons décrit à l'article 5.2.2. Une fois leur solidification terminée, ce sont des *alliages monophasés* dans lesquels tout l'étain est entièrement solubilisé dans le plomb : c'est la phase α, riche en plomb[1]. Il faut toutefois remarquer que la solubilité de l'étain dans le plomb, à l'état solide, diminue avec la température. Ainsi, la solubilité de l'étain dans le plomb passe de 18 % (à 183 °C) à 2 % environ à la température ambiante. Cette solubilité en fonction de la température est décrite par la courbe AB, le *solvus*. Nous étudierons à l'article 5.2.8 les transformations qui se produisent alors.

D'une façon analogue, la solubilité du plomb dans l'étain est limitée à 2,5 % de plomb à 183 °C (point C, fig. 5.5). Ici aussi, on retrouve sur le diagramme d'équilibre un domaine monophasé : la phase β, riche en étain, dans laquelle du plomb est en solution solide.

Sur ce diagramme, le point E est un point invariant : c'est le *point eutectique*[2]. À ce point, trois phases (L, α et β) sont en équilibre ; le degré de liberté du système est donc nul. Dans le cas du système Pb–Sn que nous étudions, nous avons, au point eutectique, les conditions suivantes : deux phases solides, α (18 % Sn) et β (97,5 % Sn), sont en équilibre avec une phase liquide (62 % Sn) à 183 °C.

La réaction eutectique peut s'écrire de la façon suivante :

$$L_E \rightleftarrows \alpha + \beta \tag{5.4}$$

Un liquide de composition C_E se solidifie à température constante en deux phases solides distinctes, α et β, respectivement de composition C_α et C_β.

Solidification d'un alliage de composition eutectique. Considérons un alliage de composition eutectique (62 % Sn–38 % Pb) et examinons ce qui se produit au cours de sa solidification. Tant que la température du mélange est supérieure à 183 °C, l'alliage est entièrement à l'état liquide ; sa solidification se produit à température constante (183 °C) tout comme celle d'un composant pur.

---

1. Il est d'usage courant de désigner les phases à l'état solide par des lettres grecques (voir appendice E).
2. Eutectique : du grec *eutektos*, «qui fond facilement».

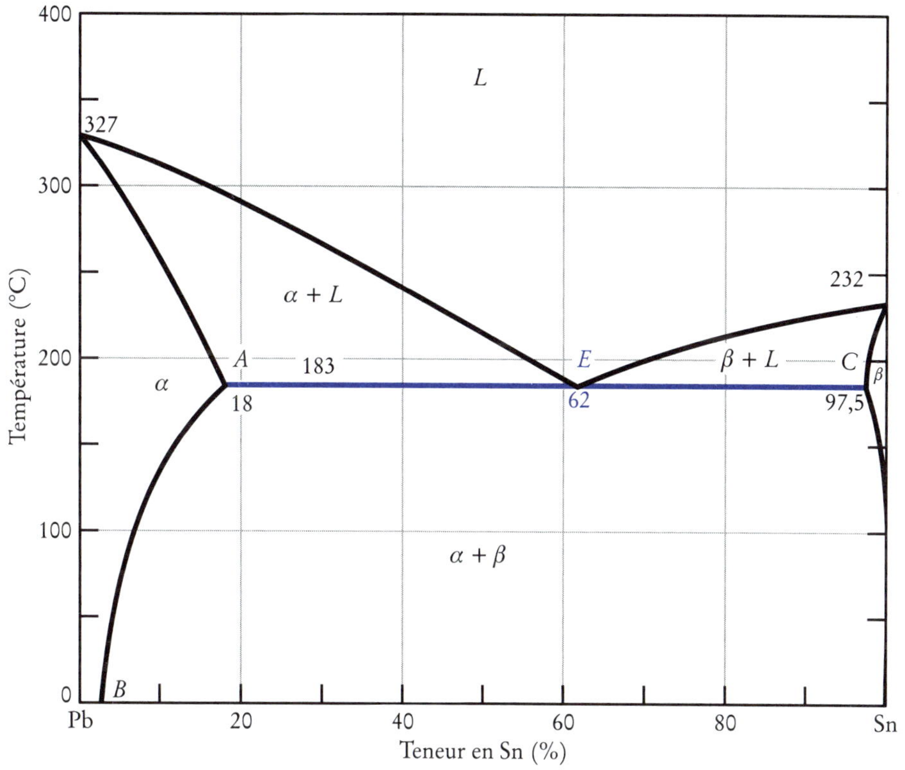

Figure 5.5 Diagramme d'équilibre Pb–Sn.

Cependant, au cours de la solidification, deux phases solides distinctes se forment simultanément, la phase α (18 % Sn) et la phase β (97,5 % Sn). Une fois la solidification terminée, on est en présence d'un solide biphasé formé d'un agrégat des phases α et β. On peut alors calculer la proportion de chacune de ces phases grâce à la règle des segments inverses (art. 5.2.3) :

$$f_\alpha = \frac{C_\beta - C_E}{C_\beta - C_\alpha} = \frac{97{,}5 - 62}{97{,}5 - 18} = 0{,}45$$

et

$$f_\beta = \left(1 - f_\alpha\right) = 0{,}55$$

L'alliage eutectique ainsi formé est un mélange intime de deux phases distinctes. La figure 5.6 est une micrographie de l'eutectique plomb-étain. Il est convenu de considérer un tel eutectique comme un *constituant* ; l'alliage eutectique dont nous avons étudié la solidification est formé d'un seul constituant, l'eutectique contenant 62 % d'étain, qui comprend deux phases distinctes mais intimement mélangées, les phases α (18 % Sn) et β (97,5 % Sn).

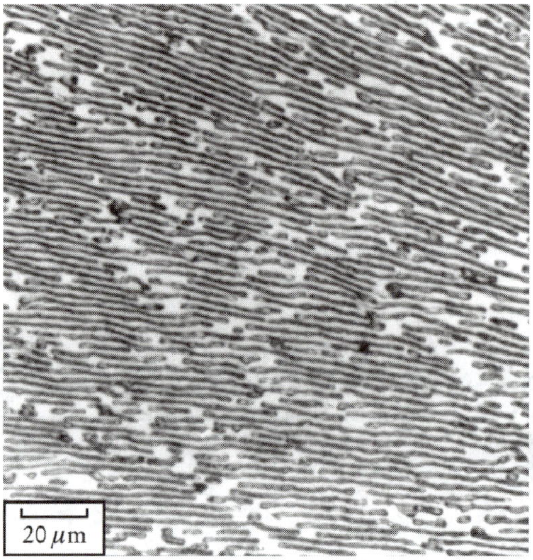

Figure 5.6 Micrographie de l'eutectique Pb–Sn. La phase α, riche en plomb, apparaît en gris foncé.

Solidification d'un alliage de composition hors eutectique. Considérons maintenant la solidification d'un alliage dont la composition est différente de celle de l'eutectique, mais cependant comprise entre 18 et 97 % d'étain, par exemple un alliage contenant 30 % d'étain et 70 % de plomb. La composition nominale de cet alliage étant inférieure à la composition du point eutectique, on dit qu'il s'agit d'un alliage *hypoeutectique*. D'après le diagramme d'équilibre, la solidification d'un tel alliage débute à 262 °C par la formation d'une première phase solide α contenant 10 % d'étain. Tant que la température n'atteint pas 183 °C, la solidification de cet alliage se poursuit comme celle que nous avons décrite dans le cas des mélanges Cu–Ni. Ainsi, à 183 °C + $d\theta$, il y a deux phases en présence, un solide α, contenant 18 % d'étain, et un liquide qui en contient 62 % ; la proportion de chacune de ces phases, calculée par la règle des segments inverses, est de 0,73 pour la phase α et de 0,27 pour la phase liquide. À la température eutectique, le liquide restant, de composition eutectique, se solidifie et donne un constituant eutectique biphasé.

Une fois la solidification terminée (à 183 °C – $d\theta$), on est en présence d'un alliage biphasé, qu'on peut décrire comme suit :

– phase α : $C_\alpha = 18$ % de Sn, et

$$f_\alpha = \frac{97{,}5 - 30}{97{,}5 - 18} = 0{,}85$$

– phase β : $C_\beta = 97{,}5$ % de Sn, et

$$f_\beta = 0{,}15$$

Nous pouvons également considérer que cet alliage hypoeutectique, toujours à 183 °C – $d\theta$, est formé de deux constituants : le α primaire (ou α *proeutectique*, c'est-à-dire la partie de la phase α qui s'est formée avant l'eutectique, à une température supérieure à 183 °C) et l'eutectique :

- α primaire : $C_{\alpha 1}$ = 18 % de Sn, $f_{\alpha 1}$ = 0,73 ;
- eutectique : C_E = 62 % de Sn, f_E = 0,27.

Il est à noter que les proportions des constituants sont égales à celles obtenues pour les phases α et L à 183 °C + $d\theta$, puisque c'est le liquide eutectique de composition C_E qui a donné naissance au constituant eutectique après solidification.

Le schéma de la figure 5.7 illustre la solidification d'un tel alliage, et la figure 5.8 est la micrographie d'un échantillon du même type. Notons que cette micrographie illustre la microstructure de l'alliage tel qu'il s'est solidifié ; des déformations plastiques ou des traitements thermiques ultérieurs auraient pu en modifier l'aspect.

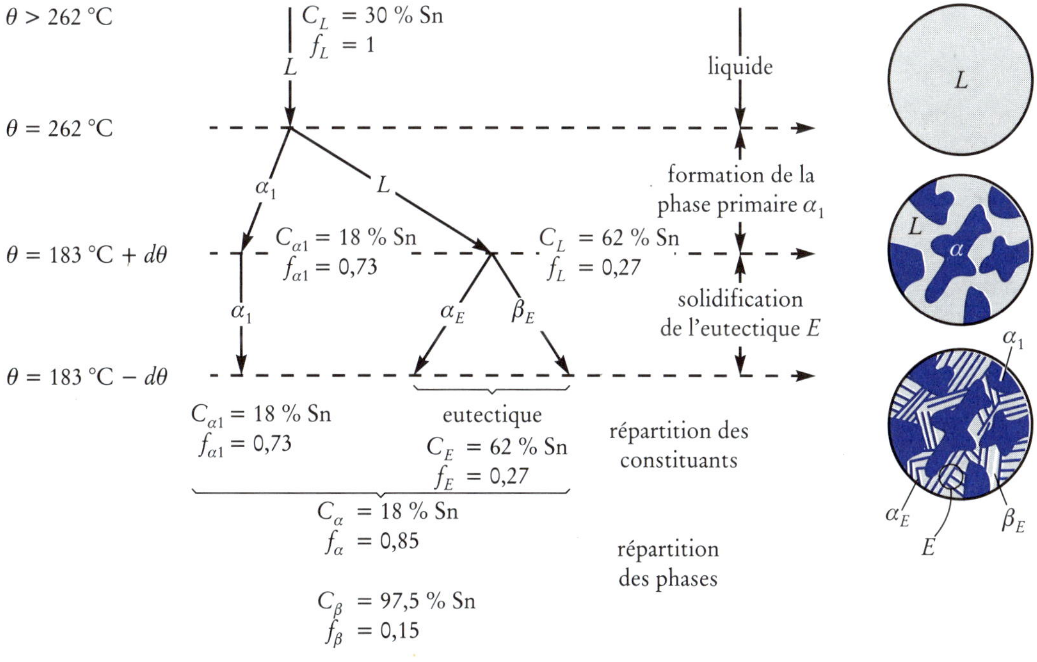

Figure 5.7 Schéma de la solidification d'un alliage Pb-30 % Sn.

Le même raisonnement peut s'appliquer à un alliage riche en étain : 70 %, par exemple ; sa composition nominale étant supérieure à celle du point eutectique, on dit qu'il s'agit d'un alliage *hypereutectique*. Dans ce cas, après solidification, il existe deux constituants, du β primaire dont la proportion est de 0,23 et de l'eutectique dont la proportion est de 0,77 (fig. 5.9).

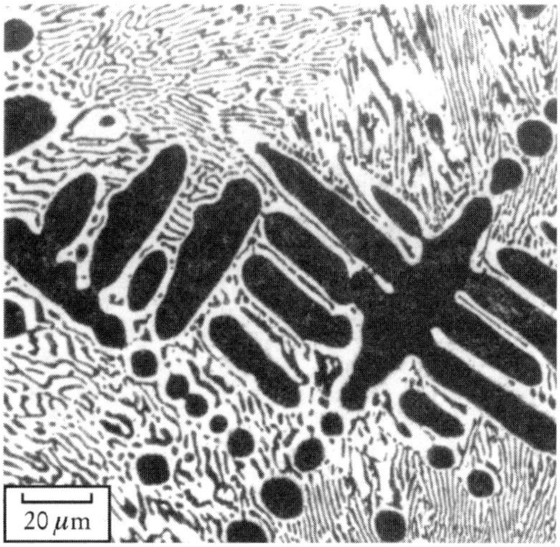

Figure 5.8 Micrographie d'un alliage Pb–30 % Sn. Le constituant α primaire forme des plages noires entourées d'eutectique.

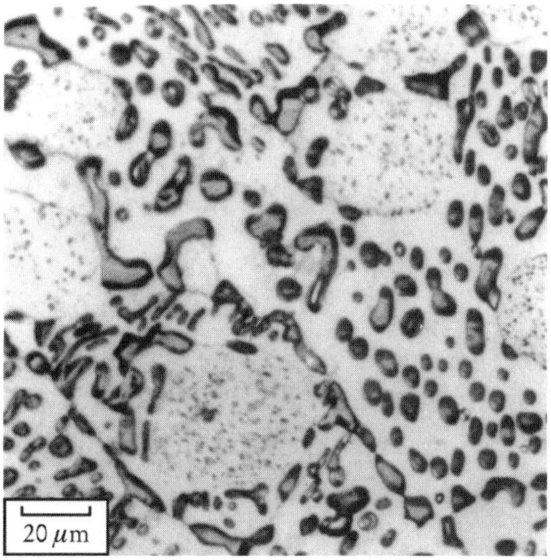

Figure 5.9 Micrographie d'un alliage Pb–70 % Sn. Le constituant β primaire apparaît en pâle.

5.2.5.2 Microstructures des mélanges eutectiques

Pendant la réaction eutectique (équat. 5.4), deux solides, l'un pauvre et l'autre riche en soluté, se forment à partir d'un liquide de composition homogène C_E. Au niveau de l'interface de solidification dans le liquide, il doit donc se produire une redistribution du soluté. Ainsi, si un germe de solide α, de composition $C_\alpha < C_E$ apparaît dans le liquide, il devra rejeter du soluté dans le liquide, favorisant ainsi l'apparition d'une phase β, de composition $C_\beta > C_E$, dans son voisinage. La formation de cette phase β appauvrit le liquide avoisinant en soluté, favorisant ainsi à son tour la formation de nouveaux germes α. Cette transformation, schématisée à la figure 5.10, se produit par un mécanisme coopératif de croissance simultanée des deux phases α et β.

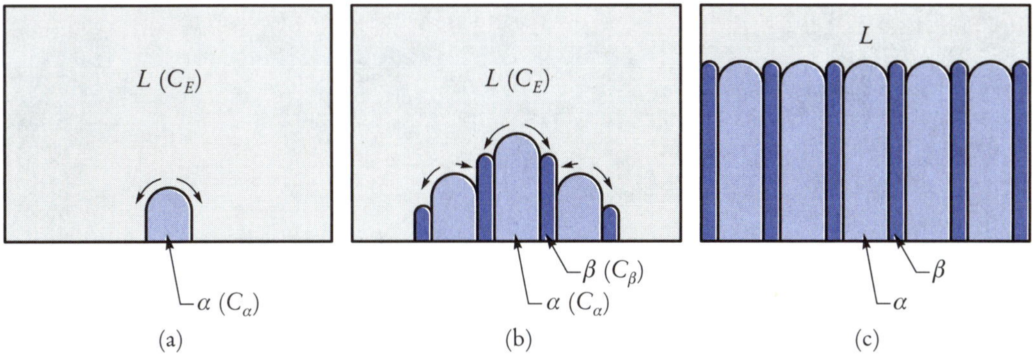

Figure 5.10 Schéma de la formation et de la croissance d'un constituant eutectique : a) formation, au sein du liquide de composition C_E, d'un germe de phase α de composition C_α. Les flèches représentent le rejet du soluté devant le germe α ($C_\alpha < C_E$) ; b) croissance latérale de l'eutectique par la formation de phase β ; c) croissance plane du front de solidification.

Ce mécanisme de formation explique le fait que la microstructure eutectique soit un mélange intime et souvent régulier des deux phases dont il est constitué. Selon les conditions de solidification, la nature du système et son niveau d'impuretés, un constituant eutectique peut avoir plusieurs types de morphologies : structures en lamelles, en bâtonnets, en globules ou aciculaire. Les micrographies de la figure 5.11 représentent diverses structures d'eutectiques.

Les composés eutectiques ont souvent des applications technologiques importantes en raison de leur température de fusion qui est inférieure à celles de leurs composants. Citons, entre autres, les alliages de brasage tels les eutectiques Ag–Cu et Pb–Sn (le *brasage* est un soudage où seul le métal d'apport est fondu, les pièces à assembler restant à l'état solide). L'alliage Pb–Sn est couramment utilisé, en électronique ou en plomberie par exemple, pour le brasage de pièces en cuivre. Seul l'étain est soluble dans le cuivre et participe à l'établissement de la liaison métallique entre les composants à assembler ; le plomb n'est ajouté que pour abaisser le point de fusion de l'alliage.

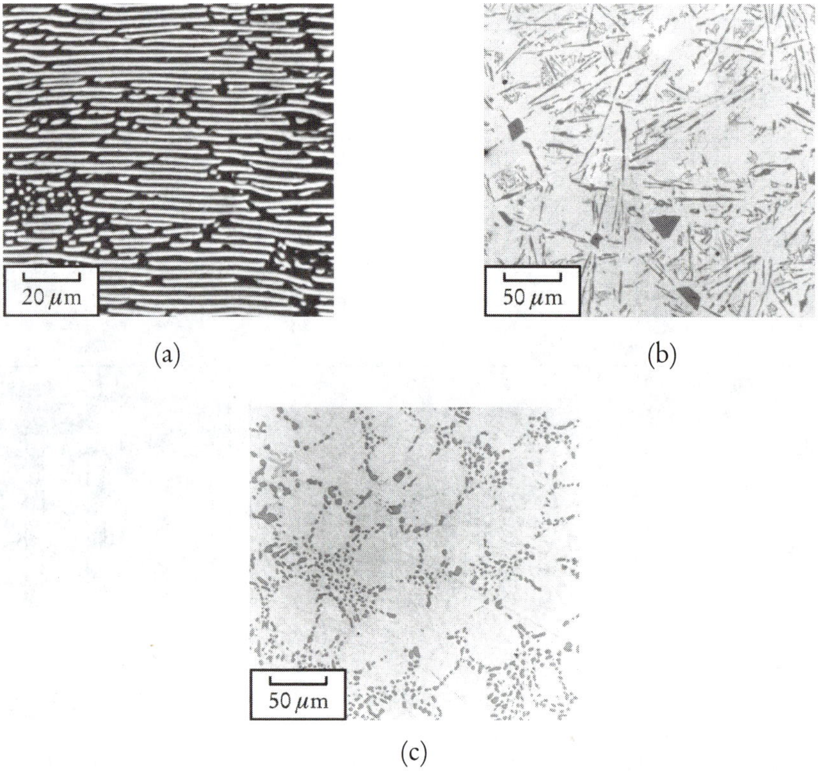

Figure 5.11 Micrographies de divers eutectiques : a) Al–Al_2Cu, eutectique lamellaire ; b) Al–Si, eutectique aciculaire ; c) Al–Si (modifié Na) ; l'addition de Na dans le liquide modifie la morphologie de l'eutectique et permet d'obtenir un eutectique globulaire.

Le mélange eau-sel forme également un eutectique (-21 °C, 23,3 % NaCl), et c'est pourquoi le sel est utilisé pour le déglaçage des routes en hiver ; quand la température est inférieure à -21 °C, toutefois, les épandages de sel deviennent inefficaces.

5.2.5.3 Transformation péritectique

Une transformation péritectique implique la transformation d'une phase solide et d'une phase liquide en une nouvelle phase solide unique de composition parfaitement définie. Cette réaction peut s'écrire

$$\alpha_{C\alpha} + L_{CL} \rightleftarrows \beta_{C\beta} \tag{5.5}$$

Tout comme la réaction eutectique, la réaction péritectique se produit à température constante : au point péritectique, trois phases sont en équilibre ($\alpha_{C\alpha}$, L_{CL} et $\beta_{C\beta}$).

La figure 5.12 montre le diagramme d'équilibre Pb–Bi. Dans un alliage de composition nominale, 70 % Pb–30 % Bi, à 184 °C + $d\theta$, il y a deux phases en présence : un solide α (C_α = 23,8 % Bi) et un liquide (C_L = 35,8 % Bi). À 184 °C, une troisième phase β (C_β = 30 % Bi) apparaît aux dépens des deux premières ; à 184 °C – $d\theta$, enfin, la réaction péritectique est terminée, et il ne reste qu'un solide monophasé β. En réalité, la réaction, telle que nous venons de la décrire, demande beaucoup de temps, car, pour que la phase α se transforme en une nouvelle phase β, de composition différente, il doit y avoir une diffusion importante à l'état solide (nous étudierons la diffusion à la section 5.3) : l'état d'équilibre est donc rarement atteint en pratique quand la solidification d'un alliage implique une réaction péritectique.

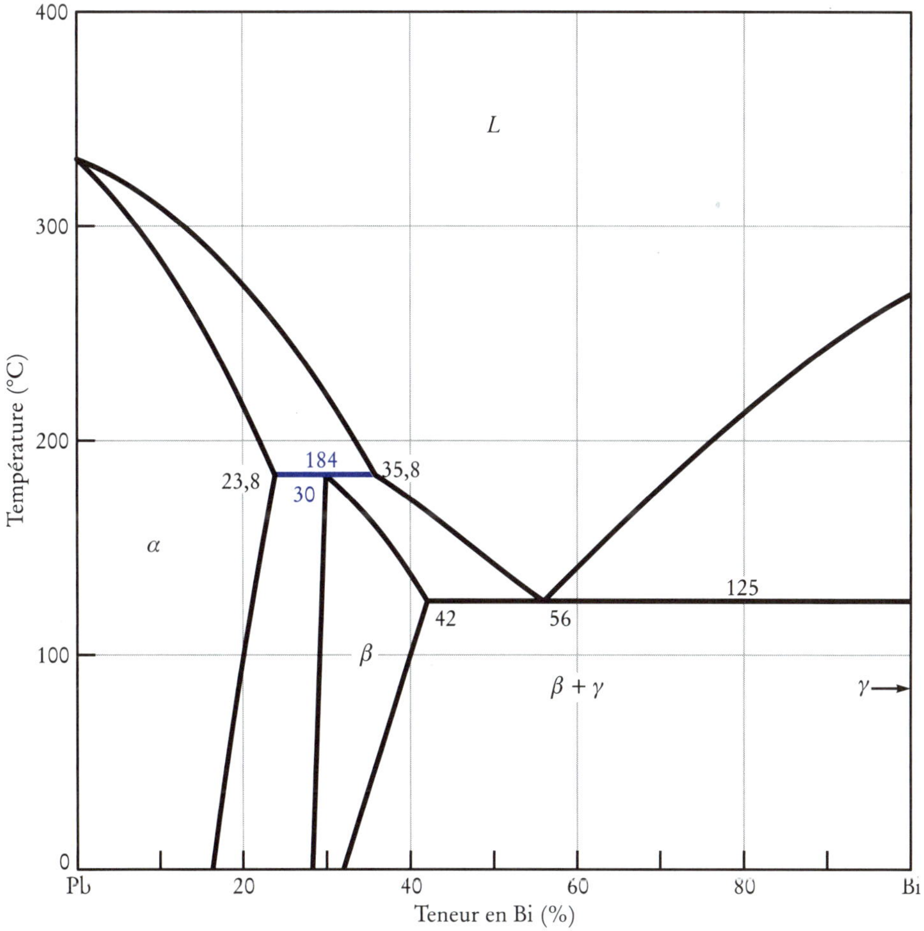

Figure 5.12 Diagramme d'équilibre Pb–Bi. À 184 °C et à 30 % Bi correspond la réaction péritectique. Ce système présente également une transformation eutectique pour une composition de 56 % Bi.

5.2.6 Phases intermédiaires

En général, les diagrammes d'équilibre présentent, entre leurs composants situés à chaque extrémité du diagramme, des *phases intermédiaires*. Dans le système Pb–Bi, par exemple (fig. 5.12), la phase β est une phase intermédiaire. On peut distinguer trois types de phases intermédiaires.

Composés électroniques (phases de Hume-Rothery). Ces composés correspondent à des concentrations électroniques par atome, à partir desquelles un changement de structure cristalline entraîne une diminution de l'énergie du solide. Ainsi, le cuivre est monovalent et le zinc bivalent. La concentration des électrons libres du cuivre est de un électron par atome alors qu'elle est de deux pour le zinc. Le fait d'ajouter du zinc au cuivre augmente la concentration électronique moyenne de l'alliage. Quand le nombre moyen d'électrons par atome augmente au-delà de 1,4, la structure c.f.c. de la phase α (laiton α) devient instable, et la structure c.c. (phase β) se forme. Cette structure est stable pour une concentration d'environ 40 % de zinc dans le cuivre. Dans le système Cu–Zn (fig. 5.13), entre les solutions terminales α et ζ, se retrouvent quatre phases intermédiaires β, γ, δ et ε, qui sont des composés électroniques ; chacune de ces phases se termine par une réaction péritectique à haute température.

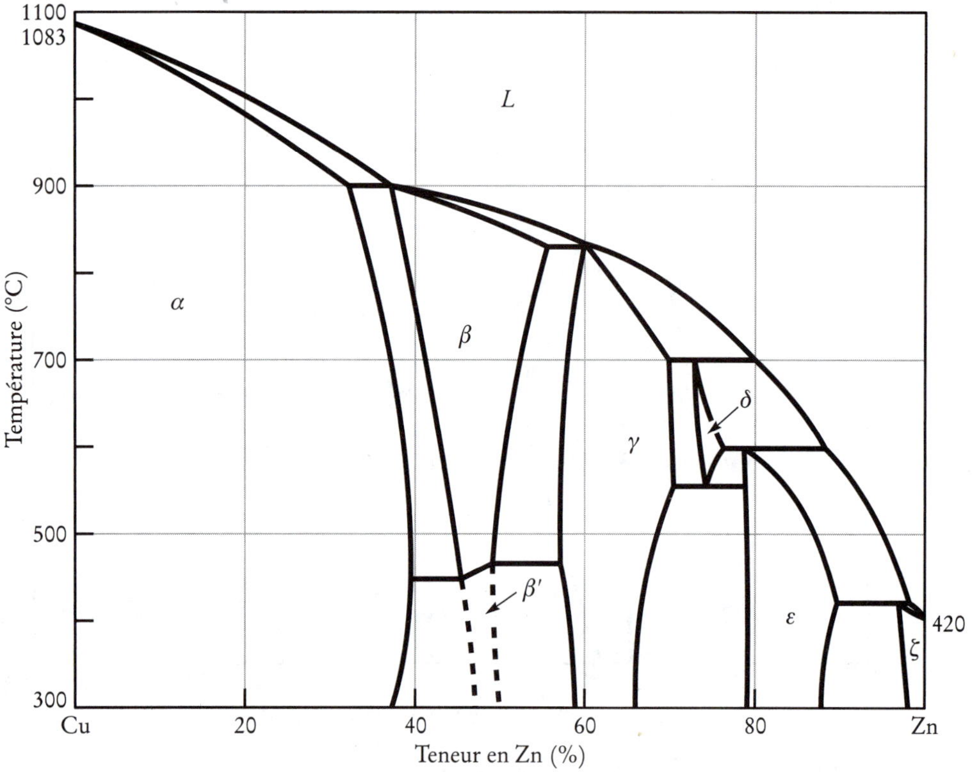

Figure 5.13 Diagramme d'équilibre Cu–Zn. Structure des phases : α (Cu) : c.f.c. ; β : c.c. ; γ: orthorhombique ; δ: c.c. ; ε: h.c. ; ζ (Zn) : h.c.

Composés ioniques et covalents. Les composés ioniques et covalents sont des phases non métalliques à caractère ionique (Mg_2Si) ou covalent (ZnS).

Phases de Laves. La composition et la structure cristalline des phases de Laves sont définies essentiellement par le rapport des diamètres atomiques des éléments qui les composent ; ce sont des phases à caractère métallique (par exemple $CuAl_2$, Mg_2Cu, $MgZn_2$).

Les composés ioniques ou covalents et les phases de Laves peuvent soit être parfaitement *stœchiométriques*, soit tolérer un écart à la stœchiométrie parfaite. Un composé A_xB_y est dit parfaitement stœchiométrique si les nombres x et y sont des entiers, petits et premiers entre eux. Sur un diagramme d'équilibre, un composé parfaitement stœchiométrique est caractérisé par une verticale et un point de fusion parfaitement défini (par exemple, Mg_2Cu sur le diagramme Cu–Mg de la figure 5.14). Si le composé A_xB_y admet un écart à la stœchiométrie, il est représenté sur le diagramme d'équilibre par une région de largeur non nulle (par exemple, $MgCu_2$ sur le diagramme Cu–Mg de la figure 5.14).

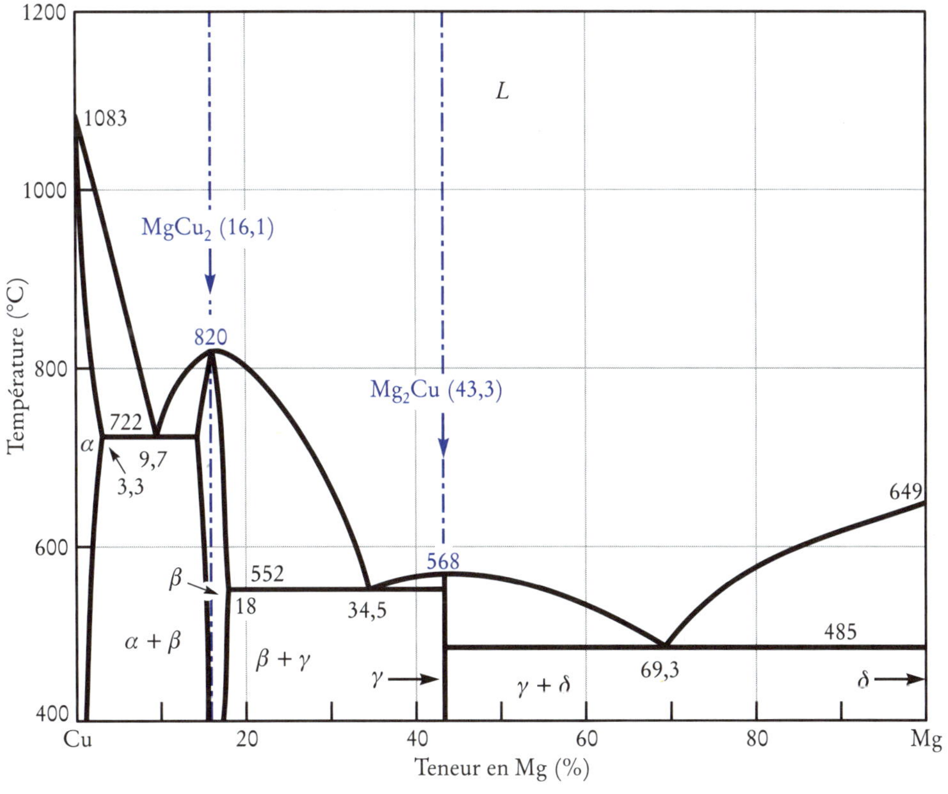

Figure 5.14 Diagramme d'équilibre Cu–Mg.

5.2.7 Considérations générales sur les diagrammes d'équilibre binaires

Même s'ils paraissent complexes, les diagrammes d'équilibre sont faciles à interpréter, comme nous l'avons vu plus haut. Il est possible de généraliser ce que nous avons décrit à leur sujet dans les sections précédentes :

- Un diagramme d'équilibre donne les limites des domaines d'existence, en température et en composition, des mélanges monophasés.
- Deux domaines monophasés sont séparés par une région à deux phases, à moins qu'ils ne le soient par une ligne horizontale ; dans ce cas, la ligne horizontale présente un point invariant où trois phases sont en équilibre. C'est le cas des points eutectiques et péritectiques.
- Dans un domaine à deux phases, la composition de chacune des phases en équilibre l'une avec l'autre à une température θ_i est déterminée par l'intersection de l'isotherme θ_i (horizontale passant par l'ordonnée θ_i) et des frontières qui séparent ce domaine des deux domaines monophasés adjacents.

Quand un système présente des phases intermédiaires, il est souvent possible de le décomposer en plusieurs diagrammes. Considérons, par exemple, le diagramme du système Cu–Mg représenté à la figure 5.14. Sur ce diagramme, on remarque l'existence de deux phases intermédiaires : β, ou $MgCu_2$, (16,1 % de Mg) et γ, ou Mg_2Cu, (43,3 % de Mg). La phase β occupe un domaine relativement large, ce qui indique que le composé $MgCu_2$ est non stœchiométrique et peut dissoudre une certaine quantité de Cu ou de Mg. Par contre, la phase γ est représentée par une verticale : cette phase est parfaitement stœchiométrique (aucun écart de composition ne peut y prendre place). Ce diagramme d'équilibre peut être subdivisé en trois diagrammes distincts, chacun présentant une transformation eutectique : Cu–$MgCu_2$, $MgCu_2$–Mg_2Cu et Mg_2Cu–Mg. Pour tirer de ce diagramme toutes les informations qu'il peut fournir, on procède de la même façon que dans les exemples étudiés plus haut.

Ainsi, si nous étudions l'alliage de composition Cu–25 % Mg, nous pouvons décrire ses transformations au cours du refroidissement comme suit :

- la solidification débute à 750 °C ;
- à 552 °C + $d\theta$, deux phases sont en présence : une phase β de composition $C_\beta = 18$ % Mg et de proportion :

$$f_\beta = \frac{34{,}5 - 25}{34{,}5 - 18} = 0{,}58$$

  et une phase liquide, de composition $C_L = C_E = 34{,}5$ % Mg et de porportion $f_L = 0{,}42$;
- à 552 °C – $d\theta$, tout le liquide présent à 552 °C + $d\theta$ s'est transformé en eutectique β–γ. Il y a donc deux constituants : le β primaire et l'eutectique. Les phases en présence sont β et γ ($C_\beta = 18$ % Mg et $C\gamma = 43{,}3$ % Mg ; $f_\beta = 0{,}72$ et $f_\gamma = 0{,}28$).

5.2.8 Transformations à l'état solide

Nous avons considéré jusqu'ici ce qui se produit lors de la solidification d'un alliage au cours du refroidissement, à l'aide des diagrammes d'équilibre. Ces diagrammes nous renseignent également sur un certain nombre de transformations qui se produisent à l'équilibre à l'état solide. Même une fois solidifié, un matériau peut subir des transformations qui se traduisent par des changements de phases ou par l'apparition de phases nouvelles. À l'état solide, les atomes peuvent se déplacer par diffusion sous l'effet de l'agitation thermique, ce qui permet des modifications de structure.

5.2.8.1 Précipitation d'une seconde phase

L'examen du diagramme d'équilibre Pb–Sn (fig. 5.5) nous indique que la solubilité de l'étain dans le plomb, à l'état solide (phase α) diminue avec la température. Sur ce diagramme, la solubilité de l'étain dans le plomb est décrite par la courbe AB, le *solvus*. À la température eutectique, la solubilité de l'étain dans la phase α est de 18 % ; elle diminue avec un abaissement de la température pour atteindre 2 % à la température ambiante (20 °C). Considérons un alliage Pb–10 % Sn et les transformations dont il est le siège au cours du refroidissement. La solidification de cet alliage se termine à 260 °C : il est alors constitué d'une seule phase α. Entre 260° et 130 °C, cette phase α reste stable ; à 130 °C la limite de solubilité de l'étain dans le plomb est de 10 %. Comme aux températures inférieures à 130 °C la solubilité de l'étain diminue encore, il y a *précipitation* de la phase β au sein de la phase α. La phase α rejette l'excès d'étain qui se regroupe pour former la phase β. À la température ambiante, la teneur en étain de la phase α n'est plus, à l'équilibre, que de 2 %, et on est en présence d'un alliage biphasé, $\alpha + \beta$. À la température ambiante, la solubilité du plomb dans l'étain est, à toutes fins utiles, nulle, et la phase β est de l'étain presque pur.

La constitution de l'alliage Pb–10 % Sn, à la température ambiante, peut être décrite comme suit :

– phase α : $C_\alpha = 2$ % Sn :

$$f_\alpha = \frac{100 - 10}{100 - 2} = 0,92$$

– phase β : $C_\beta = 100$ % Sn, $f_\beta = 0,08$.

Dans un alliage hypoeutectique ou hypereutectique, une telle variation de la composition des phases n'entraîne pas de changement dans la proportion du constituant eutectique : celui-ci se forme à la température de l'eutectique. Si nous examinons de plus près la micrographie de la figure 5.8 (alliage Pb–30 % Sn), nous pouvons noter, autour de la phase α primaire (en noir), un liséré blanc de phase β. Cette partie de phase β s'est formée au cours du refroidissement à l'état solide par rejet d'étain de la phase α ; on l'appelle β tertiaire. Le β primaire, ou proeutectique, se forme au-dessus de la température de l'eutectique dans les alliages hypereutectiques, le β secondaire, ou eutectique, résulte de la transformation eutectique, et le β tertiaire est formé par précipitation à l'état solide à une température inférieure à celle de la réaction eutectique.

La figure 5.15 montre la précipitation de phase α (points sombres) dans la phase β primaire d'un alliage Pb–70 % Sn. Cette précipitation de α s'est produite à l'état solide à des températures inférieures à la température eutectique (fig. 5.5).

Dans le constituant eutectique, la baisse de solubilité de l'étain se traduit par une augmentation de la proportion de phase β, aù détriment de la proportion de phase α. À la température ambiante, la proportion de phase α dans l'eutectique est :

$$f_\alpha = \frac{100 - 62}{100 - 2} = 0{,}39$$

alors qu'elle était de 0,45 à 183 °C – $d\theta$.

La précipitation de secondes phases à l'état solide a une grande importance sur le plan industriel, car elle permet des modifications importantes des propriétés mécaniques de certains alliages. Nous traiterons de ce point en détail au chapitre 6.

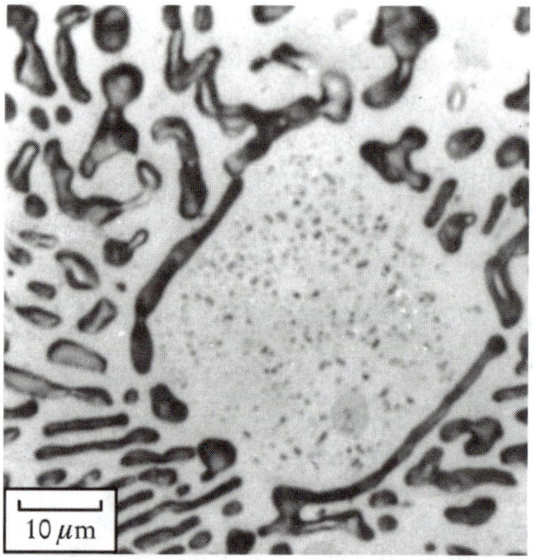

Figure 5.15 Micrographie d'un alliage Pb–70 % Sn. Précipitation de α dans la phase β.

5.2.8.2 Diagramme d'équilibre fer-carbone

La figure 5.16 représente une partie du diagramme d'équilibre du système fer-carbone : seule est représentée la portion décrivant l'équilibre du fer avec le carbure de fer Fe_3C (*cémentite*) contenant 6,68 % de carbone. Ce système présente un grand nombre de transformations, tant en ce qui concerne les équilibres liquide-solide que les équilibres solide-solide.

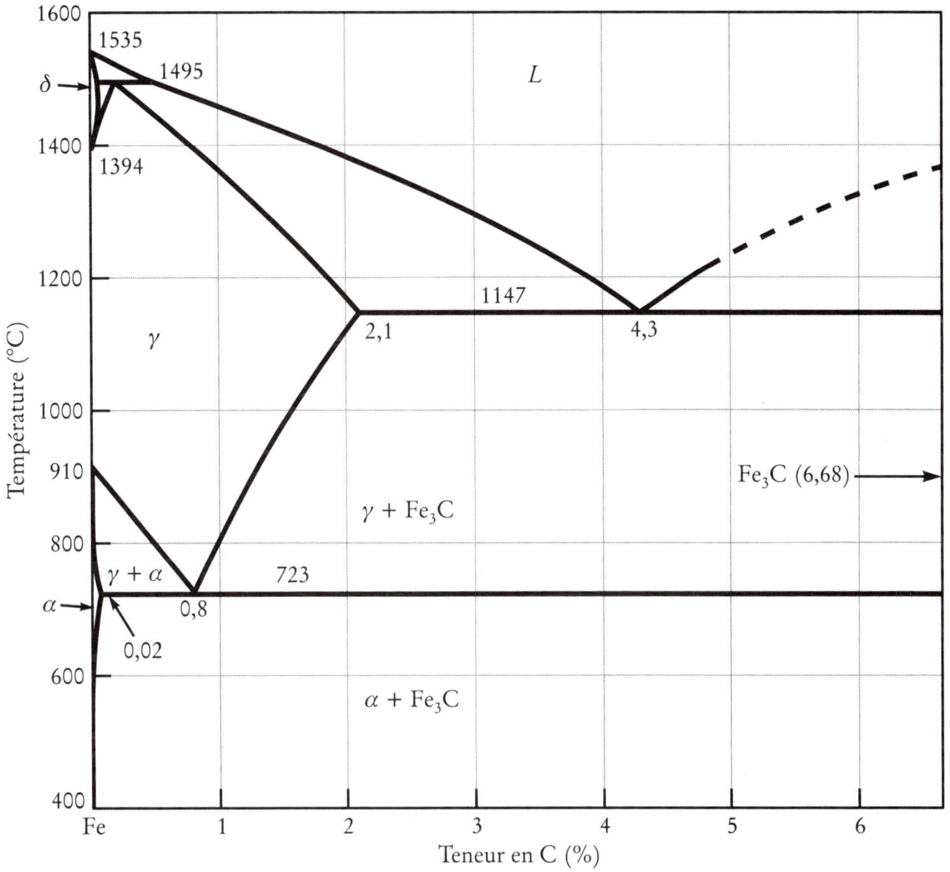

Figure 5.16 Diagramme d'équilibre Fe–C ; équilibre entre le fer et la cémentite Fe_3C.

Transformations allotropiques. À la température ambiante, le fer α (cette phase est appelée *ferrite*) est de structure c.c. Au chauffage, il y a un changement de structure cristalline du fer pur, une *transformation allotropique*, à 910 °C : à partir de cette température, la phase α se transforme en phase γ (*austénite*), de structure c.f.c. À 1394 °C, il se produit une nouvelle transformation allotropique : l'austénite se transforme en phase δ de structure c.c., qui demeure stable jusqu'à la température de fusion du fer, 1535 °C. L'addition du carbone modifie ces températures de transformation allotropique.

Transformations liquide-solide. À 1495 °C, il y a une transformation péritectique à la solidification. La composition en carbone au point péritectique est de 0,17 %.

À 1147 °C, et pour une teneur en carbone de 4,3 %, il se produit une réaction eutectique :

$$L_{4,3\,\%C} \rightleftarrows \gamma_{2,1\%C} + (Fe_3C)_{6,68\%C}$$

Transformations à l'état solide. Outre les transformations allotropiques décrites plus haut, l'alliage Fe–C à 0,8 % de C est le siège, à 723 °C, d'une réaction *eutectoïde* :

$$\gamma_{0,8\,\%\mathrm{C}} \rightleftarrows \alpha_{0,02\,\%\mathrm{C}} + (\mathrm{Fe_3C})_{6,68\,\%\mathrm{C}}$$

Cette réaction est semblable à une réaction eutectique à cela près qu'ici les deux nouvelles phases se forment à partir d'une phase solide et non d'une phase liquide : de l'austénite γ, solide contenant 0,8 % de carbone, se décompose en ferrite α (0,02 % C) et en cémentite Fe_3C (6,68 % C). L'agrégat de ferrite et de cémentite formé lors de la réaction eutectoïde est un constituant métallographique, tout comme un eutectique, et porte le nom de *perlite*. Les micrographies présentées à la figure 5.17 montrent les structures observées pour diverses teneurs en carbone. On peut remarquer (fig. 5.17a) que la morphologie de la perlite (constituant eutectoïde) est semblable à celle d'un constituant eutectique : lamelles alternées de phases ferrite α et cémentite Fe_3C.

La proportion des phases ou des constituants de ces alliages se calcule par la règle des segments inverses. Ainsi, dans le cas de l'alliage à 0,20 % de C (fig. 5.17b), les constituants sont de la ferrite primaire (ou proeutectoïde) dans une proportion de 0,75 :

$$f_{\alpha 1} = \frac{0,80 - 0,20}{0,80 - 0,02} = 0,75$$

et de la perlite (f_p = 0,75). Dans le cas de l'alliage à 1,0 % de C (fig. 5.17d), le constituant proeutectoïde est de la cémentite, et sa proportion est égale à 0,03 (3 %).

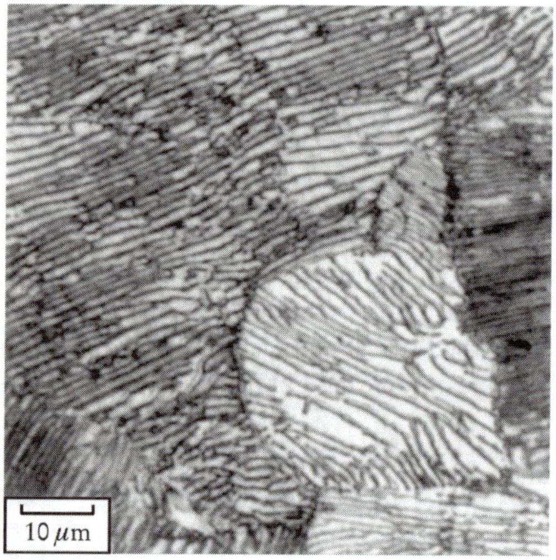

(a)

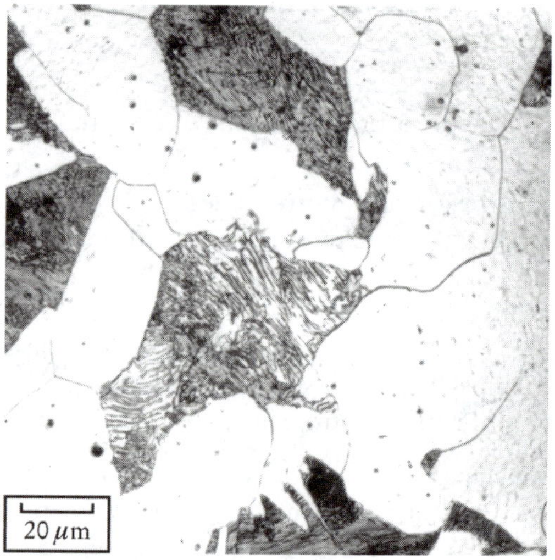

(b)

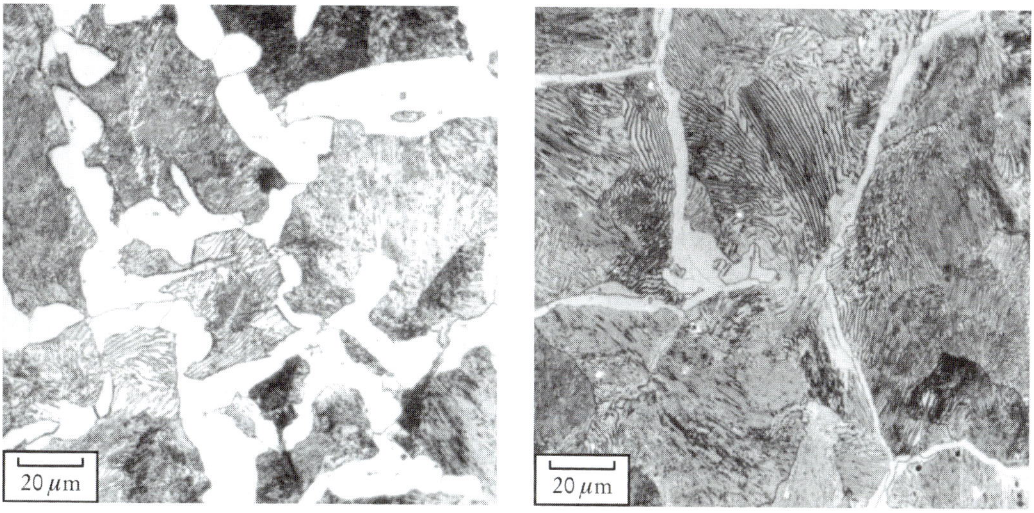

(c) (d)

Figure 5.17 Microstructure d'alliages Fe–C à diverses teneurs en carbone : a) 0,8 % de C : 100 % de perlite, lamelles alternées de ferrite et de cémentite ; b) 0,20 % de C : 25 % de perlite, 75 % de ferrite proeutectoïde ; c) 0,60 % de C : 75 % de perlite, 25 % de ferrite proeutectoïde ; d) 1,0 % de C : 97 % de perlite, 3 % de cémentite proeutectoïde le long des anciens joints de grains γ.

Il est convenu d'appeler *aciers* les alliages fer–carbone qui contiennent moins de 2,0 % de carbone, que d'autres éléments d'alliages y soient présents ou non (par exemple Si, Mn, Cr, Ni, etc.). Dans les aciers, on distingue les aciers hypoeutectoïdes (C < 0,8 %) et les aciers hypereutectoïdes (C > 0,8 %).

Les *fontes* sont des alliages fer–carbone (plus d'autres éléments) dont la teneur en carbone dépasse 2 %. C'est dire que les fontes sont, à la solidification, le siège d'une réaction eutectique.

Nous étudierons plus en détail les alliages à base de fer au chapitre 10.

5.2.9 Diagrammes d'équilibre ternaires

Nous nous sommes limités jusqu'ici à l'étude de systèmes binaires. La plupart des matériaux sont cependant formés de mélanges ayant plus de deux composants. Quand il y a trois composants, la règle des phases (équat. 5.1) s'applique toujours, mais, comme alors $N = 3$, un système invariant ($V = 0$) est constitué de quatre phases et est représenté par un point dans un diagramme d'équilibre. Un système monovariant ($V = 1$) est représenté par une courbe, un système bivariant ($V = 2$) par une surface et un système trivariant ($V = 3$) par un volume. Un diagramme d'équilibre ternaire exige donc une représentation tridimensionnelle pour être complètement décrit : on comprend les difficultés que cela suppose.

La composition nominale du mélange ternaire est donnée sur un plan, le plan des concentrations : chaque composant *A*, *B* et *C* est représenté par le sommet d'un triangle équilatéral, et un point à l'intérieur du triangle représente une composition nominale donnée. Ainsi, à la figure 5.18, le point *P* représente un mélange dont la composition est : 25 % de *A*, 35 % de *B* et 40 % de *C*. Une droite parallèle à l'un des côtés du triangle représente la série des mélanges pour lesquels la concentration de l'élément situé au sommet opposé est constante ; par exemple, tous les mélanges dont le point représentatif se situe sur la droite *ST* ont une composition en *A* de 10 %.

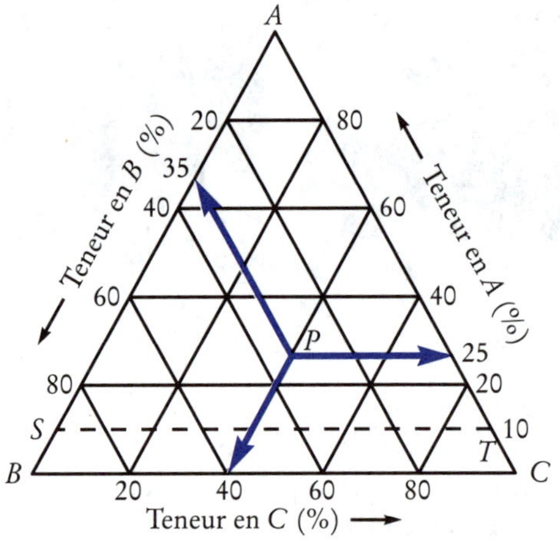

Figure 5.18 Plan des concentrations d'un système ternaire *A–B–C*. La composition du mélange représenté par le point *P* est : 25 % de *A*, 35 % de *B* et 40 % de *C*. La droite ST représente tous les alliages ayant une composition en *A* égale à 10 %.

Dans un diagramme d'équilibre ternaire, les températures sont repérées sur des perpendiculaires au plan des concentrations. À la figure 5.19, on peut voir le diagramme d'équilibre du système *A–B–C* en perspective. Les diagrammes d'équilibre binaire des systèmes *A–B*, *A–C* et *B–C* sont ici représentés sur les plans $AB\theta$, $AC\theta$ et $BC\theta$, faces verticales du prisme formant le diagramme.

Sur le diagramme de la figure 5.19, θ_A, θ_B et θ_C sont les températures de fusion des composants *A*, *B* et *C*. Chaque système binaire présente une transformation eutectique : E_1 (pour le système *A–B*), E_2 (*B–C*) et E_3 (*A–C*). Les surfaces $E_1\theta_AE_3E_4$, $E_1\theta_BE_2E_4$ et $E_3\theta_CE_2E_4$ représentent les surfaces du liquidus. Le point E_4 est un eutectique ternaire où les quatre phases α, β, γ et *L* sont en équilibre ($L \rightleftarrows \alpha + \beta + \gamma$). La surface $E_1\theta_BE_2E_4$, par exemple, représente le lieu du début de la solidification quand le premier solide à apparaître est de la phase β (la phase β est constituée du composant *B* dans lequel les composants *A* et *C* sont en solution solide). Le domaine d'existence de la phase β (domaine monophasé) est représenté par le volume limité, par les points B_1, C_{BA}, θ_B, *Y*, C_{CB} et C_1. Le point *Y*, à la température de l'eutectique ternaire, représente la solubilité maximale des composants *A* et *C* dans la phase β (riche en *B*).

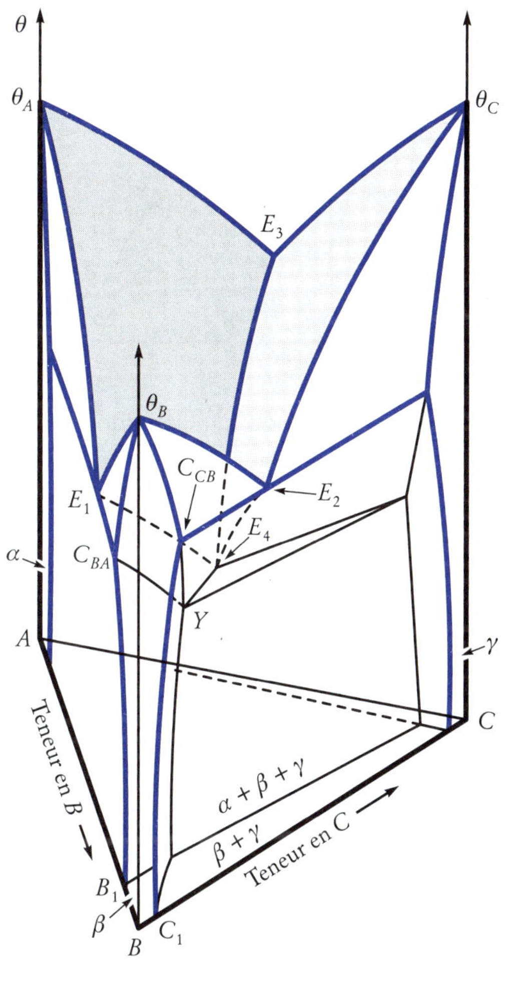

Figure 5.19 Vue en perspective d'un diagramme ternaire. Les températures sont portées sur des axes perpendiculaires au plan des concentrations.

On comprend qu'une telle représentation n'est pas très facile d'emploi lorsqu'on veut faire une analyse précise des équilibres entre les phases (températures et compositions). On préfère plutôt projeter, sur le plan des concentrations, des surfaces comme celles des liquidus (fig. 5.20) ou avoir recours à des coupes isothermes (plan de coupe parallèle au plan des concentrations) comme celles de la figure 5.21.

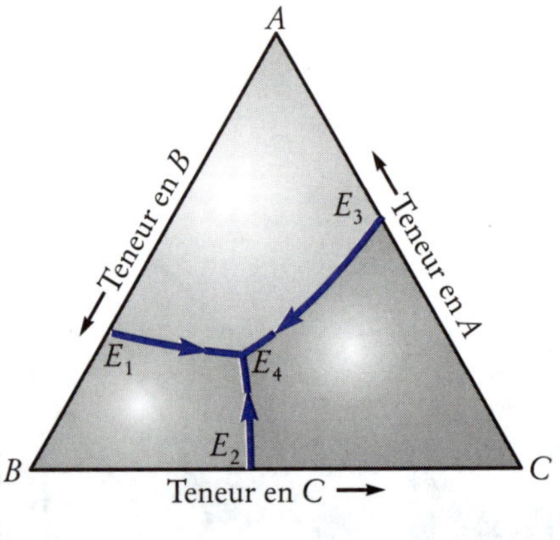

Figure 5.20 Projection des surfaces des liquidus du diagramme de la figure 5.19 sur le plan des compositions. Le sens des flèches indique les températures décroissantes.

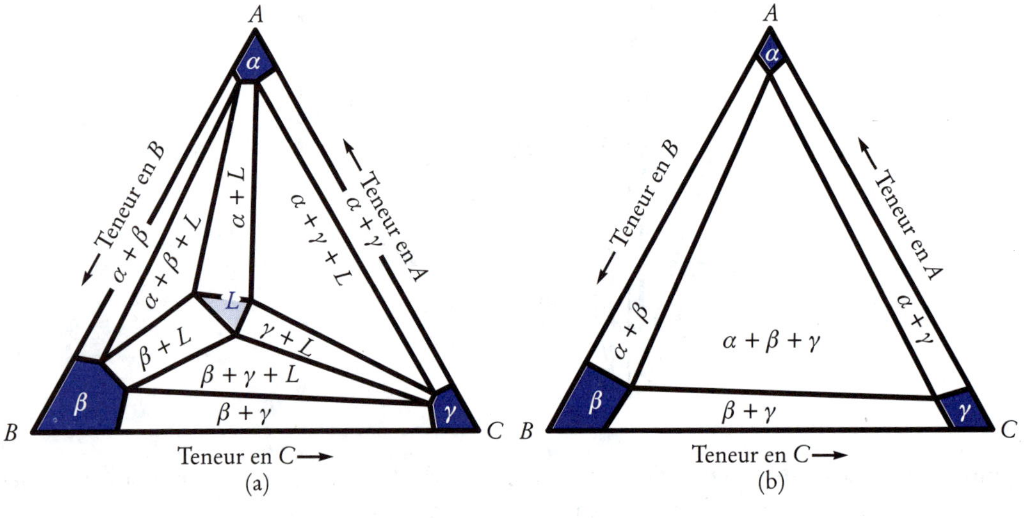

Figure 5.21 Représentation du diagramme ternaire *A–B–C* (fig. 5.19) : a) isotherme correspondant à une température supérieure à celle θ_{E4} de l'eutectique ternaire E_4 ; b) isotherme à $\theta < \theta_{E4}$.

Une autre façon de représenter l'équilibre d'un système tertiaire consiste à conserver une concentration constante de l'un des éléments. Le diagramme ainsi obtenu est une coupe du prisme tridimensionnel par un plan parallèle à l'un des côtés du triangle des concentrations. Par exemple, le plan passant par la droite *ST* et perpendiculaire au plan des concentrations (fig. 5.18) permet de représenter l'équilibre du système *A–B–C* contenant 10 % de *A*. La figure 5.22 constitue une représentation de ce genre pour un alliage Fe–Cr–C, la teneur en Cr étant ici fixée à 13 %. De tels diagrammes sont appelés *pseudo-binaires* et on remarquera que ces diagrammes peuvent alors présenter des domaines à trois phases (p. ex. : $\alpha + \gamma + C_1$; $L + \delta + \gamma$) qui ne peuvent exister sur un diagramme purement binaire.

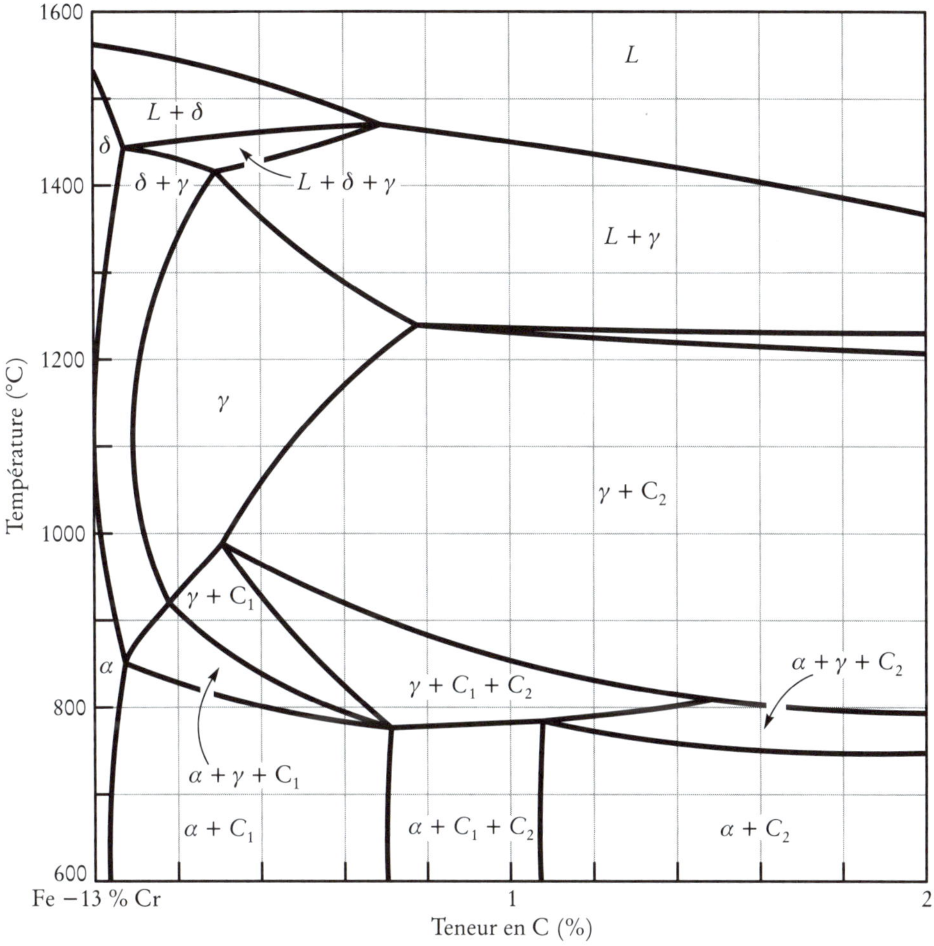

Figure 5.22 Diagramme d'équilibre du système ternaire (Fe–13 % Cr)–C. C_1 et C_2 sont des carbures complexes de Fe et de Cr. C_1 : $(Fe, Cr)_{23}C_6$ et C_2 : $(Fe, Cr)_7C_3$.

5.3 Transfert et mouvements d'atomes

Les diagrammes d'équilibre nous indiquent l'état d'équilibre d'un système dans des conditions données (température et composition du mélange) ainsi que les transformations qui prennent place dans le mélange quand la température change (solidification, transformations eutectique et eutectoïde). L'état d'équilibre d'un système correspond à son niveau d'énergie libre le plus bas et il n'est atteint que si l'on a alloué tout le temps voulu aux atomes pour migrer, se réarranger et atteindre ainsi ce niveau d'énergie libre le plus bas. Les diagrammes d'équilibre ne nous donnent cependant aucune indication sur la *cinétique* de la réaction, c'est-à-dire la vitesse à laquelle la transformation se produit ou le temps requis pour parvenir à l'équilibre. Les transformations que nous avons décrites exigent une redistribution du soluté dans le solvant, un mouvement des atomes, tant à l'état liquide qu'à l'état solide : pendant la solidification d'un alliage, par exemple, la composition du liquide et celle du solide doivent continuellement changer pour que l'équilibre soit maintenu ; au cours du refroidissement, il y a une modification continuelle de la composition de chacune des phases en équilibre l'une avec l'autre. De même, pour que les transformations à l'état solide se produisent (par exemple, précipitation d'une seconde phase, réaction eutectoïde), il doit y avoir redistribution du soluté et modification locale de la composition.

Toutes ces transformations mettent en jeu un déplacement des atomes et ne peuvent avoir lieu que par *diffusion*.

5.3.1 Mécanismes de diffusion

Sauf au zéro absolu, les atomes d'un corps solide sont en vibration autour de leur position moyenne d'équilibre, et leur énergie cinétique moyenne est une mesure de la température. Tous les atomes cependant n'ont pas la même énergie ; il existe une distribution des énergies comme l'illustre la figure 5.23. Si un atome possède une énergie suffisante, Q_a par exemple, il pourra changer de position dans le réseau cristallin, se déplacer d'au moins une distance interatomique. On remarque à la figure 5.23 que plus la température est élevée, plus le nombre d'atomes ayant l'énergie Q_a est grand ; la diffusion est un phénomène *thermiquement activé*, c'est-à-dire qu'elle est d'autant plus marquée que la température est élevée.

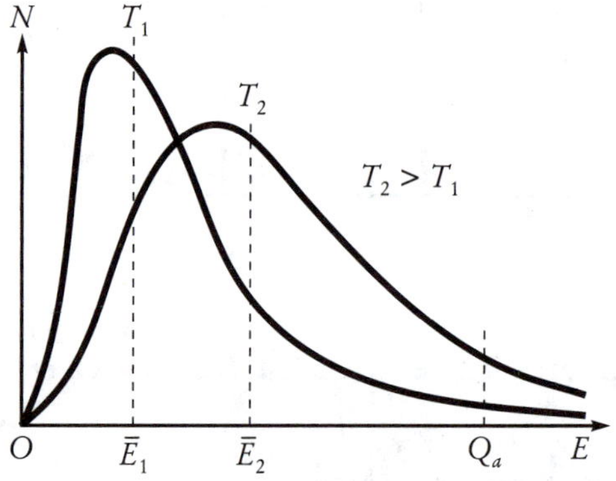

Figure 5.23 Distribution de l'énergie d'agitation thermique des atomes d'un corps. N est le nombre d'atomes ayant une énergie E. À une température T_1 correspond une énergie moyenne $\bar{E}_1$ et à une température supérieure T_2, une énergie $\bar{E}_2$.

5.3.1.1 Solutions solides de substitution

Dans une solution solide de substitution, la diffusion se fait par l'intermédiaire des lacunes, d'où son nom de *diffusion lacunaire*. Un atome change de position en sautant dans une lacune voisine. Le schéma de la figure 5.24a illustre un tel saut. Sur cette figure, l'atome X peut occuper la place de la lacune voisine, L. Tant en position X qu'en position L, l'énergie potentielle de cet atome est minimale ; pour pouvoir sauter en position L, il doit d'abord écarter les deux atomes 1 et 2 de leur position d'équilibre, ce qui demande, temporairement, une énergie supérieure de Q_a à l'énergie potentielle correspondant à une position d'équilibre (fig. 5.24b). Cette énergie Q_a est l'*énergie d'activation* de la diffusion. C'est l'énergie minimale qu'un atome doit posséder pour pouvoir changer de position.

Tout atome ayant une énergie cinétique Q_a due à l'agitation thermique ne change pas nécessairement de position ; encore faut-il qu'il soit voisin d'une lacune et qu'il puisse se déplacer dans la bonne direction. La probabilité de saut pour tous les atomes voisins d'une lacune est la même. Cette probabilité est égale à l'inverse du nombre de premiers voisins de l'atome dans la structure cristalline considérée. Par exemple, cette probabilité est égale à 1/12 dans les structures c.f.c. et h.c., à 1/8 dans la structure c.c. et à 1/4 dans la structure diamant.

Comme le nombre de lacunes dans un cristal dépend de la température (équat. 3.3), on comprend que la diffusion se fasse plus rapidement à haute température : la probabilité pour que la position voisine d'un atome ayant l'énergie Q_a soit libre est égale à la concentration en lacunes. En outre, plus la température est élevée, plus grand est le nombre d'atomes ayant l'énergie Q_a (fig. 5.23). La diffusion est un phénomène thermiquement activé : sa vitesse est fonction de la température.

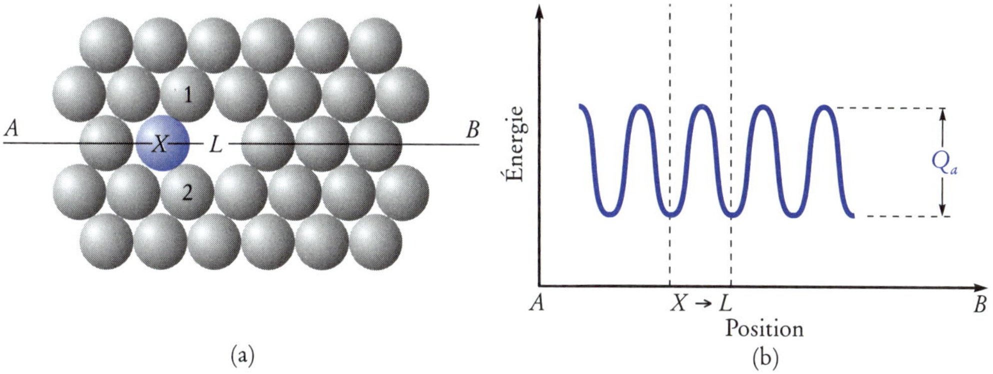

Figure 5.24 a) Mécanisme de la diffusion lacunaire : l'atome X peut prendre la place de la lacune L et ainsi se déplacer d'une distance interatomique vers la droite. Aux positions X et L, son énergie est minimale. Pour pouvoir effectuer le saut, il doit, en position intermédiaire, écarter les atomes 1 et 2. b) Variation de l'énergie potentielle de l'atome X entre les positions X et L.

5.3.1.2 Solutions solides d'insertion

La diffusion des atomes en solution d'insertion dans un réseau ne requiert pas la présence de lacunes : chaque saut élémentaire se fait d'un site à l'autre, comme le montre la figure 5.25. Tout comme dans le cas précédent, l'atome doit posséder une énergie d'activation Q_a pour pouvoir se déplacer, et son déplacement se fait selon l'orientation de sa vibration et en direction d'un site semblable voisin. Dans ce cas, la probabilité de saut est égale à l'inverse du nombre de sites équivalents qui sont les plus proches voisins du site occupé par l'atome interstitiel. Par exemple, dans la structure c.f.c., un site octaédrique a douze sites octaédriques voisins (fig. 3.16a). Dans tous les cas, la diffusion est la somme vectorielle des mouvements aléatoires des atomes.

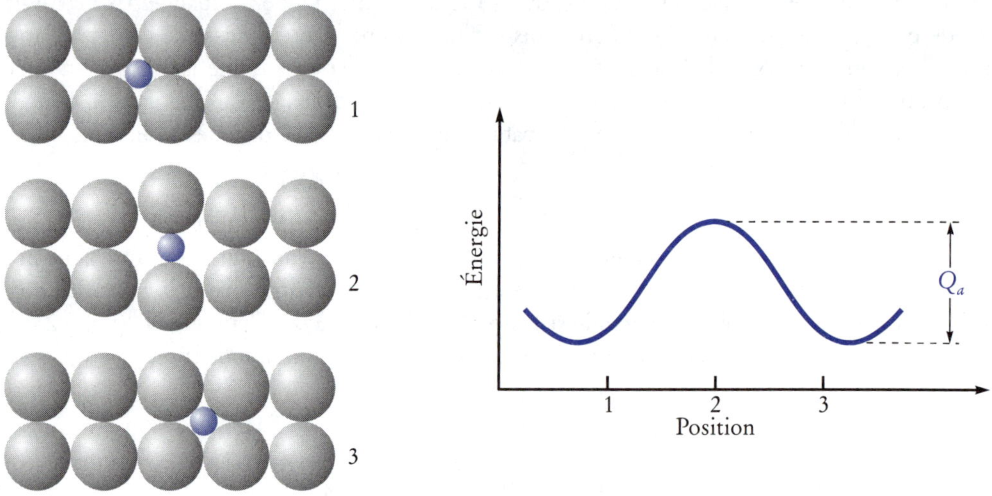

(a) (b)

Figure 5.25 a) Diffusion d'un atome en solution d'insertion ; b) à la position intermédiaire 2 correspond un maximum d'énergie de l'atome en insertion ; Q_a est l'énergie d'activation nécessaire au saut d'une position à une autre.

5.3.2 Lois de la diffusion

La figure 5.26 illustre l'évolution de la concentration d'un élément A dans un élément B au cours du temps. Un tel système A–B s'appelle un *couple de diffusion*. Au temps $t = 0$, les deux corps A et B sont mis en contact et, après un temps infini, il y a un mélange homogène de A dans B, à condition toutefois que les composants A et B soient entièrement miscibles comme le sont, par exemple, le cuivre et le nickel (fig. 5.3).

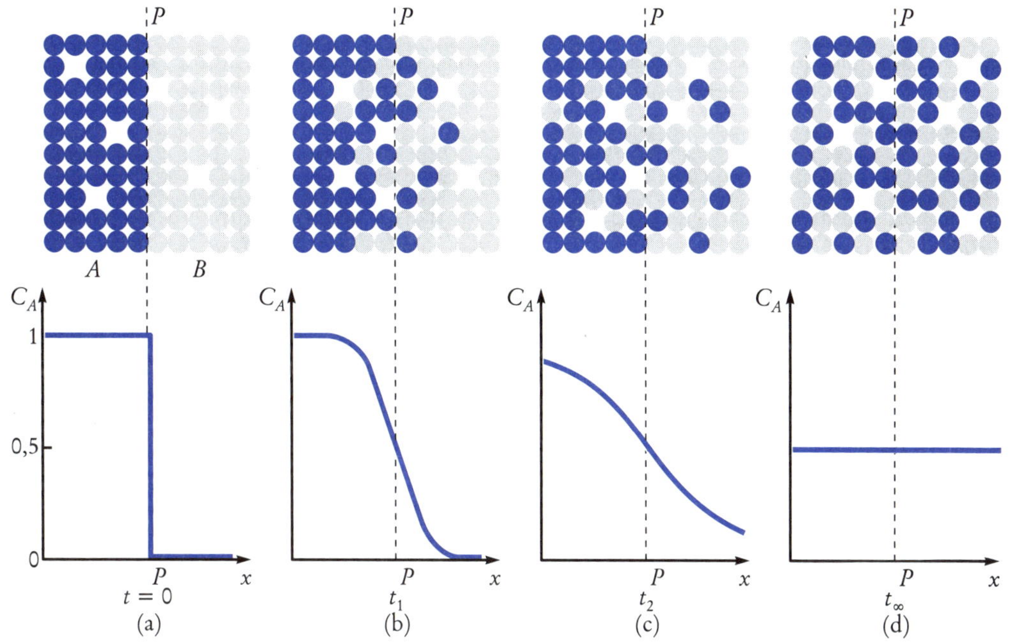

Figure 5.26 Schéma de l'évolution de la concentration C_A dans un couple de diffusion A–B en fonction du temps. Les composants A et B sont entièrement miscibles à l'état solide. Les atomes A diffusent dans le sens des x, vers la droite. Après un temps infini, la composition de l'échantillon est uniforme ; ce traitement correspond à une homogénéisation.

L'évolution de ce système exige que des atomes de l'élément A se déplacent vers la droite et traversent le plan P. Comme nous l'avons vu plus haut, le déplacement des atomes par diffusion est le résultat d'un grand nombre de sauts d'atomes dans des directions aléatoires. Avant que l'équilibre ne soit atteint, il y a plus d'atomes de A à gauche du plan P qu'il n'y en a à droite ; en toute probabilité, il y aura alors plus d'atomes de A qui traverseront le plan P en se dirigeant vers la droite qu'il n'y en aura en sens inverse. Il y a donc un *flux net* d'atomes de A qui traversent le plan P dans le sens des x. On détermine ce flux net, J_A, par unité de surface et de temps [at/(m^2·s)] grâce à la *première loi de Fick* :

$$J_A = -D_A \frac{dC_A}{dx} \tag{5.6}$$

où D_A est le coefficient de diffusion (m^2/s) de l'élément A dans B et dC_A/dx, le gradient de concentration de A mesuré au plan P ; ici la concentration est donnée en nombre d'atomes par unité de volume (at/m^3), et le gradient est calculé selon la direction du flux J_A. Le signe négatif de l'équation 5.6 vient du fait que le flux de diffusion se fait d'une zone riche à une zone pauvre en soluté : quand le gradient de concentration dC_A/dx est négatif, le flux net se produit dans le sens des x positifs.

Quand, après un temps infini, le corps est parfaitement homogène (fig. 5.23d), dC_A/dx est nul ; cela ne signifie pas que la diffusion ne se fait plus, mais que le flux net d'atomes A au travers du plan P devient nul : il y a maintenant autant d'atomes de A qui traversent le plan P dans un sens que dans l'autre.

La première loi de Fick s'applique aux cas de diffusion en régime stationnaire, c'est-à-dire où le gradient de concentration en un point reste constant dans le temps. À titre d'exemple, on peut citer le cas de la perméation d'un gaz au travers d'une membrane solide (par exemple une mince feuille de métal), les concentrations (ou pressions partielles) du gaz de part et d'autre de la membrane étant différentes mais gardant une valeur constante dans le temps.

Dans la majorité des cas industriels où la diffusion joue un rôle primordial, on ne retrouve pas les conditions d'équilibre définies ci-dessus et le gradient de concentration en un point particulier du solide varie dans le temps. La diffusion se fait alors hors équilibre et il faut tenir compte de l'influence du temps pour connaître la concentration en espèce diffusante en un point donné du solide. Ce sont des cas fréquents dans l'industrie, [mentionnons la cémentation ou la nitruration des aciers en atmosphère gazeuse (art. 10.3.3.2), le dopage des semi-conducteurs (art. 9.2.7.2), la dézincification des laitons sous vide, etc.]. La première loi de Fick (équat. 5.6) est alors inapplicable et c'est la *seconde loi de Fick* qui permet de connaître la variation de concentration de l'espèce diffusante en fonction du temps et de la distance :

$$\frac{\partial C}{\partial t} = \frac{\partial}{\partial x}\left(D\frac{\partial C}{dx}\right) \tag{5.7}$$

Si le coefficient de diffusion D est indépendant de la composition – ce qui est à vérifier, car ce n'est pas toujours le cas –, on peut simplifier l'équation 5.7 et l'écrire comme suit :

$$\frac{\partial C}{\partial t} = D\frac{\partial^2 C}{dx^2} \tag{5.8}$$

L'équation 5.8 est une équation aux dérivées partielles de second ordre. Sa résolution complète requiert la connaissance de deux conditions (conditions initiales et conditions aux limites). On a déjà établi les solutions correspondant à un grand nombre de cas, car l'équation 5.8 est formellement identique à l'équation de la chaleur (équation de Fourier), bien connue des thermiciens.

Prenons un exemple pratique de grand intérêt, soit la cémentation d'une pièce en acier (art. 10.3.3.2), où la concentration C_D de l'espèce diffusante (ici, le carbone) est maintenue constante au cours du temps à la surface du solide semi-infini (ici, la pièce d'acier). Par solide semi-infini, on entend le cas où la concentration initiale C_0 de l'espèce diffusante dans le solide reste constante dans le temps, à partir d'une certaine distance l de la surface. La figure 5.27 illustre la variation de la concentration C_x de l'espèce diffusante dans le solide semi-infini au cours du temps.

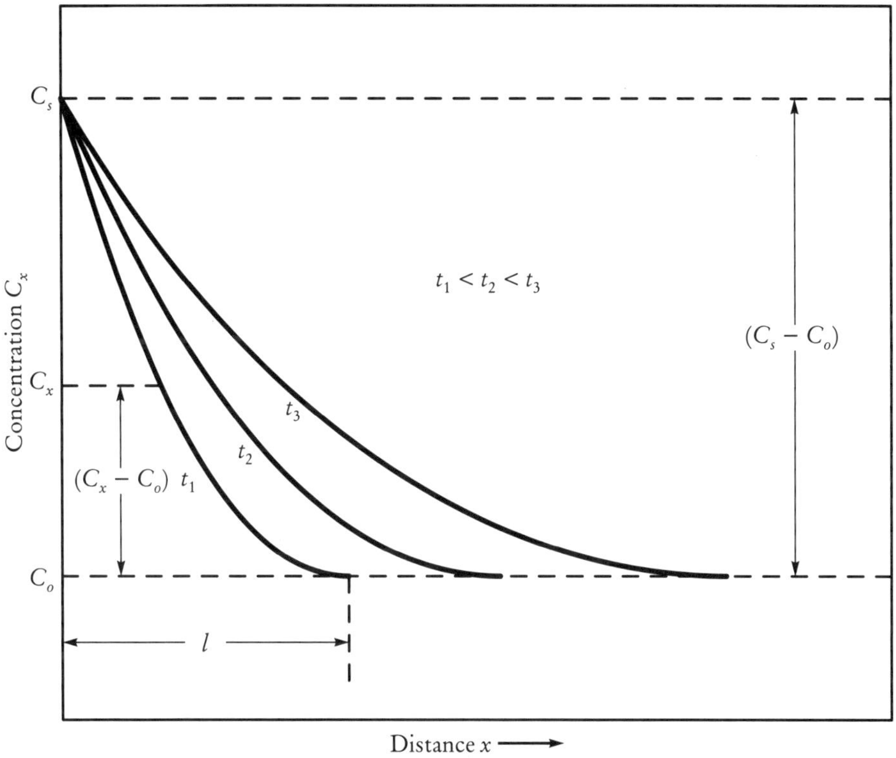

Figure 5.27 Profils de concentration de l'espèce diffusante en fonction de la distance et du temps dans le cas où les concentrations C_s et C_0 sont constantes dans le temps.

À la figure 5.27, la distance x a comme origine la surface et est portée le long de la normale à la surface du solide semi-infini ; le temps $t = 0$ est l'instant où le phénomène de diffusion débute. Dans ce cas de figure, les conditions aux limites sont les suivantes :

Pour $t = 0$, $C = C_0$ pour $0 \leq x \leq \infty$

Pour $t > 0$, $C = C_s$ pour $x = 0$

$C = C_0$ pour $x = \infty$

Avec ces conditions aux limites, la solution de l'équation 5.8 est la suivante :

$$\frac{C_x - C_0}{C_S - C_0} = 1 - \mathrm{erf}\left(\frac{x}{2\sqrt{Dt}}\right) \tag{5.9}$$

où C_x est la concentration à la distance x au bout du temps t et $\mathrm{erf}\left(x/2\sqrt{Dt}\right)$ est la *fonction erreur*, bien connue en statistique[3].

D'après l'équation 5.9, la concentration C_x en un point x du solide est donc parfaitement définie pour un temps de diffusion t donné, si on connaît la valeur du coefficient de diffusion D à la température considérée.

On remarquera que si l'on cherche à obtenir une certaine valeur C_1 à une distance $x = L$ de la surface, l'équation 5.9 conduit alors à la relation suivante :

$$\frac{L}{2\sqrt{Dt}} = \text{constante} \tag{5.10}$$

Cette relation permet d'estimer la distance L de diffusion en fonction du temps. Par exemple, si $D = 10^{-13}$ m²/s (valeur raisonnable pour la diffusion d'atomes en solution de substitution au voisinage de la température de fusion), la distance moyenne parcourue par l'espèce diffusante sera d'environ 1 mm en un mois, de 0,1 mm en 7 h et de 0,01 mm en 4 min.

Le coefficient de diffusion D varie en fonction de la température selon une loi d'Arhénius :

$$D = D_0 \exp\left(-\frac{Q_a}{RT}\right) \tag{5.11}$$

où D_0 est une constante, Q_a est l'énergie d'activation de la diffusion (J/mol), T est la température absolue et R la constante des gaz parfaits [8,31 J/K]. La figure 5.28 montre la variation du coefficient de diffusion du zinc dans le cuivre solide, de celui du carbone dans le fer–α (c.c.) et dans le fer–γ (c.f.c.) ainsi que de celui du cuivre dans l'aluminium soit solide, soit liquide, en fonction de la température. On remarque ici l'importance de la température sur la valeur de D à l'état solide : au voisinage du point de fusion de l'aluminium, une variation de température de 20 °C fait varier D d'un facteur 2. À l'état liquide, par contre, la valeur du coefficient de diffusion varie relativement peu avec la température. Dans les métaux liquides, les coefficients de diffusion, pour des solutés en solution de substitution, restent relativement constants d'un élément à l'autre ; ces coefficients sont généralement compris entre 10^{-8} et 10^{-9} m²/s, soit environ 10 000 fois plus élevés qu'ils ne le sont à l'état solide, près de la température de fusion.

---

3. La fonction erreur est la suivante :

$$\mathrm{erf}(z) = \frac{2}{\sqrt{\pi}} \int_0^z e^{-y^2}\, dy$$

Dans l'équation 5.9, le terme $\mathrm{erf}\left(x/2\sqrt{Dt}\right)$ représente la variable z. On trouvera à l'appendice G les valeurs de erf (z) pour plusieurs valeurs de z.

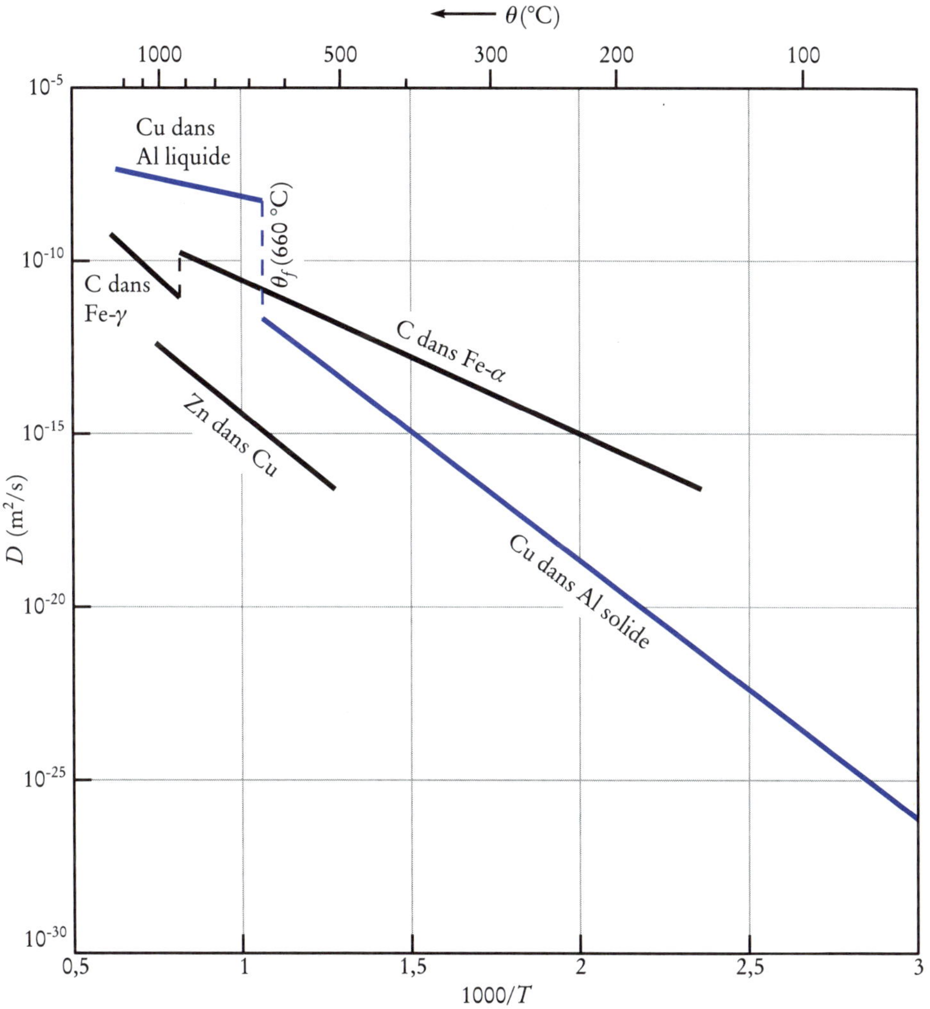

Figure 5.28 Influence de la température sur le coefficient de diffusion de Zn dans Cu, de C dans Fe–α (c.c.) et dans Fe–γ (c.f.c.) et de Cu dans Al solide ou liquide.

Le tableau 5.1 donne les valeurs des constantes de diffusion D_0 et Q_a pour divers couples de diffusion.

Tableau 5.1 Valeurs des constantes de diffusion D_0 et Q_a pour la diffusion de quelques systèmes à l'état solide

	Solvant	Soluté	D_0 (10^{-4} m^2/s)	Q_a (kJ/mol)	Q_a (eV/at)
Autodiffusion	Fe α	Fe	2,8	250	2,60
	Fe γ	Fe	0,5	284	2,94
	Cu	Cu	0,2	197	2,05
	Ag	Ag	0,4	184	1,92
	Si	Si	0,032	410	4,26
Diffusion d'atomes en solution de substitution	Cu	Al	0,045	165	1,71
	Al	Cu	0,65	140	1,42
	Cu	Zn	0,34	191	1,98
	Fe γ	Ni	0,77	280	2,90
	Si	P	0,39	201	2,08
Diffusion d'atomes en solution d'insertion	Fe α	C	0,0062	80	0,83
	Fe γ	C	0,23	148	1,53
	Fe α	N	0,003	76	0,81
	Fe α	H	0,001	13,4	0,14

5.3.3 Applications de la diffusion

Dans une très large mesure, la microstructure et les propriétés des matériaux sont définies par les transferts d'atomes qui ont pu s'y produire. Il est par conséquent nécessaire, au cours des diverses étapes de fabrication, de contrôler de façon précise les cycles thermiques imposés aux matériaux (vitesse de chauffage, temps de maintien à la température voulue, vitesse de refroidissement). C'est pourquoi il n'est guère de procédés d'élaboration ou de fabrication des matériaux dans lesquels la diffusion n'intervient pas : souvent même, elle contrôle les propriétés finales des produits. Sans vouloir en faire une liste exhaustive, nous mentionnerons ici quelques-uns de ces procédés.

Homogénéisation. Après solidification, un alliage est rarement homogène, comme nous le verrons à l'article 5.4.3. Un traitement d'homogénéisation (maintien à haute température à l'état solide) permet alors de remédier à une partie de la ségrégation dont il est le siège.

Traitements thermiques. Les traitements thermiques permettent de contrôler la microstructure des alliages et, partant, leurs propriétés. La trempe et le revenu des aciers ainsi que la trempe et le vieillissement des alliages d'aluminium en sont des exemples qui seront traités au chapitre 6.

Cémentation des aciers. En faisant diffuser à la surface d'un acier doux (0,2 % C) à l'état solide du carbone ou de l'azote sur une profondeur pouvant atteindre quelques millimètres, on modifie, en surface, la composition de l'acier et ses propriétés (plus grande résistance à l'usure, meilleure tenue en fatigue).

Soudage et brasage. Dans le soudage des métaux, il y a fusion du métal de base, qu'il y ait ou non un métal d'apport ; dans le brasage par contre, seul le métal d'apport est porté à l'état liquide (brasage de l'acier avec des alliages à base de cuivre ou du cuivre avec un alliage Pb–Sn, par exemple, comme en plomberie). Dans tous les cas, il y a diffusion, ce qui permet d'obtenir une liaison métallique continue entre les pièces à assembler.

Oxydation des métaux. La cinétique d'oxydation des métaux (sujet traité au chapitre 9) est gouvernée par la diffusion dans la couche superficielle d'oxyde : diffusion de l'espèce oxydante vers le métal ou des ions métalliques vers la surface extérieure.

Dopage des semi-conducteurs. La conductivité électrique des semi-conducteurs (Ge ou Si) varie considérablement selon le type d'éléments qui leur sont ajoutés en très faible concentration (art. 9.2.7.2). C'est en contrôlant la diffusion des impuretés dans la matrice que l'on obtient des jonctions n-p et que l'on peut fabriquer les transistors, les circuits intégrés, les mémoires et les unités centrales de traitement des ordinateurs.

Modification chimique des verres. En faisant diffuser des ions de grosse taille dans les verres (K, Rb, Cs, par exemple), on modifie les propriétés en surface : coefficient de dilatation, contraintes résiduelles de compression, résistance aux chocs thermiques accrue (art. 13.5.2.3).

Frittage. Le frittage permet, à partir d'une poudre, d'obtenir des produits solides sans qu'il y ait fusion. Ce procédé s'applique tant aux métaux (*métallurgie des poudres*) qu'aux céramiques dont c'est l'une des principales méthodes de fabrication.

La fabrication des pièces frittées comporte en général deux étapes : la compaction de la poudre et le frittage proprement dit. La première étape permet de donner à la pièce la forme voulue. La compaction de poudre met les particules en contact intime, et la pièce peut ensuite être manipulée même si ses propriétés mécaniques très faibles la rendent friable. La seconde étape, le frittage proprement dit, est une cuisson à haute température, à l'état solide ; à partir des points de contact entre les particules, il y a établissement de liaisons par diffusion à l'état solide et croissance des surfaces de jonction. La figure 5.29 illustre le résultat du frittage partiel d'une poudre métallique. Entre les particules restent des *pores*, vides, dont la taille varie selon les paramètres du frittage (temps et température). À la limite, il est possible d'obtenir des produits frittés à peu près exempts de pores, en particulier si le frittage est réalisé sous pression hydrostatique, qui accélère les mécanismes de diffusion.

Le contrôle de la porosité des céramiques (fraction volumique, taille, géométrie des pores) permet de faire varier leurs propriétés et d'obtenir des produits aux caractéristiques désirées (propriétés thermiques et mécaniques). Par la métallurgie des poudres, on fabrique des coussinets poreux qui, après avoir été imprégnés d'huile, n'ont plus besoin d'être graissés (coussinets autolubrifiants).

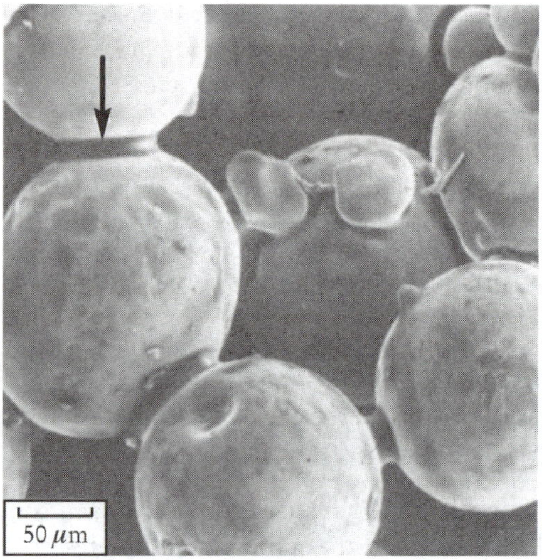

Figure 5.29 Poudre métallique partiellement frittée ; la flèche indique la jonction établie entre deux particules. Cette jonction est appelée le col de diffusion.

5.4 Phénomènes liés à la solidification

Au cours de l'une ou l'autre des étapes de leur élaboration ou de leur mise en forme, la majorité des matériaux – en particulier les métaux – passent de l'état liquide à l'état solide. Les phénomènes qui se produisent à la solidification revêtent une importance primordiale : en effet, les structures qui s'y développent, et qui dépendent dans une très large mesure des conditions dans lesquelles la transformation liquide-solide s'est produite, ont une influence marquée sur les propriétés finales des matériaux, quelles que soient les étapes ultérieures de fabrication. Les principaux paramètres qui dépendent des conditions de solidification sont la taille des grains formés et leur orientation, la taille des particules de secondes phases et leur état de dispersion et la distribution des éléments d'alliages dans la structure.

5.4.1 Solidification d'un métal pur

5.4.1.1 Équilibre liquide-solide

À la température de fusion θ_f (T_f en kelvins) d'un métal pur, il y a équilibre entre les phases liquide et solide :

$$L \leftrightarrow S \tag{5.12}$$

Cet équilibre signifie qu'à T_f l'énergie libre du liquide, G_L, est égale à l'énergie libre du solide, G_S :

$$(G_L = G_S)_{T_f} \tag{5.13}$$

Quand l'équilibre décrit par l'équation 5.12 se déplace vers la droite, la solidification progresse : le taux d'atomes passant de la phase liquide à la phase solide (taux de solidification) est supérieur au taux de fusion. Cette réaction est exothermique, la chaleur latente de solidification L doit être extraite du système pour que la transformation progresse. De plus, pour que la solidification se produise, il faut que la variation d'énergie libre du système S–L soit négative : $\Delta G = (G_S - G_L) < 0$. À une température T différente de T_f, la variation d'énergie libre par unité de volume est

$$\Delta G_V = -\frac{L\left(T_f - T\right)}{T_f} \tag{5.14}$$

Pour qu'il y ait solidification ($\Delta G < 0$), le terme $(T_f - T)$ doit être positif, c'est-à-dire que $T < T_f$. La différence $(T_f - T)$ entre la température de la réaction et la température de fusion s'appelle *surfusion*.

5.4.1.2 Germination et croissance

Pour que la solidification puisse se produire, il doit exister dans le liquide des *germes* de solide ; la solidification résulte de la *croissance* de ces germes solides aux dépens du liquide.

L'étape de la *germination* du solide au sein du liquide précède la solidification proprement dite et détermine en grande partie la structure et les propriétés du solide.

Germination homogène. Dans un liquide, il existe, statistiquement, un ordre à courte distance (art. 3.1.3). Les atomes y sont en mouvement continuel, et il est toujours probable, dans ces conditions, qu'un certain nombre d'atomes se regroupent momentanément sous la forme d'un amas ayant la structure du solide. À une température supérieure à la température de fusion T_f, ces amas sont instables et se défont spontanément, car leur présence entraîne une augmentation de l'énergie libre du système (à $T > T_f$, $G_S > G_L$). Au-dessous de la température de fusion, cependant, ces amas peuvent devenir stables et constituer des germes solides.

Examinons les conditions de stabilité des germes solides au sein du liquide. Supposons que, dans le liquide en surfusion ($T < T_f$), il existe un germe sphérique de rayon r. Si ΔG_V représente la variation d'énergie libre par unité de volume entre la phase liquide et la phase solide ($\Delta G_V = G_S - G_L$), l'apparition d'un germe solide de rayon r entraînera une diminution de l'énergie libre du système, car à $T < T_f$, $G_L > G_S$. Cette diminution d'énergie ΔG_1 est proportionnelle au volume du germe :

$$\Delta G_1 = \Delta G_V \, \frac{4}{3}\pi r^3 \tag{5.15}$$

Dans le bilan énergétique global, un second terme doit cependant être ajouté : le germe solide est séparé du liquide par une interface. Si γ_{S-L} est l'énergie surfacique de cette interface, la présence du germe augmente l'énergie libre du système d'une valeur ΔG_2 proportionnelle à la surface du germe :

$$\Delta G_2 = \gamma_{S-L}\left(4\pi r^2\right) \tag{5.16}$$

La variation globale ΔG de l'énergie libre du système, causée par l'apparition d'un germe de rayon r, correspond donc à la somme des relations 5.15 et 5.16 :

$$\Delta G = \Delta G_V \frac{4}{3}\pi r^3 + \gamma_{S-L}\, 4\pi r^2 \tag{5.17}$$

La figure 5.30 représente cette relation. D'après la relation 5.17, un germe n'est stable qu'à partir du moment où son rayon atteint une valeur critique r^*, obtenue lorsque $d\Delta G/dr = 0$ et égale à :

$$r^* = -\frac{2\gamma_{S-L}}{\Delta G_V}$$

En combinant cette relation avec la relation 5.14, on obtient :

$$r^* = \frac{2\gamma_{S-L}\, T_f}{L\Delta T} \tag{5.18}$$

où L est la chaleur latente de solidification et ΔT, la surfusion $(T_f - T)$.

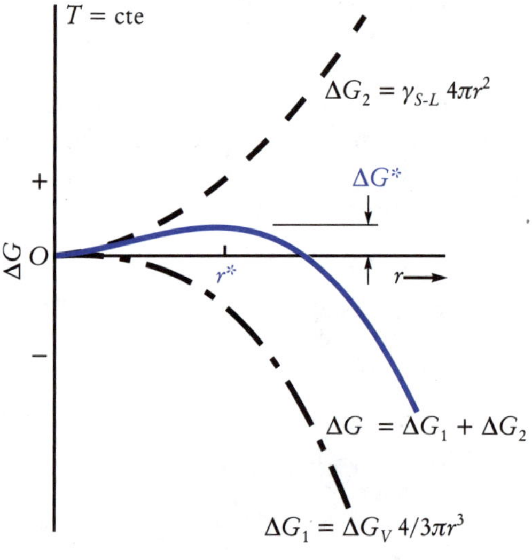

Figure 5.30 Relation entre le rayon r d'un germe et la variation de l'énergie libre ΔG du système L–S due à la présence de ce germe ; r^* est le rayon critique du germe, et ΔG^* la barrière de potentiel que le germe doit franchir pour atteindre sa taille critique et être en mesure de croître si la surfusion ΔT est suffisante.

Un germe dont le rayon est supérieur au rayon critique r^* a tendance à croître, car une augmentation de son rayon entraîne une diminution de l'énergie libre du système (fig. 5.30). Par contre, si $r < r^*$, le germe aura tendance à se dissoudre dans le liquide. On remarque, par la relation 5.18, que $r^* = \infty$ à T_f ($\Delta T = 0$) et que le rayon critique d'un germe est inversement proportionnel à la surfusion ΔT.

Voici un exemple d'ordres de grandeur, dans le cas du cuivre : à un rayon critique de 0,01 μm correspond une surfusion de 30° et à un rayon critique de 1 μm, une surfusion de 0,3°. On se rend alors compte que la notion de «rayon de courbure infini», ou interface plane, est toute relative. La figure 5.31 donne la relation entre le rayon critique d'un germe de cuivre et la surfusion. Pour les métaux, à une surfusion ΔT donnée, la taille critique des germes est toujours du même ordre de grandeur.

Pour atteindre la taille critique r^*, un germe doit franchir la barrière de potentiel ΔG^* représentée à la figure 5.30. Afin d'obtenir cette valeur ΔG^*, il suffit de remplacer, dans la relation 5.17, ΔG_V par sa valeur définie grâce à la relation 5.14 et r par sa valeur critique r^* donnée par la relation 5.18. La valeur ΔG^* de la barrière de potentiel est ainsi donnée par la relation suivante :

$$\Delta G^* = \left(\frac{16\pi\gamma_{S-L}^3 \, T_f^2}{3L^2} \right) \frac{1}{\Delta T^2} \tag{5.19}$$

On remarque que cette barrière de potentiel ΔG^* est inversement proportionnelle au carré de la surfusion ΔT, c'est-à-dire qu'elle décroît rapidement quand la surfusion ΔT augmente.

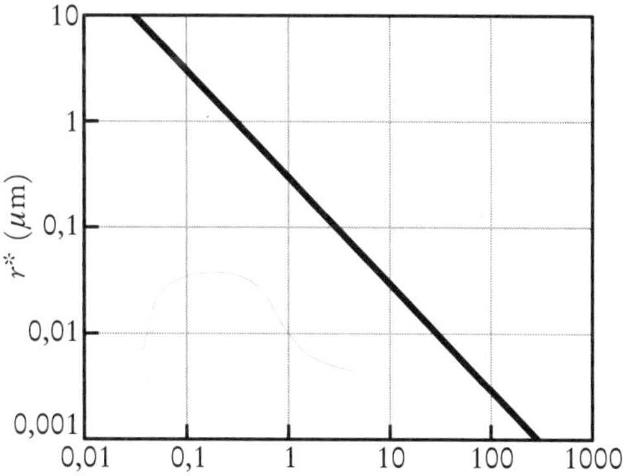

Figure 5.31 Valeurs du rayon critique r^* des germes de cuivre solide en fonction de la surfusion ΔT.

On peut considérer qu'à l'équilibre, un liquide contient, à un instant donné, un certain nombre d'amas d'atomes dont la structure correspond à celle du solide (fig. 3.6). Tant que la taille de ces amas reste inférieure à la taille critique r^* d'un germe, il ne peut y avoir solidification, et ces amas disparaissent. Cependant, si la température est telle que la taille de ces amas est supérieure à la taille critique r^*, il y a germination, puis croissance. Le critère qui détermine si un liquide va demeurer en surfusion (état métastable) est donc la relation entre la taille du plus gros amas ordonné et le diamètre critique à la température considérée.

En première approximation, on peut considérer que dans un métal liquide, le coefficient de diffusion D et la viscosité sont indépendants de la température. Le diamètre moyen des amas qui se forment au hasard dans le liquide est alors à peu près indépendant de la surfusion, et il y aura germination spontanée quand la relation 5.18 sera satisfaite. Cet état est schématisé à la figure 5.32. Dans ces conditions, on comprend que le taux de germination (nombre de germes ayant le diamètre critique par unité de temps, dN^*/dt) dans un métal liquide suive, en fonction de ΔT, l'allure de la courbe de la figure 5.33a. À ΔT^*, le taux de germination homogène devient très élevé. Par contre, dans un liquide comme le verre, la viscosité et le coefficient de diffusion varient fortement quand la température s'abaisse (augmentation de la viscosité et diminution du coefficient de diffusion). Le taux de germination n'atteint jamais alors des valeurs très importantes (fig. 5.33b), et il est possible dans ces conditions d'obtenir un solide amorphe à température ambiante. Dans le cas des métaux, cette condition est très difficile à réaliser et requiert des vitesses de refroidissement du liquide de l'ordre de 10^6 °C/s. Dans ce cas, ce n'est pas tant la germination qui est freinée que la croissance des germes.

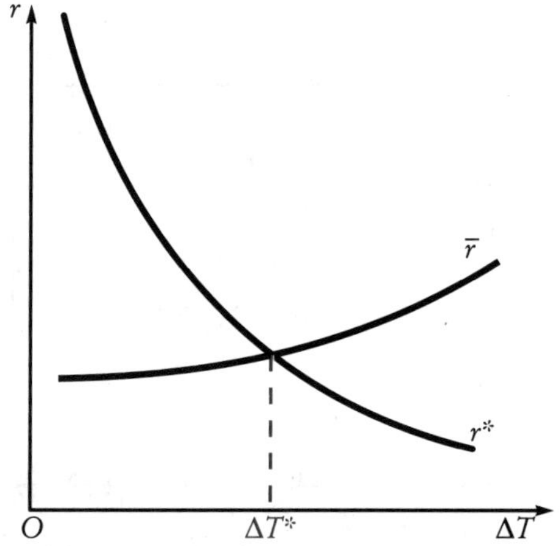

Figure 5.32 Représentation schématique de la surfusion ΔT^* nécessaire pour obtenir une germination homogène ; r^* représente la variation du rayon critique d'un germe en fonction de la surfusion ΔT, et $\bar{r}$, le diamètre moyen des amas qui se forment de façon aléatoire dans le liquide.

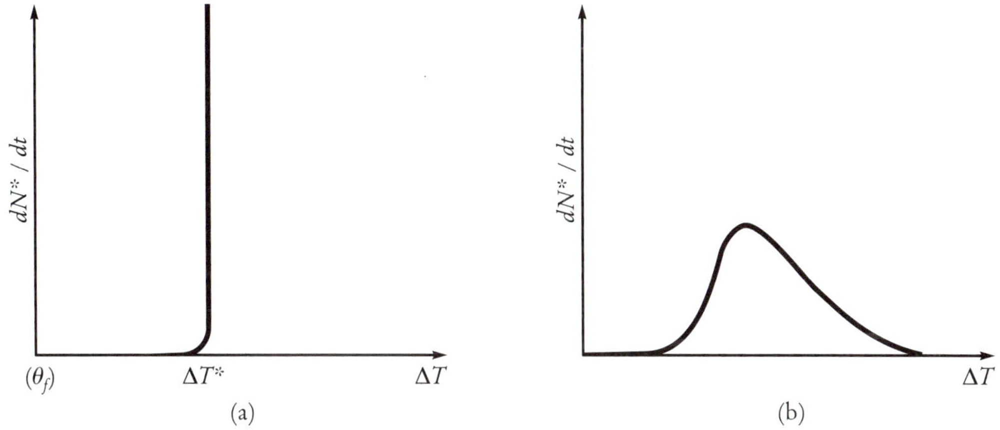

Figure 5.33 Variation du taux de germination dN^*/dt en fonction de ΔT : a) cas des métaux ; b) cas d'un liquide visqueux comme le verre.

Dans les métaux, le degré critique de surfusion nécessaire à la germination homogène est de l'ordre de 0,2 T_f. À cette température, le germe a un rayon critique d'environ 1 nm et contient approximativement 300 atomes. C'est ce qui explique que la solidification des métaux ne se fait par germination homogène que dans des circonstances exceptionnelles, où l'on doit éviter tout autre mode de germination.

Germination hétérogène. En pratique, la surfusion dépasse rarement quelques degrés avant que ne débute la solidification : il n'y a pas alors de germination homogène ; celle-ci se fait soit sur des particules d'impureté, soit à la surface du moule. On dit qu'il y a *germination hétérogène*.

Au lieu de se former spontanément au sein du liquide, le germe se forme à la surface d'un substrat. La forme du germe n'est plus une sphère, comme dans le cas de la germination homogène, mais une calotte sphérique de rayon r^*. L'angle de contact entre le germe et le substrat dépend des propriétés de surface entre le liquide, le germe solide et le substrat. La figure 5.34 représente un tel germe. Quand le rayon du germe atteint la valeur critique r^*, il peut croître, et c'est le début de la solidification.

La stabilité d'un germe dépend du rayon de courbure de l'interface liquide-solide et non du nombre total d'atomes du germe. Ainsi, la probabilité de formation d'un germe ayant la forme d'une calotte sphérique de rayon r^* est beaucoup plus grande que celle de la formation d'un germe sphérique de même rayon, car dans le second cas, le nombre d'atomes du germe est nettement plus grand. Par exemple, si les amas de solide qui se forment spontanément dans le liquide contiennent environ 300 atomes, le rayon critique du germe de forme sphérique sera d'environ 1 nm dans le cas d'une germination homogène, et la surfusion est d'environ 300 K (pour le cuivre) ; par contre, si le même nombre d'atomes forme, par germination hétérogène, une calotte sphérique dont l'angle de contact avec le substrat est de 15°, le rayon de cette calotte est de 10 nm environ, et la surfusion requise n'est plus que d'une trentaine de degrés (fig. 5.31).

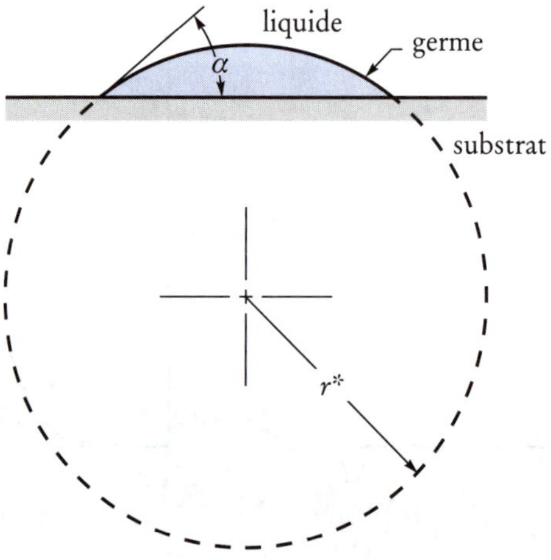

Figure 5.34 Germination hétérogène sur un substrat solide ; α est l'angle de contact entre le germe et le substrat sur lequel se fait la germination hétérogène.

Une fois la germination amorcée, les germes croissent et leur rayon augmente, ce qui fait en sorte que la température d'équilibre à l'interface augmente aussi, réduisant d'autant la surfusion. Quand le rayon des particules solides atteint quelques dizaines de micromètres, on peut à toutes fins utiles les considérer comme ayant un rayon infini, et la solidification se poursuit à la température de fusion T_f. La figure 5.35 illustre l'évolution de la température du liquide au cours de la solidification. La germination se produit au point A avec une surfusion ΔT, et, entre A et B, les germes croissent. Pendant cette étape, la chaleur latente de solidification est évacuée dans le liquide en surfusion, dont la température augmente pour atteindre T_f au point B. En C, la solidification est terminée.

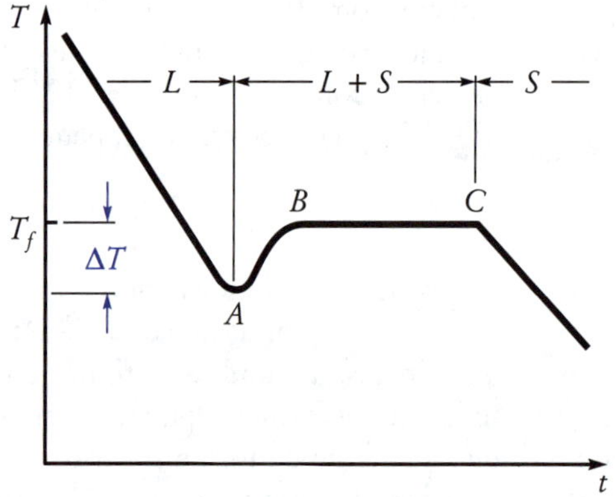

Figure 5.35 Évolution de la température au cours de la solidification. La germination se produit en A avec une surfusion ΔT ; de B à C, la solidification se poursuit à la température de fusion T_f.

On comprend l'importance de la germination hétérogène : plus le nombre de sites de germination hétérogène par unité de volume du liquide est élevé, plus le nombre de germes formés est grand ; comme chaque germe forme un grain dans le solide, la taille des grains est alors d'autant plus petite. Souvent, lors de la coulée des métaux, on leur ajoute des impuretés qui seront autant de sites de germination. Ces impuretés sont appelées des *inoculants*, par exemple du titane ou du bore dans l'aluminium, du ferrosilicium dans les fontes et du zirconium dans le magnésium. Le rôle des inoculants est de produire des structures à grains fins, ce qui améliore nettement les propriétés mécaniques (art. 6.1.2).

5.4.2 Solidification des alliages

Ce que nous venons de décrire s'applique également aux alliages : avant que la solidification ne débute, il doit y avoir germination. Dans ce cas, cependant, la solidification doit simultanément s'accompagner d'une redistribution de soluté entre le solide et le liquide.

La solidification d'un alliage monophasé, telle que nous l'avons décrite à l'article 5.2.2, est une solidification qui se poursuit totalement à l'équilibre : à toute température θ_i comprise dans l'intervalle de solidification $(\theta_L - \theta_S)$ [fig. 5.2], tout le solide a la composition C_S et tout le liquide, la composition C_L. Une fois la solidification terminée, tout l'alliage est homogène, et sa composition, en tout point, est C_0. En pratique, une solidification entièrement à l'équilibre, telle que nous l'avions décrite, ne peut jamais se produire : le temps requis pour que la composition du solide s'uniformise continuellement par diffusion du soluté serait excessivement long. Nous avons vu, par exemple, que la diffusion dans le solide à la température de fusion permet aux atomes de soluté de parcourir environ 1 mm en 1 mois !

De façon tout à fait raisonnable, nous pouvons admettre que dans le solide en cours de solidification la diffusion a un effet négligeable sur la redistribution du soluté. Cette hypothèse est tout à fait vérifiée dans le cas des solutions de substitution ($D_S \approx 10^{-13}$ m^2/s). Par contre, dans le liquide, la diffusion doit se produire ($D_L \approx 10^{-9}$ m^2/s), car à tout moment les compositions du solide et du liquide en contact à l'interface de solidification doivent être C_S et C_L. Dans de telles conditions de solidification, il y a apparition de différences de concentration dans le solide. Il faut alors considérer deux cas distincts : soit la composition du liquide est toujours uniforme et la distribution du soluté dans le liquide se fait tant par diffusion que par convection, soit la composition du liquide varie à partir de l'interface et la distribution du soluté ne s'y fait que par diffusion.

Diffusion et convection dans le liquide. Considérons un alliage A–B (voir le diagramme d'équilibre de la figure 5.36) de composition C_0 et à l'état liquide. Au cours du refroidissement, quand l'ensemble atteint la température θ_L, les germes solides qui se forment ont une composition C_1. À une température θ_i, la composition du solide à l'*interface* est C_S, et celle de tout le liquide qui l'entoure est C_L. Comme la composition du solide ne varie presque pas une fois qu'il s'est formé, la *composition moyenne* du solide doit être comprise entre C_1 et C_S ; elle est représentée par le point B à la figure 5.36. La solidification est terminée quand la composition moyenne du solide est égale à C_0, c'est-à-dire au point C. Dans ces conditions, on remarque que la composition du solide varie de C_1, obtenue en début de solidification, à C_F, à la fin de la solidification. De plus, l'intervalle de solidification se trouve augmenté : au lieu de se terminer à θ_S comme le prévoit le diagramme d'équilibre, la solidification se termine à une température θ_F inférieure à θ_S.

La figure 5.37 représente la variation de composition du solide entre le centre d'un grain ainsi solidifié et le point où la solidification s'est terminée, au joint de grain formé par la rencontre de deux grains. Il y a eu rejet de soluté du centre du grain vers son bord. Une telle hétérogénéité de composition s'appelle *ségrégation*.

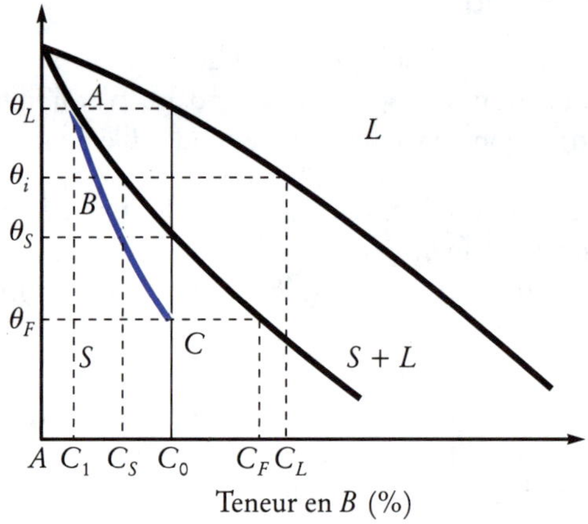

Figure 5.36 Évolution de la composition moyenne du solide en cours de solidification selon la ligne AC (cas où la composition du liquide est uniforme).

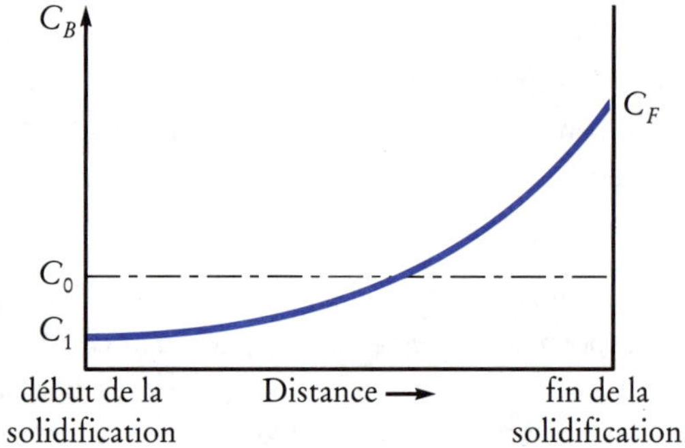

Figure 5.37 Variation de la composition du solide après solidification (cas où la composition du liquide est uniforme) à partir du centre du grain.

Diffusion seule dans le liquide. Dans ce cas-ci, la redistribution du soluté dans le liquide ne se fait que par diffusion, sans qu'il y ait de convection ou de mélange. Tout comme dans le cas précédent, la composition des premiers germes de solide à apparaître est C_1. Cependant, en régime permanent, la composition moyenne du liquide reste égale à C_0, à l'exception d'une faible couche de diffusion où la concentration y est supérieure. La composition moyenne du solide est également C_0. Toutefois, pour que l'équilibre thermodynamique soit maintenu, la composition du liquide à l'interface doit être C_L et la température de l'interface, θ_S. La figure 5.38 représente la variation de concentration dans le liquide devant le front de solidification en régime permanent. Pour les vitesses usuelles de solidification, la couche de diffusion a une épaisseur de l'ordre de 0,1 à 1 mm. La figure 5.39 représente la variation de la composition d'un grain ainsi solidifié.

Quand la solidification se poursuit de cette façon, et c'est le cas général, il se produit, en avant du front de solidification, une *surfusion structurale*, ce que représente la figure 5.40. En avant du front de solidification, la composition du liquide, dans la couche de diffusion, varie de C_L à C_0 ; cela implique que la température du liquidus de l'alliage A–B varie de θ_S à θ_L dans la couche de diffusion (fig. 5.40c, courbe F). Cependant, la température réelle du liquide, gouvernée par le taux d'extraction de chaleur du moule contenant l'alliage, est représentée, sur la même figure, par la droite E. Sur une distance x_{SS} en avant du front de solidification, la température réelle du liquide est inférieure à la température du liquidus : c'est la zone où il y a *surfusion structurale*. La distance x_{SS} dépend des conditions de refroidissement : si le métal est coulé dans un moule dont la conductivité thermique est élevée (moule métallique), le gradient réel de température dans le liquide (pente de la droite E) est élevé, et la surfusion structurale ne se manifeste que sur une courte distance ; par contre, dans un moule isolant (moule en sable ou en plâtre, par exemple), le gradient est très faible et la distance x_{SS}, importante. De même, la valeur de ce gradient de température diminue au fur et à mesure que la solidification progresse dans le temps.

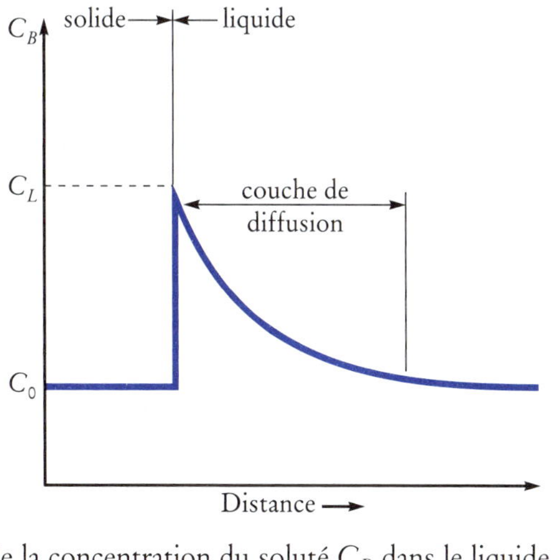

Figure 5.38 Variation de la concentration du soluté C_B dans le liquide devant le front de solidification (diffusion seule dans le liquide, régime permanent).

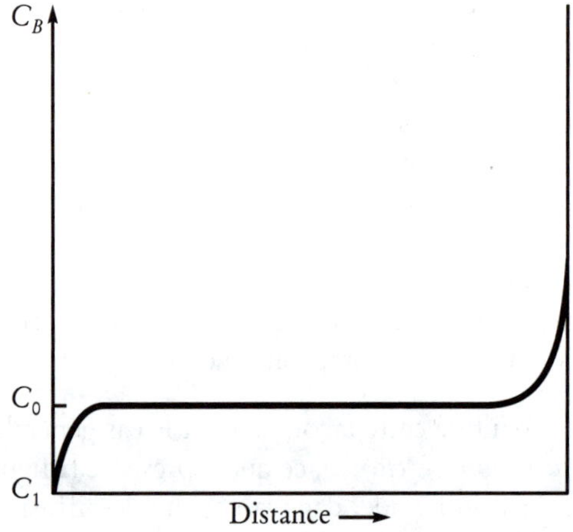

Figure 5.39 Variation de la composition entre le centre et le bord d'un grain (diffusion seule dans le liquide).

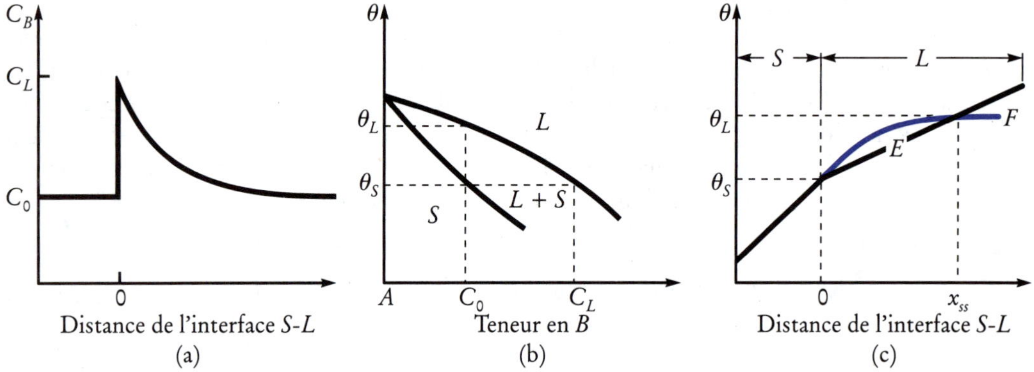

Figure 5.40 Représentation de la surfusion structurale : a) variation de la concentration C_B du soluté en avant du front de solidification ; b) diagramme d'équilibre du système A–B ; c) variation des températures autour du front de solidification.

Les phénomènes de ségrégation et la surfusion structurale accompagnant la solidification des alliages ont une très grande influence sur les structures et les propriétés des pièces de fonderie.

5.4.3 Structures de solidification

Le gradient de température à l'intérieur du liquide et, partant, la distance sur laquelle se produit la surfusion structurale ont une influence marquée sur la morphologie du métal solidifié. À cause de la surfusion structurale, les alliages se solidifient en formant une structure particulière, la *structure dendritique*.

5.4.3.1 Croissance dendritique

Une fois la germination amorcée, il y a croissance, avec rejet de soluté dans le liquide : il s'établit alors, en avant du front de solidification, une zone où il y a surfusion structurale ; la température du liquide y est inférieure à la température du liquidus. Dans ces conditions, l'interface de solidification ne peut plus rester plane ou régulière, car il y a instabilité : si une légère protubérance apparaît sur le solide à l'interface solide-liquide, elle se trouve dans un liquide en surfusion, et sa croissance progresse plus rapidement que celle de l'ensemble du front de solidification. La protubérance, en se développant, donne naissance à une *dendrite*, de forme arborescente (fig. 5.41). La croissance se fait plus rapidement le long de l'axe de la dendrite, et des ramifications se développent. L'axe de croissance des dendrites correspond à des directions cristallographiques particulières du solide : directions $<001>$ pour les structures c.c. et c.f.c., $<10\bar{1}0>$ dans les structures h.c. La formation des cristaux de neige ou celle du givre sur une vitre sont des exemples facilement observables de croissance dendritique. L'axe principal de croissance d'une dendrite est celui de la direction d'extraction de la chaleur. La longueur de la dendrite en avant du front de solidification est, grosso modo, celle de la zone de surfusion structurale.

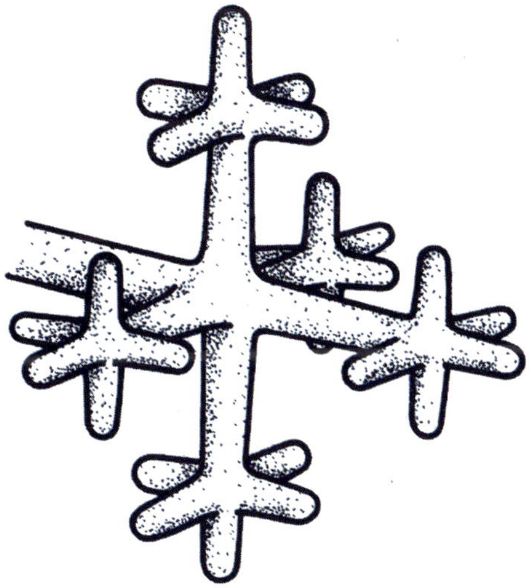

Figure 5.41 Schéma d'une dendrite. À partir de la branche primaire se développent des ramifications secondaires et tertiaires.

5.4.3.2 Structure générale d'une pièce solidifiée

Une pièce brute de solidification présente en général trois zones distinctes dont la formation dépend des conditions de refroidissement : une zone de peau, une zone basaltique et une zone équiaxe (fig. 5.42).

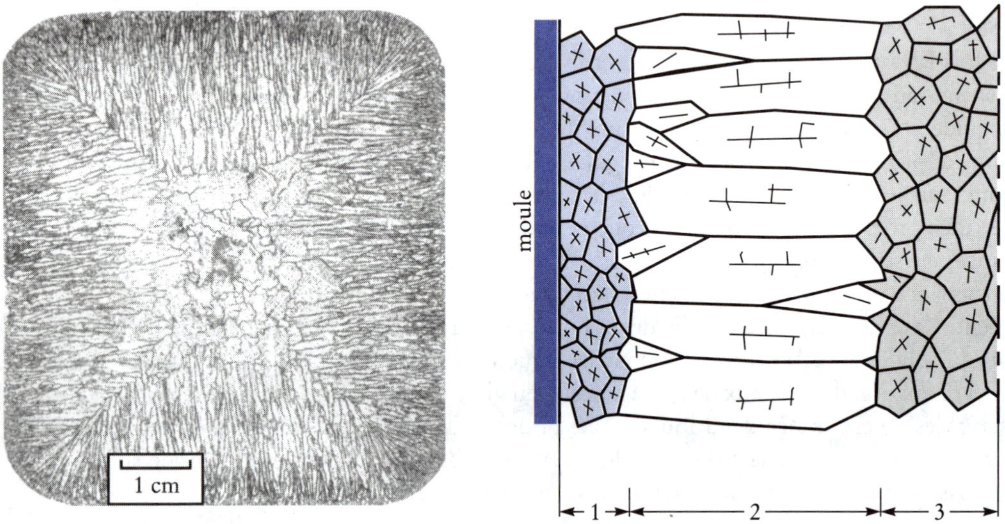

(a) (b)

Figure 5.42 a) Photographie de la coupe transversale d'un lingot d'acier montrant les structures de solidification. b) Schéma des diverses zones de solidification, de la surface en contact avec le moule au centre du lingot (l'axe principal des dendrites est représenté dans les grains) : 1. zone de peau ; 2. zone basaltique ; 3. zone équiaxe.

Zone de peau. Quand le métal en fusion entre en contact avec un moule dont la température est de loin inférieure à celle du liquidus, il est brusquement refroidi, et la germination s'y fait rapidement. Il se forme alors dans le métal un réseau de nombreux cristaux dendritiques orientés au hasard. Dans cette zone, la distance sur laquelle il y a surfusion structurale est faible, car le gradient de température dans le liquide est élevé.

Zone basaltique. Une fois la zone de peau formée, le gradient de température dans le liquide diminue, et la distance de surfusion structurale augmente. La croissance dendritique des grains se poursuit, mais ceux dont les dendrites ont un axe parallèle au flux de chaleur croissent plus rapidement que les autres ; dans la zone basaltique, les grains ont tous, à peu de chose près, la même orientation et la même section. La longueur des grains basaltiques peut atteindre plusieurs centimètres.

Zone équiaxe. En fin de solidification, l'évolution de la zone basaltique est limitée par la germination de nombreux cristaux au sein du liquide restant, qui est totalement en surfusion. Cette germination est hétérogène et se produit très souvent sur des débris de dendrites. Dans cette zone, les grains sont orientés au hasard, d'où le qualificatif d'équiaxe.

Dans une pièce de fonderie, toutes ces zones ne sont pas forcément présentes. Par exemple, la zone de peau peut s'étendre à tout le volume solidifié lorsque l'évacuation de chaleur à partir de la surface du moule est très rapide (moules métalliques ou coquilles) et que l'épaisseur de la pièce est faible. Par contre, dans un métal commercialement pur, la surfusion est insuffisante pour que la zone équiaxe centrale puisse se former, et la structure basaltique s'étend alors jusqu'au coeur de la pièce ou du lingot. La figure 5.43 illustre cet effet dans le cas d'un lingot de cuivre de pureté commerciale.

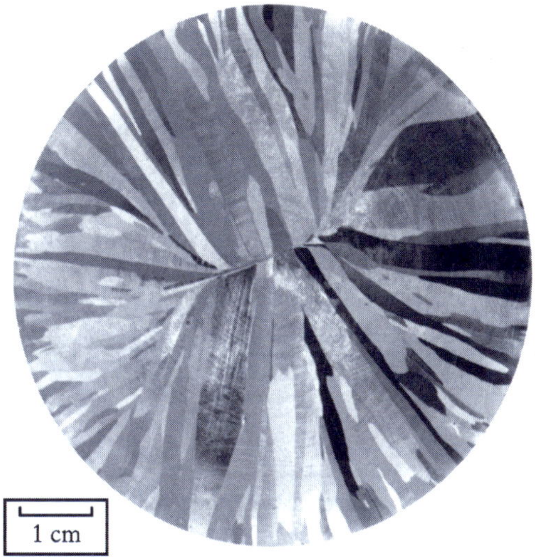

Figure 5.43 Macrophotographie d'une section d'un lingot de cuivre commercialement pur. La croissance basaltique des dendrites se poursuit jusqu'au centre du lingot sans qu'il y ait de zone équiaxe.

5.4.3.3 Ségrégation

La redistribution du soluté au cours de la solidification d'un alliage est cause de ségrégation, c'est-à-dire de la distribution non uniforme du soluté dans le solide. Cette ségrégation est due au rejet du soluté en avant du front de solidification. On distingue la *ségrégation majeure* et la *ségrégation mineure*.

La *ségrégation majeure* est décelable à l'échelle de la pièce : le centre de la pièce se solidifie en dernier et est donc plus riche en soluté que les zones qui se sont solidifiées en premier. Dans le cas du lingot d'acier présenté à la figure 5.42a, la teneur moyenne en carbone est de 0,44 % ; alors que, près de la surface, elle n'est que de 0,36 %, elle atteint 0,61 % au centre du lingot. On comprend que dans ces conditions les propriétés du métal peuvent varier de façon importante de la peau au coeur du lingot.

La *ségrégation mineure* se produit à l'échelle de la microstructure de solidification, soit à l'échelle des dendrites : la composition des grains varie de leur centre vers l'extérieur. Le dernier liquide à se solidifier, entre les branches des dendrites, est plus riche en soluté que les zones qui se sont solidifiées en premier lieu. La figure 5.44 représente la solidification dans la zone basaltique. Du liquide se trouve emprisonné entre les branches des dendrites et n'est plus en contact avec le reste du liquide. Il est riche en soluté, et en ces points la concentration en soluté est plus élevée que dans l'ensemble de la pièce. La figure 5.45 est la micrographie d'un alliage qui présente une telle ségrégation interdendritique : ici, les carbures, riches en carbone, ne sont présents que dans les espaces interdendritiques.

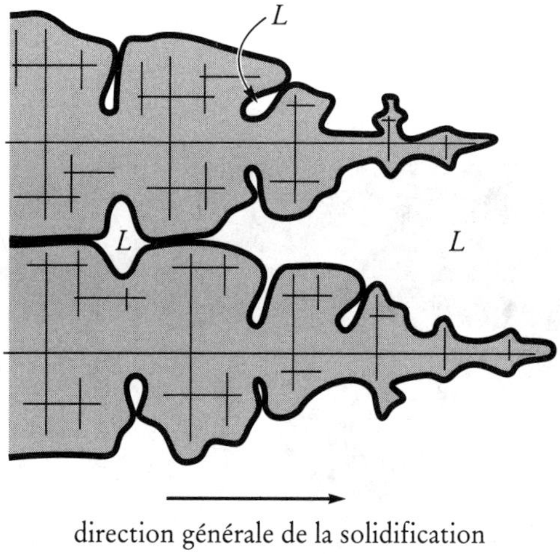

Figure 5.44 Schéma de la solidification dendritique. Entre les branches des dendrites, le dernier liquide L est enrichi en soluté et donne naissance à une ségrégation interdendritique.

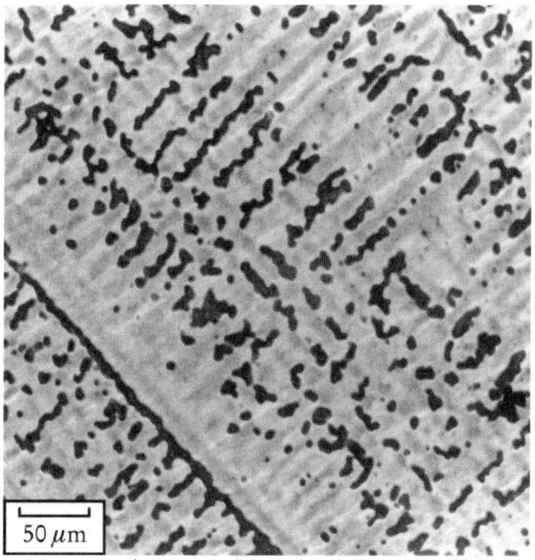

Figure 5.45 Micrographie d'un alliage Co–Cr–C. Il y a ségrégation du carbone et formation de carbures interdendritiques apparaissant en noir.

Les traitements d'*homogénéisation*, c'est-à-dire le maintien à haute température à l'état solide, ont pour but de diminuer les effets de la ségrégation en faisant diffuser les éléments ségrégés des zones riches vers les zones plus pauvres. Ces traitements ont cependant peu d'effet sur la ségrégation majeure : les distances sur lesquelles la diffusion doit se produire sont beaucoup trop grandes (plusieurs centimètres). Dans le cas de la ségrégation interdendritique, l'homogénéisation n'a qu'un effet limité sur la redistribution des éléments en solution de substitution : même si les distances de diffusion requises sont petites (quelques dixièmes de millimètres), les coefficients de diffusion très faibles empêchent qu'il y ait homogénéisation complète. Par contre, pour les éléments en solution d'insertion beaucoup plus mobiles – comme le carbone dans les aciers –, les traitements d'homogénéisation éliminent presque entièrement la ségrégation interdendritique. À 1100 °C, par exemple, les éléments en solution de substitution dans le fer ont un coefficient de diffusion de l'ordre de 10^{-15} m^2/s alors que le coefficient de diffusion du carbone est d'environ 2×10^{-10} m^2/s.

Même si les structures de solidification des métaux décrites plus haut sont profondément modifiées en raison des opérations subséquentes de mise en forme par déformation plastique et que la structure dendritique disparaît alors complètement, les effets de la ségrégation peuvent toujours se faire sentir après de telles opérations. La micrographie de la figure 5.46 montre la structure en bande d'un acier laminé à chaud ; dans ce cas, le rapport de la section initiale du lingot à celle du produit laminé est de l'ordre de 1/500. Cette structure en bande résulte de la ségrégation interdendritique d'éléments en solution de substitution (principalement Mn). Dans les zones riches en manganèse, la réaction eutectoïde est ralentie, et la perlite se forme principalement dans les zones contenant peu de manganèse, d'où l'apparition d'une structure alternée en bandes de perlite et de ferrite.

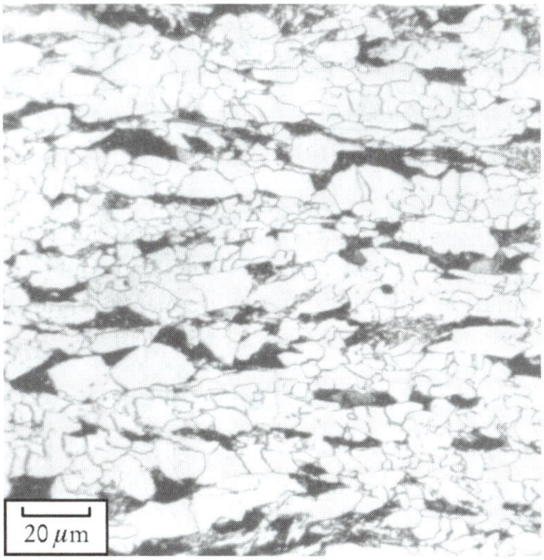

Figure 5.46 Micrographie d'un acier contenant 0,18 % C, laminé à chaud et recuit, présentant une structure en bandes due à la ségrégation du manganèse au cours de la solidification.

Purification par la méthode de la zone fondue. La redistribution du soluté entre les phases liquide et solide rend possible la purification des éléments par la méthode de la *zone fondue* (aussi appelée méthode de Pfann). Cette méthode consiste à déplacer, à vitesse contrôlée, une zone liquide le long du barreau de métal à purifier. La figure 5.47 illustre cette méthode et donne les profils de concentration du soluté alors obtenus. Le métal est chauffé de façon qu'une zone de quelques millimètres de longueur soit fondue ; cette zone est déplacée vers l'extrémité du barreau. On a ainsi un déplacement du soluté du début vers la fin du barreau. Afin de purifier encore plus le matériau, on peut reprendre l'opération (toujours dans le même sens) un grand nombre de fois. C'est de cette façon que sont purifiés les semi-conducteurs (Ge et Si) et certains métaux de haute pureté.

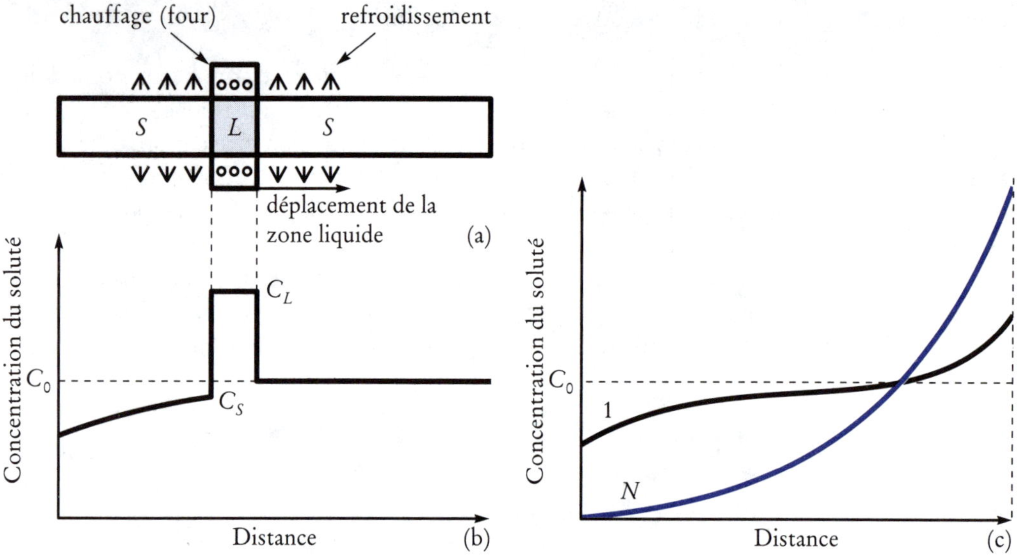

Figure 5.47 Purification par fusion de zone : a) déplacement de la zone liquide dans le barreau à purifier ; b) profil de concentration du soluté au cours du premier passage ; c) profils de concentration du soluté après le premier et le énième passage.

5.4.4 Formation de secondes phases à l'état solide

Les transformations à l'état solide, telles que la précipitation (art. 5.2.8.1) ou la transformation eutectoïde (art. 5.2.8.2), se produisent grâce à des mécanismes de germination et de croissance, tout comme la solidification. La taille critique nécessaire à la germination, dans ce cas, s'évalue de façon analogue à celle que nous avons établie pour la germination à la solidification (équat. 5.17). Toutefois, dans l'évaluation de la variation globale de l'énergie libre associée à la formation d'un germe de précipité, nous devons ajouter un troisième terme représentant l'interaction élastique entre le germe de précipité et la matrice où il prend naissance :

$$\Delta G = \Delta G_V + E_S + E_\varepsilon \tag{5.20}$$

Ici E_S représente l'augmentation d'énergie due à l'établissement d'une interface (énergie superficielle matrice-précipité) et E_ε est l'énergie de déformation élastique ; en effet, comme le volume occupé par le précipité est différent de celui de la matrice qu'il remplace et qu'il doit y avoir continuité à l'interface, il s'établit un champ de déformations élastiques tant dans la matrice que dans le précipité.

Dans le cas des précipités cohérents (art. 3.4.4), le terme E_S reste très faible alors que le terme E_ε est important. Le contraire se vérifie pour les précipités incohérents : le terme le plus important à considérer est l'énergie de surface entre le précipité et la matrice.

Si parfois la germination des précipités peut se faire de façon homogène, elle est le plus souvent hétérogène ; dans ce dernier cas, la germination se produit sur des sites préférentiels que sont les défauts cristallins (dislocations, joints de mâcles, joints de grains) ou sur des impuretés (inclusions).

Les cinétiques de germination et de croissance des secondes phases sont essentiellement gouvernées par la diffusion à l'état solide. Comme, dans ces conditions, le coefficient de diffusion du soluté dans la matrice dépend très fortement de la température (équat. 5.11 et fig. 5.28), le taux de germination, en fonction de l'écart entre la température d'équilibre de la transformation et la température à laquelle elle se produit, est semblable à celui qu'on peut voir, schématisé, à la figure 5.33b. On comprend qu'alors la taille et la distribution des précipités ainsi que l'étendue de la transformation dépendent des conditions imposées à la transformation : les microstructures et les propriétés du mélange biphasé sont fonction de l'histoire thermique du matériau (vitesses de chauffage et de refroidissement, temps de maintien), c'est-à-dire des *traitements thermiques* qu'il a subis. Il y a ainsi moyen d'obtenir des propriétés spécifiques par le biais d'un contrôle des microstructures, ce qui fera l'objet du prochain chapitre, où nous traiterons des modifications des propriétés mécaniques.

Chapitre 6

MODIFICATIONS DES PROPRIÉTÉS MÉCANIQUES

Certaines propriétés des matériaux intimement associées à leur structure sont difficilement modifiables ; ce sont leurs propriétés intrinsèques, qui dépendent du type de leurs liaisons et de leur architecture atomique. Ainsi, pour un matériau donné, le module d'Young (mesure de la rigidité), le coefficient de dilatation linéique et la masse volumique, qui sont fonction des interactions entre les atomes et de leur répartition dans l'espace, sont quasiment insensibles à la présence de défauts cristallins. Les propriétés thermiques (température de fusion, chaleur spécifique, chaleur latente de solidification) et les propriétés magnétiques sont également des propriétés intrinsèques. Dans les mélanges homogènes de corps purs, les propriétés intrinsèques varient de façon continue et monotone en fonction de la composition du mélange.

Par contre, on peut modifier considérablement de nombreuses autres propriétés des matériaux (bien souvent les plus utiles à l'ingénieur) soit par l'addition d'éléments étrangers à la matrice (élaboration d'alliages), soit par l'application de traitements thermiques ou mécaniques appropriés. Parmi les propriétés ainsi modifiables, citons les propriétés mécaniques suivantes : la limite d'élasticité, la résistance à la traction, la ductilité, la ténacité et la dureté ; ces propriétés, qui sont modifiées par l'action d'un moyen extérieur au matériau lui-même, sont de ce fait dites extrinsèques.

Les propriétés extrinsèques dépendent du type de microstructure produite et de la densité des défauts introduits dans la structure du matériau.

6.1 MÉTAUX ET ALLIAGES

En général, on n'utilise pas les métaux à l'état pur quand on recherche des propriétés mécaniques intéressantes. Par l'application de traitements mécaniques ou thermiques et par l'addition judicieuse d'éléments d'alliage, on peut améliorer les propriétés mécaniques de base des métaux. Le tableau 6.1 donne des exemples d'amélioration des propriétés mécaniques de l'aluminium et de quelques aciers. On constate ici que la limite d'élasticité peut être augmentée d'un facteur supérieur à 4 par un traitement adéquat.

Tableau 6.1 Variation des propriétés mécaniques de quelques métaux et alliages en fonction du traitement appliqué

Métal ou alliage	Limite d'élasticité $R_{e0,2}$ (MPa)	Résistance à la traction R_m (MPa)	Allongement à la rupture A (%)
Aluminium 99,99 %			
recuit	20	45	50
écroui	100	120	7
Al–7075			
recuit	100	225	16
trempé et vieilli	500	570	11
Fe–0,0008 % C			
recuit	120	250	38
Acier mi-dur (0,55 % C)			
normalisé à 850 °C	430	800	14
trempé à l'huile à partir de 850 °C et revenu à 550 °C	705	1000	8
Corde à piano (acier à 0,8 % C ; perlite fine déformée par tréfilage de 90 %)	1800	2800	1,6

Toutes les méthodes de durcissement agissent de la même façon : elles rendent difficile, voire impossible, le mouvement des dislocations dans le réseau cristallin. La déformation plastique débute quand la limite proportionnelle d'élasticité est atteinte, c'est-à-dire quand les dislocations commencent à se mettre en mouvement sous l'action de la contrainte appliquée. Ainsi, si le mouvement des dislocations se fait plus difficilement dans un cristal (c.-à-d. s'il faut lui appliquer pour cela une contrainte plus grande), sa limite d'élasticité et sa résistance à la traction augmentent. La présence de défauts dans le cristal (atomes étrangers, précipités, seconde phase, joints de grains ou dislocations) entraîne toujours, localement, la formation de champs de contrainte et de déformation, c'est-à-dire de zones dont l'énergie est élevée. Pour se déplacer, les dislocations doivent éviter ces zones ou les traverser, ce qui requiert l'application d'une contrainte supérieure. Parfois même, les dislocations sont «piégées» par les défauts ; leur mouvement (et par conséquent la déformation plastique) devient alors très difficile, voire impossible. Il s'ensuit qu'une augmentation de la limite d'élasticité, R_e, et de la résistance à la traction, R_m, entraîne en général une diminution de la ductilité et de la ténacité de l'alliage traité. Il faut donc rechercher le meilleur compromis possible, selon le type d'application. Par ailleurs, dans la recherche de ce compromis, des considérations d'ordre économique entrent également en ligne de compte.

6.1.1 Durcissement par écrouissage

Au cours d'un essai de traction, on constate qu'il y a consolidation entre la limite d'élasticité R_e et la contrainte maximale R_m. Cette consolidation implique que, pour que l'éprouvette continue à s'allonger, la contrainte doit augmenter. Ce phénomène est appelé *écrouissage* ou *consolidation*. Ainsi, lorsqu'on arrête l'essai en A (fig. 6.1a) et qu'on ramène la contrainte à zéro, il y a un retour élastique selon la droite AB, dont la pente est égale au module d'Young et l'éprouvette a subi une déformation plastique permanente B. Lorsqu'on reprend l'essai (fig. 6.1b), la nouvelle limite d'élasticité est supérieure à R_e : elle est alors égale à σ_A. Dans ce cas, la résistance à la traction garde la même valeur. L'écrouissage provient du fait que, au cours de la déformation plastique, les dislocations se déplacent dans les systèmes de glissement actifs et que, plus la déformation augmente, plus il y a de systèmes qui deviennent actifs, et plus la densité des dislocations augmente. Il s'ensuit une interaction considérable entre les dislocations (empilements, nœuds, etc.) qui rend leur mouvement de plus en plus difficile ; il faut donc, si on reprend l'essai, que la contrainte atteigne de nouveau la valeur σ_A, pour remettre en mouvement les dislocations et pour que la déformation plastique se poursuive. En pratique, si le métal est déformé plastiquement d'une valeur B, la nouvelle limite d'élasticité R_e' sera supérieure à $\sigma_A = F/S_0$. En effet, après avoir prédéformé le matériau d'une valeur de B, la force F pour reprendre la déformation plastique reste la même que celle atteinte pour arriver au point A ; par contre, la section de l'éprouvette a diminué, car la déformation plastique se fait à volume constant. Ainsi, $S' < S_0$ et $R_e' > \sigma_A$ (fig. 6.1c).

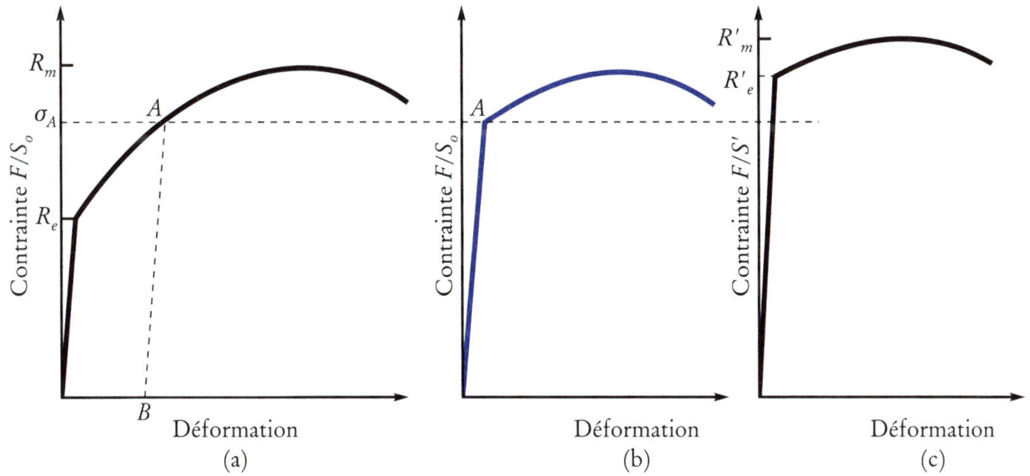

Figure 6.1 a) Courbe de traction ; b) durcissement par écrouissage ; c) augmentation de R_e' et R_m' si les contraintes sont définies sur la nouvelle section S'.

Les micrographies de la figure 6.2, réalisées à l'aide d'un microscope électronique à transmission, montrent les dislocations présentes dans des échantillons de fer après divers degrés de déformation plastique obtenue par traction.

(a) (b) (c)

Figure 6.2 Observation des dislocations au microscope électronique à transmission sur des échantillons de fer : a) déformation par traction de 2 % (densité de dislocations : $\Lambda = 2 \times 10^8$ cm/cm^3) ; b) déformation par traction de 10 % ($\Lambda = 2 \times 10^{10}$ cm/cm^3) ; c) déformation par traction de 20 % ($\Lambda = 2 \times 10^{11}$ cm/cm^3).

Quand l'état de contraintes mis en œuvre pour écrouir le métal est plus complexe que celui qui correspond à une traction simple (par exemple au cours du laminage, du forgeage, du tréfilage, etc.), il peut y avoir simultanément augmentation de R_e et de R_m (tabl. 6.1) ; dans tous les cas toutefois, il y a diminution de l'allongement à la rupture.

Dans les opérations de laminage et de tréfilage, l'écrouissage est mesuré par la réduction relative de la section. Ainsi, puisque les alliages de cuivre peuvent être livrés dans divers états écrouis, on peut contrôler leurs propriétés mécaniques. Le tableau 6.2 donne les taux d'écrouissage qui correspondent aux divers états des alliages de cuivre.

La figure 6.3 illustre graphiquement la variation des propriétés mécaniques du laiton 65-35 (Cu–35 % Zn) laminé (limite d'élasticité conventionnelle à 0,2 %, $R_{e0,2}$; résistance à la traction, R_m ; allongement à la rupture, A) en fonction du taux d'écrouissage.

Tableau 6.2 Désignation des états écrouis dans le cas des alliages de cuivre

État	Écrouissage (%)	
	plats	fils
Recuit	0	0
1/4 dur	11	21
1/2 dur	21	37
3/4 dur	30	50
Dur	37	60
Extra-dur	50	75
Ressort	60	84
Ressort extra-dur	69	90

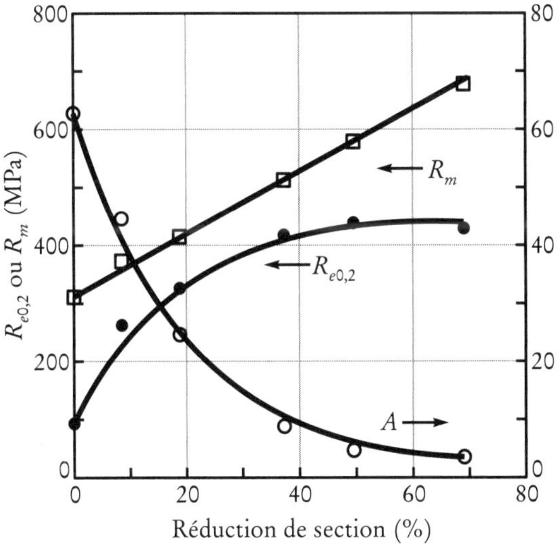

Figure 6.3 Variation des propriétés mécaniques ($R_{e0,2}$, R_m et A) d'un laiton (Cu–35 % Zn) en fonction de la réduction de section par laminage.

La figure 6.4 montre, à un grossissement de 100, un laiton 70-30 à l'état recuit (fig. 6.4a), laminé avec des réductions de sections de 25 % et de 70 % (fig. 6.4b et 6.4c). Les sections métallographiques sont faites selon le sens long du produit, c'est-à-dire que la surface observée est parallèle à la direction du laminage. On remarque que, à l'état recuit, les grains sont équiaxes (leurs dimensions sont les mêmes dans toutes les directions). Par contre, les grains des produits écrouis sont déformés et étirés selon la direction du laminage. On peut également constater que ces alliages sont monophasés : la totalité du zinc est soluble dans le cuivre à une telle teneur en zinc (fig. 5.13). Remarquons que l'écrouissage et l'affinement des grains (art. 6.1.2) sont les modes de durcissement possibles des alliages monophasés.

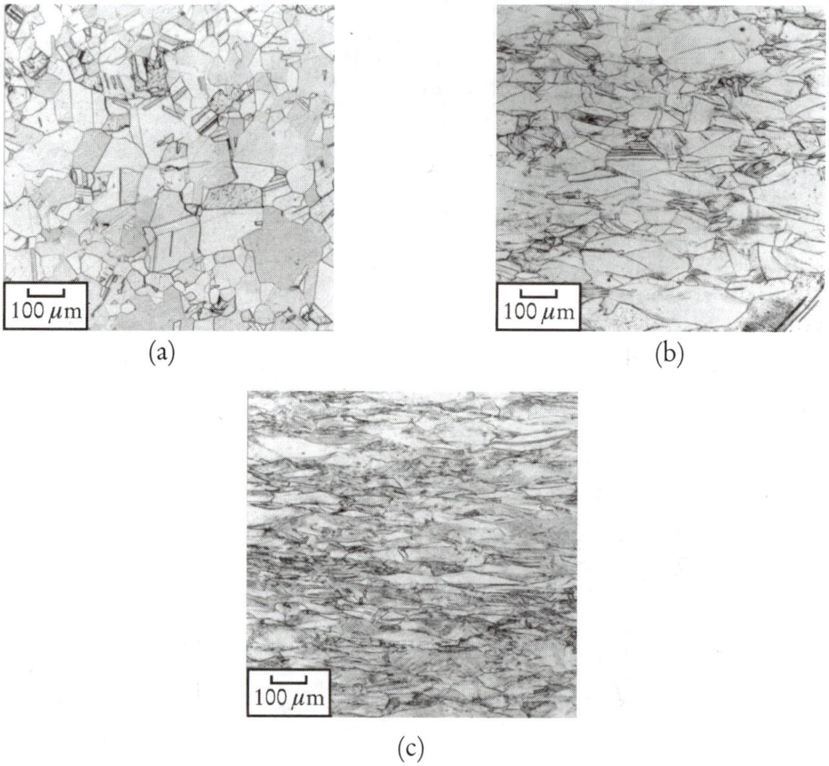

Figure 6.4 Déformation des grains d'un laiton (Cu-30 % Zn) au cours du laminage : a) état initial ; b) réduction de section de 25 % ; c) réduction de section de 70 %.

6.1.2 Durcissement par affinement de la taille des grains

Les métaux, en particulier ceux de structure c.c. comme le fer et les aciers, ont une limite d'élasticité dont la valeur dépend de la taille des grains, et qui est déterminée par la relation de *Hall-Petch* :

$$R_{e0,2} = \sigma_0 + kd^{-1/2} \tag{6.1}$$

où $R_{e0,2}$ = limite d'élasticité conventionnelle
σ_0 = constante dont les dimensions sont celles d'une contrainte
k = paramètre, appelé coefficient de *Petch*, dont la valeur dépend du matériau
d = taille moyenne des grains

La figure 6.5 donne la variation de $R_{e0,2}$ en fonction de $d^{-1/2}$ pour divers métaux et alliages.

Cette augmentation de la limite d'élasticité quand la taille des grains diminue est due au fait que les joints de grains sont des obstacles au mouvement des dislocations. Quand, dans les grains favorablement orientés, les premières dislocations sont mises en mouvement à la limite d'élasticité, elles s'empilent contre les joints de grains et il faut exercer une contrainte plus élevée pour qu'elles franchissent ces joints et se propagent dans les grains voisins. Plus la taille des grains est fine, plus la surface de joints de grains par unité de volume de matériau est élevée, donc il y a plus d'obstacles au déplacement des dislocations.

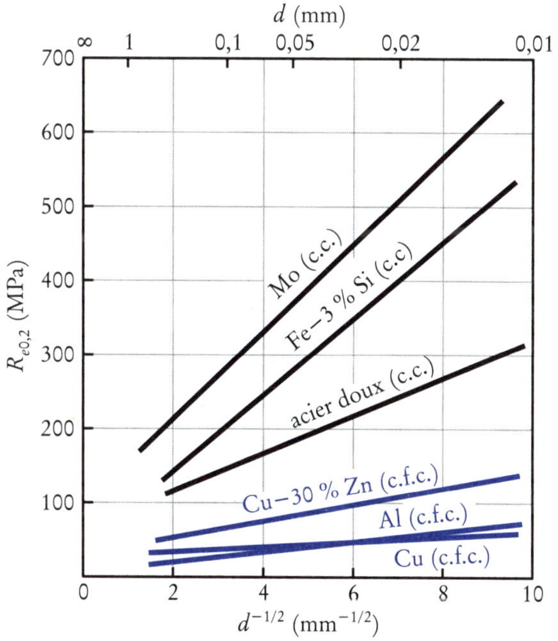

Figure 6.5 Variation de la limite d'élasticité, $R_{e0,2}$, de plusieurs métaux et alliages en fonction de la taille moyenne des grains d, selon la relation de Hall-Petch.

L'affinement de la taille des grains exerce une influence bénéfique sur la limite d'élasticité et sur la résistance à la traction des aciers doux, sans pour autant diminuer leur ductilité ; par ailleurs, il améliore leur ténacité, en les rendant moins fragiles à basse température (abaissement de la température de transition ductile-fragile, sect. 7.4).

À la figure 6.5, on constate que le coefficient de Petch, pente des droites $R_{e0,2} = f(d^{-1/2})$, est plus élevé pour les métaux de structure c.c. (Mo, Fe–3 % Si, acier doux) que pour les alliages de structure c.f.c. (laiton 70 Cu–30 Zn, Al, Cu). Ceci provient du fait que, dans les structures c.f.c., les dislocations se déplacent plus aisément que dans les structures c.c. et sont ainsi moins gênées dans leur mouvement par la présence des joints de grains. Industriellement, l'affinement du grain des métaux de structure c.c. s'avère donc très avantageux et on y a largement recours dans le cas des aciers doux microalliés (art. 10.2.2.1).

6.1.3 Durcissement par solution solide

Un alliage monophasé a des propriétés mécaniques supérieures à celles du solvant pur. La figure 6.6 donne quelques exemples de durcissement par solution solide, pour des alliages Cu–Ni, Cu–Zn et Al–Mg. On remarque que même de faibles quantités de soluté peuvent exercer un effet important. Ainsi, l'addition de 3 % de magnésium dans l'aluminium multiplie par 3 la résistance à la traction de l'aluminium (fig. 6.6b) ; autre exemple, le nickel, soluble dans la ferrite, accroît la limite d'élasticité et la résistance à la traction des aciers à l'état normalisé, sans que leur allongement à la rupture et leur ténacité ne soient diminués (pour une addition de 1 % de nickel, la résistance à la traction des aciers augmente d'environ 30 MPa).

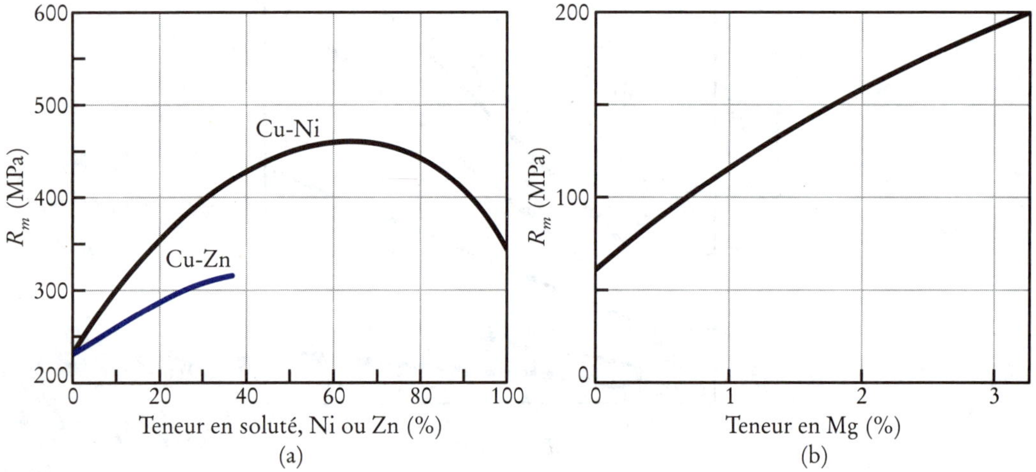

Figure 6.6 Résistance à la traction : a) des alliages monophasés Cu–Zn et Cu–Ni ; b) de l'alliage Al–Mg à l'état recuit.

Les atomes en solution solide, qu'ils soient en position d'insertion ou en position de substitution, créent des distorsions élastiques qui engendrent un champ de contrainte dû à la différence de taille entre les atomes du soluté et les atomes du solvant (fig. 3.27). Il y a interaction entre ce champ de contrainte et le champ associé aux dislocations, et la contrainte requise pour déplacer les dislocations augmente. Cet effet est plus ou moins marqué selon l'ampleur des contraintes dues aux différences de taille des atomes.

Les atomes en solution solide d'insertion créant toujours des distorsions élastiques importantes dans le réseau cristallin, le durcissement qu'ils entraînent est considérable (c'est le cas du carbone dans le fer, par exemple). En outre, puisque ces atomes diffusent facilement dans la matrice, ils ont tendance à se loger autour des dislocations formant des *nuages de Cottrell*. Il y a donc accommodement entre les champs de contrainte associés à ces atomes en insertion et ceux associés aux dislocations, et ce phénomène s'accompagne d'une diminution de l'énergie libre totale du système. Les dislocations sont alors ancrées par les atomes interstitiels des nuages de Cottrell, et il leur devient très difficile de se déplacer. Un tel phénomène se traduit par un crochet sur les courbes de traction (fig. 6.7), crochet qui correspond à deux limites d'élasticité : l'une, supérieure, l'autre, inférieure. La limite supérieure correspond à la contrainte requise pour désancrer les dislocations de leur nuage de Cottrell ou pour en créer de nouvelles aux joints de grains. Par contre, la limite d'élasticité inférieure correspond à la contrainte nécessaire au déplacement des dislocations

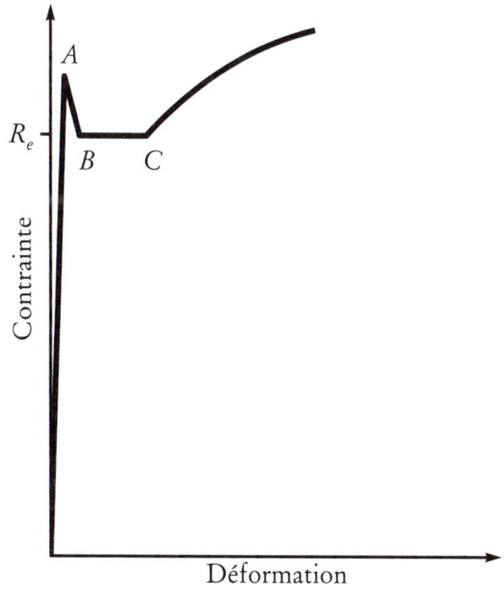

Figure 6.7 Courbe de traction d'un acier doux présentant une discontinuité à la limite d'élasticité. *A* : limite d'élasticité supérieure ; *B* : limite d'élasticité inférieure (R_e) ; *B*-*C* : palier de Piobert-Lüders.

libérées ou fraîchement créées dans certains grains bien orientés. Tant que le palier n'est pas complété, la déformation de l'éprouvette n'est pas uniforme : une partie est en effet déformée de la valeur limite du palier (de 2 à 10 %), tandis que le reste demeure intact, et des bandes de déformation, appelées *bandes de Piobert-Lüders*, traversent l'éprouvette (fig. 6.8). Ce phénomène pose un problème en ce qui concerne la mise en forme des tôles d'acier par emboutissage, car il est la cause de déformations non uniformes qui peuvent rendre les pièces inacceptables (phénomène de *peau d'orange*).

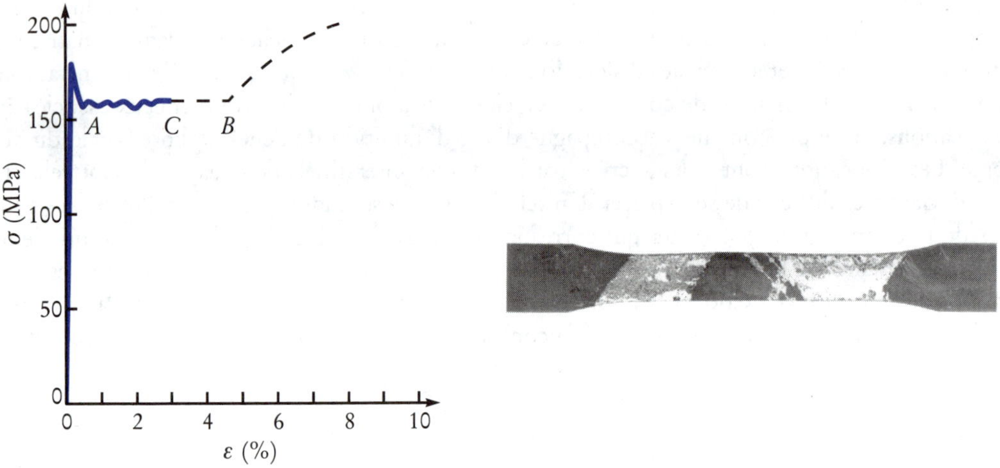

(a) (b)

Figure 6.8 Éprouvette de traction plate en acier doux (0,15 % C) étirée d'une valeur globale de 3 %. a) La courbe de traction présente une discontinuité à la limite d'élasticité, discontinuité suivie d'un palier (de *A* à *B*) de 4,5 % d'allongement. b) Photographie de l'éprouvette après l'essai : seules les zones claires (bandes de Piobert-Lüders) ont été déformées plastiquement, d'une valeur égale à l'allongement total du palier (4,5 %) ; les parties noires n'ont été déformées qu'élastiquement. Avant l'essai, l'éprouvette a été oxydée ; l'oxyde ainsi formé, qui ne suit pas la déformation plastique du métal, s'écaille, ce qui permet de mettre en évidence l'hétérogénéité de la déformation dans le palier de Piobert-Lüders.

6.1.4 Durcissement structural

Les diagrammes de phases permettent de prédire quelles seront les phases en présence et leur proportion respective, à toute température, mais toujours dans des conditions d'équilibre. Toutefois, ces diagrammes ne fournissent aucun renseignement sur l'état de la seconde phase, sa taille et son état de dispersion. Par ailleurs, si le refroidissement à l'état solide, en coupant une ligne de solvus ou des lignes de transformations (par exemple celles d'une transformation eutectoïde), est tel que l'équilibre déterminé par le diagramme n'est plus respecté, la structure est hors de l'équilibre ; par conséquent, le diagramme de phase ne nous indique que la tendance vers laquelle ce système hors de l'équilibre évoluera au cours du temps. Pour un système donné, le diagramme de phase ne représente donc que l'état de l'alliage dont l'énergie totale est la plus faible. Puisque cet état le plus stable n'est obtenu que par diffusion à l'état solide, il ne peut guère être atteint que si le refroidissement est lent ou si l'alliage est maintenu à la température considérée pendant un temps suffisamment long. Par contre, si le refroidissement est rapide, la structure n'a pas le temps, par diffusion, d'atteindre l'état prévu par le diagramme de phase, elle conserve alors son état initial ou elle adopte un état intermédiaire.

On obtient le *durcissement structural* grâce à une série de chauffages et de refroidissements contrôlés, c'est-à-dire grâce à des *traitements thermiques* dont le but final est l'obtention d'une répartition optimale des précipités dans la matrice. Les propriétés mécaniques des alliages ainsi traités dépendent de la répartition des précipités, de leur taille et de leur distance moyenne.

Nous étudierons ici le durcissement structural de l'alliage d'aluminium qui contient 4,5 % de cuivre (appelé commercialement *duralumin*), car il constitue un exemple classique d'alliage à durcissement structural. Les principes et les mécanismes qui entrent en jeu dans ce cas s'appliquent également à un grand nombre d'alliages.

La figure 6.9 présente une partie du diagramme d'équilibre du système Al–Cu (partie riche en aluminium). Dans ce diagramme, la ligne du solvus représente, à l'équilibre, la limite de solubilité du cuivre dans l'aluminium ; à gauche de cette ligne, il y a une solution solide α (solution de cuivre dans l'aluminium) et, à droite, outre la phase α (la matrice), une seconde phase : $CuAl_2$, notée θ et contenant 53 %m de cuivre. Ainsi, à 400 °C, par exemple, la solubilité maximale, à l'équilibre, du cuivre dans l'aluminium est de 1,8 %, et le reste du cuivre est précipité sous forme de $CuAl_2$. À cette température, la proportion massique de $CuAl_2$ dans la matrice est de 5,2 % pour un alliage à 4,5 % de cuivre, alors qu'à la température ambiante (température à laquelle la solubilité du cuivre dans l'aluminium est de l'ordre de 0,1 %), cette proportion de $CuAl_2$ est de 8,2 %. Ces conditions d'équilibre sont respectées lorsqu'on laisse à l'alliage tout le temps nécessaire pour que, au cours du refroidissement, les atomes de cuivre se répartissent par diffusion entre l'aluminium et les précipités θ ; c'est pourquoi le refroidissement doit être très lent. Par contre, lorsque le refroidissement est rapide, les conditions sont hors d'équilibre ; on ne peut par conséquent plus prédire ni la composition ni la proportion relative des phases en présence au moyen du diagramme d'équilibre.

Lorsqu'on chauffe l'alliage (Al–4,5 % Cu) à une température à laquelle tout le cuivre est dissout dans l'aluminium (en phase α entre 510 et 570 °C), et ce pendant un temps suffisant pour que la dissolution du cuivre dans l'aluminium soit complète, on obtient une solution solide homogène Al–Cu. Ce traitement s'appelle une *mise en solution*. On doit toujours effectuer une mise en solution à une température inférieure à la température du début de la fusion (solidus), sinon l'alliage risque d'être «brulé» et, par conséquent, inutilisable. Si l'on refroidit rapidement l'alliage mis en solution jusqu'à la température ambiante, sans laisser aux atomes de cuivre le temps de diffuser pour former des précipités θ, on obtient une solution solide sursaturée en cuivre. Un tel refroidissement brusque s'appelle une *trempe*. On l'effectue le plus souvent en plongeant la pièce dans l'eau, dès sa sortie du four.

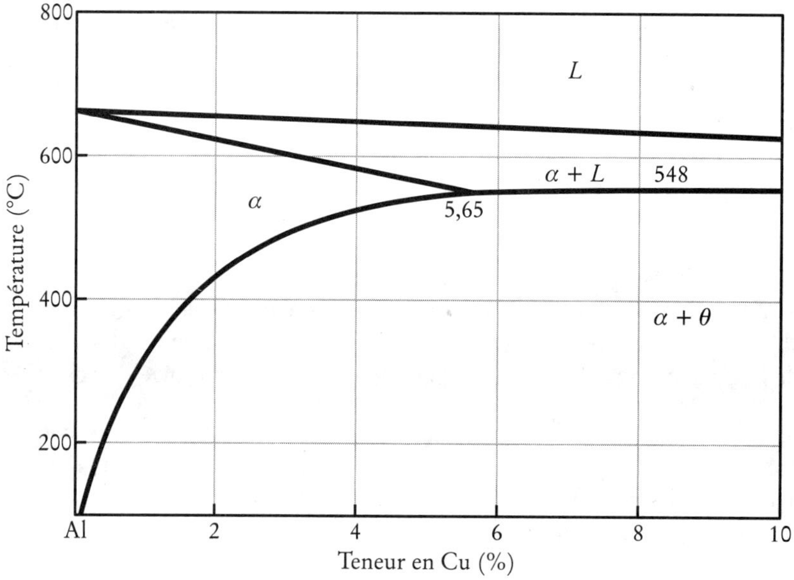

Figure 6.9 Partie du diagramme d'équilibre Al–Cu.

Cette solution solide sursaturée obtenue par trempe n'étant pas en équilibre, elle a toujours tendance à retourner vers l'équilibre, par précipitation du cuivre sous forme de $CuAl_2$. Ce retour vers l'équilibre, très lent à la température ambiante (plusieurs dizaines d'années), est plus rapide à une température plus élevée (comprise généralement entre 100 et 200 °C pour l'alliage Al–4,5 % Cu): c'est le *vieillissement*. Au cours du vieillissement (troisième étape du traitement), il y a modification des propriétés mécaniques (fig. 6.10). On remarque que, dans un premier temps, la dureté augmente, atteint un maximum, puis diminue ; cela est dû à l'évolution de la taille des précipités et à leur nature. À la température de vieillissement, le précipité d'équilibre ($CuAl_2$) ne se forme pas en premier ; il y a en effet d'abord formation de petits amas plans d'atomes de cuivre, amas d'environ 5 nm de diamètre (zones G.P. ou Guinier-Preston), puis évolution de ces amas vers la forme stable ($CuAl_2$) après passage par des formes intermédiaires métastables (θ' et θ''). C'est aux précipités θ' et θ'' que correspondent les propriétés mécaniques les plus élevées ; la formation de précipités plus gros (θ'), puis de précipités d'équilibre (θ), entraîne une diminution de la dureté de l'alliage. La durée de vieillissement requise pour que les propriétés mécaniques soient maximales est directement fonction de la température de vieillissement. Ainsi, à des températures trop élevées, on obtient uniquement des propriétés médiocres, à cause de la formation, dès le début, de la phase d'équilibre (θ). Par ailleurs, à la température ambiante, la durée requise pour le vieillissement est excessivement longue.

Le traitement qui permet d'obtenir un durcissement structural comporte donc trois stades distincts :

1. mise en solution à haute température (entre le solvus et le solidus) de l'élément d'addition ;

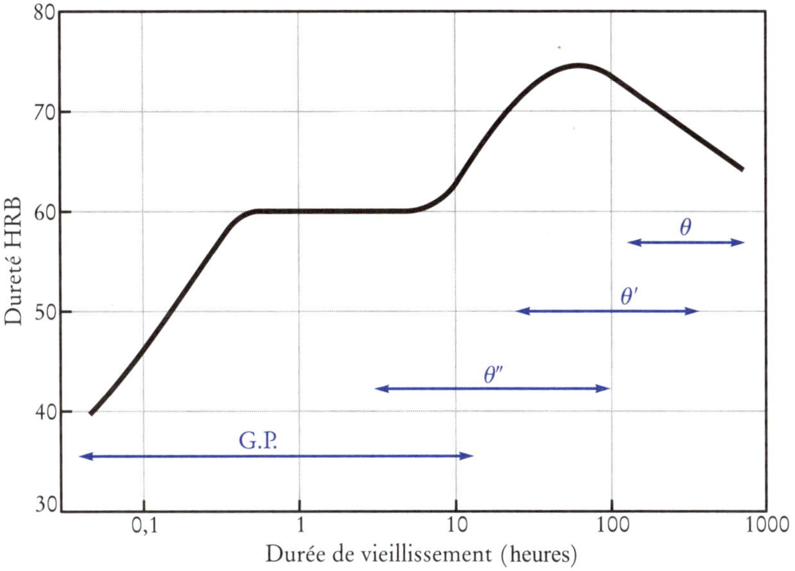

Figure 6.10 Variation de la dureté en fonction de la durée de vieillissement à 130 °C, pour un alliage Al–4,5 % Cu trempé à 20 °C à partir de 550 °C.

2. trempe : baisse rapide de la température jusqu'à la température ambiante, en vue d'obtenir une solution solide sursaturée ;
3. vieillissement à une température inférieure à celle du solvus, en vue de favoriser un retour partiel vers les conditions d'équilibre et d'obtenir ainsi les propriétés mécaniques visées.

Fait important à retenir, dans le cas du durcissement structural, la trempe ne durcit pas l'alliage et ne modifie pas la structure cristalline de l'alliage (ici la phase α c.f.c. à la température de mise en solution) : par conséquent, les propriétés mécaniques à l'état brut de trempe sont toujours médiocres, comme nous pouvons le constater à la figure 6.10, pour une durée de vieillissement nulle. Par contre, à l'état brut de trempe, l'alliage présente généralement une bonne ductilité, ce qui autorise la mise en forme par écrouissage d'une pièce brute de trempe avant de lui appliquer le traitement de vieillissement. C'est en effet au cours du vieillissement qu'il y a durcissement ; le durcissement maximal obtenu par précipitation correspond à un état particulier des précipités : pendant le vieillissement, les particules grossissent continuellement, leur composition chimique et leur structure cristalline évoluent également ainsi que la distance moyenne qui les sépare.

Dans le cas étudié ici, le durcissement maximal est attribuable à des particules (θ'' ou θ') dont le diamètre est d'environ 10 nm et qui sont distantes les unes des autres de 20 nm. Si le vieillissement se prolonge, le retour à l'équilibre se poursuit avec l'apparition de particules plus grosses et une augmentation de la distance qui les sépare, ce qui entraîne une diminution de la dureté et des propriétés mécaniques.

Les premiers précipités à se former, les zones (G.P. et θ''), sont cohérents avec la matrice (art. 3.4.4 et fig. 3.38). Puisque c'est autour de précipités cohérents que les champs de contrainte sont les plus importants, c'est ce type de précipités qui entrave le plus le déplacement des dislocations.

On peut expliquer par la théorie des dislocations le fait que la courbe de dureté en fonction de la durée de vieillissement (ou de la taille des précipités et de la distance qui les sépare) passe par un maximum (*mécanisme d'Orowan*). Pour qu'elle puisse franchir une série d'obstacles distants les uns des autres de d et situés sur son plan de glissement, une dislocation doit d'abord se courber selon un rayon $r = d/2$; elle laissera ensuite derrière elle, autour des précipités, des boucles de dislocations (fig. 6.11).

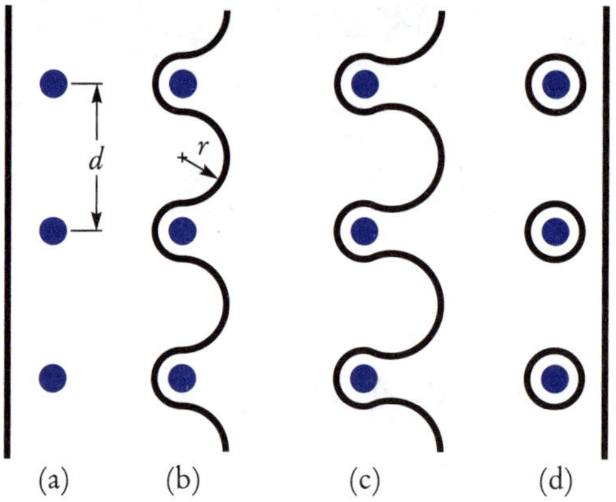

Figure 6.11 Étapes successives du passage d'une série de précipités par une dislocation (mécanisme d'Orowan). La dislocation se déplace de gauche à droite ; après avoir franchi la ligne de précipités, elle laisse, autour de chacun d'eux, une boucle de dislocation.

Pour que la dislocation se courbe selon un rayon r, il faut lui appliquer une cission τ déterminée par l'équation :

$$\tau = \frac{G\mathbf{b}}{r} \quad \text{ou} \quad \tau = \frac{2G\mathbf{b}}{d} \tag{6.2}$$

où $\mathbf{b}$ = vecteur de Burgers
G = module de cisaillement
d = distance moyenne entre les précipités

La valeur de la cission τ qu'il faut appliquer pour que les dislocations puissent se déplacer est donc inversement proportionnelle à la distance qui sépare les précipités.

Avant que la précipitation ne s'amorce, les seuls obstacles au déplacement des dislocations sont les atomes en solution solide sursaturée ; dans ce cas, les dislocations restent rectilignes, et la cission critique demeure faible. Il en est de même pour les premiers précipités, très rapprochés ($d \cong 5$ nm) et qui, étant cohérents avec la matrice, sont cisaillés par le passage des dislocations (fig. 6.12).

Pour les gros précipités d'équilibre (d = 0,5 à 10 μm), la valeur de τ reste également faible. En fait, le durcissement est maximal quand les précipités sont distants de 10 à 20 nm.

On peut, à titre d'exemple, calculer la cission nécessaire au déplacement des dislocations dans un alliage Al–4,5 % Cu vieilli dans deux conditions, sachant que G = 25 GPa et b = 0,2 nm.

a) Pour les précipités d'équilibre ($CuAl_2$), avec d = 0,5 μm, on a :

$$\tau = 20 \text{ MPa}$$

b) Pour les précipités θ'', avec d = 20 nm, on obtient :

$$\tau = 500 \text{ MPa}$$

Entre les zones G.P. et les premiers précipités θ'' cohérents avec la matrice, la distance est très faible, soit de l'ordre de 10 nm. Les dislocations ne peuvent pas se courber selon un tel diamètre, car la cission nécessaire serait alors d'environ 1000 MPa. Elles ne peuvent donc se déplacer qu'en coupant les précipités et en les cisaillant puisque ces précipités sont cohérents (fig. 6.12b).

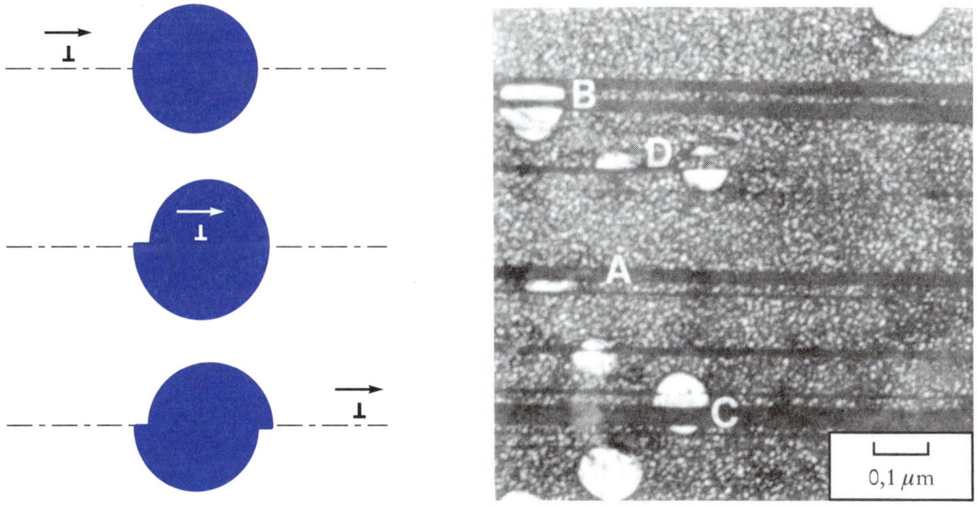

(a) (b)

Figure 6.12 a) Cisaillement d'un précipité cohérent par une dislocation. b) Précipités cohérents de Ni_3Al cisaillé dans le superalliage Waspalloy par le va-et-vient des dislocations au cours d'un essai de fatigue oligocyclique. Dans les bandes persistantes de glissement (traces horizontales noires), les petits précipités (qui apparaissent en clair) ont été complètement remis en solution dans la matrice ainsi que des «tranches» des plus gros précipités (MET en fond noir ; photographie de S. D. Antolovich).

La figure 6.13 présente des précipités θ'' et θ' et des précipités d'équilibre θ vus au microscope électronique à transmission.

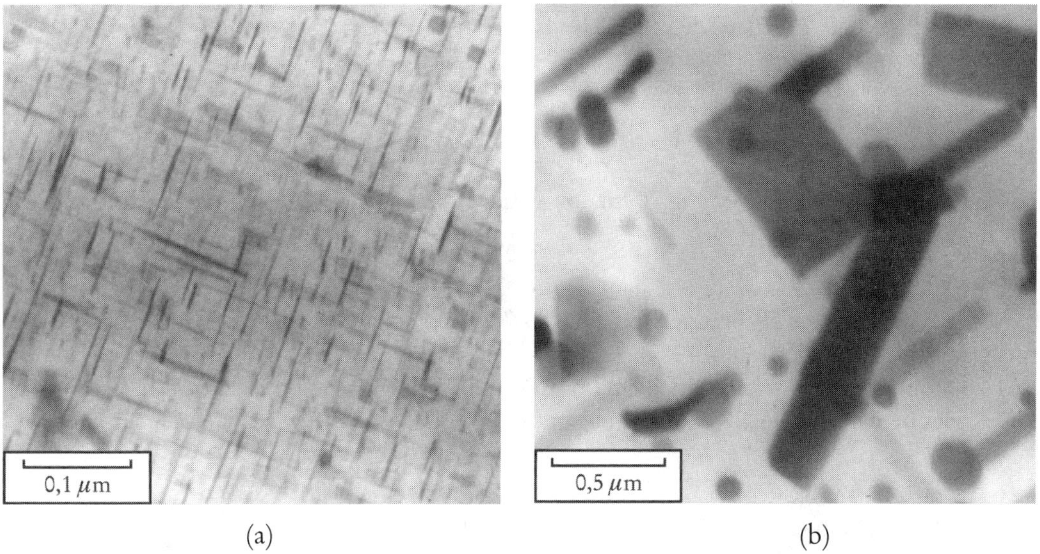

Figure 6.13 a) Précipités θ'' et θ' dans un alliage Al–4,5 % Cu trempé et vieilli. b) Précipités d'équilibre θ. (MET ; photographies de Gilles L'Espérance.)

Le cuivre n'est pas le seul élément qui, ajouté à l'aluminium, permette l'apparition d'un durcissement structural de l'alliage ; plusieurs variétés d'alliages d'aluminium peuvent en effet se prêter à un traitement semblable, avec formation d'autres types de précipités selon les éléments d'alliage qu'ils contiennent (Mg_2Si, $Al_2Cu{\cdot}Mg$ ou MgZn, par exemple). Nous étudierons en détail les divers alliages d'aluminium au chapitre 11. La figure 6.14 donne la limite d'élasticité et l'allongement à la rupture de quelques alliages d'aluminium ; les uns (familles 11XX, 30XX et 50XX), qui ne se prêtent pas au durcissement structural, ne peuvent être durcis que par écrouissage, alors que les autres (familles 20XX, 60XX et 70XX), qui sont trempants, peuvent être durcis par précipitation. Signalons que les alliages écrouis ont une limite d'élasticité moins élevée que celle des alliages trempés et vieillis, et que, en outre, la ductilité des premiers est plus faible que celle des seconds.

Les propriétés de certains alliages autres que les alliages d'aluminium peuvent également être modifiées par durcissement structural ; le tableau 6.3 en donne quelques exemples. Dans tous les cas, le principe des traitements reste le même : mise en solution solide à haute température, trempe et vieillissement.

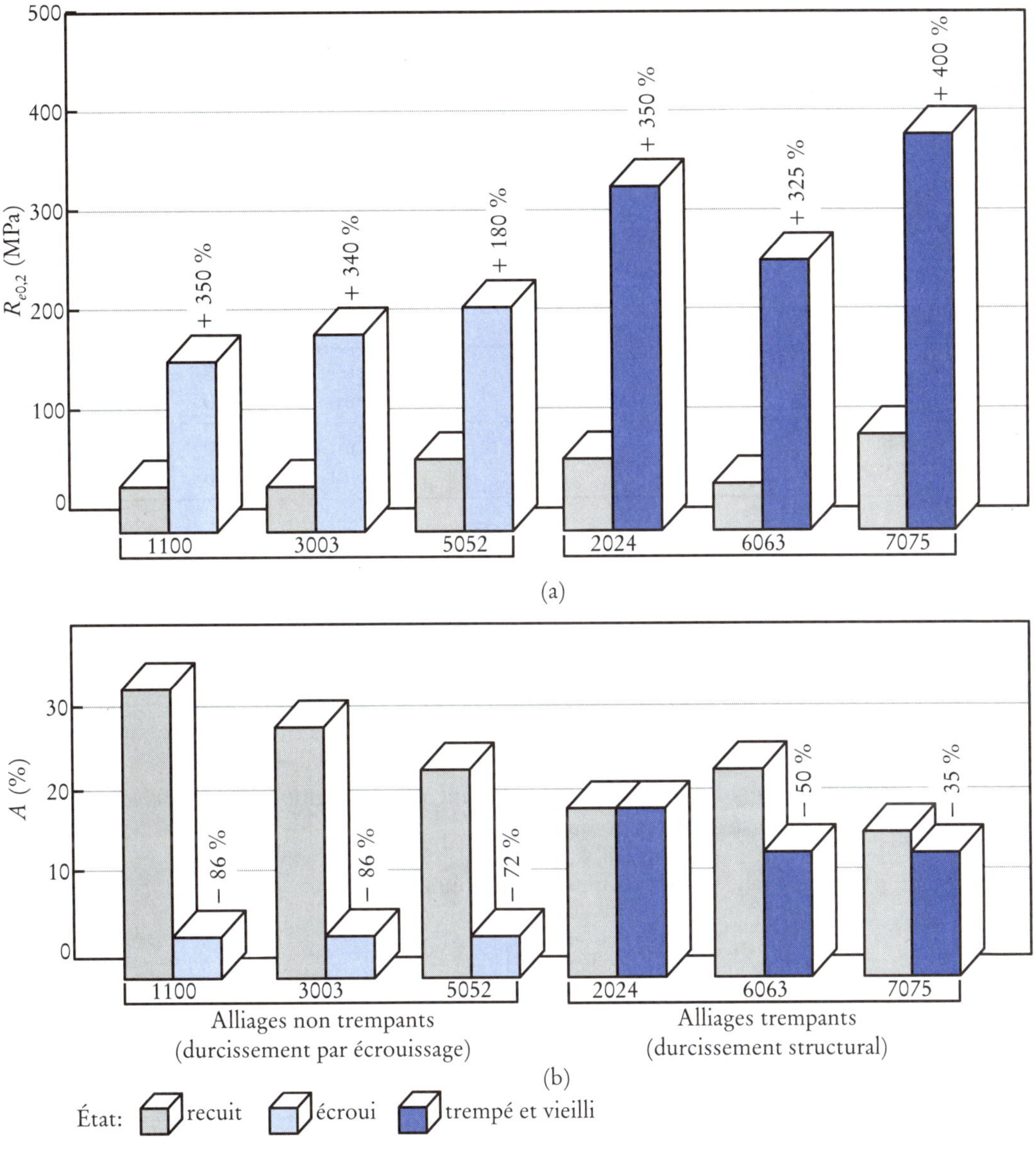

Figure 6.14 Comparaison entre les propriétés mécaniques d'alliages d'aluminium durcis par écrouissage (alliages non trempants) et d'alliages d'aluminium durcis par précipitation (alliages trempants) : a) limite d'élasticité ; b) allongement à la rupture.

Tableau 6.3 Propriétés, à l'état recuit et à l'état trempé et vieilli, de quelques alliages

Alliages	Composition	État	$R_{e0,2}$ (MPa)	R_m (MPa)	A (%)
Cu–Be	Cu–1,9 % Be–0,2 % Co	recuit vieilli	220 1050	475 1300	35 2
Titane Ti–6Al–4V	Ti–6 % Al–4 % V	recuit vieilli	220 1100	1100 1175	14 8
Magnésium Z.91	Mg–9 % Al–0,7 % Zn–0,2 % Mn	brut de fonderie vieilli	100 140	165 280	2 5
Ni–Al	Ni–4,5 % Al	recuit vieilli	420 900	700 1175	35 15
Acier inoxydable 17-7-Ti	Fe–1,7 % Cr–7 % Ni–1 % Ti–0,1 % C	recuit vieilli	600 1250	850 1400	25 12

Germination et croissance des précipités. Comme dans le cas de la solidification d'un liquide (art. 5.4.1.2), la précipitation se produit par germination et croissance, et sa vitesse est contrôlée par la diffusion à l'état solide. Au début du vieillissement, dans la matrice sursaturée, il y a formation de germes de précipités, germes dont le rayon critique est d'autant plus petit que la température de l'alliage s'écarte de la température d'équilibre (température du solvus, par exemple 510 °C pour l'alliage Al–4,5 % Cu de la figure 6.9). Ces précipités croissent ensuite en fonction du temps. La figure 6.15 illustre la cinétique de la précipitation : on remarque d'abord la présence d'un temps d'incubation (t_0) nécessaire à la germination, suivi d'une courbe sigmoïde qui représente la proportion q de la nouvelle phase en fonction du temps.

La proportion q de la nouvelle phase précipitante est donnée par l'*équation d'Avrami* :

$$q = 1 - \exp\left(-kt^n\right) \tag{6.3}$$

où k et n sont des coefficients caractéristiques du type de transformation considérée.

Plus est basse la température à laquelle s'effectue la transformation (ici, la précipitation de la nouvelle phase), plus le temps d'incubation, t_0, est élevé (fig. 6.15). On caractérise souvent l'influence de la température sur la cinétique de transformation en définissant le paramètre $t_{0,5}$, qui représente le temps nécessaire pour réaliser à moitié la transformation (fig. 6.15). Ce temps $t_{0,5}$ de mi-transformation dépend de la température selon la relation suivante :

$$t_{0,5} = A \exp\left(-\frac{Q}{RT}\right) \tag{6.4}$$

où A = coefficient indépendant de la température
Q = énergie apparente d'activation pour le type de transformation considérée
R = constante des gaz parfaits
T = température, exprimée en kelvins

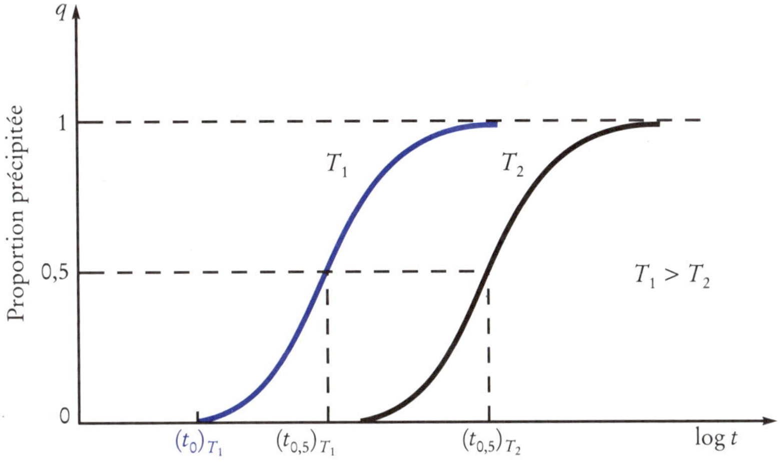

Figure 6.15 Cinétique isotherme de la précipitation. La valeur de la proportion précipitée (q) est portée en fonction du temps ; t_0 est le temps d'incubation nécessaire à la germination des précipités ayant atteint le rayon critique r^*.

Il faut noter que les équations 6.3 et 6.4, utilisées ici pour interpréter la germination et la croissance de précipités d'une nouvelle phase, peuvent s'appliquer à d'autres types de transformations qui dépendent du temps et de la température : par exemple, la recristallisation d'un métal ou d'un alliage monophasé préalablement écroui [germination et croissance de nouveaux grains non déformés dans une matrice écrouie (fig. 6.29)].

Ce mécanisme de précipitation isotherme d'une nouvelle phase par germination et croissance dépend essentiellement de deux facteurs distincts : l'énergie de formation des germes et la mobilité des atomes ; en effet :

- la germination requiert un temps d'incubation t_0 d'autant plus court que l'énergie de formation d'un germe de rayon critique r^* est faible ;
- la germination et la croissance des précipités dépendent de la mobilité des atomes (diffusion à l'état solide), qui augmente exponentiellement avec la température (équat. 5.10 et 5.11).

La cinétique de la précipitation est donc fonction de deux effets antagonistes, représentés schématiquement à la figure 6.16. À haute température, (c.-à-d. légèrement sous la température d'équilibre) même si le coefficient de diffusion D est élevé (courbe a), la germination est contrôlée par le temps d'incubation très long, parce que le rayon critique r^* des germes est grand et que leur énergie de formation est très élevée (à la température d'équilibre, le rayon critique est infini). Par contre, à basse température, même si l'énergie de formation des germes est très faible (courbe b), le temps d'incubation est long, car il est contrôlé par la vitesse de diffusion des atomes, qui est alors faible. La courbe c, qui donne en régime isotherme le temps du début de la précipitation, est fonction de ces deux facteurs ; elle présente un «nez» à une température intermédiaire pour laquelle le temps du début de la précipitation est minimal, car l'énergie de formation d'un germe de rayon critique r^* n'est pas excessive et la vitesse de diffusion des atomes est suffisamment élevée.

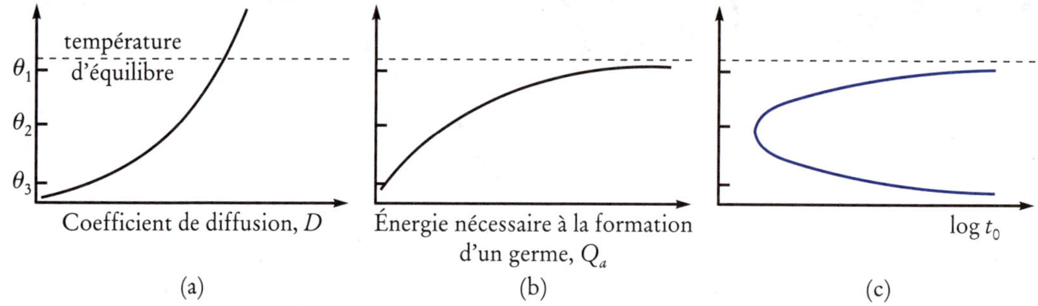

Figure 6.16 Variation du temps d'incubation de la précipitation en fonction de la température (régime isotherme). À une température θ_1, même si la mobilité des atomes de soluté est grande (a), le temps d'incubation est très long, car il est contrôlé par la valeur élevée de l'énergie de formation d'un germe (b). À basse température (θ_3), c'est la faible mobilité des atomes de soluté qui détermine le temps d'incubation. Le temps d'incubation minimal t_0 correspond à une température intermédiaire θ_2 (c).

6.1.5 Système fer–carbone (aciers)

Les alliages fer–carbone, essentiellement les aciers ordinaires, sont particulièrement importants, ne serait-ce qu'en raison du volume de leur production (de l'ordre du milliard de tonnes par an). Ces alliages présentent une vaste gamme de transformations et de microstructures qui permettent de faire varier considérablement leurs propriétés mécaniques (de l'acier extra-doux pour emboutissage, de dureté 40 HRB, aux aciers à outils, de dureté 65 HRC). On obtient ces variations de propriétés en faisant varier la teneur en carbone des aciers et en contrôlant leurs microstructures par des traitements thermiques. La figure 6.17 illustre la variation des propriétés mécaniques des aciers normalisés (c.-à-d. des aciers dont la structure est voisine de l'équilibre) en fonction de leur teneur en carbone. La *normalisation* consiste en un chauffage à 50 °C au-dessus de la limite inférieure du domaine austénitique (A_3 + 50 °C, fig. 6.18) suivi d'un refroidissement à l'air.

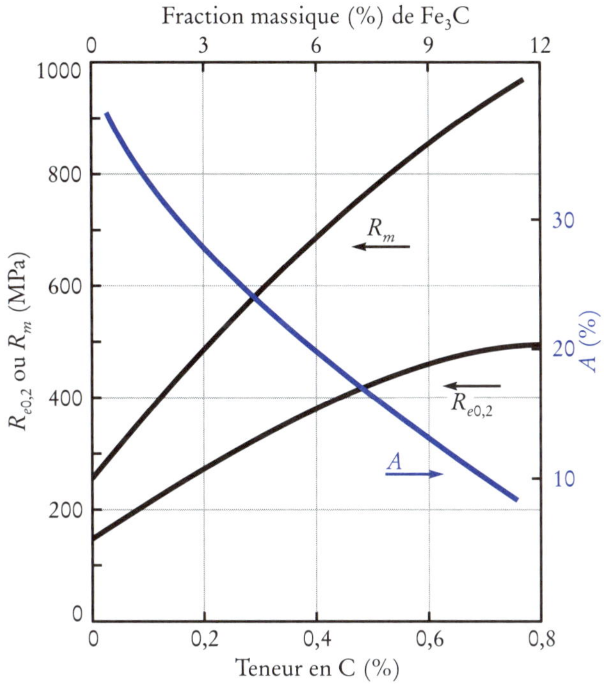

Figure 6.17 Variation des propriétés mécaniques des aciers au carbone à l'état normalisé en fonction de leur teneur en carbone.

6.1.5.1 Diagramme d'équilibre fer–carbone

La figure 6.18 présente le diagramme d'équilibre des alliages fer–carbone (acier au carbone), uniquement dans le domaine solide, c'est-à-dire dans la zone qui nous intéresse en ce qui concerne les traitements thermiques. La particularité de ce système est due à deux facteurs différents : la transformation allotropique $\alpha - \gamma$ du fer et la différence marquée de la solubilité du carbone dans la ferrite α et dans l'austénite γ.

Transformation allotropique. Au-dessus de 910 °C, la structure du fer pur est cubique à faces centrées (austénite, γ) ; au-dessous de cette température, sa structure est cubique centrée (ferrite, α). Dans les alliages fer–carbone, la transformation allotropique s'étend entre les températures A_3 et A_1 ou A_m et A_1.

Variation de la solubilité du carbone. La solubilité du carbone est très différente dans chacune des deux phases : l'*austénite* peut dissoudre un maximum de 2,1 % de carbone à 1130 °C, alors que la *ferrite* ne peut en dissoudre que 0,02 % à 723 °C. Au refroidissement, cette différence de solubilité entraîne la précipitation d'une seconde phase dans la ferrite : la *cémentite* (Fe_3C), un carbure

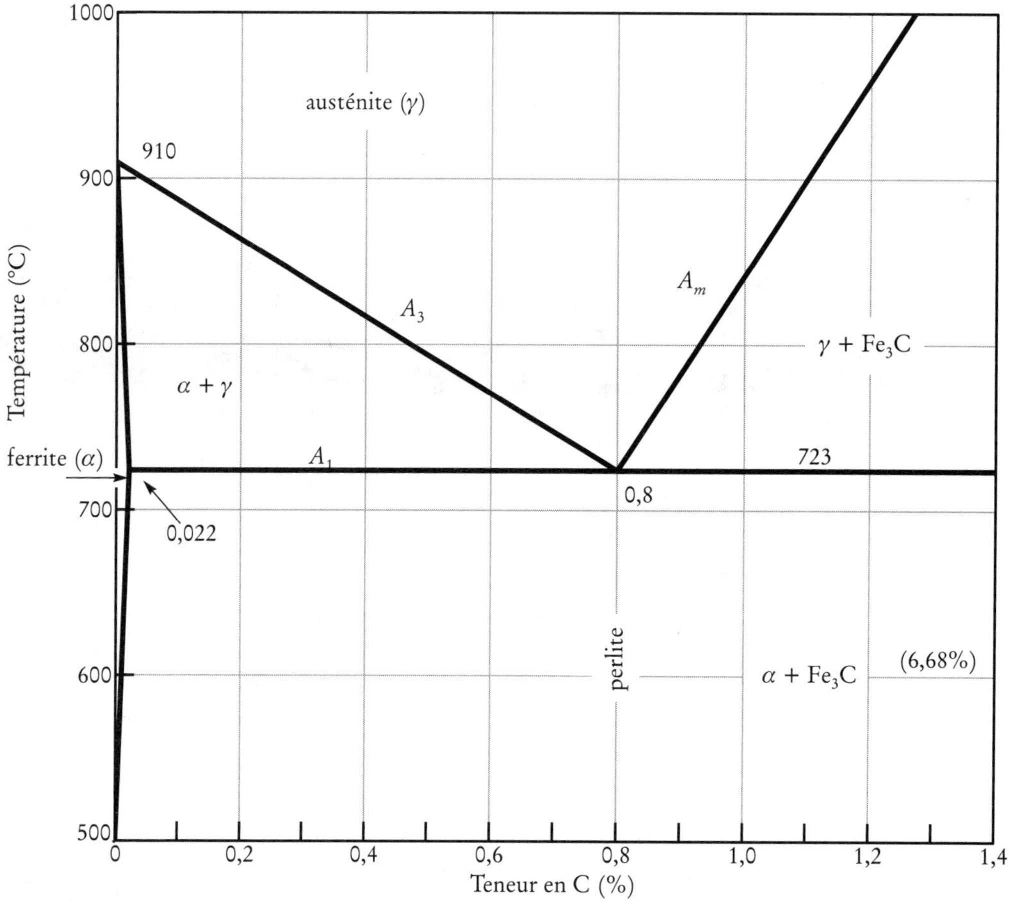

Figure 6.18 Partie du diagramme Fe–C représentant les transformations des aciers à l'état solide.

de fer de structure orthorhombique (art. 5.2.8.2). En général, on peut dire que, au-dessus d'une certaine température, les alliages qui contiennent moins de 1,5 % de carbone sont constitués d'une solution solide homogène, l'austénite, alors qu'à la température ambiante ils sont formés d'un agrégat hétérogène de ferrite et de cémentite. Les propriétés des aciers sont essentiellement fonction de la structure de l'agrégat ferrite–cémentite, structure qui dépend elle-même de la composition initiale de l'austénite et des conditions dans lesquelles s'est effectuée sa transformation (en particulier, des conditions de refroidissement).

6.1.5.2 Transformation eutectoïde

Au cours de la transformation eutectoïde, une phase solide unique se transforme, au refroidissement, en deux nouvelles phases solides, de composition et de structure différentes de celles de la phase mère (art. 5.2.8.2). Cette transformation, qui procède par germination et croissance, est donc régie par un processus de diffusion à l'état solide. À l'état solide, la lenteur de la diffusion permet à la transformation de se produire dans des conditions très éloignées des conditions d'équilibre. La transformation eutectoïde pouvant ainsi se produire dans un grand intervalle de températures, il en résulte des structures et des propriétés très variées.

Le diagramme d'équilibre fer–carbone présente une transformation eutectoïde à 0,80 % de C et à 723 °C ; l'agrégat de ferrite et de cémentite qui résulte de la transformation eutectoïde d'une austénite à 0,8 % de carbone porte le nom de *perlite* (fig. 5.17a).

La décomposition de l'austénite à 0,8 % C en perlite se fait par germination et croissance ; la formation d'une colonie de perlite débute par la germination, aux joints de grains austénitiques, d'une plaquette de cémentite. La croissance de ce cristal de cémentite appauvrit l'austénite voisine, ce qui facilite la germination de la ferrite sur la cémentite. Les deux phases croissent simultanément par diffusion du carbone au voisinage de l'interface de transformation (fig. 6.19).

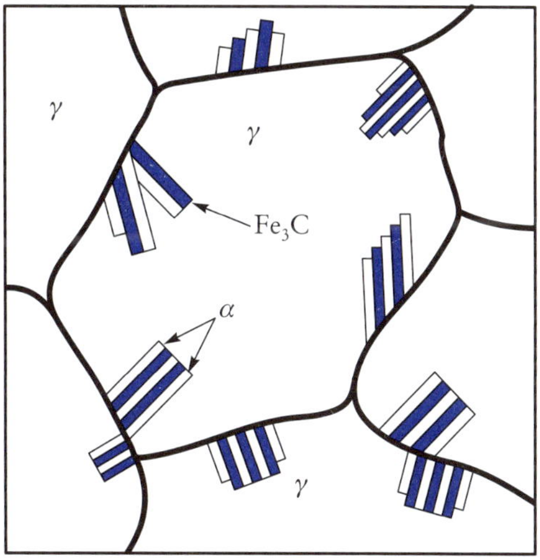

Figure 6.19 Formation de la perlite à partir des joints de grains austénitiques. La teneur en carbone de l'austénite γ est de 0,8 %, celle de la ferrite α de 0,02 %, et celle de la cémentite (Fe_3C) de 6,7 %. La formation et la croissance de la perlite requièrent donc la redistribution par diffusion du carbone en avant du front de transformation.

La perlite se forme en colonies, chaque colonie étant issue d'un germe ; dans chacune de ces colonies, les lamelles de ferrite et de cémentite ont la même orientation. Dans la perlite, la distance interlamellaire, qui dépend de la température de transformation, est indépendante de la taille des grains austénitiques : plus la température de transformation est basse, plus la distance interlamellaire est faible, car le libre parcours moyen des atomes de carbone diminue. Une telle différence de structure exerce des effets importants sur les propriétés mécaniques : ainsi, une transformation à 700 °C engendre une perlite dont la distance interlamellaire est d'environ 1 μm et dont la dureté est de 15 HRC, alors qu'après une transformation complète à 600 °C sa distance interlamellaire est environ dix fois plus faible et sa dureté est de 40 HRC.

Les aciers dont la teneur en carbone est inférieure à 0,8 % sont dits *hypoeutectoïdes*, et ceux dont la teneur en carbone dépasse ce pourcentage sont dits *hypereutectoïdes*. Dans le premier cas, ces aciers sont formés d'un mélange de ferrite proeutectoïde[1] (α) et de perlite (fig. 5.17b et 5.17c) et, dans le second cas, d'un mélange de perlite et de Fe_3C proeutectoïde (fig. 5.17d). On peut calculer la proportion des constituants proeutectoïdes (α ou Fe_3C) et eutectoïde (perlite) grâce à la règle des segments inverses appliquée au diagramme de phase Fe–C.

6.1.5.3 Courbes de transformation

Comme on l'a fait pour la précipitation d'équilibre dans les alliages d'aluminium (fig. 6.16c), on peut tracer deux courbes qui indiquent le temps nécessaire pour que, à une température donnée, la transformation d'équilibre ($\gamma \rightarrow \alpha + Fe_3C$) s'amorce et s'achève. On obtient alors des *courbes de transformation isotherme* ou *courbes TTT* – temps, température, transformation –, comme celles présentées à la figure 6.20 (pour un acier eutectoïde). Un tel diagramme n'est valide que pour une transformation isotherme : l'alliage est austénitisé, puis brusquement refroidi à la température de transformation choisie. On peut alors étudier la cinétique de sa transformation. L'origine des temps est prise au moment où l'échantillon est refroidi à la température étudiée. Ainsi, lorsqu'elle se produit à 600 °C (traitement 1, fig. 6.20), la transformation débute au bout de deux secondes (obtention d'une quantité mesurable de perlite) ; une seconde plus tard, elle est à moitié achevée, et elle se termine après dix secondes ; le produit obtenu est une perlite fine ($\alpha + Fe_3C$) dont la dureté est de 40 HRC (la dureté des produits obtenus, mesurée à la température ambiante, est donnée à droite du diagramme).

Plus la température de transformation est élevée, plus la perlite est grossière. Par contre, lorsqu'elle se produit à 360 °C (traitement 2, fig. 6.20), la transformation débute au bout de douze secondes et se termine après trois cents secondes. Le produit obtenu est toujours un agrégat de ferrite et de carbures de fer, mais sa morphologie est différente de celle de la perlite lamellaire : c'est de la *bainite*. En effet, à des températures de transformation isotherme inférieures à 500 °C,

---

1. Proeutectoïde : constituant dont la formation précède la transformation eutectoïde.

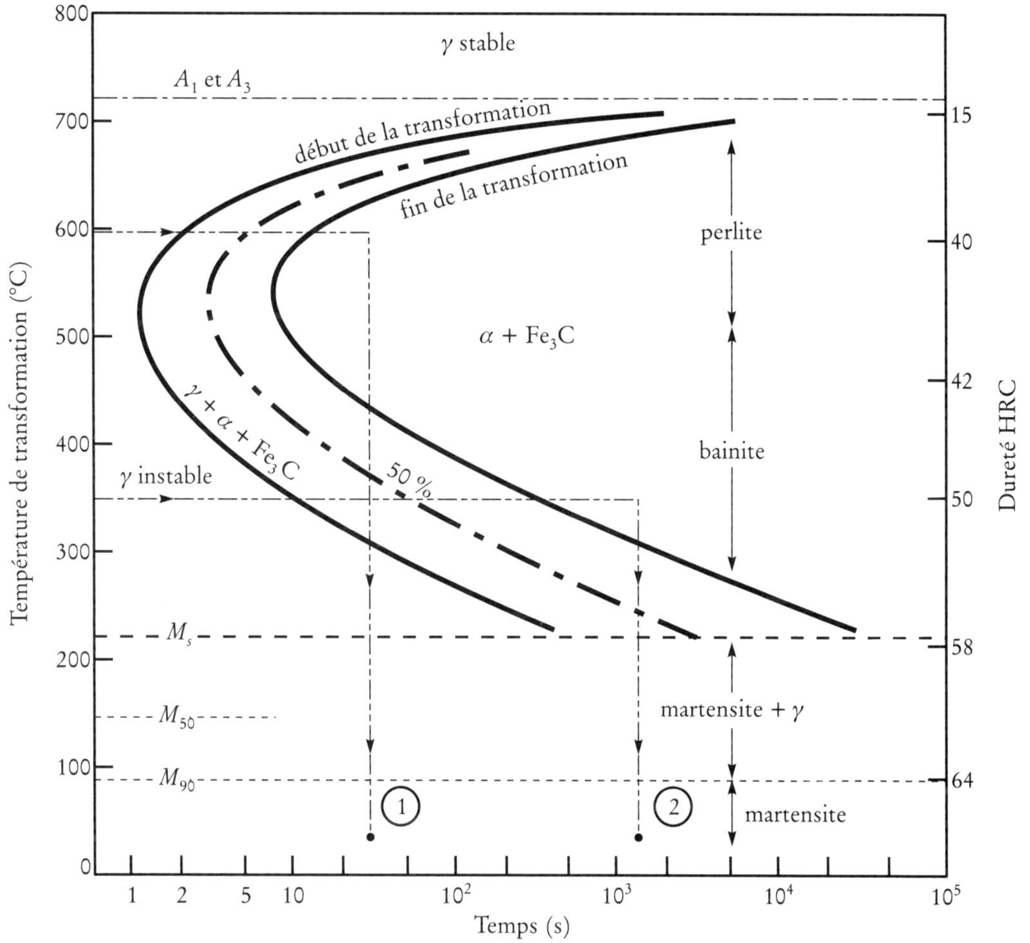

Figure 6.20 Courbes de transformation isotherme d'un acier eutectoïde (0,8 % C ; austénitisation : 30 min à 850 °C).

le nombre de germes de carbure de fer par unité de volume devient élevé et le libre parcours moyen des atomes de carbone diminue fortement. Le carbure de fer ne peut plus croître sous forme de lamelles continues de cémentite ; il apparaît alors sous forme de fins précipités plus ou moins alignés, leur alignement étant dicté par l'orientation cristallographique de la ferrite. La bainite, qui est constituée de ferrite légèrement sursaturée en carbone et d'une fine dispersion de carbures de fer, a des propriétés mécaniques supérieures à celles de la perlite. La figure 6.21 présente la microstructure d'une bainite.

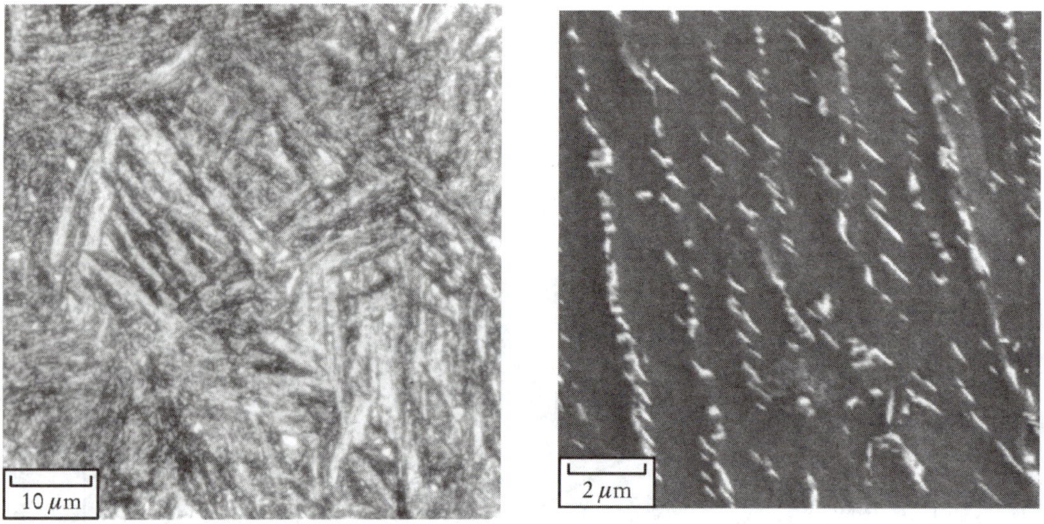

(a) (b)

Figure 6.21 a) Microstructure de la bainite supérieure vue au microscope optique ; b) bainite supérieure observée au microscope électronique à balayage (la ferrite est sombre, les carbures de fer sont clairs).

6.1.5.4 Transformation martensitique

À la figure 6.20, on remarque que si, à partir du domaine austénitique stable, on refroidit très rapidement l'acier, une transformation d'un nouveau type commence à se produire à la température M_s : la *transformation martensitique* ; l'austénite se transforme alors en une nouvelle structure, de même composition, la *martensite*. Le carbone n'ayant en effet plus le temps de diffuser pour se répartir entre deux phases de compositions différentes, la ferrite et la cémentite, il demeure en place lors de la transformation allotropique de l'austénite en ferrite. Alors que la structure de l'austénite est cubique à faces centrées, celle de nouvelle phase, la martensite, est quadratique centrée. La figure 6.22 montre la maille élémentaire de cette structure et la position d'un atome de carbone ; dans le cas d'un acier eutectoïde à 0,8 % de carbone, 7,2 % des mailles ont un atome de carbone ainsi placé, et le rapport *c/a* de la maille quadratique est égal à 1,04. La martensite peut être considérée comme de la ferrite tellement sursaturée en carbone que la présence des atomes de carbone, occupant une fraction des sites octaédriques, crée une distorsion importante de son réseau cubique centré.

À cause de l'important changement de volume dû à la transformation de l'austénite en martensite (le volume spécifique de l'austénite est environ 4 % plus faible que celui de la martensite), et puisqu'il doit toujours y avoir cohérence entre les phases, la martensite se trouve fortement déformée par cisaillement et par maclage ; elle contient par ailleurs un très grand nombre de dislocations et elle est très dure. Sa dureté, à l'état brut de trempe, est essentiellement fonction de la concentration en carbone dissous dans l'austénite (fig. 6.23).

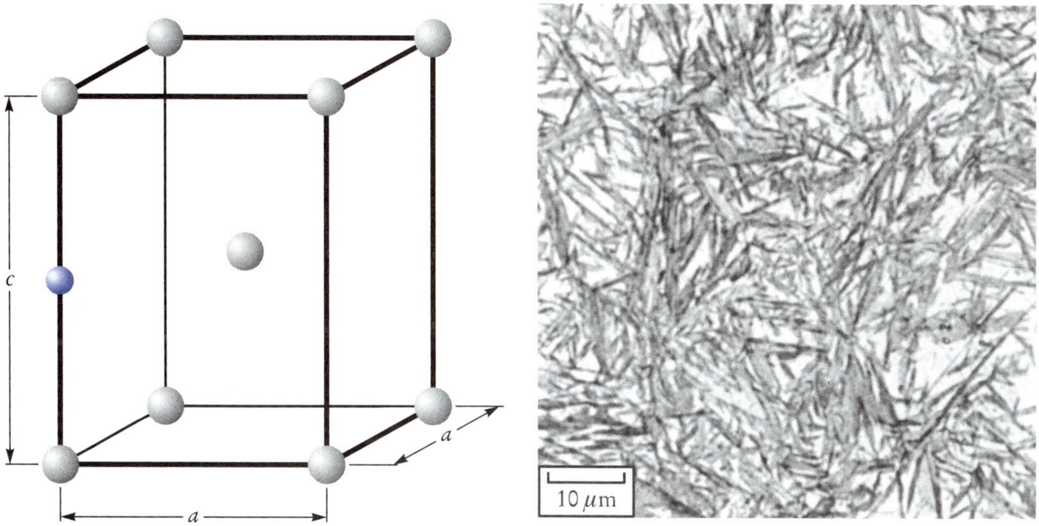

(a) (b)

Figure 6.22 a) Réseau quadratique centré de la martensite. L'atome de couleur représente la position type d'un atome de carbone. b) Microstructure de la martensite.

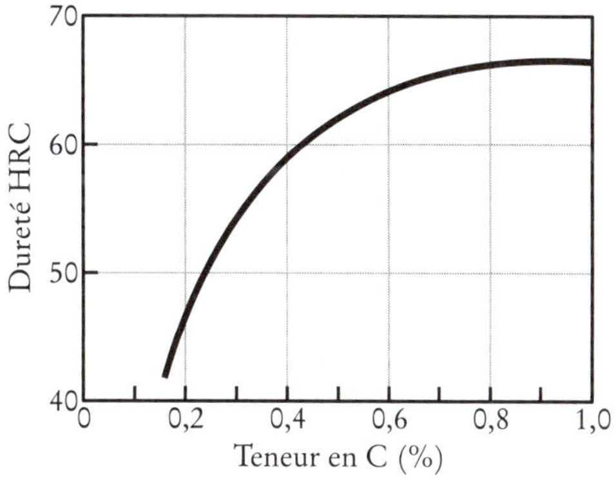

Figure 6.23 Variation de la dureté de la martensite brute de trempe en fonction de la teneur en carbone de l'acier.

Contrairement à la réaction de précipitation ou à la transformation eutectoïde (transformations par germination et croissance), la transformation martensitique se produit sans diffusion, c'est-à-dire sans déplacement d'atomes sur de grandes distances ; la vitesse de la transformation est très rapide (environ le tiers de la vitesse du son dans le matériau).

Au cours de la transformation martensitique, les atomes de la phase mère vont occuper les positions dans la nouvelle structure, en se déplaçant sur des distances inférieures à leur distance interatomique. Ce mouvement des atomes est coopératif : chaque atome se déplace en effet vers sa nouvelle position grâce au déplacement préalable des atomes voisins, comme cela se produit lors du maclage. Ce phénomène ne requiert aucune activation thermique, et sa vitesse (le tiers de la vitesse du son) est comparable à celle d'une onde élastique qui se propage dans le solide. Le volume occupé par le produit de la réaction martensitique est différent de celui qu'occupait la phase mère. Dans le cas d'un acier eutectoïde, la martensite occupe un volume supérieur de 4 % à celui de l'austénite. Il en résulte des contraintes internes qui s'opposent à la poursuite de la transformation, qui peut rester inachevée. Pour qu'elle se poursuive, il faut augmenter l'instabilité de l'austénite en abaissant la température.

Ainsi, lorsque, après un refroidissement très rapide, la transformation de l'austénite se fait à 150 °C, la structure est constituée de 50 % de martensite et de 50 % d'austénite non transformée (fig. 6.20). La transformation de l'austénite résiduelle ne peut se poursuivre que grâce à un abaissement ultérieur de la température.

La transformation martensitique se produit lorsque la différence entre les énergies libres des deux structures (austénite et martensite) est suffisamment importante pour provoquer la transformation, alors que la vitesse de diffusion est trop faible pour jouer un rôle. La transformation martensitique se caractérise par deux températures distinctes, indépendantes de la vitesse de refroidissement :

- la température supérieure limite de la transformation martensitique (M_d). Au-dessus de cette température, la transformation n'entraîne aucune réduction de l'énergie libre du système ;
- la température à laquelle débute la transformation au refroidissement ($M_s < M_d$). À partir de M_s, la différence entre l'énergie libre de la phase mère et celle de la martensite est suffisante pour que la transformation s'amorce spontanément.

Entre ces deux températures (M_d et M_s), une déformation plastique peut favoriser la transformation martensitique : en effet, l'augmentation de l'énergie totale de la phase mère (augmentation, due à la déformation plastique, donc de la densité des dislocations), en accroissant l'écart entre sa propre énergie totale et celle de la martensite, favorise la transformation. Une transformation de ce type, avec écrouissage, se produit dans les aciers austénitiques (certains aciers inoxydables, les aciers Hadfield : Fe–13 % Mn–1,2 % C) pour lesquels la température M_s est inférieure à la température ambiante et la température M_d est supérieure à la température ambiante.

Au-dessous de la température M_s, la proportion de martensite formée est indépendante de la durée du maintien à cette température, puisque la transformation ne peut se poursuivre que lorsqu'on abaisse de nouveau la température. La température M_s est fonction de la composition de l'acier (pourcentages de carbone et des éléments d'addition). La figure 6.24 illustre graphiquement les variations de M_s et de M_{90} en fonction de la teneur en carbone, pour des aciers ordinaires ; la température M_{90} est la température à laquelle 90 % de l'austénite est transformée en martensite ; il reste alors 10 % d'austénite résiduelle. On peut éliminer totalement l'austénite résiduelle en abaissant fortement la température de l'acier trempé (en l'amenant, par exemple, à la température de l'azote liquide).

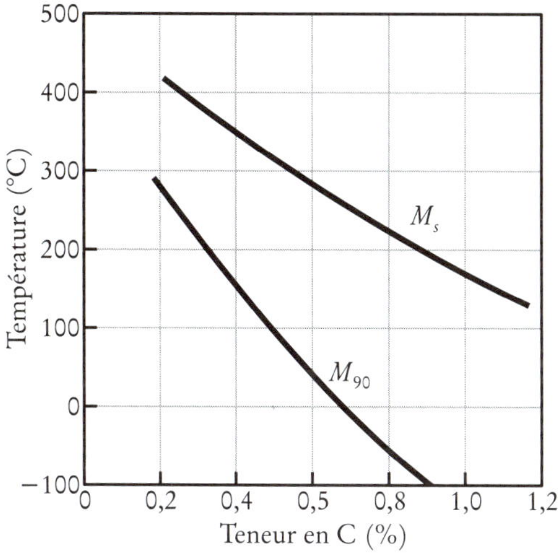

Figure 6.24 Variation des températures M_s et M_{90} des aciers au carbone en fonction de leur teneur en carbone.

Les aciers au carbone ne sont pas les seuls alliages qui peuvent subir une transformation martensitique. Par exemple, les transformations allotropiques du cobalt et du titane (c.f.c. → h.c.) peuvent se produire par transformation martensitique ; les alliages Fe–20 % Ni, Zn–22 % Al, Cu–12 % Al, Co–15 % Mo, ainsi que plusieurs alliages de titane, peuvent également subir une telle transformation. Soulignons toutefois que c'est uniquement dans le système fer–carbone que la transformation martensitique accroît de façon notable la dureté, en raison du changement de volume important et des déformations plastiques qui en résultent. Dans les cupro-aluminiums (art. 11.2.4), la martensite obtenue est plus ductile que les phases d'équilibre.

6.1.5.5 Revenu de la martensite

La martensite des aciers est très dure mais très fragile ; c'est une phase métastable qui a tendance à se décomposer en phases d'équilibre, ferrite et cémentite. À la température ambiante, la durée de cette décomposition étant excessivement longue, on ne peut la mesurer. Par contre, lorsque la température augmente, ce phénomène de décomposition s'accélère : c'est le *revenu*. La figure 6.25 illustre la variation de la dureté en fonction de la température de revenu. La diminution de la dureté au cours d'un revenu s'accompagne d'une amélioration de la ténacité.

Au cours du revenu, la martensite rejette l'excédent de carbone, et se transforme en ferrite et en carbures. L'austénite résiduelle se transforme également en ferrite et en carbures. Certains éléments d'addition (Cr, Mo, W, V, par exemple), ont une forte tendance à former des carbures qui entraînent un durcissement structural ; ce durcissement par précipitation pallie la diminution de la dureté de la martensite au cours du revenu. Ainsi, la courbe de revenu d'un acier à outil présente, vers 550 °C, un maximum dû à la formation de carbures par des éléments d'addition (fig. 6.25b). Un tel acier conserve donc ses propriétés mécaniques à des températures plus élevées que ne le fait un acier au carbone ordinaire (fig. 6.25a).

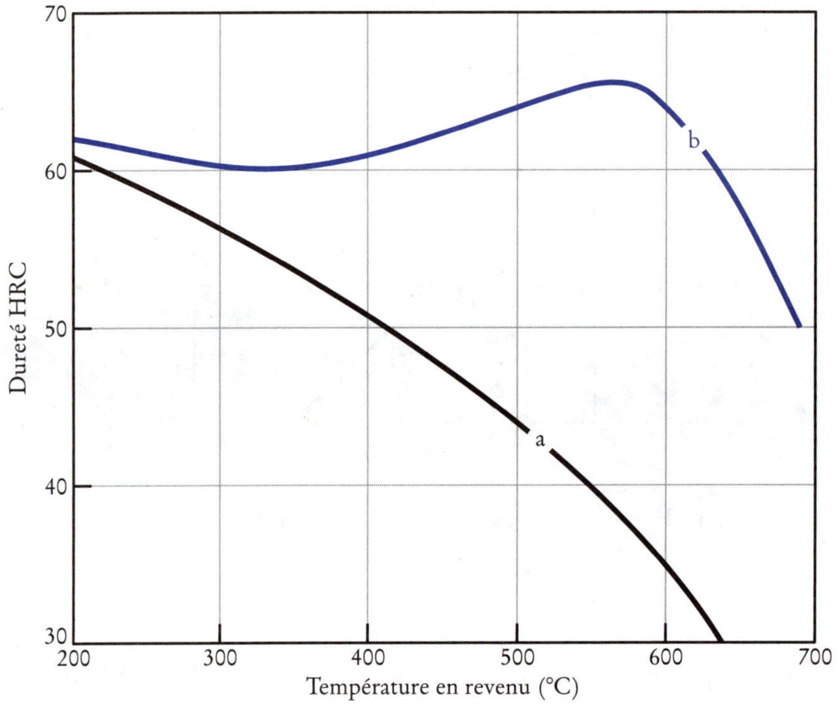

Figure 6.25 Influence de la température de revenu (durée du revenu : 1 h) sur la dureté d'un acier eutectoïde (0,8 % C) trempé (courbe a) et d'un acier à outils (0,8 % C–1,5 % W–8,5 % Mo–4 % Cr–1 % V) trempé (courbe b).

6.1.6 Recuits : restauration des propriétés

Jusqu'ici, nous n'avons étudié que les mécanismes qui pouvaient entraîner une amélioration des propriétés mécaniques des métaux et des alliages. La seule exception fut l'étude du revenu de la martensite des aciers. Ce traitement favorise un retour partiel vers l'équilibre grâce à la diminution de la teneur en carbone de la martensite et à la précipitation de carbures. Sur le plan pratique, le résultat est une amélioration de la ténacité du matériau, accompagnée, il est vrai, d'une diminution de sa dureté et d'une baisse de sa limite d'élasticité.

Or, il est souvent nécessaire de restaurer les propriétés originelles du matériau. Par exemple, une tôle obtenue par laminage à froid est trop résistante et pas assez ductile pour qu'on puisse l'emboutir, si on la destine à la fabrication d'une carrosserie d'automobile. Dans un tel procédé de fabrication, en effet, les déformations plastiques peuvent atteindre 50 %. Si on utilisait telle quelle, pour l'emboutissage, une tôle laminée à froid, il y aurait des risques de déchirures et, à cause de l'augmentation de la limite d'élasticité due à l'écrouissage du matériau, il faudrait doubler ou tripler l'énergie nécessaire à l'emboutissage et donc la capacité des presses. La restauration des propriétés premières, par recuit, permet de surmonter ces difficultés. Le but des recuits est donc d'éliminer ou d'atténuer les conséquences indésirables d'un écrouissage préalable.

6.1.6.1 Force motrice de la restauration

La modification des structures, due à la déformation plastique, entraîne un écart par rapport à l'état d'équilibre du métal : en effet, l'énergie totale de celui-ci augmente, à cause de l'introduction d'un grand nombre de défauts cristallins (défauts ponctuels, dislocations et macles) et à cause des modifications des joints de grains. Entre 5 et 10 % de l'énergie totale de la déformation plastique demeure ainsi dans le métal sous forme de défauts cristallins, le reste étant dissipé sous forme de chaleur. La structure a alors potentiellement tendance à retrouver son état d'équilibre initial, à se restaurer. La restauration est facilitée par une augmentation de la température, augmentation qui favorise la diffusion à l'état solide. La diminution de l'énergie totale du système peut être imputable à l'un ou à l'autre des mécanismes suivants, énumérés ici en fonction des températures de recuits croissantes :

- diminution du nombre de défauts ponctuels ;
- réagencement des dislocations ;
- diminution de la densité des dislocations ;
- réagencement des joints de grains ;
- diminution de la surface totale des joints de grains.

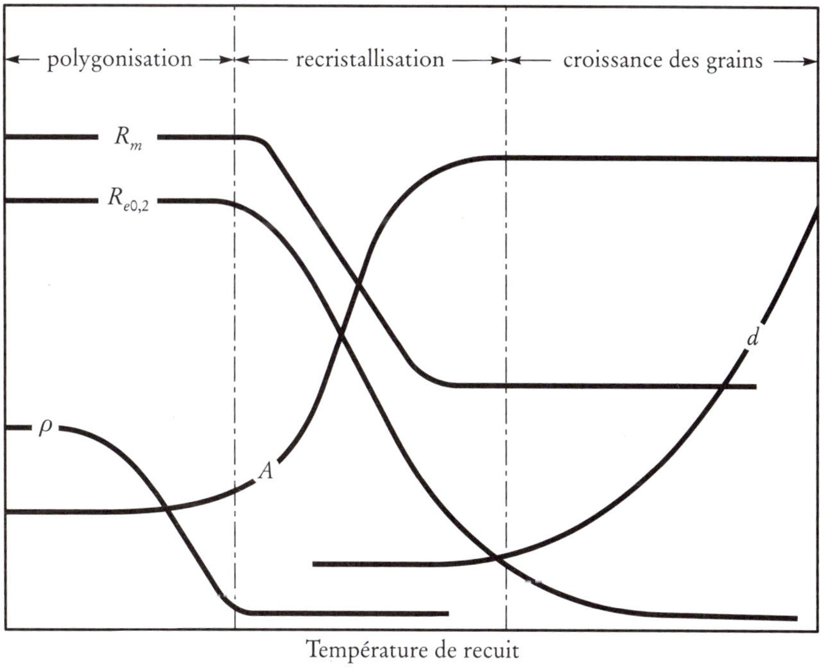

Figure 6.26 Représentation graphique de la variation des propriétés mécaniques ($R_{e0,2}$, R_m et A), électrique (résistivité ρ) et de la taille des grains (d) en fonction de la température de recuit.

Le diagramme de la figure 6.26 illustre la variation de diverses propriétés en fonction de la température de recuit. En général, le degré de restauration obtenu, à une température donnée, est fonction de plusieurs facteurs : durée du maintien en température, importance de la déformation plastique préalable et taille initiale des grains.

6.1.6.2 Processus de restauration

Polygonisation. Lorsqu'on chauffe un métal après l'avoir déformé, les défauts ponctuels (lacunes et atomes interstitiels) engendrés par l'écrouissage disparaissent rapidement ; la seule conséquence importante de cette diminution des défauts ponctuels est une baisse de la résistivité électrique, ρ, car c'est une propriété très sensible à la présence de tels défauts (art. 9.2.3). Ensuite, il se produit une nouvelle répartition des dislocations en réseaux dont l'énergie est plus faible, sans toutefois que leur densité diminue de façon notable. Ce réagencement des dislocations est dû à une diminution de l'énergie totale du système. Sous l'effet de la température (diminution de la cission critique), les dislocations s'éloignent les unes des autres, se redressent et s'alignent selon des configurations plus stables, dont l'énergie totale est moindre. Ces nouveaux réseaux de dislocations forment les parois de cellules polygonales ; de là vient le nom de ce processus : *polygonisation*. La figure 6.27 illustre schématiquement la polygonisation d'un cristal déformé par flexion. Au cours de la restauration, les dislocations s'alignent pour former des joints de flexion, ce qui fait que les zones du cristal bordées par ces joints sont libres de dislocations. La figure 6.28 est une micrographie électronique qui montre un tel réseau de dislocations dans du titane restauré. Les propriétés mécaniques du métal sont peu modifiées par la polygonisation (fig. 6.27) ; par contre, sa résistivité électrique diminue, car le nombre total de défauts cristallins diminue.

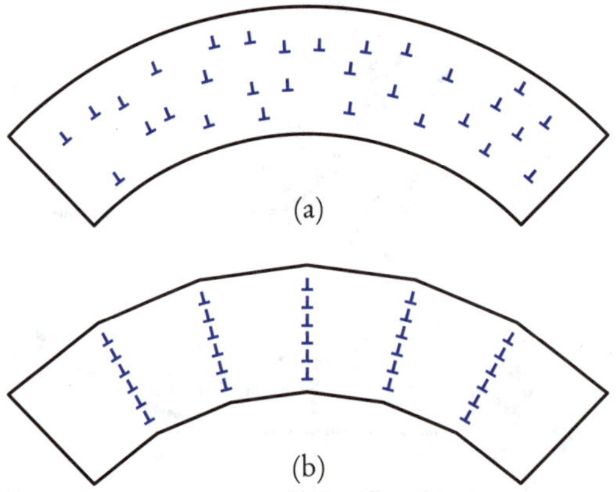

Figure 6.27 Polygonisation d'un cristal déformé par flexion (les dislocations sont représentées par des ⊥) : a) après la flexion, les dislocations sont réparties au hasard ; b) après la polygonisation, elles forment des sous-joints.

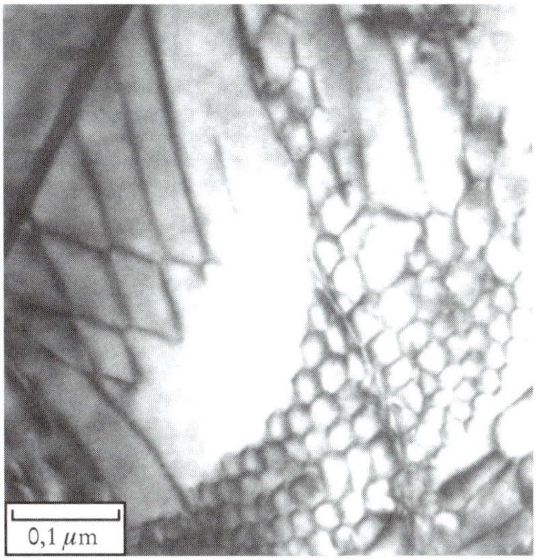

Figure 6.28 Sous-joint de recristallisation formé de réseaux de dislocations dans un alliage de titane restauré (MET ; *photographie* : Gilles L'Espérance.)

Un tel traitement, appliqué en vue d'éliminer les contraintes résiduelles introduites dans une pièce par des opérations antérieures (mise en forme à froid, soudage, etc.), s'appelle un *recuit de détente*.

Recristallisation. À une température supérieure à celle de la polygonisation, un second phénomène se produit : la *recristallisation*. La recristallisation est un réagencement des atomes des grains déformés en un assemblage de grains entièrement nouveaux ; le tout s'accompagne d'une diminution considérable de la densité des dislocations, qui passe de 10^{10} à 10^{13} cm/cm^3, à l'état écroui, à environ 10^7 cm/cm^3 ; les dislocations sont alors absorbées par les joints des nouveaux grains. La figure 6.29 illustre schématiquement la recristallisation. Après la recristallisation, les nouveaux grains sont équiaxes et, en général, orientés au hasard, ce qui donne une structure plus isotrope que celle obtenue après une déformation. La recristallisation procède par germination et croissance, et elle suit une cinétique comparable à celle de la précipitation (cinétique semblable à celle représentée à la figure 6.15, où la fraction recristallisée serait portée en ordonnée) ; là encore, un temps d'incubation est nécessaire avant que la recristallisation ne débute. La germination des nouveaux grains se produit en des points dont l'énergie est élevée, en général, les points triples des joints de grains déformés. Plus le taux d'écrouissage est élevé, plus le nombre de sites favorables à la germination est grand, et plus le diamètre moyen des grains recristallisés est faible. La figure 6.30 montre la variation de la taille des grains obtenus par recristallisation en fonction du taux d'écrouissage initial. Au-dessous d'un taux d'écrouissage critique (ε_c) dont la valeur dépend de la composition chimique de l'alliage, la recristallisation ne se produit pas, parce qu'il n'existe aucun site dont l'énergie soit suffisante pour favoriser la germination de nouveaux grains.

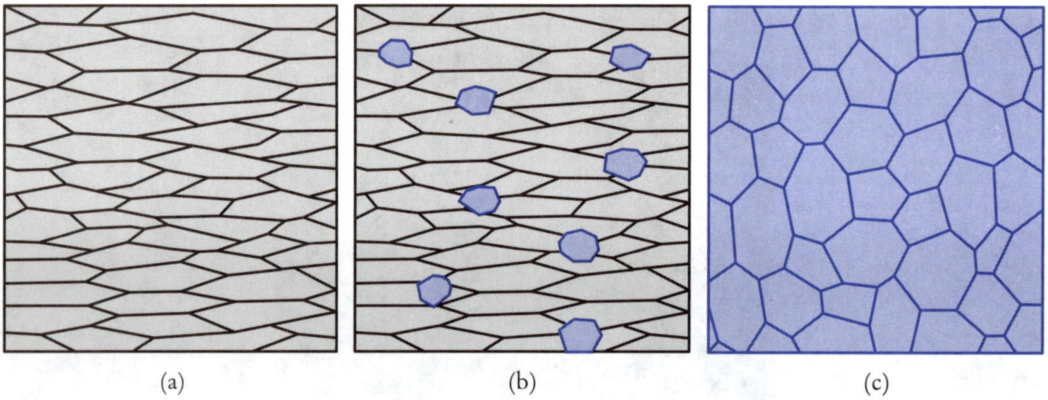

Figure 6.29 Représentation schématique de la recristallisation : a) métal écroui (structure anisotrope) ; b) formation de nouveaux grains ; c) après recristallisation, germination et croissance de nouveaux grains (structure équiaxe et isotrope).

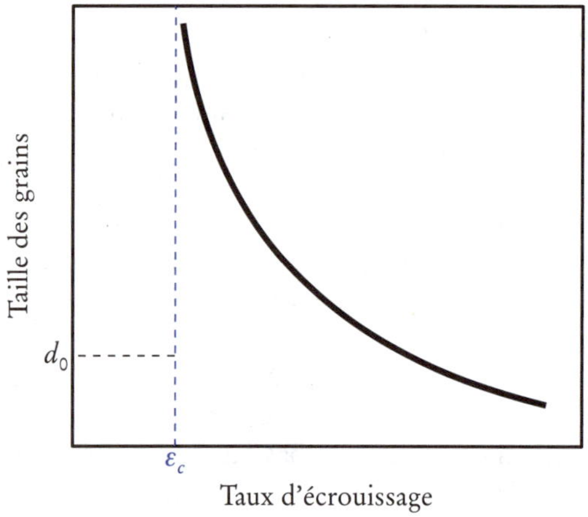

Figure 6.30 Représentation graphique de la variation de la taille moyenne des grains recristallisés en fonction du taux d'écrouissage initial. La recristallisation ne peut se produire qu'au-dessus d'un seuil critique d'écrouissage, ε_c, de l'ordre de 2 à 10 % selon la composition chimique de l'alliage. La taille initiale des grains, avant déformation, est d_0.

La température à partir de laquelle la recristallisation peut se produire est en général comprise entre 0,4 et 0,5 T_f, où T_f est la température absolue de fusion du métal ou de l'alliage. En pratique, on détermine la température de recristallisation de façon à obtenir la structure recristallisée en un temps raisonnable (environ une heure), mais en évitant une croissance exagérée de la taille des grains. Les impuretés et les éléments d'addition ont pour effet d'augmenter la température de recristallisation tout en diminuant la mobilité des nouveaux joints de grains.

Croissance des grains. Au-dessus de la température de recristallisation, on observe de nouvelles modifications de la microstructure : certains grains grossissent aux dépens de certains autres, qui disparaissent, et le diamètre moyen des grains augmente. La force motrice qui provoque la croissance des grains étant due à la réduction de l'énergie associée à la surface totale des joints, il y a diminution de l'énergie totale du système.

Des précipités ou des particules insolubles dans la matrice à la température de croissance des grains ont pour effet d'ancrer les joints et d'empêcher ainsi la croissance exagérée des grains. La figure 6.31 illustre l'effet du carbure de niobium (NbC) sur la taille des grains austénitiques ; au-dessus de 1050 °C, ces carbures devenant solubles, la croissance des grains se produit comme en leur absence.

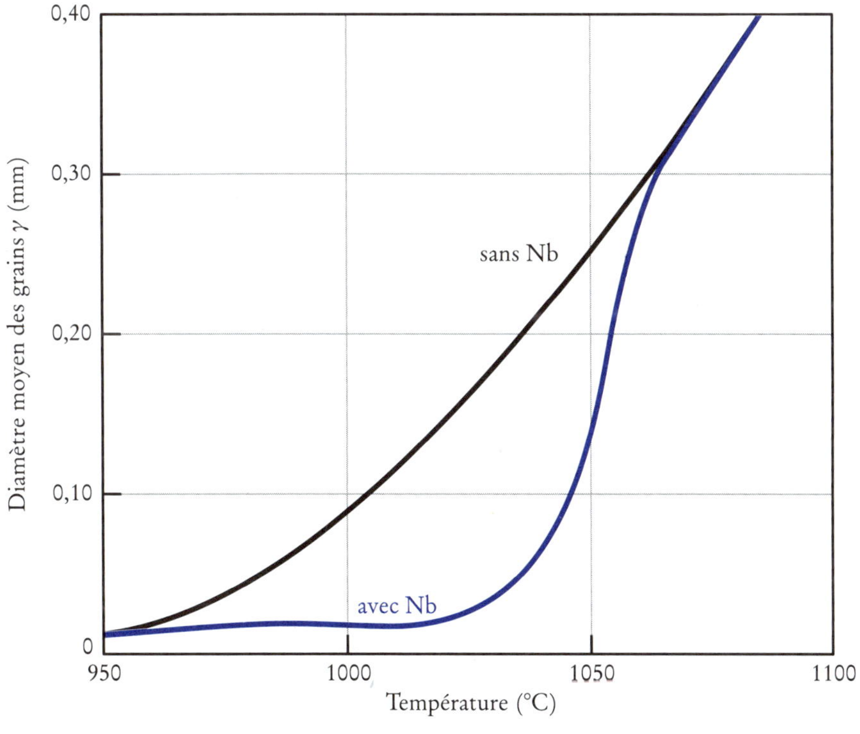

Figure 6.31 Représentation graphique de l'effet du niobium (présence de carbure de niobium, NbC) sur la croissance des grains austénitiques d'un acier doux (0,1 % C). Au-dessus de 1050 °C, les carbures NbC, qui se dissolvent dans l'austénite, n'entravent plus le déplacement des joints de grains.

6.2 POLYMÈRES

Le modèle d'interaction atomique présenté au chapitre 2, modèle qui permet de calculer la rigidité d'un matériau simple, ne s'applique pas aux polymères, composés macromoléculaires. Contrairement aux autres matériaux, les matières plastiques sont en effet constituées de macromolécules. On compte leur masse moléculaire par dizaines de milliers, voire par millions de grammes par mole (art. 12.1.4). Les chaînes moléculaires sont formées par la succession de monomères liés chimiquement entre eux. Ainsi, la polymérisation de monomères *A* donne une chaîne :

... A—A—A—A—A ...

Dans le polyéthylène (PE), par exemple, *A* est un groupement éthylène :

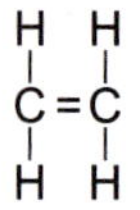

dont la polymérisation engendre la chaîne :

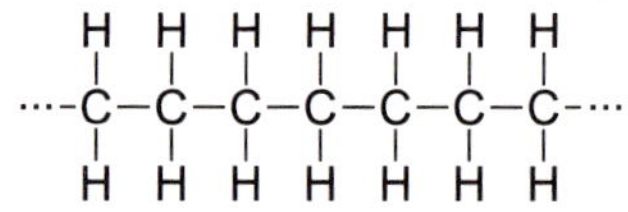

Dans le cas du polystyrène (PS), chaque second atome de carbone de chaque monomère porte un groupe phényl :

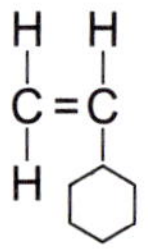

et la chaîne formée par polymérisation est :

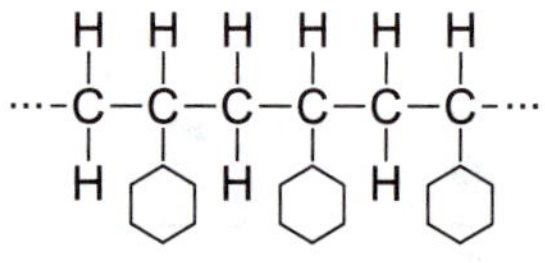

Le cas du chlorure de polyvinyle (PVC) est semblable à celui du polystyrène, sauf qu'un atome de chlore remplace le groupement phényl.

Le squelette de la chaîne, qui comporte des milliers d'atomes de carbone, n'est pas rectiligne (art. 3.3.4) ; il se replie sur lui-même de façon aléatoire et, à haute température, sa configuration varie continuellement sous l'effet de l'agitation thermique. Le degré d'agitation des chaînes entre elles varie évidemment avec la température, mais il dépend également des interactions entre les molécules. L'application d'une contrainte mécanique a pour effet de déployer les chaînes. La déformation élastique qui correspond à une telle contrainte ne résulte donc pas d'une augmentation de la distance entre les atomes de carbone du squelette (lesquels sont liés entre eux par des liaisons covalentes de forte intensité), mais découle plutôt d'un déploiement des chaînes, c'est-à-dire d'une action sur les liaisons de van der Waals qui lient les macromolécules entre elles. Tant que les chaînes ne se déplacent pas les unes par rapport aux autres, la déformation est réversible (domaine élastique).

La rigidité des polymères dépend donc moins des interactions entre les atomes de carbone qui constituent leur squelette que des forces intermoléculaires entre les chaînes. Elle est par conséquent toujours plus faible de plusieurs ordres de grandeur que celle des matériaux à liaisons fortes. La figure 6.32 illustre la variation du module d'élasticité des polymères en fonction de la température. À basse température, le mouvement des chaînes macromoléculaires est bloqué, et le polymère est dans un état vitreux, dur et relativement fragile (zone I). À partir de la *température de transition vitreuse* θ_v, l'agitation thermique est suffisante pour que la chaîne se déforme ; le polymère, qui devient alors de plus en plus souple, se comporte comme un caoutchouc (zone II) : faible module d'élasticité et très grande déformation élastique. Dans le domaine caoutchoutique, l'agitation thermique rend les chaînes très déformables ; toutefois, à cause de leur enchevêtrement, leur déplacement relatif se produit difficilement.

À une température supérieure à celle du plateau caoutchoutique, la rigidité du polymère s'effondre, et celui-ci se comporte comme un liquide visqueux (zone III). Lorsqu'on refroidit un tel polymère, il reprend un comportement caoutchoutique, puis vitreux : ce type de polymère est dit *thermoplastique*.

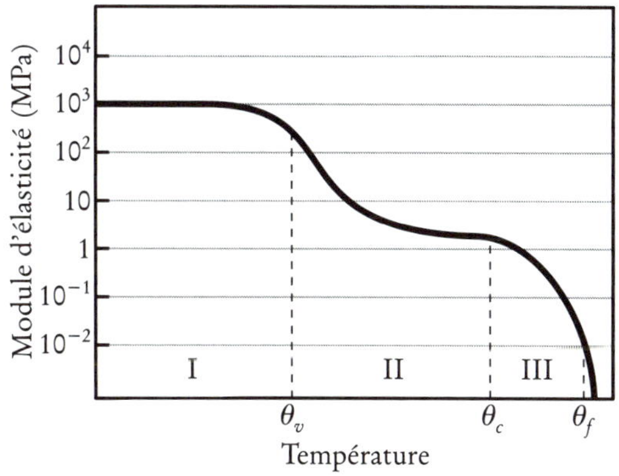

Figure 6.32 Variation du module d'élasticité d'un polymère en fonction de la température (θ_v : température de transition vitreuse ; θ_c : température de fin du comportement caoutchoutique ; θ_f : température de fusion).

Il faut souligner qu'on ne peut pas définir le module d'élasticité d'un polymère aussi facilement que celui d'un solide métallique, car, pour une contrainte donnée, la déformation instantanée est fonction de la vitesse d'application de la charge (sect. 7.2).

À peu de chose près, les modules d'élasticité de tous les polymères thermoplastiques sont comparables : de 1 à 10 GPa à l'état vitreux, et de 0,1 à 1 MPa à l'état caoutchoutique. Les modifications qu'on peut apporter aux polymères ne sont pas destinées à faire varier leurs modules d'élasticité, mais plutôt à déplacer les températures caractéristiques (θ_v et θ_f) vers le haut ou vers le bas, selon les propriétés recherchées. Ces températures dépendent des interactions entre les macromolécules. Ainsi, dans le polyéthylène (PE), puisque ces interactions sont très faibles, la température de transition vitreuse avoisine -70 °C. Le chlorure de polyvinyle (PVC), quant à lui, est rigide à la température ambiante, et sa température de transition vitreuse est d'environ 80 °C, car les dipôles électriques portés par les liaisons C–Cl s'associent et bloquent les mouvements de la chaîne. La température de transition vitreuse du polystyrène (PS) est de 100 °C environ, car le déploiement des chaînes est entravé par l'encombrement des groupements phényl volumineux.

Dans les articles suivants, nous étudierons les principaux mécanismes qui modifient la structure et les propriétés des polymères.

6.2.1 Cristallinité

Les polymères peuvent présenter, en partie, une structure cristalline (art. 3.3.4). Les zones cristallisées sont reliées les unes aux autres par des macromolécules à l'état amorphe (fig. 3.26). À basse température, le module d'élasticité d'un polymère partiellement cristallin est à peu près le même que celui d'un polymère entièrement amorphe ; toutefois, le degré de cristallinité augmente la

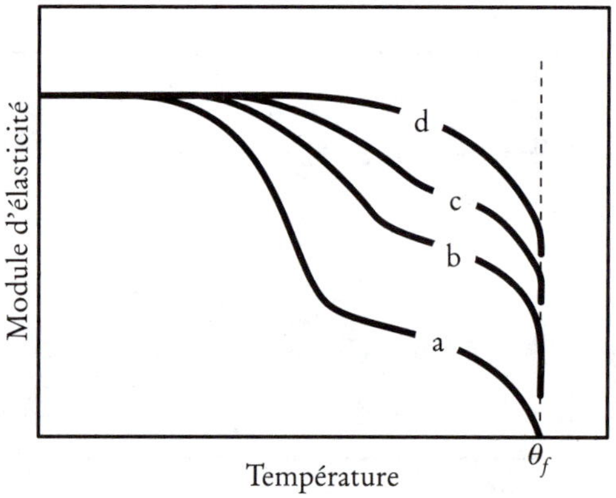

Figure 6.33 Influence du degré de cristallinité d'un polymère sur son module d'élasticité. La courbe *a* représente le polymère à l'état amorphe ; les courbes *b*, *c* et *d* correspondent à des degrés croissants de cristallinité. Dans tous les cas, la température de fusion, θ_f, demeure la même.

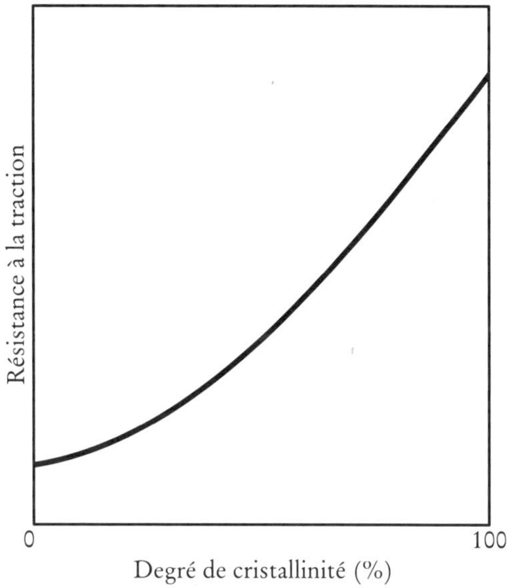

Figure 6.34 Variation de la résistance à la traction d'un polymère en fonction de son degré de cristallinité.

température de transition vitreuse (θ_v). La figure 6.33 illustre l'influence de la cristallinité sur la relation «module d'élasticité-température», et la figure 6.34, la variation de la résistance à la traction en fonction du degré de cristallinité. Cependant, tous les polymères ne cristallisent pas aussi facilement. Parmi les conditions qui favorisent leur cristallisation, citons :

- une structure moléculaire simple (cas du PE non ramifié, art. 6.2.2) ;
- la configuration des chaînes. Sur le squelette de la chaîne de carbone, il peut y avoir des groupes d'atomes de taille importante, les radicaux R, qui peuvent être disposés de façon régulière ou non autour du squelette de la chaîne (fig. 6.35). Seules les structures régulières, syndiotactiques ou isotactiques, peuvent cristalliser ;
- l'absence de ramification et de réticulation (art. 6.2.2).

Tous les polymères ne peuvent cristalliser. Cependant, on peut améliorer de façon notable leurs propriétés mécaniques en orientant les chaînes moléculaires selon des directions préférentielles. On peut ainsi, au cours de la mise en forme, soumettre le polymère à des contraintes qui ont pour effet de déployer les chaînes moléculaires dans la direction des contraintes principales de traction. Si, à la température d'utilisation, on maintient la configuration ainsi obtenue, la rigidité et la résistance à la traction du polymère en sont améliorées dans la direction de l'orientation des chaînes. On peut de la sorte fabriquer des bouteilles de PVC plus légères mais dotées de meilleures propriétés. L'état des chaînes moléculaires orientées et déployées n'est toutefois pas le plus stable : par une élévation de la température (augmentation de l'agitation thermique), les chaînes reprennent leur agencement aléatoire. Ainsi, un film de polymère à chaînes orientées se rétracte lorsqu'on le chauffe : c'est sur la base de ce principe qu'on fabrique des films d'emballage rétractables.

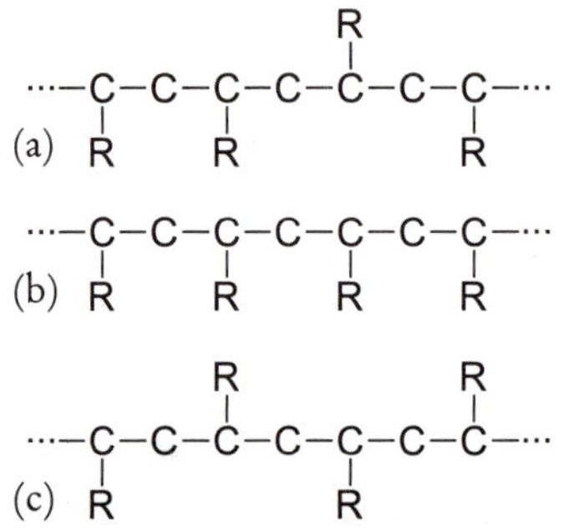

Figure 6.35 Disposition des radicaux R autour du squelette d'une macromolécule : a) disposition aléatoire de part et d'autre (structure atactique) ; b) disposition régulière d'un seul côté (structure isotactique) ; c) disposition régulière alternée de part et d'autre (structure syndiotactique).

6.2.2 Ramification

Sur le squelette linéaire de la macromolécule, d'autres molécules semblables peuvent se brancher latéralement. La figure 6.36a illustre schématiquement un polymère dont les macromolécules sont linéaires, et la figure 6.36b, le même polymère avec des ramifications latérales. Puisqu'une telle disposition des macromolécules augmente le nombre de leurs interactions, cela rigidifie le polymère (augmentation de la température de transition vitreuse) et améliore sa résistance à la traction : il est en effet plus difficile de déployer les chaînes, car les branches latérales s'opposent à un tel mouvement.

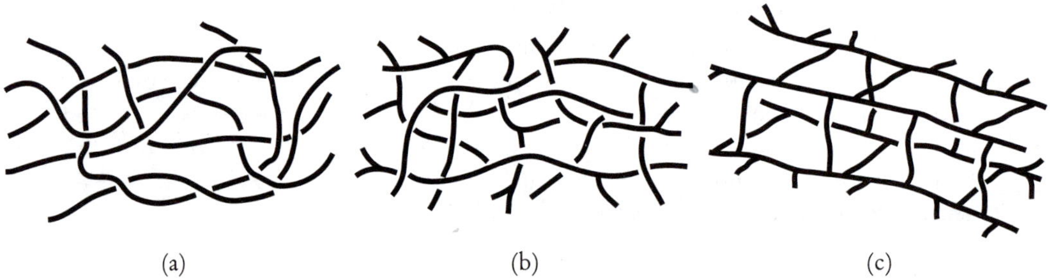

Figure 6.36 Représentation schématique de chaînes macromoléculaires : a) agencement linéaire ; b) branches latérales (agencement bidimensionnel) ; c) réticulation (agencement tridimensionnel).

6.2.3 Réticulation

On peut construire un réseau tridimensionnel de macromolécules en les reliant chimiquement entre elles : le polymère est alors dit *réticulé* (fig. 6.36c). Quand la température s'élève, un tel polymère n'adopte plus le comportement représenté par la courbe de la figure 6.32 (état vitreux, état caoutchoutique et fusion) ; il garde la même rigidité jusqu'à sa température de décomposition, température à laquelle les liaisons atomiques sont rompues. Ce polymère est donc infusible ; c'est un polymère *thermodurcissable*, à l'opposé des polymères étudiés jusqu'ici (c.-à-d. les polymères thermoplastiques qu'on peut fondre, mettre en forme et solidifier). Les polymères thermodurcissables ne peuvent donc pas être mis en forme par fusion ; ils prennent leur forme définitive dans le moule où a lieu la réaction de polymérisation.

On peut modifier les propriétés mécaniques des caoutchoucs (polyisoprènes) par réticulation, des atomes de soufre reliant les chaînes entre elles : c'est le procédé appelé *vulcanisation*. On peut ainsi obtenir une grande variété de propriétés différentes, selon les besoins: à l'état naturel, le caoutchouc est mou et gommeux ; mais l'addition de quantités croissantes de soufre le rigidifie progressivement (on fabrique ainsi des bandes élastiques, des pneus, des tuyaux de pipe, etc.). Avec le temps, toutefois, sous l'action de l'oxygène de l'air, les propriétés du caoutchouc s'altèrent ; celui-ci devient plus rigide et plus fragile : ce vieillissement est dû à l'introduction d'atomes d'oxygène dans les chaînes et à l'action des radiations U.V. (sect. 8.5).

6.2.4 Copolymérisation et mélanges

Les copolymères sont constitués de monomères différents. On peut distinguer plusieurs types de copolymères, selon la façon dont les différents monomères sont regroupés (fig. 6.37). La cristallisation des copolymères est difficile, voire impossible, à réaliser. En fait, ce sont de véritables alliages de monomères différents, tant par leur composition chimique que par leurs propriétés mécaniques.

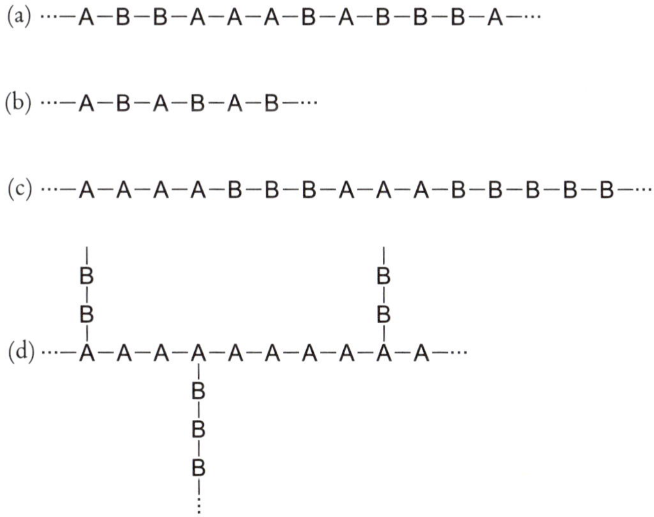

Figure 6.37 Copolymérisation de monomères A et B différents. a) Copolymère aléatoire : la répartition des motifs le long de la chaîne est aléatoire. b) Copolymère régulier : alternance régulière des motifs. c) Copolymère séquencé par blocs : la répartition des motifs a lieu par blocs de plusieurs unités. d) Copolymère greffé : le tronc, constitué de motifs A, porte des branches de motifs B.

Les mélanges stables de polymères différents ne sont pas toujours faciles à réaliser. En général, deux polymères de nature chimique différente ne sont pas miscibles. On peut toutefois obtenir une dispersion de très fines particules de chacun des constituants ; mais, pour qu'elle soit utile, une telle dispersion doit être stable, c'est-à-dire qu'il faut empêcher la séparation des particules à longue échéance. Les propriétés ainsi obtenues sont souvent intéressantes ; par exemple, les plastiques ABS (mélanges de copolymères d'acrylonitrile, de butadiène et de styrène), largement utilisés dans l'industrie automobile, doivent leur excellente ténacité à la dispersion de sphérules de caoutchouc (butadiène) dans une matrice rigide.

6.2.5 Utilisation d'additifs

L'utilisation d'additifs dans les polymères permet de faire varier considérablement leurs propriétés. Bien qu'ils aient par ailleurs certaines autres utilisations particulières, nous nous limiterons ici à l'effet de certains d'entre eux sur les propriétés des polymères.

À la température ambiante, le PVC est rigide et cassant (θ_v = 80 °C). Lorsqu'on y introduit des molécules étrangères à la chaîne, les dipôles électriques portés par les liaisons C–Cl s'écartent : les interactions entre les chaînes (interactions dues aux liaisons de van der Waals) sont par conséquent moins fortes. L'addition d'un *plastifiant* a ainsi pour effet d'abaisser la température de transition vitreuse (θ_v); à la température ambiante, le PVC, normalement rigide, devient donc souple. L'argile ou le talc, par exemple, qui favorisent une plus grande mobilité des chaînes entre elles, facilitent donc la fabrication et la mise en forme des polymères.

Les *stabilisants*, quant à eux, retardent les dégradations thermique, chimique ou physique (sous l'effet des rayons ultraviolets) de certains polymères. Le noir de carbone est ainsi utilisé dans les caoutchoucs pour retarder leur vieillissement sous l'effet des rayons U.V.

Le rôle des *colorants* n'a guère besoin d'être approfondi. Sur le plan économique, on connaît leur importance, notamment en ce qui concerne l'aspect esthétique.

L'utilisation de *charges renforçantes* peut améliorer la rigidité des polymères. Par exemple, l'addition de noir de carbone (carbone pulvérulent) améliore les qualités du caoutchouc et des fibres (de verre ou de carbone) sont utilisées dans les plastiques renforcés (chap. 14).

Souvent, on ajoute aux polymères des *charges inertes* en vue de réduire la proportion de matière plastique; on abaisse ainsi les coûts des produits finis, puisque les fibres de bois ou de coton, par exemple, sont meilleur marché que les plastiques.

À la limite, on peut considérer que les gaz sont des additifs. Les *polymères expansés* contiennent une forte proportion de gaz, introduits soit au moment de la fusion, soit au moment de la polymérisation (par addition d'agents qui libèrent des gaz). Le matériau, ainsi allégé, peut avoir la texture d'une mousse souple (matériau de rembourrage, par exemple) ou d'une mousse rigide (polystyrène expansé utilisé comme isolant thermique).

On constate aisément qu'on peut modifier les propriétés des polymères en agissant sur leur composition chimique soit en contrôlant la production des matières premières (masse moléculaire moyenne, ramification, greffes), soit en choisissant des paramètres de mise en forme (température, pression, vitesse d'écoulement) qui exercent une influence sur leur degré de cristallinité ou sur l'orientation de leurs chaînes. Contrairement à ce qu'on fait avec les métaux (les traitements thermiques modifient leurs propriétés à l'état solide, une fois les pièces terminées, ou presque), on modifie les propriétés des matières plastiques au moment de leur fabrication, et non une fois que le produit est mis en forme.

Chapitre 7

PROPRIÉTÉS MÉCANIQUES

Jusqu'ici, nous n'avons étudié le comportement des matériaux soumis à des sollicitations mécaniques que dans des cas simples, comme celui de l'essai de traction. Pour simples qu'ils soient, ces essais n'en permettent pas moins de caractériser un certain nombre de propriétés fondamentales (rigidité, résistance mécanique, ductilité et ténacité). Toutefois, dans ces cas, les seuls paramètres qui entrent en ligne de compte sont la *contrainte* qui s'exerce dans des éprouvettes normalisées et la *déformation* que celles-ci subissent. Il existe pourtant d'autres paramètres qui exercent une influence importante sur le comportement des matériaux en service, comme la température d'utilisation, la durée ou la vitesse d'application de la charge ou de la déformation. Ainsi, selon la durée d'application d'une charge statique, certains matériaux présentent un comportement visqueux. Par ailleurs, à haute température, un matériau soumis à une contrainte constante peut continuer à se déformer : c'est le fluage. D'un autre côté, un matériau ductile et tenace à la température ambiante devient parfois fragile à basse température. Finalement, si la charge appliquée à une pièce ou à un élément de structure varie en fonction du temps, la pièce peut finir par se rompre par fatigue, et ce même si à la charge maximale alors appliquée correspond une contrainte dont la valeur est inférieure à celle de la limite d'élasticité du matériau. Ce sont ces divers comportements que nous aborderons dans le présent chapitre.

7.1 INTRODUCTION

Dans les chapitres précédents, nous avons défini et étudié les propriétés mécaniques fondamentales des matériaux, telles que la rigidité, la résistance, la ductilité et la ténacité, sans tenir compte des paramètres autres que les contraintes ou les déformations imposées aux matériaux. Nous avons donc limité notre étude à l'analyse des réactions des matériaux à des sollicitations mécaniques simples. Bien qu'ils soient très utiles pour caractériser le comportement mécanique fondamental d'un matériau, les essais de traction, de compression, de flexion, de torsion ou de dureté n'en restent pas moins simplistes, car ils ne tiennent pas compte des effets possibles d'autres facteurs, comme le temps et la température. Pour illustrer notre propos, soulevons quelques questions :

- Quelle serait la réaction d'un matériau soumis à une charge statique pendant une durée plus longue que les quelques minutes requises par un essai de traction?
- La réaction du matériau à un tel chargement statique dépendrait-elle de la température d'essai?

- La vitesse de sollicitation (vitesse de mise en charge ou vitesse de déformation) pourrait-elle modifier le comportement du matériau?
- L'environnement exercerait-il une influence non négligeable sur le comportement du matériau?
- Si l'amplitude des charges appliquées variait avec le temps, la réaction du matériau serait-elle semblable à celle qu'on observe quand cette amplitude est constante ou quand les charges varient de façon monotone?

Les réponses à ces questions révéleraient que le comportement réel du matériau en service peut être différent du comportement qu'il manifeste au cours d'essais simples, réalisés en laboratoire dans des conditions expérimentales idéales. En fait, au cours de son utilisation, le matériau est soumis à plusieurs types de sollicitations dont les effets combinés peuvent synergétiquement s'amplifier. La figure 7.1 montre de façon schématique les principales sollicitations auxquelles peut être soumis un matériau en service :

- sollicitations mécaniques (charges ou déformations imposées) ;
- sollicitations chimiques, lesquelles englobent les interactions (de nature chimique) entre le matériau et son environnement (oxydation, corrosion, dégradation) ;
- sollicitations électromagnétiques (champs électriques et magnétiques) ;
- sollicitations radiatives (particules ionisantes, photons de diverses longueurs d'onde – des rayons γ aux infrarouges –).

Par ailleurs, toutes ces sollicitations agissent dans le temps et à une certaine température.

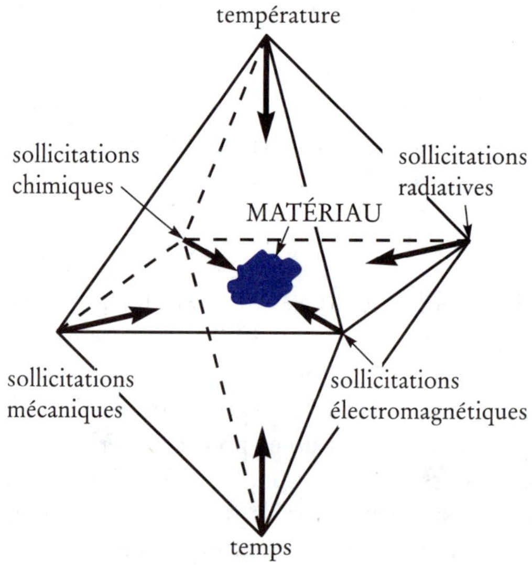

Figure 7.1 Un matériau en service est soumis à plusieurs types de sollicitations (mécaniques, chimiques, électromagnétiques et radiatives) pendant une durée donnée et à une certaine température. Sa réaction dépend à la fois de l'intensité de ces sollicitations et des synergismes possibles entre celles-ci.

Alors que, au cours des chapitres précédents, nous nous sommes limités essentiellement à l'étude des interactions entre les sollicitations mécaniques et le matériau, nous élargirons maintenant notre propos dans ce chapitre en analysant les interactions entre les sollicitations mécaniques, le temps, la température et le matériau. Accessoirement, nous mentionnerons les effets possibles des sollicitations chimiques et radiatives sur le comportement du matériau en service. L'étude de l'influence des sollicitations chimiques (réactions du matériau avec son environnement) fera par ailleurs l'objet du chapitre 8, alors que l'influence des sollicitations électromagnétiques sera traitée plus en détail au chapitre 9.

7.2 VISCOÉLASTICITÉ ET VISCOPLASTICITÉ

Jusqu'ici, dans l'étude du comportement mécanique des matériaux, nous n'avons pas tenu compte de l'influence du temps, laquelle se manifeste par la *vitesse de sollicitation* (vitesse de mise en charge ou vitesse de déformation, selon que l'on impose une charge ou une déformation au matériau). Cette approche simplifiée est d'ailleurs bien souvent valable dans le domaine des déformations élastiques. Nous avons en l'occurrence schématisé la réaction élastique des matériaux en la comparant à celle de ressorts qui symbolisaient les liaisons (sect. 2.2). Que la déformation de ces ressorts soit linéaire ou non, ceux-ci ne présentent aucun amortissement : les déformations se produisent à la même vitesse que les contraintes, et le matériau réagit instantanément à toute variation de sollicitation. C'est pourquoi la réaction élastique d'un matériau à une sollicitation mécanique donnée n'est pratiquement pas influencée par une augmentation de la vitesse de déformation ou de la vitesse de mise en charge.

Il n'en est toutefois pas ainsi dans le domaine des déformations plastiques, où la vitesse de sollicitation (exprimée soit par $d\sigma/dt$ pour la contrainte, soit par $d\varepsilon/dt$ pour la déformation) exerce une influence non négligeable sur le comportement du matériau : celui-ci, de ductile qu'il était, peut en effet devenir fragile au delà d'une certaine vitesse critique de sollicitation. Nous étudierons plus en détail, à la section 7.4, l'évolution de ce comportement quand la vitesse de sollicitation augmente progressivement ; dans un premier temps, nous nous contenterons d'aborder le cas où la vitesse de sollicitation est infinie ou très élevée, et où la contrainte est appliquée instantanément et maintenue constante pendant un certain temps (sollicitation en escalier).

7.2.1 Viscoélasticité

Lorsqu'on les soumet à une contrainte instantanée, certains matériaux subissent, dans le domaine élastique, une déformation instantanée suivie d'une déformation différée, la *déformation viscoélastique* (fig. 7.2).

Ce comportement peut se manifester à haute vitesse dans certains matériaux cristallins. Pour ces derniers, la déformation élastique s'accompagne aussi d'un frottement, le *frottement intérieur*. Cependant, ce comportement est surtout caractéristique des polymères et des élastomères, dans lesquels le déploiement et l'alignement élastiques des chaînes se produisent de façon visqueuse. Un écoulement visqueux est caractérisé par le rapport entre la contrainte σ et la vitesse de déformation $\dot{\varepsilon}$:

$$\sigma = \eta \dot{\varepsilon}$$

où η est le *coefficient de viscosité* du matériau.

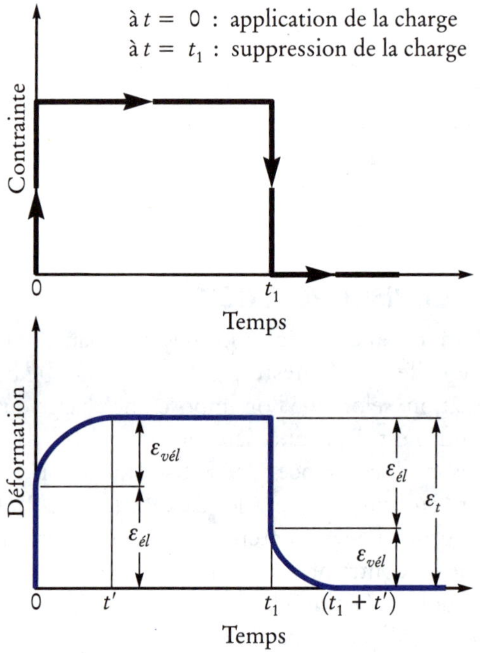

Figure 7.2 Comportement viscoélastique : la déformation totale se produit progressivement. Le même phénomène, réversible, se manifeste au chargement et au déchargement. Après l'application instantanée de la contrainte, la déformation totale atteint sa valeur maximale – qui demeure alors constante – en un temps t'.

La déformation totale ε_t est la somme de la déformation élastique instantanée $\varepsilon_{él}$ et de la déformation viscoélastique $\varepsilon_{vél}$, laquelle prend un certain temps t' pour se manifester pleinement (fig. 7.2).

Ce comportement visqueux s'apparentant au comportement typique d'un amortisseur, on peut utiliser un modèle mécanique pour interpréter le comportement viscoélastique. La réaction du matériau correspond alors à celle du montage de la figure 7.3. Au ressort dont la constante de raideur K_1 caractérise l'intensité des liaisons, il faut ajouter un amortisseur (de coefficient de viscosité η_2), monté en parallèle avec un second ressort (de constante de raideur K_2), qui contrôle la vitesse de déformation visqueuse $d\varepsilon_{vél}/dt$.

Pour un tel montage, l'application instantanée d'une contrainte σ_t se traduit par une déformation élastique instantanée $\varepsilon_{él}$ du ressort K_1, suivie d'une déformation viscoélastique $\varepsilon_{vél}$; en effet, le ressort K_2 ne peut pas se déformer instantanément, puisqu'il est couplé à l'amortisseur η_2, lequel module sa réaction élastique dans le temps.

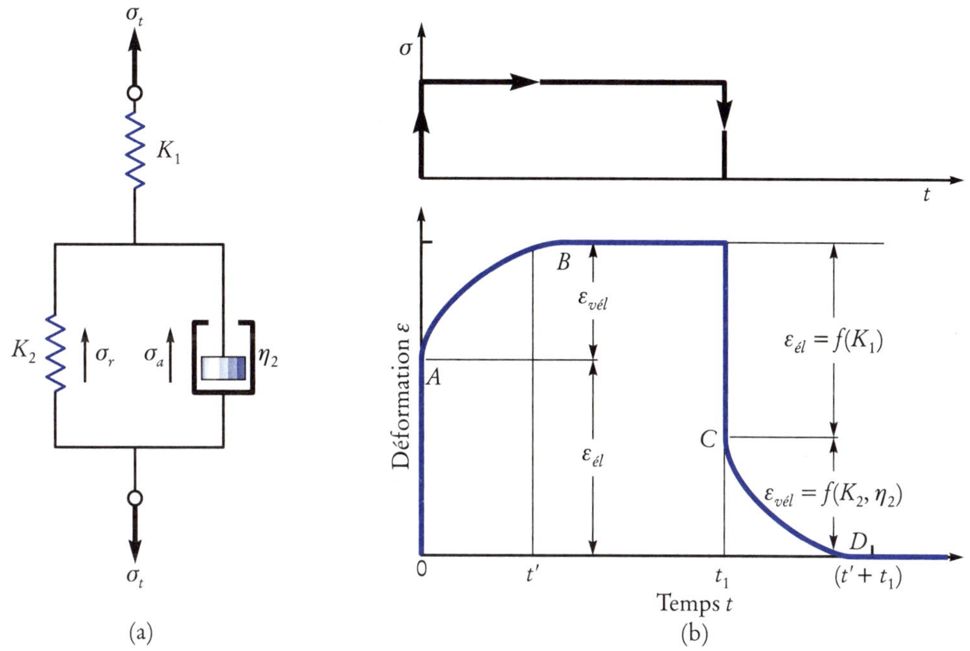

Figure 7.3 a) Le comportement viscoélastique est modélisé par un système constitué d'un ressort K_2 et d'un amortisseur η_2, montés en parallèle et reliés en série à un ressort K_1. b) Variation, en fonction du temps, de la déformation du système viscoélastique schématisé en (a).

Le ressort K_2 et l'amortisseur η_2 étant obligés d'avoir la même position (puisqu'ils subissent la même déformation imposée), la contrainte totale σ_t transmise par ces deux éléments est la somme des contraintes σ_a et σ_r transmises par chacun d'eux ; l'équation qui régit la réaction du montage «ressort K_2 + amortisseur η_2» est la suivante :

$$\sigma_t = K_2\varepsilon_{vél} + \eta_2 \frac{d\varepsilon_{vél}}{dt} \tag{7.1}$$

Après intégration de cette équation en fonction du temps, on obtient finalement :

$$\varepsilon_{vél} = \frac{\sigma_t}{K_2}\left[1 - \exp\left(-\frac{K_2 t}{\eta_2}\right)\right] \tag{7.2}$$

L'équation 7.2 régit la partie AB de la courbe $\varepsilon = f(t)$ de la figure 7.3b. À cette déformation visqueuse $\varepsilon_{vél}$, il faut ajouter la déformation élastique instantanée $\varepsilon_{él}$ du ressort K_1.

Lorsqu'on supprime instantanément la contrainte σ_t au temps t_1, le système viscoélastique de la figure 7.3 réagit d'abord par une contraction élastique instantanée $\varepsilon_{él}$ due au ressort K_1 ; après quoi, la déformation totale tend à redevenir nulle, après un temps de relaxation t', en obéissant à une loi semblable à celle exprimée par l'équation 7.2 (partie CD de la courbe $\varepsilon = f(t)$ de la figure 7.3b). On constate que le matériau n'a subi aucune déformation permanente après le temps $(t + t')$; il a eu un comportement *viscoélastique*.

Le comportement viscoélastique décrit ci-dessus se manifeste fréquemment dans les matériaux polymériques à l'état caoutchoutique et à la température ambiante. Sur le plan pratique, la *viscoélasticité* de tels matériaux entraîne la nécessité de préciser la durée d'application de la contrainte lorsqu'on mesure certaines de leurs propriétés mécaniques, comme leur module d'Young ($E = \sigma/\varepsilon$) ou leur dureté, car la valeur de ces grandeurs dépendra du temps auquel on les aura mesurées (sect. 12.4).

7.2.2 Viscoplasticité

Dans le cas de la viscoélasticité, l'éprouvette retrouve sa longueur initiale en un temps t' après que la contrainte soit redevenue nulle au temps t_1 (fig. 7.2). Le matériau a donc un comportement élastique, puisqu'une fois la contrainte supprimée, on n'observe aucune déformation permanente du matériau. Par contre, si, au cours de la mise en charge instantanée, la valeur de la contrainte dépasse celle de la limite d'élasticité du matériau, il y a apparition du phénomène de *viscoplasticité*, qu'on peut représenter schématiquement par le modèle mécanique de la figure 7.4. Dans ce montage, un amortisseur (de coefficient de viscosité η_1) est monté en série avec le ressort K_1. Lorsqu'un tel montage est soumis à un chargement instantané maintenu constant durant un temps t_1, puis supprimé instantanément, la variation de la déformation résultante, dans le temps, est celle qu'on peut voir à la figure 7.4b.

La déformation totale est la somme :

- de la déformation élastique instantanée $\varepsilon_{él}$ due au ressort K_1 : parties OA et CD de la courbe $\varepsilon = f(t)$;
- de la déformation viscoélastique $\varepsilon_{vél}$ due au ressort K_2 et à l'amortisseur η_2 montés en parallèle : parties AB et DE de la courbe $\varepsilon = f(t)$;
- de la déformation viscoplastique ε_{vpl} due à l'amortisseur η_1 : parties BC et EF de la courbe $\varepsilon = f(t)$.

Par conséquent, après un temps $(t_1 + t')$, un matériau viscoplastique se trouve déformé de façon permanente d'une valeur ε_{vpl}, et cette déformation est due à l'amortisseur η_1.

La viscoplasticité se manifeste dans les matières plastiques (souvent à température ambiante) et en cas de fluage des matériaux métalliques ou céramiques à hautes températures (sect. 7.3).

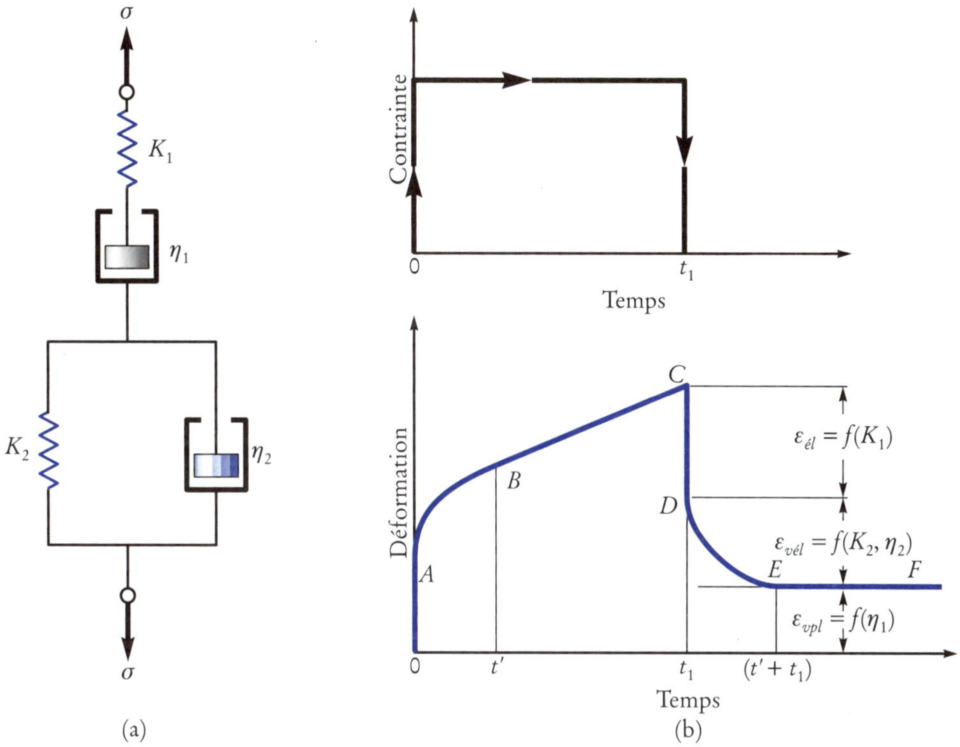

Figure 7.4 a) Modèle mécanique dont le comportement illustre le comportement viscoplastique d'un matériau. b) Variation, en fonction du temps, de la contrainte σ et de la déformation ε.

7.3 FLUAGE

7.3.1 Influences de la contrainte et de la température

Lorsqu'on applique pendant un certain temps une contrainte de valeur constante à un matériau, celui-ci peut adopter un comportement viscoélastique ou viscoplastique (sect. 7.2). Nous allons maintenant analyser l'influence d'un autre paramètre extérieur : la température à laquelle on effectue le chargement.

Une augmentation de température entraîne une agitation thermique plus élevée des atomes et une augmentation de la valeur des coefficients de diffusion de ces atomes (art. 5.3.1), phénomènes fondamentaux qui provoquent une augmentation de la vitesse de déformation du matériau. C'est pourquoi, pour analyser l'influence de la température, nous devons en outre inclure le temps dans les paramètres.

Nous pouvons résumer brièvement les effets de la contrainte et de la température, dans le domaine plastique, sur un matériau cristallin ductile :

a) La contrainte met les dislocations en mouvement, grâce aux cissions qui s'exercent sur les plans de glissement. Lorsque les dislocations se multiplient et interagissent les unes avec les autres, leurs déplacements se trouvent de plus en plus limités, jusqu'à la cessation de la déformation plastique : c'est le phénomène de *consolidation* décrit à l'article 4.2.5.

b) La température, par contre, a pour effet d'augmenter la mobilité des dislocations en raison de l'augmentation de l'agitation thermique, et de réduire la contrainte de friction du réseau, puisque les cissions nécessaires pour déplacer les dislocations sont plus faibles. La température favorise en outre les mécanismes de restauration, par l'annihilation de dislocations de signes opposés (art. 6.1.6). En d'autres mots, la température entraîne un *adoucissement du matériau.*

Les effets combinés de la contrainte et de la température ont pour conséquence l'établissement d'un équilibre dynamique entre la *consolidation* et l'*adoucissement.* Selon les valeurs respectives de la contrainte et de la température, le matériau adopte soit un comportement viscoélastique, soit un comportement viscoplastique, lequel peut entraîner sa rupture si la contrainte est maintenue suffisamment longtemps.

En général, pour les métaux et les alliages métalliques, le fluage ne se manifeste de façon tangible que lorsque la température est supérieure à environ $0{,}5T_f$ (T_f étant la température de fusion du métal, exprimée en degrés kelvins). Pour les matériaux céramiques, le fluage n'apparaît qu'à des températures relatives de l'ordre de $0{,}7\ T_f$.

7.3.2 Fluage des métaux

Le fluage des métaux est régi par les principes énoncés ci-dessus. Pour l'étudier, on soumet une éprouvette, portée et maintenue à une certaine température, à une contrainte de traction constante (application d'une charge à l'extrémité de l'éprouvette suspendue par son autre extrémité), et on mesure l'allongement de l'éprouvette en fonction du temps. On répète l'expérience en faisant varier soit la température d'essai, soit le niveau de contrainte. Les résultats ainsi obtenus sont représentés graphiquement à la figure 7.5, qui montre la variation de la déformation plastique en fonction du temps. Sur cette figure, on ne tient pas compte de la déformation élastique linéaire instantanée ε_{el}, définie par la loi de Hooke ($\varepsilon_{el} = \sigma/E$). Pour certaines combinaisons «température-contrainte», les courbes de fluage $\varepsilon_p = f(t)$ présentent clairement trois stades (I, II et III), qui correspondent respectivement aux fluages primaire, secondaire et tertiaire.

Au cours du *fluage primaire*, la vitesse de consolidation est plus élevée que la vitesse d'adoucissement, et la vitesse de déformation $d\varepsilon/dt$ décroît au cours du temps. Lorsqu'un équilibre dynamique s'établit entre la consolidation et l'adoucissement, on entre alors dans le stade du *fluage secondaire*, caractérisé par une vitesse de fluage secondaire $(d\varepsilon/dt)_{II}$ constante. La valeur de cette vitesse dépend du niveau de contrainte et de la température d'essai (fig. 7.6). La variation de la déformation $(d\varepsilon/dt)_{II}$ en fonction de la contrainte σ ou de la température T est régie par les relations expérimentales suivantes :

– à température constante,

$$\left(\frac{d\varepsilon_p}{dt}\right)_{II} = B\sigma^n \tag{7.3}$$

– à contrainte constante,

$$\left(\frac{d\varepsilon_p}{dt}\right)_{II} = C \exp\left(-\frac{Q}{RT}\right) \tag{7.4}$$

où B et C sont des paramètres dont les valeurs dépendent respectivement de T et de σ, où n est un exposant supérieur à 1 et Q, l'énergie apparente d'activation des mécanismes qui régissent le phénomène de fluage. La valeur de Q est fonction du coefficient d'autodiffusion des atomes du matériau, mais elle dépend également de l'intervalle de température considéré, du type de liaisons atomiques, de la structure cristalline, de la taille des grains, etc.

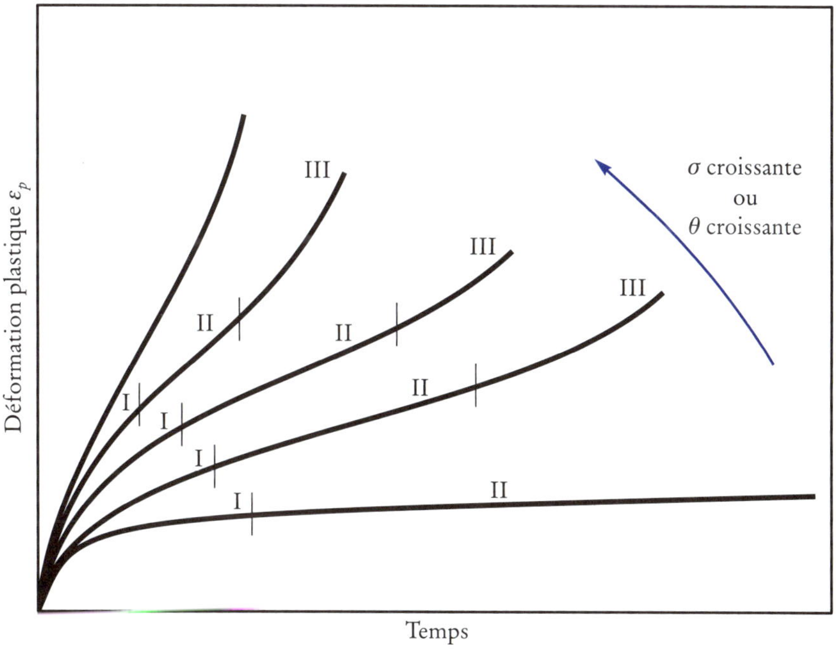

Figure 7.5 Courbes de fluage, pour des températures ou des contraintes croissantes : pour certaines valeurs de la température ou de la contrainte, on distingue nettement trois stades. Ce diagramme représente uniquement la déformation plastique permanente, sans tenir compte de la déformation élastique instantanée.

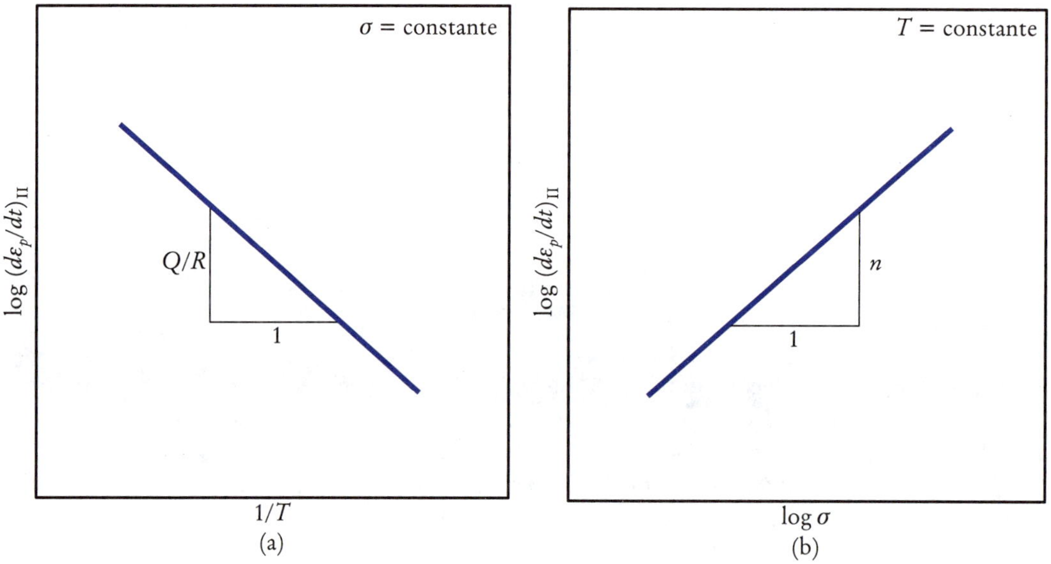

Figure 7.6 Influence sur la vitesse de fluage secondaire, $(d\varepsilon/dt)_{II}$: a) de la température ; b) de la contrainte.

Dans le but de tenir compte de l'effet simultané de la contrainte appliquée et de la température sur la vitesse de fluage secondaire, on peut combiner les équations 7.3 et 7.4 en une seule équation, appelée *loi de Norton* :

$$\left(\frac{d\varepsilon_p}{dt}\right)_{II} = \dot{\varepsilon}_0 \left(\frac{\sigma}{G}\right)^n \exp\left(\frac{-Q}{RT}\right) \qquad (7.5)$$

où G est le module de Coulomb du matériau et $\dot{\varepsilon}_0$ est un paramètre dont la valeur dépend du matériau (structure cristalline, type de liaisons, taille des grains, etc.).

Puisque le mouvement des dislocations entraîne des déplacements irréversibles, le stade du fluage secondaire n'a pas une durée infinie. Apparaît alors le fluage tertiaire, caractérisé par une accélération de la déformation ($d\varepsilon_p/dt$ croît avec le temps), jusqu'au moment où la rupture se produit.

Dans la majorité des cas, la rupture a lieu par décohésion des joints de grains (fig. 7.7) ; c'est pourquoi ce mode de rupture est dit *intergranulaire*. En effet, la température élevée entraîne une augmentation de la concentration d'équilibre en lacunes du matériau (art. 3.4.2), et l'arrivée successive de dislocations aux joints de grains favorise le glissement irréversible des grains les uns par rapport aux autres (fig. 7.8). Ces mécanismes conduisent à la formation de pores le long des joints ; finalement, la coalescence de ces pores entraîne la décohésion des joints.

Figure 7.7 Aspect intergranulaire de la rupture des métaux par fluage.

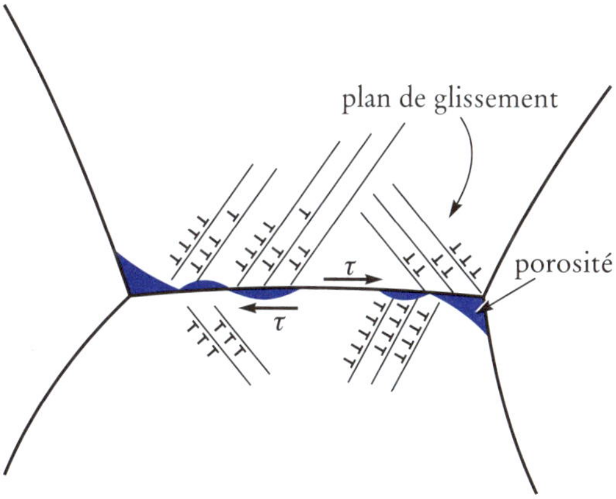

Figure 7.8 Déplacement irréversible des grains le long d'un joint de grain, dû à l'arrivée successive de dislocations, et formation de porosités intergranulaires. Ce déplacement entraîne finalement la rupture au cours du fluage tertiaire.

Selon les valeurs de la température et de la contrainte appliquée, et selon le type d'alliage, ces trois stades caractéristiques du fluage ne se manifestent pas toujours de façon distincte. Le comportement d'un matériau soumis au fluage faisant intervenir au minimum quatre paramètres (la déformation, le temps, la contrainte et la température), le concepteur d'une pièce a souvent intérêt à utiliser des diagrammes bidimensionnels, où seules trois variables sont représentées, la quatrième étant maintenue constante. On peut voir à la figure 7.9 des exemples de tels diagrammes, déduits des courbes $\varepsilon_p = f(t)$ [fig. 7.5].

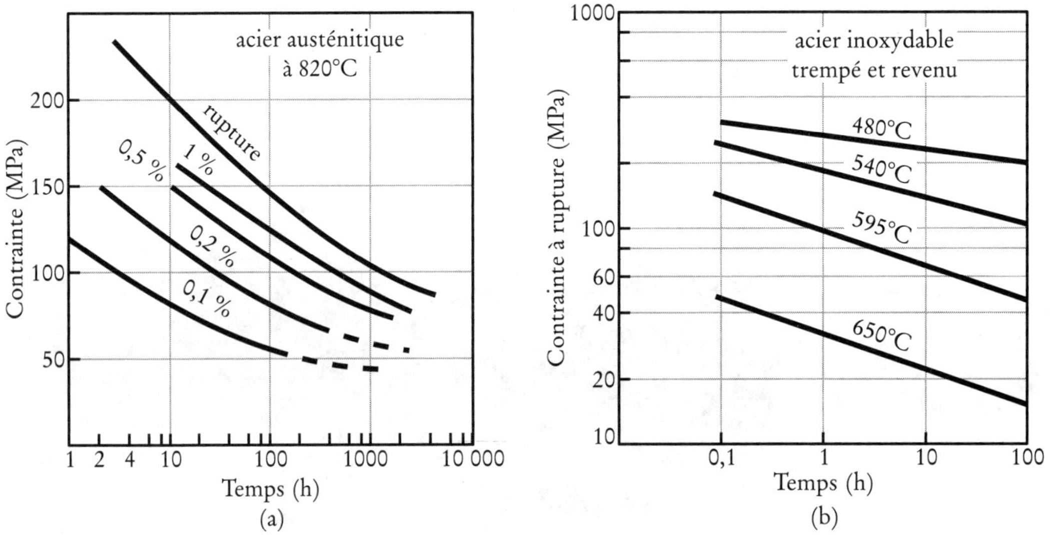

Figure 7.9 Représentation graphique du comportement d'un acier inoxydable austénitique soumis au fluage : a) diagramme isotherme, $\sigma = f(t)$, donnant le temps requis pour qu'une déformation plastique soit atteinte sous un certain niveau de contrainte ; b) diagramme de rupture donnant la durée de vie du matériau, $\sigma = f(t)$, soumis à une contrainte donnée, en fonction de la température d'essai et du temps de maintien de la contrainte.

Il est parfois matériellement impossible d'effectuer en laboratoire des essais de fluage s'étendant sur les très longues périodes (plusieurs années) pendant lesquelles des matériaux peuvent subir du fluage lorsqu'ils sont en service (p. ex. les turbines et certaines canalisations des centrales thermiques). Pour prévoir la durée de vie en fluage dans de tels cas, on fait appel au *paramètre de Larson-Miller*, qui correspond à la relation suivante :

$$LM = T\left(a + \log t_r\right) \tag{7.6}$$

où T est la température en kelvins, a est une constante (généralement de l'ordre de 20) et t_r est le temps à rupture, en heures.

Pour un alliage métallique donné, on observe une corrélation expérimentale entre la contrainte de fluage appliquée au matériau et le paramètre de Larson-Miller, comme l'illustre la figure 7.10. L'emploi de telles figures permet d'extrapoler, à partir des données expérimentales obtenues en laboratoire, des valeurs correspondant à des cas réels de fluage à longues durées de vie.

Soulignons enfin que le phénomène de fluage pose un problème important pour certaines utilisations, comme les disques et les aubes de turbine des moteurs à réaction, dont la température de fonctionnement peut atteindre 1000 °C (pour le bord d'attaque des aubes). Les turbines et

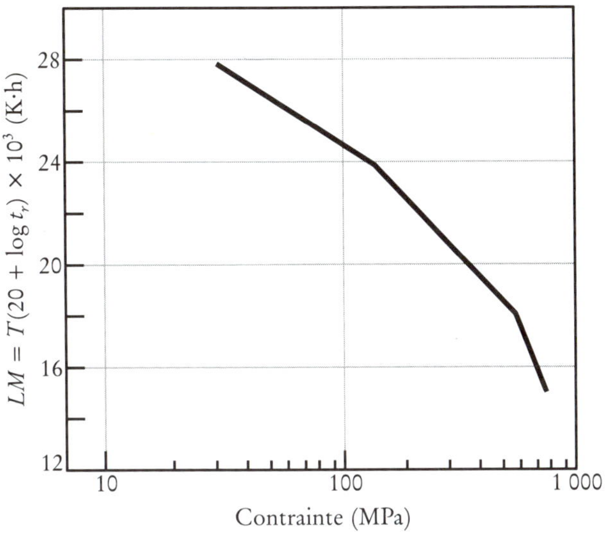

Figure 7.10 Corrélation entre la contrainte de fluage et le paramètre LM de Larson-Miller pour l'alliage ferreux S-590 (adaptée de F. R. Larson et J. Miller, Trans. ASME, *74*, 765, 1952).

certaines conduites des centrales thermiques sont également soumises au fluage, à cause de la production de vapeur surchauffée. Dans les centrales nucléaires enfin, les gaines qui contiennent le combustible radioactif sont portées à des températures qui entraînent un fluage non négligeable.

Dans chacun de ces exemples, le comportement du matériau en service pose des problèmes complexes à résoudre, car, outre le fluage, d'autres facteurs interviennent.

- Dans les aubes de turbine des moteurs à réaction : phénomènes d'oxydation et de fatigue-fluage dus au fait que ces aubes sont soumises à des amplitudes variables de la force centrifuge, selon le régime de fonctionnement du réacteur (accélération, décélération).
- Dans les centrales thermiques : possibilité de corrosion due à la vapeur d'eau.
- Dans les centrales nucléaires : effets des radiations (neutrons, électrons, rayons X et γ) qui entraînent la création de défauts ponctuels (lacunes, interstitiels).

Ce sont là autant de problèmes techniques qui constituent des défis pour l'ingénieur chargé de l'élaboration d'alliages métalliques devant satisfaire à des exigences aussi élevées.

7.3.3 Fluage des polymères

Une partie importante des notions précédentes concernant les métaux s'applique également aux matériaux polymériques. Toutefois, ces derniers se distinguent des métaux par un comportement viscoplastique qui se manifeste le plus souvent au voisinage de la température ambiante, car leurs températures de fusion ou de dégradation sont relativement basses.

Par ailleurs, le changement de comportement (de viscoélastique à viscoplastique) se produit souvent lors de faibles variations de température. Ainsi, un engrenage de matière plastique qui fonctionne entre 30 et 40 °C peut faire preuve d'un comportement viscoélastique adéquat ; toutefois, une élévation de quelques dizaines de degrés de cette température de fonctionnement – due au frottement ou à un refroidissement inadéquat – provoque l'apparition de déformations viscoplastiques irréversibles. La figure 7.11 présente les courbes de fluage de quelques polymères.

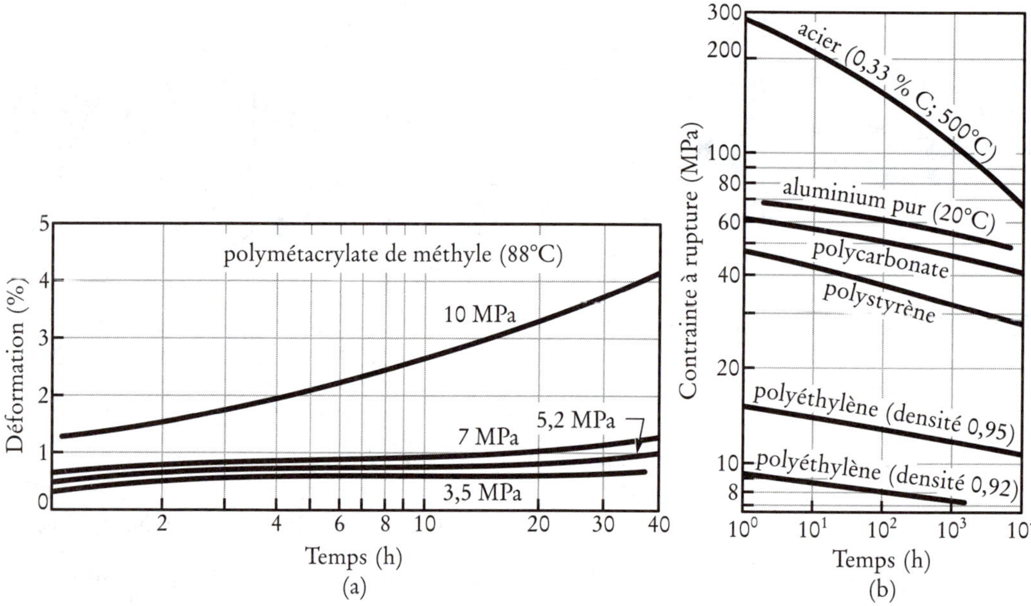

Figure 7.11 Fluage de quelques polymères. a) Déformation permanente ε_p par fluage, mesurée à 88 °C, du polymétacrylate de méthyle. b) Comparaison des contraintes provoquant la rupture par fluage de l'acier, à 500 °C, de l'aluminium pur, à 20 °C, et de quelques polymères, à 20 °C.

7.3.4 Fluage des céramiques

Le fluage des céramiques cristallines ne se produit que lorsqu'il y a apparition de glissements à caractère visqueux qui, comme dans le cas des métaux, résultent soit du mouvement des dislocations, soit de glissements intergranulaires. Les liaisons atomiques des céramiques étant particulièrement fortes (liaisons ioniques ou covalentes), les températures auxquelles les dislocations deviennent assez mobiles sont donc relativement élevées (chap. 13) ; le fluage ne se manifeste par conséquent de façon sensible qu'à haute température ($\geq 0{,}7\ T_f$). Le fluage à haute température dépend en outre de certaines caractéristiques des céramiques. Ainsi, les céramiques étant bien souvent des matériaux multiphasés, il peut s'y produire, à température élevée, des changements dans la structure cristalline (phases allotropiques) qui entraînent l'apparition de dilatations ou de contractions brusques.

Par ailleurs, si la céramique contient une certaine proportion de phase vitreuse et de pores – ce qui est souvent le cas pour les céramiques industrielles –, sa sensibilité au fluage est accentuée : elle dépend alors principalement de la température de transition visqueuse de la phase vitreuse (sect. 13.5).

Soulignons que, de par leurs caractéristiques, les céramiques sont souvent soumises à des changements rapides de température, qui provoquent l'apparition du phénomène de *choc thermique* (sect. 7.6).

Enfin, on admet communément que le béton «flue» à la température ambiante (fig. 7.12). Ce fluage est attribuable à la structure hétérogène du béton, matériau composite poreux ; sous l'action d'une charge maintenue constante, la déformation des pores et des interfaces se traduit par une vitesse de déformation qui tend vers zéro avec le temps. Ce fluage est donc un tassement du matériau plutôt qu'une déformation viscoélastique ou viscoplastique de ses phases constitutives.

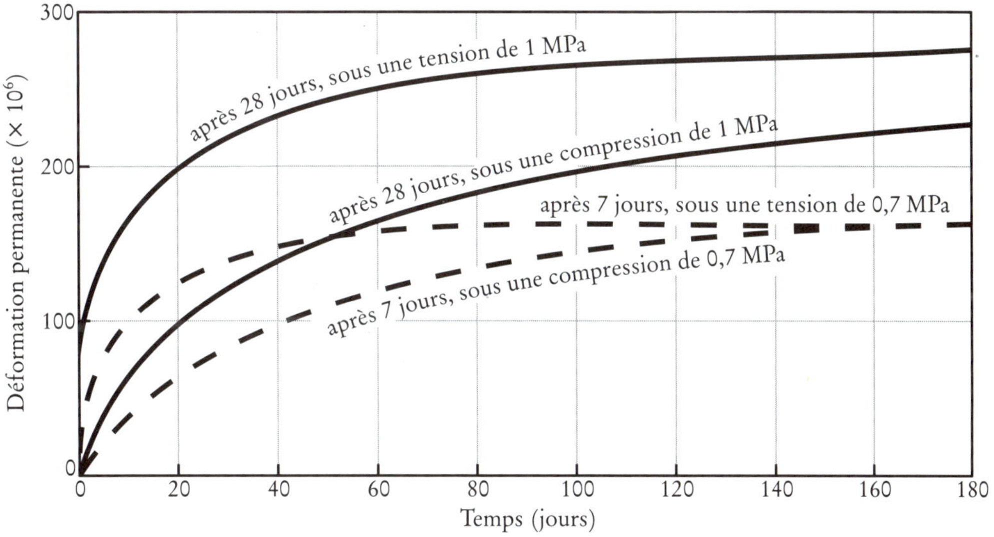

Figure 7.12 Fluage du béton : la vitesse de déformation ne cesse de décroître. Il s'agit en fait d'un tassement du matériau plutôt que d'un phénomène de fluage.

7.4 TRANSITION DUCTILE-FRAGILE

Aux chapitres 1 et 4, nous avons considéré qu'un matériau donné pouvait adopter soit un comportement fragile, soit un comportement plus ou moins ductile ; nous ne nous sommes toutefois pas demandé si un même matériau pouvait manifester un changement de comportement selon ses conditions d'utilisation. Or, si tel est le cas, c'est que certains paramètres favorisent ce changement, paramètres que nous allons mettre en évidence dans la présente section.

7.4.1 Influence de la température sur la ductilité

Lorsqu'on effectue des essais de traction sur un acier doux (≈ 0,1 % C), d'abord à la température ambiante puis à des températures de plus en plus basses, on constate que, plus la température d'essai diminue, plus la limite d'élasticité $R_{e0,2}$ du matériau et sa résistance à la traction R_m augmentent, mais que la différence ($R_m - R_{e0,2}$) et l'allongement à la rupture A décroissent. La figure 7.13 offre une représentation graphique d'un tel phénomène. Si l'essai de traction a lieu à une température égale ou inférieure à θ_t, on remarque que la limite d'élasticité $R_{e0,2}$ et la résistance à la traction R_m ont la même valeur, et que l'allongement à la rupture A est nul, ce qui signifie que le matériau est devenu parfaitement fragile. Cette température θ_t est appelée *température de transition ductile-fragile* (TTDF). Pour un acier doux, la TTDF se situe entre -100 et -150 °C lorsque la vitesse de déformation de l'éprouvette, pendant l'essai de traction, est de l'ordre de 10^{-3} s^{-1}. Cette transition ductile-fragile peut également se produire dans les matières plastiques (exemple de la figure 12.31).

Pour les métaux, un tel changement de comportement repose sur les faits suivants : quand la température décroît, le mouvement des dislocations, qui est assisté thermiquement, devient de plus en plus difficile ; par conséquent, la cission nécessaire pour mettre en mouvement les dislocations croît. Il s'ensuit que, à une température suffisamment basse, la valeur de la cission critique de glissement est si élevée que les tensions qui s'exercent simultanément sur les plans cristallographiques sont suffisantes pour entraîner la décohésion brutale du matériau (rupture par *clivage*) avant qu'une déformation plastique généralisée ait pu se produire.

En traction simple, la transition ductile-fragile est nettement marquée pour les alliages et métaux à structures cubique centrée ou hexagonale compacte. En général, elle ne se produit pas pour les métaux et alliages à structure cubique à faces centrées chez qui, grâce au grand nombre de

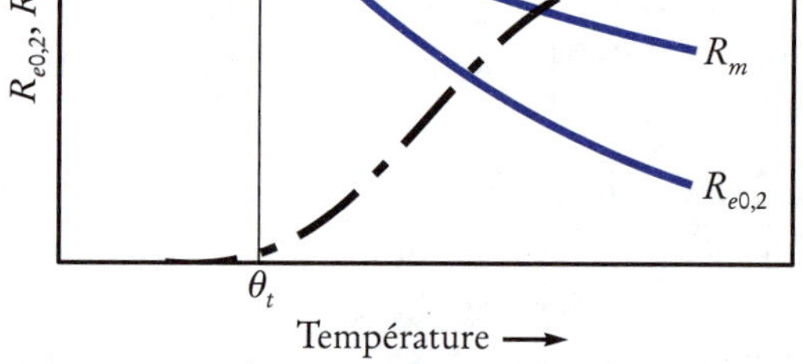

Figure 7.13 Variation de la limite d'élasticité, $R_{e0,2}$, de la résistance à la traction, R_m, et de l'allongement à la rupture, A, en fonction de la température de l'essai de traction.

systèmes de glissement indépendants et à la valeur plus faible de la cission critique de glissement, les dislocations sont plus mobiles, ce qui permet à la déformation plastique de se produire à très basses températures.

Dans le cas des matières plastiques, la souplesse de leurs chaînes macromoléculaires et la possibilité de glissement de ces chaînes les unes par rapport aux autres devenant trop faibles quand la température décroît, il ne peut y avoir de déformation plastique.

Enfin, on inclut en général les céramiques parmi les matériaux fragiles, car leur domaine de fragilité correspond à un intervalle de température relativement grand ; en effet, la température θ_t est très élevée, et il faut atteindre des températures de l'ordre de 0,8 à $0{,}9T_f$ (T_f étant la température de fusion) pour qu'une certaine ductilité se manifeste dans les céramiques.

7.4.2 Autres facteurs qui influencent la transition ductile-fragile

Outre la température, la vitesse de sollicitation (soit de déformation $d\varepsilon/dt$, soit de mise en charge $d\sigma/dt$) et la concentration de contrainte peuvent également favoriser l'apparition de la transition ductile-fragile. La figure 7.14 représente graphiquement l'influence de la variation de la vitesse de déformation $\dot{\varepsilon} = d\varepsilon/dt$ sur le comportement d'un acier doux. Dans un essai de traction, la vitesse initiale de déformation, $\dot{\varepsilon}$, correspond à la relation :

$$\dot{\varepsilon} = \frac{d\varepsilon}{dt} = \frac{v}{l_0} \tag{7.7}$$

où v est la vitesse de la traverse mobile ($v = dl/dt$) et l_0, la longueur initiale de l'éprouvette.

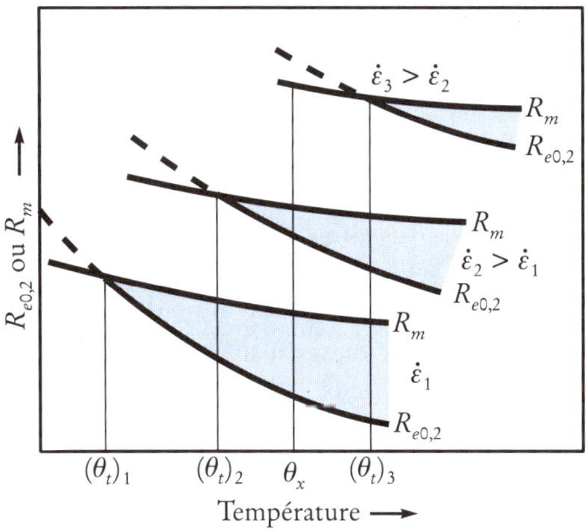

Figure 7.14 Influence de la vitesse de déformation, $\dot{\varepsilon}$, sur la température de transition ductile-fragile, θ_t.

Lorsqu'on effectue l'essai en imposant à l'éprouvette une contrainte σ au lieu d'une déformation ε, on prend alors en compte la vitesse de mise en charge $\dot{\sigma}$ plutôt que la vitesse initiale de déformation $\dot{\varepsilon}$:

$$\dot{\sigma} = \frac{d\sigma}{dt} \tag{7.8}$$

On remarque qu'un accroissement de la vitesse de déformation $\dot{\varepsilon}$ entraîne une augmentation de la température de transition θ_t (fig. 7.14). Ainsi, à une température donnée θ_x, le matériau est ductile lorsqu'on le soumet à une vitesse de déformation faible $\dot{\varepsilon}_1$, alors que sa ductilité décroît à une vitesse de déformation intermédiaire $\dot{\varepsilon}_2$ et qu'elle devient nulle à une vitesse de déformation élevée $\dot{\varepsilon}_3$.

Pour une température d'essai constante, une augmentation de la vitesse de déformation exerce donc sur le comportement du matériau un effet semblable à celui qu'exerce une diminution de la température d'essai, lorsque la vitesse de déformation est constante.

On peut interpréter cet effet de l'augmentation de la vitesse de déformation de la façon suivante : la vitesse de déformation plastique imposée $\dot{\varepsilon}_{pl}$ est déterminée par la relation

$$\dot{\varepsilon}_{pl} = \Lambda_m v \mathbf{b} \tag{7.9}$$

où Λ_m est la densité de dislocations mobiles, v, leur vitesse et **b**, leur vecteur de Burgers. D'autre part, la vitesse v des dislocations est liée à la cission appliquée τ par la relation suivante :

$$v = v_0 \left(\tau/\tau_0\right)^m \tag{7.10}$$

où τ_0 est la cission requise pour qu'il y ait une vitesse unitaire v_0 et m, un exposant qui dépend de la nature des liaisons du matériau et de sa structure cristalline. Pour le fer ou l'acier doux, m est égal à 20 environ, alors que pour le cuivre, il atteint des valeurs voisines de 100.

Considérons deux matériaux (par exemple, le fer et le cuivre) dont les densités initiales de dislocations mobiles Λ_m sont les mêmes, mais dont les exposants m diffèrent considérablement. Supposons, en première approximation et pour simplifier, que la variation de Λ_m dans le temps soit la même pour les deux matériaux (cette hypothèse exige, en fait, que les mécanismes de multiplication des dislocations et ceux de leurs interactions soient les mêmes dans les deux matériaux). Pour que les deux matériaux puissent s'adapter à une vitesse élevée de déformation plastique imposée $\dot{\varepsilon}_{pl}$, ils doivent satisfaire tous les deux à l'équation 7.9. L'équation 7.10 indique alors que le matériau dont l'exposant m est faible (par exemple, le fer) est soumis à des cissions τ très fortes, comparativement au matériau dont l'exposant m est élevé (par exemple, le cuivre). Par conséquent, lorsque la vitesse de déformation atteint une valeur critique $\dot{\varepsilon}_{pl}$, les cissions τ sont telles que la composante de tension qui leur correspond sur les plans cristallographiques atteint la valeur critique requise pour entraîner la décohésion du matériau par clivage, sans que les dislocations aient eu le temps de se déplacer suffisamment pour accommoder la déformation imposée.

En d'autres mots, plus le coefficient m est faible, plus le matériau est susceptible de faire preuve d'un comportement fragile lorsque la vitesse de déformation augmente.

Nous l'avons déjà signalé ci-dessus, les métaux et alliages à structure cubique à faces centrées ne présentent pas de transition ductile-fragile parce que la valeur de l'exposant m de l'équation 7.10 est élevée pour ces métaux. Par contre, les métaux à structures cubique centrée ou hexagonale compacte, dont l'exposant m est faible, et les polymères sont sensibles aux variations de la vitesse de déformation.

Un dernier facteur qui peut influencer le comportement d'un matériau est l'effet d'entaille, c'est-à-dire la concentration de contraintes localisée à la racine d'un défaut, d'une entaille mécanique ou d'un changement de section.

La figure 7.15 illustre schématiquement la variation de $R_{e0,2}$ et de R_m, à diverses températures, pour diverses géométries d'une éprouvette soumise à une traction. Alors que la limite d'élasticité $R_{e0,2}$ n'est guère influencée par la géométrie, la résistance à la traction R_m dépend grandement de l'acuité de l'entaille ; ainsi, à une température donnée, R_m est d'autant plus faible que l'entaille est aiguë. Cette diminution apparente de la ductilité est due à la concentration et à la triaxialité des contraintes locales engendrées par la présence de l'entaille ; le matériau fait alors preuve d'un comportement fragile à des températures plus élevées que celle pour laquelle cette fragilité se manifeste dans une éprouvette lisse.

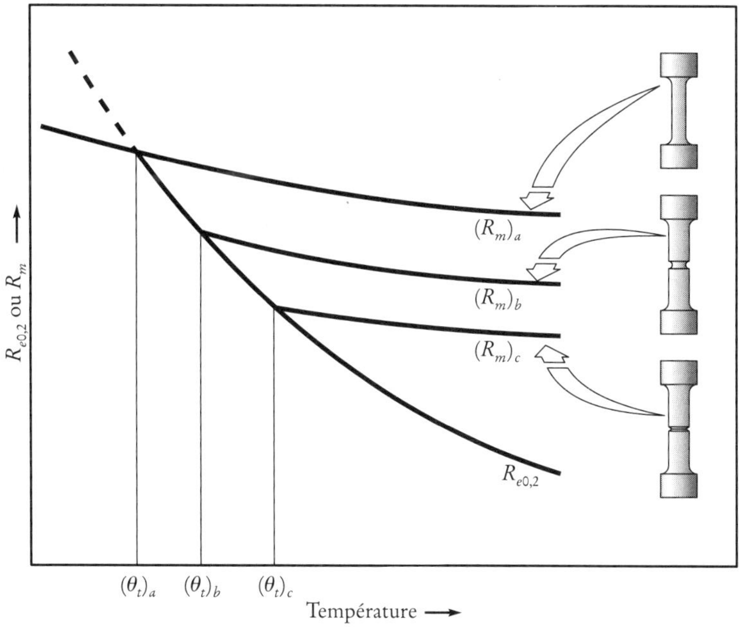

Figure 7.15 Influence d'une entaille sur la variation de la résistance à la traction, R_m, en fonction de la température. Plus l'entaille est aiguë, plus la température de transition ductile-fragile, θ_t, est élevée.

Puisque cette fragilité du matériau, ou, plus exactement, sa rupture sans déformation plastique généralisée apparente, est imputable à des causes purement mécaniques (effet d'entaille) et non à des causes physiques (densité suffisante ou insuffisante de dislocations plus ou moins mobiles), le phénomène se produit dans tous les matériaux ; en particulier, il peut apparaître dans les métaux et alliages à structure cubique à faces centrées. C'est pourquoi des ruptures brutales, apparemment fragiles, peuvent se produire dans des pièces d'alliages d'aluminium ou de cuivre, lorsque ces pièces comportent des défauts très aigus, comme les fissures dues à la fatigue (sect. 7.5).

7.4.3 Détermination de la transition ductile-fragile

Puisque la ténacité (art. 4.3.1) d'un matériau manifestant une transition ductile-fragile varie quand la température diminue, quand la vitesse de sollicitation augmente ou quand un défaut de sévérité suffisante est présent, la façon la plus logique d'évaluer cette variation de la ténacité consiste à la mesurer en fonction d'un des facteurs responsables de cette transition. Pour ce faire, on utilise le plus souvent l'*essai de résilience Charpy* (art. 4.3.5), dans lequel les trois conditions qui favorisent la rupture fragile du matériau interviennent de façon arbitraire :

a) la vitesse de mise en charge de l'éprouvette est assez élevée (chute du mouton-pendule d'une hauteur initiale H_0) ;

b) la concentration de contrainte (effet d'entaille) est due à la présence d'une entaille mécanique de géométrie normalisée ;

c) la température du matériau est la variable qu'on peut modifier, par refroidissement ou par réchauffement de l'éprouvette avant l'essai.

Les dimensions des éprouvettes et les conditions d'essai (masse du pendule, vitesse de percussion) sont rigoureusement normalisées, afin d'assurer une meilleure reproductibilité des essais. L'éprouvette Charpy standard est un barreau de 55 mm de longueur et ayant une section carrée (10 mm sur 10 mm). Au milieu d'une des faces de ce barreau, on usine une entaille mécanique en forme de V (angle de 45°), ayant une profondeur de 2 mm et un rayon de courbure de 25 μm à la racine du V. Quand l'éprouvette est mise en place sur le mouton-pendule (fig. 4.47), la longueur entre appuis est égale à 50 mm. On peut ainsi mesurer la variation de l'énergie requise pour rompre l'éprouvette, en fonction de la température de l'essai. La figure 7.16 représente graphiquement les résultats obtenus avec plusieurs aciers ordinaires au carbone, à l'état normalisé. On remarque que la transition ductile-fragile est nette lorsque la teneur en carbone est inférieure à 0,15 %, alors qu'elle correspond à des intervalles de température de plus en plus grands quand la teneur en carbone croît. D'autre part, l'énergie de rupture qui correspond au plateau ductile décroît quand la teneur en carbone croît, c'est-à-dire quand la proportion de composant perlitique augmente.

À partir de ces résultats expérimentaux, il faut tenter de déterminer sans ambiguïté la température de transition ductile-fragile (TTDF). Pour ce faire, on a en général recours aux trois méthodes suivantes (fig. 7.17) :

a) La première permet de déterminer la TTDF (θ_x, fig. 7.17) qui correspond à un niveau d'énergie absorbée W_x assez faible (généralement 28 J).

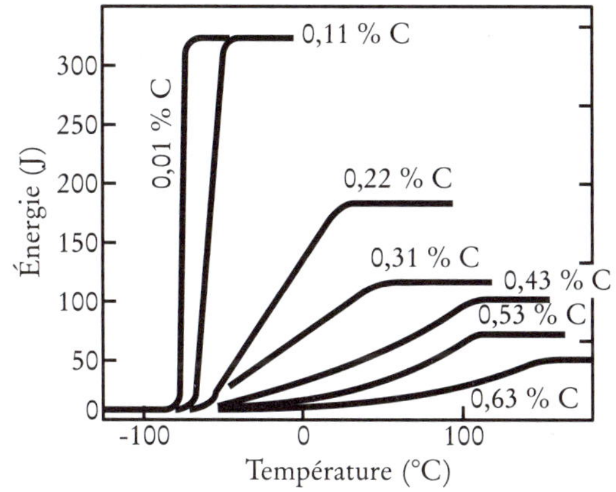

Figure 7.16 Variation, en fonction de la température, de l'énergie requise pour rompre une éprouvette Charpy-V, pour une série d'aciers au carbone à l'état normalisé. (*D'après J.A. Rinebolt et W.J. Harris Jr.*, Trans. ASM, *43, 1951, p. 1175 ; utilisation autorisée.*)

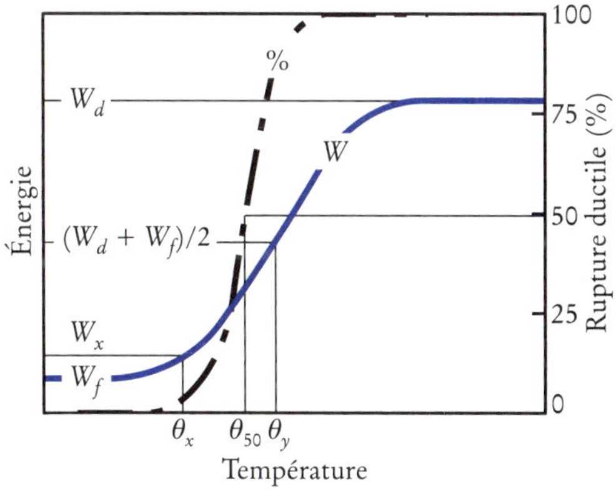

Figure 7.17 Détermination de la température de transition ductile-fragile selon les trois critères les plus couramment utilisés : θ_x, pour un niveau d'énergie absorbée W_x ; θ_y, pour le niveau moyen (entre W_f et W_d) ; θ_{50}, pour 50 % de rupture ductile.

b) La deuxième permet de déterminer la TTDF (θ_y, fig. 7.17) qui correspond à l'énergie moyenne absorbée, 1/2 ($W_d + W_f$), où W_d est l'énergie au plateau supérieur (état ductile) et W_f, l'énergie au plateau inférieur (état fragile).

c) La troisième fait appel à l'observation (à l'oeil nu ou à faible grossissement) de la surface de rupture des éprouvettes de résilience (fig. 7.18).

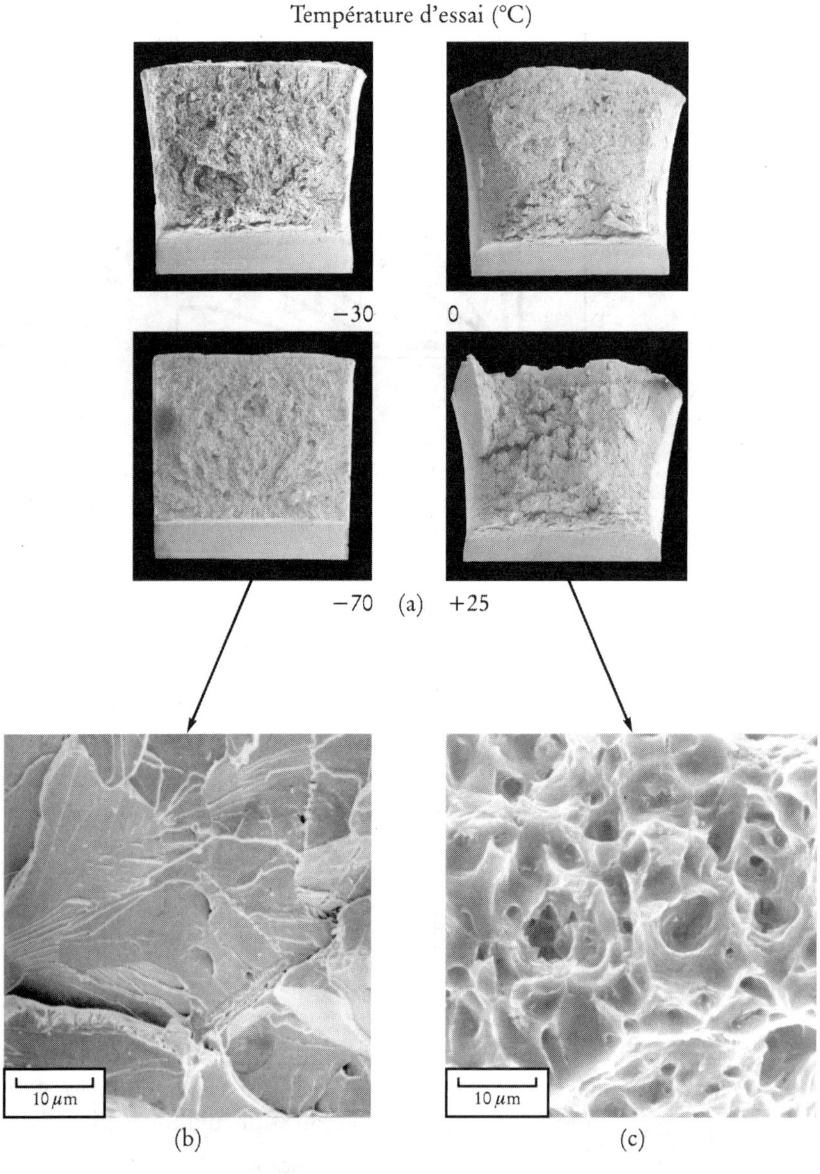

Figure 7.18 a) Variation du faciès de rupture d'éprouvettes de résilience Charpy, pour un acier doux (0,10 % C), en fonction de la température d'essai. b) Aspect fractographique de la rupture par clivage ; comportement fragile (MEB). c) Aspect fractographique de la rupture ductile (MEB).

Lorsque le matériau est à l'état fragile, le faciès de rupture est granuleux et brillant. Pour les métaux à structures c.c. ou h.c., la rupture se produit soit par *clivage* (fig. 7.18b), soit par décohésion, selon certains plans cristallographiques (généralement {001} et {0001} pour les structures c.c. et h.c.). Par contre, lorsque le matériau est à l'état ductile, le faciès de rupture est fibreux, mat et terne. En ce cas, la rupture se produit après une déformation plastique importante : la section initialement carrée des éprouvettes Charpy est d'ailleurs fortement déformée (fig. 7.18a, 25 °C). La rupture se caractérise ici par des *cupules* (fig. 7.18c) attribuables à des déformations plastiques importantes.

Lorsque l'état du matériau correspond à la zone de transition ductile-fragile, les contraintes engendrées dans les éprouvettes Charpy sont telles que la rupture s'amorce de façon fragile au coeur de l'éprouvette et se poursuit de manière ductile, ce qu'on peut voir sur les faciès de rupture (-30 °C et 0 °C dans la figure 7.18a).

On peut ainsi, grâce à l'observation des surfaces de rupture, tracer une courbe qui représente la proportion de surface de rupture ductile en fonction de la température d'essai. Cette courbe permet alors de déterminer la TTDF qui correspond à 50 % de rupture ductile (θ_{50}, fig. 7.17).

On constate que les TTDF (θ_x, θ_y et θ_{50}) déterminées grâce à ces méthodes n'ont pas les mêmes valeurs ; c'est pourquoi il faut toujours bien préciser selon quelle méthode on a déterminé la TTDF d'un matériau.

Remarquons que la valeur de la TTDF déterminée par un essai de résilience n'a guère de signification physique en soi. Ainsi, pour un même matériau, on obtiendrait des valeurs différentes de la TTDF si, par exemple, on modifiait la section des éprouvettes de résilience sans rien changer aux autres conditions d'essai (masse du pendule, vitesse de percussion ou géométrie de l'entaille). On ne peut donc en aucun cas transposer à des conditions de service les valeurs de la TTDF et de l'énergie de rupture, car rien ne permet d'affirmer qu'un matériau se comporte invariablement de façon fragile à des températures inférieures à sa TTDF. Cependant, grâce à l'expérience acquise au fil du temps et pour certaines applications, on utilise couramment les résultats de l'essai de résilience, de façon purement empirique, comme critères de qualité ou comme critères de comparaison entre divers matériaux (ou entre des états différents du même matériau) ; par exemple, l'énergie de résilience de l'acier utilisé pour la construction des ponts métalliques ou des pipelines doit en général être supérieure à 28 J, à la température minimale de service.

Les facteurs qui peuvent modifier le comportement des matériaux (température, vitesse de déformation, effet d'entaille) ainsi que les interactions entre ces facteurs sont relativement complexes à étudier ; ils sont par ailleurs à l'origine de quantité d'accidents importants, qu'on n'arrivait pas encore à expliquer de façon vraiment rationnelle il y a une cinquantaine d'années (fig. 7.19). Toutefois, au cours des trois dernières décennies, la mécanique de la rupture – spécialité qui fait le lien entre la science des matériaux et la résistance des matériaux – a fait des progrès significatifs, puisqu'elle permet maintenant d'évaluer quantitativement la ténacité d'un matériau, notamment grâce à la notion de facteur critique d'intensité de contrainte K_{IC} (art. 4.3.6).

Figure 7.19 Rupture du pont de Trois-Rivières (31 janvier 1951). La structure métallique s'est rompue fragilement par une nuit d'hiver (-30 °C), alors que le pont n'était que faiblement chargé.

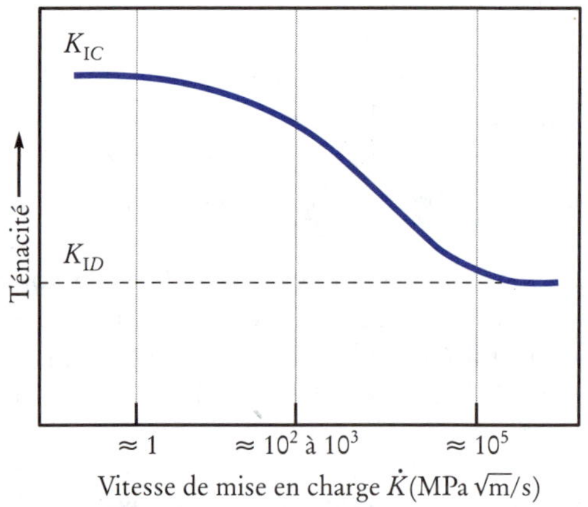

Figure 7.20 Variation en fonction de la vitesse de mise en charge $\dot{K}$, de la ténacité K_{IC} d'un acier de construction.

On peut ainsi étudier les variations du facteur K_{IC} en fonction de la vitesse de mise en charge, déterminée par $\dot{K} = dK/dt$ (variation du facteur d'intensité de contrainte en fonction du temps) ; la figure 7.20 illustre graphiquement cette variation, pour un acier de construction. On remarque que la ténacité de l'acier est élevée pour de faibles vitesses de mise en charge

($\dot{K} \leq 1$ MPa $\sqrt{m}/s$) et qu'elle décroît lorsque cette vitesse augmente, pour atteindre une valeur minimale K_{ID} quand la vitesse de mise en charge correspond à des conditions de chargement dynamique (chocs très brutaux ou déflagrations).

En faisant varier la température de l'essai, on peut également mettre en évidence les variations de la ténacité (mesurée par K_{IC}) en fonction de la température (fig. 7.21).

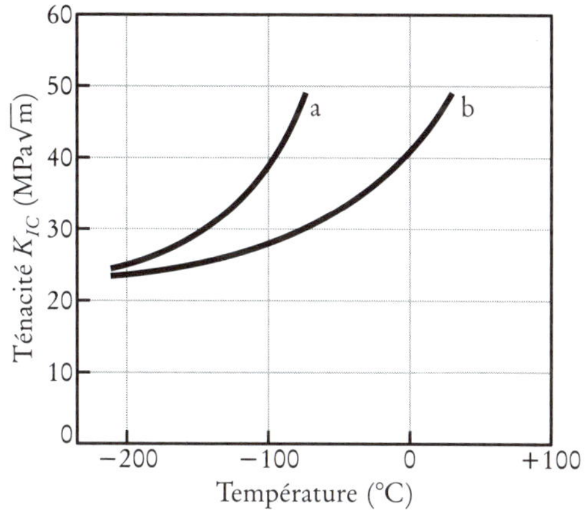

Figure 7.21 Variation, en fonction de la température, de la ténacité d'un acier de construction du type A-36, pour deux vitesses de déformation : a) $\dot{\varepsilon} \cong 10^{-5}s^{-1}$; b) $\dot{\varepsilon} \cong 10\ s^{-1}$. (*D'après S.T. Rolfe et J.M. Barsom*, Fracture and Fatigue Control in Structures, *Prentice Hall, 1977, p. 104 ; utilisation autorisée.*)

Comme nous l'avons déjà souligné à l'article 4.3.6, la mécanique de la rupture, à l'encontre des essais de résilience de type Charpy, permet de déterminer de façon quantitative la ténacité d'un matériau et d'obtenir des valeurs du facteur critique d'intensité de contrainte K_{IC}. On peut dès lors utiliser directement ces valeurs dans le calcul des structures, et tenir compte ainsi de la possibilité qu'un défaut, de géométrie connue, soit présent. Aujourd'hui, pour calculer des structures exigeant une sécurité maximale (par exemple, en aéronautique ou dans le cas des centrales nucléaires), il faut avoir une connaissance parfaite de la ténacité ; la mécanique de la rupture est donc devenue un outil indispensable pour le concepteur de structures.

7.5 FATIGUE

7.5.1 Définition

Jusqu'à maintenant, nous n'avons considéré le comportement des matériaux que lorsqu'ils étaient soumis à des charges statiques (c'est-à-dire d'amplitude constante) ou croissant de façon monotone. Or, il suffit de considérer rapidement plusieurs des éléments ou pièces qui nous entourent pour constater qu'ils sont soumis, en service, à des charges d'amplitude variable. Qu'il s'agisse des ailes et du train d'atterrissage d'un avion, des pièces de toutes les machines tournantes (moteur, arbre de transmission, etc.), d'un pont ou d'une chaise, de notre ossature même (chaque pas que nous faisons...), d'un fil électrique ou d'un arbre ballottés au gré des vents, tous ces éléments doivent supporter, en service, des charges d'amplitude variable avec le temps. L'application et le retrait d'une charge, même si celle-ci engendre des contraintes maximales dont les valeurs sont inférieures à celle de la limite d'élasticité du matériau, répétés un très grand nombre de fois, peuvent entraîner la rupture du matériau : c'est le phénomène de *fatigue*. Il faut tenir compte de ce phénomène lorsqu'on effectue le calcul des structures en service ; en effet, on estime que plus de 70 % des ruptures de pièces ou d'éléments d'une structure ont pour origine, ou pour cause principale, la fatigue, même si d'autres facteurs tels que la corrosion peuvent intervenir.

Nous allons donc tenter de déterminer quels phénomènes interviennent au cours de la répétition d'un chargement, et comment ils peuvent provoquer la rupture ; quels facteurs favorisent la rupture par fatigue d'une pièce ou d'un matériau ; comment on peut caractériser la résistance à la fatigue.

Au préalable, il nous faut définir les variables qui caractérisent un chargement entraînant la fatigue. Pour ce faire, considérons le cas illustré schématiquement à la figure 7.22 ; la charge constante appliquée à l'extrémité libre de l'arbre crée un moment de flexion qui engendre des contraintes de tension dans sa partie supérieure et des contraintes de compression dans sa partie inférieure. Si, lorsqu'on maintient l'encastrement, à une extrémité, et la charge, à l'autre extrémité, l'arbre tourne sur lui-même, un élément de matériau situé à la surface est soumis, à chaque révolution, à un effort de tension et à un effort de compression de même valeur en alternance.

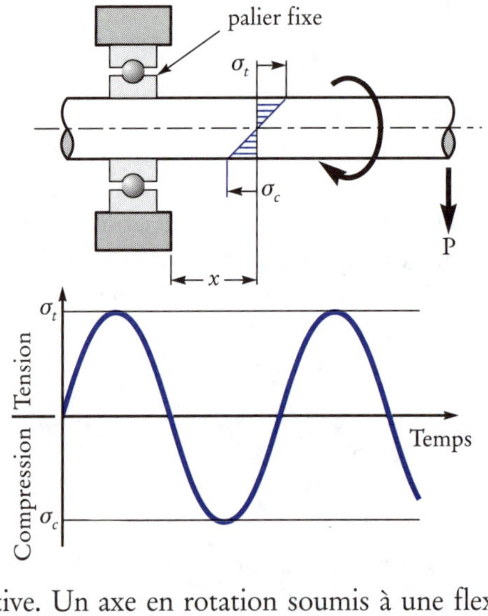

Figure 7.22 Flexion rotative. Un axe en rotation soumis à une flexion subit la fatigue : en un point de la surface, situé à une distance x du palier, la contrainte varie de façon sinusoïdale entre des valeurs absolues égales, en tension et en compression ($\sigma_t = -\sigma_c$).

En fonction du temps, la contrainte varie de façon sinusoïdale, à une fréquence égale à la fréquence de rotation de l'arbre. Ce type de chargement correspond à celui qu'on retrouve dans toutes les machines tournantes ; c'est pourquoi, du fait même de sa simplicité, on l'utilise fréquemment en laboratoire pour déterminer le comportement des matériaux en fatigue.

De façon plus générale, un chargement de fatigue est caractérisé par une contrainte moyenne σ_m nulle, positive ou négative (fig. 7.23), et par une composante variable de la contrainte, qui n'est pas forcément sinusoïdale ; cette composante peut en effet être périodique ou aléatoire (par exemple, dans le cas de la suspension d'un véhicule roulant sur un terrain accidenté ou d'une aile d'avion soumise à des turbulences en cours de vol).

L'étude expérimentale du comportement en fatigue d'un matériau exige qu'on dispose de moyens d'essai qui permettent de reproduire les efforts réels auxquels ce matériau est soumis en service. Jusqu'à récemment, on effectuait les essais de fatigue, en laboratoire, avec des chargements qui variaient de façon simple (onde sinusoïdale ou triangulaire, fig. 7.23a). Dans ce cas, les variables importantes caractéristiques de l'essai sont :

- les contraintes maximale σ_{max} et minimale σ_{min} ;
- l'amplitude de contrainte $\sigma_a = 1/2\ (\sigma_{max} - \sigma_{min})$;
- la variation de contrainte, ou contrainte alternative, $\Delta\sigma = (\sigma_{max} - \sigma_{min}) = 2\sigma_a$;

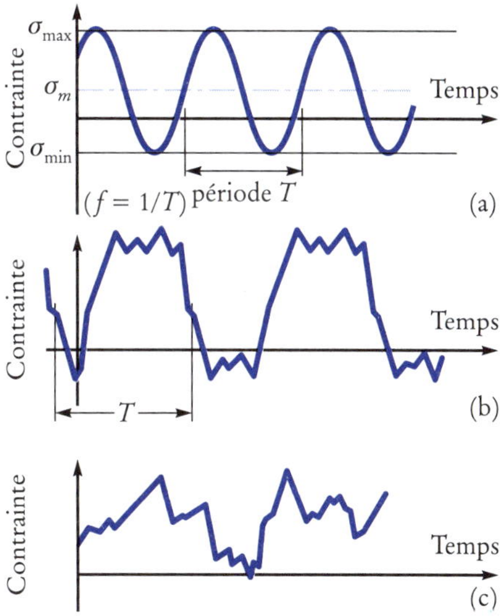

Figure 7.23 Types de chargements : a) sinusoïdal ; b) périodique ; c) aléatoire. Un chargement périodique peut être décomposé en une somme de chargements sinusoïdaux (harmoniques). Chaque harmonique est entièrement déterminée par sa variation de contrainte, $\Delta\sigma$, son rapport R, et sa fréquence, f. Un chargement aléatoire est déterminé par une fonction approchée (ou par une succession de blocs de chargements périodiques) la plus proche possible de la valeur aléatoire.

- la contrainte moyenne, ou contrainte statique, $\sigma_m = (\sigma_{\max} + \sigma_{\min})/2$;
- le rapport des contraintes $R = \sigma_{\min}/\sigma_{\max}$.

On est par ailleurs parfois conduit à distinguer la contrainte alternative $\Delta\sigma$ ($\Delta\sigma = 2\sigma_a$) de la contrainte statique σ_m et, selon les valeurs relatives de ces composantes, on reconnaît (fig. 7.24) les essais sous sollicitations :

- alternées symétriques ($\sigma_m = 0$; $R = -1$) ;
- répétées asymétriques ($0 < \sigma_m < \sigma_a$; $-1 < R < 0$ ou $\sigma_m = \sigma_a$; $R = 0$) ;
- ondulées ($\sigma_m > \sigma_a$; $0 < R < 1$).

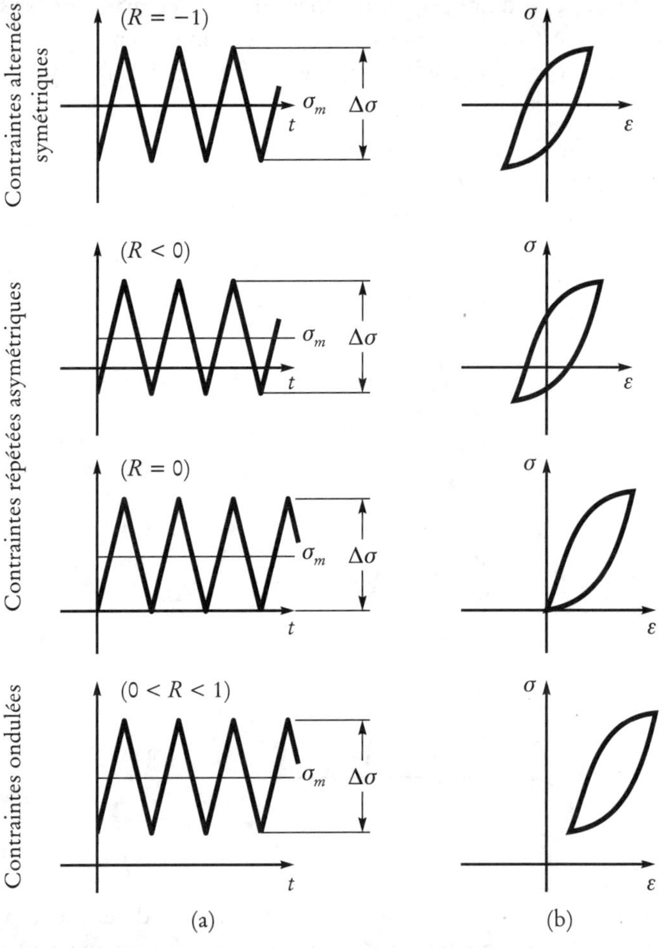

Figure 7.24 Divers types de sollicitations simples en fatigue : a) courbes contrainte-temps ; b) courbes contrainte-déformation au cours d'un cycle.

Aujourd'hui, on peut simuler, du moins approximativement, des modes de chargement plus complexes (fig. 7.23b et 7.23c) grâce à des machines servohydrauliques asservies par contrôle numérique à des ordinateurs qui génèrent les fonctions de chargement.

Enfin, selon l'amplitude de la contrainte, ou plutôt selon la valeur de la déformation due à cette contrainte, on peut définir deux grands domaines : la fatigue-endurance et la fatigue plastique, ou fatigue oligocyclique.

Fatigue-endurance. L'amplitude des déformations est faible ; macroscopiquement, la déformation reste pratiquement élastique. La durée de vie de la pièce (nombre N de cycles nécessaires pour entraîner la rupture du matériau) est en général supérieure à 10^4 ou 10^5 cycles.

Fatigue plastique ou fatigue oligocyclique. La contrainte est telle qu'elle provoque, à chaque cycle, une déformation plastique. Dans ce cas, la durée de vie de la pièce est beaucoup plus courte ($N < 10^4$ cycles). Dans le cadre de ce livre, nous ne traiterons pas des aspects particuliers de la fatigue oligocyclique.

7.5.2 Courbe d'endurance

Un ingénieur allemand, A. Wöhler, préoccupé par la rupture prématurée d'essieux de wagons de chemin de fer, s'est attaché, vers 1870, à déterminer le comportement des matériaux soumis à la fatigue. Depuis, pour étudier la fatigue, on utilise le plus souvent la méthode suivante : on soumet des éprouvettes à des efforts simples de flexion rotative, à divers niveaux d'amplitude de contrainte σ_a, et on mesure le nombre N de cycles requis pour entraîner la rupture de l'éprouvette (fig. 7.25). Étant donné le caractère statistique de la réaction du matériau soumis à la fatigue, on répète plusieurs fois l'essai, à différentes amplitudes de contraintes σ_a, puis on trace, en échelle semi-logarithmique, une courbe $\sigma_a = f(N)$ qui a l'aspect de celle qui apparaît à la figure 7.25 (courbe pour un acier doux).

Sur cette courbe, connue sous le nom de courbe de Wöhler, courbe d'endurance ou courbe *S-N* (*Stress-Number of cycles*), on peut distinguer trois zones :

- une zone de fatigue oligocyclique ; sous de fortes amplitudes de contrainte, la durée de vie de l'éprouvette est brève ($N < 10^4$ cycles) et celle-ci subit, avant sa rupture, une déformation plastique notable ;
- une zone de fatigue, ou d'endurance limitée ; la rupture se produit après un nombre de cycles qui croît quand la contrainte décroît ($10^4 < N < 10^6$ cycles) ;
- une zone d'endurance illimitée, ou zone de sécurité ; sous de faibles amplitudes de contrainte, la rupture ne se produit pas, même après un nombre élevé de cycles ($N > 10^7$ cycles).

Pour plusieurs matériaux (les aciers, en particulier), il existe une asymptote horizontale à la courbe de Wöhler, le niveau de cette asymptote déterminant la *limite d'endurance* σ_D du matériau. Pour un tel matériau soumis à une contrainte cyclique de valeur inférieure à σ_D, la rupture en fatigue ne se produit en principe pas.

Cette limite d'endurance asymptotique n'existe toutefois pas chez plusieurs classes de matériaux : les alliages d'aluminium et de cuivre n'en présentent pas, pas plus d'ailleurs que certains plastiques (fig. 7.26). Dans ce cas, il faut déterminer arbitrairement une *limite de fatigue*, σ_F, qui correspond à un nombre donné de cycles (10^6, 10^7 ou 10^8, en général).

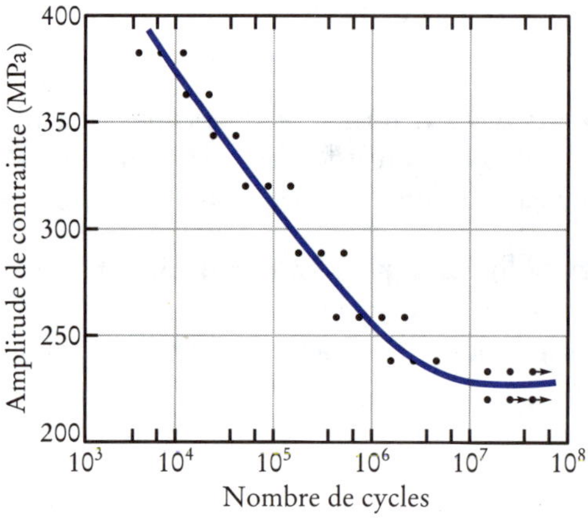

Figure 7.25 Courbe de Wöhler, pour un acier doux, donnant la variation de l'amplitude de contrainte, σ_a, en fonction du nombre N de cycles à la rupture. Les points expérimentaux accompagnés d'une flèche représentent les essais pour lesquels il n'y a pas eu rupture après l'application du nombre correspondant de cycles.

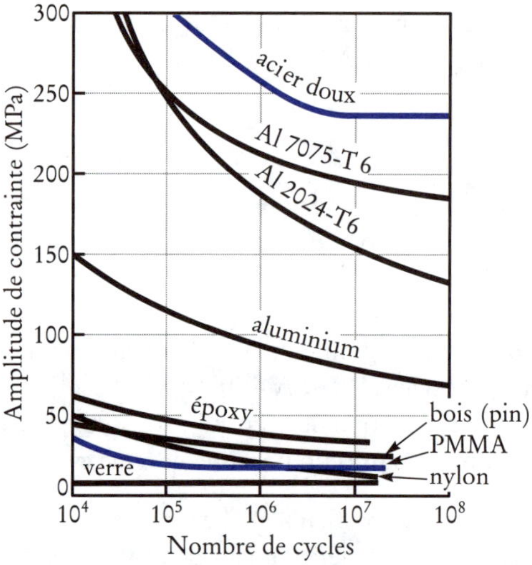

Figure 7.26 Courbes d'endurance de plusieurs matériaux. Certains (acier doux, PMMA-lucite) présentent une limite d'endurance σ_D clairement déterminée, alors que dans le cas des autres, il faut définir une limite de fatigue σ_F pour un nombre donné de cycles.

Remarquons en outre que, pour les matériaux fragiles comme le verre et les céramiques, la courbe d'endurance se limite à une horizontale (fig. 7.26).

Rappelons enfin que la rupture par fatigue est un phénomène statistique et que les courbes présentées aux figures 7.25 et 7.26 correspondent à une approximation de la durée de vie du matériau pour un niveau donné d'amplitude de contrainte. Lorsqu'il est nécessaire de tenir compte de la probabilité de rupture d'une pièce en fatigue, il faut multiplier les essais de fatigue à chaque niveau donné d'amplitude de contrainte et obtenir la distribution statistique de ces durées de vie à ce niveau de contrainte particulier (fig. 7.27). Si le nombre d'essais de fatigue réalisés à un niveau donné d'amplitude de contrainte est statistiquement suffisant, on peut alors tracer des courbes d'équiprobabilité de rupture en fatigue-endurance pour le matériau étudié (fig. 7.27).

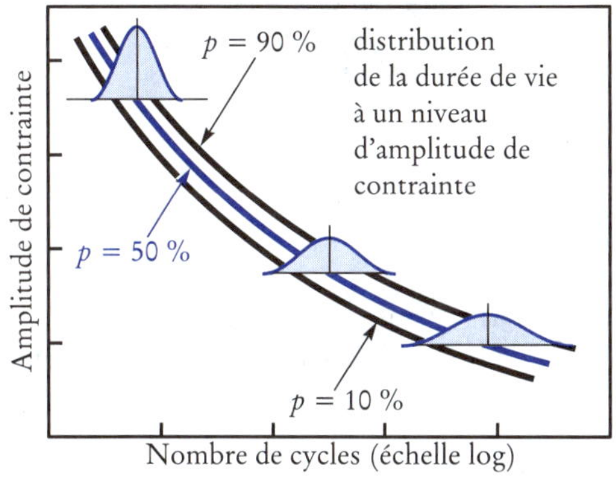

Figure 7.27 À chaque niveau de contrainte, la rupture des éprouvettes de fatigue est un phénomène statistique. Il faut donc souvent multiplier les essais aux différents niveaux d'amplitude de contrainte pour être en mesure de tracer des courbes d'équiprobabilité p de rupture.

7.5.3 Mécanismes de fatigue

L'examen à l'oeil nu, ou à faible grossissement, de la cassure d'une pièce rompue en fatigue révèle l'aspect caractéristique de ce type de rupture ; on y distingue en effet deux zones d'importance variable (fig. 7.28) :

- une zone de rupture en fatigue, d'aspect lisse et soyeux, n'ayant subi aucune déformation plastique apparente ;
- une zone de rupture finale, d'aspect fibreux et tourmenté, ayant souvent subi une déformation plastique importante.

Sur la première zone, on distingue souvent les lignes d'arrêt de la fissure, dont la courbure permet de remonter au point d'amorce (ou foyer) de la fissure. Ces lignes d'arrêt, qui révèlent le caractère progressif de la fissuration, correspondent le plus souvent à des arrêts de fonctionnement de la pièce. C'est pourquoi elles n'apparaissent généralement pas sur les éprouvettes de laboratoire dont la fissuration s'est produite de façon continue sans qu'il y ait eu interruption et reprise de l'essai.

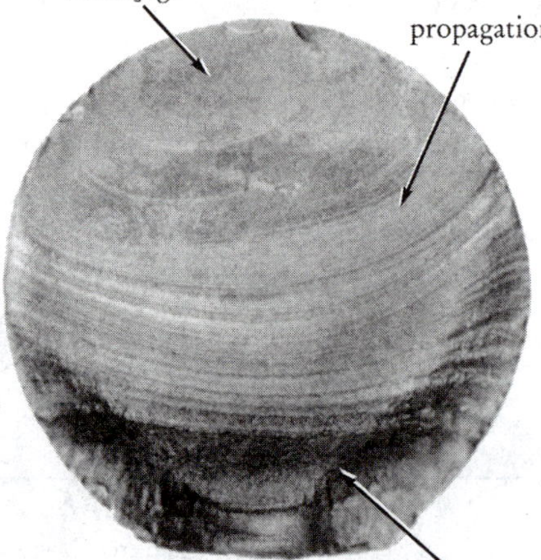

Figure 7.28 Aspect caractéristique du faciès d'une rupture en fatigue de l'outil d'un marteau-piqueur. La rupture s'est produite par flexion alternée.

On peut subdiviser la rupture en fatigue en trois stades : l'amorçage de microfissures, la propagation d'une fissure principale (ou de quelques fissures) et la rupture finale brutale (lorsque le facteur d'intensité de contrainte K_I associé à la fissure atteint la valeur critique K_{IC} caractérisant la ténacité du matériau).

Dans les pièces en service, l'*amorçage* se produit dans les zones où il y a concentration de contrainte : changements brusques de section ou de géométrie, inclusions et défauts de surface. Toutefois, la rupture en fatigue peut également se produire dans des éprouvettes parfaitement polies et ne présentant aucune zone de concentration de contrainte.

Pour les matériaux cristallins ductiles, on constate que, au bout d'un certain nombre de cycles, des bandes de glissement persistantes apparaissent là où il y a localisation des déformations (fig. 7.29).

Une étude détaillée de ces bandes révèle qu'il y a formation d'*extrusions* et d'*intrusions* qui constituent les amorces de microfissures (fig. 7.30a). Ces microfissures, qui se propagent tout d'abord par cission selon des plans inclinés à environ 45° par rapport à l'axe de traction, n'affectent la pièce que sur une profondeur limitée à quelques grains ; après quoi, quelques-unes d'entre elles, en se rejoignant, forment une fissure principale, qui se propage cette fois selon le plan perpendiculaire à l'axe de la contrainte principale (fig. 7.30b). Nous traiterons à l'article 7.5.4 des aspects caractéristiques de la propagation de la fissure principale.

La durée de l'amorçage par rapport à la durée de vie totale de la pièce dépend des conditions de chargement. Ainsi, sous de fortes amplitudes de contrainte, cette durée peut ne représenter que 10 % de la durée de vie totale, le reste des cycles étant impartis à la propagation de la fissure principale. Par contre, sous de faibles amplitudes de contrainte, et au voisinage de la limite d'endurance (pour les matériaux qui en présentent une), l'amorçage peut représenter jusqu'à 90 % de la durée de vie totale de la pièce.

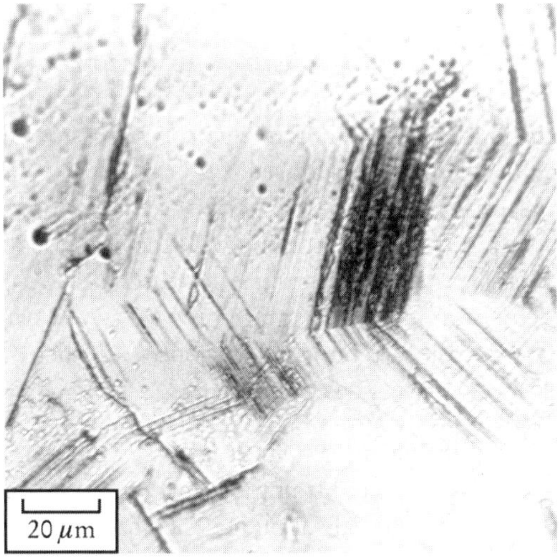

Figure 7.29 Aspect de la surface d'une éprouvette de laiton soumise à la fatigue, après un millier de cycles. On remarque la formation de bandes persistantes de glissement qui donneront naissance à des microfissures.

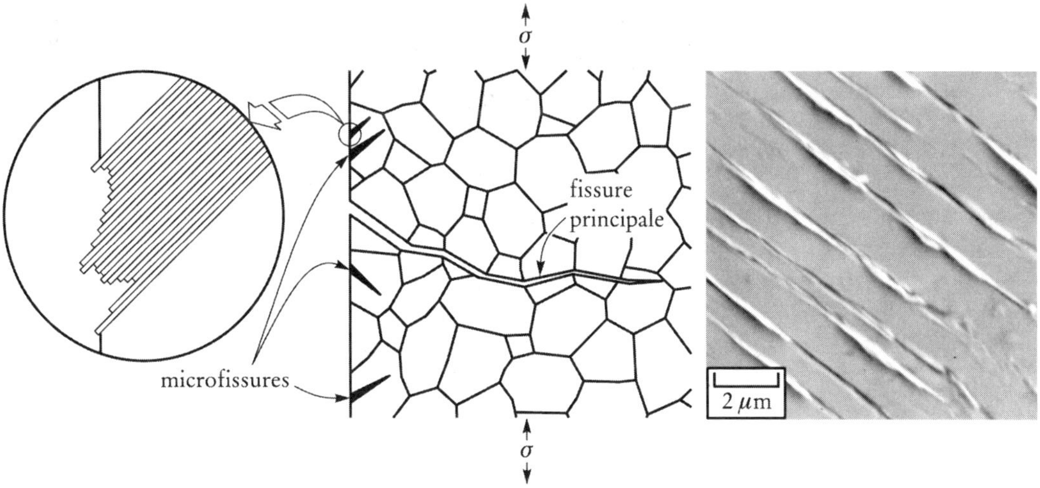

Figure 7.30 a) Amorçage de microfissures, dû à des glissements alternés et à la formation d'intrusions et d'extrusions. b) Formation d'une fissure principale à partir de microfissures. c) Aspect des intrusions et des extrusions à la surface d'une éprouvette de fatigue de cuivre (MEB).

Une fois qu'elle est formée, la fissure principale se propage à l'intérieur du matériau. Une observation à fort grossissement, par microscope électronique à balayage, de la zone caractéristique de la propagation révèle souvent la présence de *stries* microscopiques sur la surface de rupture (fig. 7.31). Pour un certain intervalle de vitesse de fissuration (10^{-4} à 10^{-2}mm/cycle), chaque strie correspond à un cycle de chargement ; ceci indique que la progression microscopique de la fissure résulte de l'accumulation d'un endommagement se produisant en tête de fissure, accumulation qui entraîne finalement une rupture locale sur une distance égale à la longueur de l'interstrie. Soulignons qu'il n'est pas toujours possible de mettre en évidence ces stries microscopiques ; en effet, la netteté des stries dépend de la structure cristalline du matériau et, par ailleurs, le faciès de rupture peut avoir été profondément modifié par matage ou par friction dans le cas où le chargement comporte des périodes de compression (rapport R des contraintes négatif) ou par interaction avec l'environnement (couche d'oxyde, dépôts de corrosion, etc.).

Une fissure de fatigue se propage progressivement et constitue un défaut de sévérité très élevée ; en effet, puisque le facteur d'intensité de contrainte K_I (art. 4.3.6) associé à la fissure croît même lorsque l'amplitude de la contrainte nominale appliquée ne change pas, il arrive un moment où la rupture finale de la pièce se produit quand le matériau atteint son niveau critique K_{IC} de ténacité. Selon la ténacité du matériau et les conditions de service, la rupture finale se produit soit de façon ductile, soit de façon fragile (art. 7.3.3).

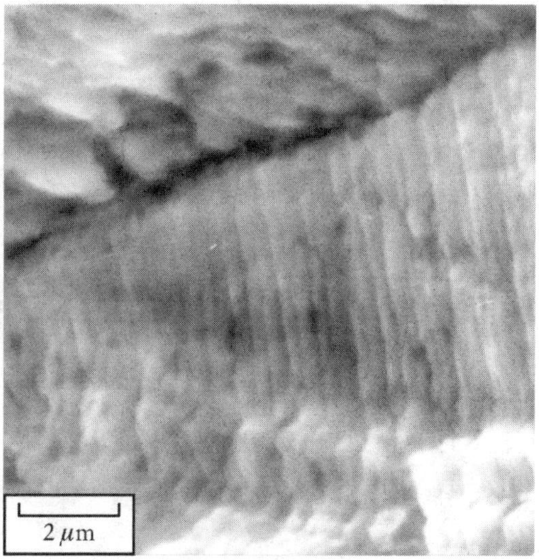

Figure 7.31 Formation de stries de fatigue sur la surface de rupture d'une éprouvette de laiton (MEB).

7.5.4 Vitesse de fissuration

Tout matériau présente, à l'échelle microscopique, des défauts (hétérogénéités, inclusions, défauts de fabrication, etc.), et toute pièce peut présenter des changements de section ou des états de surface plus ou moins parfaits. Or, puisque toutes ces conditions favorisent l'apparition de concentrations locales de contrainte et, par conséquent, de fissures de fatigue sous chargement cyclique, il faut bien souvent tenir compte de la possibilité d'amorce de fissures ainsi que de leur propagation éventuelle quand on calcule une structure.

C'est pourquoi les ingénieurs responsables de la conception de structures ou d'éléments soumis à des chargements cycliques doivent non seulement envisager la possibilité de formation de fissures, mais également évaluer leur vitesse de propagation, afin de s'assurer que ces fissures n'atteindront pas la longueur critique qui entraînera inévitablement la rupture brutale de la pièce. Il leur faut donc disposer à cet égard de données quantitatives qui caractérisent la vitesse de propagation d'une fissure de fatigue.

Lorsqu'une fissure principale se forme, sa longueur (ou sa profondeur) croît en fonction de l'augmentation du nombre de cycles de chargement (fig. 7.32). La *vitesse de fissuration*, déterminée par la dérivée da/dN (où a est la longueur de la fissure et N, le nombre de cycles appliqués), croît donc sans arrêt jusqu'à la rupture finale brutale de la pièce.

Deux scientifiques américains (Paris et Erdogan) proposèrent, vers 1960, une façon logique de suivre l'évolution d'une fissure de fatigue par la mesure de sa vitesse de propagation. Ils émirent ainsi l'hypothèse selon laquelle il existait une relation entre la vitesse de fissuration (da/dN) et le facteur d'intensité de contrainte K, paramètre caractéristique du défaut qu'est la fissure et défini par l'équation 4.43. D'après cette équation, on constate que, dans le cas simple où l'amplitude de contrainte σ_a demeure constante, un accroissement de la longueur a de la fissure entraîne

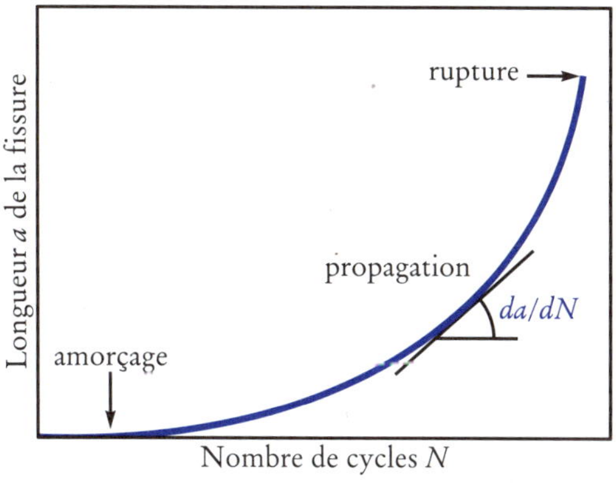

Figure 7.32 Variation de la longueur d'une fissure de fatigue en fonction du nombre de cycles de chargement appliqués.

une augmentation de la valeur de K. Or, puisque la valeur de la contrainte varie, on peut déterminer la variation du facteur d'intensité de contrainte, ΔK, grâce aux relations :

$$\Delta K = (K_{max} - K_{min}) \tag{7.11}$$

$$\Delta K = \alpha \sqrt{\pi a}\,(\sigma_{max} - \sigma_{min}) \tag{7.12}$$

où α est un paramètre qui dépend de la géométrie de la fissure et de celle de l'éprouvette ou de la pièce. Si $\sigma_{min} \leq 0$, on considère alors que $\Delta K = K_{max}$, puisqu'une contrainte de compression referme la fissure et ne la fait pas se propager.

Cette hypothèse s'avéra juste et fructueuse ; en effet, lorsqu'on représente, en échelle logarithmique, la variation de la vitesse de fissuration (da/dN) en fonction de ΔK (fig. 7.33), on constate que la courbe présente une partie linéaire qui obéit à l'équation suivante, appelée *relation de Paris* :

$$\frac{da}{dN} = C\,\Delta K^n \tag{7.13}$$

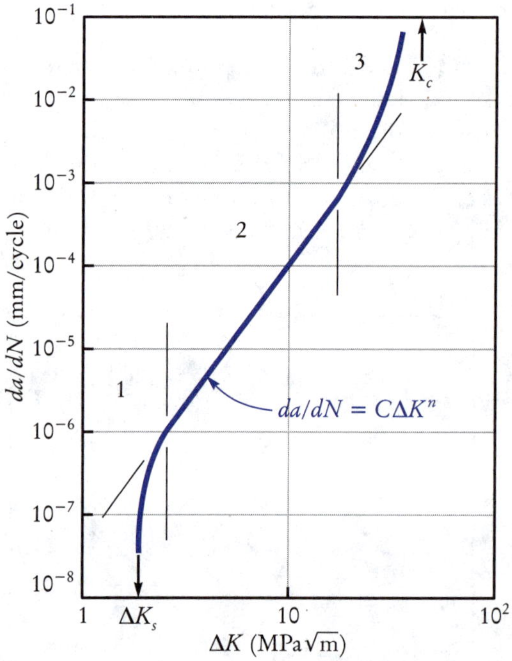

Figure 7.33 Variation de la vitesse de fissuration, da/dN, en fonction de la variation du facteur d'intensité de contrainte, ΔK, pour les métaux. On distingue trois régimes : 1) régime caractéristique du seuil de propagation ; 2) régime de Paris ; 3) régime d'accélération (avant la rupture finale).

où C et n sont des paramètres qui caractérisent le matériau et les conditions d'essai ; pour des matériaux métalliques testés dans l'atmosphère ambiante, la valeur de l'exposant n est généralement comprise entre 2 et 5.

On remarque que, lorsque la variation du facteur d'intensité de contrainte, ΔK, devient faible (régime 1), la vitesse de fissuration le devient également et tend vers zéro à une valeur ΔK_s, appelée *seuil de propagation* (fig. 7.33). En conséquence, même si le matériau présente une fissure, celle-ci ne se propage plus si la variation du facteur d'intensité de contrainte qui lui est associé est inférieure à la valeur critique ΔK_s. En d'autres mots, l'endommagement causé en tête de fissure par l'application d'un nombre même très élevé de cycles de chargement est insuffisant pour provoquer une propagation de la fissure et, par conséquent, une rupture locale. Selon la nature du matériau et les conditions d'essai (rapport R des contraintes, environnement, fréquence), la transition entre les régimes 1 et 2 se produit en général à des vitesses de 10^{-6} à 10^{-7}mm/cycle (fig. 7.33), soit environ une distance interatomique par cycle.

Pour le régime 2, appelé *régime de Paris* (fig. 7.33), la vitesse de fissuration obéit à la relation de Paris (équat. 7.13) ; par contre, il y a accélération progressive de la vitesse de fissuration lorsque la valeur maximum du facteur d'intensité de contrainte approche de la valeur critique K_C, valeur à laquelle il y a rupture brutale de l'éprouvette ou de la pièce. Il est intéressant de remarquer que, expérimentalement, on détermine les courbes $da/dN = f(\Delta K)$ (fig. 7.33) à l'aide d'éprouvettes semblables à celles qu'on utilise pour évaluer la ténacité d'un matériau (fig. 4.48) ; la seule différence réside dans le mode d'application de la contrainte : dans les essais de ténacité, la force appliquée croît de façon continue jusqu'à la rupture finale de l'éprouvette qui contient déjà une fissure initiale de fatigue, alors que cette force varie de façon cyclique contrôlée dans les essais de fissuration, où l'on suit l'évolution de la longueur de la fissure en fonction du nombre N de cycles de chargement appliqués. Puisqu'on connaît la longueur a de la fissure et selon la géométrie de l'éprouvette, il est alors possible de calculer le facteur ΔK associé à cette fissure (appendice H).

7.5.5 Facteurs qui influencent le comportement en fatigue

Parmi les facteurs qui modifient, parfois profondément, le comportement d'un matériau en fatigue, nous étudierons, dans le cadre de ce livre, un facteur intrinsèque, la microstructure du matériau, et quelques facteurs extrinsèques importants, comme le rapport des contraintes R, l'état de surface du matériau, l'environnement, et la fréquence de chargement.

Nous l'avons déjà souligné au chapitre 6, toute modification de la microstructure d'un matériau entraîne des variations de ses principales propriétés mécaniques, comme sa limite d'élasticité, sa résistance à la traction, sa ductilité et sa ténacité. Il en est également ainsi pour le comportement du matériau en fatigue ; par exemple, pour les aciers, dont la limite d'endurance σ_D est bien définie, on a pu établir des corrélations empiriques entre la résistance à la traction R_m et la limite d'endurance σ_D (pour $R = -1$) ce qui, en fait, consiste à prendre indirectement en considération les variations de la microstructure qui entraînent des variations de R_m.

Grâce au traitement statistique d'un grand nombre de données expérimentales relatives aux aciers, on obtient la relation empirique suivante :

$$\sigma_D = 0{,}37\ R_m + 77\ (\text{en MPa}) \tag{7.14}$$

Cette relation, valide à ±15 %, ayant été obtenue pour des valeurs de R_m inférieures à 2000 MPa, il faut l'appliquer avec une grande prudence aux aciers dont la résistance à la traction est très élevée (R_m > 2000 MPa). De façon encore plus approximative, la relation 7.14 indique que la valeur de la limite d'endurance σ_D d'un acier est égale à environ 40 % de celle de sa résistance à la traction R_m.

Pour les matériaux dont la limite d'endurance n'est pas bien définie, il est beaucoup plus difficile d'établir de telles corrélations empiriques entre leur limite de fatigue déterminée pour un nombre donné de cycles et leurs propriétés mécaniques en traction. Chaque cas doit donc faire l'objet d'un traitement particulier.

Un des facteurs extrinsèques les plus importants ici est le rapport des contraintes R, dont la valeur détermine en fait celle de la contrainte moyenne σ_m. Plus la valeur de R est positive et élevée, plus la valeur de σ_m est grande : cette contrainte moyenne agit alors en traction. Dans ce cas, pour un niveau donné d'amplitude de contrainte σ_a, la durée de vie du matériau est plus courte, car la composante statique σ_m de traction favorise l'endommagement en tête de fissure et la rupture du matériau dans la zone d'endommagement. La figure 7.34 illustre graphiquement cet effet.

Pour tenir compte de l'influence du rapport des contraintes R sur la limite d'endurance, on utilise souvent la méthode proposée par *Goodman* (fig. 7.35). Cette méthode donne la valeur tolérable de l'amplitude de contrainte σ_a, pour un niveau de contrainte moyenne σ_m appliquée à un matériau dont la résistance à la traction est R_m, et dont la limite d'endurance σ_D (ou la limite de fatigue σ_F pour un nombre N de cycles donné) a été déterminée pour une contrainte cyclique alternée symétrique (σ_m = 0, R = -1).

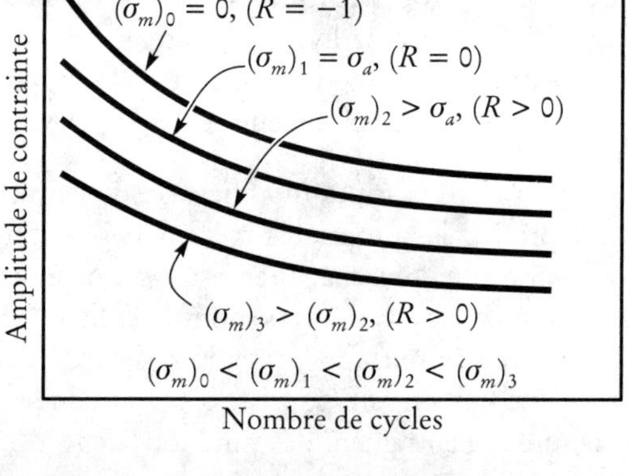

Figure 7.34 Influence de la contrainte moyenne σ_m sur l'endurance.

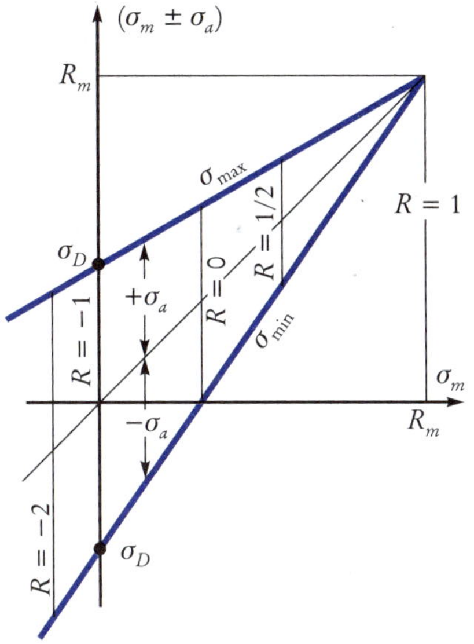

Figure 7.35 Diagramme de Goodman donnant les valeurs tolérables de σ_{max} et de σ_{min}, pour une contrainte moyenne σ_m surimposée à l'amplitude de contrainte σ_a ; R_m est la résistance du matériau à la traction et σ_D sa limite de fatigue ou d'endurance. On a porté sur quelques verticales certaines valeurs particulières du rapport des contraintes R.

En ce qui concerne les courbes de vitesse de fissuration ($da/dN = f(\Delta K)$, fig. 7.33), on constate que l'influence du rapport R dépend du matériau. Ainsi, cette influence est en général assez peu marquée pour la partie linéaire de la courbe (régime 2, ou régime de Paris) relative aux aciers ; dans ce cas, le seuil de propagation (régime 1) diminue toutefois quand R croît. Les alliages d'aluminium sont par contre plus sensibles à une variation de R ($R > 0$) ; leur courbe de fissuration est déplacée vers la gauche (ΔK plus faible) et vers le haut (vitesse plus grande) quand le rapport R croît.

Puisque les fissures de fatigue s'amorcent à la surface du matériau, il n'est pas surprenant que l'état de cette surface exerce une influence importante sur les courbes d'endurance. La figure 7.36 illustre graphiquement l'influence de l'état de surface sur l'endurance d'un acier : on remarque qu'un fini plus rugueux entraîne une diminution de la durée de vie de celui-ci, dans le régime d'endurance limitée, ainsi qu'une baisse de sa limite d'endurance (les irrégularités de surface se comportent en effet ici comme des microentailles favorisant un amorçage prématuré des fissures).

De façon générale, toute modification structurale des couches superficielles du matériau exerce une influence sur les courbes d'endurance. Ainsi, dans une couche superficielle décarburée au cours de traitements thermiques d'un acier, la teneur en carbone, donc la résistance à la traction de cet acier, est plus faible à la surface qu'au coeur de la pièce. La durée de vie en fatigue diminue, puisque les fissures s'amorcent plus rapidement dans une telle couche. C'est pourquoi tout traitement qui entraîne un durcissement de la surface des aciers, qu'il s'agisse d'un traitement de nature chimique (carburation, nitruration ou carbonitruration, art. 10.3.3) ou de nature mécanique (contraintes résiduelles de compression introduites par grenaillage ou par polissage mécanique de la pièce), améliore en général leur tenue en fatigue.

À une échelle plus macroscopique encore, toute entaille mécanique siège d'une concentration de contrainte exerce un effet néfaste sur les courbes d'endurance, car elle réduit le nombre de cycles requis pour amorcer une fissure principale et diminue ainsi la durée de vie totale de la pièce (fig. 7.37).

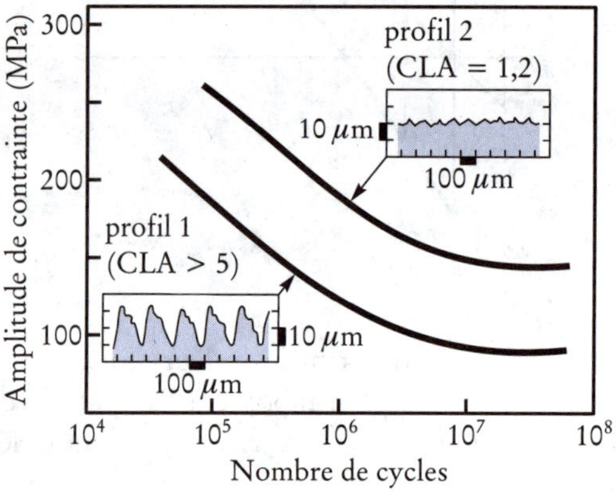

Figure 7.36 Influence du fini de surface sur l'endurance d'un acier au carbone. Le fini de surface est déterminé par le nombre CLA. Les profils de surface sont présentés à la même échelle : profil 1, fraisage grossier ; profil 2, fraisage fin.

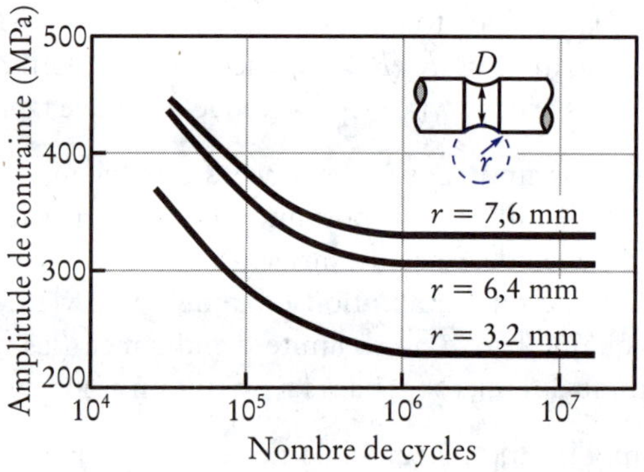

Figure 7.37 Influence d'une entaille mécanique (ici, une gorge de rayon r) sur l'endurance d'un acier au carbone soumis à une flexion rotative. Plus l'entaille est aiguë (faible valeur de r), plus la durée de vie et la limite d'endurance du matériau diminuent. On a effectué ici tous les essais en maintenant le diamètre D constant.

L'effet d'entaille n'exerce en principe aucune influence sur la vitesse de propagation de la fissure principale, à moins que le gradient de contrainte dû à l'entaille n'affecte une partie importante de la section de la pièce et que la fissure ne se propage ainsi dans un champ de contraintes influencé par la présence de l'entaille.

L'environnement joue également un rôle très important, puisque de nombreuses pièces soumises en service à des sollicitations cycliques sont en outre souvent plongées dans des environnements plus agressifs que l'atmosphère ambiante (eau salée ; milieux alcalins ou acides dans l'industrie chimique). Or, même si ces milieux ne sont pas assez agressifs pour entraîner une corrosion généralisée et profonde des pièces, ils provoquent néanmoins une corrosion locale (corrosion par piqûres, art. 8.1.5). La figure 7.38 illustre graphiquement l'influence d'une solution saline (eau + 3,5 % NaCl) sur l'endurance de l'alliage d'aluminium 7075-T6, très sujet à la formation de piqûres dans l'eau de mer et à la fatigue-corrosion. Lorsque les éprouvettes ont subi une précorrosion due à leur immersion dans la solution saline avant d'être soumises à un essai de fatigue à l'atmosphère ambiante, on remarque une diminution de leur durée de vie. Cette constatation montre clairement que l'immersion avant essai engendre des piqûres de corrosion qui favorisent l'amorçage des fissures de fatigue. Lorsqu'on plonge le matériau vierge dans la solution saline au cours de l'essai de fatigue, il se produit une nouvelle diminution de sa durée de vie, ce qui indique cette fois que le milieu exerce également une influence sur la vitesse de propagation des fissures, laquelle augmente par rapport à celle atteinte au cours de l'essai à l'atmosphère ambiante. Enfin, lorsqu'on effectue l'essai de fatigue dans la solution, après que les éprouvettes y aient déjà été immergées sans contrainte, les durées de vie du matériau sont les plus courtes, car le milieu favorise l'amorce des fissures – par la formation de piqûres pendant la précorrosion – et augmente la vitesse de fissure au cours de l'essai.

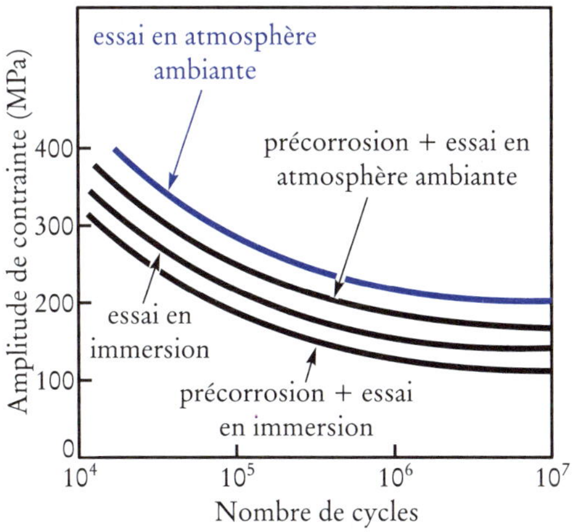

Figure 7.38 Influence d'une solution saline (eau + 3,5 % NaCl) sur le comportement en fatigue de l'alliage d'aluminium 7075-T6.

Le milieu agressif dans lequel on utilise le matériau exerce donc une double influence : il accélère l'amorçage des fissures et il augmente la vitesse de fissuration (da/dN). Toutefois, l'importance de cette dernière influence dépend de la fréquence de cyclage, car il faut que le milieu ait le temps d'agir sur les surfaces de matériau nouvellement mises à nu par la propagation des fissures. Selon les valeurs de la vitesse de propagation, de la fréquence de cyclage et de la cinétique de réaction du matériau avec le milieu corrosif, l'influence de la fréquence de cyclage sur la courbe de fissuration $da/dN = f(\Delta K)$ en milieu corrosif est plus ou moins marquée.

À la figure 7.39, on note que la fréquence de cyclage n'a aucun effet sur la vitesse de fissuration da/dN si les essais de fatigue sont conduits à l'air ambiant. Dans un environnement corrosif et quand la fréquence de chargement est faible (6 Hz), la vitesse de propagation est alors environ quatre fois plus élevée que dans l'air, et ce pour une valeur donnée de ΔK. Cependant, cet effet de l'environnement s'estompe de plus en plus quand la fréquence augmente et disparaît presque pour une fréquence de 600 Hz. Ces résultats montrent bien que, dans le cas précis de cet acier allié en eau salée, il y a compétition entre l'endommagement purement mécanique dû au chargement cyclique et l'endommagement dû au milieu corrosif. Si, durant un cycle de chargement, le milieu

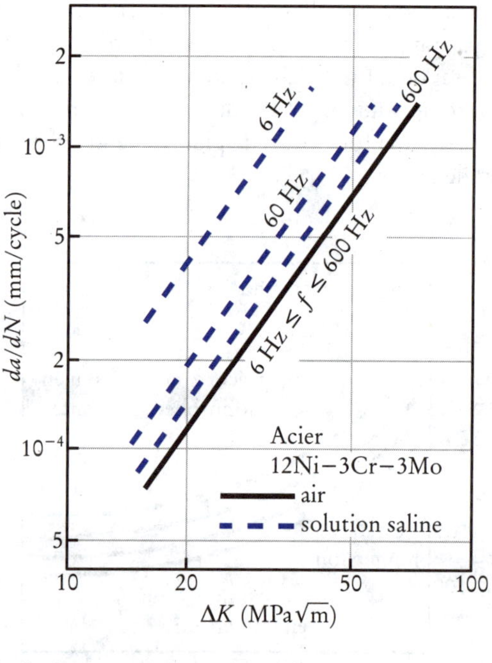

Figure 7.39 Influence de la fréquence de cyclage, *f*, sur la vitesse de fissuration, pour un acier (12 % Ni–3 % Cr–3 % Mo) soumis à la fatigue-corrosion dans une solution saline (3,5 % NaCl). (*D'après S.T. Rolfe et J.M. Barsom*, Fracture and Fatigue Control in Structures, *Prentice Hall, 1977, p. 320 ; utilisation autorisée.*)

corrosif a le temps d'interagir avec la zone plastifiée en tête de fissure, il y a synergie entre l'endommagement mécanique et l'endommagement dû au milieu corrosif ; c'est ce qui se produit pour une basse fréquence de chargement (6 Hz). Par contre, quand la fréquence est élevée (600 Hz), la vitesse à laquelle se propage alors la fissure ne permet pas au milieu corrosif d'exercer son influence néfaste durant un cycle de chargement.

La figure 7.40 illustre un cas plus complexe de fatigue-corrosion où l'on remarque que l'effet du milieu corrosif est beaucoup plus marqué pour de faibles valeurs de ΔK et tend à disparaître pour de fortes valeurs de ΔK. D'autre part, cette influence du milieu corrosif ne reste pas constante sur toute la gamme de ΔK couverte.

Pour conclure le sujet des influences possibles de l'environnement sur le comportement en fatigue – effets également appelés phénomènes de *fatigue-corrosion* –, soulignons qu'il faut être très prudent dans le domaine des extrapolations ; en effet, pour certains matériaux et à certaines fréquences, même l'atmosphère ambiante, à cause de la vapeur d'eau qu'elle contient (degré d'humidité), peut devenir un milieu corrosif. Chaque couple «matériau + milieu corrosif» est un cas spécifique qu'il faut étudier individuellement.

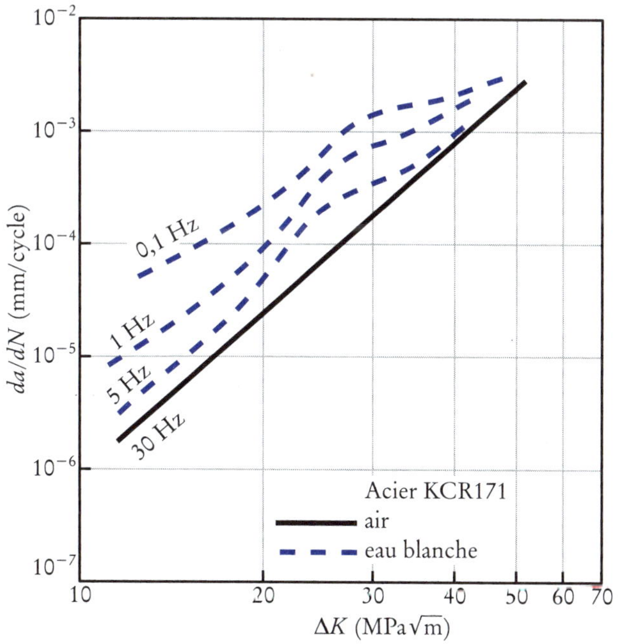

Figure 7.40 Influence de la fréquence de cyclage sur la vitesse de fissuration, pour un acier inoxydable austénoferritique (KCR 171) soumis à la fatigue-corrosion dans l'eau blanche (50 °C). On rencontre ce milieu corrosif dans les conditions de fabrication de la pâte de papier ; il contient du NaCl, du Na_2SO_4, du $Na_2S_2O_3$ et du HCl.

La fréquence de cyclage, quant à elle, peut exercer une influence intrinsèque, indépendante de celle de l'environnement. En fait, puisque cette fréquence détermine la valeur de la vitesse de mise en charge du matériau ($d\sigma/dt$), tout matériau dont les propriétés mécaniques (limite d'élasticité, résistance à la traction et ductilité) sont fortement influencées par la vitesse de mise en charge voit son comportement en fatigue dépendre de la fréquence de cyclage. Ainsi, on observe en général une augmentation de la durée de vie des aciers lorsque la fréquence de cyclage croît. Par contre, pour des fréquences élevées, l'échauffement adiabatique engendré par le frottement intérieur dû à la viscoélasticité entraîne un adoucissement, donc une diminution des propriétés mécaniques du matériau dans la zone plastifiée en tête de fissure et, par conséquent, une diminution de sa durée de vie. Ce phénomène affecte particulièrement les matières plastiques, qui sont extrêmement sensibles à la vitesse de sollicitation, et dont les propriétés mécaniques peuvent varier considérablement pour une faible variation de température (sect. 7.1). De plus, puisque leur conductibilité thermique est faible, les matières plastiques dissipent mal la chaleur dégagée en cours d'essai ; leur échauffement est donc important. La figure 7.41 illustre clairement l'effet de la fréquence de cyclage sur la courbe d'endurance du polytétrafluoroéthylène, appelé communément téflon. Quand la fréquence croît, la diminution de la durée de vie de ce matériau est due à son échauffement généralisé, car les coefficients d'amortissement qui caractérisent le frottement intérieur des matières plastiques sont élevés (sect. 7.1).

Par contre, en ce qui concerne la vitesse de fissuration (da/dN), les matières plastiques manifestent des comportements variés : ainsi, une augmentation de la fréquence de cyclage peut soit n'exercer qu'une très faible influence sur cette vitesse (cas du nylon, fig. 7.42), soit entraîner sa diminution (cas du polychlorure de vinyle, fig. 7.42). On peut interpréter ces comportements, à première vue surprenants, en les comparant à celui représenté à la figure 7.41 (influence de la fréquence de cyclage sur l'endurance) et en supposant que, dans le cas de la propagation d'une fissure

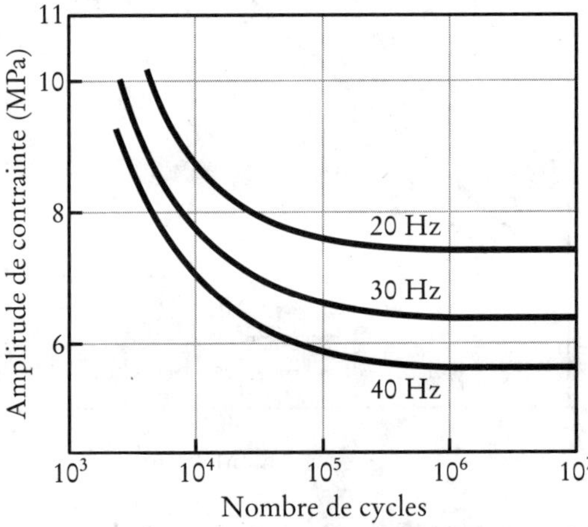

Figure 7.41 Influence de la fréquence de cyclage sur l'endurance du polytétrafluoroéthylène (PTFE). (*D'après R.W. Hertzberg et J.A. Manson*, Fatigue of Engineering Plastics, *Academic Press, 1980, p. 46 ; utilisation autorisée.*)

principale de fatigue, l'échauffement du matériau en tête de fissure est d'autant plus important que la fréquence de cyclage est élevée, mais que cet échauffement ne se propage pas hors d'une zone limitée en tête de fissure, ce qui entraîne un émoussement de celle-ci et une diminution de l'importance des concentrations de contrainte.

Pour conclure cette section, nous traiterons très brièvement de l'influence de la température sur le comportement en fatigue des matériaux. Tant que la température des alliages métalliques reste inférieure à $0{,}5T_f$, et tant que le phénomène de fluage et les interactions avec l'environnement (oxydation) demeurent négligeables, une augmentation de la température entraîne une diminution de leurs propriétés mécaniques ($R_{e0,2}$ et R_m) et une augmentation de leur ductilité. En général, ce phénomène se traduit par une diminution de leur durée de vie (limite d'endurance). Pendant la phase de propagation, la vitesse de fissuration (da/dN), pour une valeur donnée de ΔK, est plus élevée quand la température croît.

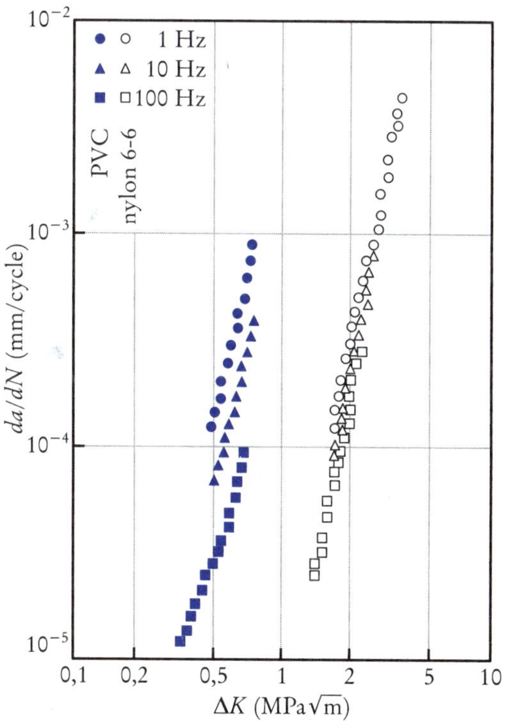

Figure 7.42 Influence de la fréquence de cyclage sur la vitesse de fissuration, pour le nylon 6-6 et pour le polychlorure de vinyle (PVC). Lorsqu'on compare cette figure avec les figures 7.33, 7.39 et 7.40 (relatives aux métaux), on remarque que, pour les matières plastiques, la gamme des valeurs de ΔK est inférieure à celle des métaux de 2 ordres de grandeur environ. (*D'après R.W. Hertzberg et J.A. Manson*, Fatigue of Engineering Plastics, *Academic Press, 1980, p. 84 ; utilisation autorisée.*)

Dès que la température d'essai ou de service atteint des valeurs pour lesquelles le phénomène de fluage se produit ($T > 0{,}5T_f$) et que les interactions avec l'environnement (oxydation) sont importantes, le comportement du matériau devient beaucoup plus complexe : c'est le phénomène de *fatigue-fluage*. Dans ce cas, des effets synergétiques importants peuvent apparaître et entraîner une diminution notable des durées de vie des matériaux, ainsi qu'un accroissement considérable des vitesses de fissuration, par rapport à ce qui se produit à basses températures.

L'étude de la fatigue-fluage déborde toutefois le cadre de ce livre. Soulignons cependant que, pour certaines structures, ce phénomène n'est pas à négliger. Il joue en effet un rôle capital, notamment dans le cas des aubes de turbine des moteurs à réaction, qui peuvent être en service à des températures atteignant 900 ou 1000 °C (bords d'attaque des aubes), et qui sont soumises à des chargements cycliques d'amplitude variable et complexe (arrêt-marche du moteur, accélération-décélération en service, etc.).

7.6 RÉSISTANCE AUX CHOCS THERMIQUES

7.6.1 Contraintes thermiques

Dans certaines conditions d'utilisation, un matériau peut subir des variations plus ou moins brusques de température, par exemple s'il s'agit de la paroi d'un four ou d'un moule dans lequel on coule un métal en fusion. Ces variations de température entraînent des variations dimensionnelles du matériau. Par conséquent, lorsque le matériau n'est pas libre de se dilater ou de se contracter, il se trouve soumis à des *contraintes thermiques*. Ces contraintes sont attribuables aux gradients de déformation qui se développent dans un solide dont tous les éléments sont incapables de se déformer librement.

Considérons un élément de longueur l_0, situé au coeur d'un solide encastré à ses extrémités. Supposons que ce solide subisse une trempe entraînant une variation de température, $\Delta\theta$, c'est-à-dire que sa température chute brusquement d'une valeur θ_1 à une valeur θ_2 ($\Delta\theta = \theta_1 - \theta_2$). Lorsque le solide est libre de se contracter, l'accourcissement relatif ε de l'élément est donné par la relation :

$$\varepsilon = \frac{\Delta l}{l_0} = \alpha\Delta\theta \qquad (7.15)$$

où α est le coefficient de dilatation linéique du matériau.

Puisque les extrémités du solide ne sont pas libres de se déplacer, la contraction thermique de l'élément ne peut pas se produire ; l'élément est donc soumis à une contrainte de tension et, d'après la loi de Hooke généralisée, la valeur σ_θ de cette contrainte est :

$$\sigma_\theta = \frac{E\varepsilon}{(1 - \nu)} \qquad (7.16)$$

où ν est le coefficient de Poisson du matériau.

En combinant les équations 7.15 et 7.16, on obtient :

$$\sigma_\theta = \frac{E\alpha\Delta\theta}{(1-\nu)} \tag{7.17}$$

Cette relation est valable pour un élément situé au coeur du solide, c'est-à-dire un élément soumis à un état de déformations planes (sect. 4.4). De façon plus générale, lorsqu'un élément peut se déplacer plus ou moins librement dans une direction (par exemple, un élément situé près de la surface libre), la valeur σ_θ de la contrainte thermique est donnée par la relation plus générale :

$$\sigma_\theta = E\alpha\Delta\theta / f(\nu) \tag{7.18}$$

où $f(\nu)$ est une fonction du coefficient de Poisson, fonction dont la valeur dépend de la géométrie de la pièce.

L'équation 7.18 n'est valable que lorsque la variation de température est infiniment rapide et que tous les points du matériau passent instantanément de la température θ_1 à la température θ_2, ce qui est extrêmement rare.

Même dans une pièce non encastrée, des contraintes thermiques peuvent apparaître lorsque le matériau est polyphasé et que les coefficients de dilatation linéique des phases en présence sont différents. C'est notamment le cas des céramiques, dont la symétrie de la structure cristalline de plusieurs de leurs phases constituantes est souvent faible, ce qui entraîne une anisotropie marquée du coefficient de dilatation linéique.

7.6.2 Choc thermique

Lorsque le gradient de température n'est pas très élevé et que sa valeur est stable, les contraintes thermiques peuvent être atténuées par la déformation des éléments du solide. Par contre, lorsque ce gradient de température est transitoire, c'est-à-dire lorsqu'il varie plus ou moins rapidement dans le temps, on a affaire à ce qu'on appelle un *choc thermique*. Lorsque la température finale du matériau est inférieure à la température initiale (par exemple, au cours d'une trempe), la périphérie de la pièce qui subit cette variation de température se contracte, alors que les dimensions du coeur restent à peu près constantes. Par conséquent, l'extérieur de la pièce est soumis à des tensions et le cœur, à des compressions (principe appliqué lors de la trempe du verre, fig. 4.36).

L'effet inverse se produit lorsqu'on amène brusquement la pièce à une température plus élevée : la périphérie est en compression et le coeur est en tension.

Une rupture locale, soit de la périphérie, soit du coeur, peut se produire lorsque la valeur des contraintes engendrées par le choc thermique excède celle de la résistance mécanique du matériau. En général, ce sont les céramiques fragiles qui sont les plus sensibles aux chocs thermiques ; en effet, dans ces matériaux, l'énergie de déformation élastique qui résulte du choc thermique ne peut pas être dissipée sous forme de déformation plastique, comme dans les matériaux ductiles. De plus, les céramiques ayant généralement une résistance à la traction inférieure à leur résistance en compression, c'est dans les zones de la pièce soumises à des contraintes thermiques de tension que s'amorcera généralement la rupture.

Par ailleurs, la dégradation d'un matériau due à un choc thermique peut également être imputable à des variations cycliques de la température, et cette dégradation est d'autant plus importante que la fréquence et l'amplitude de ces variations sont élevées. On parle alors de *fatigue thermomécanique*, phénomène qui peut affecter même les métaux (par exemple, dans le cas d'un tambour de frein qui subit des élévations brusques de température à chaque freinage, ou dans celui des cylindres de laminoir dont la température en peau croît brusquement au moment de l'arrivée d'un lingot chaud).

L'équation 7.18 ne s'applique que lorsque la variation de température $\Delta\theta$ à laquelle on soumet le matériau est infiniment rapide, cas extrêmement rare, car la conductibilité thermique du matériau lui permet en général d'atténuer le choc. En outre, puisque les conditions de transfert de chaleur à l'interface «pièce-milieu» ne sont pas, en pratique, idéales, la contrainte thermique n'atteint sa valeur maximale qu'au bout d'un temps plus ou moins long ; cette valeur est donnée par la relation :

$$\sigma_\theta = \psi E\alpha\Delta\theta / f(\nu) \qquad (7.19)$$

où ψ est un nombre sans dimension, dont la valeur est comprise entre 0 et 1, et qui rend compte des conditions réelles de choc thermique. Ces conditions sont caractérisées par le *nombre de Biot* relatif à la pièce et aux conditions expérimentales, soit

$$B_i = \frac{dh}{k} \qquad (7.20)$$

où d est la dimension moyenne de la pièce (qu'on choisit en général égale à la demi-épaisseur, dans le cas d'une plaque, ou au rayon, dans le cas d'un cylindre), h est le coefficient de transfert de chaleur à l'interface pièce-milieu et k, la conductibilité thermique du matériau.

La figure 7.43a illustre schématiquement la variation du coefficient ψ à la surface d'une plaque infinie, en fonction du temps, pour diverses valeurs du nombre de Biot B_i. À partir de cette figure, on peut déduire la variation de ψ en fonction de B_i (fig. 7.43b) ; la relation ainsi obtenue est la suivante :

$$\psi^{-1} = a_1 + a_2 B_i^{-1} \qquad (7.21)$$

où a_1 et a_2 sont des coefficients qui dépendent de la géométrie de la pièce (a_1 = 1,5 pour une plaque infinie et pour un cylindre ; a_2 = 3,25 pour une plaque infinie et a_2 = 5 pour un cylindre).

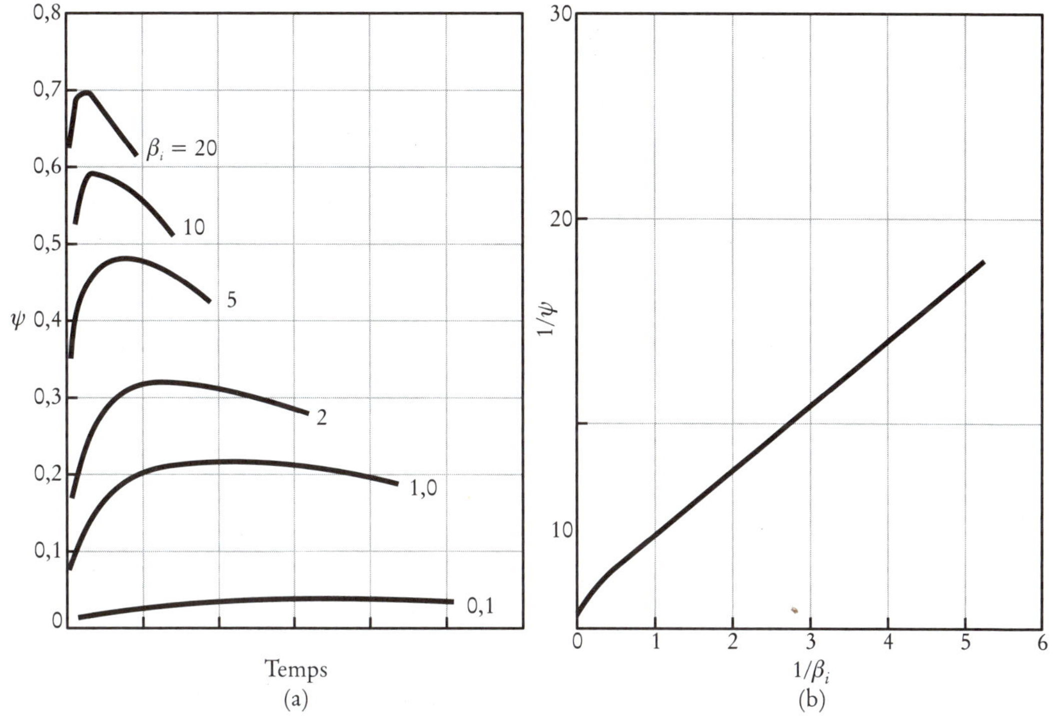

Figure 7.43 a) Variation, en fonction du temps, du coefficient ψ de réduction de contrainte thermique, pour diverses valeurs du nombre de Biot B_i (surface d'une plaque infinie). b) Variation de $1/\psi$ en fonction de $1/B_i$.

Lorsque le choc thermique est sévère et qu'il correspond à un nombre de Biot élevé, le coefficient ψ tend vers 1. À la limite, quand $\psi = 1$, on peut déduire la variation critique $\Delta\theta*$ de température qui engendre une contrainte thermique σ_θ dont la valeur est égale à celle de la résistance R_m du matériau, soit d'après l'équation 7.18 :

$$\Delta\theta^* = R_1 = \frac{R_m f(v)}{E\alpha} \qquad (7.22)$$

où R_1 est le premier paramètre qui caractérise la résistance au choc thermique d'un matériau soumis à des chocs thermiques très sévères.

Lorsque les échanges de chaleur sont suffisamment lents pour entraîner des valeurs plus faibles de B_i, on suppose, en première approximation, que $\psi \approx B_i/a_2$; on obtient alors la variation de température, $\Delta\theta$, à partir des équations 7.19 et 7.22, soit

$$\Delta\theta \simeq \frac{a_2}{B_i} \frac{\sigma_\theta f(v)}{E\alpha} \qquad (7.23)$$

Lorsque $\sigma_\theta = R_m$ et compte tenu de l'équation 7.20, la valeur critique $\Delta\theta^*$ est :

$$\Delta\theta^* \simeq \frac{a_2 k}{dh}\frac{R_m f(\nu)}{E\alpha} \tag{7.24}$$

ou, d'après l'équation 7.22,

$$\Delta\theta^* \simeq kR_1\left(\frac{a_2}{dh}\right) \tag{7.25}$$

L'expression (a_2/dh) représente un facteur qui dépend uniquement de la géométrie de la pièce (d) et des conditions de transfert de chaleur (a_2/h). Le terme $kR_1 = R_2$ constitue le deuxième paramètre qui caractérise la résistance au choc thermique d'un matériau soumis à des chocs thermiques moins sévères ; ce paramètre R_2 ne dépend que des propriétés du matériau.

Les paramètres R_1 et R_2 caractérisent donc la résistance des matériaux aux chocs thermiques et permettent de comparer leurs résistances respectives à ce type de sollicitation. Puisqu'on a supposé que la variation de température était telle qu'elle entraînait la rupture du matériau ($\sigma_\theta = R_m$), les paramètres R_1 et R_2 caractérisent donc, physiquement, la résistance du matériau à l'amorçage d'une fissure au cours d'un choc thermique. Ils ne permettent par conséquent de comparer que des matériaux où sont absents toute fissure ou tout défaut préalables. Or, cette dernière condition n'est pas remplie pour de nombreuses céramiques, dont la micro-structure renferme souvent des pores, qu'on peut considérer comme des fissures à la racine desquelles il y aura concentration des contraintes.

Pour de tels matériaux, il faut alors rechercher d'autres paramètres de résistance aux chocs thermiques, paramètres qui devront plutôt caractériser leur résistance à la propagation de fissures au cours d'un choc thermique. On utilise ainsi les paramètres suivants :

$$R_3 = \frac{E}{R_m^2 f(\nu)} \tag{7.26}$$

$$R_4 = \frac{E\gamma_s}{R_m^2 f(\nu)} = \gamma_s R_3 \tag{7.27}$$

où R_m est la résistance du matériau à la traction, E, son module d'Young, γ_s, son énergie de surface, et $f(\nu)$, une fonction du coefficient de Poisson, fonction dont la valeur dépend de la géométrie de la pièce. Lorsqu'on compare les équations 4.31 et 7.27, on constate que le paramètre R_4 représente en fait une longueur critique de fissure.

Le paramètre R_3 est proportionnel au paramètre R_4 ; toutefois, il ne permet de comparer la résistance à la propagation de fissures au cours d'un choc thermique que pour des matériaux dont l'énergie de surface est la même.

Sur le plan pratique, on évalue la résistance d'un matériau aux chocs thermiques grâce aux paramètres R_1 et R_2 lorsque le matériau est homogène et qu'il ne renferme aucune fissure ou porosité (cas des verres, des céramiques vitrifiées et de la couche superficielle des céramiques recouvertes d'une glaçure) ; par contre, on utilise les paramètres R_3 et R_4 lorsque le matériau est hétérogène et qu'il renferme des fissures initiales ou des pores (cas des briques, des grès, des bétons, etc.).

En dernier lieu, lorsqu'on compare les paramètres R_1 (ou R_2) et R_3 (ou R_4), on constate qu'il est impossible, pour un matériau donné, de maximiser simultanément ces paramètres, c'est-à-dire d'améliorer à la fois la résistance de ce matériau à l'amorçage de fissures et sa résistance à leur propagation, au cours d'un choc thermique. Le choix d'une céramique devant résister aux chocs thermiques repose alors sur l'alternative suivante :

- Empêcher la formation de fissures en recourant à un matériau dont la résistance à la traction R_m est importante (R_1 et R_2 sont alors élevés), quitte à ce que la pièce devienne inutilisable en cours de service si des fissures s'y amorcent. C'est la solution qu'on adopte en général lorsqu'on fabrique des pièces qui subissent des contraintes thermomécaniques élevées (pistons, arbres de turbine, aubes de turbine à gaz, etc.).
- Accepter la fissuration précoce, ou même préexistante, du matériau, qu'on choisit par conséquent en raison de sa faible résistance à la traction (R_3 et R_4 sont ici élevés), afin que la dégradation de la pièce due à la propagation de fissures reste limitée en cours de service et affecte peu ses performances (briques réfractaires d'un four, par exemple).

Chapitre 8

DÉGRADATION DES MATÉRIAUX

La dégradation des matériaux est leur destruction, ou du moins la modification de leurs propriétés, au cours du temps, destruction due à l'effet du milieu ambiant. Les pertes monétaires imputables à tous les problèmes liés à la dégradation des matériaux atteignent des sommes faramineuses (plusieurs milliards de dollars par année).

Tous les matériaux se dégradent, à une vitesse plus ou moins grande: les automobiles et autres biens de consommation terminent souvent leur carrière rongés par la rouille ; il faut peindre et repeindre les structures métalliques si l'on veut préserver leur intégrité ; les matières plastiques ne sont pas éternelles (elles se craquèlent, perdent de leur souplesse ou, au contraire, deviennent plus rigides quand elles ne sont pas tout simplement dissoutes par un solvant) ; le bois pourrit ; les céramiques et les pierres elles-mêmes se dégradent (il suffit de penser aux vestiges grecs et romains ou, plus près de nous, aux ouvrages de béton). Hélas, tout passe...

Les réactions qui se produisent entre un matériau et son milieu sont essentiellement de trois types : a) la *corrosion* des métaux en milieux aqueux ; b) l'*oxydation* des métaux en milieux gazeux secs, souvent à haute température (ces deux premiers types de réactions sont des réactions électrochimiques) ; c) les *réactions chimiques* qui entraînent la dégradation des matières plastiques et des céramiques. Il est essentiel de bien comprendre les diverses réactions en jeu si l'on veut, sinon «réparer des ans l'irréparable outrage», du moins ralentir ou enrayer leur action.

Dans le présent chapitre, nous étudierons les principaux mécanismes qui entraînent la dégradation des matériaux avant de décrire et d'analyser les divers moyens de lutte et de protection contre cette dégradation.

8.1 Corrosion des métaux en milieu aqueux

La corrosion des métaux en milieu aqueux est essentiellement un phénomène de nature électrochimique, en ce sens qu'elle met en jeu des réactions entre des ions et des électrons. Afin de mieux comprendre les divers types de corrosion qui affectent les métaux, et ce dans le but de combattre la corrosion, nous décrirons d'abord les mécanismes fondamentaux qui entrent en ligne de compte et nous les expliquerons.

Comme toute réaction, une réaction électrochimique (d'un état A vers un état B) n'est possible sur le plan thermodynamique que lorsque le passage de A en B entraîne une diminution de l'enthalpie libre, ΔG, du système. Dans le cas des réactions électrochimiques, on a :

$$\Delta G = -nFE \tag{8.1}$$

où n est le nombre d'électrons engagés dans la réaction, F, la constante de Faraday (F = 96 500 C) et E, la différence de potentiel d'équilibre entre les états A et B. En fait, la transformation de A en B n'est *possible* que si la différence de potentiel à l'équilibre entre les états A et B est négative, ce qui signifie que $E_B < E_A$. Si cette condition est nécessaire pour permettre la réaction $A \rightarrow B$, elle n'est par contre pas suffisante ; encore faut-il en effet que la vitesse de la réaction soit appréciable, autrement dit que sa *cinétique* ne soit pas nulle ou encore qu'il existe des mécanismes réactionnels permettant de passer de l'état A à l'état B à une vitesse non nulle.

Nous passerons d'abord en revue les divers types de réactions électrochimiques, puis nous étudierons les potentiels d'équilibre entre divers états (*conditions thermodynamiques*) ainsi que les vitesses des réactions, c'est-à-dire leur cinétique.

8.1.1 Réactions électrochimiques

Lorsqu'on plonge un métal (le fer, par exemple) dans un acide qui ne contient pas d'oxygène dissous, il se produit une réaction entre le fer et les ions H^+ de la solution acide. Globalement, cette réaction peut s'écrire :

$$Fe + 2\,H^+ \rightarrow Fe^{2+} + H_2 \tag{8.2}$$

Ici, un atome de fer cède ses deux électrons de valence à deux ions hydrogène et passe en solution sous la forme d'un ion Fe^{2+} ; cette réaction s'accompagne d'un dégagement d'hydrogène gazeux.

On peut décomposer la réaction 8.2 en deux réactions distinctes, dont la somme est égale à la réaction globale 8.2 ; ainsi :

$$Fe \rightarrow Fe^{2+} + 2e \tag{8.3}$$

$$2\,H^+ + 2e \rightarrow H_2 \tag{8.4}$$

La réaction 8.3 est une *réaction d'oxydation* : un atome de fer du réseau métallique passe en solution sous la forme d'un ion ferreux, Fe^{2+}, en perdant deux électrons de valence e. Il s'agit d'une réaction *anodique*. Par contre, la réaction 8.4 est une *réaction de réduction* : deux ions hydrogène, H^+, réagissent avec les électrons laissés dans le métal par la réaction anodique pour former une molécule d'hydrogène. Il s'agit d'une réaction *cathodique*. La figure 8.1 montre schématiquement ce qui se produit au cours de la dissolution du fer en milieu acide. Une pièce de fer soumise à une telle attaque est appelée *électrode double*, car elle est simultanément le siège d'une réaction anodique et d'une réaction cathodique.

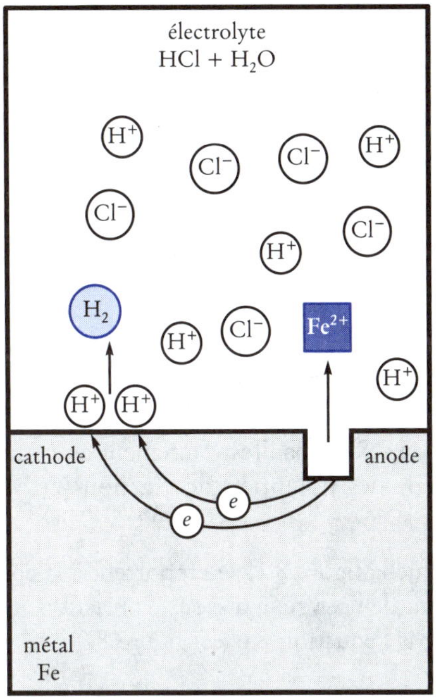

Figure 8.1 Dissolution du fer dans une solution désaérée d'acide chlorhydrique. Les sites des réactions anodiques et cathodiques changent continuellement, de sorte que la dissolution du fer se fait de façon uniforme. Les ions chlore, Cl^-, ne participent pas à la réaction.

Toutes les réactions anodiques sont de la forme de la réaction 8.3 et, en général, pour tout métal *M* possédant *n* électrons de valence, on peut écrire la réaction anodique suivante :

$$M \rightarrow M^{n+} + ne \tag{8.5}$$

Selon le milieu dans lequel se produit la corrosion, c'est-à-dire selon le type d'électrolyte, sa concentration en ions H^+ (ou pH[1]) et sa teneur en oxygène dissous, plusieurs réactions cathodiques peuvent avoir lieu, dont voici les principales.

Milieu acide (pH < *7*) *désaéré*

$$2\,H^+ + 2e \rightarrow H_2 \tag{8.4}$$

1. Par définition, pH = -log $[H^+]$, où $[H^+]$ est la concentration en ions H^+. Le produit $[H^+]\cdot[OH^-]$ est égal à 10^{-14}. Pour les solutions neutres, $[OH^-] = [H^+]$ et pH = 7. Un pH < 7 indique qu'on a affaire à une solution acide (excès d'ions H^+) et un pH > 7 à une solution basique (excès d'ions OH^-).

Milieu acide (pH < 7) *contenant de l'oxygène dissous*

$$O_2 + 4\,H^+ + 4e \rightarrow 2\,H_2O \tag{8.6}$$

Milieu neutre ou basique (pH ≥ 7) *contenant de l'oxygène dissous*

$$O_2 + 2\,H_2O + 4e \rightarrow 4\,OH^- \tag{8.7}$$

Réduction d'ions métalliques

$$M^{n+} + ne \rightarrow M \tag{8.8}$$

Même si, en pratique, la réaction 8.8 se manifeste rarement au cours de la corrosion des métaux, on l'utilise souvent dans l'étude des potentiels de réaction (art. 8.1.2) et dans celle du dépôt électrolytique des métaux.

Les réactions 8.3 et 8.4, ainsi que la figure 8.1, se rapportent à la corrosion du fer en milieu acide désaéré. Lorsque l'acide contient de l'oxygène dissous, la réaction anodique reste la même, mais la réaction cathodique est régie par l'équation 8.6. La figure 8.2 illustre schématiquement la corrosion du fer dans un tel cas.

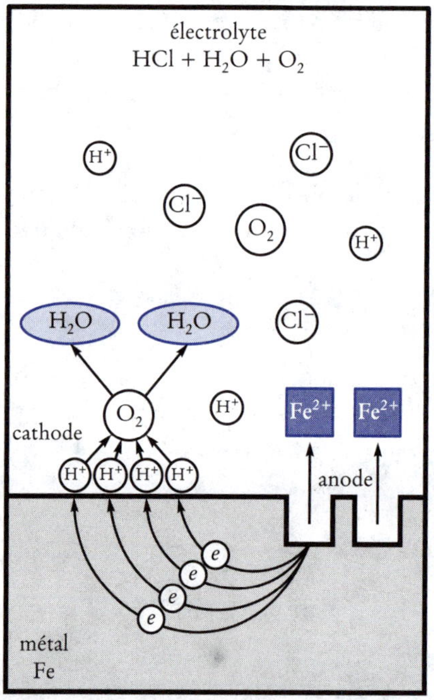

Figure 8.2 Corrosion du fer dans de l'acide chlorhydrique contenant de l'oxygène dissous.

En milieu neutre et aéré (par exemple, en eau salée), le produit de corrosion du fer est la *rouille*, $Fe(OH)_3$. La réaction cathodique correspond à l'équation 8.7, et la réaction anodique à l'équation 8.3. Les produits de ces deux réactions réagissent alors ensemble pour donner de l'hydroxyde ferreux, soit

$$2\,Fe^{2+} + 4\,OH^- \rightarrow 2\,Fe\,(OH)_2 \tag{8.9}$$

L'hydroxyde ferreux précipite mais, puisqu'il est instable, il s'oxyde en hydroxyde ferrique, communément appelé *rouille* ; ainsi :

$$2\,Fe(OH)_2 + H_2O + \frac{1}{2}O_2 \rightarrow 2\,Fe\,(OH)_3 \tag{8.10}$$

Nous venons de décrire les réactions électrochimiques qui se produisent au cours de la corrosion des métaux. Il nous faut maintenant aborder l'aspect thermodynamique de la corrosion pour savoir si ces réactions sont possibles et, dans l'affirmative, dans quelles directions elles peuvent évoluer. Il nous faut pour ce faire connaître les potentiels d'équilibre des diverses réactions anodiques et cathodiques.

8.1.2 Potentiels d'équilibre

Soit un métal pur M, homogène, plongé dans un électrolyte contenant des ions M^{n+} (par exemple, du cuivre placé dans une solution aqueuse de sulfate de cuivre $CuSO_4$). Entre le métal et la solution, il se produit la réaction d'équilibre suivante :

$$M \leftrightarrow M^{n+} + ne \tag{8.11}$$

À l'équilibre, le taux de la réaction d'oxydation est égal au taux de la réaction de réduction ; dans le métal, il y a excès de charges négatives (électrons) et, dans la solution, excès de charges positives (ions M^{n+}). Le métal est une électrode réversible et, puisque le taux global de la réaction est nul, il n'y a pas de corrosion.

C'est l'introduction du métal dans l'électrolyte qui perturbe l'arrangement des molécules d'eau et des ions qui y sont présents. En effet, les molécules d'eau étant des dipôles électriques (fig. 2.25), elles entourent les ions présents (phénomène de *solvatation*). La mobilité des ions solvatés, leur activité et leur capacité d'adsorption sur une surface métallique dépendent de la couche de solvatation qui les entoure. En général, les anions sont plus faiblement solvatés que les cations. Lorsqu'on plonge le métal dans l'électrolyte, il y a perturbation de la neutralité électrique globale qui y prévalait. Dans l'électrolyte, au niveau de l'interface, il se forme alors une double couche d'ions positifs : une couche compacte d'ions adsorbés à la surface du métal (*couche d'Helmholtz*), dont l'épaisseur est de l'ordre du nanomètre, et une couche diffuse (*couche de Gouy*), dans laquelle la concentration en ions M^{n+} est plus élevée que dans l'électrolyte. La figure 8.3 présente schématiquement une électrode réversible.

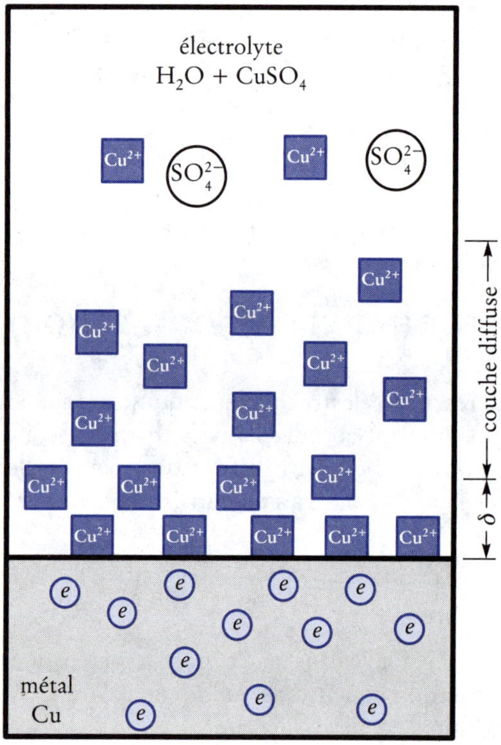

Figure 8.3 Représentation schématique d'une électrode réversible de cuivre plongée dans une solution de sulfate de cuivre ; δ : couche d'Helmholtz, compacte et adsorbée en surface.

Dans l'électrode réversible, il s'établit, entre le métal et l'électrolyte, un potentiel d'équilibre E, représenté par la *relation de Nernst* :

$$E = E_0 - \frac{RT}{nF} \ln a_{M^{n+}} \tag{8.12}$$

où R est la constante molaire des gaz (8,31441 J/(mol·K), T est la température absolue (en kelvins), n le nombre d'électrons engagés et F, la constante de Faraday (96 500 C). Le terme $a_{M^{n+}}$ représente l'activité des ions M^{n+} dans l'électrolyte ; E_0 est le potentiel «normal» du métal, potentiel qui correspond à une solution dans laquelle l'activité des ions M^{n+} est égale à l'unité. L'activité, $a_{M^{n+}}$, est équivalente à la concentration molaire. À la température de 25 °C (298 K), et en utilisant les logarithmes décimaux, on réduit l'équation 8.12 comme suit :

$$E = E_0 - \frac{0{,}059}{n} \log\left[M^{n+}\right] \tag{8.13}$$

où $[M^{n+}]$ est la concentration molaire en ions M^{n+}. Le potentiel E, en volts, correspond à la réaction d'oxydation (équat. 8.5) du métal M, et il est lié à la variation de l'énergie libre ΔG du système par la relation suivante (équat. 8.1) :

$$\Delta G = -nFE$$

En pratique, il est impossible de mesurer directement le potentiel d'équilibre qui s'établit entre un métal et la solution de l'un de ses sels, car la sonde qu'il faudrait plonger dans l'électrolyte pour effectuer une telle mesure serait elle aussi le siège d'une réaction électrochimique. La différence de potentiel ainsi mesurée serait alors fonction du métal à étudier, de la nature de la sonde de mesure et des réactions qui s'y produiraient. On contourne cette difficulté en utilisant une cellule de mesure formée de deux demi-piles jumelées, l'une constituée du métal à étudier et l'autre d'une *électrode de référence* à laquelle on peut ramener toutes les mesures. Par convention, on pose égal à zéro le potentiel de la réaction 8.4 :

$$2\,H^+ + 2e \rightarrow H_2$$

C'est donc ce potentiel qui sert de référence pour tous les autres potentiels. L'électrode de référence doit par conséquent être une électrode sur laquelle la réaction réversible d'oxydation et de réduction de l'hydrogène se produit. On réalise l'électrode d'hydrogène en plongeant un morceau de platine platiné dans une solution 1,2 M d'acide chlorhydrique, saturée en hydrogène gazeux à une pression de une atmosphère et à une température de 25 °C. L'activité des ions H^+ est alors égale à l'unité. La réaction 8.4, réversible, se produit à la surface du platine, sans que ce dernier réagisse.

La figure 8.4 illustre schématiquement une cellule de mesure du potentiel d'équilibre d'un métal M par rapport à une électrode normale d'hydrogène. Pour éviter la contamination de l'électrode de référence par des ions M^{n+}, on sépare les deux demi-piles par une membrane poreuse. Puisqu'on veut mesurer le potentiel d'équilibre du métal M avec ses ions M^{n+}, les taux des réactions d'oxydation et de réduction, tant à l'électrode M qu'à l'électrode d'hydrogène, doivent être égaux ; c'est pourquoi il faut mesurer le potentiel en circuit ouvert, c'est-à-dire qu'aucun courant (flux d'électrons) ne doit circuler d'une électrode à l'autre. On prend ces mesures au moyen de voltmètres

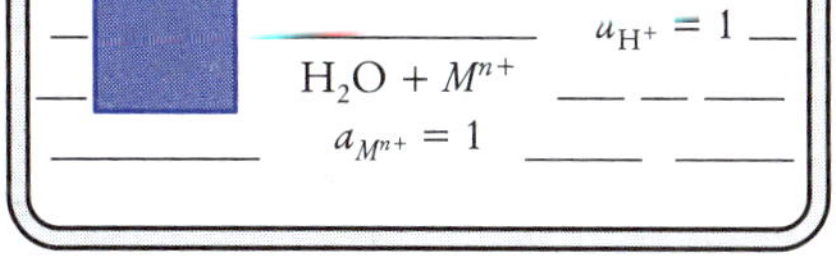

Figure 8.4 Cellule de mesure du potentiel standard E_0 d'un métal M par rapport à une électrode d'hydrogène normale.

à très haute impédance (de l'ordre de 10^{12} Ω). Lorsqu'on plonge l'électrode M dans un électrolyte dont la concentration en ions M^{n+} est égale à 1 M, la mesure donne le potentiel E_H de M par rapport à l'électrode normale d'hydrogène. Par cette méthode, on peut déterminer le potentiel d'équilibre normal de tout métal par rapport à l'électrode normale d'hydrogène. Le tableau 8.1 indique les valeurs des *potentiels standard* d'équilibre d'oxydo-réduction de divers métaux et de quelques réactions électrochimiques.

Tableau 8.1 Potentiels standard d'équilibre d'oxydo-réduction, à 25 °C

Réaction	Potentiel standard d'équilibre E_H (V)
$Au \rightleftarrows Au^{3+} + 3e$	+1,50
$2\,H_2O \rightleftarrows O_2 + 4\,H^+ + 4e$	+1,23
$Pt \rightleftarrows Pt^{2+} + 2e$	+1,19
$Ag \rightleftarrows Ag^+ + e$	+0,80
$4\,OH^- \rightleftarrows O_2 + 2\,H_2O + 4e$	+0,40
$Cu \rightleftarrows Cu^{2+} + 2e$	+0,34
$H_2 \rightleftarrows 2H^+ + 2e$	0
$Pb \rightleftarrows Pb^{2+} + 2e$	−0,13
$Sn \rightleftarrows Sn^{2+} + 2e$	−0,14
$Ni \rightleftarrows Ni^{2+} + 2e$	−0,25
$Cd \rightleftarrows Cd^{2+} + 2e$	−0,40
$Fe \rightleftarrows Fe^{2+} + 2e$	−0,44
$Cr \rightleftarrows Cr^{3+} + 3e$	−0,74
$Zn \rightleftarrows Zn^{2+} + 2e$	−0,76
$Al \rightleftarrows Al^{3+} + 3e$	−1,67
$Mg \rightleftarrows Mg^{2+} + 2e$	−2,37
$Na \rightleftarrows Na^+ + e$	−2,71

Les données du tableau 8.1 permettent d'évaluer la *tendance d'évolution* d'une cellule électrochimique, car, grâce à elles, on peut calculer les potentiels d'équilibre existant entre diverses électrodes. Ainsi, si la cellule est formée de deux demi-piles, l'une constituée d'une électrode de fer baignant dans une solution d'ions Fe^{2+} dont la concentration est égale à 1 N, et l'autre d'une électrode de cuivre plongée dans une solution d'ions Cu^{2+} pour laquelle $[Cu^{2+}] = 1$, la différence de potentiel, E_0, mesurée entre ces deux électrodes à l'équilibre (circuit ouvert) est de 0,78 V ($E_{H\text{-}Cu} - E_{H\text{-}Fe}$). La figure 8.5 illustre cet exemple. Dans ce cas, le potentiel de l'électrode de fer est inférieur à celui de l'électrode de cuivre.

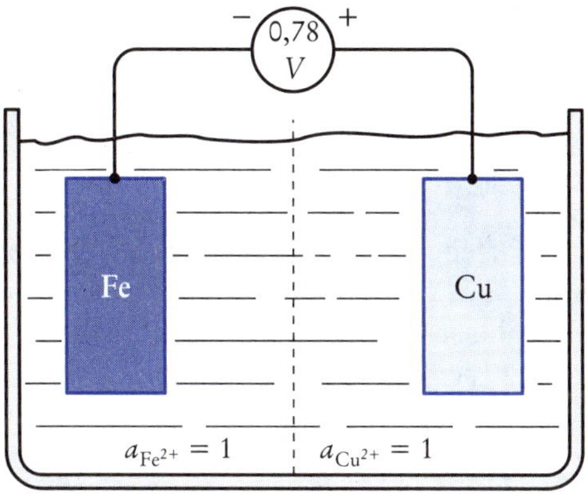

Figure 8.5 Cellule électrochimique constituée d'une électrode de cuivre et d'une électrode de fer.

Si les concentrations en ions Cu^{2+} et Fe^{2+} diffèrent de 1 M, la *loi de Nernst généralisée* permet de calculer le nouveau potentiel d'équilibre E, soit

$$E = E_0 - \frac{RT}{nF} \ln \frac{a_{ox}}{a_{réd}} \tag{8.14}$$

où a_{ox} (ou concentration molaire) est l'activité de l'espèce oxydée, ici Fe^{2+}, et $a_{réd}$, l'activité (ou concentration molaire) de l'espèce réduite Cu^{2+}.

Dans ce cas, tant que le circuit est ouvert (courant nul entre les électrodes), les réactions d'oxydation et de réduction sur chacune des deux électrodes sont totalement réversibles. Cependant, si un courant peut circuler entre les électrodes, les électrons peuvent se déplacer du fer vers le cuivre, c'est-à-dire de l'électrode dont le potentiel est le plus faible (l'anode) à celle dont le potentiel est le plus élevé (la cathode). Dans ces conditions, l'électrode de fer est le siège d'une réaction anodique (réact. 8.3), et l'électrode de cuivre d'une réaction cathodique, soit

$$Cu^2 + 2e \rightarrow Cu \tag{8.15}$$

Il y a alors corrosion du fer à l'anode et dépôt de cuivre à la cathode.

Considérons maintenant une cellule composée d'une électrode de fer baignant dans une solution d'ions Fe^{2+} et d'une électrode de zinc plongée dans une solution d'ions Zn^{2+} ; le potentiel standard d'équilibre de cette pile est de 0,32 V (si le rapport entre les activités dans les deux demi-piles est égal à 1) et, si un courant peut circuler entre les électrodes, le zinc est l'anode et le fer, la cathode.

Les données du tableau 8.1 permettent en outre de prévoir que tous les métaux dont le potentiel standard est inférieur à celui de l'hydrogène seront attaqués dans des acides qui ne contiennent pas d'oxygène, et que cette attaque s'accompagnera d'un dégagement d'hydrogène gazeux. Par contre, le potentiel d'équilibre standard du cuivre étant supérieur à celui de l'hydrogène, le cuivre ne peut pas être attaqué par un acide désaéré. Cependant, si l'acide contient de l'oxygène dissous, la réaction cathodique qui se produit est la réaction 8.6 ; le potentiel d'équilibre standard entre le cuivre et cette réaction étant de 0,89 V, le cuivre peut se corroder.

La connaissance des potentiels d'équilibre standard permet de prédire le sens possible d'une réaction d'électrode. Toutefois, pour que cette réaction se produise effectivement, il faut qu'un courant électronique puisse s'établir entre les électrodes et qu'un courant ionique puisse circuler dans l'électrolyte, entre l'anode et la cathode.

8.1.3 Cinétique de la corrosion

La vitesse de corrosion n'est pas fonction de la différence de potentiel entre l'anode et la cathode ; elle dépend essentiellement du courant de corrosion, i_{corr} (en ampères), qui s'établit entre les deux électrodes. D'après la *loi de Faraday*, la perte de masse m (en grammes) de l'anode de métal (de masse atomique A) en un temps t (en secondes), correspond à :

$$m = \frac{A i_{corr} t}{n\mathrm{F}} \tag{8.16}$$

où F est la constante de Faraday et n, le nombre d'électrons de valence. En pratique, quand la dissolution de l'anode est uniforme, on peut remplacer le courant de corrosion i_0 par la densité de courant, c'est-à-dire le courant par unité de surface (p. ex. : A/dm^2). On exprime alors la vitesse de corrosion en perte d'épaisseur par année en millimètres par année (mm/a) ou en perte de masse par décimètre carré et par jour $[mg/(dm^2 \cdot d)]$. Ainsi, la vitesse de corrosion de l'acier dans l'eau de mer stagnante est d'environ 0,15 mm/a, ce qui correspond à 33 $mg/dm^2 \cdot d$ (la masse volumique de l'acier est de 7,87 g/cm^3). On peut calculer la densité de courant de corrosion qui correspond à cette vitesse de corrosion au moyen de la relation 8.16 : elle est de 1,3 mA/dm^2.

Les potentiels d'équilibre des électrodes étudiés à l'article 8.1.2 étaient mesurés en circuit ouvert, c'est-à-dire que le courant était nul ; par conséquent, à chacune des électrodes, les taux d'oxydation et de réduction étaient égaux, et la corrosion y était nulle. Pour étudier la corrosion, il est particulièrement important de connaître l'évolution des potentiels d'électrodes quand un courant circule entre l'anode et la cathode, c'est-à-dire de pouvoir mesurer la variation des potentiels de l'anode et de la cathode en fonction du courant (ou de la densité de courant) débité par la pile. Le montage de la figure 8.6 permet d'effectuer de telles mesures. Dans un électrolyte, on suit l'évolution du potentiel d'équilibre de l'anode, E_a, et celui de la cathode, E_c, par rapport à une électrode de référence – électrode d'hydrogène normale, EHN, par exemple – au fur et à mesure que la résistance R diminue, c'est-à-dire au fur et à mesure que le courant i augmente. Les courbes ainsi obtenues, appelées *courbes de polarisation*, ont l'aspect des courbes de la figure 8.7.

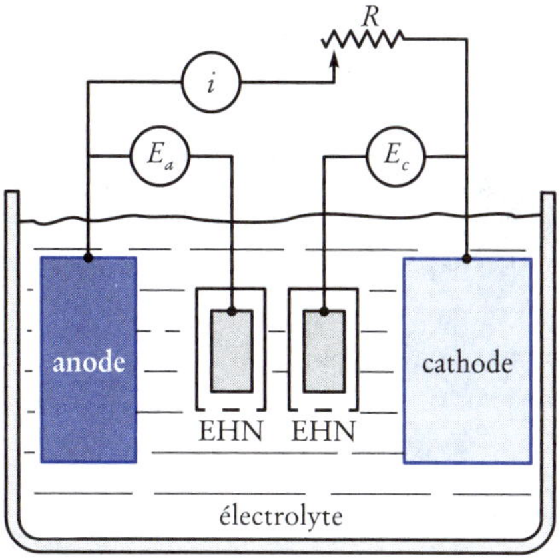

Figure 8.6 Principe du montage permettant la mesure des courbes de polarisation anodique et cathodique (EHN : électrode d'hydrogène normale).

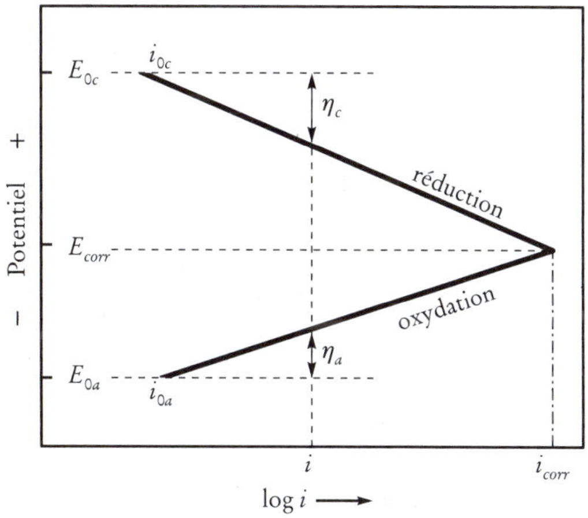

Figure 8.7 Courbes de polarisation des électrodes : polarisation cathodique et polarisation anodique. En abscisse, l'intensité du courant est portée sur une échelle logarithmique.

Pour des courants supérieurs à des valeurs seuil i_{0c} à la cathode et i_{0a} à l'anode, le potentiel de la cathode diminue à partir de sa valeur d'équilibre (circuit ouvert), E_{0c}, et celui de l'anode augmente à partir de E_{0a}. Alors, pour un courant i, il se produit une surtension cathodique η_c et une surtension anodique η_a. La variation des surtensions anodique ou cathodique, η, est soumise à la *loi de Tafel*, pour des valeurs de i supérieures à i_0 ; ainsi :

$$\eta = \beta \log \frac{i}{i_0} \tag{8.17}$$

où β représente la pente des courbes de polarisations (exprimée généralement en volt par décade), $E = f(i)$, quand i est porté sur une échelle logarithmique. Dans les réactions anodiques (oxydation), β est positif, alors que dans les réactions cathodiques (réduction), β est négatif. Les valeurs de β dépendent des caractéristiques de l'électrolyte, ainsi que de la température. Le courant i_0 est appelé *courant d'échange* (ou *densité de courant d'échange* si l'on raisonne par unité de surface). Physiquement, ce courant d'échange est caractéristique de l'équilibre d'une électrode dans la demi-cellule de corrosion en l'absence de circulation d'électrons (équat. 8.11). Les termes «courant d'échange» ou «densité de courant d'échange» sont quelque peu ambigus, car, pour une électrode plongée dans un électrolyte et en l'absence de courant circulant vers une autre électrode, le taux de réduction et le taux d'oxydation à cette électrode sont égaux et opposés.

Quand la résistance R (fig. 8.6) est nulle, les potentiels cathodique et anodique s'équilibrent à une valeur E_{corr}, à laquelle correspond un courant de corrosion, i_{corr}, dont l'intensité est déterminée par l'intersection des courbes de polarisation (*droites de Tafel*, fig. 8.7). En général, les droites de Tafel ne se coupent pas, car le courant de corrosion est limité par la résistance propre de l'électrolyte. Cependant, le courant de corrosion est le plus souvent déterminé par l'intersection des deux courbes de polarisation.

L'importance de ces courbes est capitale parce que, plus les valeurs absolues de β sont élevées, plus le courant de corrosion et, par conséquent, la vitesse de corrosion, sont faibles. Nous reviendrons d'ailleurs sur ce point quand nous étudierons les divers types de corrosion et les façons de les combattre (sect. 8.2 et 8.3).

Nous allons à présent analyser les divers modes de polarisation des électrodes.

8.1.3.1 Polarisation d'activation

Les réactions électrochimiques ne se produisent pas instantanément ; leur cinétique dépend en effet de certaines réactions intermédiaires qui peuvent faire passer momentanément un des produits, ou un des réactants, par un état *activé* (état d'énergie plus élevée). Prenons, par exemple, la réaction de réduction des ions hydrogène qui s'accompagne d'un dégagement d'hydrogène gazeux :

$$2\,H^{+} + 2e \rightarrow H_2 \tag{8.4}$$

et examinons toutes les étapes qui permettent aux ions H^+ de l'électrolyte de réagir ainsi. Pour être adsorbés à la surface de la cathode, l'ion H^+ doit d'abord se combiner avec un électron ; ainsi :

$$H^{+} + e \rightarrow H_{ads} \tag{8.18}$$

Cette première étape est relativement rapide ; toutefois, pour que la réaction s'achève, il faut que deux atomes adsorbés à la surface soient suffisamment proches l'un de l'autre pour former une molécule d'hydrogène, soit

$$2\,H_{ads} \rightarrow H_2 \tag{8.19}$$

Enfin, plusieurs molécules doivent se regrouper pour former une bulle dont la taille devra être suffisante afin de quitter la surface de la cathode.

De toutes ces étapes, c'est celle que représente la réaction 8.19 qui est la plus lente et qui gouverne par conséquent la cinétique globale de la réaction correspondant à l'équation 8.4. La cinétique globale de la réaction est également fonction du métal de l'électrode, de l'électrolyte et de la température.

Les réactions anodiques peuvent également être le siège d'une polarisation d'activation : en quittant le réseau cristallin du métal, les ions métalliques passent par un état activé, et cette réaction ne peut se produire qu'à une vitesse finie.

Dans tous les cas (réactions anodiques ou cathodiques), la polarisation d'activation se traduit par une surtension, η, déterminée par la loi de Tafel (équat. 8.17).

8.1.3.2 Polarisation de diffusion

À l'anode, la libération des ions positifs entraîne une augmentation de la concentration de ces ions dans l'électrolyte ; la vitesse de mise en solution est donc limitée par la vitesse de diffusion des ions hors de la couche diffuse. Cette vitesse de diffusion détermine l'intensité d'un courant limite, i_{lim}. La polarisation de diffusion (aussi appelée *polarisation de concentration*) se produit également dans certaines réactions cathodiques (réduction cathodique de l'oxygène, par exemple) ; dans ce cas, la valeur du courant limite est fonction de la concentration en oxygène $[O_2]$ de l'électrolyte : la vitesse de la réaction est limitée par la diffusion des molécules d'oxygène vers la surface de la cathode (fig. 8.8). Lorsqu'elle s'ajoute à la surtension d'activation, la surtension de diffusion a pour effet d'infléchir les droites de Tafel. Celles-ci tendent vers un courant limite dont la valeur est d'autant plus élevée que la concentration en O_2 dans l'électrolyte est plus forte.

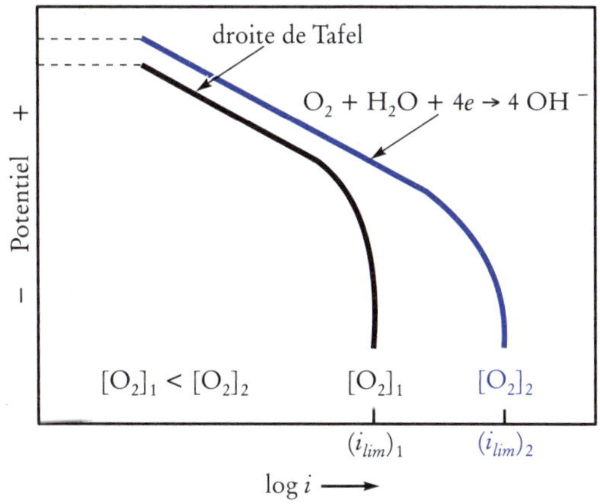

Figure 8.8 Représentation schématique de la polarisation de diffusion pour la réduction de l'oxygène, pour deux concentrations d'oxygène $[O_2]$; lorsque $[O_2]_1 < [O_2]_2$, $(i_{lim})_1 < (i_{lim})_2$.

Alors que la polarisation d'activation ne dépend pas de l'agitation de l'électrolyte, mais principalement de la nature des électrodes, la polarisation de diffusion varie beaucoup selon l'agitation – une forte agitation a ainsi tendance à augmenter l'intensité de i_{lim} –, mais elle est indépendante de la nature des électrodes.

8.1.4 Passivation

8.1.4.1 Description du phénomène

Lorsqu'ils sont soumis à la corrosion, certains métaux et alliages adoptent un comportement tout à fait différent de celui décrit jusqu'ici : ils deviennent *passifs* – leur vitesse de corrosion est alors en général inférieure à 0,001 mm/a. Une expérience simple, réalisée par Faraday vers 1835, met ce phénomène en évidence : un échantillon de fer plongé dans de l'acide nitrique concentré est soumis à une dissolution accompagnée d'un dégagement d'hydrogène (réact. 8.2). Cette réaction s'arrête très rapidement, et la vitesse de corrosion devient alors presque nulle. Si l'acide dans lequel on a plongé l'échantillon de fer est par la suite dilué dans l'eau, le fer demeure inerte ; cependant, lorsqu'on gratte sa surface, il se produit, à cet endroit, un violent dégagement d'hydrogène, qui ne s'arrête pas comme dans le premier cas. Par ailleurs, un échantillon de fer non passivé immergé directement dans l'acide dilué est attaqué, et la réaction ne s'arrête pas. Lorsque, dans l'acide concentré, le courant de corrosion atteint une valeur importante, il se forme, à la surface du métal, une *couche passive* qui bloque littéralement la mise en solution des ions Fe^{2+}. Si le fer ainsi passivé est alors plongé dans l'acide dilué, tant que cette couche de passivation reste intacte, le fer n'est pas attaqué ; toutefois, lorsqu'on détruit la couche, elle ne peut plus se reformer spontanément comme elle le faisait dans l'acide concentré. Enfin, un échantillon de fer non passivé plongé dans l'acide dilué demeure *actif* et se corrode rapidement, et la réaction s'accompagne d'un violent dégagement d'hydrogène.

Dans cet exemple, le rapport entre les courants de corrosion à l'état actif et à l'état passif est de l'ordre de 5×10^4! On comprend donc l'intérêt que présentent les métaux et les alliages passivables pour toutes les utilisations où la corrosion pose un problème. Le fer n'est passivable que dans des conditions très particulières ; on l'utilise d'ailleurs rarement à l'état passif. Les principaux métaux et alliages passivables sont les aciers inoxydables, les alliages de nickel et de chrome (Inconel), les alliages de cobalt et de chrome (Stellite), ainsi que le titane et ses alliages.

8.1.4.2 Nature de la couche passive

La nature exacte des couches passives est encore relativement mal connue. Des études rendues possibles, entre autres, grâce à la spectrométrie Auger (analyse superficielle des premières couches atomiques) permettent de supposer que les couches passives contiennent de l'oxygène sous forme d'oxyde ou d'hydroxyde. La réaction suivante pourrait donc se produire à la cathode :

$$M + H_2O \rightarrow M(OH) + H^+ + e \qquad (8.20)$$

Selon cette réaction, il y aurait, à la surface du métal, adsorption d'ions $(OH)^-$, puis formation d'un composé d'adsorption contenant des ions métalliques. Les couches passives sont très minces (de l'ordre du nanomètre), mais elles constituent une barrière efficace qui s'oppose au passage des ions métalliques du métal vers l'électrolyte ; elles freinent ainsi considérablement la vitesse de corrosion. La passivité des aciers inoxydables, des alliages de chrome, de nickel et de cobalt est due principalement à la formation d'un composé d'adsorption. Par contre, la passivité du titane, du niobium et du tantale est attribuable à la formation d'une couche d'oxyde beaucoup plus épaisse que celle des composés d'adsorption.

8.1.4.3 Corrosion des alliages passivables

La figure 8.9 présente schématiquement la courbe de polarisation anodique d'un alliage passivable. Quand le potentiel de corrosion est supérieur à E_{0a} mais inférieur à E_F (le *potentiel de Flade*), la relation intensité-potentiel obéit à la loi de Tafel, et le courant de corrosion est contrôlé par les surtensions anodique et cathodique. Au courant critique, i_{crit}, correspond le potentiel E_F. Pour un potentiel supérieur à E_F, le courant de corrosion s'établit à i_p (courant de corrosion à l'état passif) ; de E_F à E_t, cette valeur du courant reste constante. Quand le potentiel de corrosion dépasse E_t, l'alliage est dans l'état transpassif, et le courant de corrosion augmente de nouveau : il y a alors rupture du film passif.

Examinons maintenant comment se comporte un alliage passivable (l'acier inoxydable, par exemple) dans diverses conditions de corrosion.

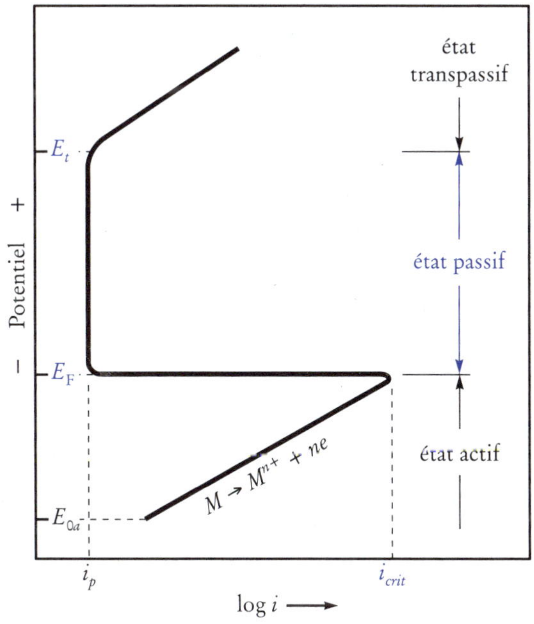

Figure 8.9 Courbe de polarisation anodique d'un alliage passivable.

La figure 8.10 montre les courbes de polarisation d'un alliage passivable dans trois milieux oxydants différents. Les réactions cathodiques sont les mêmes dans les trois cas ; seul le pouvoir oxydant de chacune des solutions varie. Quand le pouvoir oxydant est élevé (courbe de polarisation cathodique C_1), le potentiel de corrosion est inférieur à E_t (point *A*) : la passivité est stable. Lorsque le pouvoir oxydant de l'électrolyte est supérieur à celui représenté par la courbe de polarisation cathodique C_1, le potentiel de corrosion s'établit à une valeur supérieure à E_t. À l'état transpassif, le film passif se dissout plus rapidement qu'il ne se forme ; dans ces conditions, il y a corrosion par piqûres (fig. 8.18).

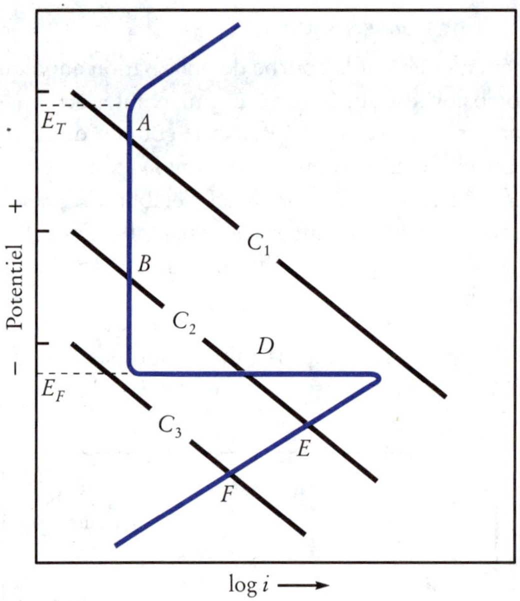

Figure 8.10 Courbes de polarisation d'un alliage passivable. Les courbes de polarisation cathodiques C_1, C_2 et C_3 correspondent à des électrolytes semblables, mais dont le pouvoir oxydant $[O_2]$ est différent : $[O_2]_1 > [O_2]_2 > [O_2]_3$.

Lorsque le pouvoir d'oxydation est faible (courbe C_3), le potentiel de corrosion s'établit à une valeur représentée par le point *F* ; la corrosion est alors importante mais uniforme. Dans ces conditions, il ne peut évidemment pas y avoir passivation et il y a corrosion de l'anode.

Par contre, lorsque le pouvoir oxydant de l'électrolyte est moyen (courbe C_2), la passivité est instable : tant que le film passif est intact, le métal demeure à l'état passif (point *B*), et la vitesse de corrosion est faible. Cependant, si le film passif est rompu, il ne peut se reformer; le potentiel de corrosion qui correspond à cette situation est représenté par le point *E*. Quand le potentiel de corrosion est égal à E_F (point *D*), la passivité est instable. Une telle situation est particulièrement dangereuse ; en effet, les zones dépassivées accidentellement se corrodent très rapidement, entraînant des piqûres de corrosion.

La section précédente a pu sembler au lecteur fort théorique et éloignée des problèmes quotidiens dus à la corrosion : «Pourquoi les voitures rouillent-elles ?» Elle est cependant nécessaire à qui veut connaître d'une manière satisfaisante la corrosion et les moyens à utiliser pour la combattre. Nous allons maintenant aborder l'étude des divers modes de corrosion en donnant le plus souvent possible des exemples concrets.

8.2 Modes de corrosion

La corrosion est le résultat d'une réaction électrochimique et, à toute anode site de la corrosion (donc du passage d'ions métalliques en solution) doit correspondre une cathode siège de la réaction cathodique (donc de la consommation d'électrons générés à l'anode). Pour qu'il y ait corrosion, il doit donc y avoir établissement d'une *pile galvanique* dans laquelle un courant électrique circule entre l'anode et la cathode: courant d'électrons, au niveau de la jonction métallique, et courant ionique, entre les électrodes, dans l'électrolyte. Avant d'aborder l'étude des divers facteurs de corrosion (les facteurs métallurgiques et les facteurs de mise en œuvre, le milieu de corrosion, les conditions d'utilisation), décrivons ce qui se produit au niveau des deux électrodes qui forment une pile galvanique.

8.2.1 Corrosion galvanique

Considérons deux électrodes (l'une de fer, l'autre de cuivre, par exemple, fig. 8.11), plongées dans un électrolyte tel que de l'eau de mer qui contient naturellement de l'oxygène dissous. Si la

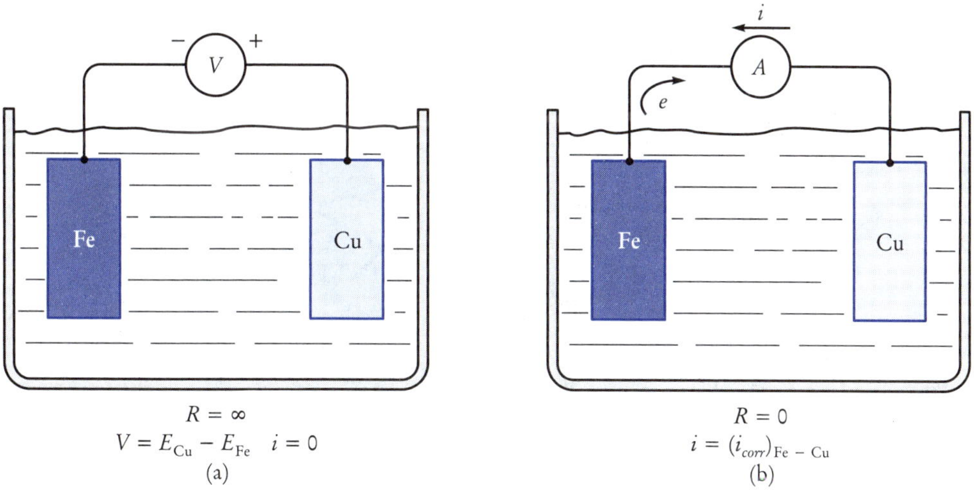

Figure 8.11 Formation d'une pile Fe–Cu dans de l'eau de mer. a) Quand aucun courant ne circule (la résistance du voltmètre est infinie), la différence de potentiel est de l'ordre de 0,3 V, et les électrodes se corrodent indépendamment l'une de l'autre. b) Quand les électrodes sont mises en court-circuit, les électrons passent du fer (anode) vers le cuivre (cathode) ; le courant de corrosion circule du cuivre vers le fer (sens conventionnel).

résistance électrique entre les deux électrodes est infinie (fig. 8.11a, circuit ouvert), chaque électrode est le siège d'une réaction anodique :

$$Fe \rightarrow Fe^{2+} + 2e \tag{8.3}$$

et

$$Cu \rightarrow Cu^{2+} + 2e \tag{8.21}$$

et d'une réaction cathodique, la même dans les deux cas :

$$O_2 + 2\,H_2O + 4e \rightarrow 4\,OH^- \tag{8.7}$$

La différence de potentiel de cette pile est $E_{Cu} - E_{Fe}$, le fer étant anodique par rapport au cuivre ($E_{Fe} < E_{Cu}$). La figure 8.12 montre les courbes de polarisation de chacune de ces électrodes prise séparément. Le courant de corrosion de l'électrode de cuivre est $(i_{corr})_{Cu}$, courant qui s'établit à un potentiel $(E_{corr})_{Cu}$; à l'électrode de fer, on a $(i_{corr})_{Fe}$, qui correspond à $(E_{corr})_{Fe}$.

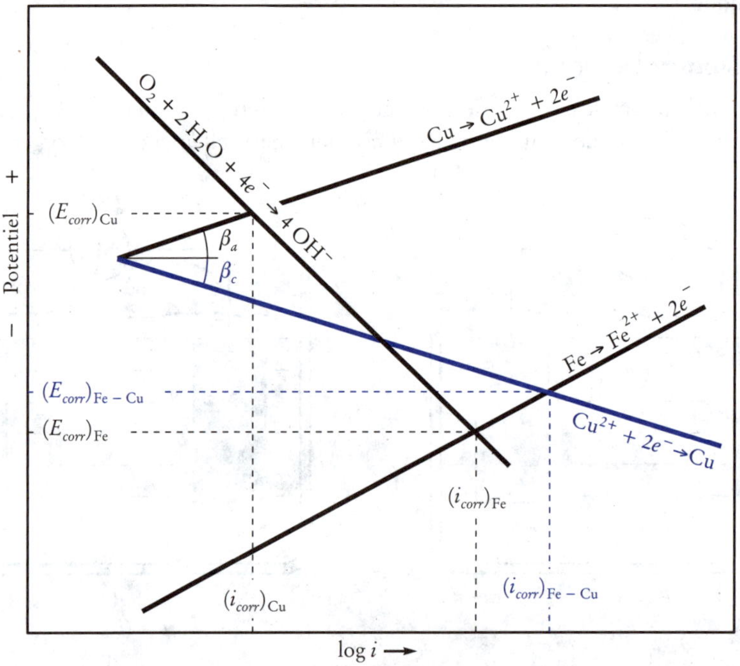

Figure 8.12 Courbes de polarisation d'une électrode de fer et d'une électrode de cuivre plongées dans le même électrolyte. Si elles ne sont pas couplées électriquement, chacune des électrodes est le siège d'une réaction d'oxydation [courants de corrosion $(i_{corr})_{Fe}$ et $(i_{corr})_{Cu}$]. Si elles sont mises en contact, le cuivre, plus noble que le fer, subit une réaction de réduction, et le courant de corrosion à l'anode de fer devient égal à $(i_{corr})_{Fe–Cu}$.

Mais si les deux électrodes sont maintenant électriquement couplées, la figure 8.12 indique que le cuivre est plus noble que le fer puisque $(E_{corr})_{Cu} > (E_{corr})_{Fe}$. Dans un tel cas, les électrons circulent de l'anode de fer vers la cathode de cuivre. Étant cathodique par rapport au fer, le cuivre se trouve dans un état dit d'*immunité* et la réaction de réduction du cuivre ($Cu^{2+} + 2e^- \rightarrow Cu$) se produit sur cette électrode. Sur la figure 8.12, cette réaction est caractérisée par une droite passant par le point $(E_{corr})_{Cu}$ et ayant une pente de Tafel $\beta_c = -\beta_a$; cette droite coupe la droite représentative de la réaction d'oxydation du fer ($Fe \rightarrow Fe^{2+} + 2e^-$) au point d'abscisse $(i_{corr})_{Fe-Cu}$. On constate alors que le fer, maintenant électriquement couplé au cuivre, se corrode plus rapidement puisque ce courant $(i_{corr})_{Fe-Cu}$ est supérieur au courant $(i_{corr})_{Fe}$, caractérisant la corrosion du fer plongé dans l'électrolyte mais sans contact avec le cuivre.

Le tableau 8.2 présente une classification des métaux et de quelques alliages en fonction de leur potentiel de dissolution dans l'eau de mer. Les métaux sont classés ici par ordre croissant d'activité : c'est la *série galvanique*. Cette série indique la *tendance* à la corrosion d'un couple formé de deux métaux différents. Un métal actif couplé à un métal plus noble a tendance à se corroder,

Tableau 8.2 Série galvanique des métaux dans l'eau de mer à 25 °C (L'échelle, à gauche, donne les valeurs relatives des différences de potentiels)

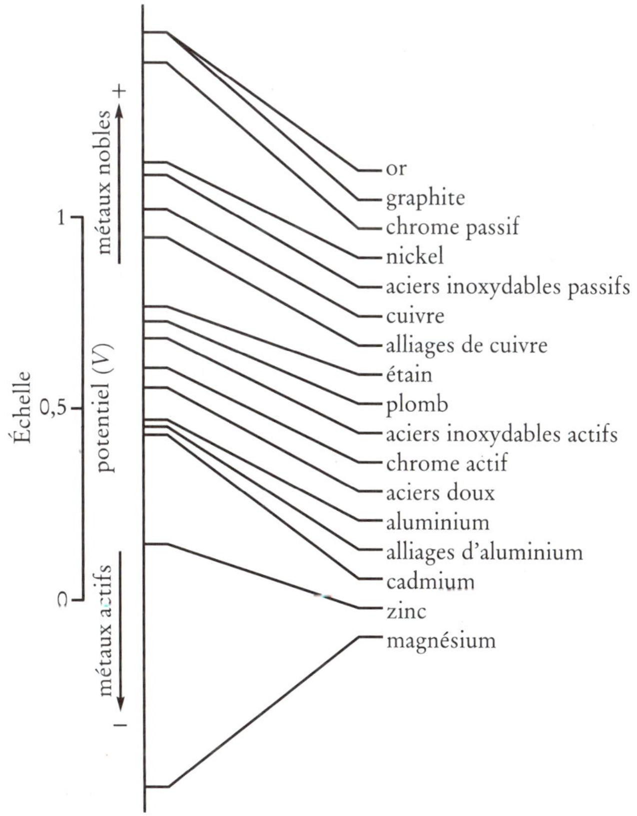

c'est-à-dire qu'il devient l'anode de la pile ainsi formée, alors que le second métal (la cathode) est protégé de la corrosion. Toutefois, si une telle série indique le *sens possible* des réactions d'électrodes – possibilité thermodynamique : diminution de l'énergie libre du système –, elle ne donne par contre *aucun renseignement sur la cinétique* de la corrosion, cinétique qui dépend essentiellement des phénomènes de polarisation des électrodes. Ces facteurs cinétiques sont cependant de première importance, car ce sont eux qui régissent la vitesse de corrosion. Savoir si la corrosion est *possible* est certes important, mais connaître la vitesse de corrosion et, partant, la durée de vie d'un assemblage ou d'une pièce l'est davantage encore.

Comme nous l'avons vu ci-dessus, dans une pile galvanique dont les électrodes sont constituées de cuivre et de fer, le fer, anodique, se corrode. La figure 8.13 montre un tuyau d'acier doux auparavant vissé à un robinet de laiton (alliage à base de cuivre). Ce système faisait partie d'un circuit d'eau domestique. Au bout de deux ans, le tuyau d'acier était complètement corrodé. Cet exemple est caractéristique d'une corrosion galvanique. Dans certaines autres conditions d'utilisation (teneur en oxygène dissous et température de l'eau), un tel assemblage aurait pu durer soit beaucoup plus longtemps, soit beaucoup moins. Autre exemple : à la température ambiante, de faibles variations de la concentration de polluants dans l'eau douce peuvent inverser le sens des réactions du couple Al–Fe ; il est donc très difficile de prédire le comportement de ce couple.

La série galvanique présentée au tableau 8.2 n'est rigoureusement valable que pour l'eau de mer (33 g/l de sels, principalement du NaCl ; pH = 8,2) à 25 °C. On peut toutefois l'utiliser pour les eaux douces, toujours à la température ambiante. Par contre, son utilisation dans des conditions différentes peut conduire à des erreurs parfois coûteuses. Ainsi, tant en eau douce qu'en eau de mer, le zinc est anodique par rapport au fer à la température ambiante ; de ce fait, on l'emploie très

Figure 8.13 Corrosion galvanique d'un tuyau d'acier vissé à une vanne de laiton.

souvent pour protéger le fer de la corrosion : le zinc, anode, se corrode, alors que le fer, cathode, est protégé (sect. 8.3). Cependant, dans l'eau chaude, au-dessus de 70 °C environ, il y a inversion des réactions : le fer, qu'on croyait protégé par le zinc, devient anode et, à son tour, en se corrodant, il protège le zinc de la corrosion !

Un autre facteur important à prendre en compte dans l'étude de la corrosion galvanique est le rapport entre les surfaces de l'anode et de la cathode. La figure 8.14 présente le diagramme potentiel-intensité d'un couple cuivre-fer, pour des rapports entre les surfaces, S_c/S_a, égaux à 0,5, 1 et 10. Pour un rapport égal à l'unité, l'anode (le fer) se corrode sous un courant i_1 [fig. 8.12, $i_1 = (i_{corr})_{Fe-Cu}$], ce qui signifie que, à la cathode, la densité de courant (exprimée p. ex. en mA/cm^2) est égale à i_1 si $S_c = S_a = 1$ cm^2. Cette densité de courant demeure constante ; donc, si la surface de la cathode est dix fois plus grande que celle de l'anode, le courant total de corrosion et, par conséquent, la vitesse de corrosion du fer est également multiplié par dix (i_{10}, fig. 8.14). Par contre, si la surface de la cathode est deux fois plus petite que celle de l'anode, le courant est divisé par deux ($i_{0,5}$, fig. 8.14). Toutefois, lorsque le rapport S_c/S_a est inférieur à l'unité, le courant de corrosion du fer ne peut pas être inférieur au courant de dissolution du fer non couplé à une cathode de cuivre [$(i_{corr})_{Fe}$, fig. 8.12].

Il est donc dangereux de réaliser un assemblage en utilisant des moyens de fixation (vis, rivets, etc.) faits d'un métal moins noble que celui de la structure ; en effet, de petites anodes (les vis, les rivets, etc.) sont alors en contact avec une grande cathode. L'exemple suivant permet d'illustrer la corrosion accélérée qui peut résulter d'une telle erreur de conception.

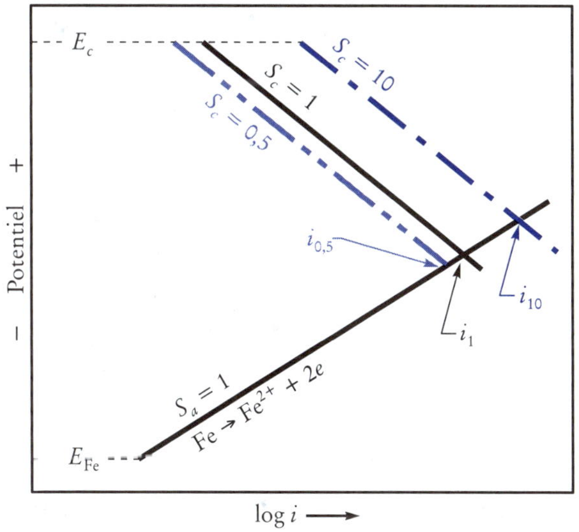

Figure 8.14 Modification du diagramme potentiel-intensité du couple Fe–Cu quand les rapports S_c/S_a sont de 0,5, 1 et 10. Les courants de corrosion du fer s'établissent alors respectivement à $i_{0,5}$, i_1 et i_{10}.

On assembla la structure d'une serre faite de profilés en alliage d'aluminium au moyen de vis d'aluminium et d'acier inoxydable. L'ensemble fit preuve d'une excellente tenue à la corrosion atmosphérique en milieu semi-urbain ; en effet, aucune corrosion n'apparut là où l'aluminium était fixé par des vis en acier inoxydable (rapport $S_c/S_a \ll 1$). Cependant, on avait fixé une tôle d'acier inoxydable à cette structure au moyen de boulons d'aluminium. Au bout de deux ans et demi, une importante corrosion avait affecté les boulons d'aluminium ; dans ce cas, le rapport S_c/S_a, très grand, a entraîné une corrosion accélérée des boulons. La figure 8.15 montre un de ces boulons et l'écrou correspondant.

Tous les phénomènes de corrosion en milieu aqueux sont dus à l'établissement de piles galvaniques qui délimitent des zones anodiques et des zones cathodiques. Même la dissolution d'un métal pur (électrode double, fig. 8.1 et 8.2) exige l'existence de telles zones, dont les positions relatives changent avec le temps ; le résultat global est une corrosion uniforme du métal. L'existence de ces zones anodiques et cathodiques dépend de facteurs métallurgiques et de facteurs de mise en œuvre du métal, du milieu de corrosion et des variations de la composition de l'électrolyte, ainsi que de facteurs associés à la conception des produits et à leur mode d'utilisation. Bien souvent d'ailleurs, tous ces facteurs peuvent agir en même temps. Toutefois, rappelons-le, si l'existence d'une pile galvanique entraîne une *possibilité* de corrosion de l'anode, elle ne donne par contre aucune indication en ce qui concerne la vitesse de corrosion.

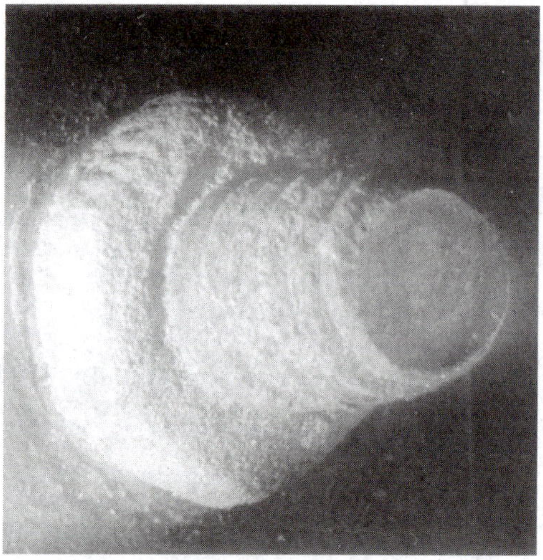

Figure 8.15 Boulon et écrou en aluminium ayant servi à fixer une tôle d'acier inoxydable, après deux ans et demi de service.

8.2.2 Facteurs métallurgiques et facteurs de mise en œuvre

En pratique, les métaux ne sont jamais purs et homogènes ; en effet, ils renferment toujours des hétérogénéités qui créent localement des *micropiles de corrosion*. Nous allons examiner divers types d'hétérogénéités et étudier leurs conséquences sur le comportement des métaux et des alliages en milieux corrosifs.

8.2.2.1 Métaux purs et alliages monophasés

Les métaux usuels ne sont pas des monocristaux ; ils sont plutôt formés d'un grand nombre de grains séparés par des joints de grains. Puisque, dans les joints de grains, les atomes n'occupent pas des positions qui correspondent aux nœuds des réseaux cristallographiques des grains adjacents (art. 3.4.3), leur énergie est légèrement plus élevée que celle des atomes situés aux nœuds du réseau cristallin ; le potentiel de dissolution des joints de grains est donc inférieur (anode) à celui des grains (cathode). Par ailleurs, le potentiel de dissolution peut varier d'un grain à l'autre, selon leur orientation cristallographique. Toutefois, ces phénomènes sont rarement la cause d'une corrosion importante ; on en tire surtout parti en métallographie pour révéler la microstructure des métaux (art. 1.3.1).

Certains alliages monophasés dont l'un des éléments d'addition est beaucoup plus électronégatif que la matrice peuvent être soumis à une *corrosion sélective* : il se produit une *lixiviation* de l'élément le moins noble. Un exemple courant de ce type de corrosion est la dézincification des laitons (alliages Cu–Zn), quand leur teneur en zinc est supérieure à 15 %. Dans ce cas, la pièce s'appauvrit en zinc à partir de sa surface (fig. 8.16a).

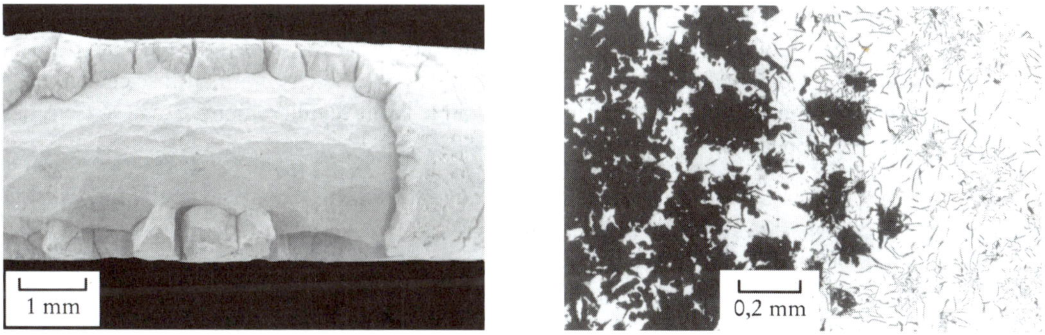

(a) (b)

Figure 8.16 a) Dézincification d'une tige de laiton ayant séjourné douze ans dans l'eau ; la couche de surface est devenue poreuse et friable. b) Corrosion graphitique d'une fonte à graphite lamellaire. Dans la zone corrodée, la matrice perlitique a complètement disparu ; il ne reste que le réseau de graphite lamellaire.

8.2.2.2 Alliages polyphasés

La plupart des alliages sont constitués de plusieurs phases, et ils renferment des inclusions non métalliques. Ces divers constituants n'ont évidemment pas le même potentiel électrochimique et, de ce fait, l'alliage se compose d'un très grand nombres d'anodes et de cathodes. La ferrite, par exemple, est anodique par rapport à la cémentite. Dans la perlite, la ferrite est donc attaquée de préférence à la cémentite. Toutefois, étant donné la très petite taille de ces zones, il se produit une compensation statistique des zones corrodées et, à l'échelle macroscopique, l'attaque conserve un caractère uniforme.

Le duralumin (Al–4,5 % Cu), à l'état trempé et vieilli (matrice d'aluminium et précipités G.P. et θ'', art. 6.2.5), résiste assez bien à la corrosion, car les valeurs des potentiels électrochimiques des phases en présence sont très voisines. Cependant, à l'état survieilli (matrice d'aluminium et précipités $CuAl_2$), sa résistance à la corrosion est nettement inférieure, car la différence de potentiel entre les deux phases est augmentée.

Dans les fontes à graphite lamellaire (art. 10.7.2), la matrice (ferrite et cémentite) est attaquée de préférence au graphite, parce que celui-ci est beaucoup plus cathodique (plus noble) que ces phases. La figure 8.16b montre une coupe métallographique d'une conduite d'eau en fonte ; cette conduite souterraine était en place depuis 75 ans au moment où on la retira pour cause de bris. À l'intérieur, la corrosion était faible et uniforme, de l'ordre de 1 mm, alors qu'à l'extérieur (en contact avec le sol), il s'était produit une corrosion préférentielle de la matrice perlitique, corrosion qui avait laissé à peu près intact le réseau de graphite. À certains endroits, la profondeur de la corrosion atteignait 8 mm.

Certains aciers inoxydables sont le siège de *piqûres de corrosion* lorsqu'ils séjournent dans de l'eau aérée qui contient des ions Cl^-, comme l'eau de mer et beaucoup d'eaux dites «douces». La figure 8.17a montre un couteau de cuisine dont le manche et la lame présentent de nombreuses piqûres ; certaines de ces piqûres atteignent une profondeur de 0,4 mm. La figure 8.17b présente une coupe métallographique de ce couteau. L'acier utilisé pour la fabrication d'un tel couteau est un acier inoxydable contenant 12 % de chrome ; pendant 14 ans, on a toujours utilisé cet ustensile comme il se devait (il servait à couper des aliments et on le lavait régulièrement) ; malgré tout, des piqûres se sont développées.

Ce type de corrosion par piqûres est particulièrement dangereux, car, même si la perte de poids du métal est faible, cette perte est localisée aux piqûres de corrosion et, dès qu'une tôle est perforée, il faut, dans bien des cas, la changer. À ce propos, citons le cas d'un réservoir, destiné au traitement de l'eau et contenant une solution chlorée, fait de tôles d'acier inoxydable de type 304, de 0,8 mm d'épaisseur. Après quatre mois d'utilisation, ce réservoir était devenu une véritable passoire!

En général, les piqûres s'amorcent sur des défauts de surface ou à l'interface entre le métal et certaines inclusions (MnS, par exemple dans les aciers). Localement, le métal est dépassivé ; à cet endroit, à cause de la présence d'ions métalliques en excès, la courbe de polarisation cathodique est modifiée, et la repassivation ne peut plus se produire (fig. 8.10, courbes de polarisation C_1 pour le métal, et C_2 au niveau de la piqûre). La figure 8.18 présente de façon schématique le mécanisme de progression d'une piqûre.

Dans la piqûre, il y a un excès d'ions M^{n+} qui attirent les ions Cl^- de la solution. Ces ions Cl^- exercent une action catalytique sur la réaction ; ainsi :

$$M^{n+} + Cl^- + n\,H_2O \rightarrow M(OH)_n + n\,H^+ + Cl^- \tag{8.22}$$

Cette réaction s'accompagne de la formation d'ions H^+. Dans la piqûre, il y a en outre abaissement du pH, lequel peut atteindre des valeurs inférieures à 2, ce qui favorise encore davantage la progression de la piqûre.

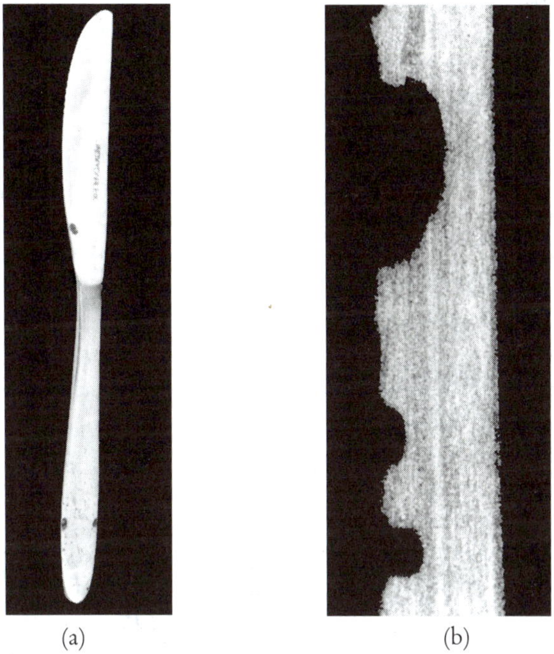

Figure 8.17 a) Piqûres de corrosion sur un couteau en acier inoxydable (12 % Cr). b) Coupe métallographique de piqûres (plan de coupe perpendiculaire à la lame).

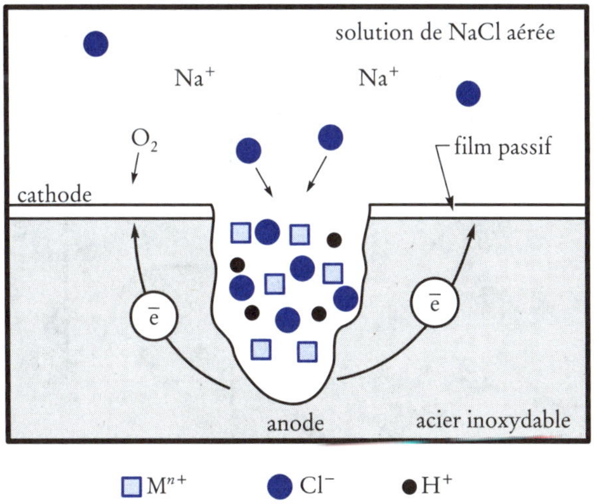

Figure 8.18 Représentation schématique du mécanisme de progression d'une piqûre dans un acier inoxydable. Le fond de la piqûre constitue la zone anodique ; la réaction cathodique se produit à la surface passivée, autour de la piqûre. (*D'après M.G. Fontana et N.D. Greene*, Corrosion Engineering, *McGraw-Hill, New York, 1967.*)

L'addition de 2 à 4 % de molybdène aux aciers inoxydables austénitiques (Fe–Cr–Ni) diminue considérablement le risque de corrosion par piqûres en milieu chloré, car le molybdène augmente le potentiel transpassif E_t défini à la figure 8.9.

8.2.2.3 Ségrégation

À cause de leur mise en œuvre, les alliages peuvent présenter des variations locales de composition, c'est-à-dire de la ségrégation. De tels défauts peuvent être imputables à la fonderie (art. 5.4.2) ou à certains traitements thermiques. C'est particulièrement le cas pour les aciers inoxydables austénitiques (type 18-8) ; chauffés à des températures comprises entre 500 et 800 °C et refroidis lentement, ces aciers sont soumis à la *sensibilisation* : aux joints de grains, il se produit une précipitation de carbures de chrome ($Cr_{23}C_6$) et, dans les zones adjacentes, il y a appauvrissement en chrome. La figure 8.19a montre une coupe métallographique qui illustre ce phénomène, et la figure 8.19b présente la variation de la teneur en chrome de part et d'autre d'un joint de grains. La zone appauvrie en chrome a une largeur de l'ordre de 2 μm, et la teneur en chrome y est inférieure à 10 %. Une telle situation est particulièrement dangereuse pour la tenue du métal en milieu corrosif ; en effet, de part et d'autre des joints de grains, la teneur en chrome est insuffisante pour permettre une passivation du métal qui requiert une concentration en chrome au moins égale à 13 % et, par ailleurs, ces zones sont anodiques par rapport à l'intérieur des grains. Il s'ensuit une corrosion intergranulaire très rapide. Ce phénomène peut également se produire le long des cordons de soudure, dans le métal de base, là où le cycle thermique imposé par l'opération de soudage favorise la sensibilisation. Pour contrer cet effet, on utilise un alliage qui contient moins de 0,03 % de carbone, ou on ajoute un élément stabilisateur dont la tendance à former des carbures est plus marquée que celle du chrome (le titane ou le niobium, par exemple). On peut

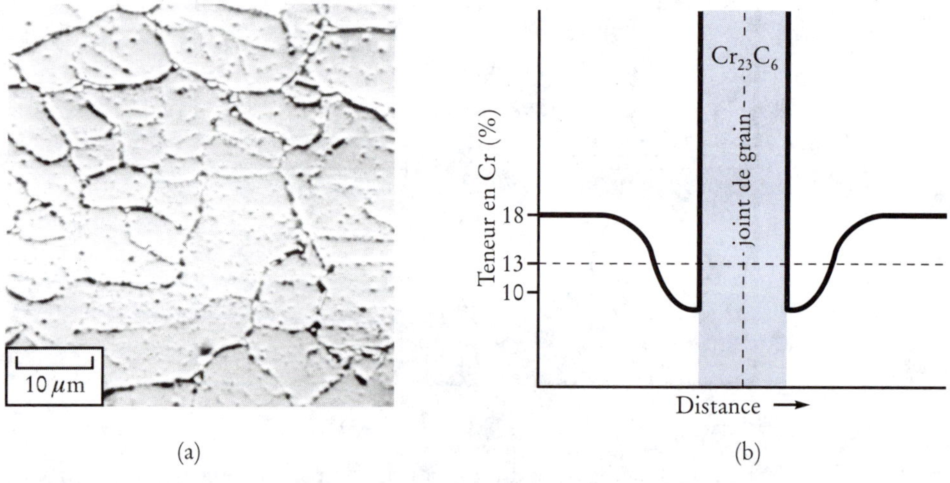

Figure 8.19 a) Formation de carbures de chrome ($Cr_{23}C_6$) aux joints de grains d'un acier inoxydable. b) Variation de la teneur en chrome de part et d'autre d'un joint contenant un carbure de chrome $Cr_{23}C_6$.

homogénéiser de nouveau une pièce sensibilisée en la chauffant à 1100 °C (dissolution des carbures) et en la refroidissant rapidement (hypertrempe). Toutefois, cette solution ne peut s'appliquer, cela va de soi, à un assemblage soudé d'une taille tant soit peu importante.

8.2.2.4 Effet de l'écrouissage et des contraintes

Un métal déformé plastiquement par écrouissage est très souvent le siège de contraintes résiduelles. Son énergie interne est supérieure à celle du même métal à l'état recuit ; une zone écrouie ou une zone sous contrainte est donc anodique par rapport à une zone non écrouie ou libre de contrainte. Le milieu de corrosion exerce une grande influence sur la *corrosion sous contrainte*. Ainsi, les laitons sont très sensibles à la présence d'ammoniac, et les aciers inoxydables, à celle d'ions Cl^- (fig. 8.20).

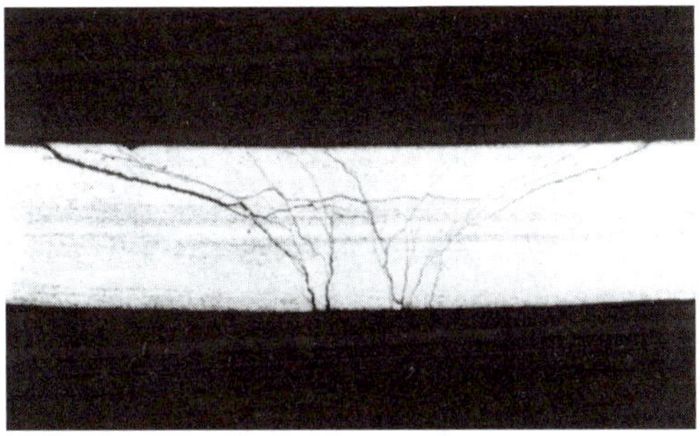

Figure 8.20 Corrosion sous contrainte d'un acier inoxydable 304 (corrosion transgranulaire).

8.2.3 Effets du milieu de corrosion

Les milieux de corrosion sont des électrolytes qui permettent le passage du courant ionique entre l'anode et la cathode. Les principaux paramètres à connaître pour évaluer l'agressivité d'un milieu de corrosion sont : son pH, son pouvoir oxydant, sa conductibilité électrique et sa température.

Les *diagrammes de Pourbaix* permettent de localiser des zones de corrosion, d'immunité et de passivité d'un métal, en fonction du pH du milieu et du potentiel que le métal prend ou se voit imposer. La figure 8.21 présente les diagrammes de Pourbaix pour le fer et l'aluminium. Dans ces diagrammes, «passivité» indique qu'il y a formation, en surface, d'un film d'oxyde stable et protecteur. Cependant, comme les données thermodynamiques, les diagrammes de Pourbaix ne renseignent que sur la possibilité d'apparition de la corrosion, et non sur la cinétique de celle-ci ; on les utilise toutefois fréquemment pour étudier la corrosion et les méthodes de protection.

En général, un accroissement de température a pour effet d'augmenter la vitesse de corrosion des métaux ; il y a cependant des exceptions : ainsi, une augmentation de la température de l'eau entraîne une baisse de la solubilité de l'oxygène et du gaz carbonique, ce qui peut rendre ce milieu moins agressif et diminuer ainsi la vitesse de corrosion des métaux qui y séjournent.

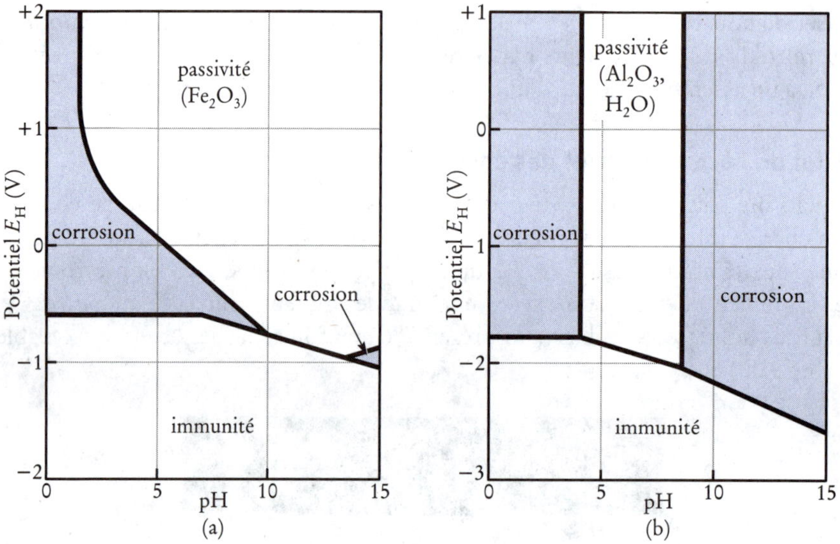

Figure 8.21 Diagrammes de Pourbaix simplifiés (à 25 °C) : a) pour le fer ; b) pour l'aluminium.

Une faible conductibilité électrique de l'électrolyte a pour effet d'augmenter les pertes ohmiques dans le milieu corrosif et, de là, de diminuer le courant de corrosion (fig. 8.22). Dans le cas de la corrosion galvanique, la conductibilité électrique de l'électrolyte exerce également une influence sur l'étendue des zones anodiques et cathodiques (fig. 8.23).

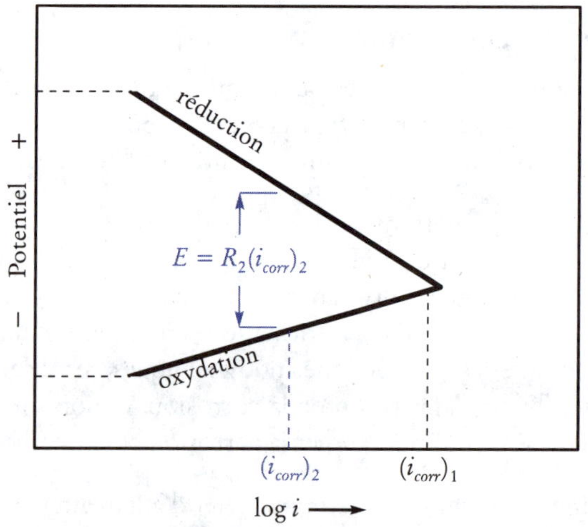

Figure 8.22 Courant de corrosion, pour deux électrolytes de conductibilité électrique σ différente : lorsque $\sigma_1 > \sigma_2$, $(i_{corr})_1 > (i_{corr})_2$; R_2 : résistance de l'électrolyte entre l'anode et la cathode.

Dans l'électrolyte, une variation de la concentration en ions réductibles entraîne une variation du potentiel d'équilibre de la réaction cathodique, ce qu'indique d'ailleurs la relation de Nernst (équat. 8.14). Il y a alors formation d'une *pile de concentration* (ou *pile d'Evans*) : en pratique, on observe une telle pile principalement en présence d'une variation locale de la concentration en oxygène dissous. La figure 8.24 illustre schématiquement une pile de concentration : la seule différence entre les deux demi-piles est une différence de concentration en oxygène. L'électrode de fer qui est en contact avec la solution la plus pauvre en oxygène est anodique par rapport à l'autre, qui est plongée dans l'électrolyte le plus aéré.

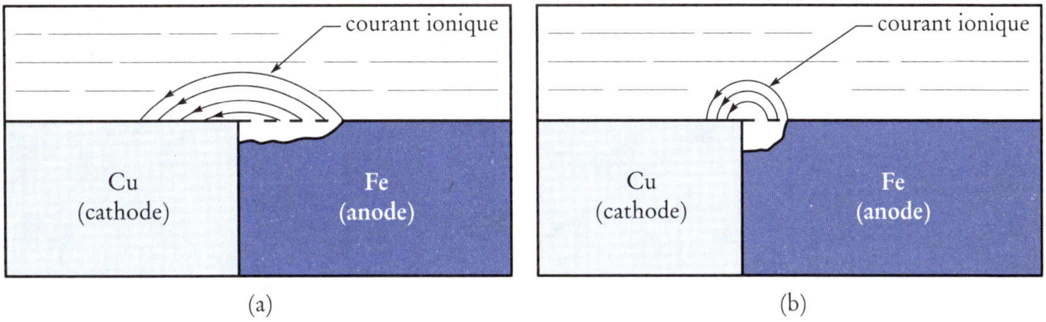

Figure 8.23 Influence de la conductibilité électrique de l'électrolyte sur l'étendue de la corrosion galvanique : a) conductibilité élevée ; b) conductibilité faible.

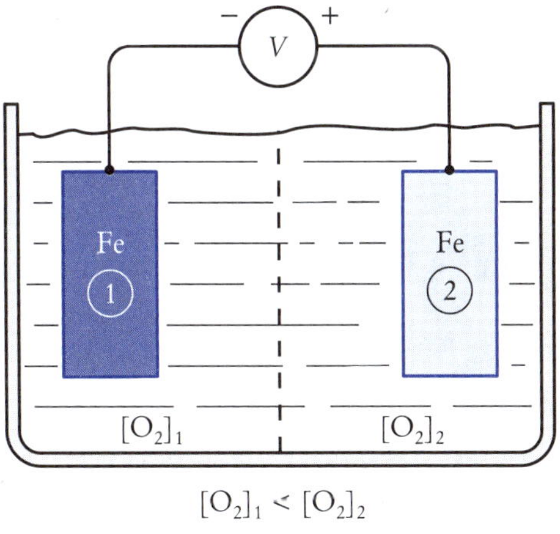

Figure 8.24 Pile de concentration (pile d'Evans) : $[O_2]_1 < [O_2]_2$; l'électrode 1 de fer est anodique par rapport à l'électrode 2 de fer.

En outre, une polarisation de diffusion, polarisation qui amplifie le courant de corrosion à l'anode, se superpose au fait que le potentiel des deux réactions cathodiques soit différent. La figure 8.25 présente le diagramme intensité-potentiel d'une pile de concentration dont les électrodes sont en fer.

De nombreux problèmes de corrosion découlent de l'existence des piles de concentration. La figure 8.26 illustre deux de ces cas : la corrosion du fer lorsqu'il est placé sous une goutte d'eau, et la corrosion qui se produit dans un interstice d'assemblage entre deux pièces de fer, ou *corrosion caverneuse*. Par ailleurs, toute accumulation de boues ou de débris en un point d'une structure accentue la corrosion à cet endroit, car les zones couvertes par ces boues ou ces débris sont soumises à une concentration plus faible en oxygène.

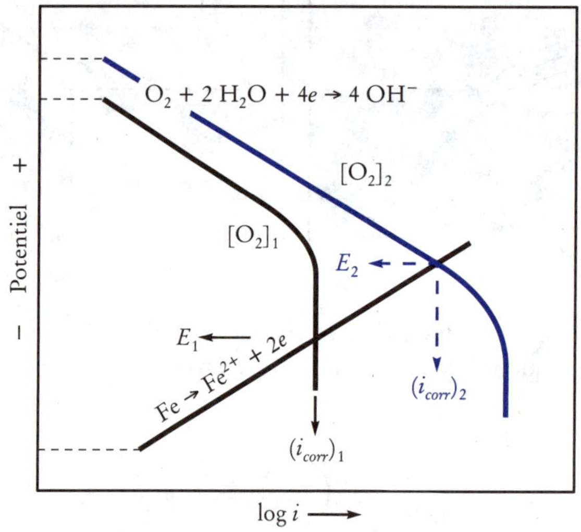

Figure 8.25 Diagramme intensité-potentiel de la pile de concentration de la figure 8.24 : $[O_2]_1 < [O_2]_2$, $E_1 < E_2$.

Dans les cas décrits précédemment, la corrosion des aciers inoxydables peut survenir plus rapidement en présence d'ions Cl^- : dans les zones les plus pauvres en oxygène, il peut y avoir dépassivation, favorisée par la présence de chlore, et formation rapide de piqûres.

Le type d'écoulement de l'électrolyte (écoulement laminaire ou turbulent) ainsi que sa vitesse exercent également une influence sur la vitesse de corrosion du métal. Ces deux facteurs jouent d'ailleurs dans le même sens, car, bien souvent, à grande vitesse, l'écoulement est turbulent. Plus la vitesse d'écoulement du liquide corrosif est grande, moins la polarisation de diffusion à la cathode est importante (art. 8.1.3.2). La figure 8.27 présente le diagramme de polarisation du fer dans l'eau ainsi que la polarisation cathodique, pour diverses vitesses d'écoulement de l'eau. Le courant de corrosion tend vers une valeur limite, donnée par l'intersection des droites de Tafel. La figure 8.28 illustre graphiquement la variation de la vitesse de corrosion du fer dans l'eau de mer en fonction des vitesses relatives de l'électrolyte et de l'électrode.

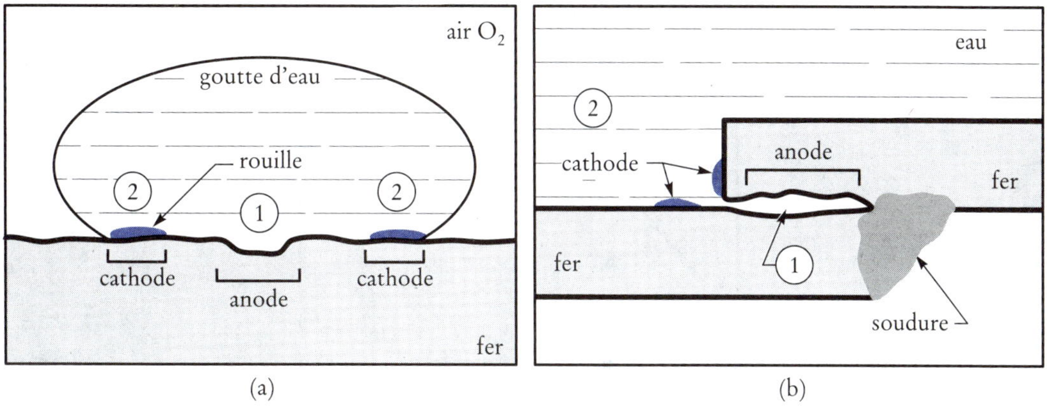

Figure 8.26 Corrosion due à une pile de concentration : a) corrosion sous une goutte d'eau ; b) corrosion caverneuse à l'interstice d'un assemblage. Aux points 1, la concentration en oxygène est inférieure à celle qu'on rencontre aux points 2 ; il y a création de zones anodiques et cathodiques et formation de rouille.

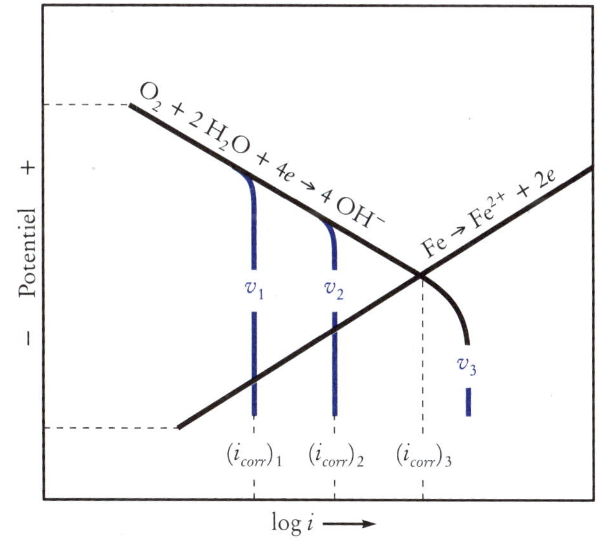

Figure 8.27 Diagramme intensité-potentiel du fer pour diverses vitesses d'écoulement de l'eau : $v_1 < v_2 < v_3$.

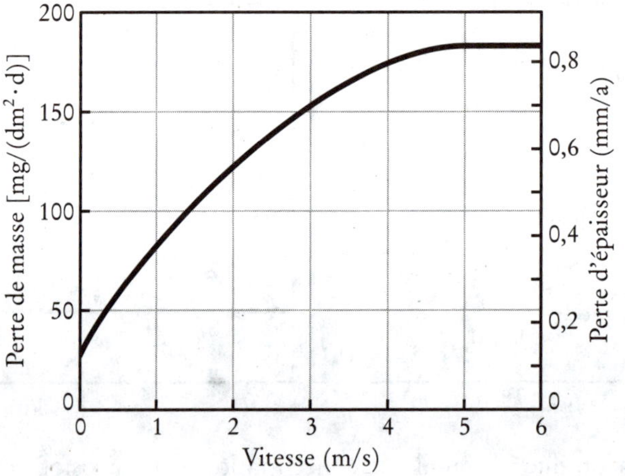

Figure 8.28 Influence de la vitesse d'écoulement de l'eau de mer sur la corrosion de l'acier.

À cause du phénomène de passivation, la vitesse d'écoulement de l'eau exerce un effet contraire sur la tenue des aciers inoxydables à la corrosion (fig. 8.29). Pour des vitesses d'écoulement inférieures à 1 m/s, ces alliages sont attaqués par piqûres dans l'eau de mer, alors que pour des vitesses d'écoulement supérieures, leur taux de corrosion est inférieur à 0,01 mm/a.

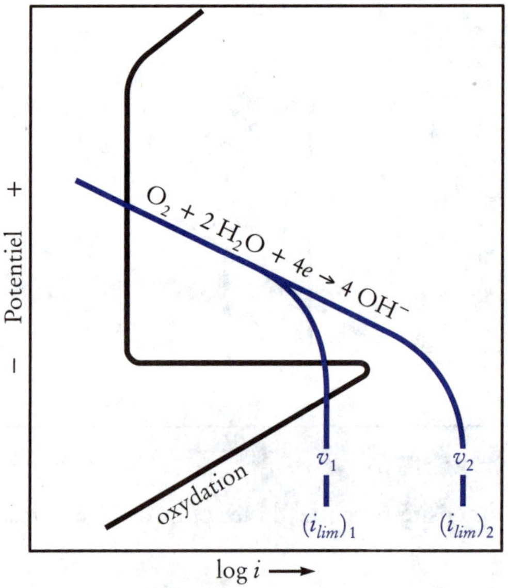

Figure 8.29 Comportement d'un acier inoxydable passivable dans l'eau de mer : pour une vitesse d'écoulement v_1, il y a corrosion par piqûres, alors que pour une vitesse v_2 supérieure à v_1, le taux de corrosion est pratiquement nul.

Quand la vitesse d'écoulement est très grande, deux nouveaux modes de corrosion peuvent apparaître : la *corrosion par érosion* et la *corrosion par cavitation*.

Avec les écoulements très rapides et turbulents, il peut y avoir simultanément usure mécanique et corrosion du métal : c'est la corrosion par érosion. La figure 8.30 illustre schématiquement ce type d'attaque. Le fond de la zone érodée est anodique par rapport aux surfaces intactes, et ce en raison de deux facteurs : la turbulence de l'écoulement et la déformation plastique du métal. Par ailleurs, des solides en suspension dans le liquide accentuent l'érosion. Ce type d'attaque peut se produire au niveau des changements brusques de section ou de direction des conduites.

Quand l'écoulement du liquide s'accompagne de variations de pression importantes à la surface du métal, il peut y avoir attaque par cavitation. Une telle attaque se produit quand il y a formation de bulles de vapeur d'eau ou d'oxygène à la surface du métal. Ces bulles sont instables ; en se recondensant rapidement, elles créent des ondes de compression intenses qui provoquent une érosion mécanique de la surface du métal. La figure 8.31 illustre le principe de ce type d'attaque. Comme la corrosion par érosion, la corrosion par cavitation procède par un effet tant mécanique qu'électrochimique. On rencontre souvent ce type de corrosion sur les hélices de bateaux, sur les pales de turbines et dans les pompes.

Les milieux de corrosion les plus fréquents sont les eaux, l'atmosphère et les sols. Dans l'industrie chimique, le nombre de produits et leurs conditions d'utilisation et de stockage étant quasiment infinis, il est pratiquement impossible de fournir un schéma général de leur action. Le lecteur intéressé peut trouver des renseignements plus précis à ce sujet dans des textes spécialisés.

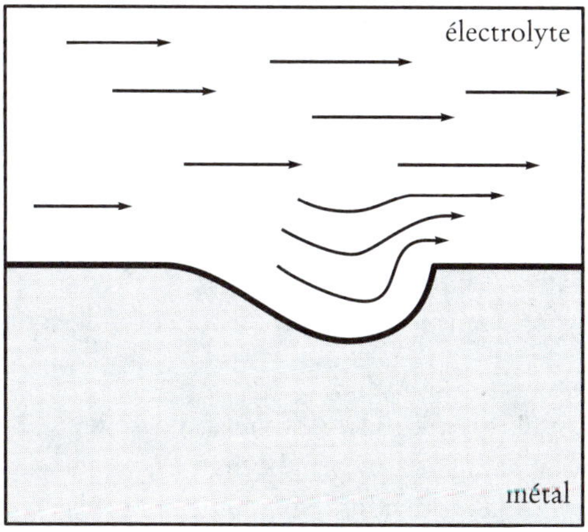

Figure 8.30 Représentation schématique de la corrosion par érosion.

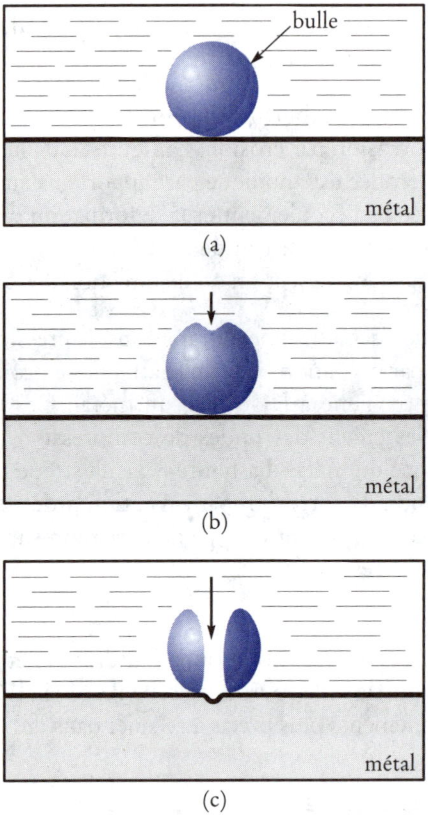

Figure 8.31 Phénomène de cavitation : a) formation d'une bulle de vapeur dans le liquide ; b) condensation de la bulle ; c) formation d'un microjet qui attaque le métal.

8.2.3.1 Corrosion par les eaux

L'eau de mer est un milieu particulièrement agressif. On peut définir l'eau de l'océan Atlantique à partir des paramètres suivants : salinité totale de 34 g/l ; pH de 8,2 ; conductivité de 4 S/m. Par ailleurs, la solubilité de l'oxygène dans l'eau de mer est fonction de la température : 12 mg/l à 5 °C, 7 mg/l à 25 °C, par exemple.

Les eaux douces, dont l'eau de distribution des villes, possèdent des caractéristiques diverses, selon leur composition (pourcentage de minéraux dissous, teneur en oxygène et en gaz carbonique, pH, etc.). La résistance à la corrosion d'un équipement mis au contact de l'eau douce peut varier considérablement selon le type d'eau. En certains endroits, des conduites d'eau en acier durent plus de vingt ans, alors qu'ailleurs, il faut les changer au bout de deux ou trois ans.

Les eaux douces peuvent être *incrustantes* ou *agressives* (dures ou douces). Dans le premier cas, il s'agit d'eaux très minéralisées qui laissent un dépôt de calcaire et de carbonate provoquant l'entartrage des conduites. Ce dépôt, qui isole le métal de l'eau, ralentit ainsi la corrosion. Cependant, s'il n'est pas uniforme, il peut y avoir corrosion par piqûres ; c'est ce qui se produit parfois, dans des conditions très particulières, pour les tubes de cuivre. Les eaux agressives, quant à elles, sont peu minéralisées ; elles sont donc plus corrosives que les eaux incrustantes, car elles ne favorisent pas la formation d'un dépôt protecteur. Par ailleurs, elles sont plus agressives envers les conduites en fonte ou en acier qu'envers les conduites en cuivre. La figure 8.32 illustre graphiquement la corrosion de l'acier doux dans divers types d'eaux.

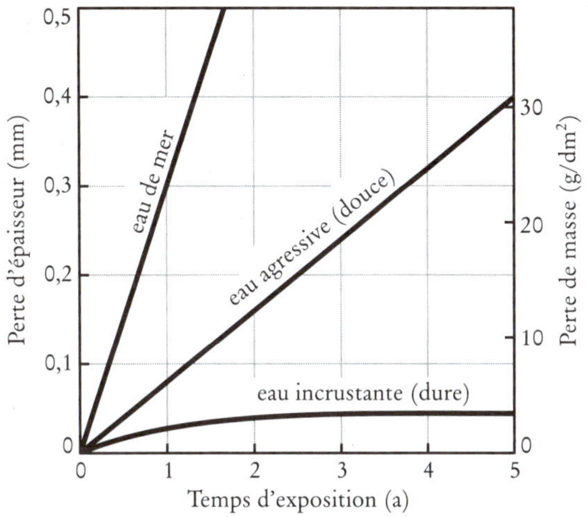

Figure 8.32 Corrosion de l'acier doux (0,2 % C), en fonction de la durée d'exposition (en années) : dans l'eau de mer, dans une eau agressive et dans une eau incrustante.

8.2.3.2 Corrosion atmosphérique

La corrosion atmosphérique agit en formant, sur les surfaces des métaux, un dépôt de films ou de gouttelettes d'eau. Ces dépôts d'eau, dus à la pluie, à la condensation ou aux embruns, contiennent en solution des contaminants qui proviennent de l'atmosphère ; à cause de l'évaporation, la concentration de ces contaminants augmente de façon appréciable. Par ailleurs, sous les gouttelettes d'eau, il y a accélération de la corrosion par la formation de piles de concentration (fig. 8.26a). On peut distinguer trois types d'atmosphères : les atmosphères rurales, les atmosphères urbaines et industrielles, et les atmosphères marines.

Atmosphères rurales. Ces atmosphères sont les moins corrosives, car la concentration des contaminants y est très faible.

Atmosphères urbaines et industrielles. Dans ces atmosphères, le principal contaminant est le SO_2 formé par la combustion des produits pétroliers ou du charbon. En présence de SO_2, il y a acidification de l'eau, dont le pH peut atteindre 3,5. Si la dépollution de l'atmosphère exerce un effet bénéfique sur nos bronches, elle présente également l'avantage de réduire la vitesse de corrosion des métaux.

Atmosphères marines. Dans ces atmosphères, l'eau, portée par les embruns sous forme de gouttelettes, ou même d'aérosols, contient des chlorures.

La figure 8.33 illustre graphiquement la corrosion de l'acier doux dans diverses atmosphères.

En atmosphère rurale, les toitures faites d'acier galvanisé (acier recouvert de zinc) peuvent résister pendant une vingtaine d'années avant que la couche de zinc ne soit totalement dissoute, alors qu'en atmosphère industrielle, elles ne résistent que pendant quelques années ; c'est pourquoi il faut les protéger avec de la peinture. Par contre, en atmosphère urbaine, les toitures en cuivre résistent très bien, car le vert-de-gris qui s'y forme (carbonates et sulfates cuivriques) constitue une couche protectrice. Toutefois, le prix du cuivre rend souvent cette solution trop coûteuse. Pour chacune de ces atmosphères, il faut également prendre en compte les facteurs climatiques : vents dominants, pluviosité, humidité et température.

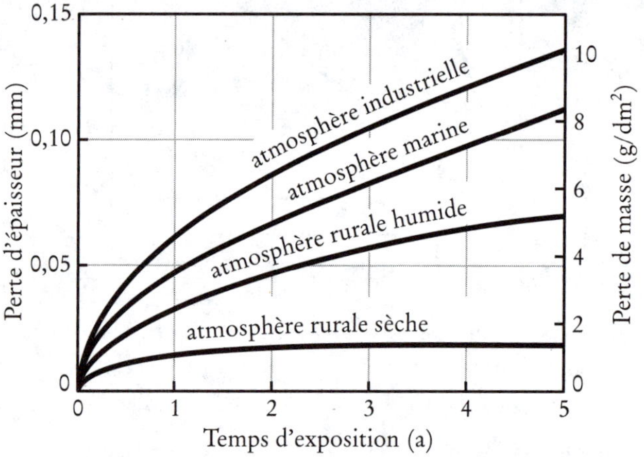

Figure 8.33 Corrosion de l'acier doux en fonction de la durée d'exposition (en années) : en atmosphères industrielle, marine et rurales (humide et sèche).

8.2.3.3 Corrosion par les sols

Les sols sont loin d'être des milieux homogènes ; ils présentent en effet, d'un site à l'autre, des caractéristiques très variées. Le caractère corrosif des sols est fonction des paramètres suivants :

- leur perméabilité à l'air et à l'eau, qui dépend de leur porosité et de la granulométrie des matériaux constitutifs ;
- leur taux d'humidité ;
- leur teneur en sels ;
- leur alcalinité ou leur acidité (c'est à dire leur pH) ;
- leur conductibilité électrique.

En général, ce sont ces deux derniers paramètres (pH et conductibilité électrique) qu'on mesure. Dans la grande majorité des cas, le pH est compris entre 6 et 9. On peut dire, par exemple, qu'un sol acide, humide, peu aéré et dont la conductibilité électrique est bonne (conductivité supérieure à 0,2 S/m) est très agressif.

Quand une canalisation traverse des sols de nature différente, le potentiel d'équilibre du métal avec chacun de ces milieux peut être différent, ce qui entraîne la formation de zones anodiques et de zones cathodiques. Par exemple, la différence de potentiel d'équilibre entre l'acier enfoui dans le sable et l'acier enfoui dans l'argile est d'environ 0,3 V : la partie de la conduite située dans l'argile est donc anodique par rapport à celle placée dans le sable. Par ailleurs, comme on l'observe dans les milieux liquides, une aération différentielle s'accompagne d'un effet de pile.

8.2.4 Conditions d'utilisation

Certaines conditions d'utilisation ont pour effet d'accélérer la corrosion et de raccourcir ainsi la vie des pièces ou des assemblages. Parmi ces conditions, nous aborderons ici : la fatigue-corrosion, le frottement, les différences de températures entre deux parties d'une même pièce et les courants vagabonds.

8.2.4.1 Fatigue-corrosion

En milieu corrosif, la résistance à la fatigue de beaucoup d'alliages se trouve diminuée. Cette diminution est due à l'effet combiné de facteurs électrochimiques (amorçage des fissures à la racine des piqûres de corrosion et corrosion en fond de fissure) et de facteurs mécaniques (rupture du film d'oxyde en fond de fissure). La figure 8.34 présente les courbes de fatigue-endurance d'un alliage d'aluminium 2024 dans l'air, dans l'eau douce et dans l'eau de mer.

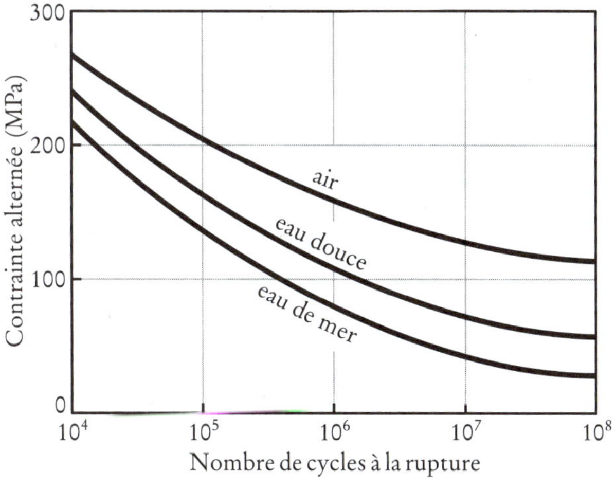

Figure 8.34 Courbes de fatigue-endurance de l'aluminium 2024 : dans l'air, dans l'eau douce et dans l'eau de mer.

8.2.4.2 Corrosion par frottement

Des déplacements de très faible amplitude (inférieurs au micromètre) entre des pièces sont la cause, aux points de contact, de la corrosion par frottement. Puisque les surfaces ne sont jamais parfaitement lisses, elles sont en contact par leurs aspérités. Par conséquent, le déplacement relatif de deux surfaces entraîne une usure de leurs crêtes et une rupture du film d'oxyde, ce qui accélère la corrosion. La figure 8.35 illustre schématiquement le mécanisme de ce type de corrosion. La corrosion par frottement se produit particulièrement entre la couronne d'un roulement à billes assujettie par frettage à un axe et cet axe, ou entre la tête d'une vis et la surface de la plaque dans laquelle elle prend appui (fig. 8.36).

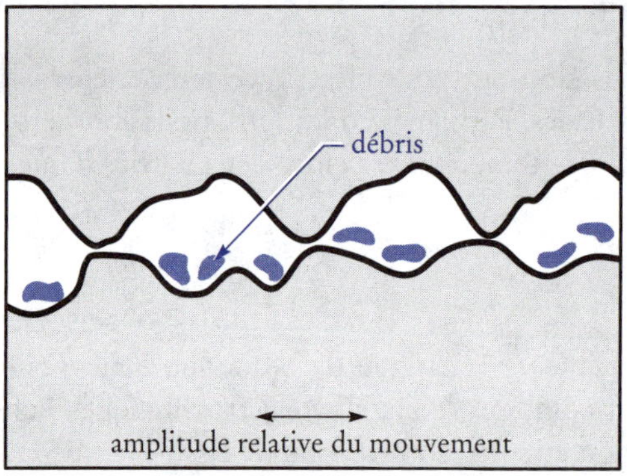

Figure 8.35 Représentation schématique du mécanisme de la corrosion par frottement. Les contacts se produisent entre les crêtes des surfaces : il y a usure, dépôts de débris métalliques ou d'oxyde, et corrosion.

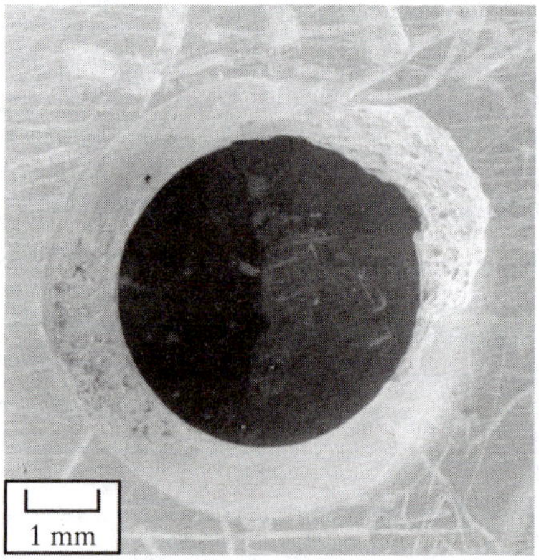

Figure 8.36 Corrosion par frottement au niveau d'un trou, sur une plaque en acier inoxydable ; le frottement s'est produit entre le chanfrein du trou et la tête d'une vis.

La corrosion par frottement est fonction du milieu, du fini de surface et de la nature des métaux en contact.

8.2.4.3 Gradient de température

Dans une pièce métallique, un gradient de température entraîne l'apparition d'un gradient de potentiel entre la partie froide et la partie chaude.

D'après la relation de Nernst (équat. 8.14), la zone froide, qui est anodique par rapport à la zone chaude, peut être le siège de corrosion.

8.2.4.4 Courants vagabonds

Quand on fait la mise à la terre par le sol d'une installation électrique, il y a passage de courant dans le sol. Si des conduites métalliques sont enterrées à proximité de cette installation, le courant peut y circuler, car leur résistance électrique est inférieure à celle du sol. Il y a alors formation de zones anodiques sur les conduites et, par conséquent, accélération de la corrosion. Les conduites enfouies près des lignes de chemin de fer électrifiées sont très souvent le siège d'une telle corrosion. La figure 8.37 illustre le principe de la corrosion par courants vagabonds.

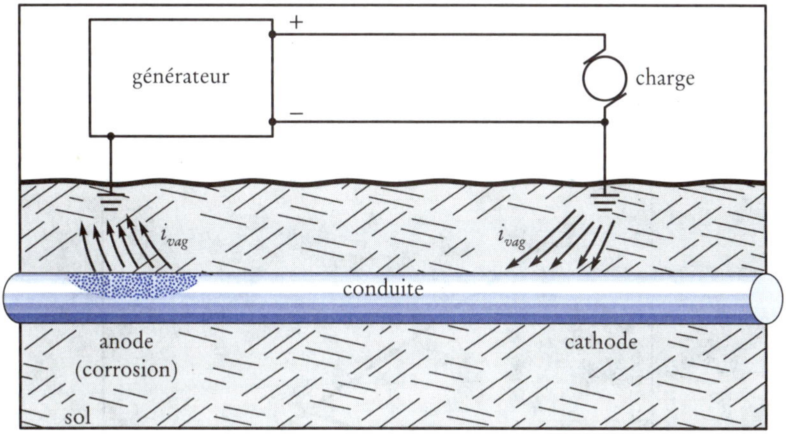

Figure 8.37 Principe de la corrosion par courants vagabonds, i_{vag} : une partie du courant retourne au générateur par la terre et par le tuyau.

8.3 Lutte contre la corrosion

La lutte contre la corrosion doit être une préoccupation constante, depuis la conception des équipements jusqu'à leur entretien quotidien. Si les moyens à mettre en œuvre sont variés et dépendent en grande partie des situations d'utilisation particulières, le but recherché est le même : enrayer la dégradation des équipements pour augmenter la durée de leur vie, en empêchant que se produisent les réactions électrochimiques qui entraînent une dissolution et une attaque du métal ; autrement dit, réduire ou même annuler la circulation des électrons de l'anode vers la cathode.

8.3.1 Protection électrochimique

Pour effectuer la protection électrochimique d'un métal, on modifie son potentiel de dissolution de façon à l'utiliser soit dans la zone d'immunité, soit dans la zone de passivité (diagrammes de Pourbaix, fig. 8.21). Dans le premier cas, le potentiel de corrosion doit être inférieur au potentiel d'équilibre métal-solution ; on parle alors de *protection cathodique*. Dans le second cas, il doit être supérieur à ce potentiel d'équilibre, et c'est la *protection anodique*.

8.3.1.1 Protection cathodique

Le principe de la protection cathodique repose sur les données du diagramme intensité-potentiel d'une anode et d'une cathode. Le comportement normal de ces électrodes est présenté à la figure 8.38 et illustré schématiquement à la figure 8.39a. Le potentiel des électrodes s'établit à E_{corr}, valeur à laquelle correspond un courant de corrosion i_{corr}. Lorsque le potentiel des électrodes est ramené à E_1 (fig. 8.38) à l'aide d'une source de courant extérieure (fig. 8.39b), le nouveau courant de corrosion de l'anode est $(i_{corr})_1$; pour qu'il en soit ainsi, le générateur extérieur fait circuler, dans le sens opposé à i_{corr}, un courant i_1. Dans ce cas, la protection cathodique est partielle. Par contre, lorsque le potentiel des électrodes est égal ou inférieur au potentiel d'équilibre de dissolution de l'anode E_{0a}, le courant imposé par le générateur est égal à i_{prot} ; la protection cathodique est alors complète, et l'anode ne se corrode plus.

Il existe deux formes de protection cathodique : par anode sacrificielle ou par courant extérieur imposé.

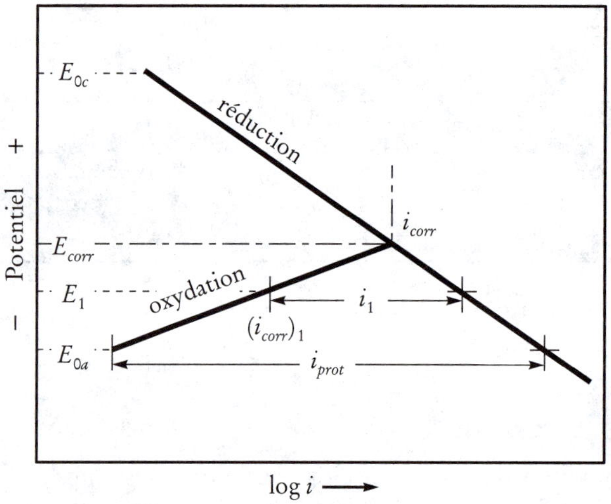

Figure 8.38 Diagramme intensité-potentiel de la protection cathodique par courant extérieur imposé : un courant imposé, i_1, entre l'anode et la cathode, et de sens contraire à i_{corr}, entraîne la protection de l'anode. Celle-ci est entièrement protégée si le courant i_1 est égal à i_{prot}.

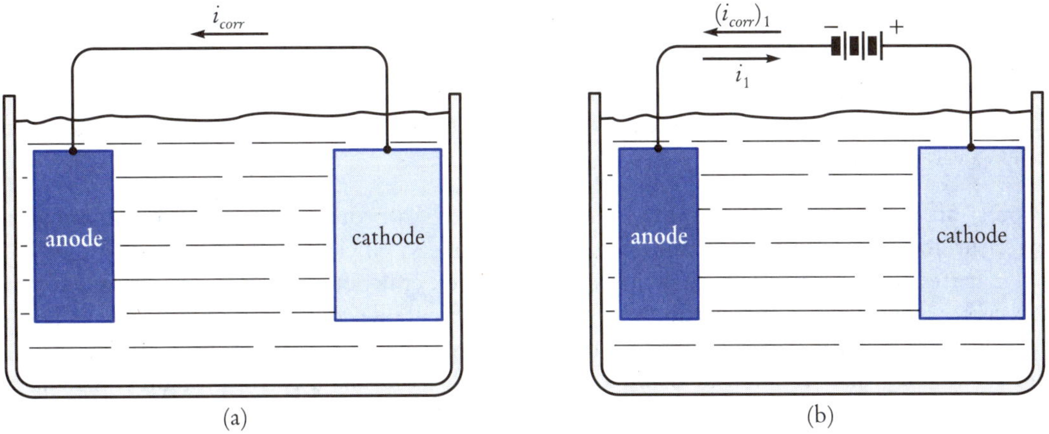

Figure 8.39 Représentation schématique de la protection cathodique. a) Normalement, l'anode se corrode sous un courant i_{corr}. b) Sous l'effet d'un champ électrique extérieur, un courant i_1 circule en sens inverse de i_{corr}, qui s'en trouve diminué.

Protection cathodique par anode sacrificielle. Il y a protection cathodique quand le métal à protéger est couplé à un métal moins noble. Le potentiel de corrosion de l'ensemble doit être inférieur au potentiel de dissolution du métal à protéger ; ce dernier devient alors cathodique par rapport à l'anode, qui se corrode. La protection cathodique par anode sacrificielle est une application du phénomène de corrosion galvanique. On utilise abondamment cette méthode pour protéger les structures et les équipements en acier. Les anodes sacrificielles sont faites en zinc, en magnésium ou en aluminium, métaux nettement moins nobles que l'acier. La figure 8.40 donne quelques exemples de protection cathodique par anode sacrificielle.

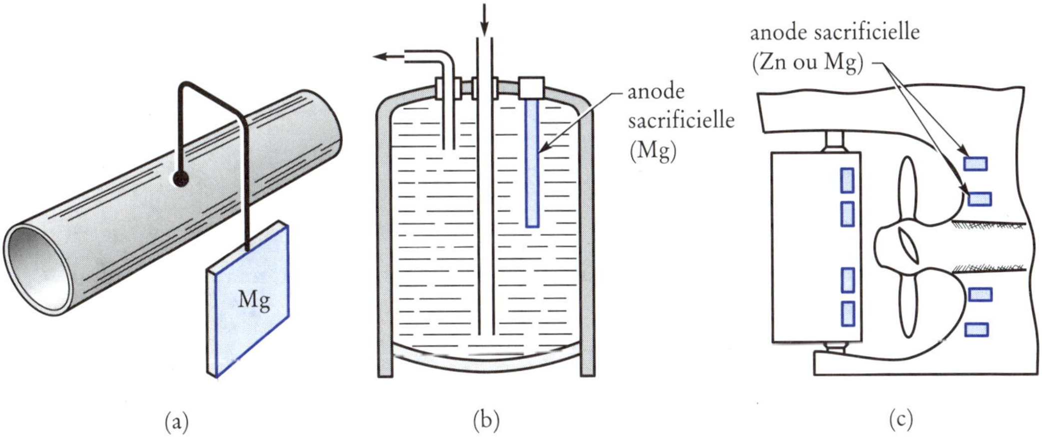

Figure 8.40 Protection cathodique par anode sacrificielle : a) canalisation enterrée ; b) réservoir d'eau ; c) carène d'un bateau : corrosion due au couple acier (coque)-bronze (hélice).

La protection cathodique par anode sacrificielle requiert un entretien des installations : en effet, puisque les anodes se corrodent (c'est d'ailleurs leur rôle), il faut les changer périodiquement. En moyenne, le taux de corrosion en eau de mer de ces anodes est de 10 kg/(A·a). On peut considérer que la couche de zinc qui recouvre l'acier galvanisé est une anode sacrificielle. Nous étudierons ce cas à l'article 8.3.2.2.

Protection cathodique par courant extérieur imposé. La protection cathodique par courant extérieur imposé repose sur le même principe que l'anode sacrificielle, mais ici, l'anode est en général inerte (elle est sacrificielle en graphite, par exemple), et le potentiel de corrosion de la structure à protéger est abaissé par l'action d'une source extérieure de courant (rectificateur ou générateur de courant continu). Il est bien sûr préférable d'éviter qu'un système de protection cathodique n'entraîne, par la création de courants vagabonds dans le sol, la corrosion d'un équipement situé à proximité. La figure 8.41 présente un exemple de protection cathodique par courant extérieur imposé.

Selon les milieux, la densité de courant à imposer aux structures peut varier (entre 5 et 0,075 A/m^2). Dans l'industrie chimique, les densités de courant peuvent atteindre des valeurs beaucoup plus considérables : ainsi, la protection cathodique de réservoirs en acier doux contenant de l'acide sulfurique chaud nécessiterait une densité de courant de l'ordre de 400 A/m^2 !

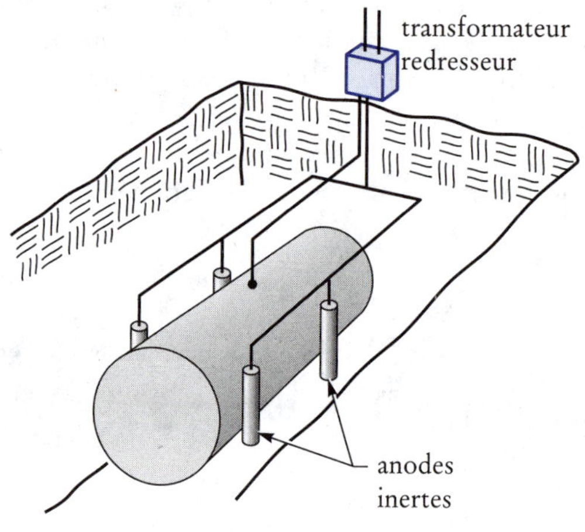

Figure 8.41 Protection cathodique, par courant extérieur imposé, d'un réservoir enfoui.

8.3.1.2 Protection anodique

Le principe de la protection anodique diffère de celui de la protection cathodique, en ce sens qu'on fait augmenter le potentiel de corrosion de façon qu'il se situe dans la zone passive (diagrammes de Pourbaix). Cette méthode est donc uniquement applicable aux métaux passivables. La figure 8.42 illustre graphiquement la différence entre les méthodes de protection cathodique et anodique.

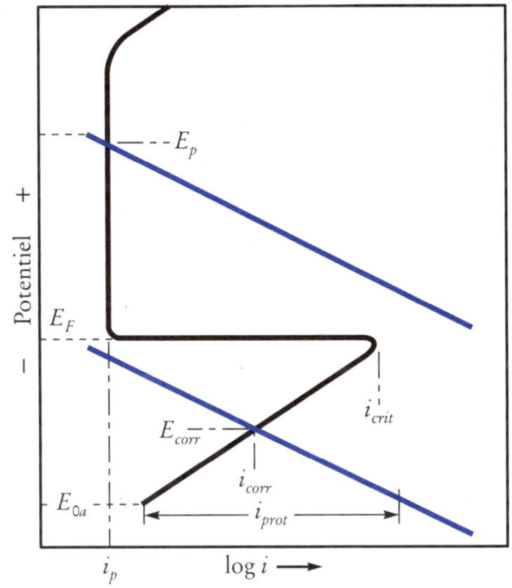

Figure 8.42 Principe de la protection anodique. En l'absence de toute protection, le courant de corrosion est i_{corr}, pour E_{corr} ($E_{corr} > E_{0a}$). Pour assurer une protection cathodique, il faut établir un courant i_{prot} : le potentiel de corrosion devient alors égal ou inférieur à E_{0a}. Par contre, pour obtenir une protection anodique, il faut élever la valeur du potentiel de corrosion jusqu'à E_p ($E_p > E_F$) ; le courant de corrosion est alors i_p, courant de corrosion à l'état passif.

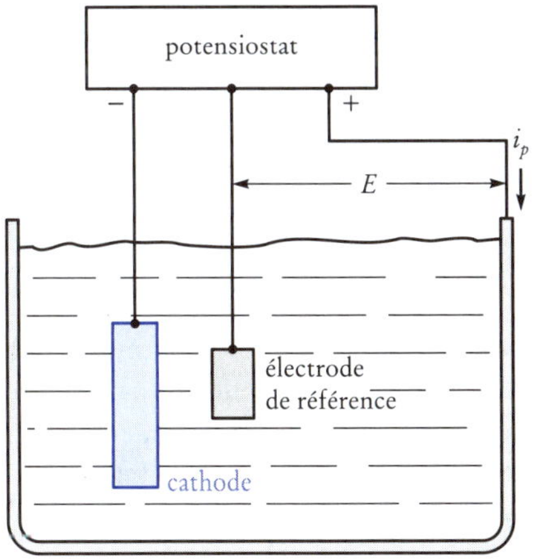

Figure 8.43 Représentation schématique d'une installation destinée à assurer une protection anodique. Le potentiel E, entre l'électrode de référence et le réservoir, est maintenu constant grâce au potentiostat ; le courant de corrosion qui circule entre la cathode et l'anode (le réservoir) est i_p, courant de corrosion à l'état passif.

On assure la protection anodique d'un métal passivable en maintenant constant, à l'aide d'un potentiostat (appareil de régulation électronique, fig. 8.43), le potentiel d'équilibre entre la structure à protéger et une électrode de référence. Avant de pouvoir se stabiliser à la valeur i_p, le courant doit atteindre une valeur plus élevée, i_{crit} (fig. 8.42). Pour protéger de cette façon un réservoir en acier doux contre l'attaque par de l'acide sulfurique chaud, il faut, afin que la passivation soit assurée, une densité de courant, i_{crit}, de 3 A/m^2 et une densité de courant d'entretien, i_p, de l'ordre de 0,2 A/m^2. Une telle densité de courant est évidemment beaucoup plus avantageuse que celle que requiert la protection cathodique par courant imposé, soit 400 A/m^2. Pour obtenir la protection anodique d'un acier inoxydable de type 316 utilisé dans les mêmes conditions, la densité de courant de passivation serait de 4 A/m^2, et celle du courant de protection, de 8 mA/m^2. La protection anodique requérant toutefois un appareillage électronique compliqué et cher, on ne l'utilise guère que dans des milieux très corrosifs, comme ceux qu'on rencontre dans l'industrie chimique.

8.3.2 Protection par revêtements et traitements des surfaces

Un revêtement ayant pour fonction d'isoler le métal du milieu corrosif, il doit être continu, adhérent et inerte par rapport à l'environnement. À cet effet, il faut préparer soigneusement les surfaces à traiter ; c'est-à-dire éliminer toute trace d'oxydation, de graisse ou de tout autre corps étranger, afin que le revêtement joue totalement son rôle de barrière au passage des électrons.

8.3.2.1 Revêtements non métalliques

Les revêtements non métalliques sont soit des peintures, soit des polymères, soit des goudrons. En ce qui concerne les peintures, il faut en appliquer au moins deux types différents : une couche de fond et des couches de finition. La peinture utilisée pour les couches de fond doit mouiller parfaitement la surface à peindre et y adhérer fortement. Ces peintures contiennent souvent des poudres de zinc ou d'aluminium, qui agissent comme anode, ou des pigments (comme le chromate de zinc), qui peuvent jouer le rôle d'inhibiteur (art. 8.3.3.2).

Les polymères utilisés comme revêtements sont soit thermoplastiques (PET, PVC, etc.), soit thermodurcissables (polyépoxydes, etc.).

Les structures enfouies sont souvent protégées par des revêtements à base de goudron, d'asphalte ou de bitume.

Les revêtements doivent être continus et adhérents ; toutefois, en pratique et en cours d'utilisation, ils ne le sont jamais parfaitement. C'est pourquoi, afin de minimiser les risques de corrosion, il faut prévoir des moyens de protection supplémentaires, comme la protection anodique ou des traitements de surface préalables (par exemple, la phosphatation), et également concevoir adéquatement les structures.

8.3.2.2 Revêtements métalliques

Par rapport au métal à protéger, les revêtements métalliques peuvent être soit anodiques, soit cathodiques (tabl. 8.2). Ainsi, le zinc, qui est anodique par rapport à l'acier, joue le rôle d'anode sacrificielle dans les pièces en tôle galvanisée. Le chrome, par contre, est cathodique par rapport à l'acier ; par conséquent, au niveau de chaque discontinuité du revêtement, il y a corrosion de l'acier sous la couche de chrome (fig. 8.44 et 8.45).

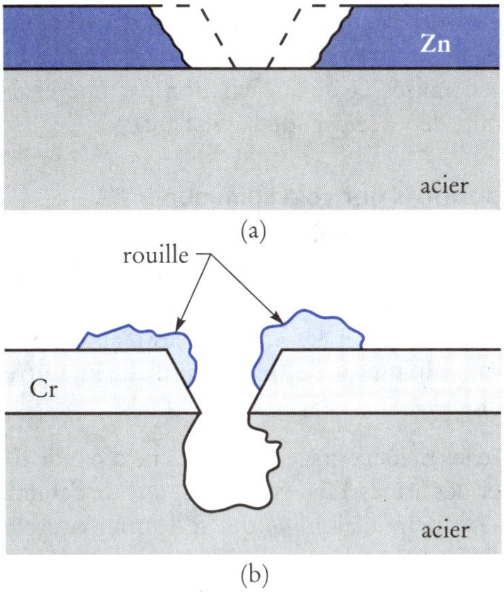

Figure 8.44 Représentation schématique de la corrosion au niveau d'une discontinuité dans un revêtement métallique. a) Revêtement de zinc sur de l'acier ; le zinc, anodique, se corrode. b) Revêtement de chrome sur de l'acier ; l'acier se corrode.

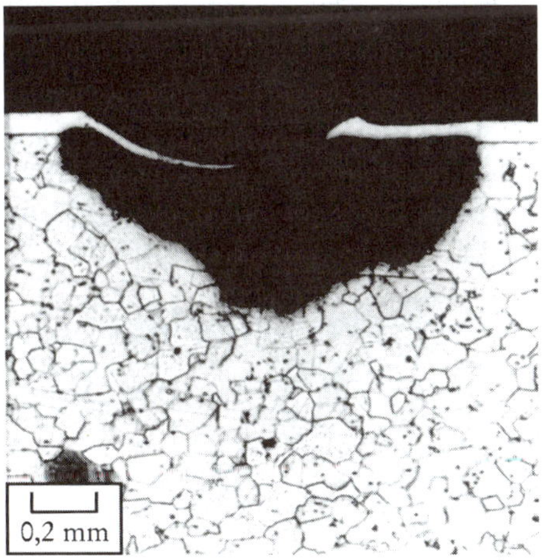

Figure 8.45 Coupe métallographique d'une discontinuité dans la couche de chrome d'un pare-chocs d'automobile, montrant la corrosion de l'acier.

On peut effectuer les revêtements métalliques par placage électrolytique (équat. 8.8), par immersion dans un bain de métal liquide (galvanisation de l'acier), par métallisation à la flamme, par soudage, par laminage, etc.

Les turbines des générateurs hydroélectriques et les cuves des réacteurs nucléaires qui sont faites d'acier ordinaire au carbone, respectivement par fonderie et par assemblage mécanosoudé, sont protégées de la corrosion généralisée et de la cavitation par une épaisse couche (environ 1 cm) d'acier inoxydable austénitique, déposée par soudage à l'arc.

8.3.2.3 Traitements des surfaces par voie chimique

Les traitements des surfaces par voie chimique modifient chimiquement les surfaces des métaux de façon à leur conférer une meilleure résistance à la corrosion. Ainsi, lorsqu'on trempe une pièce d'acier dans un bain d'acide phosphorique, il se forme, à sa surface, du phosphate de fer. On utilise ce procédé, la *phosphatation*, pour traiter les carrosseries d'automobile avant de les peindre. La *chromatation* des alliages d'aluminium et de magnésium est un autre exemple de modification chimique des surfaces métalliques.

Dans certains cas, on protège les métaux grâce à une couche d'oxyde formée artificiellement à leur surface. Le *bronzage* de l'acier des armes à feu et l'*anodisation* de l'aluminium sont des exemples de ce procédé. L'épaisseur de la couche d'alumine qui se forme naturellement sur l'aluminium est inférieure à 0,1 μm. Par oxydation anodique et hydratation, on augmente l'épaisseur de cette couche d'alumine ; on obtient ainsi une meilleure résistance de l'aluminium à l'abrasion et à la corrosion. Par ailleurs, cette couche d'alumine pouvant être teintée dans la masse, on peut obtenir une grande variété de couleurs.

8.3.3 Action sur le milieu de corrosion

On peut exercer une action sur le milieu essentiellement en modifiant la cinétique de la corrosion. Ce type de protection ne peut par conséquent s'appliquer qu'à un système fermé.

8.3.3.1 Diminution du pouvoir oxydant de l'électrolyte

Quand la réaction électrochimique de réduction est une réaction de réduction de l'oxygène (équat. 8.7), la vitesse de corrosion est nettement réduite lorsqu'on élimine préalablement l'oxygène dissous. On fait ainsi subir aux eaux de chaudière, après un dégazage thermique, un traitement à l'hydrazine (N_2H_4) ou au sulfite de sodium (Na_2SO_3), afin d'en éliminer l'oxygène ; les réactions sont alors les suivantes :

$$N_2H_4 + O_2 \rightarrow N_2 + 2\,H_2O \tag{8.23}$$

$$2\,Na_2SO_3 + O_2 \rightarrow 2\,Na_2SO_4 \tag{8.24}$$

8.3.3.2 Addition d'inhibiteurs

Les inhibiteurs de corrosion agissent sur la polarisation cathodique ; la pile de corrosion fonctionne alors *sous contrôle cathodique*, et le courant de corrosion en est diminué (fig. 8.46).

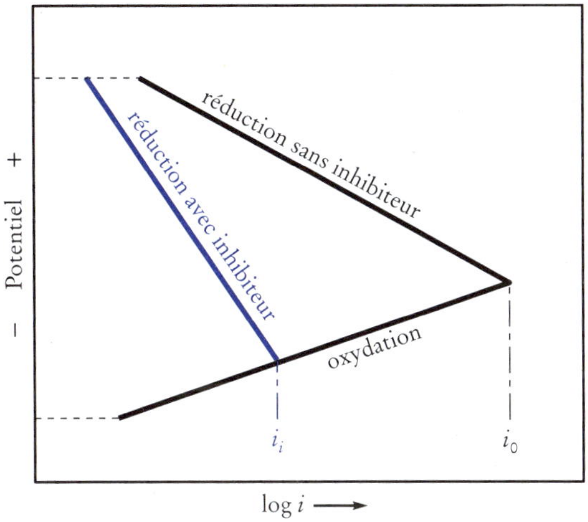

Figure 8.46 Diagramme intensité-potentiel d'un couple de corrosion, avec et sans inhibiteur. L'inhibiteur augmente la polarisation cathodique, et le courant de corrosion passe de i_0 à i_i.

Les inhibiteurs agissent en très faible concentration ; par ailleurs, leur nature varie en fonction du type de métal à protéger et du milieu corrosif avec lequel celui-ci est en contact. La figure 8.47 illustre graphiquement la différence entre les taux de corrosion, avec et sans inhibiteur, du fer plongé dans l'acide chlorhydrique 5 N. Ici, l'inhibiteur est de l'hexaméthylènetétramine, qu'on utilise dans les bains de décapage de l'acier. Avec une concentration de 0,5 g/l d'inhibiteur, la vitesse de corrosion est 5000 fois plus faible qu'en l'absence d'inhibiteur !

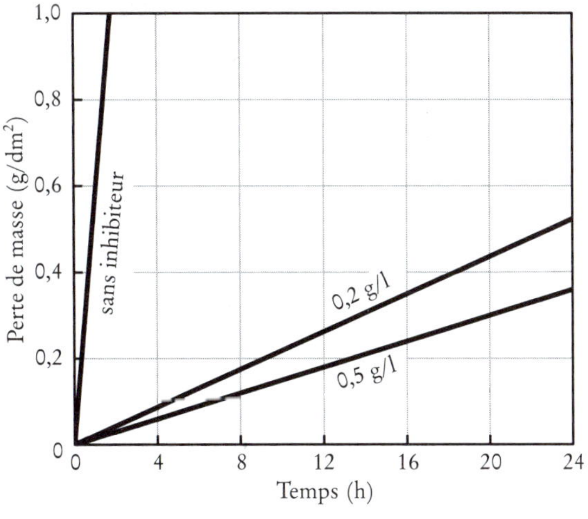

Figure 8.47 Corrosion du fer dans l'acide chlorhydrique 5 N, à 30 °C, avec et sans inhibiteur (hexaméthylènetétramine).

8.3.3.3 Addition de passivateurs

Contrairement aux inhibiteurs, les passivateurs agissent sur la surtension anodique. Ce sont des agents oxydants (chromates, nitrites), qui élèvent la valeur du potentiel de corrosion des *métaux passivables* jusque dans leur domaine de passivité. On utilise surtout les passivateurs pour les aciers au carbone et les aciers inoxydables. Leur emploi est toutefois délicat, car, si leur concentration est insuffisante, ils accélèrent la corrosion (courbes C_2 ou C_3, fig. 8.10). Par ailleurs, ils doivent être stables dans les solutions utilisées ; en effet, s'ils sont réduits, leur concentration effective diminue, ce qui entraîne un accroissement rapide de la vitesse de corrosion du métal.

8.3.4 Choix des matériaux

Le concepteur soucieux d'éviter la corrosion choisit avant tout des matériaux qui ne se dégraderont pas dans leur environnement ou, du moins, qui se corroderont de façon uniforme afin qu'on puisse connaître le plus exactement possible la durée de vie utile de l'équipement. Il lui faut en outre porter une attention spéciale aux conditions d'utilisation (matériau, milieu corrosif, contraintes) qui entraînent des types particulièrement pernicieux de corrosion, comme la corrosion sous contrainte ou la corrosion par piqûres.

Le matériau miracle qui, dans toutes les conditions d'utilisation, aurait un comportement idéal face à la corrosion n'existe pas. Les aciers «inoxydables», par exemple, font preuve, dans beaucoup de milieux, d'une excellente résistance à la corrosion ; toutefois, dans certains cas, leur emploi peut s'avérer désastreux. Si, au lieu d'utiliser un acier inoxydable pour la construction du réservoir décrit à l'article 8.2.2.2, on avait choisi un acier ordinaire au carbone auquel on aurait assuré une protection cathodique par une anode sacrificielle en magnésium, le réservoir aurait pu rester en service de nombreuses années, à condition que l'anode sacrificielle ait été changée tous les deux ans environ. L'utilisation d'un polymère renforcé de fibres de verre aurait pu constituer une autre solution ; dans ce cas, aucun entretien n'aurait été nécessaire. La résistance en service et la dégradation possible des matériaux doivent donc, on le voit, entrer en ligne de compte lorsqu'on établit des critères pour le choix des matériaux.

8.3.5 Conception et tracé des assemblages

Avant d'utiliser des méthodes de protection comme celles que nous venons de décrire, il faut lutter contre la corrosion dès le début, c'est-à-dire à la table à dessin. En fait, pour minimiser les possibilités de corrosion, il faut étudier très soigneusement la conception des équipements et des assemblages. Les règles à respecter sont aussi nombreuses que variées, car chaque assemblage est un cas d'espèce ; on peut toutefois les regrouper comme suit.

a) Éviter la formation de couples galvaniques entre des métaux différents. Lorsqu'on doit assembler des éléments faits de métaux différents, il faut les isoler électriquement l'un de l'autre (fig. 8.48a et 8.48b).
b) Éviter la formation d'interstices dans les assemblages, afin de ne pas favoriser la corrosion caverneuse, ou obturer les interstices à l'aide d'un mastic hydrofuge (par exemple, un silicone ou un butyle) ou de cordons de soudure (fig. 8.49 et 8.50). Les joints d'étanchéité hydrophiles ou trop grands peuvent par ailleurs être à l'origine d'une corrosion caverneuse (fig. 8.51).

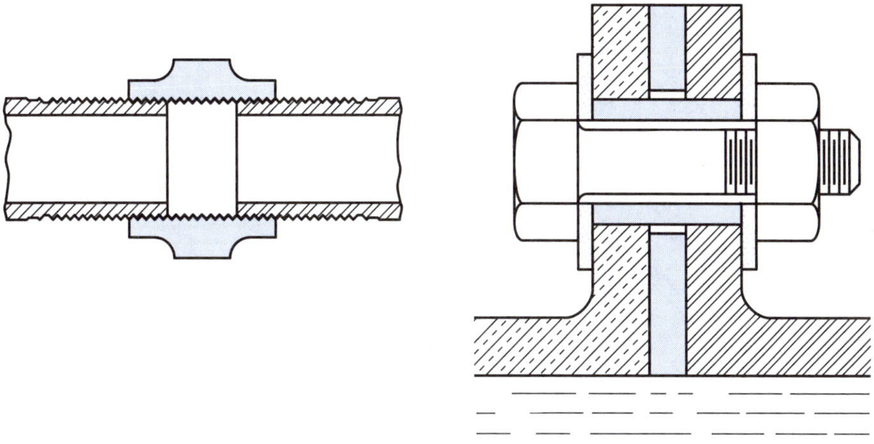

Figure 8.48 a) Utilisation d'un raccord isolant électrique pour assembler un tube de cuivre et un tube d'acier. b) Isolation électrique de deux pièces, l'une en acier, l'autre en bronze, par des rondelles de polymères.

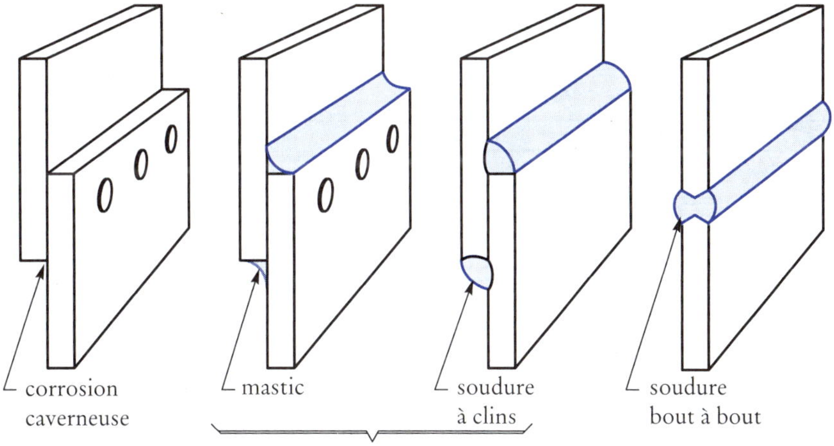

Figure 8.49 Assemblage de tôles.

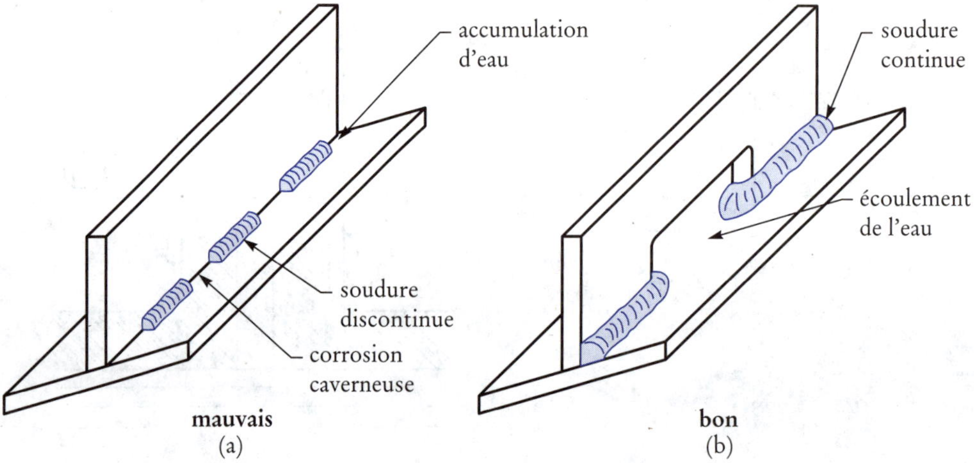

Figure 8.50 a) Un cordon de soudure discontinu engendre des interstices, sources de corrosion caverneuse. b) L'accumulation d'eau étant également une source de corrosion, il faut prévoir un bon écoulement.

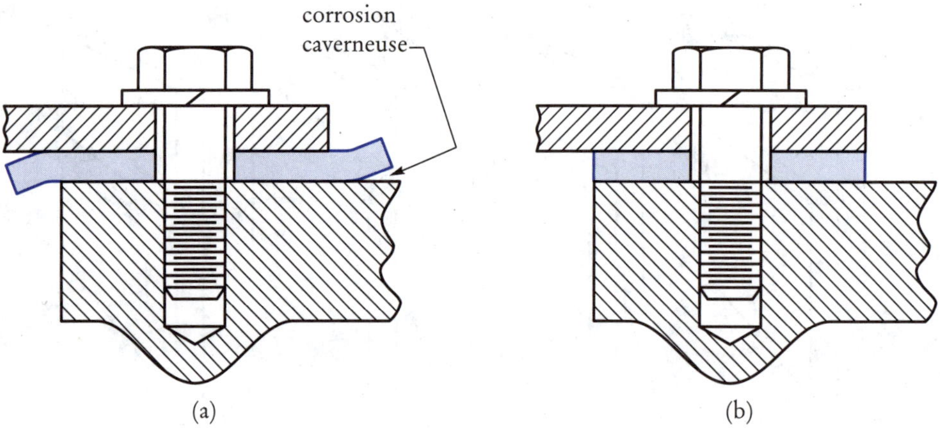

Figure 8.51 a) Corrosion caverneuse sous un joint trop grand. b) Joint adéquat.

c) Éviter, où que ce soit, l'accumulation d'eau stagnante ou de résidus de boues, causes de corrosion par aération différentielle (fig. 8.52). Pour les mêmes raisons, éviter de créer des espaces renfermés et difficiles d'accès, qui rendent l'entretien et les inspections pratiquement irréalisables.

d) Éviter tout tracé qui risque d'entraîner des concentrations de contrainte dans les matériaux sensibles à la corrosion sous contrainte. Les recuits de détente permettent d'éliminer en grande partie les contraintes résiduelles introduites au cours de la fabrication (soudage, déformations à froid).
e) Éviter, dans les conduites, les changements brusques de section, les vannes trop petites ou les irrégularités, qui peuvent engendrer des zones de turbulence et favoriser ainsi la corrosion par érosion (fig. 8.53).

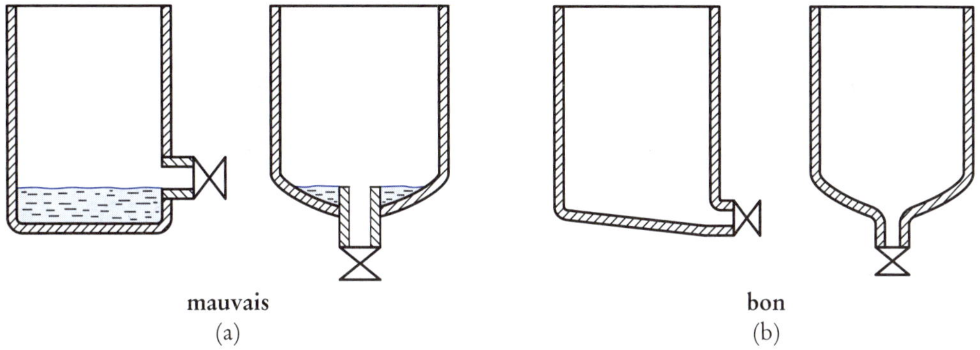

Figure 8.52 Réservoirs : a) dans lesquels il y a accumulation d'eau ; b) pouvant être vidangés complètement.

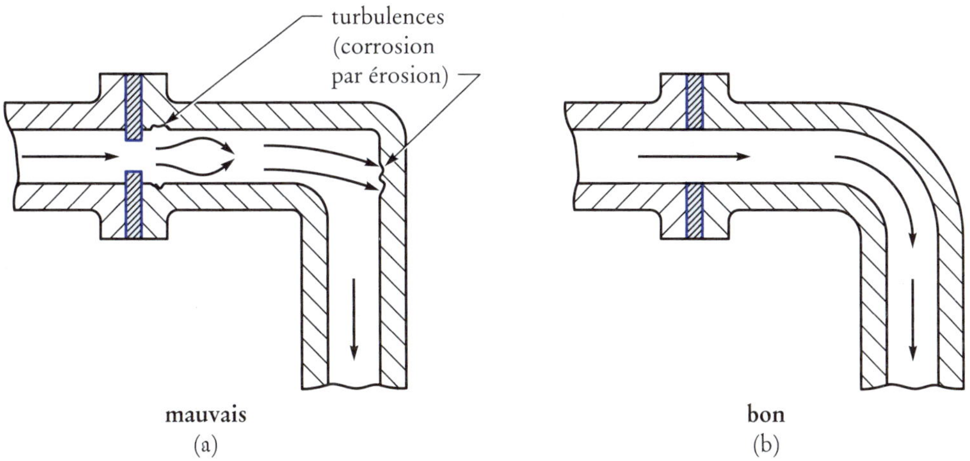

Figure 8.53 a) Un joint trop petit et un changement brusque de direction créent des turbulences qui peuvent entraîner de la corrosion par érosion. b) Joint et coude permettant d'éviter la corrosion par érosion.

f) Éviter les points chauds et les gradients de température qui créent des couples thermogalvaniques (fig. 8.54).

En résumé, il faut *éviter toute hétérogénéité* de l'assemblage comme du milieu de corrosion qui entraîne l'établissement d'une pile de corrosion.

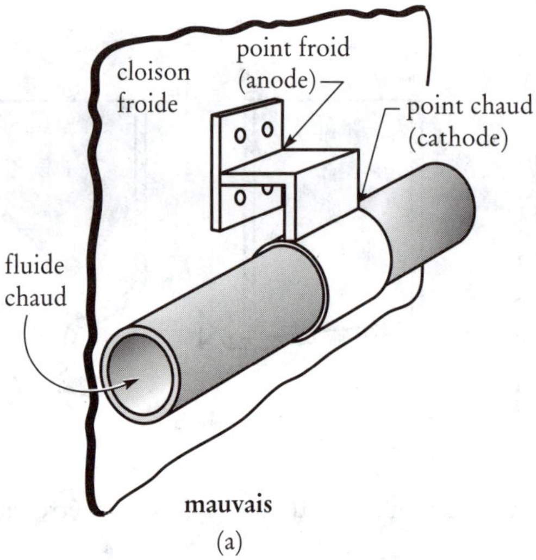

Figure 8.54 Corrosion dans la zone froide d'une bride retenant un tuyau chaud. b) Isolation thermique de la bride.

8.4 Corrosion sèche (oxydation)

La corrosion sèche des métaux est une réaction entre ceux-ci et les gaz qui les entourent. Cette réaction est une *oxydation* : il se forme en effet, le plus souvent à la surface du métal, un composé qui entraîne une perte effective et une dégradation du métal. Ce type de corrosion entraîne notamment des problèmes de tenue en service à des températures nettement supérieures à la température ambiante. Dans la majorité des cas, l'oxygène de l'air se combine aux atomes du métal pour former des *oxydes*. Dans les atmosphères sulfureuses oxydantes (SO_2), par contre, les produits de corrosion sont des *sulfures*. Finalement, l'attaque peut également être due à des halogènes (Cl, Br et I) et à des atmosphères de combustion (CO, CO_2, H_2O, etc.).

8.4.1 Aspects thermodynamiques de l'oxydation

À l'état naturel, les métaux se présentent sous forme d'oxydes (alumine, Al_2O_3 ; hématite, Fe_2O_3 ; etc.) ou de sulfures (blende, ZnS; pyrite, FeS_2 ; etc.) ; il faut donc *réduire* ces composés pour obtenir l'élément métallique correspondant. La corrosion sèche entraîne par conséquent le retour des métaux à leur état naturel, par *oxydation*, réaction inverse de la *réduction*. Comme dans le cas de toute réaction chimique, pour que la réaction du type :

$$M + O_2 \rightarrow \text{Oxyde} \tag{8.25}$$

ou

$$M + S_2 \rightarrow \text{Sulfure} \tag{8.26}$$

puisse se produire, il faut que la variation de l'énergie libre, ΔG, qui correspond au sens de la flèche soit négative.

En première approximation, on peut évaluer l'affinité des métaux pour l'oxygène ou pour le soufre à partir de la chaleur de formation, ΔH^0, du composé. Le tableau 8.3 donne les valeurs de ΔH^0 pour plusieurs éléments. Plus cette valeur est négative, plus l'affinité du métal pour l'oxygène ou pour le soufre est grande. On remarque par exemple que l'affinité de l'argent pour l'oxygène est très faible, alors qu'elle est plus élevée pour le soufre (respectivement, -60 et -185 kJ/mol) ; la ternissure de l'argenterie est ainsi principalement imputable à la formation de sulfure d'argent.

Comme les potentiels d'équilibre (art. 8.1.2), l'affinité des métaux pour l'oxygène ou pour le soufre n'indique qu'une *tendance* ; elle ne donne en effet aucun renseignement concernant la cinétique de l'oxydation. Ainsi, ce n'est pas parce que le chrome a une plus grande affinité pour l'oxygène que le cuivre que la vitesse d'oxydation du chrome est supérieure à celle du cuivre.

Tableau 8.3 Enthalpie standard de formation (oxydes et sulfures) à 25 °C

Affinité des métaux pour l'oxygène			Affinité des métaux pour le soufre		
métal	**oxyde**	**ΔH^0 (kJ/mol O_2)**	**métal**	**sulfure**	**ΔH^0 (kJ/mol S_2)**
Au	Au_2O_3	-2,5	Ag	Ag_2S	-185
Ag	Ag_2O	-60	Cr	CrS	-200
Cu	Cu_2O	-335	Cu	Cu_2S	-270
Ni	NiO	-490	Ni	Ni_3S_2	-330
Fe	FeO	-520	Fe	FeS	-310
Mo	MoO_2	-550	Zn	ZnS	-505
Zn	ZnO	-700	Mn	MnS	-535
Cr	Cr_2O_3	-750	Mg	NgS	-835
Si	SiO_2	-875			
Ti	TiO_2	-1040			
Al	Al_2O_3	-1080			
Mg	MgO	-1210			

8.4.2 Processus de formation de la couche d'oxyde

La formation de la couche d'oxyde se fait en quatre étapes, illustrées schématiquement à la figure 8.55. En premier lieu, il y a *adsorption chimique* de l'oxygène à la surface du métal. Cette adsorption conduit à la formation, entre l'oxygène et les ions métalliques, de liaisons en général ioniques (fig. 8.55a). Cette étape est favorisée par le fait que, à la surface, les liaisons métalliques des atomes ne sont pas saturées ; c'est pourquoi ces atomes font preuve d'une réactivité importante.

Après une certaine période d'incubation, il y a *germination* de l'oxyde à la surface du métal (fig. 8.55b), puis *croissance latérale* des germes, ce qui entraîne un recouvrement complet de la surface du métal par un film d'oxyde (fig. 8.55c). La *croissance uniforme* de l'oxyde se poursuit ensuite selon une direction perpendiculaire à la surface du métal (fig. 8.55d). C'est cette dernière étape qui détermine la cinétique de l'oxydation, puisque l'épaisseur de la couche d'oxyde augmente au détriment de celle du métal.

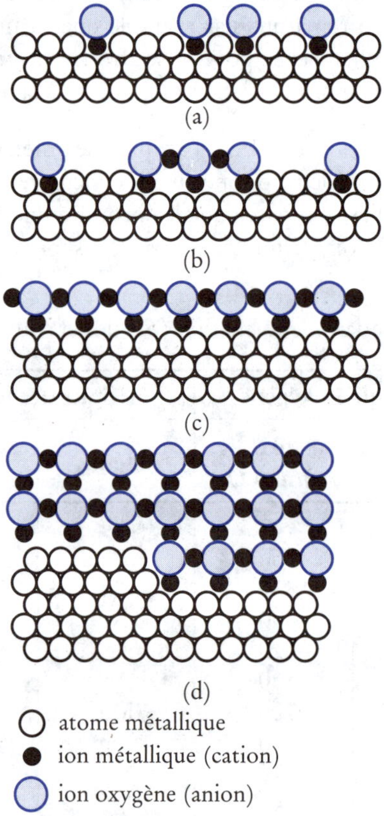

Figure 8.55 Formation d'une couche d'oxyde à la surface d'un métal : a) adsorption chimique de l'oxygène ; b)germination de l'oxyde ; c) croissance latérale des germes et saturation de la surface ; d) croissance uniforme de l'oxyde.

La figure 8.56 montre quels mouvements des ions et des électrons doivent se produire à l'intérieur de la couche d'oxyde pour que celle-ci puisse croître uniformément. Pour qu'il y ait croissance de la couche d'oxyde, il faut qu'il y ait diffusion des ions (cations ou anions) et des électrons à travers cette couche. L'oxyde doit donc être un conducteur électrique (conducteur ionique et conducteur électronique). Les oxydes et les sulfures étant en général des composés ioniques, leur conductibilité électrique reste toujours très faible ; elle peut cependant être assurée par divers types de défauts, selon la *stœchiométrie* du composé. Le rapport de stœchiométrie, R, d'un composé de forme générale M_xO_y est :

$$R = \frac{\Sigma_{anions}}{\Sigma_{cations}} = \frac{y}{x} \tag{8.27}$$

où x et y sont des entiers pour une stœchiométrie parfaite.

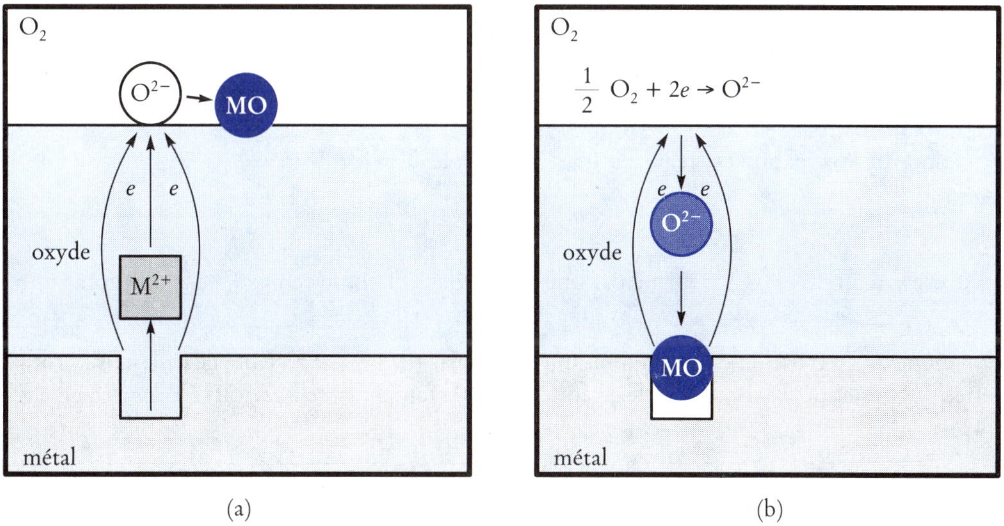

Figure 8.56 Mécanismes de croissance de la couche d'oxyde. a) Diffusion des ions métalliques (cations) et des électrons vers l'interface oxyde-gaz. b) Diffusion des ions oxygène (anions) vers l'interface métal-oxyde.

Les composés stœchiométriques renferment des défauts cristallins (défauts de Frenkel ou de Schottky) qui leur assurent une faible conductibilité électrique (art. 3.4.1). Par contre, quand il y a écart à la stœchiométrie, les cristaux ioniques se comportent soit comme des semi-conducteurs de type n (excès d'ions M^{n+} en position interstitielle ; rapport R inférieur à y/x), soit comme des semi-conducteurs de type p (lacunes cationiques dues à une insuffisance de cations ; rapport R supérieur à y/x). La figure 8.57 illustre ces deux types d'écarts à la stœchiométrie (au chapitre 9, nous traiterons plus à fond des semi-conducteurs).

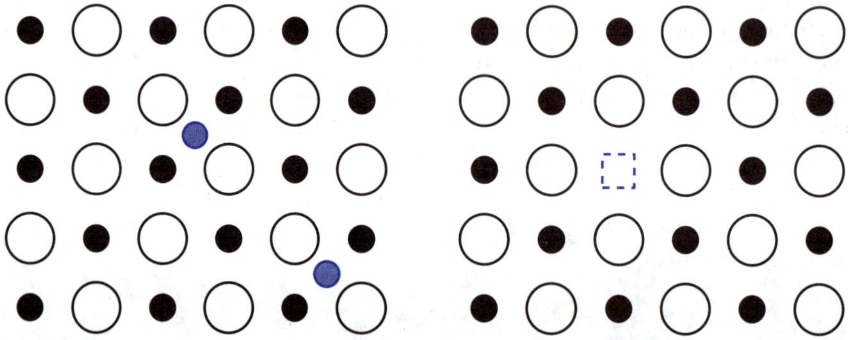

Figure 8.57 Types de défauts apparaissant dans les réseaux cristallins des composés ioniques non stœchiométriques. a) Solution solide de cations interstitiels : semi-conducteur de type *n* (par exemple, ZnO, Fe_2O_3, TiO_2). b) Lacunes cationiques : semi-conducteur de type *p* (par exemple, FeO, Cu_2O, NiO, FeS).

8.4.3 Cinétique de l'oxydation

La cinétique de l'oxydation est régie par une loi générale de la forme :

$$m_{ox} = kf(t) \tag{8.28}$$

où m_{ox} est la masse de l'oxyde formé par unité de surface et en un temps t, et k, une constante de vitesse.

La cinétique de l'oxydation dépend en premier lieu de la *température* à laquelle celle-ci se produit ; en effet, la constante de vitesse k varie en fonction de la température T, selon la loi d'Arhénius :

$$k = k_0 \exp\left(-\frac{Q}{RT}\right) \tag{8.29}$$

où Q est l'énergie d'activation et R, la constante molaire des gaz. Par conséquent, plus la température est élevée, plus la vitesse d'oxydation est grande.

La cinétique de l'oxydation dépend par ailleurs du rapport Δ, ou rapport entre le volume équivalent de l'oxyde formé et celui du métal oxydé (*rapport de Pilling-Bedworth*), rapport déterminé par la relation :

$$\Delta = \frac{(m_a)_{ox}\, \rho_M}{(m_a)_M\, \rho_{ox}} \tag{8.30}$$

où $(m_a)_{ox}$ et $(m_a)_M$ sont respectivement les masses molaires de l'oxyde et du métal, et ρ_{ox} et ρ_M, leurs masses volumiques. Le tableau 8.4 donne les valeurs du rapport Δ pour quelques métaux.

Tableau 8.4 Masse volumique et rapport Δ (rapport de Pilling-Bedworth), pour quelques métaux

Métal	Oxyde formé	ρ_m (g/cm³)	ρ_{ox} (g/cm³)	Δ
Al	Al_2O_3	2,7	3,7	1,38
Ca	CaO	1,55	3,4	0,64
Cr	Cr_2O_3	7,14	5,2	2,00
Cu	Cu_2O	8,92	6,0	1,67
Fe	FeO	7,88	5,99	1,69
	Fe_2O_3	7,88	5,24	2,15
	Fe_3O_4	7,88	5,18	2,10
Mg	MgO	1,74	3,50	0,82
	$MgSO_4$	1,74	2,66	3,24
Ni	NiO	8,93	6,8	1,67
Ti	TiO_2	4,5	4,0	1,88
Zr	ZrO_2	6,53	5,7	1,54

Lorsque le rapport Δ est inférieur à l'unité, le film d'oxyde ne peut pas recouvrir complètement la surface du métal ; il ne forme donc aucune barrière qui s'oppose à la diffusion de l'oxygène vers le métal. Dans ces conditions, l'oxydation du métal est continue, et la cinétique de l'oxydation est régie par une loi linéaire de type :

$$m_{ox} = k_1 t \tag{8.31}$$

C'est ce qui se produit pour les métaux alcalins et alcalino-terreux (tabl. 8.4). Pour les métaux dont les oxydes sont volatils à haute température (Mo, V, W)et quel que soit la valeur de Δ, l'oxygène a toujours accès à la surface métallique et la cinétique de l'oxydation est également régie par une loi linéaire (fig. 8.58a).

À l'autre extrême, lorsque le rapport Δ est élevé (supérieur à 2,4 environ), la cinétique de l'oxydation est également soumise à une loi linéaire (c'est le cas du tantale et du niobium, par exemple), car le volume d'oxyde formé est si important qu'il provoque, par gonflement, des fissures par lesquelles l'oxygène peut pénétrer jusqu'au métal.

Par contre, lorsque le rapport Δ est supérieur à 1 mais inférieur à 2,4, il y a formation d'une couche protectrice d'oxyde, compacte et continue. L'oxydation progresse alors par diffusion d'ions et d'électrons dans l'oxyde, et sa cinétique dépend des propriétés physiques de l'oxyde ainsi que de sa stœchiométrie.

Dans les composés non stœchiométriques, il s'établit un gradient de concentration des ions entre les interfaces métal-oxyde et oxyde-gaz, ce qui favorise l'établissement d'un courant de diffusion. La cinétique de l'oxydation est alors régie par une loi parabolique de la forme (fig. 8.58b) :

$$m_{ox}^2 = k_2 t \tag{8.32}$$

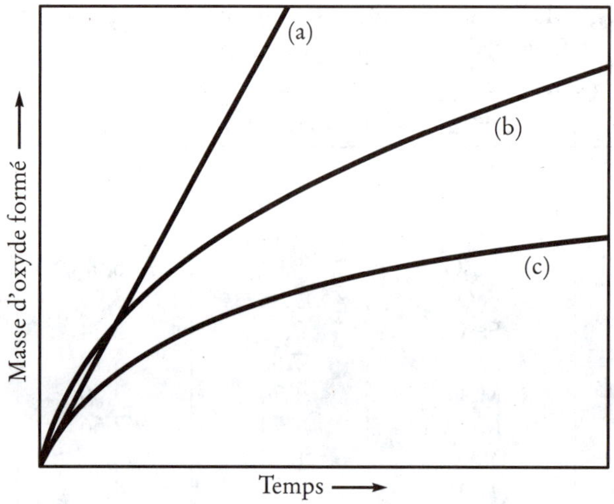

Figure 8.58 Cinétiques d'oxydation des métaux : a) loi linéaire (Na, Mg, Li, Nb) ; b) loi parabolique (Fe, Cu à haute température) ; c) loi logarithmique (Fe, Al, Cu, à la température ambiante ; Cr, Si, à haute température).

Ici, plus la couche d'oxyde est épaisse, plus le temps nécessaire pour que les ions la traversent augmente (*théorie de Wagner*). La formation d'épais films d'oxyde sur le cuivre, le fer ou le nickel à haute température est régie par la même loi.

Par contre, la conductibilité électrique des composés stœchiométriques est très faible (à la température ambiante, par exemple, la concentration de défauts de Frenkel ou de Schottky est de l'ordre de $10^{-15}/cm^3$) ; la cinétique de l'oxydation est alors régie par une loi logarithmique (fig. 8.58c) de la forme :

$$m_{ox} = k_1 \log\left(at + t_0\right) \tag{8.33}$$

C'est ce qui se produit quand il y a formation de minces films d'oxyde sur le fer, le cuivre ou l'argent, à la température ambiante. La cinétique de l'oxydation de l'aluminium, du chrome et du silicium est également soumise à une loi qui, dans un premier temps, est logarithmique ; toutefois, la valeur de m_{ox} tend rapidement vers une valeur asymptotique. Les oxydes de ces métaux sont stœchiométriques ; ils forment donc des films protecteurs très efficaces grâce à l'absence de gradient de concentration des ions à l'intérieur de l'oxyde et leur très faible conductibilité électrique.

8.4.4 Protection contre la corrosion sèche

8.4.4.1 Alliages réfractaires

Puisque la corrosion sèche se manifeste principalement à haute température, il faut que la résistance du métal à l'oxydation s'accompagne d'une bonne tenue mécanique à la température d'utilisation. Les *alliages réfractaires* sont des matériaux qui, à une température élevée, conservent des propriétés mécaniques acceptables, sont peu sensibles au fluage et résistent bien à la corrosion sèche dans leur milieu d'utilisation.

En général, la cinétique de l'oxydation des alliages réfractaires est régie par une loi logarithmique ou parabolique ; la couche d'oxyde, compacte et adhérente, assure une bonne protection. La figure 8.59 montre la variation de la température maximale d'utilisation des alliages fer-chrome en fonction de leur teneur en chrome, et la figure 8.60 donne les températures maximales d'utilisation de divers alliages réfractaires. On remarque que ces températures correspondent aux températures auxquelles les vitesses d'oxydation des alliages dans l'air demeurent inférieures à 30 mg/(dm$^2 \cdot$ h) ; les caractéristiques de fluage peuvent par ailleurs obliger à ramener les températures d'utilisation à des valeurs plus faibles.

De plus en plus, pour les utilisations aux très hautes températures, on a tendance à recourir aux céramiques. En effet, ces matériaux, composés déjà oxydés, ne sont pas naturellement sujets à la corrosion sèche. Dans les moteurs à turbine, on peut ainsi utiliser des aubes en céramique, à base de Si_3N_4 ou de SiC, jusqu'à 1300 °C.

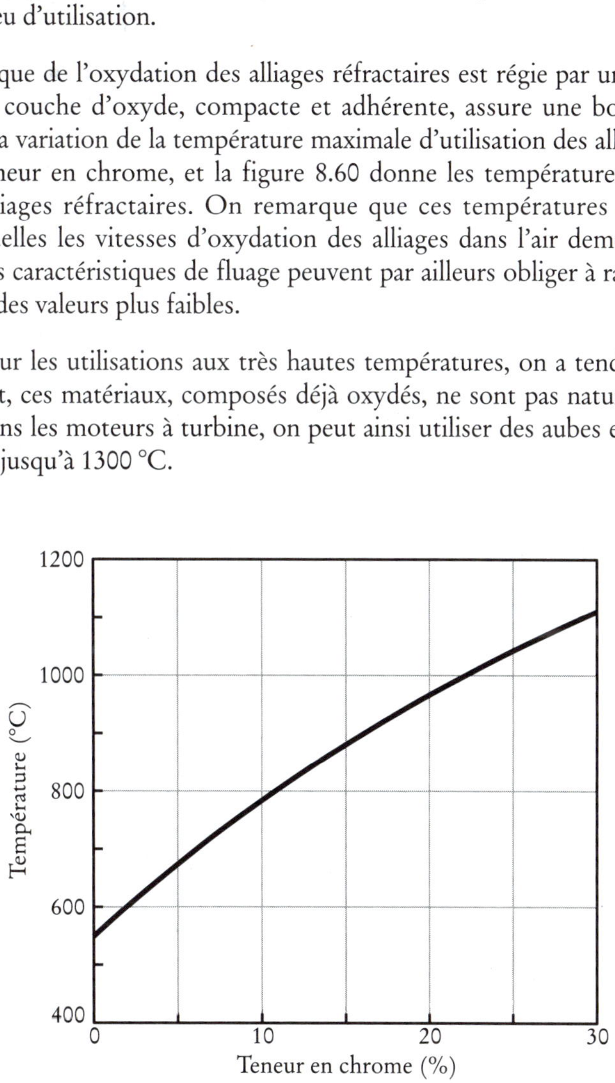

Figure 8.59 Température maximale d'utilisation dans l'air des alliages Fe–Cr.

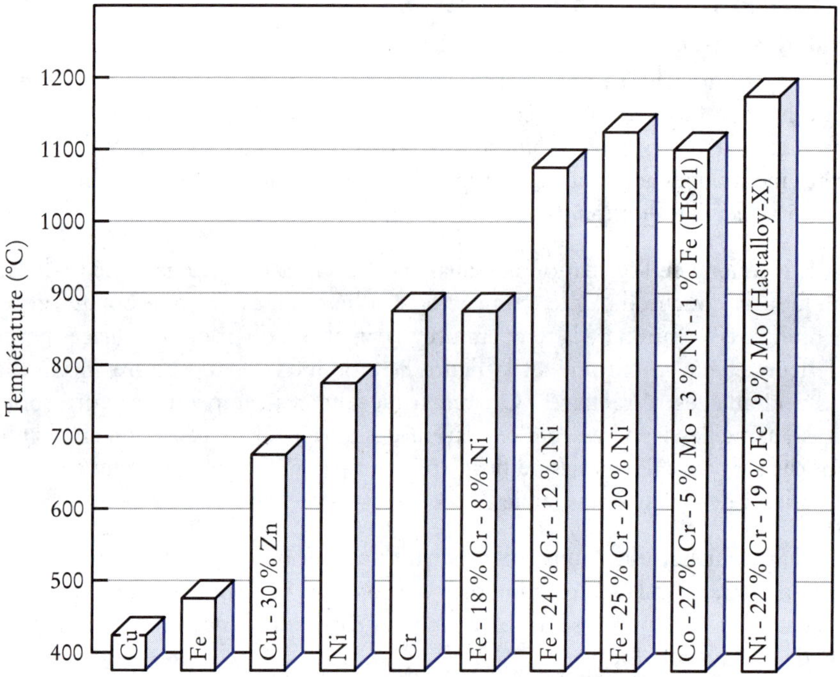

Figure 8.60 Température maximale d'utilisation dans l'air de divers alliages réfractaires.

8.4.4.2 Revêtements protecteurs

Les revêtements protecteurs permettent de mettre le métal ou l'alliage à l'abri de l'action corrosive de l'atmosphère ambiante. Le revêtement utilisé doit être lui-même inerte, ou du moins très faiblement actif, par rapport aux gaz ; il doit en outre bien adhérer au substrat mais ne pas former, par diffusion à haute température, de composés fragiles à l'interface métal-revêtement ; enfin, son coefficient de dilatation doit être compatible avec celui du métal, de façon à ce que l'ensemble réagisse uniformément aux variations de température.

Sur les aciers, des dépôts de chrome et de nickel, suivis d'une diffusion, donnent de bons résultats ; de plus en plus toutefois, on a recours à des dépôts de céramiques (oxydes, nitrures ou carbures) obtenus par projection à chaud à l'aide d'une torche au plasma pour lutter contre l'oxydation à très haute température.

8.5 DÉGRADATION DES MATIÈRES PLASTIQUES

Au cours du temps et selon les modes d'utilisation des matières plastiques, on observe souvent une altération de leurs propriétés, altération qui peut entraîner la mise hors service des produits. Le vieillissement des matières plastiques se manifeste par une dégradation, souvent lente mais toujours irréversible, de leurs propriétés. Des effets de cette dégradation découle la notion de «durée de vie» du matériau, c'est-à-dire le temps nécessaire pour qu'une propriété (physique, chimique ou électrique) atteigne un seuil au-dessous duquel le matériau devient inutilisable.

Dans les articles suivants, nous présenterons les principaux types de vieillissement qui affectent les matières plastiques. Les tableaux 8.5 et 8.6 présentent qualitativement la résistance à la dégradation de certaines matières plastiques et de certains élastomères dans divers environnements.

8.5.1 Vieillissement physique

Les phénomènes de vieillissement physique ne provoquent pas de modifications chimiques des polymères. Ils peuvent être imputables à la migration de plastifiants ou à l'action de solvants, et ils peuvent entraîner, sous contrainte mécanique, l'apparition de fissures.

8.5.1.1 Migration des plastifiants

Les plastifiants permettent d'abaisser la température de transition vitreuse des matières plastiques (art. 12.2.5) ; on les utilise largement dans le polychlorure de vinyle (PVC). Au cours du temps, ces adjuvants peuvent migrer ou s'évaporer, ce qui modifie les propriétés du matériau. C'est ce qui arrive, par exemple, aux housses de sièges d'automobile qui finissent par perdre de leur souplesse et par se fendiller. Plus le poids moléculaire des plastifiants est faible (petites molécules mobiles), plus leur migration est rapide. La migration et l'élimination des plastifiants peuvent se produire soit par leur évaporation, soit par leur extraction par un solvant ; dans ce dernier cas, des problèmes d'utilisation peuvent survenir (par exemple, extraction d'un plastifiant par de l'eau, et contamination dans l'industrie alimentaire notamment).

8.5.1.2 Action des solvants

Les solvants, dont l'eau, sont de petites molécules qui peuvent pénétrer entre les chaînes moléculaires du polymère. Ce faisant, les solvants agissent comme des plastifiants et, parce qu'ils augmentent la distance entre ces chaînes, la valeur du module d'élasticité du matériau diminue.

Tableau 8.5 Résistance à la dégradation de certaines matières plastiques dans divers environnements

Matière plastique	Solution aqueuse			Acide		Solvant	
	Eau	Saline (NaCl)	Alcaline (NaOH)	Oxydant (20 % H_2SO_4)	Non oxydant (10 % HNO_3)	Polaire (C_2H_5OH)	Non polaire (C_6H_6)
Polyéthylène basse densité (PEbd)	B	B	-	B	P	B	P
Polyéthylène haute densité (PEhd)	B	B	-	B	P	B	P
Polytéréphtalate d'éthylène (PETP)	B	B	B	B	P	B	B
Polyamide 6 (PA 6-6)	B	B	B	M	M	P	M
Polypropylène (PP)	B	B	B	B	P	B	P
Polystyrène (PS)	B	B	B	B	P	B	M
Polycarbonate (PC)	B	B	M	P	M	B	M
Polytétrafluoroéthylène (PTFE)	B	B	B	B	B	B	B
Polyétheréthercetone (PEEK)	B	B	B	B	B	B	B
Polyester (PETP)	B	B	P	P	P	P	M
Polyépoxyde (EP)	B	B	B	B	M	B	P
Polyuréthane (PU)	B	B	P	P	M	M	P
Silicone	B	B	B	P	M	B	P

B = bonne ; M = mauvaise ; P = passable.

Source : Extraits de R.B. Seymour, *Polymers for Engineering Applications*, ASM Int., Materials Park, OH, 1987.

Tableau 8.6 Résistance à la dégradation de quelques élastomères dans divers environnements

Élastomères	Vieillissement climatique			Solutions		Hydrocarbures		Huiles
	Photo-dégradation	Oxydation	Ozone	Alcaline diluée/concentrée	Acide diluée/concentrée	Aliphatiques	Chlorés	Animales/végétales
Polyisoprène (naturel)	M	B	NR	E/A	E/A	NR	NR	M-B
Polyisoprène (synthétique)	NR	B	NR	B-A/B-A	B-A/B-A	NR	NR	M-B
Néoprène	B	E	E	E/E	E/E	A	M	B
Butadiène	M	B	NR	A-B/A-B	A-B/A-B	NR	NR	M-B
Butadiène-styrène	M	A	NR	A-B/A-B	A-B/A-B	NR	NR	M-B
Nitrile	M	B	A	B/B	B/B	E	A-B	B
Silicone	E	E	E	E/E	B/A	M-A	NR	E

A = acceptable ; B = bonne ; E = excellente ; M = médiocre ; NR = non recommandé.

Source : Extraits de *Compound Selection and Service Guide*, Seals Eastern Inc., Red Bank, NJ, 1977.

En pénétrant dans le polymère, le solvant provoque un gonflement local ou généralisé de la pièce, ce qui engendre des contraintes internes. L'effet de ces contraintes peut se traduire par l'apparition de craquelures (fig. 8.61), ou même de fissures, dans la pièce.

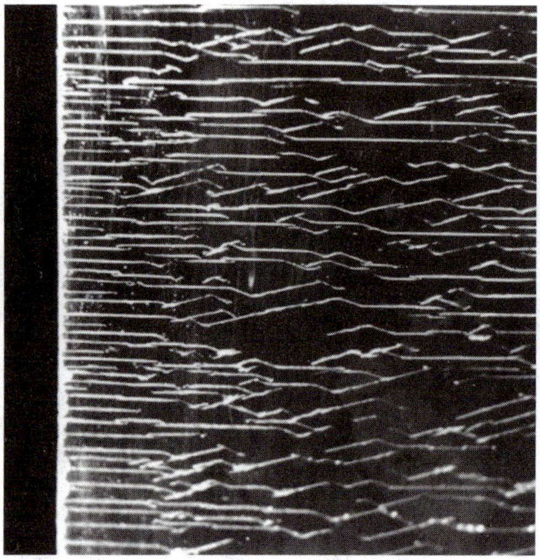

Figure 8.61 Craquelures formées dans du polymétacrylate de méthyle («Plexiglas»).

En général, plus le polymère est cristallisé, plus il résiste à l'action des solvants ; en effet, les solvants ne peuvent pas pénétrer aussi aisément dans les zones cristallisées comme ils le font dans les zones amorphes.

8.5.1.3 Fissuration sous contrainte en milieu tensioactif

En milieu tensioactif, sous l'action de contraintes mécaniques, des fissurations peuvent se produire dans certains cas. On observe principalement ce phénomène dans le cas du polyéthylène. La figure 8.62 montre un tuyau de polyéthylène monté sur un embout de PVC. Pour faciliter le glissement entre le tuyau et l'embout, l'installateur avait utilisé un savon liquide, qui constitue un milieu tensioactif. Des fissures sont apparues et se sont propagées en quelques jours !

On comprend encore mal ce phénomène de fissuration, qui semble lié à la tension de surface du liquide mais également à la masse moléculaire du polymère ; une masse moléculaire élevée rend en effet le polyéthylène moins sensible à ce type de fissuration.

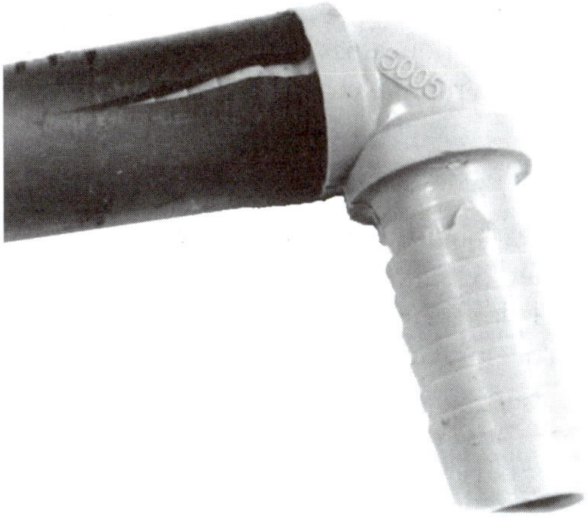

Figure 8.62 Fissuration sous contrainte en milieu tensioactif d'un tuyau de polyéthylène.

8.5.2 Vieillissement et dégradation chimiques

Contrairement au vieillissement physique, le vieillissement chimique est dû à des mécanismes qui entraînent des modifications des chaînes moléculaires. Ces modifications sont principalement imputables à l'oxydation, à l'effet des radiations ultraviolettes (*photodégradation*) ou à celui de la chaleur.

8.5.2.1 Oxydation

L'oxydation résulte de la fixation de l'oxygène par des radicaux qui proviennent d'une rupture des liaisons de la chaîne. La facilité avec laquelle un polymère s'oxyde dépend de la présence de liaisons de faible intensité dont la rupture amorce la réaction. Au début, la cinétique de la réaction d'oxydation est caractérisée par une période d'incubation au cours de laquelle il y a formation de radicaux libres. Après quoi, la réaction se poursuit, en chaîne, par la formation de peroxydes et d'hydroperoxydes. Cette oxydation entraîne une chute des propriétés mécaniques et électriques du polymère (diminution des caractéristiques diélectriques).

Les polymères les plus sensibles à l'oxydation sont le polypropylène, le polybutadiène, le polystyrène et les polyamides. Les polymères fluorés, quant à eux, sont insensibles à l'oxydation.

L'ozone (O_3), qui est un oxydant plus puissant que l'oxygène, cause des problèmes dans l'utilisation des polymères en électricité ; il provoque en effet rapidement une fissuration à la surface des pièces (notamment dans le cas du caoutchouc). Pour contrer l'effet de l'oxygène, on utilise des adjuvants «antioxydants». Outre le noir de carbone, dont la teneur peut atteindre 5 %, ces antioxydants sont principalement des amines et des phénols. Ils permettent de limiter le nombre de scissions dans les chaînes et d'accroître ainsi la durée de la période d'incubation.

8.5.2.2 Photodégradation

La dégradation des matières plastiques par l'effet des rayonnements ultraviolets entraîne une diminution de leur résistance à la rupture et, parfois, de leur coloration. L'irradiation aux U.V. peut par ailleurs amorcer l'action de l'oxygène. Dans tous ces cas toutefois, on parle de vieillissement «climatique».

Sous l'action de photons U.V. (longueurs d'onde comprises entre 200 et 400 nm), il y a excitation de certains groupes chimiques, ce qui peut entraîner la rupture des chaînes moléculaires. L'énergie associée à un photon dont la longueur d'onde est de 300 nm est de 4 eV ; sous l'action d'un tel photon, les liaisons dont l'énergie de dissociation est inférieure à cette valeur peuvent donc se rompre.

On contre l'action des U.V. par des adjuvants, les «stabilisants U.V.». Ces stabilisants sont soit des pigments qui forment écran à la pénétration des radiations (noir de carbone, TiO_2), soit des absorbeurs d'U.V. (absorption des U.V. dans une bande comprise entre 300 et 350 nm) souvent transparents dans le spectre visible, soit des extincteurs qui désactivent les états activés du polymère.

8.5.2.3 Dégradation thermique

Une élévation de température, que ce soit pendant l'utilisation du matériau ou pendant sa mise en œuvre, entraîne une dégradation thermique des matières plastiques imputable à la modification de la structure des chaînes macromoléculaires. Cette dégradation thermique peut provoquer soit une rupture des chaînes (polyéthylène), soit une dépolymérisation (polymétacrylate de méthyle), soit une réaction avec les groupes latéraux (formation de HCl au cours de la pyrolyse du PVC). La stabilisation thermique à court terme, à plus de 300 °C, est assurée par la présence de liaisons fortes (C–F, cycles aromatiques dans la chaîne, etc.).

À la limite, la dégradation thermique peut donner lieu à une combustion, réaction fortement exothermique. Cette combustion peut entraîner une réaction en chaîne et se propager (matières inflammables) ou, au contraire, ne pas se propager (matières auto-extinguibles). On rend les polymères ininflammables par l'addition d'ignifugeants qui agissent soit au moment de l'amorce de la réaction, soit pendant sa propagation (art. 12.2.5.1).

8.6 DÉGRADATION DES CÉRAMIQUES

Dans la majorité des cas, les céramiques, matériaux dont la cohésion est assurée par des liaisons fortes (ioniques ou covalentes), sont des composés très stables. Leur dégradation, quand elle se produit, n'est pas imputable à des mécanismes semblables à ceux que nous avons étudiés jusqu'ici ; en général, les cinétiques de leur dégradation sont même très lentes : les archéologues découvrent ainsi des poteries et des pièces de verres antiques conservées dans leur état originel, même s'ils doivent parfois en recoller les morceaux. Il existe cependant des cas, souvent préoccupants, où la dégradation de ces matériaux est plus rapide. Nous ne traiterons pas ici de la dégradation des céramiques due aux chocs thermiques (sect. 7.6) ni de l'attaque des matériaux réfractaires par les laitiers métallurgiques (art. 13.4.1), mais nous étudierons plus particulièrement la dégradation du béton et celle des pierres calcaires en milieu urbain.

8.6.1 Dégradation du béton

Le béton est un matériau hétérogène (sect. 13.7) composé d'un liant hydraulique (le ciment), de sable et de gravier et, dans le cas du béton armé, d'acier ; par ailleurs, c'est un matériau très poreux. Si le sable et le gravier sont inertes, il n'en est toutefois pas ainsi du ciment, dans certains milieux, ni de l'acier d'armature. Le béton se dégrade soit sous l'action de sulfates, soit à cause de la corrosion de l'acier d'armature, soit à cause des cycles gel-dégel.

8.6.1.1 Dégradation du béton sous l'action des sulfates

Les eaux qui contiennent des sulfates (sufates de magnésium, de calcium ou de sodium) attaquent le béton. Ces sulfates réagissent avec un des constituants du ciment, l'aluminate tricalcique ($3CaO \cdot Al_2O_3$), pour former du sulfo-aluminate de calcium. Cette réaction s'accompagne d'une augmentation de volume, ce qui entraîne l'apparition de contraintes et un écaillage du béton, et parfois la formation de plâtre (gypse). Au delà d'une certaine teneur de l'eau en sulfate (0,5 %), la dégradation du béton devient importante.

Pour éviter ce type de dégradation, on peut soit utiliser un ciment pauvre en aluminate tricalcique, soit diminuer la porosité du béton afin de ralentir la vitesse d'infiltration de l'eau dans celui-ci, soit imperméabiliser les surfaces exposées.

8.6.1.2 Corrosion de l'acier d'armature

Cette corrosion, bien qu'elle n'attaque pas directement le béton, entraîne cependant sa dégradation. Puisque le béton est un milieu très basique dont le pH est voisin de 13, l'acier noyé dans la masse est à l'état passif ; cet acier ne se corrode donc pas. Cependant, la présence dans l'atmosphère de CO_2, même sous forme de traces, a tendance à faire baisser le pH du béton ; cette baisse est encore accentuée en présence de sel (NaCl ou CaCl abondamment utilisés pour le déglaçage des routes). Quand le pH devient inférieur à 11, l'acier n'est plus à l'état passif ; il se corrode. La formation d'oxyde de fer et de rouille se fait avec une importante augmentation de volume, ce qui fait éclater le béton (fig. 8.63) ; l'acier ainsi mis à nu se corrode alors encore plus rapidement et l'intégrité de la structure peut en être compromise.

Tout comme dans le cas précédent, on peut éviter ce type de dégradation en diminuant la porosité du béton ; on doit en outre recouvrir l'acier d'armature d'une épaisseur suffisante de béton (au moins 5 cm de béton dense). On peut par ailleurs utiliser de l'acier galvanisé ou incorporer au béton, au moment du gâchage, un inhibiteur de corrosion (nitrite de calcium).

Figure 8.63 Dégradation du béton imputable à la corrosion d'une barre d'acier d'armature.

8.6.1.3 Dégradation climatique

Les cycles gel-dégel dégradent considérablement le béton en y provoquant des fissures et des écaillages que l'action du sel de déglaçage aggrave. Par ailleurs, la formation de fissures favorise la corrosion de l'acier d'armature, si bien que, souvent, ces deux types de dégradation sont liés.

Cette dégradation est due au gel de l'eau libre, toujours présente dans le béton. L'addition d'un entraîneur d'air (art. 13.7.2), qui provoque la formation de petites bulles d'air, permet d'obtenir des bétons qui résistent au gel : l'eau, présente naturellement dans les capillaires du béton, migre ainsi vers les porosités au moment du changement de volume dû au gel.

8.6.2 Dégradation climatique du calcaire

Les atmosphères industrielles polluées par l'anhydride sulfureux attaquent les pierres calcaires, dont le marbre. En présence d'eau, l'anhydride sulfureux (SO_2) se transforme en acide sulfurique (pluies acides) qui réagit avec le carbonate de calcium ($CaCO_3$) de la pierre pour former du gypse ($CaSO_4 \cdot 2H_2O$), c'est-à-dire du plâtre. Or, puisque le gypse a un volume massique plus grand que celui du carbonate de calcium à partir duquel il s'est formé, il se produit un gonflement de la surface exposée, ainsi qu'un écaillage et une fissuration qui laissent l'eau et l'acide pénétrer encore plus profondément dans la pierre. Ce processus chimique dégrade la pierre et en fait disparaître les reliefs. La dégradation rapide du Parthénon et de ses statues – dégradation qui a pris une ampleur catastrophique dans les trente dernières années – est due à ce phénomène. La figure 8.64 montre une partie du parapet du pont Louis-Philippe à Paris, pont construit en 1867 : on remarque que les parties les plus exposées à la pluie sont les plus dégradées.

Figure 8.64 Dégradation du parapet du pont Louis-Philippe, à Paris.

Chapitre 9

PROPRIÉTÉS PHYSIQUES

On utilise la très grande majorité des matériaux à des fins structurales, c'est-à-dire pour supporter des contraintes : leurs propriétés mécaniques sont alors les propriétés principales à considérer pour une application donnée. Toutefois, on utilise plusieurs matériaux pour tirer parti de certaines de leurs propriétés physiques qui leur permettent de remplir des fonctions bien spécifiques : conduction ou isolation thermiques, conduction ou isolation électriques, utilisation de leurs propriétés magnétiques. Dans ce chapitre, nous étudierons les propriétés physiques des matériaux, en illustrant comment ces propriétés peuvent être exploitées, en particulier dans des domaines en pleine expansion comme celui des semi-conducteurs.

9.1 PROPRIÉTÉS THERMIQUES

9.1.1 Capacité thermique

Lorsque, sous l'effet d'un apport de chaleur dQ, la température d'un matériau augmente d'une valeur dT, sa *capacité thermique* est déterminée par la relation :

$$C = \frac{dQ}{dT} \tag{9.1}$$

Cette augmentation de température peut se produire soit à volume constant, soit à pression constante. À volume constant, une condition qui, expérimentalement, est difficile à réaliser pour les matériaux solides, la quantité de chaleur dQ est égale à l'accroissement de l'énergie interne du matériau, ΔE ; la capacité thermique à volume constant, C_v, est alors exprimée par la dérivée de la variation de l'énergie interne du matériau en fonction de la température, soit

$$C_v = \left(\frac{dE}{dT}\right)_v \tag{9.2}$$

À pression constante, la quantité de chaleur dQ est égale à la variation de l'enthalpie du matériau, ΔH ; la capacité calorifique à pression constante, C_p, est alors exprimée par la dérivée de la variation de l'enthalpie en fonction de la température, soit

$$C_p = \left(\frac{dH}{dT}\right)_p \tag{9.3}$$

Les capacités calorifiques C_p et C_v sont liées thermodynamiquement et, en général, C_p est supérieure à C_v, notamment pour les gaz. Au zéro absolu, C_p et C_v sont toutes deux nulles. À la température ambiante et à des températures plus élevées, les valeurs de C_p et de C_v des solides sont à toutes fins pratiques égales.

Pour évaluer C_v, on considère en première approximation que les atomes d'un solide se comportent comme ceux d'un gaz monoatomique porté à la température T. Sous l'effet de l'agitation thermique, ces atomes acquièrent une énergie de vibration de $3kT$ par atome (où k est la constante de Boltzmann) ou de $3RT$ par mole (où R est la constante molaire des gaz parfaits : $R = N_A k$, où N_A est le nombre d'Avogadro). La moitié de cette énergie (3/2 RT) est l'énergie cinétique des atomes et l'autre moitié est leur énergie potentielle. Par conséquent, selon cette hypothèse, C_v doit être égale à $3R$ par mole [$3R$ = 25 J/(mol·K)].

Cette valeur théorique, $3R$, qui est donnée par la relation expérimentale que Dulong et Petit ont proposée en 1878, est en général vérifiée, à la température ambiante, pour les matériaux à liaisons ioniques ou covalentes (donc sans électrons libres). Toutefois, les valeurs de C_v de certains éléments sont inférieures à $3R$ – ainsi $(C_v)_{\text{Li}} = 21$, $(C_v)_{\text{Be}} = 22$, $(C_v)_{\text{B}} = 19$, et $(C_v)_{\text{C}} = 13$, J/(mol·K) – alors que d'autres sont supérieures à $3R$ – ainsi $(C_v)_{\text{Na}} = 28$ et $(C_v)_{\text{K}} = 29$ J/(mol·K). Par ailleurs, à des températures inférieures à 300 K, la capacité thermique C_v décroît, pour atteindre une valeur nulle à 0 K. Par conséquent, la *relation de Dulong et Petit* n'est qu'une simple approximation, pratique dans certains cas, mais qu'on ne peut considérer comme vraie pour toute température.

Influence de la température. Pour interpréter la variation de C_v en fonction de la température, il faut faire appel au modèle théorique proposé par *Debye* en 1912. Selon cette théorie, les états énergétiques des atomes qui vibrent sous l'effet de l'agitation thermique sont quantifiés ; en outre, les vibrations d'un atome ne sont pas indépendantes de celles de ses voisins, mais elles y sont couplées. On dit par conséquent que les atomes constituent des *oscillateurs* couplés. L'énergie interne due aux vibrations atomiques est celle d'une série d'ondes élastiques dont la fréquence dépend à la fois du module d'élasticité du solide et de sa masse volumique. D'après Debye, cette énergie des ondes élastiques est quantifiable, et il appelle *phonon* le quantum d'énergie. Le nombre de modes de vibration est toujours égal à $3N_A$ par mole, c'est-à-dire 3 modes par atome, N_A étant le nombre d'atomes par mole, mais il n'existe qu'une seule série d'ondes élastiques de fréquence ν et de phonons d'énergie $h\nu$. La fréquence minimale est égale à zéro et la fréquence maximale, ν_{max}, est déterminée par la plus petite longueur d'onde élastique qui puisse exister dans un solide, longueur d'onde égale à deux fois la distance interatomique la plus faible. Dans le cadre de cet ouvrage, nous ne reprendrons pas le calcul détaillé du modèle de Debye ; nous nous contenterons d'en rappeler les résultats essentiels.

Selon ce modèle, au-dessus d'une température caractéristique, appelée *température de Debye*, T_D, tous les modes de vibration possibles sont excités et le nombre de phonons de chaque fréquence croît linéairement en fonction de la température ; par conséquent, l'énergie interne du solide croît de la même façon. La dérivée $C_v = (dE/dT)_v$ est donc constante et égale à $3R$.

Au-dessous de la température de Debye, T_D, déterminée par la relation :

$$T_D = \frac{h\nu_{max}}{k} \tag{9.4}$$

où ν_{max} = fréquence maximale
h = constante de Planck
k = constante de Boltzmann

La capacité thermique, C_v, varie selon la loi suivante :

$$C_v = \frac{12\pi^4}{5} R \left(\frac{T}{T_D} \right)^3 \tag{9.5}$$

La figure 9.1 illustre graphiquement la variation de C_v en fonction de la température. L'équation 9.5 est très bien vérifiée pour les matériaux dépourvus d'électrons libres. L'équation 9.4 permet par ailleurs de comprendre pourquoi, à la température ambiante, certains éléments de faible masse atomique ont une capacité thermique, C_v, dont la valeur est différente de $3R$; en effet, la fréquence de vibration maximale ν_{max} est approximativement déterminée par la relation suivante :

$$\nu_{max} \simeq \frac{v_s}{\lambda_{min}} \tag{9.6}$$

où v_s est la vitesse du son dans le matériau et λ_{min}, la longueur d'onde élastique minimale. Or :

$$v_s = \left(\frac{E}{\rho} \right)^{1/2} \tag{9.7}$$

où E est le module d'Young du solide et ρ, sa masse volumique.

En combinant les équations 9.4, 9.6 et 9.7, on obtient enfin :

$$T_D = \frac{hE^{1/2}}{k\lambda_{min}\rho^{1/2}} \tag{9.8}$$

La température de Debye est donc fonction à la fois de la rigidité du matériau, de sa masse volumique et de la distance entre ses atomes. C'est par conséquent un paramètre caractéristique d'un matériau. Le tableau 9.1 donne les valeurs de T_D et de C_v (à 25 °C) pour quelques éléments.

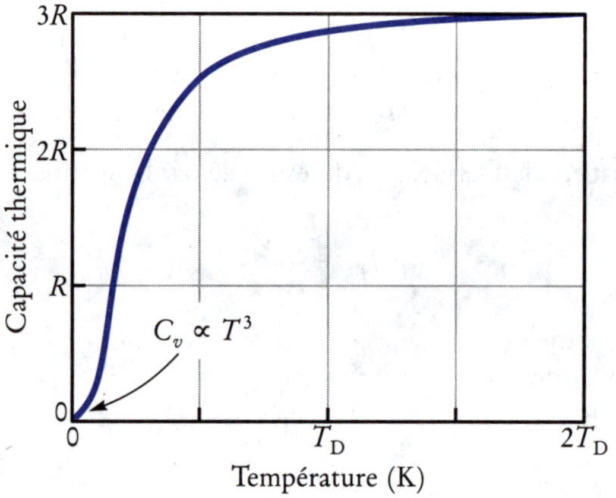

Figure 9.1 Variation théorique de la capacité thermique C_v en fonction de la température absolue, selon le modèle de Debye. T_D est la température de Debye du matériau. À de très basses températures, C_v est proportionnelle à T^3, alors qu'à de hautes températures, elle atteint une valeur constante égale à $3R$.

Tableau 9.1 Température de Debye et capacité thermique de quelques éléments, à 25 °C

Élément	T_D (K)	C_v (J/mol·K)	Élément	T_D (K)	C_v (J/mol·K)
Li	400	20,7	Zn	234	25,4
Be	1000	21,8	Ge	360	26,0
B	1250	19,3	Zr	250	28,9
C (diam.)	1860	13,3	Mo	380	23,7
Na	150	28,0	Ag	215	23,8
Mg	318	24,6	Cd	120	25,9
Al	394	24,3	W	310	25,0
Si	625	24,7	Pt	230	25,9
Ti	400	25,1	Au	170	25,2
Cr	460	23,7	Hg	100	27,2
Fe	420	22,2	Pb	88	25,6
Ni	375	25,7	Bi	120	25,5
Cu	315	24,5	Th	100	26,3

Précisons toutefois que le modèle de Debye ne tient pas compte de la contribution de l'agitation thermique des électrons libres présents dans les métaux à la capacité thermique, C_v. Ces électrons sont les électrons de valence, dont le niveau d'énergie est voisin du *niveau de Fermi*, E_F, et qui peuvent participer à la conduction électrique (sect. 9.2). La contribution des électrons libres, $(C_v)_e$, à la capacité thermique est déterminée par la relation :

$$(C_v)_e = \frac{\pi^2 n k^2 T}{2E_F} \tag{9.9}$$

où n est le nombre d'électrons de valence par unité de volume du solide.

Puisque le niveau de Fermi, E_F, est compris entre 3 et 5 eV et que, à la température ambiante, le produit kT est égal à $2{,}53 \times 10^{-2}$ eV, on constate (équat. 9.9) que la contribution des électrons libres, $(C_v)_e$, à la capacité thermique reste très faible à la température ambiante, mais qu'elle croît (d'environ 0,04 %/°C, pour $\theta > 0$ °C) quand la température augmente. À très basse température, par contre, la capacité thermique, C_v, est la somme de la contribution des atomes (équat. 9.5) et de celle des électrons (équat. 9.9). La capacité thermique C_v varie donc en fonction de la température selon l'équation suivante :

$$C_v = aT + bT^3 \tag{9.10}$$

La contribution électronique, aT, n'est donc plus négligeable par rapport à la contribution atomique, bT^3. On utilise d'ailleurs ce fait pour évaluer la densité des états électroniques au niveau de Fermi, en mesurant la capacité thermique d'un métal à très basse température et en comparant la valeur obtenue à celle prédite par le modèle de Debye (équat. 9.5).

Enfin, d'autres phénomènes physiques peuvent contribuer à la capacité thermique d'un matériau : ce sont, par exemple, la destruction de l'ordre à grande distance dans certains alliages monophasés, l'apparition de la supraconductivité (art. 9.2.4) et la disparition du ferromagnétisme dans certains matériaux (sect. 9.3). Ainsi, la capacité thermique du fer pur est de 22 J/(mol·K) à 20 °C (tabl. 9.1), alors qu'elle atteint 72 J/(mol·K) à la *température de Curie* (770 °C), température à laquelle se produit la transition entre l'état ferromagnétique et l'état paramagnétique.

9.1.2 Conductibilité thermique

La *conductibilité thermique* caractérise le transfert de chaleur à travers un matériau. Par définition, la conductibilité thermique, k, est déterminée par la relation :

$$J = -k\frac{dT}{dx} \tag{9.11}$$

où J = flux de chaleur (quantité d'énergie qui traverse une unité de surface pendant une unité de temps)

dT/dx = gradient de température selon la direction x du flux

Le signe moins indique que le flux de chaleur se dirige de la zone de haute température vers la zone de basse température.

Pour étudier avec plus de rigueur la conductibilité thermique, on distingue les matériaux qui possèdent des électrons libres (les métaux) de ceux qui en sont dépourvus.

Dans le cas des métaux, les électrons dont le niveau d'énergie est voisin du niveau de Fermi sont principalement responsables de la transmission de la chaleur. À haute température, sous l'effet de l'agitation thermique, ces électrons acquièrent de l'énergie cinétique ; ils migrent alors vers la zone de plus basse température et transmettent leur énergie cinétique aux atomes de cette zone, au cours de collisions. Les vibrations atomiques qui en résultent (phonons) entraînent une augmentation de la température de la zone la plus froide, ce qui a pour conséquence d'accroître l'agitation thermique des électrons libres de cette zone. Puisque ces électrons tendent alors à migrer vers la zone la plus chaude, où ils acquièrent encore davantage d'énergie cinétique, le processus se poursuit de façon dynamique.

En première approximation, on peut donc supposer que les électrons libres d'un métal se comportent comme les atomes d'un gaz parfait : on peut par conséquent leur appliquer la théorie cinétique des gaz parfaits. Il s'ensuit que la conductibilité calorifique due aux électrons est déterminée par la relation :

$$k_e = \frac{1}{3}(C_v)_e\, v_e l_e \qquad (9.12)$$

où $(C_v)_e$ = capacité thermique électronique du matériau
v_e = vitesse moyenne des électrons libres au niveau de Fermi
l_e = libre parcours moyen des électrons

En utilisant l'équation 9.9, on obtient :

$$k_e = \frac{\pi^2 n k^2 T}{6E_F} v_e l_e \qquad (9.13)$$

La vitesse moyenne, v_e, au niveau de Fermi, E_F, est égale à $\sqrt{2E_F/m_e}$ (où m_e est la masse de l'électron) ; le libre parcours moyen, l_e, est égal à $2v_e\tau$ (où 2τ est l'intervalle de temps qui sépare deux collisions).

En combinant les équations 9.13 et 9.37 (équation relative à la conductibilité électrique d'un métal, σ, art. 9.2.3), on obtient le rapport entre la conductibilité thermique k_e et la conductibilité électrique σ (*loi de Wiedemann-Franz*), soit

$$\frac{k_e}{\sigma} = \frac{\pi^2}{3}\left(\frac{k}{e}\right)^2 T = LT \qquad (9.14)$$

Le rapport $L = k_e/\sigma T$ est une constante, appelée *constante de Lorentz*, qui permet d'associer les conductibilités thermique électronique et électrique d'un métal, à condition toutefois que les phénomènes physiques responsables de ces conductibilités soient identiques. Cette condition est relativement bien satisfaite dans le cas des métaux (tabl. 9.2).

Tableau 9.2 Conductibilité thermique et électrique de quelques métaux, à 25 °C

Métal	k (W/m·K)	σ (10^7 S/m)	$k/\sigma T$* (10^{-8} Ω·W/K^2)
Na	134	2,16	2,08
Al	237	3,74	2,13
Fe	80,3	1,03	2,63
Ni	89,9	1,45	2,07
Cu	398	5,86	2,28
Ag	427	6,21	2,31
W	178	1,77	3,37
Au	315	4,22	2,31
Pb	34,6	0,48	2,40

* La constante de Lorentz L ($L = k_e/\sigma T$) est théoriquement égale à $(\pi^2 k^2)/3e^2 = 2{,}44 \times 10^{-8}$ Ω·W/K^2.

L'équation 9.13 révèle que la conductibilité thermique est proportionnelle à la température absolue, ce qui, pour les métaux, est vérifié à de très faibles températures (≤ 15 K) ; au-delà, puisque l'agitation thermique croît, les collisions des électrons avec les ions, les phonons et les divers défauts de structure (dislocations, joints de grains, etc.) deviennent plus nombreuses, ce qui fait que la conductibilité thermique diminue.

Dans le cas des matériaux dépourvus d'électrons libres (matériaux à liaisons ioniques ou covalentes), la conduction de la chaleur ne peut se produire que grâce à l'agitation thermique des ions ou des atomes, dont les vibrations (phonons) se transmettent de proche en proche, des zones de haute température vers les zones de basse température.

Par analogie avec le raisonnement utilisé ci-dessus (équat. 9.12), on détermine la conductibilité thermique k_p due aux phonons à l'aide de l'équation suivante :

$$k_p = \frac{1}{3}(C_v)_p\, v_p l_p \tag{9.15}$$

où $(C_v)_p$ = capacité calorifique due à l'agitation atomique
v_p = vitesse moyenne des phonons
l_p = libre parcours moyen des phonons

Dans le cas des métaux purs, la valeur de k_p n'est que d'environ 1 % de celle de k_e, car la vitesse moyenne, v_p, et le libre parcours moyen, l_p, des phonons sont de 10 à 100 fois plus faibles que la vitesse moyenne, v_e, et le libre parcours moyen, l_e, des électrons. Par conséquent, même si la capacité thermique électronique, $(C_v)_e$, ne représente qu'environ 10 % de la capacité thermique totale des métaux purs, C_v, la conductibilité thermique, k_p, due aux phonons reste très faible par rapport à celle due aux électrons, k_e. Cela explique également pourquoi la conductibilité thermique des matériaux non conducteurs d'électricité est plus faible que celles des métaux.

La conductibilité thermique totale, k, d'un matériau est donc :

$$k = k_e + k_p \tag{9.16}$$

Influence de la température. La conductibilité thermique d'un matériau varie à la fois en fonction de la nature de celui-ci et de l'influence de la température sur k_e et k_p. La figure 9.2 illustre graphiquement l'influence de la température sur la conductibilité thermique totale k, pour plusieurs matériaux.

En général, la conductibilité thermique des céramiques et des métaux purs croît quand la température diminue au-dessous de la température ambiante, car alors les libres parcours moyens des électrons et des phonons augmentent. Cependant, à de très basses températures ($\leq$ 50 K), ces libres parcours moyens se stabilisent et gardent une valeur constante ; ils sont en effet limités par les dimensions de l'échantillon ou par les défauts de structure, qui constituent des obstables à la propagation des électrons et des phonons. À ces très basses températures, l'influence de la température sur la conductibilité thermique est essentiellement due à la variation de la capacité thermique.

Toutefois, en ce qui concerne les solutions solides métalliques, les matériaux à liaisons ioniques, les matériaux amorphes et les matières plastiques, la conductibilité thermique diminue quand la température décroît (fig. 9.2). En effet, dans ces matériaux, les libres parcours moyens des électrons et des phonons sont faibles quelle que soit la température. Ici encore, l'influence de la température sur la conductibilité thermique est en fait due à la variation de la capacité thermique.

Soulignons le cas particulier des aciers inoxydables austénitiques du type 18-8, dont la conductibilité thermique est faible par rapport à celles des autres métaux (fig. 9.2), ce qui est attribuable au fait que les distorsions élastiques créées par les atomes en solution solide constituent des obstables importants au déplacement des électrons et des phonons. On peut donc utiliser de tels aciers comme isolants thermiques à des températures cryogéniques.

En dernier lieu, mentionnons que la faible conductibilité thermique des isolants thermiques est due aux faibles libres parcours moyens de leurs phonons et de leurs électrons. Pour fabriquer ces isolants, il faut donc utiliser des matériaux dépourvus d'électrons libres – la contribution de k_e à k est nulle – ou des matériaux dans lesquels des discontinuités physiques s'opposent à la propagation des phonons, autrement dit des matériaux qui renferment des pores. Puisque ces pores sont remplis d'air ou de gaz, selon le procédé d'élaboration du matériau, et que la conductibilité

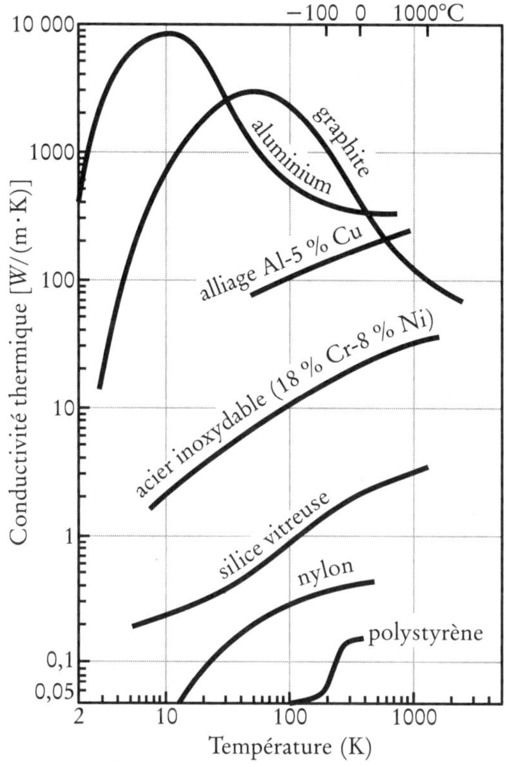

Figure 9.2 Variation de la conductibilité thermique totale k de plusieurs matériaux en fonction de la température. (*D'après Z. D. Jastrzebski*, The Nature and Properties of Engineering Materials, *John Wiley & Sons, New York, 1976 ; reproduction autorisée.*)

thermique des gaz est très faible, le libre parcours moyen des atomes de gaz est limité à la dimension des pores. En outre, puisque certains de ces gaz peuvent se condenser en phase liquide, selon la température atteinte, il peut y avoir formation d'un vide dans les pores ; or, dans le vide, la transmission de la chaleur ne peut s'effectuer que par radiation, puisque la conduction et la convection y sont impossibles. Ce phénomène permet donc d'utiliser ces matériaux dans le domaine de la cryogénie. Enfin, il faut utiliser un matériau à pores fermés empêchant l'énergie cinétique des atomes de gaz de se transmettre de pore en pore.

On tient compte de tous ces principes lorsqu'on choisit des matériaux naturels isolants (laine, duvet, fibres de cellulose), ou lorsqu'on en élabore des synthétiques (mousses de matières plastiques, polystyrène expansé). Pour les isolants solides utilisés à haute température, on a recours à des briques dont la porosité est élevée. Dans tous les cas, on cherche à réduire au maximum le libre parcours moyen des phonons et à emprisonner une grande quantité d'air ou de gaz. La masse volumique de ces matériaux utilisés comme isolants thermiques est en général faible.

9.2 PROPRIÉTÉS ÉLECTRIQUES

9.2.1 Rappels concernant la théorie des bandes

Pour comprendre les propriétés électriques des matériaux, il faut maîtriser certaines notions fondamentales de physique des solides. Dans le cadre de cet ouvrage, nous nous contenterons de rappeler quelques notions concernant la théorie des bandes, notions qui sont essentielles à la compréhension du sujet ; nous invitons le lecteur désireux de les approfondir à consulter des manuels de physique des solides.

Dans un atome isolé, les niveaux d'énergie des électrons liés au noyau sont parfaitement quantifiés et régis par le *principe de Pauli*. Il n'en va toutefois plus ainsi lorsque la distance entre les atomes diminue pour atteindre une valeur d'équilibre, comme cela se produit dans les solides. L'interpénétration et l'interaction des orbitales électroniques voisines entraînent un élargissement des niveaux d'énergie, qui forment alors une *bande* d'énergie constituée de niveaux discrets. Chacun de ces niveaux discrets correspond à une des énergies permises des électrons, et le nombre de niveaux est égal au nombre d'atomes du solide. Une bande d'énergie contient un très grand nombre de niveaux d'énergie distincts mais peu différents les uns des autres (fig. 9.3a).

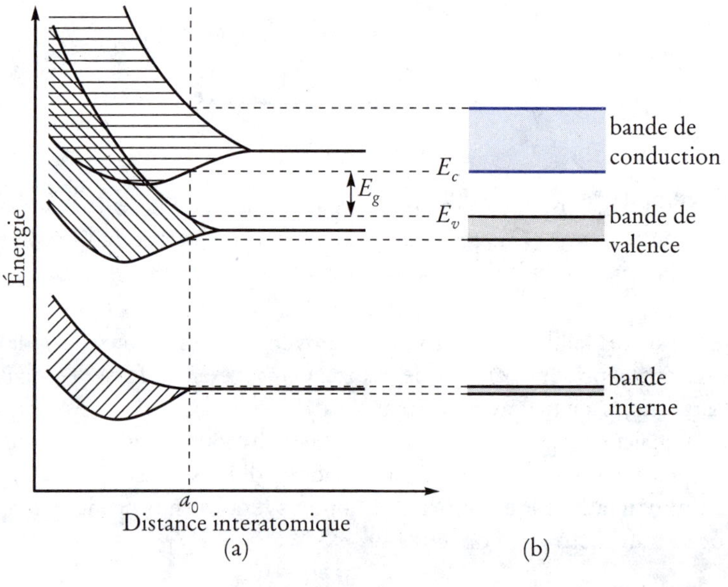

Figure 9.3 a) Élargissement des niveaux d'énergie des électrons en fonction de la distance interatomique. b) Largeur des bandes d'énergie à la distance d'équilibre a_0 entre les atomes d'un solide.

À la distance d'équilibre entre les atomes, la largeur des bandes dépend du niveau d'énergie initial des électrons et du degré de recouvrement de ces énergies (fig. 9.3b). Dans les solides, les niveaux d'énergie des électrons des couches profondes forment des bandes étroites appelées *bandes internes*. Par contre, les niveaux d'énergie des électrons des couches externes, ou *couches de valence*, forment des bandes plus larges appelées *bandes de valence*. Les bandes qui correspondent aux états excités des électrons des couches externes sont appelées *bandes de conduction* ; on désigne par le symbole E_v l'énergie supérieure de la bande de valence, et par le symbole E_c l'énergie inférieure de la bande de conduction (fig. 9.3).

La largeur, E_g, de la *bande interdite*, qui sépare la bande de valence de la bande de conduction ($E_g = E_c - E_v$), constitue un paramètre important. Dans les solides à liaisons covalentes et ioniques, puisque cette bande interdite est suffisamment large ($E_g > 4$ eV), les électrons de la bande de valence, sous l'effet d'un champ électrique, ne sont pas assez excités pour passer dans la bande de conduction et devenir ainsi des électrons libres de se déplacer. Les solides à liaisons ioniques et covalentes sont donc des isolants électriques. Par contre, dans les métaux, la largeur de la bande interdite est nulle, car les bandes de valence et de conduction se chevauchent ($E_v > E_c$, fig. 9.4). Puisque les électrons de la bande de valence n'occupent pas tous les niveaux d'énergie disponibles de cette bande, ils peuvent acquérir, sous l'effet d'un champ électrique, une énergie cinétique suffisante pour passer à des niveaux d'énergie supérieurs et devenir ainsi libres de se déplacer ; dans ce cas, le solide est un conducteur électronique.

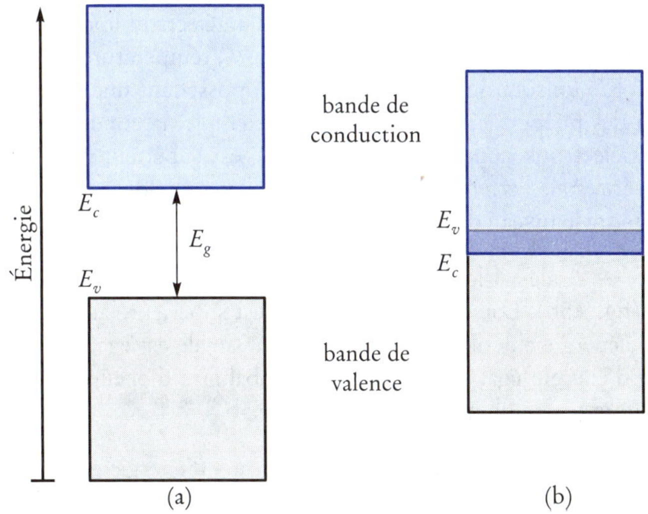

Figure 9.4 a) Dans un matériau isolant électrique, tous les niveaux d'énergie sont occupés : la largeur E_g de la bande interdite est telle que les électrons de la bande de valence ne peuvent pas être suffisamment excités pour passer dans la bande de conduction, qui reste vide. b) Dans un matériau conducteur électronique, une partie des niveaux d'énergie de la bande de valence est inoccupée, et les bandes de valence et de conduction se chevauchent.

Nous étudierons plus en détail le cas particulier des solides semi-conducteurs à l'article 9.2.7.

Puisque les principes présentés ci-dessus ne s'appliquent rigoureusement qu'au zéro absolu, température à laquelle les électrons n'ont aucune énergie cinétique due à l'agitation thermique, il nous faut considérer ce qui se produit à des températures supérieures ; pour ce faire, nous devons aborder la notion de probabilité d'occupation des états d'énergie possibles par un électron.

Nous définirons tout d'abord la densité des états d'énergie, $N(E)$, qui caractérise le nombre N de niveaux d'énergie E en fonction de cette énergie E ; selon Sommerfeld, $N(E)$ est proportionnelle à $E^{1/2}$ (la variation de $N(E)$ en fonction de E est représentée graphiquement à la figure 9.5a).

Considérons maintenant l'influence de la température sur la probabilité d'occupation $p(E)$ des états d'énergie disponibles, $N(E)$. Cette probabilité d'occupation d'un état d'énergie E, que Fermi a définie, est déterminée par la relation :

$$p(E) = \frac{1}{\exp\left[\frac{(E - E_F)}{kt}\right] + 1} \tag{9.17}$$

où E_F est l'*énergie (ou niveau) de Fermi* ; E_F représente le niveau d'énergie le plus élevé qu'un électron puisse occuper au zéro absolu. Pour les métaux, cette énergie est de l'ordre de 3 à 7 eV, ce qui constitue une énergie très élevée. En effet, pour qu'un électron libre possède cette énergie, la température de fusion, T_f, du métal devrait être $T_f = E_F/k$, température dont la valeur serait alors de l'ordre de 50 000 K! Puisque seuls les électrons qui possèdent une énergie E supérieure à E_F peuvent participer à des phénomènes physiques (par exemple, la conduction électronique), il en résulte que seuls les électrons dont le niveau d'énergie est supérieur à E_F, mais voisin de cette valeur, peuvent acquérir, sous l'effet de l'agitation thermique, une quantité suffisante d'énergie qui leur permette d'atteindre le niveau de Fermi, E_F ; ils peuvent alors participer à ces phénomènes.

Au zéro absolu, $p(E)$ est égale à 1 lorsque E est égale ou inférieure à E_F, et égale à zéro lorsque E est supérieure à E_F (fig. 9.5b). Lorsque la température est supérieure au zéro absolu, les électrons peuvent acquérir une énergie cinétique dont la valeur maximale est égale à kT, et certains peuvent atteindre un niveau d'énergie égal à $E_F + kT$. La probabilité d'occupation d'un état d'énergie, $p(E) = f(E)$, est représentée graphiquement à la figure 9.5b.

En multipliant la densité théorique $N(E) = f(E)$ de niveaux d'énergie par la probabilité d'occupation $p(E) = f(E)$ de ces niveaux, on obtient la distribution réelle, $N(E) \cdot p(E)$, des niveaux d'énergie occupés au zéro absolu ou à des températures supérieures (fig. 9.5c).

En combinant maintenant la théorie des bandes (fig. 9.4) et la densité d'occupation des états d'énergie (fig. 9.5), on peut représenter schématiquement la distribution $N(E) \cdot p(E)$ des niveaux d'énergie occupés à une température supérieure au zéro absolu, dans le cas d'un isolant électrique ou d'un métal monovalent, bivalent ou de transition (fig. 9.6).

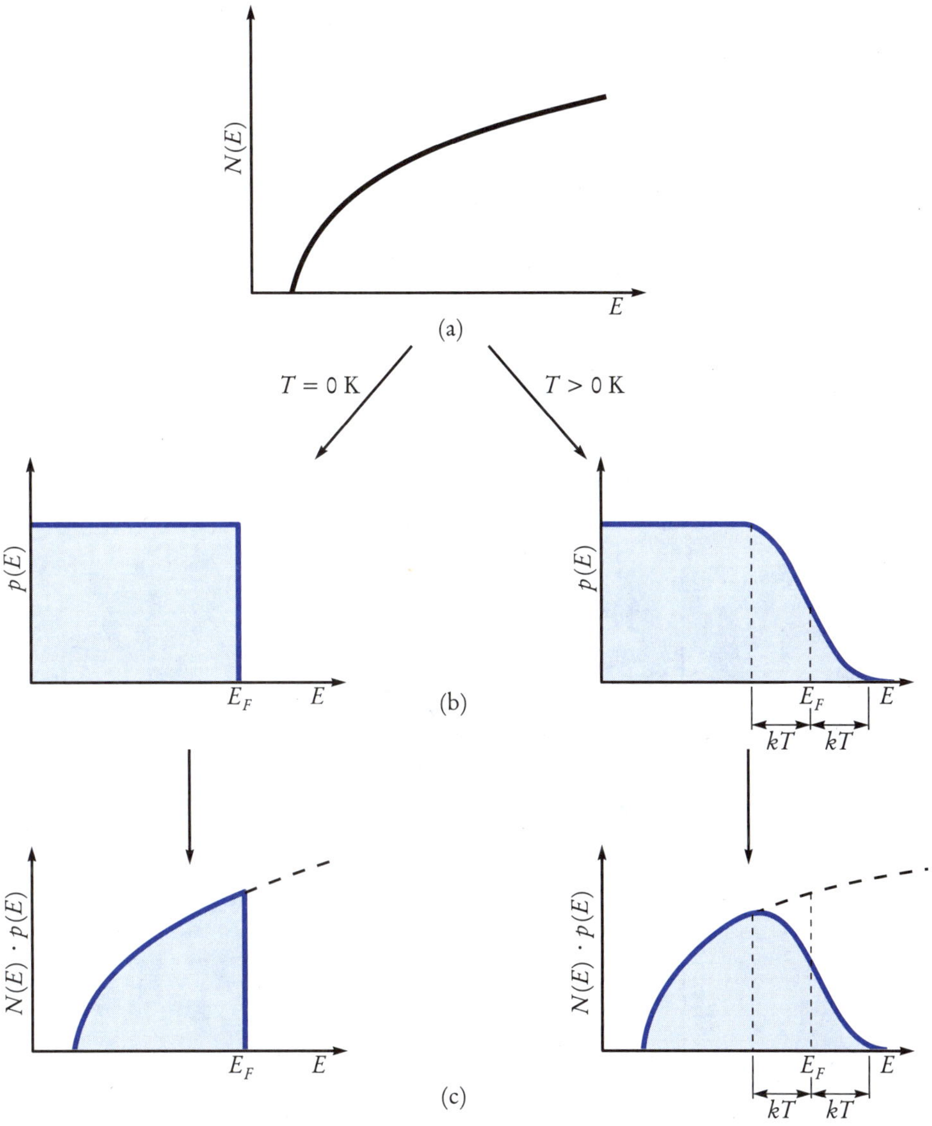

Figure 9.5 a) Variation de la densité des états d'énergie, $N(E)$, en fonction de l'énergie E. b) Probabilité d'occupation $p(E)$ des niveaux d'énergie au zéro absolu et à une température $T > 0$ K. c) Variation du produit $N(E) \cdot p(E)$ en fonction de E, selon la température (E_F est l'énergie de Fermi).

Pour un matériau isolant ou semi-conducteur, tous les niveaux d'énergie de la bande de valence sont occupés, alors que ceux de la bande de conduction ne le sont pas, et ces deux bandes sont séparées par la bande interdite de largeur E_g (fig. 9.6a).

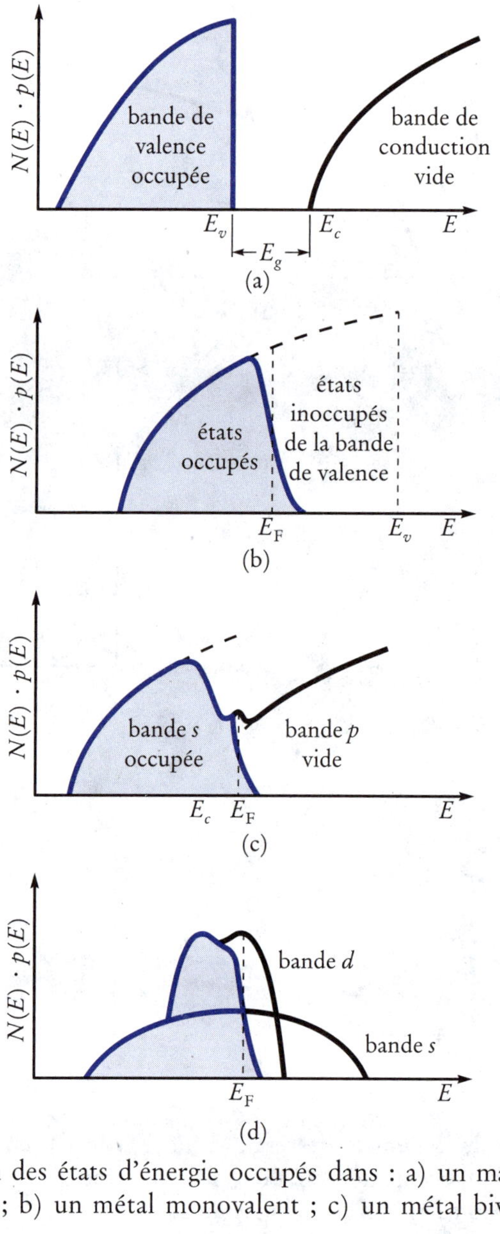

Figure 9.6 Distribution des états d'énergie occupés dans : a) un matériau isolant ou semi-conducteur ; b) un métal monovalent ; c) un métal bivalent ; d) un métal de transition.

Dans un métal monovalent (par exemple, un métal alcalin, le cuivre, l'argent ou l'or), seule une partie des niveaux d'énergie de la bande de valence est occupée, alors que des niveaux d'énergie plus élevée sont libres (fig. 9.6b). Sous l'effet d'une agitation thermique ou d'un champ électrique, les électrons dont les énergies sont voisines de E_F peuvent occuper des niveaux d'énergie libres de la bande de valence.

Les figures 9.6c et 9.6d représentent respectivement les cas des métaux bivalents et des métaux de transition, pour lesquels les niveaux d'énergie des bandes s et des bandes p peuvent se chevaucher. Puisque, dans ces deux cas, il y a des niveaux libres, ces métaux sont des conducteurs électriques.

Les notions ci-dessus ne tiennent pas compte du fait que la majorité des solides sont cristallins et, par conséquent, anisotropes. La distribution des niveaux d'énergie peut être modifiée lorsque les électrons se déplacent dans un milieu où les ions sont répartis régulièrement dans l'espace. Dans ce cas, la *théorie des zones de Brillouin*, dont l'exposé sort du cadre de cet ouvrage, permet de préciser la distribution des niveaux d'énergie. Une conséquence importante de cette théorie est que les propriétés physiques, qui dépendent du comportement des électrons, varient en fonction de la direction cristallographique selon laquelle on les mesure. On peut tirer parti de cette anisotropie des propriétés physiques, comme le montreront certains exemples présentés dans la suite de ce chapitre.

9.2.2 Conductibilité et résistivité électriques

Lorsqu'un matériau soumis à l'influence d'un *champ électrique* E est le siège d'un déplacement de charges électriques, l'intensité I du courant qui circule dans ce matériau est déterminée par la relation :

$$I = \frac{dq}{dt} \tag{9.18}$$

où dq/dt est le nombre de charges électriques qui circulent par unité de temps. La quantité d'électricité, q, est exprimée en coulombs et l'intensité, I, en ampères. La *densité de courant*, J, exprimée en ampères par mètre carré est l'intensité de courant par unité de surface, soit

$$J = \frac{I}{S} \tag{9.19}$$

où S est l'aire de la section du conducteur dans lequel circulent les charges électriques (fig. 9.7).

Le champ électrique, E, exprimé en volts par mètre, est la différence de potentiel V, exprimée en volts par unité de longueur, soit

$$E = \frac{V}{l} \tag{9.20}$$

La *loi d'Ohm* établit la relation suivante entre l'intensité du courant, I, et sa différence de potentiel, V :

$$V = RI \tag{9.21}$$

où R est la résistance électrique du matériau exprimée en ohms.

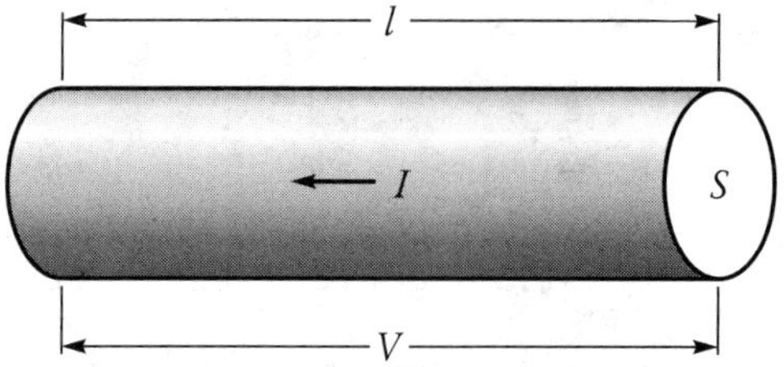

Figure 9.7 Matériau parcouru par un courant électrique d'intensité I, sous l'influence d'une différence de potentiel V.

La résistance, R, est d'autant plus élevée que la longueur l parcourue par les charges électriques est grande et que l'aire S de la section à travers laquelle elles circulent est petite ; ainsi :

$$R = \rho \frac{l}{S} \tag{9.22}$$

où ρ est la *résistivité électrique* du matériau exprimée en ohms-mètres. La loi d'Ohm prend la forme suivante :

$$V = \rho \frac{l}{S} I \tag{9.23}$$

En utilisant les équations 9.19, 9.20 et 9.23, on obtient :

$$E = \rho J \tag{9.24}$$

La densité de courant, J, se définit comme le nombre de charges électriques qui circulent à travers une section unitaire pendant une unité de temps (équat. 9.19). Puisque le nombre de charges électriques qui circulent à travers cette section unitaire est égal à $n_e\bar{v}$, où $\bar{v}$ est la *vitesse de dérive* de ces charges, et n_e le nombre d'électrons libres par unité de volume, J est donc déterminée par la relation :

$$J = n_e\bar{v}e \tag{9.25}$$

où e est la charge électrique élémentaire ($e = 1{,}602 \times 10^{-19}$ C).

En combinant les équations 9.24 et 9.25, on obtient l'expression de la résistivité électrique, ρ, soit

$$\rho = \frac{E}{n_e\bar{v}e} \tag{9.26}$$

La *conductibilité électrique*, σ, est l'inverse de la résistivité, ρ, soit

$$\sigma = \frac{n_e\bar{v}e}{E} \tag{9.27}$$

En dernier lieu, on définit la *mobilité* des électrons, μ_e, comme le rapport $\overline{v}/E$, soit

$$\mu_e = \frac{\overline{v}}{E} \tag{9.28}$$

En combinant les équations 9.27 et 9.28, on obtient donc l'expression de la conductibilité électrique, σ, soit

$$\sigma = n_e e \mu_e \tag{9.29}$$

Il est important de ne pas confondre la vitesse de dérive, $\overline{v}$, des charges électriques avec leur vitesse instantanée, v. Considérons en effet un bon conducteur électrique possédant des électrons libres. En l'absence d'un champ électrique extérieur, l'énergie cinétique des électrons libres est de $3/2kT$, donc à $(1/2)\ m_e v^2$, où m_e et v sont respectivement la masse et la *vitesse instantanée* des électrons. La vitesse instantanée, v, qui est donc égale à $(3kT/m_e)^{1/2}$, est, à la température ambiante, d'environ 117 km/s. Si les électrons libres se comportent comme les atomes d'un gaz parfait, ils interagissent avec les ions du réseau, ce qui engendre des phonons : ils perdent alors leur énergie cinétique. Sous l'effet de l'agitation thermique, ils acquièrent une nouvelle quantité de mouvement, mais la direction de leur propagation est aléatoire (fig. 9.8a). On peut donc considérer que, en l'absence de champ électrique extérieur, les électrons sont soumis à un mouvement brownien et que le chemin parcouru par un électron est nul. Par contre, lorsqu'on applique un champ électrique dans une direction x, bien que le mouvement des électrons reste du type brownien, ceux-ci sont cette fois soumis à l'action d'une force électrostatique F due au champ électrique E (fig. 9.8b).

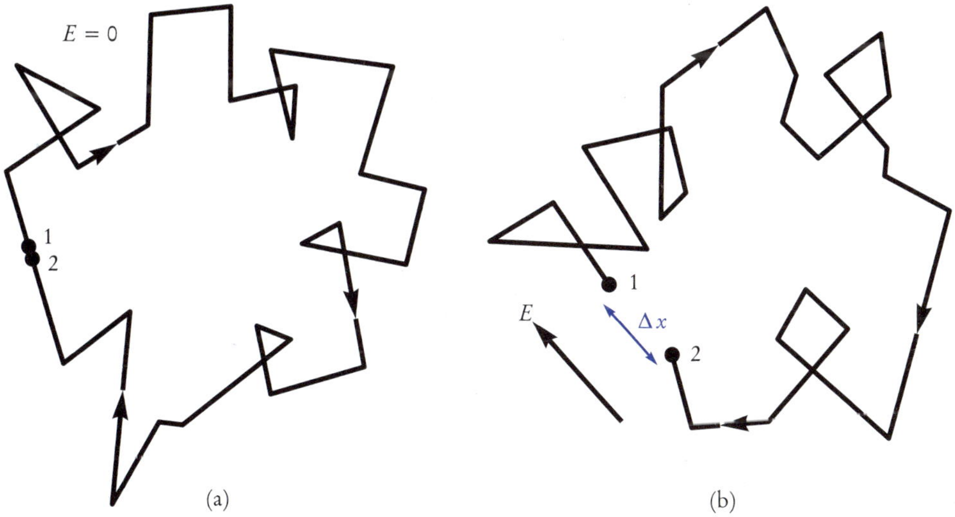

Figure 9.8 Mouvement brownien d'un électron libre dans un conducteur : a) en l'absence de champ électrique ; b) en présence d'un champ électrique E.

Sous l'effet de cette force F ($F = eE$), l'électron acquiert une accélération a telle que :

$$a = \frac{F}{m_e} = \frac{eE}{m_e} \tag{9.30}$$

On suppose que, après un choc avec un ion du réseau, la composante de vitesse de l'électron est nulle parallèlement au champ et que, sous l'effet du champ électrique, l'électron reprend sa vitesse v due à l'agitation thermique ainsi que sa vitesse de dérive, $\overline{v}$, avant le choc suivant.

On obtient l'expression de la vitesse de dérive, $\overline{v}$, en intégrant l'équation 9.30 et en considérant la valeur moyenne de $\overline{v}$, variant de zéro (juste après le choc) à $\overline{v}_{\mathbf{max}}$ (juste avant le choc suivant) ; ainsi :

$$\overline{v} = \frac{1}{2}\frac{eE}{m_e}t \tag{9.31}$$

où t est l'intervalle de temps qui s'écoule entre deux collisions, intervalle déterminé par la relation :

$$t = \frac{l_e}{v + \overline{v}} \tag{9.32}$$

où l_e est le libre parcours moyen d'un électron entre deux chocs. Puisque $v \gg \overline{v}$, on peut écrire :

$$t \simeq \frac{l_e}{v} \tag{9.33}$$

On obtient pour terminer l'expression de la vitesse moyenne de dérive, $\overline{v}$, en combinant les équations 9.31, 9.32 et 9.33 :

$$\overline{v} \simeq \frac{eEl_e}{2m_e v} \tag{9.34}$$

En supposant que le libre parcours moyen l_e d'un électron est égal à la distance d'équilibre ($\simeq$ 0,2 × 10^{-9} m) entre les ions avec lesquels les électrons entrent en collision, on obtient une vitesse de dérive $\overline{v}$ voisine de 0,15 mm/s, pour un champ électrique de 1 V/m ; la vitesse de dérive des électrons libres est par conséquent bien inférieure à leur vitesse instantanée v : même pour des valeurs élevées du champ électrique, elle n'atteint en effet que quelques dizaines de millimètres par seconde.

9.2.3 Conducteurs électriques

Un bon conducteur électrique est un matériau dont les électrons peuvent, sous l'effet d'un champ électrique, passer aisément à des niveaux d'énergie supérieurs. Ce sont donc les éléments à liaisons métalliques qui sont de bons conducteurs de l'électricité.

9.2.3.1 Influence de la température

La résistivité électrique d'un métal est fonction de la température ; en effet, lorsque l'agitation thermique augmente, le nombre de chocs entre les électrons et les ions ou autres imperfections du réseau croît, car l'amplitude de vibration thermique des ions autour de leur position d'équilibre augmente.

En combinant les équations 9.26 et 9.34, et en rappelant que la vitesse instantanée v des électrons est égale à $(3kT/m_e)^{1/2}$ lorsqu'on applique la théorie des gaz parfaits aux électrons libres (approche de Drude-Lorentz), on obtient la variation théorique de la résistivité en fonction de la température, soit

$$\rho = \frac{2(3km_2)^{1/2}}{n_e e^2 l_e} T^{1/2} \qquad (9.35)$$

Cette équation indique que la résistivité varie proportionnellement à $T^{1/2}$, ce qui est expérimentalement faux. En fait, l'expérience montre que, pour des températures supérieures à $0{,}2T_D$, T_D étant la température de Debye de l'élément (équat. 9.4), la résistivité ρ croît linéairement en fonction de la température T selon l'équation :

$$\rho = \rho_0(1 + \beta \Delta T) \qquad (9.36)$$

où $\Delta T = (T - T_0)$
ρ_0 = résistivité à $T_0 > T_D$
β = coefficient de variation de la résistivité en fonction de la température

Cette différence entre les variations théorique et expérimentale de la résistivité, ρ, en fonction de la température démontre que l'approche de Drude-Lorentz, selon laquelle les électrons libres se comportent comme les atomes ou les molécules d'un gaz parfait, est trop élémentaire.

En effet, nous avons déjà vu que seuls les électrons dont l'énergie était supérieure à l'énergie de Fermi, E_F, pouvaient participer au phénomène de conduction (art. 9.2.1). D'autre part, le nombre de ces électrons dépend de la température, selon la probabilité d'occupation des niveaux d'énergie (équat. 9.17).

Par conséquent, lorsqu'on tient compte de ces données plus précises, on obtient une expression de la conductibilité électrique qui traduit mieux la réalité, soit

$$\sigma = \frac{1}{\rho} = \frac{(n_e)_{E_F} e^2 (l_e)_{E_F}}{m_e (v)_{E_F}} \qquad (9.37)$$

où $(n_e)_{E_F}$ = nombre d'électrons dont l'énergie E est égale ou supérieure à E_F
$(l_e)_{E_F}$ = libre parcours moyen de ces électrons
$(v)_{E_F}$ = vitesse instantanée des électrons

Lorsqu'on tient compte de la variation de $(n_e)_{E_F}$, de $(l_e)_{E_F}$ et de $(v)_{E_F}$ en fonction de la température, on obtient une variation linéaire de ρ en fonction de T (pour $T > T_D$), ce qui est en accord avec la réalité expérimentale.

Pour des températures T inférieures à 0,2 T_D, la résistivité varie en fonction de T^5 (la démonstration théorique de ce phénomène déborde le cadre de cet ouvrage).

La variation de la résistivité en fonction de la température est illustrée graphiquement à la figure 9.9. Le tableau 9.3 donne les valeurs de la résistivité à la température ambiante et celles du coefficient, β, de variation de cette résistivité en fonction de la température, pour plusieurs métaux et alliages industriels.

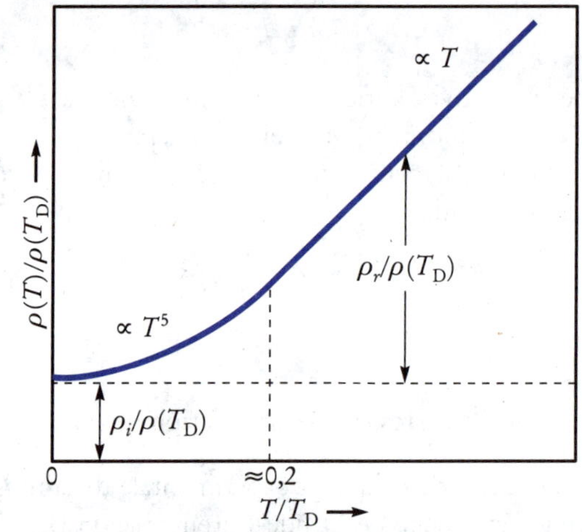

Figure 9.9 Variation de la résistivité électrique relative $\rho(T)/\rho(T_D)$ en fonction de la température relative T/T_D, pour un métal normal ; $\rho(T)$ est la résistivité à la température T, $\rho(T_D)$ est la résistivité à la température de Debye T_D, ρ_i est la résistivité intrinsèque au zéro absolu et ρ_r est la résistivité due au réseau à $T > 0$ K.

9.2.3.2 Influence de la composition du matériau

On remarque que la résistivité des alliages est plus élevée que celle des métaux purs (tabl. 9.3). En effet, l'introduction de tout défaut dans le réseau cristallin d'un métal a comme conséquence de perturber le mouvement des électrons, donc d'augmenter la résistivité de ce métal.

Dans le cas des alliages en solution solide très diluée, la *règle de Matthiessen* établit que :

$$\rho_a = \rho_M + \rho_C \tag{9.38}$$

où ρ_a = résistivité de l'alliage
ρ_M = résistivité du métal pur
ρ_C = résistivité additionnelle due à la présence des atomes étrangers en concentration C

Lorsque cette concentration C est faible, ρ_C est proportionnelle à C (fig. 9.10, pour le cuivre).

Tableau 9.3 Résistivité électrique et coefficient β de variation de la résistivité* en fonction de la température, pour quelques métaux et alliages**

Métal ou alliage	Composition (%)	ρ ($10^{-8}\Omega{\cdot}m$)	β ($10^{-6}{}^{\circ}C^{-1}$)
Al	99,99	2,655	+4290
Cu	99,99	1,673	+4270
Au	99,999	2,35	+4000
Fe	99,94	9,71	+5000
Ni	99,80	6,84	+6000
Mo	99,90	5,20	+3300
Pt	99,99	10,6	+3920
Ag	99,99	1,59	+4000
Ta	99,96	12,45	+3820
W	99,90	5,65	+4500
Lohm	Cu-6 Ni	10	+800
Midohm	Cu-23 Ni	30	+1800
Constantan	Cu-45 Ni	49	±40
Manganin	Cu-13 Mn	48	±20
Manganin	Cu-12 Mn-4 Ni	48	±10
Isotan	Cu-1 Mn-45 Ni	45	±40
Chromel A	Ni-20 Cr	110	+120
Nichrothal L	Ni-17 Cr (+ Si, + Mn)	134	±20
Karma	Ni-20 Cr (+ Al, + Fe)	134	±30
Balco	Ni-30 Fe	20	+4500
Tophet C	Ni-24 Fe-15 Cr	113	+130
Nichrome	Ni-24 Fe-16 Cr	113	+200
Nichrome V	Ni-20 Cr	113	+100
Comet	Fe-30 Ni-5 Cr	95	+600
Chromel D	Fe-35 Ni-18 Cr	100	+300
Chromax	Fe-35 Ni-20 Cr	100	+400

* La valeur β est donnée au voisinage de la température ambiante.

** Pour les alliages, nous donnons les noms commerciaux.

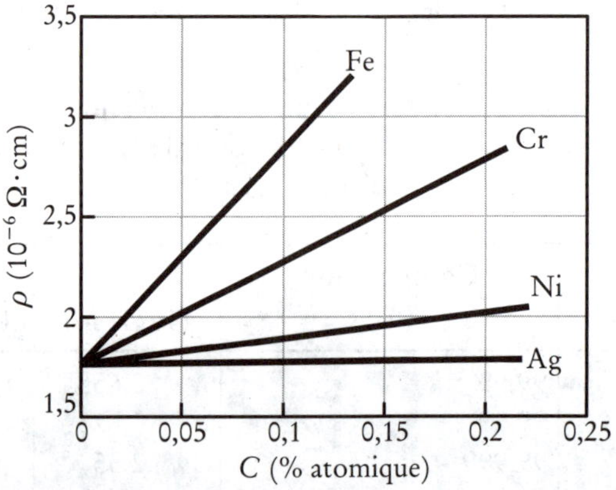

Figure 9.10 Influence de la concentration C en élément d'addition (Ag, Ni, Cr et Fe) sur la résistivité électrique du cuivre.

Par ailleurs, le coefficient, β, de variation de la résistivité en fonction de la température ne varie pas lorsque la teneur de l'élément d'alliage est faible (inférieure à 0,1 %) ; par conséquent :

$$\frac{d\rho_a}{dT} = \frac{d\rho_M}{dT} \tag{9.39}$$

Les équations 9.38 et 9.39 sont représentées graphiquement à la figure 9.11. En fait, ces équations ne sont valides que lorsque l'alliage est très dilué.

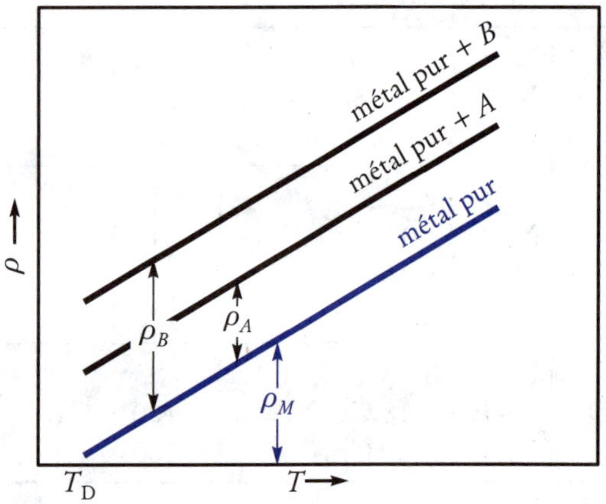

Figure 9.11 Influence de l'addition d'un élément d'alliage A ou B sur la résistivité électrique d'un métal pur, pour de faibles concentrations en élément d'alliage (règle de Matthiessen).

Par contre, dès que la teneur de l'élément d'alliage augmente, la variation de la résistivité n'est plus directement donnée par l'équation 9.38, car il faut alors tenir compte du fait que les atomes de l'élément d'alliage contribuent au nombre total d'électrons libres. La variation, $\Delta\rho$, de la résistivité de l'alliage est alors donnée par l'*équation de Linde* :

$$\Delta\rho = \left[k_0 + k_1 (Z_A - Z_B)^2\right] C \tag{9.40}$$

où k_0 et k_1 = constantes
C = concentration atomique de l'élément B dans l'élément A
Z_A et Z_B = valences respectives des éléments A et B

Si on représente graphiquement la variation de $\Delta\rho/C$ en fonction de $(Z_A - Z_B)^2$ (équat. 9.40), on obtient des droites de pente k_1 et d'ordonnée à l'origine k_0, dont la figure 9.12 donne des exemples, pour des alliages à base de cuivre ou d'argent.

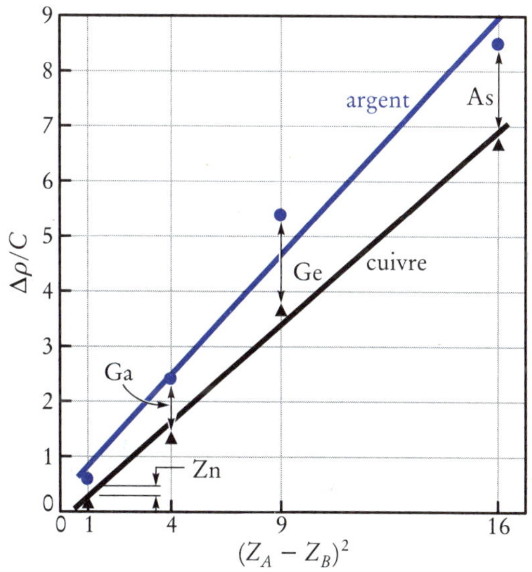

Figure 9.12 Influence de la valence, exprimée par $(Z_A - Z_B)^2$, sur l'augmentation relative de la résistivité, $\Delta\rho/C$, d'une matrice de cuivre ou d'argent.

On constate que, pour un métal donné (élément A), plus l'écart $(Z_A - Z_B)^2$ est élevé, plus l'augmentation relative de sa résistivité, $\Delta\rho/C$, est importante. Les constantes k_0 et k_1 (équat. 9.40) sont caractéristiques du couple AB.

Il faut considérer maintenant la variation de la résistivité des alliages en fonction de la température, variation représentée par le coefficient β de l'équation 9.36 compte tenu des variations de température dues à l'effet Joule ou aux conditions d'utilisation. En multipliant le membre de gauche de l'équation 9.39 par ρ_a/ρ_a, et son membre de droite par ρ_M/ρ_M, on obtient :

$$\rho_a \left(\frac{d\rho_a}{\rho_a dT} \right) = \rho_M \left(\frac{d\rho_M}{\rho_M dT} \right) \tag{9.41}$$

Puisque le coefficient β de variation de la résistivité en fonction de la température est défini par :

$$\beta = \frac{d\rho}{\rho dT} \tag{9.42}$$

l'équation 9.41 peut s'écrire :

$$\rho_a \beta_a = \rho_M \beta_M \tag{9.43}$$

où l'indice M caractérise la matrice (élément pur) et l'indice a, l'alliage qui contient l'élément A.

Les propriétés (ρ_M, β_M) de la matrice étant connues, il s'ensuit que :

$$\rho_a \beta_a = \rho_M \beta_M = K_M \tag{9.44}$$

où K_M est la *constante de Matthiessen*.

On peut utiliser les équations 9.43 et 9.44 pour calculer la résistivité d'un alliage a qui contient un élément A dans une matrice M, ainsi que la variation de cette résistivité en fonction de la température.

Le phénomène représenté par l'équation 9.44 a comme conséquence pratique très importante le fait que, pour un alliage dont la résistivité, ρ_a, croît en fonction de la teneur en élément d'alliage, son coefficient de variation de la résistivité, β_a, en fonction de la température décroît.

Dans le cas de mélange de deux éléments A et B, la figure 9.13 montre les variations de ρ_{AB} et de β_{AB} en fonction de la concentration de B dans A, selon le type du diagramme d'équilibre A-B. On constate que le coefficient de variation de la résistivité d'un alliage en fonction de la température peut atteindre de faibles valeurs, selon la composition de l'alliage. On tire parti de ce phénomène pour élaborer des alliages dont la résistivité soit acceptable et varie peu en fonction de la température. Le tableau 9.3 donne les valeurs de ρ et de β pour plusieurs alliages utilisés fréquemment pour fabriquer des résistances électriques. On utilise en général les alliages Cu–Ni (Lohm, Midohm, Constantan) pour fabriquer des résistances électriques dont la résistivité varie peu en fonction de la température. Lorsqu'on désire obtenir des résistances de haute précision (potentiomètre, shunt, rhéostat) qui soient peu sensibles aux variations de température au voisinage de la température ambiante, on opte plutôt pour des alliages Cu–Mn (Manganin ou Isotan). Pour fabriquer des résistances dont la résistivité est plus élevée pour un plus faible volume, et qui soient peu sensibles aux variations de température, on choisit des alliages du type Ni–Cr ou Ni–Cr–Al (Chromel, Nichrothal, Karma).

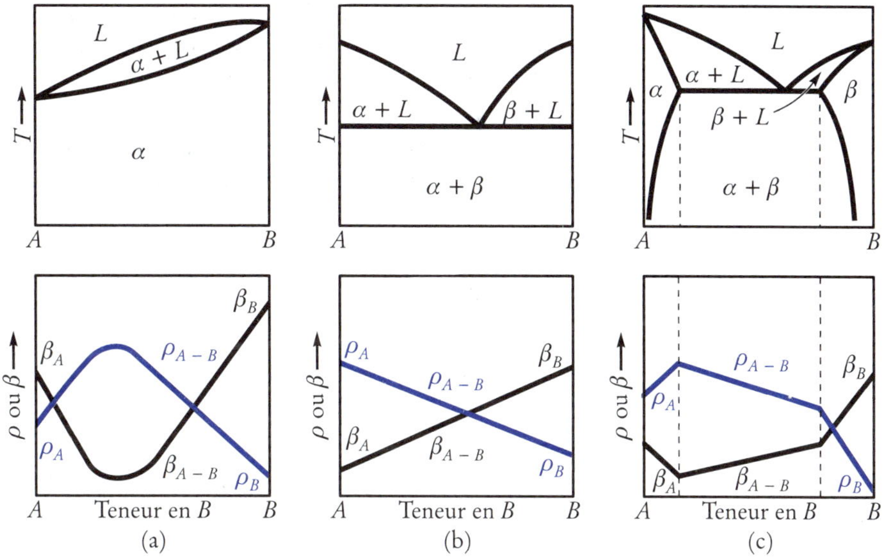

Figure 9.13 Variation de la résistivité électrique ρ et du coefficient β, en fonction de la température, pour un alliage A–B, dans les cas suivants : a) solution solide continue ; b) diagramme eutectique sans solubilité de *A* dans *B* ou de *B* dans *A* ; c) diagramme eutectique avec solubilité partielle de *A* dans *B* et de *B* dans *A*.

Pour fabriquer des résistances chauffantes, on utilise fréquemment les alliages Ni–Fe, Ni–Fe–Cr et Fe–Ni–Cr, car ils font preuve d'une bonne résistance chimique aux atmosphères oxydantes à hautes températures. Par contre, en atmosphère réductrice ou en atmosphère contenant du soufre, ces alliages riches en nickel ou en chrome peuvent se dégrader rapidement.

On peut enfin tirer parti de la variation de la résistivité d'un alliage en fonction de sa composition pour étudier les changements de phase dans cet alliage, en particulier s'il est biphasé (fig. 9.13). En effet, toute précipitation à partir d'une solution solide sursaturée entraînant une variation de la résistivité de l'alliage, l'étude de ces variations permet de mesurer la cinétique de la précipitation (art. 6.1.4). On peut par ailleurs détecter, par l'étude des variations de la résistivité, les changements de phase dans un alliage, ou encore les phénomènes de restauration et de recristallisation dans un métal écroui (art. 6.1.6 et fig. 6.26). En effet, les dislocations introduites par déformation plastique (écrouissage) entraînent une augmentation de la résistivité du métal ; par contre, le réarrangement de ces dislocations et leur annihilation partielle, au cours de la restauration ou de la recristallisation, provoquent une baisse de sa résistivité. La mesure de la résistivité d'un métal est donc une technique simple et très fine, qui permet d'étudier d'une part la pureté de ce métal et, d'autre part, toutes les transformations physiques qui peuvent s'y produire (précipitation, changements de phase, recristallisation, etc.).

9.2.4 Supraconductivité

Dans l'article précédent, nous avons supposé que la résistivité d'un conducteur électrique avait une valeur finie au zéro absolu (fig. 9.9). Cependant, lorsque la température approche du zéro absolu, certains éléments ou alliages font preuve de *supraconductivité*, c'est-à-dire que, au-dessous d'une certaine température critique, T^*, leur résistivité est nulle ; ces matériaux deviennent alors des conducteurs électriques parfaits, qui ne présentent aucune résistance au passage d'un courant d'électrons.

Le comportement de tels matériaux est illustré graphiquement à la figure 9.14. Sur le plan technologique, ces matériaux sont potentiellement très intéressants ; en effet, puisqu'ils n'offrent aucune opposition au passage d'un courant, on peut envisager de fabriquer des conducteurs qui peuvent transporter des courants très intenses, et ce sans aucune perte d'énergie par effet Joule. On peut ainsi réaliser des électro-aimants de très grande puissance.

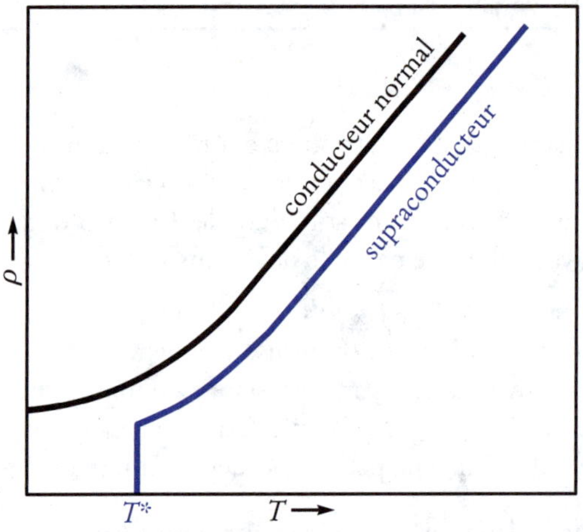

Figure 9.14 Variation de la résistivité électrique en fonction de la température pour : a) un conducteur normal ; b) un supraconducteur.

L'interprétation théorique de la supraconductivité repose principalement sur les travaux de *Bardeen, Cooper et Schrieffer* qui, vers 1957, proposèrent l'existence de mécanismes permettant d'expliquer cette absence de résistance. Disons simplement ici que, au-dessous de la température critique, T^*, le mouvement des électrons libres devient coopératif ; en effet, deux électrons de spin opposé forment une paire, dite *paire de Cooper*, qui n'entre plus en collision avec les ions du réseau (phonons), car il apparaît un couplage «électrons-phonons». Cependant, tout phénomène qui tend à rompre la liaison très faible qui existe dans une paire de Cooper a comme conséquence de supprimer la supraconductivité. C'est pourquoi une élévation minime de la température ou l'application d'un champ magnétique qui modifie la trajectoire d'un électron peuvent faire disparaître la supraconductivité. Rappelons par ailleurs que le courant d'électrons lui-même engendre son propre champ magnétique et que, par conséquent, à une température inférieure à T^*, il existe une intensité maximale de courant au-dessus de laquelle la supraconductivité disparaît. Cette intensité maximale de courant correspond à une valeur critique H^* du champ magnétique créé par ce courant. La température critique d'apparition de la supraconductivité dépend donc du champ magnétique H et, pour des conducteurs cylindriques longs, on montre que :

$$H^* = H_C\left(1 - \frac{T^2}{T^{*2}}\right) \tag{9.45}$$

où H_C est la valeur critique du champ à 0 K. Cette équation est représentée graphiquement à la figure 9.15.

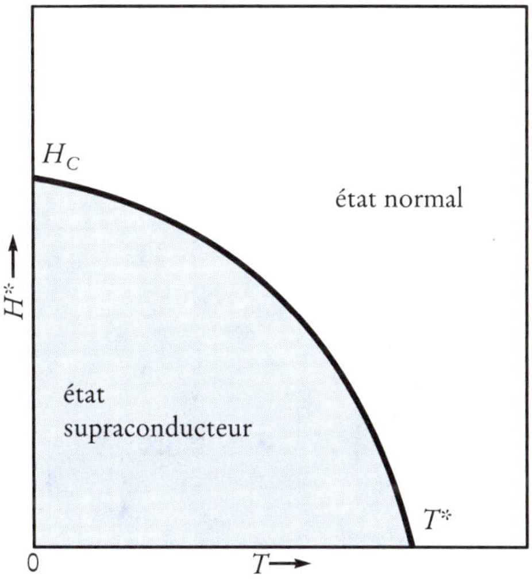

Figure 9.15 Influence d'un champ magnétique H sur la température d'apparition de la supraconductivité.

Le tableau 9.4 donne les valeurs de T^* et de H_C de quelques éléments et composés intermétalliques. Dans la majorité des cas, la température critique T^* ne dépasse guère 20 K, ce qui exige un refroidissement du matériau à la température de l'hélium liquide (4,13 K). Selon le comportement magnétique du matériau, on distingue les supraconducteurs de type I et ceux de type II. Les matériaux supraconducteurs de type I sont totalement diamagnétiques (art. 9.3.1) à l'état supraconducteur, c'est-à-dire qu'ils ne peuvent être pénétrés par les lignes d'un flux magnétique H qui leur est imposé. Par contre, lorsque le champ magnétique excitateur H atteint la valeur critique H_C, le matériau devient conducteur et les lignes de flux magnétique peuvent alors le pénétrer. Les éléments métalliques tels que l'aluminium, le plomb, l'étain et le mercure sont des supraconducteurs de type I.

Pour leur part, les supraconducteurs de type II sont totalement diamagnétiques pour de faibles valeurs du champ magnétique H appliqué ; cependant, la transition de l'état supraconducteur à l'état conducteur se fait de façon graduelle, entre deux valeurs H_{C1} et H_{C2} du champ magnétique excitateur. Entre ces deux valeurs, les lignes de flux magnétique pénètrent progressivement un supraconducteur de type II quand le champ excitateur augmente; le supraconducteur de type II contient alors des régions conductrices et des régions supraconductrices. Puisque les supraconducteurs de type II, essentiellement des composés (Nb_3Sn, V_3Ga) ou des alliages (Nb–Ti, Nb–Zr), ont une température critique T^* plus élevée que ceux de type I (tabl. 9.4), on les préfère à ces derniers pour plusieurs applications.

Tableau 9.4 Température critique T^* d'apparition de la supraconductivité et champ magnétique critique H_C pour quelques matériaux supraconducteurs

Type I			Type II		
Matériau	T^* (K)	H_C (10^3 A/m)	Matériau	T^* (K)	H_C^* (10^6 A/m)
W	0,012	83	Nb – Ti	10,2	12
Cd	0,52	2,4	Nb – Zr	10,8	11
Zn	0,85	4,2			
Al	1,19	8	V_3Ga	16,5	17,7
Sn(β)	3,7	25	V_3Si	17,1	19
Hg	4,15	33	NbN	16,0	12
Ta	4,48	66	Nb_3Al	17,5	26
V	5,3	82	Nb_3Sn	18,1	15
Pb	7,2	64	Nb_3Ge	23,2	29
Nb	9,3	156			
			$YBa_2Cu_2O_7$	93	≈ 40
			$Bi_2Sr_2Ca_2Cu_3O_{10}$	110	---
			$HgBa_2Ca_2Cu_2O_8$	153	---

* H_C est mesuré à 0 K et est égal à H_{C2} pour les supraconducteurs de type II.

À l'heure actuelle, pour fabriquer des fils supraconducteurs, on utilise des matériaux composites, dans lesquels une matrice très bonne conductrice d'électricité (par exemple, du cuivre) contient des fils supraconducteurs (par exemple, Nb_3Sn) [fig. 9.16]. La matrice garantit la conduction électrique à des températures supérieures à la température critique. Elle permet également d'assurer une bonne résistance mécanique du conducteur, car les composés intermétalliques, bien qu'ils soient intéressants à cause de leurs propriétés supraconductrices, sont très peu ductiles.

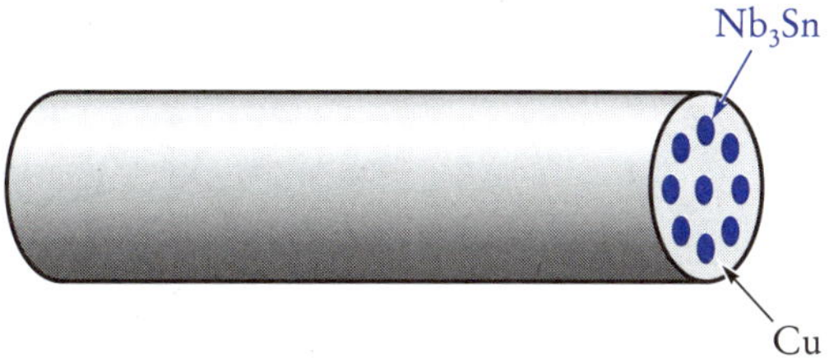

Figure 9.16 Représentation schématique d'un matériau composite supraconducteur.

En 1987, on a découvert un oxyde complexe de cuivre, de baryum et d'yttrium ($YBa_2Cu_3O_7$) dont la structure cristalline est schématisée à la figure 9.17a et dont la température critique T^* est voisine de 90 K, soit une température supérieure à celle de l'azote liquide ; ces conditions impliquent une diminution, par un facteur d'environ 1500, des coûts du refroidissement nécessaire pour atteindre l'état supraconducteur.

Est-il besoin de préciser que cette découverte a suscité énormément d'intérêt ? On pouvait dès lors envisager l'obtention de composés supraconducteurs à la température ambiante ; les applications de la supraconductivité, jusqu'ici réservées à des domaines de la recherche et de la haute technologie, deviendraient alors rentables sur le plan économique pour de nombreuses applications : transport de l'électricité, générateurs à haut rendement, lévitation magnétique pour les trains à haute vitesse, physique du solide, fusion thermonucléaire, imagerie médicale par spectroscopie à résonance magnétique (SRM), etc.

La découverte de 1987 a bien entendu donné lieu à une quête acharnée de composés ayant une haute température critique T^*. À ce jour, un oxyde à base de mercure, de baryum, de calcium et de cuivre ($HgBa_2Ca_2Cu_2O_8$) a une température critique de 153 K (tabl. 9.4). Sa structure cristalline apparaît à la figure 9.17b. Sur cette figure, on constate que ces composés supraconducteurs exceptionnels ont une structure cristalline de type perovskyte. Les raisons fondamentales de leur comportement supraconducteur à des températures aussi élevées ne sont pas encore entièrement élucidées ; on a toutefois émis l'hypothèse selon laquelle leur structure en feuillets et les états d'oxydation des atomes de cuivre seraient responsables de ce comportement supraconducteur. Des observations par diffraction neutronique indiquent que ces différents états d'oxydation constituent des «réservoirs de charge» qui permettent la supraconduction. La production industrielle de tels composés n'est toutefois pas suffisamment maîtrisée aujourd'hui pour envisager des applications à grande échelle. Ces oxydes sont des matériaux céramiques et les techniques de production de pièces massives par frittage limitent le type d'applications. Il n'en reste pas moins que les progrès constants de la science des matériaux permettent d'envisager, dans un proche avenir, une utilisation plus généralisée de ces supraconducteurs à température critique élevée.

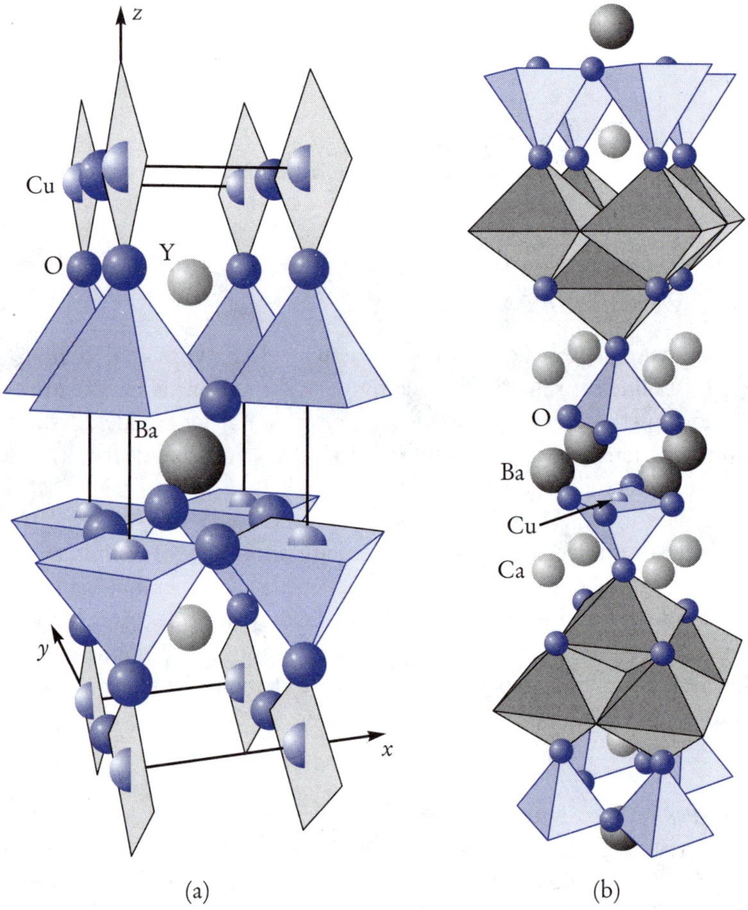

Figure 9.17 Structure cristalline schématique de composés supraconducteurs caractérisés par une température critique élevée : a) $YBa_2Cu_3O_7$; b) $HgBa_2Ca_2Cu_2O_8$. Les sommets des tétraèdres et des octaèdres sont occupés par des atomes d'oxygène qui ne sont pas tous représentés afin d'alléger les figures ; sur la figure (b), les ions Hg sont situés à l'intérieur des octaèdres. (Adapté de *www.ill.fr/dif/3D-crystals/superconductors.html*)

9.2.5 Isolants électriques (diélectriques)

Les isolants électriques, appelés également *diélectriques*, sont des matériaux dont la résistivité est extrêmement élevée. Ils sont caractérisés par une largeur importante de la bande interdite (de l'ordre de quelques électrons-volts) ; l'énergie cinétique due à l'agitation thermique est par conséquent trop faible pour permettre à des électrons de passer dans la bande de conduction (rappelons que kT vaut 0,025 eV à 20 °C et 0,11 eV à 1000 °C). Les diélectriques sont donc essentiellement des matériaux à liaisons ioniques ou covalentes, dans lesquelles les électrons de liaison sont fortement localisés.

Pour étudier les isolants électriques, il faut d'abord analyser plus en détail ce qui se produit lorsque les atomes, ou les molécules, d'un tel matériau sont soumis à un champ électrique.

Examinons en premier lieu le cas simple de la *polarisation électronique*, en considérant une orbitale sphérique *s* d'un atome.

À cause de la symétrie sphérique de cette orbitale, le centre de gravité des charges négatives (les électrons de l'orbitale) et celui des charges positives (le noyau) sont confondus (fig. 9.18a). Sous l'influence d'un champ électrique E, l'orbitale a tendance à se déformer, car les électrons sont attirés par le pôle positif du champ (fig. 9.18b). Il s'ensuit que les centres de gravité des charges négatives et positives ne sont plus confondus, ce qui entraîne la formation d'un dipôle électrique, caractérisé par un vecteur de polarisation **P** qui s'oppose au champ électrique E. Dès que l'influence du champ électrique cesse, les orbitales reprennent leur forme initiale, et la polarisation disparaît. La polarisation électronique, qui est donc parfaitement réversible, n'apparaît que lorsqu'on applique un champ électrique E.

Certaines molécules sont toutefois polarisées naturellement ; ce sont les molécules dans lesquelles les centres de gravité des charges positives et des charges négatives ne sont pas confondus (art. 2.4.5 et fig. 9.19).

Lorsqu'on soumet une molécule polaire à un champ électrique extérieur, son dipôle tend à s'orienter selon la direction du champ, ce qui a comme conséquence de déformer légèrement la molécule : on parle alors de *polarisation d'orientation*, qui peut se décomposer en une polarisation de vibration et en une polarisation de rotation. Cette déformation n'apparaît d'ailleurs pas instantanément ; il y a en effet une hystérèse dans le temps entre l'application du champ électrique et la réaction de la molécule (c'est-à-dire la réorientation des moments dipolaires).

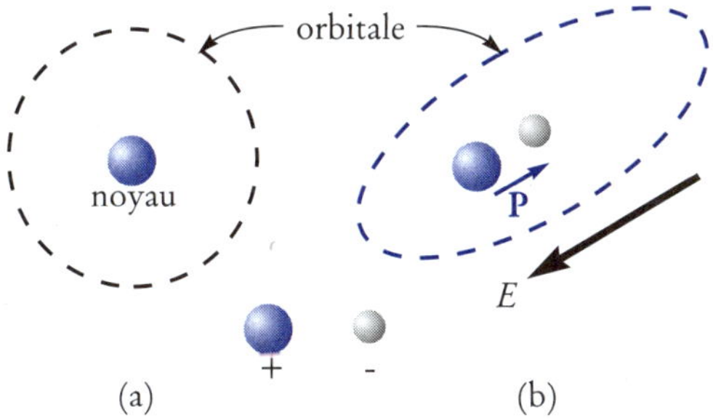

Figure 9.18 a) En l'absence de champ électrique, le centre de gravité des charges négatives (les électrons de l'orbitale) est confondu avec celui des charges positives (le noyau). b) Sous l'influence d'un champ électrique E, il se forme un dipôle électrique dû à la déformation de l'orbitale ; ce dipôle est caractérisé par un vecteur de polarisation **P**.

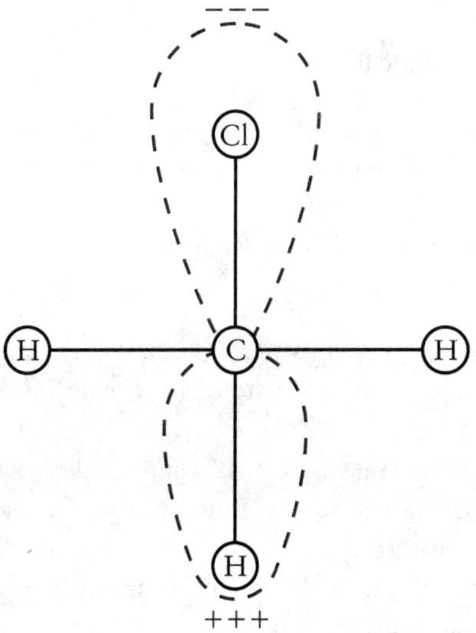

Figure 9.19 Formation d'un dipôle électrique permanent dans une molécule de vinyle, CH_3Cl. Les lignes en pointillés représentent les orbitales des liaisons C–H et C–Cl.

Dans le cas des matériaux à liaisons ioniques, une *polarisation ionique* apparaît sous l'effet d'un champ électrique extérieur ; la position d'équilibre moyenne des ions positifs et négatifs a tendance à se modifier, car ces ions sont respectivement attirés par les pôles négatif et positif du champ électrique.

Pour déterminer la réaction d'un matériau diélectrique à l'influence d'un champ électrique, il faut d'abord rappeler quelques principes simples relatifs aux condensateurs. Considérons un condensateur constitué de deux plaques parallèles placées dans le vide et séparées d'une distance t, auxquelles on applique une différence de potentiel V (fig. 9.20).

La densité superficielle D des charges électriques qui apparaissent sur les plaques est déterminée par la relation :

$$D = \varepsilon_0 E \tag{9.46}$$

où E = champ électrique ($E = V/t$)
ε_0 = permittivité électrique du vide [D est mesurée en C/m^2 et E en V/m ; ε_0 est égale à $8{,}854 \times 10^{-12}$ C/(V·m)]

La *capacité* C d'un tel condensateur est déterminée par la relation :

$$C = \frac{Q}{V} \tag{9.47}$$

où Q est la charge électrique totale de chaque plaque et V, la différence de potentiel appliquée.

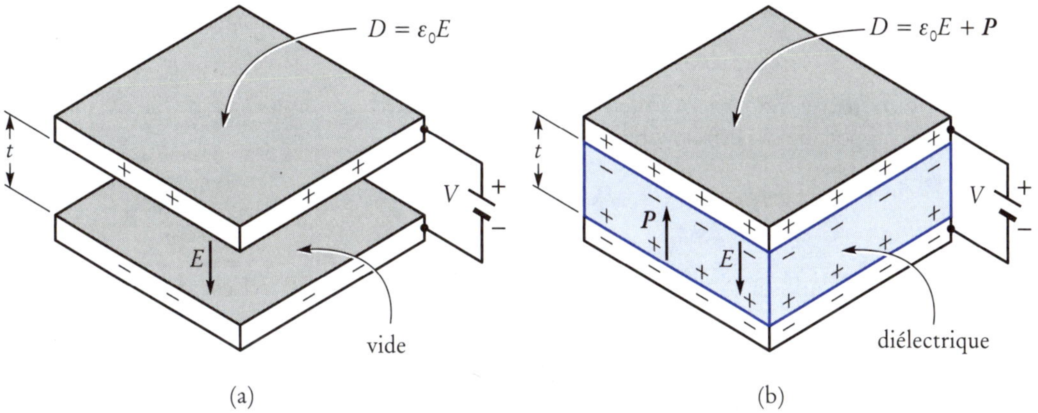

Figure 9.20 a) Condensateur à plaques parallèles fonctionnant dans le vide. La densité superficielle des charges électriques est égale à $\varepsilon_0 E$. b) Condensateur à plaques parallèles entre lesquelles on a introduit un diélectrique. La densité superficielle des charges électriques est égale à $\varepsilon_0 E + \boldsymbol{P}$, où $\boldsymbol{P}$ est la polarisation du diélectrique.

Par définition, $E = V/t$ et $D = Q/S$ (où S est l'aire totale de la plaque). L'équation 9.47 s'écrit alors :

$$C = \frac{DS}{Et} = \varepsilon_0 \frac{S}{t} \tag{9.48}$$

Lorsqu'on introduit un diélectrique entre les plaques du condensateur, des charges positives s'accumulent près de la plaque chargée négativement, alors que l'effet inverse apparaît près de l'autre plaque (fig. 9.20b). Le résultat net en est une diminution de la densité superficielle des charges sur chaque plaque, c'est-à-dire que, au voisinage d'une plaque, la somme des charges de cette plaque et de celles du diélectrique est inférieure à celle qu'on retrouve sur la plaque en l'absence du diélectrique. Cette diminution de la charge effective correspond à la *polarisation* $\boldsymbol{P}$, qui est égale au nombre N de dipôles électriques induits par unité de volume du diélectrique, soit

$$P = N\mu \tag{9.49}$$

Cependant, puisque le potentiel V est imposé, et que des charges électriques mobiles peuvent migrer de la source de tension vers les plaques, la charge électrique par unité de surface de plaque s'accroît jusqu'à ce que le champ électrique atteigne la valeur qu'il aurait dans le vide. Par conséquent, on peut écrire :

$$E = \frac{1}{\varepsilon_0}(D - P) \tag{9.50}$$

d'où

$$D = \varepsilon_0 E + P \tag{9.51}$$

ou encore

$$D = \varepsilon E \tag{9.52}$$

où ε est la *permittivité électrique* du diélectrique. On définit la *constante diélectrique* du matériau, ε_r, comme le rapport de sa permittivité à celle du vide, ε_0, soit

$$\varepsilon_r = \frac{\varepsilon}{\varepsilon_0} \tag{9.53}$$

Parfois, on préfère utiliser la *susceptibilité électrique* du matériau, χ, qui est déterminée par la relation :

$$\chi = \frac{P}{\varepsilon_0 E} \tag{9.54}$$

À partir des équations 9.51, 9.53 et 9.54, on montre facilement que :

$$\varepsilon_r = 1 + \chi \tag{9.55}$$

On constate enfin que la présence d'un diélectrique entre les deux plaques d'un condensateur entraîne une augmentation de la densité superficielle des charges sur les plaques, par rapport à la densité existant dans le vide. En effet, le rapport entre les capacités du condensateur avec et sans diélectrique est :

$$\frac{C}{C_{\text{vide}}} = \frac{D}{D_{\text{vide}}} = \frac{\varepsilon_0 E + P}{\varepsilon_0 E} = \frac{\varepsilon}{\varepsilon_0} = \varepsilon_r \tag{9.56}$$

La constante diélectrique ε_r d'un matériau caractérise donc l'accroissement de la capacité d'un condensateur, par rapport à la capacité que celui-ci posséderait en l'absence de ce matériau (tabl. 9.5).

Lorsque le champ électrique appliqué varie au cours du temps (champ alternatif), il faut tenir compte de l'influence de la fréquence sur la polarisation du diélectrique. On peut considérer que la polarisation totale d'un diélectrique est la somme des polarisations partielles dues à chaque type de polarisation (électronique, de vibration et de rotation). Or, la réaction d'un matériau à un type de polarisation n'est pas instantanée ; il existe en effet un déphasage δ entre le champ électrique alternatif ($E = E_0 \sin \omega t$) et la polarisation [$\boldsymbol{P} = P_0 \sin (\omega t - \delta)$]. Les valeurs de la polarisation et de la constante diélectrique dépendent de la plus ou moins grande facilité avec laquelle les moments dipolaires se réorientent lorsque la direction du champ varie. Le temps requis pour que cette réorientation ait lieu est appelé temps de relaxation, et son inverse, *fréquence de relaxation*. Lorsque la fréquence du champ électrique est beaucoup plus élevée que la fréquence de relaxation d'un type de polarisation, cette polarisation ne peut pas se produire. Par contre, lorsque la fréquence du champ est nettement inférieure à la fréquence de relaxation, la polarisation se produit instantanément, et le déphasage entre $\boldsymbol{P}$ et E est nul. Enfin, lorsque la fréquence du champ et la

Tableau 9.5 Constante diélectrique ε_r ($\varepsilon_r = \varepsilon/\varepsilon_0$) de quelques matériaux (θ = 25 °C, $\nu = 10^6$ Hz)

	Matériau	ε_r
POLYMÈRES	Téflon (PTFE)	2,1
	Polyisobutylène	2,23
	Polyéthylène (PE)	2,35
	Polystyrène (PS)	2,55
	Caoutchouc butyle	2,56
	Lucite (PMMA)	2,63
	Polychlorure de vinyle	3,3
	(PVC)	3,33
	Nylon 6-6	3,5 à 3,6
	Résines époxides	3,1 à 4,0
	Polyesters	4,75
	Phénolformaldéhyde	6,26
	Néoprène	7,0
	Papier	

	Matériau	ε_r
CÉRAMIQUE	Oxyde de baryum	3,4
	Mica	3,6
	Cordiérite	4,5 à 5,4
	($2MgO{\cdot}2Al_2O_3{\cdot}3SiO_2$)	
	Diamant	5,5
	Porcelaine vitrifiée	6 à 7
	Alumine	8 à 9
	Forstérite (Mg_2SiO_4)	6,2
	Mullite ($3Al_2O_3{\cdot}2SiO_2$)	6,6
	LiF	9,0
VERRES	Ordinaire	6,9
	Siliceux	3,8
	Vycor	3,8
	Pyrex	4,0 à 6,0
	Au plomb	19,0

fréquence de relaxation sont voisines, le déphasage δ augmente pour atteindre une valeur maximale. Dans ce cas, la courbe $D = f(E)$ ou $\boldsymbol{P} = f(E)$ est une boucle d'hystérésis, analogue à celle qui correspond au phénomène d'anélasticité. L'aire de cette courbe représente la perte d'énergie par cycle et par unité de volume du matériau ; cette perte d'énergie est dissipée sous forme de chaleur. On caractérise un diélectrique par son *facteur de perte*, qui est égal à tg δ.

Les polarisations électronique et ionique, qui entraînent des réarrangements des charges électriques sur de très faibles distances (inférieures au diamètre atomique), persistent dans une vaste gamme de fréquences, des micro-ondes aux ultraviolets, pour la polarisation électronique, et aux infrarouges, pour la polarisation ionique. Par contre, la polarisation d'orientation, qui se produit dans les matériaux moléculaires, requiert des réorientations des dipôles à l'échelle moléculaire ; elle ne peut donc avoir lieu au-dessus d'une certaine fréquence, déterminée par la taille des molécules et par l'intensité de leurs moments dipolaires moléculaires.

Une application intéressante du phénomène de perte d'énergie qui se produit lorsqu'il y a déphasage d entre le champ électrique alternatif E appliqué et la polarisation résultante $\boldsymbol{P}$ est le chauffage par micro-ondes de certains matériaux contenant des molécules polarisables. Les aliments et le bois contiennent une proportion non négligeable d'eau et l'application d'un champ électrique ayant une fréquence située dans le domaine des micro-ondes produit une polarisation d'orientation (vibration et rotation) de ces molécules d'eau. La dissipation de chaleur permet ainsi la cuisson des aliments ou le séchage du bois ou des colles dans le cas des bois modifiés tels que le contreplaqué. Dans les fours à micro-ondes de cuisine, la fréquence du champ électrique est égale à 2,45 GHz, alors que les fours industriels peuvent fonctionner soit sous cette fréquence de 2,45 GHz, soit sous une fréquence de 0,915 GHz.

Dans le cas des diélectriques utilisés comme isolants, il faut tenir compte des variations de la constante diélectrique, ε_r, et du facteur de perte, tg δ, en fonction de la fréquence. La figure 9.21 montre l'influence de la fréquence sur la constante diélectrique ε_r, pour deux matières plastiques fréquemment utilisées comme isolants.

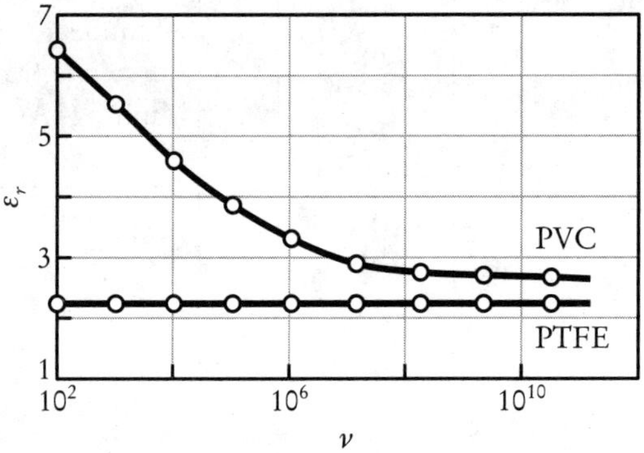

Figure 9.21 Influence de la fréquence ν d'un champ électrique sur la constante diélectrique, ε_r, du polychlorure de vinyle (PVC) et du polytétrafluorure d'éthylène (PTFE).

Enfin, une caractéristique importante des diélectriques est leur *tension de claquage* (kV/m) : c'est la tension maximale qui entraîne la dégradation du matériau par formation d'un arc électrique ; les forces électrostatiques deviennent en effet si élevées qu'elles peuvent provoquer la rupture des liaisons. Cette tension de claquage dépend des impuretés présentes dans le matériau, car celles-ci créent localement des distorsions de la polarisation. Le claquage s'amorce probablement à cause des électrons des atomes d'impuretés qui passent dans la bande de conduction. En effet, après cette excitation, ces électrons, accélérés par un champ intense, acquièrent une énergie suffisante pour entrer en collision avec d'autres électrons et les éjecter dans la bande de conduction. Il en résulte un effet d'avalanche et, en raison de la très haute résistivité du matériau, une importante élévation locale de la température : cette élévation de température provoque une vaporisation ou une inflammation dans les diélectriques liquides, et une fusion locale dans les diélectriques solides.

Sur le plan pratique, on classe les matériaux diélectriques utilisés comme isolants selon l'état sous lequel ils se présentent (état gazeux, liquide ou solide) et selon la nature de leurs liaisons à l'état solide (liaisons ioniques ou covalentes). Lorsqu'on prend uniquement en considération les propriétés diélectriques, on choisit de préférence un matériau non polaire, car il permet d'obtenir une haute résistivité, une forte constante diélectrique et de faibles pertes diélectriques. Toutefois, d'autres facteurs, comme la résistance mécanique du matériau, les variations de cette résistance et des propriétés physiques et chimiques en fonction de la température et de l'environnement, la stabilité des propriétés électriques et la gamme de fréquences utilisées, sont autant de paramètres qui peuvent intervenir dans le choix d'un isolant électrique, selon l'utilisation recherchée.

Le tableau 9.6 donne les propriétés diélectriques de plusieurs matériaux solides, liquides ou gazeux qu'on utilise comme isolants. On emploie les gaz (air, vide, SF_6) surtout à basse pression dans les tubes électroniques et dans les transformateurs.

On utilise les liquides (huiles d'hydrocarbures ou d'hydrocarbures chlorés) dans les transformateurs et les câbles à haute tension, alors que les matières plastiques servent essentiellement à isoler des câbles et des fils conducteurs. Les résines (phénoliques, polyesters, phénolformaldéhydes) servent d'enduits de fils de transformateurs ou, sous forme massive, elles sont alors associées à des renforts comme le mica, l'amiante ou le coton, pour fabriquer des bornes électriques.

Les circuits imprimés, qui servent de base à des montages électroniques, sont faits de matériaux composites laminés, dont la matrice est constituée de polymères et le renfort, de fibres de verre, de papier ou de coton.

Le papier, imprégné d'huile isolante, est un matériau qu'on utilise fréquemment dans les condensateurs et les transformateurs.

Les céramiques diélectriques présentent l'intérêt de faire preuve de bonnes propriétés mécaniques et d'avoir une inertie chimique élevée. On les utilise lorsque de telles propriétés sont requises (isolateurs de ligne électrique) ou lorsque leur tension de claquage élevée constitue un paramètre primordial (bornes d'isolation, perles ou tubes de protection des thermocouples à haute température).

9.2.6 Ferroélectricité et piézoélectricité

Les matériaux diélectriques étudiés précédemment ne présentent aucune polarisation permanente en l'absence d'un champ électrique extérieur. En effet, dans les matériaux moléculaires à dipôles permanents, ces dipôles sont orientés au hasard en l'absence d'un champ extérieur ; par conséquent, leur résultante est nulle. Il n'en est toutefois pas ainsi dans certains matériaux diélectriques qui ont la particularité d'être *ferroélectriques* ; ces matériaux peuvent en effet présenter une polarisation permanente, même en l'absence de champ électrique extérieur. Le titanate de baryum ($BaTiO_3$) en est un exemple caractéristique.

La structure cristalline du titanate de baryum apparaît à la figure 9.22. La maille est quadratique, mais la taille relative des ions Ti^{4+} et O^{2-} est telle que les ions Ti^{4+} n'occupent pas exactement le centre de la maille et que les ions O^{2-} ne se trouvent pas exactement au centre des faces. Il s'ensuit que le centre de gravité des charges positives ne coïncide pas avec celui des charges négatives, ce qui fait qu'un dipôle ionique existe dans la maille élémentaire. Il y a donc création

Tableau 9.6 Propriétés diélectriques des matériaux utilisés comme isolants

Matériau (état*)	Constante diélectrique ε_r aux fréquences de			Facteur de perte (tg δ)	Tension de claquage (MV/m)	Utilisations caractéristiques
	10^3 Hz	10^6 Hz	10^8 Hz			
Vide élevé (G)	1	1	1	0	100	Tubes électroniques
Air (G) p = 1 atm	– 1	– 1	– 1	$< 10^{-5}$	2	
p = 2,76 kPa	– 1	– 1	– 1	$< 10^{-5}$	43	Tubes électroniques
SF_6 (G) p = 1 atm	1,1	1,1	1,1	$< 10^{-5}$	7	
p = 0,7 kPa	1,1	1,1	1,1	$< 10^{-5}$	35	Transformateurs
Huiles (L)						
- hydrocarbures	2,3	–	–	1 à 5×10^{-5}	40 à 50	Transformateurs Câbles à haute tension
- hydrocarbures chlorés	4 à 6	–	–	1 à 4×10^{-5}	50 à 100	Transformateurs Condensateurs
Papier imprégné d'huile (S + L)	> 2,5	> 2,5	> 2,5	2 à 3 × 10-3	20	Condensateurs, transformateurs
Caoutchouc naturel (S)	2,4	–	–	3×10^{-3} (à 10^3 Hz)	12 à 24	Câbles électriques
Caoutchouc vulcanisé (S)	2,9	2,7	2,5	3×10^{-2} (à 10^3 Hz)	12 à 24	Câbles électriques
Polyéthylène (S)	2,26	2,26	2,26	1 à 2×10^{-4} (à 10^4 Hz)	40 (à 50 Hz)	Câbles, condensateurs
Polychlorure de vinyle (S)	5,2	3,2	2,9	2×10^{-2}	5 à 20	Câbles
Polyester (nylon) (S)	3,1	–	–	5×10^{-3} (à 10^6 Hz)	0,8 à 12	Condensateurs
Néoprène (S)	6,6	6,26	4,5	–		Câbles électriques
Résines siliconées (S)	3,8	3,8	3,8	1 à 3×10^{-2} (à 10^4 Hz)	0,1 à 1	Isolation
Caoutchouc siliconé (S)	3,2	3,15	3,10	2×10^{-3} (à 10^3 Hz)	5 à 15	Câbles électriques
Nylon 6-6 (S)	3,8	3,3	3,15	3×10^{-3} (à 10^3 Hz)	10 à 20	Isolation, câbles électriques
Laminés résine (S)	–	4,5 à 7	–	3×10^{-2} à 10^{-1} (à 10^6 Hz)	10 à 20	Circuits imprimés
Alumine (S)	–	4,5 à 8,4	–			
Cordiérite (S)	–	4,5 à 8,4	–			
Porcelaine (S)	–	6 à 8	–			Isolateurs haute tension ayant de bonnes propriétés mécaniques
Zircone (S)	–	7 à 10	–			
Stéatite (S)	–	5,5 à 7,5	–	3×10^{-3} à 2×10^{-2}	3 à 50	
Oxyde de Ti (S)	–	14 à 110	–			
Verre ordinaire (S)	–	6 à 7	–	1 à 2×10^{-2}	300 à 500	
Mica (muscovite) (S)	5,4	5,4	5,4	1 à 2×10^{-4}	55 à 60	Condensateurs Renfort de matrice polymérique
Titanates (S)	–	15 à 12 000	–	2×10^{-3}	2 à 12	Matériaux ferroélectriques

* G = gazeux ; L = liquide ; S = solide.

d'une polarisation non nulle, et ce même en l'absence de champ extérieur. En fait, les dipôles électriques sont tous orientés dans la même direction, à l'intérieur d'un domaine ferroélectrique séparé de ses voisins par des parois (fig. 9.23a). En l'absence d'un champ électrique extérieur, la direction de polarisation de chaque domaine est orientée au hasard. Cependant, lorsqu'on applique un champ électrique, les domaines dont l'orientation est voisine de celle du champ tendent à croître (fig. 9.23b) ; on assiste par ailleurs à la réorientation de la direction de polarisation, ou même à la disparition des domaines dont l'orientation est contraire à celle du champ extérieur (fig. 9.23c).

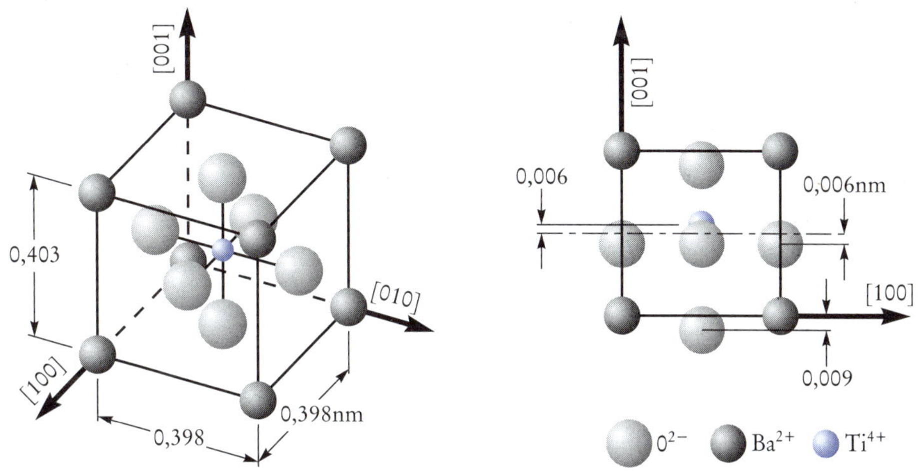

Figure 9.22 Structure cristalline du titanate de baryum, $BaTiO_3$ (les dimensions sont en nanomètres).

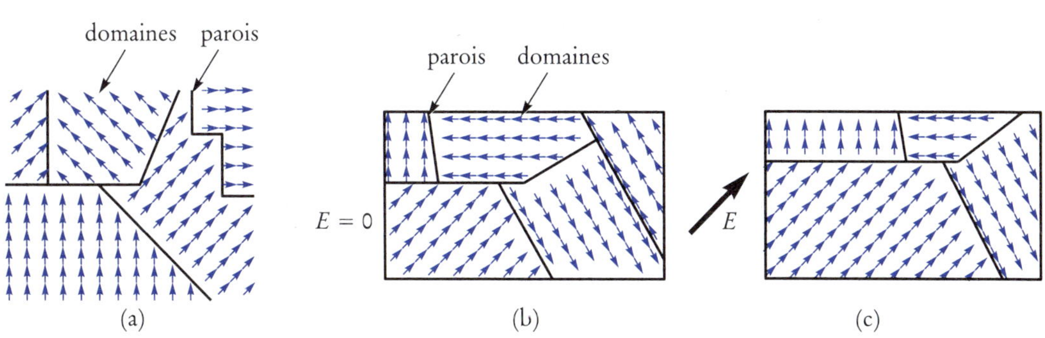

Figure 9.23 a) Polarisation des domaines dans un matériau ferroélectrique. b) En l'absence de champ électrique extérieur, la résultante de la polarisation des domaines est nulle. c) Lorsqu'on applique un champ E, il y a déplacement des parois et croissance des domaines dont la direction de polarisation est voisine de celle du champ extérieur.

Lorsqu'on les soumet à l'action d'un champ électrique alternatif, les matériaux ferroélectriques ont un comportement analogue à celui des matériaux ferromagnétiques (art. 9.3.3). À partir d'un état initial pour lequel la résultante des dipôles des divers domaines est nulle, la courbe de première excitation **P** = $f(E)$ atteint une valeur maximale $\mathbf{P}_s$; cette valeur correspond à la *polarisation de saturation*, pour laquelle tous les domaines sont orientés dans la même direction (fig. 9.24). Lorsqu'on inverse la direction du champ extérieur et qu'on diminue son intensité jusqu'à ce qu'elle atteigne une valeur nulle, une *polarisation rémanente*, $\mathbf{P}_r$, subsiste dans le matériau. Il faut alors appliquer un champ extérieur $-E_c$, dit *champ coercitif*, pour faire disparaître la polarisation. Lorsqu'on poursuit le processus, la courbe **P** = $f(E)$ devient une boucle d'hystérésis, semblable à celle qui caractérise les matériaux ferromagnétiques.

La ferroélectricité d'un matériau dépend de la température ; en effet, lorsque celle-ci augmente, le désordre des moments dipolaires croît pour devenir aléatoire au-dessus d'une température critique appelée *température ferroélectrique de Curie*. Dans le cas du titanate de baryum ($BaTiO_3$), cette température critique est de 120 °C. D'autres matériaux, comme le sel de Rochelle ($KNaC_4H_4O_6 \cdot 4H_2O$) ou les composés $KNaTi_2O_6$, Sr_2CrTaO_6, $BaKNbTiO_6$, $Pb(Zr,Ti)O_3$, présentent également la particularité d'être ferroélectriques. Pour chacun de ces matériaux, la polarisation est essentiellement due à la non-coïncidence des centres de gravité des charges positives et des charges négatives dans la maille élémentaire.

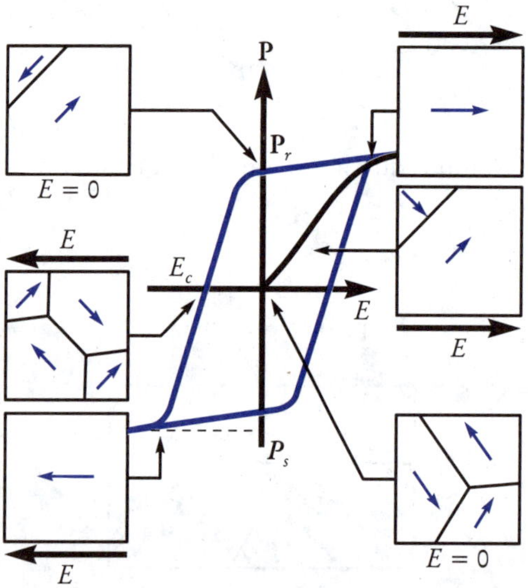

Figure 9.24 Boucle d'hystérésis **P** = $f(E)$ d'un matériau ferroélectrique. L'orientation de la polarisation des domaines est donnée pour certaines conditions caractéristiques.

On peut utiliser les matériaux ferroélectriques comme éléments de mémoire, puisque, après qu'ils ont été polarisés à saturation, une polarisation permanente y subsiste même après la suppression du champ extérieur (fig. 9.24). Toutefois, les mémoires ferroélectriques ne peuvent pas être permanentes, car, en l'absence d'un champ extérieur, une dépolarisation se produit lentement avec le temps sous l'effet de l'agitation thermique.

On utilise principalement les matériaux ferroélectriques comme diélectriques, puisqu'ils ont une constante diélectrique très élevée (15 à 12 000), et ce même si leur facteur de perte est plus élevé que celui de la plupart des diélectriques ohmiques.

Le fait qu'ils présentent le phénomène de *piézoélectricité* (fig. 9.25) constitue une autre propriété intéressante des ferroélectriques et de certains diélectriques (par exemple, le quartz). Les matériaux piézoélectriques sont des matériaux dans lesquels les centres de gravité des charges positives et des charges négatives ne coïncident plus lorsqu'on soumet le matériau à une contrainte qui agit dans une certaine direction cristallographique. Il s'ensuit une déformation élastique qui induit des charges positives et négatives sur les faces opposées du cristal. Pour que la piézoélectricité puisse se manifester, il faut toutefois que certaines conditions cristallographiques soient respectées.

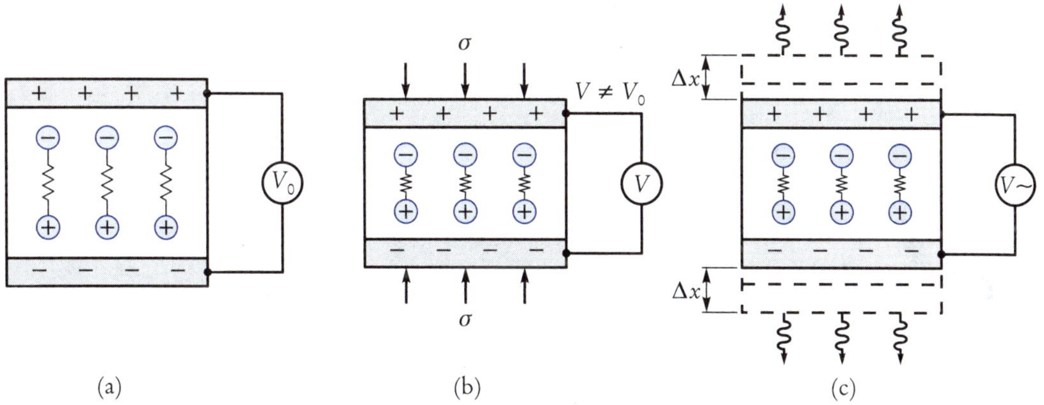

Figure 9.25 Phénomène de piézoélectricité. a) En l'absence de contrainte mécanique, un cristal piézoélectrique est polarisé sous une tension V_0. b) Lorsqu'on applique une contrainte mécanique σ, la constante de polarisation du cristal est modifiée, et un potentiel V ($V \neq V_0$) apparaît aux bornes du cristal. c) Lorsque le potentiel appliqué varie dans le temps ($V_0 \sin \omega t$), le champ électrique $E(E = E_0 \sin \omega t)$ entraîne une vibration élastique du cristal piézoélectrique et la production d'ondes de pression (en général des ultrasons).

Le phénomène de piézoélectricité est réversible, puisque toute déformation élastique d'un cristal piézoélectrique entraîne l'apparition de charges électriques de signes opposés sur les faces du cristal ; un cristal piézoélectrique peut donc être émetteur ou récepteur d'ondes ultrasonores.

La possibilité de générer des ondes ultrasonores de fréquence variant entre 0,5 et 50 MHz, grâce à l'application d'un champ électrique de même fréquence aux faces du cristal, constitue une caractéristique importante de la piézoélectricité, caractéristique dont on tire fréquemment parti, par exemple lorsqu'on utilise des quartz dont les faces sont taillées parallèlement à l'axe z de la maille hexagonale du quartz. On utilise de tels cristaux comme émetteurs ou récepteurs d'ultrasons dans les techniques de contrôle non destructif des matériaux (inspection aux ultrasons).

L'emploi de tels cristaux comme délais dans les lignes de transmission des communications constitue une autre utilisation de la piézoélectricité. Un champ électrique variable appliqué à la face d'entrée d'un cristal piézoélectrique engendre des ondes de pression mécanique qui se propagent dans le cristal. À l'autre extrémité du cristal, ces ondes de pression sont transformées de nouveau en ondes électriques. Or, dans le cristal, ces ondes se propagent à la vitesse du son, vitesse qui est nettement inférieure à celle des signaux électriques. Par conséquent, en jouant sur l'épaisseur du cristal piézoélectrique, on peut régler le délai de transmission à la durée désirée.

D'autres utilisations de la piézoélectricité sont également très répandues : têtes de lecture des platines de tourne-disques, manomètres destinés à mesurer de hautes pressions, échosondeurs et sonars (pour les sondages sous-marins), cristaux des montres «à quartz», etc.

9.2.7 Semi-conducteurs

Les semi-conducteurs constituent une classe de matériaux dont l'importance n'a cessé de croître depuis quatre décennies ; en effet, tous les développements spectaculaires de la microélectronique reposent sur les propriétés physiques de ces matériaux.

9.2.7.1 Semi-conducteurs intrinsèques

Un *semi-conducteur intrinsèque* est un élément, ou un composé, caractérisé par des liaisons covalentes, donc des liaisons dans lesquelles les électrons de valence sont localisés et par une largeur E_g de la bande interdite suffisamment faible pour que, sous l'effet de l'agitation thermique, certains électrons de la bande de valence puissent passer dans la bande de conduction (fig. 9.26). Chaque électron qui quitte la bande de valence y laisse un «trou» électronique, aussi appelé *lacune électronique*. L'atome qui possédait cet électron passé dans la bande de conduction est dit «ionisé».

Sous l'influence d'un champ électrique, les électrons et les trous correspondants se déplacent en sens opposé. Il est important de distinguer ces deux types de porteurs de charges, car la mobilité des électrons et des trous est différente.

Pour qu'un tel mécanisme se produise, il faut que la largeur E_g de la bande interdite ne soit pas trop importante. Considérons, par exemple, les éléments de la colonne IVB du tableau périodique. Le carbone, premier élément de cette colonne, possède des électrons de valence fortement liés, et

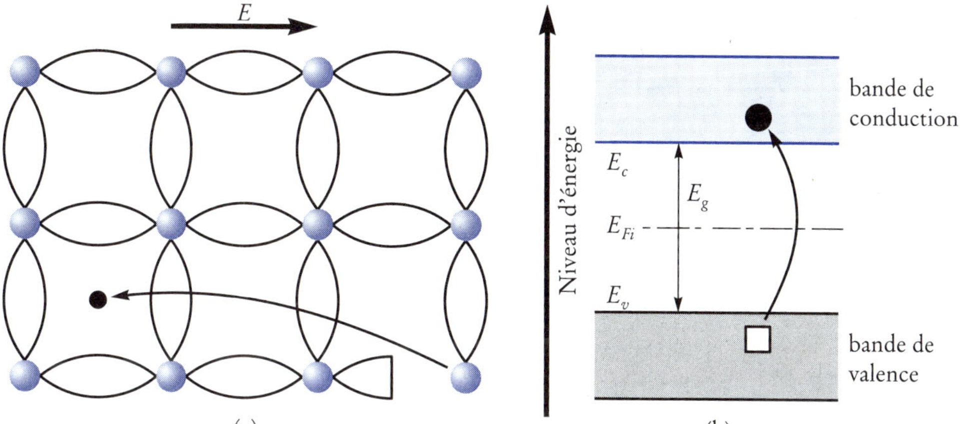

Figure 9.26 Dans un semi-conducteur intrinsèque, sous l'effet de l'agitation thermique, un électron de valence peut quitter la bande de valence et passer dans la bande de conduction, où il devient libre de se déplacer. Il laisse un trou (ou lacune) électronique, qui est un porteur de charge positive et qui peut lui aussi se déplacer sous l'influence d'un champ électrique E.

la largeur de sa bande interdite est de 6 eV, ce qui est très élevé. Par conséquent, à la température ambiante, la probabilité qu'un électron de valence passe dans la bande de conduction est nulle ; le carbone, sous la forme diamant, est donc un isolant parfait, sa conductibilité étant nulle. Lorsque le numéro atomique d'un élément de cette colonne croît, ses électrons de valence sont moins liés, et la largeur de sa bande interdite diminue ; c'est ce qui se produit pour le silicium et le germanium (tabl. 9.7). Ces deux éléments sont donc des semi-conducteurs intrinsèques, car, à la température ambiante, leur conductibilité, bien qu'elle soit faible, n'est plus nulle. À la limite, quand le numéro atomique d'un élément est élevé (Sn, Pb), ses électrons de valence sont très peu liés, et la largeur de sa bande interdite est nulle ; cet élément est par conséquent un conducteur électrique.

Certains composés covalents constitués d'éléments IIIA–VB et IIA–VIB du tableau périodique sont également des semi-conducteurs ; le tableau 9.7 en contient quelques exemples.

Grâce à l'équation 9.29, on peut calculer la conductibilité, σ, d'un semi-conducteur intrinsèque, soit

$$\sigma = n_e e \mu_e + n_t e \mu_t \qquad (9.57)$$

où n_e et n_t = nombres d'électrons libres et de trous respectivement par unité de volume du matériau
μ_e et μ_t = *mobilité* respective de ces électrons et de ces trous
e = charge élémentaire d'un électron

Tableau 9.7 Caractéristiques de quelques semi-conducteurs intrinsèques, à la température ambiante ($\theta = 20$ °C)

Matériau	Bande interdite, E_g (eV)	Conductivité, σ (S/m)	Mobilité des électrons, μ_e (m^2/V·s)	Mobilité des trous, μ_t (m^2/V·s)
Silicium	1,1	$4{,}3 \times 10^{-4}$	0,14	0,04
Germanium	0,66	2,2	0,36	0,19
Étain gris*	0,08	3×10^{5}	0,25	0,24
AlSb	1,7	–	0,1	0,04
GaP	2,24	–	0,05	0,002
GaAs	1,4	10^{-6}	0,65	0,04
GaSb	0,8	–	0,05	0,1
InP	1,4	5×10^{2}	0,68	0,01
InAs	0,4	10^{4}	3,0	0,05
InSb	0,2	–	8,0	0,05
CdS	2,5	–	0,034	0,0018
SiC	3,0	–	0,1	0,002

* L'étain gris a une structure cubique diamant ; l'étain blanc, de structure quadratique, se comporte comme un métal conducteur.

Puisque, chaque fois qu'un électron passe dans la bande de conduction, il y a formation d'un trou, on peut écrire :

$$n_e = n_t = n_i \qquad (9.58)$$

Les nombres de charges mobiles, n_e et n_t, qui dépendent de la température puisque le processus est activé thermiquement, sont déterminés par les relations :

$$n_e = N_e \exp\left[\frac{-(E_c - E_{Fi})}{kT}\right] \quad \text{et} \quad n_t = N_t \exp\left[\frac{-(E_{Fi} - E_V)}{kT}\right] \qquad (9.59)$$

où E_c = niveau d'énergie le plus bas de la bande de conduction
E_V = niveau d'énergie le plus élevé de la bande de valence
E_{Fi} = niveau de Fermi
N_e et N_t = respectivement, les densités des niveaux d'énergie dans la bande de conduction et dans la bande de valence

À titre d'exemple, dans le cas du silicium pur pris à la température ambiante (298 K), le nombre n_e d'électrons passés dans la bande de conduction – qui est aussi égal au nombre de trous créés ($n_e = n_t = n_i$) – est voisin de 1,45 × 10^{10} cm^{-3}. Étant donné qu'un centimètre cube de silicium contient quelque 10^{23} atomes, cette valeur de n_e signifie qu'il y a un atome «ionisé» pour 10^{13} atomes non «ionisés» : c'est ce qui explique la faible conduction électrique intrinsèque du silicium à la température ambiante. Dans le cas de l'arséniure de gallium, GaAs, pris à la température ambiante, ce nombre n_e est encore beaucoup plus faible ($n_e \approx 9 \times 10^6$ cm^{-3}).

Le produit $n_e n_t = n_i^2$ est déterminé par l'égalité suivante :

$$n_e n_t = n_i^2 = (N_e N_t) \exp\left[\frac{-(E_c - E_v)}{kT}\right]$$

$$n_e n_t = (N_e N_t) \exp\left(\frac{-E_g}{kT}\right) \tag{9.60}$$

puisque la largeur E_g de la bande interdite est égale à $(E_c - E_v)$. Par ailleurs, à partir de l'équation 9.58, on déduit que $(E_c - E_{Fi}) = (E_{Fi} - E_v)$ et que :

$$E_{Fi} = \frac{E_c + E_v}{2} \tag{9.61}$$

Le niveau de Fermi, E_{Fi}, est donc situé à mi-distance entre E_c et E_v, dans la bande interdite.

L'expression $N_e N_t$, qui dépend de la structure de bande du semi-conducteur, est en général une constante, pour un matériau donné. La conductibilité électrique du conducteur est donc déterminée par la relation suivante, déduite des équations 9.57, 9.58 et 9.60 :

$$\sigma = e(N_e N_t)^{1/2}(\mu_e + \mu_t)\exp\left(\frac{-E_g}{2kT}\right) \tag{9.62}$$

ou encore

$$\sigma = \sigma_0 \exp\left(\frac{-E_g}{2kT}\right) \tag{9.63}$$

où le paramètre $\sigma_0 = e(N_e N_t)^{1/2}(\mu_e + \mu_t)$ est une constante puisque N_e, N_t, μ_e et μ_t sont des constantes pour un matériau donné porté à une température donnée.

Cette conductibilité électrique croît de façon exponentielle en fonction de la température (fig. 9.27, pour le germanium). À la température ambiante, les semi-conducteurs intrinsèques les plus usuels (le silicium et le germanium) sont de faibles conducteurs de l'électricité ; toutefois, leur conductibilité électrique augmente lorsque la température croît. On peut tirer parti de cette variation de la conductibilité pour réaliser des thermistors, résistances électriques dont la résistivité varie de façon connue en fonction de la température, ce qui permet de réguler la température.

Une autre application importante de la conductibilité intrinsèque est la photoconductivité : lorsqu'il est heurté par un photon incident dont l'énergie $h\nu$ est au moins égale à E_g, un électron de la bande de valence peut passer dans la bande de conduction. Lorsqu'on applique un champ électrique au semi-conducteur, il y a création d'un courant d'électrons et de trous : sous l'effet du bombardement des photons, le semi-conducteur devient donc conducteur.

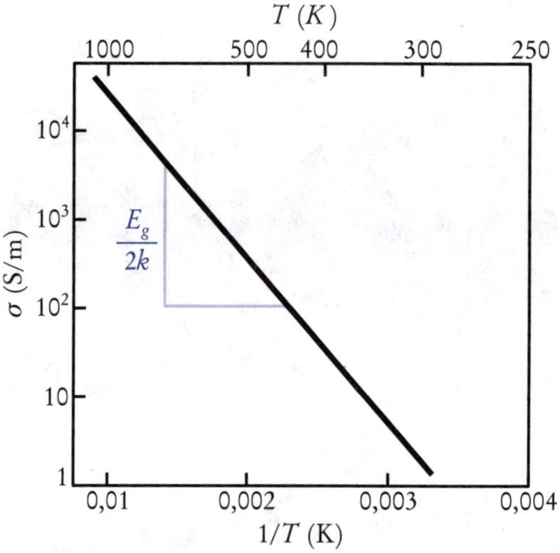

Figure 9.27 Variation de la conductibilité électrique du germanium (semi-conducteur intrinsèque) en fonction de l'inverse de la température, 1/T.

L'énergie E_g requise pour que le processus se produise est égale à l'énergie $h\nu$ du photon incident, qui dépend de la longueur d'onde de celui-ci ($\lambda = c/\nu$, où c est la vitesse de la lumière).

On peut par conséquent réaliser des détecteurs de photons de diverses longueurs d'onde (visible, infrarouge, etc.), selon la largeur de la bande interdite du semi-conducteur choisi. Le sulfure de cadmium (CdS) est un semi-conducteur intrinsèque qu'on utilise fréquemment comme détecteur de photons (par exemple, dans les cellules photoélectriques).

9.2.7.2 Semi-conducteurs extrinsèques

La conductibilité électrique des semi-conducteurs intrinsèques (Si et Ge) est trop faible pour qu'on puisse les utiliser dans des circuits électriques à température ambiante. On améliore donc leur conductibilité en leur ajoutant, de façon contrôlée, des *dopants*, ce qui permet d'obtenir des *semi-conducteurs extrinsèques*. Ces dopants sont du type p ou du type n, selon que leur valence est respectivement soit plus faible, soit plus élevée que celle du silicium ou du germanium. Cette technique est appelée *dopage* du semi-conducteur.

Ainsi, lorsqu'on introduit en solution solide de substitution dans le réseau du silicium un atome trivalent (colonne IIIB du tableau périodique : B, Al, Ga ou In), cet atome occupe un nœud de ce réseau ; il manque toutefois un électron pour compléter une des orbitales qui lient cet atome d'impureté à un atome voisin de silicium (fig. 9.28a). Pour tout atome trivalent dopant, il y a

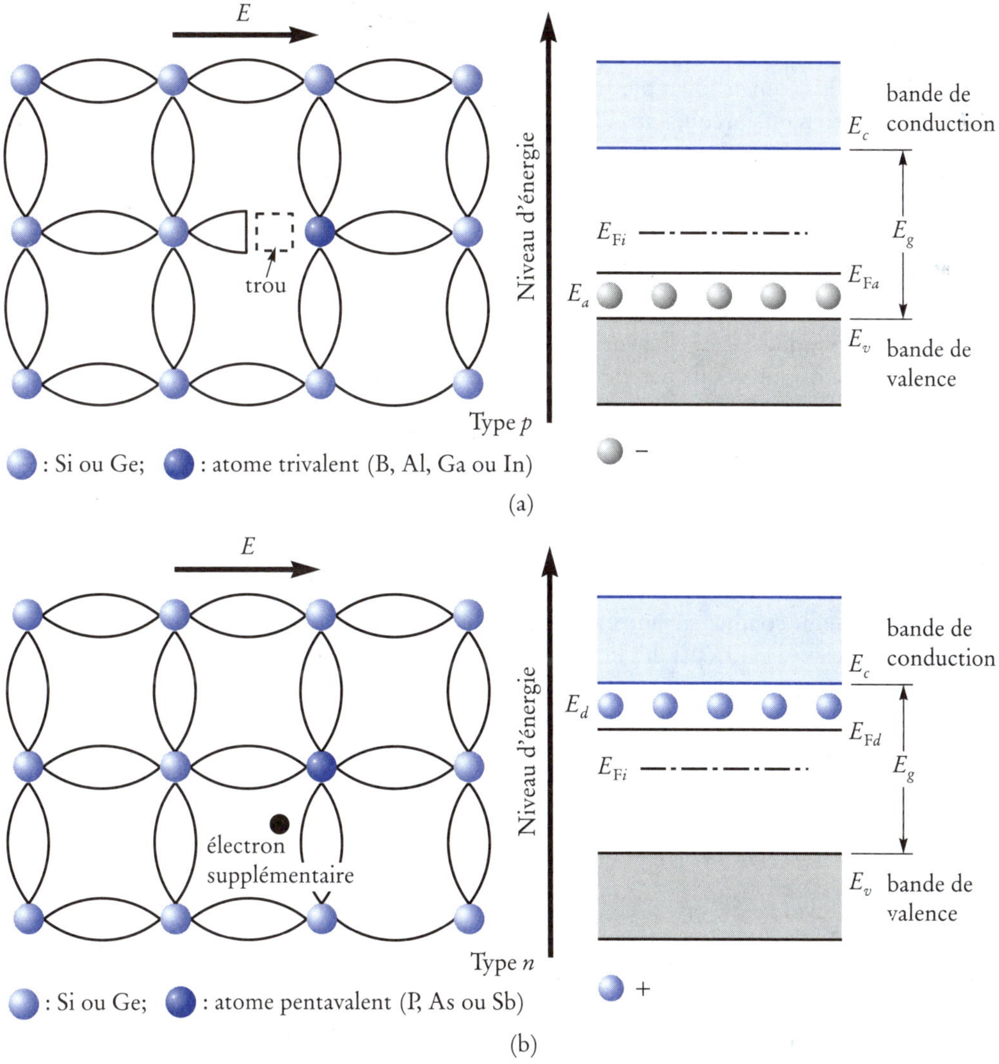

Figure 9.28 a) Semi-conducteur extrinsèque de type p et diagramme des bandes correspondant ; la conduction est principalement assurée par des trous électroniques. b) Semi-conducteur extrinsèque de type n et diagramme des bandes correspondant ; la conduction est principalement assurée par des électrons supplémentaires.

création d'un trou, lequel est susceptible d'assurer la conductivité électrique du semi-conducteur extrinsèque de type p, la lettre p étant utilisée pour signifier que ce trou est porteur d'une charge positive. On notera que de très faibles concentrations atomiques C_{dp} en élément dopant conduisent à de très fortes augmentations des porteurs de charges dans le semi-conducteur extrinsèque : considérons par exemple l'effet d'un dopage du silicium par seulement 1 ppm atomique d'aluminium (C_{dp} = 10^{-6} at.). Ce dopage résulte en l'introduction de $10^{-6} \times 10^{23}$ at./cm^{-3} = 10^{17} atomes d'aluminium par centimètre cube de silicium. Puisque chaque atome d'aluminium a créé un trou électronique, le nombre n_a de trous par centimètre cube de silicium dopé est donc égal à 10^{17} cm^{-3}, une valeur qui est bien plus élevée que le nombre n_t de trous ($\approx 1{,}45 \times 10^{10}$ cm^{-3}) dus à la seule conduction intrinsèque (art. 9.2.7.1).

Par ailleurs, l'introduction d'atomes pentavalents (colonne VB du tableau périodique : P, As ou Sb) dans le réseau du silicium ou du germanium a la conséquence suivante : au voisinage d'un des atomes de dopant, on trouve un électron non impliqué dans la liaison ; cet électron est donc libre de se déplacer lorsqu'on applique un champ électrique (fig. 9.28b). Par un raisonnement analogue à celui appliqué ci-dessus aux trous, on montre aisément que, pour des valeurs faibles de la concentration atomique C_d en élément dopant pentavalent, le nombre n_d d'électrons par unité de volume qui sont ainsi introduits par le dopant pentavalent et qui sont libres de se déplacer est bien supérieur au nombre n_e d'électrons «intrinsèques» du silicium pur.

Les nombres n_a et n_d caractérisent la densité de trous ou d'électrons supplémentaires dus à l'élément dopant. On appelle parfois ces trous ou ces électrons supplémentaires des *porteurs majoritaires*, par opposition aux *porteurs minoritaires* que sont les trous et les électrons assurant la conductivité intrinsèque et dont la densité respective est égale à n_t et n_e.

Le dopage d'un semi-conducteur intrinsèque a aussi pour effet de modifier son niveau de Fermi E_{Fi} dont la nouvelle valeur dépendra de la concentration atomique C_a ou C_d de dopant. Dans le cas d'un semi-conducteur de type p, dont l'élément dopant est accepteur d'électrons, le niveau de Fermi E_{Fa} devient inférieur à E_{Fi} et un électron de la bande de valence du silicium n'a plus qu'à disposer d'un gain d'énergie $(E_{Fa} - E_V) < E_g/2$ pour occuper le trou créé par le dopant p (fig. 9.28a). Pour un dopant de type n, le niveau de Fermi est déplacé à la valeur $E_{Fd} > E_{Fi}$ (fig. 9.28b). Les électrons introduits par le dopant ne requièrent alors qu'un gain d'énergie $(E_C - E_{Fd}) < E_g/2$ pour passer dans la bande de conduction et assurer ainsi la conduction électrique.

La variation des niveaux E_V et E_C et celle des niveaux de Fermi E_{Fd} et E_{Fa}, en fonction de la température et selon la teneur en dopant (exprimée en nombre d'atomes N_a ou N_d de dopant par centimètre cube de semi-conducteur), est représentée à la figure 9.29 pour le cas du silicium. Sur cette figure, on constate qu'à la température ambiante (293 K), le saut énergétique $(E_C - E_{Fd})$ ou $(E_{Fa} - E_V)$ est inférieur à $E_g/2$. Par conséquent, on peut dès lors calculer la conductivité électrique d'un semi-conducteur extrinsèque en utilisant les équations 9.57 et 9.62, mais en tenant compte des conditions suivantes :

$$n_d >> n_e = n_t \qquad \text{(pour un semi-conducteur de type } n\text{)}$$

$$n_a >> n_t = n_e \qquad \text{(pour un semi-conducteur de type } p\text{)}$$

$(E_C - E_{Fd}) < E_g/2$ (pour un semi-conducteur de type n)

$(E_{Fa} - E_V) < E_g/2$ (pour un semi-conducteur de type p)

En suivant le même raisonnement que celui qu'on a développé au travers des équations 9.57, 9.59, 9.60 et 9.62, on obtient les équations suivantes selon le type de semi-conducteur extrinsèque :

Semi-conducteur de type n :

$$\sigma_n = e\mu_e (N_e N_t)^{1/2} \exp\left(\frac{-E_g}{2kT}\right) \exp\left(\frac{E_{Fd} - E_C}{kT}\right) \tag{9.64}$$

Semi-conducteur de type p :

$$\sigma_p = e\mu_t (N_e N_t)^{1/2} \exp\left(\frac{-E_g}{2kT}\right) \exp\left(\frac{E_V - E_{Fa}}{kT}\right) \tag{9.65}$$

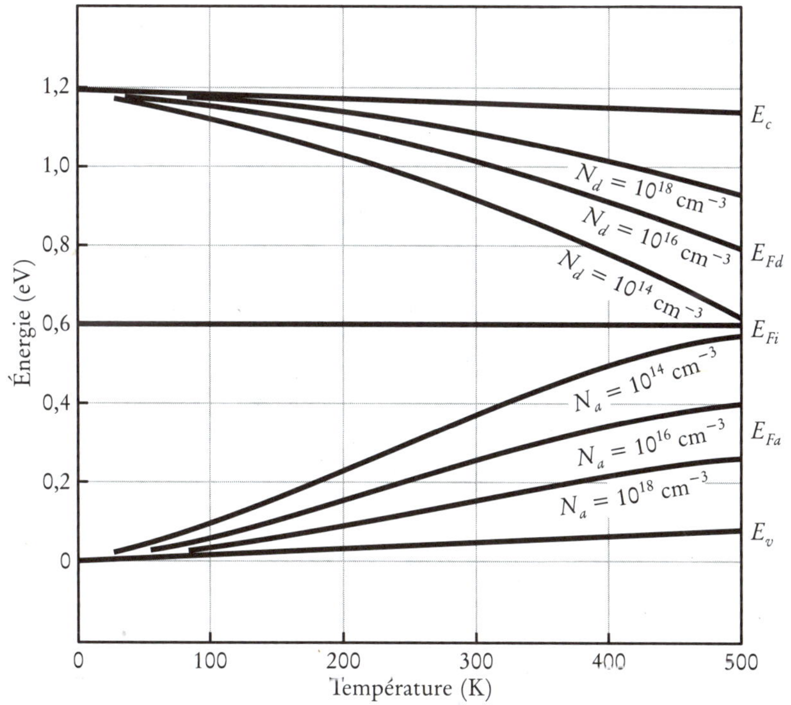

Figure 9.29 Variation du niveau de Fermi en fonction de la température et de la teneur en dopants de type p (accepteur, a) ou de type n (donneur, d), pour le silicium. On remarque que la largeur $E_g = (E_c - E_V)$ de la bande interdite d'un semi-conducteur intrinsèque varie peu en fonction de la température.

Sur le plan technologique, l'élaboration d'un semi-conducteur extrinsèque requiert tout d'abord qu'on élabore un semi-conducteur intrinsèque de très haute pureté, et ce afin d'éviter la présence non contrôlée d'impuretés. On y parvient grâce à la technique de *fusion de zone* (fig. 5.46). Après quoi, on ajoute les éléments dopants désirés, en concentration parfaitement contrôlée, en général par diffusion à l'état solide dans le semi-conducteur très pur. Cette addition contrôlée de dopants entraîne la présence de porteurs de charges majoritaires (trous ou électrons selon la nature du dopant), ce qui augmente la conductivité électrique du semi-conducteur.

À la température ambiante, la conductibilité électrique d'un semi-conducteur extrinsèque est donc beaucoup plus élevée que celle d'un semi-conducteur intrinsèque. La variation de la conductibilité électrique d'un semi-conducteur extrinsèque en fonction de la température est illustrée à la figure 9.30. À basse température, et pour un semi-conducteur extrinsèque de type n, une fraction des électrons des atomes du dopant passent, sous l'effet de l'agitation thermique, dans la bande de conduction. Par contre, lorsque la température croît, tous les atomes du dopant sont ionisés et tous leurs électrons supplémentaires passent dans la bande de conduction. Sur une certaine plage

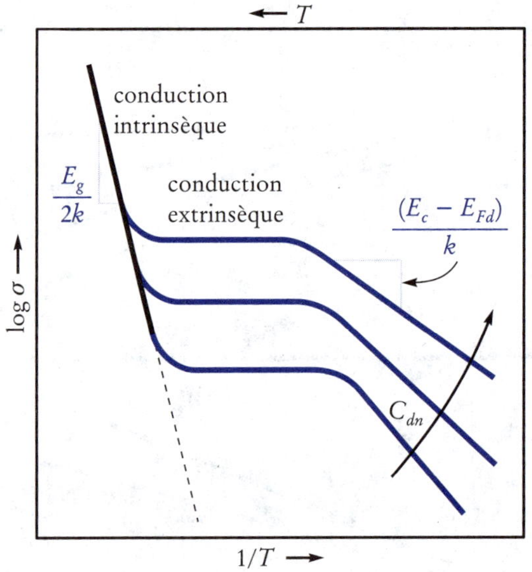

Figure 9.30 Variation de la conductibilité électrique d'un semi-conducteur extrinsèque de type n en fonction de l'inverse de la température. À basse température ($1/T$ élevée), la conduction extrinsèque varie de façon exponentielle en fonction de $(E_c - E_{Fd})$; aux températures intermédiaires, la conduction extrinsèque atteint une valeur limite (palier) ; à haute température ($1/T$ faible), la conduction intrinsèque, qui devient supérieure à la conduction extrinsèque, varie de façon exponentielle en fonction de E_g. (C_{dn} représente la teneur en dopants donneurs d'électrons ; C_{dn} exerce une influence sur la pente $[(E_c - E_{Fd})/k]$ et sur la valeur du palier de saturation de la conduction extrinsèque.)

de températures, la valeur de la conductibilité électrique d'un semi-conducteur extrinsèque est donc constante et dépend de sa teneur en dopant : elle est nettement supérieure à celle d'un semi-conducteur intrinsèque. Toutefois, lorsque la température croît davantage, la conduction intrinsèque commence à se manifester de façon significative ; elle devient même plus importante que la conduction extrinsèque, qui est limitée par la teneur en dopants. À haute température, on se retrouve alors de nouveau dans le domaine de la conductibilité intrinsèque (fig. 9.27). En dosant judicieusement le taux de dopage d'un semi-conducteur extrinsèque, on peut donc obtenir, à la température ambiante, des valeurs précises et déterminées de la conductibilité électrique qui se rapprochent de celles qui sont caractéristiques des métaux.

9.2.7.3 Utilisation des semi-conducteurs

Les utilisations des matériaux semi-conducteurs sont trop nombreuses pour que nous en faisions ici une description détaillée. Nous nous contenterons donc de décrire une utilisation simple, la *diode* semi-conductrice, et nous en citerons brièvement quelques autres.

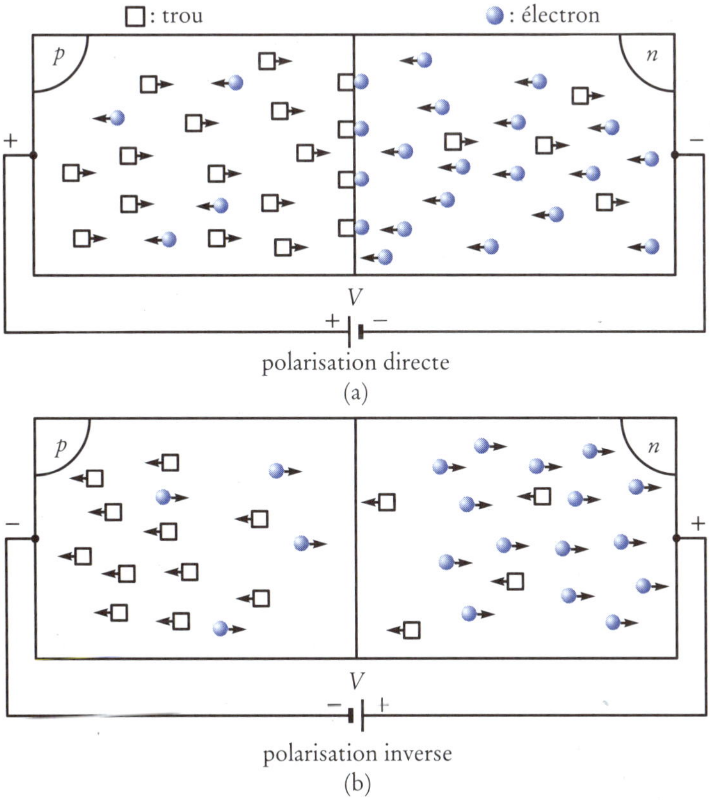

Figure 9.31 Déplacement des trous et des électrons dans une diode semi-conductrice (jonction *p-n*) selon la polarisation : a) polarisation directe ; b) polarisation inverse.

Une *diode* semi-conductrice est constituée de deux parties : une partie semi-conductrice de type p et une partie semi-conductrice de type n (fig. 9.31). Lorsque la diode est polarisée directement, c'est-à-dire lorsque le pôle positif de la source de tension est relié à la partie p, et le pôle négatif à la partie n, les électrons porteurs majoritaires de la partie n migrent vers le pôle positif, tandis que les trous porteurs majoritaires de la partie p migrent vers le pôle négatif. Les électrons et les trous se recombinent à l'interface pour donner naissance à des photons (fig. 9.31a). Dans la partie p, la teneur d'équilibre en trous, qui est déterminée par la teneur en atomes accepteurs dopants, est maintenue constante grâce à la création de nouveaux trous qui remplacent ceux qui disparaissent à l'interface. De façon analogue, la teneur d'équilibre en électrons de la partie n est maintenue constante grâce à l'injection de nouveaux électrons qui proviennent de la source de courant. Il s'ensuit un flot continu d'électrons dans le circuit, ce qui rend la diode conductrice.

Par contre, lorsque la diode est polarisée de façon inverse (fig. 9.31b), les trous de la partie p, qui sont attirés vers le pôle négatif, s'éloignent de l'interface, ainsi d'ailleurs que les électrons de la partie n, qui sont attirés vers le pôle positif. Dans ces conditions, aucun courant ne peut théoriquement circuler, car la diode se comporte comme un isolant. En fait, dans les parties p et n, on trouve toujours une très faible concentration de porteurs minoritaires (électrons dans la partie p, et trous dans la partie n, dus à la conduction intrinsèque). Ces porteurs minoritaires, qui se comportent comme les porteurs majoritaires en polarisation directe, permettent donc la circulation d'un courant de très faible intensité dans la diode.

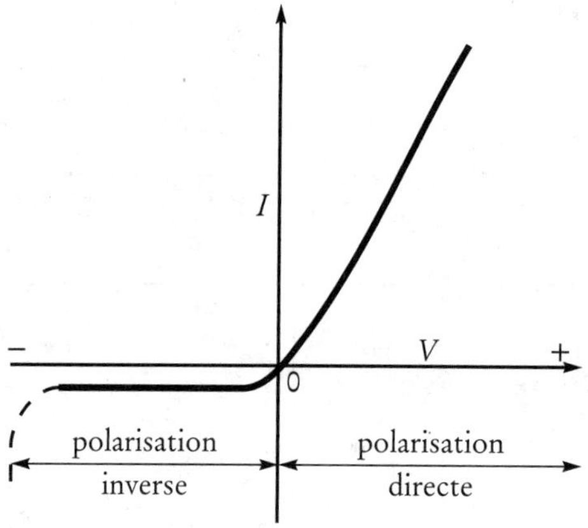

Figure 9.32 Courbe caractéristique $I = f(V)$ d'une diode semi-conductrice (jonction p-n). Lorsque la polarisation est directe, la diode permet le passage d'un courant I qui croît quand la tension V augmente. Lorsque la polarisation est inverse, on n'obtient qu'un très faible courant, et ce quelle que soit la tension. Toutefois, lorsque la tension devient fortement négative, une avalanche de courant peut se produire (effet Zener).

La courbe caractéristique $I = f(V)$ d'une diode a donc l'allure de celle qui est représentée à la figure 9.32. Lorsque la tension appliquée à la jonction *p-n* est alternative, la diode ne laisse passer le courant que lorsqu'une demi-alternance polarise directement l'interface ; par contre, à la demi-alternance suivante, qui la polarise de façon inverse, la diode peut être considérée comme isolante. On obtient ainsi un système qui permet de redresser partiellement un courant alternatif (fig. 9.33a). L'utilisation de quatre diodes montées en pont permet de redresser les deux demi-alternances (fig. 9.33b).

Pour des tensions négatives élevées, la courbe $I = f(V)$ d'une diode présente une forte augmentation de courant (fig. 9.32). Dans ce cas, l'énergie cinétique des électrons et des trous qui migrent au cours du processus illustré à la figure 9.31b est suffisante pour arracher des électrons de valence au semi-conducteur intrinsèque et pour les faire passer dans la bande de conduction. Cette avalanche de courant, appelée *effet Zener*, permet, lorsqu'on dose judicieusement la teneur en dopant de la diode, de réaliser des diodes dont la tension critique d'avalanche peut varier entre 10 et 1000 V. On utilise les diodes Zener comme régulateurs de tension dans de nombreux circuits électroniques.

On retrouve d'autres utilisations importantes des semi-conducteurs dans : le *transistor*, constitué de deux jonctions, *p-n-p* ou *n-p-n*, et qui agit comme amplificateur de tension ; la *diode Esaki* (ou à «effet tunnel»), dont la courbe caractéristique $I = f(V)$ présente, pour une certaine gamme de tensions positives, une résistance négative ; la *diode laser*, dans laquelle la recombinaison des électrons et des trous à la jonction *p-n* (fig. 9.31a) entraîne l'émission de photons de lumière visible cohérente, dont la longueur d'onde dépend des teneurs en dopant de la diode.

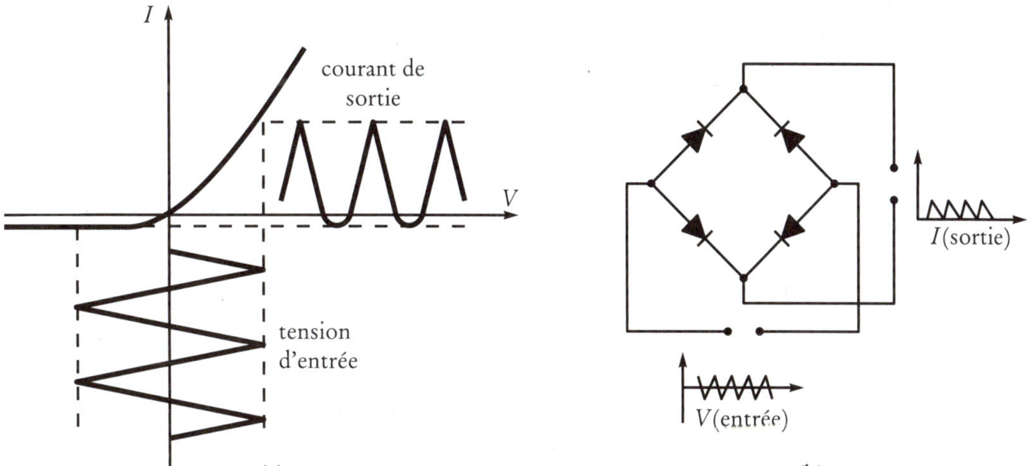

(a) (b)

Figure 9.33 a) Variation du courant dans une diode soumise à une polarisation alternative. b) Quatre diodes montées en pont permettent le redressement des deux demi-alternances d'une tension alternative.

9.3 PROPRIÉTÉS MAGNÉTIQUES

Les propriétés magnétiques d'un matériau sont attribuables au *spin* des électrons et à leur *mouvement orbital* autour du noyau. Étant donné qu'une charge électrique en mouvement engendre un champ magnétique autour d'elle-même, les électrons qui tournent sur eux-mêmes (spin) et autour du noyau (orbitale) forment de petits dipôles magnétiques ; ces dipôles peuvent réagir à l'application d'un champ magnétique extérieur, de la même manière que les dipôles électriques réagissent à l'application d'un champ électrique.

Le mouvement d'un électron autour du noyau d'un atome engendre un moment magnétique intrinsèque ; en présence d'un champ magnétique extérieur, la composante de ce moment magnétique orbital, composante parallèle au champ extérieur, est égale à $m(eh/4\pi m_e)$, où m est le nombre quantique magnétique, h est la constante de Planck et m_e et e sont respectivement la masse et la charge de l'électron. La quantité $(eh/4\pi m_e) = \mu_B$, appelée *magnéton de Bohr*, est une grandeur fondamentale en magnétisme ($\mu_B = 9{,}274 \times 10^{-24}$ A/m^2).

Toute couche ou sous-couche électronique interne complète ne contribue pas au moment magnétique orbital total d'un atome, qui est dû aux orbitales extérieures pour lesquelles la somme des nombres quantiques magnétiques, m, n'est pas nulle.

La rotation d'un électron sur lui-même (spin) engendre également un dipôle magnétique, dont le moment magnétique est égal à $+\mu_B$ lorsque le spin est égal à $+1/2$ et à $-\mu_B$ lorsque le spin est égal à $-1/2$. Le moment magnétique atomique résultant est la somme des moments magnétiques orbitaux et de ceux produits par le spin. Lorsque, dans un élément comme le Ne ou le Mg, tous les électrons sont appariés (c'est-à-dire lorsqu'il y a autant de spins $+1/2$ que de spins $-1/2$) et que la somme des moments orbitaux est nulle, il n'existe aucun moment magnétique permanent. Par contre, dans des éléments comme le Na ou des molécules comme l'O_2, dont certains électrons ne sont pas appariés, il y a un moment magnétique permanent.

La réaction d'un matériau à l'application d'un champ magnétique extérieur $\boldsymbol{H}$ est caractérisée par l'*induction magnétique*, $\boldsymbol{B}$, laquelle représente l'intensité du champ magnétique à l'intérieur du matériau, puisque les moments magnétiques des atomes tendent à s'aligner selon le champ extérieur et à le renforcer, à cause de leur propre champ magnétique. Pour évaluer la réaction d'un matériau (mesurée par $\boldsymbol{B}$) à l'application d'un champ magnétique excitateur $\boldsymbol{H}$, on la compare à la réaction du vide, $\boldsymbol{B}_0$, à l'application de ce même champ $\boldsymbol{H}$; dans le matériau, cette induction est égale à :

$$B = \mu H \tag{9.66}$$

et, dans le vide, à :

$$B_0 = \mu_0 H \tag{9.67}$$

Le champ magnétique extérieur $\boldsymbol{H}$ est mesuré en ampères par mètre (A/m) et les inductions $\boldsymbol{B}$ et $\boldsymbol{B}_0$, en teslas, T (un tesla est égal à un weber par mètre carré : 1 T = 1 Wb/m^2).

Les constantes μ et μ_0 sont, respectivement, la *perméabilité magnétique* du matériau et celle du vide ; μ_0 est égale à $4\pi \times 10^{-7}$ Wb/(A·m).

On obtient un champ magnétique excitateur $\boldsymbol{H}$ à l'intérieur d'un solénoïde composé de N spires serrées d'un conducteur de longueur l parcouru par un courant d'intensité I ; H est alors déterminé par la relation :

$$H = \frac{NI}{l} \tag{9.68}$$

Lorsqu'une substance (gazeuse, liquide ou solide) occupe le cœur du solénoïde, le champ magnétique garde la même valeur qu'en l'absence de cette substance ; toutefois, à l'intérieur du matériau, l'induction magnétique devient égale à la somme du champ extérieur et du moment magnétique induit dans la substance par ce même champ, soit

$$B = \mu_0 H + \mu_0 M \tag{9.69}$$

où M est la *magnétisation* de la substance ; M représente le moment magnétique dipolaire résultant (par unité de volume) et aligné avec le champ H. Pour de nombreuses substances, M est relié à H par l'égalité suivante :

$$M = \chi H \tag{9.70}$$

où χ est la *susceptibilité magnétique* de la substance.

L'équation 9.69 s'écrit alors :

$$B = \mu_0 H(1 + \chi) \tag{9.71}$$

À partir des équations 9.66 et 9.71, on peut écrire :

$$\mu = \mu_0(1 + \chi) \tag{9.72}$$

On caractérise souvent une substance par sa *perméabilité magnétique relative* par rapport au vide, μ_r, laquelle est déterminée par la relation :

$$\mu_r = \frac{\mu}{\mu_0} = (1 + \chi) \tag{9.73}$$

Selon la valeur de μ_r, on regroupe les substances en trois classes :

- les diamagnétiques ($\mu_r \leq 1$) ;
- les paramagnétiques ($\mu_r \geq 1$) ;
- les ferromagnétiques ($\mu_r >> 1$).

Aux articles suivants, nous traiterons des particularités de chacune de ces classes. Toutefois, en ce qui concerne les ferromagnétiques, nous étudierons en outre les sous-classes des antiferromagnétiques et des ferrimagnétiques, qui présentent des caractéristiques intéressantes sur le plan technologique.

9.3.1 Diamagnétisme

Sous l'action d'un champ magnétique extérieur, les orbites électroniques se modifient, puisqu'une charge électrique en mouvement dans un champ magnétique est déviée de sa trajectoire (*loi de Laplace*). Cette déformation des orbites électroniques se produit de telle manière que le champ magnétique induit s'oppose aux variations du champ extérieur (*loi de Lentz*). Sous l'action d'un champ magnétique extérieur, les moments magnétiques des atomes, bien qu'ils soient faibles, tendent à annuler les variations du champ extérieur. Ces moments magnétiques sont réversibles ; ils disparaissent quand l'action extérieure cesse. En fin de compte, le champ interne s'oppose au champ externe ; par conséquent, μ_r est un peu plus petit que l'unité.

Tous les matériaux sont affectés par le phénomène de *diamagnétisme*, puisque celui-ci est dû à la déformation des orbitales sous l'action d'un champ extérieur. Toutefois, pour un grand nombre de matériaux, le diamagnétisme est masqué par un phénomène plus fort : le paramagnétisme ou le ferromagnétisme. Les gaz inertes et certains solides Bi, Cu, MgO et le diamant sont diamagnétiques. La composante diamagnétique de la susceptibilité est indépendante de la température et de l'intensité du champ magnétique excitateur.

Sur le plan technologique, les matériaux diamagnétiques ne présentent aucun intérêt, à l'exception toutefois des matériaux supraconducteurs (art. 9.2.4). Les supraconducteurs de type I sont parfaitement diamagnétiques (c'est-à-dire que $M = -H$, $\chi = -1$ et $B = 0$) jusqu'à la valeur critique H^*, pour laquelle la supraconductivité disparaît. Les supraconducteurs de type II font preuve d'un diamagnétisme total (pour $H < H_{C1}$) ou partiel (pour $H_{C1} < H < H_{C2}$), selon l'intensité du champ appliqué. Le diamagnétisme des supraconducteurs permet d'utiliser ces matériaux pour réaliser des écrans magnétiques.

9.3.2 Paramagnétisme

La perméabilité magnétique relative μ_r de beaucoup de matériaux est légèrement supérieure à 1. Ces matériaux sont dits *paramagnétiques* ; leur susceptibilité χ est supérieure à zéro (10^{-6} à 10^{-2}), puisque le moment magnétique total qui est égal à la somme des moments magnétiques orbitaux et des moments dus au spin des électrons n'est pas nul pour ces matériaux. Sous l'action d'un champ magnétique excitateur H, ces moments magnétiques élémentaires tendent à s'orienter selon la direction de H, ce qui fait augmenter localement la valeur de l'induction magnétique B dans le matériau.

Comme le diamagnétisme, le paramagnétisme est un phénomène de faible intensité. On démontre thermodynamiquement que la diminution maximale d'énergie ΔE d'un électron dont le moment magnétique de spin est orienté selon la direction du champ extérieur est déterminée par la relation :

$$\Delta E = 2\mu_B H \tag{9.74}$$

où μ_B est le magnéton de Bohr ($\mu_B = 9{,}274 \times 10^{-24}$ A·m^2). Par conséquent, même sous l'action de champs magnétiques très intenses ($H \simeq 10$ T), la diminution d'énergie ΔE d'un électron reste très faible ($\simeq 10^{-3}$ eV). En effet, puisque, à la température ambiante, l'énergie d'agitation thermique, kT, est voisine de $2{,}5 \times 10^{-2}$ eV, elle est suffisante pour empêcher que tous les moments magnétiques élémentaires de chaque atome s'alignent. La susceptibilité χ, qui reflète le degré d'alignement de ces moments, tend à décroître quand la température croît et quand l'entropie du système augmente. La susceptibilité des matériaux paramagnétiques varie en fonction de la température selon la *loi de Curie* :

$$\chi = \frac{\mu_0 N p_m^2}{3k(T - T_C)} = C\,(T - T_C)^{-1} \tag{9.75}$$

où p_m est le moment magnétique par atome et N, le nombre d'atomes par unité de volume. La constante C est appelée *constante de Curie* et la température T_C, à laquelle la susceptibilité atteint sa valeur maximale, la *température de Curie*.

9.3.3 Ferromagnétisme

La susceptibilité χ de certains éléments du tableau périodique (Fe, Co, Ni, Gd, Tb, Dy, Ho et Tm), ainsi que celle de plusieurs alliages ou composés, est très élevée. Par conséquent, leur perméabilité magnétique relative, μ_r, est nettement supérieure à 1 au-dessous d'une température critique T_C, appelée *température ferromagnétique de Curie*. Ces éléments et composés, dits *ferromagnétiques*, présentent une magnétisation spontanée. L'interprétation détaillée du ferromagnétisme, qui repose sur la théorie quantique, sort du cadre de cet ouvrage ; nous ne présenterons donc ici qu'une interprétation qualitative du ferromagnétisme.

Pour qu'un corps soit ferromagnétique, il faut d'abord, condition nécessaire mais non suffisante, que le moment magnétique atomique ne soit pas nul. Cette condition est satisfaite lorsque les sous-couches d et f sont partiellement remplies et que la somme des moments magnétiques dus aux spins est non nulle. Le tableau 9.8 montre la disposition des spins des électrons des couches $3d$ et $4s$ de certains éléments de transition du tableau périodique. Un électron dont l'orbitale est sphérique (sous-couche s) n'a aucun moment magnétique dû au spin. Seuls les électrons dont les orbitales sont non sphériques (sous-couches d et f) peuvent contribuer à l'apparition du moment magnétique de l'atome, à condition toutefois que ces électrons ne soient pas appariés. Par exemple, l'atome de fer, qui possède 4 électrons $3d$ non appariés, a un moment magnétique élémentaire égal à $4\mu_B$; il peut donc être ferromagnétique. Par contre, le cuivre, dont tous les électrons $3d$ sont appariés, a un moment magnétique nul ; il ne peut donc pas être ferromagnétique.

Tableau 9.8 Structure électronique et moment magnétique élémentaire (magnéton de Bohr, μ_B) de certains éléments de transition

Éléments	**Nombre d'électrons**	**Couche externe** 3*d*					**Couche externe** 4*s*	**Moment magnétique** (μ_B)
Ti	22	↑	↑				↑↓	2
V	23	↑	↑	↑			↑↑	3
Cr	24	↑	↑	↑	↑	↑	↑	5
Mn	25	↑	↑	↑	↑	↑	↓↑	5
Fe	26	↓↑	↑	↑	↑	↑	↑↓	4
Co	27	↓↑	↑↓	↑	↑	↑	↑↓	3
Ni	28	↓↑	↑↓	↑↓	↑	↑	↑↓	2
Cu	29	↓↑	↑↓	↑↓	↑↓	↑↓	↑	0

La deuxième condition nécessaire pour que le ferromagnétisme apparaisse est une condition thermodynamique, dite *condition de l'énergie d'échange*. Les électrons des couches 3*d* d'un atome ont tendance à s'écarter légèrement des électrons des couches 3*d* de l'atome voisin, lorsque ces électrons voisins ont le même spin (*principe d'exclusion de Pauli*). L'énergie due à la répulsion électrostatique des deux nuages électroniques des couches 3*d* diminue lorsque les moments magnétiques des atomes sont parallèles ; en effet, les deux nuages s'étant légèrement éloignés l'un de l'autre, l'énergie totale du système diminue. Par ailleurs, l'énergie due à la répulsion des électrons de même spin augmente, car le niveau d'énergie des électrons de même spin des couches 3*d* est modifié lorsque les atomes sont voisins (principe de Pauli). La variation totale d'énergie, ΔE, correspond donc à la différence entre la diminution d'énergie due à la répulsion électrostatique des nuages et le gain d'énergie dû à la répulsion des électrons de même spin. S'il y a diminution de l'énergie totale (ΔE positive), le matériau est ferromagnétique (par exemple, Gd, Fe, Co ou Ni). Par contre, s'il y a augmentation de l'énergie totale (ΔE négative), le matériau n'est pas ferromagnétique (par exemple, Mn ou Cr). Ces données sont illustrées graphiquement à la figure 9.34, qui montre la variation de ΔE en fonction du rapport a_0/a_{3d}, où a_0 est la distance d'équilibre entre les atomes (art. 2.3.2), et a_{3d}, le rayon orbital moyen des électrons des couches 3*d*. Lorsque ce rapport est supérieur à 3, le matériau est ferromagnétique. Dans le cas contraire, le matériau n'est affecté d'aucune magnétisation spontanée (*critère de Slater*). Lorsqu'on applique ce critère, on peut prévoir que certains alliages dont les éléments ne sont pas eux-mêmes ferromagnétiques peuvent devenir ferromagnétiques (par exemple, les alliages Cu–Mn, Cu–Mn–Sn ou Cu–Mn–Al, dits *alliages d'Heusler*).

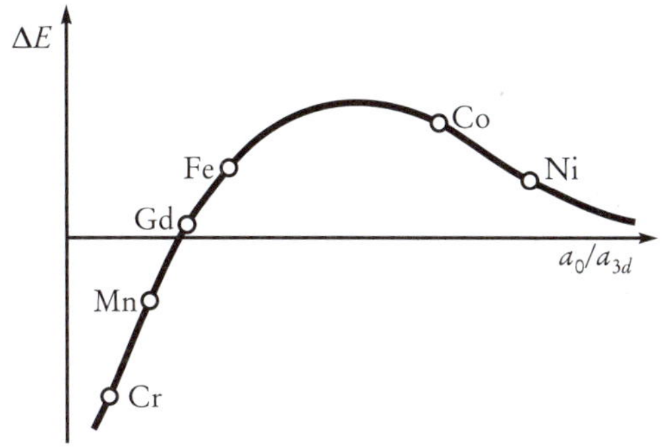

Figure 9.34 Magnétisation spontanée (critère de Slater) basée sur la variation de l'énergie d'échange ΔE. Lorsque ΔE est positive, le matériau (Gd, Fe, Co ou Ni) est ferromagnétique. Lorsque ΔE est négative, le matériau (Cr ou Mn) n'est affecté d'aucune magnétisation spontanée. Le rapport a_0/a_{3d} doit être supérieur à 3 pour que le matériau soit ferromagnétique.

9.3.3.1 Domaines magnétiques

Dans un matériau ferromagnétique, l'orientation des dipôles magnétiques atomiques peut se produire spontanément, même en l'absence d'un champ magnétique extérieur ; la région du matériau dans laquelle ces dipôles s'orientent dans la même direction est appelée *domaine magnétique* (aussi *domaine de Weiss*). Les interfaces entre ces domaines sont appelées *parois de Bloch* (fig. 9.35). Dans un matériau polycristallin, les joints de grains, au niveau desquels un changement brusque d'orientation cristalline se produit, constituent *de facto* des parois de Bloch. Toutefois, à l'intérieur d'un même grain ou d'un monocristal, plusieurs domaines magnétiques peuvent exister, l'orientation des dipôles magnétiques de ces domaines changeant d'un domaine à l'autre, à travers une paroi de Bloch (fig. 9.35b). En l'absence de champ magnétique extérieur, la somme vectorielle des orientations magnétiques des domaines étant nulle, le matériau n'est affecté, globalement, d'aucune magnétisation spontanée.

9.3.3.2 Courbe de magnétisation et boucle d'hystérésis

L'induction magnétique moyenne B d'un matériau ferromagnétique dépend fortement de l'orientation des domaines magnétiques. Considérons un monocristal ferromagnétique dont l'orientation moyenne des domaines est globalement nulle en l'absence de champ magnétique extérieur H (fig. 9.36a). Lorsqu'on applique un champ magnétique extérieur à ce matériau, les domaines magnétiques dont l'orientation est voisine de celle de H croissent aux dépens de ceux dont l'orientation est opposée à celle de H. Les parois de Bloch se déplacent donc dans le matériau. À la limite, lorsque le champ magnétique extérieur atteint une valeur critique H_s, le monocristal n'est plus constitué que d'un seul domaine ferromagnétique, dont l'orientation est la même que celle de H ; l'induction atteint alors une valeur maximale B_s, appelée *induction à saturation*. Ce phénomène est représenté par la courbe OA de la figure 9.37, courbe appelée *courbe de première aimantation* ou *courbe de magnétisation*.

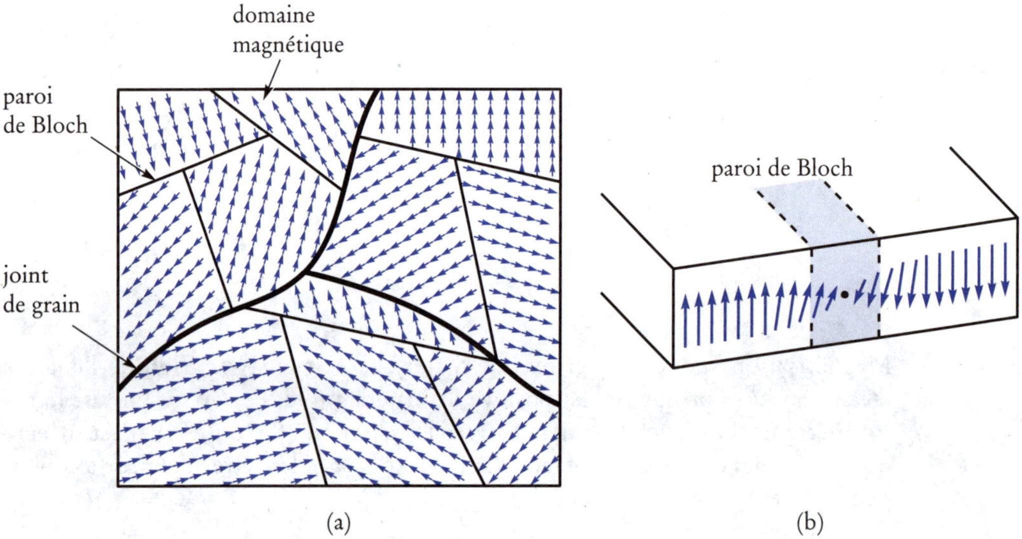

Figure 9.35 a) Domaines magnétiques (domaines de Weiss) dans un matériau ferromagnétique. À l'intérieur d'un même domaine, les dipôles magnétiques atomiques ont tous la même orientation. Les domaines sont séparés par les parois de Bloch. b) Changement d'orientation des dipôles magnétiques à travers une paroi de Bloch.

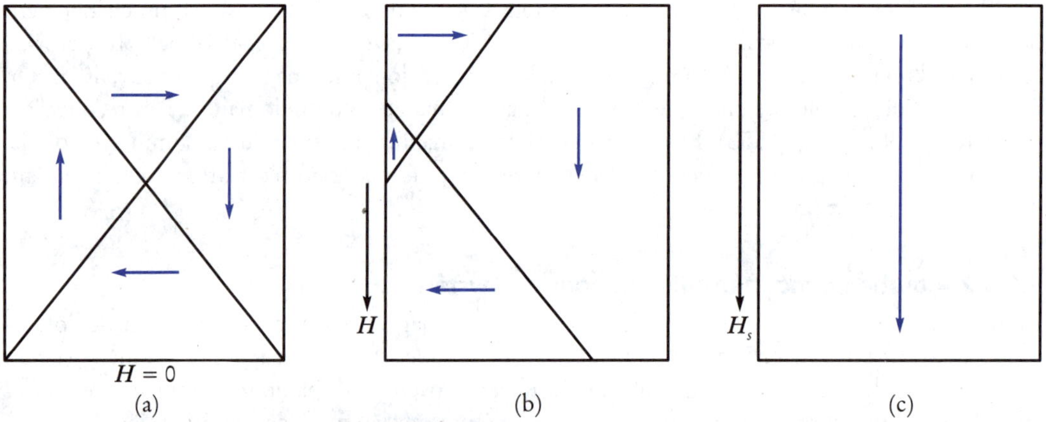

Figure 9.36 a) En l'absence de champ magnétique extérieur, la résultante de l'orientation des domaines magnétiques d'un monocristal ferromagnétique est nulle. b) Lorsqu'on applique un champ magnétique et que celui-ci augmente, les domaines favorablement orientés par rapport à H croissent aux dépens des autres domaines. Il y a alors déplacement des parois de Bloch. c) Lorsque le champ magnétique atteint une valeur de saturation H_s, il n'y a plus dans le matériau qu'un seul domaine ferromagnétique.

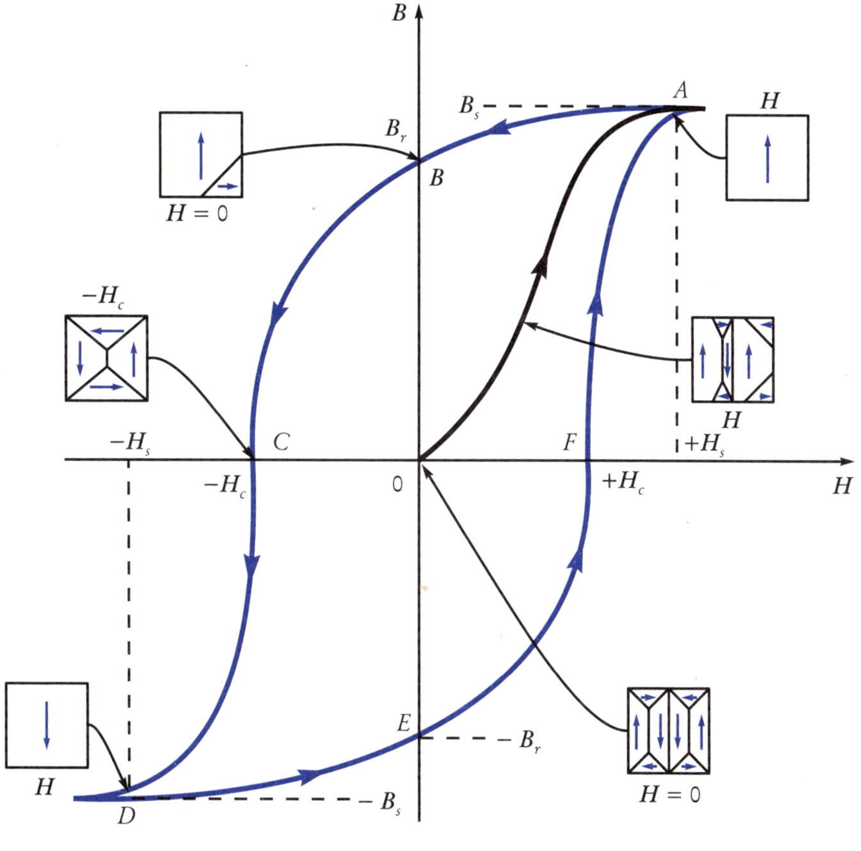

Figure 9.37 Courbe de première aimantation (*OA*) d'un matériau ferromagnétique, et courbe d'hystérésis (*ABCDEF*) de ce matériau, lorsque le champ extérieur varie alternativement de $+H_s$ à $-H_s$.

Lorsque l'intensité du champ $\boldsymbol{H}$ diminue pour atteindre une valeur nulle, les domaines magnétiques ont tendance à réapparaître (courbe *AB*, fig. 9.37) ; toutefois, puisque le déplacement des parois de Bloch n'est pas instantané, une induction non nulle, $\boldsymbol{B_r}$, se manifeste dans le matériau (point *B*, fig. 9.37). Cette valeur $\boldsymbol{B_r}$ est appelée *induction rémanente*. Il faut en fait appliquer un champ magnétique de sens opposé à celui du champ de première aimantation pour que l'induction soit nulle (courbe *BC*, fig. 9.37). La valeur H_c du champ qui engendre cette induction nulle correspond au *champ coercitif* (point *C*, fig. 9.37). Lorsque l'intensité du champ $\boldsymbol{H}$ croît, l'induction atteint de nouveau la valeur maximale $\boldsymbol{B_s}$ (courbe *CD*, fig. 9.37). Enfin, lorsqu'on change le sens du champ et qu'on fait varier son intensité, on obtient la courbe *DEFA* (fig. 9.37). La courbe d'aimantation ainsi obtenue est une *boucle d'hystérésis*, dont les paramètres caractéristiques sont les grandeurs $\boldsymbol{B_s}$, $\boldsymbol{B_r}$ et $\boldsymbol{H_c}$.

L'aire de la boucle d'hystérésis représente l'énergie dépensée, par unité de volume du matériau, pour réorienter les moments magnétiques des domaines et déplacer les parois de Bloch, au cours d'un cycle complet de variation du champ magnétique extérieur. Cette énergie se dissipe sous forme de chaleur.

La possibilité de chauffer ou de fondre des matériaux conducteurs de l'électricité, en les soumettant aux variations cycliques d'un champ magnétique intense, constitue une application intéressante de ce phénomène. Considérons en effet un conducteur électrique soumis à un champ magnétique alternatif engendré par un solénoïde. Sous l'action de ce champ, les électrons libres se mettent en mouvement (loi de Lentz) et, à l'intérieur du matériau, des courants électriques internes apparaissent, appelés *courants de Foucault* (fig. 9.38). Le sens de ces courants est tel que le champ magnétique qu'ils engendrent tend à s'opposer au champ extérieur, empêchant ce dernier d'agir au cœur du conducteur. À cause de l'effet Joule dû à ces courants, le matériau s'échauffe ; si cet effet est suffisamment important, on peut obtenir la fusion du matériau (il n'est pas nécessaire que le matériau soit ferromagnétique pour que les courants de Foucault apparaissent ; il suffit que le matériau possède des électrons libres).

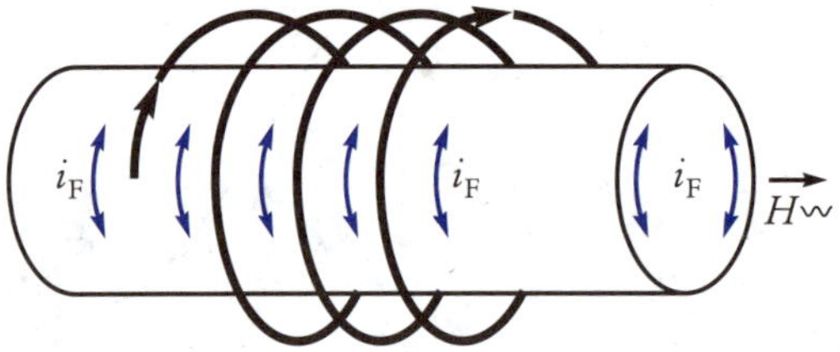

Figure 9.38 Apparition de courants de Foucault, i_F, dans un conducteur électrique soumis à un champ magnétique alternatif H engendré par un solénoïde.

L'intensité des courants de Foucault est fonction de l'intensité et de la fréquence du champ magnétique extérieur. Par ailleurs, ces courants ont tendance à s'établir près de la surface du conducteur (effet de peau), et l'épaisseur de matériau affectée par ces courants est d'autant plus faible que la fréquence du champ extérieur est élevée. En tirant parti de ce phénomène, on peut réaliser des fours à induction qui permettent soit de fondre complètement le matériau, soit de l'échauffer superficiellement. Dans ce dernier cas, on peut effectuer le traitement thermique superficiel d'une pièce d'acier sans devoir la chauffer complètement (art. 10.3.3).

9.3.3.3 Influence de la microstructure du matériau

Dans un domaine ferromagnétique, les moments dipolaires sont alignés selon une direction cristallographique donnée. Les propriétés ferromagnétiques du matériau sont donc anisotropes lorsque le matériau se présente sous forme monocristalline. La figure 9.39 illustre l'influence de ce phénomène sur la courbe de magnétisation du fer pur et du nickel. On remarque que l'induction atteint sa valeur maximale pour une plus faible valeur du champ, dans la direction $\langle 100 \rangle$ du fer ou dans la direction $\langle 111 \rangle$ du nickel.

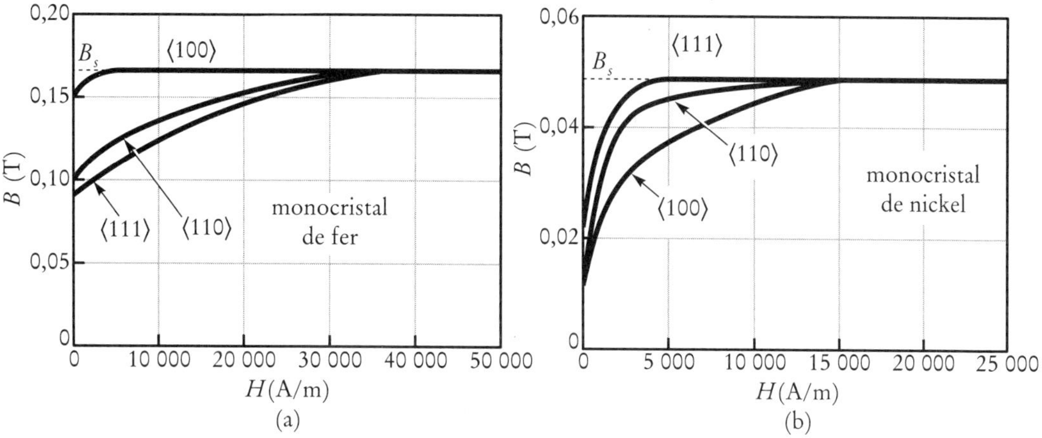

Figure 9.39 Courbes de magnétisation, selon l'orientation cristallographique : a) du fer monocristallin ; b) du nickel monocristallin.

La fabrication de noyaux de transformateurs électriques constitue une application importante de ce phénomène d'anisotropie. Le matériau constitutif d'un tel noyau doit satisfaire aux conditions suivantes :

- il doit pouvoir être magnétisé et démagnétisé facilement pour suivre les variations du champ magnétique engendré par l'enroulement primaire du transformateur ; son champ coercitif H_c doit donc être faible;
- la valeur maximale de son induction B_s doit être élevée, afin qu'il puisse canaliser au mieux les lignes de champ magnétique vers l'enroulement secondaire du transformateur;
- les pertes d'énergie engendrées par hystérésis doivent être faibles (aire faible de la boucle d'hystérésis), afin que le rendement du transformateur ne soit pas trop diminué.

Grâce à son coût et à sa disponibilité, le fer constitue un matériau intéressant pour réaliser un noyau de transformateur. Toutefois, étant donné qu'il s'agit d'un conducteur électrique, un échauffement dû aux courants de Foucault peut s'y produire. Pour limiter cet échauffement, on réduit donc l'aire de la section du noyau, afin d'augmenter la résistance électrique, R, puisque $R = \rho(l/S)$ [équat. 9.22]. On réalise donc le noyau en superposant des tôles fines (d'une épaisseur inférieure à 1 mm) qu'on recouvre d'un enduit isolant, plutôt que d'utiliser un noyau massif.

D'autre part, afin d'obtenir plus facilement l'induction à saturation selon la direction $\langle 001 \rangle$ (fig. 9.40), on fait subir à ces tôles un traitement thermique après écrouissage ; ce traitement favorise en effet la formation de gros grains dont l'orientation moyenne $\langle 001 \rangle$ est dans la direction de laminage de la tôle. En outre, le plan (110) de ces grains est situé dans le plan de laminage. Pour obtenir plus facilement cette recristallisation préférentielle du fer, on lui ajoute du silicium ($\simeq$ 3 %), et ce pour deux raisons :

a) puisque le silicium est un élément d'alliage alphagène dans le fer, il stabilise la structure cristalline α (cubique centrée) et, pour des teneurs supérieures à 2,7 %, le fer ne présente plus de transformation allotropique ($\alpha \leftrightarrow \gamma$) ; ces caractéristiques permettent d'effectuer le traitement thermique de recristallisation à haute température, dans le but d'obtenir de plus gros grains et d'éviter que, au moment du refroidissement, une transformation $\gamma \leftrightarrow \alpha$ ne vienne détruire cette microstructure;
b) le silicium en solution solide dans le fer augmente considérablement la résistivité électrique de celui-ci (art. 9.2.2.2), ce qui permet de diminuer l'intensité des courants de Foucault et l'échauffement du noyau.

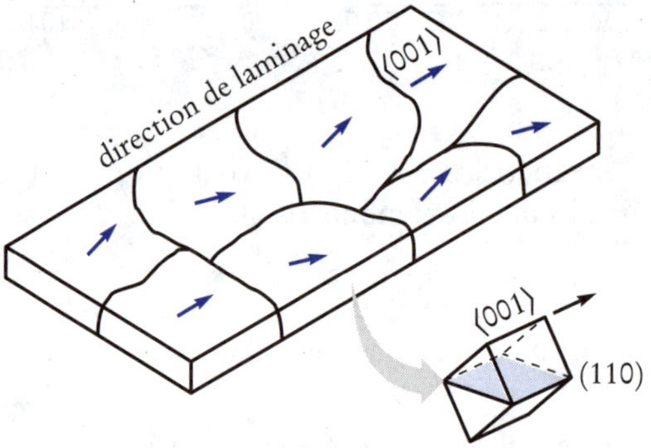

Figure 9.40 Orientation préférentielle des grains dans une tôle de fer-silicium utilisée comme noyau de transformateur. La direction, $\langle 110 \rangle$, de la majorité des grains est parallèle à la direction de laminage, et le plan (110) de ces grains est situé dans le plan de laminage.

Bien qu'elle ne possède pas les caractéristiques idéales d'un monocristal de fer orienté selon la direction $\langle 001 \rangle$ (magnétisation facile, mais fabrication très difficile), une tôle de fer-silicium se rapproche fortement de celui-ci, car elle possède de gros grains principalement orientés selon la bonne direction. Puisque le nombre de grains par unité de volume est faible, la surface totale de joints de grains par unité de volume est également faible ; par conséquent, les joints de grains ne constituent pas d'obstacles importants aux déplacements des parois de Bloch, au cours d'un cycle complet d'hystérésis. Pour terminer, on soumet le fer-silicium à un traitement thermique sous hydrogène à haute température, dans le but de réduire sa teneur en carbone et en azote, lesquels forment des précipités de carbures et de nitrures qui entravent le déplacement des parois de Bloch.

Grâce à cet exemple, on constate que tout obstacle aux déplacements des parois de Bloch lorsque l'intensité et l'orientation du champ magnétique extérieur varient rend plus difficile la réorientation des domaines de Weiss. Dans un matériau ferromagnétique, ces obstacles sont : les joints de grains, les atomes de soluté, les dislocations, les précipités et les autres phases.

9.3.3.4 Influence de la température

Le ferromagnétisme est dû à un mouvement d'ensemble des atomes, qui orientent leur moment magnétique selon une même direction ; or, une augmentation de température favorise l'agitation thermique de ces atomes, ce qui a pour effet de bouleverser progressivement l'alignement des moments magnétiques.

Lorsque la température atteint une valeur critique T_C (la *température ferromagnétique de Curie*), les moments magnétiques s'orientent de façon désordonnée ; par conséquent, le ferromagnétisme disparaît et il est remplacé par le paramagnétisme. La figure 9.41 montre l'influence de la température sur l'induction à saturation B_s du fer pur. La température ferromagnétique de Curie du fer pur est de 1043 K, celle du gadolinium, de 289 K, celle du cobalt, de 1403 K et celle du nickel, de 631 K.

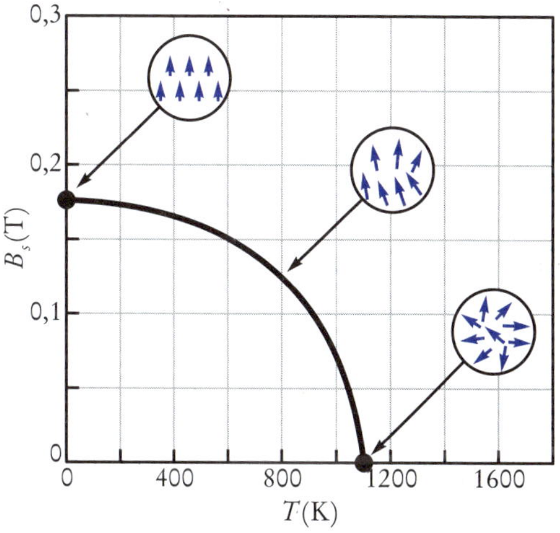

Figure 9.41 Variation de l'induction à saturation du fer pur en fonction de la température. Les moments magnétiques élémentaires sont représentés par des vecteurs.

9.3.4 Antiferromagnétisme

Dans un matériau ferromagnétique, la diminution de l'énergie totale de liaison due à l'énergie d'échange entraîne un alignement de tous les moments magnétiques de spin selon une même direction, ainsi qu'une magnétisation spontanée du matériau. Par contre, dans certains éléments (par exemple, le chrome et plusieurs composés), cette diminution de l'énergie totale se produit lorsque les moments magnétiques de spin atomiques ou ioniques s'orientent de façon antiparallèle (fig. 9.42). Lorsque l'intensité de tous les moments est égale, la susceptibilité magnétique est faible. De tels matériaux sont dits *antiferromagnétiques*.

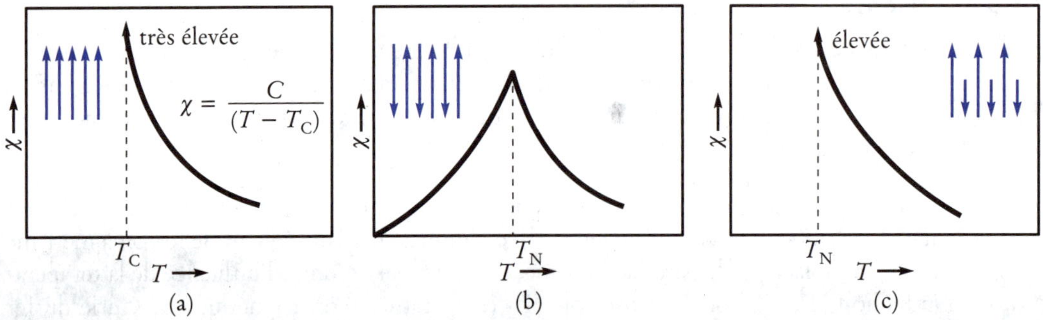

Figure 9.42 Alignement des moments magnétiques et variation de la susceptibilité magnétique χ en fonction de la température, pour un matériau : a) ferromagnétique ; b) antiferromagnétique ; c) ferrimagnétique.

Plusieurs oxydes (MnO, FeO, NiO), ainsi que certains autres composés (MnS, CrSb, $FeCO_3$, MnF_2), présentent un tel comportement. Le fait que sa susceptibilité atteigne une valeur maximale pour une température critique T_N, appelée *température de Néel*, constitue la caractéristique essentielle d'un matériau antiferromagnétique (fig. 9.42b).

Bien que leur importance technologique soit très faible, les matériaux antiferromagnétiques ont permis, grâce à l'étude de leur comportement, de mieux comprendre l'origine du magnétisme des matériaux en général.

9.3.5 Ferrimagnétisme

À l'opposé des matériaux antiferromagnétiques, les matériaux *ferrimagnétiques* ont une grande importance sur le plan technologique. Il s'agit de composés dans lesquels les intensités des moments magnétiques de chaque type d'atomes ou d'ions n'ont pas la même valeur. L'orientation des moments magnétiques atomiques ou ioniques est la même que celle rencontrée dans les antiferromagnétiques (fig. 9.42c) ; toutefois, puisque la résultante de ces moments n'est pas nulle, les ferrimagnétiques sont affectés d'une magnétisation spontanée, comme les ferromagnétiques.

L'oxyde de fer, Fe_3O_4, appelé magnétite et dont les propriétés magnétiques étaient connues dès l'Antiquité, constitue l'exemple typique du matériau ferrimagnétique. En général, un matériau ferrimagnétique est un oxyde dont la formule chimique est $XO{\cdot}Y_2O_3$, où X représente des cations divalents et Y, des cations trivalents. La formule chimique de la magnétite, Fe_3O_4, peut en fait s'écrire $FeO{\cdot}Fe_2O_3$: ici, les cations X^{2+} et Y^{3+} sont de même nature (Fe), mais la valence des ions Fe est différente dans FeO (Fe^{2+}) et dans Fe_2O_3 (Fe^{3+}).

La structure cristalline de ces oxydes est souvent de type *spinelle* : la maille élémentaire est un réseau cubique à faces centrées, et les cations X^{2+} et Y^{3+} occupent respectivement les sites tétraédriques et octaédriques déterminés par les anions O^{2-} (fig. 9.43).

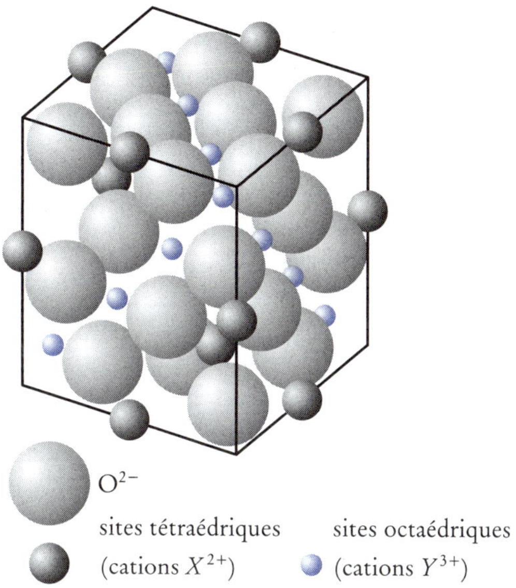

Figure 9.43 Structure cristalline de type spinelle. La maille élémentaire contient : 32 anions O^{2-}, 8 cations X^{2+} dans les sites tétraédriques et 16 cations Y^{3+} dans les sites octaédriques.

La structure *spinelle inverse* constitue une variante de cette structure : dans ce cas, la moitié des cations Y^{3+} occupent les sites tétraédriques, et l'autre moitié, ainsi que les cations X^{2+}, occupent au hasard les sites octaédriques. La structure de la magnétite, $FeO{\cdot}Fe_2O_3$, est de type spinelle inverse, comme celle du ferrite de magnésium, $MgO{\cdot}Fe_2O_3$, alors que celle du ferrite de zinc, $ZnO{\cdot}Fe_2O_3$, est de type spinelle normale.

La structure cristallographique de certains ferrites est hexagonale. Deux d'entre eux sont importants sur le plan technologique : le ferrite de baryum, $BaF_{12}O_{19}$, et les composés de type $R_3Fe_5O_{12}$ dont la formule chimique s'écrit également $5Fe_2O_3{\cdot}3R_2O_3$, où R est une terre rare (par exemple, l'yttrium, Y).

Lorsqu'on considère que les cations X et Y constituent chacun un sous-réseau cristallin, on peut interpréter la magnétisation spontanée des ferrimagnétiques. En effet, dans chacun de ces sous-réseaux, les moments magnétiques des cations sont parallèles, bien que l'orientation respective des deux sous-réseaux soit antiparallèle. Puisque l'intensité des moments des cations X et Y est différente, la résultante de ces moments est non nulle ; par conséquent, une magnétisation spontanée apparaît (fig. 9.42c). Sous l'action d'un champ magnétique extérieur, les ferrites adoptent un comportement analogue à celui des matériaux ferromagnétiques (courbe de magnétisation, boucle d'hystérésis). L'induction à saturation B_s des ferrites peut être assez élevée ; elle peut même atteindre parfois la valeur de celle du nickel.

Comme cela se produit pour les ferromagnétiques, la magnétisation spontanée des ferrimagnétiques décroît lorsque la température augmente ; elle disparaît également au-dessus d'une température critique, la température ferrimagnétique de Curie.

Sur le plan technologique, l'intérêt des ferrites réside dans le fait que ces composés à liaisons ioniques sont de très mauvais conducteurs de l'électricité, voire des isolants. Par conséquent, lorsqu'on les soumet à des variations alternatives de champs magnétiques, une certaine énergie (celle déterminée par l'aire de leur boucle d'hystérésis) est dissipée sous forme de chaleur, mais leur nature isolante empêche l'apparition de courants de Foucault, ainsi que l'échauffement dû à l'effet Joule qui en résulte. On peut donc les soumettre à des champs magnétiques de haute fréquence sans qu'aucun échauffement important ne se produise, ce qui n'est pas le cas pour les matériaux ferromagnétiques, qui sont conducteurs de l'électricité.

Par ailleurs, lorsqu'on substitue des ions de nature différente à certains ions Fe de la magnétite, on peut doser la susceptibilité magnétique du ferrite ainsi produit. Par exemple, en remplaçant des ions Fe^{2+} par des ions Ni^{2+} dans le ferrite $NiO{\cdot}Fe_2O_3$, on obtient une diminution de sa susceptibilité, car le moment magnétique de Ni^{2+} est inférieur à celui de Fe^{2+}. À l'opposé, on peut obtenir une magnétisation plus élevée du ferrite en substituant des ions Zn^{2+} aux ions Fe^{2+} situés en position tétraédrique. Bien que le moment magnétique des ions Zn^{2+} soit nul, la disposition cristallographique de ces ions entraîne un rééquilibre des moments magnétiques des ions Fe^{3+} situés en positions tétraédrique et octaédrique, d'où il découle que la magnétisation spontanée de $ZnO{\cdot}Fe_2O_3$ est plus élevée que celle de $FeO{\cdot}Fe_2O_3$. En changeant la nature de certains ions des ferrites, on peut obtenir de nombreuses combinaisons, ce qui permet d'obtenir des ferrites dont le caractère magnétique soit doux (aire faible de la boucle d'hystérésis) ou dur (grande aire de la boucle d'hystérésis).

9.3.6 Applications du magnétisme

Selon les utilisations, on peut regrouper les matériaux ferromagnétiques et ferrimagnétiques en deux classes : les matériaux magnétiques doux et les matériaux magnétiques durs.

On utilise un matériau magnétique doux lorsque celui-ci doit canaliser un flux magnétique qui peut varier dans le temps à de hautes fréquences. Le matériau magnétique doit réagir rapidement et franchement à de faibles variations du champ inducteur, sans subir d'échauffement ou sans que sa réaction soit trop sensible à la fréquence du champ. Les transformateurs, les inductances de précision des circuits électroniques, les écrans magnétiques, par exemple, exigent que le matériau magnétique ait de telles propriétés. Pour ce matériau, il faut donc que la boucle d'hystérésis soit étroite (faible champ coercitif H_c) et que l'induction à saturation B_s et la susceptibilité magnétique χ soient élevées.

À l'opposé, on utilise les matériaux magnétiques durs lorsque le champ magnétique engendré par le matériau doit rester stable dans le temps et être si possible élevé, et ce même en présence de champs magnétiques extérieurs parasites. Les aimants permanents, les aimants de levage, les noyaux des haut-parleurs, les moteurs électriques de faible puissance, les lentilles magnétiques (pour tubes cathodiques), par exemple, exigent de telles propriétés. Pour un matériau magnétique dur, il faut que le champ coercitif H_c et l'induction rémanente B_r soient élevés. En fait, on caractérise les performances d'un matériau magnétique dur par son *facteur de mérite* (produit BH, calculé à partir du deuxième quadrant de la boucle d'hystérésis, fig. 9.44). Ce produit représente l'énergie requise pour démagnétiser une unité de volume du matériau ; c'est pourquoi on l'appelle aussi *densité d'énergie spécifique*.

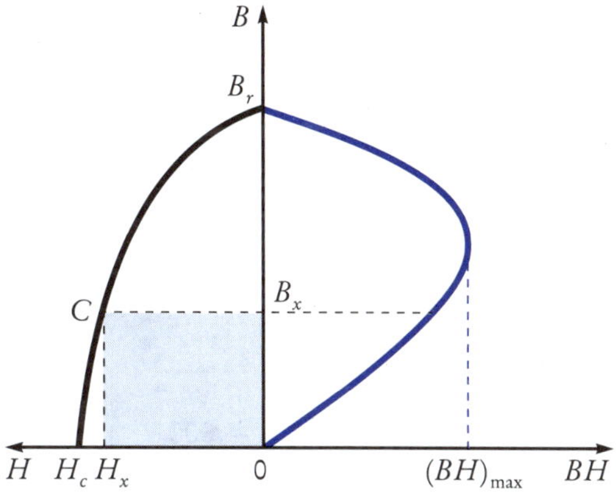

Figure 9.44 Calcul du facteur de mérite, BH, d'un matériau magnétique dur, à partir du deuxième quadrant de la boucle d'hystérésis. Pour une valeur B_x, le produit BH est égal à la surface du rectangle B_xCH_x0.

Le tableau 9.9 donne les propriétés des matériaux magnétiques doux les plus usuels. Pour ces matériaux, il faut que, lorsque le champ extérieur varie, aucun obstacle ne s'oppose au déplacement des parois de Bloch et à la réorientation des domaines magnétiques. Un exemple typique est celui de l'alliage fer–silicium, fréquemment utilisé dans les noyaux de transformation (art. 9.3.3.3).

Les alliages à base de nickel (en particulier le mumétal, le permalloy et le supermalloy) sont caractérisés par une permittivité relative très élevée et un champ coercitif très faible ; on les utilise donc comme écrans magnétiques des circuits électroniques (par exemple, dans les tubes des récepteurs de télévision), car ils réagissent très rapidement à toute variation d'un champ magnétique extérieur parasite et le canalisent fortement.

Pour des utilisations à hautes ou à très hautes fréquences pour lesquelles les pertes d'énergie dans le matériau seraient trop élevées si le matériau magnétique était également conducteur de l'électricité, on a de préférence recours aux ferrites doux, car ce sont des isolants électriques qui ne sont pas le siège de courants de Foucault. Avec des ferrites doux, on fabrique également des antennes de récepteurs de radio.

Tableau 9.9 Propriétés des matériaux magnétiques doux les plus usuels

Matériau	Composition (%)	Permittivité maximale (μ_r)	Induction rémanente, B_r (T)	Champ coercitif, H_c (A/m)
Fer pur		5 000	2,0	80
Fe–Si	4 Si (non orienté)	8 000	1,4	56
	4 Si (orienté)	50 000	1,2	7,2
Fermalloy	Fe–45 Ni	30 000	0,8	16
Thermenal	Fe–16 Al–3,5 Mo	60 000	0,2	1,5
16 Alfenol	Fe–16 Al	80 000	0,4	3,5
Ni–Fe	Ni–50 Fe (non orienté)	70 000	0,8	4
	Ni–50 Fe (orienté)	10^5	1,45	0,8 à 1,6
Mumétal	Ni–18 Fe–5 Cu–2 Cr	10^5	0,3	0,4
Permalloy	Ni–22 Fe	10^5	0,87	0,6
Supermalloy	Ni–15 Fe–5 Mo–0,5 Mn	10^6	0,7	0,4
Ferrox cube **A**	48 $MnFe_2O_4$–52 $ZnFe_2O_4$	4 000	0,4	8
Ferrox cube **B**	36 $NiFe_2O_4$–64 $ZnFe_2O_4$	2 000	0,3	8

Puisque les ferrites sont des matériaux ioniques, donc fragiles, on ne peut pas les élaborer sous forme massive ; on réalise donc les pièces soit par frittage, soit en noyant la poudre de matériau dans une matrice polymérique. Ces procédés de fabrication exercent une grande influence sur les propriétés magnétiques du produit fini.

Le tableau 9.10 donne les propriétés des matériaux magnétiques durs les plus usuels. Dans ce cas, on cherche à obtenir un champ coercitif élevé, donc à entraver au maximum la réorientation des moments magnétiques dans les domaines de Weiss, ainsi que le déplacement des parois de Bloch. C'est pourquoi on utilise fréquemment les aciers eutectoïdes à l'état trempé (structure martensitique) pour réaliser des aimants permanents.

L'addition de chrome, de tungstène ou de cobalt permet d'introduire dans le matériau des carbures de ces éléments, carbures qui augmentent la valeur du champ coercitif. La famille des «Alnico» est caractérisée par la présence de deux phases, α et α' : la phase α, riche en nickel et aluminium, constitue la matrice ; la phase α', riche en fer et en cobalt, est donc ferromagnétique. Les traitements thermiques permettent d'obtenir une très fine dispersion de la phase α' : on peut considérer que les précipités α' ainsi formés constituent un seul domaine ferromagnétique. Lorsqu'on applique au matériau un champ magnétique extérieur variable, la réorientation des domaines doit se faire en phase, ce qui est très difficile ; c'est pourquoi la valeur du champ coercitif de cette famille d'alliages est élevée. On peut accroître davantage encore la valeur du champ coercitif en réalisant un traitement thermique de précipitation sous l'action d'un champ magnétique intense, ce qui permet d'obtenir un alignement important des domaines magnétiques (Alnico 8).

Tableau 9.10 Propriétés des matériaux magnétiques durs les plus usuels

Matériau	Composition (%)	Champ coercitif, H_c (10^3 A/m)	Induction rémanente, B_r (T)	Facteur de mérite, $(BH)_{max}$ (kJ/m³)
Acier au carbone	0,6 C–0,85	3,3	1	1,44
	1 C–0,5 Mn (trempé)	4	0,95	1,60
Acier au chrome	0,9 C–3,5 Cr–0,3 Mn	5,2	0,97	2,3
Acier au cobalt	0,7 C–17 Co–8 W–2,5 Cr	11	0,95	5,2
Acier au tungstène	0,7 C–6 W–0,3 Cr–0,3 Mn	5,6	1,05	2,6
Alni-a	59,5 Fe–24 Ni–13 Al–3,5 Cu	43	0,62	10,0
Alnico-I	63 Fe–20 Ni–12 Al–5 Co	35	0,72	11,0
Alnico-V	51 Fe–24 Co–14 Ni–8 Al–3 Cu	52	1,25	44
Alnico-XII	52 Fe–24,5 Co–13,5 Ni–8 Al–2 Nb	64	0,6	15
Cunife	60 Cu–20 Ni–20 Fe	44	0,54	11,2
Cunico	50 Cu–29 Co–21 Ni	52,5	0,34	8,5
Co-Pt	77 Pt–23 Co	250	0,52	74
$SmCo_5$ (fritté)	–	720	0,92	170
Ferrox dur (fritté)	Ferrite (BaO $6Fe_2O_3$)	120	0,2	7,3
Ferrox dur (orienté)	Ferrite (BaO $6Fe_2O_3$)	240	0,4	24
NdFeB (fritté)	$Nd_2Fe_{14}B$	848	1,16	255

On peut également obtenir des matériaux magnétiques durs à partir d'alliages à base de cobalt (Co–Pt, $SmCo_5$, $Nd_2Fe_{14}B$). Bien qu'ils soient coûteux, ces alliages, qui se présentent souvent sous la forme frittée, permettent de réaliser de très petits aimants permanents, qu'on utilise dans de nombreuses applications : perceuses et tournevis électriques sans fil, petits moteurs électriques pour automobile (essuie-glace, ventilation, vitres électriques), magnétophones et magnétoscopes, montres à quartz, haut-parleurs, prothèses auditives, ... Le tableau 9.10 donne les valeurs du facteur de mérite, $(BH)_{max}$, de plusieurs matériaux magnétiques durs. La valeur du facteur de mérite dépend de la forme de la boucle d'hystérésis (fig. 9.44). En général, pour les matériaux métalliques magnétiques durs, on peut donc considérer que le facteur de mérite $(BH)_{max}$ est environ égal à 1/2 (H_cB_r).

On obtient les ferrites durs ($BaO \cdot 6Fe_2O_3$, $SmCo_5$, $Nd_2Fe_{14}B$) par frittage de poudres fines, ce qui permet d'avoir un grand nombre de particules contenant un petit nombre de domaines magnétiques chacune. En réalisant le frittage sous l'action d'un champ magnétique extérieur, on obtient un alignement important des domaines et, par conséquent, une augmentation correspondante de la valeur du champ coercitif H_c.

Pour réaliser des rubans ou des disques magnétiques, il faut que le matériau se présente sous la forme de poudres fines (Fe_2O_3, Cr_2O_3 ou $Co_x\,Fe_{2-x}O_3$) noyées dans un enduit qu'on fixe sur une matière plastique. On peut considérer que les grains aciculaires de la poudre sont de petits aimants qui contiennent un seul domaine magnétique. L'orientation de chaque domaine varie sous l'action d'un champ magnétique extérieur (enregistrement). Lorsque le ruban défile devant la tête de lecture, le champ magnétique des grains modifie l'inductance de la bobine de la tête, et il y crée des variations de potentiel qui, par la suite, sont amplifiées.

Le matériau qu'on utilise le plus fréquemment pour réaliser des rubans et des disques magnétiques est le ferrite γ-Fe_2O_3. On obtient ce ferrite par oxydation à haute température du Fe_3O_4, dont la structure est spinelle inverse et qui est ferrimagnétique (art. 9.3.5) ; le ferrite γ-Fe_2O_3 a également une structure spinelle inverse et possède lui aussi des propriétés ferrimagnétiques. Il est cependant instable et se décompose en ferrite α-Fe_2O_3, antiferromagnétique, lorsqu'on le chauffe à plus de 400 °C.

L'emploi généralisé des rubans, et plus particulièrement des disques magnétiques, pour stocker de l'information a connu un essor remarquable avec le développement de l'informatique, domaine où la densité de capacité de stockage est un facteur primordial. À l'heure actuelle, un ruban ou un disque magnétique fait de fines particules magnétiques peut avoir une capacité de stockage d'information sous forme binaire (0 ou 1) de l'ordre de $1{,}5 \times 10^5$ bits/mm². Pour accroître cette capacité de stockage, on a développé, ces dernières années, des films minces faits d'alliages CoPtCr ou CoCrTa et dont l'épaisseur est comprise entre 10 et 50 nm afin de limiter au maximum les pertes d'énergie par courants de Foucault (fig. 9.38). Ces films reposent sur un substrat de chrome ou d'alliage de chrome. Le film mince magnétique est polycristallin et le diamètre moyen de ses grains est de 10 à 30 nm, chaque grain constituant un seul domaine magnétique. Pour les disques de stockage utilisant ces films, les directions cristallographiques de magnétisation facile des grains sont alignées dans la direction de déplacement du disque. Grâce à de tels films, on peut alors atteindre une capacité de stockage de l'ordre de $1{,}5 \times 10^6$ bits/mm², soit un ordre de grandeur plus élevé qu'on obtient avec des particules aciculaires.

Que ce soit pour les supports magnétiques à particules ou ceux se présentant sous forme de films minces, la boucle d'hystérésis doit être relativement large et plutôt rectangulaire afin d'assurer un stockage permanent de l'information et pour que le changement d'orientation de la magnétisation se fasse rapidement. La valeur typique du champ coercitif H_c est comprise entre $1{,}5 \times 10^5$ et $2{,}5 \times 10^5$ A/m, alors que l'induction à saturation B_s est de l'ordre de 0,4 à 0,6 T pour les matériaux magnétiques à particules aciculaires et de 0,6 à 1,2 T pour les films minces.

Chapitre 10

ALLIAGES À BASE DE FER

Sur le plan technologique, les aciers et les alliages à base de fer sont toujours d'une importance capitale, puisqu'on les retrouve, sous une forme ou sous une autre, dans presque tous les domaines : de l'électroménager aux ouvrages d'art, en passant par l'automobile, l'aérospatiale, la quincaillerie et la chirurgie orthopédique. Les aciers et les fontes constituent, en masse, environ 90 % de la production mondiale de matériaux métalliques. L'histoire de l'évolution technologique des civilisations est d'ailleurs étroitement liée au développement des alliages à base de fer et au degré de facilité de leur élaboration. Cette importance technologique repose sur plusieurs facteurs : les alliages ferreux se prêtent facilement à une production de masse, ils sont bon marché et, surtout, on peut leur faire acquérir des propriétés très variées notamment en recourant aux traitements thermiques et à l'addition d'éléments d'alliage, ce qui permet de les adapter aux exigences de fabrication et d'utilisation les plus diverses.

Dans ce chapitre, nous étudierons les diverses familles d'alliages à base de fer, soit les aciers au carbone d'usage général, les aciers de traitements thermiques, les aciers à outils, les aciers inoxydables et les fontes.

10.1 INTRODUCTION

10.1.1 Nuances d'aciers

Les aciers sont essentiellement des alliages de fer et de carbone, qui contiennent en outre certains autres éléments introduits en faibles quantités au moment de leur élaboration (dans les aciers alliés, on introduit par exemple des éléments d'alliage dans le but de modifier les propriétés des aciers de base). Dans tous les cas, la teneur en carbone des aciers est inférieure à 1,5 %. En fonction du nombre d'éléments d'alliage ajoutés au fer et de leur teneur, les aciers présentent un très grand nombre de nuances différentes. On peut classer les divers types d'alliages à base de fer selon leur composition chimique ou selon leur domaine d'utilisation. C'est cette dernière classification que nous adoptons ici et qui nous permet de considérer les quatre familles suivantes :

a) les aciers au carbone d'usage général ;
b) les aciers de traitements thermiques, alliés ou non ;
c) les aciers à outils ;
d) les aciers inoxydables.

10.1.2 Désignation des aciers

Selon l'usage auquel on les destine, on peut classer les aciers soit en fonction de leurs propriétés mécaniques ($R_{e0,2}$, R_m, A, KCV), soit en fonction de leur composition chimique. Dans chacun des cas, des organismes nationaux établissent une normalisation qui peut varier d'un pays à l'autre. À titre d'exemples, citons les organismes de normalisation suivants :

- ACNOR, Association canadienne de normalisation (Canada) ;
- ASTM, American Society for Testing and Materials (États-Unis) ;
- SAE, Society of Automobile Engineers (États-Unis) ;
- AISI, American Iron and Steel Institute (États-Unis) ;
- AFNOR, Association française de normalisation (France) ;
- DIN, Deutsche Institut für Normalisierung (Allemagne).

Les aciers d'usage général, qui, en principe, sont utilisés tels quels après leur livraison, sans traitement ultérieur, sont définis en fonction de leurs propriétés mécaniques. Toutefois, en raison de certaines caractéristiques particulières reliées à leur utilisation (par exemple, leur *soudabilité*), la teneur des divers éléments d'addition, sans être déterminée par une fourchette étroite, est limitée à des valeurs maximales.

Par exemple, la norme ACNOR G40.21 définit la composition chimique et les propriétés mécaniques de la classe 350 WT des tôles fortes comme suit :

- Épaisseur maximale, t : 60 mm.
- Composition chimique (acier calmé) :

C (%)	Mn (%)	Si (%)	P (%)	S (%)	Éléments d'affinage des grains (%)
0,20 max.	0,80 à 1,50	0,15 à 0,40	0,03 max.	0,04 max.	0,10 max.

- Propriétés mécaniques :

R_m (MPa)	R_e (MPa)		A (% sur 50 mm)
	$t \leq 40$ mm	$t > 40$ mm	
480 à 650	350 min.	330 min.	22

L'acheteur peut également demander que l'énergie de rupture (KCV, résilience Charpy-V) soit de 27 J à 0, -20, -30 ou -45 °C.

Les aciers fins au carbone et les aciers alliés, par contre, ne sont pas utilisés tels quels après leur livraison ; ils subissent en effet une série de transformations (forgeage, usinage, traitements thermiques, etc.) avant leur mise en forme finale. Ces aciers sont par conséquent définis, selon leur composition chimique, car leurs propriétés mécaniques varient considérablement en fonction des diverses étapes de leur fabrication et en fonction des traitements auxquels on les soumet.

10.2 ACIERS D'USAGE GÉNÉRAL

10.2.1 Composition et propriétés

Les aciers au carbone d'usage général, utilisés tels quels, sans traitement ultérieur, constituent environ 85 % de la production des aciers. Ce sont des matériaux produits en très grande quantité et dont le prix est relativement bas.

Outre le carbone, ces aciers contiennent des éléments d'addition et des impuretés dont la présence découle de leur mode d'élaboration : manganèse, silicium, soufre et phosphore. Les teneurs limites de chacun de ces éléments sont données ci-dessous.

Si (%)	Mn (%)	S (%)	P (%)
0,6	1,2	0,06	0,06

Lors de l'affinage de l'acier, le manganèse, qu'on utilise sous forme de ferromanganèse comme désoxydant et comme désulfurant, augmente la proportion de perlite dans l'acier, car il se substitue en partie au fer de la cémentite. En solution solide dans la ferrite, il exerce un effet durcissant et, de plus, il abaisse la température de transition ductile-fragile. Combiné au soufre, il forme du sulfure de manganèse MnS, qu'on retrouve sous forme d'inclusions malléables.

On utilise également le silicium comme agent désoxydant. Soluble dans la ferrite, le silicium a un effet durcissant comparable à celui du manganèse, mais il a tendance cependant à diminuer la soudabilité de l'acier.

Le soufre et le phosphore constituent des impuretés dont on cherche à abaisser les teneurs, car ils rendent l'acier fragile et difficilement soudable, d'où l'intérêt de l'addition de manganèse, qui produit du sulfure de manganèse.

Dans le cas des aciers à basse teneur en carbone, on distingue, selon le mode d'élaboration, les *aciers effervescents* des *aciers calmés*.

Au moment de leur coulée, les aciers effervescents contiennent un excès d'oxygène qui, au cours de la solidification dans la lingotière, continue de réagir avec le carbone en libérant un volume important de CO. Ce gaz forme alors des bulles (*soufflures*) dont le volume compense la diminution de volume due au retrait à la solidification. Au cours du laminage, ces soufflures se referment, et l'acier retrouve alors sa compacité. Les aciers effervescents ont une composition hétérogène : leur peau est pratiquement libre de carbone, alors que le centre en contient davantage. Cette ségrégation se retrouve également dans les produits laminés. Sous forme de tôles fines, ces aciers se prêtent particulièrement bien aux opérations d'emboutissage profond. Ils sont cependant difficilement soudables ; en effet, au cours de la fusion, les réactions inachevées entre le carbone et l'oxygène reprennent dans le cordon de soudure et entraînent l'apparition de porosités importantes dans la zone du métal fondu, ce qui altère les propriétés mécaniques du joint soudé.

Lorsqu'on ajoute des éléments *désoxydants* (silicium, aluminium ou manganèse) avant ou pendant la coulée de l'acier, on réduit sa teneur en oxygène ; par conséquent, l'effervescence ne se produit plus, et l'acier est dit *calmé*. La ségrégation du carbone est peu importante dans les aciers calmés. Les aciers destinés à être soudés et les aciers à moyenne et à haute teneur en carbone sont des aciers calmés.

Pour la grande majorité des utilisations, la teneur en carbone des aciers ne dépasse pas 0,20 % ; leur microstructure est donc constituée d'un mélange de ferrite et de perlite. Même s'il augmente considérablement la résistance mécanique des aciers (fig. 6.3), le carbone, en trop grande quantité, diminue leur ductilité et augmente leur température de transition ductile-fragile (fig. 7.15). De surcroît, une teneur trop élevée en carbone rend l'acier difficilement soudable.

Or, puisque dans la plupart des cas, les aciers doivent être soudés, leur soudabilité est un facteur de première importance. Le soudage implique la fusion partielle locale des pièces à assembler et leur refroidissement. Le joint soudé comprend à la fois le métal fondu et, dans le métal de base, une zone transformée qui, tout en étant restée à l'état solide, a subi un cycle thermique complet : chauffage au-dessus de la température de transformation allotropique A_3 et refroidissement. Puisque la soudure doit assurer la continuité entre les éléments, l'intégrité d'un joint soudé n'existe plus lorsque celui-ci comporte des défauts. Le risque d'apparition de fissures dans la zone du métal de base affectée par la chaleur est d'autant plus grand que ce métal peut prendre la trempe et qu'il se forme dans cette zone, lors du refroidissement, des composants microstructuraux durs et fragiles. C'est pourquoi on cherche toujours à limiter les teneurs en carbone et en divers autres éléments dans les aciers destinés à être soudés. On détermine en général la soudabilité en calculant la valeur du *carbone équivalent*. Une des formules utilisées pour calculer ce carbone équivalent, celle de l'Institut international de soudure (IIS/IIW), est la suivante :

$$C_{éq} = C + \frac{Mn}{6} + \frac{Cr + Mo + V}{5} + \frac{Ni + Cu}{15}$$

où on exprime la teneur des divers éléments en pourcentage massique. Plus la valeur du carbone équivalent est élevée, plus l'acier est trempable et moins il est soudable ; il faut donc prendre certaines précautions pour que le soudage n'entraîne pas l'apparition de défauts – préchauffage et contrôle de l'énergie mise en jeu au cours du soudage – et ce compte tenu de l'épaisseur des pièces à souder et de la géométrie de l'assemblage.

Comme nous l'avons mentionné précédemment, on désigne les aciers d'usage général en fonction de leurs propriétés mécaniques. Or, bien qu'elles soient tributaires de la teneur en carbone, ces propriétés dépendent également, dans une large mesure, des conditions d'élaboration des aciers et des conditions de fabrication des pièces : coulée en lingots ou coulée continue, aciers calmés ou effervescents, réduction de section lors du laminage, température de laminage, vitesse de refroidissement, section et épaisseur du produit fini, traitements thermiques, etc. Ainsi, pour une composition chimique donnée, les propriétés mécaniques, en particulier la ductilité et la ténacité, peuvent varier considérablement selon le mode d'élaboration et selon la quantité et la forme des inclusions contenues dans le métal.

10.2.2 Aciers à propriétés améliorées

Les aciers d'usage général que nous venons de décrire possèdent une limite d'élasticité dont la valeur ne dépasse guère 350 MPa. Puisque la soudabilité et la ténacité sont presque toujours les propriétés qu'on recherche en premier lieu, on ne peut pas améliorer les autres propriétés en augmentant indûment la teneur en carbone ni en ajoutant une proportion importante d'éléments qui augmentent la trempabilité (Cr, Ni ou Mo, par exemple). Des développements ont permis la mise au point de nouvelles gammes d'acier à haute limite d'élasticité, les aciers microalliés et les aciers ferritomartensitiques *dual-phase*. Par ailleurs, on a amélioré la résistance des aciers à la corrosion atmosphérique, résistance jusqu'alors médiocre.

10.2.2.1 Aciers microalliés

Nous avons vu qu'une diminution de la taille des grains et la précipitation d'une seconde phase amélioraient les propriétés mécaniques des alliages (chap. 6). On tire parti de ces phénomènes dans les aciers microalliés à haute limite d'élasticité ou aciers à dispersoïdes (aciers HSLA, *High Strength Low Alloys*) en effectuant de faibles additions d'éléments d'alliages et en soumettant ces aciers à des traitements thermomécaniques rigoureusement contrôlés.

Le niobium, le vanadium et le titane sont des éléments dont l'affinité pour le carbone est très forte, et qui forment des carbures qui ne sont solubles qu'à très haute température. Les carbures de niobium (NbC), par exemple, ne se dissolvent dans l'austénite qu'au-dessus de 1050 °C (fig. 6.31). Lorsqu'on contrôle les températures de laminage et de fin de laminage, ainsi que les vitesses de refroidissement, on peut favoriser l'apparition de tels carbures, très fins (environ 10 nm) et dispersés dans la matrice austénitique. Le rôle de ces carbures est double : en premier lieu, ils empêchent la croissance des grains austénitiques pendant le laminage (le produit final a des grains dont la taille est comprise entre 5 et 10 μm) ; en second lieu, puisqu'ils sont très petits et finement dispersés, ils favorisent le durcissement structural. La figure 10.1 illustre graphiquement la *relation de Hall-Petch* pour quelques aciers et met en évidence les divers types de durcissement : durcissement par solution solide (dû au manganèse), durcissement structural par précipitation de NbC, et durcissement par affinement de la taille des grains.

La teneur en manganèse des aciers microalliés est en général inférieure ou égale à 1,5 % ; par ailleurs, ils contiennent moins de 0,1 % de Nb, de V ou de Ti (par exemple 0,06 % de Nb). Leur limite d'élasticité est comprise entre 400 et 650 MPa, leur résistance à la traction oscille entre 500 et 850 MPa, et leur allongement à la rupture est important (entre 14 et 27 %). Enfin, grâce à la taille de leurs grains, ces aciers ont une température de transition ductile-fragile très basse. Ils se prêtent particulièrement bien aux utilisations pour lesquelles on recherche essentiellement une limite d'élasticité élevée et une ténacité à basse température (construction de gazoducs et d'oléoducs ou de structures dans les régions froides, par exemple, ou lorsqu'on veut réduire le poids des pièces notamment dans l'industrie automobile).

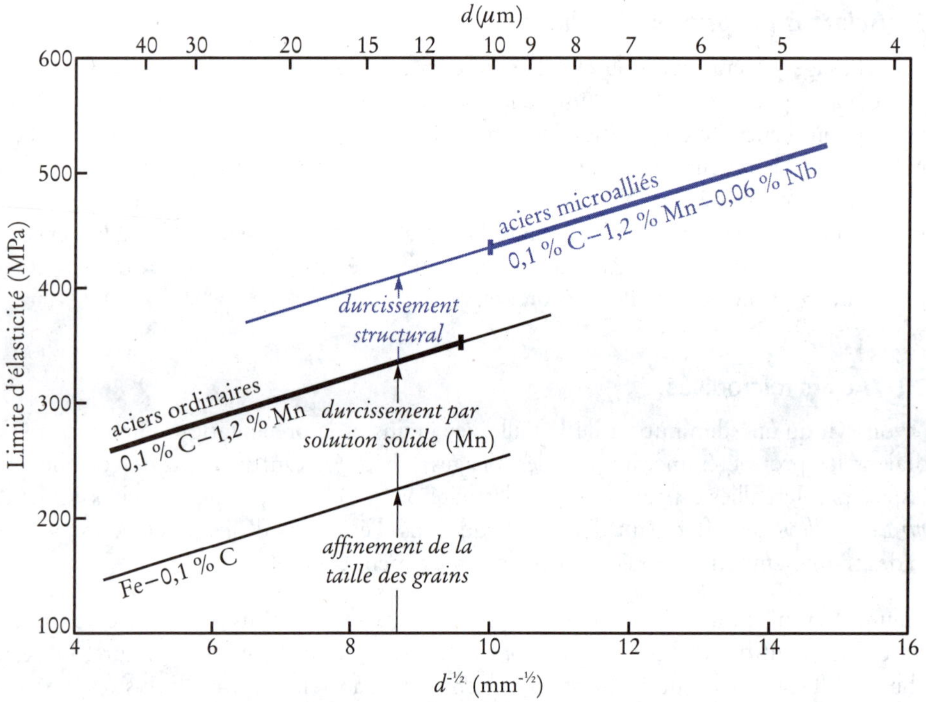

Figure 10.1 Relation de Hall-Petch pour les aciers ordinaires et les aciers microalliés HSLA, et influences combinées de l'affinement de la taille des grains, du durcissement par solution solide et du durcissement structural sur la limite d'élasticité.

10.2.2.2 Aciers *dual-phase*

Si les aciers microalliés bénéficient de très bonnes propriétés mécaniques, leur limite d'élasticité élevée les rend par contre difficilement formables à froid. Dans le but de réduire la masse des véhicules, les chercheurs de l'industrie automobile américaine ont mis au point des aciers dont la limite d'élasticité reste moyenne (de 300 à 350 MPa), mais dont la résistance à la traction, après une consolidation importante due à la déformation plastique, est comparable à celle des aciers microalliés (de 650 à 700 MPa) ; par ailleurs, leur allongement à la rupture demeure élevé (de 25 à 30 %) et ils offrent l'avantage de ne présenter aucune discontinuité à la limite d'élasticité (fig. 10.2). Après leur mise en forme à froid, par écrouissage, leur limite d'élasticité est d'au moins 500 MPa.

Ces aciers, connus sous le nom d'aciers *dual-phase*, font preuve d'une excellente formabilité à froid. Leur microstructure est composée de grains ferritiques libres de cémentite, et d'ilôts de martensite dans une proportion variant de 10 à 20 %. Ils contiennent peu de carbone (de 0,08 à 0,15 %) et entre 1 et 1,5 % de manganèse. On utilise deux techniques différentes pour produire ces aciers. Avec la première, on réchauffe l'acier dans le domaine intercritique (entre les températures A_1 et A_3, fig. 6.18); en effet, dans ce domaine de température, la ferrite demeure essentiellement inchangée, et la perlite se transforme en austénite, riche en carbone. Finalement, par trempe, l'austénite se transforme en martensite. Avec la seconde technique, on obtient une structure mixte de ferrite et de martensite en trempant directement l'acier à la sortie du laminoir. Dans ce cas, il faut parfaitement contrôler la température de fin de laminage pour que la microstructure soit composée de ferrite et d'austénite ; on doit toutefois améliorer la trempabilité des aciers *dual-phase* par de faibles additions de Cr (0,5 %) et de Mo (0,4 %).

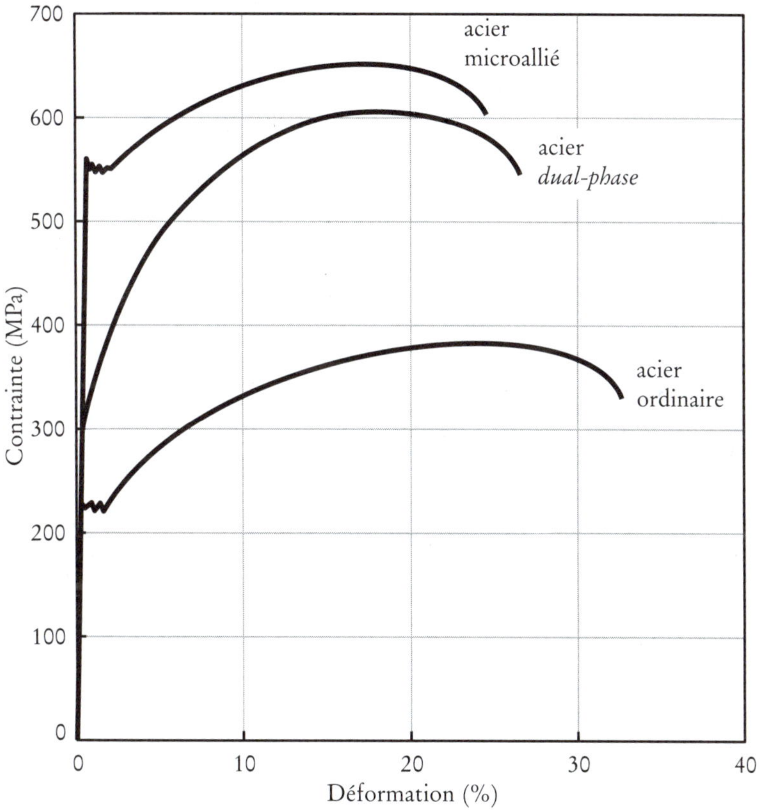

Figure 10.2 Représentation schématique des courbes de traction d'un acier ordinaire, d'un acier microallié et d'un acier *dual-phase*. Dans ce dernier cas, il n'y a pas de discontinuité à la limite d'élasticité, et le taux de consolidation est très important.

10.2.2.3 Aciers à résistance améliorée à la corrosion

Sans addition spéciale, la résistance des aciers à la corrosion atmosphérique est limitée ; lorsque les pièces sont minces, elles se perforent rapidement. Il faut donc protéger ces aciers par des recouvrements (galvanisation, peinture, etc., chap. 8).

Toutefois, certains éléments (particulièrement le cuivre), ajoutés en petites quantités, améliorent considérablement la résistance à la corrosion atmosphérique en formant une couche protectrice d'oxyde qui s'apparente à une patine. Dans ces aciers, les teneurs en cuivre sont comprises entre 0,20 et 0,55 % ; parfois, de faibles additions de nickel et de chrome ($\simeq$ 0,50 %) et de phosphore ($<$ 0,15 %) viennent renforcer l'action du cuivre. Toutes ces additions améliorent en outre les propriétés mécaniques de ces aciers.

10.2.3 Produits sidérurgiques

Selon l'utilisation à laquelle on les destine et selon leur forme, on peut classer les produits sidérurgiques en produits longs et en produits plats.

10.2.3.1 Produits longs

Les produits longs comprennent :

- les poutrelles et les profilés de sections diverses (**H**, **I**, **T**, **U**, cornières) destinés à la construction métallique (matériel roulant, matériel de levage, bâtis de machine) et à l'industrie du bâtiment ;
- les fers marchands de sections diverses (rondes, hexagonales, carrées, ovales, etc.) et les ronds à béton ;
- le fil machine, demi-produit servant à la fabrication de nombreux produits industriels et commerciaux (clous et pointes, vis et boulons, câbles métalliques, treillis, électrodes de soudage, etc.) ;
- les rails de chemin de fer (la teneur en carbone de ces produits est comprise entre 0,50 et 0,70 %) ;
- les tubes non soudés.

10.2.3.2 Produits plats

Parmi les produits plats, on trouve :

- les tôles fortes et les plaques dont l'épaisseur est supérieure à 5 mm et qu'on obtient par laminage à chaud. On utilise ces tôles dans les constructions de grandes dimensions (construction métallique, ponts, construction navale, plates-formes de forage, chaudières et appareils sous pression, réservoirs et citernes, tubes pour gazoducs et oléoducs, etc.) ;
- les tôles minces, laminées à chaud (épaisseurs supérieures à 2 mm) ou laminées à froid (moins de 3 mm d'épaisseur). Ces produits, les plus employés, représentent à eux seuls près de 80 % de la production des aciers d'usage général ; on les utilise principalement dans les domaines de l'automobile, de l'électroménager et du bâtiment (bardages et toitures). On doit pouvoir mettre facilement ces tôles en forme par emboutissage, par pliage et par découpage. La majorité des tôles minces ont une teneur en carbone inférieure à 0,08 %.

10.3 TRAITEMENTS THERMIQUES DES ACIERS

Avant d'étudier les aciers de traitements thermiques, il nous faut d'abord décrire les traitements thermiques proprement dits, afin de mieux déterminer quelles sont les diverses nuances d'aciers qui peuvent s'y prêter. Selon les buts visés, on distingue trois types de traitements :

– les recuits (traitements d'adoucissement et de régénération) ;
– les traitements thermiques dans la masse ;
– les traitements de surface.

Nous avons déjà étudié les traitements qui entraînent des modifications des propriétés des métaux et des alliages, ainsi que les diverses transformations qui les accompagnent (chap. 6). Nous nous contenterons donc ici de décrire les traitements appliqués aux seuls aciers, sans analyser en détail les transformations et les changements de microstructure.

10.3.1 Recuits

Les recuits ont pour but d'adoucir les aciers en éliminant les effets des étapes antérieures de leur fabrication (écrouissage ou trempe), ainsi que les hétérogénéités de structure imputables à leur élaboration (forgeage, laminage, soudage). Les recuits permettent en outre de retrouver les structures d'équilibre des aciers.

Selon les buts visés et les modifications structurales obtenues, on distingue plusieurs types de recuits : le recuit de normalisation, le recuit complet, le recuit de coalescence, le recuit de recristallisation et le recuit de détente.

10.3.1.1 Recuit de normalisation

On procède au chauffage dans le domaine austénitique (50 °C au-dessus de la température d'austénitisation, A_3, fig. 6.18) et au maintien pendant environ une heure. Après quoi, on laisse l'acier refroidir à l'air. La structure obtenue est un mélange de ferrite et de perlite fine. On cherche ici à obtenir une microstructure uniforme (affinement de la taille des grains) et à améliorer les propriétés de l'acier, après une déformation à chaud.

10.3.1.2 Recuit complet

Ce recuit est techniquement semblable à la normalisation; toutefois, pour obtenir une perlite plus grossière et un adoucissement plus marqué des propriétés, on laisse l'acier refroidir au four.

10.3.1.3 Recuit de coalescence

On procède au chauffage et au maintien prolongé à une température légèrement inférieure à la température de début de transformation, A_1 (fig. 6.18). On cherche ainsi à obtenir une perlite globularisée, afin de rendre les aciers durs plus facilement usinables. La structure obtenue est moins dure que celle d'une perlite lamellaire.

10.3.1.4 Recuit de recristallisation

On procède au chauffage dans le domaine ferritique (entre 500 et 700 °C) et on contrôle le refroidissement. On applique ce traitement aux produits déformés à froid (tôles minces laminées à froid, par exemple) pour faire disparaître les structures d'écrouissage et faciliter ainsi une mise en forme ultérieure (emboutissage, pliage, etc.).

10.3.1.5 Recuit de détente

On procède au chauffage dans le domaine ferritique (entre 500 et 650 °C) et on veille à ce que le refroidissement soit lent. Ce traitement permet de réduire, voire d'éliminer, les contraintes internes engendrées au cours de la fabrication (assemblages soudés, pièces moulées et forgées, etc.).

10.3.2 Traitements thermiques dans la masse

Les traitements thermiques dans la masse ont pour but d'améliorer notablement les propriétés mécaniques des aciers. Or, nous avons déjà vu qu'un accroissement de la limite d'élasticité et de la résistance à la traction s'accompagnait généralement d'une diminution de la ténacité et de la ductilité (chap. 6). Il faut donc rechercher un compromis acceptable lorsqu'on veut améliorer les propriétés mécaniques des aciers.

Les traitements thermiques comportent en général les étapes suivantes : austénitisation, trempe et revenu.

10.3.2.1 Austénitisation

On procède au chauffage et au maintien à une température supérieure de 50 °C à la température d'austénitisation A_3 (fig. 6.18). Pour obtenir une austénite homogène, il faut que la durée du maintien à cette température soit assez longue; il faut toutefois éviter qu'un grossissement des grains ne se produise. Pendant le chauffage, un gradient de température s'établit entre le cœur de la pièce et sa surface, gradient qui peut entraîner des déformations plastiques. On recommande donc d'effectuer un chauffage d'autant plus lent que la section de la pièce est importante.

Pendant le chauffage et l'austénitisation, l'acier s'oxyde et une couche de *calamine* se forme à sa surface. Cette oxydation s'accompagne, en surface, d'une perte de métal et, sous la surface, d'une *décarburation*, c'est-à-dire d'une diminution de la teneur en carbone. Pour pallier ces inconvénients, on utilise des fours à atmosphères contrôlées (atmosphères neutres, par exemple), ce qui permet d'éviter l'oxydation et la décarburation. Pour les petites pièces, on peut également utiliser des fours à bains de sel liquide, dans lesquels le chauffage se fait rapidement, sans risque d'oxydation.

10.3.2.2 Trempe

On veille ici à ce que le refroidissement soit suffisamment rapide, afin d'éviter la transformation de l'austénite en produits d'équilibre (ferrite et perlite) et d'obtenir plutôt une transformation martensitique. La *vitesse critique de trempe* est la vitesse de trempe minimale qui permet d'éviter tout début de transformation perlitique ou bainitique et d'obtenir ainsi une structure entièrement martensitique. Cette vitesse critique de trempe, qui est fonction de la composition chimique de l'acier et de son histoire antérieure (taille des grains austénitiques, conditions d'austénitisation, etc.), permet de définir la *trempabilité* de l'acier.

La trempabilité est la capacité d'un acier de se transformer en martensite dans des conditions de refroidissement données. Un rond d'acier ordinaire (contenant 0,60 % de C) de 100 mm de diamètre, lorsqu'il est trempé à l'eau, ne subit une transformation martensitique complète que sur quelques millimètres de profondeur; par contre, ce même rond peut être trempé à cœur s'il contient en plus des éléments d'alliage. L'acier du second rond est par conséquent plus trempable que celui du premier.

La trempabilité d'un acier est déterminée par le *diamètre critique*. On appelle diamètre critique le diamètre d'une barre (trempée dans des conditions données) dont la structure, au centre, se compose de 50 % de martensite et de 50 % de perlite. Puisque ce diamètre est fonction de la sévérité du milieu de trempe, le *diamètre critique idéal* est celui qu'on obtiendrait dans un milieu de trempe de sévérité infinie. Dans un tel milieu, la surface de la pièce trempée atteindrait instantanément la température du bain de trempe, et la vitesse de refroidissement, en un point quelconque de la pièce, ne dépendrait que des propriétés thermiques du métal et non de la résistance de l'interface métal-bain de trempe à l'écoulement de la chaleur.

Il ne faut pas confondre dureté maximale et trempabilité : la dureté maximale, obtenue après trempe, n'est fonction que de la teneur en carbone de l'acier (fig. 6.23), alors que la trempabilité dépend des éléments d'addition.

On évalue la trempabilité en effectuant l'*essai Jominy* (fig. 10.3). Cet essai permet de refroidir une éprouvette cylindrique normalisée, à partir de l'une de ses extrémités, à des taux constants et connus. Or, pour tous les aciers au carbone et pour les aciers faiblement alliés (moins de 5 % d'éléments d'addition), la conductibilité thermique est sensiblement la même; par conséquent, en tout point situé à une distance donnée de l'extrémité trempée, les conditions de refroidissement sont les mêmes. Les résultats d'un essai Jominy sont représentés sous forme graphique : la dureté, mesurée parallèlement à l'axe de l'éprouvette, est portée en fonction de la distance à l'extrémité trempée. La figure 10.4 donne des exemples de courbes Jominy pour des aciers de trempabilités différentes.

Pour des pièces de section donnée, les résultats de l'essai Jominy permettent de choisir le milieu de trempe qu'il faut utiliser pour obtenir, après trempe, les propriétés recherchées (à cœur ou à mi-rayon, par exemple).

Pendant le refroidissement qui accompagne la trempe, il s'établit, dans la pièce, des gradients de température et de structure qui peuvent entraîner des déformations, des fissures (*tapures* de trempe), et même des ruptures complètes. Il est donc toujours préférable de choisir un milieu de trempe qui, tout en permettant d'obtenir les résultats recherchés, soit le moins sévère possible. Les milieux de trempe les plus utilisés, par ordre décroissant de *sévérité de trempe*, sont :

- les solutions d'eau et de sel (saumures) ;
- l'eau ;
- les huiles de trempe ;
- les brouillards (courants d'air contenant des gouttelettes d'eau en suspension) ;
- les bains fluidisés (courants gazeux contenant des particules solides en suspension) ;
- l'air et les gaz.

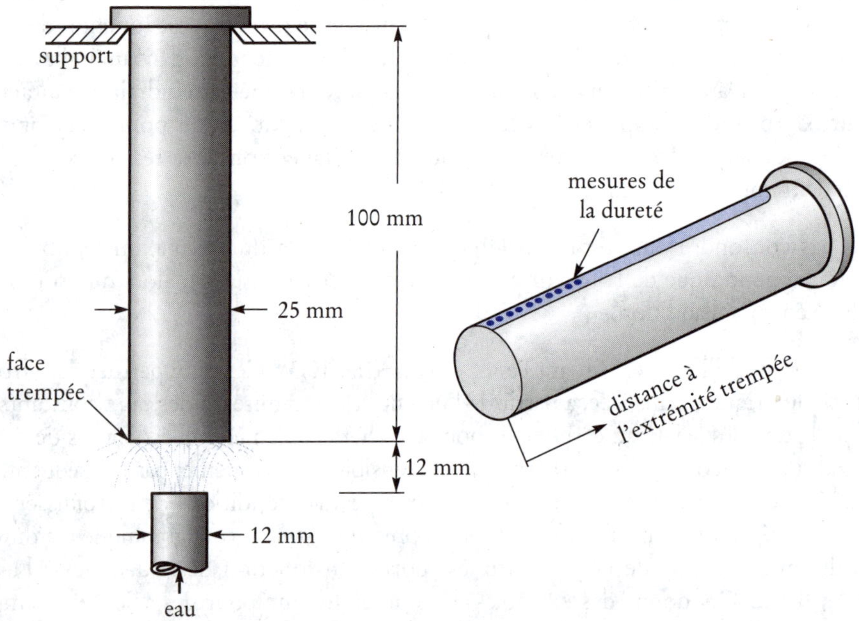

Figure 10.3 Représentation schématique de l'essai Jominy. L'éprouvette, austénitisée, est montée sur l'appareil : un jet d'eau, à une pression normalisée, en arrose l'extrémité. Après refroidissement, on mesure la variation de la dureté de l'éprouvette parallèlement à son axe, à partir de l'extrémité trempée.

Dans chacun de ces cas, la sévérité du milieu de trempe dépend de sa température et de son degré d'agitation. Parfois, pour diminuer les risques d'apparition de déformations et de tapures, on effectue la trempe dans un bain de sel fondu dont la température est légèrement supérieure à la température M_s de l'acier ; on obtient alors une trempe martensitique étagée. On maintient la pièce à traiter suffisamment longtemps dans ce bain, afin que sa température soit uniforme, mais sans laisser toutefois à la transformation bainitique le temps de s'amorcer. Au cours du refroidissement à l'air, la transformation martensitique se produit alors simultanément dans tous les points de la section (et non plus graduellement de la surface vers le cœur), ce qui minimise les risques d'apparition de défauts.

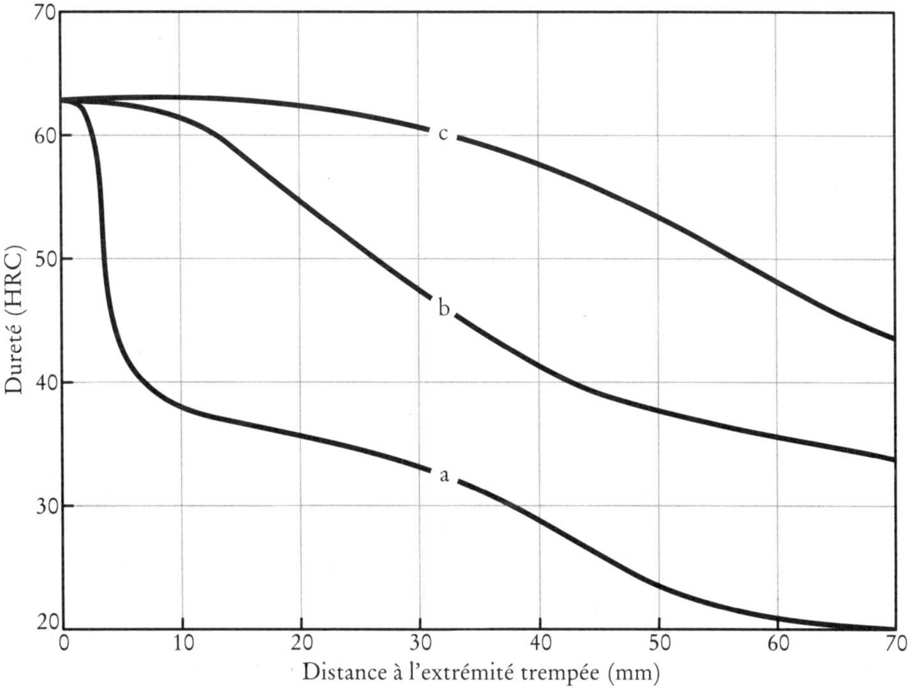

Figure 10.4 Courbes de trempabilité Jominy de trois aciers : a) C : 0,60 %, Mn : 0,90 % (acier SAE 1060) ; b) C : 0,60 %, Mn : 0,90 %, Cr : 0,88 % (acier SAE 5160) ; c) C : 0,60 %, Mn : 0,90 %, Cr : 0,64 %, Ni : 0,53 %, Mo : 0,22 % (acier SAE 8660).

Pour obtenir une trempe bainitique, par contre, on interrompt le refroidissement à une température supérieure à M_s et on maintient la pièce à cette température jusqu'à ce que la transformation bainitique soit achevée ; dans ce cas, le revenu n'est pas nécessaire. Les duretés ainsi obtenues sont semblables à celles d'une martensite revenue (HRC 50 à 55), mais la ténacité du matériau est plus élevée. La figure 10.5 illustre graphiquement les divers types de trempe.

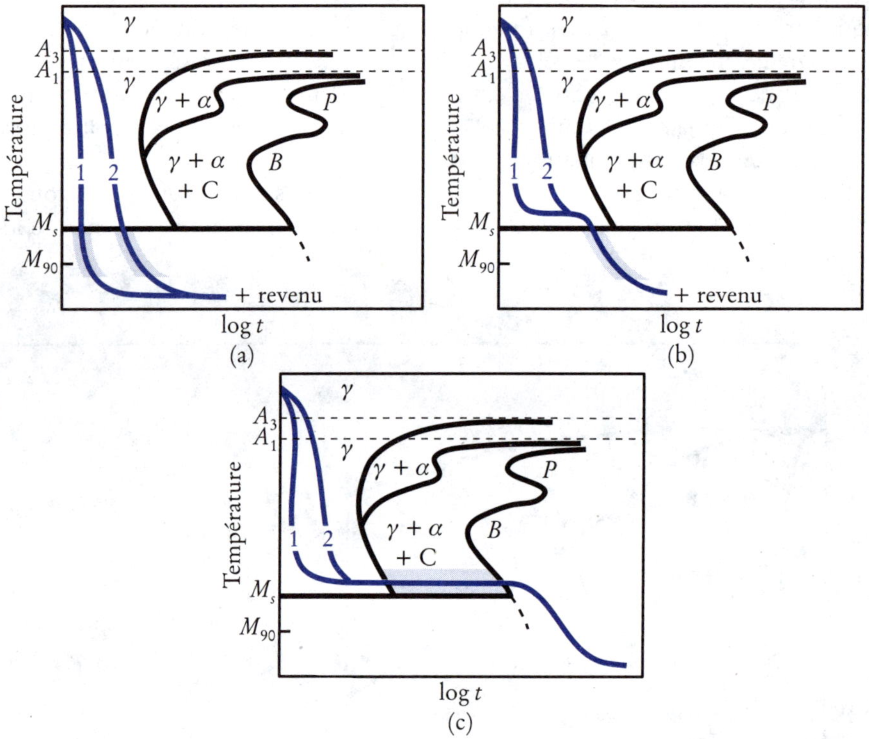

Figure 10.5 Représentation schématique de trois types de traitement. Les courbes 1 représentent l'évolution de la température de la surface et les courbes 2, celle du cœur de la pièce ; les zones de couleur claire symbolisent les transformations. a) Trempe martensitique directe. La transformation martensitique ne débute au centre de la pièce qu'après l'achèvement de la transformation en surface. b) Trempe martensitique étagée. La pièce, trempée à une température légèrement supérieure à M_s, est maintenue à cette température pendant un certain temps, évalué de façon telle que sa température soit uniforme mais que la transformation bainitique n'ait pas eu le temps de commencer à se produire. c) Trempe bainitique. La pièce, trempée à une température supérieure à M_s, est maintenue à cette température suffisamment longtemps pour que la transformation bainitique soit achevée.

10.3.2.3 Revenu

Après la trempe, on chauffe l'acier entre 150 et 650 °C pendant environ une heure. Nous avons déjà vu que, au cours du revenu, il y avait décomposition de la martensite et retour partiel à une structure comportant les constituants d'équilibre ferrite et carbures (art. 6.1.5.5). Si le revenu diminue les propriétés mécaniques de l'acier (limite d'élasticité, résistance et dureté), il améliore par contre sa ductilité et sa ténacité.

Toutefois, dans certains domaines de température, le revenu peut s'accompagner d'une diminution de la ténacité. Cette sensibilité à la fragilisation au cours du revenu – *fragilité au bleu* – se manifeste pour des températures de revenu allant de 250 à 350 °C, températures auxquelles la cémentite commence à se former; cette sensibilité est par ailleurs reliée à la présence d'impuretés (N, P ou S). Une autre forme de fragilisation au cours du revenu apparaît dans les aciers alliés entre 400 et 575 °C ; dans ce cas, ce sont des traces de Sn, Sb ou P qui entraînent, par ségrégation intergranulaire, une fragilisation des anciens joints de grains austénitiques.

10.3.3 Traitements de surface

Les traitements thermiques dans la masse améliorent les propriétés mécaniques des aciers, mais ils s'accompagnent d'une diminution de leur ténacité. Or, pour de nombreuses utilisations, ce sont surtout les propriétés des surfaces qui sont importantes (dureté superficielle et résistance à l'usure, par exemple). Dans ces cas, il est donc préférable de ne traiter que la surface de la pièce, afin que son cœur, de résistance moyenne, conserve une bonne ténacité. Les pièces pour lesquelles on effectue de tels traitements sont aussi nombreuses que variées : arbres de torsion, dents d'engrenages et de pignons, arbres à came, surfaces de glissement, etc. Pour effectuer les traitements de surface, puisqu'il n'est plus nécessaire que l'acier ait une forte trempabilité, on utilise en général des aciers au carbone ordinaires, ou des aciers peu chargés en éléments d'addition et qui sont sujets à une faible pénétration de trempe.

Les surfaces traitées, à cause des transformations qui accompagnent le traitement, sont le siège d'importantes contraintes de compression résiduelles. Cet état de contrainte exerce un effet bénéfique sur la résistance à la fatigue et sur l'endurance des pièces ainsi traitées, puisque les microfissures auront plus de difficulté à se former dans les zones superficielles mises en compression.

On distingue deux types de traitements de surface : les trempes superficielles, appliquées uniquement à la surface des pièces, et les traitements thermochimiques, qui modifient la composition de la surface. Dans les deux cas toutefois, la pièce traitée est hétérogène, car, entre le cœur et la surface, il s'établit des gradients de structure et de propriétés.

10.3.3.1 Trempes superficielles

Pour effectuer une trempe superficielle, on austénitise rapidement la surface de la pièce et on la trempe. La trempe, à laquelle on procède immédiatement à la sortie de l'appareil de chauffage, peut être suivie d'un léger revenu. La zone trempée et durcie a une épaisseur de quelques millimètres, mais le cœur de la pièce reste inchangé. On peut effectuer le chauffage de plusieurs façons : au chalumeau, par induction d'un courant à haute fréquence, par faisceau laser ou par bombardement d'électrons.

Chalumeau (mélange gaz combustible-oxygène). Cette méthode, relativement souple, se prête bien au traitement des pièces massives, des pièces de formes irrégulières (par exemple, les engrenages) et des pièces fabriquées en petites séries.

Induction d'un courant à haute fréquence (fig. 10.6). Les courants de Foucault (fig. 9.37) induits à la surface de la pièce chauffent celle-ci par effet Joule ; l'épaisseur ainsi chauffée est d'autant plus faible que la fréquence est élevée. Ce mode de chauffage, particulièrement bien adapté aux petites pièces de formes régulières fabriquées en grande série (dans l'industrie automobile, par exemple, fig. 10.7), se prête à une automatisation poussée. On peut également procéder au chauffage de la surface à traiter par faisceau laser ou par bombardement d'électrons, sous vide.

Avec ces deux dernières méthodes, l'épaisseur chauffée étant inférieure à un millimètre, le refroidissement par conduction dans la masse froide de la pièce est suffisant pour assurer la trempe.

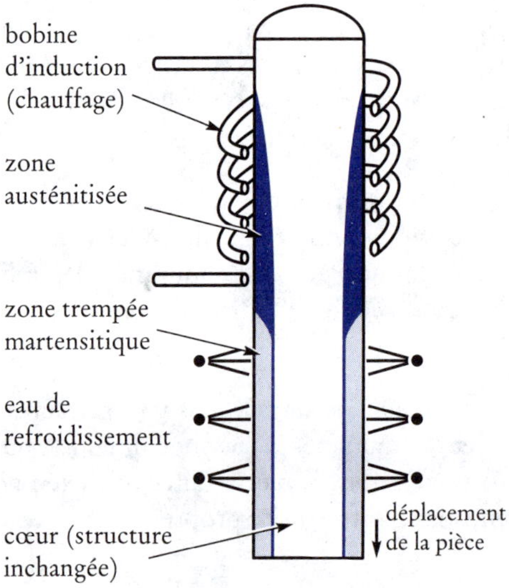

Figure 10.6 Trempe superficielle par induction au défilé.

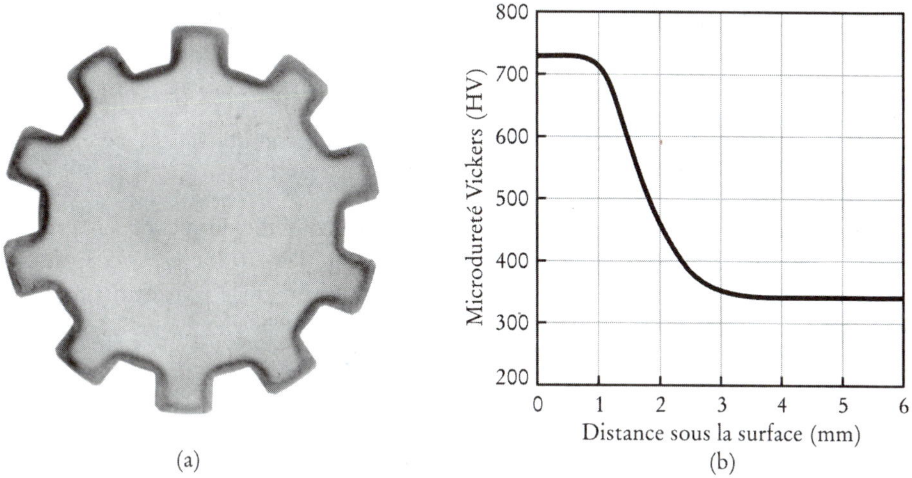

Figure 10.7 a) Influence d'une trempe superficielle par induction sur un arbre cannelé de boîte de vitesses. Les zones sombres superficielles ont une structure martensitique. b) Profil de dureté (de la surface vers le centre).

Les aciers ordinaires, dont les teneurs en carbone sont moyennes (0,30 à 0,50 %), se prêtent fort bien à ces traitements : le cœur des pièces reste suffisamment tenace, et la faible trempabilité de ces aciers n'est pas un obstacle à l'obtention de couches durcies (duretés comprises entre 55 et 60 HRC).

10.3.3.2 Traitements thermochimiques

En plus de modifier la microstructure de la surface et, partant, ses propriétés mécaniques, les traitements thermochimiques en modifient la composition, et ce sur une profondeur pouvant atteindre 1 ou 2 mm. Ce sont des traitements de *cémentation*, par lesquels on fait diffuser sous la surface de la pièce traitée un élément en solution d'insertion : le carbone (*carburation*), l'azote (*nitruration*), voire les deux (*carbonitruration*).

Carburation. Par la carburation, ou cémentation par le carbone, on enrichit en carbone la surface de la pièce. Effectuée sur des aciers à bas carbone (0,10 à 0,25 %), la carburation permet d'obtenir des surfaces dures et résistantes à l'usure. Les milieux de carburation peuvent être : a) solides (cémentation «en caisse» : la pièce est placée dans un mélange de charbon et d'oxyde de fer. Cette méthode est de moins en moins employée) ; b) liquides (bains de cyanures fondus) ; c) gazeux (mélanges de CO, de CO_2 et d'hydrocarbures gazeux).

On effectue cette opération dans le domaine austénitique de l'acier de base, vers 900 °C. La profondeur de carburation, qui est fonction du temps et de la température du traitement (phénomène de diffusion), est proportionnelle à $\sqrt{t}$ (art. 5.3.2). On évite d'appliquer ce traitement à des températures supérieures à 925 °C, car il y aurait alors grossissement exagéré de la taille des grains et fragilisation de la pièce. La figure 10.8 illustre graphiquement la variation de la profondeur de pénétration du carbone en fonction du temps de carburation à 900 °C.

La teneur maximale en carbone de la surface est déterminée par la solubilité du carbone dans l'austénite à la température de traitement. On peut toutefois maintenir la teneur en carbone au-dessous de cette valeur en contrôlant le rapport entre les pressions partielles des gaz (p_{CO}/p_{CO_2}).

Après la carburation, on procède à la trempe et au revenu, afin que la surface des pièces acquière une dureté maximale.

En plus du carbone, les aciers de cémentation peuvent contenir du nickel (jusqu'à 5 %), car cet élément s'oppose au grossissement des grains et améliore les propriétés à cœur de ces aciers. Ils peuvent également contenir du chrome (jusqu'à 1,5 %) qui, grâce à la formation de carbures de chrome, améliore leur résistance à l'usure.

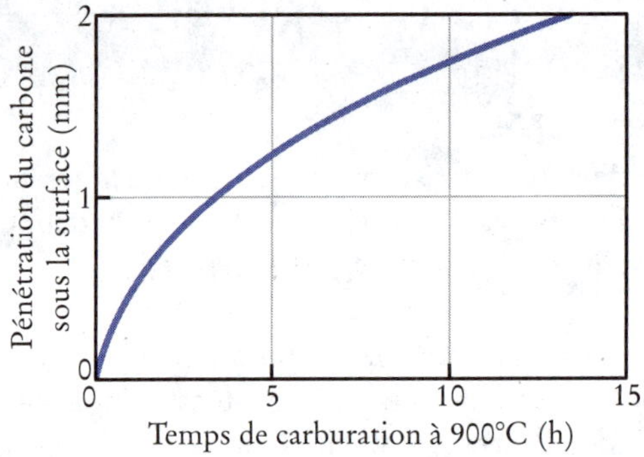

Figure 10.8 Profondeur de cémentation en fonction de la durée de la carburation à 900 °C.

Nitruration. La solubilité de l'azote dans le fer est de 0,4 % à 590 °C ; on effectue sa mise en solution dans le domaine α, entre 500 et 575 °C. Les agents de nitruration les plus utilisés sont l'ammoniac à l'état gazeux et les bains de cyanures fondus. Avant de saturer le fer, l'azote forme des nitrures finement dispersés; on choisit une température de nitruration relativement basse afin d'éviter une diffusion à cœur et de contrer la coalescence des nitrures, qui empêcherait le durcissement.

La formation de nitrure de fer, peu dur, fragilise le métal ; on obtient le durcissement par l'addition dans l'acier d'éléments d'alliage qui forment des nitrures (Al, Cr et V). La composition type d'un acier de nitruration apparaît dans le tableau ci-dessous.

C (%)	Mn (%)	Si (%)	Al (%)	Cr (%)	Mo (%)
0,40	0,6	0,3	1,2	1,6	0,35

Les duretés superficielles dues à la nitruration sont supérieures à celles obtenues par carburation. Les profondeurs de nitruration sont faibles (au plus quelques dixièmes de millimètre), en raison de la température moyenne à laquelle on effectue ce traitement. Par exemple, la profondeur du durcissement atteint respectivement 0,2 mm et 0,6 mm après 10 h et 60 h de traitement à 525 °C.

Puisque la nitruration se produit en phase α et que le durcissement n'est dû qu'à la formation de nitrures, on n'a recours à aucun traitement thermique ultérieur particulier.

Carbonitruration. Ce traitement, par lequel on introduit simultanément du carbone et de l'azote en surface, et qu'on effectue dans le domaine γ, s'apparente à la carburation. Les milieux de carbonitruration utilisés sont des bains de cyanures liquides ou des mélanges gazeux. Les propriétés des couches carbonitrurées se situent entre celles des couches carburées et nitrurées.

10.4 ACIERS DE TRAITEMENTS THERMIQUES

Si les aciers d'usage général sont définis en fonction de leurs propriétés mécaniques, les aciers de traitements thermiques le sont en fonction de leur composition. La composition chimique de ces aciers permet de déterminer les traitements qu'on peut leur appliquer en fonction des propriétés recherchées. Les principales nuances d'aciers alliés figurent au tableau 10.1 (normes américaines SAE-AISI).

Tableau 10.1a Nomenclature* des aciers selon la norme SAE/AISI

Alliages	Teneurs des éléments d'addition (%)	Préfixes	Nuances
Aciers non alliés			
au carbone	–	10	1006-1095
resulfuré (aciers de décolletage)	0,08 à 0,13 S	11	1108-1151
Aciers alliés			
Mn	1,75 Mn	13	1320-1340
Mo	0,25 Mo	40	4024-4045
Cr–Mo	0,95 Cr–0,20 Mo	41	4130-4150
Ni–Cr–Mo	1,8 Ni–0,8 Cr–0,25 Mo	43	4320-4340
Ni–Mo	1,8 Ni–0,20 Mo	46	4615-4625
Ni–Cr–Mo	1,05 Ni–0,45 Cr–0,30 Mo	47	4718-4720
Ni–Mo	3,5 Ni–0,25 Mo	48	4815-4820
Cr	0,3 à 0,6 Cr	50	5015-5060
Cr	0,7 à 1,15 Cr	51	5115-51100
Cr	1,5 Cr	52	52100
Cr–V	0,6 à 1,5 Cr–0,15 V	61	6118-6150
Ni–Cr–Mo	0,55 Ni–0,5 Cr–0,20 Mo	86	8615-8660
Si–Mn	1,4 à 2,0 Si–0,6 à 1,0 Mn	92	9254-9260

* Selon cette nomenclature, les aciers sont identifiés par un nombre formé d'un préfixe de 2 chiffres, qui désigne la famille d'alliages à laquelle ils appartiennent, et d'un suffixe de 2 ou 3 chiffres, qui représente 100 fois leur teneur en carbone.

Les compositions sont données uniquement à titre indicatif, car elles peuvent varier légèrement selon les nuances et l'étendue des fourchettes.

Les aciers au bore (0,005 % B) sont identifiés par l'insertion de la lettre B entre le préfixe et le suffixe.

Tableau 10.1b Exemples d'utilisations de quelques nuances d'aciers alliés

Nuances	Exemples
1108	Vis et boulons
1145	Petits engrenages
1340	Boulons à haute résistance
4340	Trains d'atterrissage et tôles de blindage
5160	Barres de torsion et ressorts à boudin
52100	Billes et rouleaux de roulements
6150	Ressorts de soupape
8640	Ressorts, axes et arbres
9260	Ressorts à lame

Les aciers de traitements thermiques sont soit des aciers au carbone (sans autre élément d'addition que les éléments d'accompagnement, Mn et Si), soit des aciers alliés contenant, en proportions variables, un ou plusieurs éléments d'addition (Cr, Ni, Mo, V, etc.; on peut également leur ajouter du Si et du Mn, dans des proportions plus élevées toutefois que celles nécessaires à l'aciérage).

10.4.1 Insuffisances des aciers au carbone

Bien qu'on puisse les obtenir avec des propriétés mécaniques variées, les aciers ordinaires au carbone ne répondent pas à toutes les exigences d'utilisation; ils présentent bien souvent des insuffisances, qu'on peut pallier grâce à l'addition d'éléments d'alliage. Les principales propriétés des aciers au carbone susceptibles d'être améliorées sont les suivantes : la résistance mécanique à l'état normalisé et à l'état recuit, la trempabilité, la tenue à chaud, la résistance à l'usure et la résistance à la corrosion.

10.4.1.1 Résistance mécanique à l'état normalisé et à l'état recuit

La limite d'élasticité des aciers au carbone ne peut pas dépasser 700 MPa sans que leur ténacité n'en soit fortement diminuée. Nous avons déjà vu, en ce qui concerne les aciers microalliés d'usage général, comment on pouvait améliorer ces propriétés (art. 10.2.2).

10.4.1.2 Trempabilité

La trempabilité des aciers au carbone reste toujours faible. Il est par ailleurs à peu près impossible d'obtenir une trempe à coeur lorsque la plus petite dimension des pièces excède une quinzaine de millimètres; encore, dans ce cas, faut-il recourir à un milieu de trempe de sévérité élevée, avec les risques de déformations et de tapures qu'une telle pratique entraîne. La présence d'éléments d'addition permet par contre d'améliorer considérablement la trempabilité de l'acier qui, dans certains cas, subit une transformation martensitique après un simple refroidissement à l'air. Ainsi, on peut tremper à coeur des pièces de grandes dimensions en utilisant des milieux de trempe de sévérité moyenne (de l'huile, par exemple). En règle générale, tous les éléments d'addition, à l'exception du cobalt, retardent le début des transformations perlitique et bainitique, et diminuent par conséquent la vitesse critique de trempe. La figure 10.9 montre l'effet de divers éléments d'addition sur les courbes de transformations de quatre aciers contenant environ 0,4 % de carbone. Non seulement le début des transformations est-il déplacé vers la droite (donc retardé), mais parfois, on assiste également à la séparation entre les domaines de transformations perlitique et bainitique.

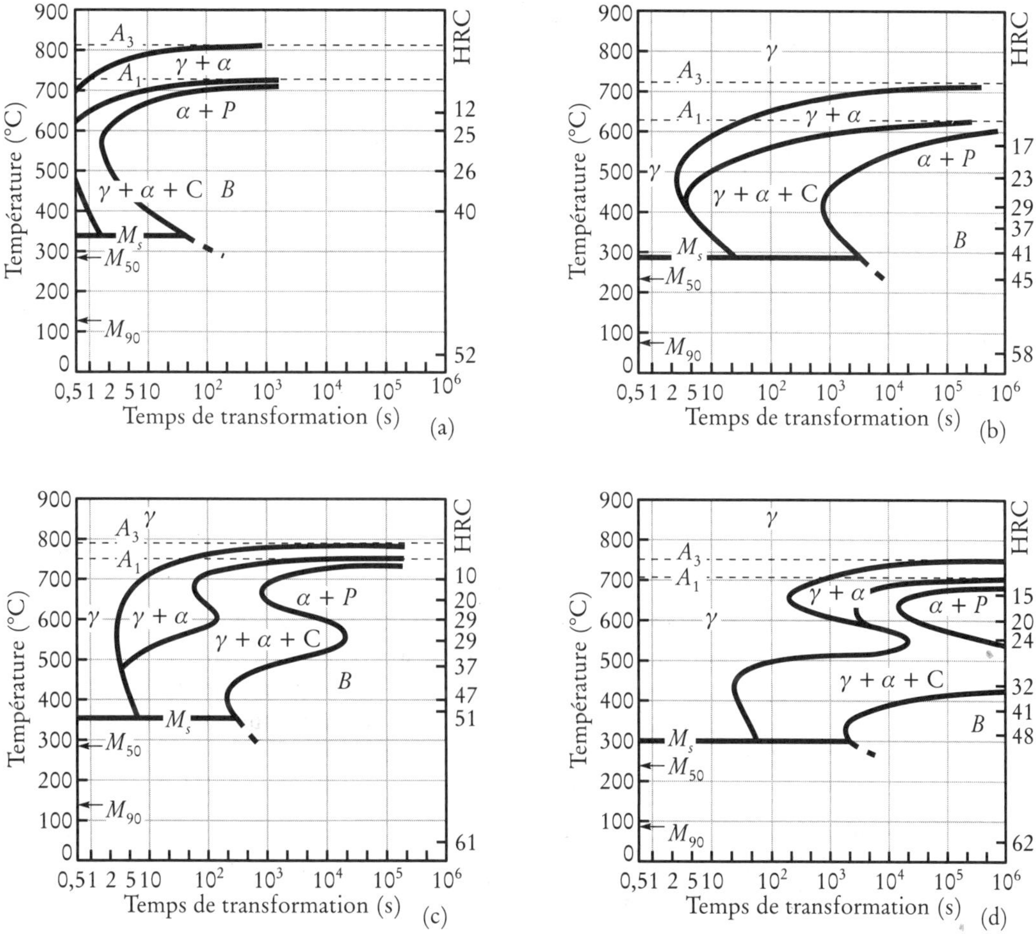

Courbes	C (%)	Mn (%)	Ni (%)	Cr (%)	Mo (%)
(a)	0,40	0,37	—	—	—
(b)	0,40	0,52	5,00	—	—
(c)	0,37	0,77	—	0,98	0,21
(d)	0,42	0,78	1,79	0,80	0,33

Figure 10.9 Influence des éléments d'addition sur les courbes de transformations isothermes de quatre aciers. (*D'après* I-T Diagrams, *United States Steel*.)

10.4.1.3 Tenue à chaud

La mauvaise tenue à chaud (à des températures supérieures à 400 °C environ) peut être due soit à un adoucissement trop marqué de la martensite au cours du revenu, soit à une mauvaise résistance au fluage. Dans le premier cas, la mauvaise tenue à chaud est surtout préoccupante lorsque les aciers doivent conserver leur dureté à chaud (en particulier, lorsqu'il s'agit d'outils à coupe rapide, qui s'échauffent fortement pendant une utilisation normale). Nous étudierons les aciers à outils à la section 10.5.

10.4.1.4 Résistance à l'usure

La résistance à l'usure n'est pas uniquement fonction de la dureté de la surface ; elle dépend également de la présence de carbures dans la matrice, ainsi que de leur dispersion. Les éléments d'alliage qui forment des carbures améliorent la résistance à l'usure.

10.4.1.5 Résistance à la corrosion

Nous avons déjà vu que la résistance des aciers à la corrosion atmosphérique augmentait d'environ quatre fois grâce à de faibles additions de cuivre (par. 10.2.2.3). Des additions plus massives de chrome permettent en outre d'obtenir une nouvelle famille d'aciers : les aciers inoxydables (sect. 10.6).

10.4.2 Action générale des éléments d'addition

L'action des éléments d'addition sur les caractéristiques des aciers dépend essentiellement des deux facteurs suivants :

a) le type de modification qu'ils apportent au domaine de stabilité de l'austénite. Certains éléments, comme le nickel et le manganèse, élargissent le domaine de stabilité de l'austénite et abaissent les températures de transformations (fig. 10.10a). Avec des teneurs en nickel ou en manganèse suffisamment élevées, l'acier présente, même à la température ambiante, une structure austénitique (additions de plus de 20 % de nickel ou de plus de 10 % de manganèse). Ces éléments sont dits *gammagènes* ;

   D'autres éléments, par contre, dits *alphagènes*, rétrécissent le domaine de stabilité de l'austénite et élèvent les températures de transformations (fig. 10.10b). On retrouve là, entre autres, le Cr, le Mo, le Ti, le W, le V, le Nb et le Si ;

b) la tendance des éléments à se substituer en partie aux atomes de fer de la cémentite, Fe_3C (cas du manganèse), ou à former des carbures. Citons, dans l'ordre croissant d'affinité pour le carbone : le Cr, le W, le Mo, le V, le Ti et le Nb. Par contre, le silicium et le nickel, qui ne forment pas de carbures, se retrouvent en solution solide dans la ferrite. La présence de carbures autres que la cémentite est souvent souhaitable dans les aciers, car ces carbures favorisent l'augmentation de la résistance à l'usure et de la tenue à chaud. Toutefois, à cause de la stabilité de ces carbures à haute température, il est souvent difficile de les mettre entièrement en solution dans l'austénite sans provoquer un grossissement des grains, qui est toujours préjudiciable aux propriétés des pièces trempées.

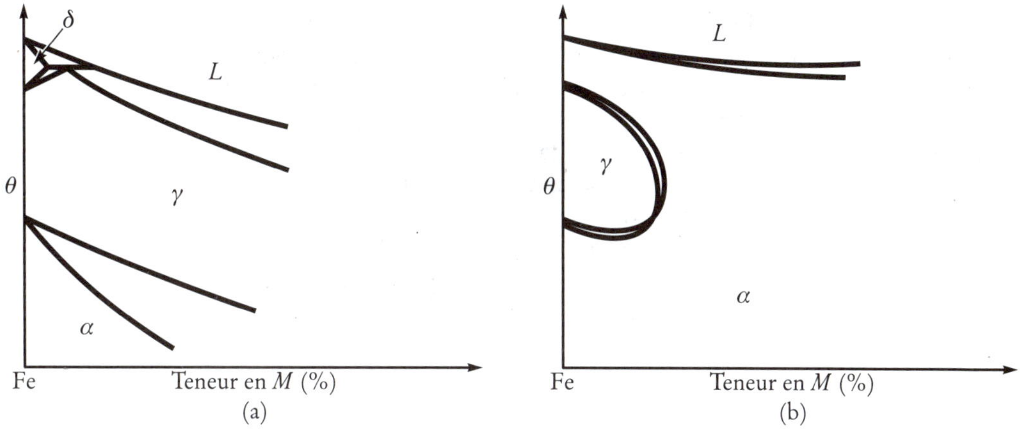

Figure 10.10 Influence des éléments d'alliage sur l'étendue des domaines α et γ du fer : a) diagramme Fe-M à domaine γ ouvert (M = Ni ou Mn) ; b) diagramme Fe-M à domaine γ fermé (M = Cr, Mo, Ti, V, W, Nb, Al ou Si).

10.4.3 Action spécifique des éléments d'addition

10.4.3.1 Éléments gammagènes

Manganèse. Le manganèse durcit légèrement la ferrite. Pour les faibles teneurs en carbone (< 0,20 %), il abaisse la température de transition ductile-fragile des aciers, alors qu'il élève cette température pour les fortes teneurs en carbone (> 0,50 %). Il exerce également un effet marqué sur la trempabilité : avec 1 % de manganèse, le diamètre critique idéal est en effet multiplié par quatre (le facteur d'augmentation de la trempabilité est donc de 4/1 % Mn). Par ailleurs, sans former lui-même de carbures, le manganèse se substitue en partie aux atomes de fer de la cémentite. Enfin, son action sur le revenu est négligeable.

On l'utilise surtout pour améliorer les propriétés des aciers d'usage général et la trempabilité des aciers de traitements thermiques, et ce à un faible coût. Le manganèse se retrouve rarement seul comme élément d'alliage, car il entraîne plusieurs inconvénients : sensibilité à la surchauffe au cours de l'austénitisation, sensibilité qui provoque une croissance des grains ; augmentation de la fragilité au revenu ; diminution de la ductilité et de la résistance mécanique – mesurées selon une direction perpendiculaire au laminage (sens travers).

Nickel. Le nickel, qui ne forme pas de carbures, agit principalement sur les propriétés de la ferrite : augmentation de la résistance mécanique et de la ténacité. Les aciers qui contiennent plus de 5 % de nickel conservent une bonne résilience, même à des températures très basses (aciers à 9 % de nickel utilisés pour les réservoirs cryogéniques). Le nickel freine en outre la croissance des grains austénitiques (aciers de cémentation) et il exerce une action moyenne sur la trempabilité (facteur d'augmentation de la trempabilité de 1,4/1 % Ni).

10.4.3.2 Éléments alphagènes

Silicium. Tout comme le nickel, le silicium ne forme pas de carbures. En l'absence de carbone, la transformation austénitique est inhibée avec environ 2 % de silicium; l'addition de carbone élargit la boucle γ (en effet, avec 0,35 % de carbone, la boucle γ s'étend jusqu'à 9 % de silicium). L'action du silicium sur la trempabilité est moyenne (facteur d'augmentation de la trempabilité de 1,7/1 % Si). Cet élément augmente par ailleurs la stabilité du revenu, mais il accroît la fragilité de l'acier. Le silicium améliore la résistance à l'oxydation à chaud et la résistance au fluage ; c'est pourquoi on peut le retrouver dans des aciers au chrome. On le retrouve également en présence de manganèse (1,5 à 2 % de Si et 0,6 à 0,9 % de Mn) dans les aciers manganosiliceux utilisés pour la fabrication des ressorts (limite d'élasticité élevée).

Chrome. Le diagramme d'équilibre Fe–Cr présente une boucle γ qui limite la transformation austénitique en deçà de 12,8 % de chrome. L'addition de carbone (0,5 %) modifie la stabilité de la phase γ, qui s'étend alors jusqu'à 20 % de chrome (fig. 10.11). Le chrome et le carbone se combinent pour former des carbures de chrome, Cr_7C_3 et $Cr_{23}C_6$. Ces carbures, durs, sont solubles dans l'austénite à partir de 900 °C, mais ils sont insolubles dans la ferrite. Pour que la totalité du carbone puisse être mise en solution dans l'austénite, il faut que les températures d'austénitisation soient élevées, ce qui entraîne des risques de croissance des grains austénitiques (des additions complémentaires de nickel diminuent toutefois ce risque).

Le chrome augmente considérablement la trempabilité (facteur d'augmentation de la trempabilité de 3,2/1 % Cr). Il améliore également la résistance au revenu et la tenue à chaud, grâce à la formation de carbures de chrome qui exercent un effet de durcissement par précipitation, durcissement qui pallie l'adoucissement de la martensite.

Enfin, le chrome, qui joue un rôle de premier plan dans la résistance à la corrosion, est l'élément d'addition le plus important des aciers inoxydables.

On emploie le chrome dans les aciers de cémentation lorsqu'on veut améliorer la résistance à l'usure des surfaces carburées. Les aciers hypereutectoïdes (0,90 à 1,10 % de C) au chrome (0,50 à 1,70 % de Cr) sont largement utilisés pour la fabrication des roulements (billes, rouleaux, etc.).

Molybdène. Le molybdène, comme le chrome, rétrécit le domaine austénitique ; en effet, en l'absence de carbone, ce domaine disparaît avec 3 % de molybdène, mais il peut exister avec 8 % de molybdène et 0,3 % de carbone, à 1250 °C. Sa tendance à former des carbures est par contre nettement plus élevée que celle du chrome. Dans les aciers de traitements thermiques, sa concentration ne dépasse guère 1 %, mais elle est plus importante dans les aciers inoxydables et les aciers à outils. Employé conjointement avec le chrome, le molybdène permet de réaliser des aciers à haute trempabilité : son facteur d'augmentation de la trempabilité est de 3,8/1 % Mo. Le molybdène améliore la résistance au revenu en favorisant l'apparition d'un durcissement secondaire dû à la formation de carbures, Mo_2C, et en diminuant la sensibilité à la fragilisation au revenu.

Vanadium. Les modifications structurales dues au vanadium sont semblables à celles obtenues avec le molybdène ; l'action alphagène du vanadium est toutefois plus marquée, et sa propension à former des carbures est très forte. Ces carbures, stables à haute température et difficiles à mettre

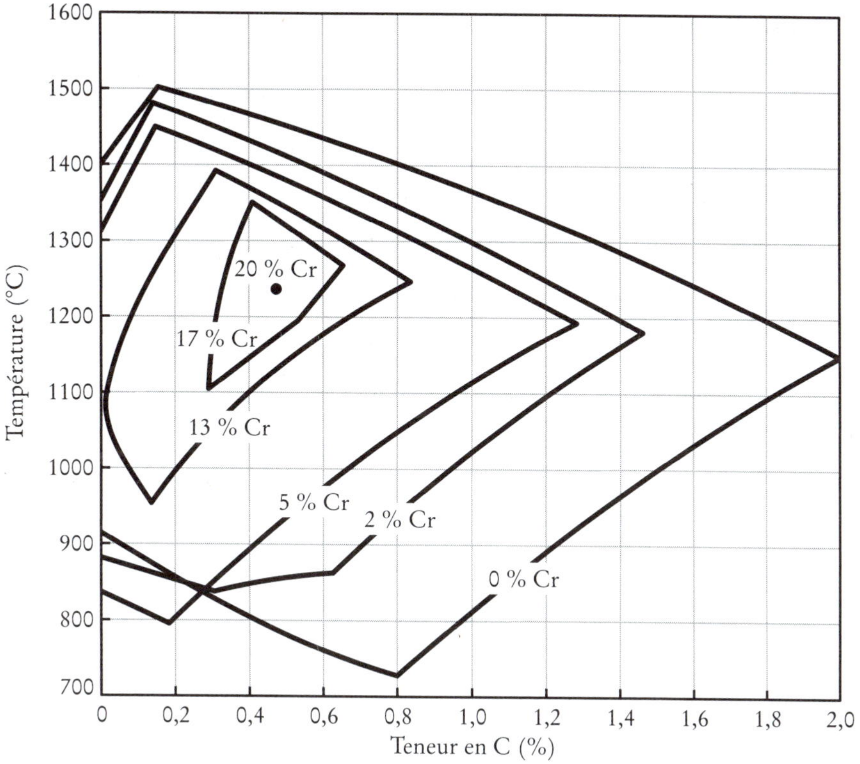

Figure 10.11 Système Fe–C–Cr : influence de la teneur en chrome sur l'étendue du domaine austénitique. Pour 0 % de carbone, la transformation austénitique disparaît quand la teneur en chrome atteint 12,8 % ; elle demeure impossible, quelle que soit la teneur en carbone, quand la teneur en chrome dépasse 20 %.

en solution dans l'austénite, permettent d'éviter la croissance des grains austénitiques et d'austénitiser ainsi à plus haute température. En fixant le carbone, le vanadium diminue la trempabilité et la dureté de l'acier, car la teneur effective de carbone dans l'austénite est alors diminuée ; par contre, il augmente la résistance au revenu. Dans les aciers, le vanadium est toujours associé à d'autres éléments d'addition (le chrome, en particulier) et sa teneur ne dépasse guère 0,20 %.

Bore. Des teneurs aussi faibles que 0,001 % de bore exercent une influence considérable sur la trempabilité des aciers au carbone, car l'addition de bore double le diamètre critique de ceux-ci. Cette action, qui affecte surtout les aciers doux et mi-durs, devient négligeable quand la teneur en carbone dépasse 0,70 % ; ce phénomène serait dû au fait que la ségrégation du bore aux joints des grains austénitiques retarde la germination de la perlite. Les aciers au bore, mis au point aux États-Unis, permettent de réaliser une économie dans l'utilisation des éléments d'addition.

Soufre. Certains aciers sont resulfurés (0,08 à 0,13 % de S). Combiné au manganèse, le soufre forme de nombreuses inclusions de MnS, lesquelles facilitent la rupture des copeaux pendant l'usinage. Ces aciers resulfurés sont des *aciers de décolletage* dont l'usinabilité est améliorée.

On peut résumer l'action individuelle des éléments d'addition sur les propriétés des aciers de la façon suivante :

a) Pour augmenter la trempabilité, on ajoute du manganèse ou du chrome, ainsi que du nickel. Remarquons toutefois que l'action de ces divers éléments est synergique ; c'est pourquoi l'addition d'une petite quantité de chacun des divers éléments est préférable à l'addition massive d'un seul d'entre eux.
b) On améliore la résistance au revenu en ajoutant des éléments (Cr, Mo, V et W) qui, au cours du revenu, forment des carbures (fig. 10.12).
c) On augmente également la résistance à l'usure grâce à l'addition d'éléments formant des carbures.

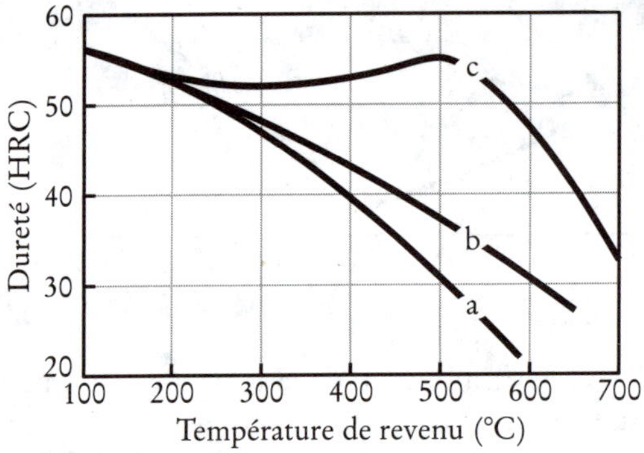

Figure 10.12 Variation de la dureté de trois aciers, mesurée à la température ambiante, en fonction de la température de revenu (1 h), après trempe martensitique : a) acier non allié, C : 0,38 %, Mn : 0,70 % (acier 1038) ; b) C : 0,38 %, Mn : 0,75 %, Mo : 0,25 % (acier 4037) ; c) C : 0,37 %, Mn : 0,40 %, Cr : 0,53 %, Mo : 1,4 %, V : 1 % (acier à outils H13).

10.5 ACIERS À OUTILS

Pour toutes les étapes de fabrication, quel que soit le procédé employé, on a besoin d'outils dont les conditions d'utilisation peuvent être très variées. Même si les aciers à outils ne représentent qu'environ 0,1 % de la production mondiale d'acier, leur importance technologique reste primordiale. Le nombre de nuances d'aciers à outils est très élevé (aux États-Unis, on en compte plus de 75), et chacune d'elles est conçue en fonction d'une utilisation spécifique. Le tableau 10.2 présente quelques-unes de ces nuances, ainsi que des exemples de leurs utilisations (il peut sembler y avoir certains recoupements, mais il n'en est rien, car les conditions de service peuvent varier en fonction de l'outillage).

Tableau 10.2 Principaux types d'aciers à outils (nomenclature SAE/AISI)

Types d'aciers	Composition (%)								Exemples d'utilisations
	C	Mn	Cr	V	W	Mo	Co	Divers	
W Aciers trempant à l'eau									
W1	0,6 à 1,40	–	–	–	–	–	–	–	Outils pour le travail du bois et la frappe à froid
W2	0,6 à 1,40	–	–	0,25	–	–	–	–	Outils à main
S Aciers résistant aux chocs									
S1	0,50	–	1,5	2,5	–	–	–	–	Lames de cisailles, outils pneumatiques,
S5	0,55	0,8	–	–	–	0,4	–	2,0 Si	poinçons
Aciers pour travail à froid (O, A, D)									
O Aciers trempant à l'huile									
O1	0,90	1,0	0,5	–	0,5	–	–	–	Outils de coupe, poinçons, matrice pour
O2	0,90	1,6	–	–	–	–	–	–	le travail à froid
A Aciers trempant à l'air									
A2	1,0	–	5,0	–	–	1,0	–	–	Filières d'étirage, petits cylindres de
A4	1,0	2,0	1,0	–	–	1,0	–	–	laminoirs, laminoirs à vis
D Aciers au carbone et au chrome									
D2	1,5	–	12,0	–	1,0	1,0	–	–	Cylindres de laminoirs, matrices
D3	2,25	–	12,0	–	–	1,0	–	–	d'estampage, calibres
H Aciers pour travail à chaud									
H10	0,40	–	3,25	0,4	–	2,5	–	–	Filières d'extrusion (Al et Mg), coquilles
H21	0,35	–	3,5	–	9,0	–	–	–	de coulées, matrices de forgeage et
H42	0,60	–	4,0	2,0	–	8,0	–	–	d'estampage
T Aciers à coupe rapide au W									
T1	0,75	–	4,0	1,0	18,0	–	–	–	Outillages de tours et de fraiseuses,
T6	0,80	–	4,5	1,5	20,0	–	12,0	–	forets, broches, alésoirs
M Aciers à coupe rapide au Mo									
M1	0,80	–	4,1	1,0	1,5	8,0	–	–	Outils de coupe rapide dont la résistance
M2	0,90	–	4,0	2,0	6,0	5,0	–	–	à l'usure est très élevée
M30	0,80	–	2,0	1,25	2,0	8,0	5,0	–	
P Aciers pour moules à plastiques									
P2	0,07	–	2,0	–	–	0,20	–	0,5 Ni	Moules d'injection pour matières
P3	0,10	–	2,6	–	–	–	–	1,25 Ni	plastiques

10.5.1 Caractéristiques d'utilisation

Les caractéristiques d'utilisation des aciers à outils sont semblables à celles des aciers alliés, mais elles exigent l'amélioration d'un certain nombre de propriétés : la dureté, la trempabilité, la tenue à chaud, la ténacité, la résistance à l'usure et la résistance aux chocs thermiques.

Dureté. Il faut que la dureté soit élevée si l'on veut éviter que des déformations ne se produisent en service, et si l'on veut doter l'acier d'une bonne résistance à l'enfoncement. Par ailleurs, l'acier doit souvent faire preuve d'une dureté suffisante à chaud (jusqu'à 600 °C).

Trempabilité. Les outils doivent bénéficier de propriétés homogènes; pour les pièces massives, cela suppose qu'ils fassent preuve d'une bonne trempabilité. Un grand pouvoir trempant est également nécessaire si l'on veut éviter que des déformations en cours de traitement ou en cours d'utilisation n'apparaissent.

Tenue à chaud. La tenue à chaud est essentielle dans beaucoup de cas (outils de coupe rapide, moules, filières d'extrusion, etc.). En plus de la dureté, la tenue à chaud doit reposer sur de bonnes propriétés mécaniques, une bonne résistance au fluage et une excellente résistance à l'oxydation.

Ténacité. Les cadences de fabrication étant de plus en plus élevées, il faut que les aciers à outils résistent bien aux chocs, sans se briser ni s'écailler.

Résistance à l'usure. Les outils – qu'il s'agisse d'outils de coupe ou de mise en forme – sont en continuel frottement avec les pièces qu'ils servent à fabriquer, mais ils doivent conserver leur tranchant et leur géométrie le plus longtemps possible. Il leur faut donc faire preuve d'une bonne résistance à l'usure.

Résistance aux chocs thermiques. Plusieurs types d'outils (les moules à coulée sous pression, par exemple) sont soumis à des chocs thermiques intenses et nombreux, auxquels ils doivent résister sans se déformer ni se fissurer.

10.5.2 Éléments d'addition

Les éléments d'alliage des aciers à outils exercent des actions similaires à celles que nous avons étudiées à l'article 10.4.3, mais leurs teneurs sont souvent beaucoup plus élevées. Les éléments dont l'affinité pour le carbone est très forte (Mo, V et W) jouent ici un rôle de premier plan, car ils forment des carbures très stables qui s'opposent à la croissance des grains au cours de l'austénitisation. Ces carbures sont par ailleurs très durs, et ils augmentent considérablement la résistance à l'usure et au fluage. Ils sont en outre complexes (de type MC, M_7C_3, M_6C et $M_{23}C_6$, où M représente un ou plusieurs éléments). Avec des additions massives de tels éléments, la teneur en carbone peut dépasser 2 %.

Les aciers de coupe rapide, qui doivent conserver leur capacité de coupe à des températures d'environ 600 °C, contiennent souvent du cobalt. Cet élément, contrairement aux autres, diminue la trempabilité ; en outre, il ne forme pas de carbures. Cependant, le cobalt augmente considérablement la dureté à chaud et retarde l'adoucissement au cours des revenus à plus de 600 °C.

10.5.3 Traitements thermiques

En raison de l'importance des additions dans les aciers à outils, leurs traitements thermiques restent délicats à exécuter.

La température d'austénitisation est en général très élevée (elle peut dépasser 1000 °C pour les aciers de types H, M et T), mais il faut la contrôler avec précision, en raison de la diminution du domaine austénitique. Pour atteindre ces températures, et pour éviter l'apparition de déformations, il faut que la vitesse de chauffage ne soit pas trop rapide : on procède alors par paliers. On doit en outre maintenir la pièce à la température d'austénitisation juste le temps suffisant pour que la température y soit homogène, car les risques de décarburation et de croissance des grains sont importants.

Toujours pour éviter les risques de déformations et de tapures, il faut que la trempe soit le moins sévère possible. Après trempe à la température ambiante, les aciers à outils contiennent une proportion non négligeable d'austénite résiduelle, qui cause deux types de problèmes : d'abord, elle diminue la dureté et les propriétés mécaniques de la pièce; ensuite, en se transformant en martensite en cours de service, elle provoque l'apparition de déformations. Un traitement par le froid (entre -50 et -196 °C) peut toutefois permettre à la réaction martensitique de se poursuivre, ce qui réduit la quantité d'austénite résiduelle.

Certains aciers exigent un double revenu après trempe. Au cours du premier revenu, la martensite est adoucie et l'austénite résiduelle est le siège, sans qu'elle se transforme, d'une précipitation de carbures – ce qui a pour effet de diminuer sa teneur en carbone et d'augmenter sa température M_s. Pendant le refroidissement subséquent, cette austénite se transforme en martensite, qui sera adoucie au cours du second revenu.

Les éléments qui forment des carbures entraînent, au cours du revenu, un durcissement secondaire qui apparaît entre 500 et 550 °C (fig. 10.12c). Dans cet intervalle de température, il se produit en effet un durcissement structural de la matrice (martensite revenue), durcissement dû à la précipitation de carbures fins. Ce durcissement secondaire contrebalance ainsi l'adoucissement de la martensite. Au-dessus de 550 °C, survient un survieillissement dû à la croissance des carbures ; le cobalt élève la température d'apparition du survieillissement. Les aciers qui présentent un durcissement secondaire sont particulièrement bien adaptés au travail à chaud et à la coupe rapide (usinage à grande vitesse ou par passes importantes).

10.6 ACIERS INOXYDABLES

Les aciers inoxydables comprennent un ensemble de familles d'alliages à base de fer dont la principale propriété est la résistance à la corrosion généralisée. Toutefois, bien qu'on les qualifie d'«inoxydables», ces aciers ne sont pas dans tous les cas totalement exempts d'une possibilité de corrosion. Nous avons déjà signalé plusieurs exemples de corrosion mettant en cause de tels aciers (chap. 8).

Le chrome est l'élément essentiel qui, à des teneurs supérieures à environ 12 %, rend l'acier inoxydable en favorisant, en milieu oxydant, la formation d'un film passif à sa surface (art. 8.1.5.2). Dans les articles qui suivent, nous analyserons en premier lieu la constitution des aciers inoxydables, et nous en passerons ensuite en revue les diverses familles – classées selon leur structure et selon les transformations dont elles peuvent être le siège.

10.6.1 Constitution des aciers inoxydables

C'est essentiellement le chrome qui dote les aciers d'une bonne résistance à la corrosion. Le chrome est un élément alphagène, et la transformation $\alpha \rightarrow \gamma$, qui se produit au chauffage, dépend des teneurs en chrome et en carbone (fig. 10.11). La figure 10.13 présente le diagramme d'équilibre Fe–Cr.

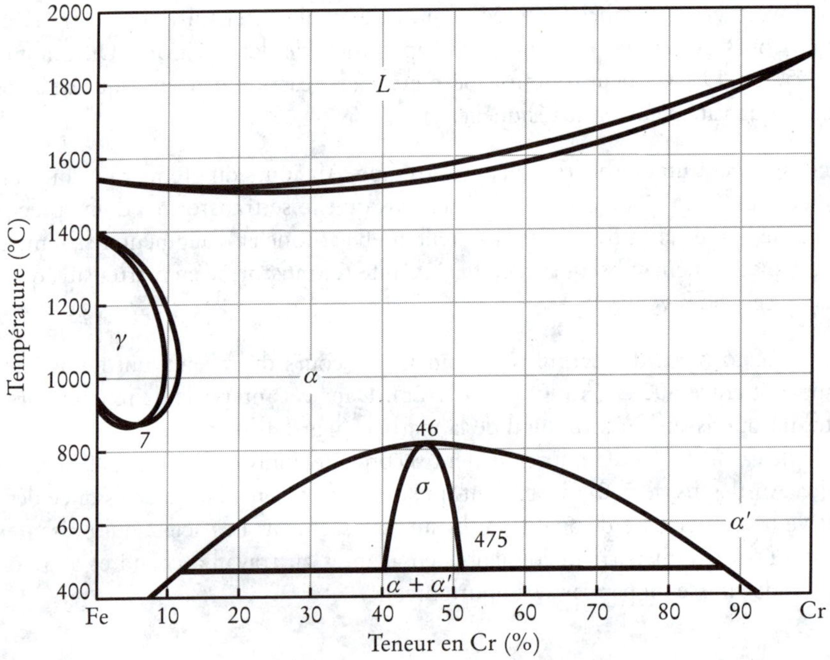

Figure 10.13 Diagramme d'équilibre Fe–Cr.

Les aciers inoxydables qui peuvent être austénitisés à haute température puis être le siège, au refroidissement, d'une transformation martensitique, font partie de la famille des *aciers inoxydables martensitiques* ; leur teneur en chrome ne dépasse pas 17 % et leur teneur en carbone, qui est fonction de la teneur en chrome, peut atteindre 1,1 %.

Quand sa teneur en carbone est faible (inférieure à 0,08 %), un acier qui contient plus de 12 % de chrome demeure entièrement ferritique à toutes les températures ; il ne peut donc plus prendre la trempe martensitique. Les *aciers inoxydables ferritiques* peuvent contenir entre 12 et 30 % de chrome et, dans tous les cas, ils conservent une structure ferritique (cubique centrée) jusqu'à leur température de fusion.

Puisque le nickel est un élément gammagène, il a tendance à stabiliser l'austénite. Selon leurs teneurs en chrome, en nickel et en carbone, certains aciers peuvent conserver une structure austénitique (cubique à faces centrées) même à des températures inférieures à la température ambiante ; ce sont les *aciers inoxydables austénitiques*.

Outre ces trois familles d'aciers inoxydables (aciers inoxydables martensitiques, ferritiques et austénitiques), il existe également des aciers qui contiennent, en proportion variable, de l'austénite et de la ferrite; ce sont les *aciers inoxydables austénoferritiques*.

Enfin, on rencontre des aciers qui peuvent être le siège d'un *durcissement par précipitation*.

Il est courant, pour déterminer la structure des aciers inoxydables, d'utiliser le *diagramme de Schaeffler* (fig. 10.14). Sur ce diagramme, on porte en ordonnée l'«équivalent nickel», qui correspond à l'action combinée et pondérée des éléments gammagènes, et en abscisse l'«équivalent chrome», qui correspond à l'action des éléments alphagènes. Toutefois, ce diagramme n'est pas un diagramme d'équilibre; il représente plutôt, en fonction de la composition de l'acier, les structures obtenues après solidification d'un cordon de soudure et refroidissement assez rapide. Selon les traitements thermiques appliqués et selon les vitesses de refroidissement, ce diagramme peut se trouver légèrement modifié.

Le tableau 10.3 indique la composition, les propriétés mécaniques et quelques exemples d'utilisations des diverses familles d'aciers inoxydables que nous allons étudier séparément dans les articles qui suivent.

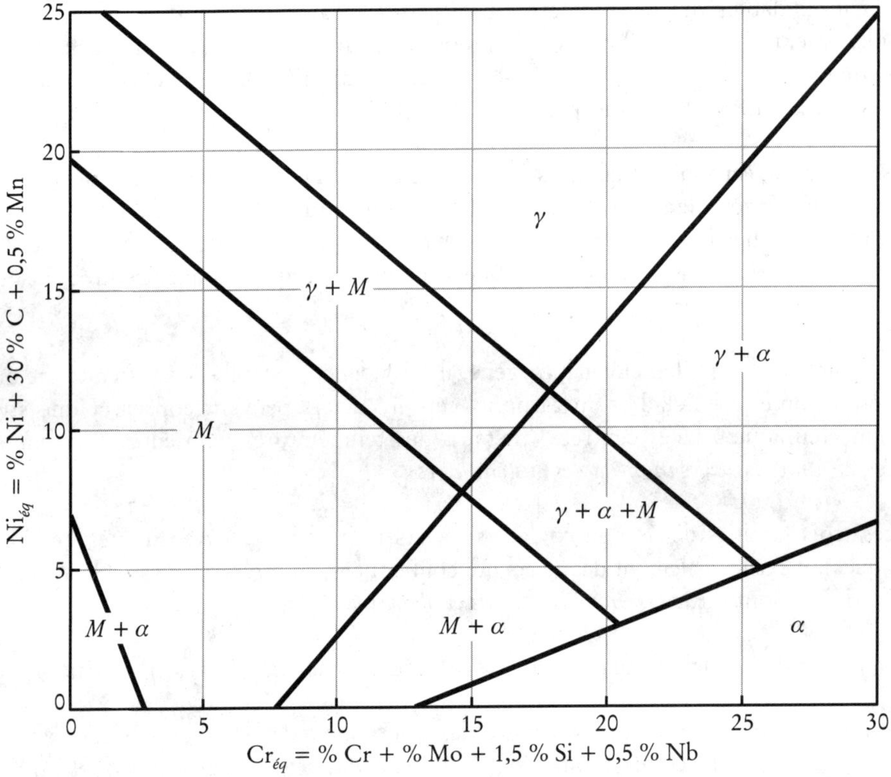

Figure 10.14 Diagramme de Schaeffler : structures obtenues dans les aciers inoxydables en fonction des éléments gammagènes (équivalent nickel) et alphagènes (équivalent chrome). α = ferrite, γ = auténite, M = martensite.

Tableau 10.3 Aciers inoxydables : composition, propriétés mécaniques et exemples d'utilisation

Nomenclature SAE/AISI	Composition moyenne				État	Propriétés mécaniques			Propriétés générales et exemples d'utilisation
	C	Cr	Ni	Divers		$R_{e0,2}$ (MPa)	R_m (MPa)	A (%)	
Martensitiques									
410	< 0,15	13	-	-	trempé et revenu à 400 °C	700	1000	20	Utilisation générale ; arbres de pompes, quincaillerie, visserie
410	> 0,15	13	-	-		1375	1760	10	Bonne trempabilité ; ressorts, calibres, ciseaux
440-B	0,75 à 0,95	17	-	-		1900	1950	3	Dureté élevée ; coutellerie, instruments chirurgicaux, soupapes
Ferritiques									
405	< 0,08	13	-	0,2 Al	recuit	275	450	25	Réfractaire ; industries pétrochimiques
430	< 0,12	17	-	-		345	650	25	Bonne résistance à l'acide nitrique ; utilisation générale ; industrie alimentaire et architecture
446	< 0,20	25	-	< 0,25 N		350	560	20	Bonne résistance à la corrosion et à l'écaillage à haute température ; réfractaire
Austénitiques									
301	< 0,15	17	7	-	recuit	275	750	50	Forte consolidation ; industrie automobile, wagons
304	< 0,08	19	9	-		250	580	55	Industries chimiques et alimentaires ; construction
316	< 0,08	17	12	2,5 Mo		290	580	50	Résistance améliorée en milieux chlorés grâce au molybdène
316-L	< 0,03	17	12	2,5 Mo		260	550	50	Nuance L à bas carbone (soudabilité)
347	< 0,08	18	11	Nb ou Ta ≥ 10 × (% C)		275	655	45	Bonne tenue jusqu'à 850 °C ; industries chimiques, aéronautique
À durcissement par précipitation									
361 (17-7PH)	0,09	17	7	1,2 Al	vieilli	1550	1650	6	Excellentes propriétés mécaniques ; structures d'avions

10.6.2 Aciers inoxydables martensitiques

La teneur en chrome des alliages de cette famille est comprise entre 12 et 17 % ; au-delà, la transformation austénitique devient impossible. On limite souvent la teneur en carbone à 0,20 % afin d'éviter une trop importante formation de carbures de chrome qui, en appauvrissant la matrice en chrome, rendent le métal moins résistant à la corrosion. En augmentant la teneur en chrome à 17 % (aciers 440), on peut toutefois utiliser des aciers à teneurs en carbone plus importantes, qui bénéficient ainsi de propriétés mécaniques élevées, tout en conservant une résistance à la corrosion acceptable.

Les traitements thermiques des aciers inoxydables martensitiques comportent les mêmes étapes que ceux des aciers de traitements thermiques : austénitisation, trempe et revenu. La température d'austénitisation est élevée (de 950 à 1100 °C), à cause du relèvement des points de transformation dû au chrome et de la mise en solution des carbures de chrome. En raison de leur teneur élevée en chrome, ces aciers prennent facilement la trempe : la transformation martensitique se produit même après un refroidissement à l'air ou à l'huile.

La figure 10.15 représente graphiquement les variations des propriétés mécaniques de l'acier 420 en fonction de la température de revenu. Notons que, entre 350 et 575 °C, le revenu entraîne une nette diminution de la ductilité et de la résilience ; c'est pourquoi on évite d'effectuer des revenus dans cet intervalle de température. Cette diminution de la ténacité, associée à une résistance maximale, est imputable à un durcissement secondaire provoqué par le début de la formation des carbures $Cr_{23}C_6$; elle s'accompagne par ailleurs d'une diminution de la résistance à la corrosion.

Parmi les trois principales familles d'aciers inoxydables, les aciers martensitiques sont ceux qui font preuve de la moins bonne résistance à la corrosion. Bien souvent en effet, ils ne contiennent que la quantité minimale de chrome nécessaire pour assurer la passivation de leur surface ; or, une partie de ce chrome ne peut pas participer à la formation du film passif, car elle se retrouve, sous forme combinée, dans les carbures de chrome.

10.6.3 Aciers inoxydables ferritiques

Cette famille d'aciers inoxydables se caractérise par une absence de transformation au chauffage, le point figuratif de l'alliage restant toujours en dehors de la boucle γ. À toute température, ces alliages demeurent à l'état ferritique ; par conséquent, ils ne peuvent pas prendre la trempe. Puisqu'ils ne subissent aucune transformation allotropique, ils sont, au chauffage, sensibles au grossissement des grains, ce qui entraîne une dégradation de leur ductilité et de leur ténacité. On ne peut pas régénérer leur structure grâce à des traitements thermiques (traitements de normalisation) comme on peut le faire pour les aciers ordinaires.

Le diagramme d'équilibre Fe–Cr (fig. 10.13) montre l'apparition de la phase σ à l'état solide. Cette phase σ, fragilisante, apparaît dans les aciers qui contiennent plus de 20 % de chrome, après des chauffages prolongés à des températures comprises entre 550 et 800 °C.

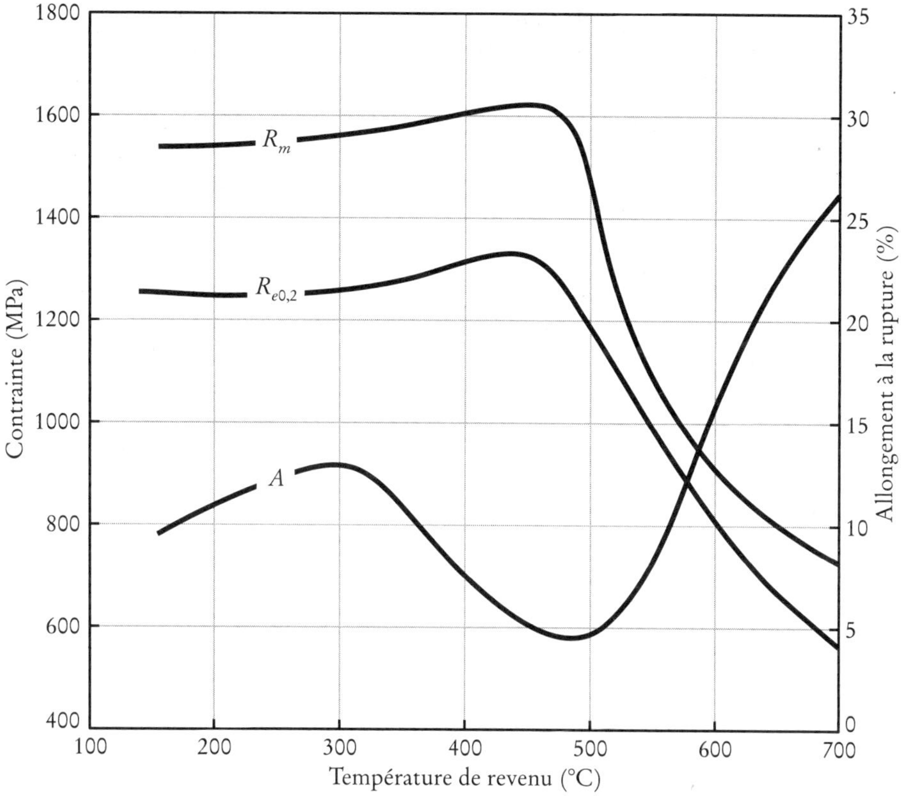

Figure 10.15 Variations des propriétés mécaniques d'un acier inoxydable 420 en fonction de la température de revenu, après austénitisation à 1020 °C et trempe.

Par ailleurs, lorsqu'on les maintient à des températures voisines de 475 °C pendant plusieurs heures, ces alliages sont fragilisés ; il se produit en effet une très nette augmentation de leur résistance mécanique, associée à une diminution considérable de leur ductilité et de leur ténacité. Cette fragilisation, imputable à la précipitation d'une phase α' riche en chrome, est surtout marquée quand la teneur en chrome de l'alliage dépasse 15 %.

Puisque ces deux sortes de fragilisation (formation de la phase σ et précipitation de la phase α') ne se produisent que lorsqu'il y a maintien prolongé en température, elles n'affectent ni la soudabilité ni les traitements de recuit des aciers ferritiques. Elles peuvent cependant apparaître au cours de la fabrication par fonderie ou pendant l'utilisation.

Selon leur composition, on distingue trois groupes d'aciers inoxydables ferritiques :

- les aciers qui contiennent environ 12 % de chrome, pour lesquels la teneur en carbone est limitée à moins de 0,08 %. L'addition d'aluminium, élément alphagène, empêche la formation d'austénite au chauffage et facilite le soudage ;

– les aciers qui contiennent 17 % de chrome, pour lesquels la teneur en carbone est limitée à 0,1 %. Ce sont les aciers inoxydables ferritiques les plus utilisés. Ils remplacent souvent les aciers inoxydables austénitiques, quand les conditions d'utilisation le permettent ; en effet, puisqu'ils ne contiennent pas de nickel, ils sont plus économiques. Ils présentent toutefois l'inconvénient d'être difficilement soudables : lorsqu'elles sont portées à plus de 950 °C, les zones voisines du cordon de soudure deviennent fragiles et sujettes à la corrosion intergranulaire. La diminution de la teneur en carbone et une addition de titane permettent toutefois de pallier cet inconvénient ;
– les aciers qui contiennent de 20 à 30 % de chrome. Ces aciers, qui font preuve d'une excellente résistance à la corrosion, particulièrement à haute température, sont dits *réfractaires*.

Les aciers inoxydables ferritiques ont une limite d'élasticité supérieure à celle des aciers austénitiques; mais leur taux de consolidation est cependant plus faible (fig. 10.16). C'est pourquoi ils sont particulièrement bien adaptés aux opérations de mise en forme à froid (laminage, étirage, chaudronnerie, etc.).

La résistance des aciers inoxydables ferritiques à la corrosion généralisée, qui reste fonction de leur teneur en chrome, est toujours meilleure à l'état recuit. La résistance à la corrosion par piqûres est améliorée lorsque les teneurs en chrome sont supérieures à 20 %, et elle l'est encore davantage avec des additions d'environ 2 % de molybdène – ce qui permet d'utiliser ces aciers en atmosphères marines, dans l'eau de mer et en milieux acides.

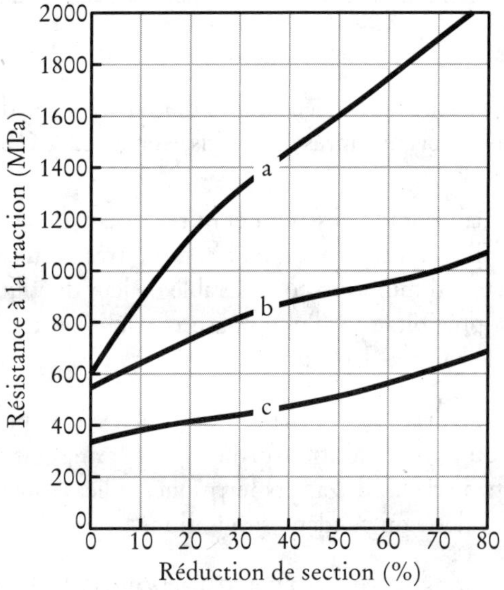

Figure 10.16 Variation de la résistance d'un acier à la traction en fonction de la réduction de section obtenue par laminage : a) acier inoxydable austénitique (304) ; b) acier inoxydable ferritique (430) ; c) acier ordinaire au carbone (1010).

10.6.4 Aciers inoxydables austénitiques

Les nuances d'aciers étudiées jusqu'ici ne comportaient que le chrome, élément alphagène, comme principal élément d'addition, et leur structure était ferritique, avec ou sans transformation austénitique au chauffage. L'addition de nickel, élément gammagène, en quantité suffisante permet à l'acier de conserver sa structure austénitique à la température ambiante. Le type le plus courant d'acier austénitique est le 18-8 (18 % de Cr et 8 % de Ni). Aux États-Unis, les aciers inoxydables austénitiques représentent environ 70 % de la production d'acier inoxydable. Dans de nombreux milieux, leur résistance à la corrosion est remarquable, ainsi d'ailleurs que leurs propriétés mécaniques et leur formabilité. De structure cubique à faces centrées, ils ne présentent aucune transition ductile-fragile ; on peut donc les utiliser à très basse température (transport et stockage de gaz liquéfiés, par exemple). Finalement, leur résistance à la corrosion et à l'oxydation permet leur emploi à haute température (jusqu'à 900 ou 1000 °C, selon les nuances).

Puisqu'ils ne présentent pas de points de transformation, les aciers inoxydables austénitiques ne peuvent subir aucun durcissement par traitement thermique; on peut toutefois les durcir assez considérablement par écrouissage (fig. 10.16). Comme les aciers ferritiques, ils sont sensibles au grossissement des grains au chauffage ; toutefois, grâce à leur structure c.f.c., ils restent ductiles – la croissance des grains n'entraîne donc aucune fragilisation.

On peut améliorer les propriétés mécaniques et les caractéristiques d'utilisation des aciers inoxydables austénitiques grâce à des éléments d'addition. Ainsi, des additions de sélénium ou de soufre, à des teneurs d'environ 0,15 %, améliorent nettement l'usinabilité ; elles réduisent toutefois légèrement la résistance à la corrosion. L'addition d'azote, à des teneurs inférieures à 0,2 %, augmente notablement la limite d'élasticité, sans qu'il en résulte une baisse de la ductilité. L'action de l'azote est particulièrement marquée aux très basses températures (fig. 10.17) ; de tels aciers se prêtent donc à des utilisations intéressantes dans l'industrie cryogénique.

Les aciers inoxydables austénitiques peuvent être le siège de corrosion dans certaines conditions d'utilisation et dans certains milieux : corrosion par piqûres, corrosion caverneuse, corrosion intergranulaire après sensibilisation, corrosion sous contrainte, et effets cumulatifs de la corrosion et de la fatigue. Nous avons d'ailleurs déjà étudié ces types de corrosion (sect. 8.2).

La sensibilisation des aciers inoxydables austénitiques – précipitation de carbures de chrome aux joints de grains et appauvrissement en chrome des zones adjacentes (art. 8.2.2.2) – est particulièrement préjudiciable à la résistance des joints soudés. On peut pallier cet inconvénient en abaissant la teneur en carbone à moins de 0,03 % (nuance 316-L, par exemple) ou en ajoutant des éléments qui forment des carbures, comme le titane et le niobium (nuance 347). Après mise en forme à haute température (entre 950 et 1150 °C) ou après recuit, on refroidit à l'eau les aciers inoxydables austénitiques (*hypertrempe*) pour éviter l'apparition de la sensibilisation lors du refroidissement.

L'addition de 2 à 4 % de molybdène augmente nettement la résistance de ces aciers à la corrosion dans la plupart des milieux, en particulier dans les milieux chlorés (eau de mer et atmosphères marines).

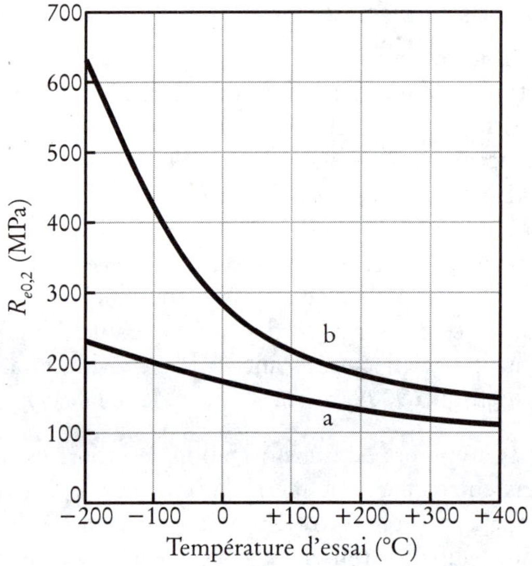

Figure 10.17 Influence de l'azote sur la limite d'élasticité d'un acier inoxydable (Cr : 18 %, Ni : 10 %) : a) aucune addition d'azote ; b) addition de 0,15 % d'azote.

10.6.5 Aciers inoxydables austénoferritiques

Lorsqu'on augmente la teneur en chrome et qu'on diminue la teneur en nickel, on obtient des aciers à structure mixte composée de ferrite et d'austénite. Dans ces aciers, la teneur en chrome varie de 18 à 28 %, et la teneur en nickel, de 6 à 9 %. Leurs propriétés mécaniques sont excellentes : ils n'ont pas la fragilité des aciers ferritiques à basses températures, et leur limite d'élasticité est près de trois fois supérieure à celle des aciers austénitiques. Ils font preuve d'une excellente résistance à la corrosion, en particulier à la corrosion sous contrainte, à la fatigue-corrosion et à la cavitation.

10.6.6 Aciers inoxydables à durcissement par précipitation

Les aciers inoxydables à durcissement par précipitation présentent au moins deux avantages : on peut les mettre en forme et les usiner dans un état relativement doux; on peut ensuite les durcir par vieillissement, à une température suffisamment basse – afin d'éviter l'apparition de toute déformation ou oxydation. Un exemple de ce type d'acier (nuance 361 ou 17-7PH) apparaît dans le tableau 10.3.

Les traitements thermiques auxquels on peut soumettre ces aciers comportent les étapes mentionnées ci-dessous.

1. Recuit à 1050 °C et refroidissement à l'air. La structure, austénitique, confère à l'acier une ductilité suffisante pour qu'on puisse le mettre en forme par déformation plastique et usinage.

2. Chauffage à des températures comprises entre 750 et 950 °C et refroidissement à l'air. La structure, austénitique, contient plus ou moins de carbures selon la température atteinte.
3. Refroidissement entre 0 et -75 °C. On transforme ainsi, en partie ou en totalité, l'austénite en martensite.
4. Vieillissement vers 525 °C pendant environ une heure. Les propriétés mécaniques de l'acier sont alors maximales; le durcissement structural est dû à la précipitation des composés NiAl et Ni_3Al.

10.7 FONTES

Les fontes comprennent un grand nombre d'alliages de fer et de carbone dont les microstructures et les propriétés sont très variées. Ce sont des matériaux très économiques, qu'on obtient uniquement par fonderie, puisque leur mise en forme par déformation plastique, à quelque température que ce soit, est impossible. Les fontes contiennent toujours plus de 2 % de carbone ; au cours de la solidification, elles sont par conséquent le siège d'une réaction eutectique ; par ailleurs, leur température de fusion est nettement plus basse que celle des aciers (voir le diagramme d'équilibre Fe–C, fig. 5.16).

Dans les fontes, la totalité du carbone peut se combiner au fer pour former de la cémentite ; on obtient alors des *fontes blanches*. Dans le système fer–carbone, la cémentite est un composé métastable qui, au cours d'un refroidissement lent, se décompose en graphite et en ferrite quand la teneur en carbone est élevée, et en particulier quand on ajoute à l'alliage des *éléments graphitisants* (le silicium et le nickel). Selon la morphologie du graphite produit au cours de la solidification et du refroidissement, on distingue les *fontes grises*, à graphite lamellaire, des *fontes à graphite sphéroïdal*. On obtient les *fontes malléables* par graphitisation des fontes blanches. Les fontes sont essentiellement des alliages ternaires fer–carbone–silicium, dont les teneurs en silicium et en carbone, ainsi que les vitesses de refroidissement, déterminent le type de fonte obtenue. Le tableau 10.4 et la figure 10.18 donnent les domaines de composition des divers types de fontes, et le tableau 10.5 présente les propriétés mécaniques de quelques-unes d'entre elles.

Tableau 10.4 Domaines de composition des fontes

Type de fonte	C (%)	Si (%)	Mn (%)	S (%)	P (%)
Blanche	3,3 à 3,6	0,4 à 1,2	0,25 à 0,80	0,06 à 0,20	0,05 à 0,20
Grise	3,0 à 3,7	1,2 à 2,5	0,25 à 1,0	0,02 à 0,25	0,05 à 1,0
Malléable	2,0 à 2,6	1,0 à 1,6	0,20 à 1,0	0,04 à 0,20	< 0,20
GS	3,0 à 4,0	1,8 à 3,0	0,10 à 0,80	< 0,03	< 0,10

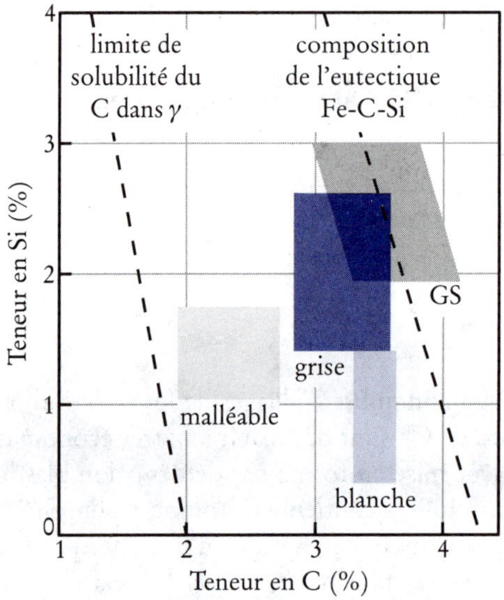

Figure 10.18 Domaines des teneurs en carbone et en silicium des fontes.

Les propriétés des fontes qui contiennent du graphite sont fonction de la nature de leur matrice, qui peut être ferritique ou perlitique, selon le mode de refroidissement. Comme les aciers, les fontes se prêtent bien aux traitements thermiques, ce qui permet d'obtenir des matrices, martensitiques ou bainitiques.

10.7.1 Fontes blanches

Dans les fontes blanches, la totalité du carbone se présente sous la forme de cémentite (Fe_3C). On peut déduire directement du diagramme Fe–C (fig. 5.16) l'évolution de la structure et des phases en présence : pour un alliage qui contient environ 3,5 % de carbone (fonte hypoeutectique), la cémentite se forme d'abord pendant la réaction eutectique; ensuite, entre la température de l'eutectique et celle de l'eutectoïde, elle se forme par précipitation à l'état solide dans l'austénite ; finalement, pendant la réaction eutectoïde, l'austénite restante se transforme en perlite (ferrite et cémentite). La figure 10.19 montre la microstructure d'une fonte blanche.

En raison de la proportion importante de cémentite qu'elles contiennent (environ 50 %), les fontes blanches sont très dures, mais elles sont également très fragiles ; c'est pourquoi on ne peut guère les usiner. Toutefois, puisqu'elles sont très résistantes à l'usure, on les utilise, par exemple, dans des équipements de broyage (boulets, barres, blindage, etc.). On peut encore améliorer cette résistance à l'usure par des additions de chrome et de nickel, et par des traitements thermiques. C'est à partir des fontes blanches brutes de fonderie qu'on obtient les fontes malléables (art. 10.7.3).

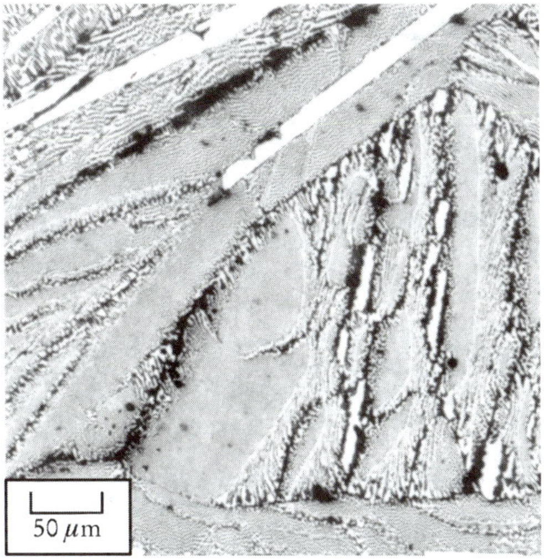

Figure 10.19 Microstructure d'une fonte blanche.

10.7.2 Fontes grises

Les fontes grises sont les plus courantes. Dans ce type de fontes, le carbone se retrouve surtout sous forme de lamelles de graphite (fig. 10.20). Le graphite se forme au cours de la réaction eutectique et entre la température de l'eutectique et celle de l'eutectoïde – température à laquelle l'austénite restante se transforme en perlite. Pour des teneurs élevées en silicium, ou pour des refroidissements très lents, la totalité du carbone se retrouve sous forme de graphite, et la matrice reste ferritique. Dans les fontes grises, on peut également retrouver près de 1,5 % de phosphore, lequel forme un composé (Fe_3P) qui, avec la ferrite, donne un eutectique à bas point de fusion (960 °C). Le phosphore améliore la coulabilité de l'alliage, tant par abaissement du point de fusion que par déplacement de l'eutectique.

On peut soumettre les pièces de fonte grise aux divers traitements thermiques énumérés ci-dessous.

- Recuit de relaxation (vers 650 °C), qui élimine les contraintes résiduelles engendrées par un refroidissement hétérogène.
- Recuit ferritisant (700 à 750 °C), qui transforme la perlite en ferrite, ce qui entraîne une diminution de la dureté de la fonte et, par conséquent, une amélioration de son usinabilité.
- Trempe (à partir de 850 °C) et revenu, qui permettent d'obtenir une matrice martensitique.

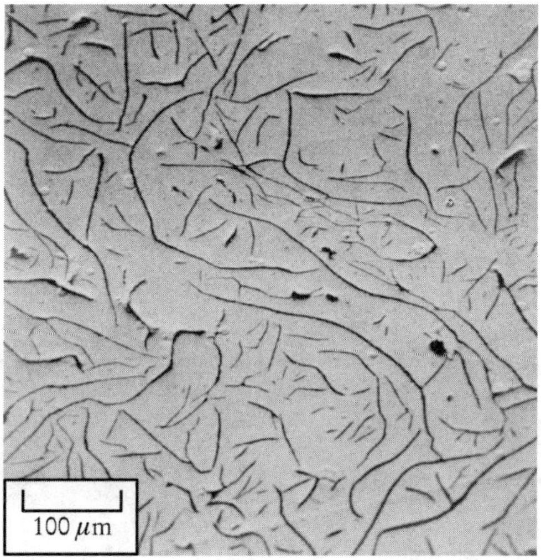

Figure 10.20 Microstructure d'une fonte grise.

Les lamelles de graphite, qui sont des plans de faiblesse, sont la source de concentrations de contrainte, ce qui entraîne une faible résistance en traction et une ductilité à peu près nulle. Par contre, en compression, les propriétés mécaniques sont nettement meilleures (tabl. 10.5). Toutefois, la présence de graphite lamellaire facilite l'usinage et diminue la valeur du coefficient de frottement de la fonte grise. La taille des lamelles de graphite et leur morphologie peuvent varier considérablement en fonction des vitesses de solidification et de refroidissement. On comprend ainsi pourquoi les propriétés d'une pièce de fonte varient entre sa surface et son centre, ce qui fait qu'une éprouvette coulée en même temps qu'une pièce massive ne révèle pas toujours les propriétés réelles de cette pièce. Lorsqu'on la refroidit très rapidement, la surface d'une pièce en fonte grise peut présenter la structure d'une fonte blanche (zone trempée) ; on peut donc obtenir localement des zones trempées, dures et résistantes à l'usure, en plaçant, dans le moule en sable, des refroidisseurs qui accélèrent, là où on le désire, les vitesses de solidification et de refroidissement.

Une des propriétés intéressantes des fontes grises est leur aptitude à amortir considérablement les vibrations. On tire parti de cette propriété dans les bâtis de machines et dans certains éléments mécaniques ; la fonte permet d'éviter que les vibrations ne perturbent le fonctionnement de ces éléments ou que les chocs, sous forme d'ondes élastiques, ne se transmettent à l'ensemble des systèmes.

Parmi les utilisations courantes des fontes grises, citons : les blocs moteurs, les machines-outils, les bâtis de machine (presses et laminoirs, par exemple), etc. La masse des pièces coulées en fonte grise peut varier de quelques centaines de grammes à plusieurs dizaines de tonnes.

Tableau 10.5 Propriétés mécaniques des fontes

Type de fonte	Classe ASTM	État	Matrice*	Propriétés mécaniques				
				$R_{e0,2}$ (MPa)	R_m (traction) (MPa)	R_m (compression) (MPa)	A (%)	Dureté HB
Blanche		Brut de fonderie	P	–	250 à 500	–	0	400 à 600
Grise	20	Brut de fonderie	F et P	–	150	570	0	155
	30		F et P	–	215	750	0	210
	40		P	–	290	965	0	235
	60		P	–	430	1290	0	300
Malléable	35018	Recuit	F	240	365	–	18	150
	45008	Recuit	F et M	310	450	–	8	180
	M7002	Trempé et revenu	M	480	620	–	2	250
GS	60-40-18	Recuit	F	280	385	–	18	170
	80-55-06	Brut de fonderie	P et F	420	560	–	6	200
	120-90-02	Trempé et revenu	M	630	840	–	2	270

* Structure de la matrice : F, ferritique ; P, perlitique ; M, martensitique.

10.7.3 Fontes malléables

On obtient les fontes malléables par graphitisation de la cémentite des fontes blanches. Au cours du traitement de graphitisation, il y a formation de nodules de graphite de formes irrégulières (fig. 10.21). Ce traitement de graphitisation comporte les étapes suivantes :

1. chauffage lent (50 °C/h) jusqu'à une température située entre 850 et 950 °C ;
2. maintien en atmosphère neutre, pendant une quarantaine d'heures, à la température atteinte à la fin du chauffage ;
3. refroidissement lent (25 °C/h) jusqu'à 750 °C ;
4. refroidissement très lent (2 à 3 °C/h) jusqu'à 720 °C ;
5. refroidissement au four jusqu'à la température ambiante.

C'est ce traitement qui favorise la formation de nodules de graphite dans une matrice ferritique. Avec des vitesses de refroidissement différentes, on peut obtenir des matrices perlitiques ou martensitiques, plus dures et résistant mieux à l'usure, mais moins ductiles.

La ductilité et la ténacité des fontes malléables sont dues à la forme du graphite, qui ne joue pas ici le rôle de concentrateur de contraintes comme il le fait dans les fontes grises. On utilise ce type de fonte pour fabriquer des petites pièces de quincaillerie, des raccords de plomberie, des carters, des vannes, etc.

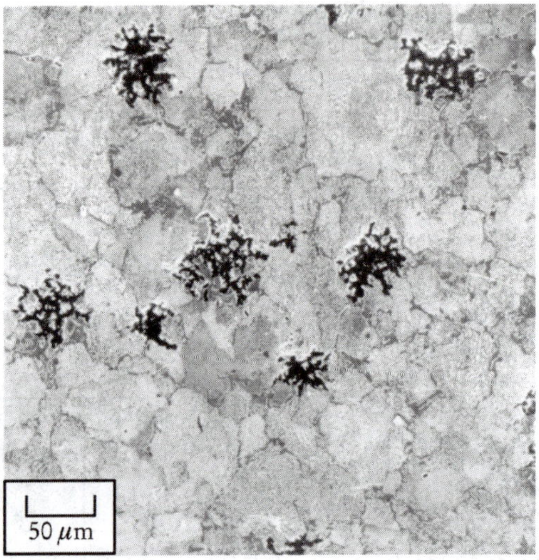

Figure 10.21 Microstructure d'une fonte malléable à cœur noir.

La fonte malléable que nous venons de décrire, appelée *fonte malléable à cœur noir*, est obtenue par graphitisation de la cémentite. Il existe également un autre type de fonte malléable, la *fonte malléable à cœur blanc*, qu'on obtient par décarburation de la fonte blanche en atmosphère oxydante. La ductilité de cette variété de fonte étant moins bonne que celle de la fonte malléable à coeur noir, sa fabrication tend à disparaître.

10.7.4 Fontes à graphite sphéroïdal (fontes GS)

Si, au moment de la coulée de la fonte, on ajoute 0,1 % de magnésium, cela modifie complètement la morphologie du graphite qui se forme au cours de la solidification; au lieu de lamelles de graphite, on obtient alors des nodules de graphite sphériques (fig. 10.22), ce qui améliore considérablement la ductilité et la ténacité du matériau. Les fontes GS, dont la matrice peut être soit ferritique, soit perlitique, se prêtent aux mêmes traitements thermiques que les fontes grises.

En général, les fontes GS ont d'excellentes propriétés : leur élaboration présente peu de difficulté, et leur coulabilité est tout aussi bonne que celle des fontes grises ; par ailleurs, leurs propriétés mécaniques sont comparables à celles de l'acier (haute résistance, bonne ténacité, bonne trempabilité, excellente usinabilité et meilleure résistance à l'usure que l'acier).

Compte tenu de ces qualités, on utilise les fontes GS, par exemple, pour la fabrication de carters de pompes et de vannes, de vilebrequins, d'engrenages, de pièces de machines soumises à des chocs et à des contraintes alternées, et de tuyaux fabriqués par coulée centrifuge.

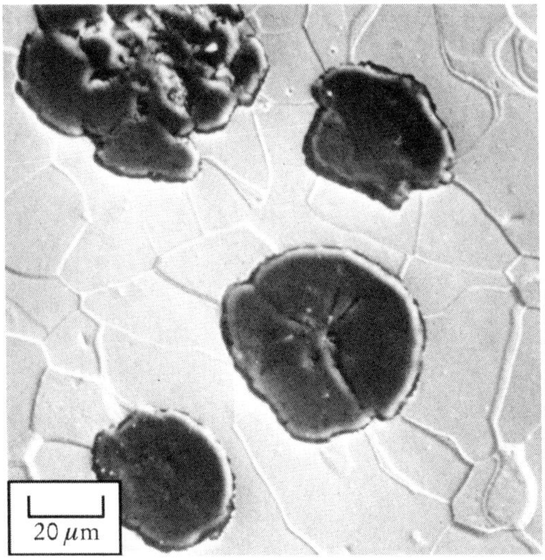

Figure 10.22 Microstructure d'une fonte GS.

Chapitre 11

MÉTAUX ET ALLIAGES NON FERREUX

Les aciers et les alliages à base de fer représentent environ 90 % de la production de matériaux métalliques. Comme nous l'avons vu au chapitre précédent, ces matériaux peuvent présenter une vaste gamme de caractéristiques qu'on peut contrôler par les méthodes de fabrication, les traitements thermiques et les éléments d'alliages qu'on y ajoute. Il n'en reste pas moins que, pour de nombreuses applications, les propriétés des alliages ferreux sont insuffisantes ; il faut alors utiliser d'autres métaux ou alliages, même si leur prix de revient est supérieur à celui des aciers. Parmi les propriétés qu'on peut rechercher, mentionnons la masse volumique, les propriétés électriques, magnétiques et thermiques, la résistance aux températures extrêmes, la résistance à la corrosion et à l'oxydation ainsi que la facilité de fabrication et de mise en œuvre.

Dans ce chapitre, nous étudierons les principaux types d'alliages métalliques utilisés dans de nombreuses applications et dont la technologie moderne ne peut se passer. Nous passerons ainsi en revue les alliages à base d'aluminium, de cuivre, de magnésium, de zinc et de titane, ainsi que les alliages qui conservent leurs propriétés à haute température, comme les alliages réfractaires et les superalliages. Nous décrirons les particularités de chacun de ces types d'alliages, ainsi que les caractéristiques les plus remarquables de chacun d'eux, et nous en donnerons des exemples d'utilisation.

11.1 ALUMINIUM ET ALLIAGES D'ALUMINIUM

11.1.1 Principales caractéristiques de l'aluminium

Bien que, en tonnage, la production d'aluminium ne représente qu'un peu plus de 2 % de celle des aciers, ce métal (et les alliages qui en dérivent) arrive en seconde position en ce qui concerne la production et l'utilisation des matériaux métalliques. L'aluminium doit cette place à un ensemble de propriétés qui, dans bien des circonstances, en font un matériau irremplaçable. Parmi celles-ci, citons les plus importantes.

Masse volumique. La masse volumique de l'aluminium est de 2700 kg/m^3, soit près de trois fois moins que celle des aciers. L'utilisation de l'aluminium s'impose donc quand il faut réduire au maximum la masse des systèmes et des structures ; c'est le cas, par exemple, dans les domaines de la construction aéronautique et de l'industrie du transport en général où, pour réaliser des économies d'énergie, on cherche à diminuer la charge à vide, afin d'augmenter la charge utile.

Résistance à la corrosion. Grâce à la couche d'oxyde naturel (Al_2O_3) qui se forme à leur surface, les alliages d'aluminium résistent relativement bien à la corrosion. On peut d'ailleurs rendre cette couche protectrice d'oxyde plus épaisse par *anodisation* : l'aluminium et ses alliages peuvent alors être utilisés sans protection supplémentaire comme revêtements extérieurs de bâtiments. Par contre, dans certaines conditions d'utilisation – milieux corrosifs, système de contraintes appliquées, statique ou dynamique –, les alliages d'aluminium peuvent subir les effets de la corrosion : piqûres, corrosion sous contrainte, fatigue-corrosion, voire corrosion généralisée. Pour des conditions données, la sévérité de l'attaque dépend de l'alliage utilisé et de son état (recuit ou écroui, traité ou non, art. 8.2.2).

Conductibilité électrique. La conductibilité électrique de l'aluminium commercialement pur atteint 62 % de celle du cuivre. Par contre, la masse volumique du cuivre est plus élevée que celle de l'aluminium. En conséquence, à caractéristiques électriques égales, et pour une même intensité de courant, un conducteur en aluminium, dont la masse est deux fois moindre que celle d'un conducteur en cuivre, s'échauffe moins.

Propriétés mécaniques. L'aluminium commercialement pur possède, à l'état recuit, des propriétés mécaniques faibles ; on peut toutefois améliorer considérablement ces propriétés par écrouissage, addition d'éléments d'alliage ou traitements thermiques, selon les cas. Puisque l'aluminium et ses alliages ont une structure cristalline cubique à faces centrées, ils font preuve, à l'état recuit, d'une excellente ductilité, et ce à toute température.

Propriétés de mise en forme. L'aluminium a une température de fusion relativement basse (660 °C). Il en résulte une facilité de fusion qui présente un avantage certain pour les opérations de fonderie. L'aluminium étant par ailleurs très ductile, on peut aisément le mettre en forme à l'état solide, par déformation plastique soit à chaud, soit à la température ambiante (laminage, filage à la presse et filage par choc, étirage, etc.).

Il existe de nombreux alliages d'aluminium, que ce soient des alliages corroyés – on procède à la mise en forme des demi-produits et des produits finis par déformation à chaud des lingots, des billettes ou des brames de coulée continue – ou des alliages de fonderie. Il est courant, au moins pour les alliages corroyés, de faire la distinction entre les alliages non trempants, qui ne peuvent subir aucun durcissement structural, et les alliages trempants, à durcissement structural. Dans le premier cas, les propriétés mécaniques de l'aluminium sont améliorées soit par l'addition d'éléments en solution solide, soit par la présence de secondes phases dispersées, soit par écrouissage.

Dans le cas des alliages trempants, on obtient principalement le durcissement par traitement thermique : mise en solution, trempe et vieillissement (art. 6.1.4). On peut donc obtenir des alliages d'aluminium en divers états (recuits, écrouis ou trempés) dont leurs propriétés dépendent. On désigne le plus souvent ces différents états par des symboles (lettres et chiffres) [tabl. 11.1]. Ces désignations s'appliquent aussi bien aux alliages corroyés qu'aux alliages de fonderie.

Tableau 11.1 Désignation des états métallurgiques des alliages d'aluminium

- F : état brut de fabrication
- O : état recuit et recristallisé
- H : état écroui
  - HIX : écrouissage seulement (le dernier chiffre, X, indique le degré d'écrouissage)
    - H11 : nuance la moins dure
    - H12 : nuance 1/4 dur
    - H14 : nuance 1/2 dur
    - H16 : nuance 3/4 dur
    - H18 : nuance 4/4 dur
    - H19 : nuance extra-dur
  - H2X : écrouissage suivi d'un recuit de restauration (X varie de 2 à 9)
  - H3X : écrouissage suivi d'une stabilisation (X varie de 2 à 9)
- T : état durci par trempe et vieillissement (durcissement structural)
  - T1 : trempe après mise en forme à chaud et vieillissement naturel (à la température ambiante)
  - T3 : mise en solution, trempe, écrouissage et vieillissement naturel
  - T4 : comme T3, mais sans écrouissage
  - T5 : comme T1, mais vieillissement accéléré (à une température supérieure à la température ambiante)
  - T6 : comme T4, mais vieillissement accéléré
  - T7 : comme T6, mais survieilli
  - T8 : comme T3, mais vieillissement accéléré
  - T9 : comme T6 et suivi d'un écrouissage

11.1.2 Alliages corroyés

Nous désignerons les alliages d'aluminium corroyés conformément aux normes de l'Aluminum Association. Ces normes attribuent à chaque type d'alliage un nombre de quatre chiffres qui permet de les classer en séries (tabl. 11.2). Nous traiterons ici des alliages non trempants des séries 1000, 3000 et 5000, ainsi que des alliages à durcissement structural des séries 2000, 6000 et 7000.

Tableau 11.2 Désignations des alliages d'aluminium corroyés (Aluminum Association)

Alliage	Série
Al ≥ 99 %	1000
Al–Cu et Al–Cu–Mg	2000
Al–Mn	3000
Al–Si	4000
Al–Mg	5000
Al–Mg–Si	6000
Al–Zn–Mg et Al–Zn–Mg–Cu	7000
Al et autres éléments	8000

11.1.2.1 Alliages sans durcissement structural

Le tableau 11.3 présente les propriétés mécaniques moyennes, ainsi que des exemples d'applications, de quelques alliages des séries 1000, 3000 et 5000. On comprend aisément que, dans un tel tableau, les listes d'applications ne sont ni limitatives ni exhaustives. Ainsi, pour une application donnée, l'ingénieur peut bien souvent faire son choix entre plusieurs nuances, en fonction de propriétés particulières comme l'aspect général du produit fini, sa facilité de mise en forme et d'assemblage et la disponibilité des matières premières, mais ce sans jamais négliger l'aspect économique.

Série 1000. Les alliages de cette série sont essentiellement des aluminiums dont la pureté commerciale est d'au moins 99 % Al. À l'état recuit, leurs propriétés mécaniques sont faibles, mais on peut les améliorer par écrouissage. Ils se prêtent facilement à la mise en forme par déformation plastique à froid (emboutissage, filage par choc et chaudronnerie). Ils font preuve d'une excellente tenue en atmosphère humide et marine ; grâce à cette qualité, on s'en sert, après placage par laminage, pour protéger des alliages d'aluminium sensibles à la corrosion.

Grâce à la grande conductibilité électrique de certains alliages de cette série, on peut les utiliser (en particulier la nuance 1350) comme conducteurs électriques (câbles nus aériens ou fils et câbles isolés).

Ces alliages sont également recherchés pour leur conductibilité thermique élevée (tubes d'évaporateurs et de radiateurs) et pour leur excellente tenue aux très basses températures (industrie cryogénique).

Tableau 11.3 Propriétés mécaniques moyennes de quelques alliages d'aluminium non trempants et exemples d'utilisations

Alliage* Composition moyenne (%)	État	$R_{e0,2}$ (MPa)	R_m (MPa)	A (%)	Résistance à la fatigue** (MPa à 5×10^8 cycles)	Principaux domaines d'utilisation
1060	O	28	70	40	–	Industries chimique, alimentaire
Al ≥ 99,6	H14	90	110	12	–	et cryogénique ; citernes
	H18	125	130	6	–	
1100	O	35	80	35	30	Produits courants n'exigeant pas
Al ≥ 99,0	H14	90	130	9	50	de propriétés élevées ;
Fe + Si < 1	H18	130	150	6	60	revêtements de bâtiments (très bonne aptitude à la fabrication)
3003	O	40	110	30	45	Mêmes utilisations que 1100,
1,2 Mn–0,12 Cu	H14	145	155	8	62	mais avec de meilleures
	H18	185	200	4	70	propriétés mécaniques
3004	O	70	180	22	65	
1,2 Mn–1,0 Mg	H14	200	245	9	110	
	H18	250	285	4	115	
5050	O	55	145	26	60	Construction de bâtiments ;
1,4 Mg	H34	165	190	8	110	tuyauterie
	H38	200	220	6	120	
5052	O	90	190	25	110	Tuyauterie ; chaudronnerie
2,5 Mg–0,25 Cr	H34	210	265	10	120	
	H38	255	280	7	135	
5454	O	115	240	22	135	Structures soudées ; tuyauterie
2,7 Mg–0,8 Mn–0,12 Cr	H34	240	300	10	140	(utilisation en atmosphères
	H38	275	340	7	150	marines)

* La teneur limite des éléments résiduels (impuretés) n'est pas indiquée.

** Essais en flexion rotative.

Série 3000 (Al–Mn). La solubilité maximale du manganèse dans l'aluminium, qui est de 1,8 % à 659 °C, diminue rapidement avec la température (fig. 11.1). Le manganèse se combine à l'aluminium pour former le composé intermétallique $\beta(Al_6Mn)$. Le durcissement de l'aluminium par des additions de manganèse inférieures à 1,5 % est dû à la dispersion du composé Al_6Mn dans la matrice. La dispersion de cette phase dans l'aluminium a également comme effet d'augmenter la température de recristallisation de l'alliage.

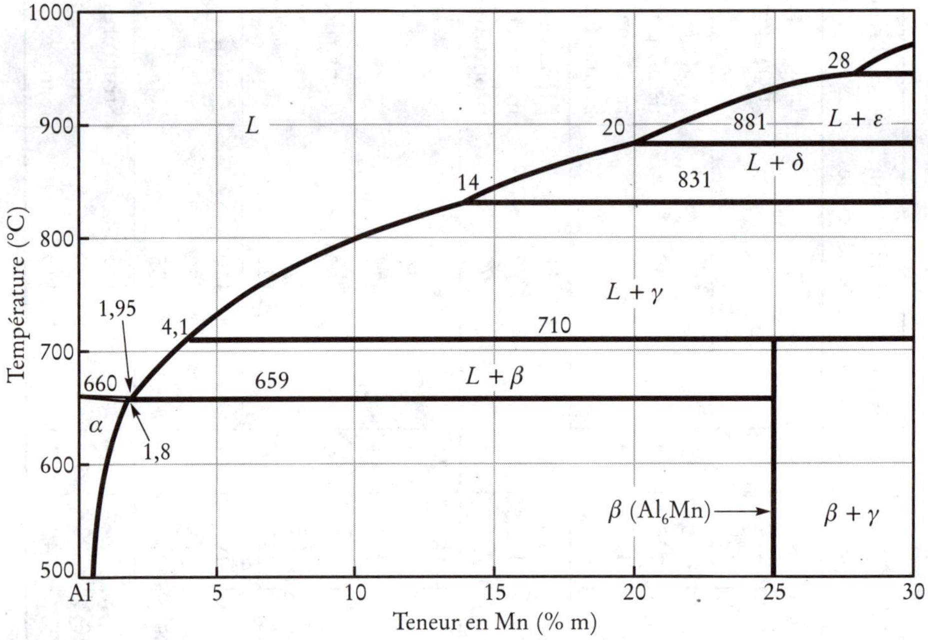

Figure 11.1 Diagramme d'équilibre Al–Mn.

L'addition de magnésium à des teneurs inférieures à 1,2 % entraîne un durcissement secondaire par solution solide. On peut se rendre compte de l'importance de cet effet en comparant les propriétés mécaniques des nuances 3003 et 3004 (tabl. 11.3).

Les alliages Al–Mn se prêtent aisément à la mise en forme, ce qui permet de les utiliser sous les formes les plus diverses (tôles, barres, fils, profilés, tubes, etc.). Par ailleurs, ils résistent bien à la corrosion atmosphérique et sont facilement soudables. Ils remplacent l'aluminium non allié de la série 1000 chaque fois qu'on recherche une amélioration des propriétés mécaniques du matériau ; par conséquent, on les retrouve dans les domaines les plus divers.

Série 5000 (Al–Mg). La figure 11.2 présente le diagramme d'équilibre Al–Mg. Les alliages Al–Mg corroyés contiennent en général moins de 4 % de magnésium ; dans ces conditions, on retrouve la majeure partie du magnésium en solution solide, et le reste sous forme de composé

Mg_2Al_3. Les alliages de cette série ne sont pas sujets au durcissement structural ; toutefois, surtout pour les alliages écrouis, un séjour prolongé à la température ambiante ou à une température un peu plus élevée provoque une précipitation de Mg_2Al_3 aux joints de grains, ce qui a des conséquences néfastes sur la résistance à la corrosion (possibilité de corrosion intergranulaire ou de corrosion sous tension). Pour pallier cette tendance, on soumet ces alliages, après écrouissage, à un recuit de stabilisation (état H3X) qui supprime cette instabilité métallurgique.

Les utilisations des alliages de la série 5000 découlent de leurs principales caractéristiques, soit :

- leur résistance mécanique moyenne, qu'on peut améliorer par écrouissage, aux dépens toutefois de leur ductilité ;
- leur grande aptitude aux transformations à chaud (filage, forgeage) et à froid, à l'état O (emboutissage, filage, cintrage, etc.) ;
- leur excellente soudabilité ;
- leur très bonne résistance à la corrosion, qu'on peut encore améliorer par anodisation ;
- la qualité de leurs états de surface après polissage et anodisation. Dans ce cas, il faut maintenir leurs teneurs en fer et en silicium à des valeurs minimales.

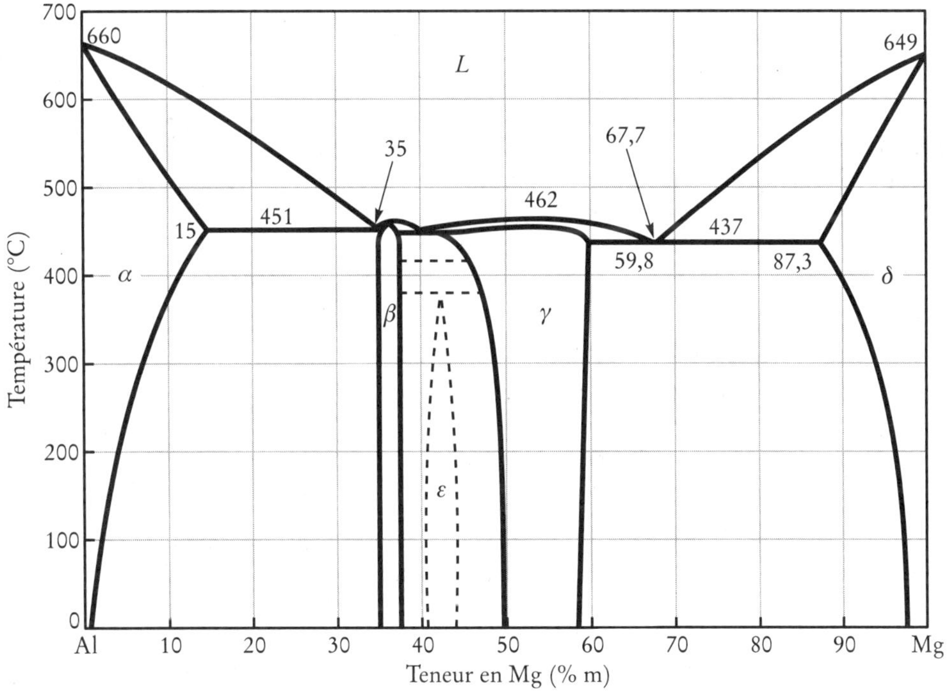

Figure 11.2 Diagramme d'équilibre Al–Mg.

11.1.2.2 Alliages à durcissement structural

Série 2000 (Al–Cu et Al–Cu–Mg). Les teneurs en cuivre des alliages de cette série sont comprises entre 2,6 et 6,3 % et, quand ils en contiennent, leurs teneurs en magnésium varient de 0,5 à 1,5 %. Le durcissement structural de ces alliages, qui est dû à la précipitation de formes transitoires des composés d'équilibre $CuAl_2$ et $CuMgAl_2$, leur confère d'excellentes propriétés mécaniques (tabl. 11.4). L'addition de silicium et de manganèse, à des teneurs inférieures à 0,8 %, favorise la formation de composés quaternaires qui, par dispersion, améliorent les propriétés de la matrice. Par contre, la présence de fer est souvent nuisible, car, à cause de la formation de Cu_2FeAl_7, le fer diminue la quantité de cuivre nécessaire au durcissement structural ; cependant, si, en plus du fer, on ajoute du nickel, il y a formation du composé Al_9FeNi, qui confère à l'alliage une bonne tenue mécanique jusqu'à 230 °C (alliage 2618 : Al–2,3 % Cu–1,6 % Mg–1,0 % Ni–1,1 % Fe–0,18 % Si–0,07 % Ti ; utilisé pour la fabrication des moteurs à turbine et des structures d'avions supersoniques).

Signalons que les alliages de la série 2000 font preuve d'une résistance médiocre à la corrosion, à l'état trempé et vieilli, à cause de la présence de précipités cathodiques par rapport à la matrice. Par ailleurs, ces alliages sont difficilement soudables ; en effet, puisque les zones adjacentes aux cordons de soudure subissent un recuit lors du cycle thermique imposé par le soudage, leurs propriétés mécaniques s'en trouvent considérablement affaiblies.

Série 6000 (Al–Mg–Si). Le durcissement structural des alliages d'aluminium de la série 6000 est dû à la formation du composé Mg_2Si. Quand la totalité du magnésium et du silicium se combine pour former du Mg_2Si, le rapport massique Mg/Si est égal à 1,73. Pour la plupart de ces alliages, ce rapport est respecté ; on rencontre parfois un excès de silicium (cas de la nuance 6070, par exemple), ce qui améliore les propriétés mécaniques, au détriment cependant de la résistance à la corrosion. Certains alliages comportent en outre des additions de manganèse (< 0,8 %) et de chrome (< 0,3 %), qui ont pour effet d'augmenter leur résistance mécanique et leur ténacité, et d'affiner la taille des grains. L'addition de cuivre améliore également les propriétés mécaniques de ces alliages, mais on limite sa teneur à 0,5 %, car il diminue leur résistance à la corrosion.

Si ces alliages possèdent des propriétés mécaniques moyennes par rapport aux autres alliages d'aluminium à durcissement structural, ils ont toutefois une excellente aptitude à la mise en forme à chaud (filage, forgeage, etc.) et une bonne soudabilité ; par ailleurs, leur comportement aux basses températures est fort acceptable, mais leur résistance à chaud est limitée (au-dessous de 150 °C). Enfin, ils font preuve d'une excellente résistance à la corrosion atmosphérique, tout en étant insensibles à la corrosion sous tension.

Série 7000 (Al–Zn–Mg et Al–Zn–Mg–Cu). De tous les alliages d'aluminium, ceux de la série 7000 présentent, après traitements thermiques, les propriétés mécaniques les plus élevées. Leur teneur en zinc varie de 4 à 8 % et celle en magnésium, de 1 à 3 %. Leur durcissement structural est dû principalement à la précipitation de formes transitoires (zones *GP*) du composé $MgZn_2$. L'addition de cuivre, jusqu'à des teneurs de 2 %, durcit ces alliages par solution solide et par précipitation ; par ailleurs, la présence de cuivre dans les zones *GP* augmente leur stabilité à chaud. Le cuivre diminue toutefois la trempabilité, la soudabilité et la ténacité des alliages Al–Zn–Mg. Le chrome (< 0,3 %) améliore leur résistance à la corrosion sous tension.

Tableau 11.4 Propriétés mécaniques moyennes de quelques alliages d'aluminium à durcissement structural et exemples d'utilisation

Alliage Composition moyenne (%)	État	$R_{e0,2}$ (MPa)	R_m (MPa)	A (%)	Résistance à la fatigue* (MPa à 5×10^8 cycles)	Principaux domaines d'utilisation
2014 4,4 Cu–0,5 Mg–0,8 Mn–0,8 Si	O T4 T6	100 290 430	200 420 480	20 18 12	90 140 125	Structures d'avions ; châssis de camions
2024 4,4 Cu–1,5 Mg–0,6 Mn	O T4 T6	100 320 390	200 460 475	20 18 10	90 140 125	Aéronautique ; charpentes ; visserie ; articles de sport
6061 1,0 Mg–0,6 Si–0,2 Cr–0,3 Cu	O T4 T6	55 150 275	125 245 410	25 22 17	50 90 100	Carrosseries (autos et camions) ; structures ; pylônes ; tubes
6070 0,8 Mg–1,4 Si–0,7 Mn–0,3 Cu	O T6	70 365	145 400	20 12	65 100	Structures soudées ; construction navale
7005 4,5 Zn–1,4 Mg–0,12 Cr–0,4 Mn–0,15 Zr	O T6	85 295	200 360	20 13	– 155	Matériel de transport routier et ferroviaire ; produits filés
7075 5,6 Zn–2,5 Mg–1,6 Cu–0,3 Cr	O T6	105 500	230 570	17 11	– 160	Aéronautique ; armement ; boulonnerie ; bâtons de ski

* Essais en flexion rotative.

En plus d'avoir des propriétés mécaniques remarquables, les alliages de la série 7000 se prêtent facilement aux traitements thermiques en raison de leur grand intervalle de températures de mise en solution, de leur bonne trempabilité (on peut parfois effectuer la trempe à l'air) et de leurs températures de vieillissement relativement basses (de la température ambiante à 160 °C). Grâce à cet ensemble de propriétés, les caractéristiques des joints soudés peuvent rester voisines de celles du métal de base. La soudabilité de ces alliages, favorisée par la présence de zirconium, reste moyenne. Enfin, le principal inconvénient des alliages de cette série est leur faible résistance à chaud, dès que la température de service dépasse 120 °C.

11.1.3 Alliages de fonderie

Les qualités qu'on recherche pour un alliage de fonderie sont fort différentes de celles d'un alliage corroyé. Les zones à usiner exceptées, les pièces de fonderie ont leur forme définitive après démoulage ; par ailleurs, elles ne subissent aucune déformation plastique. Les propriétés de ces alliages découlent des opérations de fonderie : coulée du métal liquide dans un moule dont l'empreinte (la cavité) reproduit la forme de la pièce à obtenir, solidification et refroidissement du métal dans le moule. Les qualités particulières des alliages de fonderie sont : la coulabilité (aptitude du métal liquide à bien remplir l'empreinte), l'absence de formation de criques (fissurations à chaud causées par le retrait du métal) et la bonne répartition de la porosité due au retrait qui accompagne la solidification.

Les températures de fusion relativement basses des alliages d'aluminium permettent d'employer des moules métalliques réutilisables (des coquilles) dans lesquels on coule le métal soit par gravité, soit sous pression. Dans de nombreux cas, on peut également effectuer la coulée dans des moules en sable ou en matériau réfractaire. On comprend aisément que les microstructures, et par conséquent les propriétés mécaniques des pièces de fonderie, dépendent dans une large mesure de la vitesse de solidification de l'alliage, donc du type de moule utilisé. Dans les moules métalliques, la solidification se produit beaucoup plus rapidement que dans les moules en sable ; il en résulte une structure plus fine (distance interdendritique, taille des composés intermétalliques) qui entraîne une amélioration des propriétés. Le tableau 11.5 donne les propriétés de quelques alliages d'aluminium de fonderie ; les valeurs indiquées ne sont que des valeurs moyennes, qui dépendent non seulement du mode de coulée mais également de l'épaisseur de la pièce d'où sont prélevées les éprouvettes.

Les alliages d'aluminium de fonderie ont en général des teneurs plus fortes en éléments d'alliages, ce qui permet, dans la mesure du possible, d'obtenir une proportion non négligeable d'eutectique, d'abaisser leur point de fusion et de diminuer leur intervalle de solidification. La désignation de ces alliages, selon les normes de l'Aluminum Association, apparaît dans le tableau 11.6. Nous traiterons ici des principaux types d'alliages d'aluminium de fonderie.

Tableau 11.5 Composition et propriétés mécaniques moyennes de quelques alliages d'aluminium de fonderie

Alliage*	Composition moyenne (%)	Mode de coulée**	État	$R_{e0,2}$ (MPa)	R_m (MPa)	A (%)
295.0	4,5 Cu–1 Si	S	T6	165	250	5
308.0	5,5 Si–4,5 Cu	S	F	90	150	1
		CG	F	110	195	2
356.0	7 Si–0,3 Mg	S	T6	160	230	1,5
		CG	T6	180	260	4
390.0	17 Si–4,5 Cu–0,6 Mg	S	T6	270	280	< 0,5
		CG	T6	290	300	< 0,5
		CP	T5	290	310	1
413.0	12 Si–1,3 Fe	CP	F	160	280	3
712.0	5,8 Zn–0,6 Mg–0,5 Cr–0,2 Ti	S	F	130	200	5

* Selon la désignation de l'Aluminum Association.
** S : coulée en sable ; CG : coulée en coquille par gravité ; CP : coulée en coquille sous pression.

Tableau 11.6 Désignations des alliages d'aluminium de fonderie (Aluminum Association)

Alliage	Série
Al commerc. pur	100.0
Al–Cu	200.0
Al–Si–Mg et Al–Si–Cu	300.0
Al–Si	400.0
Al–Mg	500.0
Al–Zn	700.0
Al–Sn	800.0

Alliages Al–Cu. De nos jours, on utilise rarement, en fonderie, les alliages qui contiennent uniquement du cuivre, à cause de leur mauvaise coulabilité (qui peut toutefois être améliorée par l'addition de silicium). On peut néanmoins obtenir de bonnes propriétés à chaud en effectuant des additions de nickel et de magnésium.

Alliages Al–Si, Al–Si–Mg et Al–Si–Cu. Les alliages Al–Si sont les plus utilisés. Leurs teneurs en Si varient de 5 à 20 %, bien que la très grande majorité de ces alliages présentent une composition eutectique ou hypoeutectique (la composition de l'eutectique est de 12,7 % de silicium ; fig. 11.3). Les alliages de ces séries font preuve d'une très bonne coulabilité et résistent bien à la corrosion. Le silicium présent dans le constituant eutectique a normalement une morphologie aciculaire, mais, au moment de la coulée, une addition de sodium permet de modifier cette morphologie : le silicium devient alors globulaire (fig. 5.11b et c).

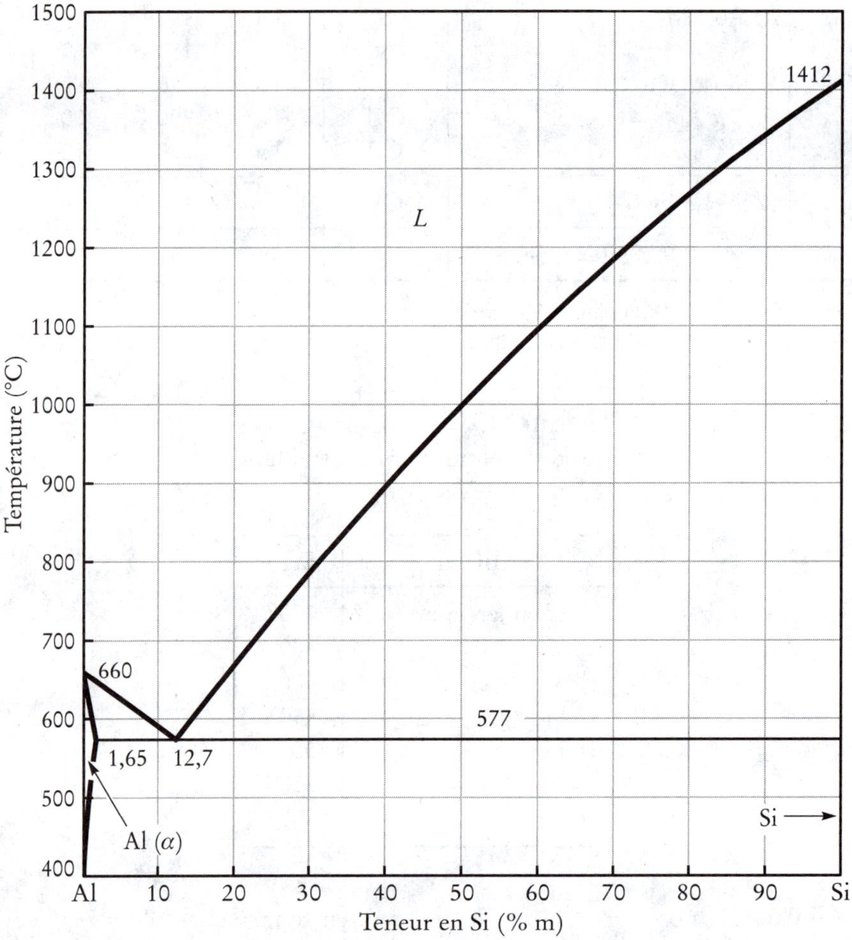

Figure 11.3 Diagramme d'équilibre Al–Si.

L'addition de magnésium (de 0,3 à 1 %) aux alliages Al–Si permet d'améliorer considérablement leurs propriétés mécaniques : les alliages Al–Si–Mg sont en effet durcissables par précipitation contrôlée du composé Mg_2Si et de ses formes transitoires.

L'addition de cuivre (de 3 à 5 %) améliore les propriétés mécaniques des alliages Al–Si ; dans ce cas, l'addition de magnésium améliore leur réponse aux traitements thermiques. Les alliages Al–Si–Cu dont la composition en Si est voisine de la composition eutectique ont une bonne tenue à chaud et un faible coefficient de dilatation. On les utilise donc pour la fabrication de pistons ou de culasses, dans les moteurs à combustion interne.

Alliages Al–Mg. L'excellente résistance à la corrosion en atmosphère marine et en eau de mer est la principale qualité de ces alliages. Par contre, leur coulabilité est médiocre.

Alliages Al–Zn–Mg. Ces alliages sont difficiles à couler, à cause de leur faible coulabilité et de leur propension au criquage et à la porosité. Par contre, ils sont autotrempants et vieillissent naturellement à la température ambiante ; leurs propriétés deviennent ainsi maximales après environ un ou deux mois. La vitesse de refroidissement affecte peu leurs propriétés mécaniques qui, par conséquent, ne varient pas en fonction de l'épaisseur des pièces coulées.

11.2 CUIVRE ET ALLIAGES DE CUIVRE

Le cuivre, pur ou sous forme d'alliages, fut le premier métal utilisé par l'Homme. Grâce à une gamme de propriétés intéressantes, il demeure indispensable dans de nombreux domaines d'applications. L'excellente conductibilité électrique du cuivre constitue sa qualité principale ; ainsi, on utilise près de la moitié de la production mondiale de cuivre dans des applications pour lesquelles cette caractéristique prime (conducteurs, transformateurs, moteurs et générateurs, électronique, etc.). Sa conductibilité thermique est également excellente. Métal à structure cristalline cubique à faces centrées, le cuivre est très ductile et facile à mettre en forme par déformation plastique. À l'état recuit, ses propriétés sont médiocres, mais on peut les améliorer par écrouissage. Sa résistance à la corrosion est excellente dans bon nombre de milieux ; cette propriété permet de nombreuses applications, que ce soit avec le cuivre pur ou avec ses alliages (tuyaux à eau, plomberie, pompes et vannes, etc.).

On répartit en général les alliages à base de cuivre en deux groupes principaux : les *laitons* (alliages Cu–Zn) et les *bronzes* (alliages Cu–Sn). Dans cette section, nous décrirons d'abord les propriétés du cuivre commercialement pur, puis nous étudierons les principaux alliages à base de cuivre : cuivre–zinc, cuivre–étain, cuivre–aluminium et cuivre–nickel. Les propriétés de quelques alliages de cuivre figurent au tableau 11.7 (alliages corroyés) et au tableau 11.8 (alliages de fonderie).

Tableau 11.7 Composition et propriétés mécaniques moyennes de quelques alliages de cuivre corroyés

Alliage	Désignation (CDA)[1]	Composition moyenne (%)	État[2]	$R_{e0,5}$[3] (MPa)	R_m[3] (MPa)	A[3] (%)	E[3] (GPa)	Conductivité thermique (W/m·K)	Conductivité électrique (%IACS)[4]
Cuivre	–	Cu 99,9	O	70	220	45	118	385	97 à 101
			D	315	350	6	–	–	–
Laiton (Cu–Zn)	240	20 Zn	O	105	315	50	112	140	32
			D	410	515	7	–	–	–
	260	30 Zn	O	120	355	62	108	122	28
			D	440	530	8	–	–	–
	280	40 Zn	O	120	375	45	105	121	27
			½ D	350	490	15	–	–	–
	464	39,2 Zn–0,8 Sn	O	175	400	45	105	116	26
			½ D	390	550	20	–	–	–
Bronze (Cu–Sn)	521	8 Sn–0,2 P	O	165	420	63	112	62	13
			D	600	650	10	–	–	–
	524	10 Sn–0,2 P	O	210	450	65	112	50	11
			D	640	700	15	–	–	–
Cu–Al	614	7 Al–2 Fe	O	280	560	42	126	76	14
			D	370	610	35	–	–	–
	624	11 Al–3 Fe	T.T.	600	750	12	–	–	–
Cu–Ni	715	30 Ni	O	275	420	45	154	29	4,6
			D	525	600	4	–	–	–
Cu–Zn–Ni	770	27 Zn–18 Ni	O	190	420	40	126	29	5,5
			D	600	700	3	–	–	–
Cu–Be	172	1,9 Be–0,2 Co	O	210	500	48	119	60	18
			T.T.	1260	1420	2	–	–	–

1. Selon la Copper Development Association.
2. O : recuit ; D : dur ; ½ D : demi-dur ; T.T. : après traitements thermiques.
3. Mesurées sur produits plats.
4. 100 % IACS correspond à une résistivité de 1,7241 $\mu\Omega\cdot$cm.

Tableau 11.8 Composition et propriétés mécaniques moyennes de quelques alliages de cuivre de fonderie

Alliage (CDA)*	Composition moyenne (%)	$R_{e0,5}$ (MPa)	R_m (MPa)	A (%)	Domaines d'utilisation
836	5 Sn–5 Zn–5 Pb	120	255	30	Robinetterie ; petits engrenages ; pompes ; usage général
863	36 Zn–3 Fe–3 Al–4 Mn	475	820	18	Engrenages ; coussinets ; circuits hydrauliques (grande résistance mécanique)
937	10 Sn–10 Pb	125	240	20	Engrenages pour grandes vitesses ; rotors de pompes ; petites hélices
952	9 Al–3 Fe	185	550	35	Sièges de vannes ; pompes ; coussinets (résistance à la corrosion et à l'oxydation ; tenue à chaud : 300 °C)
964	30 Ni	255	470	20	Vannes ; pompes ; tuyauterie (résistance à la corrosion en eau de mer)

* Selon le Copper Development Association.

11.2.1 Cuivres industriels

La conductibilité électrique du cuivre dépend principalement des impuretés qu'il contient en solution solide (fig. 11.4). Les diverses nuances de cuivres industriels contiennent au moins 99,9 % de cuivre ; selon leur mode d'élaboration, on distingue trois types de cuivres industriels : le cuivre électrolytique, le cuivre libre d'oxygène et le cuivre désoxydé.

11.2.1.1 Cuivre électrolytique

Le cuivre électrolytique (ETP, *Electrolytic Tough Pitch*) contient environ 0,04 % d'oxygène. La figure 11.5 présente le diagramme d'équilibre Cu–O ; on y remarque la formation d'un composé eutectique à 3,9 % d'oxygène. La solubilité de l'oxygène dans le cuivre reste très faible (0,008 % O à 1065 °C et environ 0,002 % à 600 °C) ; l'oxygène se retrouve sous forme d'oxyde, Cu_2O. L'oxygène a également pour effet d'oxyder une partie des impuretés, qui ne sont plus alors en solution solide ; la conductibilité électrique du cuivre électrolytique reste alors très élevée. On utilise largement cette qualité du cuivre pour fabriquer, à relativement bon marché, des fils, des tôles, des feuillards, etc.

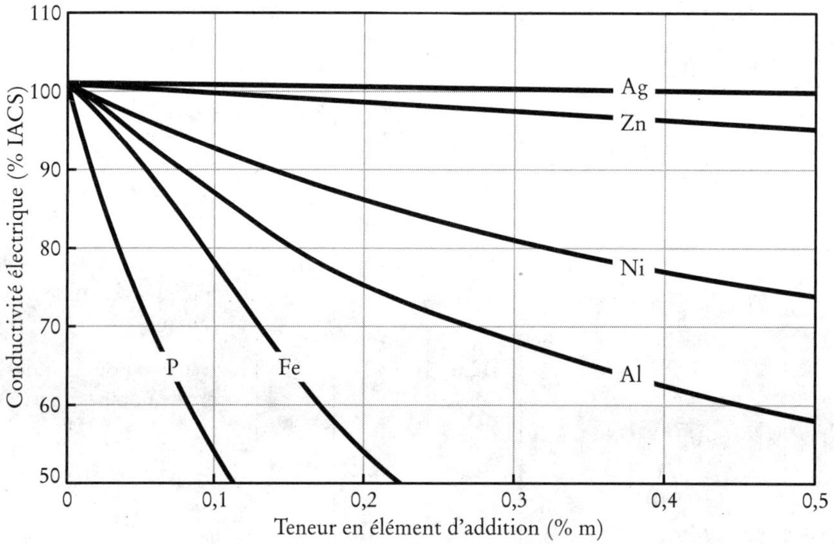

Figure 11.4 Influence des impuretés sur la conductibilité électrique du cuivre industriel. La conductivité est exprimée en % IACS (*International Annealed Copper Standard*).

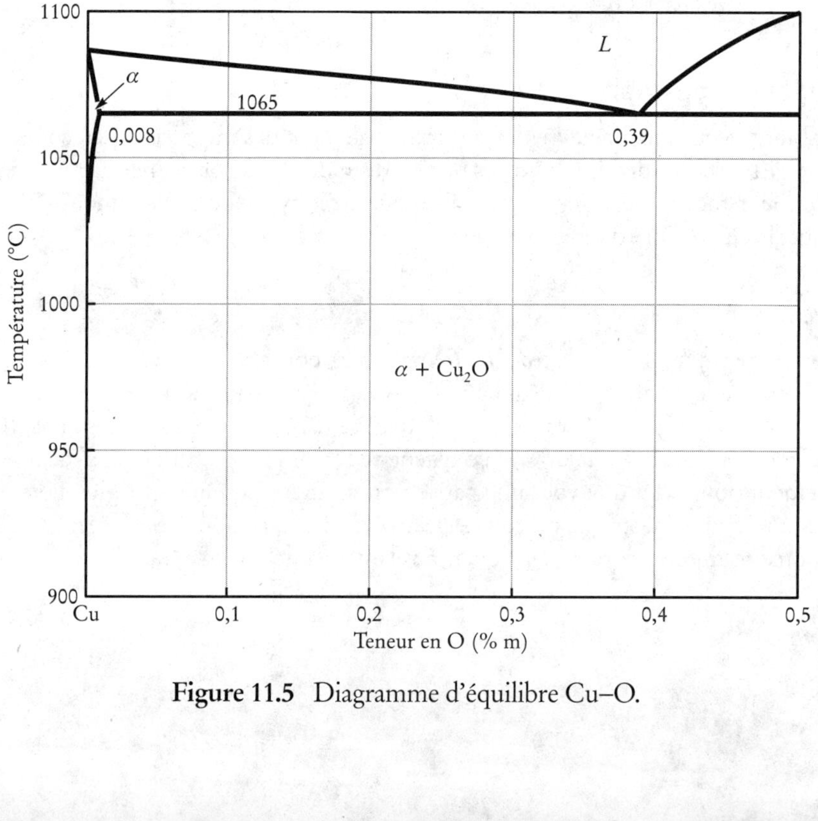

Figure 11.5 Diagramme d'équilibre Cu–O.

Le cuivre électrolytique est toutefois excessivement sensible à l'action de l'hydrogène, même en très faible quantité, au-dessus de 400 °C. L'hydrogène, en solution interstitielle, diffuse très rapidement dans le métal et réduit l'oxyde de cuivre avec formation de vapeur d'eau. Cette vapeur engendre des soufflures, ce qui crée de très importantes contraintes internes qui fragilisent le métal et peuvent même entraîner des ruptures intergranulaires. On ne peut donc utiliser le cuivre électrolytique à chaud ni à des applications pour lesquelles il faut le braser ou le souder à des températures excédant 400 °C.

11.2.1.2 Cuivre libre d'oxygène

On obtient le cuivre libre d'oxygène (OFHC, *Oxygen Free High Conductivity*) par fusion, sous atmosphère réductrice, des cathodes de cuivre ; ce cuivre contient au moins 99,95 % de cuivre, et sa teneur en oxygène est inférieure à 0,003 %. Il est insensible à la fragilisation par l'hydrogène.

11.2.1.3 Cuivre désoxydé

L'addition de phosphore au cuivre permet de fixer la totalité de l'oxygène sous forme d'oxyde P_2O_5. Si la quantité de phosphore libre reste inférieure à 0,005 %, la conductibilité électrique demeure très élevée. Il existe cependant des cuivres dont la teneur résiduelle en phosphore est élevée (0,04 %) ; dans ce cas, leur conductibilité électrique est plus faible (environ 85 % de celle du cuivre OFHC), mais on évite par contre l'absorption de l'oxygène pendant la mise en forme à chaud ou pendant le soudage et le brasage. On utilise cette qualité du cuivre dans la fabrication des tubes de plomberie ou d'échangeurs de chaleur, par exemple.

Les propriétés mécaniques des divers cuivres industriels, qui varient peu d'une nuance à l'autre, dépendent essentiellement de l'écrouissage. De l'état recuit à l'état fortement écroui, la limite d'élasticité varie de 70 à 375 MPa, la résistance à la traction de 220 à 425 MPa, et l'allongement à la rupture de 45 à 4 %. Toutefois, la température de recristallisation du cuivre est faible – l'effet de l'écrouissage sur les propriétés mécaniques disparaît quand il y a recristallisation (art. 6.1.6) –, bien qu'elle soit influencée par la présence d'impuretés : ainsi, pour le cuivre pur, elle est de 140 °C et, pour le cuivre OFHC, de 220 °C. L'addition de faibles quantités d'argent (0,05 %) au cuivre n'exerce aucun effet sur la conductibilité (fig. 11.4), mais elle élève la température de recristallisation à 350 °C.

11.2.2 Alliages Cu–Zn (les laitons)

Les *laitons* sont des alliages de cuivre et de zinc dont la teneur en zinc, en général, n'excède pas 40 %. La figure 11.6 montre le diagramme d'équilibre Cu–Zn. Le zinc forme, avec le cuivre, une solution solide étendue jusqu'à 39 % de zinc à 454 °C ; la structure de cette solution solide α est cubique à faces centrées. À des teneurs en zinc plus élevées, il y a formation, à haute température, d'une phase β, cubique centrée, qui se transforme, au-dessous de 460 °C, en une structure ordonnée β'. La phase β est ductile, alors que la phase β' est fragile. Si la teneur en zinc dépasse 50 %, apparaît alors la phase γ, très fragile.

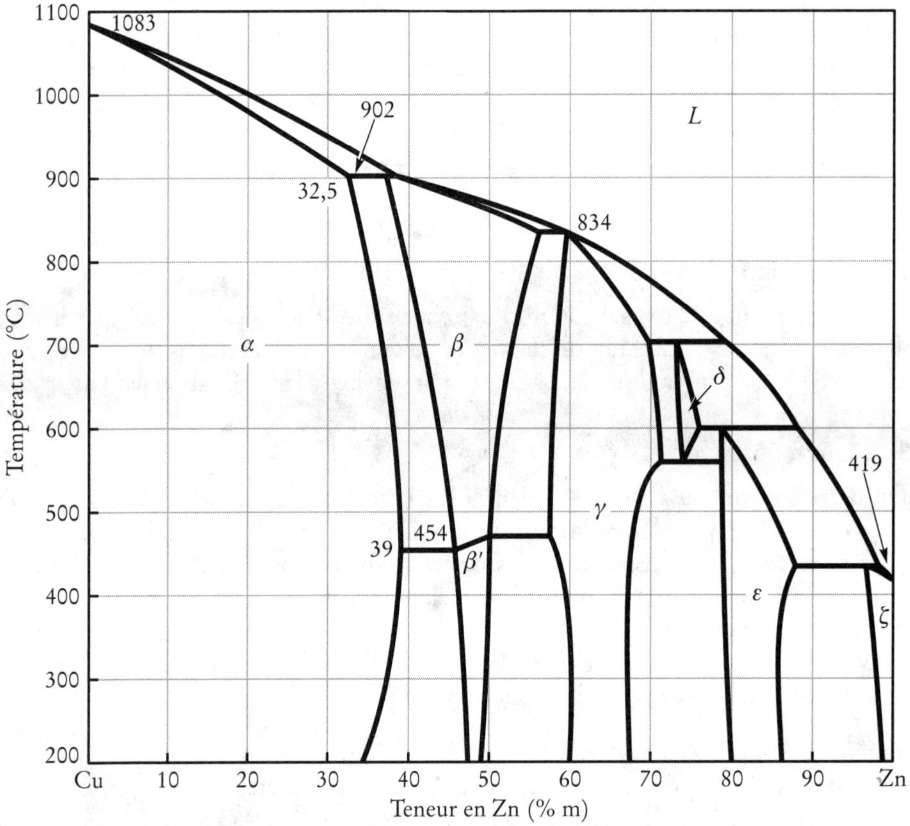

Figure 11.6 Diagramme d'équilibre Cu–Zn.

Selon les phases en présence, on distingue deux groupes de laitons : les laitons α, ou monophasés, dont la teneur en zinc varie de 5 à 35 %, et les laitons α–β', ou biphasés, qui contiennent 40 % de zinc. La figure 11.7 présente les microstructures d'un laiton α (Cu–30 % Zn) et d'un laiton α–β' (Cu–40 % Zn).

Les propriétés générales des laitons monophasés varient de façon continue avec l'augmentation de leur teneur en zinc. Pour des teneurs en zinc croissantes, leur couleur passe graduellement du rouge au jaune. La figure 11.8 présente les variations des propriétés mécaniques des laitons monophasés ($R_{e0,2}$, R_m, A), pour divers états d'écrouissage (voir le tableau 6.2 pour la définition de ces divers états). On remarque que la résistance mécanique et la ductilité augmentent avec la teneur en zinc. On obtient les propriétés maximales avec un alliage composé de 70 % de cuivre et de 30 % de zinc, alliage d'ailleurs largement utilisé pour l'emboutissage profond.

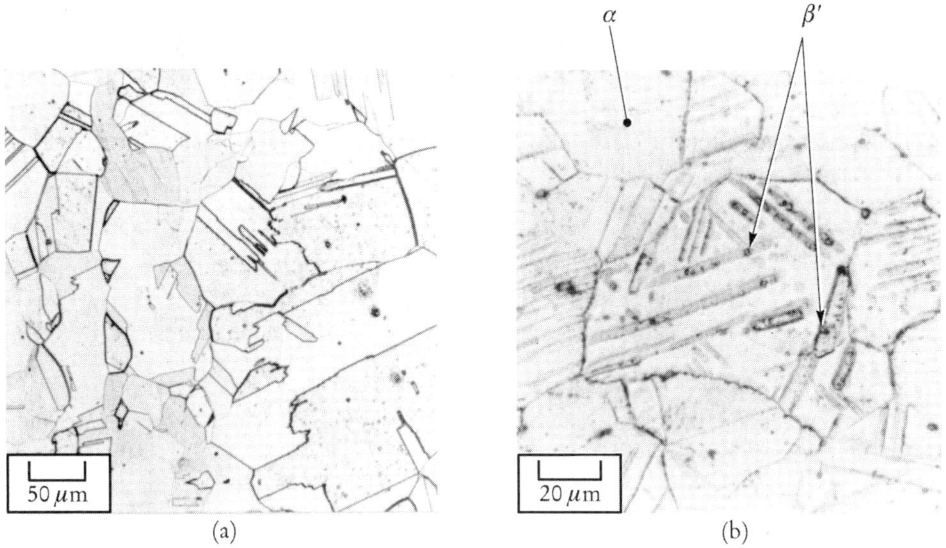

Figure 11.7 Micrographie : a) d'un laiton monophasé α (Cu-30 % Zn) ; b) d'un laiton α–β' (Cu–40 % Zn).

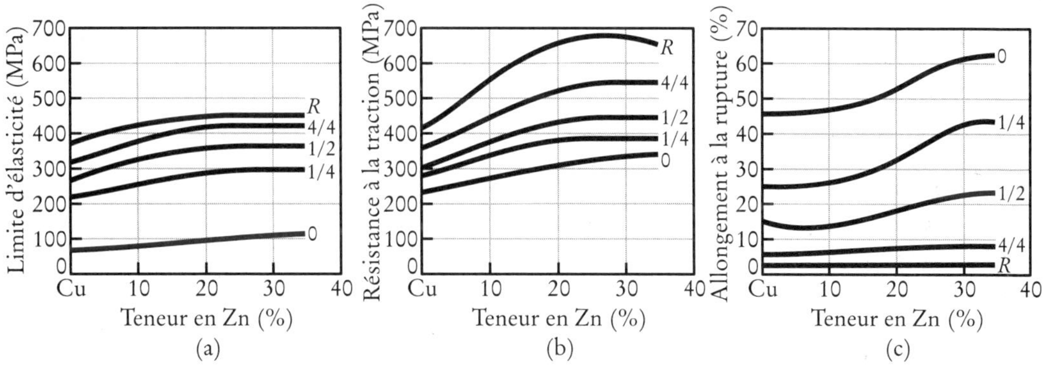

Figure 11.8 Variation des propriétés mécaniques, mesurées en traction, des alliages cuivre-zinc monophasés, en fonction de la teneur en zinc dans divers états d'écrouissage : 1/4 dur, 1/2 dur, 4/4 dur et qualité ressort : a) limite d'élasticité ; b) résistance à la traction ; c) allongement à la rupture.

Les laitons, qui se prêtent aisément à la mise en forme et à l'usinage de précision, offrent en outre un bel aspect. De plus, on peut facilement les plaquer par électrolyse (placage du nickel, du chrome ou de l'or, par exemple) et les assembler sans difficulté par brasage. Grâce à la proportion de zinc, le prix des laitons est inférieur à celui du cuivre.

Le principal laiton biphasé qu'on utilise, le *métal de Muntz*, a une teneur en zinc de 40 %. À cause de la présence de la phase β', ce laiton est plus dur que les laitons monophasés, mais il est moins ductile ; on peut donc difficilement le mettre en forme à froid. Cependant, puisque, à chaud, la phase β est ductile, cet alliage se prête mieux à la déformation à chaud (forgeage, filage, etc.) que les laitons monophasés à teneur élevée en zinc ; il est par ailleurs plus facilement usinable que le laiton Cu–30 % Zn.

On améliore considérablement l'usinabilité des laitons par l'addition de plomb ; on obtient alors les *laitons de décolletage*, pour lesquels les teneurs en plomb peuvent varier de 0,4 à 3 %. Le plomb, insoluble dans le cuivre solide, se retrouve ici sous forme de globules dispersés dans la matrice ; il favorise ainsi la fragmentation des copeaux d'usinage et diminue le frottement entre l'outil et la pièce.

Les laitons ont en général une très bonne résistance à la corrosion dans de nombreux milieux. Ils sont toutefois sensibles à la dézincification (art. 8.2.2.1 et fig. 8.16) et à la corrosion sous tension, ce type de corrosion étant particulièrement actif en présence d'ammoniac, même à l'état de traces. On peut contrer presque totalement la dézincification par une faible addition d'arsenic (0,04 %).

On améliore également la résistance du laiton à la corrosion en milieu marin par l'addition de 1 % d'étain (laiton «Amirauté» : Cu–29 % Zn–1 % Sn). Par ailleurs, le remplacement de l'étain de cet alliage par de l'aluminium (Cu–22 % Zn–2 % Al) permet d'accroître davantage cette résistance à la corrosion ainsi que sa résistance à la cavitation et à l'érosion, car l'aluminium favorise la formation d'un film d'oxyde protecteur. On utilise notamment ces alliages en construction navale (tubes de condenseurs).

11.2.3 Alliages Cu–Sn (les bronzes)

Un examen du diagramme d'équilibre Cu–Sn (fig. 11.9) indique que, pour des teneurs inférieures à 13,5 %, il n'existe, après solidification et au-dessus de 520 °C, qu'une phase α. Cependant, à cause du grand intervalle de solidification, une ségrégation importante se produit (art. 5.4.3) et, même pour des teneurs de l'ordre de 8 % en étain, il peut y avoir, au moment de la solidification, apparition d'une phase β qui, au cours du refroidissement, se transforme successivement en phase γ puis en phase δ. La transformation de la phase δ en phase ε et la précipitation de la phase ε dans la phase α ne se produisent pas au-dessous de 350 °C, car les vitesses des réactions sont généralement trop faibles. À la température ambiante, les alliages Cu–Sn sont monophasés si leur teneur en étain est inférieure à 10 % et biphasés (α–δ) si elle est supérieure à ce pourcentage. La teneur en étain des bronzes courants est en général limitée à 16 %. Les bronzes contiennent souvent du phosphore (< 0,1 %) qui sert d'agent désoxydant lors de la coulée.

Les bronzes phosphoreux de corroyage, qui contiennent de 1,25 à 10 % d'étain, sont essentiellement monophasés et se prêtent bien au durcissement par écrouissage. Ils ont une meilleure résistance mécanique et une meilleure résistance à la corrosion marine que les laitons. Toutefois, comme le prix de l'étain est supérieur à celui du cuivre, ces bronzes sont plus chers que les laitons.

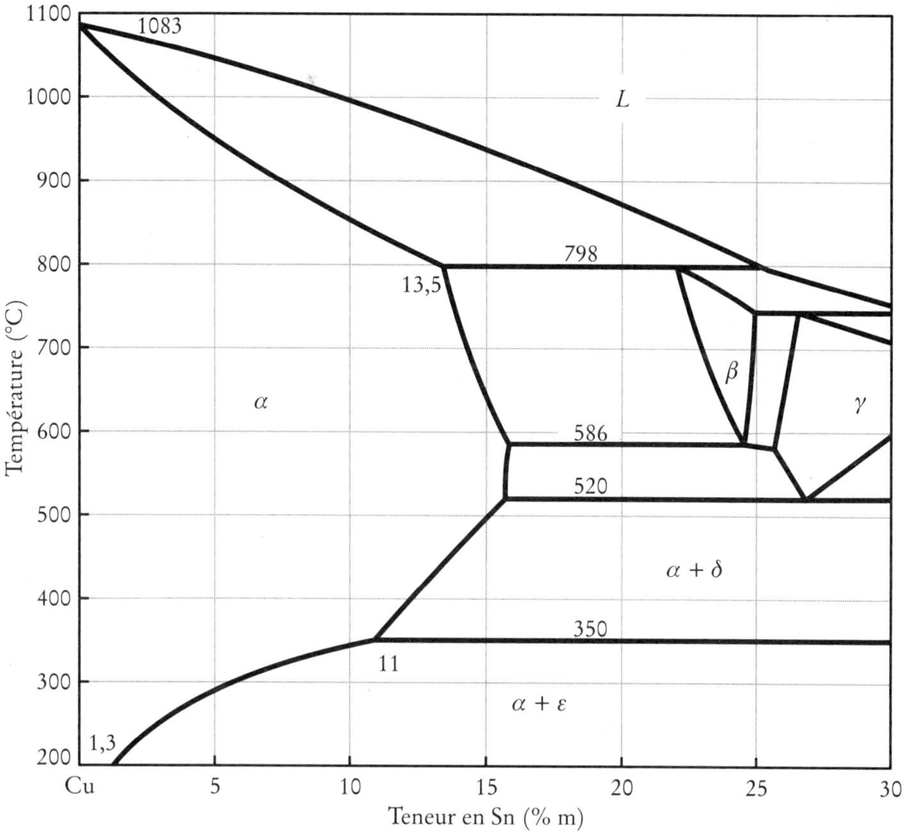

Figure 11.9 Diagramme d'équilibre Cu–Sn.

Parmi leurs utilisations, citons : contacts électriques, soufflets, diaphragmes, disques d'embrayage, ressorts, etc. Quand leur teneur en étain dépasse 10 %, il devient difficile, voire impossible, de mettre les bronzes en forme par déformation plastique, à cause de la présence de la phase δ, dure et fragile. Par contre, ils se prêtent alors fort bien à la fonderie, en raison de leur température de fusion relativement basse et de leur excellente coulabilité. Les alliages de fonderie peuvent contenir jusqu'à 16 % d'étain, ainsi que des additions de zinc et de plomb. On les utilise soit pour leur très bonne résistance à la corrosion (plomberie pour systèmes de vapeur, pompes, vannes, etc.), soit pour leurs bonnes propriétés mécaniques et leur bonne résistance au frottement et à l'usure (coussinets, engrenages et pignons) ; dans ce dernier cas, la présence de la phase δ constitue un avantage certain, et l'addition de plomb améliore encore ces propriétés.

11.2.4 Alliages Cu–Al (les cupro-aluminiums)

Les alliages Cu–Al qui contiennent moins de 9,4 % d'aluminium forment une solution solide α, de structure cubique à faces centrées (fig. 11.10). Ces alliages ont de bonnes propriétés mécaniques, ils sont ductiles et tenaces, et ils ont une bonne résistance à l'usure et à la fatigue. Grâce à la formation, en surface, d'une couche d'alumine, ils résistent bien à la corrosion en atmosphères industrielles et marines. Parmi les utilisations de ces alliages (qui contiennent de 5 à 8 % d'aluminium), citons : les condenseurs, les échangeurs de chaleur, les organes de pompes, les pièces de quincaillerie de marine, etc.

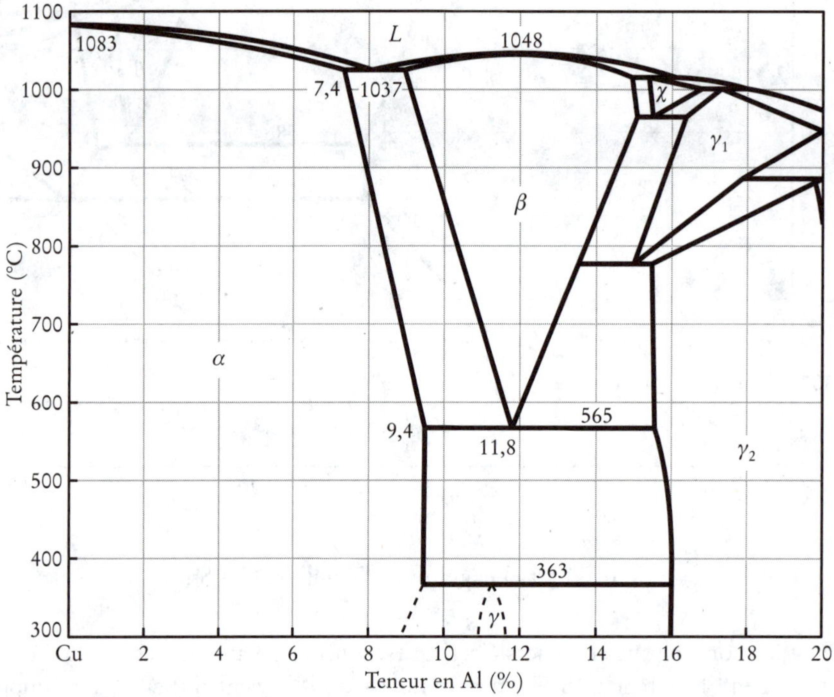

Figure 11.10 Diagramme d'équilibre Cu–Al.

Pour de plus fortes teneurs en aluminium, il y a, au-dessus de 565 °C, apparition de la phase β. Cette phase, cubique centrée, est malléable à chaud. À 565 °C, la phase β contenant 11,8 % d'aluminium est le siège d'une transformation eutectoïde ($\beta \rightarrow \alpha + \gamma_2$) qui donne naissance, comme pour les aciers, à une structure perlitique (fig. 11.11a). Dans ce cas-ci toutefois, la phase γ_2, composé intermétallique, est dure et fragile, et cette perlite, bien qu'elle soit dure, a des propriétés mécaniques médiocres. Cependant, si on refroidit très rapidement la phase β, par trempe à l'eau, elle se transforme en martensite β', de structure hexagonale (fig. 11.11b) ; mais, contrairement à ce qui se produit pour les aciers, cette martensite est moins dure que la perlite (on peut néanmoins améliorer la dureté et les propriétés mécaniques de l'alliage par un revenu vers 500 °C, ce qui provoque une très fine précipitation de la phase γ_2). Les alliages qui contiennent de 10 à 13 % d'aluminium sont le siège de ces réactions. On les utilise pour leurs propriétés mécaniques, leur résistance à l'usure et leur bonne résistance à la corrosion. Des additions de fer et de nickel améliorent leur résistance à chaud et leur résistance à la corrosion et à l'oxydation.

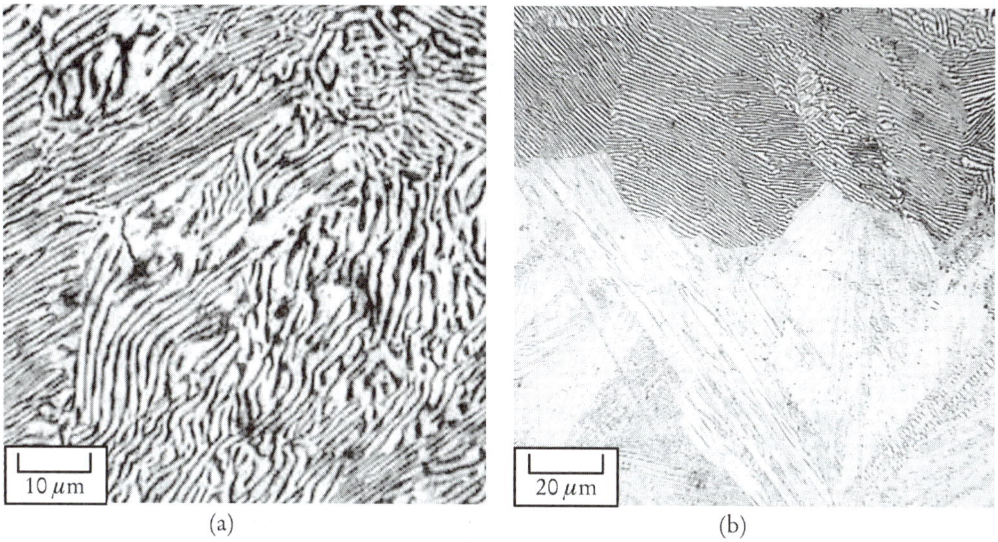

Figure 11.11 Alliage Cu–11,5 %Al : a) structure perlitique $\alpha + \gamma_2$ obtenue par refroidissement lent au four ; b) structure mixte perlite + martensite β' obtenue après refroidissement lent au four jusqu'à 540 °C, puis trempe à l'eau.

11.2.5 Alliages Cu–Ni et Cu–Zn–Ni (les cupronickels et les maillechorts)

Les alliages Cu–Ni dont les teneurs en nickel s'échelonnent de 10 à 30 % sont appelés *cupronickels*. Le cuivre et le nickel étant solubles en toutes proportions (diagramme d'équilibre Cu–Ni, fig. 5.3), les alliages Cu–Ni sont toujours monophasés et de structure cubique à faces centrées. Le nickel, par solution solide, augmente la résistance mécanique du cuivre et, surtout, sa résistance à la corrosion marine ; en fait, plus la teneur en nickel est élevée, meilleure est la résistance à la corrosion. Les cupronickels sont utilisés pour la fabrication de condenseurs de navire, de tubes d'eau de mer, dans l'industrie chimique, etc.

Les alliages ternaires Cu–Zn–Ni, dont la composition en zinc varie de 17 à 27 % et celle en nickel de 8 à 18 %, sont les *maillechorts* (*nickel-silver*). Ces alliages sont monophasés. L'addition de nickel, qui modifie la couleur jaune des laitons en la faisant virer vers le blanc du nickel, permet d'obtenir un aspect agréable. On utilise moins les maillechorts pour leurs propriétés mécaniques, qui restent moyennes, que pour leur excellente résistance à la corrosion et pour leur couleur (pièces d'optique, joaillerie et horlogerie, pièces décoratives, etc.). Par ailleurs, grâce à leur faible conductibilité électrique, on peut en faire des résistances électriques.

11.3 MAGNÉSIUM ET ALLIAGES DE MAGNÉSIUM

Le magnésium est un métal très léger. Sa masse volumique est de 1740 kg/m^3, soit environ les 2/3 de celle de l'aluminium. La majorité des utilisations du magnésium découlent de cette faible masse volumique : industrie aéronautique et spatiale, équipements de manutention, outillage portatif, automobiles et camions, pièces de machinerie soumises à un mouvement alternatif rapide (textile et imprimerie), etc.

La structure cristalline du magnésium est hexagonale compacte (c/a = 1,62). À la température ambiante, le magnésium soumis à la traction ne possède que trois systèmes de glissement ; par conséquent, sa ductilité est relativement faible, et il est difficile de le mettre en forme à froid par déformation plastique (art. 4.2.1). En compression toutefois, la déformation plastique se produit non seulement par glissement, mais également par maclage. Au-dessus de 200 °C, d'autres systèmes de glissement deviennent actifs ; on peut alors mettre le magnésium en forme par déformation plastique (laminage, forgeage, matriçage, filage) avec autant de facilité qu'on le fait pour les métaux à structure cubique. À côté des nuances d'alliages de magnésium destinées à la fonderie, il existe de nombreux alliages corroyés.

Tableau 11.9 Composition et propriétés mécaniques moyennes de quelques alliages de magnésium

Alliage (dés. ASTM)	Composition moyenne (%)	État*	$R_{e0,2}$ (MPa)	R_m (MPa)	A (%)	Caractéristiques d'emploi
AZ31B	3 Al–1 Zn–0,2 Mn	F	200	265	15	Pièces forgées et filées
AZ80A	8 Al–0,2 Zn–0,2 Mn	T5	250	345	6	Filage et matriçage ; durcissable par traitements thermiques
HK31A	3 Th–1 Zr	H24	205	260	8	Produits plats ; bonnes soudabilité et formabilité ; utilisation jusqu'à 350 °C
ZK60A	6 Zn–0,5 Zr	T5	285	350	11	Produits filés et forgés de haute résistance
AZ63A	6 Al–3 Zn–0,2 Mn	T6	120	230	5	Moulage en sable ; bonnes résistance mécanique et ténacité
EZ33A	3 T.R.** –3 Zn	T5	110	160	3	Moulage en sable ou en coquille ; bonne tenue jusqu'à 260 °C
HK31A	3 Th–1 Zr	T6	200	220	8	Moulage en sable ; bonne tenue jusqu'à 350 °C
QE22A	2 Ag–2 T.R.	T6	200	260	4	Moulage en sable ou en coquille par gravité ; haute résistance mécanique

* Les états métallurgiques des alliages de magnésium sont désignés comme ceux des alliages d'aluminium (tabl. 11.1).

** Terres rares, par exemple Ce.

Les principaux éléments d'alliage qu'on ajoute au magnésium permettent d'obtenir un durcissement par solution solide, mais également de rendre ces alliages durcissables par traitements thermiques (durcissement structural semblable à celui qui se produit pour les alliages d'aluminium). Les principaux éléments utilisés à cette fin sont l'Al, le Zn, le Zr, le Mn, l'Ag et le Th. Plusieurs alliages de magnésium, parmi les alliages de fonderie, contiennent des terres rares (Ce, La, Nd, par exemple). Puisque les terres rares forment des composés très stables, aux joints de grain, ces alliages ont une tenue à chaud acceptable et une bonne résistance au fluage, et ce jusqu'à des températures pouvant atteindre 350 °C. Le tableau 11.9 présente les propriétés de quelques alliages de magnésium.

Les alliages de magnésium résistent relativement bien à la corrosion atmosphérique ; ils manifestent une meilleure tenue que les aciers mais, à cet égard, ils ne valent pas les alliages d'aluminium. En milieux humides et en atmosphère marine, il faut les protéger (peinture, vernis, etc.). Dans la série galvanique, le magnésium est très électronégatif (tabl. 8.2) ; par conséquent, au contact d'autres métaux, il est le siège d'une réaction anodique qui provoque une corrosion rapide. On met toutefois cette propriété à profit en utilisant le magnésium pour la fabrication d'anodes sacrificielles qui permettent de protéger les structures ou les navires de la corrosion (art. 8.3.1.1).

11.4 ZINC ET ALLIAGES DE ZINC

La température de fusion du zinc étant de 420 °C, à l'état non allié, ce métal peut fluer à la température ambiante. Ses propriétés mécaniques sont médiocres. Le zinc, dont la structure cristalline est hexagonale compacte ($c/a = 1{,}85$), est ductile à la température ambiante. La principale utilisation du zinc, à l'état commercialement pur ou légèrement allié à l'aluminium, découle de sa grande électronégativité par rapport à celle de l'acier : il sert ainsi à la protection électrochimique de l'acier contre la corrosion. Près de 50 % de la production de zinc est d'ailleurs destinée à la galvanisation de l'acier : galvanisation à chaud par immersion ou par dépôt électrolytique de zinc, poudres de zinc utilisées pour la métallisation par projection ou pour la fabrication de peintures riches en zinc.

On utilise le zinc commercialement pur à l'état laminé (tôles et feuilles) et pour la fabrication de fils électriques ou de plaques de photogravures. Grâce à son excellente résistance à la corrosion atmosphérique, on l'utilise également dans le domaine du bâtiment pour le recouvrement (principalement en Europe).

Par ailleurs, on utilise beaucoup le zinc sous forme d'alliages Zn–Al de fonderie, notamment pour la coulée en coquille sous pression (tabl. 11.10). Les valeurs des propriétés mécaniques qui figurent dans ce tableau sont des valeurs maximales ; en fait, les valeurs des contraintes admissibles dans les pièces de fonderie sont, en raison du fluage, nettement inférieures à celles des limites d'élasticité mentionnées ici. Il faut élaborer ces alliages de fonderie avec du zinc très pur (> 99,99 % Zn), car les impuretés (Pb, Sn, Fe) exercent un effet désastreux sur la ténacité des alliages et sur leur résistance à la corrosion. Tous ces alliages – qui contiennent également du cuivre – diffèrent peu de la composition eutectique (5 % Al), sauf l'alliage ZA27, qui est un alliage hypereutectoïde (fig. 11.12). L'aluminium, puisqu'il améliore la coulabilité du zinc, est indispensable ; il permet en effet d'éviter la dissolution par le zinc liquide de l'acier dont sont faits les moules (coquilles). Le cuivre permet d'améliorer les propriétés mécaniques des alliages de zinc ; toutefois, des transformations structurales, qui se produisent à la température ambiante, affectent la stabilité dimensionnelle des pièces dans le temps. Le magnésium, même à de faibles teneurs, augmente la résistance des alliages de zinc, au détriment cependant de leur coulabilité et de leur ténacité : on limite par conséquent les additions de magnésium à 0,08 %.

Tableau 11.10 Composition et propriétés mécaniques de quelques alliages de zinc coulés en coquille sous pression

Alliage	Composition moyenne (%)	$R_{e0,2}$ (MPa)	R_m (MPa)	A (%)
AG40A (Zamac 3)	4 Al–0,04 Mg	260	280	8
AC41A (Zamac 5)	4 Al–1 Cu–0,04 Mg	310	320	5
ZA8	8 Al–1 Cu–0,02 Mg	285	375	8
ZA27	27 Al–2,2 Cu–0,01 Mg	370	425	3

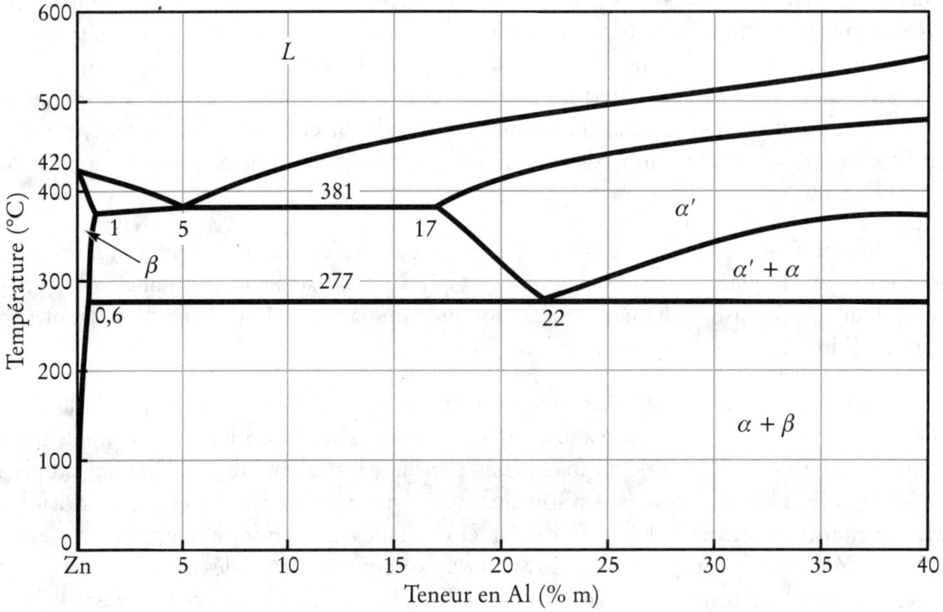

Figure 11.12 Diagramme d'équilibre Al–Zn.

Les alliages ZA8 et ZA27, de conception plus récente, permettent d'étendre les méthodes de fonderie utilisées pour les alliages Zamac ; on peut en effet non seulement les couler en coquille sous pression, mais également en coquille par gravité, et les couler en sable.

Les principaux avantages des alliages de zinc destinés à la fonderie sont leur faible température de fusion (≈ 380 °C) et leur excellente coulabilité, qui permet d'obtenir des pièces de formes compliquées, parfois très minces (0,4 mm), avec une très bonne précision et un faible prix de revient. Sur ce plan, ils concurrencent les alliages de cuivre et d'aluminium et, souvent même, les matières plastiques.

On utilise largement les alliages de zinc dans l'industrie automobile (carburateurs, pompes à essence, décoration, etc.), dans l'électroménager, en quincaillerie (serrurerie, robinetterie, etc.) et en petite mécanique de précision (appareils photographiques, machines à écrire, horlogerie, etc.).

11.5 TITANE ET ALLIAGES DE TITANE

Bien que le titane soit un élément fort abondant dans l'écorce terrestre, ce n'est que vers 1950 qu'on a commencé à l'utiliser sous forme métallique, à l'état pur ou à l'état allié. Ceci découle des difficultés liées à sa métallurgie extractive et des problèmes posés par sa mise en œuvre, faits qui expliquent par ailleurs son prix élevé par rapport à celui des autres métaux.

Les caractéristiques tout à fait particulières du titane et de ses alliages en font un métal de choix pour de nombreuses utilisations, notamment dans les domaines aéronautique et aérospatial et dans l'industrie chimique. La masse volumique du titane (4540 kg/m^3) se situe entre celles de l'aluminium et du fer ; toutefois, le rapport résistance mécanique/masse volumique des alliages de titane est nettement supérieur à celui des autres métaux (fig. 11.13) : pour un matériau donné, plus ce rapport est élevé, plus une pièce est légère, pour un certain niveau de contrainte par rapport à la limite d'élasticité.

La résistance à la corrosion du titane et de ses alliages est excellente (le titane est passivable grâce à la formation d'un film protecteur de TiO_2) ; elle est supérieure à celle des aciers inoxydables. Le titane est insensible aux chlorures et à peu près insensible à la corrosion caverneuse et à la corrosion par piqûres ; dans certaines conditions particulières toutefois, certains alliages de titane peuvent subir une corrosion sous tension. Les alliages de titane peuvent manifester une bonne tenue mécanique à chaud (jusque vers 700 °C) et une bonne résistance à l'oxydation ; cependant, à des températures plus élevées, ils risquent de se charger en impuretés (oxygène, hydrogène), ce qui altère leurs propriétés mécaniques. Le tableau 11.11 présente les propriétés mécaniques de quelques alliages de titane.

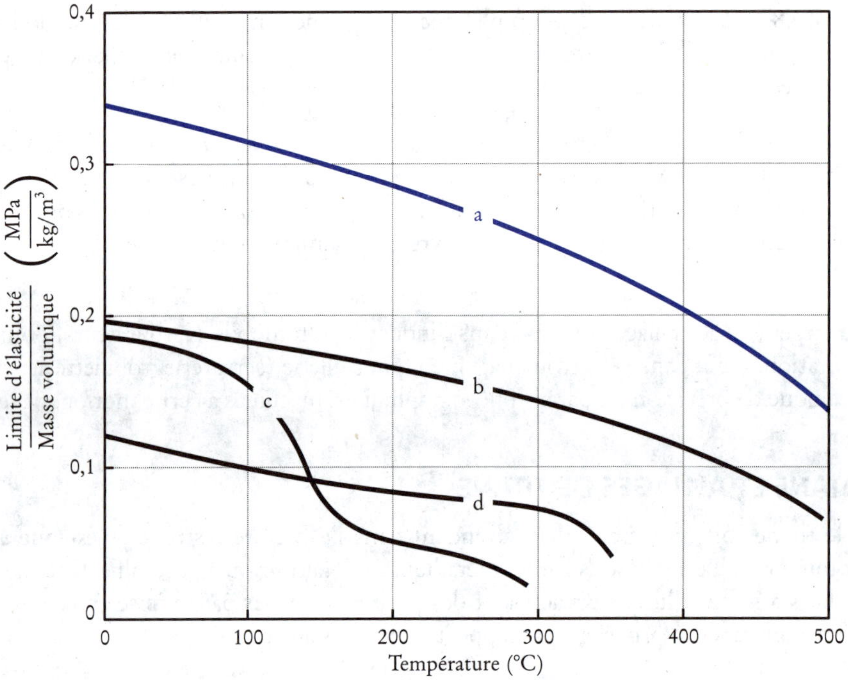

Figure 11.13 Comparaison entre les rapports limite d'élasticité/masse volumique, pour divers alliages : a) Ti–6 % Al–4 % V ; b) acier 4340 ; c) aluminium 7075-T6 ; d) magnésium HK31A.

Tableau 11.11 Composition et propriétés mécaniques moyennes de quelques alliages de titane

Alliage (type)	**Composition moyenne (%)**	**État***	$R_{e0,2}$ **(MPa)**	R_m **(MPa)**	A **(%)**
α	99,2 Ti	R	450	525	25
α	5 Al–2,5 Sn	R	800	900	20
Super α	8 Al-1 Mo-1 V	TR	950	1000	15
$\alpha + \beta$	6 Al-4 V	R TR	950 1120	1000 1200	15 10
$\alpha + \beta$	6 Al–6 V–2 Sn	R TR	1000 1200	1100 1300	14 10
β	13 V–11 Cr–3 Al	TR	1200	1250	8

* R : recuit ; TR : trempé et revenu.

11.5.1 Titane non allié

À haute température, la structure cristalline du titane est cubique centrée (titane β) ; à 882 °C, le titane subit une transformation allotropique : sa structure devient alors hexagonale compacte (titane α). La transformation $\beta \rightarrow \alpha$ se fait par transformation martensitique (transformation cristallographique) et non par un mécanisme de germination et de croissance par diffusion, comme c'est le cas pour la transformation allotropique du fer ($\gamma \rightarrow \alpha$). Ce phénomène exerce une très grande influence sur les microstructures du titane et de ses alliages, comme nous le verrons plus loin.

Grâce au rapport c/a de la maille hexagonale du titane (c/a = 1,587), il y a suffisamment de systèmes de glissement (sur les plans de base et sur les plans prismatiques) pour que ce métal soit ductile à toute température et qu'il ne présente aucune transition ductile-fragile. Bien que la limite d'endurance du titane ne soit pas définie, sa limite de fatigue à 10^8 cycles est bonne (elle est au moins égale à la moitié de sa résistance en traction).

Le titane est sensible à la présence d'impuretés en solution d'insertion (H, C, O et N). Ces éléments, puisqu'ils sont plus solubles dans la phase α que dans la phase β, ne peuvent pas être mis en solution sursaturée par trempe (contrairement au carbone dans le fer α) et n'exercent que peu d'effet durcissant. À cause de la formation de composés intermétalliques (hydrures, carbures, etc.), ces éléments ont un effet néfaste sur la ténacité et la ductilité du titane ; on tend par conséquent à limiter leur présence, autant que faire se peut.

Le titane non allié est utilisé dans l'industrie aéronautique et dans les industries chimique et cryogénique.

11.5.2 Alliages de titane

Dans les alliages de titane, les éléments d'addition exercent une influence sur la stabilité des phases α et β (fig. 11.14). On distingue en général les éléments alphagènes (l'aluminium et les éléments en solution d'insertion O, C et N), qui ont pour effet d'augmenter la température de transformation $\alpha \rightarrow \beta$, des éléments bêtagènes, qui, au contraire, abaissent cette température de transformation. Les éléments bêtagènes peuvent être isomorphes (V, Mo, Nb et Ta ; fig. 11.14c) ou eutectoïdes (Fe, Cr, Mn et Si ; fig. 11.14d). Certains éléments (Sn et Zr) sont par ailleurs neutres. Les alliages industriels de titane comportent au moins deux éléments d'addition ; on les classe, selon leur structure à la température ambiante, en alliages alpha, en alliages alpha-bêta et en alliages bêta.

11.5.2.1 Alliages alpha

Les alliages alpha contiennent essentiellement des éléments alphagènes et neutres ; ils peuvent en outre contenir de petites additions d'éléments bêtagènes, qui entraînent alors l'apparition d'une faible quantité de phase β (alliages super-alpha). Les alliages alpha résistent bien au fluage (jusque vers 650 °C) et à l'oxydation (jusque vers 1100 °C), ce qui permet de les mettre en forme par forgeage. Cependant, ils sont peu déformables à froid et ne répondent pas (ou répondent peu) aux traitements thermiques.

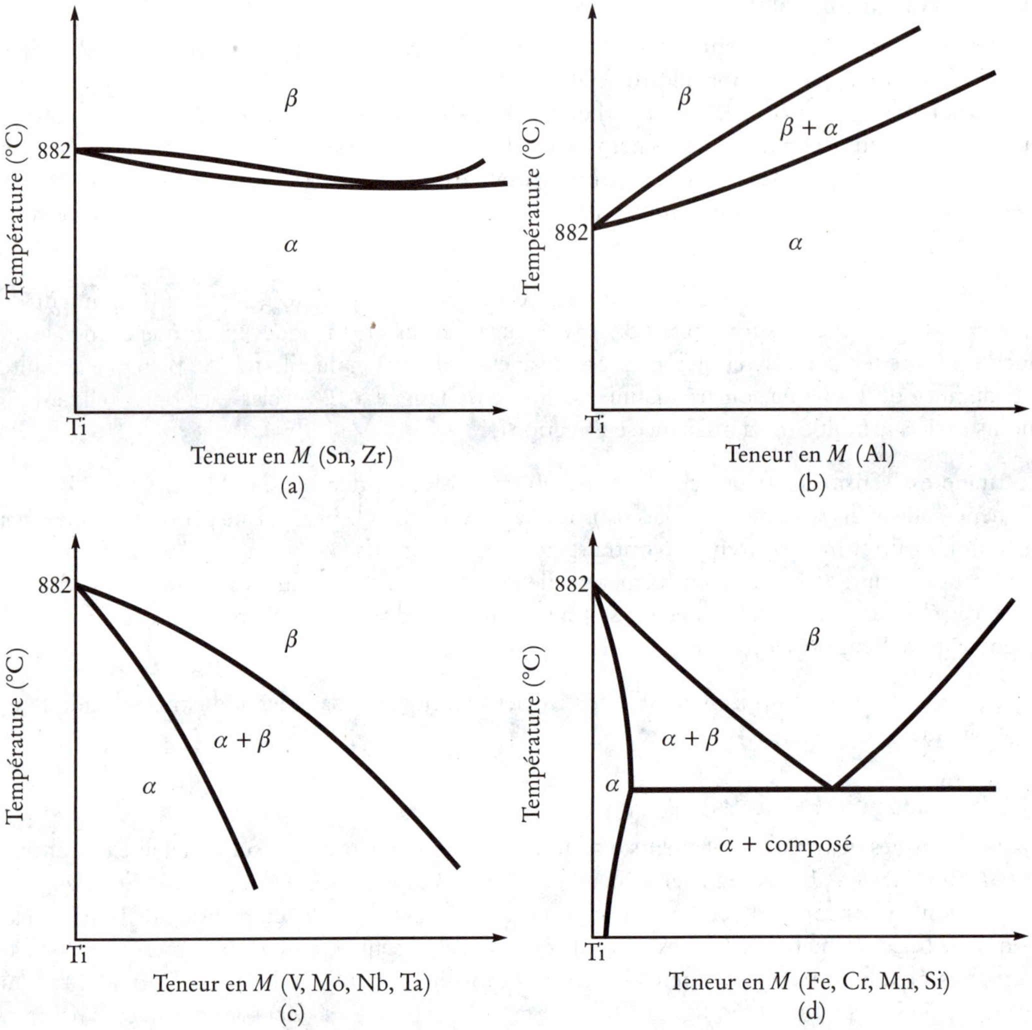

Figure 11.14 Influence des éléments d'alliages sur les transformations du titane : a) éléments neutres ; b) éléments alphagènes ; c) éléments bêtagènes isomorphes ; d) éléments bêtagènes eutectoïdes.

11.5.2.2 Alliages alpha-bêta

Les alliages alpha-bêta, biphasés, sont les plus utilisés. Ils acquièrent, après traitements thermiques, des propriétés mécaniques élevées, ce qui ne les empêche pas de conserver une assez bonne ductilité. Leur résistance au fluage s'étend jusque vers 550 °C.

11.5.2.3 Alliages bêta

Les alliages bêta contiennent essentiellement des éléments bêtagènes. À la température ambiante, ils se prêtent bien à la déformation mais, du fait de leur structure cubique centrée, ils présentent une transition ductile-fragile vers -60 °C. On peut difficilement les utiliser à chaud, car leur structure β devient instable vers 350 °C.

Nous l'avons dit plus haut, la transformation allotropique du titane est une transformation martensitique, ce qui confère aux alliages de titane des microstructures particulières. Pour étudier les transformations et les structures qui résultent des divers traitements thermiques, nous examinerons plus particulièrement l'alliage Ti–6 % Al–4 % V. Cet alliage largement employé, qui représente environ 50 % de la production de titane, offre une excellente combinaison de résistance mécanique et de ténacité. On l'utilise notamment dans les domaines aéronautique et aérospatial pour la fabrication de récipients sous pression, d'éléments de structure, d'aubes de turbines et de compresseurs ; grâce à sa grande résistance à la corrosion et à son inertie chimique, il sert également à la fabrication d'implants chirurgicaux.

La figure 11.15 montre la microstructure de l'alliage Ti–6 % Al–4 % V chauffé à 1050 °C (donc au-dessus de la température de formation de la phase β), puis refroidi à l'air. On y voit des aiguilles de phase α entourées de phase β : l'épaisseur des aiguilles dépend de la vitesse de refroidissement.

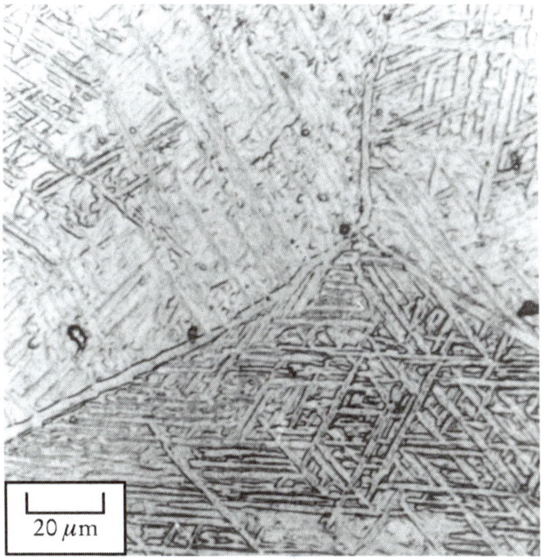

Figure 11.15 Microstructure d'un alliage Ti–6 % Al–4 % V chauffé à 1050 °C et refroidi à l'air. Aiguilles de phase α entourées de phase β.

L'orientation régulière des aiguilles de phase α découle de leurs relations cristallographiques avec la phase β de départ. On ne peut obtenir la microstructure de la figure 11.16 qu'en effectuant une déformation plastique dans le domaine biphasé α–β. Dans le cas illustré ici, la microstructure, qui provient d'une pièce forgée à 850 °C, puis chauffée à 925 °C et refroidie à l'air, présente des grains α équiaxes et d'anciens grains β partiellement transformés en α. Si cette pièce était chauffée au-dessus du point de transformation $\alpha \rightarrow \beta$, la microstructure serait aciculaire (comme celle de la figure 11.15). Il est impossible ici de passer d'une structure aciculaire à une structure équiaxe sans effectuer un corroyage dans les domaines α–β ou α (ce qu'on peut faire avec les aciers grâce à un traitement de normalisation). Ce phénomène est appelé «hérédité structurale des alliages de titane». Bien qu'elles soient plus dures et plus résistantes, on ne recherche pas pour autant les structures aciculaires, car elles sont moins ductiles et moins tenaces que les structures équiaxes.

On obtient les meilleures propriétés mécaniques des alliages de titane alpha-bêta en effectuant une mise en solution dans le domaine biphasé, puis une trempe à l'eau et un revenu de quelques heures à une température comprise entre 500° et 700 °C. Pendant la trempe, la phase β se transforme en martensite α', qui n'est pas dure (comme le serait la martensite Fe–C), mais dont les propriétés sont améliorées lors du revenu grâce à la formation en son sein de très fines zones de phase α.

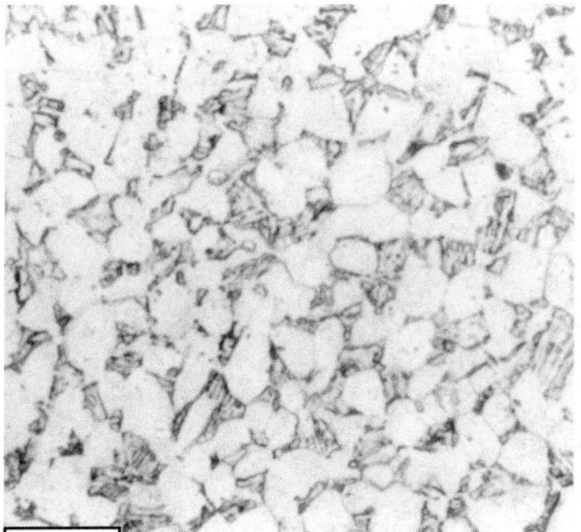

Figure 11.16 Alliage Ti–6 % Al–4 % V forgé à 850 °C, puis chauffé à 925 °C et refroidi à l'air. Structure équiaxe de grains α avec du β transformé ($\alpha + \beta$).

11.6 ALLIAGES RÉFRACTAIRES

Pour de nombreuses applications, il a fallu mettre au point des alliages qui, sans qu'il se dégradent par oxydation, conservent des propriétés mécaniques acceptables à haute température : il s'agit des alliages réfractaires employés à des températures pouvant s'échelonner de 700 à 1000 °C, selon les cas. À des températures inférieures, on peut recourir à certains aciers inoxydables (chap. 10). Nous commencerons par décrire les principales qualités que doivent avoir les alliages réfractaires et par recenser leurs principaux domaines d'utilisation ; après quoi, nous étudierons les trois principales classes d'alliages réfractaires : les alliages à base de fer et de nickel, les alliages à base de nickel et les alliages à base de cobalt. On appelle souvent ces alliages des «*superalliages*».

L'utilisation à haute température des alliages métalliques engendre des problèmes de deux ordres : leurs résistances à l'oxydation et au fluage sont médiocres, ou parfois même tout à fait inacceptables.

Les milieux dans lesquels on a recours aux alliages réfractaires sont en général, aux températures d'utilisation, très agressifs : air, gaz de combustion, produits chimiques, métaux liquides et sels fondus, par exemple. Il faut que la dégradation de ces alliages, par oxydation, par réaction avec le milieu ou par dissolution, soit la plus faible possible. Le chrome et, dans une moindre mesure, l'aluminium sont les éléments essentiels qui permettent d'obtenir une bonne protection contre l'oxydation, car, pour ces éléments, il y a formation d'un film d'oxyde protecteur (art. 8.4.2).

Le second problème posé par l'utilisation à haute température des alliages découle de leur tenue mécanique et, en particulier, de leur résistance au fluage (sect. 7.3). Les propriétés des alliages réfractaires mesurées par des essais de traction à diverses températures importent peu ; c'est plutôt la contrainte de rupture mesurée après un certain temps de mise en charge, ou leur vitesse de déformation en fonction de la contrainte appliquée et de la température, qui ont de l'importance. La figure 11.17 présente, pour les trois principales classes d'alliages réfractaires, les valeurs des contraintes qui provoquent la rupture, après 1000 heures d'application, en fonction de la température d'essai.

Plusieurs facteurs permettent d'accroître la résistance au fluage : le durcissement de la matrice par des éléments en solution solide, la présence de carbures et l'apparition de phases intermétalliques très fines et dispersées dans la matrice. Les structures obtenues doivent être stables à la température d'utilisation, sans pour autant avoir tendance à coalescer ou à se dissoudre dans la matrice.

Il existe un très grand nombre d'alliages réfractaires, dont chacun satisfait à des conditions d'utilisation particulières. La composition de quelques-uns de ces alliages est présentée au tableau 11.12.

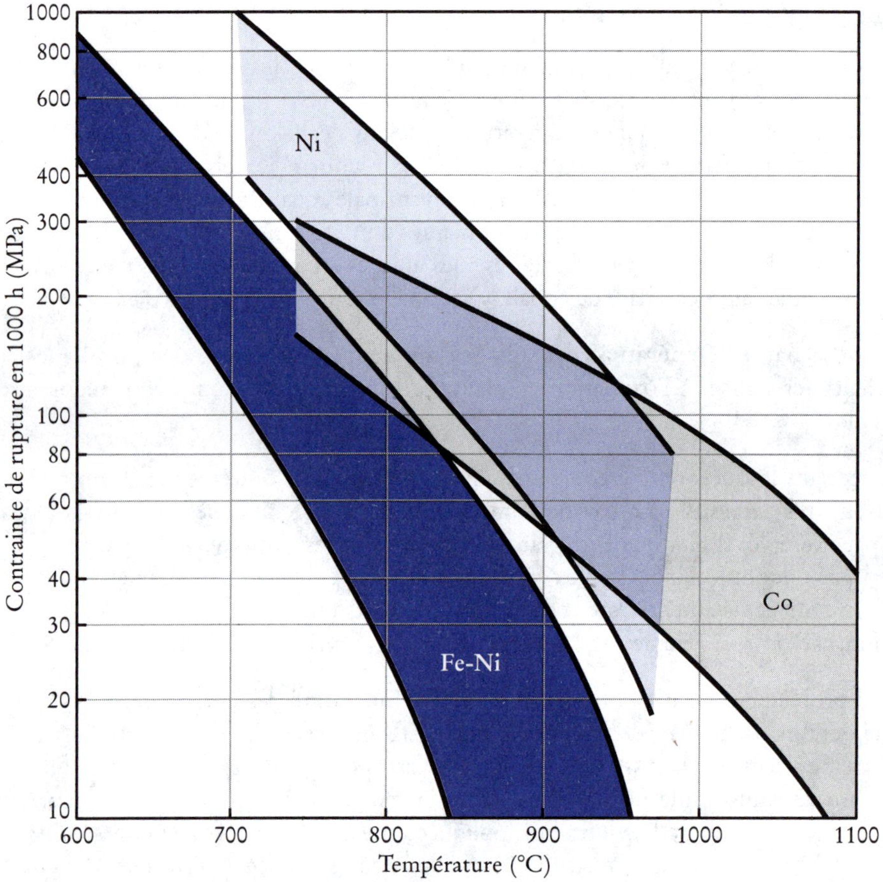

Figure 11.17 Contrainte de rupture en 1000 h, en fonction de la température, pour les trois types d'alliages réfractaires.

Les utilisations des alliages réfractaires sont multiples ; citons les suivantes :

- Résistances électriques chauffantes. On recherche ici, avant la résistance au fluage, la résistance à l'oxydation et les propriétés électriques.
- Soupapes d'échappement de moteurs à combustion interne. Les alliages doivent ici résister à l'oxydation due aux gaz d'échappement, à l'usure et aux déformations. Les températures d'utilisation peuvent atteindre 750 °C.
- Fours industriels et équipements de traitements thermiques. Les températures d'utilisation peuvent atteindre plus de 1000 °C. Néanmoins, c'est surtout la résistance à l'oxydation qui est importante selon les atmosphères utilisées (oxydantes ou réductrices) ainsi que la résistance aux chocs thermiques. Les contraintes appliquées aux pièces ou aux équipements sont souvent très faibles.

- Industrie pétrochimique. Dans les équipements utilisés ici, les températures et les pressions sont souvent élevées, et les milieux sont très corrosifs (H_2, H_2S, hydrocarbures, acides, etc.).
- Centrales thermiques. Construction de chaudières, d'échangeurs de chaleur ou de turbines.
- Industrie aéronautique. C'est dans les turboréacteurs que les températures sont les plus élevées. Pour améliorer le rendement de ces moteurs, on cherche à augmenter la température d'entrée des gaz de combustion ; en effet, une augmentation de 900 à 1200 °C de cette température entraîne une amélioration du rendement de 20 %. Actuellement, la température maximale dans les turboréacteurs modernes se situe à environ 1100 °C, faute de matériaux adéquats.

11.6.1 Alliages réfractaires à base de fer et de nickel

Les alliages à base de fer et de nickel ont une matrice austénitique et contiennent toujours au moins 25 % de nickel pour contrer l'action alphagène du chrome (10 à 25 % Cr) nécessaire à la résistance à l'oxydation. Plus leur teneur en nickel est élevée, meilleure est la tenue en température de ces alliages. Leur matrice est durcie par des éléments d'addition, parmi lesquels on trouve, outre le chrome : le molybdène (≤ 2 %), le titane (≤ 4 %), le niobium (≤ 6 %) et l'aluminium (≤ 1 %). Les principales phases dispersées dans ces alliages sont les phases $Ni_3(Al, Ti)$, Ni_3Nb et Ni_3Ti.

11.6.2 Superalliages à base de nickel

Il existe plus d'une centaine de compositions différentes de superalliages de nickel (le tableau 11.12 en donne quelques exemples). La matrice de ces alliages est de structure cubique à faces centrées (austénite γ) ; on peut en améliorer la résistance par l'addition d'éléments en solution solide (Cr, Mo, W, Co, etc.), car ces éléments diminuent la mobilité des dislocations. Ces superalliages contiennent toujours, en proportion souvent importante (jusqu'à 60 %), une phase intermétallique γ', $Ni_3(Al, Ti)$, obtenue par un traitement de mise en solution suivi d'un vieillissement. Cette phase γ', très dure, est de structure ordonnée cubique à faces centrées, comme la matrice ; elle est cohérente avec la matrice mais, puisque son paramètre réticulaire est légèrement différent de celui de la matrice, cela entraîne l'apparition de contraintes d'interface importantes (fig. 11.18). Ces précipités, très fins (de 5 à 300 nm), ont une forme cubique. Quand la fraction volumique de la phase γ' est importante, il y a augmentation de la résistance mécanique de l'alliage vers 800 °C, car le degré d'ordre dans ces précipités augmente avec un accroissement des contraintes dans le réseau de la matrice.

La tenue en température de ces alliages est limitée par le grossissement des précipités γ' et par leur instabilité ; à cause de ces phénomènes, il se produit une chute rapide des caractéristiques de fluage vers 1000 °C.

Outre la phase γ', les superalliages à base de nickel contiennent également des carbures ; leur teneur en carbone peut atteindre 0,2 % pour les alliages corroyés et 0,6 % pour les alliages de fonderie. Les carbures se forment dans la matrice, mais également aux joints de grains ; les joints de grains sont ainsi bloqués lors du fluage, et les carbures évitent que leur décohésion ne se produise. Il faut toutefois éviter que les carbures ne forment un réseau continu aux joints de grains, car cela entraînerait une diminution de la ténacité.

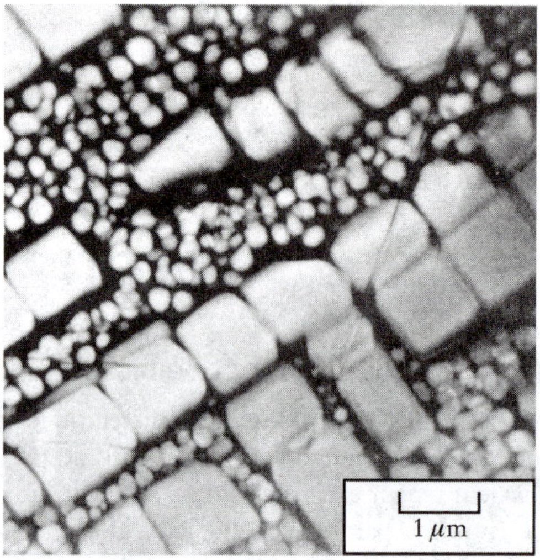

Figure 11.18 Structure duplex des précipités cohérents de Ni_3Al dans le superalliage René77. La faible différence entre le paramètre réticulaire de la matrice de nickel et celui des précipités fait que les gros précipités ont une forme cubique, typique de la maille cristalline de la matrice. Microscopie électronique en transmission. Cliché : S.D. Antolovich (Université de Washington).

Dans le but de diminuer le fluage aux joints de grains, on fabrique maintenant, par fonderie, des aubes de turbine dont tous les grains sont orientés selon l'axe de l'aube ; la cission aux joints est alors très faible, et le fluage s'en trouve réduit d'autant. Pour supprimer complètement le fluage aux joints de grains, il existe également des aubes monocristallines.

11.6.3 Superalliages à base de cobalt

Les microstructures des alliages à base de cobalt sont plus simples que celles des alliages à base de nickel. Essentiellement, elles consistent en une matrice de structure cubique à face centrées, renforcée par des solutions solides de chrome (20 à 30 %), de tungstène (5 à 15 %) et de nickel (≤ 22 %) ; on y retrouve également divers autres éléments (W, Nb, Fe, Mo, Ta). La teneur en carbone des superalliages à base de cobalt pouvant atteindre 1,2 %, il se produit une dispersion importante de divers carbures dans la matrice. Ces carbures se forment aux joints de grains et aux dislocations, ce qui réduit les déformations dues au fluage. La résistance à la corrosion due aux gaz de combustion (gaz contenant du soufre, du vanadium et du plomb) est beaucoup plus élevée pour les alliages à base de cobalt que pour les alliages à base de nickel. Par ailleurs, ces alliages sont moins sensibles à la surchauffe que les alliages à base de nickel (grossissement et dissolution de la phase γ'), bien que leur résistance mécanique soit relativement faible. On les utilise largement pour la fabrication de pièces soumises à de bas niveaux de contraintes pendant de longues périodes, mais à des températures très élevées (entre 800 et 1200 °C), comme les vannes de turbines.

Tableau 11.12 Composition et propriétés mécaniques de quelques alliages réfractaires

Alliage (désignation)*	Composition moyenne (%)										Contrainte de rupture en 1000 h	
	C	Fe	Cr	Ni	Co	Mo	W	Ti	Al	Autres	(°C)	(MPa)
Alliages Fe-Ni		s										
		o										
Incolloy 801	0,05	l	20,5	32	–	–	–	1,3	–		650	180
Discalloy	0,08	d	13,5	26	–	3	–	1,8	–		650	125
N-155	0,15	e	21	20	20	3	2,5	–	–	1 Nb	650	140
Alliages Ni												
Inconel 700	0,12	9	15		28,5	3,8	–	2,2	3		850	125
Nimonic 115	0,15	–	15	s	15	3,5	–	4	5		850	190
Waspalloy	0,07	0,8	20	o	13,5	4,5	–	3	1,4		850	125
MAR.M200	0,15	–	9	l	10	–	12,5	2	5		850	310
IN100	0,20	–	10	d	15	3	–	5	5,5	1 V (B + Zr)	850	260
René 41	0,10	1,8	19	e	11	10	–	3	1,5		850	100
Alliages Co					s							
					o							
HS31	1,0	0,8	21,5	–	l	–	9	0,8	–		850	110
MAR.M322	0,5	1,5	25,5	10,5	d	–	7,5		–	2,2 Zr–4,5 Ta	850	140
					e							

* Marques commerciales.

Chapitre 12

MATIÈRES PLASTIQUES

Si l'Homme a déjà vécu l'âge de pierre et l'âge du bronze, et s'il vit encore l'âge du fer, on peut avancer sans risque que, depuis une trentaine d'années, il est également entré dans «l'âge des matières plastiques». De 1960 à 1973, l'utilisation de ces matériaux a connu un taux de croissance annuel compris entre 10 et 20 %. Depuis, la progression annuelle s'est maintenue aux alentours de 6 %, et on n'envisage pas de ralentissement pour les prochaines décennies. Toutefois, la compétition entre ces matériaux et les matériaux traditionnels est devenue de plus en plus âpre.

Lorsqu'il doit choisir un matériau, l'ingénieur ne peut plus ignorer les propriétés, les avantages et les limites des matières plastiques. En effet, et ce pour de nombreuses utilisations, il y a bien souvent un plastique qui puisse avantageusement remplacer un matériau plus traditionnel. N'oublions pas que les plastiques, puisqu'on peut les fabriquer «sur mesure», peuvent satisfaire à des exigences aussi complexes que la formabilité, la transparence, la rigidité, la résistance, l'inaltérabilité et le choix de la couleur. Dans ce chapitre, nous nous sommes fixé comme objectif de mettre en évidence les différences qui existent entre les matières plastiques et les métaux et les céramiques, ainsi que les principes qui régissent leur fabrication, sans oublier les microstructures qui résultent de ce mode de fabrication et les propriétés (mécaniques, physiques et chimiques) qui en découlent.

12.1 COMPOSITION CHIMIQUE

12.1.1 Unités fondamentales ou monomères

Comme leur nom l'indique, les polymères sont constitués d'un grand nombre (du grec *polus*, «nombreux») d'unités fondamentales (du grec *meros*, «parties»), les *monomères*, lesquels sont des molécules organiques dont le noyau est essentiellement constitué d'un atome de carbone (ou de silicium, dans le cas des polymères siliconés).

Ces monomères sont les éléments de base de tous les polymères de masse moléculaire élevée, qu'il s'agisse des macromolécules biologiques qu'on trouve dans les organismes vivants (ADN, ARN, collagène, etc.), des polymères synthétiques (plastiques, élastomères, etc.) ou des polymères naturels (caoutchouc, cellulose, etc.).

L'atome de carbone, qui possède quatre électrons de valence, peut établir des liaisons covalentes avec des atomes de même nature (cas du diamant) ou de nature différente (fig. 12.1a et 12.1b). Ainsi, l'atome de carbone situé au centre du tétraèdre (fig. 12.1a) est lié à ses quatre voisins par quatre liaisons covalentes ; l'angle formé par deux liaisons est de 109°. À la figure 12.1b, on a représenté deux monomères simples, l'éthane (C_2H_6) et le chloréthane (C_2H_5Cl), par un schéma bidimensionnel qui ne rend pas compte de l'angle de 109° formé par les liaisons des atomes de carbone. Par ailleurs, on remarque que l'atome de carbone peut être lié soit à lui-même, soit à un élément électropositif (H^+), soit à un élément électronégatif (Cl^-). En outre, l'énergie de liaison entre les divers atomes d'une molécule organique est relativement élevée (tabl. 12.1).

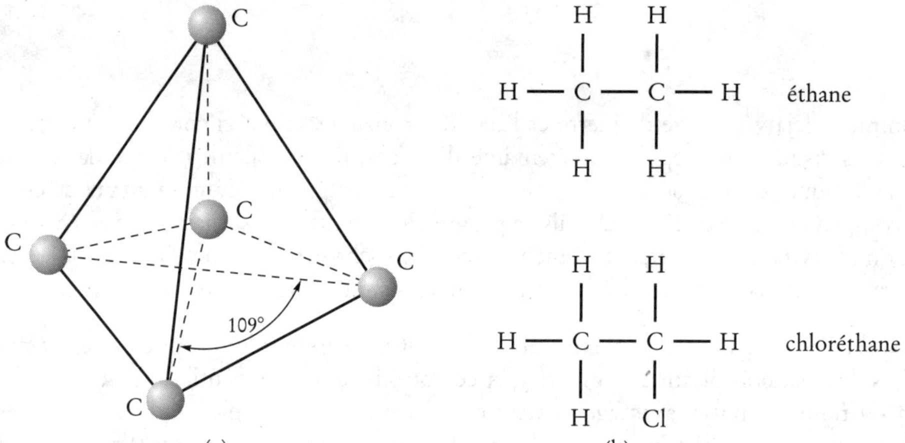

(a) (b)

Figure 12.1 a) Représentation tridimensionnelle des liaisons covalentes C–C dans le diamant.
b) Représentation bidimensionnelle de deux monomères simples.

Tableau 12.1 Énergie de liaison dans les molécules organiques

Liaison	Énergie* (kJ/g·mol)	Distance (nm)	Liaison	Énergie* (kJ/g·mol)	Distance (nm)
C–C	368	0,15	C–Cl	340	0,18
C=C	678	0,13	O–H	498	0,10
C≡C	892	0,12	O–O	218	0,15
C–H	435	0,11	O–Si	377	0,18
C–N	306	0,15	N–H	431	0,10
C-O	360	0,14	N–O	251	0,12
C=O	536	0,12	H–H	435	0,074
C–F	452	0,14			

* Ces valeurs sont approximatives, car elles dépendent du type de liaisons voisines. Par exemple, la liaison C–H a une énergie de 435 kJ/g·mol dans le méthane (CH_4), de 410 kJ/g·mol dans l'éthane (C_2H_6) et de 377 kJ/g·mol dans le trichlorométhane ($CHCl_3$).

Tableau 12.2 Composition des principaux polymères linéaires (homopolymères)

Polymère (abréviation)	Développement du monomère	Polymère (abréviation)	Développement du monomère
Polyéthylène (PE)	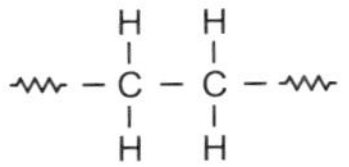	Polyamide 6 (PA 6) (Nylon 6)	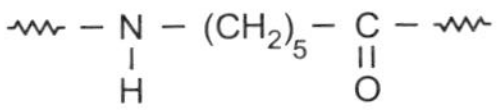
Polypropylène (PP)	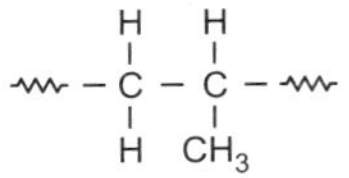	Polytéréphtalate d'éthylène (polyester saturé) (PETP)	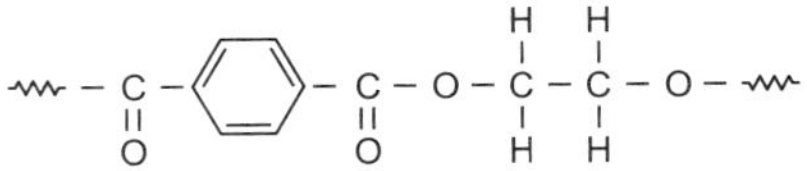
Polychlorure de vinyle (PVC)	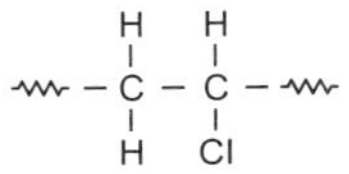	Polycarbonate (PC)	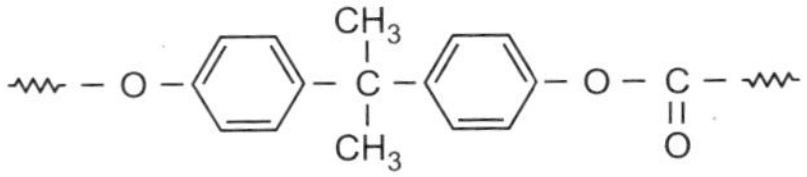
Polychlorure de vinylidène (PVDC)	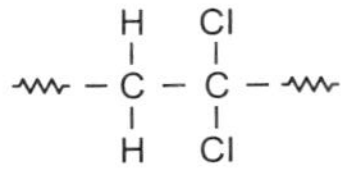	Polysulfone (PSU)	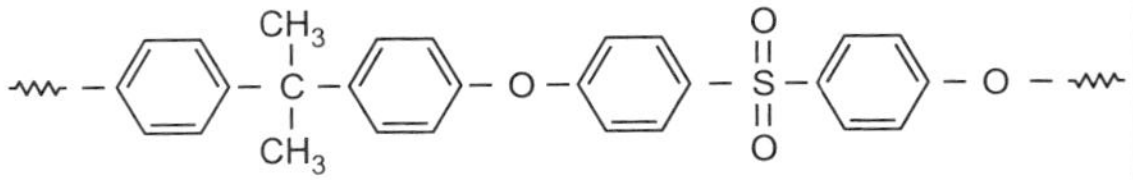
Polystyrène (PS)	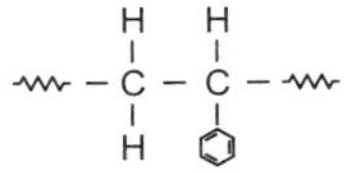		
Polyméthacrylate de méthyle (PMMA)	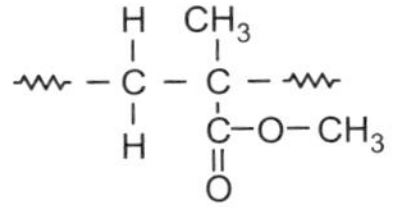	Cellulose	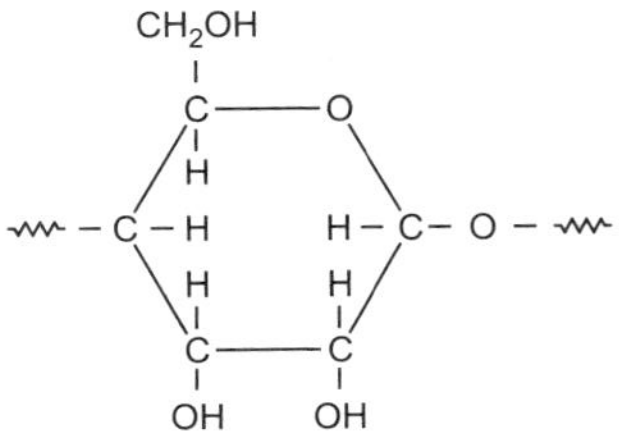
Polyacrylonitrile (PAN)	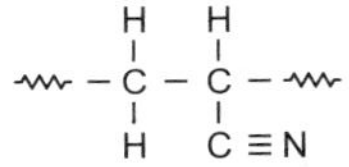		
Polytétrafluoroéthylène (PTFE)	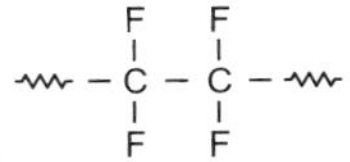	Polybutadiène (PB)	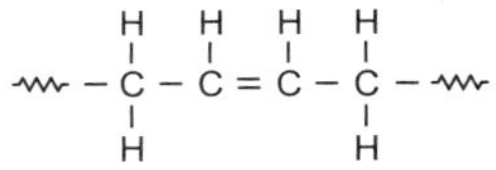
Polyoxyméthylène (POM) (polyacétal)	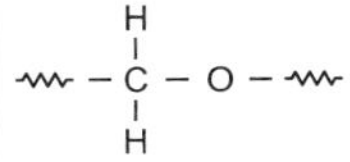	Polyisoprène (PiP)	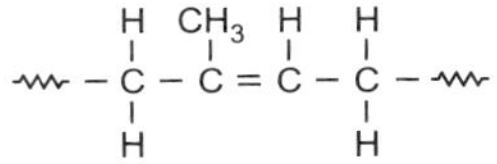

Le tableau 12.2 recense les monomères les plus fréquemment utilisés pour la synthèse des polymères. Les hydrocarbures insaturés (les oléfines), qui constituent le groupe le plus important, diffèrent des hydrocarbures saturés (méthane, éthane, propane, etc.) par la présence d'une double liaison C=C, qui peut être ouverte et devenir X–C–C–X, et à laquelle d'autres monomères peuvent se lier aux points notés X. Dans un monomère, il faut qu'un nombre suffisant de liaisons puissent s'ouvrir pour rendre possible l'addition d'autres monomères, de même nature ou de nature différente. Pour rendre compte de ce nombre potentiel de liaisons, on parle de la *fonctionnalité* du monomère. Ainsi, le monomère «éthylène» est dit bifonctionnel, car la liaison C=C peut s'ouvrir à deux autres monomères voisins. En ce qui concerne les alcools, les amines et les acides, ce sont respectivement les liaisons OH, NH et COH qui peuvent s'ouvrir pour permettre l'addition d'autres monomères. L'éthylène glycol (un bialcool d'éthylène) $HO–CH_2–CH_2–OH$ est ainsi bifonctionnel, grâce à ses deux liaisons OH, même s'il ne comporte aucune double liaison C=C. Cette définition de la fonctionnalité est bien entendu simplifiée (le lecteur peut trouver dans n'importe quel bon manuel de chimie organique tous les détails concernant cette question).

12.1.2 Polymérisation par addition

Nous allons maintenant étudier comment les polymères, ces molécules géantes, se forment à partir de monomères dont la masse moléculaire est beaucoup plus faible.

La réaction de polymérisation la plus simple est celle du *polyéthylène* $(C_2H_4)n$ (fig. 12.2). La représentation de ces chaînes moléculaires en deux dimensions ne permet pas de mettre en évidence la disposition stérique (dans les trois dimensions de l'espace) des divers atomes ou des radicaux qui constituent la chaîne (la figure 12.3 montre par contre la chaîne de polyéthylène vue en perspective). Cette notion de disposition stérique des atomes et des radicaux est extrêmement importante, notamment lorsqu'on étudie la microstructure des polymères et, plus particulièrement, les diverses possibilités d'agencement des chaînes dans l'espace et les propriétés mécaniques qui en découlent (sect. 12.2 et 12.4). La réaction de polymérisation du polyéthylène est une *polymérisation par addition*, au cours de laquelle les monomères réagissent ensemble, sans engendrer aucun sous-produit de la réaction (fig. 12.2). Pour obtenir une telle réaction, il faut bien entendu ouvrir la double liaison C=C du monomère : c'est un réactif chimique (appelé initiateur) qui, ajouté au monomère, permet d'ouvrir cette double liaison. L'initiateur possède un électron libre ou un groupe ionisé (par exemple un peroxyde organique comme le $(CH_3)_3COOC(CH_3)_3$ – qui attire un des deux électrons qui participent à la double liaison C=C (fig. 12.4). Le second électron de cette double liaison s'associe alors à un électron du même type, appartenant à un autre monomère dont la double liaison a également été ouverte. La macromolécule linéaire croît ainsi par addition de monomères, jusqu'à ce que deux segments de chaînes se rejoignent ou qu'un segment en croissance rencontre un nouveau radical R_2, lequel met fin à sa croissance. Cette polymérisation est une réaction en chaîne dont la cinétique peut être très rapide, et qu'on peut contrôler au moyen d'additifs (retardateurs).

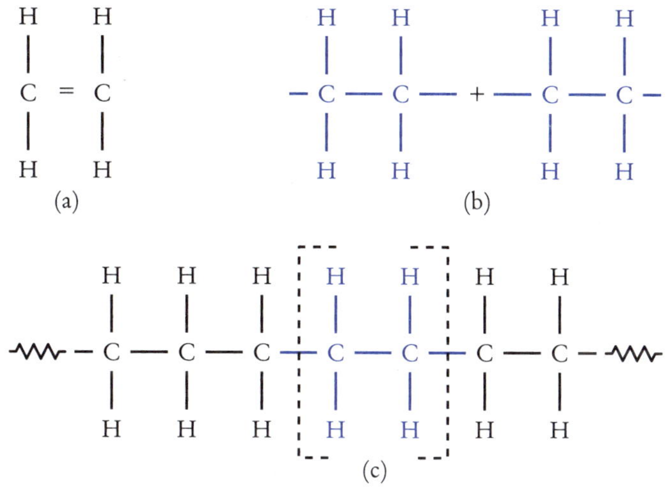

Figure 12.2 a) Molécule d'éthylène, C_2H_4. b) L'ouverture de la double liaison C=C laisse deux liaisons libres –C–C–. c) Mise en évidence du monomère dans une chaîne linéaire de polyéthylène. Le symbole (∿∿) signifie que la chaîne peut se poursuivre à cette extrémité.

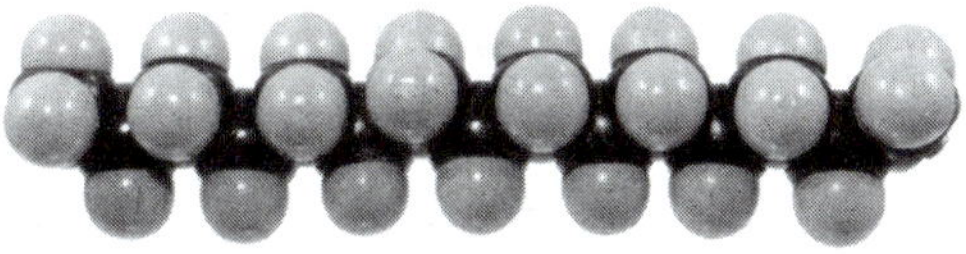

Figure 12.3 Disposition tridimensionnelle des atomes de carbone et d'hydrogène dans la chaîne de polyéthylène.

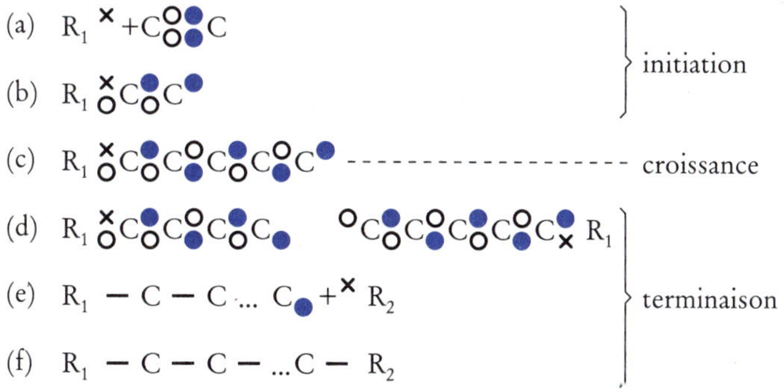

Figure 12.4 Réactions chimiques qui se produisent au cours de la polymérisation par addition : a) et b) initiation ; c) croissance ; d) terminaison due à la rencontre de deux segments ; e) et f) terminaison due à la réaction avec un radical R_2. Les symboles ● et O représentent les deux électrons qui participent à la liaison C–C, et le symbole **x** représente l'électron libre ou le groupe ionisé de l'initiateur.

Cette réaction ne se produit pas nécessairement entre des monomères de même nature (comme l'éthylène représenté aux figures 12.2a et 12.2b) et n'entraîne pas automatiquement la formation d'un homopolymère ; des monomères de nature différente peuvent en effet réagir et donner lieu à une *copolymérisation par addition* (par exemple : copolymère éthylène-chlorure de vinyle ; fig. 12.5). La chaîne finale est un copolymère par addition *AAABAAAB* (la lettre *A* représente le groupe [–CH_2–] et la lettre *B* le groupe [–CHCL–]).

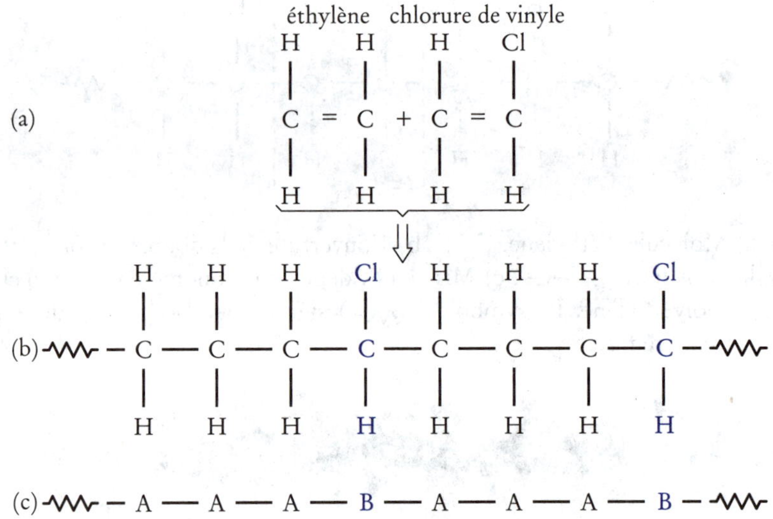

Figure 12.5 Copolymérisation par addition : a) de l'éthylène ; b) du chlorure de vinyle. c) La chaîne finale peut être représentée par une suite de groupes *A* (–CH_2–) et *B* (–CHCl–).

12.1.3 Polymérisation par condensation (polycondensation)

Alors que la polymérisation par addition n'engendre aucun sous-produit de la réaction (tous les atomes des monomères se retrouvent dans le polymère), la polymérisation par condensation donne lieu à des réactions chimiques qui entraînent la formation d'un sous-produit (en général, une molécule de faible masse moléculaire). Dans la polymérisation du *nylon* 6-6, par exemple, les molécules de diamine-hexaméthylène et d'acide adipique se combinent pour donner naissance à une molécule de nylon 6-6 et à une molécule d'eau (H_2O) [fig. 12.6]. L'appellation nylon 6-6 rend compte du fait que les deux molécules initiales contenaient chacune six atomes de carbone. La réaction de polymérisation peut par ailleurs se poursuivre entre les molécules de nylon, puisque celles-ci possèdent à leurs extrémités des liaisons N–H et C–OH qui peuvent s'ouvrir selon les règles que nous avons étudiées précédemment aux articles 12.1.1 et 12.1.2.

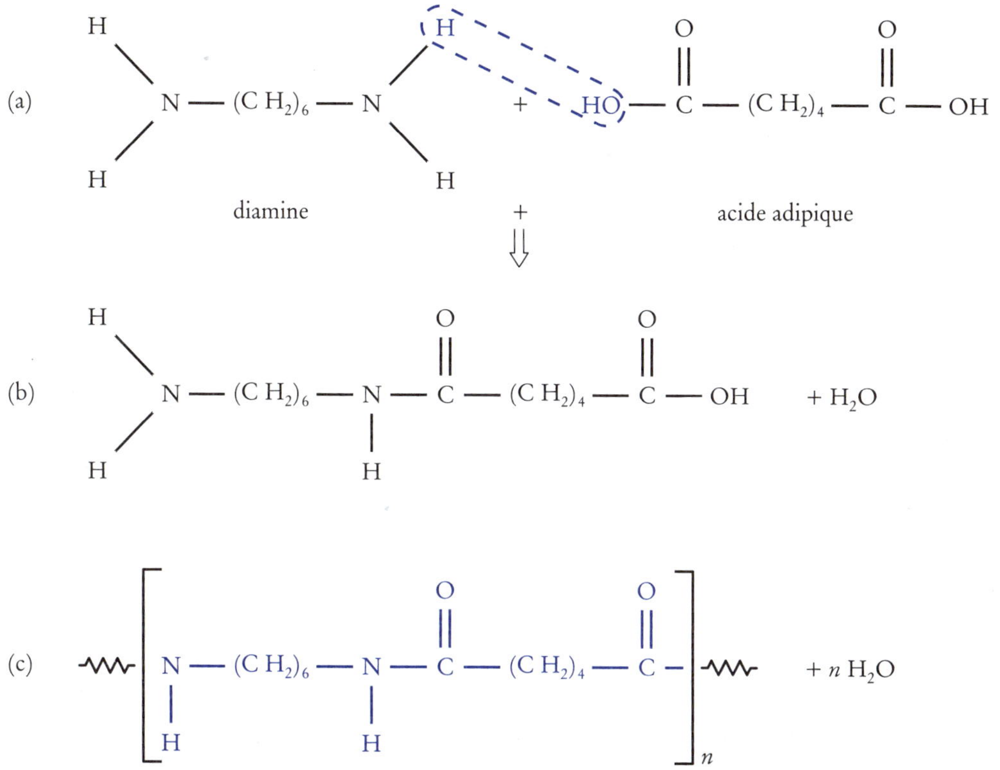

Figure 12.6 Polymérisation par condensation du nylon 6-6 : a) monomères en présence ; b) formation du nylon 6-6 ; c) la réaction de polymérisation peut se poursuivre.

La figure 12.7 présente deux autres exemples de polymérisation par condensation. La première polymérisation entraîne la formation d'un *polyester* et la seconde, celle d'un polymère phénolique couramment appelé *bakélite*, du nom de son inventeur Léo Hendrik Baekeland, qui découvrit ce polymère en 1909.

Contrairement aux réactions de polymérisation par addition, qui sont des réactions en chaîne (fig. 12.2 et 12.5), les réactions de polycondensation (fig. 12.6 et 12.7) sont des réactions par étapes : les deux monomères en présence (fig. 12.6a, 12.7a et 12.7d) donnent en effet naissance à une molécule intermédiaire (fig. 12.6b, 12.7d et 12.7e), laquelle constitue l'élément fondamental qui se répète dans la macromolécule.

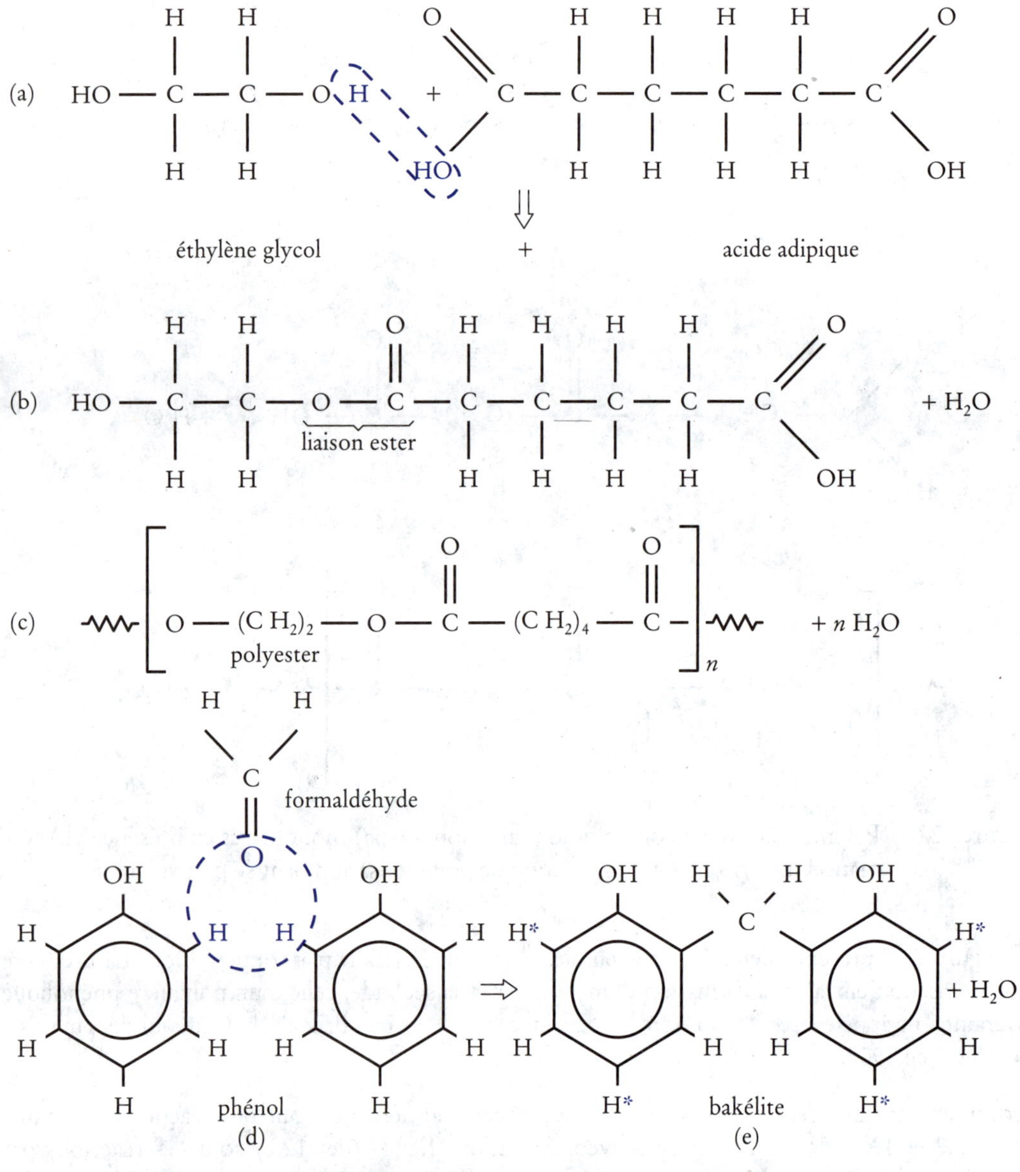

Figure 12.7 a), b) et c) Polymérisation par condensation du polyester. d) et e) Polymérisation par condensation de la bakélite (la réaction peut se poursuivre au niveau des atomes H*).

12.1.4 Degré de polymérisation

Les réactions de polymérisation présentées ci-dessus conduisent à la formation de macromolécules caractérisées par leur masse moléculaire. Les macromolécules ainsi formées n'ont cependant pas toutes la même masse moléculaire ; il existe une distribution des masses moléculaires, dont la figure 12.8 présente l'allure générale.

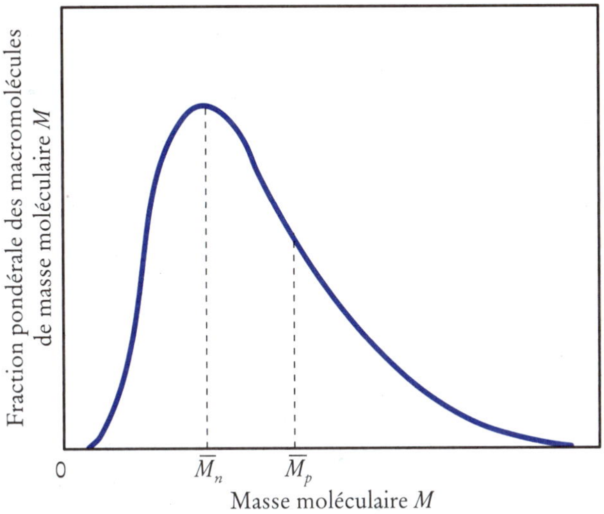

Figure 12.8 Distribution des masses molaires dans un polymère.

Les propriétés physiques et mécaniques d'un polymère dépendent à la fois de sa masse moléculaire et du degré moyen de polymérisation. Par définition, le *degré moyen de polymérisation* $\bar{x}$ correspond au nombre moyen de monomères présents dans les macromolécules ($\bar{x}$ peut atteindre des valeurs aussi élevées que 10^3 ou 10^4).

La *masse molaire moyenne en nombre* $\bar{M}_n$ est déterminée par la relation suivante :

$$\bar{M}_n = \frac{\Sigma n_i M_i}{\Sigma n_i} \tag{12.1}$$

où n_i est la fraction molaire de macromolécules qui ont une masse moléculaire M_i.

Si on néglige la masse moléculaire des groupes terminaux de la macromolécule (groupes R_1 et R_2 des figures 12.4d et 12.4f), on peut récrire l'équation 12.1 comme suit :

$$\bar{M}_n = M_0 \bar{x} \tag{12.2}$$

où $\bar{x}$ est le degré moyen de polymérisation et M_0, la masse moléculaire du monomère.

La *masse moléculaire moyenne en masse* $\bar{M}_p$ est un autre paramètre. Si P_i est la fraction pondérale de macromolécules qui ont une masse moléculaire M_i, $\bar{M}_n$ correspond à :

$$\bar{M}_p = \frac{\Sigma P_i M_i}{\Sigma P_i} = \frac{\Sigma n_i M_i^2}{\Sigma n_i M_i} \tag{12.3}$$

Cette équation peut prendre la forme suivante :

$$\bar{M}_p = \frac{M_0}{\bar{x}} \Sigma n_i x_i^2 \tag{12.4}$$

Le rapport $\bar{M}_p / \bar{M}_n$ donne une idée de la largeur de la distribution des masses moléculaires, ou *polydispersité* (fig. 12.8) ; ce rapport est égal à 1 si toutes les macromolécules ont la même masse, c'est-à-dire si elles comportent le même nombre d'unités fondamentales. En général, ce rapport $\bar{M}_p / \bar{M}_n$ se situe entre 1,5 et 3 ($\simeq 2$ pour le polychlorure de vinyle et les polymères obtenus par polycondensation); toutefois, il peut atteindre des valeurs supérieures à 10 (polyéthylène, par exemple).

Nous étudierons aux sections 12.3 et 12.4 l'influence de la masse moléculaire moyenne sur plusieurs propriétés physiques et mécaniques des polymères.

12.1.5 Types de matières plastiques

Selon le mode de polymérisation, la structure des polymères peut prendre plusieurs formes. La polymérisation par addition entraîne la formation de macromolécules linéaires, qui peuvent se ramifier, alors que la polycondensation engendre un réseau tridimensionnel. Le comportement des matières plastiques dépend en grande partie du type de structure obtenue et de son degré de réticulation. En général, on classe les matières plastiques en matières thermoplastiques et en matières thermodurcissables.

12.1.5.1 Matières thermoplastiques

Dans les polymères linéaires, ou ramifiés, obtenus par addition, les macromolécules ne sont liées entre elles que par des liaisons de faible intensité (liaisons de van der Waals ou pont hydrogène) ; le comportement global du matériau dépend alors de la mobilité des chaînes les unes par rapport aux autres et de la rotation des liaisons C–C. Ainsi, puisqu'une élévation de la température facilite le déplacement des chaînes les unes par rapport aux autres, le comportement, d'abord vitreux, devient caoutchoutique entre la température de *transition vitreuse* θ_v et la *température de fusion* θ_f (fig. 6.33). Ce comportement étant réversible, il permet la mise en forme des matières *thermoplastiques* à l'état fondu ou caoutchoutique.

12.1.5.2 Matières thermodurcissables

Les matières plastiques obtenues par condensation de monomères polyfonctionnels forment un réseau tridimensionnel de macromolécules ; ce sont des matériaux amorphes et infusibles. On ne peut pas leur appliquer la notion de masse moléculaire, puisque les limites de la macromolécule peuvent être celles de l'objet lui-même. Toutes les liaisons atomiques sont de forte intensité et, contrairement à ce qui se produit dans le cas des matières thermoplastiques, il ne peut y avoir aucun déplacement des chaînes les unes par rapport aux autres : quand la température augmente, le polymère ne devient pas visqueux, mais il conserve sa rigidité jusqu'au moment où il se dégrade, par oxydation ou par combustion. On appelle ces plastiques des matières *thermodurcissables* parce que, en général, une élévation de la température favorise la réaction de polymérisation et le degré de réticulation, donc la rigidité.

L'adjectif «thermodurcissable» ne signifie pas qu'on peut rendre «plus dur» (c'est-à-dire «plus rigide») à une température plus élevée, mais il indique plutôt qu'on procède à la mise en forme d'un tel polymère par l'injection, dans un moule chaud, des monomères et du catalyseur, et que la réaction se produit «à chaud». En comparaison, on effectue la mise en forme d'un polymère thermoplastique par l'injection du polymère chaud (sous forme de granulés, de poudres, de feuilles ou de plaques) dans un moule en général froid.

12.1.5.3 Élastomères

Les *élastomères* sont des matériaux aux propriétés bien particulières. Ce sont en effet des polymères de haute masse moléculaire et à chaînes linéaires ; le déplacement de leurs chaînes les unes par rapport aux autres n'étant limité que par une légère réticulation, on peut obtenir de grandes déformations élastiques totalement réversibles (en tension, les déformations élastiques peuvent atteindre 1000 %). Toutefois, ce comportement élastique n'est pas linéaire, c'est-à-dire que la proportionnalité entre la contrainte et la déformation n'est pas constante, comme l'exprime la loi de Hooke (équat. 1.8). Lorsque la contrainte est nulle, ces matériaux sont amorphes ; leurs chaînes tendant toutefois à s'aligner au cours de la déformation, il se produit une augmentation de la rigidité. Pour obtenir un tel comportement, il faut évidemment utiliser les élastomères à une température supérieure à leur température de transition vitreuse. Les propriétés des élastomères dépendent de leur degré de réticulation ; c'est ainsi que les propriétés du caoutchouc varient en fonction de la quantité de soufre utilisée lors de la vulcanisation, en vue de lier les chaînes les unes aux autres (art. 12.2.3).

12.2 ARCHITECTURE ATOMIQUE DES POLYMÈRES

Les polymères, qui sont constitués de macromolécules de masse moléculaire très élevée, présentent un agencement plus ou moins régulier de ces molécules et en outre plus difficile à décrire que celui des atomes d'un métal. Au chapitre 3, nous avons décrit l'architecture atomique des matériaux amorphes ; ici, nous nous attacherons surtout à décrire l'influence de l'architecture atomique des polymères sur les propriétés du matériau.

12.2.1 Polymères linéaires amorphes

Les polymères linéaires sont constitués de longues chaînes dont la cohésion est assurée par des liaisons covalentes (art. 12.1.5). À chaud, ces chaînes peuvent glisser assez facilement les unes par rapport aux autres ; le polymère prend alors la forme d'un liquide plus ou moins visqueux. Au cours du refroidissement, l'agitation thermique décroissant, les chaînes ne peuvent plus glisser facilement les unes par rapport aux autres ; le polymère passe alors par une transition (liquide → solide amorphe) semblable à celle qui intervient dans le processus de fabrication du verre (chap. 3 et 13). La température à laquelle cette transition se produit est appelée *température de transition vitreuse*, θ_v, au-dessous de laquelle le polymère fait preuve d'une certaine rigidité (fig. 6.32). Cette rigidité ne dépend toutefois pas directement des liaisons covalentes dans les chaînes elles-mêmes ; elle est due aux liaisons secondaires de type van der Waals ou aux liaisons hydrogène (ponts hydrogène) qui s'établissent entre les chaînes, à leur point de contact, ou entre les segments d'une même chaîne, si celle-ci est repliée sur elle-même. Ces liaisons secondaires, bien qu'elles soient

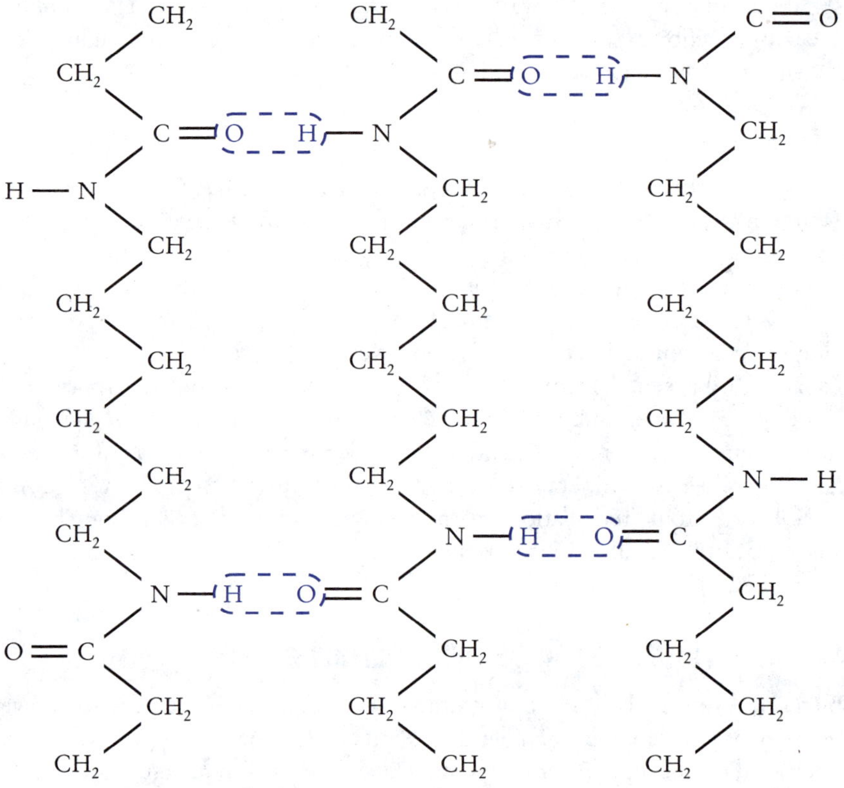

Figure 12.9 Agencement des chaînes dans le nylon 6-6 cristallisé. Les liaisons hydrogène (en pointillés) permettent une assez forte interaction entre les chaînes et un accroissement de la rigidité de la forme cristalline, par rapport à la forme amorphe du nylon.

nettement moins intenses que les liaisons covalentes, demeurent néanmoins importantes : la contrainte nécessaire à la rupture du matériau est en effet davantage proportionnelle à la force requise pour séparer les chaînes ou les segments moléculaires qu'à celle qui permet de rompre les liaisons covalentes dans la chaîne elle-même. La liaison hydrogène, en particulier, joue un rôle primordial dans plusieurs polymères, notamment dans les *polyamides* (nylon, fig. 12.9) et dans la *cellulose* (polymère naturel du coton et du bois). Le tableau 12.3 présente les valeurs de l'énergie de la liaison hydrogène en fonction des atomes engagés dans cette liaison. On peut comparer les valeurs de l'énergie de liaison et les distances d'équilibre entre les atomes engagés, soit dans des liaisons covalentes (tabl. 12.1), soit dans des liaisons hydrogène (tabl. 12.3).

Tableau 12.3 Énergie de la liaison hydrogène dans les polymères

Liaison hydrogène (...)	**Énergie (kJ/g·mol)**	**Distance entre –H...*x*– (nm)**
O–H...O–	12,5 à 25	0,27
N–H...O–	16,8	0,29
N–H...N–	12,5 à 21	0,31

Sur le plan qualitatif, puisque la rigidité d'un polymère amorphe dépend du type d'atomes ou de radicaux présents dans la chaîne, ainsi que des liaisons hydrogène ou de van der Waals qui peuvent s'établir entre ces chaînes, il nous faut décrire quelques agencements typiques d'atomes et de radicaux pour comprendre le phénomène.

Dans le cas simple du polyéthylène, on remarque que la liaison simple C–C qui existe dans le squelette de la chaîne permet à celle-ci d'effectuer assez facilement une rotation sur elle-même (fig. 12.3). Cette chaîne étant très régulière, et les atomes d'hydrogène étant de petite taille, elle peut facilement plier autour de la liaison C–C. En ce qui concerne le *polychlorure de vinyle*, par contre, la présence d'un atome de chlore lié au squelette C–C (atome qui est de plus grande taille que les atomes d'hydrogène) rend la chaîne moins flexible que celle du polyéthylène (fig. 12.10) .

La variété des dispositions des groupes latéraux nous oblige à recenser leurs configurations possibles, selon leur position et l'ordre de leur apparition le long de la chaîne (fig. 12.11). Il existe trois configurations : la disposition *atactique*, où les groupes latéraux apparaissent au hasard le long de la chaîne ; la disposition *isotactique*, où tous les groupes latéraux sont situés du même côté ; la disposition *syndiotactique*, où les groupes apparaissent en alternance régulière le long de la chaîne.

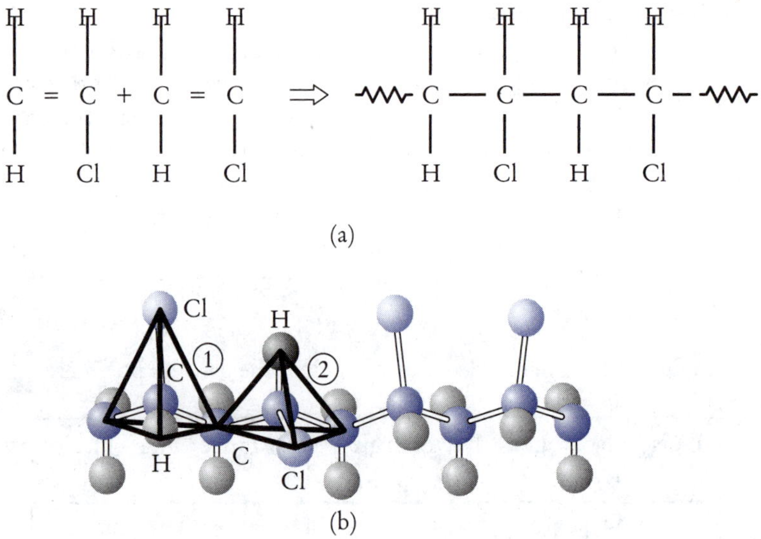

Figure 12.10 Chaîne du polychlorure de vinyle : a) réaction de polymérisation ; b) géométrie de la chaîne. *Note :* les tétraèdres (1) et (2) ne sont pas superposables.

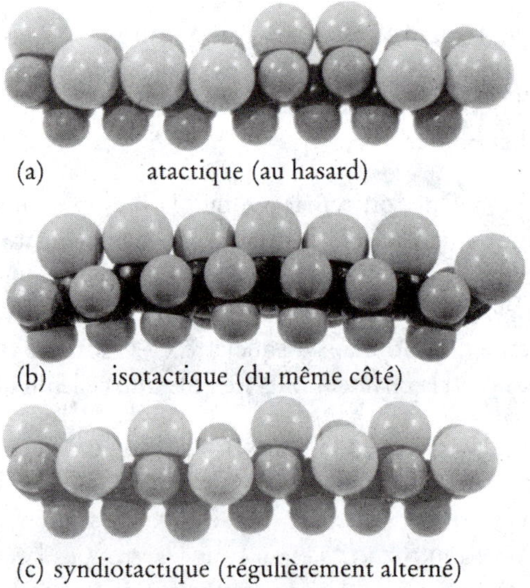

Figure 12.11 Dispositions stériques possibles des groupes latéraux le long de la chaîne d'un polymère vinylique : a) disposition atactique (ou au hasard) ; b) disposition isotactique (ou du même côté) ; c) disposition syndiotactique (ou alternée régulièrement). Le groupe latéral peut être un atome de chlore (chlorure de polyvinyle) ou un groupe d'atomes comme un anneau benzénique (polystyrène).

Ces trois configurations possibles des groupes latéraux découlent de l'impossibilité de superposer les tétraèdres qui ont pour centre un atome de carbone du squelette de la chaîne (fig. 12.10). Les dispositions 1 et 2 du groupe latéral (ici le chlore) schématisées dans cette figure illustrent cette impossibilité. En fait, s'il y a répétition de tétraèdres de même nature (de type 1 ou de type 2) dans la disposition isotactique, on retrouve dans la disposition syndiotactique une alternance régulière de tétraèdres (de type 1 et de type 2), alors que dans la disposition atactique, la disposition des deux types de tétraèdres est aléatoire. Selon l'agencement des groupes latéraux, les propriétés du polymère peuvent varier. Ainsi, le *polypropylène* atactique est un matériau visqueux qui a la consistance d'une cire et dont le point de fusion se situe à 74 °C ; on l'utilise donc peu. Par contre, le polypropylène isotactique (le plus courant) et le polypropylène syndiotactique sont deux polymères tenaces et résistants qui peuvent cristalliser partiellement (art. 12.2.4) et qui fondent vers 175 °C.

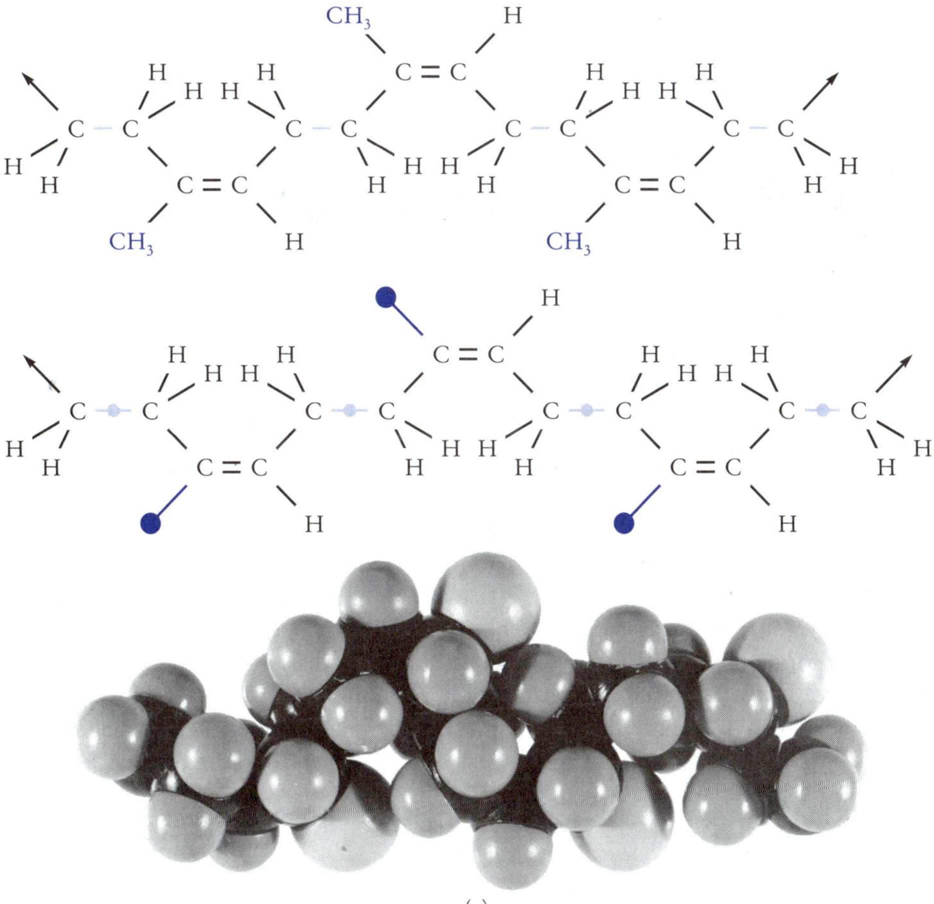

(a)

Figure 12.12

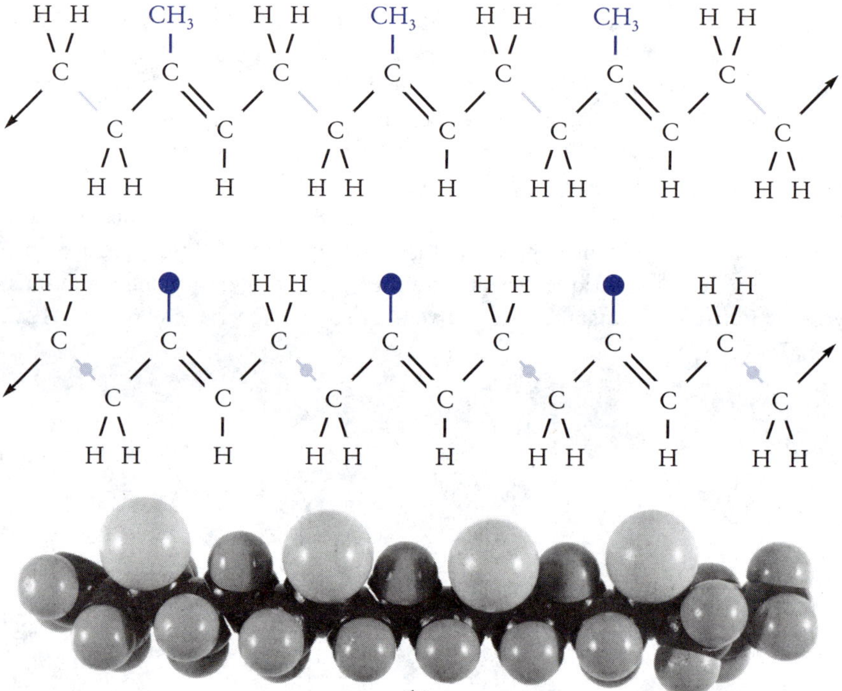

(b)

Figure 12.12 Configurations cis- et trans- : a) cis-, caoutchouc naturel ; b) trans-, gutta-percha. *Note :* la chaîne ne peut pas pivoter autour d'une double liaison C=C, alors qu'elle peut le faire autour des liaisons C–C, identifiées par le symbole -●-. Le radical CH_3 est représenté par le symbole ●.

On rencontre également les *isomères*, c'est-à-dire les composés de formule chimique identique, mais dont la disposition des atomes dans l'espace diffère. Comparons, par exemple, le *caoutchouc* naturel et la *gutta-percha*, ou caoutchouc artificiel (fig. 12.12). Dans le caoutchouc naturel (cispolyisoprène), l'alternance des radicaux CH_3 est régulière (disposition «cis»), ce qui fait que la chaîne prend la forme d'une hélice, par rotation autour de la liaison simple C–C. La chaîne est donc hélicoïdale. Dans la gutta-percha (transpolyisoprène), les radicaux CH_3, qui sont tous situés du même côté de la chaîne (disposition «trans»), ne permettent pas à celle-ci de s'enrouler autour de l'axe du squelette. Cette chaîne est par conséquent plus linéaire, mais également plus rigide, que celle du caoutchouc naturel.

Pour illustrer la plus ou moins grande souplesse de la chaîne d'un polymère, la comparaison avec un collier de perles est tout indiquée (fig. 12.13). Si les perles sont sphériques et de même diamètre, le collier est souple, car les perles n'ont entre elles qu'un seul point de contact ; c'est le cas, par exemple, de la chaîne du polyéthylène, dans laquelle les tétraèdres ont pour point de contact un seul de leurs sommets (fig. 12.3a). Si, par contre, les perles sont cubiques et enfilées de sorte que deux cubes voisins aient une arête commune, le collier conserve une certaine souplesse (rotation autour de l'arête commune), mais il n'y a aucune possibilité de rotation dans un plan contenant cette arête commune. C'est ce qui se passe pour la chaîne d'un polymère, dans laquelle les tétraèdres ont une arête commune au niveau de la double liaison C=C (fig. 12.13b). Enfin, si les perles du collier sont de tailles différentes, la souplesse du collier peut s'en trouver considérablement réduite, selon la disposition et la dimension des grosses perles (fig. 12.13c).

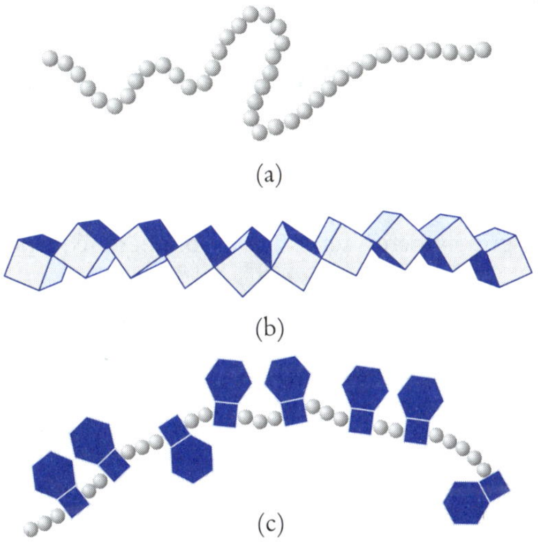

Figure 12.13 Analogie entre la flexibilité d'une chaîne polymérique et celle d'un collier fait de : a) perles sphériques de mêmes dimensions ; b) perles cubiques de mêmes dimensions ayant une arête commune ; c) perles de dimensions et de formes différentes.

La possibilité de faire varier la raideur (ou, au contraire, la souplesse) de la chaîne est particulièrement importante dans le cas des copolymères, pour lesquels les unités de base peuvent se répéter de diverses manières le long de la chaîne. On rencontre en effet des copolymères statistiques (fig. 12.14a), des copolymères alternés (fig. 12.14b), des copolymères séquencés (fig. 12.14c) et des copolymères greffés (fig. 12.14d). Par exemple, l'*ABS* (acrylonitrile-butadiène-styrène) est un copolymère greffé dont on peut représenter la structure par une chaîne de butadiène (le squelette) sur laquelle se greffent des radicaux styrène et acrylonitrile (fig. 12.15).

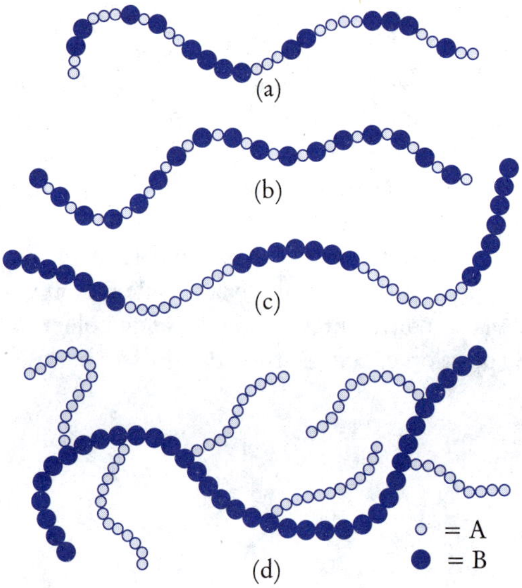

Figure 12.14 Diverses dispositions des unités A et B dans un copolymère : a) copolymère statistique ; b) copolymère alterné ; c) copolymère séquencé ; d) copolymère greffé.

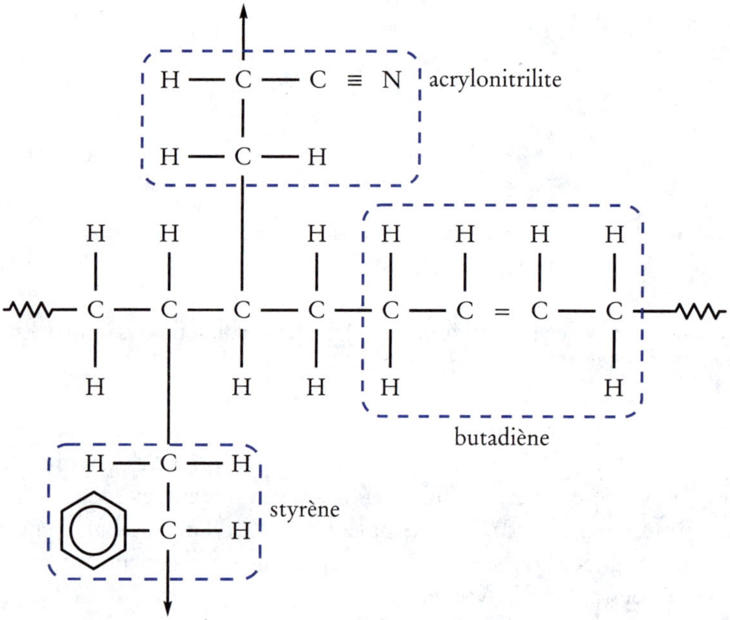

Figure 12.15 Exemple de copolymère greffé : l'ABS (acrylonitrile-butadiène-styrène). D'autres radicaux acrylonitrile et styrène peuvent s'ajouter aux greffons, aux endroits indiqués par les flèches.

Enfin, les chaînes de certains polymères peuvent avoir un squelette extrêmement rigide ; on a alors affaire aux polymères «en échelle». Le polymère de la figure 12.16, dérivé de l'*acrylonitrile*, peut supporter une flamme vive sans se dégrader grâce à la rigidité des anneaux constitutifs du squelette de sa chaîne.

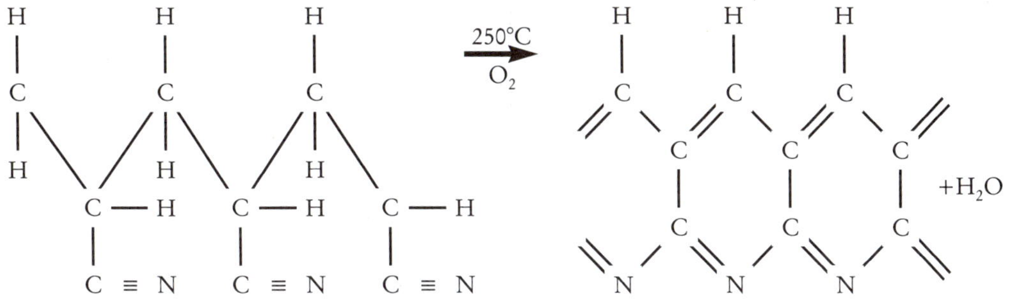

polyacrylonitrile

polymère «en échelle» + eau

Figure 12.16 Polymère «en échelle» obtenu à la suite d'une polymérisation par condensation du polyacrylonitrile.

12.2.2 Polymères ramifiés

À l'article 12.2.1, nous avons vu que les copolymères pouvaient être greffés, autrement dit que des greffons (ou «brins» de chaîne) pouvaient être reliés à la chaîne principale (fig. 12.14d et 12.15). Une telle ramification de la chaîne principale ne se produit pas uniquement pour les copolymères, mais également pour plusieurs homopolymères. La figure 12.17 illustre le polyéthylène ramifié.

12.2.3 Polymères réticulés

Nous avons déjà signalé que, à partir de monomères trifonctionnels ou multifonctionnels, on pouvait obtenir des polymères dont les chaînes formaient un réseau tridimensionnel (art. 12.1.5). De tels polymères sont dits *réticulés*. On peut également obtenir cette réticulation dans les polymères à chaînes linéaires si l'on réussit à établir des liens transversaux entre les chaînes linéaires principales. Par liens transversaux, nous entendons des liaisons de forte intensité (liaisons covalentes) et non des liaisons de faible intensité (liaisons de van der Waals ou ponts hydrogène ; fig. 12.9).

Le caoutchouc vulcanisé est un polymère réticulé typique. Ce caoutchouc fut découvert en 1839 par Charles *Goodyear* qui, si l'on en croit la légende, laissa tomber du soufre par inadvertance dans une casserole de *caoutchouc* naturel mijotant sur le coin de sa cuisinière! La figure 12.18 montre le processus de réticulation du caoutchouc : par ouverture de la double liaison C=C de la chaîne, on peut obtenir une liaison covalente intense entre les deux chaînes linéaires. Ce caoutchouc à chaînes réticulées (ou caoutchouc vulcanisé) fait preuve d'une rigidité plus grande que le caoutchouc à chaînes linéaires. En outre, on peut moduler cette rigidité selon la quantité relative de soufre qu'on ajoute.

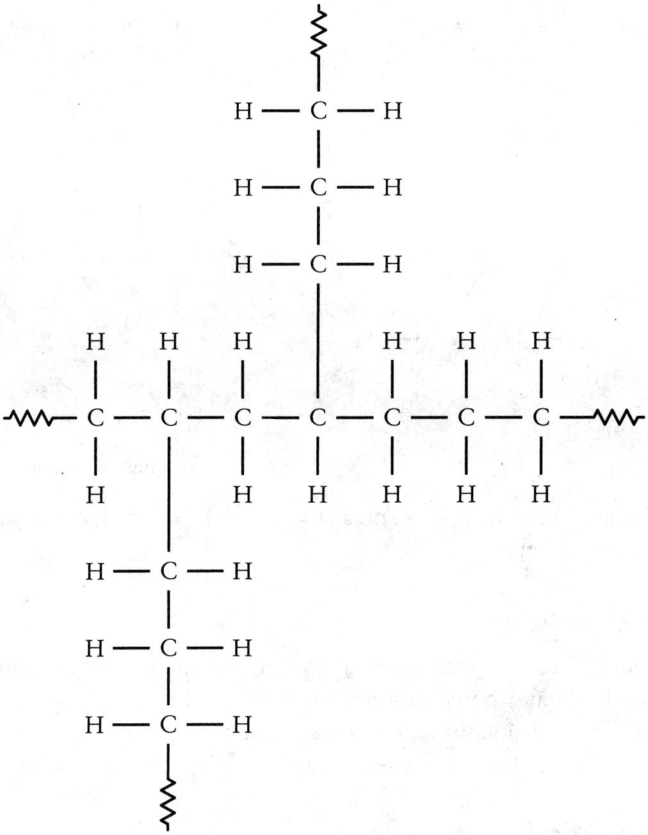

Figure 12.17 Exemple de chaîne ramifiée : polyéthylène ramifié.

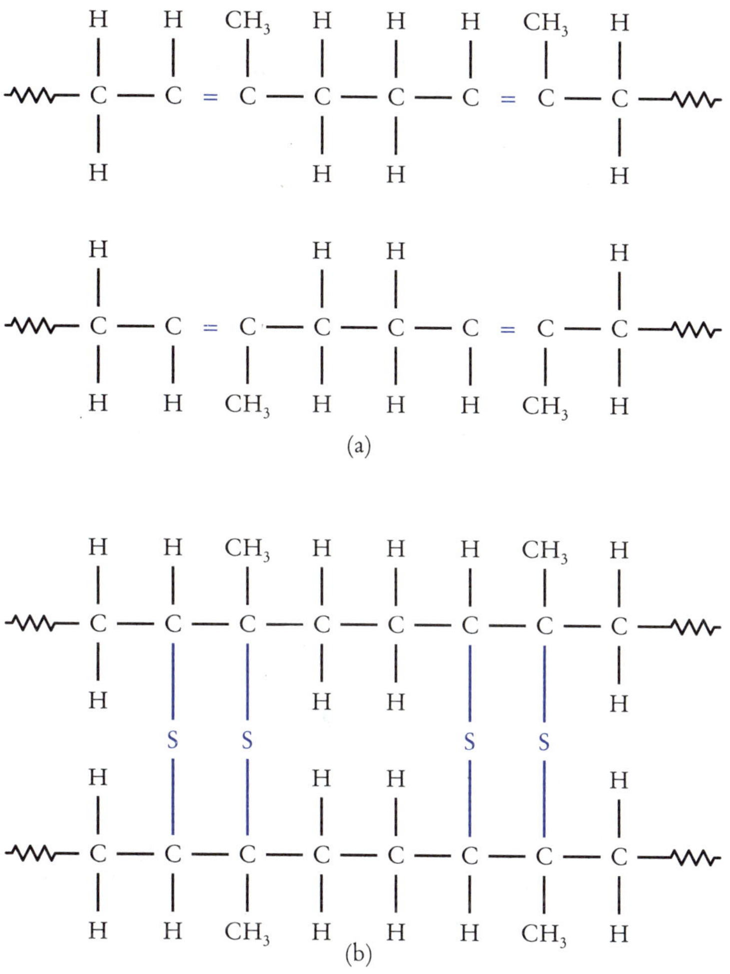

Figure 12.18 a) Deux chaînes linéaires de caoutchouc isoprène. b) Réticulation entre les chaînes due à l'apport d'atomes de soufre (procédé de vulcanisation).

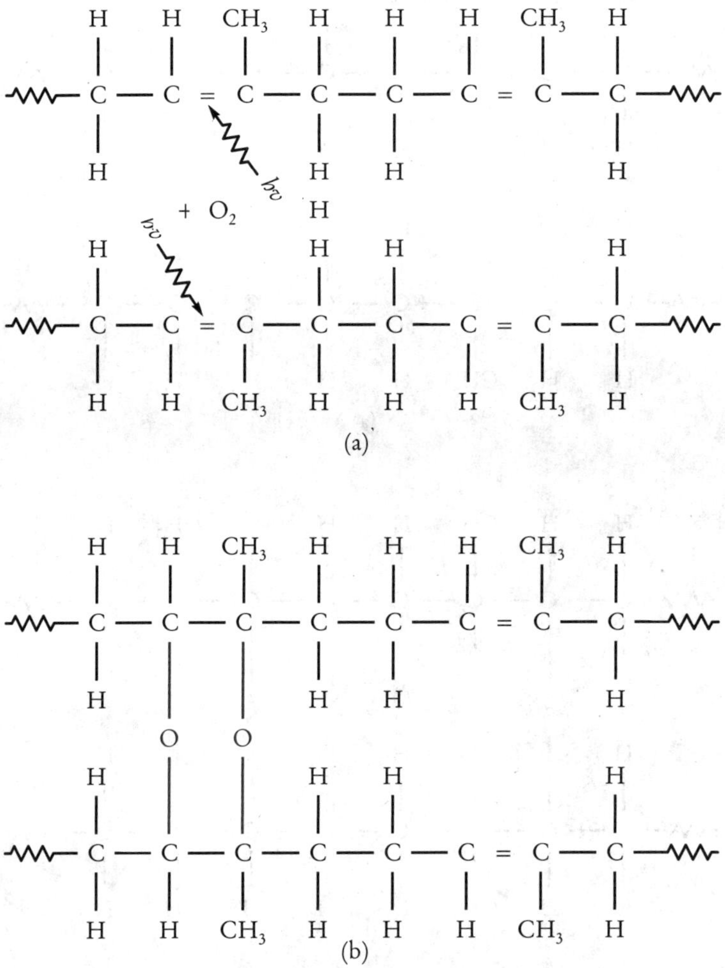

Figure 12.19 a) Ouverture par des photons ultraviolets de la double liaison C=C dans les chaînes linéaires du caoutchouc isoprène. b) Réticulation due à l'apport d'atomes d'oxygène.

Dans le cas du caoutchouc naturel, qui a le comportement mécanique d'un élastomère (art. 12.1.5), c'est-à-dire qu'il fait preuve d'une faible rigidité et d'une grande élasticité, cette réticulation peut se produire en présence de l'oxygène de l'air et sous l'influence de radiations ultraviolettes (fig. 12.19). L'ouverture de la double liaison C=C de la chaîne est due à l'action des photons ultraviolets, et la réticulation est assurée par les atomes d'oxygène, ce qui rend le caoutchouc plus rigide, mais également plus fragile ; c'est ce qui explique pourquoi un élastique exposé trop longtemps à la lumière devient cassant. Dans ce cas-là, en fait, la réticulation conduit à une dégradation des propriétés du caoutchouc.

On peut obtenir une réticulation dont les liens entre les chaînes principales sont très courts (comme dans le cas de la vulcanisation du caoutchouc), mais on peut par ailleurs avoir des brins plus longs entre les chaînes (fig. 12.20).

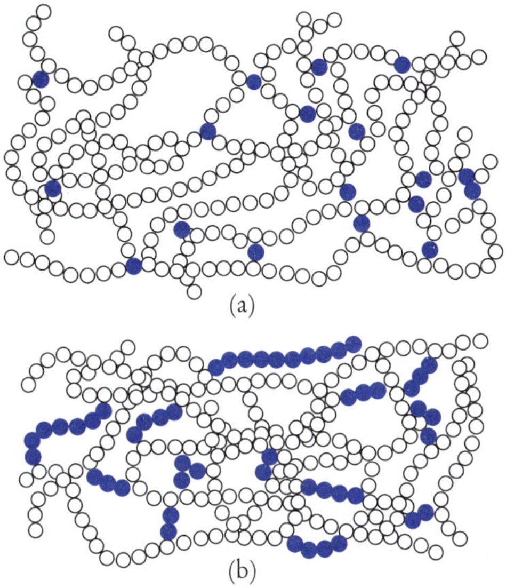

Figure 12.20 a) Réticulation assurée par des atomes ou des molécules entre les chaînes principales. b) Réticulation assurée par des brins de chaînes entre les chaînes principales.

12.2.4 Cristallisation des polymères

Les matériaux à liaisons métalliques, ainsi que plusieurs matériaux à liaisons covalentes et ioniques, manifestent lors de leur solidification une brusque contraction, c'est-à-dire qu'ils subissent une diminution de leur volume massique. Ce changement brusque de volume massique découle du fait que les unités constitutives de ces matériaux (atomes ou molécules simples) cristallisent au moment du passage à l'état solide. Cet agencement régulier de particules dans l'espace correspond à une diminution de l'énergie totale du système, qui évolue vers un état plus stable.

Demandons-nous ce qui se produit dans les polymères dont les particules constitutives ne sont plus des atomes ou des molécules simples, mais des macromolécules géantes qui ont un encombrement bien plus grand, et voyons si la cristallisation de ces matériaux est possible. La figure 12.21 illustre schématiquement la variation du volume massique des polymères en fonction de la température. À partir du polymère à l'état fondu, lorsqu'on abaisse la température, on constate que le volume massique du matériau varie parfois de façon continue en fonction de la température (courbe $ABCD$, fig. 12.21). Les polymères qui ont un tel comportement sont constitués de chaînes dont l'encombrement est important (chaînes comportant des groupes latéraux de grandes dimensions, chaînes ramifiées et chaînes réticulées). L'encombrement des chaînes, ou le fait qu'elles puissent être liées entre elles par des atomes ou des chaînes secondaires (polymères réticulés) font que, au moment du refroidissement, les chaînes ne peuvent adopter un agencement régulier : elles se figent donc dans leur position initiale quand la température décroît. Le polymère est alors dans un état vitreux et sa structure est amorphe.

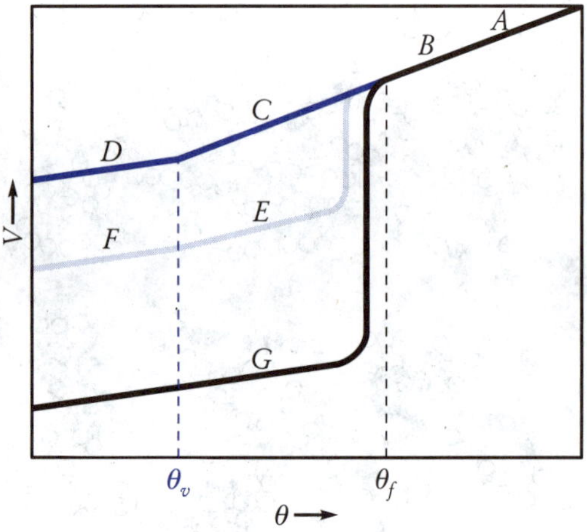

Figure 12.21 Variations possibles du volume massique, V, d'un polymère en fonction de la température : A = état liquide ; B = liquide visqueux ; C = liquide en surfusion (comportement caoutchoutique) ; D = état vitreux ; E = zones cristallisées dans une matrice de liquide en surfusion ; F = zones cristallisées dans une matrice vitreuse ; G = état cristallin.

Les courbes $ABCD$, $ABEF$ et ABG correspondent respectivement à des vitesses de refroidissement élevées, moyennes et faibles. La courbe $ABCD$ représente le comportement de polymères intrinsèquement non cristallisables. *Note :* les pentes des courbes sont proportionnelles au coefficient de dilatation linéique.

Les pentes de l'état cristallin (G) et de l'état vitreux (D) sont approximativement égales, mais elles restent inférieures aux pentes de l'état caoutchoutique (E, C) et de l'état liquide (B, A).

Par contre, certains polymères subissent une variation marquée de volume massique quand la température décroît (courbe ABG de la figure 12.21). Cette transition correspond à une réorganisation de l'agencement des chaînes, qui passent d'une disposition caractéristique de l'état liquide (forte agitation thermique, aucun ordre à longue distance) à celle caractéristique d'un état cristallin (agitation thermique plus faible, ordre à longue distance). Les conditions qui favorisent la cristallisation des polymères sont les suivantes:

a) la symétrie des chaînes par rapport à leur axe, donc une structure moléculaire simple (cas du polyéthylène linéaire, fig. 12.3) ;
b) la régularité de la structure des chaînes, donc une grande régularité stérique (cas du polypropylène isotactique ; fig. 12.11b) ;
c) l'absence de ramification importante ou de réticulation;
d) la présence de liaisons secondaires (liaisons de van der Waals ou ponts hydrogène) entre les chaînes (cas des polyamides, dont le nylon est un exemple, fig. 12.9).

Il est toutefois rare de rencontrer des polymères totalement cristallisés. En général, les polymères cristallisables sont caractérisés par un degré de cristallinité qui n'atteint, au plus, que 80 ou 90 %. Ce degré de cristallinité est d'autant plus élevé que la vitesse de refroidissement est faible ; les macromolécules ont alors le temps de se ranger en ordre régulier.

Dans les zones cristallisées, les chaînes macromoléculaires se replient sur elles-mêmes pour donner naissance à des cristaux dont les formes géométriques extérieures peuvent refléter l'arrangement cristallin (fig. 12.22). L'axe des chaînes est perpendiculaire aux plaquettes cristallines et, puisque leur longueur est nettement supérieure à l'épaisseur de ces dernières, on en déduit que ces chaînes sont repliées sur elles-mêmes (fig. 12.22a). Bien souvent, une chaîne ne prend pas fin dans la zone cristallisée, mais elle se prolonge dans les zones amorphes adjacentes et elle peut même parfois aboutir dans des zones cristallisées voisines.

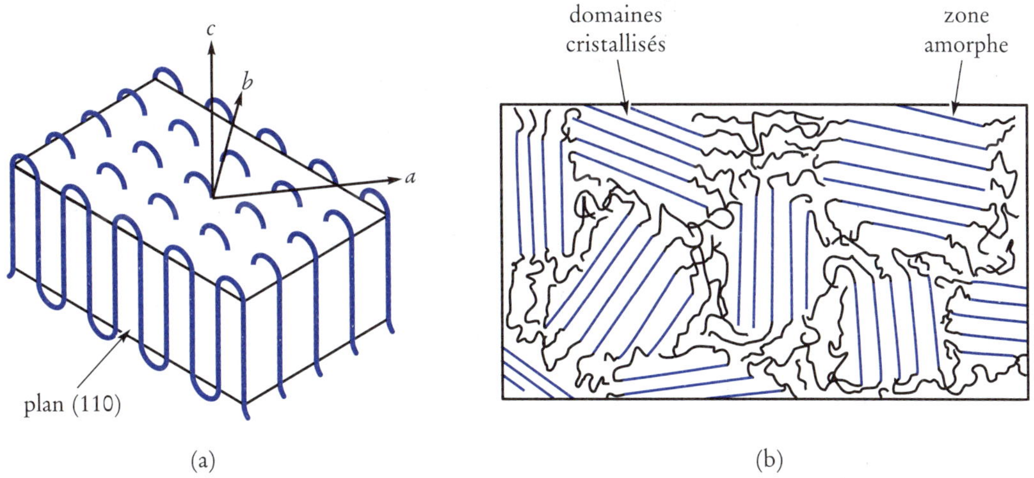

Figure 12.22 a) Représentation schématique d'un monocristal de polyéthylène formé par replis des chaînes moléculaires (les trois axes *a*, *b* et *c* sont orthogonaux). b) Représentation schématique d'un polymère partiellement cristallisé.

À une échelle plus grande, on retrouve ces zones fortement cristallisées groupées bien souvent dans des *sphérolites*, qui sont des globules inclus dans une matrice de structure amorphe (fig. 12.23).

Figure 12.23 Sphérolites cristallines de polyéthylène. On observe ces microstructures par microscope optique en lumière polarisée, qui produit des effets de contraste dans les zones cristallines. (*D'après J.-C. Withman*, La Recherche, *vol. 10, n*° *100, 1979* ; *utilisation autorisée.*)

La *cellulose* est un polymère cristallisable typique. Produite par la polymérisation de la β-dextrose, la cellulose est le constituant essentiel des fibres végétales (coton, lin, etc.) et du bois. La figure 12.24 présente la formule chimique de la cellulose, l'agencement spatial des atomes et des molécules de la chaîne, et l'agencement des chaînes de la cellulose cristallisée.

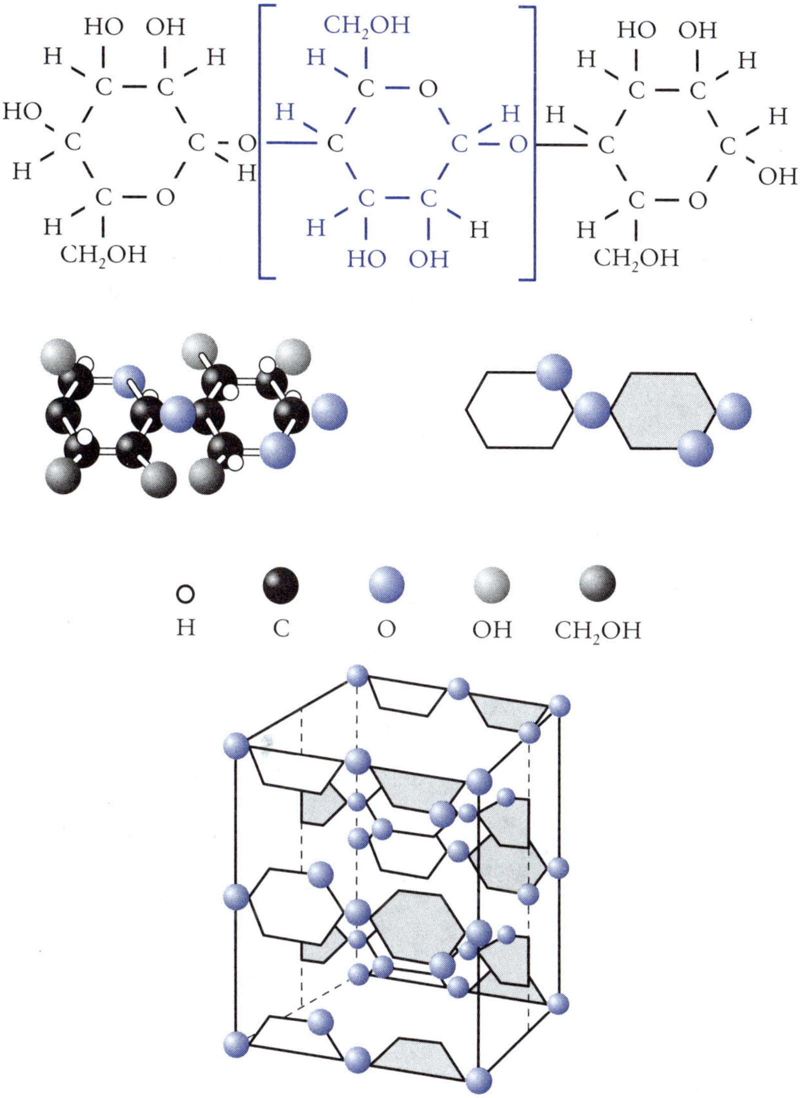

Figure 12.24 a) La cellulose, polymère du glucose. b) Agencement spatial des atomes et des molécules. c) Représentation schématique de la chaîne. d) Maille cristalline de la cellulose cristallisée.

On a pu mettre en évidence expérimentalement une corrélation entre les températures θ_f (température de fusion) et θ_v (température de transition vitreuse), définies précédemment à la figure 12.21. Cette corrélation est représentée graphiquement à la figure 12.25 ; on remarque que les homopolymères à chaînes fortement symétriques (par exemple, le polyéthylène) sont proches d'une droite $T_v = 0{,}5\ T_f$, alors que les homopolymères asymétriques (par exemple, le polystyrène) se situent près d'une droite $T_v \simeq 0{,}74\ T_f$. Par ailleurs, les copolymères à séquence aléatoire se trouvent dans la zone où $T_v > 0{,}74\ T_f$, alors que les copolymères séquencés sont situés dans celle où $T_v \leq 0{,}5\ T_f$. Cette figure permet de déterminer les limites du domaine d'existence de l'état caoutchoutique des polymères : la limite supérieure de ce domaine est la droite $T_v = T_f$; sa limite inférieure est la température de transition vitreuse, T_v, du polymère.

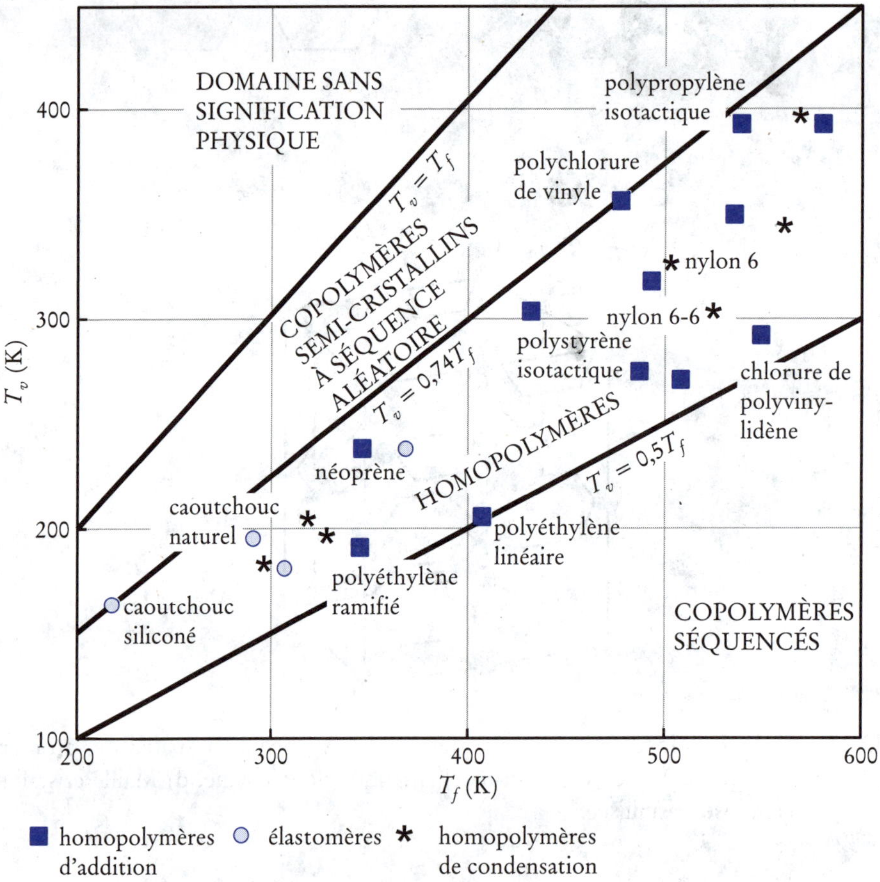

Figure 12.25 Corrélation entre la température de transition vitreuse, T_v, et la température de fusion, T_f, pour certaines polymères.

Notons que les températures de fusion et de transition vitreuse des polymères purs peuvent varier lorsqu'on réalise des mélanges de polymères (fig. 12.26). On remarque que cette figure présente une certaine analogie avec les diagrammes de phases étudiés au chapitre 5. Toutefois, puisqu'il ne s'agit pas ici d'un véritable diagramme d'équilibre, on ne peut pas l'utiliser pour déterminer les proportions relatives des diverses phases : chaque composition correspond en fait à la composition des constituants (macromolécules individuelles), laquelle ne varie pas avec les divers changements d'état.

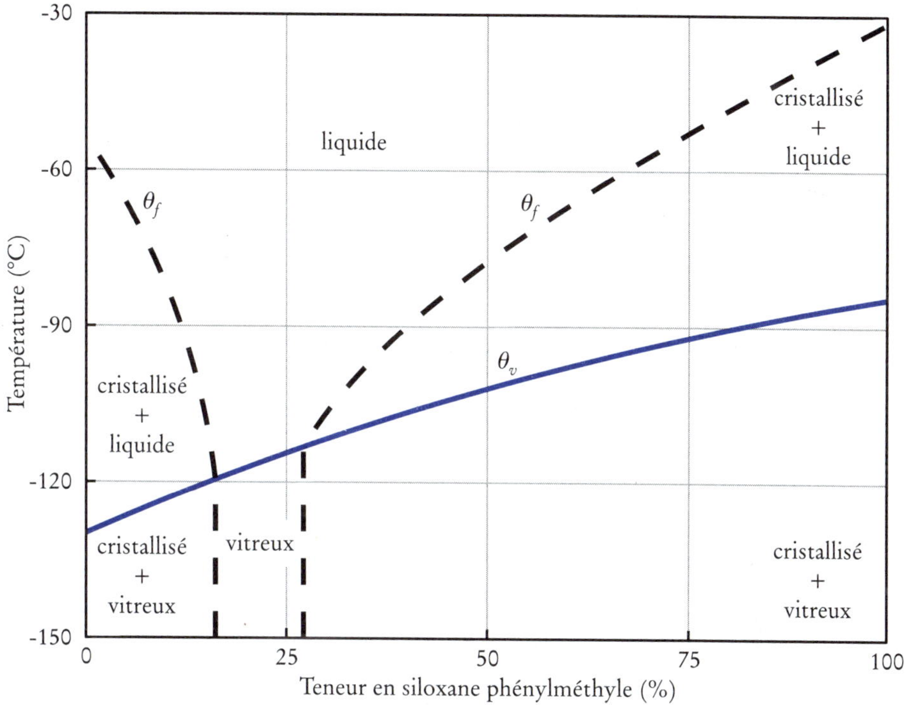

Figure 12.26 Influence de la copolymérisation sur la température de transition vitreuse et sur la température de fusion du système «siloxane phénylméthyle – siloxane diméthyle».

Soulignons enfin que certains polymères amorphes peuvent subir une pseudo-cristallisation partielle lorsqu'on les soumet à une traction uniaxiale ; les chaînes linéaires se déplient et s'alignent sous l'action de la contrainte appliquée. Puisque l'énergie interne d'un solide cristallin est plus faible que celle d'un solide amorphe, la cristallisation s'accompagne d'un dégagement de chaleur. On peut facilement vérifier ce phénomène en utilisant les lèvres comme senseur de température. Pour cela, il suffit d'appuyer une bande de caoutchouc naturel sur les lèvres tout en l'étirant : sous l'effet de la déformation, la température de la bande de caoutchouc augmente légèrement. Lorsqu'on cesse d'exercer la traction, les chaînes moléculaires, qui s'étaient partiellement alignées, reprennent un agencement aléatoire, et on constate que la bande de caoutchouc refroidit légèrement.

Enfin, la pseudo-cristallisation due à des contraintes mécaniques donne un aspect translucide blanc laiteux à certains polymères amorphes transparents. À l'état amorphe, le polymère est parfaitement transparent ; mais lorsqu'on lui applique une contrainte, il y a formation de micro-zones pseudo-cristallisées qui diffusent la lumière et rendent le polymère translucide. On peut facilement vérifier ce phénomène : il suffit d'étirer une pellicule ou un emballage de polyéthylène transparent pour constater bien souvent l'apparition d'une opalescence quand la déformation dépasse un certain niveau.

12.2.5 Adjuvants et renforts

Il est rare qu'on utilise un matériau sous sa forme pure, et les polymères n'échappent pas à la règle. On peut en effet ajouter de nombreux adjuvants et renforts aux polymères, ce qui entraîne des variations parfois importantes de leurs propriétés.

12.2.5.1 Adjuvants

Les adjuvants sont en général des produits organiques qui, lorsqu'on les mélange aux polymères, en modifient les propriétés physiques (par exemple, les plastifiants et les colorants) ou leurs propriétés chimiques (par exemple, les stabilisants et les ignifugeants).

Colorants. Les colorants se présentent en général sous la forme de pigments insolubles dispersés dans la matrice. Ils sont souvent opaques et relativement stables à long terme. On utilise principalement des pigments blancs (TiO_2 et ZnO_2), jaunes (CdS, chromate de plomb), rouges (oxyde de fer), bleu-vert (aluminate de cobalt, phtalocyamines) et noirs (noir de carbone).

Lorsqu'on souhaite préserver la transparence du polymère, on utilise de préférence des colorants solubles dans la matrice polymérique, comme les colorants organiques, anthraquinoniques ou azoïques.

Stabilisants. Les stabilisants permettent de retarder, de ralentir ou même d'inhiber les processus de dégradation physique ou chimique des polymères, pendant leur mise en œuvre ou leur utilisation. Les antioxygènes (amines, phénols, mercaptans et phosphites), qu'on utilise en général avec les polymères hydrocarbonés (PE, PP, caoutchouc, etc.), ont pour but de retarder l'oxydation thermique. Les stabilisants thermiques du PVC (polychlorure de vinyle), quant à eux, retardent le dégagement de HCl. Enfin, les stabilisants «lumière» empêchent la dégradation du polymère due aux radiations lumineuses visibles ou non (ultraviolettes ou infrarouges). Par exemple, le noir de carbone ajouté au caoutchouc permet de contrer la dégradation due aux rayons U.V. (art. 12.2.3). D'autres stabilisants «lumière» sont des produits organiques.

Plastifiants. Les plastifiants permettent d'améliorer la souplesse d'un polymère dont la rigidité initiale est inadéquate. Ce sont en général des macromolécules de faible masse moléculaire (phtalates, adipates, sébaçates, polyesters aliphatiques et phosphates) qui modifient les forces de liaison entre les chaînes, forces responsables de la cohésion mécanique. Toutes les interactions ne sont pas affectées, mais la rigidité du polymère diminue lorsque la concentration de plastifiant augmente. Il en est également ainsi pour la température de transition vitreuse, qui diminue. Ainsi, un PVC rigide non plastifié a une température de transition vitreuse voisine de 80 °C, alors qu'à l'état plastifié, cette température peut descendre jusqu'à -60 °C selon la nature du plastifiant et sa concentration. Lorsqu'on ajoute trop de plastifiant, les principales liaisons sont alors celles qui unissent entre elles les molécules du plastifiant ; le polymère peut donc prendre la consistance d'un liquide visqueux, même à la température ambiante. Les peintures polymériques à base d'uréthanes sont des exemples typiques de polymères contenant une concentration élevée de plastifiant. Après application, la peinture sèche grâce à l'évaporation de l'excès de plastifiant. Cette étape s'accompagne souvent d'une certaine polymérisation et d'une réticulation dues à l'oxygène ambiant. Le reste de plastifiant rend tenace et flexible le film de peinture sec dans lequel il est emprisonné. Avec le temps, l'oxydation ininterrompue et la lente diminution de quantité de plastifiant due à l'évaporation rendent la peinture plus rigide, mais également plus fragile : elle s'écaille.

Lubrifiants. Les lubrifiants améliorent les qualités de frottement du polymère. Le bisulfure de molybdène (MoS_2), le PTFE en poudre et le talc sont des lubrifiants qui améliorent les qualités tribologiques d'un matériau. Par ailleurs, les stéarates de calcium ou de zinc, ainsi que les cires de polyéthylène, facilitent sa mise en oeuvre.

Adjuvants antistatiques. Les adjuvants antistatiques permettent de réduire l'accumulation de charges électrostatiques à la surface des plastiques. Ils agissent soit en améliorant la conductibilité électrique du polymère (noir de carbone et poudres métalliques), soit en formant un film à sa surface, soit par exsudation (ammonium quaternaire, amines, phosphates organiques et esters de polyols).

Ignifugeants. Les ignifugeants permettent de contrôler l'amorçage ou la propagation de la combustion en rendant celle-ci plus difficile. Leur mode d'action est complexe, car celle-ci peut s'exercer soit par une inhibition de l'oxydation des radicaux, soit par un «refroidissement» de la réaction dû à une réaction fortement endothermique (alumine ou oxyde d'étain hydraté), soit par une diminution des échanges gazeux entre le polymère et l'atmosphère (phosphates qui forment une couche superficielle d'acide phosphorique). Un certain nombre d'ignifugeants sont polyfonctionnels ; c'est pourquoi on recherche souvent un effet de synergie entre deux ou plusieurs ignifugeants.

12.2.5.2 Renforts

Les renforts sont des produits susceptibles d'améliorer une ou plusieurs propriétés mécaniques du polymère, qui sert alors de matrice. On peut les rencontrer sous plusieurs formes : billes, poudres, paillettes, fibres continues ou non, et fibres tissées ou en mats.

Verre. Sous forme filée, le verre fait preuve d'une bonne résistance mécanique, d'une grande inertie chimique, ainsi que d'une isolation électrique et d'une tenue à chaud satisfaisantes. Les renforts en verre peuvent prendre diverses formes :

- billes, qui améliorent la résistance à la compression ;
- fibres broyées (longueur < 300 μm) ou coupées (3 à 300 mm de long) ;
- mats constitués de fibres ou de fils discontinus, non tissés ;
- tissus, qui sont moins déformables que les mats et qui permettent un renforcement orienté dans le sens des contraintes.

Carbone. On peut utiliser le carbone sous forme graphitique pour obtenir des matériaux autolubrifiants qui servent à la fabrication de paliers et de coussinets. Sous forme de fibres, tissées ou non, on l'utilise comme renfort. Le carbone est un matériau de renfort recherché pour certaines utilisations spécifiques de haute technologie (pales d'hélicoptère, voilures d'avion et coques de bateaux de compétition). L'industrie automobile a recours à des polymères renforcés de fibres de carbone pour fabriquer des arbres de transmission et des ressorts de suspension.

Mica. Le mica possède plusieurs propriétés qui en font un matériau de renfort particulièrement intéressant : sa structure lamellaire permet d'obtenir un renforcement bidirectionnel ; son isolation électrique est excellente ; sa rigidité mécanique et son inertie chimique sont également excellentes ; sa tenue à chaud est satisfaisante ; sa capacité d'agir comme anti-ultraviolets et son faible coût sont d'autres atouts non négligeables. On l'utilise souvent sous forme de paillettes (20 à 450 μm) avec les polymères thermodurcissables, dans le but d'améliorer la tenue à chaud de ceux-ci et de leur assurer une bonne stabilité dimensionnelle. On le rencontre également dans les polymères thermoplastiques injectés (polypropylènes et polyamides).

Amiante. L'amiante permet d'améliorer la résistance à la flamme et la tenue à chaud des polymères. On l'utilise principalement dans la fabrication des garnitures de freins et des disques d'embrayage.

Polymères. On peut enfin utiliser les polymères eux-mêmes comme renforts. C'est le cas, en particulier, du polyamide aromatique, dont les fibres sont commercialisées sous le nom de Kevlar (Dupont de Nemours). Sa faible densité, son excellente résistance à la traction, son module d'élasticité d'un niveau acceptable et sa bonne résistance à la fatigue en font un renfort de choix pour la fabrication des pièces sollicitées dynamiquement (carcasses radiales de pneu, courroies, bandes transporteuses, dans lesquelles il est associé à des caoutchoucs ; garnitures de freins et disques d'embrayage, planchers, portes, blindages d'avions et coques de bateaux).

L'addition de certains polymères (PE chloré, ABS et MBC), sous forme de billes de faibles dimensions, améliore la résistance aux chocs des matières plastiques (par exemple, tableau de bord d'automobile, fait de PVC renforcé à l'ABS).

Cette brève énumération des principaux adjuvants et renforts de polymères démontre que, en pratique, les matières plastiques sont bien souvent des mélanges de plusieurs produits, et que les propriétés des plastiques sont parfois bien différentes de celles des polymères de base eux-mêmes.

12.3 PROPRIÉTÉS PHYSIQUES DES POLYMÈRES

Avant tout, rappelons qu'il existe une grande variété de matières plastiques, tout comme il existe un grand nombre d'alliages métalliques. En outre, les adjuvants et les renforts incorporés aux polymères pouvant en faire varier grandement les propriétés (art. 12.2.5.1 et 12.2.5.2), il est pratiquement impossible d'étudier chaque polymère individuellement. Il nous faut plutôt tenter de dégager une vue d'ensemble des propriétés des matières plastiques.

Dans cette section, nous présenterons les caractéristiques physiques générales des polymères, et nous les comparerons fréquemment à celles des autres classes de matériaux, afin de relativiser ces propriétés et d'en souligner les avantages et les limites.

12.3.1 Masse volumique

La masse volumique des matières plastiques est peu élevée, ce qui constitue souvent un atout pour l'ingénieur quand il doit mettre l'accent sur la légèreté de certaines pièces, ou lorsque les contraintes mécaniques imposées ne sont pas critiques. La légèreté des polymères est sans aucun doute une des qualités qui a le plus largement contribué à leur diffusion. Pour ce qui est du rapport «résistance à la traction/masse volumique», certains polymères sont en fait supérieurs à bien des matériaux métalliques. Le tableau 12.4 permet de comparer ce rapport pour quelques métaux, alliages et polymères.

Tableau 12.4 Masse volumique, résistance à la traction et résistance spécifique de quelques métaux et polymères

Matériau	Masse volumique, ρ (g/cm^3)	Résistance à la traction, R_m (MPa)	R_m/ρ
Acier à 0,1 % C, laminé à froid	7,8	450	58
Laiton (Cu–30 % Zn) recuit	8,3	400	48
Al–4 % Cu, trempé et vieilli	2,8	350	125
Polyéthylène de haute densité (PEhd)	0,96	30	30
Nylon 6-6 (PA 6-6)	1,12	80	71
ABS	1,1	45	41

La faible masse volumique des plastiques est due au faible poids atomique des principaux atomes de leurs chaînes (principalement l'hydrogène et le carbone). Cette masse volumique oscille entre 0,9 et 1,1 g/cm^3 pour les polymères d'hydrocarbures linéaires simples (polyéthylène, polypropylène et polystyrène). La présence d'atomes plus lourds (chlore, fluor ou oxygène) dans les chaînes entraîne une augmentation de la masse volumique des plastiques (PVC : de 1,2 à 1,5 g/cm^3, PTFE : de 2,1 à 2,2 g/cm^3).

Si le polymère cristallise, il devient plus dense qu'à l'état amorphe, car, à l'état cristallin, il y a un meilleur empilement des chaînes et, par conséquent, une plus grande compacité.

Selon le mode de préparation, la macromolécule de polyéthylène peut être plus ou moins ramifiée. Le long de la chaîne du polyéthylène de basse densité (PEbd), il y a de 20 à 40 ramifications pour 1000 atomes de carbone. C'est pourquoi ce polyéthylène n'est pas cristallisable ; sa masse volumique est inférieure à 0,93 g/cm^3. Par contre, le long de la chaîne du PEhd (polyéthylène de haute densité ; $\rho > 0{,}95$ g/cm³), il y a environ dix fois moins de ramifications que pour celle du PEbd. Le PEhd est donc plus facilement cristallisable, ce qui explique sa masse volumique plus élevée. Le module d'élasticité du PEbd est d'environ 0,3 GPa, alors qu'il atteint 1,2 GPa pour le PEhd.

Les tableaux 12.7 et 12.8 (en fin de chapitre) donnent les valeurs de la masse volumique des principales matières plastiques. On remarque que la présence de renforts – en particulier les fibres de verre – fait augmenter la masse volumique.

12.3.2 Propriétés thermiques

Au chapitre 2, nous avons vu que le coefficient de dilatation linéique était fonction du type de liaisons qui assuraient la cohésion de l'ensemble des atomes ou des molécules du matériau, et que ce coefficient était d'autant plus élevé que l'intensité des liaisons était faible. Nous allons voir quelles conséquences découlent de ce phénomène en ce qui concerne les polymères. Si les polymères sont partiellement cristallisés, leurs macromolécules sont très rapprochées, mais la cohésion du polymère n'est due qu'à des liaisons de faible intensité (liaisons de van der Waals ou ponts hydrogène). Si, par contre, les polymères sont amorphes, ramifiés ou réticulés, leurs macromolécules ont peu de points de contact et la cohésion totale en est diminuée. Les coefficients de dilatation linéique des matériaux polymériques sont par conséquent bien plus élevés que ceux des métaux ou des matériaux ioniques et covalents (tabl. 12.5).

Tableau 12.5 Propriétés thermiques de quelques polymères

Matériau	Coefficient de dilatation linéique (10^{-6} °C^{-1})	Conductivité thermique (W/m·°C)	Chaleur spécifique à 20 °C (kJ/kg·°C)
PEbd	110 à 130	0,33	2,26
PVC	50 à 180	0,12 à 0,30	0,84 à 1,25
PS	60 à 80	0,10 à 0,14	1,34
PMMA	50 à 90	0,17 à 0,25	1,46
PTFE	100	0,25	1,045
POM	80	0,23	1,46
PA 6-6	100 à 150	0,25	1,67
PC	70	0,19	1,25
Phénoplastes	25 à 60	0,13 à 0,26	1,67
Polyesters-verre	25 à 30	0,41 à 0,69	1,05
Verre*	3 à 4	1,25	0,71 à 0,84
Fer*	11 à 12	55	0,437

* Les valeurs pour le verre et le fer apparaissent à titre de comparaison.

Cette grande différence entre les coefficients de dilatation linéique des matières plastiques et ceux des métaux constitue un paramètre critique qu'il faut prendre en considération lorsqu'on veut déterminer les tolérances et les jeux dans les assemblages mécaniques qui comportent ces deux types de matériaux (par exemple, engrenages en plastique montés sur des axes métalliques). Dans le cas des pièces faites de métal et de plastique (par exemple, les anciens volants de direction d'automobile dont l'âme métallique était recouverte de polymère rigide et fragile), des variations de température importantes peuvent entraîner des décohésions entre le métal et le plastique, et une fissuration possible de ce dernier.

La conductibilité thermique des polymères est relativement faible (tabl. 12.5). Cette caractéristique rend les matières plastiques intéressantes quand on les utilise comme isolants thermiques, notamment sous forme de mousse. En effet, la conductibilité thermique des mousses de polyuréthane, de polystyrène, de polychlorure de vinyle ou de phénolformaldéhyde atteint des valeurs très faibles voisines de 0,035 W/(m·°C).

Soulignons par ailleurs que le tableau 12.7 donne la valeur de la température de fusion et celle de la température de transition vitreuse des thermoplastiques. Ce tableau, ainsi que le tableau 12.8, indique également la valeur de la contraction à la «solidification», ce dernier terme étant pris au sens large, puisque, dans le cas des matières thermodurcissables, il correspond en fait à la polymérisation des réactifs, laquelle permet d'obtenir un matériau solide. La contraction à la solidification est un paramètre important dont on doit tenir compte lors du dimensionnement d'une pièce, si l'on veut calculer avec précision les cotes finales après fabrication (injection, extrusion, etc.).

12.3.3 Propriétés électriques

De par la nature même des liaisons atomiques qui existent dans les polymères (liaisons covalentes le long des chaînes, de van der Waals ou ponts hydrogène entre les chaînes), ceux-ci ne comprennent aucun porteur de charges électriques (électrons ou ions). Les matières plastiques ont donc une résistivité très élevée (entre 10^{15} et 10^{18} $\Omega \cdot$cm) et constituent par conséquent d'excellents isolants électriques. On reconnut et apprécia si rapidement cette propriété que, quatre ans seulement après la première synthèse du polyéthylène (en 1935, en Angleterre), une usine en produisait 200 tonnes par année destinées principalement à l'isolation électrique. La technique naissante du radar allait en outre en bénéficier largement. La tension de claquage élevée des polymères (de 150 à 500 kV/cm) et leur facilité de mise en forme (par extrusion et par injection) en font des matériaux de choix pour gainer des fils et des câbles électriques, ainsi que pour fabriquer des pièces de quincaillerie électrique (boîtiers d'interrupteurs, boîtiers de prises de courant, prises, etc.).

Le comportement des polymères sous champ électrique alternatif, et plus particulièrement des champs électriques de haute fréquence, dépend de la polarité de la molécule. Sur ce plan, les polyéthylènes et les polypropylènes, grâce à leur structure régulière constituée uniquement d'atomes de carbone et d'hydrogène, sont les plus intéressants. On peut ainsi isoler des câbles de télécommunications sous-marins avec des polyéthylènes très purs, et ce pour des fréquences pouvant atteindre 30 MHz ; on a par ailleurs remplacé le papier des condensateurs électriques par des films de polypropylènes biétirés, de quelques micromètres d'épaisseur. En général, la constante diélectrique des polypropylènes, ε, est comprise entre 2 et 4.

Le facteur de pertes diélectriques est un paramètre important qui permet de décider si un plastique est soudable ou non par induction à hautes fréquences. Les facteurs de pertes diélectriques de plusieurs polymères étant très faibles (10^{-3} à 10^{-4}), on ne peut envisager de les souder par induction à hautes fréquences (c'est le cas des polyoléfines, des styréniques, des polymères fluorés, des polyacétals, des polyesters saturés et des polycarbonates), à moins qu'on n'ait prévu des insertions métalliques destinées à faciliter l'échauffement par induction. Par contre, on peut souder par induction à hautes fréquences certains polymères thermoplastiques (les polychlorures de vinyle et leurs dérivés, les polyacryliques et les polyamides) dont le facteur de pertes diélectriques est voisin de 10^{-2}. Bien entendu, il est inconcevable de vouloir souder ainsi les polymères thermodurcissables.

Au cours des dernières années, on a mis au point des polymères conducteurs qu'on utilise comme électrets. Les électrets, qui sont aux champs électriques ce que sont les aimants aux champs magnétiques, sont des matériaux diélectriques chargés en permanence (chap. 9). On obtient les électrets à partir de polymères (nylon ou polypropylène) qu'on porte à une température supérieure à la température de transition vitreuse, et qu'on soumet à un fort champ électrique unidirectionnel. On obtient ainsi un déplacement des charges électriques préexistantes, une orientation des dipôles ou une injection de charges extérieures engendrées par ionisation du gaz ambiant. Au-dessus de la température θ_v, la grande mobilité des chaînes permet à ces charges de se déplacer. Dès que les charges électriques sont en place, on refroidit le polymère, ce qui prive les chaînes de leur mobilité et «piège» les charges électriques. Le polymère le plus fréquemment utilisé à cette fin est un copolymère de tétrafluoroéthylène et d'hexafluoropropylène. On utilise des électrets principalement pour fabriquer des microphones qui, en fait, sont des microphones à condensateur ; puisqu'ils sont chargés en permanence, ils ne requièrent aucune tension externe. De tels microphones sont simples à fabriquer ; leur réponse en fréquence est plane et leur résistance aux chocs est élevée.

12.3.4 Propriétés optiques

Certains polymères possèdent des propriétés optiques fort intéressantes. Pour qu'ils puissent transmettre la lumière, ces polymères doivent être à l'état amorphe, car toute zone cristallisée joue le rôle d'un centre de diffusion (le coefficient de transmission lumineuse diminue donc fortement dès qu'une certaine cristallisation apparaît). Le tableau 12.6 indique (pour des longueurs d'onde situées dans le spectre visible) les valeurs de l'indice de réfraction et du coefficient de transmission lumineuse de quelques polymères qu'on peut utiliser pour leurs propriétés optiques. En fait, parmi les polymères thermoplastiques, ce sont les polyacryliques et les polycarbonates qu'on utilise le plus fréquemment pour leurs propriétés optiques. Le polyméthacrylate de méthyle (PMMA) est le plus typique de ces polymères thermoplastiques transparents : on l'utilise pour fabriquer des vitrages et pour réaliser des inclusions d'objets, car son coefficient de transmission lumineuse est tel que 50 % seulement de la lumière visible est absorbée par une épaisseur de 3 m ! Bien qu'ils transmettent légèrement moins bien les longueurs d'onde visibles, les polycarbonates sont cependant fort appréciés pour leurs propriétés optiques, car ils sont moins sensibles aux rayures que les polyacryliques ; c'est pour cette raison qu'on les utilise, car ils ne présentent pas la fragilité intrinsèque du verre, pour la fabrication des lentilles de systèmes optiques (jumelles, appareils photo, etc.) et des visières, casques, lunettes de sécurité, pare-brise de motocyclettes, boucliers, voyants, luminaires, systèmes optiques d'automobile, etc.

Tableau 12.6 Propriétés optiques de quelques polymères

Polymère	Indice de réfraction	Transmission lumineuse (%)
Polyacrylique		
– PMMA	1,49 à 1,56	92
– A/MMA	1,51	90
Styrène-butadiène		
SB	1,57	90
Polycarbonate		
PC	1,59	88
Polysulfone		
PPSU	1,65	75
Polyester		
PETP	1,57 à 1,64	90

12.4 PROPRIÉTÉS MÉCANIQUES DES POLYMÈRES

Aux chapitres 6 et 7, nous avons à plusieurs reprises abordé l'étude des propriétés mécaniques des matières plastiques ; dans la présente section, nous traiterons, de façon plus générale, de l'ensemble des propriétés mécaniques des polymères, et nous les comparerons à celles des autres classes de matériaux, en particulier des métaux.

La rigidité des polymères n'est pas due, comme celle des métaux ou des céramiques, à la cohésion qui existe entre tous les atomes constitutifs du matériau ; elle résulte plutôt des interactions secondaires entre les macromolécules que sont les chaînes. Par conséquent, on ne peut plus relier directement le module d'élasticité des polymères à l'énergie de cohésion du matériau (comme nous l'avons fait au chapitre 2), à moins de considérer cette dernière comme l'énergie qui existe dans un ensemble de macromolécules et non plus dans un ensemble d'ions ou d'atomes. La rigidité des polymères est donc beaucoup plus faible que celle des métaux et des céramiques (tabl. 12.7 et 12.8) : le module d'Young des matières thermoplastiques est d'environ 1 à 4 GPa à la température ambiante. Par ailleurs, et contrairement à celle des métaux et des céramiques, cette rigidité peut varier de façon notable selon le type d'agencement des macromolécules que peut adopter un même polymère. La figure 12.27 montre ainsi la variation du module d'élasticité du polychlorure de vinyle, selon que celui-ci est amorphe, cristallisé ou ramifié.

Tableau 12.7 Principales caractéristiques des matières thermoplastiques

Famille et type	Abréviation	Masse volumique (g/cm³)	Module d'Young à 20 °C (GPa)	Résistance à la traction (MPa)	Allongement à la rupture (%)	Température de transition vitreuse (°C)	Température maximale d'utilisation (°C)	Température de fusion (°C)	Contraction à la solidification (%)
POLYOLÉFINES									
· Polyéthylène	PE								
- PE basse densité	PE bd	0,92 à 0,94	0,2 à 0,5	9 à 12	400 à 800	-110	60	115	1,3 à 3,5
- PE haute densité	PE hd	> 0,95	1,0 à 1,2	30 à 35	700 à 1000	-110	100	130	2 à 4
- PE hd + 20 % f.v.*		1,1	-	16	20	-110	-	130	-
- PE haut poids moléculaire	PE uhmw	0,94 à 0,95	3,0 à 3,8	40	200 à 500	-	-	150	-
· Polypropylène	PP	0,90	1,1 à 1,6	20 à 40	200 à 1000	-10	-	170	1,0 à 2,5
- PP + 40 % talc		1,25	3,2 à 4,0	30 à 35	5	-	-	170	-
- PP + 40 % f.v.		1,0	7 à 10	60 à 105	3	-	-	170	0,5 à 1,0
- PP + 40 % mica		1,24	3,6	-	4 à 10	-	-	170	0,7
· Polyméthylpentène	PMP	0,83	1,1 à 2,0	25 à 30	10 à 50	-	-	235	1,5 à 3,0
POLYVYNILIQUES									
· PVC rigide	PVC	1,38	2,4	50	10 à 50	75 à 105	70	160	0,1 à 0,5
· PVC souple		1,3 à 1,7	-	10 à 20	200 à 500	-40	70	150	0,8 à 3,0
· Chlorure de vinyle et de propylène	VC/P	1,3 à 1,4	2,4 à 4,0	35 à 50	100 à 150	70	65	-	0,2 à 0,4
· Polychlorure de vinyle sur-chloré	PVCC	1,50	2,8	60	5	110	100	-	-
· Polychlorure de vinylidène	PVDC	1,65	3,5	20 à 35	200	-	80	-	-
POLYSTYRÉNIQUES									
· Polystyrène	PS	1,04	3	40	4	90	70	-	0,1 à 0,7
· PS expansé		0,02 à 0,06	-	0,02 à 0,04	-	-	70	-	-
· Styrène butadiène	SB	1,04	2,2	27	35 à 50	90	-	-	0,2 à 0,6
· PS acrylonitrile	SAN	1,08	3 à 4	70	5	115	90	-	0,2 à 0,7
· Acrylobutadiène-styrène	ABS	1,03 à 1,08	2,5	30 à 60	20 à 60	110	-	-	0,4 à 0,9
POLYACRYLIQUES									
· Polyméthacrylate de méthyle	PMMA	1,18	3,3	65	4	120	85	225	-
· Acrylonitrile/MMA	A/MMA	1,17	4,5	85	60	95	65	-	-
POLYMÈRES FLUORÉS									
· Polychlorotrifluoro-éthylène	PTFE	2,14 à 2,18	0,35 à 0,75	20 à 40	250 à 500	125	260	330	-
· Éthylène/PTFE	ETFE	1,7	0,8	45	100 à 300	-	155	270	-

* f.v. : fibres de verre.

Tableau 12.7 (suite)

Famille et type	Abréviation	Masse volumique (g/cm³)	Module d'Young à 20 °C (GPa)	Résistance à la traction (MPa)	Allongement à la rupture (%)	Température de transition vitreuse (°C)	Température maximale d'utilisation (°C)	Température de fusion (°C)	Contraction à la solidification (%)
POLYOXYMÉTHYLÈNES	POM								
· Acétals		1,41	3,5	70	65	-50	85	170	2
- POM + 30 % f.v.		1,56	10,5	130	3	-	95	170	0,4 à 0,2
- POM + MoS2		1,42	-	70	65	-	85	170	-
POLYAMIDES	PA								
· PA 6 (sec)		1,14	2,0	70	50	55	100	220	1,2
· PA 6 + 25 % f.v. (sec)		-	9,5	160	5	-	110	220	0,2 à 0,4
· PA 11		1,04	1,1	55	320	30	65	185	0,7 à 2,0
· **PA 12**		1,01	1,3	65	250	55	95	180	1,5 à 1,8
· PA 6-6		1,14	-	83	60	-	140	250	1,5
· PA 6-6 + 30 % f.v.		1,44	-	125	2,5	-	-	260	0,5 à 1,2
· PA 6-10		1,09	1,2 à 1,9	-	200	-	100	215	-
· PA 6-12		1,50	-	60	100	-	-	210	1,5
POLYESTERS SATURÉS									
· Polytéréphtalate d'éthylène	PETP								
- amorphe		1,32	2,0	-	2300	73	70	255	0,1
- orienté		-	6 à 9	-	8	73	100	255	-
- cristallisé		1,39	2,5	-	90	73	100	255	1 à 2
· Polybutylène téréphtalate	PBTP	1,31	2,7	-	250	60	< 200	225	1,5 à 2,0
- PBTP + 30 % f.v.		1,36	9,0	-	3	60	160	225	-
POLYCARBONATES	PC								
· PC		1,24	2,4	70	> 100	150	120	230	0,50
· PC + 30 % f.v.		1,43	6,0	120	4	150	125	-	0,25
POLYSULFONES									
· Polysulfone	PSU	1,24	2,5	100	75	190	150	-	0,7
· Polyéthersulfone	PESU	1,37	2.4	120	60	210	175	-	0,6
· Polyphénylsulfone	PPSU	1,29	2.3	80	60	250	200	-	-
CELLULOSIQUES									
· Acétate de cellulose	CA	1,26	1,4	25 à 50	3 à 70	120	100	-	-
· Acétobutyrate de cellulose	CAB	1,19	1,0	20 à 50	60 à 100	100	80	-	-
· Propionate de cellulose	CP	1,17	0,8	20 à 50	50	100	80	-	-

Tableau 12.8 Principales caractéristiques des matières thermodurcissables

Famille et type	Abréviation	Masse volumique (g/cm³)	Module d'Young (GPa)	Résistance à la traction (MPa)	Allongement à la rupture (%)	Température maximale d'utilisation (°C)	Contraction à la solidification (%)
PHÉNOPLASTES							
· Formolphénoliques	PF	1,2 à 1,3	3 à 4	35 à 60	1,5 à 2,0	80	-
- PF mica		1,4 à 1,8	8 à 15	40 à 65	0,0 à 0,5	200	0,2 à 0,6
- PF amiante		1,5 à 1,8	7 à 20	30 à 50	0,1 à 0,5	250	0,2 à 0,5
- PF + farine de bois		1,3 à 1,5	6 à 10	30 à 50	0,4 à 1,0	140	0,4 à 0,9
- PF + f.v.		1,7 à 2,0	14 à 23	50 à 125	0,2	300	0,1 à 0,4
AMINOPLASTES							
· Urée formaldéhyde + cellulose	UF	1,5	6 à 10	40 à 80	0,5 à 1,0	140	0,6 à 1,4
· Mélamine-formaldéhyde + f.v.	MF	1,5 à 2,0	11 à 16	40 à 80	0,6	180	0,1 à 0,6
POLYESTERS INSATURÉS	UP						
· UP rigide		1,2 à 1,4	2,8 à 3,5	40 à 80	1,0 à 2,0	75 à 200	1,8 à 2,0
· UP souple		1,0 à 1,2	0,6	4 à 20	20 à 200	-	1,8 à 2,0
· Préimprégné + f.v.		1,6 à 2,3	7 à 18	80 à 200	0,4 à 1,0	200	0,1 à 1,0
POLYÉPOXYDES	EP						
· Résine coulée							
- EP non chargée		1,1 à 1,5	2,4	25 à 80	3 à 6	150	0,1 à 0,5
- EP + silice		1,6 à 2,0	18	50 à 90	1 à 3	130	0,05 à 0,5
· Composite EP + f.v.		1,6 à 2,0	22	75 à 200	4	200	0,1 à 0,8

Soulignons que les polymères manifestent en général un comportement viscoélastique (art. 7.3.3) : leur module d'élasticité est ainsi fonction de la vitesse de mise en charge et de la durée du maintien de la contrainte. C'est pourquoi on appelle souvent le module d'élasticité des polymères *module de relaxation*, en précisant la durée de l'application de la charge : par exemple, $E_{10\,s}$ désigne le rapport entre la contrainte et la déformation, mesuré après 10 secondes d'application de la charge. Cette influence du temps d'application de la charge sur le module d'élasticité est illustrée à la figure 12.28, pour le polypropylène cristallisé et amorphe.

Aux tableaux 12.7 et 12.8, nous avons résumé les principales propriétés mécaniques des matières thermoplastiques et thermodurcissables. On remarque que, pour une même famille, une propriété donnée peut varier de façon notable. Cette variation est due à l'addition de renforts et d'adjuvants qui modifient considérablement les propriétés mécaniques.

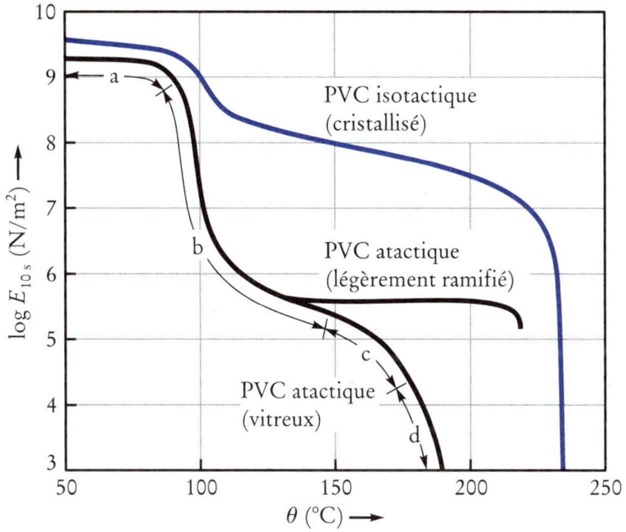

Figure 12.27 Variation du module d'élasticité du polychlorure de vinyl en fonction de la température. Les zones a, b, c et d correspondent respectivement, pour le PVC amorphe, aux états vitreux, caoutchoutique, liquide visqueux et liquide.

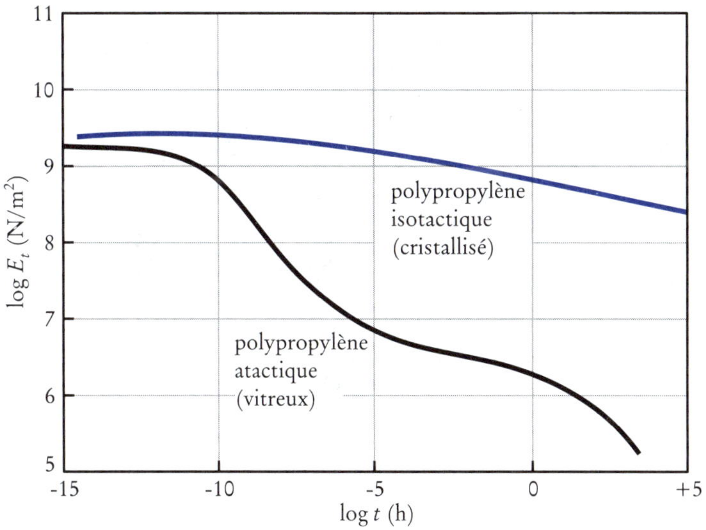

Figure 12.28 Influence de la durée d'application de la contrainte sur le module d'élasticité du polypropylène. Ces résultats indiquent que le polypropylène atactique (non cristallisable) adopte le comportement d'un solide vitreux (haute rigidité) si la charge est appliquée rapidement, alors qu'il adopte un comportement caoutchoutique (faible rigidité) si la charge est appliquée lentement.

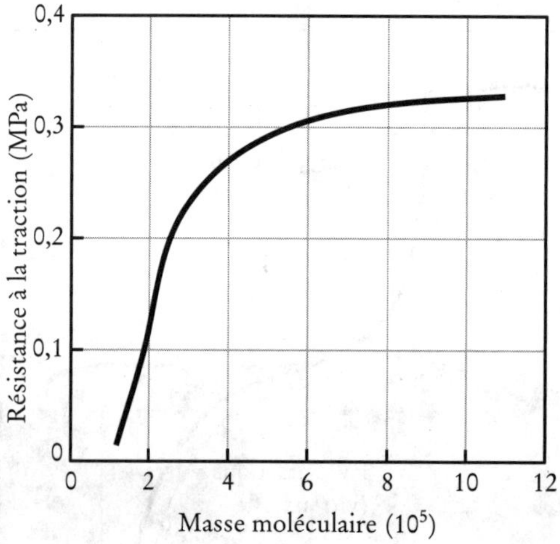

Figure 12.29 Influence de la masse moléculaire sur la résistance du caoutchouc synthétique butyle.

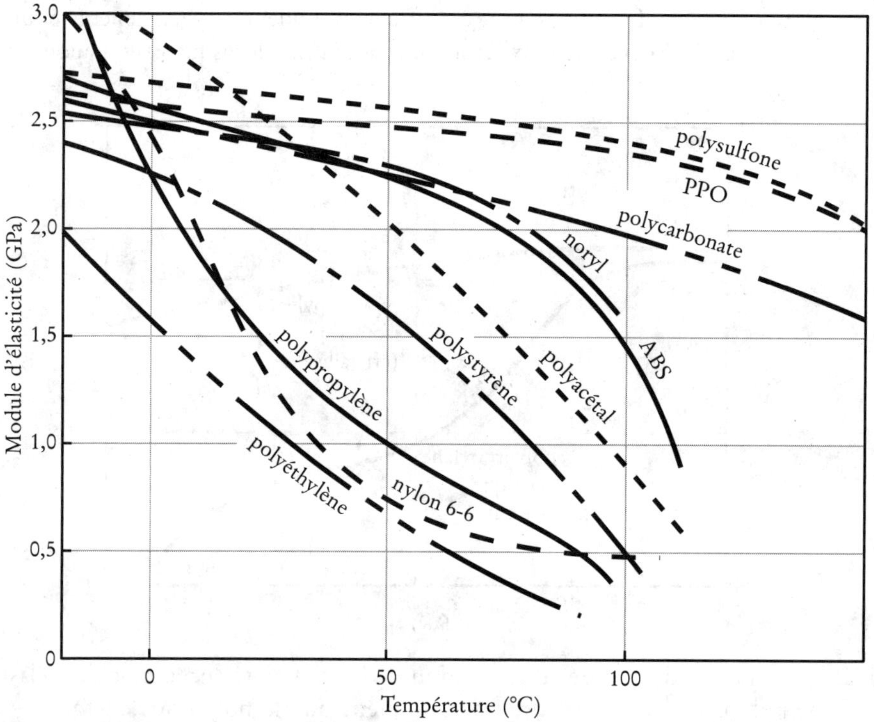

Figure 12.30 Variation du module d'élasticité de plusieurs polymères en fonction de la température.

Lorsqu'on compare les tableaux 12.7 et 12.8, on remarque que les polymères réticulés ont en général un module d'élasticité plus élevé que celui des polymères thermoplastiques à chaînes linéaires. En outre, la résistance à la traction d'un polymère à chaînes linéaires est fonction de sa masse moléculaire moyenne, c'est-à-dire de la longueur moyenne des chaînes (fig. 12.29 ; caoutchouc synthétique butyle).

Le coefficient de Poisson des plastiques, qui peut varier de 0,5 (pour les polymères les moins rigides, notamment, les élastomères) à 0,35 (pour les polymères les plus rigides), a en général une valeur voisine de 0,4.

Il faut par ailleurs souligner que le domaine de température pour lequel on peut utiliser les polymères est relativement plus restreint que celui des métaux et des céramiques. En outre, dans les limites mêmes de ce domaine, un polymère donné peut adopter des comportements mécaniques bien différents selon la température (fig. 12.30 et 12.31).

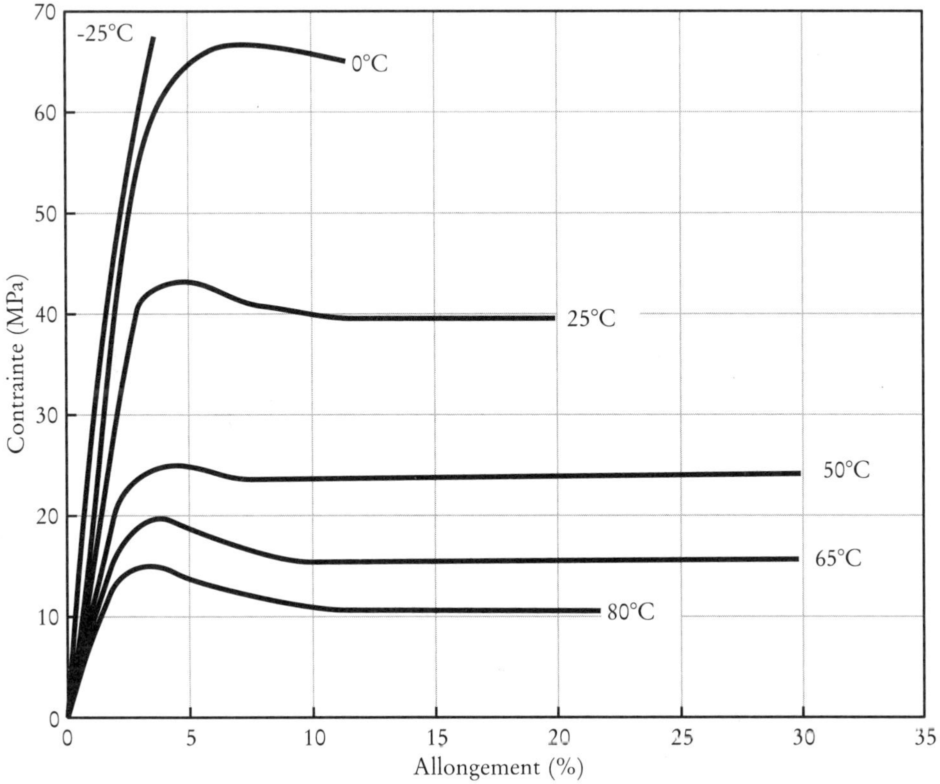

Figure 12.31 Influence de la température sur les propriétés mécaniques en traction de l'acétate de cellulose.

Alors qu'on peut aisément déterminer, avec une bonne précision, la limite d'élasticité des métaux, le comportement viscoélastique des matières plastiques interdit souvent d'évaluer avec précision leur limite d'élasticité ; c'est pourquoi ce paramètre ne figure pas aux tableaux 12.7 et 12.8.

L'hygroscopie joue également un rôle important en ce qui concerne les propriétés mécaniques des plastiques (fig. 12.32). Tout polymère absorbe en effet plus ou moins d'eau : le pourcentage d'eau absorbée varie de quelques dixièmes à quelques unités dans les cas des polyamides et des polymères naturels comme la soie et le coton. Dans ce dernier cas, la résistance à la traction augmente avec le pourcentage d'eau absorbée, car les chaînes de cellulose sont fortement hydrophiles ; on suppose que, lorsqu'elles ont absorbé des molécules d'eau, leur structure cellulaire se distord et permet ainsi à un plus grand nombre de chaînes de supporter les contraintes appliquées.

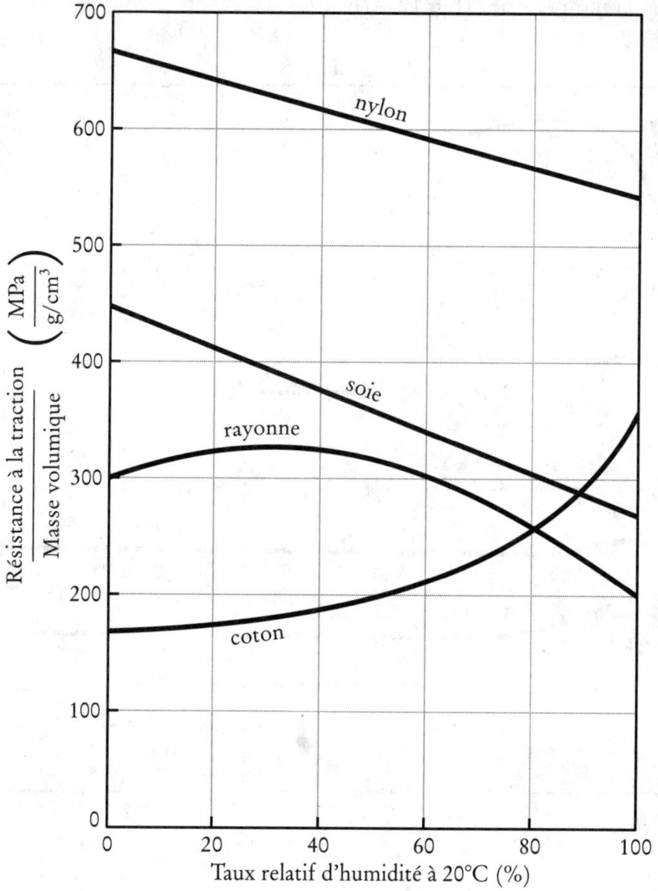

Figure 12.32 Influence de l'humidité sur la résistance spécifique en traction de plusieurs fibres de polymères.

On remarque enfin que les tableaux 12.7 et 12.8 ne donnent aucune valeur de la ténacité des plastiques. Alors que pour les métaux, on évalue cette ténacité en procédant à des essais normalisés – qui se limitent en général à l'essai de résilience Charpy, avec entaille en V, ou à l'essai de ténacité (chap. 4) –, on évalue la ténacité (ou la résilience) des plastiques de multiples façons : essais Charpy-V, essais Izod sur éprouvettes entaillées ou lisses, etc. ; il est par conséquent difficile de disposer de résultats comparables. Soulignons qu'on utilise fréquemment certaines matières plastiques très tenaces pour fabriquer des pièces destinées à absorber les chocs (tableaux de bord d'automobiles ou casques de protection, par exemple). En général, les matières thermoplastiques sont plus tenaces que les matières thermodurcissables.

Chapitre 13

CÉRAMIQUES

Le mot céramique (du grec *keramikos*, «argile cuite») implique la cuisson de matières premières argileuses, matières abondantes et bon marché. Les céramiques, sous forme de poterie et de briques, sont les premiers matériaux que l'Homme a fabriqués par transformation de matières premières. Ces matériaux sont essentiellement des oxydes dont la cohésion est assurée par des liaisons ioniques ou covalentes ; leurs propriétés générales dépendent de ces types de liaisons et de l'architecture atomique qui en résulte.

Aujourd'hui, le terme céramique englobe une gamme de matériaux beaucoup plus vaste. En effet, outre les céramiques traditionnelles fabriquées à partir d'argiles, on retrouve les oxydes purs (naturels et synthétiques), les verres, les carbures, nitrures et borures, les ciments et bétons, et les matériaux carbonés. Par ailleurs, les utilisations modernes des céramiques ne sont plus limitées aux domaines traditionnels de la construction et des biens de consommation, puisqu'on les emploie dans des secteurs comme l'électrotechnique, la construction mécanique, etc.

13.1 PROPRIÉTÉS GÉNÉRALES DES CÉRAMIQUES

Les propriétés générales des céramiques découlent des propriétés de leurs liaisons chimiques, de leur état cristallin ou amorphe et de leur microstructure. Il en résulte un ensemble de caractéristiques communes à toutes les céramiques, caractéristiques qui font que, pour un grand nombre d'utilisations, on ne peut leur substituer des matériaux différents (métaux ou plastiques).

13.1.1 Liaisons

Les éléments qui entrent dans la composition des céramiques sont liés entre eux par des liaisons fortes, covalentes ou ioniques (art. 2.4.1 et 2.4.2), et forment des composés hétéropolaires (réseaux d'anions et de cations). Les cations sont des éléments métalliques qui cèdent leurs électrons périphériques aux anions, dans la majorité des cas, de l'oxygène : les céramiques sont souvent des oxydes métalliques. Il existe également des composés dans lesquels les cations sont du carbone, de l'azote ou du bore ; ce sont les carbures, les nitrures et les borures.

Comme nous l'avons souligné dans l'article 2.4.6, les liaisons sont rarement d'un seul type : ioniques ou covalentes. Selon l'électronégativité des éléments en présence, les liaisons possèdent soit un caractère ionique prédominant, soit un caractère principalement covalent (art. 2.4.4). La structure cristalline des divers composés dépend de ce caractère prédominant des liaisons atomiques. Les propriétés générales des céramiques qui découlent de leurs liaisons atomiques sont les suivantes.

– Les liaisons ioniques et covalentes impliquent tous les électrons de valence des éléments en présence ; il n'y a donc pas d'électrons libres. Les céramiques sont, dans l'ensemble, de mauvais conducteurs de l'électricité et de la chaleur ; on les utilise fréquemment comme diélectriques (art. 9.2.5) et comme isolants thermiques. Quand la largeur de la bande interdite, entre la bande de valence et la bande de conduction, est faible (de l'ordre de l'électronvolt), les céramiques peuvent être semi-conductrices (Si, Ge, GaAs, SiC). Certaines céramiques présentent également des propriétés ferroélectriques et piézoélectriques intéressantes (art. 9.2.6).

– Les liaisons ioniques et covalentes sont des liaisons particulièrement stables et fortes : les températures de fusion des céramiques sont très élevées, souvent supérieures à celles des métaux ; on les utilise largement comme matériaux réfractaires dans les fours et lorsqu'on doit recourir à de hautes températures. Grâce à la stabilité de leurs liaisons chimiques, les céramiques réagissent en outre peu aux effets de l'environnement : elles possèdent une grande inertie chimique et sont moins souvent sujettes à la dégradation par corrosion ou oxydation, que subissent les métaux. Toutefois, quand c'est le caractère ionique qui prédomine, l'intensité – donc la stabilité – des liaisons peut être plus ou moins forte ; l'énergie de liaison croît à la fois en fonction de la charge des ions et de l'inverse du carré de la distance qui les sépare. C'est ce qui explique que le chlorure de sodium (NaCl) a une température de fusion de 800 °C et est soluble dans l'eau, et que l'alumine (Al_2O_3) ne fond qu'à 2050 °C et est tout à fait inerte dans l'eau.

– Puisque les liaisons atomiques des céramiques sont des liaisons fortes, ces matériaux ont une rigidité (module d'Young) élevée. Cependant, les dislocations dans les cristaux ioniques et covalents étant peu mobiles (art. 4.2.7), la contrainte nécessaire pour que les dislocations se déplacent est du même ordre de grandeur que la résistance théorique à la rupture. Sauf à des températures proches de leur température de fusion, les céramiques ont un comportement fragile et se rompent sans déformation plastique. En présence de défauts de surface (rayures) ou de défauts internes (porosité), qui sont des sièges de concentrations de contrainte (art. 4.1.1 et 4.1.2), les céramiques ont une faible résistance à la rupture en traction ; leur comportement est par contre meilleur en compression. On tire parti de la dureté des céramiques dans des utilisations comme les abrasifs (SiO_2, Al_2O_3, SiC), les outils de coupe (WC) et les surfaces de frottement qui doivent résister à l'usure.

13.1.2 Structure cristalline

Les céramiques étant des solides à liaisons essentiellement iono-covalentes, les caractéristiques essentielles de leur structure cristalline ont déjà fait l'objet des articles 3.3.2 et 3.3.3. Dans le cas des céramiques ayant des liaisons à caractère fortement ionique, il convient de consulter les tableaux 3.3 et 3.4 pour prévoir le type de structure cristalline de ces céramiques.

Dans cet article, nous aborderons plutôt la structure cristalline des céramiques sous l'angle de leur formule chimique, qui est du type C_xA_y, où C et A représentent respectivement les cations et les anions présents dans la structure.

Composés *CA* de type NaCl. Lorsque le rapport $\phi_C{}^+/\phi_A{}^-$ est compris entre 0,414 et 0,732 (tabl. 3.3), les cations C^+ occupent les sites octaédriques définis par le réseau c.f.c. des anions A^- ; il en résulte la structure cristalline du NaCl (fig. 3.23a). Les composés MgO, MnS, LiF et FeO sont d'autres exemples de structure de type NaCl.

Composés *CA* de type CsCl. Quand le diamètre $\phi_C{}^+$ des cations est voisin de celui des anions A^- ($\phi_C{}^+/\phi_A{}^- > 0{,}732$), la coordinence des anions est alors égale à 8 (tabl. 3.3) et la structure cristalline de tels composés est celle du chlorure de césium CsCl, présentée à la figure 3.23b.

Composés *CA* de type *blende*. Dans les composés *CA* de type *blende*, le diamètre du cation est suffisamment petit pour que le rapport $\phi_C{}^+/\phi_A{}^-$ soit compris entre 0,225 et 0,414 (tabl. 3.3) ; le polyèdre de coordinence qui en résulte est le tétraèdre. La structure cristalline typique qui en résulte est celle du sulfure de zinc, ZnS, (appelée aussi blende ou sphalérite et représentée à la figure 13.1a. Cette structure est également celle du carbure de silicium, SiC, abondamment utilisé comme abrasif ou comme renfort dans les composites (art. 14.2.4).

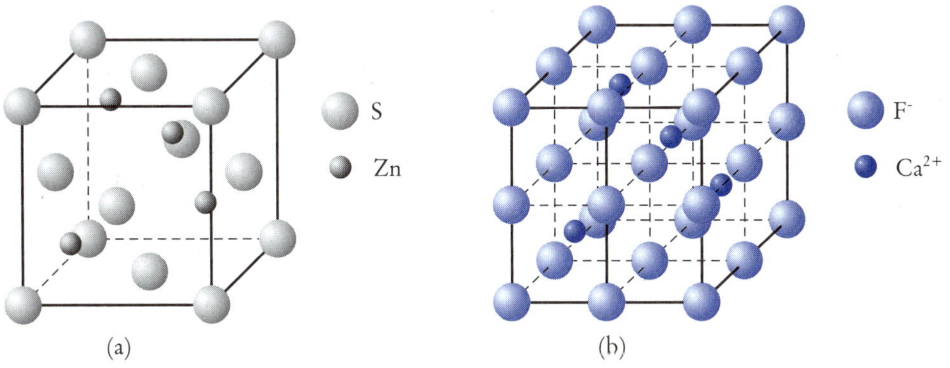

Figure 13.1 a) Maille élémentaire de la blende (ZnS) ; b) maille élémentaire de la fluorite (CaF_2).

Composés C_mA_p. Quand les charges électriques des cations et des anions ne sont pas égales, le respect de l'équilibre des charges électrostatiques (art. 3.3.3) fait en sorte que la formule chimique est de type C_mA_p, où m est différent de p. La *fluorite* CaF_2 ($m = 1, p = 2$) est un exemple simple ; on peut voir sa structure cristalline à la figure 13.1b. Dans ce cas, puisque le rapport $\phi_C{}^+/\phi_A{}^-$ est égal à 0,8, le tableau 3.3 indique une coordinence égale à 8, ce qui signifie que le cation Ca^{2+} occupe un site cubique défini par les anions F^-. Puisque la formule chimique exige qu'il y ait deux fois plus d'ions F^- que d'ions Ca^{2+}, il n'y a donc que la moitié des sites cubiques définis par les ions F^- qui sont occupés par des ions Ca^{2+}. La maille élémentaire de la fluorite consiste alors en huit cubes simples définis par les ions F^-, dont seulement quatre ont leur centre (site cubique) occupé par les ions Ca^{2+}. Les oxydes UO_2, PuO_2 et ThO_2 sont d'autres exemples de céramiques à structure de type *fluorite*.

Composés $C_mB_nA_p$. De nombreuses céramiques ont une formule chimique où deux types différents de cations (C et B) établissent des liaisons avec un type d'anions A. Un exemple typique est celui du titanate de baryum $BaTiO_3$ dont la maille élémentaire apparaît à la figure 9.21. Ce type de structure est celui de la *perovskite*, que l'on retrouve dans les composés tels que $SrZrO_3$ et $SrSnO_3$.

Un autre type de composé $C_mB_nA_p$ est l'aluminate de magnésium, $MgAl_2O_4$, dont la formule chimique peut aussi s'écrire $MgO{\cdot}Al_2O_3$. La structure de ce composé est de type *spinelle* ; on peut la décrire comme un empilement compact d'ions O^{-2} formant un réseau c.f.c., dont les sites tétraédriques sont occupés par les ions Mg^{2+} et les sites octaédriques par les ions Al^{3+}. Les *ferrites* céramiques manifestant un comportement ferrimagnétique (art. 9.3.5), ont une structure cristalline qui est une variante de la structure spinelle; leurs caractéristiques ferrimagnétiques dépendent de la nature des atomes métalliques occupant les sites tétraédriques et octaédriques du réseau c.f.c. des ions O^{2-} ainsi que du taux d'occupation de ces sites.

Silicates. Composés essentiellement de silicium et d'oxygène, qui sont les deux éléments les plus abondants de la croûte terrestre, les silicates constituent une sous-classe très importante des céramiques puisqu'ils sont majoritairement présents dans les sols, les roches, les argiles et les sables. La meilleure description de leur structure cristalline consiste à considérer ces solides comme le résultat d'un assemblage tridimensionnel d'unités structurantes $(SiO_4)^{4-}$ que l'on retrouve typiquement dans la silice SiO_2 cristallisée (fig. 3.8c, 3.15c et 3.21). Toutefois, les conditions de refroidissement au cours de la solidification de tels composés conduisent très souvent à la formation d'un arrangement spatial aléatoire de ces unités structurantes, qui n'ont pas le nombre infini d'axes de symétrie d'une simple sphère, lequel permettrait la formation d'un arrangement régulier et compact de telles sphères comme dans les métaux. Il en résulte une structure amorphe ou vitreuse (art. 3.1.3) schématisée à la figure 3.8a pour le cas de la *silice vitreuse* et à la figure 13.7 pour le cas du *verre* ordinaire.

Chez de nombreux minéraux silicatés utilisés pour fabriquer les céramiques, un, deux ou trois des atomes d'oxygène de l'unité structurante $(SiO_4)^{4-}$ sont partagés par d'autres tétraèdres ou octaèdres pour former des structures plus complexes. Des cations chargés positivement tels que Ca^{2+}, Mg^{2+} et Al^{3+} peuvent se lier aux sommets de ces tétraèdres pour compenser les charges électriques négatives des unités $(SiO_4)^{4-}$ et ainsi lier ioniquement ces unités entre elles. On a vu déjà un premier exemple de tels composés à la figure 3.22 qui présente la structure de la *forstérite*, Mg_2SiO_4.

On remarquera que la structure en feuillets de la silice présentée à la figure 3.8c correspond à un arrangement bidimensionnel d'unités structurantes $(Si_2O_5)^{2-}$. Les atomes d'oxygène non liés, situés au-dessus et en dessous du plan de cette figure, entraînent la formation d'une charge électrique négative pour une telle couche. Cette charge électrostatique peut être neutralisée par une seconde couche en feuillets ayant un excès de cations qui se lieront à ces atomes d'oxygène. Ces liaisons conduisent à la formation de structures cristallines en feuillets, dont un exemple typique est celui du *kaolin*, aussi appelé *kaolinite* (fig. 13.2).

Le kaolin, qui a pour formule chimique $Al_2\ (Si_2O_5)\ (OH)_4$, est le constituant essentiel des argiles. La charge électrostatique associée au feuillet de silice $(Si_2O_5)^{2-}$ est neutralisée par un feuillet adjacent $Al_2\ (OH)_4^{2+}$. La liaison entre ces deux feuillets est donc de forte intensité ; par contre, la couche ainsi formée se lie aux couches voisines grâce à des liaisons de faible intensité de type van der Waals assurées par les atomes d'hydrogène, ce qui conduit à la formation d'un solide dont les couches constitutives peuvent aisément glisser les unes sur les autres, en particulier si des molécules d'eau sont adsorbées entre ces couches. Cette caractéristique du kaolin explique la malléabilité des argiles et le fait qu'elles aient été la première matière première utilisée par l'Homme pour façonner des poteries.

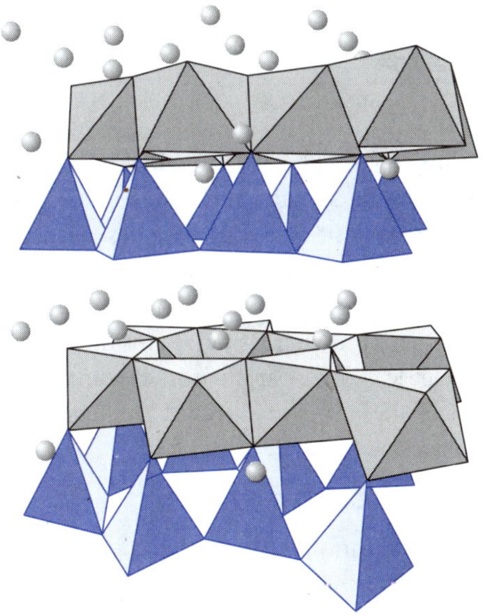

Figure 13.2 Structure cristalline du kaolin. Le centre des tétraèdres est occupé par un atome de silicium, celui des octaèdres par un atome d'aluminium. Les sommets des tétraèdres et des octaèdres sont occupés par les atomes d'oxygène alors que les petites sphères sont les atomes d'hydrogène.

La structure en couches des nombreux silicates n'est pas exclusive au kaolin ; on la retrouve aussi chez d'autres minéraux bien connus tels que le *mica*, appelé aussi *muskovite* et ayant pour formule chimique $KAl_3Si_3O_{10}(OH)_2$, ou le *talc* de formule chimique $Mg_3(Si_2O_5)_2\,(OH)_2$. La structure cristalline schématique de ces deux matières premières importantes chez les céramiques est présentée à la figure 13.3.

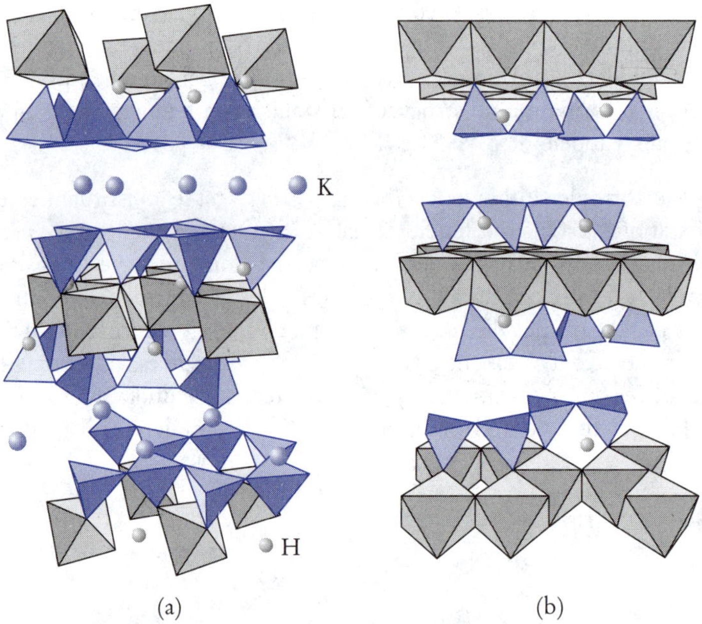

Figure 13.3 Structure cristalline en couches : a) mica (muskovite) : le centre des tétraèdres est occupé par un atome de silicium, celui des octaèdres, par un atome d'aluminium. Les atomes d'oxygène sont aux sommets des tétraèdres et des octaèdres. Les ions potassium (K) occupent un large espace, espace défini par 12 atomes d'oxygène, 6 de la couche supérieure et 6 de la couche inférieure ; b) talc : les tétraèdres $(SiO_4)^{4-}$ prennent en sandwich les octaèdres dont les sommets sont occupés par un atome d'oxygène et le centre, par un atome de magnésium. Les atomes d'hydrogène ont très peu d'effet sur la liaison entre les feuillets.

13.1.3 Microstructure et propriétés

Les propriétés mécaniques des céramiques dépendent, dans une large mesure, des matières premières employées ainsi que des méthodes de fabrication qui fixent les microstructures finales et déterminent la répartition des différentes phases en présence. Les céramiques traditionnelles, fabriquées à partir de matières premières qui n'ont subi que peu de transformations et qui contiennent souvent des impuretés en concentration peu contrôlée, sont hétérogènes. Après une mise en forme à l'état plastique (l'argile additionnée d'eau que travaille le potier, par exemple), le produit est cuit. Au cours de la cuisson, il y a d'abord évaporation de l'excès d'eau, puis élimination de l'eau de cristallisation et, enfin, à haute température, *frittage* (art. 5.3.3). Pendant l'étape de frittage, il y a soudage des particules par diffusion à l'état solide et diminution graduelle de la porosité. On en déduit aisément que les céramiques préparées ainsi sont des matériaux hétérogènes constitués de phases solides distinctes, phases cristallines et phases vitreuses ou amorphes, et qu'elles renferment des pores plus ou moins nombreux, selon les conditions de frittage (temps et température). Ces pores, qui représentent des discontinuités dans le matériau, sont le siège de concentrations de contrainte, et constituent l'une des causes principales de la fragilité des céramiques. Le frittage sous pression – soit uniaxiale, soit hydrostatique – permet de diminuer le taux de porosité en accélérant la vitesse de diffusion et en conduisant ainsi à la fabrication de pièces qui présentent de meilleures propriétés mécaniques.

Un contrôle précis de la qualité des matières premières, de leur composition, de leur granulométrie et des paramètres de frittage (température, pression) permet d'obtenir des céramiques entièrement cristallines et non poreuses. Les propriétés mécaniques de ces céramiques (résistance mécanique et ténacité) sont ainsi nettement améliorées. Les micrographies de la figure 13.4 montrent la microstructure typique de trois céramiques différentes.

Toutes les céramiques ne sont pas obtenues par cuisson et frittage. Pensons notamment aux ciments et aux plâtres, dont la prise se fait par réaction chimique, comme nous le verrons dans la section 13.7. Cependant, puisque ces matériaux demeurent hétérogènes et renferment des pores, leur comportement reste comparable à celui que nous venons de décrire. Les matériaux céramiques obtenus par fusion et solidification, exception faite des verres, sont peu nombreux : matériaux réfractaires électrofondus, émaux, fibres de céramique, etc. La porosité de ces matériaux est souvent nulle et leur fragilité est en général élevée, à cause des défauts de surface, des défauts de fabrication (impuretés, hétérogénéités) et des contraintes résiduelles engendrées pendant le refroidissement.

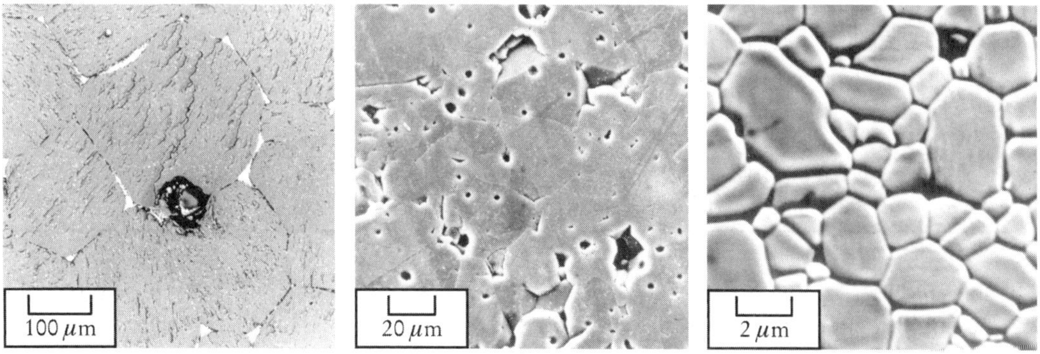

(a) (b) (c)

Figure 13.4 Micrographie de trois céramiques : a) brique réfractaire : entre les grains cristallins, il y a présence d'une phase vitreuse et de pores (*photo* : René Crescent) ; b) alumine (98 % Al_2O_3) utilisée comme isolant électrique ; c) alumine frittée dense à grains fins (99,7 % Al_2O_3).

13.2 CÉRAMIQUES TRADITIONNELLES

On obtient les céramiques traditionnelles par cuisson (frittage), à partir d'argile, de sable et de feldspath. Le tableau 13.1 présente les principaux types de céramiques traditionnelles, leurs domaines d'utilisations et leurs principales caractéristiques. Ce sont des matériaux poreux qui comportent des phases vitreuses et des phases cristallines. Les argiles, formées de grains très fins de silicates d'aluminium hydratés, sont des composés ternaires : Al_2O_3, SiO_2 et H_2O.

Le kaolin, constituant de base des argiles, sert à la fabrication de la porcelaine ; sa formule chimique peut s'écrire $Al_2O_3 \cdot 2SiO_2 \cdot 2H_2O$. Il a une structure en feuillets (fig. 13.2) et est constitué de grains plats de 1 à 5 μm de diamètre et d'environ 0,05 μm d'épaisseur. Dans les argiles, on retrouve souvent des impuretés, sous forme d'oxydes métalliques (CaO, Fe_2O_3, FeO, MgO, TiO_2, Na_2O, etc.), impuretés qui exercent une influence sur la couleur du produit final. En présence d'eau, les particules d'argile forment une suspension colloïdale qui rend le mélange plastique et facilement façonnable.

Tableau 13.1 Types de céramiques traditionnelles (produits à base d'argiles)

Types	Caractéristiques générales	Exemples d'utilisation
Terres cuites	Porosité : 15 à 30 % Émaillées ou non Température de cuisson : 950 à 1050 °C	Briques. Tuiles. Conduits de fumée. Tuyaux de drainage. Revêtements de sols et de murs. Poteries.
Faïences	Porosité : 10 à 15 % Surface émaillée ; opaques Température de cuisson : 950 à 1200 °C	Équipements sanitaires. Vaisselle. Carreaux.
Grès	Porosité : 0,5 à 3 % Surface vitrifiée Température de cuisson : 1100 à 1300 °C	Carreaux de sols. Tuyaux. Appareils de chimie. Équipements sanitaires.
Porcelaines	Porosité : 0 à 2 % Surface vitrifiée ou non ; translucides Température de cuisson : 1100 à 1400 °C	Vaisselle. Appareils de chimie. Isolateurs électriques.

Le sable siliceux (petites particules de quartz SiO_2) ajouté à l'argile forme un composé réfractaire qui ne subit aucune transformation au cours de la cuisson, mis à part des transformations cristallographiques allotropiques. Il modifie la plasticité et le comportement des argiles au séchage et à la cuisson.

Le troisième constituant des céramiques traditionnelles est le *feldspath* ($K_2O \cdot Al_2O_3 \cdot 6SiO_2$ ou $Na_2O \cdot Al_2O_3 \cdot 6H_2O$). Les feldspaths sont des *fondants* : au cours de la cuisson, ils forment, avec la silice et le kaolin, des composés à bas point de fusion, qui deviennent liquides, cimentant les particules de kaolin et de silice et réduisant ainsi la porosité. Les feldspaths sont à l'origine des phases vitreuses.

Après la cuisson, à des températures variant de 850 à 1200 °C, ces céramiques sont constituées de silicates et de silico-aluminates complexes, de phases vitreuses – dont la proportion dépend de la quantité de feldspath ajoutée – et de pores. La porosité elle-même est fonction de la température de cuisson et de la proportion de phases vitreuses.

Les briques utilisées dans le domaine du bâtiment sont faites d'argile et de sable. Leurs propriétés dépendent des matières premières utilisées, de leur mode de fabrication et de leur température de cuisson. Selon leur qualité, la résistance des briques à la compression varie de 10 à 20 kPa ; leur porosité est de l'ordre de 25 %. On essaie de limiter la porosité des briques exposées aux intempéries pour éviter qu'elles n'absorbent une trop grande quantité d'eau. Parfois, les briques sont imperméabilisées grâce à des glaçures. On obtient une glaçure de la façon suivante : des poudres céramiques fines sont mélangées à de l'eau pour former une solution visqueuse. La pièce de céramique, ayant déjà subi une première cuisson, est alors plongée dans cette solution visqueuse, puis en est retirée et égouttée. Il y a formation d'un film plus ou moins épais de poudres céramiques à la surface de la pièce qui subit alors une deuxième cuisson, à une température telle que le mélange de poudres fond et imprègne en surface la pièce de céramique poreuse. Au cours du refroidissement, ce film liquide se transforme en un solide vitreux, ce qui permet d'imperméabiliser la pièce de céramique. En choisissant judicieusement la composition chimique des poudres de glaçure, on peut obtenir soit des glaçures transparentes, soit des glaçures de couleurs variées.

Tous ces matériaux céramiques traditionnels, fabriqués à partir de matières premières courantes, relativement peu élaborées et très abondantes, sont bon marché ; c'est ce qui, en plus de leurs propriétés, explique leur utilisation à très grande échelle depuis des millénaires.

13.3 CÉRAMIQUES TECHNIQUES

À côté des céramiques traditionnelles très largement utilisées dans le bâtiment, on rencontre une grande variété de céramiques techniques indispensables à la réalisation d'un grand nombre d'activités technologiques dans les secteurs des plus divers : mécanique, électrotechnique et électronique, chirurgie, optique, industrie nucléaire, etc. Dans la majorité des cas, ces céramiques sont élaborées avec soin, depuis le choix et le traitement des matières premières (naturelles ou synthétiques) jusqu'aux étapes finales de fabrication, afin qu'on puisse contrôler parfaitement les microstructures ainsi que la proportion et la morphologie des phases en présence.

13.3.1 Abrasifs et outils de coupe

Les rôles des abrasifs et des outils de coupe sont analogues : dans les deux cas, un matériau très dur est utilisé pour enlever des copeaux d'un matériau moins dur. En ce qui concerne les abrasifs, ce sont des particules de géométries irrégulières, mais à arêtes vives, qui agissent sur le matériau à usiner (meulage, rodage, polissage, etc.) ; les outils de coupe, pour leur part, possèdent une ou plusieurs arêtes tranchantes qui coupent le matériau (tournage, fraisage, brochage, etc.).

Les propriétés communes recherchées, tant pour les abrasifs que pour les outils de coupe, sont les suivantes :

- une dureté supérieure à celle du matériau à usiner ;
- une rigidité élevée, afin que l'outil ne se déforme pas sous l'effet des contraintes (essentiellement contraintes de compression et de cisaillement) ;
- une résistance mécanique élevée, dans le but de minimiser les risques de rupture et d'éviter que l'outil ne s'émousse rapidement ;
- une bonne tenue à chaud ; le frottement entre l'outil et la pièce à usiner provoque en effet d'importantes élévations de température au point de contact, et la chaleur ainsi engendrée se dissipe difficilement dans l'outil, puisque celui-ci est mauvais conducteur thermique.

Dans le cas des abrasifs cependant, la rupture des grains doit avoir un caractère cristallographique pour que de nouvelles arêtes aiguës se forment ; idéalement, il faut que la rupture se produise avant l'usure des arêtes.

Le tableau 13.2 présente les propriétés caractéristiques des principaux matériaux utilisés comme abrasifs ou servant à fabriquer des outils de coupe.

Les abrasifs les plus utilisés, par ordre croissant de dureté, sont : le sable de silice (travail du bois) ; l'émeri, produit naturel contenant de l'alumine, de la silice et des oxydes de fer ; les produits synthétiques tels que l'alumine, le carbure de silicium et le nitrure de bore ; le diamant (naturel ou synthétique), le plus dur de tous les matériaux.

On utilise les abrasifs à l'état libre (sablage au jet, travail du verre, rodage, polissage), appliqués sur papier ou sur toile (papier de verre, toile émeri, carbure de silicium : travail du bois ou du métal) ou agglomérés (meules : affûtage, opérations de rectification ou de tronçonnage).

Tableau 13.2 Valeurs caractéristiques des propriétés de quelques matériaux utilisés comme abrasifs ou comme outils de coupe

Matériau et composition	Dureté Knoop	Module d'élasticité (GPa)	Résistance à la compression (MPa)	Température de fusion ou de décomposition (°C)
Diamant (C)	8000	930	7000	> 3500
Nitrure de bore cubique (BN)	5000	860	7000	1540
Carbure de bore (B_4C)	3500	450	2900	2425
Carbure de titane (TiC)	3100	350	2800	3100
Carbure de silicium (SiC)	3000	400	1000	2400
Carbure de tungstène (WC)	2700	600	5000	2780
Alumine (Al_2O_3)	2100	350	3000	2050
Quartz (SiO_2)	1000	54	1200	–
Silice vitreuse	550	72	700	≃ 1600
Acier trempé*	800	210	1200	–

* Les valeurs pour l'acier sont données à titre de comparaison.

Les outils de coupe sont constitués d'une partie vive fixée à un support métallique. La partie vive peut être faite en divers matériaux.

Carbure de tungstène (WC). Les particules de carbure de tungstène sont liées entre elles par une matrice de cobalt (frittage en phase liquide). La teneur en cobalt peut varier de 2 à 30 %, selon la ténacité recherchée. On peut ajouter d'autres carbures en proportions variables (carbures de titane et de tantale). Les outils les plus courants, à carbures rapportés, font partie de ce groupe.

Carbure de titane (TiC). Les particules sont liées entre elles par une matrice de nickel et de molybdène. La résistance à l'usure des outils faits de TiC est meilleure que celle des outils faits de WC, mais leur ténacité est moindre. On utilise ces outils pour l'usinage à grande vitesse de matériaux durs (aciers et fontes).

Nitrure de bore cubique (BNC). Après le diamant, c'est le matériau le plus dur. On fabrique les outils de BNC en fixant une plaquette de nitrure polycristallin sur une base de carbure.

Alumine polycristalline frittée (Al_2O_3). Souvent, pour améliorer la ténacité de ces outils, on ajoute à l'Al_2O_3 de l'oxyde de titane (TiO_2), du carbure de titane (TiC) ou du nitrure de silicium (Si_3N_4).

13.3.2 Construction mécanique

Nous l'avons vu, les céramiques sont toujours fragiles. Leurs propriétés mécaniques sont fonction de leur porosité, et la présence de phases vitreuses diminue considérablement leur ténacité. Par conséquent, une telle fragilité représente souvent un obstacle majeur à l'emploi des céramiques pour des utilisations mécaniques, notamment quand les produits sont soumis à des contraintes de tension. Cependant, à cause de leurs propriétés particulières, comme la résistance à l'usure, la tenue à haute température et l'inertie chimique, on utilise certaines céramiques en construction mécanique. Dans ce cas, il faut toutefois particulièrement bien contrôler la composition du matériau et sa microstructure ; on doit avoir ainsi : une porosité à peu près nulle, une absence totale de défauts, des grains très fins et, surtout, une absence de phase vitreuse.

La rigidité des céramiques et leur résistance à la traction sont fonction de la fraction volumique de pores qu'elles contiennent. Des relations empiriques permettent d'exprimer ces propriétés mécaniques en fonction de la porosité P ; ainsi :

$$E = E_0\left(1 - 1{,}9P + 0{,}9P^2\right) \tag{13.1}$$

$$R_m = \left(R_m\right)_0 e^{-nP} \tag{13.2}$$

où E_0 = valeur du module d'élasticité du matériau dense
$(R_m)_0$ = résistance à la traction du matériau dense (porosité nulle)
n = constante comprise entre 4 et 7 pour la majorité des céramiques

Remarquons ici que la difficulté d'usinage des céramiques et les risques de rupture fragile d'une éprouvette serrée dans des mors rendent difficile la réalisation d'essais de traction sur les céramiques. C'est pourquoi l'essai de compression (art. 1.2.2) et l'essai de flexion à trois ou quatre points (art. 1.2.3) sont généralement utilisés pour mesurer les propriétés mécaniques des céramiques. Dans le cas de l'essai de flexion, on obtient ainsi la *résistance en flexion* de la céramique, appelée parfois – et à tort ! – module de rupture. La résistance en flexion décroît exponentiellement quand la porosité augmente selon une loi semblable à l'équation 13.2.

On utilise certaines céramiques sous forme de fibres pour la fabrication de matériaux composites (fibres de verre, de carbone et de nitrure de silicium, par exemple). Nous verrons les matériaux composites plus en détail au chapitre 14.

À la température ambiante, les céramiques ne présentent aucune ductilité. Cependant, dans les composés dont le caractère ionique prédomine, un déplacement des dislocations et, par conséquent, une certaine ductilité peuvent apparaître à des températures élevées. À des températures supérieures à $0{,}9T_f$, le fluage peut causer des problèmes de stabilité dimensionnelle. Si le matériau comporte une phase vitreuse, celle-ci, en se ramollissant, peut entraîner une déformation plastique du matériau (sect. 13.5).

On retrouve des céramiques dans certaines parties des moteurs à turbine (aubes en nitrure de silicium et écrans thermiques, par exemple). On a fabriqué des moteurs diesels expérimentaux en utilisant, autant que faire se pouvait, des céramiques (alumine et zircone, ZrO_2) pour les pipes d'échappement, le recouvrement de la tête des pistons et les coussinets. Les joints d'étanchéité des arbres de pompes sont parfois faits d'alumine dense. La *zircone*, ZrO_2, s'avère un matériau céramique prometteur en raison de ses propriétés mécaniques, en particulier sa ténacité qu'on peut grandement améliorer par l'addition de CaO. Le diagramme d'équilibre CaO – ZrO_2 apparaît à la figure 13.5.

Sur ce diagramme, on constate que la zircone pure manifeste des changements de phases allotropiques : cubique centrée (γ) à haute température, quadratique (β) à température intermédiaire et monoclinique (α) à basse température. La transformation allotropique «quadratique $\beta \rightarrow$ monoclinique α» est accompagnée d'une augmentation significative du volume massique de la zircone pure, car la variété monoclinique a un volume massique plus faible que celui de la variété quadratique. Dans le cas d'une zircone pure qui est refroidie, cette augmentation du volume massique accompagnant la transformation allotropique conduit à une microfissuration importante qui rend la zircone pure peu utile structuralement. Pour éviter cette transformation allotropique quadratique $\rightarrow$ monoclinique au cours du refroidissement, on stabilise la zircone par addition de 3 à 7 % de CaO. Pour ces compositions et à des températures supérieures à 1000 °C, les phases d'équilibre cubique et quadratique coexistent (fig. 13.5). Dans des conditions normales de refroidissement jusqu'à la température ambiante, les phases d'équilibre ZrO_2 (monoclinique) et $CaZr_4O_9$ n'ont toutefois pas le temps de se former. La zircone est dite *partiellement stabilisée* et est alors constituée d'une phase cubique et d'une phase quadratique. Toutefois, la phase quadratique est métastable et peut, sous l'effet d'une contrainte de traction, se transformer, par réaction martensitique, en phase monoclinique stable, avec une augmentation notable concomitante du volume massique.

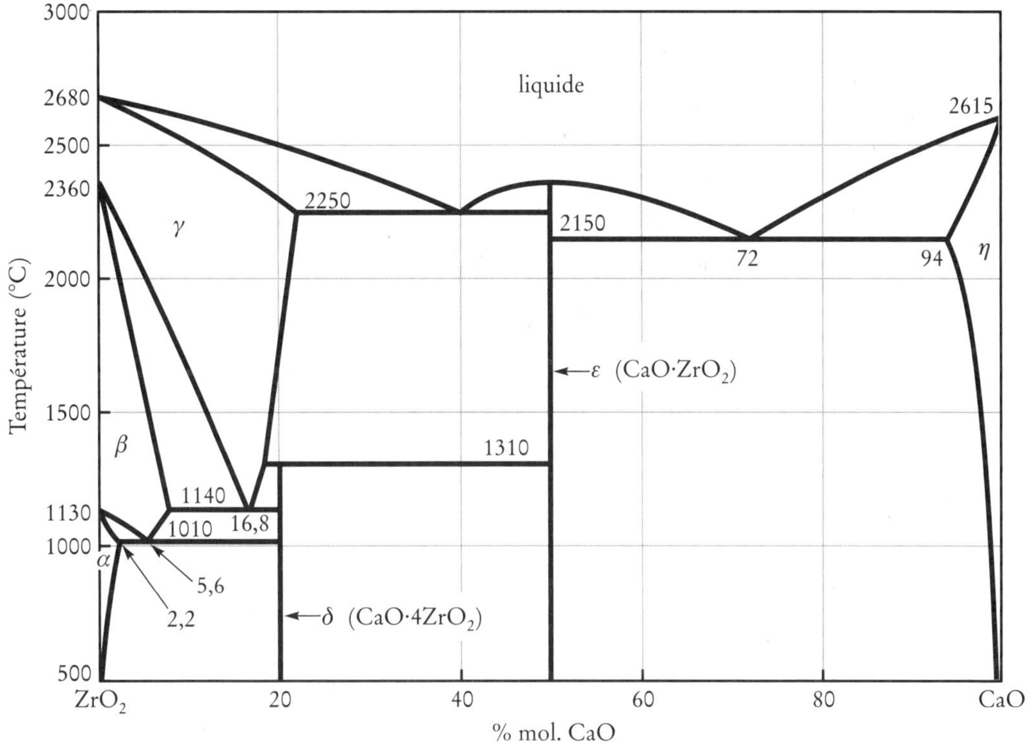

Figure 13.5 Diagramme d'équilibre CaO – ZrO_2 (concentration en pourcentage molaire).

Considérons alors ce qui se produit lorsqu'une fissure se propage dans la zircone partiellement stabilisée (fig. 13.6).

Dans la zone de concentration des contraintes en tête de la fissure, les ilôts de zircone quadratique métastable se transforment, par réaction martensitique, en zircone monoclinique stable sous l'effet de la composante de tension des contraintes locales.

L'augmentation du volume massique qui accompagne cette réaction martensitique a pour résultat de générer des contraintes de compression en tête de la fissure et sur les surfaces de rupture voisines du front de fissure. Ces contraintes de compression tendent donc à refermer la fissure et, pour que cette dernière puisse continuer à se propager, doivent être annulées par une augmentation de la contrainte nominale extérieure de traction appliquée à la fissure. Par conséquent, il y a une amélioration significative de la ténacité de la céramique : alors que le facteur critique d'intensité de contrainte K_{IC} de la zircone pure est inférieur à 1 MPa·$m^{1/2}$, celui d'une zircone partiellement stabilisée peut dépasser 10 MPa·$m^{1/2}$.

Notons qu'on peut également atteindre la stabilisation partielle de la zircone, avec les effets bénéfiques qui en découlent pour la ténacité, par addition de magnésie MgO ou d'yttria Y_2O_3.

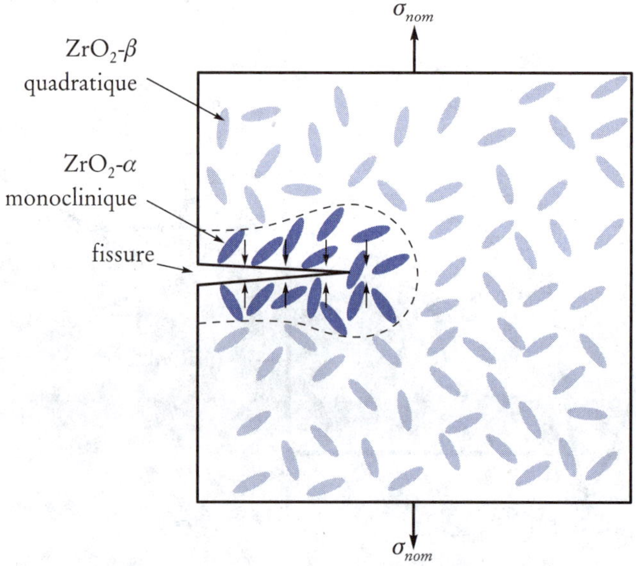

Figure 13.6 Formation d'ilôts de phase monoclinique α stable dans le voisinage d'une fissure se propageant dans la zircone partiellement stabilisée et création de contraintes de compression dues à l'augmentation du volume massique.

Dans le domaine chirurgical, on implante actuellement à grande échelle des prothèses de hanche dont les composantes articulaires (tête et cotyle) sont faites d'alumine frittée. La figure 13.7 montre une telle prothèse. Le faible taux d'usure des surfaces de frottement et l'excellente biocompatibilité de la céramique constituent les principaux avantages de cette technique.

Figure 13.7 Prothèse totale de hanche, avec tête et cotyle en alumine. La queue est en alliage de titane (Ti–6 % Al–4 % V).

13.3.3 Électrotechnique et électronique

Les céramiques sont, en général, des isolants électriques ; en effet, les électrons de valence, liés aux atomes, ne peuvent pas se déplacer sous l'effet d'un champ électrique. Cependant, comme dans le cas des semi-conducteurs, des impuretés peuvent fournir des charges électriques (électrons ou trous) mobiles. Par ailleurs, certains ions peuvent se déplacer sous l'effet d'un champ électrique à cause de la présence de défauts de structure (défauts de Frenkel et de Schottky, art. 3.4.1). Puisque le nombre de ces défauts augmente avec la température, la conductibilité électrique augmente elle aussi.

Pour une utilisation en électrotechnique ou en électronique, les principales propriétés électriques à considérer dans le choix d'une céramique sont : la conductibilité électrique, la rigidité diélectrique, la permittivité électrique et le facteur de dissipation.

Conductibilité électrique (σ). Pour les isolants ou les matériaux diélectriques, on considère que la conductivité doit être inférieure à 10^{-9} S/m à la température maximale d'utilisation.

Rigidité diélectrique (E_c), ou tension de claquage. La rigidité diélectrique permet de déterminer l'épaisseur minimale d'isolant à utiliser, sous une tension donnée, pour éviter le claquage (passage brusque du courant à travers l'isolant). La tension de claquage diminue quand la température augmente.

Constante diélectrique relative, ou permittivité électrique (ε_r). C'est le rapport de la permittivité électrique de la céramique à celle du vide, quand la céramique est soumise à un champ électrique E qui engendre alors une densité superficielle D des charges électriques (art. 9.2.5).

Facteur de dissipation, ou angle de perte (tg δ). Ce facteur, qui varie selon la température et la fréquence, joue un rôle particulièrement important dans les circuits à hautes fréquences, car il représente, par cycle, la perte d'énergie due à la création et à l'orientation des dipôles. Cette perte d'énergie se traduit par une augmentation de température, ce qui entraîne une détérioration des propriétés du matériau et une modification de l'impédance des circuits. La perte d'énergie, par cycle, est directement proportionnelle au produit $\varepsilon_r \cdot \mathrm{tg}\ \delta$.

Les valeurs caractéristiques des propriétés électriques de quelques céramiques utilisées comme isolants ou comme diélectriques apparaissent dans les tableaux 9.5 et 9.6. Le lecteur est invité à revoir les définitions et la signification physique des divers paramètres énumérés ci-dessus (art. 9.2.5).

Précisons maintenant les diverses utilisations des céramiques dans les industries électrotechnique et électronique : isolateurs, diélectriques, matériaux ferroélectriques et ferrimagnétiques.

13.3.3.1 Céramiques pour isolateurs

Avant de faire le choix d'une céramique pour fabriquer un isolateur, il faut tenir compte de la tension appliquée et, surtout, de la fréquence.

Dans le cas des basses fréquences (BF), les matériaux les plus employés sont les verres et les porcelaines (les porcelaines utilisées pour la fabrication des isolateurs sont du même type qu'on décrit à la section 13.2). Ce sont essentiellement des composés ternaires : $AlO_3 - SiO_2 - MgO$. La porosité de ces matériaux doit être très faible (en général inférieure à 1 %) pour que les propriétés mécaniques et électriques se maintiennent à un niveau acceptable. Ces céramiques sont le plus souvent vitrifiées en surface (émaux et glaçures) dans le but d'éviter l'absorption d'eau et pour améliorer en outre leur résistance mécanique. On utilise de tels isolateurs pour les lignes de transmission à basse ou à haute tension, dans tous les systèmes de transmission, dans les appareils électriques (interrupteurs et boîtiers) et pour la fabrication des bougies de moteurs à essence (en ce cas, l'isolant employé est l'alumine).

Quand les fréquences sont élevées (HF ou UHF), l'angle de perte, tg δ, doit être le plus faible possible. Les matériaux sont alors du même type que ceux qu'on utilise dans les circuits BF, mais on fait un choix plus sélectif des matières premières et on fabrique ces matériaux avec beaucoup plus de soin (contrôle des impuretés, petits grains de taille uniforme et porosité). Dans ces conditions, les produits ne sont pas vitrifiés en surface, car, d'une part, ils ne sont pas poreux et, d'autre part, la surface vitrifiée augmenterait la valeur du facteur de dissipation. Pour les fréquences très élevées (UHF), on utilise principalement de l'alumine dense de haute pureté, frittée à des températures dépassant 1600 °C.

13.3.3.2 Céramiques ferroélectriques

Les matériaux utilisés pour la fabrication des condensateurs doivent avoir une permittivité électrique, ε_r, élevée, afin de pouvoir emmagasiner le plus d'énergie possible dans un volume restreint, un facteur de dissipation, tg δ, très faible et une tension de claquage, E_c, élevée. La constante diélectrique, ε_r, doit être au moins égale à 15 pour assurer un couplage électrostatique maximal entre les conducteurs (dans certains cas, la valeur de ε_r est supérieure à 10 000). Cependant, puisque l'angle de perte augmente avec la constante diélectrique, cela entraîne une augmentation importante du produit $\varepsilon_r \cdot$tg δ.

On distingue les diélectriques à constante ε_r faible ($\varepsilon_r < 200$) des diélectriques à constante ε_r élevée ($\varepsilon_r > 500$).

Dans le premier cas, l'angle de perte est toujours très faible (tg $\delta < 10^{-3}$), et les condensateurs fabriqués avec de tels matériaux peuvent supporter une surtension très élevée ; on les utilise pour réaliser des circuits de grande stabilité, et ils présentent une variation précise de leurs propriétés en fonction de la température. Les matériaux ferroélectriques de cette classe sont des titanates de magnésium, de strontium ou de calcium, des niobates ou des zirconates, par exemple.

Les diélectriques à constante ε_r élevée sont à base de titanate de baryum ($BaTiO_3$). Leur facteur de dissipation est plus élevé que dans le cas précédent (tg $\delta > 4 \times 10^{-3}$). On utilise ces diélectriques pour réaliser des condensateurs à faible surtension (inférieure à 500 V) ; la stabilité de leurs propriétés en fonction de la température est médiocre. Ils sont utilisés, par exemple, pour fabriquer des condensateurs de découplage dont la capacitance a une valeur minimale garantie dans un intervalle de température donné.

Selon les compositions particulières des matériaux ferroélectriques, leurs propriétés (ε_r, tg δ, variation de ε_r en fonction de la température, etc.) peuvent varier grandement, et on peut les adapter de façon précise aux exigences spécifiques des circuits.

Les céramiques ferroélectriques présentent souvent un effet piézoélectrique (art. 9.2.6) : une déformation mécanique engendre un champ électrique, et vice versa. Le quartz, bien qu'il n'ait pas de propriétés ferroélectriques, est un matériau piézoélectrique. On utilise les matériaux piézoélectriques du type $BaTiO_3$ pour la fabrication des cellules de lecture des tourne-disques, des accéléromètres ainsi que des capteurs et des émetteurs ou récepteurs d'ultrasons, par exemple.

13.3.3.3 Céramiques ferrimagnétiques

Nous avons vu le ferrimagnétisme à l'article 9.3.5. Rappelons que les *ferrites* sont des céramiques et que, de ce fait, ils ont une faible conductibilité électrique ; par contre, à l'inverse des autres céramiques, ils manifestent, sous l'effet d'un champ magnétique, un comportement analogue à celui des matériaux ferromagnétiques (susceptibilité magnétique positive et importante, magnétisation spontanée). Les propriétés physiques générales des céramiques ferrimagnétiques ont été exposées à l'article 9.3.5.

Ferrites doux. Les ferrites doux sont caractérisés par de très faibles pertes par hystérésis, c'est-à-dire par un produit $B_s \cdot H_c$ faible. Les pertes par courants de Foucault sont également toujours faibles, mais elles augmentent rapidement avec la fréquence ; par conséquent, selon qu'on les utilise pour des basses fréquences, pour des hautes fréquences ou pour des hyperfréquences, les ferrites doivent avoir des propriétés différentes. On choisit donc ces propriétés en fonction des utilisations et des conditions de service. On utilise de tels ferrites dans la fabrication des antennes de réception, dans les inductances et dans les noyaux de transformateurs d'impulsion ou de puissance, par exemple. Dans le cas des noyaux de mémoire d'ordinateur, on recherche des ferrites dont la boucle d'hystérésis est de forme carrée et dont le temps de réponse entre deux états magnétiques différents est très court.

Selon leur structure, on reconnaît deux types de ferrites doux : les *spinelles* (de formule générale $MO \cdot Fe_2O_3$, où M est un ion métallique bivalent, le plus souvent Ni, Mn, Zn ou Mg) et les *grenats* (de structure cubique et de formule générale $3M_2O_3 \cdot 5Fe_2O_3$, où M est soit de l'yttrium, Y, soit du gadolinium, Gd). Les grenats sont principalement utilisés pour les hyperfréquences.

Ferrites durs. Les ferrites durs ont un champ coercitif, H_c, très élevé et un produit $B_s \cdot H_c$ élevé ; on les utilise dans la fabrication d'aimants permanents et dans la construction de petits moteurs, de haut-parleurs et d'enceintes acoustiques, par exemple. Les ferrites de baryum ($BaO \cdot 6Fe_2O_3$) ont le champ coercitif le plus élevé de tous les matériaux magnétiques commerciaux.

Outre la conductibilité électrique très faible des ferrites, leur masse volumique est un facteur important : cette masse volumique est environ trois fois moindre que celle des aimants métalliques traditionnels, ce qui constitue un critère important quand il faut minimiser la masse des équipements électroniques (équipements portatifs ou aéroportés).

13.4 CÉRAMIQUES RÉFRACTAIRES ET ISOLANTES THERMIQUES

Les céramiques ont en général une température de fusion élevée, et elles conservent des propriétés mécaniques acceptables jusqu'à des températures considérables. Par ailleurs, leur conductibilité thermique est faible et, à toute température, les céramiques ont une inertie chimique importante dans de nombreux milieux. À cause de ces propriétés particulières, on utilise un grand nombre de céramiques dans la fabrication d'équipements qui doivent supporter de hautes températures (industrie métallurgique, industrie du verre, fours à ciment, etc.) ; ce sont les céramiques réfractaires, appelées tout simplement *réfractaires*. Dans ces équipements, il faut également réduire le plus possible les pertes thermiques ; c'est le rôle que jouent les isolants.

13.4.1 Propriétés générales des réfractaires

On admet en général qu'une céramique est réfractaire quand sa *résistance pyroscopique* est au moins égale à 1500 °C. La résistance pyroscopique d'un réfractaire est la température à laquelle une éprouvette conique faite du matériau à étudier s'affaisse d'une valeur donnée (les conditions d'essai sont normalisées, par exemple, selon la norme ASTM C-24).

Outre leur résistance pyroscopique, les réfractaires doivent posséder un certain nombre d'autres propriétés pour pouvoir satisfaire à leurs conditions d'utilisation : résistance mécanique à chaud, résistance aux chocs thermiques (sect. 7.6), variations dimensionnelles, densité et porosité, résistance mécanique à froid et composition des matières premières.

Résistance mécanique à chaud. On détermine la résistance mécanique à chaud à partir de la température à laquelle un début d'affaissement se produit lorsqu'on soumet le matériau à une contrainte de compression de 175 ou de 200 kPa, selon le cas.

Résistance aux chocs thermiques. On détermine la résistance aux chocs thermiques tant au niveau de l'amorce des fissures qu'à celui de leur propagation (art. 7.6.2).

Variations dimensionnelles. Un retrait se traduit par une ouverture des joints entre les briques, alors qu'une dilatation peut entraîner une dislocation de la maçonnerie. Les variations de dimensions sont fonction du coefficient de dilatation linéique et des transformations allotropiques dont certaines phases peuvent être le siège.

Densité et porosité. La densité des matériaux frittés dépend des conditions de frittage. La résistance des réfractaires à la dégradation diminue quand la porosité augmente ; ce sont surtout les pores ouverts reliés les uns aux autres qui exercent une influence prédominante (c'est ce que l'on nomme porosité «apparente»).

Résistance mécanique à froid. Elle constitue un indice de la qualité des liaisons établies entre les divers constituants du matériau, et elle reflète la qualité du frittage.

Composition des matières premières. C'est essentiellement d'elle que dépendent les qualités physiques des réfractaires et leur résistance à la dégradation. En général, la présence d'impuretés a pour effet d'altérer la qualité du matériau ; entre autres, les impuretés exercent une influence sur la proportion de phases vitreuses, en favorisant l'apparition de phases à bas point de fusion, ce qui limite la résistance pyroscopique des produits.

Le tableau 13.3 présente quelques valeurs des propriétés de divers matériaux réfractaires. Ces valeurs paraissent uniquement à titre indicatif, car les propriétés d'un même matériau de base peuvent changer grandement selon les conditions de fabrication (matières premières, type de liant, conditions de compression et de frittage, etc.).

Tableau 13.3 Valeurs* caractéristiques des propriétés de quelques céramiques réfractaires

Matériau	Résistance à la compression à 20 °C (MPa)	Résistance pyroscopique (°C)	Température de début d'affaiblissement sous 200 kPa (°C)	Masse volumique apparente (t/m^3)
Réfractaires acides				
(Al_2O_3 + SiO_2)				
> 95 % SiO_2	20	1700	1650	1,8
20 à 25 % Al_2O_3	20	1680	1250	1,9
30 à 35 % Al_2O_3	20	1700	1275	1,9
40 à 45 % Al_2O_3	35	1740	1350	2,2
75 à 80 % Al_2O_3	30	1830	1350	3,0
80 à 95 % Al_2O_3	45	1950	1400	3,5
Réfractaires basiques				
Magnésie naturelle (> 87 % MgO)	60	> 2000	1500	3,0
Magnésie marine (> 92 % MgO)	30	> 2000	1450	2,8
Chrome-magnésie	40	2000	1500	3,0
Chromite	70	1950	1450	3,3

* Ces valeurs peuvent varier considérablement selon les matières premières utilisées et selon le mode de fabrication.

L'industrie métallurgique, dans son ensemble, consomme une très grande quantité de réfractaires (fours d'élaboration et d'affinage, poches de coulée, fours de traitements thermiques, etc.). La dégradation des réfractaires est due à la fois à l'effet des chocs thermiques qu'ils subissent et à la corrosion imputable aux milieux avec lesquels ils sont en contact. Les réfractaires ne sont pas, en général, attaqués par les métaux liquides ; cependant, lorsqu'on veut élaborer les métaux, les affiner ou les protéger de l'oxydation, il se forme à leur surface des *laitiers* liquides, constitués d'oxydes métalliques ; ces laitiers, qui sont parfois partiellement solubles dans les réfractaires, peuvent alors les attaquer rapidement. Il doit donc y avoir incompatibilité chimique entre le laitier et le réfractaire avec lequel on le met en contact. C'est pourquoi on distingue les laitiers acides, riches en Al_2O_3 et en SiO_2, des laitiers basiques, qui contiennent surtout du MgO et CaO. Au contact d'un laitier acide, on doit employer un réfractaire acide ; le contraire conduirait à une dégradation et à une attaque très rapide du réfractaire par le laitier.

13.4.2 Types de réfractaires

13.4.2.1 Réfractaires acides

Les réfractaires acides sont des mélanges de silice, SiO_2, et de *corindon*, ou alumine, Al_2O_3. La figure 13.8 représente le diagramme d'équilibre $SiO_2{\cdot}Al_2O_3$. Dans ce diagramme, on remarque que, à des températures inférieures à la température de l'eutectique à 1595 °C, et pour des mélanges riches en SiO_2, il y a formation de deux phases cristallines : la *mullite* $3Al_2O_3{\cdot}SiO_2$ et la cristobalite, SiO_2. En fait, dans les réfractaires, la silice ne se présente généralement pas sous forme cristalline ; elle reste plutôt à l'état vitreux, ce qui entraîne des déformations visqueuses même au-dessous de la température de l'eutectique, soit 1595 °C. La mullite, par contre, reste cristalline. Les impuretés jouent ici un rôle très important, car elles diminuent la viscosité de la phase vitreuse. Plus la teneur en alumine est élevée, c'est-à-dire plus grande est la proportion de mullite, meilleure est la tenue à chaud des réfractaires (et plus leur prix est élevé...). Les réfractaires

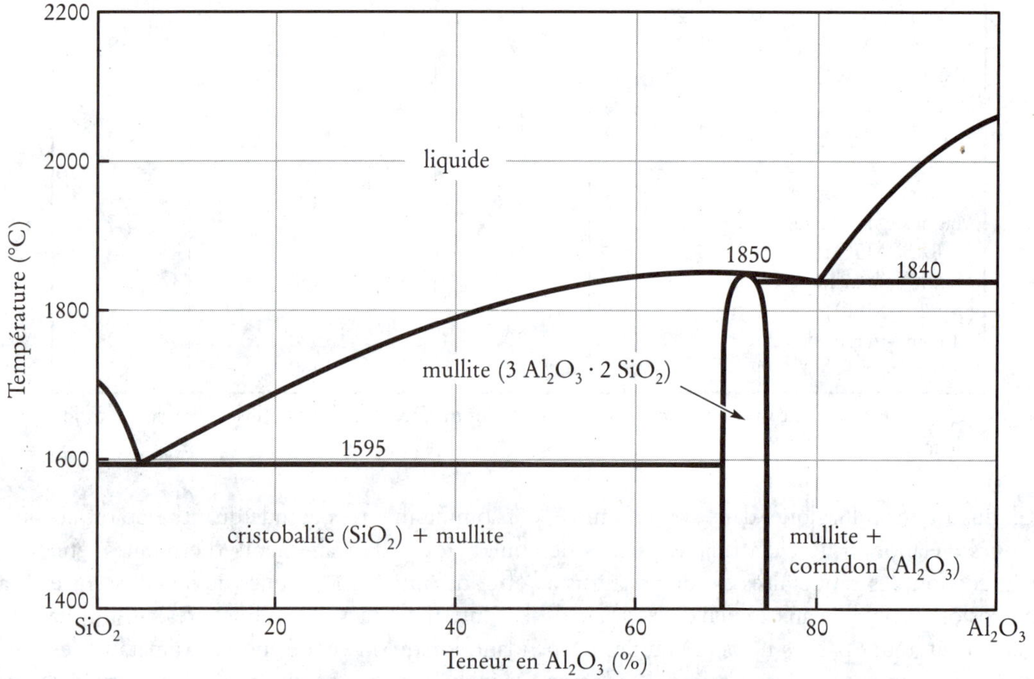

Figure 13.8 Diagramme d'équilibre $SiO_2{\cdot}Al_2O_3$.

très riches en alumine (Al_2O_3 > 72 %), qui sont constitués de mullite et de corindon, sont entièrement cristallins ; dans leur cas, la phase liquide n'apparaît pas avant que la température atteigne 1840 °C.

13.4.2.2 Réfractaires basiques

Les réfractaires basiques contiennent une proportion importante d'oxydes de métaux alcalins, principalement le magnésium, mais également le calcium. Les principaux réfractaires basiques sont : la *magnésie* (MgO) ; la *dolomie* (MgO et CaO) ; les mélanges de *chromite* et de magnésie, qui présentent les avantages, puisqu'ils ne contiennent pas de silice, d'être libres de phase vitreuse et d'avoir une meilleure tenue à haute température. Ce dernier type de réfractaire est abondamment utilisé dans l'industrie sidérurgique. Par ailleurs, la résistance aux chocs thermiques des réfractaires basiques est supérieure à celle des réfractaires acides.

13.4.2.3 Réfractaires à base de graphite

Le carbone, sous forme de graphite, est thermiquement très stable : sa température de sublimation est d'environ 4000 °C. Il faut toutefois noter que, en atmosphère oxydante, il s'oxyde pour donner du gaz CO. Puisque, à haute température, il y a réorientation des cristaux de graphite, les propriétés mécaniques de ces matériaux s'améliorent avec la température. Les réfractaires à base de graphite sont utilisés dans les parties inférieures des hauts fourneaux et comme creusets. Nous traiterons plus en détail du graphite et des matériaux carbonés à la section 13.6.

Les réfractaires sont livrés façonnés ou non façonnés. Façonnés, ils se présentent sous forme de briques de dimensions et de géométries variables, selon les utilisations auxquelles on les destine. Ces briques sont cuites (frittées) avant la livraison. Toutefois, certaines briques basiques sont livrées non cuites : à leur livraison, leur résistance mécanique est assurée par un liant ; leur cuisson n'a lieu qu'au cours de la première mise en service. Les réfractaires non façonnés servent au jointoiement des briques (coulis et ciments réfractaires), aux enduits et revêtements de surface réalisés par projection, ou à la construction et à la réparation de fours (pisés et bétons réfractaires).

Soulignons pour terminer qu'on peut obtenir des réfractaires par fusion dans des fours à arc : ce sont les *réfractaires électrofondus*. Les matériaux ainsi obtenus sont beaucoup moins poreux que ceux fabriqués par frittage ; leurs propriétés mécaniques à chaud et leur résistance chimique sont nettement améliorées, parfois au détriment, cependant, de leur résistance aux chocs thermiques. Pour un même matériau, le coût des briques électrofondues est environ cinq fois plus élevé que celui des briques frittées traditionnelles.

13.4.3 Matériaux isolants thermiques

Alors que le rôle des réfractaires est d'offrir de bonnes résistances mécanique et chimique à haute température dans des milieux souvent agressifs, celui des isolants thermiques est de minimiser les pertes de chaleur. La porosité des isolants est toujours importante (supérieure à 45 %) et, en général, leurs pores sont fermés ; de ce fait, leurs propriétés mécaniques sont médiocres ou faibles.

On les utilise entre les réfractaires denses et le revêtement extérieur des fours. Les matériaux isolants peuvent être façonnés ou non, ou se présenter sous forme de fibres.

13.5 VERRES

Les verres sont des solides amorphes. Au cours de leur refroidissement, à partir de l'état liquide, la cristallisation n'ayant pas le temps de se produire, la viscosité de ces solides augmente ; ceux-ci conservent par conséquent la structure typique de l'état liquide (art. 3.1.3). La figure 13.9 illustre schématiquement les changements de volume accompagnant le refroidissement d'un composé qui se transforme soit en un solide cristallin, soit en un verre. Dans le cas de la formation d'un cristal, la solidification a lieu à la température de fusion, θ_f ; par contre, si la cristallisation ne se produit pas, le liquide demeure en surfusion à des températures inférieures à θ_f. Le changement de pente de la courbe de refroidissement d'un verre correspond à la température de transition vitreuse, θ_v. Par ailleurs, cette température θ_v est d'autant plus basse que la vitesse de refroidissement est faible.

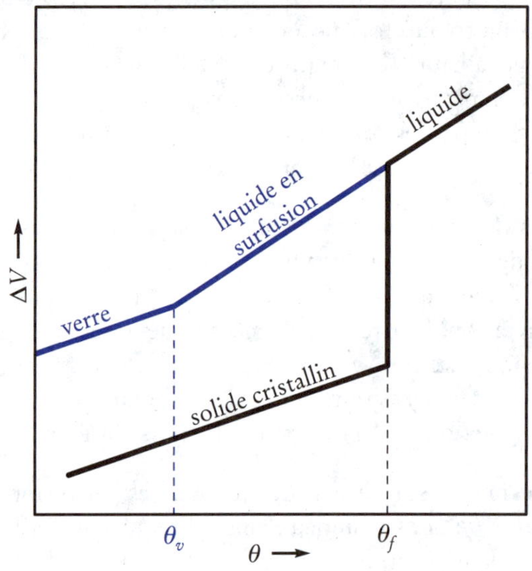

Figure 13.9 Changement de volume, ΔV, en fonction du refroidissement d'un verre et d'un solide cristallin ; θ_f : température de fusion ; θ_v : température de transition vitreuse.

La «solidification» d'un verre se fait donc par un figeage progressif du liquide (par une augmentation de sa viscosité) pendant que sa température s'abaisse. La figure 13.10 représente la variation de la viscosité, η, d'un verre en fonction de la température. Sur cette courbe, on identifie en général certaines températures qui correspondent à des valeurs particulières de la viscosité η des verres ; ces températures sont les suivantes.

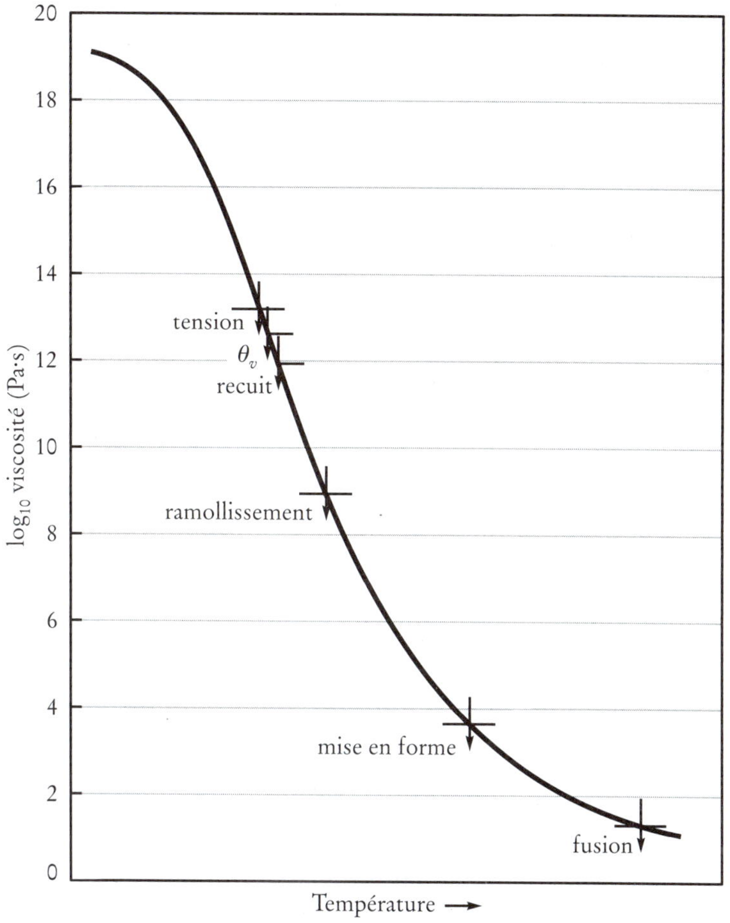

Figure 13.10 Variation de la viscosité du verre en fonction de la température.

Température de fusion (η = 10 Pa·s). Cette température est celle à partir de laquelle le verre, devenu liquide, peut être affiné. Signalons que la viscosité des verres liquides est supérieure de deux ordres de grandeur à celles de l'eau ou des métaux liquides.

Température de mise en forme (η = 10^3 à 10^4 Pa·s). C'est à cette température qu'on effectue le soufflage, l'étirage, la coulée, etc.

Température de ramollissement (η = 10^7 Pa·s). C'est la température d'affaissement du verre sous son propre poids.

Température de recuit (η = 10^{12} Pa·s). À cette température, les recuits éliminent les contraintes résiduelles.

Température de tension (η = 10^{13} Pa·s). À partir de cette température, le verre peut être refroidi rapidement sans crainte que des contraintes résiduelles apparaissent.

La température de transition vitreuse, θ_v, est située entre les deux dernières températures. Par ailleurs, toutes ces températures varient selon la composition des verres.

Le tableau 13.4 donne les compositions de quelques types de verre, et le tableau 13.5, quelques-unes de leurs propriétés mécaniques ou physiques.

Tableau 13.4 Composition de quelques verres

Type de verre	Oxydes formateurs de réseau		Oxydes modificateurs de réseau				Oxydes intermédiaires	
	SiO_2	B_2O_3	Na_2O	K_2O	CaO	MgO	Al_2O_3	PbO
Silice vitreuse	> 99,5	-	-	-	-	-	-	-
Silice à 96 % (Vycor)	96	3	< 0,2	< 0,2	-	-	0,4	-
Sodo-calcique								
- verre plat	72	-	13	-	9	2,5	1	-
- verre creux	74	-	15	-	5	4	1	-
Verres au plomb								
- «électriques»	63	0,2	7,6	6	0,3	0,2	0,6	21
- «cristal»	35	-	-	7	-	-	-	58
Borosilicates								
- faible dilatation	80,5	12,9	4	0,4	-	-	2,2	-
- faible permittivité	70	28	-	0,5	-	-	1,1	1,2
Fibres de verres								
- isolation	59	3,5	11,5	-	16	5,5	4,5	-
- renfort	54,5	8,5	0,5	-	22	-	-	14,5
Vitrocéramique (Corning 9606)	56	-	-	-	-	15	20 + 9 % TiO_2	-

Tableau 13.5 Valeurs caractéristiques des propriétés des verres présentés au tableau 13.4

Type de verre	Masse volumique (t/m³)	Coefficient de dilatation linéique (10^{-6} °C^{-1})	Indice de réfraction	Température de		Propriétés électriques		
				mise en forme (°C)	ramollissement (°C)	const. diélectr. (ε_r)	angle de perte ($tg\,\delta \times 10^{-3}$)	résistivité à 20 °C (W·m)
Silice vitreuse	2,20	0,5	1,45	> 1600	1600	3,8	0,1	$6{,}3 \times 10^{11}$
Silice à 96 %	2,18	0,8	1,46	> 1600	1500	3,8	0,5	5×10^{9}
Sodo-calcique								
- verre plat	2,47	8,7	1,51	1070	735	7	4	1×10^{9}
- verre creux	2,49	8,5	1,52	1050	730	-	-	-
Verres au plomb								
- «électrique»	2,86	9,3	-	985	625	-	-	-
- «cristal»	4,28	9,1	1,97	820	580	9,5	0,9	$6{,}3 \times 10^{11}$
Borosilicates								
- faible dilatation	2,23	3,3	1,47	1245	820	4,6	5	1×10^{8}
- faible permittivité	2,13	3,2	1,47	1070	720	4,1	0,6	$1{,}6 \times 10^{11}$
Fibres de verres								
- isolation	2,53	8,0	-	-	715	-	-	-
- renfort	2,55	6,0	-	-	830	-	-	-
Vitrocéramique (Corning 9606)	2,60	5,7	-	-	1250	5,6	2	1×10^{10}

13.5.1 Formateurs et modificateurs de réseau

La très grande majorité des verres sont fabriqués à partir de la silice SiO_2. L'élément de base de la structure de la silice est un tétraèdre formé de quatre ions oxygène entourant un ion silicium en son centre (sect. 3.2). Dans les conditions normales de refroidissement, la silice pure ne cristallise pas, mais elle forme un solide amorphe. De la même façon, l'anhydride borique, Ba_2O_3, et l'anhydride phosphorique, P_2O_5, conduisent à la formation de verres ; ce sont des *formateurs de réseau*.

Par contre, l'addition de certains autres oxydes permet de modifier considérablement la structure des verres et leurs propriétés. Ces oxydes sont appelés des *modificateurs de réseau*. À l'inverse des oxydes formateurs, les modificateurs de réseau ne font pas partie du réseau vitreux. Ainsi, si l'on ajoute du Na_2O à la silice, SiO_2, les ions O^{2-} se lient aux chaînes de silice en les faisant s'ouvrir, alors que les ions Na^+ ne le font pas ; des liaisons ioniques s'établissent plutôt entre les ions Na^+ et les ions O^{2-} partiellement liés aux ions Si^{4+}. La figure 13.11 illustre ce processus. Les oxydes modificateurs de réseau sont principalement : Na_2O, K_2O, CaO, MgO et BaO. Par ailleurs, certains oxydes jouent un rôle intermédiaire (entre celui de formateur et celui de modificateur) ; ce sont : Al_2O_3, PbO, TiO_2.

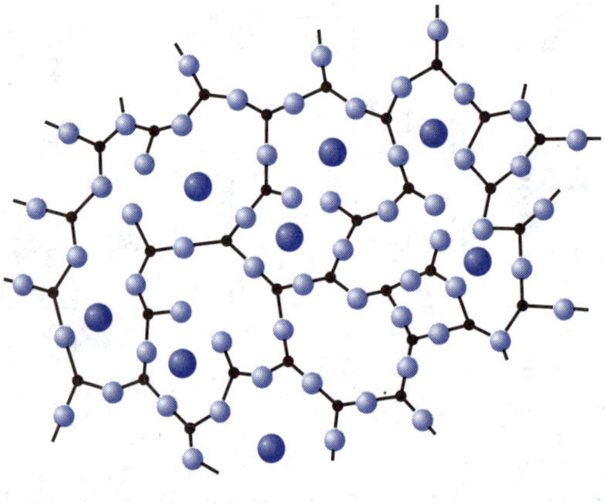

• Si ● O ● Na

Figure 13.11 Modification du réseau de la silice en présence d'ions Na^+.

On comprend donc qu'en ajoutant des modificateurs de réseau, on augmente de façon globale le caractère ionique des liaisons du verre (art. 2.4.5) et on diminue l'énergie moyenne de liaison. Les modificateurs ont ainsi pour effet de diminuer les températures de fusion et de transition vitreuse et d'augmenter la valeur du coefficient de dilatation linéique du verre, comme l'illustre le diagramme d'équilibre $SiO_2 - Na_2O$ (fig. 13.12). Sur ce diagramme, on constate que l'addition croissante de Na_2O à la silice SiO_2 fait baisser fortement la température de fusion du mélange $SiO_2 - Na_2O$.

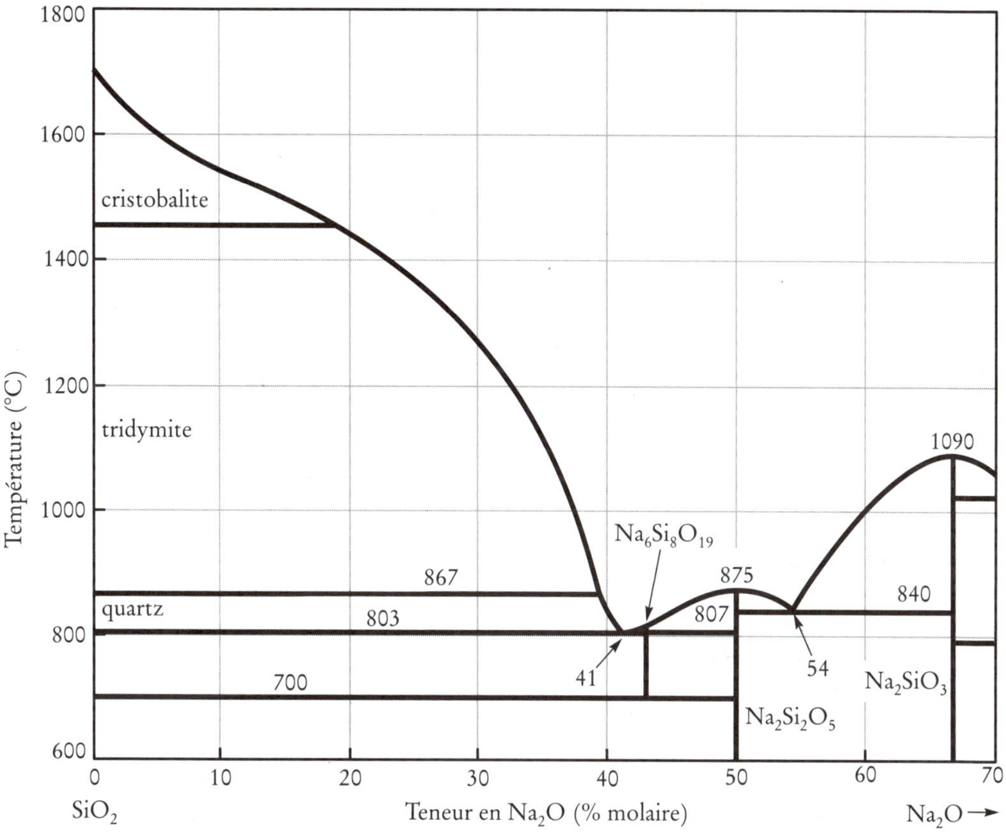

Figure 13.12 Diagramme d'équilibre $SiO_2 - Na_2O$.

13.5.2 Propriétés générales des verres

13.5.2.1 Propriétés optiques

La transparence du verre, caractéristique qui est à la base de la majorité de ses utilisations, constitue l'une de ses propriétés les plus importantes. Cette transparence est due à la fois à sa structure amorphe – d'où découle une absence de diffraction de la lumière par les grains cristallins – et à l'absence de porosité – porosité qu'on rencontre par exemple dans les produits frittés et qui est cause de la diffusion de la lumière. L'indice de réfraction des verres peut varier, selon leurs compositions, de 1,45 à 2 (tabl. 13.5). On obtient la coloration des verres en ajoutant des oxydes de métaux de transition.

Parmi les utilisations des verres en optique, citons, pour la fabrication des lasers solides, le remplacement du rubis ou du grenat par des verres contenant des ions néodyme (Nd^{3+}) ou ytterbium (Y^{3+}). Les fibres optiques sont des fibres de verre qui permettent de transmettre des signaux sur de grandes distances avec un minimum d'atténuation. L'indice de réfraction de la partie centrale de la fibre est supérieur à celui de la partie périphérique, la gaine. Par conséquent, il y a réflexion continuelle du faisceau lumineux entre le cœur de la fibre et sa gaine, ce qui empêche ce faisceau d'en sortir et de s'atténuer.

13.5.2.2 Propriétés thermiques

Le coefficient de dilatation linéique de la silice est très faible ($\alpha = 5{,}5 \times 10^{-7}\ °C^{-1}$), mais il augmente rapidement lorsqu'il y a addition de modificateurs de réseau. Plus ce coefficient est faible, meilleure est la résistance du verre aux chocs thermiques ; le pyrex, verre élaboré à partir de borosilicates, a un coefficient de dilatation linéique α de $3 \times 10^{-6}\ °C^{-1}$; par conséquent, les plats de pyrex peuvent passer du réfrigérateur au four sans dommage (l'inverse, du four au froid, est toutefois à déconseiller...).

On peut facilement souder les verres aux métaux, car, à la surface des métaux, il se forme une couche d'oxyde qui y adhère. Cette technique est largement utilisée en électronique et pour la fabrication des ampoules. Il faut toutefois choisir des verres dont le coefficient de dilatation linéique soit voisin de celui du métal auquel on veut les souder, sinon les verres risquent de se rompre lors d'un changement brusque de température. On a mis au point de nombreux verres de soudure dont la dilatation suit celle des métaux.

13.5.2.3 Propriétés mécaniques

Le verre est essentiellement un matériau fragile, excessivement sensible à l'effet d'entaille (art. 4.1.2). Sa résistance à la traction, qui ne dépasse guère 100 MPa, présente d'importantes dispersions au voisinage de cette valeur moyenne.

La rupture différée est un autre facteur qui diminue la valeur de la contrainte de traction à laquelle on peut soumettre le verre ; la résistance du verre à la traction dépend en effet de la durée d'application de la charge : elle diminue en fonction de cette durée. Ce phénomène n'est toutefois pas dû au comportement visqueux du verre ; il s'apparente plutôt à la corrosion sous contrainte. Il est plus prononcé en présence de vapeur d'eau qu'en atmosphère sèche ou que sous vide. Il y a adsorption d'eau en surface, adsorption accélérée en fond des fissures, sous contrainte : ainsi, la fissure se propage, le rayon en son fond diminue et, une fois le critère de Griffith satisfait, il y a rupture (art. 4.3.2).

À cause de ces divers facteurs, les contraintes de tension maximales auxquelles on peut soumettre le verre sont très faibles (environ 10 MPa). Il existe cependant des méthodes qui permettent d'augmenter la résistance mécanique et la ténacité du verre. Nous avons déjà étudié la trempe du verre (art. 4.3.3). Grâce à cette méthode, des contraintes de compression résiduelles (voisines de 150 MPa) se développent à la surface du verre ; la résistance mécanique pratique de ces verres trempés peut atteindre environ 50 MPa.

D'autres méthodes, communément regroupées sous l'expression *trempe chimique*, permettent d'obtenir des résultats analogues par modification de la composition de la surface du verre : on y remplace les ions Na^+ par des ions plus petits (Li^+) ou plus gros (K^+). Lorsqu'on trempe le verre dans un bain de sels fondus contenant du lithium, à une température supérieure à θ_v, des ions Na^+ sont remplacés par des ions Li^+ ; la surface a alors un coefficient de dilatation linéique inférieur à celui du cœur et, au refroidissement, elle est mise en compression (environ 500 MPa). Une autre façon de procéder, à une température inférieure à θ_v cette fois (afin d'éviter tout fluage et toute relaxation des contraintes), consiste à remplacer les ions Na^+ par des ions K^+ ; ces derniers étant plus gros, la surface se trouve directement mise en compression. Grâce à ces trempes chimiques, la résistance en traction du verre atteint 100 MPa, ce qui constitue une amélioration d'un facteur de dix par rapport aux verres ordinaires non traités.

Signalons enfin que, grâce à l'absence de défauts de surface, la résistance à la traction des fibres de verre, après étirage, est très élevée (environ 1500 MPa). Cette propriété est mise à profit dans les matériaux composites (matières plastiques armées de fibres de verre, chap. 14).

13.5.3 Vitrocéramiques

Rappelons que le verre est un solide amorphe parce que, au cours du refroidissement, à partir de la phase liquide, la viscosité de la masse augmente considérablement et que le temps de germination et de croissance de phases cristallisées est excessivement long (la théorie de la germination et de la croissance d'un solide cristallin au moment de la solidification a fait l'objet de l'article 5.4.1). Il ne faut toutefois pas oublier que, même dans un verre, la structure cristalline est thermodynamiquement plus stable que la structure amorphe.

Lorsqu'on ajoute au verre des composés finement dispersés dans la masse (des inoculants), on peut obtenir une cristallisation plus ou moins complète. Dans le langage des verriers, cette cristallisation s'appelle *dévitrification*. Les composés qu'on ajoute au verre pour favoriser sa cristallisation (oxydes métalliques : TiO_2, ZrO_2, SnO_2, P_2O_5 ; fluorures ; etc.) deviennent des sites de germination hétérogène. Les procédés de cristallisation du verre exigent que les cycles thermiques soient déterminés avec précision : après les opérations de mise en forme classiques en verrerie, les produits sont recuits puis portés à la température de germination ; cette température de germination et le temps pendant lequel on y maintient le verre permettent de contrôler le nombre de germes cristallins formés. Les pièces à traiter sont ensuite portées à une plus haute température, dans le but de permettre la croissance des germes et la cristallisation de l'ensemble. Les matériaux vitrocristallins qu'on obtient de la sorte ont un degré de cristallinité variable et sont composés de grains dont le diamètre, inférieur à 1 μm, peut être aussi faible que 20 nm, dimensions qui sont nettement inférieures à celles des grains de céramiques frittées (4 à 40 μm). Par ailleurs, ces matériaux ne renferment aucun pore. En général, après la cristallisation, ils deviennent opaques ou translucides.

Les principaux systèmes à partir desquels on peut obtenir des vitrocéramiques sont : SiO_2–Al_2O_3–LiO_2 ; SiO_2–Al_2O_3–MgO ; SiO_2–Al_2O_3–Na_2O. Les inoculants les plus courants, dans ces cas, sont : TiO_2, ZrO_2 et SnO_2.

La tenue mécanique (résistance et ténacité) des vitrocéramiques est nettement supérieure à celle des verres. En effet, contrairement à ce qui se passe dans un solide amorphe, où la propagation des fissures ne rencontre aucun obstacle, celles-ci sont, dans le cas des vitrocéramiques, déviées par les interfaces entre les grains cristallins, ou entre les grains et la phase vitreuse. La résistance à la traction des vitrocéramiques peut varier de 150 à 600 MPa et, pour un même matériau, on y rencontre beaucoup moins de dispersion expérimentale que dans le cas du verre.

Le fait que la structure finale des vitrocéramiques dépende d'un grand nombre de paramètres – composition du verre, nature des agents de germination, cycles thermiques de germination et de croissance – permet de contrôler avec précision la nature des phases cristallines, leur taille et leur répartition, ainsi que le degré de cristallisation. On peut de la sorte obtenir une grande variété de propriétés parfaitement adaptées aux diverses exigences d'emploi. Parmi les caractéristiques les plus remarquables des matériaux vitrocéramiques, citons les suivantes.

Coefficient de dilatation linéique. Le coefficient de dilatation linéique des vitrocéramiques peut être négatif, nul ou positif. Selon les cas, on peut ainsi obtenir une excellente résistance aux chocs thermiques, une stabilité dimensionnelle exceptionnelle à chaud ou des soudures particulièrement robustes avec certains métaux.

Propriétés électriques (résistivité, constante diélectrique et rigidité électrique). Grâce à ces propriétés, on utilise les vitrocéramiques comme isolants et comme diélectriques, ou comme substrats pour les circuits imprimés.

Propriétés tribologiques. Certaines vitrocéramiques, bien qu'elles possèdent des coefficients de frottement très faibles, résistent particulièrement bien à l'usure. On les utilise alors comme paliers ou comme joints d'étanchéité, et ce dans des conditions d'utilisation sévères (températures élevées et milieux corrosifs ou oxydants).

Usinabilité. On a mis au point un type de vitrocéramiques dans lequel les cristaux formés, qui s'apparentent à ceux du mica, sont facilement rompus par clivage. On peut donc usiner ces matériaux, comme les aciers, avec un outillage traditionnel.

13.6 GRAPHITES ET DÉRIVÉS

Le graphite a une structure hexagonale dont le rapport c/a est égal à 2,7 (fig. 3.20). Entre les atomes des plans de base, les liaisons sont covalentes (énergie de liaison de 5 eV/at), alors que, selon la direction c, les liaisons sont de type van der Waals (énergie de liaison de 0,2 eV/at seulement). Il s'ensuit que le graphite est fortement anisotrope : la majorité de ses propriétés varient considérablement selon la direction dans lesquelles on les mesure. C'est le cas du module d'Young, du coefficient de dilatation linéique, des conductibilités électrique et thermique, et même du coefficient de frottement. Soulignons par ailleurs que la résistance à la rupture par clivage est très faible le long des plans de base.

Les principales propriétés du graphite sont son excellente tenue à chaud (art. 13.4.2.3) ; sa bonne conductibilité thermique ; sa bonne conductibilité électrique (voisine de celle des métaux à la température ambiante, elle augmente par contre avec la température) ; ses très bonnes propriétés tribologiques (faible coefficient de frottement et faible taux d'usure) ; son excellente résistance à la corrosion et à la dégradation (mis à part l'oxydation à haute température et l'attaque à chaud par les métaux formant des carbures). Les propriétés mécaniques des graphites varient selon les modes de préparation ; la résistance spécifique de ces matériaux peut être très élevée (la masse volumique théorique du graphite est de 2,27 t/m^3), surtout celle des graphites pyrolitiques et des fibres de carbone. Les propriétés de quelques matériaux carbonés figurent au tableau 13.6.

Tableau 13.6 Valeurs caractéristiques des propriétés de matériaux carbonés

Matériau	Masse volumique (t/m^3)	Module d'élasticité (GPa)	Résistance à la traction (MPa)	Coefficient de dilatation linéique (10^{-6} °C^{-1})
Carbone (cuisson à $\theta <$ 1000 °C)	1,5 à 1,6	4 à 13	6,5 à 20	1 à 12
Graphite industriel	1,5 à 1,8	4 à 15	7 à 30	1 à 4
Graphite pyrolytique				
- obtenu par phase vapeur	1,7 à 2,2	18 à 30	200 à 500	-
- obtenu par pyrolyse d'une résine	1,4 à 1,6	24 à 30	70 à 200	-
Fibre de carbone				
- module élevé	1,94	400	2100	-
- résistance élevée	1,77	220	2800	

13.6.1 Graphites traditionnels

On obtient les graphites traditionnels à partir de cokes de pétrole ou de charbon et d'un liant (brais ou goudron). Après une mise en forme par compression, on cuit les produits à une température d'environ 900 °C pour en éliminer les composants volatils ; sous cette forme, on peut les utiliser comme électrodes de fours à arc ou pour fabriquer les cuves d'électrolyse de l'aluminium. Dans cet état toutefois, la graphitisation est passablement incomplète ; on obtient une graphitisation complète en chauffant ultérieurement le matériau à des températures comprises entre 2600 et 3000 °C. Ce traitement permet de resserrer les pores et d'obtenir des grains de graphite cristallins dont le diamètre est de l'ordre du micromètre. Les propriétés des produits ainsi obtenus varient considérablement en fonction de la qualité des matières premières et des modes de fabrication : taille et orientation des grains, degré de cristallinité, porosité et présence d'impuretés. Les utilisations de ces matériaux sont aussi nombreuses que variées : réfractaires, creusets et moules, balais de moteurs électriques, joints de pompes, écrans thermiques, mines de crayons, etc.

13.6.2 Matériaux carbonés

À partir d'une phase vapeur, ou par pyrolyse de résines synthétiques, on peut obtenir de nouveaux types de matériaux carbonés dont la structure s'apparente à celle du graphite et dont les propriétés mécaniques sont nettement supérieures. La structure de ces matériaux, schématisée à la figure 13.13, est la même que celle du graphite, mais elle comporte de nombreux défauts d'empilement le long de l'axe *c* ; la taille des cristaux individuels est très faible (inférieure à 5 nm). Des atomes ou des groupes d'atomes de carbone s'insèrent entre les cristaux, de telle sorte que, en un certain sens, la cristallinité de ces composés ressemble à celle des polymères cristallins. Par ailleurs, l'extrême finesse de leurs grains rend ces matériaux isotropes.

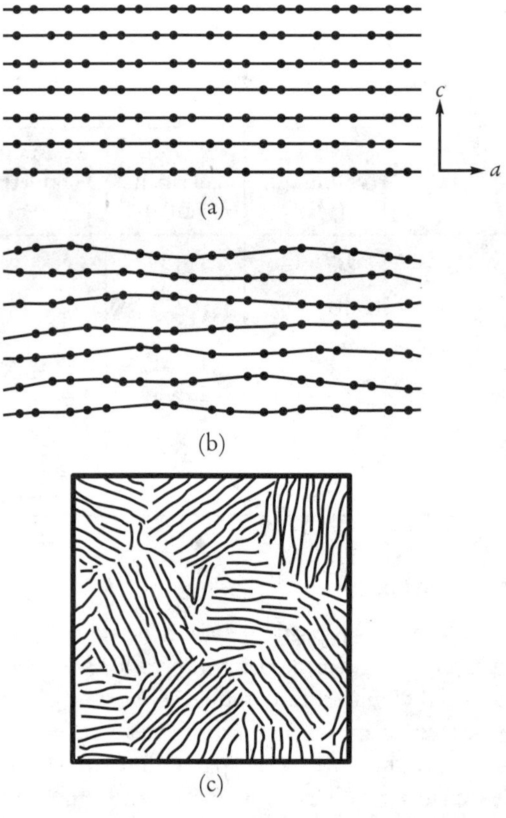

Figure 13.13 Disposition des atomes de carbone selon un plan $(10\bar{1}0)$: a) dans un cristal de graphite ; b) dans un cristallite de carbone pyrolytique. c) Agencement des cristallites (la longueur des cristallites est de quelques nanomètres).

Il existe deux façons principales d'obtenir ces matériaux carbonés. En phase vapeur, il y a production de carbone par craquage d'un hydrocarbure gazeux (méthane ou éthane) et dépôt de ce carbone sur un substrat, en général fait de graphite, maintenu dans un lit fluidisé ; cette opération se fait vers 1500 °C. Les dépôts ainsi obtenus ont environ 1 mm d'épaisseur, et on peut polir leur surface irrégulière. Le carbone obtenu de la sorte est souvent appelé *carbone pyrolytique*. Avec le second procédé, on pyrolyse une préforme en matière plastique : sous l'effet de la chaleur, il y a décomposition du polymère et formation d'une masse de carbone. Il faut que le chauffage soit lent pour que les gaz puissent s'échapper de la masse par diffusion ; les durées des traitements peuvent ainsi atteindre plusieurs semaines. Les épaisseurs maximales obtenues ne dépassent guère 10 mm. Au cours du traitement, on assiste à une réduction de volume d'environ 50 %. Le carbone obtenu par pyrolyse est communément appelé *carbone vitreux*, en raison de son apparence et de la finesse de ses grains cristallisés (1 à 4 nm). C'est de cette façon, par pyrolyse de fibres de rayonne ou de polyacrylonitrile, qu'on fabrique les fibres de carbone. Les remarquables propriétés de ces fibres (tabl. 13.6) sont dues au fait que l'axe *a* des microcristaux est orienté dans le sens des fibres (les liaisons sont covalentes selon cet axe).

Les utilisations de ces matériaux carbonés relèvent toujours du domaine de la haute technologie : écrans thermiques en aérospatiale, tuyères de fusées, etc. Il faut signaler également leur utilisation en chirurgie : valves cardiaques, prothèses articulaires de doigts, implants intra-osseux en odontologie.

13.7 CIMENTS ET BÉTONS

Contrairement aux matériaux étudiés jusqu'à présent dans ce chapitre, les ciments et les bétons n'acquièrent pas leur résistance mécanique par cuisson (comme les matériaux frittés) mais plutôt grâce à des réactions chimiques qui permettent d'établir, entre les particules constitutives, des liaisons de forte intensité. En ce sens, on peut, d'une façon générale, les considérer comme des céramiques.

Le principal type de ciment est le *ciment portland*, obtenu par calcination de calcaire et d'argile. Le produit de calcination, le *clinker*, est finement broyé pour donner le ciment. Les principaux constituants du ciment portland sont :

- le silicate dicalcique, $2CaO{\cdot}SiO_2$, noté en abrégé C_2S ;
- le silicate tricalcique, $3CaO{\cdot}SiO_2$ (C_3S) ;
- l'aluminate tricalcique, $3CaO{\cdot}Al_2O_3$ (C_3A) ;
- l'aluminoferrite tétracalcique, $4CaO{\cdot}Al_2O_3{\cdot}Fe_2O_3$ (C_4AF).

Le tableau 13.7 donne la composition nominale des principaux types de ciments portland. À ces constituants viennent s'ajouter, en plus faibles quantités, divers autres composés (gypse, alumine, oxyde de fer, etc.).

Le ciment de type 10, destiné à un usage général, est le plus courant. Celui de type 20 dégage moins de chaleur au cours de la prise, mais il durcit plus lentement. Le ciment de type 30, grâce à sa plus forte teneur en C_3S, durcit rapidement, mais avec un dégagement de chaleur relativement important ; on l'utilise quand il faut enlever rapidement les coffrages après la mise en place du béton, ou quand les travaux sont exécutés à basse température. Par contre, le ciment de type 40, dont la teneur en C_3S est faible, durcit lentement et dégage peu de chaleur ; on le réserve donc aux ouvrages massifs, dans lesquels la chaleur de réaction ne peut se dissiper que lentement. Dans les ciments de type 50, on maintient la proportion de C_3A au plus bas niveau possible, car ce composé est attaqué par les sulfates ; ces ciments résistent donc bien aux sulfates contenus dans les sols ou provenant d'effluents industriels (art. 8.6.1).

Tableau 13.7 Les ciments portland : types et compositions (norme ACNOR A-5)

Type de ciment	Composition nominale (%)				Résistance minimale à la compression (MPa)	
	C_2S	C_3S	C_3A	C_4AF	au bout de 3 jours	au bout de 28 jours
10 - Normal	25	49	11	8	12,5	26,5
20 - Modifié	31	44	5	13	10	26,5
30 - Durcissement rapide	14	58	11	8	22	-
40 - Faible dégagement de chaleur	46	28	5	13	8,5	25,5
50 - Résistant aux sulfates	38	41	4	10	10,5	26,5

Il existe d'autres variétés de ciments qui, outre du ciment portland, contiennent de fortes quantités de divers produits. Citons, à titre d'exemple : les ciments de laitier, à base de laitiers de haut fourneau ; les ciments alumineux, à durcissement très rapide ; les ciments pouzzolaniques (les *pouzzolanes* sont des produits pulvérulents à base de silice, d'alumine et d'oxyde de fer ; elles proviennent le plus souvent des cendres volantes des centrales thermiques).

Comme nous le verrons à l'article 13.7.1, les ciments durcissent après avoir été mélangés à de l'eau. Lorsqu'on ajoute au mélange du sable et du gravier, matières inertes, on obtient des *mortiers* et des *bétons*. Les ciments sont donc des matériaux particulièrement hétérogènes qui, outre les composants mentionnés ci-dessus, contiennent toujours de l'air sous forme de pores.

13.7.1 Ciments

Le ciment est un *liant hydraulique*, en ce sens qu'il fait prise et durcit lorsqu'on le mélange à l'eau. Le durcissement est dû au seul effet de l'eau, par la formation, entre l'eau et les produits de base, de composés stables. Les constituants du ciment (silicates et aluminates de calcium) sont des composés anhydres instables en présence d'eau ; mélangés à l'eau, ils forment des composés hydratés, stables et cristallisés. Une des réactions qui se produit est la suivante :

$$2(3CaO{\cdot}SiO_2) + 6\,H_2O \rightarrow 3CaO{\cdot}SiO_2{\cdot}3H_2O + 3\,Ca(OH)_2$$

Les réactions d'hydratation sont des réactions exothermiques. La figure 13.14 illustre schématiquement les phénomènes qui se produisent au cours de la prise du ciment. Les diverses étapes que montre cette figure peuvent se résumer comme suit.

a) Au moment du mélange (le *gâchage*), les grains de ciment sont mouillés et dispersés dans l'eau ; à cause de la présence de l'eau, des forces de répulsion s'exercent entre ces grains, forces qui les empêchent d'entrer en contact les uns avec les autres. La pâte est alors visqueuse, et on peut la mettre en place.

b) À la périphérie des grains, et grâce à la réaction avec l'eau, un gel colloïdal formé de composés hydratés apparaît.

c) Le gel s'épaissit au fur et à mesure que les particules de ces composés réagissent avec l'eau ; le début de la prise correspond au moment où les couches de gel qui entourent les grains se rejoignent pour former des ponts.

d) En même temps que le gel se développe, la réaction ralentit à cause des phénomènes de diffusion de l'eau à travers le gel. Il y a alors formation de cristaux de composés hydratés : silicates calciques hydratés et hydroxyde de calcium.

On comprend aisément que, après le gâchage, le mortier ou le béton gardent une consistance constante, ce qui permet leur mise en place. Après un certain temps, qui peut varier de quelques minutes (pour les ciments à prise rapide) à quelques heures, la viscosité du mélange augmente rapidement : c'est la prise, qui s'accompagne d'un dégagement de chaleur. La résistance mécanique continue de s'accroître, et il y a enfin durcissement. La période de durcissement, aussi appelée *mûrissement*, peut s'étendre sur plusieurs mois ; elle est fonction de la composition du ciment, de sa granulométrie et du rapport eau/ciment. Sauf pour les ciments à durcissement rapide, il est courant de définir la qualité des ciments en fonction de la résistance à la compression qu'ils acquièrent en 28 jours.

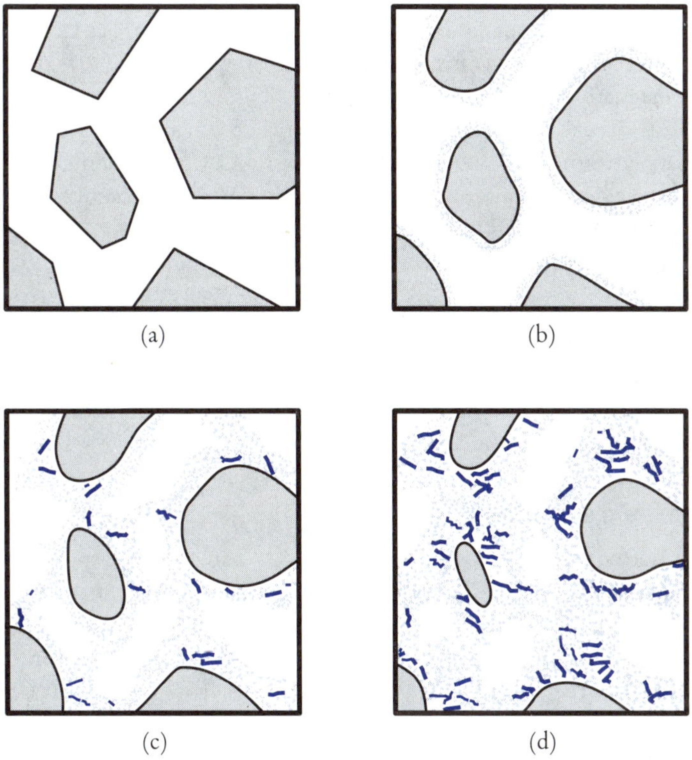

Figure 13.14 Représentation schématique de l'évolution de la prise du ciment portland.

La structure du ciment durci est poreuse : entre les particules de gel, les pores sont très petits (de 1 à 100 nm) ; par contre, entre les anciennes particules de ciment, les pores capillaires sont plus gros (de 100 à 1000 nm). Les pores contiennent de l'eau ; dans les pores les plus fins (dans le gel), puisque les molécules d'eau sont liées aux particules hydratées, l'eau ne possède plus aucune des caractéristiques du liquide, alors que dans les pores capillaires, l'eau peut se déplacer et même se transformer en glace à basse température. Il existe en outre d'autres pores, libres d'eau, formés par des bulles d'air emprisonnées ou entraînées au cours du gâchage. Le rôle de ces bulles d'air peut être important, comme nous le verrons plus loin.

13.7.2 Adjuvants

On ajoute assez souvent des adjuvants au ciment dans le but de modifier certaines de ses propriétés. Le rôle des adjuvants est de modifier les cinétiques d'hydratation ou d'entraîner dans le mélange de fines bulles d'air.

13.7.2.1 Accélérateurs de durcissement

On peut augmenter la vitesse de durcissement du ciment par l'addition d'un accélérateur, ce qui permet un décoffrage plus rapide. L'accélérateur le plus utilisé est le chlorure de calcium ($CaCl_2$), qui augmente la vitesse des réactions d'hydratation des composés C3A et C3S. L'effet de cet accélérateur dépend de sa concentration ainsi que de la température à laquelle le durcissement s'effectue : cet effet est plus marqué à basse température qu'à haute température (avec une concentration de 1,5 % de $CaCl_2$, le durcissement est accéléré de 50 % à 5 °C, alors qu'à 25 °C, le gain de temps n'est que de 35 %). Signalons toutefois que la présence de $CaCl_2$ augmente la corrosion de l'acier d'armature noyé dans le béton et diminue la résistance du béton en présence de sulfates.

13.7.2.2 Retardateurs de prise

Ce type d'adjuvant, qui retarde la prise des ciments, permet de transporter des bétons mélangés. Les retardateurs (par exemple, l'acide hydroxycarboxylique), adsorbés à la surface des particules de ciment, retardent la précipitation des composés hydratés et, par conséquent, la formation de gel autour de ces particules. L'action des retardateurs est fonction de la température ainsi que de la masse et de la granulométrie du ciment.

13.7.2.3 Réducteurs d'eau (plastifiants)

Ces adjuvants permettent de diminuer la viscosité de la pâte, avant la prise, sans augmenter le rapport eau/ciment. On peut donc ainsi augmenter la quantité de matières inertes (sable et graviers) dans le béton, ou diminuer la quantité d'eau de gâchage, ce qui permet d'obtenir de meilleures propriétés mécaniques et une meilleure tenue dans le temps. Adsorbés à la surface des particules de ciment, ces réducteurs d'eau augmentent les forces de répulsion entre elles ; on obtient par conséquent, sans qu'il y ait contact entre les particules, une pâte qui, à qualité égale, contient moins d'eau.

13.7.2.4 Entraîneurs d'air

L'air entraîné de façon intentionnelle au moment du gâchage se retrouve sous la forme de très petites bulles (moins de 100 μm de diamètre) réparties dans toute la masse du béton. La morphologie de la porosité ainsi obtenue est différente de celle de la porosité due à l'air introduit au moment du mélange ou de la mise en place, et emprisonné dans la masse (bulles de plus de 300 μm de formes irrégulières). Dans ce dernier cas, il faut absolument éliminer ces bulles, par exemple, par vibration. Par contre, les très petits pores formés par entraînement intentionnel d'air jouent un rôle essentiel, en ce qui concerne la résistance du béton aux cycles gel-dégel : en effet, lorsque l'eau contenue dans les capillaires gèle, la glace va se loger dans ces pores ; en l'absence de ces pores, les contraintes dues au gel de l'eau provoquent la formation de fissures et l'écaillage du béton. En contrepartie, la présence de ces pores diminue sensiblement la résistance du béton ; elle facilite cependant sa mise en place, grâce à la diminution de sa viscosité. Les entraîneurs d'air sont des agents tensioactifs (ou agents mouillants) qui diminuent la tension de surface de l'eau. On obtient la meilleure protection contre le gel avec des concentrations d'air d'environ 5 % en volume.

13.7.2 Bétons

Le ciment durci possède une cohésion et une résistance qui permettraient de l'utiliser tel quel. Cependant, pour des raisons économiques, on lui ajoute toujours du sable et des graviers de diverses dimensions. On obtient alors du béton : les matières inertes formant les agrégats sont liées entre elles par le ciment. Le béton est par conséquent un matériau résistant et bon marché. On comble les interstices entre les pierres les plus grosses avec des graviers plus fins et du sable, et c'est le ciment qui remplit les interstices plus fins entre les grains de sable. Pour réduire la quantité de ciment à utiliser, il faut que les agrégats soient composés de matériaux de granulométries différentes. La quantité d'agrégats peut atteindre 75 %. Les propriétés du béton découlent directement de celles du ciment, modifiées, selon la loi de mélange, par celles des matières inertes.

La principale propriété mécanique du béton est sa résistance à la compression, qui peut varier de 25 à 60 MPa et plus. Par contre, sa résistance à la traction est toujours beaucoup plus faible : elle oscille entre 1/8 et 1/10 de sa résistance à la compression. La résistance des bétons à la compression est fonction de plusieurs paramètres : rapport eau/ciment (fig. 13.15) ; quantité d'air emprisonné dans le ciment ; température de durcissement ; échauffement de la masse pendant la prise et le mûrissement. Ce dernier facteur est particulièrement important dans le cas des ouvrages massifs, comme les barrages ; en effet, pour ce type de construction, il faut utiliser des ciments qui dégagent peu de chaleur, faute de quoi on risque de voir la température de la masse augmenter de plusieurs dizaines de degrés. Une telle augmentation n'a pas seulement pour conséquence de diminuer la résistance du matériau ; elle entraîne également, au moment de son refroidissement, après durcissement, l'apparition de contraintes de tension et de fissures qui mettent en cause l'intégrité même de l'ouvrage. La résistance des bétons dépend également de la qualité du ciment utilisé et de celle des agrégats (résistance mécanique et gamme de granulométrie).

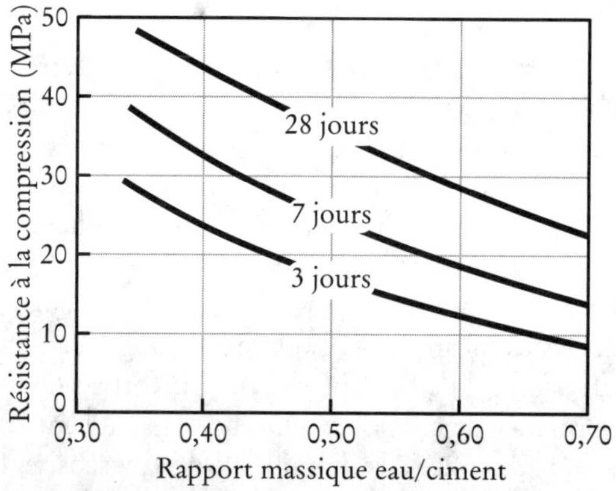

Figure 13.15 Variation de la résistance d'un béton à la compression, en fonction du rapport eau/ciment et en fonction du temps.

Pour pallier la faible résistance du béton à la traction, on incorpore, dans les zones soumises à des tensions, de l'acier d'armature ; on obtient alors un matériau composite, le *béton armé*. Puisque le module d'élasticité du béton est de 5 à 10 fois plus faible que celui de l'acier, les charges de tension sont essentiellement supportées par l'acier. Une autre méthode consiste à mettre le béton en compression dans les zones où il risque normalement d'être soumis à des tensions lors du service ; on obtient alors du *béton précontraint* ou *postcontraint*, selon que les barres d'acier sont mises en tension avant ou après le durcissement du béton.

En service, les bétons subissent des changements de volume et de dimensions dont les causes sont multiples. Ces changements peuvent être soit des dilatations thermiques, soit des phénomènes de fluage (art. 7.3.4). Toutefois, il peut également se produire des contractions et des gonflements, qui accompagnent les variations du taux d'humidité du béton. Ces changements de volume sont dus aux variations de pression de la vapeur d'eau dans les capillaires ; ils dépendent de la quantité d'eau utilisée pour la préparation de la pâte, du temps et de la section des ouvrages. Par ailleurs, ils peuvent provoquer l'apparition de contraintes et de fissures lorsqu'on essaie de les contrer. Par exemple, le béton armé peut se fissurer lorsque sa tendance naturelle à la contraction, dans un environnement donné, est contrariée par l'acier d'armature.

Les bétons sont donc des matériaux hétérogènes composés de ciment, d'agrégats inertes, d'eau et d'air. Bien qu'on les utilise depuis très longtemps (les Romains les employaient déjà), ce n'est que depuis une cinquantaine d'années environ qu'on a tenté de connaître leur constitution physico-chimique et de comprendre le rôle fondamental de leurs divers composants, dans le but d'en faire des matériaux de qualité constante et qui satisfassent aux exigences de la technologie moderne.

Chapitre 14

MATÉRIAUX COMPOSITES

Selon sa classe, chaque type de matériau possède des propriétés et des caractéristiques qui lui sont propres : les métaux sont en général tenaces et ductiles, mais leur masse volumique est souvent élevée ; les matières plastiques, légères, font preuve d'une faible rigidité, bénéficient de propriétés mécaniques moyennes et sont parfois fragiles ; les céramiques, quant à elles, ont un module d'Young et une résistance théorique à la traction très élevés, mais elles sont intrinsèquement fragiles. En combinant divers types de matériaux normalement non miscibles, et tout en contrôlant leur morphologie et leur répartition, on obtient des matériaux composites, dont les propriétés sont totalement différentes de celles des composants de base. On utilise par exemple cette technique depuis des siècles dans la fabrication du torchis, ce mélange de terre séchée et non cuite additionnée de paille, auquel on a recours dans certains types de construction. On peut en outre considérer que le béton armé est un matériau composite béton-acier.

Les plastiques armés de fibres de verre font preuve d'une résistance mécanique et d'une ténacité supérieures à celles des deux matériaux considérés séparément. Dans ce cas, la matière plastique constitue la matrice et le verre, sous forme de fibres, le renfort. Le but qu'on cherche le plus souvent à atteindre en substituant un matériau composite à un matériau traditionnel est d'obtenir, pour une même rigidité de structure, une réduction de masse appréciable ; c'est la raison pour laquelle les matériaux composites connaissent un tel essor, dans le domaine aéronautique en particulier.

Si le développement des matériaux composites a d'abord touché les composites à matrice polymère (CMP), c'est que l'on cherchait à améliorer la faible rigidité des matières plastiques (sect. 12.4). Toutefois, durant les dernières décennies, on a élargi les principes mis en œuvre pour les CMP aux composites à matrice métallique (CMM), afin d'améliorer la rigidité des matrices (p. ex. pour les CMM à matrice d'aluminium ou de magnésium), ainsi qu'aux composites à matrice céramique (CMC) ; dans ce cas, on veut améliorer la ténacité de la matrice céramique intrinsèquement fragile.

Dans ce chapitre, nous étudierons d'abord la répartition des contraintes et des déformations dans la matrice et dans le renfort des matériaux composites, puis nous recenserons les divers renforts et les matrices utilisés et nous analyserons leurs propriétés en notant au passage les caractéristiques plus spécifiques des CMP, des CMM et des CMC. Nous terminerons par l'étude du bois et de ses dérivés, dont la structure et le comportement sont analogues à ceux des matériaux composites synthétiques.

14.1 COMPORTEMENT MÉCANIQUE DES MATÉRIAUX COMPOSITES

La technologie moderne exige qu'on utilise des matériaux dont les propriétés mécaniques sont élevées, mais dont les masses volumiques sont faibles, et ce dans le but de réduire les charges mortes. On a par conséquent recours à des matériaux dont les propriétés spécifiques (rapport d'une propriété à la masse volumique) ont des valeurs élevées.

Le tableau 14.1 donne les valeurs de la rigidité spécifique de quelques matériaux. On constate que les rigidités spécifiques des métaux, à l'exception de celles du béryllium et du bore, sont voisines, et que celles des matières plastiques, bien que les masses volumiques de ces dernières aient des valeurs peu élevées, sont très faibles. Sous cet aspect, le bois rivalise fort bien avec les métaux. La rigidité spécifique des céramiques est par contre toujours élevée. En combinant ces divers matériaux, on peut obtenir des matériaux composites dont les propriétés sont souvent très intéressantes, et qui conservent une faible masse volumique.

Tableau 14.1 Rigidités spécifiques de quelques matériaux

Matériau	Masse volumique (t/m^3)	Module d'Young (GPa)	Rigidité spécifique
Aluminium	2,7	71	26,3
Bore	2,63	400	152
Béryllium	1,8	315	175
Magnésium	1,74	42	24,1
Titane	4,51	120	26,6
Acier	7,8	210	26,9
Tungstène	19,3	411	21,3
Zirconium	6,49	94	14,5
Polyéthylène	0,93	0,2	0,2
Polycarbonate	1,30	2,4	1,8
Polyépoxyde	1,30	2,4	1,8
Polyester	1,35	5	3,7
Al_2O_3	4,0	500	125
AlN	3,3	350	106
SiC	3,2	700	218,8
Si_3N_4	3,1	380	122,6
BeO	3,0	357	119
Bois (pin spica)	0,39	13	33,3

Dans le cadre de ce chapitre, nous définirons les matériaux composites comme des matériaux constitués de deux composants : la matrice et le matériau de renfort, lequel se présente le plus souvent sous la forme de fibres. Dans les CMP, les composants n'ont aucune affinité chimique et ne réagissent pas ensemble (p. ex., il n'existe pas de diagramme d'équilibre «époxy-verre»). Par contre, dans les CMM, la matrice et le renfort peuvent souvent réagir chimiquement et il faut alors s'assurer que ces réactions ne conduisent pas à la formation de composés fragiles à l'interface «matrice-renfort», ce qui entraînerait une dégradation des propriétés mécaniques du composite. Dans les CMP et les CMM, la matrice, plus ductile que les fibres, mais dont la résistance et la rigidité sont inférieures, sert de milieu de transfert des efforts que subissent majoritairement les fibres, plus rigides et plus résistantes. Par contre, l'addition d'un renfort dans une matrice céramique (CMC) a comme objectif d'améliorer la ténacité très faible de la matrice sans viser à accroître sa rigidité déjà intrinsèquement élevée (tabl. 13.2).

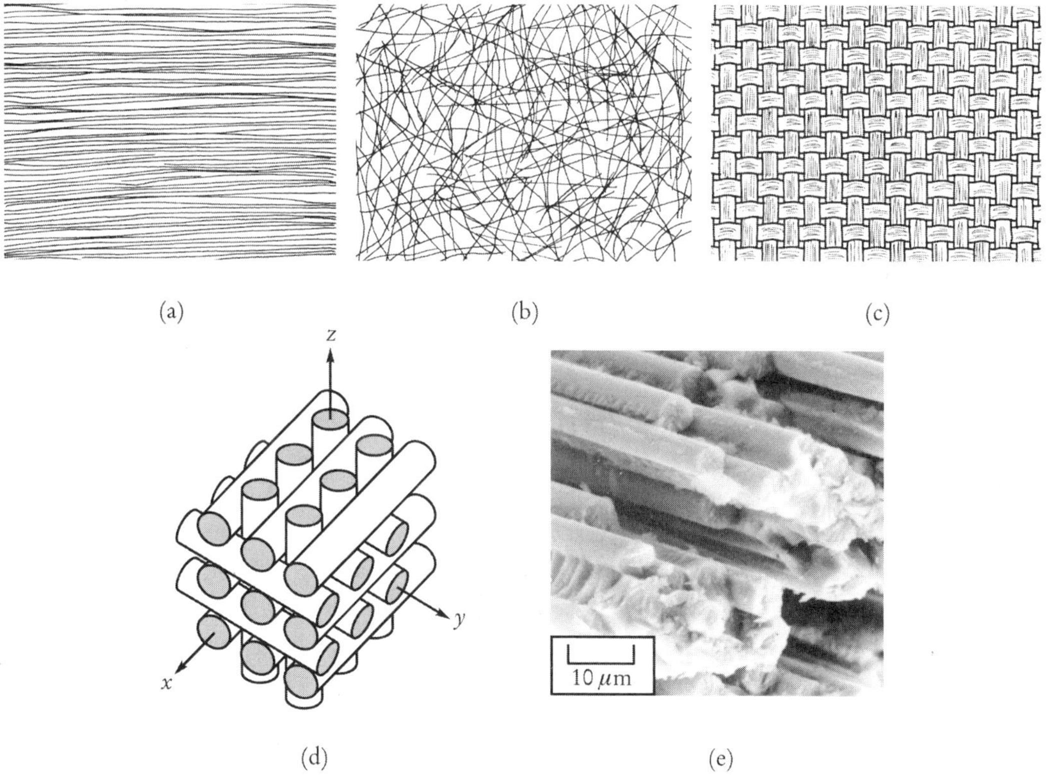

Figure 14.1 Dispositions des fibres : a) fibres unidirectionnelles ; b) mat ; c) tissus ; d) tissage tridimensionnel orthogonal. Dans les trois premiers cas, la résistance du composite, selon une direction perpendiculaire au plan de disposition des fibres, est toujours faible. Le tissage 3D permet d'obtenir une résistance élevée dans les trois directions. e) Surface de rupture d'un matériau composite carbone-époxy. On remarque le caractère fragile de la rupture des fibres de carbone.

Selon la configuration du renfort, on distingue les *matériaux composites unidirectionnels* (dans lesquels les fibres sont toutes orientées selon une même direction (en général, la direction principale des contraintes) des *matériaux composites multidirectionnels* (dans lequels les fibres peuvent se présenter sous forme de *mats* – fibres disposées aléatoirement dans un plan principal, comme dans le feutre – ou être tissées ou bobinées selon plusieurs directions, fig. 14.1). Le renfort peut enfin se présenter sous forme de particules (d'un diamètre moyen en général inférieur à 100 μm), fréquemment utilisées dans les CMM. La figure 14.1e montre la surface de rupture d'un matériau composite directionnel carbone-époxy. Le comportement mécanique d'un matériau composite dépend des propriétés de chacun de ses composants, de la fraction volumique de renfort et de la résistance mécanique de l'interface «matrice-renfort». Dans cette section, nous analyserons le comportement des matériaux composites unidirectionnels en fonction de la longueur des fibres et de leur orientation par rapport à la direction des contraintes. Dans tous les cas, nous utiliserons les indices m, f et c pour caractériser respectivement les propriétés de la matrice, du renfort et du matériau composite.

14.1.1 Fibres continues unidirectionnelles

Considérons un matériau composite qui renferme une certaine fraction volumique, V_f, de fibres continues et alignées, noyées dans une matrice ductile (fig. 14.2).

Dans une section droite d'aire S_c de ce composite, les aires occupées par la matrice et par le renfort sont égales à S_m et à S_f respectivement. On peut aisément démontrer en morphométrie que :

$$V_f = S_f / S_c \tag{14.1a}$$

$$V_m = \left(1 - V_f\right) = S_m / S_c \tag{14.1b}$$

Si une force F_c s'exerce parallèlement aux fibres sur la section droite S_c du composite, cette force peut être décomposée en une force F_m appliquée à l'aire S_m de matrice et en une force F_f appliquée à l'aire S_f de renfort. On obtient l'équation suivante :

$$F_c = F_f + F_m \tag{14.2}$$

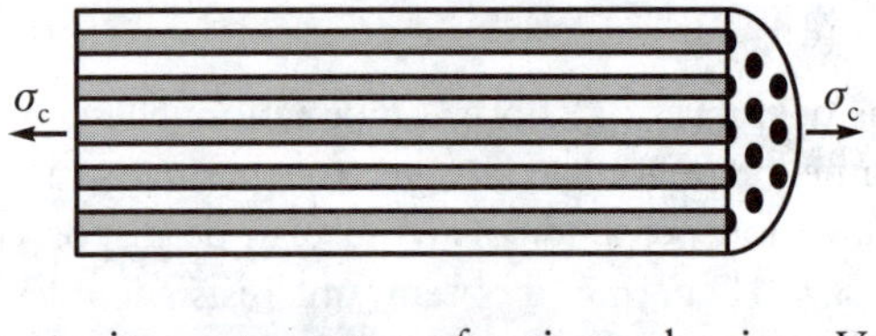

Figure 14.2 Matériau composite contenant une fraction volumique V_f de fibres continues réparties dans la section d'une matrice ductile, dont la fraction volumique est V_m.

Sous l'effet de cette force F_c, la matrice, les fibres et le composite subissent une déformation identique, ce qui se traduit par l'égalité suivante :

$$\varepsilon_c = \varepsilon_m = \varepsilon_f \tag{14.3}$$

La contrainte σ_c s'exerçant sur le composite est, par définition, égale à :

$$\sigma_c = F_c/S_c = \left(F_f + F_m\right)/S_c \tag{14.4}$$

D'autre part, les contraintes σ_f et σ_m s'exerçant respectivement sur le renfort et sur la matrice sont, par définition, égales à :

$$\sigma_f = F_f/S_f \tag{14.5a}$$

$$\sigma_m = F_m/S_m \tag{14.5b}$$

Des équations 14.1 et 14.5, on peut déduire l'équation 14.4 :

$$\sigma_c = V_f\sigma_f + V_m\sigma_m = V_f\sigma_f + \left(1 - V_f\right)\sigma_m \tag{14.6}$$

Cette relation fondamentale est en fait la simple *règle des mélanges* appliquée aux contraintes. Elle se vérifie toujours pour toute déformation $\varepsilon_c = \varepsilon_f = \varepsilon_m$ imposée au composite, ce qui permet d'obtenir la courbe de traction du composite si l'on dispose de la courbe de traction du renfort et de celle de la matrice.

La figure 14.3a présente le cas simple où le renfort et la matrice ont tous deux un comportement purement élastique. Pour une déformation ε_c imposée au composite, on détermine les contraintes σ_{mM} et σ_{fF} agissant respectivement sur la matrice et sur le renfort pour cette déformation imposée. En appliquant la règle des mélanges exprimée par l'équation 14.6, on obtient le point C de la courbe de traction du composite. Il suffit de répéter cette procédure pour toute autre valeur de la déformation et on obtient la courbe de traction du composite.

Pour obtenir le module d'Young, E_c, du composite, on considère les triangles $OM\varepsilon_c$, $OF\varepsilon_c$ et $OC\varepsilon_c$ de la figure 14.3a et les équations 14.3 et 14.6 :

$$E_c = \frac{C\varepsilon_c}{O\varepsilon_c} = \frac{V_f\sigma_f + \left(1 - V_f\right)\sigma_m}{\varepsilon_c} = V_f\frac{\sigma_f}{\varepsilon_f} + \left(1 - V_f\right)\frac{\sigma_m}{\varepsilon_m}$$

$$E_c = V_f E_f + \left(1 - V_f\right)E_m \tag{14.7}$$

Cette équation 14.7 est, encore une fois, une simple règle des mélanges appliquée aux modules d'Young des composants (matrice et renfort) pour en déduire le module d'Young E_c du composite.

On remarque que cette équation est celle qui exprime la rigidité de ressorts montés en parallèle : on aurait ainsi V_f ressorts de rigidité E_f, associés à V_m ressorts, de rigidité E_m, tous montés en parallèle.

On obtient la résistance à la traction $(R_m)_c$ du composite représenté à la figure 14.3 par l'application de la règle des mélanges aux contraintes (équat. 14.6) pour la résistance à la traction $(R_m)_f$ des fibres. C'est en effet la plupart du temps le renfort qui se rompt pour un allongement final A_f avant qu'il n'y ait rupture de la matrice et, par convention, on admet que l'allongement à la rupture A_c du composite est égal à l'allongement A_f du renfort. L'application de la règle des mélanges (équat. 14.6) pour une déformation $A_f = A_c$ conduit aux équations suivantes :

$$(R_m)_c = V_f (R_m)_f + (1 - V_f)(\sigma_m)_{A_f} \tag{14.8}$$

Dans cette équation, $(\sigma_m)_{A_f}$ est la contrainte s'exerçant sur la matrice à l'instant de la rupture des fibres. La loi de Hooke appliquée à la matrice permet d'en déduire $(\sigma_m)_{A_f}$ et d'obtenir l'équation suivante, laquelle donne la résistance à la traction $(R_m)_c$ d'un composite dans le cas où les deux composants (matrice et renfort) se comportent élastiquement jusqu'à la rupture du renfort (fig. 14.3a) :

$$(R_m)_c = V_f (R_m)_f + (1 - V_f) E_m A_f \tag{14.9}$$

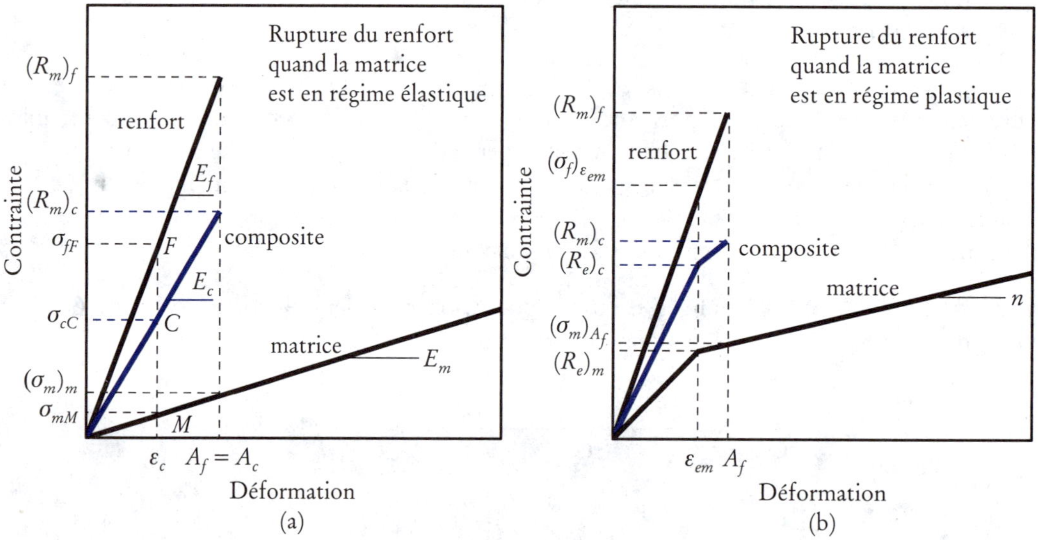

Figure 14.3 Courbes «contrainte-déformation» schématiques de matériaux composites pour lesquels $V_f > V_f^*$. a) Matrice fragile à comportement élastique linéaire. b) Matrice ductile. Dans les deux cas, l'allongement à la rupture du composite est contrôlé par l'allongement à la rupture des fibres ($A_f = A_c$).

Plus généralement, la matrice des composites présente une certaine ductilité et, sous contrainte, sa limite d'élasticité peut être atteinte avant que le renfort ne se soit rompu ; c'est le cas schématisé à la figure 14.3b. Dans un tel cas, si l'on applique la règle des mélanges des contraintes (équat. 14.6) pour la déformation $(\varepsilon_e)_m$ correspondant à l'apparition de la plasticité dans la matrice, il est aisé d'en déduire la limite d'élasticité $(R_e)_c$ au composite, qui correspond aux expressions suivantes, si l'on tient compte de la loi de Hooke appliquée au renfort :

$$(R_e)_c = V_f \left(\sigma_f\right)_{(\varepsilon_e)m} + \left(1 - V_f\right)\left(R_e\right)_m \tag{14.10}$$

$$(R_e)_c = (R_e)_m \left[1 + V_f \left(\frac{E_f}{E_m} - 1\right)\right] \tag{14.11}$$

Pour un composite dont les composants (matrice et renfort) ont un comportement sous contrainte tel que celui présenté à la figure 14.3b, on détermine sa résistance à la traction $(R_m)_c$ par l'application de la règle des mélanges des contraintes (équat. 14.8) pour la déformation A_f, caractérisant l'allongement à la rupture du renfort. On peut trouver géométriquement la contrainte $(\sigma_m)_{A_f}$ s'exerçant sur la matrice à l'instant où le renfort se rompt à partir de la figure 14.3b, si l'on suppose que la consolidation de la matrice dans son régime plastique est linéaire et caractérisée par le coefficient de consolidation n.

Puisque le renfort a une rigidité E_f supérieure à la rigidité E_m de la matrice, l'équation 14.7 montre que toute addition d'une fraction volumique V_f de renfort à la matrice augmente la rigidité de celle-ci, ce qui est bien le but visé lorsqu'on fabrique un composite. Il en est de même pour la limite d'élasticité du composite $(R_e)_c$ qui est supérieure à celle de la matrice pour toute valeur non nulle de V_f, la fraction volumique de renfort (équat. 14.11).

Cependant, pour ce qui est de la résistance à la traction $(R_m)_c$ du composite, il est nécessaire d'avoir une fraction volumique critique V_f^* de renfort pour que le composite possède une résistance à la traction $(R_m)_c$ au moins égale à la résistance à la traction $(R_m)_m$ de la matrice. À la figure 14.4, on a utilisé l'équation 14.8 appliquée à un composite dont le comportement est schématisé à la figure 14.3b pour représenter graphiquement la variation de la résistance à la traction $(R_m)_c$ du composite en fonction de la fraction de renfort V_f. La résistance à la traction $(R_m)_m$ de la matrice étant supérieure à la contrainte σ_m s'exerçant sur la matrice quand le renfort se rompt, on peut en déduire la fraction volumique critique V_f^* pour que le composite ait une résistance à la traction $(R_m)_c$ au moins égale à celle de la matrice. Cette fraction volumique critique V_f^* est donnée par l'expression suivante :

$$V_f^* = \frac{(R_m)_m - (\sigma_m)_{A_f}}{(R_m)_f - (\sigma_m)_{A_f}} \tag{14.12}$$

Pour toute valeur de la fraction volumique V_f inférieure à cette valeur critique V_f^*, le composite aura une résistance à la traction $(R_m)_c$ inférieure à celle de la matrice. En d'autres mots, l'effet de renfort peut être bénéfique pour la rigidité et la limite d'élasticité du composite (équat. 14.7 et 14.11), mais peut s'avérer néfaste pour la résistance à la traction de ce dernier si la fraction volumique de renfort est inférieure à V_f^*. Dans un tel cas, la rupture des fibres a pour conséquence de permettre qu'on considère la matrice comme un milieu contenant une fraction volumique V_f de vide puisque, le renfort s'étant rompu et ne transmettant plus les contraintes, seule la fraction volumique $(1 - V_f)$ de matrice supporte ces contraintes. La variation de la résistance à la traction d'une telle matrice contenant une fraction volumique V_f de vide en fonction de cette fraction volumique est donnée par l'équation suivante, représentée graphiquement sur la figure 14.4 :

$$(R_m)_c = (1 - V_f)(R_m)_m \tag{14.13}$$

Sur la figure 14.4, l'intersection des deux droites définies par les équations 14.8 et 14.13 permet de déduire la fraction volumique $(V_f)_{\text{min}}$ pour laquelle le composite a la plus faible résistance à la traction $(R_m)_c$, qui est inférieure à celle de la matrice.

Dans le cas des CMP, les valeurs de V_f^* et de $(V_f)_{\text{min}}$ sont généralement faibles (< 10 %). Par contre, pour les CMM, ces valeurs peuvent largement dépasser 10 % selon les propriétés des composants $[E_f, (R_m)_f, E_m, (R_m)_m]$.

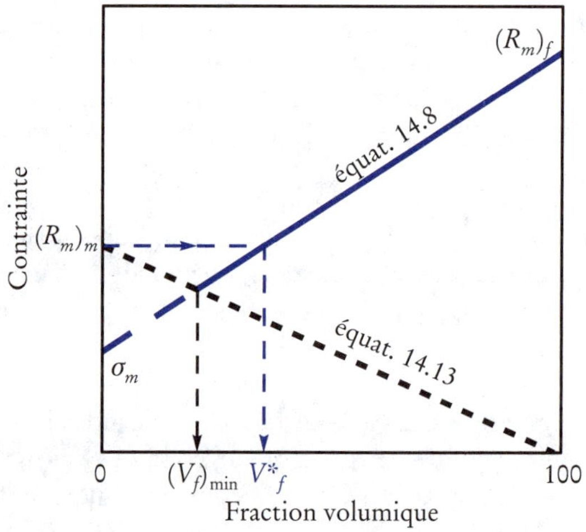

Figure 14.4 Variation de la résistance à la traction d'un matériau composite à fibres continues en fonction de la fraction volumique V_f de fibres.

14.1.2 Fibres courtes alignées

Quand le composite est fait de fibres discontinues (ou courtes) alignées, on peut, en première approximation, faire l'hypothèse selon laquelle il est constitué de cellules élémentaires (fig. 14.5a), chacune d'elles contenant une seule fibre courte de longueur $2l$ et de rayon r (fig. 14.5b) et dont les dimensions (diamètre D et longueur L_0 de la cellule) sont telles que la fraction volumique de renfort dans cette cellule est égale à V_f, la fraction volumique de renfort du composite (dans un tel cas, on démontre que $2r/D = 2l/L_0 = V_f$). Le comportement de cette cellule en traction sera donc représentatif du comportement global du composite.

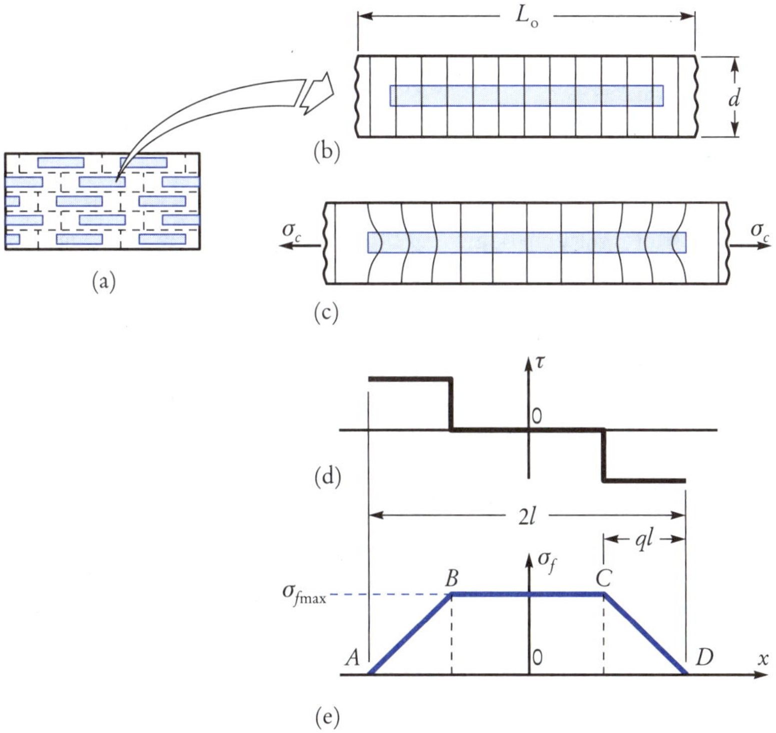

Figure 14.5 a) Modélisation d'un composite à fibres courtes alignées par un ensemble de cellules contenant une seule fibre. b) Schéma d'une cellule dont le comportement est représentatif de celui du composite. c) Variation de la cission τ à l'interface «matrice-renfort» en fonction de la distance x le long de la fibre. d) Variation de la tension σ_f s'exerçant sur la fibre courte en fonction de la distance x le long de la fibre. Par raison de symétrie, l'origine de la distance x est prise au milieu de la fibre, qui a une longueur $2l$ et un rayon r.

Lorsque la cellule représentative est soumise à la contrainte σ_c appliquée au composite, elle se déforme ; cependant, la matrice étant moins rigide (plus élastique) que la fibre courte, il y a apparition de cission dans les éléments de volume de la matrice (fig. 14.5c) puisque la matrice se déforme élastiquement plus que la fibre. Dans ce cas, la déformation élastique du composite ε_c et celle de la matrice ε_m sont égales, mais elles sont supérieures à la déformation élastique ε_f de la fibre courte ; autrement dit, les égalités 14.3 ne sont plus totalement satisfaites.

On peut voir aux figures 14.5c et 14.5d une représentation de la variation de la cission τ à l'interface «matrice-renfort» et de la tension σ_f dans la fibre courte en fonction de la distance x le long de la fibre. Dans ce cas simplifié, on fait l'hypothèse selon laquelle la tension σ_f est nulle aux deux extrémités de la fibre courte, ce qui sous-entend qu'il n'y a physiquement aucun transfert de charge «matrice-renfort» aux extrémités de la fibre courte. Cette hypothèse simplificatrice est valable pour les CMP, qui présentent une résistance à la traction de l'interface «matrice-renfort» généralement faible. Pour les CMM, cette hypothèse est moins justifiée, car la cohésion «matrice-renfort» est généralement plus élevée. Toutefois, le cas d'une contrainte non nulle aux extrémités de la fibre courte déborde le cadre de cet ouvrage en raison de sa complexité.

La figure 14.5e montre que la tension σ_f n'est pas constante tout au long de la fibre courte ; aux deux extrémités de la fibre, sur une longueur $q\,l$ ($q < 1$), cette tension varie linéairement en fonction de la distance x dont l'origine est prise, par raison de symétrie, au centre de la fibre courte.

La figure 14.6 illustre schématiquement l'état des contraintes dans les zones *AB* ou *CD* de la fibre, là où s'effectue le transfert progressif de la tension entre la matrice et cette fibre (fig. 14.5e). La valeur de la tension varie de σ_f à $\sigma_f + d\sigma_f$, pour un élément de longueur dx. Sous l'action de la tension, σ, et de la cission, τ, qui s'exerce à l'interface «matrice-renfort», cet élément est en équilibre lorsque :

$$\pi r^2 d\sigma_f = -2\pi r dx \tau$$

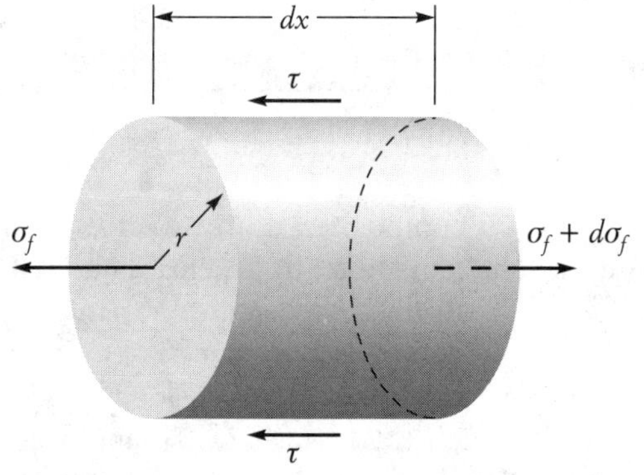

Figure 14.6 Équilibre des contraintes dans un élément *dx* de fibre courte situé dans les zones *AB* ou *CD* de la fibre courte (fig. 14.5d et 14.5e).

Après simplification, cette relation s'écrit comme suit :

$$\frac{d\sigma_f}{dx} = \pm \frac{2\tau}{r} \quad (14.14)$$

L'intégration de cette équation (sachant que $\sigma_f = 0$ lorsque $x = \pm l$) donne l'équation suivante :

$$\sigma_f = \frac{2\pi}{r}(l - x) \quad (14.15)$$

Lorsque la fibre est suffisamment longue (fig. 14.7a), la contrainte σ_f atteint sa valeur maximale, $(\sigma_f)_{\max}$, dans la partie centrale de la fibre (BC), caractérisée par $-l(1 - q) \leq x \leq l(1 - q)$ (fig. 14.5e). Dans cette partie centrale, on a alors :

$$\left(\sigma_f\right)_{\max} = 2qs\tau \quad (14.16)$$

où $s = l/r$ est le *facteur de forme* de la fibre.

Dans le matériau composite, il y a un très grand nombre de fibres courtes alignées ; un plan quelconque, perpendiculaire à ces fibres, coupe celles-ci à différentes valeurs x et, en fait, pour un tel plan, on peut déterminer la contrainte moyenne, $\bar{\sigma}_f$, qui s'exerce dans les fibres le traversant ; cette contrainte est égale à l'aire $ABCD$ divisée par $2l$ (fig. 14.7a). Par conséquent, la tension moyenne, $\bar{\sigma}_f$, qui s'exerce dans les fibres est déterminée par la relation :

$$\bar{\sigma}_f = \left(\sigma_f\right)_{\max}\left(1 - \frac{q}{2}\right) \quad (14.17)$$

On remarque que la tension moyenne $\bar{\sigma}_f$ s'exerçant sur la fibre est inférieure à la tension maximale $(\sigma_f)_{\max}$; autrement dit, dans un composite à fibres courtes alignées, le transfert de charge «matrice-renfort» est moins efficace que dans le cas d'un composite à fibres continues, pour lequel la contrainte dans la fibre est constante tout au long de sa longueur.

La règle des mélanges, telle qu'on l'a déjà appliquée dans le cas des fibres continues (équat. 14.6), permet de déduire la tension, σ_c, à laquelle le matériau composite est soumis, soit :

$$\sigma_c = V_f\bar{\sigma}_f + \left(1 - V_f\right)\bar{\sigma}_m \quad (14.18)$$

où $\bar{\sigma}_m$ est la contrainte moyenne qui s'exerce dans la matrice.

En combinant les équations 14.17 et 14.18, on obtient :

$$\sigma_c = V_f\left(\sigma_f\right)_{\max}\left(1 - \frac{q}{2}\right) + \left(1 - V_f\right)\bar{\sigma}_m \quad (14.19)$$

Dans la partie centrale de la fibre (fig. 14.7), les déformations que subissent la fibre et la matrice sont égales ; par conséquent :

$$\varepsilon = \frac{\left(\sigma_f\right)_{\max}}{E_f} = \frac{\bar{\sigma}_m}{E_m} \tag{14.20}$$

lorsqu'on suppose que la matrice se déforme élastiquement, c'est-à-dire que la valeur de $\bar{\sigma}_m$ n'a pas atteint celle de la limite d'élasticité de la matrice.

En combinant les équations 14.16 14.19 et 14.20, on obtient :

$$\sigma_c = \left[V_f E_f + \left(1 - V_f\right)E_m\right]\varepsilon - \frac{V_f E_f^2 \varepsilon^2}{4\tau s} \tag{14.21}$$

Lorsque $q \leq 1$, les équations 14.16 et 14.20 permettent de déterminer la valeur maximale de ε pour laquelle l'équation 14.21 reste valable, soit

$$\varepsilon_{\max} = \frac{2s\tau}{E_f} \tag{14.22}$$

Lorsque $q = 1$, la contrainte moyenne $\bar{\sigma}_f$ est égale à $(\sigma_f)_{\max}/2$ (fig. 14.7b), et l'équation 14.21 s'écrit :

$$\sigma_c = V_f s\tau + \left(1 - V_f\right) E_m \varepsilon \tag{14.23}$$

Les équations ci-dessus permettent de calculer théoriquement la courbe de traction du matériau composite en fonction des propriétés des fibres et de la matrice.

On constate que plusieurs paramètres interviennent : les propriétés mécaniques des fibres et celles de la matrice, ainsi que le facteur de forme $s = l/r$ des fibres et leur fraction volumique V_f.

Par ailleurs, il faut que certaines conditions soient respectées : par exemple, la valeur de la contrainte maximale, $(\sigma_f)_{\max}$, ne peut être supérieure à celle de la résistance des fibres à la traction, $(R_m)_f$; il faut en outre déterminer si la limite d'élasticité de la matrice est atteinte ou non avant que les fibres ne se rompent.

Enfin, les conditions de transfert de charge à l'interface «matrice-renfort» sont importantes, car elles déterminent la valeur de τ, la cission à l'interface «matrice-renfort». Pour les matériaux composites à matrice métallique (CMM), dans lesquels l'adhérence «matrice-renfort» est en général excellente, on peut considérer que la valeur de la cission τ est égale à celle de la cission critique, τ_m, de la matrice, valeur voisine de $(R_e)_m/2$. Pour les matériaux composites à matrice polymère (CMP), l'adhérence «matrice-renfort» n'étant pas élevée, la cission τ est due à des forces de friction engendrées par les contraintes de compression, σ, qui s'exercent sur les fibres (contraintes imputables à la contraction de la matrice au cours de sa polymérisation). La valeur de la cission τ est alors égale à $\mu\sigma$, où μ est le coefficient de frottement au niveau de l'interface. En général, la valeur de μ est comprise entre 0,2 et 0,3, et σ est de l'ordre de 20 à 30 MPa, ce qui donne des valeurs de τ faibles (environ quelques mégapascals). Dans ce cas, l'influence du facteur de forme, s, est plus critique.

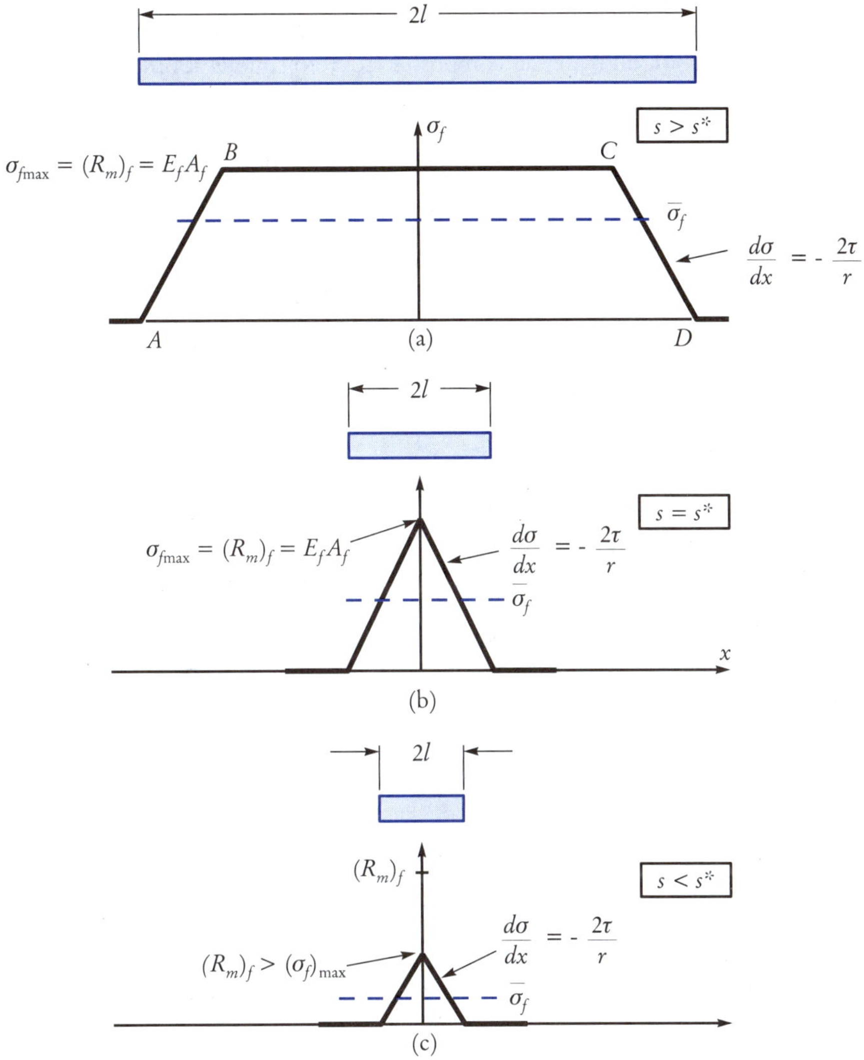

Figure 14.7 Trois modes caractéristiques de chargement d'une fibre discontinue dans un matériau composite en traction : a) le facteur de forme s est supérieur à la valeur critique s^* ; la rupture se produit quand la valeur de la contrainte $\sigma_{f\max}$ atteint celle de la résistance à la traction $(R_m)_f$ de la fibre ; b) $s = s^*$; il y a rupture quand $\sigma_{f\max} = (R_m)_f$ au centre de la fibre courte ; c) $s < s^*$; la rupture n'affecte pas la fibre. (*D'après M. R. Piggot,* Loadbearing Fibre Composites, *Pergamon Press, 1980, p. 66 ; reproduction autorisée.*)

Le nombre de facteurs impliqués ne permet pas d'étudier en détail l'influence de chacun d'eux sur le comportement en traction du matériau composite. Toutefois, nous aborderons ici quelques cas types, afin de mettre en évidence certains faits importants. Nous supposerons que le comportement du renfort est fragile (déformation élastique jusqu'à sa rupture) et que celui de la matrice est élastoplastique idéal (pas de consolidation dans le domaine plastique), ce qui est en général acceptable en ce qui concerne la déformation avant rupture de la plupart des matériaux composites.

Premier cas. Le facteur de forme *s* est très élevé (fibres longues de faible diamètre, fig. 14.7a) et l'équation 14.21, devient :

$$\sigma_c = \left[V_f E_f + \left(1 - V_f\right) E_m\right]\varepsilon$$

Le module d'Young, E_c, du matériau composite est alors déterminé par la relation :

$$E_c = \frac{\sigma_c}{\varepsilon} = V_f E_f + \left(1 - V_f\right) E_m \qquad (14.24)$$

Cette équation montre que la règle des mélanges s'applique au module d'Young du matériau composite, qui se comporte comme un composite à fibres continues (équat. 14.7).

Quand *s* tend vers l'infini, la résistance à la traction $(R_m)_c$ est atteinte quand les fibres se rompent [lorsque $(\sigma_f)_{\max} = (R_m)_f$], c'est-à-dire lorsque $\varepsilon_c = A_f$, l'allongement à la rupture des fibres. L'équation 14.21 devient alors :

$$\left(R_m\right)_c = V_f \left(R_m\right)_f + \left(1 - V_f\right) E_m A_f \qquad (14.25)$$

équation équivalente à l'équation 14.9. Par contre, la valeur de $(R_m)_c$ diminue quand le facteur de forme *s* décroît.

Deuxième cas. Le facteur de forme, *s*, n'est pas très élevé (fig. 14.7b). L'équation 14.21 montre alors que la relation entre la contrainte et la déformation du matériau composite n'est plus linéaire, et que la courbe de traction $\sigma = f(\varepsilon)$ du composite est d'autant plus courbée que la valeur de *s* est faible.

Troisième cas. Lorsque la valeur du facteur de forme, *s*, est inférieure à une valeur critique s^* (fig. 14.7c), les fibres sont trop courtes pour que la contrainte maximale, $(\sigma_f)_{max}$, à laquelle elles sont soumises atteigne la valeur critique $(R_m)_f$ (fig. 14.7c). On obtient la valeur critique s_c à partir de l'équation 14.16, en supposant que $q = 1$ et que $(\sigma_f)_{max} = (R_m)_f$ (fig. 14.7b) ; ainsi :

$$s^* = \frac{\left(R_m\right)_f}{2\tau} \qquad (14.26)$$

C'est alors l'équation 14.23 qui décrit le comportement du matériau composite ; on l'écrit :

$$\sigma_c = V_f s\tau + \left(1 - V_f\right)\sigma_m \qquad (14.27)$$

La figure 14.8 illustre graphiquement deux cas typiques de comportements d'un matériau composite à fibres courtes, selon la nature des composants et la valeur du facteur de forme, s. Quand $s \geq 10\, s^*$, le comportement du composite se rapproche de celui d'un composite à fibres continues. Dans le cas du composite «époxy-fibres de verre» (fig. 14.8a), $s^* = 100$, alors que dans le cas du composite «aluminium-fibres de bore» (fig. 14.8b), s^* est voisin de 50. Pour que le comportement général de chacun de ces composites soit semblable à celui de composites à fibres continues, les fibres de verre doivent avoir une longueur au moins égale à 5 mm pour le composite «époxy-fibres de verre» alors que la longueur des fibres de bore doit être supérieure à 50 mm pour le composite «aluminium-fibres de bore». Dans ce cas précis, le diamètre des fibres de verre est égal à 10 μm, alors que celui des fibres de bore est égal à 200 μm.

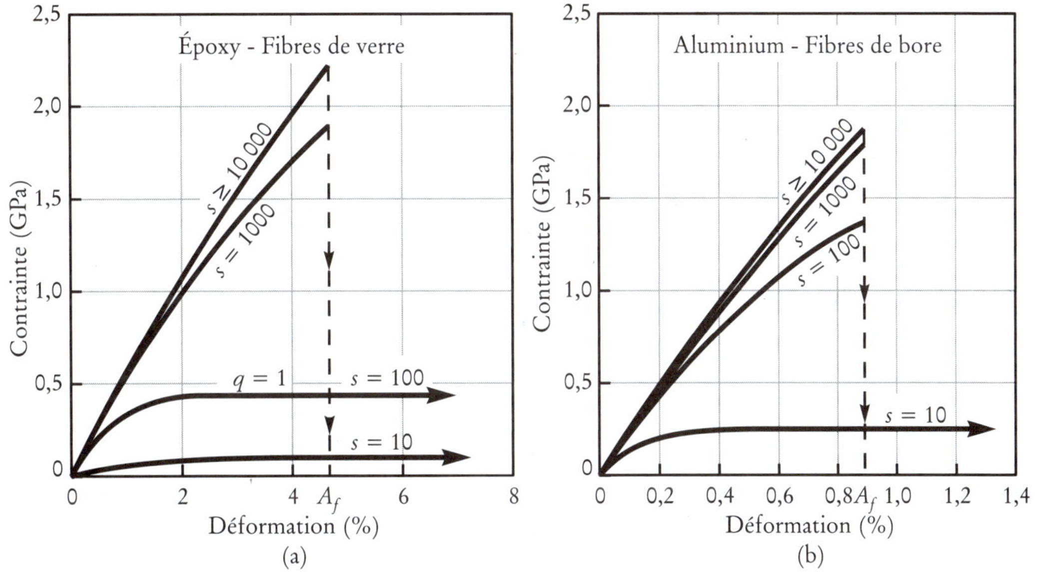

Figure 14.8 Exemples de courbes de traction théoriques d'un matériau composite, selon la valeur du facteur de forme s des fibres discontinues : a) cas d'un composite «époxy-fibres de verre» E (V_f = 0,67, τ = 6 MPa) ; b) cas d'un composite «aluminium-fibres de bore» (V_f = 0,48, $(R_e)_{Al}/2$ = 30 MPa). (*D'après M. R. Piggot,* Load-bearing Fibre Composites, *Pergamon Press, 1980, p. 67 et 68 ; reproduction autorisée.*)

14.1.3 Influence de l'orientation des fibres sur le comportement mécanique

À cause de la disposition des constituants des matériaux composites, les microstructures de ceux-ci sont fortement anisotropes ; par conséquent, leurs propriétés mécaniques dépendent de l'orientation des fibres par rapport à la direction des contraintes principales.

Considérons le cas limite dans lequel la contrainte agit perpendiculairement aux fibres (fig. 14.9a). Ici, on peut estimer qu'un élément de volume de longueur l_0 du matériau composite est constitué d'une épaisseur, $V_f l_0$, de fibres regroupées et d'une épaisseur, $(1 - V_f)l_0$, de matrice (fig. 14.9b).

Cette fois, la contrainte s'exerçant sur la matrice et celle s'exerçant sur le renfort sont égales. Sur le plan mécanique, on peut considérer le composite comme deux ressorts de rigidité différente montés en série.

La contrainte σ_y, qui a la même valeur dans la matrice et dans les fibres, entraîne un allongement, Δl, de l'élément de volume, tel que :

$$\Delta l = \varepsilon_f V_f l_0 + \varepsilon_m \left(1 - V_f\right) l_0 \tag{14.28}$$

La déformation ε_y qui résulte de l'application de σ_y est alors :

$$\varepsilon_y = \frac{\Delta l}{l_0} = \varepsilon_f V_f + \left(1 - V_f\right) \varepsilon_m \tag{14.29}$$

L'équation 14.29 représente la règle des mélanges appliquée cette fois aux déformations.

Or, par application de la loi de Hooke, on obtient :

$$\varepsilon_f = \frac{\sigma_y}{E_f} \quad \text{et} \quad \varepsilon_m = \frac{\sigma_y}{E_m} \tag{14.30}$$

et le module d'Young, $(E_c)_y$, du matériau composite, dans la direction y, est, par définition, égal à σ_y / ε_y.

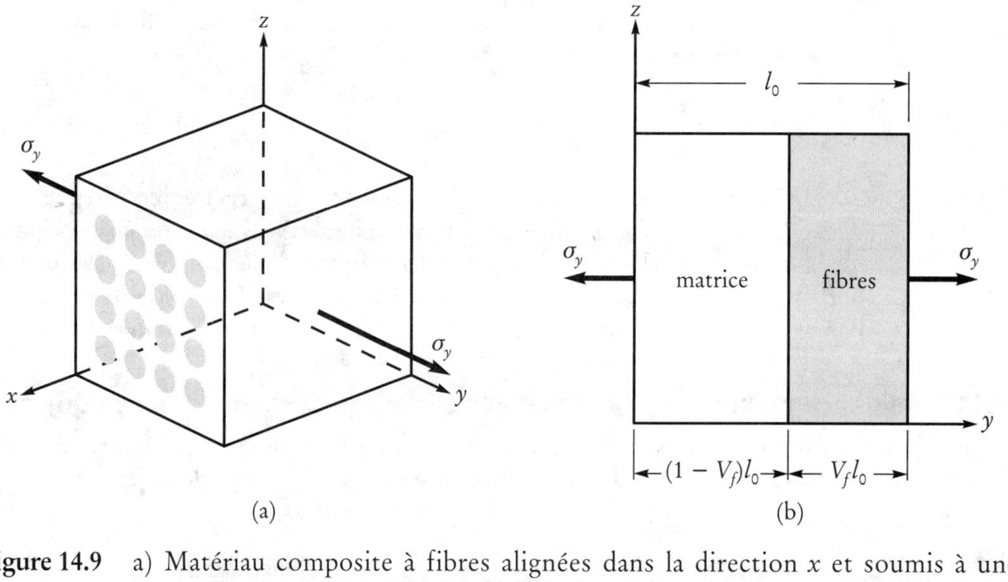

Figure 14.9 a) Matériau composite à fibres alignées dans la direction x et soumis à une contrainte σ_y. b) Modèle équivalent de ce matériau composite soumis à la contrainte σ_y.

En combinant les équations 14.29 et 14.30, on obtient :

$$\frac{1}{(E_c)_y} = \frac{V_f}{E_f} + \frac{(1 - V_f)}{E_m} \tag{14.31}$$

On obtient une équation semblable relative au module d'Young, $(E_c)_z$, du matériau composite dans la direction z. Puisque, en général, E_f est nettement supérieur à E_m, on peut, en première approximation, poser que :

$$(E_c)_y = (E_c)_z \simeq \frac{E_m}{V_m}$$

Lorsqu'une cission τ_{xy} s'exerce dans le plan xz et dans la direction x, on obtient, par un raisonnement analogue :

$$\frac{1}{(G_c)_{xy}} = \frac{V_f}{G_f} + \frac{(1 - V_f)}{G_m} \tag{14.32}$$

On obtient une équation semblable relative au module de cisaillement, $(G_c)_{xz}$, lorsque la cission est τ_{xz}. Dans la plupart des cas (en particulier pour les matériaux composites à matrice polymère), $G_f \gg G_m$; par conséquent, l'équation 14.32 conduit, en première approximation, à :

$$(G_c)_{xy} = (G_c)_{xz} \simeq \frac{G_m}{V_m}$$

Dans l'étude ci-dessus, nous n'avons traité que du cas particulier pour lequel la traction σ_y agit perpendiculairement aux fibres et la cission τ_{xy}, parallèlement à celles-ci. Il nous faut considérer maintenant le cas plus général dans lequel la direction de la traction et celle des fibres forment un angle α ($0 \leq \alpha \leq 90°$). La résolution détaillée de ce problème exige un calcul tensoriel complexe qui déborde le cadre de cet ouvrage. On peut voir le résultat d'un tel calcul à la figure 14.10, en ce qui concerne les modules E et G d'un matériau composite «époxy-fibres de verre continues alignées».

Le calcul de la résistance d'un matériau composite unidirectionnel à la traction fait également appel à une approche tensorielle, qui permet de déterminer les contraintes principales (σ_1, σ_2 et τ_{12}) auxquelles ce matériau est soumis.

La résistance, $(R_c)_x$, du matériau composite à la traction, dans une direction x formant un angle α avec les fibres, est alors déterminée par les relations suivantes:

$$(R_c)_x = \frac{(R_c)_1}{\cos^2 \alpha} \tag{14.33}$$

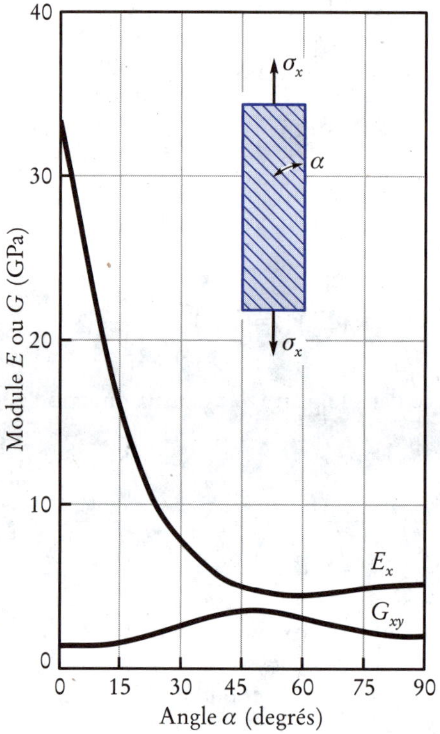

Figure 14.10 Influence de l'angle α entre la direction de la contrainte σ_x et celle des fibres sur les modules d'élasticité E_x et G_{xy} d'un matériau composite à fibres continues alignées. Cas d'une matrice d'époxy (E_m = 2,5 GPa) et de fibres de verre (E_f = 68 GPa, V_f = 0,5) ; ν_{xy} = 0,3. (*D'après M. R. Piggott,* Load-bearing Fibre Composites, *Pergamon Press, 1980, p. 75 ; reproduction autorisée.*)

$$(R_c)_x = \frac{(R_c)_2}{\sin^2 \alpha} \tag{14.34}$$

$$(R_c)_x = \frac{(\tau_c)_{12}}{\sin \alpha \cos \alpha} \tag{14.35}$$

La résistance du matériau composite à la traction, dans la direction x, est la plus petite valeur calculée à partir des équations 14.33, 14.34 et 14.35 : les valeurs $(R_c)_1$, $(R_c)_2$ et $(\tau_c)_{12}$ sont celles de ses résistances à la traction et à la cission, selon ses directions principales 1 et 2. La figure 14.11 illustre schématiquement le comportement de ce matériau composite.

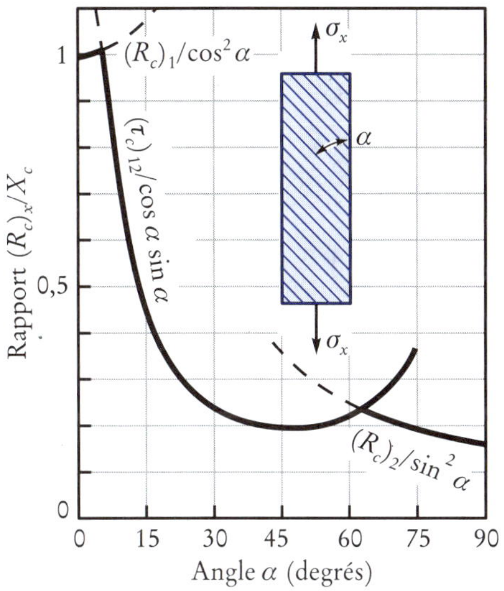

Figure 14.11 Influence de l'angle α entre la direction de la contrainte de traction σ_x et celle de l'axe des fibres sur le rapport $(R_c)_x/X_c$, où $(R_c)_x$ est la résistance du matériau composite à la traction dans la direction x et où X_c représente $(R_c)_1$, $(R_c)_2$ ou $(\tau_c)_{12}$, les résistances du composite dans les directions principales 1 et 2.

14.1.4 Fibres orientées aléatoirement

Dans le cas où les fibres sont orientées au hasard dans un plan du matériau composite, et en supposant que les coefficients de Poisson des fibres et de la matrice soient égaux à 0,3, on obtient les expressions suivantes du module d'Young du matériau et de sa résistance à la traction :

$$E_c = \frac{3}{8} V_f E_f + V_m E_m \tag{14.36}$$

$$(R_m)_c = k V_f (R_m)_f + V_m \sigma_m \tag{14.37}$$

Dans cette dernière équation, le coefficient k est égal à 3/8 si l'on suppose que la loi des mélanges est respectée. Dans la réalité, ce coefficient est voisin de 0,1 ; il dépend, d'une part, de la distribution plus ou moins isotrope des fibres dans le plan et, d'autre part, de la qualité de l'interface «matrice-renfort». Si la cohésion de l'interface exerce peu d'influence sur le comportement élastique du matériau, elle joue néanmoins un rôle important dans la rupture.

En résumé, les propriétés mécaniques d'un matériau composite – qu'il s'agisse de sa rigidité ou de sa résistance à la traction – dépendent grandement de l'angle formé par la direction des fibres et par celle de la contrainte appliquée. Les matériaux composites unidirectionnels sont fortement anisotropes. Pour remédier à cette anisotropie, on peut utiliser les techniques suivantes :

- emploi de structures composites à mat (fibres non tissées dont l'orientation est aléatoire dans un plan, fig. 14.1b) ou à fibres tissées (en général, selon deux directions principales, fig. 14.1c) ;
- emploi de structures composites dans lesquelles on fait alterner des couches de matériaux composites unidirectionnels, l'orientation de chaque couche étant différente par rapport à celle de la précédente. Cependant, lorsque le nombre de couches est pair, un tel arrangement, lorsqu'on le soumet à une contrainte de traction, subit des déformations en flexion et en torsion, déformations qui s'ajoutent à son allongement principal. On atténue en général ces effets secondaires indésirables en utilisant des arrangements dont le nombre de couches est impair et dans lesquels on dispose ces couches symétriquement par rapport à une direction principale et par rapport au plan de symétrie de l'empilement des couches.

14.2 FIBRES DE RENFORT

Comme le montrent les équations développées précédemment, les propriétés mécaniques des fibres de renfort [E_f, $(R_m)_f$] exercent une influence primordiale sur les propriétés mécaniques finales du matériau composite. Ces fibres, qui peuvent être d'origine diverse, exigent des procédés de fabrication parfois complexes.

Nous nous contenterons ici de décrire brièvement les principaux matériaux utilisés sous forme de fibres comme renforts dans les matériaux composites.

14.2.1 Fibres de verre

Ce sont là les premiers matériaux de renfort utilisés dans les matériaux composites de première génération, vers 1940. Selon leur composition chimique, on recense, parmi les verres de renfort les plus utilisés, les variétés E, R et S. Le tableau 14.2 résume les principales caractéristiques chimiques, physiques et mécaniques de ces variétés. On remarque qu'un pourcentage plus élevé de silice améliore les propriétés mécaniques des verres et élève leur température maximale d'utilisation (fig. 13.11). C'est pourquoi on utilise des fibres de silice pure (SiO_2) lorsqu'on recherche des hautes performances, même si la fabrication de ces fibres est plus délicate et si leur prix est plus élevé que celui des fibres de verre.

Un des problèmes majeurs que posent les fibres de verre ou de silice découle de leur haute sensibilité à tout endommagement superficiel (rayures) ; en effet, les rayures engendrent des zones de concentration de contrainte, ce qui diminue considérablement la résistance mécanique des fibres de verre (sect. 4.1). Cet effet est illustré au tableau 14.2, qui montre la différence marquée entre la résistance à la traction de fibres vierges et celle de fibres industrielles. En pratique, on fabrique les fibres par extrusion du verre ou de la silice fondus à travers une matrice (filière) percée de trous de 1 à 2 mm de diamètre ; on étire ensuite les fils ainsi obtenus, à l'état pâteux, pour produire des fibres dont la section a de 5 à 15 μm de diamètre.

Il faut en outre éviter tout contact entre les fibres elles-mêmes, ou entre les fibres et tout autre objet, afin de limiter au maximum la possibilité d'endommagement superficiel. C'est pourquoi on recouvre les fibres d'un enduit qui favorisera ultérieurement l'adhésion entre elles et la

Tableau 14.2 Caractéristiques des verres de renfort

Caractéristiques	**Variétés**			
	E	**R**	**S**	**Silice (SiO_2)**
Composition chimique (%)				
SiO_2	54	60	65	> 99,5
Al_2O_3	16	25	25	-
B_2O_3	8	-	-	-
CaO	17	9	-	-
MgO	5	6	10	-
Module d'Young (GPa)	75	80	84	72
Résistance à la traction (MPa)				
- fibres vierges	3400	4400	4800	8800
- fibres industrielles	2100	2500	2800	3500
Allongement à la rupture (%) (fibres industrielles)	2,8	3	3,3	5
Masse volumique (kg/m^3)	2540	2500	2480	2200
Température de fusion (°C)	900 à 1200	1400 à 1600	1400 à 1600	1720
Température maximale d'utilisation (°C)	550	650	650	750
Propriétés	Bonnes propriétés mécaniques Bonne tenue en corrosion à l'eau Résistance moyenne aux agents chimiques	Très bonnes propriétés mécaniques Bonne tenue en corrosion à l'eau et aux agents chimiques		Propriétés mécaniques élevées Chimiquement inerte Haute résistivité
Utilisations	Le plus répandu	Les plus récents Optimisation des structures		Hautes performances Résistance à l'abrasion

matrice polymérique. Là encore, on prend de grandes précautions au cours de la manipulation des fibres pour éviter tout endommagement superficiel.

Selon la forme de la pièce à réaliser, on peut utiliser divers procédés d'incorporation des fibres à la matrice, entre autres :

– bobinage des fibres imprégnées de résine sur un manchon qui sert de moule, pour les pièces qui présentent une symétrie de révolution ;
– imprégnation de résine et pressage des fibres, tissées ou non (mats ou feutres), pour les pièces plates ou celles qui exigent des moules de formes complexes : coques de bateau de plaisance, pièces d'aéronautique, etc.

Il est intéressant de constater que le module d'Young des fibres de verre est voisin de celui de l'aluminium. Leur emploi s'avère donc intéressant lorsqu'on les associe à une matrice dont la rigidité est plus faible (par exemple, un polymère) et qu'elles renforcent alors de façon non négligeable (équat. 14.7 ou 14.23). Le gain de rigidité relative du matériau, E_c/ρ, ou de résistance relative, $(R_m)_c/\rho$, est alors un atout important (gain de poids). Par contre, lorsqu'on recherche une grande rigidité ou une grande résistance du matériau, de telles fibres sont surclassées par d'autres matériaux de renfort ou par certains matériaux massifs (aciers spéciaux, alliages de titane, etc.).

En dernier lieu, soulignons que les fibres de verre sont relativement peu coûteuses à produire ($\simeq$ 1 $/kg), comparativement aux autres fibres de renfort.

14.2.2 Fibres de polymères

Plusieurs polymères naturels peuvent faire preuve d'une rigidité élevée (par exemple, 100 GPa pour des fibres de cellulose de bois). Par contre, la rigidité de la très grande majorité des polymères synthétiques est faible (1 à 10 GPa, tabl. 12.7 et 12.8). Ce n'est que récemment qu'on a mis au point des fibres de polyamides aromatiques destinées à servir de fibres de renfort ; le module d'Young de ces fibres est égal ou supérieur à celui du verre. Ces fibres sont connues sous leur appellation commerciale «Kevlar», marque déposée de la compagnie Dupont de Nemours. Leurs principales propriétés apparaissent dans le tableau 14.3.

La courbe de traction de ces fibres est à peu près linéaire jusqu'à la rupture. C'est pourquoi on les utilise souvent pour fabriquer des câbles, comme renfort dans les pneumatiques à carcasse radiale (à la place des fibres d'acier) et, dans le cas du Kevlar 49 dont la ténacité est élevée, comme renfort à haute performance.

Le coût de ces fibres est assez élevé (15 à 20 $/kg).

Tableau 14.3 Caractéristiques des fibres d'aramide

Caractéristiques	Kevlar 29*	Kevlar 49*
Module d'Young (GPa)	60	130
Résistance à la traction (MPa)	2700	3600
Allongement à la rupture (%)	4,5	2
Masse volumique (kg/m^3)	1450	1450
Température max. d'utilisation (°C)	200	200
Température de dégradation (°C)	400	425

* Marque déposée.

14.2.3 Fibres de carbone

Le graphite polycristallin est constitué de cristallites fortement anisotropes ; son degré d'anisotropie dépend de ses conditions d'élaboration (sect. 13.6). Les remarquables propriétés des fibres de carbone résultent de la forte orientation préférentielle des cristallites parallèlement à l'axe des fibres. Ces propriétés sont essentiellement une rigidité et une résistance très élevées dans la direction longitudinale, associées à un très faible coefficient de dilatation linéique dans cette même direction.

En général, on fabrique les *fibres de carbone* en carbonisant des fibres de polymères (rayonne, et plus particulièrement polyacrylonitrile), éventuellement tissées ou tressées au préalable. La première étape est une oxydation sous tension, à l'air et à une température peu élevée (100 à 200 °C) ; au cours de cette étape, il se produit une oxydation du polymère et une réticulation sous tension. Après quoi, on obtient du graphite par pyrolyse sous tension, en atmosphère neutre ou réductrice, et à des températures comprises entre 1100 et 1500 °C. À la fin de cette étape, on obtient des fibres dites «à haute résistance». Lorsqu'on continue la cuisson en atmosphère neutre ou réductrice, mais à de plus hautes températures (2500 à 3000 °C), la graphitisation se poursuit et un certain degré de recristallisation apparaît, ce qui entraîne une plus forte orientation préférentielle des cristallites et la production de fibres dites «à haut module».

Le tableau 14.4 présente et résume les propriétés de ces deux types de fibres.

Selon les caractéristiques de l'architecture initiale des fibres (bobinées, torsadées, tissées, etc.), le degré d'anisotropie du produit final peut fortement varier ; on peut donc obtenir des pièces globalement isotropes ou fortement anisotropes.

D'autre part, la possibilité de faire varier la température maximale de fabrication entraîne des variations du degré de graphitisation des renforts, donc une variation des propriétés mécaniques du produit final. Des propriétés physiques comme la conductibilité thermique et la conductibilité électrique du matériau dépendent ainsi fortement du degré de graphitisation et du degré d'anisotropie.

Tableau 14.4 Caractéristiques des fibres de carbone

Caractéristiques	Fibres à haute résistance	Fibres à haut module
Module d'Young (GPa)	180 à 230	350 à 420
Résistance à la traction (MPa)	2500 à 3400	1900 à 2300
Teneur en carbone (%)	95 à 98	99
Masse volumique (kg/m^3)	1800	1900
Température max. d'utilisation (°C)	2000*	2500*

* Température de 500 °C en atmosphère oxydante ou température limitée par la température maximale de la matrice.

Même si les coûts de fabrication des fibres de carbone décroissent sans cesse, il ne faut pas espérer voir leur prix descendre en dessous de 10 \$/kg.

14.2.4 Renforts minéraux

Certains matériaux minéraux qu'on trouve naturellement sous forme fibreuse ou lamellaire peuvent servir de renfort, notamment dans des matériaux composites bon marché ; il s'agit plus particulièrement de l'*amiante* et du *mica*.

L'amiante se présente sous deux formes naturelles : la *chrysotile*, $3MgO \cdot 2SiO_2 \cdot 2H_2O$, et l'*amphibole*, dont la structure est celle d'un silicate qui contient d'autres ions alcalins ou métalliques, par exemple, la *crocidolite*, dont la formule chimique est $(Na_2 \cdot F_2O_2) \cdot 3FeO \cdot 8SiO_2 \cdot H_2O$.

L'amiante est constitué de fibrilles dont la section a environ 20 nm de diamètre et dont la structure cristalline est formée de trois couches ; chacune de ces couches contient des ions Mg^{++} et des radicaux OH^-, et elle est reliée aux couches voisines par un plan formé de tétraèdres $(SiO_4)^{4-}$. Même s'il est difficile d'obtenir des fibrilles individuelles, on peut assez facilement détacher des fibres dont la section a environ 10 μm de diamètre et dont la longueur peut atteindre plusieurs centimètres. On peut utiliser de telles fibres d'amiante jusqu'à 500 °C, température à laquelle leur résistance mécanique chute brusquement. Leur module d'Young est voisin de 160 GPa et leur résistance mécanique peut atteindre 5500 MPa ; toutefois, l'endommagement dû aux procédés mécaniques d'obtention des fibres peut réduire considérablement cette résistance mécanique.

Les fibres d'amphibole, bien qu'elles soient plus rigides ($E \simeq 190$ GPa) que celles de chrysotile, font preuve d'une résistance plus faible, qui chute brusquement vers 300 °C.

Puisque leur coût de fabrication est modique, on emploie les fibres d'amiante pour des utilisations de grande diffusion (amiante-ciment, bardeaux d'asphalte, renforts de dalles de vinyle, etc.).

Le mica est un autre renfort minéral naturel qu'on utilise dans certains composites. Sa structure cristalline (fig. 13.3a) le rend facilement clivable ; on en fait des paillettes qu'on peut utiliser comme renfort pour certaines matrices. Le facteur de forme, s, de ces paillettes est bien entendu moins élevé que celui des fibres longues (art. 14.1.2). Les imperfections produites sur les bords des paillettes réduisent la résistance de celles-ci à la traction (700 à 900 MPa) ; par contre, lorsque les bords des paillettes ne constituent pas des zones de concentration de contrainte, cette résistance peut atteindre 2500 MPa. Le module d'Young du mica est égal à 220 GPa et sa masse volumique est de 2800 kg/m^3.

Les renforts en paillettes de mica offrent l'avantage de former des matériaux composites dont les propriétés sont bonnes dans les deux directions déterminées par le plan des paillettes (contrairement à ce qui se produit pour les matériaux composites à fibres unidirectionnelles). Toutefois, les valeurs de la résistance mécanique obtenues avec de telles paillettes ne peuvent atteindre celles que confèrent les fibres unidirectionnelles.

14.2.5 Fibres métalliques et fibres céramiques

Certains métaux (bore, béryllium) ou certains composés (Al_2O_3, SiC, Si_3N_4, BeO) sont dotés de rigidités spécifiques très élevées ; ce sont donc d'excellents renforts possibles pour des matériaux composites (tabl. 14.1).

Toutefois, les techniques de fabrication des fibres tirées de tels matériaux sont aujourd'hui encore très onéreuses ; on utilise donc rarement ces fibres pour des applications peu coûteuses, bien qu'on poursuive d'intenses travaux de recherche et de développement dans ce domaine.

Le bore est un des matériaux de renfort les plus prometteurs. À l'état massif, le bore est très dur et fragile ; il est donc impossible d'en tirer directement des fils très fins. C'est pourquoi on fabrique les fibres de bore par réduction, sous hydrogène à haute température ($\simeq$ 1100 °C), d'un halogénure de bore (en général, le BCl_3), et par dépôt du bore ainsi obtenu sur un très mince fil de tungstène (section de 10 à 15 μm de diamètre). Le fil de tungstène est chauffé par effet Joule, et il faut en contrôler rigoureusement la température pour obtenir un dépôt de minuscules cristaux de bore (2 à 3 nm de diamètre). Le diamètre de la section des fibres ainsi produites est compris entre 100 et 200 μm. Ces fibres sont extrêmement rigides et résistantes (tabl. 14.5), et leurs propriétés ne sont pas altérées au-dessous de 500 °C. Au delà, il faut leur ajouter un dépôt de carbure de silicium (fibres Borsic), de carbure de bore ou de nitrure de bore ; ces carbures ou nitrures, en effet, créent une barrière de diffusion qui atténue, à haute température, la réactivité importante du bore avec certaines matrices métalliques (Ti, Al).

Aujourd'hui, on produit également de telles fibres par dépôt de bore en phase gazeuse sur un fil de carbone. Leur coût de production est plus faible que celui des fibres présentées ci-dessus, mais leur résistance est moindre ; toutefois, qu'il s'agisse de fibres à âme de tungstène ou à âme de carbone, les fibres de bore restent très onéreuses à produire (plusieurs centaines de dollars le kilogramme). On ne les utilise donc en général que pour certaines applications en aéronautique et en aérospatiale. Plusieurs éléments (longerons, raidisseurs) de la structure de la navette spatiale américaine sont ainsi faits d'un composite à matrice d'aluminium renforcée de fibres continues de bore.

Tableau 14.5 Caractéristiques des fibres métalliques et des fibres de céramique

Caractéristiques	Bore (fibre)	SiC (fibre)	Al_2O_3 (fibre)	SiC* (trichite)	BeO* (trichite)
Module d'Young (GPa)	300 à 420	480	500	840	720
Résistance à la traction (MPa)	3000 à 3700	2300	2000	21 000	6900
Allongement à la rupture (%)	0,7 à 0,9	0,5	0,4	2 à 2,5	0,8
Masse volumique (kg/m^3)	2650	3200	4000	3200	3000
Température maximale d'utilisation (°C)	500 à 700	900	800	1600	1500

* Données relatives à des trichites parfaites (pas d'imperfection en surface) et de faible diamètre ($\leq$ 10 μm).

On peut également utiliser le carbure de silicium, SiC, de la même manière que le bore pour produire des fibres très résistantes (tabl. 14.5). On obtient ces fibres par décomposition d'un silane chloré en phase vapeur (p. ex., le méthyldichlorosilane). Même si le carbure de silicium est mécaniquement stable jusqu'à 1400 °C, sa température maximale d'utilisation comme renfort d'une matrice métallique de titane est limitée à 900 °C (à cause de sa réactivité importante avec le titane au delà de cette température).

On peut également utiliser le carbure de silicium sous forme de particules, semblables aux paillettes de mica. Leurs propriétés mécaniques sont toutefois moins bonnes que celles des fibres (résistance à la traction d'environ 1000 MPa).

On peut produire des fibres monocristallines d'alumine, Al_2O_3, assez fines (section de 250 μm de diamètre), qui font preuve d'excellentes propriétés mécaniques (tabl. 14.5), mais qui sont par contre très sensibles à l'abrasion (création de zones de concentration de contrainte). Toutefois, grâce à la nature de leurs liaisons chimiques, leurs propriétés ne sont pas altérées au-dessous de 800 °C. Leur coût actuel de production est très élevé.

Les *trichites* (en anglais *whiskers*) constituent une des formes de filament les plus prometteuses, en ce qui concerne leur utilisation comme matériaux de renfort. Ces trichites sont en fait des monocristaux filamentaires qu'on obtient, dans des conditions très exigeantes de température et de pression, par décomposition en phase vapeur d'un sel métallique sous atmosphère réductrice. Du fait de leur mode de croissance, ces trichites ne renferment en général qu'une dislocation-vis axiale ; par conséquent, elles possèdent en principe les propriétés mécaniques d'un cristal parfait. Leur longueur peut atteindre quelques millimètres, pour une section dont le diamètre est d'environ quelques micromètres. Leurs faces extérieures, constituées de plans cristallographiques d'indices simples, sont très lisses lorsque le diamètre de leur section est faible, et elles ne présentent pas de zones de concentration de contrainte.

Toutefois, il est très difficile d'obtenir industriellement ces trichites aux propriétés potentiellement intéressantes, car on ne contrôle pas encore suffisamment leurs conditions de croissance pour produire des fibres dont la section ait un diamètre homogène. En effet, dès que ce diamètre croît et atteint quelques micromètres, les faces cristallographiques des trichites ne restent plus lisses : il y a alors formation de marches de croissance au pied desquelles apparaissent des zones de concentration de contrainte (art. 4.1.2), ce qui diminue la résistance des trichites à la traction. La production industrielle des trichites est très onéreuse (supérieure à 1000 $/kg), car il faut trier les fibres obtenues pour sélectionner les plus fines et les plus longues, ce qui fait courir le risque d'un endommagement superficiel des trichites et, par conséquent, d'une altération de leurs propriétés mécaniques. Aujourd'hui, on n'utilise les trichites comme renfort dans des matériaux composites qu'à titre expérimental.

Pour terminer, mentionnons les propriétés intéressantes de certaines fibres métalliques. Par exemple, de fins fils d'acier, fortement écroui par tréfilage, peuvent faire preuve d'une résistance à la traction pouvant atteindre la valeur de $E/100$ (soit $\simeq$ 2100 MPa). On peut donc envisager d'utiliser de telles fibres comme matériau de renfort dans des matériaux composites. Le tungstène et le béryllium sont des métaux qu'on se propose d'employer comme renfort grâce à leurs propriétés intrinsèques intéressantes (tabl. 14.1).

Le problème que posent les fibres ou les trichites de métaux purs découle de leur réactivité plus élevée avec une matrice métallique que celle des fibres de composés intermétalliques ou des fibres d'oxydes (SiC, Al_2O_3, BeO) ; ce fait limite leur utilisation à haute température, car les phénomènes de diffusion qui se produisent alors entraînent soit la formation de composés intermétalliques très fragiles au niveau de l'interface «matrice-renfort», soit une dissolution progressive des fibres dans la matrice. On peut envisager de pallier cet inconvénient en effectuant un dépôt d'une couche de composés plus stables à la surface des fibres, mais ces procédés font augmenter les coûts de production.

14.3 MATRICES

La matrice d'un matériau composite remplit fondamentalement les deux rôles suivants :

- elle assure le transfert adéquat des contraintes mécaniques appliquées au matériau composite. Pour ce faire, elle doit adhérer suffisamment aux fibres afin que ce transfert soit optimal et que les déplacements soient limités. En outre, la matrice ne doit pas être trop rigide, car elle risquerait alors de contrarier le travail des fibres. Enfin, sa ductilité constitue également un paramètre important ;
- elle incorpore les fibres, c'est-à-dire qu'elle permet de fabriquer facilement le matériau composite, et ce au coût le plus faible possible.

Ces exigences, parfois difficilement conciliables, font que le choix des matrices dépend en fait de l'utilisation à laquelle on destine le matériau composite.

14.3.1 Matrices organiques

Les matrices organiques sont faites de matières plastiques ; on peut les subdiviser en matrices thermoplastiques et en matrices thermodurcissables.

Les matrices thermoplastiques sont des polymères à chaîne linéaire, très répandus et peu coûteux (polyéthylène, polystyrène, polyéther cétone), qu'on renforce en général avec des fibres ou des paillettes bon marché (amiante, mica, talc, fibres de cellulose et autres charges renforçantes, art. 12.2.5.2), car le produit final est destiné à des utilisations de grande diffusion.

Pour obtenir des matériaux composites aux performances plus élevées, on utilise en général comme matrices des polymères thermodurcissables, appelés «résines» dans l'industrie des matériaux composites. Il existe plusieurs familles de résines thermodurcissables : les résines de polyester, les résines époxy, les résines phénoliques, les résines polyimides et les résines mélamines.

Résines de polyester. On les associe en général à des fibres de verre, pour obtenir des matériaux composites économiques, à utiliser à la température ambiante.

Résines époxy. Elles possèdent de meilleures propriétés mécaniques, chimiques et électriques que les résines de polyester, mais leur coût est supérieur. Employées à grande échelle en aéronautique, ces résines permettent de fabriquer des matériaux composites dont les propriétés mécaniques sont bonnes et qu'on peut utiliser jusqu'à 150 ou 200 °C.

Résines phénoliques. Leur plasticité est faible et leurs propriétés mécaniques sont relativement médiocres ; toutefois, elles font preuve d'une bonne tenue à chaud (jusqu'à 400 °C).

Résines polyimides. Elles sont onéreuses, mais leurs propriétés ne sont pas altérées au-dessous de 400 °C.

Résines mélamines. Elles ressemblent aux résines phénoliques ; leurs propriétés électriques sont bonnes, et elles sont peu inflammables. Elles résistent bien à l'abrasion et, puisqu'on peut facilement les colorer, on les utilise souvent pour fabriquer des panneaux protecteurs ou décoratifs.

14.3.2 Matrices carbonées

La production d'une matrice de carbone repose sur le même principe que celui utilisé pour fabriquer les fibres de carbone : carbonisation d'une matière organique à haute température. Les matrices de carbone sont constituées de grains de carbone pyrolytique qui se déposent à chaud sur les fibres, ce qui assure une liaison mécanique entre celles-ci et colmate les vides laissés entre elles. On obtient ainsi un matériau composite dont la masse volumique se rapproche de celle du carbone massif. On utilise principalement deux techniques pour fabriquer la matrice, c'est-à-dire pour imprégner les fibres d'un matériau carboné : la voie liquide et la voie gazeuse.

Voie liquide (ou imprégnation en phase liquide). On imprègne les fibres, qui se présentent déjà sous forme tissée ou sous forme de mat, d'un liquide organique qu'on carbonise par la suite. On peut effectuer cette imprégnation à faible ou à moyenne pression (1 à 15 MPa), ou à haute pression et à haute température (100 MPa, 600 °C). On fait suivre cette imprégnation d'un traitement de carbonisation (1000 à 1200 °C), à la pression atmosphérique ou à une plus haute pression (10 à 100 MPa), et même d'un traitement de graphitisation (2500 à 2800 °C), qui favorise la croissance des cristallites de graphite. On répète plusieurs fois (5 à 15) le cycle imprégnation-carbonisation dans le but d'obtenir une bonne densification. Le procédé est long (jusqu'à plusieurs mois), mais il est reproductible et sa mise en oeuvre est assez simple, sauf dans le cas de l'imprégnation et de la carbonisation à haute pression et haute température.

Voie gazeuse (ou dépôt chimique en phase vapeur, DCPV). On craque des hydrocarbures gazeux au contact des fibres, à des températures allant de 900 à 1400 °C, et à des pressions inférieures à la pression atmosphérique.

La qualité de la densification dépend grandement des caractéristiques initiales de l'armature de fibres (porosité, densité moyenne initiale, régularité de la structure). Par rapport à la voie liquide, la voie gazeuse est plus rapide (le procédé prend en général quelques semaines) et plus économique, mais elle est cependant plus difficile à contrôler et moins reproductible.

Le couplage entre les fibres et la matrice dépend du procédé de fabrication utilisé. Lorsqu'elle est obtenue par imprégnation en phase liquide, la matrice a la structure d'un graphite polycristallin isotrope ; l'anisotropie du matériau composite final dépend donc essentiellement de la nature et de la direction des fibres (fig. 14.12a). Par contre, dans le cas du dépôt chimique en phase vapeur, les cristallites de la matrice sont fortement orientées, et leur direction est parallèle à l'axe des fibres (fig. 14.12b). L'anisotropie initiale des fibres est donc renforcée dans le matériau composite final. Toutefois, puisque le coefficient de dilatation linéique du graphite est 15 fois plus élevé dans la direction perpendiculaire aux plans de grande densité (axe *c*) que dans les directions contenues dans ces plans (axes *a*), des contraintes internes apparaissent, qui peuvent s'opposer à la liaison entre les fibres et la matrice. Tout traitement thermique, y compris ceux appliqués au cours de la fabrication du matériau composite, risque alors d'affaiblir les liaisons entre les fibres et la matrice et d'entraîner leur décollement ainsi que des délaminations. En contrôlant le diamètre de la section des fibres et l'épaisseur de la matrice qu'on y dépose, on peut toutefois éviter ces effets et même obtenir des propriétés mécaniques très élevées.

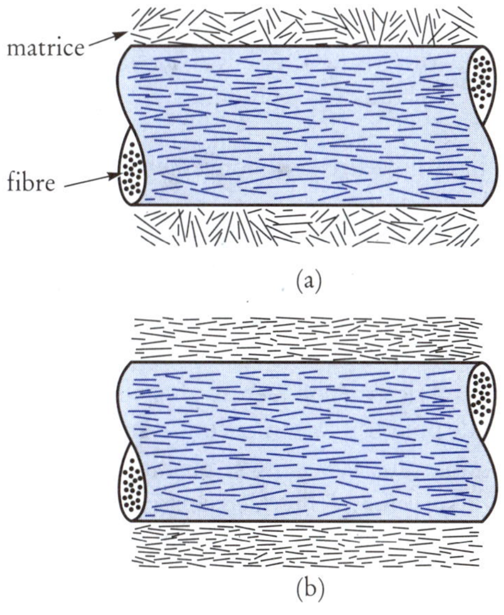

Figure 14.12 Représentation schématique de l'orientation des cristallites de carbone dans la fibre et dans la matrice : a) matériau composite carbone-carbone obtenu par imprégnation en phase liquide ; b) matériau composite carbone-carbone obtenu par dépôt chimique en phase vapeur.

14.3.3 Matrices métalliques

La température maximale d'utilisation des polymères étant peu élevée, et le carbone risquant de s'oxyder à plus de 500 °C, il faut parfois envisager d'utiliser des matrices dont l'inertie chimique est meilleure à plus haute température. Puisque certains métaux ou alliages métalliques peuvent éventuellement satisfaire à cette exigence, on fait aujourd'hui d'importants efforts de recherche et de développement dans cette voie.

Par rapport à une matrice polymérique, une matrice métallique présente en effet les avantages particuliers suivants.

- Sa ductilité et ses propriétés mécaniques supérieures améliorent les propriétés mécaniques du matériau composite, en particulier dans les directions qui s'écartent de celles des fibres de renfort.
- Par ailleurs, ces propriétés mécaniques supérieures améliorent la rigidité et la limite d'élasticité du matériau composite.
- Sa résistance à l'attaque de certains solvants est plus élevée, et la gamme de ses températures d'utilisation plus vaste, si bien que le domaine d'utilisation du matériau composite est élargi.
- Pour certaines utilisations, sa meilleure conductibilité thermique et sa meilleure conductibilité électrique constituent un atout non négligeable.
- Puisque le problème des assemblages découle souvent de difficultés rencontrées au niveau des interfaces (soudage, brasage, collage, etc.), une matrice métallique offre des avantages importants, car il est plus facile d'y appliquer ces techniques.

Une matrice métallique présente par contre les inconvénients suivants.

- La courbe de traction des matériaux composites à matrice métallique présente une discontinuité lorsque la limite d'élasticité de la matrice est atteinte ; par conséquent, au delà de la valeur de la contrainte critique, leur domaine élastique est en fait le même que celui qu'on obtiendrait avec un polymère renforcé ; le comportement du matériau composite n'est donc pas parfaitement élastique.
- La masse volumique d'une matrice métallique est plus élevée que celle d'un polymère, ce qui entraîne une augmentation de poids du matériau composite.
- À cause de la réactivité possible plus élevée qui se produit entre la matrice et le renfort (solubilité), des problèmes peuvent survenir à l'interface «matrice-renfort» ; il peut en effet s'y former des composés intermétalliques fragiles, qui conduisent à une interface à faible cohésion et, par conséquent, à un mauvais transfert des contraintes de la matrice au renfort, ou il y a apparition de microfissures qui engendrent des zones de concentration de contrainte dans les fibres et entraînent la rupture de celles-ci sous des charges plus faibles.
- Cette réactivité potentiellement plus élevée rétrécit en outre la gamme des températures d'utilisation du matériau composite, car les fibres peuvent progressivement réagir avec la matrice, à haute température (c'est le cas de la silice dans l'aluminium, par exemple).
- En dernier lieu, les matériaux composites à matrice métallique sont en général plus difficiles à fabriquer que ceux à matrice polymérique ; ils sont donc plus coûteux.

Dans le cadre de cet ouvrage, nous nous contenterons de présenter brièvement quelques matériaux composites à matrice métallique qui ont déjà dépassé le stade de la recherche et qui ont atteint celui du développement, voire parfois celui de l'utilisation industrielle. Nous les classerons, à titre d'exemple, selon les procédés de fabrication utilisés : fonderie, coextrusion, laminage, imprégnation en phase liquide, dépôt chimique en phase vapeur ou électroplacage de la matrice, et solidification dirigée.

Fonderie. À première vue, l'idée d'incorporer le renfort solide à la matrice à l'état liquide est très attirante de par sa simplicité. Toutefois, cette technique est restreinte aux renforts se présentant sous forme de fibres courtes (en particulier, des trichites) ou de particules (diamètre moyen entre 5 et 50 μm). De plus, certaines difficultés se posent dans ces techniques de fonderie ; rappelons tout d'abord que la matrice et le renfort n'ont pas la même masse volumique, avec comme conséquence le fait que les particules de renfort décantent (ou surnagent) dans la matrice liquide. Pour pallier ce problème qui conduirait à une distribution inhomogène du renfort dans la matrice liquide, on peut brasser constamment le mélange «matrice-renfort solide», avec toutefois le risque d'entraîner une réaction chimique trop prononcée entre la matrice et le renfort au cours du temps. En deuxième lieu, la solidification de la matrice se fait par croissance de dendrites solides (art. 5.4.3). Ces dendrites solides repoussent les particules de renfort dans le liquide interdendritique et, en fin de solidification, ces particules, localisées dans les espaces interdendritiques, n'ont plus une distribution homogène dans le composite (fig. 14.13a). Pour remédier à cette ségrégation interdendritique, on a mis au point la technique de *rhéocoulée*, qui consiste à laisser la matrice se refroidir jusqu'à une température située au milieu de son intervalle de solidification (art. 5.2.2), température à laquelle elle se trouve approximativement mi-liquide, mi-solide. On brasse le mélange «matrice-renfort», ce qui a pour effet de mieux disperser les particules de renfort et de briser les dendrites. Ce mélange pâteux est alors coulé dans un moule, soit par gravité, soit sous pression. Le composite obtenu présente ainsi une distribution plus homogène des particules de renfort et une structure dendritique plus fine, ce qui améliore ses propriétés mécaniques. Dans le cas de lingots traditionnels de fonderie, on peut obtenir une certaine redistribution des particules de renfort en utilisant les techniques classiques de laminage ou d'extrusion à chaud pour obtenir des demi-produits. Toutefois, les particules de renfort ont tendance à s'aligner selon les lignes d'écoulement plastique de la matrice ductile, conférant ainsi aux produits une certaine anisotropie des propriétés (fig. 14.13b).

Au cours des deux dernières décennies, d'importants développements ont produit des composites à matrice métallique renforcée de particules par des techniques de fonderie. Ces efforts de développement ont surtout porté sur des matrices d'aluminium renforcées de particules d'alumine (Al_2O_3) ou de carbure de silicium (SiC), ou par des trichites (SiC, Si_3N_4). De tels composites entrent aujourd'hui dans la fabrication, par exemple, des axes de transmission de camionnette et d'objets d'applications récréatives (tête de bâton de golf, cadre de vélo). On a également mis au point des prototypes de disques de frein pour les automobiles (fig. 14.13c) ; ils présentent l'avantage d'être plus légers que les disques de frein traditionnels faits en fonte et d'offrir une excellente tenue à l'abrasion de par la grande dureté des particules de renfort (Al_2O_3 ou SiC) qui sont des abrasifs. Leur généralisation dans l'industrie automobile ne saurait tarder.

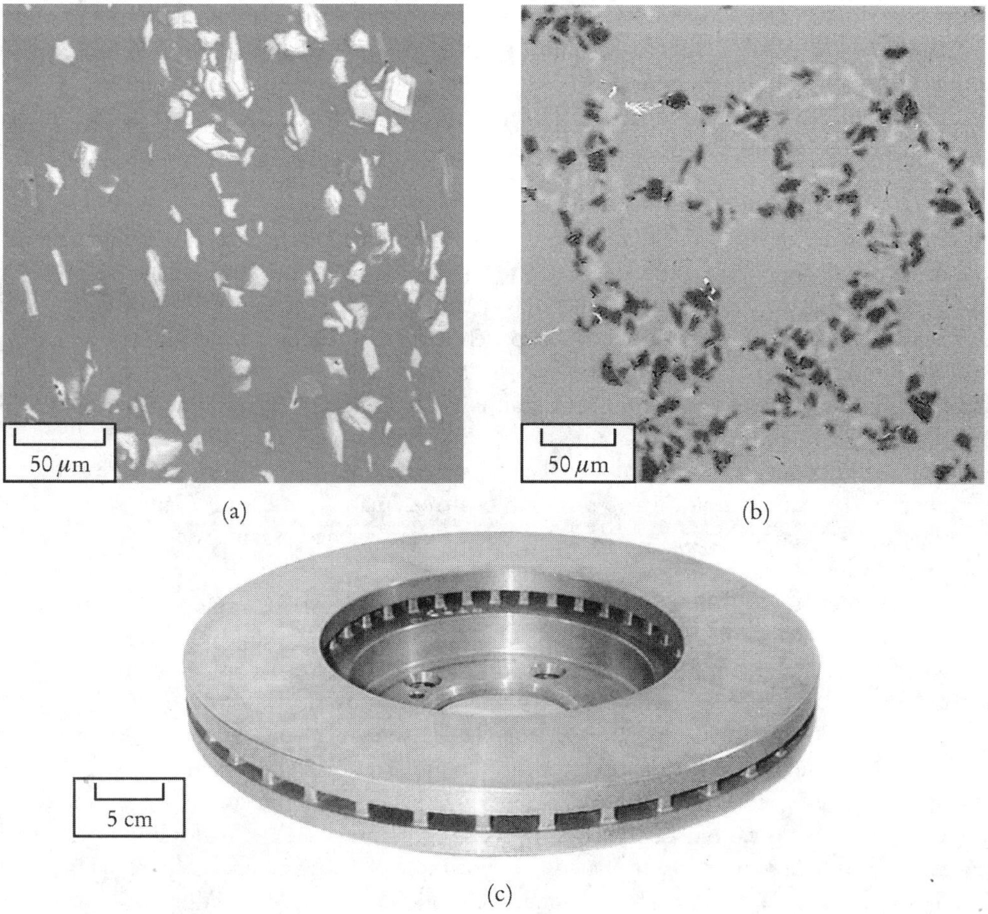

Figure 14.13 a) Alliage d'aluminium de corroyage 6061 renforcé de particules d'alumine (Al_2O_3) apparaissant en clair. L'extrusion de l'alliage a conduit à une certaine directionnalité de la distribution des particules de renfort. b) Alliage d'aluminium de fonderie 356.0 renforcé de particules de carbure de silicium (SiC) apparaissant en sombre. On notera la ségrégation interdendritique des particules. c) Prototype de frein à disque fait en composite «alliage d'aluminium-particules de SiC».

Co-extrusion. Lorsque les degrés de ductilité de la matrice et des fibres sont semblables, on peut envisager d'extruder celles-ci simultanément. Toutefois, les fibres étant le plus souvent fragiles, on peut difficilement les déformer plastiquement, même à chaud. Il existe cependant certains oxydes ductiles à chaud ; c'est pourquoi on a pu produire des matériaux composites à matrice de niobium ou de tantale, et à fibres de magnésie (MgO), d'oxyde de thorium (ThO_2) ou d'oxyde de zirconium (ZrO_2). Même si leur résistance n'est pas tellement plus élevée que celle du métal de la matrice, ils sont cependant plus rigides et plus légers.

Laminage. On lamine les fibres, dont la section a en général un diamètre assez élevé (quelques dixièmes de millimètre, dans le cas de fibres de bore), «en sandwich» entre deux feuilles métalliques qui constituent la matrice. On peut ajouter par la suite plusieurs couches successives ainsi laminées, et le ruban obtenu peut servir à fabriquer des produits plus épais, par bobinage et par frittage ultérieur.

Imprégnation en phase liquide. On introduit la matrice métallique, en phase liquide, dans le réseau de fibres ou de trichites, préalablement alignées, ou présentées tissées ou sous forme de mat. On ne peut pas utiliser cette méthode lorsque la matrice et les fibres réagissent chimiquement entre elles ; par ailleurs, la «mouillabilité» entre les fibres et la matrice doit être satisfaisante si on veut obtenir une bonne adhérence à leurs interfaces. On produit ainsi des matériaux composites avec des matrices d'argent ou d'aluminium et des trichites de saphir préalablement recouvertes de nickel ou d'un composé nickel-chrome. On peut ainsi introduire des fibres de carbone dans des matrices d'alliages d'aluminium (Al-12 % Si). Un placage préliminaire des fibres (avec du nickel, dans le cas des fibres de carbone) réduit la réactivité éventuelle entre la matrice et les fibres, ce qui permet d'obtenir une meilleure adhérence. Les fibres défilent dans le bain liquide et en ressortent par une filière. On obtient ainsi des fils dont la section a un diamètre de l'ordre de quelques millimètres, et qu'on compacte ensuite à chaud.

Il existe une variante de cette méthode, dans laquelle on projette par plasma un brouillard de gouttelettes de métal liquide sur les fibres. Le matériau ainsi obtenu, qui se présente sous la forme d'un ruban, est très poreux ; il faut donc fritter ensemble plusieurs rubans pour obtenir des pièces compactes de dimensions acceptables. La rapidité avec laquelle les gouttelettes de plasma se solidifient sur les fibres réduit le temps de réaction à chaud entre les fibres et la matrice liquide.

Dépôt chimique en phase vapeur (DCVP), ou électroplacage de la matrice. On dépose la matrice sur les fibres soit par dépôt en phase vapeur d'un composé, soit par électroplacage. On a ainsi pu déposer de l'aluminium et du nickel, par DCVP, sur des fibres de carbone. On peut employer l'électroplacage avec des solutions organiques de sels d'aluminium, ou avec des solutions aqueuses de cuivre ou de nickel ; on fritte ensuite à chaud les fibres ainsi recouvertes de matrice. Ce procédé permet une meilleure pénétration de la matrice entre les fibres, ce qu'on ne peut pas toujours réaliser avec l'imprégnation en phase liquide ; dans ce cas, en effet, pour des raisons économiques et mécaniques, on ne peut pas traiter les fibres individuellement, et il faut par conséquent utiliser des faisceaux ou des torons de fibres.

Solidification dirigée. Le diagramme d'équilibre de nombreux alliages métalliques présente un point eutectique ; sur le plan morphologique, ces composés eutectiques sont bien souvent constitués d'un assemblage de lamelles ou de fibres d'un composé intermétallique rigide, fragile et potentiellement très résistant, noyées dans une matrice plus ductile. Dans le cas des aciers au carbone à l'état normalisé, on pourrait en fait considérer que la perlite est constituée d'une matrice de ferrite peu résistante, peu rigide et ductile, et de lamelles de cémentite plus rigide, plus résistante, mais fragile. On peut tirer parti de la formation de tels eutectiques pour produire des matériaux composites, par exemple, par une solidification directionnelle. Il faut pour cela contrôler adéquatement la germination et la croissance des lamelles ou des fibres, au moment de la solidification du composé eutectique, afin qu'elles s'alignent selon une direction principale. Pour ce faire, on contrôle la solidification du liquide eutectique placé dans un moule vertical ayant une seule grande dimension et dont on refroidit une extrémité ; la croissance des lamelles ou des fibres se produit ainsi dans la direction du gradient de température. On retire ensuite progressivement le moule du four, à une vitesse contrôlée, ce qui permet d'obtenir un alignement uniforme des lamelles ou des fibres dans l'ensemble du moule. On obtient ainsi des matériaux composites dits intrinsèques ou *in situ*. On peut appliquer ce procédé non seulement à des alliages binaires, mais également à des alliages ternaires ou quaternaires dont le diagramme d'équilibre présente un point eutectique. On l'utilise notamment pour fabriquer des aubes de réacteurs en aéronautique, à partir d'alliages métalliques réfractaires (en général à base de nickel ou de cobalt).

14.3.4 Matrices céramiques

Grâce à leurs propriétés intrinsèques (caractère réfractaire, rigidité, résistance et bonne stabilité chimique), les céramiques sont potentiellement des matériaux capables de bien jouer le rôle de matrices dans des matériaux composites ; dans ce cas, les fibres de renfort ont principalement pour but d'améliorer la ténacité de telles matrices, ainsi que leur résistance aux chocs thermiques. Les techniques d'incorporation des fibres de renfort aux céramiques doivent tenir compte des procédés de fabrication spécifiques à celles-ci (en particulier, le frittage). On extrude la matrice (sous forme de poudres), qui contient un liant, et les fibres alignées dans une filière. Le liant durcit, ce qui permet d'assurer une cohésion suffisante de l'extrudat, ainsi que sa manipulation. On fritte ensuite cet extrudat à haute température.

En ce qui concerne les céramiques vitreuses, on peut réaliser l'incorporation des fibres par imprégnation en phase liquide (comme pour les matrices métalliques). On peut également obtenir des matériaux composites *in situ* par solidification dirigée : matrices de zirconium, d'oxyde d'hafnium ou d'uranium contenant des précipités filamentaires de tungstène, ou matrices de Cr_2O_3 ou de $(Cr, Al)_2O_3$ contenant des précipités filamentaires de chrome ou de molybdène. Enfin, on peut fabriquer des matériaux composites *in situ* en faisant réagir des fibres de carbone avec du silicium ; on obtient ainsi des matériaux composites à fibres de SiC. On imprègne ces fibres de silicium en phase liquide. On peut également appliquer ce procédé à des matériaux composites à matrice de nitrure de silicium : on dépose, par plasma, le silicium sur les fibres (tungstène, carbure de silicium ou carbone recouvert préalablement d'une couche de carbure de silicium) et on le soumet par la suite à un traitement sous azote, vers 1450 °C. La nitruration du silicium se produit avec une augmentation de volume qui favorise la densification du matériau composite.

L'amélioration considérable de la ténacité des matrices céramiques constitue une des conséquences les plus spectaculaires de leur renfort. Que les fibres de renfort soient ductiles ou fragiles, cette amélioration est d'autant plus importante que la fraction volumique, (V_f), des fibres croît. Les fibres ductiles courtes (Mo, Ni) exercent une influence notable sur la ténacité de la matrice $(Al_2O_3$, MgO), même lorsque leur fraction volumique est faible. Par contre, pour obtenir le même effet avec des fibres longues et fragiles alignées, il faut que leur fraction volumique soit élevée $(V_f \geq 0{,}3)$.

L'idée directrice en ce qui a trait à l'amélioration de la ténacité des céramiques est d'ajouter d'autres mécanismes dissipatifs d'énergie au mécanisme intrinsèque de rupture de la matrice qui requiert de dépenser une certaine énergie de surface (art. 4.3.2). Pour y arriver, on peut faire appel aux mécanismes suivants (fig. 14.14), en utilisant par exemple des fibres courtes (SiC ou Si_3N_4) :

- la décohésion d'interfaces «matrice-renfort», qui nécessite de dépenser une certaine énergie – certes faible – de décohésion de l'interface, mais qui conduit surtout à diminuer la concentration locale de contrainte en tête de fissure (fig. 4.39). De plus, cette décohésion de l'interface «matrice-renfort» entraîne de nombreuses bifurcations de la fissure principale, donc la création d'une surface de rupture plus grande ;
- le pontage des deux surfaces de la fissure par les fibres de renfort ;
- l'arrachement des fibres de renfort de la matrice qui requiert aussi une énergie supplémentaire à dépenser.

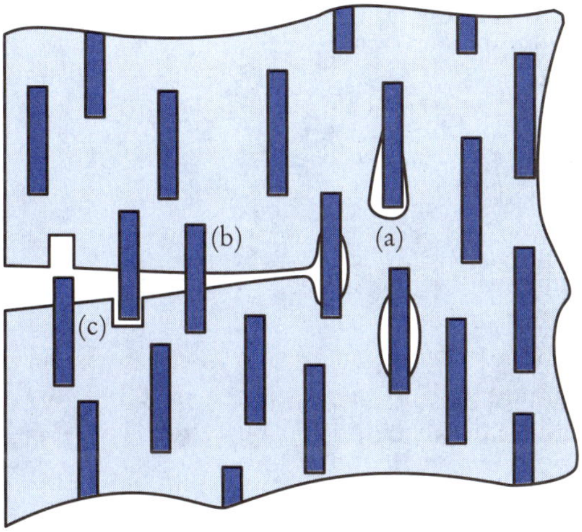

Figure 14.14 Principe de l'amélioration de la ténacité d'une céramique : a) décohésion «matrice-renfort» avec diminution de la concentration locale des contraintes ; b) pontage des surfaces de la fissure ; c) arrachement des fibres de renfort de la matrice.

Pour les matériaux composites à matrice céramique, la règle des mélanges relative à la rigidité et à la résistance (équat. 14.2 et 14.3) est rarement vérifiée – en effet, les valeurs expérimentales de E_c et de R_c sont bien souvent inférieures à celles qu'on prédit à partir de ces équations –, alors que cette règle se vérifie en général pour les matériaux composites à matrices polymérique, carbonée ou métallique. Ce phénomène est dû au fait que, dans les matériaux composites à matrice céramique, la cohésion de l'interface «matrice-renfort» est faible et que, par conséquent, le transfert des contraintes de la matrice aux fibres est loin d'être parfait. Cette faible cohésion est généralement imputable à la trop grande différence qui existe entre les coefficients de dilatation thermique de la matrice et des fibres. En effet, les valeurs de ces coefficients sont des paramètres importants dont il faut tenir compte dans tout procédé de fabrication d'un matériau composite, car certaines des étapes de sa fabrication font appel à des cycles thermiques. Une trop grande différence entre ces coefficients de dilatation engendre, au moment du chauffage ou du refroidissement, des contraintes thermiques qui entraînent parfois la rupture de l'interface «matrice-renfort». Le tableau 14.6 donne les valeurs des coefficients de dilatation linéique de plusieurs matériaux qu'on utilise soit comme matrices, soit comme fibres.

Tableau 14.6 Coefficient de dilatation linéique de quelques constituants des matériaux composites

Matériau	**Coefficient de dilatation** (10^{-6} °C^{-1})
Aluminium	23,9
Béryllium	12,4
Bore	8,3
Cobalt	12,3
Molybdène	5,0
Nickel	13,3
Tungstène	4,3
Alumine	6,5
Amiante	9,2
Carbone	8,0*
Aramide	59,0*
Carbure de silicium	4,8
Verre E	15,5
Verre S	8,9

* Dans le sens radial de la fibre. Dans le sens axial, ce coefficient est égal, respectivement, à 0,5 et à -2 pour le carbone et l'aramide.

14.3.5 Ciment, béton et plâtre

On peut améliorer considérablement les propriétés mécaniques de certains matériaux traditionnels et de grande diffusion, comme le ciment et le plâtre, par l'introduction de fibres dans la matrice (la constitution du ciment et ses caractéristiques essentielles ont été décrites à la section 13.7).

La résistance à la traction du ciment lui-même est d'environ 7 MPa. Les mélanges ciment-sable (mortier) font preuve d'une résistance à la traction d'environ 5,5 MPa (pour 50 % de sable), alors que celle des mélanges ciment-granulats rocheux (béton) n'est en général que de 3,5 MPa.

Toutefois, la présence de sable ou de granulats accroît la rigidité du mélange sans diminuer pour autant sa résistance à la compression (tabl. 14.7).

Tableau 14.7 Propriétés mécaniques du ciment

Addition ou renfort fibreux	Fraction volumique (%)	Résistance mécanique			Ténacité (kJ/m²)	Module d'Young (GPa)
		traction (MPa)	flexion (MPa)	compression (MPa)		
Sans addition	0	7	13	52	0,1	20
Sable (mortier)	50	5,5	10	50	0,1	30
Granulats (béton)	50	3,5	7	50	0,1	50
Acier (fils)	2	-	12	60	20	55
Amiante	9 à 12	18	32	73	2	-
Fibres de verre	6	19	50	52	18	-
Kevlar	1,9	16	44	-	17	-

Pour remédier à la faible résistance du béton à la traction, on y introduit, au moment de la coulée, des tiges d'acier ; on obtient ainsi le béton armé, fréquemment utilisé de nos jours.

On peut en outre introduire des fibres dans le ciment ; on obtient alors un matériau composite comme l'amiante-ciment, qu'on utilise souvent pour fabriquer des tuyaux ou des panneaux ondulés. Le tableau 14.7 donne certaines valeurs des propriétés mécaniques de quelques matériaux composites, valeurs obtenues grâce à l'introduction de plusieurs renforts filamentaires dans le ciment (acier, amiante, verre et Kevlar). Pour ces matériaux composites, la règle des mélanges est en général bien vérifiée lorsque la fraction volumique de fibres reste faible.

Le *plâtre*, autre matériau de construction de grande diffusion, fait preuve d'une résistance mécanique trop faible par rapport à celle du ciment pour qu'on l'utilise dans des structures portantes. On rencontre deux variétés de plâtre : le plâtre à base de chaux et le plâtre de Paris.

Plâtre à base de chaux (hydroxyde de calcium). Lorsqu'on le mélange à l'eau, on peut appliquer ce plâtre en couches minces. Il réagit alors avec le gaz carbonique ambiant pour former une couche dure de carbonate de calcium.

Plâtre de Paris. On obtient ce plâtre par déshydratation du gypse, $CaSO_4{\cdot}H_2O$: ce dernier est converti, par chauffage à 170 °C, en $CaSO_4{\cdot}1/2H_2O$. Lorsqu'on mélange la poudre déshydratée à l'eau, il y a de nouveau formation de cristaux de gypse, ce qui permet d'obtenir un matériau solide. Aujourd'hui, on utilise notamment le plâtre de Paris pour fabriquer des panneaux de gypse, qui servent à la construction de cloisons non portantes qu'on fixe par clouage ou vissage sur des structures de bois ou d'acier. On peut renforcer le plâtre avec des fibres d'amiante ou de verre. Dans ce dernier cas, pour une fraction volumique, V_f, de 6 % de fibres, les résistances du matériau à la traction, à la flexion et à la compression peuvent atteindre respectivement 18 MPa, 35 MPa et 40 MPa, tandis que sa ténacité atteint 50 kJ/m^2 (par rapport à 2 kJ/m^2 en l'absence de fibres).

14.4 PROPRIÉTÉS COMPARÉES DES MATÉRIAUX COMPOSITES ET DES MÉTAUX

Les matériaux composites, qui constituent une nouvelle classe de matériaux, sont entrés sérieusement en compétition avec certains matériaux plus traditionnels comme les métaux. On peut donc bien souvent remplacer ces derniers par des matériaux composites ; toutefois, l'ère des métaux n'est pas pour autant sur le déclin, car, avant de les remplacer par de nouveaux matériaux, il faut tenir compte des aspects suivants, qui dépendent du type d'utilisation auquel on destine le matériau :

- propriétés mécaniques intrinsèques (rigidité, résistance, ténacité, tenue en fatigue) ;
- propriétés mécaniques spécifiques (rigidité, résistance, ténacité, tenue en fatigue, par unité de masse volumique) ;
- coûts directs (coûts de production) et coûts indirects (coûts d'exploitation de la structure fabriquée : par exemple, gain réalisé sur la consommation de carburant grâce à l'utilisation d'un véhicule allégé) ;
- tenue du matériau dans un environnement hostile et à des températures élevées.

Il faut en outre déterminer si la compétition concerne des produits de grande diffusion et peu coûteux (p. ex., carters ou pare-chocs d'automobile) ou des produits coûteux et fabriqués en petite série (p. ex., en aéronautique).

En ce qui concerne les produits de grande diffusion, on peut remplacer les alliages de zinc ou d'aluminium ainsi que les aciers ordinaires par des matériaux composites à matrices thermoplastique ou thermodurcissable et à fibres peu coûteuses (comme le verre). Dans ce cas, en effet, les propriétés mécaniques de la pièce ne constituent pas, en général, les critères prépondérants ; il faut plutôt considérer ici la facilité de fabrication de la pièce, les coûts directs de sa production, son aspect esthétique, la facilité de son entretien, sa résistance à la dégradation à des températures voisines de la température ambiante et, parfois, le gain de poids à réaliser.

Les exemples de ces remplacements sont extrêmement nombreux, et on en rencontre dans les domaines les plus variés : petite mécanique (boîtiers, engrenages), électroménager, industrie des jouets, ameublement, équipements de sports et de loisirs (raquettes de tennis, canots, voiliers, etc.), canalisations, industrie automobile, etc.

Dans le cas particulier de l'automobile, on peut aujourd'hui en fabriquer plusieurs parties avec des matériaux composites (pare-chocs, finition intérieure, calandre, etc.), mais le jour est encore loin où la majorité de ses pièces seront faites de matériaux composites, car l'aspect économique du remplacement est ici un facteur important à prendre en compte. En effet, lorsqu'il s'agit de fabriquer des éléments de structure d'une automobile (châssis, carrosserie autoportante et arbres de transmission) avec des matériaux composites à hautes performances (matrice polymérique et fibres d'aramide ou de carbone), le gain réalisé sur la consommation de carburant est évalué à environ 1 $/kg, alors que le coût de ces mêmes matériaux composites est de 40 à 200 $/kg! Le changement s'avère donc peu rentable dans ce cas. Toutefois, on est aujourd'hui sur le point de remplacer l'acier par des matériaux composites pour fabriquer certains éléments comme les ressorts à lames ou à boudins et les arbres de transmission, en particulier dans les camions. En effet, un ressort à lames de camion en acier pèse environ 60 kg, alors qu'il ne pèse que 13 kg lorsqu'on le fabrique en carbone-époxy.

Les matériaux composites à hautes performances (carbone-carbone, carbone-époxy, aramide-époxy, bore-aluminium, carbure de bore ou de silicium-aluminium) s'avèrent par contre des concurrents très sérieux des métaux dans les domaines de l'aéronautique et de l'aérospatiale. La figure 14.15 donne les ordres de grandeur de la résistance à la traction, R_m, et de la résistance spécifique à la traction, R_m/ρ (où ρ est la masse volumique du matériau) de plusieurs matériaux métalliques et composites qu'on utilise fréquemment dans les industries aéronautique et aérospatiale. On constate que la résistance spécifique des matériaux composites unidirectionnels est nettement supérieure à celle des matériaux métalliques.

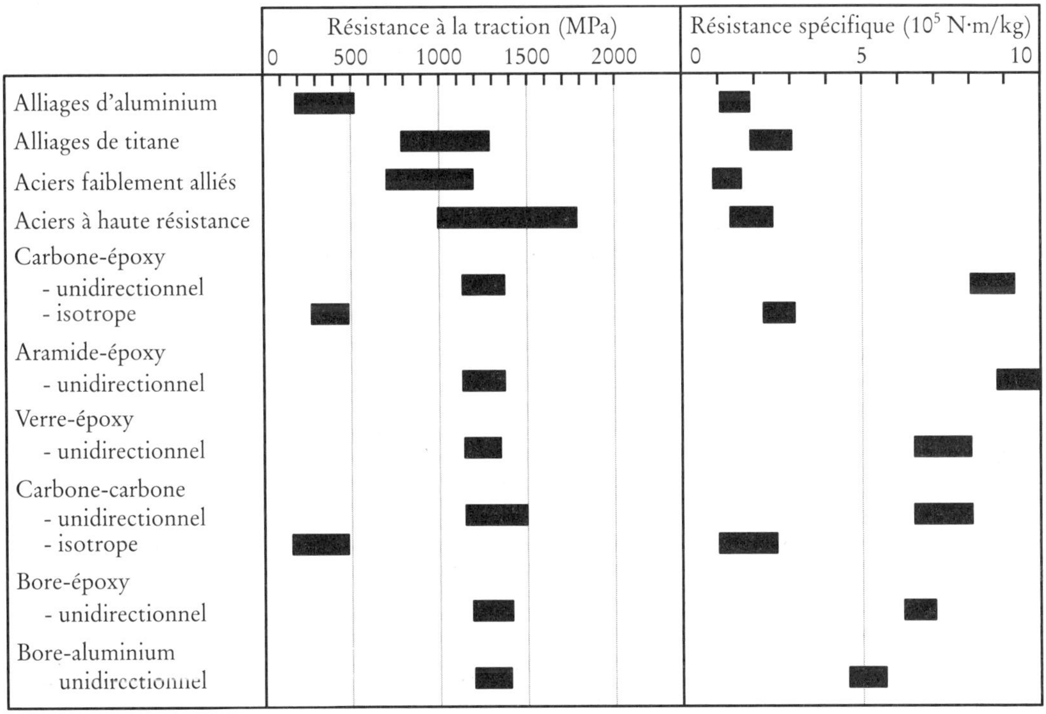

Figure 14.15 Résistance à la traction R_m et résistance spécifique R_m/ρ (ρ : masse volumique en kilogrammes par mètre cube) de plusieurs matériaux métalliques et composites utilisés dans l'industrie aéronautique et aérospatiale.

La figure 14.16, quant à elle, donne les valeurs de la résistance à la fatigue, σ_f, et de la résistance spécifique à la fatigue, σ_f/ρ, de certains de ces matériaux. Là encore, la résistance spécifique des matériaux composites est plus élevée que celle des matériaux métalliques. Soulignons toutefois que les mécanismes de rupture par fatigue des matériaux composites sont beaucoup plus complexes que ceux des métaux, en particulier pour les matériaux composites unidirectionnels à forte anisotropie. Toujours en ce qui concerne la résistance à la fatigue, le fait que, pour les matériaux composites, le rapport de la limite de fatigue (à 10^7 cycles) à la résistance à la traction soit voisin de 0,9, alors qu'il est compris entre 0,35 et 0,50 pour les matériaux métalliques, constitue un autre atout en faveur des matériaux composites.

Enfin, la ténacité des matériaux composites à hautes performances se compare avantageusement à celle des métaux ; en effet, lorsqu'on calcule le rapport K_{IC}/R_m, où K_{IC} (MPa $\sqrt{m}$) est le facteur critique d'intensité de contrainte qui caractérise la ténacité d'un matériau (art. 4.3.6) et R_m (MPa) sa résistance à la traction, on obtient des valeurs voisines de 0,1 pour le carbone-époxy isotrope (matériau composite), alors que ces valeurs varient de 0,04 à 0,07 pour les matériaux métalliques. Ces valeurs sont valables pour des épaisseurs supérieures à 25 mm (état de déformations planes). Pour des épaisseurs plus faibles, la plus grande ductilité des métaux fait que leur ténacité par unité d'épaisseur est supérieure à celle des matériaux composites. Les figures 14.15 et 14.16 révèlent que, pour des utilisations qui exigent des performances élevées, le gain de poids réalisé par le recours à des matériaux composites à hautes performances est très rentable (300 à 500 $/kg, en aéronautique), par rapport au coût direct de remplacement des matériaux métalliques (40 à 100 $/kg).

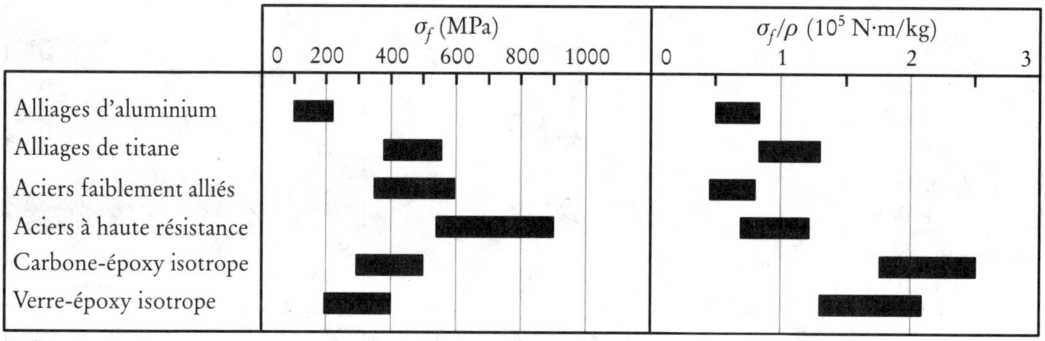

Figure 14.16 Limite de fatigue σ_f (à 10^7 cycles) et limite de fatigue spécifique σ_f/ρ de quelques matériaux utilisés en aéronautique et en aérospatiale (la limite de fatigue a été mesurée sur des éprouvettes lisses).

La figure 14.17 montre quelques pièces d'un avion commercial moderne, réalisées en matériaux composites, et la figure 14.18 illustre l'évolution dans le temps, pour des hélicoptères, du pourcentage de la masse à vide réalisée en matériaux composites. Dans le cas des hélicoptères, les matériaux composites servent aujourd'hui à fabriquer des pièces variées, y compris des pièces vitales (pales, moyeu de rotor, empennage horizontal).

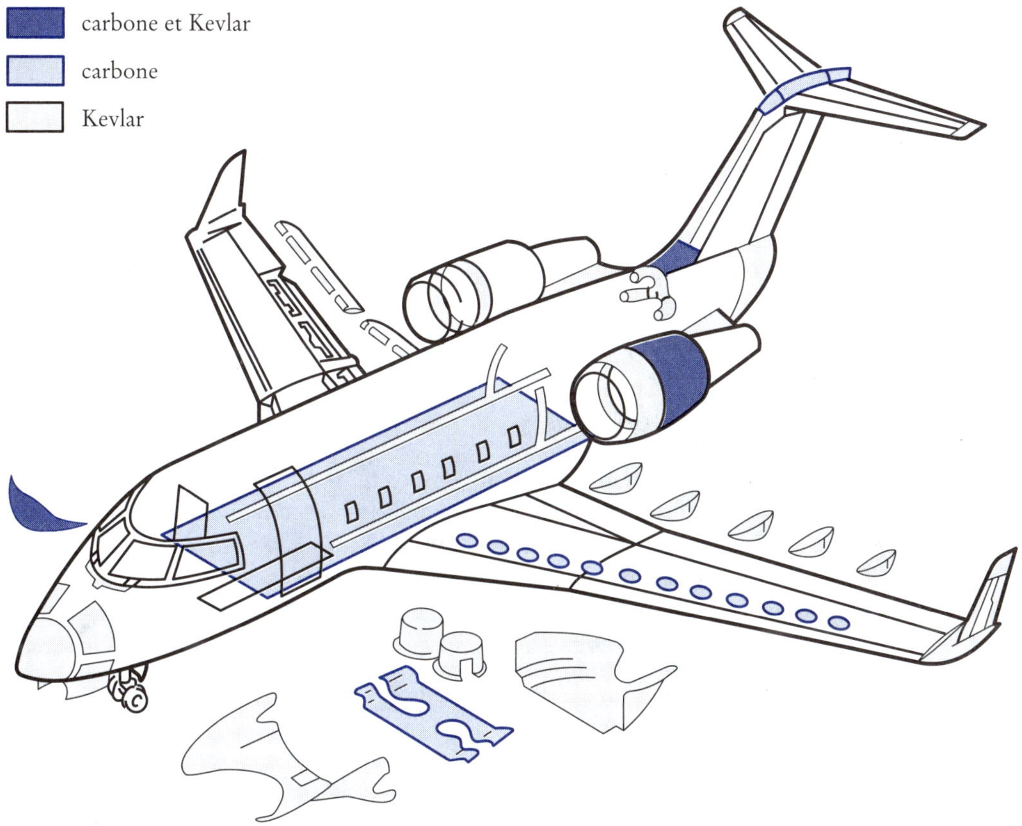

Figure 14.17 Quelques utilisations des matériaux composites dans un avion commercial moderne, le *Challenger* de Canadair. (*D'après un document de Canadair ; reproduction autorisée.*)

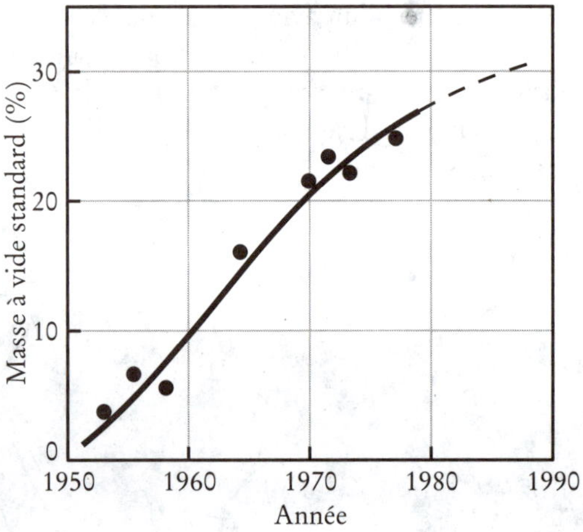

Figure 14.18 Évolution, au cours des années, du pourcentage de la masse à vide standard réalisée en matériau composite dans les divers modèles d'hélicoptères du constructeur français SNIAS.

14.5 BOIS ET BOIS MODIFIÉS

Le bois, matériau naturel, est un véritable matériau composite. Il est en effet formé de fibres de *cellulose*, longues chaînes moléculaires partiellement cristallisées, et d'une matrice constituée de *lignine* et d'*hémicellulose*, composés amorphes. Comme c'est le cas pour tous les matériaux naturels, les propriétés du bois varient considérablement d'une essence à l'autre – et on trouve plusieurs milliers d'espèces d'arbres différentes. De plus, à l'intérieur d'une même espèce, ces propriétés varient en fonction des conditions climatiques, de la nature des sols, de la vitesse de croissance des arbres, etc. On distingue en général les résineux (bois mous) des feuillus (bois durs). Le tableau 14.8 donne quelques valeurs caractéristiques des propriétés de diverses essences de bois.

Puisque le bois est un matériau fortement anisotrope, ses propriétés varient considérablement selon les directions considérées : il est ainsi très résistant (davantage en tension qu'en compression) dans la direction du grain (direction longitudinale), mais il l'est peu dans les directions perpendiculaires à celle-ci (directions radiale et tangentielle). Le bois est par ailleurs très sensible à l'humidité ; un changement du taux d'humidité entraîne des modifications de ses dimensions et de ses propriétés mécaniques. En outre, les dimensions des pièces de bois de sciage et de bois d'œuvre sont limitées par celles de l'arbre d'où on les tire. Pour pallier ces difficultés, on modifie le bois brut afin d'obtenir des produits de grandes dimensions et dont les propriétés sont améliorées : poutres lamellées-collées, contre-plaqués, panneaux de particules, panneaux de fibres, pour ne mentionner que quelques produits de l'industrie forestière.

Tableau 14.8 Caractéristiques moyennes* de bois résineux et feuillus

Espèces	Masse volumique (t/m^3)	Module d'Young (//) (GPa)	Résistance mécanique					
			tension (//) (MPa)	tension (⊥) (MPa)	flexion (MPa)	compression (//) (MPa)	compression (⊥) (MPa)	cisaillement (//) (MPa)
Résineux								
Cèdre blanc	0,30	4,8	60	1,7	42	28	2,7	6,9
Cèdre rouge	0,31	8,0	65	1,5	54	30	3,4	5,6
Épinette (épicéa)	0,40	10,5	90	2,4	70	38	4,3	8,6
Sapin baumier	0,34	9,6	88	1,2	59	34	3,2	6,3
Pin blanc	0,35	9,4	100	2,1	66	37	3,4	6,1
Pin douglas	0,45	13,6	130	2,6	88	49	6,0	9,5
Feuillus								
Bouleau	0,60	13,9	165	6,4	114	56	6,7	13,0
Chêne blanc	0,64	12,3	150	5,5	108	53	7,4	13,8
Érable à sucre	0,60	12,6	180	4,8	110	54	10,0	16,0
Frêne	0,58	12	175	6,0	105	51	8,5	13,2
Peuplier	0,37	11,5	120	3,5	70	37	2,9	6,1

* Les valeurs sont données pour un taux d'humidité de 12 %. Les valeurs des propriétés mécaniques sont données dans le sens des fibres (//) et dans une direction perpendiculaire aux fibres (⊥).

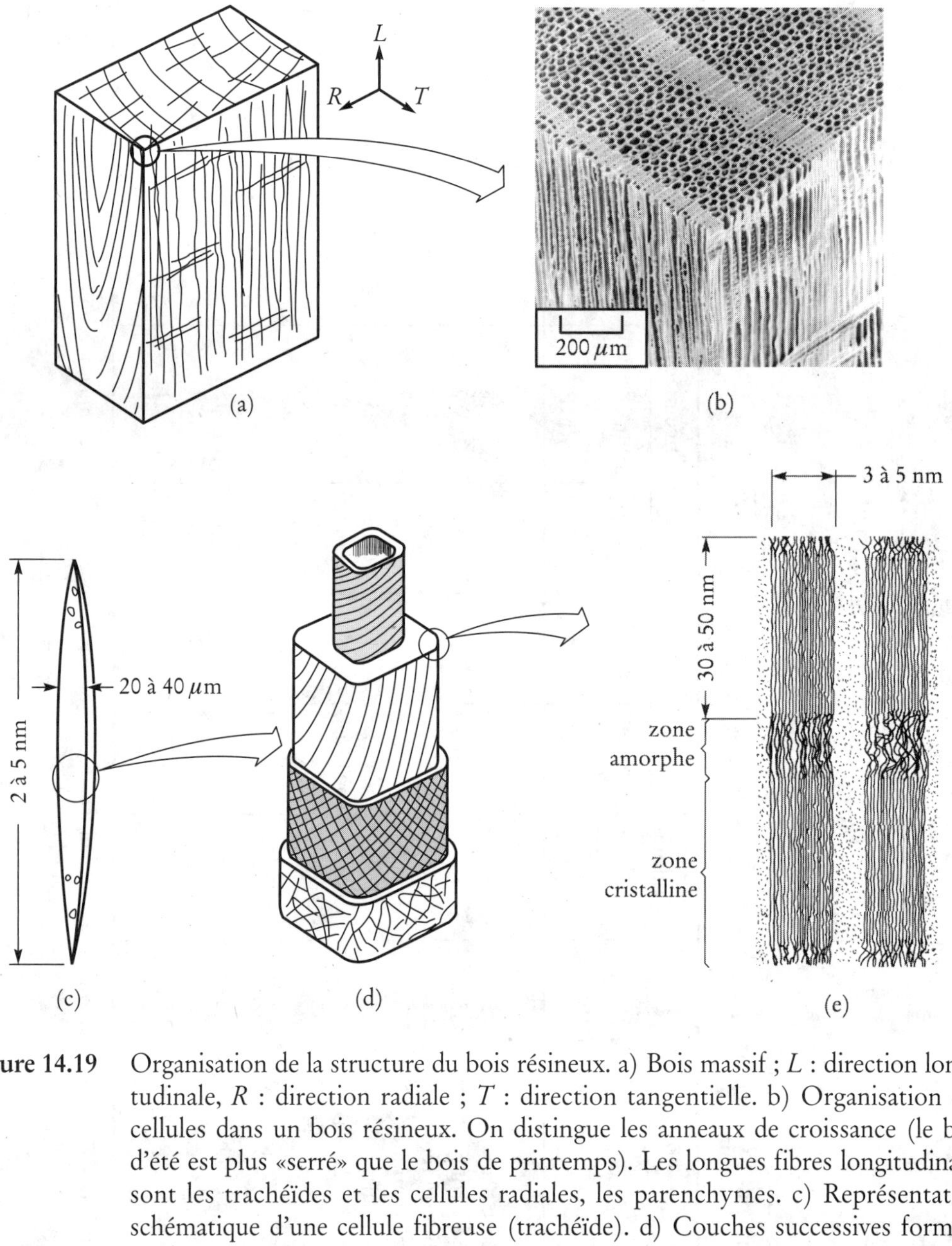

Figure 14.19 Organisation de la structure du bois résineux. a) Bois massif ; L : direction longitudinale, R : direction radiale ; T : direction tangentielle. b) Organisation des cellules dans un bois résineux. On distingue les anneaux de croissance (le bois d'été est plus «serré» que le bois de printemps). Les longues fibres longitudinales sont les trachéïdes et les cellules radiales, les parenchymes. c) Représentation schématique d'une cellule fibreuse (trachéïde). d) Couches successives formant les fibres : l'orientation des fibrilles des diverses couches est indiquée. e) Représentation schématique des fibrilles élémentaires partiellement cristallisées : entre ces fibrilles, la matrice est constituée de lignine et d'hémicellulose.

14.5.1 Structure du bois

La figure 14.19 montre les divers niveaux d'organisation de la structure d'un bois résineux. Le bois est principalement formé d'un tissu de soutien constitué de fibres ou de cellules allongées disposées dans le sens longitudinal ; outre leur rôle de soutien mécanique, ces fibres – les *trachéïdes* – permettent la conduction des éléments nutritifs. Les liaisons entre les trachéïdes sont assurées par les cellules de *parenchyme radiales* (tissu rayonnant). Les trachéïdes se présentent en couches successives dans lesquelles l'orientation des microfibrilles est constante (fig. 14.19d). Les microfibrilles elles-mêmes sont constituées de fibrilles élémentaires, chaînes de cellulose semi-cristallines (fig. 12.24). Les liaisons entre ces diverses unités (fibrilles élémentaires, microfibrilles et trachéïdes) sont assurées par la lignine et par l'hémicellulose, lesquelles constituent en fait la matrice de ce matériau composite qu'est le bois. La proportion de cellulose dans les divers bois feuillus et résineux est toujours à peu près constante (de 40 à 45 %).

L'organisation structurale du bois des feuillus est différente de celle des résineux : les fibres qui forment le tissu de soutien n'y assurent pas la conduction des éléments nutritifs ; ce rôle y est rempli par le tissu vasculaire, constitué de grosses cellules orientées dans le sens longitudinal et parfois visibles à l'oeil nu (chêne et hêtre). On y retrouve également des parenchymes longitudinaux et radiaux (fig. 14.20). Toutefois, l'organisation structurale microscopique des bois des feuillus est semblable à celle des bois des résineux.

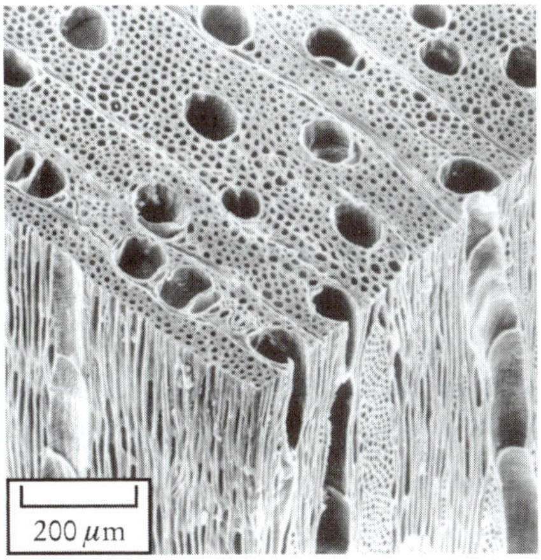

Figure 14.20 Organisation des cellules du bois d'un feuillu (érable).

14.5.2 Comportement du bois sous contrainte

Puisque l'anisotropie du bois est très marquée, le comportement de ce matériau dépend de la direction (fig. 14.19a) selon laquelle on applique une charge : direction du grain (direction longitudinale) ou directions perpendiculaires à celle-ci (directions radiale et tangentielle). C'est dans la direction longitudinale que la valeur de la résistance du bois à la traction est maximale ; la valeur de sa limite d'élasticité (limite de proportionnalité) est environ deux fois plus faible que celle de sa résistance à la traction. Toujours selon cette direction, la résistance des résineux à la traction est d'environ 100 MPa ; la rupture ne se produit par conséquent qu'après une faible déformation plastique. Par contre, dans la direction radiale, la résistance à la traction n'est plus que d'environ 5,3 MPa, et elle est de 3,5 MPa dans la direction tangentielle ; dans ces deux cas, des déformations importantes, dues à la déformation de la section des fibres, se produisent alors. C'est également dans la direction longitudinale que la valeur du module d'élasticité est la plus élevée ; elle est par contre de 10 à 20 fois plus faible dans les deux autres directions.

Le bois est nettement moins résistant en compression qu'en tension. Dans la direction longitudinale, la valeur de sa résistance à la compression est environ deux fois plus faible que celle de sa résistance à la traction ; quand la valeur de la contrainte appliquée atteint celle de la limite d'élasticité, les fibres sont soumises à un flambage, et la déformation plastique qui en résulte peut être importante. Une compression appliquée dans les deux autres directions entraîne, même pour des contraintes relativement faibles (de l'ordre de 4 MPa, pour les résineux) un écrasement des trachéïdes. La figure 14.21 illustre, pour le pin, la différence entre ses comportements en traction et en compression.

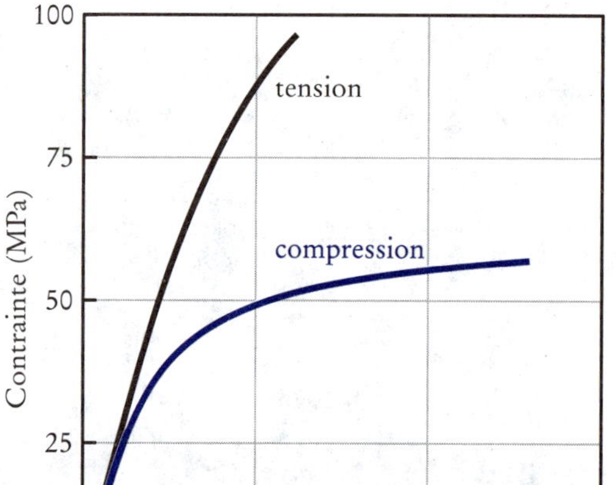

Figure 14.21 Courbes contrainte-déformation du pin, en traction et en compression ; les contraintes sont parallèles au grain (sens longitudinal).

Les propriétés mécaniques du bois varient considérablement en fonction de plusieurs facteurs, le principal étant l'espèce considérée (le tableau 14.9 donne, pour plusieurs espèces, certaines valeurs caractéristiques). On remarque que, en général, ces propriétés mécaniques sont fonction de la masse volumique du bois ; plus la proportion de cellulose est importante, plus cette masse est élevée (la masse volumique de la cellulose est en effet de 1540 kg/m^3). À l'intérieur d'une même espèce, les propriétés mécaniques du bois peuvent par ailleurs varier de façon notable ; ce phénomène peut être dû, comme nous l'avons signalé précédemment, à des différences de vitesses de croissance, mais également à des défauts (noeuds, fibres non parallèles, fentes, etc.). Toutefois, le principal facteur qui modifie la tenue du bois est son taux d'humidité.

Tableau 14.9 Pourcentages moyens de variations dimensionnelles du bois*

Type de bois	Direction		
	L	*R*	*T*
Résineux	0,01	0,1	0,2
Feuillus	0,01	0,12	0,25

* Pour une variation de 1 % du taux d'humidité, selon les directions longitudinale (L), radiale (R) et tangentielle (T).

14.5.3 Influence de l'humidité

Le bois est un matériau hygroscopique : au cours du temps, il s'établit un équilibre entre le taux d'humidité de l'air et celui du bois. Le taux d'humidité du bois vert est très élevé (souvent plus de 100 %) ; l'eau y est présente à l'état libre, dans les cavités des cellules, et à l'état adsorbé. Au cours du séchage, l'eau à l'état libre s'évapore la première : elle est complètement éliminée lorsque le taux d'humidité atteint des valeurs comprises entre 25 et 30 % (point de saturation des fibres). Les parois des cellules sont alors saturées, ainsi que l'hémicellulose et les zones amorphes de la cellulose des fibrilles élémentaires. Lorsqu'on continue le séchage, la quantité d'eau à l'état adsorbé diminue, ce qui entraîne une contraction du bois, les liaisons hydrogène entre les molécules devenant plus intenses ; les propriétés mécaniques du bois en sont par conséquent modifiées.

Toutefois, toutes les propriétés mécaniques du bois ne sont pas affectées de la même façon par son taux d'humidité ; en effet, un abaissement de ce taux d'humidité exerce en général un effet défavorable sur la ténacité du bois (celui-ci devient «sec»), alors qu'il améliore les autres propriétés, à partir du point de saturation des fibres. Ainsi, pour une diminution de 1 % du taux d'humidité, la valeur du module d'Young augmente d'environ 2 % et celle de la résistance mécanique (en tension ou en compression), de 4 à 5 %.

Au cours du séchage, les changements de dimensions du bois peuvent être importants, principalement dans les directions tangentielle et radiale (tabl. 14.9). Lorsqu'on sèche le bois au four, le séchage ne doit pas être trop rapide ; en effet, puisque la surface sèche plus vite que le coeur, elle se contracte, ce qui peut entraîner des distorsions ou la formation de fentes. Ces mêmes défauts peuvent également apparaître en cours d'utilisation, lorsque le taux d'humidité du bois varie de façon importante. Ainsi, lorsque le taux d'humidité relative de l'air ambiant varie de 40 à 90 %, par exemple, celui du bois varie de 8 à 20 %, ce qui entraîne une dilatation tangentielle d'environ 3 %. C'est ce qui explique les craquements qu'on entend parfois dans les constructions en bois ou dans les combles des maisons dites hantées.

14.5.4 Bois modifiés

À l'heure actuelle, la majeure partie de la production forestière ne sert plus à faire du bois de sciage, mais plutôt à fabriquer des produits dérivés du bois. En effet, on ne peut obtenir du bois de sciage que dans des dimensions limitées par celles des arbres à partir desquels on le débite. Par ailleurs, comme nous l'avons déjà vu, les propriétés du bois sont très variables ; en outre, son anisotropie marquée affecte non seulement ses propriétés mécaniques, mais également les changements de dimensions qui accompagnent les variations souvent inévitables du taux d'humidité. La production de bois modifiés ou reconstitués vise les buts suivants :

- l'obtention de matériaux aux propriétés constantes et isotropes ;
- la fabrication de pièces de grandes dimensions (poutres ou panneaux, par exemple) ;
- l'utilisation d'arbres de dimensions plus petites ;
- l'exploitation d'une proportion plus importante des arbres abattus et des résidus de l'industrie du bois.

Dans le présent article, nous étudierons quelques produits dérivés du bois massif (lamellés-collés, contre-plaqués, panneaux de particules et panneaux de fibre), mais nous ne traiterons pas du papier.

14.5.4.1 Lamellés-collés

La fabrication de lamellés-collés constitue la façon la plus simple d'atténuer les effets dus aux défauts du bois et d'obtenir des éléments de structure de dimensions et de portée importantes, et de formes variées. On obtient ces produits en collant ensemble des éléments de taille réduite (fig. 14.22), et on fait en sorte que les grains de tous les éléments soit parallèles. Le produit final peut être droit ou cintré. On utilise les produits lamellés-collés dans les domaines les plus divers : raquettes de tennis, skis, coques de bateaux de plaisance, structures de bâtiments, etc.

Les colles qu'on emploie pour la fabrication de ces produits sont en général des résines thermodurcissables (urée formaldéhyde, mélamine-formaldéhyde ou phénol-formaldéhyde) ; les résines phénoliques sont celles qui résistent le mieux à l'eau et à l'humidité.

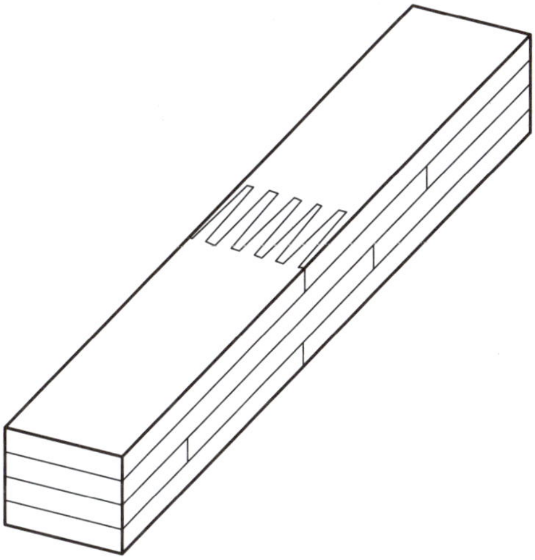

Figure 14.22 Représentation schématique d'une poutre lamellée-collée.

14.5.4.2 Contre-plaqués

On obtient les contre-plaqués en collant ensemble de grandes feuilles de bois (plis) obtenues par déroulage de grumes. On colle chaque pli de telle sorte que ses fibres fassent un angle droit avec celles du pli précédent. Le nombre de plis doit toujours être impair, de façon que le système soit équilibré de chaque côté du pli central. Les contre-plaqués offrent les avantages suivants : leurs propriétés sont identiques dans toutes les directions contenues dans le plan du panneau, et ils sont peu sujets à des changements de dimensions. La qualité des contre-plaqués dépend des essences utilisées, de la colle et du fini des surfaces.

14.5.4.3 Panneaux de particules

On fabrique les panneaux de particules à partir de déchets provenant des industries du bois de sciage et du contre-plaqué. Alors que ces industries n'exploitent guère plus de 50 % du volume de bois abattu, l'utilisation de leurs déchets permet d'accroître ce pourcentage jusqu'à environ 90 %. Les particules utilisées doivent être plus longues qu'épaisses (dans le sens des fibres). Après séchage, on enduit ces particules d'une résine thermodurcissable et on fabrique les panneaux par pressage à chaud.

14.5.4.4 Panneaux de fibres

Pour fabriquer des panneaux de fibres, on utilise des éléments qui sont encore plus finement divisés que dans les procédés décrits ci-dessus ; on exploite en effet directement les fibres du bois (les trachéïdes individuelles ou quelques trachéïdes regroupées) qu'on sépare les unes des autres soit par voie mécanique, soit par voie chimique. Le liant qui retient les fibres entre elles provient souvent de la lignine, car ce composé se comporte comme une résine thermoplastique.

Lorsqu'on utilise une presse à chaud, il se forme directement, entre les fibres, des ponts hydrogène, comme dans le papier. On peut en outre ajouter des résines thermodurcissables pour améliorer les propriétés générales du produit ou sa résistance à l'humidité. La masse volumique des divers types de panneaux de fibres varie considérablement. On utilise les panneaux de fibres de faible masse volumique (0,15 à 0,25 t/m^3) dans le domaine du bâtiment, pour obtenir une bonne isolation thermique et phonique, et les panneaux de fibres de masse volumique supérieure (jusqu'à 1,03 t/m^3 ; ces panneaux sont connus sous les noms de «masonite» ou d'«isorel») dans l'industrie du meuble et de la construction.

Chapitre 15

CHOIX DES MATÉRIAUX

Il y a quelque 1900 ans, Épictète, philosophe d'origine grecque vivant à Rome, écrivait, au chapitre 6 du deuxième livre de ses Discours : «*Les matériaux sont indifférents mais l'emploi qui en est fait n'est pas sujet d'indifférence.*» Cette citation devrait inspirer tout ingénieur qui, au cours de sa carrière, est souvent appelé à choisir des matériaux qui doivent remplir une fonction bien précise. Pour effectuer ce choix, qui ne peut être arbitraire, l'ingénieur se base sur l'évaluation des propriétés des matériaux et sur leur prix de revient. En fait, ce choix est un compromis, car on peut toujours trouver plusieurs solutions acceptables à divers degrés.

Au Paléolithique et au Néolithique, l'Homme, qui ne disposait que de quelques matériaux pour fabriquer ses outils, adopta le silex : ses propriétés étaient supérieures à celles des autres pierres et il y en avait en abondance. Aujourd'hui, le choix d'un matériau s'avère plus difficile, car il y en a une variété quasi infinie ; on recense, en effet, des centaines de nuances d'aciers et des milliers de matières plastiques, pour ne citer que ces deux types de matériaux. Au cours de la mise au point d'un produit nouveau, ou pendant le déroulement d'une étude visant à améliorer un produit déjà existant, il faut choisir de façon rationnelle les matériaux à utiliser en tenant compte de tous les facteurs possibles : disponibilité, prix des matières premières, coût des méthodes de fabrication, propriétés, incidence sur l'environnement physique et social, etc. En fait, le succès ou l'échec de la mise en marché reposent souvent sur le choix des matériaux.

15.1 RAISONS DU CHOIX

L'ingénieur ou le bureau d'études doivent effectuer un choix de matériaux dans deux cas distincts, qui exercent chacun une influence sur les méthodes à employer et sur les possibilités étudiées. Dans un premier cas, c'est la création d'un nouveau produit qui constitue l'objectif essentiel, et ce à toutes les étapes ; dans un second cas, c'est la substitution d'un matériau à un autre, dans un produit déjà existant, qui prime.

La fabrication d'un nouveau produit comporte plusieurs étapes au cours desquelles le choix des matériaux intervient : étude du concept et détermination des fonctions et des exigences ; mise au point du prototype ; étude de la production ; fabrication ; contrôle de la qualité.

Qu'il s'agisse de la fabrication d'un produit entièrement nouveau ou de la réalisation, par un fabricant, d'un produit nouveau pour lui, ces étapes sont généralement les mêmes.

Au tout début, en vue de satisfaire à un besoin ou à un impératif, quelqu'un émet une idée. Il faut alors étudier les possibilités de matérialiser cette idée en un produit qui remplisse les fonctions auxquelles on le destine. On entreprend donc une étude de faisabilité pour déterminer si, avec les matériaux existants et disponibles, on peut réaliser concrètement l'idée sous sa forme originelle. On en arrive ainsi à éliminer plusieurs types de matériaux, pour n'en retenir que quelques-uns. Parfois, cette étape sert d'amorce au développement de matériaux nouveaux.

Après quoi, pendant la mise au point et la construction d'un prototype, on rétrécit davantage encore la variété des matériaux retenus au départ, en évaluant leur comportement en service et en tenant compte des facteurs technologiques associés à chacun d'eux.

Ensuite, au cours de l'étude de la production, il faut réaliser les dessins du produit et de ses composantes, et faire un choix de matériaux en fonction des modes de fabrication et de production prévus. À cette étape, on doit souvent apporter des modifications concernant les premiers choix effectués afin de respecter l'équipement disponible et les coûts de production.

Enfin, au stade de la fabrication, on est encore bien souvent obligé de repenser le choix des matériaux, car des problèmes imprévus peuvent surgir : par exemple, des difficultés d'assemblage par soudage peuvent contraindre à abandonner le premier choix et même entraîner une révision des décisions prises aux étapes précédentes.

Même si, en général, on effectue le premier choix des matériaux au cours de la conception et de la mise au point d'un nouveau produit, comme nous venons de le décrire, il arrive très souvent qu'on doive également faire un tel choix à propos des produits déjà existants. Les raisons qui peuvent motiver le remplacement d'un matériau par un autre sont multiples ; on peut cependant en distinguer trois principales : le désir de réduire les coûts ; la volonté d'améliorer le produit ; la nécessité de satisfaire à des exigences nouvelles.

Réduction des coûts (coût des matières premières, coûts de fabrication et de production, coût de l'énergie). Si, pour réduire les coûts, on décide de fabriquer une pièce par assemblage mécanosoudé plutôt que par fonderie, cela implique nécessairement le choix de nouveaux matériaux. Ces divers coûts dépendent d'ailleurs souvent les uns des autres : le coût de l'énergie exerce en effet une influence directe sur le coût des matières premières et sur celui de la fabrication.

Amélioration du produit. On sait par exemple que, pour diminuer la consommation d'essence des automobiles, on cherche surtout à réduire leur masse. Dans cette optique, on s'efforce de trouver des matériaux de remplacement plus légers que les matériaux traditionnels : on remplace ainsi l'acier et les alliages de zinc coulés sous pression par des alliages d'aluminium et des matières plastiques. La figure 15.1 illustre graphiquement l'accroissement de l'utilisation des matières plastiques dans l'industrie automobile durant la période 1940-1980.

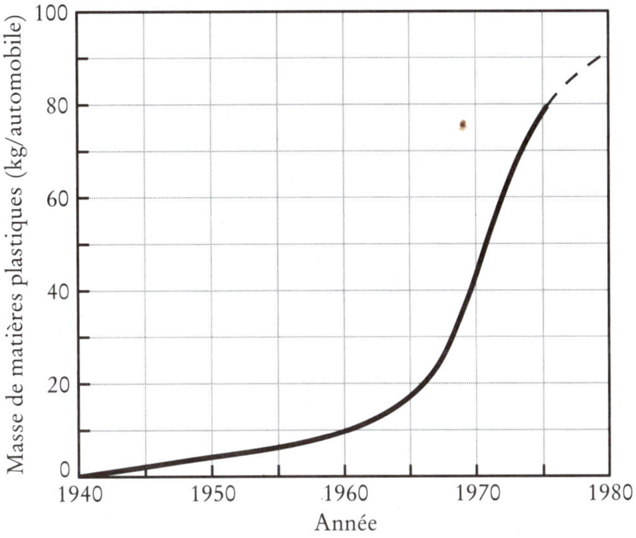

Figure 15.1 Accroissement de l'utilisation des matières plastiques dans l'industrie automobile (1940-1980).

Par ailleurs, on s'emploie souvent à améliorer un produit déjà existant en cherchant à augmenter sa fiabilité et sa longévité. Pour y parvenir, on recourt à l'analyse systématique des ruptures et des défaillances en service, analyse qui constitue toujours un instrument de choix. Le meilleur laboratoire d'essai d'un produit demeure toujours son utilisation normale ; il est en effet bien souvent impossible d'évaluer, par calculs ou par déduction, le comportement en service d'un matériau et d'un produit dans toutes leurs conditions d'utilisation (contraintes, fatigue, chocs, environnement, température, etc.). Il faut par conséquent mettre à profit la rupture ou la défaillance de l'une ou l'autre des composantes d'un produit pour en modifier soit le design, soit les procédés de fabrication, soit le matériau lui-même.

Exigences nouvelles (changement de fonction ou modification des conditions d'utilisation initialement prévues). La décision d'installer des pipelines dans le Grand Nord canadien a entraîné la mise au point et la fabrication de nuances d'aciers dont la température de transition ductile-fragile est inférieure aux températures minimales qu'on rencontre dans ces régions et qui peuvent atteindre -50 °C.

Un autre exemple d'exigences totalement nouvelles est celui du bouclier thermique des navettes spatiales. Lorsqu'en 1969, la NASA a lancé son programme de navettes spatiales réutilisables, il a fallu immédiatement concevoir une «peau» protectrice permettant une entrée sans dommage de la navette dans l'atmosphère terrestre. Tous les points de la navette ne sont pas soumis aux mêmes températures extrêmes au cours d'une telle entrée dans l'atmosphère : les points les plus chauds, tels que le nez de la navette et le bord d'attaque de sa queue, peuvent atteindre 1500 °C ; le bord d'attaque et les extrémités des ailes sont portés à 1300 °C, alors que la température maximale de certaines parties moins exposées du fuselage ou des ailes ne dépasse guère 320 °C. Voilà qui révèle l'ampleur du défi technologique qu'ont dû relever les ingénieurs spécialistes des matériaux. Au-delà de l'exigence primordiale, qui était d'assurer une isolation thermique adéquate de la structure de la navette faite d'alliages d'aluminium dont la température ne peut dépasser 175 °C, il fallait aussi faire en sorte que le revêtement ait une faible masse volumique et adhère solidement à la structure d'aluminium de la navette.

On conviendra aisément que satisfaire simultanément toutes ces exigences n'est pas chose facile : selon les diverses parties à protéger, il a fallu recourir à plusieurs types de matériaux pour constituer le bouclier thermique. La recherche des solutions optimales à ce défi technologique a pris plus de temps que prévu et il fallut attendre 1981 pour voir décoller la première navette Columbia[1].

15.2 ÉVALUATION DES BESOINS

Quand on a suffisamment bien défini le concept de départ, ou quand on connaît les problèmes posés par un matériau donné, il faut, dans le but d'effectuer un choix rationnel, procéder à l'évaluation des besoins, car il s'agit là d'une étape essentielle. Cette évaluation doit être détaillée au maximum. Pour remplir une fonction donnée, un matériau doit pouvoir satisfaire à quatre types d'exigences : les exigences fonctionnelles, technologiques, économiques et sociales.

15.2.1 Exigences fonctionnelles

Dans le choix d'un matériau, le principal critère est son degré de satisfaction des conditions d'utilisation auxquelles on le destine (par exemple, contraintes, température et environnement auxquels il sera soumis). Le matériau devra en outre satisfaire à ces conditions pendant une durée minimale et avec des risques de défaillance aussi limités que possible.

L'ensemble des conditions reliées au fonctionnement constitue les *exigences fonctionnelles*. Il n'est pas toujours possible d'évaluer quantitativement les conditions d'utilisation et de fonctionnement d'un matériau ni les propriétés recherchées. Cependant, il faut toujours tenter de comparer ces propriétés aux propriétés mécaniques, chimiques ou physiques des matériaux de base bien connus. C'est uniquement en agissant de la sorte qu'on peut s'assurer de faire un choix valable.

Dans des cas de sollicitation mécanique relativement simples, des notions élémentaires de résistance des matériaux (RdM) permettent de déterminer aisément le paramètre important à considérer pour une application donnée. Le tableau 15.1 donne ce paramètre pour les cas fréquents de pièces soumises en service à la flexion, à la torsion, à la compression ou à la pression et que

1. Le lecteur intéressé par ce sujet peut consulter l'article suivant : L. J. Korb, C. A. Morant, R. M. Calland et C. S. Thatcher, «The Shuttle Orbiter Thermal Protection System», *Ceramic Bulletin*, n° 11, nov. 1981, p. 1188.

l'on veut le plus légères possible. Ce tableau prend en compte deux exigences différentes : selon la première, la pièce en service ne doit pas se déformer plastiquement ($\sigma < R_e$, cas des matériaux ductiles) ou se rompre ($\sigma < R_m$, cas des matériaux fragiles) ; selon la deuxième, une déformation élastique maximale déduite de la loi de Hooke est imposée à la pièce.

Tableau 15.1 Indice de performance de quelques éléments de structure en fonction de leur mode de chargement

Type de structure (mode de chargement)	Indice de performance, *P*	
	Résistance mécanique	Déformation imposée
Parallélépipède (flexion)	$R_e^{1/2}/\rho$	$E^{1/3}/\rho$
Cylindre (torsion)	$R_e^{2/3}/\rho$	$G^{1/2}/\rho$
Cylindre (compression)	–	$E^{1/2}/\rho$
Récipient cylindrique (pression)	R_e/ρ	–

R_e : limite d'élasticité ; E : module d'Young ; G : module de cisaillement ; ρ : masse volumique.

Les exigences apparaissant au tableau 15.1 ($R_e^{1/2}/\rho$, $G^{1/2}/\rho$, etc.) représentent l'*indice de performance P* du matériau pour le cas de sollicitation mécanique étudié. Pour procéder au choix du matériau adéquat selon un type de sollicitation donné, on fait aujourd'hui fréquemment appel à la méthodologie développée par *Ashby*, qui a proposé d'utiliser des diagrammes semblables à ceux qui apparaissent à la figure 15.2 (cas où la contrainte σ ne doit pas dépasser R_e ou R_{mcomp}) et à la figure 15.3 (cas où une déformation élastique maximale ne peut être dépassée).

Pour illustrer l'application que l'on peut faire de la figure 15.2, prenons l'exemple d'un cas où les exigences fonctionnelles requièrent que la contrainte minimale σ imposée au matériau soit au moins égale à 100 MPa et que la masse volumique ρ de celui-ci reste inférieure à 3 t/m^3. Sur la figure 15.2, il est possible de délimiter une fenêtre qui satisfait à ces critères de choix ; seuls resteront disponibles les composites laminés à matrice polymère, les verres et certaines céramiques ainsi que les alliages d'aluminium et de magnésium, tous les autres matériaux étant exclus de ce choix en vertu des critères de sélection composés.

La figure 15.3 représente la variation du module d'Young du matériau en fonction de la masse volumique de ce dernier. Cette figure est utile pour sélectionner les matériaux à qui une déformation élastique maximale est imposée dans une application donnée (colonne de droite du tableau 15.1).

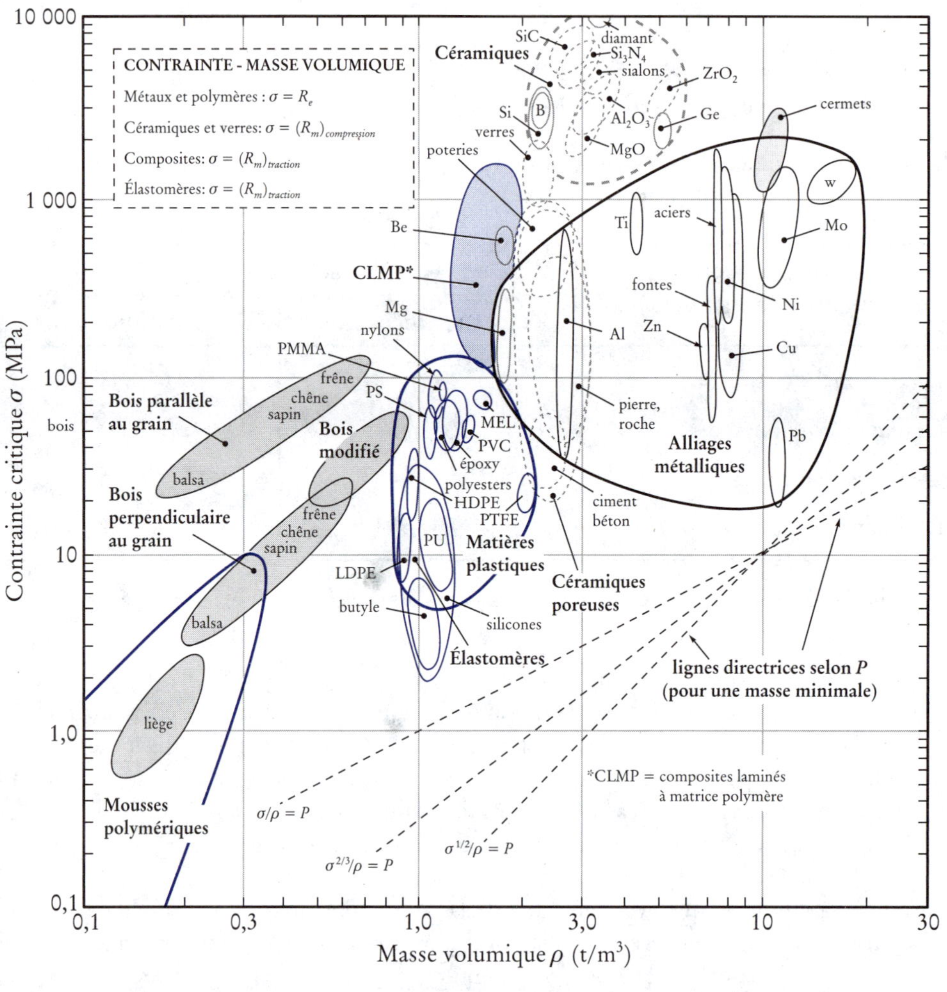

Figure 15.2 Diagramme d'Ashby donnant la contrainte maximale tolérable σ (R_e ou R_{mcomp}) en fonction de la masse volumique ρ du matériau (adapté de *Materials Selection in Mechanical Design*, M. F. Ashby, Pergamon Press, 1993, reproduction autorisée).

À l'aide de la figure 15.3, il est possible de procéder à une première sélection des matériaux satisfaisant par exemple aux critères suivants : E > 100 GPa et $3 \leq \rho \leq 8$ t/m³. Ces critères permettent de définir une fenêtre où seuls apparaissent la plupart des céramiques, les aciers et les alliages de nickel et de titane – à la rigueur ceux de cuivre – et quelques composites laminés à matrice polymère (CLMP).

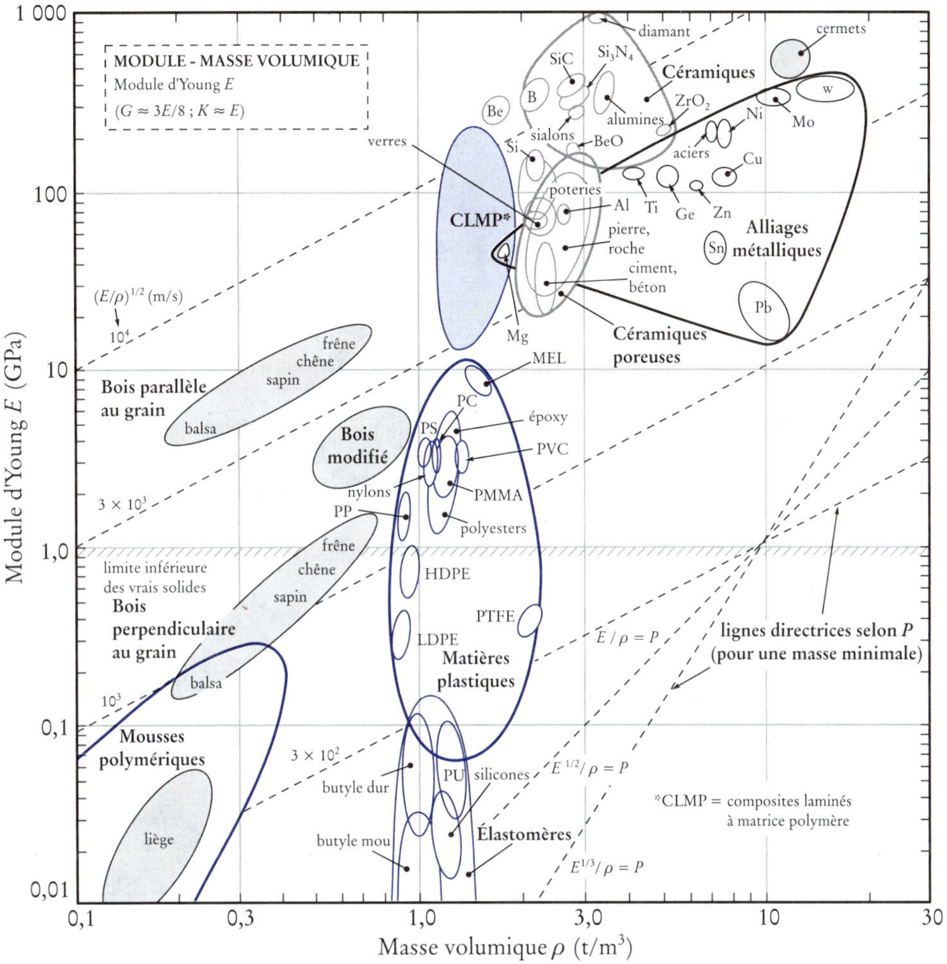

Figure 15.3 Diagramme d'Ashby donnant le module d'Young *E* des classes de matériaux en fonction de leur masse volumique ρ (adapté de *Materials Selection in Mechanical Design*, M. F. Ashby, Pergamon Press, 1993, reproduction autorisée).

La figure 15.4 compare les différentes classes de matériaux quand l'on considère cette fois, non pas des grandeurs absolues (module d'Young *E*, contrainte critique σ ou masse volumique ρ) mais des grandeurs relatives, à savoir σ/ρ (contrainte critique par unité de masse volumique) et E/ρ (module d'Young par unité de masse volumique).

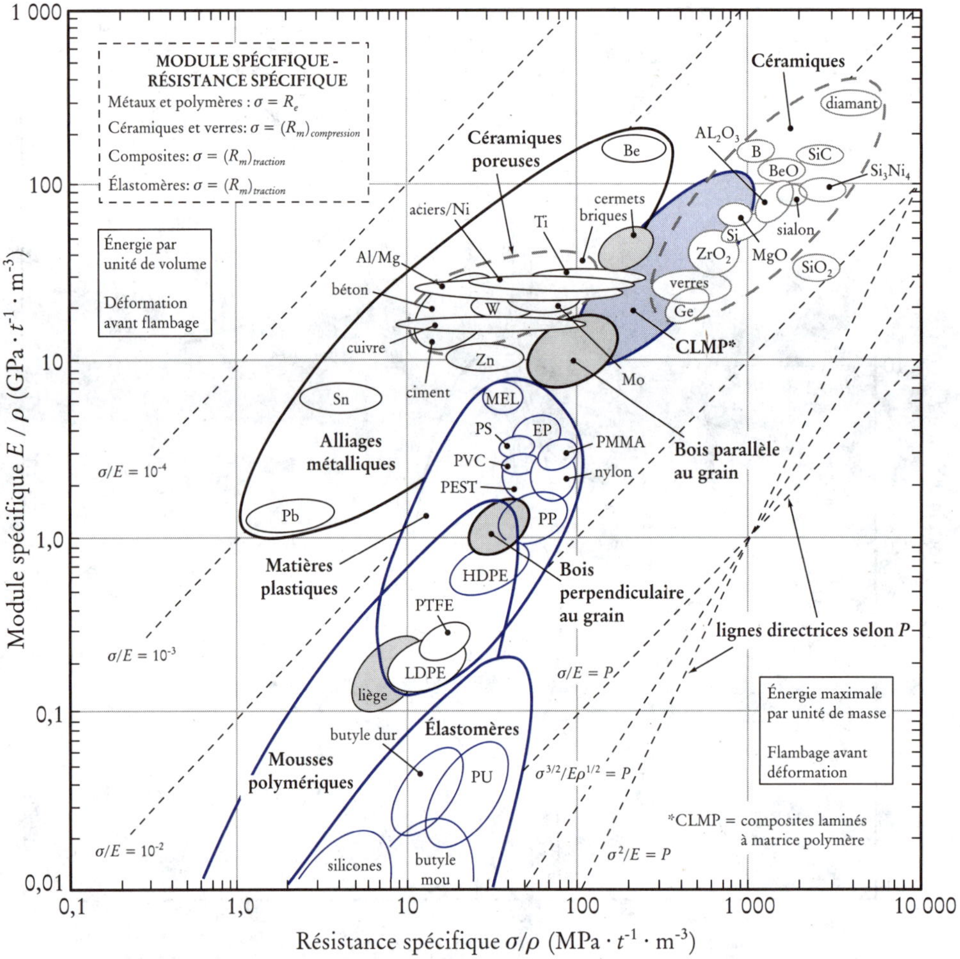

Figure 15.4 Position relative des différentes classes de matériaux dans le plan $\sigma/\rho - E/\rho$ (adapté de *Materials Selection in Mechanical Design*, M. F. Ashby, Pergamon Press, 1993, reproduction autorisée).

Selon la figure 15.4, un matériau est d'autant plus performant qu'il se situe en haut et à droite de la figure. On constate ainsi que si les alliages métalliques occupaient une position intéressante sur les figures 15.2 et 15.3 quand on raisonnait en grandeurs absolues (σ ou E), ils font bien moins bonne figure sur la figure 15.4 quand on prend en compte, cette fois, les grandeurs relatives (σ/ρ et E/ρ). Les céramiques (grâce à leurs liaisons de forte intensité et à leur faible masse volumique) et les composites laminés à matrice polymère (CLMP) surclassent nettement les métaux dans ce cas. Même le bois, sollicité parallèlement à son grain, est plus performant que bien des alliages métalliques ! On comprend ainsi aisément pourquoi la structure des premiers avions se composait de bois et que, même durant la Seconde Guerre mondiale (1939-1945), un avion de chasse tel que le légendaire Mosquito avait une structure de bois.

La *longévité* d'une pièce et, partant, celle du matériau dont elle est composée, est une exigence fonctionnelle fort importante, parfois capitale, mais difficile à évaluer simplement. Cette longévité est idéalement fonction de tous les paramètres relatifs au fonctionnement. On peut cependant procéder à une évaluation valable en se basant uniquement sur l'expérience et sur l'extrapolation des résultats d'essais de courte ou de moyenne durée. Outre la longévité, il faut évaluer la *fiabilité* du matériau et celle de la pièce. La fiabilité est déterminée par la probabilité qu'un matériau fonctionne sans défaillance pendant sa durée de vie prévue. Une *défaillance* consiste en toute modification des propriétés du matériau en service qui rend celui-ci inapte à remplir les fonctions auxquelles on l'avait destiné. L'usure, une déformation permanente due au fluage ou à une surcharge, la corrosion ou la rupture sont des exemples de défaillances qui peuvent abréger la durée d'utilisation d'une pièce. La fiabilité est un critère essentiel dans les industries où tout incident peut avoir des conséquences dangereuses (industrie chimique ou nucléaire, par exemple) et dans le domaine de la construction aéronautique, mais également dans le domaine des produits de consommation courante où, de plus en plus, les consommateurs exigent des produits de qualité. Comme la longévité, la fiabilité est difficile à mesurer. La fiabilité n'est pas uniquement fonction du matériau en soi, mais également de toute son histoire, depuis son élaboration jusqu'à la dernière étape de sa fabrication et de l'usage plus ou moins raisonnable que l'on en fait.

À chaque stade de la fabrication, des défauts peuvent apparaître dans le matériau, défauts qu'il faut contrôler et éliminer lorsque cela s'avère nécessaire. Il est certain que l'analyse des défaillances en service joue un rôle non négligeable dans l'évaluation de la fiabilité et qu'elle permet d'affiner le choix du matériau ou de corriger le tracé d'une pièce.

Par ailleurs, il ne faut jamais perdre de vue qu'une pièce est rarement seule, mais qu'elle fait le plus souvent partie d'un système. La *compatibilité* est alors un autre critère dont il faut tenir compte. En effet, deux pièces faites de matériaux différents doivent pouvoir fonctionner normalement sans qu'une défaillance imputable à la présence simultanée de ces deux matériaux se produise. Des coefficients de dilatation différents peuvent par exemple provoquer l'apparition de contraintes imprévues et de déformations inacceptables ; le frottement de deux pièces l'une contre l'autre peut entraîner une usure prématurée de l'une d'elles, ou même un grippage, lorsqu'on a mal choisi les matériaux ; il faut éviter la corrosion galvanique (art. 8.2.1) ; enfin, il ne faut pas négliger la biocompatibilité d'un matériau qui doit être implanté dans le corps humain pour pallier une fonction défaillante – la compatibilité de ce matériau avec l'organisme hôte doit être si possible totale afin d'éviter toute interférence avec d'autres fonctions ; cette exigence est, dans ce cas, le principal critère de choix.

15.2.2 Exigences technologiques

Le fait de baser le choix d'un matériau sur les fonctions que le produit final devra remplir n'est jamais suffisant, car il faut en outre pouvoir fabriquer le produit à partir de ce matériau. Ces *exigences technologiques* entraînent une nouvelle série d'impératifs. En effet, il ne faut pas perdre de vue que les propriétés finales d'une pièce – c'est-à-dire celles dont dépend son comportement en service – sont fonction de l'histoire du matériau choisi et des opérations de mise en forme utilisées. Selon les procédés de fabrication, ces propriétés peuvent être soit altérées, soit améliorées ; elles exercent donc une influence directe sur le rendement en service, sur la fiabilité et sur la longévité du produit.

Il faut aussi noter que, de par la nature même et les propriétés caractéristiques des différentes classes des matériaux, les procédés de fabrication ne sont pas toujours tous applicables, ce qui a comme conséquence de limiter la taille des pièces réalisables avec un procédé de fabrication donné. Encore une fois, l'approche développée par Ashby est utile pour déterminer les procédés de fabrication les plus adéquats selon le volume V des pièces à réaliser.

La figure 15.5 montre que, selon le volume V de la pièce à fabriquer, certains procédés sont inapplicables. Par exemple, les techniques de frittage ne permettent guère d'obtenir des pièces de volume V supérieur à 10^{-3} m^3, soit 1 dm^3. Comme ces techniques de frittage sont pratiquement les seules applicables à la fabrication de pièces en céramique technique (art. 13.3.2), il est donc peu concevable qu'on puisse réaliser une pièce en céramique technique dont le volume atteindrait un mètre cube.

À chaque méthode de fabrication sont associées une ou plusieurs exigences technologiques particulières ; nous nous contenterons d'en citer quelques-unes ici.

La fonderie (ou moulage) est une méthode de fabrication qui consiste à remplir d'un matériau liquide une empreinte représentant, en négatif, la forme à obtenir. Après refroidissement et démoulage, on obtient une pièce brute. Cette méthode est applicable aux matériaux métalliques et aux matières plastiques (moulage en sable, moulage en coquille par injection, moulage à la cire perdue, etc.). Dans tous les cas, le matériau doit remplir complètement l'empreinte avant de se solidifier ; c'est pourquoi la *coulabilité* du matériau est une propriété importante. Par ailleurs, en se solidifiant, la grande majorité des matériaux subissent une diminution de volume, une contraction ; or, la pièce doit être exempte de retassures et de porosité imputables à cette contraction. Lorsqu'on doit fabriquer la pièce par fonderie, il faut donc choisir le matériau à la fois en fonction des exigences particulières à ce procédé et des propriétés qui en découlent. De plus, la figure 15.5 révèle que l'on ne peut pas obtenir des pièces dont l'épaisseur minimale serait inférieure à 0,5 mm par fonderie.

La fabrication de nombreux produits se fait également par emboutissage ou corroyage à froid (carrosseries d'automobile, appareils ménagers, etc.). Cette opération consiste à mettre le matériau en forme à l'aide d'une presse. Pour un embouti donné, les déformations, hétérogènes, varient grandement. L'*emboutissabilité* est une exigence technologique qui permet de déterminer l'aptitude d'un matériau à être embouti. Elle est fonction de plusieurs critères, entre autres :

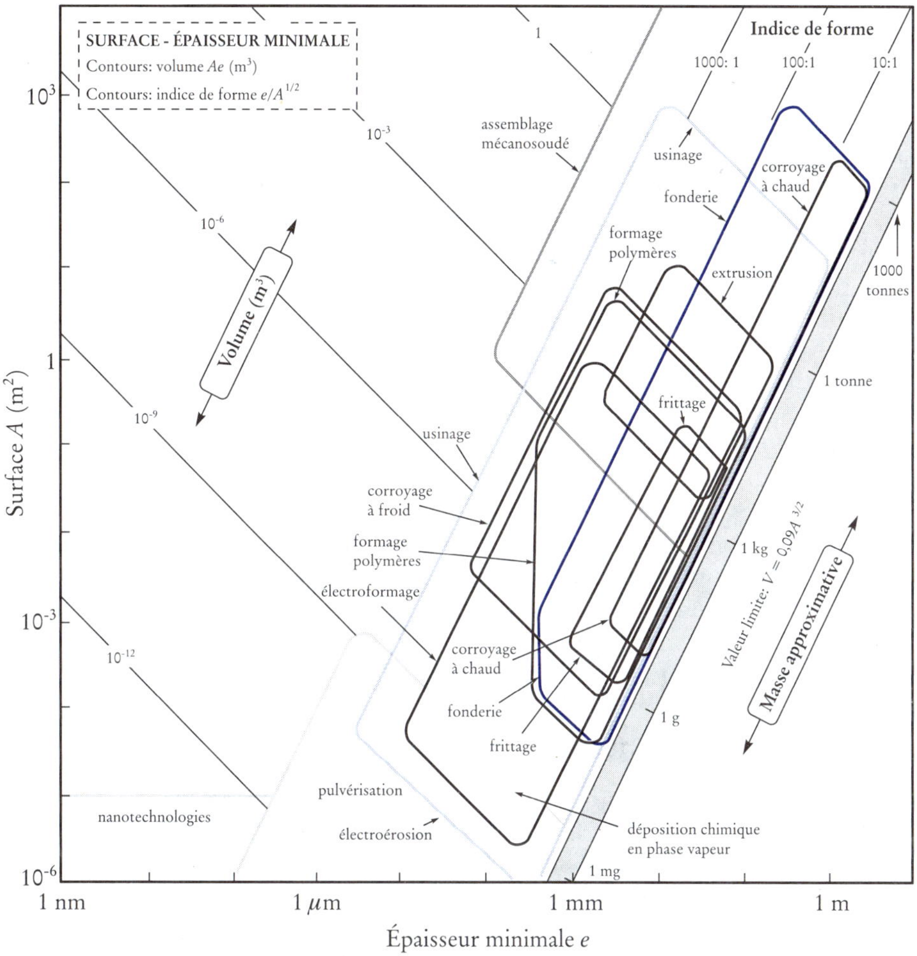

Figure 15.5 Diagramme d'Ashby délimitant l'utilisation possible d'un procédé de fabrication d'une pièce de volume V, dont la dimension moyenne la plus faible est son épaisseur e et dont la face moyenne a une surface A [$V = Ae$]. (Adapté de *Materials Selection in Mechanical Design*, M. F. Ashby, Pergamon Press, 1993, reproduction autorisée.)

la déformation maximale permise avant la rupture, l'état du fini de surface après emboutissage, l'énergie nécessaire à l'obtention d'une déformation donnée. Ces critères dictent par conséquent le choix des matériaux sous la forme d'exigences technologiques. Ainsi, avant de remplacer un acier doux par un acier inoxydable, il faut s'assurer que la capacité installée des presses le permet : en effet, l'énergie requise pour déformer l'acier inoxydable est deux fois supérieure à celle nécessaire à la déformation de l'acier doux.

La *soudabilité*, quant à elle, est l'aptitude d'un matériau à être soudé sans que le soudage n'entraîne des modifications qui rendent l'assemblage inacceptable. Bien qu'elle paraisse simple, l'opération de soudage n'en provoque pas moins des modifications et des transformations fort importantes, qui peuvent la rendre impraticable lorsque les matériaux ne s'y prêtent pas. Le soudage implique en effet la fusion partielle des pièces à souder, qu'il y ait ou non utilisation de métal d'apport. Une fois solidifiée, cette zone fondue a une structure et des propriétés comparables à celles d'une pièce obtenue par fonderie : les contractions qui accompagnent la solidification et le refroidissement entraînent l'apparition de contraintes résiduelles, en particulier si l'assemblage soudé est bridé, c'est-à-dire qu'il ne peut se dilater ou se contracter librement. Au voisinage de la zone fondue, le métal chauffé puis refroidi (selon un régime qui dépend des conditions de soudage) subit un véritable traitement thermique. Toutes ces modifications imputables au soudage peuvent donner naissance à des défauts tels qu'ils peuvent rendre les pièces ainsi assemblées inaptes à remplir les fonctions auxquelles on les destine. Ces défauts peuvent être des déformations, des contraintes résiduelles, des fissures, des gaz dissous, etc. Pour réaliser un assemblage par soudage, il faut donc choisir les matériaux à la fois en fonction de leur soudabilité et de leur propriétés générales.

Ces trois exemples d'exigences technologiques soulignent l'importance du mode de fabrication et des impératifs qui en découlent dans le choix des matériaux. Il en existe par ailleurs nombre d'autres : *forgeabilité*, *usinabilité*, *trempabilité*, etc. Dans tous les cas, des essais spécifiques permettent d'évaluer chacune de ces exigences et de comparer les divers matériaux entre eux. On le voit, il ne suffit pas de choisir un matériau en fonction des seules exigences fonctionnelles, il faut également tenir compte du procédé de fabrication du produit.

15.2.3 Exigences économiques

Quand plusieurs matériaux sont acceptables en ce qui concerne les exigences fonctionnelles et technologiques, le prix de revient joue alors le rôle de facteur déterminant dans le choix final. Quelle que soit l'utilisation du produit, il existe toujours un coût limite, que ce soit dans l'industrie aérospatiale ou dans la fabrication de biens de consommation courante. Lorsqu'on dépasse ce coût limite, on peut envisager un changement de conception pour tenter de modifier certaines exigences technologiques et fonctionnelles et aboutir à un second choix qui réduise les coûts. Deux principaux facteurs exercent une influence directe sur le prix de revient d'un produit : le prix des matières premières et le coût de fabrication. Les matières premières sont en général vendues au poids, exception faite du bois d'œuvre et du béton. Il est cependant parfois difficile de comparer ces prix par unité de masse ; la comparaison est par contre plus aisée lorsqu'on se base sur les prix par unité de volume. En effet, à masses égales, par exemple, le polycarbonate renforcé de fibres de verre coûte environ dix fois plus cher que l'acier ; or, à volumes égaux, le même matériau ne coûte que deux fois plus cher que l'acier. Par conséquent, lorsqu'on réalise une pièce en polycarbonate (dont la masse volumique est 5,6 fois moindre que celle de l'acier), l'allègement obtenu peut permettre de réduire les coûts pour l'ensemble d'un système fait de ce matériau.

Les figures 15.6 et 15.7 montrent respectivement l'influence du coût relatif par unité de volume du matériau (caractérisé par le paramètre $C_{R\rho}$) sur la rigidité recherchée (module d'Young E) du matériau ou sur la contrainte critique σ tolérable par le matériau (R_e pour les métaux et les polymères, R_{mcomp} pour les céramiques et les verres, $R_{mtraction}$ pour les composites laminés à matrice polymère).

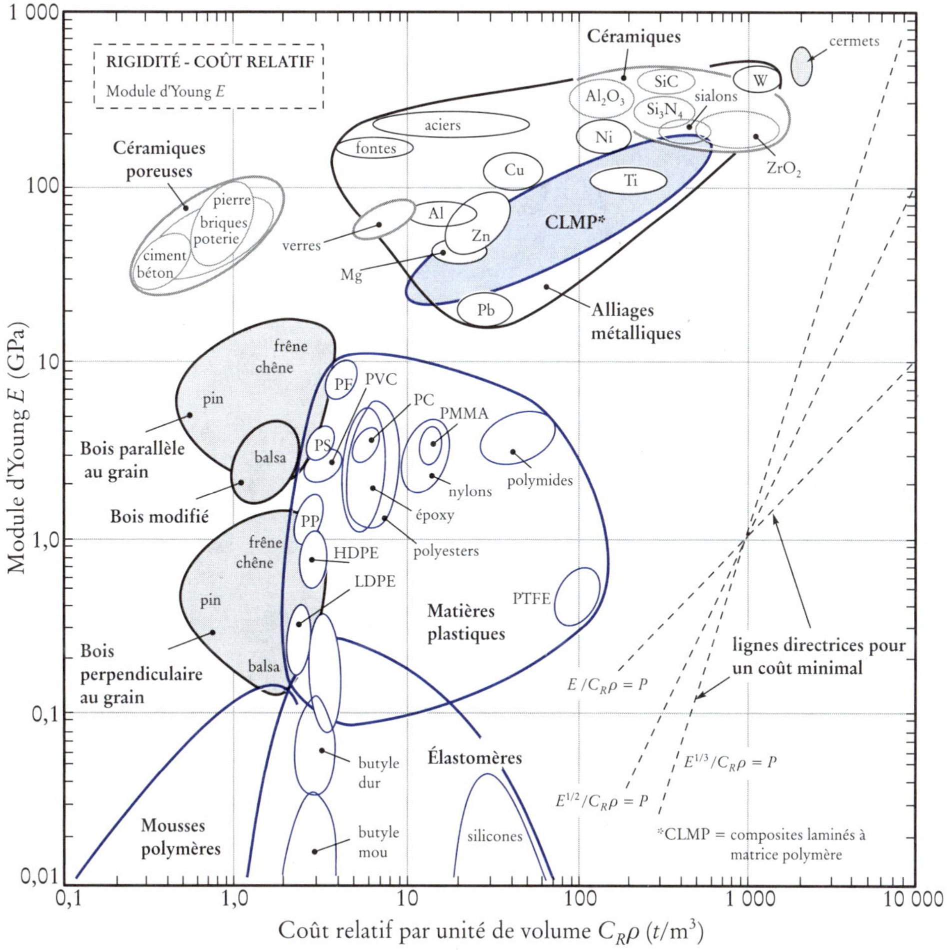

Figure 15.6 Rigidité (module d'Young E) possible en fonction du coût relatif par unité de volume $C_{R\rho}$ du matériau. C_R est égal au rapport du coût C_A d'une unité de volume C_M du matériau considéré au coût de la même unité de volume d'acier ordinaire au carbone. (Adapté de *Materials Selection in Mechanical Design*, M. F. Ashby, Pergamon Press, 1993, reproduction autorisée.)

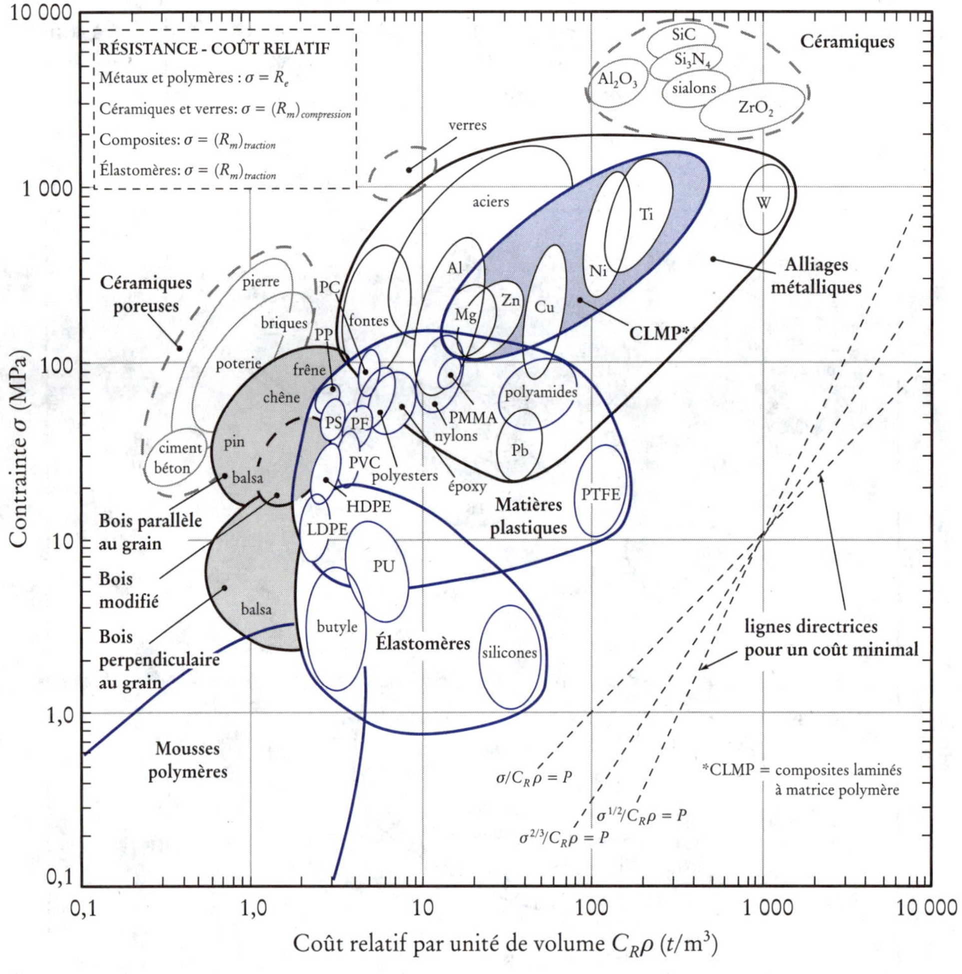

Figure 15.7 Contrainte tolérable σ en fonction du coût relatif par unité de volume $C_{R\rho}$ du matériau. (Adapté de *Materials Selection in Mechanical Design*, M. F. Ashby, Pergamon Press, 1993, reproduction autorisée.)

Pour les figures 15.6 et 15.7, le coût relatif par unité de volume $C_R\rho$ est le produit de la masse volumique ρ par le coût relatif C_R du matériau étudié. Ce coût relatif C_R est lui-même le rapport du coût absolu C_M d'une unité de volume du matériau considéré au coût absolu C_A de la même unité de volume d'acier ordinaire au carbone ($C_R = C_M/C_A$).

Prenons à titre d'exemple le choix d'un matériau adéquat pour fabriquer un arbre de torsion qui soit le plus léger possible, et ce au moindre coût des matières premières utilisées. Grâce au tableau 15.1, on repère l'indice de performance P applicable à la torsion : $G^{1/2}/\rho$ si l'on ne veut pas dépasser une contrainte critique σ ou $G^{1/2}/\rho$ si l'on ne veut pas dépasser une déformation élastique maximale. Les figures 15.2 et 15.3 permettent alors de déterminer que les alliages d'aluminium et les composites à matrice métallique (CLMP) sont des candidats potentiels pour cette application. Considérons un alliage typique d'aluminium ayant les propriétés suivantes : E = 70 GPa, G = 28 GPa, R_e = 250 MPa, ρ = 2,9 t/m^3, coût = 5 \$/kg. Le composite à matrice polymère pourrait être un polycarbonate renforcé de fibres de verre dont les propriétés sont les suivantes : E = 11 GPa, G = 3 GPa, R_e = 140 MPa, ρ = 1,4 t/m^3, coût 6 \$/kg.

En appliquant la méthodologie proposée précédemment, on peut dresser le tableau 15.2, qui donne l'indice de performance P', défini par $P' = P/\$$, où P est l'indice de performance pour les conditions mécaniques (tabl. 15.1) et \$ représente le coût par unité de masse des matériaux candidats. Le tableau 15.2 résume ces calculs.

Tableau 15.2 Estimation de l'indice de performance P' d'un matériau destiné à un arbre de torsion le plus léger possible

			Contrainte maximale imposée		**Déformation élastique maximale imposée**	
Matériau	ρ (t/m^3)	**Coût (\$/kg)**	*Re* (MPa)	**Indice de performance** P'	G (GPa)	**Indice de performance** P'
Alliage Al	2,9	5	250	2,73	28	0,365
Polycarbonate renforcé de fibres de verre	1,4	6	140	3,20	3,5	0,223

$P' = X/\$$ avec $X = R^{2/3}/\rho$ pour le cas d'une contrainte maximale imposée ou $X = G^{1/2}/\rho$ pour le cas d'une déformation élastique maximale imposée.

On constate que si une contrainte limite ne doit pas être dépassée (σ < 140 MPa), le polycarbonate renforcé de fibres de verre présente le meilleur indice de performance P'. Par contre, si, dans l'application considérée, on ne doit pas dépasser une valeur critique de la déformation élastique, l'alliage d'aluminium s'avère alors supérieur au composite, son indice P' étant dans ce cas plus élevé.

Le coût des matières premières ne représente qu'une faible partie du coût d'une pièce ; les coûts de fabrication, par contre, sont toujours très élevés. Dans l'industrie automobile, par exemple, le prix des matières premières est estimé, en moyenne, à 15 % du prix de la pièce terminée, le reste étant imputable à la transformation (ce pourcentage varie toutefois grandement selon la forme et la nature de la pièce). On peut ainsi remplacer un matériau par un autre matériau plus cher si les coûts de fabrication le justifient. Pour un matériau donné, les coûts de fabrication dépendent des investissements d'équipement, du prix de l'énergie utilisée, des coûts imputables à la main-d'œuvre et de la productivité des installations. On remplace par exemple souvent les alliages à base de zinc utilisés pour la fabrication en grande série des pièces moulées sous pression par des matières plastiques ; le prix des machines à mouler et des matières premières est sensiblement le même dans les deux cas mais, puisque la température d'injection des matières plastiques est inférieure à celle des alliages de zinc, il en découle une économie d'énergie, des cadences plus élevées et une meilleure tenue de l'outillage.

Lorsqu'on compare les prix de revient d'une pièce selon les méthodes de fabrication utilisées, on s'aperçoit que ce prix est fonction du nombre de pièces produites. Selon l'ampleur de la série à produire, chaque procédé de fabrication présente une zone de rentabilité (fig. 15.8). Il faut alors faire un choix tant entre des matériaux différents qu'entre les procédés de fabrication adaptés à chacun d'eux.

Enfin, toute étude des coûts relatifs à un programme de fabrication devant s'étendre sur plusieurs années doit se baser sur une étude prospective : évolution des prix des matières premières et de leur disponibilité, évolution du coût de l'énergie, amortissement de l'équipement, coût de remplacement de l'outillage, etc. Une telle étude peut exercer elle aussi une influence directe sur le choix final.

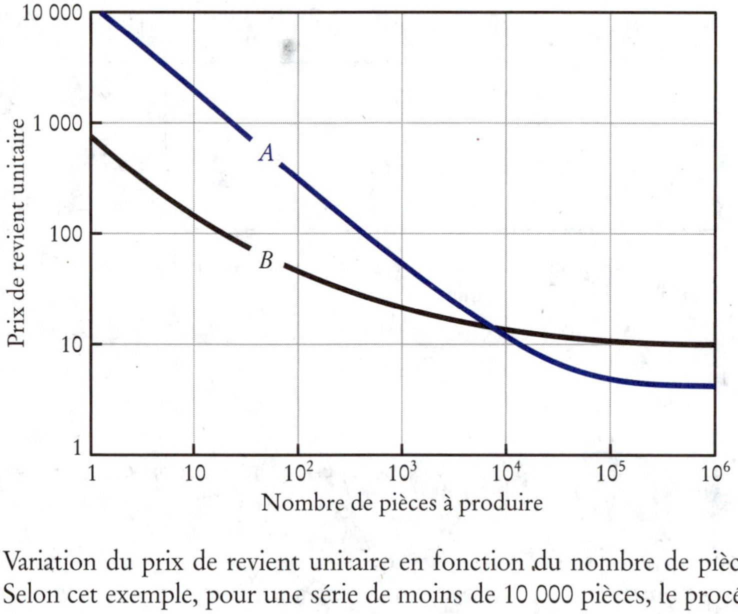

Figure 15.8 Variation du prix de revient unitaire en fonction du nombre de pièces à produire. Selon cet exemple, pour une série de moins de 10 000 pièces, le procédé de fabrication *B* représente la solution la plus économique.

15.2.4 Exigences sociales

En ce qui concerne l'utilisation de certains matériaux, la société impose des restrictions d'ordre moral, légal ou politique. Avant de choisir un matériau, l'ingénieur doit donc tenir compte de ces contraintes, car ses décisions peuvent avoir une incidence importante sur l'ensemble de la société. Par exemple, avant de préconiser l'utilisation de l'amiante dans un système donné, il lui faut s'assurer qu'un tel choix n'aura aucun effet sur la santé des utilisateurs. Un procédé de fabrication jusqu'alors rentable peut ainsi atteindre des coûts exorbitants à la suite de l'entrée en vigueur d'une nouvelle loi sur la protection de l'environnement ; ce facteur peut avoir une influence décisive sur le choix des matériaux.

Divers organismes publics ou privés émettent des normes concernant l'utilisation et la fabrication des matériaux. Bien souvent, sans qu'elles soient coercitives, ces normes servent de guide pour l'établissement des contrats entre fabricants et clients, et elles permettent de définir la qualité minimale d'un produit donné. Toutefois, quand la santé et la sécurité du public risquent d'être mises en danger par le bris d'un système, les normes peuvent devenir coercitives et avoir force de loi. Le nombre de matériaux alors offerts aux ingénieurs s'en trouve passablement restreint. Le domaine de la fabrication des récipients sous pression, par exemple, est fortement réglementé ; au Québec, la réglementation de ces procédés de fabrication, qui dépend du ministère du Travail, est basée en grande partie sur les normes de l'American Society of Mechanical Engineers.

Les contraintes provenant des pressions des consommateurs peuvent par ailleurs entraîner l'adoption de lois coercitives qui, à leur tour, exercent une influence considérable sur l'utilisation des matériaux. L'industrie automobile a ainsi dû modifier en profondeur ses habitudes pour améliorer la sécurité des passagers, diminuer le taux d'émission des polluants et réduire la consommation d'essence, en fabriquant des voitures plus légères et plus petites. Toutes ces modifications ont entraîné l'utilisation de matériaux nouveaux et mieux adaptés à une situation changeante.

D'après ce que nous venons de voir, il peut sembler que le choix des matériaux soit un processus linéaire, et que l'étude et le respect de toutes les exigences conduisent à une décision optimale et objective. La réalité est toutefois beaucoup plus complexe, et le choix d'un matériau n'est jamais qu'un compromis entre plusieurs solutions acceptables, car diverses exigences peuvent être contradictoires. À toutes les étapes de l'étude, de nouvelles informations peuvent se présenter et de nouveaux problèmes peuvent surgir, ce qui nécessite une réévaluation du travail déjà accompli. Par ailleurs, dans tout projet d'envergure, le choix des matériaux doit relever d'une équipe pluridisciplinaire qui est en relation constante avec plusieurs services de l'entreprise : bureau d'étude, recherche, planification, achats, fabrication, contrôle de la qualité, mise en marché, etc.

Appendice A

TABLEAU PÉRIODIQUE

	1 IA	2 IIA	3 IIIA	4 IVA	5 VA	6 VIA	7 VIIA	8 VIIIA	9 VIIIA	10 VIIIA	11 IB	12 IIB	13 IIIB	14 IVB	15 VB	16 VIB	17 VIIB	18 VIIIB
1	1 H 1,008																	2 He 4,003
2	3 Li 6,939	4 Be 9,012											5 B 10,81	6 C 12,01	7 N 14,01	8 O 16,00	9 F 19,00	10 Ne 20,18
3	11 Na 23,00	12 Mg 24,31											13 Al 26,98	14 Si 28,09	15 P 30,97	16 S 32,06	17 Cl 35,45	18 Ar 39,95
4	19 K 39,10	20 Ca 40,08	21 Sc 44,96	22 Ti 47,90	23 V 50,94	24 Cr 52,00	25 Mn 54,94	26 Fe 55,85	27 Co 58,93	28 Ni 58,71	29 Cu 63,54	30 Zn 65,37	31 Ga 69,72	32 Ge 72,59	33 As 74,92	34 Se 78,96	35 Br 79,91	36 Kr 83,80
5	37 Rb 85,47	38 Sr 87,62	39 Y 88,90	40 Zr 91,22	41 Nb 92,91	42 Mo 95,94	43 Tc (97)	44 Ru 101,1	45 Rh 102,9	46 Pd 106,4	47 Ag 107,9	48 Cd 112,4	49 In 114,8	50 Sn 118,7	51 Sb 121,8	52 Te 127,6	53 I 126,9	54 Xe 131,3
6	55 Cs 132,9	56 Ba 137,3	57 La 138,9	72 Hf 178,5	73 Ta 180,9	74 W 183,8	75 Re 186,2	76 Os 190,2	77 Ir 192,2	78 Pt 195,1	79 Au 197,0	80 Hg 200,6	81 Tl 204,4	82 Pb 207,2	83 Bi 209,0	84 Po (209)	85 At (210)	86 Rn (222)
7	87 Fr (223)	88 Ra (226)	89 Ac (227)															

58 Ce 140,1	59 Pr 140,9	60 Nd 144,2	61 Pm (145)	62 Sm 150,4	63 Eu 152,0	64 Gd 157,2	65 Tb 158,9	66 Dy 162,5	67 Ho 164,9	68 Er 167,3	69 Tm 168,9	70 Yb 173,0	71 Lu 175,0
90 Th 232,0	91 Pa (231)	92 U 238,0	93 Np (237)	94 Pu (244)	95 Am (243)	96 Cm (247)	97 Bk (247)	98 Cf (251)	99 Es (252)	100 Fm (253)	101 Md (256)	102 No (256)	103 Lw (257)

La numérotation des colonnes est conforme aux recommandations de l'Union internationale de chimie pure et appliquée (1990). Un tableau périodique plus détaillé est disponible sur le cédérom.

Appendice B

LISTE DES SYMBOLES

Parmi les symboles utilisés, certains ont plus d'une signification. Cela s'explique par le fait que la science des matériaux fait appel à plusieurs disciplines scientifiques et qu'il est essentiel de conserver les symboles généralement admis dans chacune d'elles. Toutefois, en se rapportant au contexte dans lequel chacun de ces symboles est utilisé, le lecteur devrait pouvoir éviter toute confusion ; néanmoins, en vue de lever certaines ambiguïtés éventuelles, nous avons souvent rappelé leur signification dans le texte des différents chapitres.

Symbole	Signification	Symbole	Signification
A	Allongement à la rupture	$R_{e0,2}$	Limite d'élasticité conventionnelle à 0,2 %
$\mathbf{B}$	Induction magnétique	R_m	Résistance à la traction
b	Vecteur de Burgers	S	Surface, aire
b	Module du vecteur Burgers	T	Couple
C	Capacité électrique		Température absolue (K)
	Capacité thermique	t	Temps
$\mathbf{E}$	Champ électrique	U	Énergie potentielle
E	Énergie des électrons	V	Différence de potentiel électrique
	Énergie interne		Volume
	Module d'élasticité (module d'Young)	W	Travail, énergie
F	Force	v	Vitesse
G	Module de cisaillement (module de Coulomb)	Z	Striction
H	Enthalpie		Valence des éléments
$\mathbf{H}$	Intensité de champ magnétique		
h	Coefficient de transfert de chaleur	α	Coefficient de dilatation linéique
I	Intensité de courant électrique	β	Coefficient de variation de la résistance électrique
i	Courant électrique		Nombre de Biot
$\mathbf{J}$	Densité de courant	γ	Énergie de surface
	Flux de matière	δ	Facteur de pertes électriques
K	Module de compressibilité volumique	ε	Déformation
K_C	Facteur critique d'intensité de contrainte		Permittivité électrique
k	Conductibilité thermique	θ	Température (°C)
	Facteur de concentration de contrainte	Λ	Densité de dislocations
L	Chaleur latente de solidification	λ	Longueur d'onde
m	Masse	μ	Mobilité des charges électriques
M	Masse moléculaire		Perméabilité magnétique
	Moment magnétique	ν	Coefficient de Poisson
$\mathbf{P}$	Vecteur de polarisation		Fréquence
p	Pression	ρ	Masse volumique
Q_a	Énergie d'activation		Résistivité électrique
Q	Quantité de chaleur	σ	Conductibilité électrique
q	Charge électrique		Contrainte normale (tension)
R	Résistance aux chocs thermiques	τ	Contrainte tangentielle (cission)
	Résistance électrique		
R_e	Limite d'élasticité (limite de proportionnalité)	χ	Susceptibilité électrique ou magnétique

Appendice C

UNITÉS ET FACTEURS DE CONVERSION

Préfixes des multiples et sous-multiples des unités SI

Préfixe	Symbole	Valeur	Préfixe	Symbole	Valeur
téra-	T	10^{12}	déci-	d	10^{-1}
giga-	G	10^{9}	centi-	c	10^{-2}
méga-	M	10^{6}	milli-	m	10^{-3}
kilo-	k	10^{3}	micro-	µ	10^{-6}
hecto-	h	10^{2}	nano-	n	10^{-9}
déca-	da	10^{1}	pico-	p	10^{-12}

Nom	Symbole	Dimensions	Unités SI noms (symboles)	Autres unités noms (symboles)	Autres unités valeur en SI
Longueur	l	L	mètre (m)	ångström (Å)	10^{-10} m
				pouce (in ou po)	$2{,}54 \times 10^{-2}$ m
				pied (ft ou pi)	$30{,}48 \times 10^{-2}$ m
Surface	S	L^2	mètre carré (m^2)	pouce carré (in^2 ou po^2)	$6{,}451 \times 10^{-4}$ m^2
				pied carré (ft^2 ou pi^2)	$9{,}290 \times 10^{-2}$ m^2
Volume	V	L^3	mètre cube (m^3)	litre (L)	10^{-3} m^3
Angle plan	α	A	radian (rad)	tour (tr)	2π rad
				degré (°)	$\pi/180$ rad
				minute (')	$\pi/10\,800$ rad
				seconde ('')	$\pi/64\,800$ rad
Angle solide	Ω	Ω	stéradian (sr)		
Masse	m	M	kilogramme (kg)	tonne (t)	10^3 kg
				livre (lb)	0,4536 kg
Masse volumique	ρ	ML^{-3}	kilogramme par mètre cube (kg/m^3)	gramme par centimètre cube (g/cm^3)	10^3 kg/m^3
				tonne par mètre cube (t/m^3)	10^3 kg/m^3
Temps	t	T	seconde (s)	minute (min)	60 s
				heure (h)	3600 s
				jour (d)	$8{,}64 \times 10^4$ s
				année (a)	$3{,}156 \times 10^7$ s
Fréquence	ν	T^{-1}	hertz (Hz)	cycle par seconde (c/s)	1 Hz
Vitesse	v	LT^{-1}	mètre par seconde (m/s)	kilomètre par heure (km/h)	0,2778 m/s
Force	F	LMT^{-2}	newton (N)	dyne (dyn)	10^{-5} N
				livre-force (lbf)	4,448 N
Énergie, travail, quantité de chaleur	W	L^2MT^{-2}	joule (J)	erg (erg)	10^{-7} J
				calorie (cal)	4,185 J
				électronvolt (eV)	$1{,}602 \times 10^{-19}$ J
				watt-heure (W·h)	3600 J
				British Thermal Unit (BTU)	$1{,}056 \times 10^3$ J
Puissance	P	L^2MT^{-3}	watt (W)		
Contrainte, pression	σ, p	$ML^{-1}T^{-2}$	pascal (Pa)	bar	10^5 Pa
				livre par pouce carré (psi)	$6{,}895 \times 10^3$ Pa

Nom	Symbole	Dimensions	Unités SI noms (symboles)	Autres unités	
				noms (symboles)	valeur en SI
Viscosité dynamique	η	$LM^{-1}MT^{-1}$	pascal-seconde (Pa·s)	poise (P)	10^{-1} Pa·s
Intensité de courant électrique	I	I	ampère (A)		
Tension, force électromotrice, différence de potentiel	V	$L^2MT^{-3}I^{-1}$	volt (V)		
Résistance électrique	R	$L^2MT^{-3}I^{-2}$	ohm (Ω)		
Conductance électrique	$1/R$	$T^3I^2L^{-2}M^{-1}$	siemens (S)		
Intensité de champ électrique	E	$LMT^{-3}I^{-1}$	volt par mètre (V/m)		
Quantité d'électricité	Q	TI	coulomb (C)		
Capacité électrique	C	$T^4I^2L^{-2}M^{-1}$	farad (F)		
Inductance électrique	L	$L^2MT^{-2}I^{-2}$	henry (H)		
Flux d'induction magnétique	Φ	$L^2MT^{-2}I^{-1}$	weber (Wb)	maxwell (Mx)	10^{-8} Wb
Induction magnétique	B	$MT^{-2}I^{-1}$	tesla (T)	gauss (Gs)	10^{-4} T
Intensité de champ magnétique	H	$L^{-1}I$	ampère par mètre (A/m)	œrsted (Oe)	79,58 A/m
Température	T	K	kelvin (K)	degré Celsius (°C)	θ °C + 273,15 = T
Capacité thermique	C	$L^2MT^{-2}K^{-1}$	joule par kelvin (J/K)		
Capacité thermique massique	c	$L^2T^{-2}K^{-1}$	joule par kilogramme-kelvin [J/(kg·K)]		
Conductibilité thermique	k	$LMT^{-2}K^{-1}$	watt par mètre-kelvin [W/(m·K)]		

Appendice D

CONSTANTES PHYSIQUES

Constante	Symbole	Valeur*
Accélération due à la pesanteur	g	9,807 m/s^2
Charge élémentaire	e	1,602 × 10^{-19} C
Constante d'Avogadro	N_A	6,022 × 10^{23} mol^{-1}
Constante de Boltzmann	k	1,381 × 10^{-23} J/K
Constante de Faraday	F	9,648 × 10^4 C/mol
Constante de Planck	h	6,626 × 10^{-34} J·s
Constante de Stefan-Boltzmann	σ	5,670 × 10^{-8} W/(m^2·K^4)
Constante molaire des gaz	R	8,314 J/(mol·K)
Magnéton de Bohr	μ_B	9,274 × 10^{-24} J/T
Masse de l'électron au repos	m_e	0,911 × 10^{-30} kg
Masse du proton au repos	m_p	1,673 × 10^{-27} kg
Perméabilité du vide	μ_0	4π × 10^{-7} Wb/(A·m)
Permittivité du vide	ε_0	8,854 × 10^{-12} F/m
Vitesse de la lumière dans le vide	c	2,998 × 10^8 m/s

* Les valeurs indiquées sont données à quatre chiffres significatifs.

Appendice E

ALPHABET GREC

En science et en génie, il est fréquent d'utiliser des lettres grecques pour désigner des grandeurs. Voici les symboles des lettres de l'alphabet grec.

Majuscule	Minuscule	Nom
A	α	alpha
B	β	bêta
Γ	γ	gamma
Δ	δ	delta
E	ε	epsilon
Z	ζ	zêta
H	η	êta
Θ	θ	thêta
I	ι	iota
K	κ	kappa
Λ	λ	lambda
M	μ	mu
N	ν	nu
Ξ	ξ	xi
O	o	omicron
Π	π	pi
P	ρ	rhô
Σ	σ	sigma
T	τ	tau
Y	υ	upsilon
Φ	ϕ	phi
X	χ	khi
Ψ	ψ	psi
Ω	ω	oméga

Appendice F

EXPRESSIONS DE LA COMPOSITION D'UN MÉLANGE (OU ALLIAGE) BINAIRE

Soit un mélange (ou alliage) de deux composants 1 et 2, qui sont des corps purs chimiquement définis. On peut exprimer la composition (aussi appelée concentration) de ce mélange en fonction de la masse des composants 1 et 2 ; c'est sa composition (ou concentration) massique, C_m. Une autre façon de caractériser la composition du mélange consiste à prendre en compte les atomes (ou les molécules) 1 et 2 ; il s'agit de la composition atomique (ou molaire), C_A. Pour un mélange donné, il y a bien entendu des relations entre les compositions massiques et les compositions atomiques. Le tableau F.1 résume les caractéristiques des composants 1 et 2 présents dans un mélange donné.

Tableau F.1 Caractéristiques des composants 1 et 2 dans un mélange donné

Composant	Masse atomique	Masse volumique*	Dans le mélange	
			Masse**	Nombre d'atomes (ou de moles)
1	A_1	ρ_1	m_1	n_{1A_1}
2	A_2	ρ_2	m_2	n_{2A_2}

* On exprime généralement la masse volumique (ou densité) en grammes par centimètre cube (g/cm³), en kilogrammes par mètre cube (kg/m³), en livres par pied cube (lb/pi³), etc.

** On exprime généralement la masse en grammes (g), en kilogrammes (kg), en tonnes (t), en livres (lb), etc.

Par définition, la composition massique est le rapport de la masse d'un composant à la masse totale du mélange et correspond donc aux équations suivantes, si on l'exprime en pourcentage massique :

$$C_{m_1}\,(\%\ \mathrm{m}) = \frac{m_1}{m_1 + m_2} \times 100 \qquad \text{(F.1)}$$

$$C_{m_2}\,(\%\ \mathrm{m}) = \frac{m_2}{m_1 + m_2} \times 100 \tag{F.2}$$

On remarque aisément que $\left(C_{m_1} + C_{m_2}\right) = 100\ \%$.

Par définition, la composition atomique (ou molaire) est le rapport du nombre d'atomes (ou de moles) d'un composant au nombre total d'atomes (ou de moles) présents dans le mélange. La composition atomique du mélange est donnée par les équations suivantes, si on l'exprime en pourcentage atomique :

$$C_{A_1}\,(\%\ \mathrm{at.}) = \frac{n_{1A_1}}{n_{1A_1} + n_{2A_2}} \times 100 \tag{F.3}$$

$$C_{A_2}\,(\%\ \mathrm{at.}) = \frac{n_{2A_2}}{n_{1A_1} + n_{2A_2}} \times 100 \tag{F.4}$$

On remarque aisément que $\left(C_{A_1} + C_{A_2}\right) = 100\ \%$.

Pour convertir des compositions massiques C_m en compositions atomiques C_A et réciproquement, il suffit de se rappeler que les nombres n_1 et n_2 d'atomes (ou de moles) des composants du mélange sont donnés par les relations suivantes :

$$n_1 = \frac{m_1}{A_1} \tag{F.5}$$

$$n_2 = \frac{m_2}{A_2} \tag{F.6}$$

À partir des équations F.5 et F.6, on peut facilement convertir des compositions massiques en compositions atomiques ou molaires et vice versa. Les équations suivantes résument ces calculs :

$$C_{A_1}\,(\%\ \mathrm{at.}) = \frac{C_{m_1}\,A_2}{C_{m_1}\,A_2 + C_{m_2}\,A_1} \times 100 \tag{F.7}$$

$$C_{A_2}\,(\%\ \mathrm{at.}) = \frac{C_{m_2}\,A_1}{C_{m_1}\,A_2 + C_{m_2}\,A_1} \times 100 \tag{F.8}$$

$$C_{m_1}\,(\%\ \text{m.}) = \frac{C_{A_1}\,A_1}{C_{A_1}\,A_1 + C_{A_2}\,A_2} \times 100 \tag{F.9}$$

$$C_{m_2}\,(\%\ \text{m.}) = \frac{C_{A_2}\,A_2}{C_{A_1}\,A_1 + C_{A_2}\,A_2} \times 100 \tag{F.10}$$

Dans certains cas (par exemple, dans les calculs de diffusion), il est utile de raisonner sur la base d'une composition (ou concentration) exprimée en masse volumique des composants. Les équations suivantes donnent de telles compositions, C_e, en kilogrammes par mètre cube, lorsque les masses volumiques ρ sont exprimées en grammes par centimètre cube :

$$C_{e_1}\left(\text{kg/m}^3\right) = \left(\frac{C_{m_1}}{\dfrac{C_{m_1}}{\rho_1} + \dfrac{C_{m_2}}{\rho_2}}\right) \times 10^3 \tag{F.11}$$

$$C_{e_2}\left(\text{kg/m}^3\right) = \left(\frac{C_{m_2}}{\dfrac{C_{m_1}}{\rho_1} + \dfrac{C_{m_2}}{\rho_2}}\right) \times 10^3 \tag{F.12}$$

Appendice G

VALEUR DE LA FONCTION ERREUR erf(z) SELON LA VALEUR DE LA VARIABLE z

La fonction erreur est définie par l'équation suivante :

$$erf(z) = \frac{2}{\sqrt{\pi}} \int_0^z e^{-y^2} dy$$

z	$erf(z)$	z	$erf(z)$	z	$erf(z)$
0	0	0,55	0,5633	1,3	0,9340
0,025	0,0282	0,60	0,6039	1,4	0,9523
0,05	0,0564	0,65	0,6420	1,5	0,9661
0,10	0,1125	0,70	0,6778	1,6	0,9763
0,15	0,1680	0,75	0,7112	1,7	0,9838
0,20	0,2227	0,80	0,7421	1,8	0,9891
0,25	0,2763	0,85	0,7707	1,9	0,9928
0,30	0,3286	0,90	0,7970	2,0	0,9953
0,35	0,3794	0,95	0,8209	2,2	0,9981
0,40	0,4284	1,0	0,8427	2,4	0,9993
0,45	0,4755	1,1	0,8802	2,6	0,9998
0,50	0,5205	1,2	0,9103	2,8	0,9999

Appendice H

FACTEUR GÉOMÉTRIQUE α ASSOCIÉ À UNE FISSURE

Les diagrammes suivants indiquent la valeur du facteur géométrique α associé à une fissure et permettant de calculer la valeur du facteur d'intensité de contrainte K (adaptés de l'ASTM).

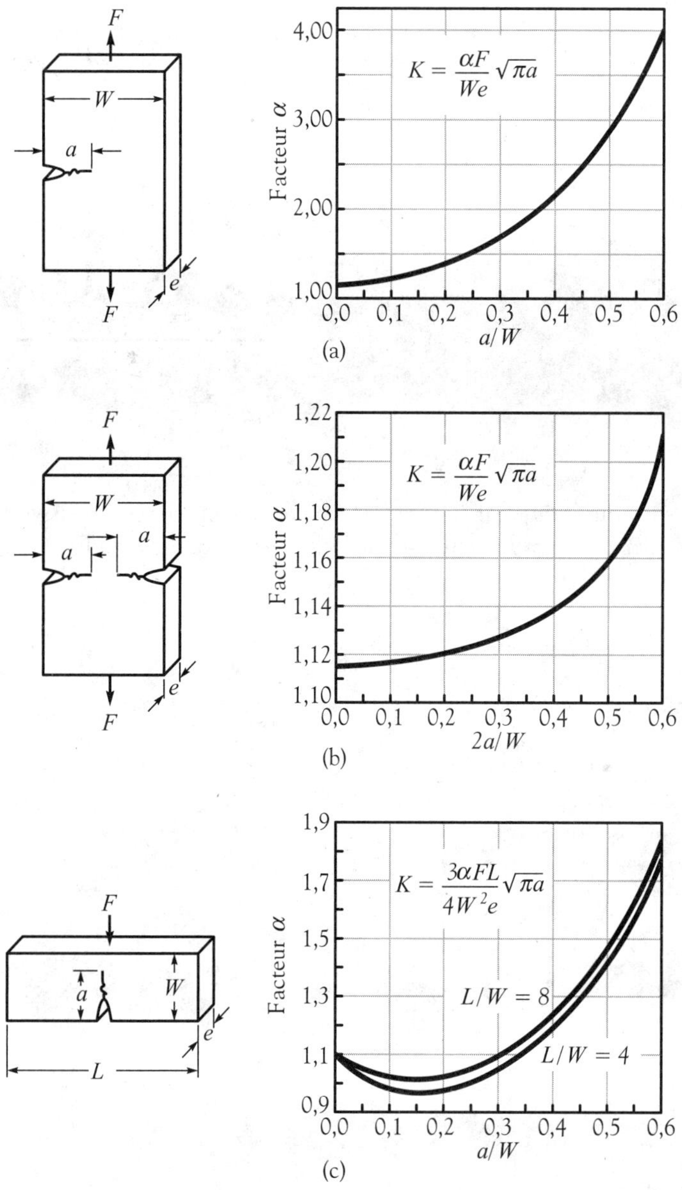
F
W
a
e
F
$K = \frac{\alpha F}{We}\sqrt{\pi a}$
Facteur α
4,00
3,00
2,00
1,00
0,0 0,1 0,2 0,3 0,4 0,5 0,6
a/W
(a)
F
W
a
a
e
F
$K = \frac{\alpha F}{We}\sqrt{\pi a}$
Facteur α
1,22
1,20
1,18
1,16
1,14
1,12
1,10
0,0 0,1 0,2 0,3 0,4 0,5 0,6
2a/W
(b)
F
a
W
e
L
$K = \frac{3\alpha FL}{4W^2e}\sqrt{\pi a}$
Facteur α
1,9
1,7
1,5
1,3
1,1
0,9
L/W = 8
L/W = 4
0,0 0,1 0,2 0,3 0,4 0,5 0,6
a/W
(c)

Figure H.1

Appendice I

DIDACTICIEL (DVD)

I.1 Caractéristiques du didacticiel

Le DVD joint à ce livre contient un didacticiel étroitement associé au contenu du livre. Grâce à des animations et à des vidéoclips, ce didacticiel a été conçu afin de faciliter et renforcer la compréhension de certaines notions importantes présentées dans le livre. Les passages du livre qui trouvent un écho dans le didacticiel sont indiqués par l'icône d'un lecteur de disque placée en marge. À chaque chapitre du livre – à l'exception des chapitres de nature encyclopédique tels que les chapitres 10, 11 et 15 –, correspondent des objectifs d'apprentissage. Enfin, des questions d'autoévaluation et des exercices, associés aux objectifs d'apprentissage, sont proposés dans un «Cahier d'exercices». Le degré de réussite de ces exercices permet à l'étudiant d'apprécier son niveau de maîtrise de la matière. Une solution complète est disponible pour chaque exercice proposé.

Profitant de la cinquième réimpression du livre, nous avons revu totalement l'interface du didacticiel, qui peut maintenant fonctionner sur PC (Windows) ou sur Mac. De plus, nous avons ajouté une nouvelle annexe, qui est un **Atlas de microstructures** présentant des micrographies de plusieurs matériaux mentionnés dans le livre. Ces microstructures complémentaires sont signalées en marge par une icône représentant un microscope.

I.2 Méthodes d'utilisation du didacticiel

Pour tirer profit du didacticiel, l'étudiant a le choix entre trois modes de navigation.

Navigation «Livre» : pour procéder ainsi, il suffit d'utiliser le didacticiel en mode «Livre», qui est le mode chargé par défaut à l'ouverture du programme. La numérotation des pages-écrans du didacticiel correspond à la numérotation des pages du livre où apparaît l'icône du DVD. Ces pages-écrans présentent les notions du livre sous une forme parfois différente de celle du texte écrit et bénéficient surtout de l'apport d'animations et de clips commentés.

Navigation «Objectifs» : dans ce mode, lorsque l'étudiant se fixe un objectif à atteindre, le didacticiel lui présente, dans un ordre logique, les notions du livre qu'il devra maîtriser afin d'atteindre cet objectif. L'ordre de présentation des pages-écrans liées à un objectif ne correspond pas forcément à celui des pages du livre.

Navigation «Exercices» : dans ce mode, l'étudiant ouvre le «**Cahier d'exercices**» associés à chaque chapitre et peut résoudre ces exercices par lui-même. À chacun des objectifs proposés sont associées un certain nombre de questions d'exercice. Chaque réponse à une question reçoit la cote 1 si elle est correcte dès la première tentative de validation. Si la première réponse proposée est erronée et que l'étudiant soumet une nouvelle réponse pour validation, la cote accordée est alors égale à ½ et ainsi de suite, après toute nouvelle validation de réponse. En d'autres mots, la cote accordée à une bonne réponse est égale à $1/\boldsymbol{n}$, où $\boldsymbol{n}$ représente la n^e validation. Si l'étudiant va consulter la solution de l'exercice, il obtient la cote qu'il avait atteinte à ce point; toutefois, l'étudiant peut en tout temps réinitialiser les exercices d'un chapitre, c'est-à-dire «remettre le compteur à zéro». En consultant le «Rapport», l'étudiant obtient un bilan de son taux de réussite pour chaque objectif fixé.

I.3 Installation du DVD et fonctionnalités du didacticiel

L'installation du didacticiel d'accompagnement du livre *Des matériaux* se fait généralement facilement sur un ordinateur fonctionnant avec un système d'exploitation Windows ou Mac.

Voici la procédure à suivre pour les ordinateurs Windows :

1) Insérer le cédérom dans le lecteur de CD/DVD. Si la procédure **Autorun** est activée, la page d'installation devrait apparaître à l'écran. Suivre les instructions. Si le cédérom ne démarre pas de lui-même après son insertion dans le lecteur, ouvrir le gestionnaire de fichiers (Explorateur) et double-cliquer sur le fichier **install_pc** pour lancer l'installation.
2) Pour que le didacticiel soit entièrement fonctionnel, installer les logiciels complémentaires suivants sur votre ordinateur :

- **Adobe Acrobat Reader** pour la lecture des documents PDF : **get.adobe.com/fr/reader**
- **QuickTime Player** pour le visionnement des animations et des vidéo-clips : **www.apple.com/fr/quicktime/download**
- **Adobe Shockwave Player** pour le visionnement des animations : **get.adobe.com/fr/shockwave**

Remarques importantes :

- Sous certaines versions de Windows, il faut avoir le statut d'administrateur pour installer le logiciel.
- Il est fortement conseillé de désactiver momentanément le logiciel antivirus de l'ordinateur avant d'installer le didacticiel, car, selon leur configuration, certains antivirus peuvent bloquer la procédure. Après l'installation du didacticiel, ne pas oublier pas de réactiver l'antivirus.

Voici la procédure à suivre pour les ordinateurs Mac :

1) Insérer le cédérom dans le lecteur de CD/DVD, repérer le programme **install_mac** à l'aide de votre gestionnaire de fichiers et le lancer. Suivre les instructions apparaissant à l'écran. En cas de problème, consulter les *Remarques importantes* faites ci-dessus pour les ordinateurs Windows, qui s'appliquent aussi aux ordinateurs Mac.

2) Installer les logiciels complémentaires mentionnés à l'étape 2 de la procédure d'installation pour les ordinateurs Windows.

Pour les utilisateurs d'ordinateurs équipés d'un système d'exploitation Linux ou d'ordinateurs Mac qui éprouvent des difficultés à installer le didacticiel, une solution consiste à installer d'abord un logiciel qui va permettre d'utiliser la version Windows du didacticiel. Nous vous suggérons le logiciel **Wine**, qui est une couche de compatibilité capable d'exécuter des applications Windows sur divers systèmes d'exploitation conformes à POSIX, comme Linux, macOS et BSD.

Voici la procédure à suivre :

1) Pour les ordinateurs Mac, télécharger le logiciel **Wine for Mac** (**wiki.winehq.org/MacOS**) depuis le site de WineHQ et l'installer.

   Pour les ordinateurs utilisant Linux, télécharger la version du logiciel Wine qui convient à votre distribution de Linux (**wiki.winehq.org/Download**).

2) Insérer le didacticiel *Des matériaux* dans le lecteur de CD/DVD et choisir le programme **install_pc** pour en lancer l'installation.

3) Installer les versions Windows des logiciels complémentaires requis (**Adobe Acrobat Reader**, **Quick Time Player** et **Adobe Shockwave Player**) sur l'ordinateur.

Une autre solution s'offre aux utilisateurs Linux ou Mac qui disposent d'un disque d'installation du système d'exploitation Windows XP (ou d'un système Windows plus récent) : il s'agit d'installer sur l'ordinateur une machine virtuelle dans laquelle vous pouvez installer un système d'exploitation Windows et faire fonctionner des programmes Windows. Une machine virtuelle fonctionne un peu comme un émulateur, mais elle est beaucoup plus rapide, car il n'y a pas d'émulation comme telle. L'installation d'une machine virtuelle se fait à l'aide d'un logiciel comme **VirtualBox**.

Voici la procédure à suivre :

1) Télécharger le logiciel **VirtualBox** (**www.virtualbox.org/wiki/Downloads**) sur l'ordinateur Linux ou Mac.

2) Installer la version du système d'exploitation Windows que vous avez dans la machine virtuelle.

3) Ne pas oublier de connecter votre lecteur de cédérom à votre machine virtuelle (voir la section 3.7 du manuel de l'utilisateur au **www.virtualbox.org/manual/UserManual.html#settings-storage**).

4) Exécuter le programme d'installation **install_pc** du cédérom *Des matériaux* dans la machine virtuelle.

5) Installer les versions Windows des logiciels complémentaires requis (**Adobe Acrobat Reader**, **Quick Time Player** et **Adobe Shockwave Player**) dans la machine virtuelle.

I.4 Note à l'attention des professeurs

Les objectifs d'apprentissage proposés dans ce didacticiel et les exercices qui leur sont associés sont définis spécifiquement pour les besoins du cours *MTR1035 Matériaux* offert à Polytechnique Montréal aux élèves-ingénieurs inscrits dans plusieurs disciplines. Cependant, dans le cadre de ce cours, on n'étudie qu'environ les deux tiers du livre en détail, car certaines notions couvertes dans le livre ne font pas l'objet du cours.

I.5 Enregistrement et mise à jour du livre/DVD

Vous êtes invité à enregistrer le didacticiel en visitant **www.groupes.polymtl.ca/materiaux**. En vous enregistrant sur ce site, vous pourrez être avisé d'éventuelles mises à jour du didacticiel et recevoir des informations techniques ou des correctifs, s'il y a lieu.

Bibliographie

Ouvrages traitant de l'ensemble des notions présentées.

ADDA, Y., J.M. DUPOUY, J. PHILIBERT et Y. QUERE, *Éléments de métallurgie physique*, La Documentation française, Paris, 1976.

ASKELAND, D.R., *The Science and Engineering of Materials*, PWS-Kent Publishing Co., Boston, 2e éd., 1989.

BARRALIS, J. et G. MAEDER, *Précis de métallurgie*, AFNOR-Nathan, Paris, 1985.

BÉNARD, J., A. MICHEL, J. PHILIBERT et J. TALBOT, *Métallurgie générale*, 2e éd., Masson, Paris, 1984.

CALLISTER, W.D. Jr., *Materials Science and Engineering, An Introduction*, John Wiley & Sons, New York, 4e éd., 1997.

FLINN, R.A. et P.K. TROJAN, *Engineering Materials and their Applications*, Floughton Mifflin Co., Boston, 1986.

KURZ, W., J.-P. MERCIER et G. ZAMBELLI, *Introduction à la science des matériaux*, coll. «Traité des matériaux», 3e éd., vol. 1, Presses Polytechniques Romandes, Lausanne, 1987.

PHILIBERT, J., A. VIGNES, Y. BRÉCHET et P. COMBRADES, *Métallurgie : du minerai au matériau*, Masson, Paris, 1998.

RALLS, K.M., T.M. COURTNEY et J. WULFF, *Introduction to Materials Science and Engineering*, John Wiley & Sons, New York, 1976.

ROSENTHAL, D. et R.M. ASIMOV, *Introduction to Properties of Materials*, 2e éd., Van Nostrand Reinhold, New York, 1971.

RUOFF, A.L., *Materials Science*, Prentice-Hall, New York, 1973.

SHACKELFORD, J.F., *Materials Science for Engineers*, Prentice Hall, Upper Saddle River (NJ), 5e éd., 2000.

TECHNIQUES DE L'INGÉNIEUR, «Métallurgie», Précis **M1**, **M2** et **M4**, Techniques de l'ingénieur, Paris.

Ouvrages approfondissant les sujets traités. Ces références, plus spécifiques et plus détaillées, sont présentées en fonction des chapitres où ces sujets apparaissent dans *Des matériaux.*

AMERICAN SOCIETY FOR METALS, *Metals Handbook*, 9e éd., vol. 8, Mechanical Testing, Metals Park (Ohio), 1985. (*Chapitres 1 et 7*)

AZAROFF, L.V., *Elements of X-Ray Crystallography*, McGraw-Hill Book Co., New York, 1968. (*Chapitre 3*)

BARTHÉLÉMY, B., *Notions pratiques de mécanique de la rupture*, Eyrolles, Paris, 1980. (*Chapitre 7*)

BATHIAS, C. et J.-P. BAÏLON, *La fatigue des matériaux et des structures*, 2e éd., Hermès, Paris, 1997. (*Chapitre 7*)

BAZERGUI, A., T. BUI-QUOC, A. BIRON, G. McINTYRE et C. LABERGE, *Résistance des matériaux*, Presses internationales Polytechnique, 1993. (*Chapitre 1*)

BÉNARD, J., *Oxydation des métaux*, Gauthier-Villars, Paris, 1962. (*Chapitre 8*)

BROEK, D., *Elementary Engineering Fracture Mechanics*, 3e éd., Martinus Nijhoff Publishers, Boston, 1982. (*Chapitre 7*)

CHAMPION, P., L. GUILLET et P. POUPEAU, *Diagrammes de phases des matériaux cristallins*, Masson, Paris, 1981. (*Chapitre 5*)

CLYNE, T.W. et P.J. WITHERS, *An Introduction to Metal Matrix Composites*, Cambridge University Press, Cambridge, 1993. (*Chapitre 14*)

DE LEIRIS, H., *Métaux et alliages*, Masson, Paris, 1971. (*Chapitres 10 et 11*)

DELEPINE, C., *Introduction à la cristallographie*, Dunod, Paris, 1971. (*Chapitre 3*)

ELLIOT, R.P., *Constitution of Binary Alloy* (1er supplément), McGraw-Hill Book Co., New York, 1965. (*Chapitre 5*)

FONTANA, M.G. et M.D. GREENE, *Corrosion Engineering*, McGraw-Hill Book Co., New York, 1967. (*Chapitre 8*)

FOURNET, G., *Physique électronique des solides*, Eyrolles, Paris, 1962. (*Chapitre 9*)

FRANÇOIS, D., A. PINEAU et A. ZAOUI, *Comportement mécanique des matériaux*, vol. 1, Hermès, Paris, 1992. (*Chapitres 1 et 4*)

FRANÇOIS, D., A. PINEAU et A. ZAOUI, *Comportement mécanique des matériaux*, vol. 2, Hermès, Paris, 1993. (*Chapitres 4 et 7*)

HANSEN, M., *Constitution of Binary Alloys*, McGraw-Hill Book Co., New York, 1965. (*Chapitre 5*)

HERTZBERG, R.W., *Deformation and Fracture Mechanics of Engineering Materials*, John Wiley & Sons, New York, 1976. (*Chapitres 4, 6 et 7*)

HONEYCOMBE, R.W.K., *The Plastic Deformation of Metals*, 2e éd., Arnold Publishers, Londres, 1984. (*Chapitres 4 et 6*)

HULL, D. et D.J. BACON, *Introduction to Dislocations*, 3e éd., Pergamon Press, Oxford, 1984. (*Chapitre 4*)

KNOTT, J.F., *Fundamentals of Fracture Mechanics*, John Wiley & Sons, New York, 1973. (*Chapitre 7*)

LE MAY, I., *Principles of Mechanical Metallurgy*, Elsevier, New York, 1981. (*Chapitres 4, 6 et 7*)

MALLICK, P.K., *Fiber-Reinforced Composites*, 2e éd., Marcel Dekker inc., New York, 1993. (*Chapitre 14*)

NORTON, F.H., *Elements of Ceramics*, 2e éd., Addison-Wesley, Readings (Mass.), 1974. (*Chapitre 13*)

PIGGOTT, M.R., *Load Bearing Fibre Composites*, Pergamon Press, Oxford, 1980. (*Chapitre 14*)

POLLOCK, D.D., *Physical Properties of Materials for Engineers*, CRC Press, Boca Raton (Floride), 1982. (*Chapitre 9*),

SMITH, W.F., *Structure and Properties of Engineering Alloys*, McGraw-Hill Book Co., New York, 1981. (*Chapitres 10 et 11*)

SURESH, S., *Fatigue of Materials*, Cambridge University Press, Cambridge, 1991. (*Chapitre 7*).

TECHNIQUES DE L'INGÉNIEUR, «Plastiques», Précis A9, Techniques de l'ingénieur, Paris. (*Chapitre 12*)

TROTIGNON, J.-P., M. PIPERAND, J. VERDU et A. DOBRACZYNSKI, *Précis de matières plastiques*, AFNOR-Nathan, Paris, 1982. (*Chapitre 12*)

VAN DER VOORT, G.F., *Metallography : Principles and Practice*, McGraw-Hill Book Co., New York, 1984. (*Chapitre 1*)

VAN VLACK, L.H., *Physical Ceramics for Engineers*, Addison-Wesley, Readings (Mass.), 1964. (*Chapitre 13*)

WEISS, J. et C. BORD, *Les matériaux composites*, CETIM, Éditions de l'Usine nouvelle, Paris, 1983. (*Chapitre 14*)

ZARZYCZI, J., *Les verres et l'état vitreux*, Masson, Paris, 1982. (*Chapitre 13*)

Index

A

B

C

T - U

V

W - Y - Z